B&U
Business & You

B&U
Business & You

市場ing

史上最強、最完整的行銷學

亞洲八大名師首席

王晴天

大中華區培訓界超級名師。馬來西亞吉隆坡論壇〈亞洲八大名師〉之首，世界華人八大名師首席講師，國際級課程 B&U 全球主講師。

2009 年受邀亞洲世界級企業領袖協會（AWBC）專題演講。並於 2010 年上海世博會擔任主題論壇主講者。2011 年受中信、南山、住商等各大企業邀約全國巡迴演講。2012 年巡迴亞洲演講「未來學」，深獲好評，並經兩岸六大渠道（通路）傳媒統計，為華人世界非文學類書種累積銷量最多的本土作家。2013 年發表畢生所學「借力致富」、「自媒體出版學」、「人生新境界」等課程。2014 年北京華盟獲頒世界八大明師首席尊銜。2015 年於 Beijing 百年講堂對數百位華語培訓講師講授 TTT 專業課程，獲得華語培訓界之最高評價，奠定了「大師中的大師」之地位。2016 與 2017 年持續成為「世界八大明師大會」首席講師。為知名出版家、成功學大師，行銷學大師，對企業管理、個人生涯規劃及微型管理、行銷學理論及實務，多有獨到之見解及成功的實務經驗。2017 年主持主講「新絲路視頻」網路影音頻道，獲得廣泛的迴響。2018 年結合 24 位弟子創辦魔法講盟，引進 B&U、642 等國際級課程，震撼全球華文培訓界！ 2019 年起新絲路視頻內容也更為多元，講授時空史地、孫子兵法、鳩摩羅什與金剛經等相關課程，為讀者開闢新視野、拓展新思路、汲取新知識。

如今，傳奇還在持續著……您將有緣親自聆聽晴天大師的智慧分享！

再創銷售奇蹟

什麼是「市場 ing」？「市場 ing」就是 Marketing →行銷。

關於 Marketing，他們是這麼說的——

美國市場行銷學（American Marketing Association，AMA）對行銷 Marketing 的定義是：規劃並實施商品、理念或服務的定價、促銷、分銷，並創造交易來滿足個人或組織的目的的過程。

管理學之父彼得．杜拉克（Peter Drucker）說：「行銷的目的，在於使銷售成為多餘。要充分認識和了解顧客，使產品或服務能真正符合顧客的需求。」他認為公司的事業就是經營客戶，因為沒有客戶就經營不了企業，所以企業的功能只有兩個，就是行銷和創新。

現代行銷學之父菲利普．科特勒（Philip Kotler）對行銷的定義：「是個人和集體透過創造，提供銷售，並與別人交換價值，以獲得其所需所欲之物的一種社會化和管理過程。」他認為行銷就是透過交易滿足客戶的需求和欲望。簡單說，有客戶才有市場，能夠滿足到客戶，客戶才願意以自己的資源交換對方的價值。

行銷學者蓋瑞．阿姆斯壯（Gary Armstrong）：「行銷是為顧客創造價值，也是提升顧客生活品質的藝術。」

顧客關係管理大師克里斯琴．格隆羅斯（Christian Gronroos）說：「行銷是在一種利益的基礎下，透過相互交換和承諾、建立、維持、鞏固與消費者與其他參與者的關係，實現各方的目的。」

綜合上述各大家之言，「行銷 Marketing」就是透過交易滿足客戶的需求和意欲，讓顧客爽快掏錢，是一種以自己的資源交換對方的價值的行為。你有一個產品或服務、或是個團隊、公司，你有你的價值主張或價值訴求，在你描述了你的價值訴求之後，透過溝通，將價值主張傳遞給潛在的目標客群，透過廣告或溝通來傳遞這個價值，最後讓價值實現在客戶和你自己身上（售出你的產品或服務），這也就是共好（客戶擁有產品的價值，而你賺取利潤）。

本書就是一本教你如何**創造價值→溝通價值→傳遞價值**的市場完銷攻略 !! 史上最強、最完整的行銷學，教你所有有關行銷＆銷售的一切事宜，從入門到入行，完全掌握集客銷售力，讓你賣什麼都能賣光光 !!

你是否常糾結在以下的情境中——

- ☑ 老是猜不透顧客在想什麼、要什麼？
- ☑ 明明是好東西，為什麼賣不出去？
- ☑ 砸大錢做宣傳、打廣告，產品銷售卻不如預期
- ☑ 數位行銷如何搭配傳統行銷才是最有效？
- ☑ 行銷技術不斷推陳出新，好怕趕不上潮流，行銷不到點子上
- ☑ 都只能做一次性生意，很少二次回購，問題出在哪兒？
- ☑ 在面對客戶時，總遇到同樣的難題，讓你無法成功銷售？
- ☑ 想突破現況、提升行銷能力與績效，卻找不到立即有效的方法
- ☑ 經常跑到腿軟、講到口乾舌燥，業績仍無法突破？
- ☑ 功能比人家少，價格比人家高，怎麼賣？
- ☑ 如何有效提升來客數增加業績或營業收入？
- ☑ 對客戶服務非常周到了，也隨叫隨到，但客戶就是不願意爽快地給訂單……
- ☑ 想要進入更高層次的生意人、富有人士的市場
- ☑ 想只服務 50 個最好的客戶，讓他們成為你做銷售員
- ☑ 想在你睡覺、運動、吃飯的時候，都有人在為你宣傳你的業務
- ☑ 想付出一樣的努力，卻獲得業績三倍、五倍的成長

☑ 想每週工作四天，甚至三天、兩天，業績依然倍增

☑ 想倍增收入，複製另一個分身為自己賺錢，但不知從何做起？

本書整合全球行銷高手的成功祕訣，迅速改變你的思維，四大核心秘技，衝出好業績！「行銷篇」教你最有效的行銷策略，不靠銷售就能賣翻天；「銷售篇」教你絕對成交秘技，只要搞懂成交的關鍵，賣什麼都暢銷；吳宥忠老師獨創的「接建初追轉，業務必備完銷系統」，接觸客戶→建立名單→初次的銷售→持續追蹤銷售→客戶轉介紹，包你爆單、接單接到手軟！「642WWDB」，教你快速建立萬人團隊，倍增財富！王晴天博士與吳宥忠老師師徒聯手，為你整合了已被證明最有實效的行銷技巧與成交系統，保證收入以十倍速提昇！

銷售的最高境界是不銷而銷！本書猶如一套行銷大補帖，將帶給你最多元豐富的內容，顛覆你對行銷的概念，徹底啟發你在行銷上的思維，你將學習到各種行銷招式，掌握國內外行銷大師的最新 Know how，學到一般人不知道，甚至坊間行銷書籍都學不到實戰秘技！如果你沒有比別人更厲害，千萬不要讓別人知道有這本書的存在，否則你將製造出更多的競爭者。看完本書之後，相信你一定獲益匪淺，想接受魔法般的改變與升級嗎？記得趕快展開行動，並實踐於工作生活中，早日創造新的銷售奇蹟，享受富裕人生！

行銷篇 ~玩轉行銷之久贏真經

Contents

銷售篇～絕對成交必勝5步曲

Step 0 打造超強完銷力必備心法

Step 1 銷售從贏得好感建立信賴感開始

Marketing and Sales

Step 2 滿足客戶需求，塑造產品的價值

Step 3 別怕客戶說不，巧妙化解抗拒

Step 4 試探、要求、實現成交

接 接觸客戶

建 建立名單

初 初次的銷售

Contents

追 持續追蹤銷售

轉 客戶為你轉介紹

Magic Sales

贏在642～打造你的多元收入流！

·行銷篇·

玩轉行銷之久贏真經

MARKETING
AND SALES

Business & You

Marketing and Sales

- 迎向消費者主導的時代
- 精準找到你的客戶
- 如何讓客戶主動來找你？
- 大數據行銷塑造產品獨特性
- 笨蛋！問題在產品
- 創造讓人驚豔的價值
- 品牌需要口碑而非廣告
- 飢餓行銷賺免費宣傳
- 場景式行銷，擄獲顧客心
- 體驗行銷：以體驗創造需求
- 粉絲經濟：從陌生到狂推
- 差異化行銷，我就是紫牛
- 瘋狂轉傳的病毒式行銷

01 什麼是 Marketing？

Marketing 被譯作「行銷」或「市場學」或「市場營銷」。行銷（Marketing）原本是致力於通路與銷售問題的研究。後來經過不斷地演進與發展，行銷學轉而成為一門整合經濟學、心理學、社會學、人類學、管理學、統計學等不同研究領域的應用行為科學，以交換（Exchange）為核心概念，主要探討交換關係與交易行為之間的關係。

目前中國大陸將 Marketing 譯為「營銷」，然而不管是營銷還是行銷，它皆被廣泛運用著，從國內到國外，從個人到企業，從營利性企業到政府機構和非營利組織，從企業界到政治界，無不進行著「行銷」工作。

那行銷的定義是什麼呢？

美國市場行銷學（American Marketing Association，AMA）對行銷的定義是：規劃並實施商品、理念或服務的定價、促銷、分銷，且創造交易來滿足個人或組織的目的的過程。

管理學之父彼得．杜拉克（Peter Drucker）曾說：「行銷的目的，在於使銷售成為多餘。是要充分認識和了解顧客，使產品或服務能真正符合顧客的需求。」他認為公司的事業就是經營客戶，若沒有客戶，企業就無法正常營運，所以企業的功能只有兩個，就是行銷和創新。

現代行銷學之父菲利普．科特勒（Philip Kotler）對行銷的定義：「是個人和集體透過創造，提供銷售，並與別人交換價值，以獲得其所需所欲之物的一種社會和管理過程。」他認為行銷就是透過交易滿足客戶的需求和欲望；簡單說，有客戶才有市場，要能滿足客戶，他才願意以自己的資源交換對方的價值。

行銷學者蓋瑞．阿姆斯壯（Gary Armstrong）：「行銷是為顧客創造價值，也是提升顧客生活品質的藝術。」

顧客關係管理大師克里斯琴．格隆羅斯（Christian Gronroos）：「行銷是在一種利益之上下，透過相互交換和承諾，建立且鞏固與消費者與其他參與者的關係，實現各方目的。」

如果有人問我行銷是什麼？我會說：「行銷簡單來說就是說一個動人的故事，然後把事情搞大。」

行銷與銷售的差異

銷售的目的是讓客戶把錢掏出來，頂多屬於戰術層次，以達成一場戰役為目的，只談如何成交，而且還只是一對一銷售，你必須另外學習公眾演說，才能提升為一對多銷售。而一場戰爭除了戰術外，勢必要有所戰略才能打勝仗，那戰略層次是什麼？像老闆一般都必須懂得規劃戰略，訂定企業的發展方向、擴展方針，甚至是打造品牌；而打造品牌便是最高級的戰略層次，也就是所謂的行銷。

你知道有一間學校，它的生師比是一名學生配二十多位老師嗎？你知道它是什麼學校嗎？那個學校就叫戰略學院，足以看出戰略的重要。軍人位階上校再上去是升將軍，最小的將軍是少將，而上校升少將時要先去進修，去哪裡進修呢？若是陸軍就去陸軍學院，海軍就去海軍學院，它的師生比是四比一，就是平均一個學生會有四個老師來教你，待你全部修習完成、學會了才能當少將。而少將再往上晉升為中將，中將再升上將時就必須去戰略學院進修。那個時候可能一個班只有六名學生，卻有一百多名教授來教這六名學生。

而我們做生意的戰略是什麼呢？就是行銷。很多人對行銷都有著錯誤的認知，認為行銷與銷售是一樣的，其實兩者有極為不同之處，請看以下行銷和銷售的區別表：

銷售	行銷
從製造出一個產品出來後才開始	在一個產品製造出來前就開始
把產品賣出去，把錢收回來，重視的是技巧與話術	銷售前的沙盤推演和準備工作，強調的是策略
利用業務員與顧客進行一對一或一對多的溝通，進而成交	行銷包含了銷售，但不等同於銷售！建立顧客群的購買 GPS。
把產品賣好	讓產品好賣
一次性	多次性、永久性
說服顧客買產品	讓顧客主動上門買東西
銷售人員著重於勤與顧客接觸，解決異議，說服顧客購買……等	行銷人員著重於收集資訊，整合分析，創意發想，建構品牌……等
一對一	一對多
用體力	用腦力
用嘴巴	用頭腦
滿足客戶的需求	挖掘客戶的潛在需求，甚至創造需求！

因此，行銷的最高層級是品牌（Brand）。你有了品牌，基本上就不太需要做推銷了，屆時顧客會主動跑來找你買；所以，行銷越強，推銷就越不重要！

- 行銷包含了一切為滿足顧客需求所進行的各項活動，銷售（Selling）只是行銷中的一環，也可以說行銷包含了銷售，但不等同於銷售。

- 「行銷」的重點在行銷組合的規劃與策略的制訂，把產品變得好賣；而「銷售」則是在既定的行銷組合及策略下，盡力把產品賣好，創造最佳的銷售業績。例如：你要出版一本書，在行銷方面，你要思考要在哪些通路和媒體曝光？有沒有贈品？要不要辦預購活動？需不需要舉辦實體新書發表會？這些都是屬於行銷方面的問題，一旦上述問題都確定了，將每月及每天的營業額拉高便是銷售方面的問題。

- 行銷人員本身必須有豐富的商業知識和素養，著重於收集資訊，整合分析，創意發想，文案表達……等，需具備企劃力、整合力、想像力、文案力……等。銷售人員則必須有專業的產品知識和良好的工作態度和技巧，著重於與顧客勤於接觸，解決異議，說服顧客購買……等，需具備行動力、表達力、說服力、抗壓力……等。

- 一般公司都會訓練業務員不要害怕被顧客拒絕，當你連續被十個顧客拒絕後，在面對第十一個顧客時，依然要用對第一個顧客那樣的熱情態度對待，因為搞不好第十一個顧客就會跟你買了。但我們為什麼要經過十次被拒絕的過程呢？如果我們能直接把要買的顧客找出來，不是更快更有效率嗎？所以，銷售是業務員主動開發顧客，找到大量的準顧客；而行銷則是透過大量的曝光，直接讓準顧客來找你，這就是行銷的魅力和威力。

- 所有的行銷策略都是為了增加顧客數，增加顧客消費頻率和增加顧客單筆消費金額為目的，進而提升營收和利潤，所以行銷策略就非常重要；而銷售是運用一些技巧把陌生人變成我們的顧客。

行銷的目的

行銷的目的在於創造欲望，滿足需求。所謂需要是指「沒有得到基本滿足」的狀態；欲望，是指想在「基本滿足上」得到更多的「願望」；而需求是指有能力並願意購買某種產品來滿足需要的欲望。以下分別說明兩位大師的需求理論：

1 馬斯洛的需求理論

美國心理學大師馬斯洛（Abraham Harold Maslow）在《人類動機理論》（A Theory of Human Motivation Psychological Review）一書中提出需求層次理論，認為人的需求包含五個大項，並以金字塔將之分為五個層次。

人類的五個需求層次包括：

- **生理需求：**是個人生存的基本需求，如水、食物、住所和性。

- **安全需求：**免於恐懼與傷害的需求，包括心理與物質的安全保障，如不受盜竊的威脅，預防危險事故，職業有保障，有社會保險和退休金等。

- **愛與歸屬感的需求：**人是群居的動物，需要友誼和群體的歸屬感，人際交往需要被接納、彼此互助和贊許。

- **尊重的需求：**追求自我的價值感，包括要求受到別人的尊重和自己具有內在的自尊心。

- **自我實現的需求：**最高的需求層次。指透過自己的努力，實現個人對生活的期望，從而覺得生活和工作有意義。

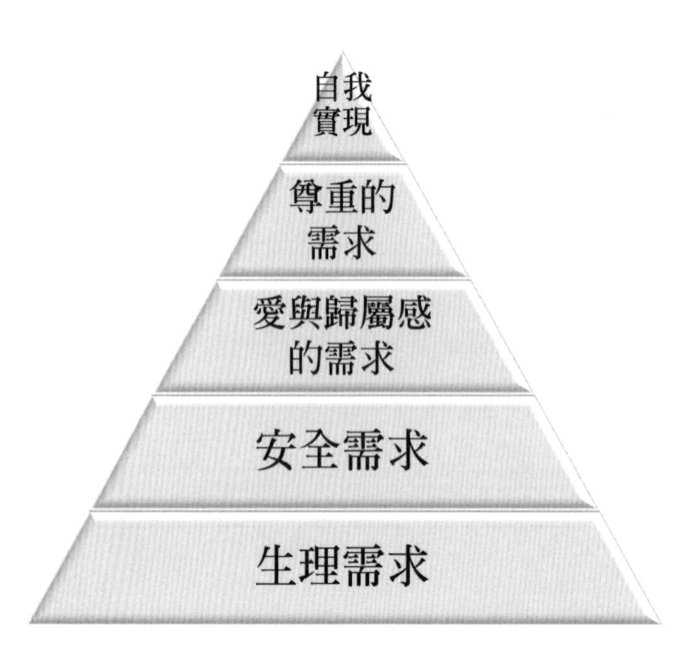

馬斯洛認為，當較低層次的需求獲得滿足後，我們就會開始追求更高層次的需求；反之，較低層次的需求若無法獲得滿足，我們的注意力便會一直集中在原處，而無心追求更高的層次。

2 ERG 需求理論

阿特福（C. P. Alderfer）以馬斯洛的需求層次理論為藍本作修正，提出了 ERG 需求理論，認為人的需求不是五種層次，應該簡化為三種核心需求：

- **生存需求（Existence）：**包括心理與安全的需求。

- **關係需求（Relatedness）：**包括有意義的人際關係。

成長需求（Growth）：包括人類潛能的發展、自尊和自我實現。

阿特福的 ERG 理論與馬斯洛的需求層次理論有些相似，其中最大的不同點是：ERG 理論強調挫折退縮的狀況，認為當較高的需求得不到滿足時，人們就會把欲望放在較低的需求上。另外，ERG 理論認為需求次序並不一定如馬斯洛的需求層次理論那般嚴格，一個人可以同時具有一個層級以上的需求，即：ERG 理論允許多層需求並存的狀況。人類為了生存，需要食品、衣服、住所、安全、受尊重等，這些需求可用不同方式來滿足。人類的需求有限，但欲望卻很多，只要具有購買能力時，欲望便能轉化成需求。

行銷人所要做的事情便是影響和創造人們的欲望，並向人們指示出何種產品可以滿足其需求。

最後，和大家分享筆者給行銷下了一個簡要的定義：

價值的主張 → 傳遞 → 實現

你有一個產品或服務、或是個團隊、公司，你有你的價值主張或價值訴求，描述了你的價值訴求之後，透過溝通，將價值主張傳遞給潛在的目標客群，所以，你要做廣告或溝通來傳遞這個價值，讓價值實現在客戶和你自己身上（售出你的產品或服務），這也就是共好（客戶擁有產品的價值，而你賺取利潤）。

行銷的七個錯誤觀念

觀念 1 **廣告和行銷是同義詞。**

✗ 錯！廣告只是花錢做宣傳，而行銷則要考慮到整體性，兩者截然不同，紫牛式行銷未必要花錢！

觀念 2 **好的行銷活動通常要把產品定位得十分花俏，讓人覺得有趣。**

✗ 錯！好的行銷十分單純，能為公司帶來業績就是好的行銷。

觀念 3 **業務人員只是行銷的一個部分。**

✗錯！業務人員是整個行銷過程的中心，除非業務人員可以把東西賣出去，否則一切都是空談。

觀念 4 **有行銷活動總比沒有行銷活動好。**

✗錯！除非行銷活動可以產生大於成本的收益，否則應該立即停止。

觀念 5 **偉大的行銷點子是由負責行銷的人想出來的。**

✗錯！公司的任何人（及和他們相關的人）都可能想出有效的行銷好點子。

觀念 6 **贏得許多創意獎項的廣告公司是最好的行銷公司。**

✗錯！能用最低的成本創造最高的銷售量才是最好的行銷公司。

觀念 7 **只要訓練正確，大部分業務員都可以談成生意。**

✗錯！再多的訓練也幫不了一個差勁的業務員，公司應該高薪聘請頂尖業務。

02 顧客與市場分析

現代管理學之父彼得．杜拉克（Peter Drucker）曾說：「顧客是唯一的利潤中心。」成功的行銷員通常都會花許多時間、心力與財力去了解顧客的購買行為，他們經常思考一個問題：為什麼消費者、企業或機構會選購某一特定的品牌或服務，而不是選購其他品牌的產品或服務？唯有深入研究和了解顧客或潛在顧客的購買動機和行為，請認真思考和體會顧客或潛在顧客的想法和感受，讓他們有「物超所值」、「賓至如歸」的感覺，才是行銷成功的關鍵。

依顧客的購買目的，可將顧客市場分成消費者市場（Consumer Markets）和組織市場（Organizational Markets）兩大類。

消費者市場

消費者市場是指為了滿足個人或家庭的需求，而購買產品或服務的消費者所組成的市場。也就是說，消費者市場中的購買者是個人或家庭，其購買產品或服務的目的是為了自己或家庭使用，並不會將其再加工生產或賣出。一般來說，消費者市場的特性有以下五點：

1 需求多樣化，購買的變動率高

由於消費者的性別、年紀、宗教、職業、收入、習慣等背景不同，對產品的需求也有所不同，商家為了滿足消費者多樣化的需求，必須不斷推陳出新，使得市場上的產品琳瑯滿目，不勝枚舉，在包裝、功能和款式等方面也千變萬化。

2 購買數量少，購買頻率高

消費者買東西的主要目的是為了滿足日常生活所需，但一般家庭缺乏大量儲藏設備和保存空間，每次購買的數量通常不會太多。所以像便利商店、超市等，消費者隨時隨地都能買到所需物品，大大提升購物的便利性，因而衍生出多次消費但每次買少少的現象。

③ 購買者多，分布範圍廣

消費者市場幾乎包括所有的人，使得消費者市場不僅人數眾多，而且分布的區域也非常廣泛。

④ 一時興起，衝動性購買

市場上的產品種類繁多，一般消費者容易受到商家廣告宣傳和促銷等行銷活動影響，明明沒有立即性需求，卻還是購買了。

⑤ 產品選擇多，需求彈性大

由於很多產品可以互相替代，有時買了甲產品就不會買乙產品，或多買了甲產品就會少買了乙產品，原本打算購買的產品常因購買時的種種因素而臨時改變。單一產品的替代性高，使得非生活必需品的需求價格彈性較大。

組織市場

組織市場是指為達成營利或某種效益而購買產品或服務的團體組織。與消費者市場相較，組織市場的十大購買特性如下：

① 重視業務人員銷售

因為主要顧客少且購買數量龐大，所以企業行銷部門往往會透過銷售人員傳達產品的好處和折扣。一個好的業務員可以示範並說明不同產品的特性、用途，勾起購買者的興趣。

② 購買者少，但購買數量大

組織市場的特性在於購買者不多，但一次購買數量卻相當龐大。例如：美國固特異輪胎公司的訂單主要來自通用、福特、克萊斯勒三汽車製造商，但汽車公司所

提供的新車，可能被全球數以億計的消費者購買，所以輪胎的購買數量極為龐大。

③ 買賣雙方的關係更為密切

因為購買者少且購買數量龐大，所以供應商必須隨時掌握購買者需求，彼此充分配合，而在互動頻繁下，也讓買賣雙方的關係更為密切。

④ 購買者的地理位置分布集中

由於成本或便利的考量，購買者往往集中於某些地區。例如：台灣高科技產業多集中於新竹、台南科學園區，水產食品加工廠大都位於港口邊。

⑤ 需求的價格彈性相當小

組織市場的需求受價格變化的影響不大。例如皮鞋廠商不會因皮革降價需多買一些，當然也不會因皮革漲價而少進貨，他們會買多少皮革主要是由皮鞋的消費者市場所主導。

⑥ 主要的需求來自新增廠辦設備

組織市場的需求變動性多半來自新的廠房和設備，因為當消費者市場的需求成長時，企業可能需要更大或更多的廠房和設備；當消費市場的需求衰退時，企業可能會緊縮廠房和設備。因此，企業應該實施多角化經營，儘量增加產品種類，擴大營業範圍，藉此降低經營風險。

⑦ 專業化的購買

組織市場的採購人員通常都是經過特別訓練，具備專業知識的，他們對所要採購產品的規格、特色相當了解，也對相關的採購程序，如要求報價、品質分析、擬定採購計畫書、採購合約等相當清楚。

⑧ 進行直接採購

為了能直接了解產品品質和降低採購成本，組織市場的購買者大都直接向製造商而非透過中間商購買，尤其價格昂貴或高技術性的設備，若直接向製造商購買，可得到較好的售後服務和更新的技術。

⑨ 以租賃的方式

為了節省成本，企業有時會選擇不買斷，改以租賃的方式取代購買。例如：辦公室、大型電腦、影印機、企業用車……等。

⑩ 是一種衍生的需求

組織或企業對產品的需求主要是衍生於消費者市場的需求。例如：企業購買皮革、釘子、切割工具等產品，一定來自消費者市場對皮包、皮鞋、皮件等的需求，如果消費者市場對真皮製品的熱潮消退，那麼企業就會減少或不再購買皮革、釘子、切割工具等產品，所以從事組織市場的行銷人員也應隨時掌握消費者市場的需求變化。

消費市場的顧客分析

消費者行為是指消費者在購買和使用產品或享用服務的過程中，所表現的各種行為與決策。人人都有消費的需求，也都是市場上的消費者，每天都在從事許多購買決策，例如：買什麼品牌、買什麼產品或服務、買多少、何時買、如何買和到哪裡買等。行銷人員當然會想知道，消費者的購買決策是如何產生？以及如何有效運用各種行銷工具，來影響消費者的購買決策。

影響消費者購買行為的因素

現代行銷學之父菲利浦．科特勒（Philip Kotler）認為，消費者購買決策過程的各階段及購買行為的形成和特性，深受社會、文化、個人與心理等因素的影響。

① 社會因素

社會因素是一種實際存在的因素，包括參考群體、家庭、角色與地位三種。

- **參考群體：**是指直接或間接影響個人態度或行為的群體，可能是家庭、同學、同事、朋友、社團、宗教組織等。例如：小明想買台相機，同學或朋友會建議他購買某品牌的相機。

- **家庭：**是社會中最重要的消費單位，也是參考群體中最具影響力的組織。不同的家庭成員購買不同的產品時，往往扮演不同的角色。例如：家中的清潔衛生用品、床具、沐浴用品、飲食等方面，多由媽媽負責採買；電腦、家電、汽車等產品，多由爸爸來決定，而玩具、旅遊類，小孩的影響力較大。

- **角色和地位：**是指個人受到周遭他人的期望所從事的各項活動。每個人在不同的群體中都會扮演不同的角色，並具有某種地位，不同的角色和地位會產生不同的購買行為。例如：母親節時，孩子會準備母親節禮物；開學時，母親會為孩子繳學費和購買開學用品。

② 文化因素

文化因素對消費者行為具有最為廣泛深遠的影響，也具有一種潛移默化的效果。文化因素包括：文化、次文化和社會階層三種。

- **文化：**是人類欲望和行為最基本的決定因素。人類的行為大部分是靠學習而來的，在現代社會中成長的小孩，透過家庭、學校和其他機構的社會化過程，學習到基本的價值觀、知覺、偏好與行為等，對消費者的購買動機和行為有極大的影響。而不同的文化也會帶動不同的消費者購買行為，例如：台灣人尤其是長輩不喜歡「4」這個數字，覺得不吉利，因此在買房子、車牌號碼、手機號碼、住宿房間號碼等，都不喜歡帶有「4」這個數字。但如果是「2」反而受人喜愛，因為「2」有雙雙對對，好事成雙的意思和感覺，另外像「8」、像「發」的諧音，所以有人喜歡車牌有「168」的數字，因為唸起來像「一路發」。

- **次文化：**每個文化都有較小的「次文化」，會對人們的行為造成更直接的影響。次文化包括國家團體、宗教團體、種族團體與地理區域等類型，這些因素可能會影響消費者對食物和衣著的偏好、商店的選擇、娛樂的方式、消費的習慣等。例如印度教徒不吃牛肉，回教徒不吃豬肉，佛教徒傾向吃素；中國北方著重麵食，南方則以米食為主；美國以漢堡、炸雞和可樂為主食，而台灣則以白米飯、各式配菜、湯為正餐。

- **社會階層：**是指社會中較具生活同質性、持久性的群體，這些群體按層級排列，且不同的層級會顯示出不同的價值觀、興趣與行為。通常社會階層會反應在職業、收入、教育與居住地區等方面，同時也會表現在娛樂、穿著、飲食等日常生活中。例如：對於休閒活動的安排，較低階層的消費者可能會選擇看電影、吃路邊攤；而較高階層的消費者可能會選擇打高爾夫球、欣賞音樂會、到五星級餐廳吃美食。

③ 個人因素

消費者的購買行為也會受到諸多個人因素的影響，主要包括年齡、職業、經濟狀況、生活型態、人格和自我觀念等。

- **年齡：**消費者依其年齡購買或使用不同的產品或服務。例如：嬰幼兒時期吃的是嬰兒奶粉，老年時則是吃易消化、適合老人吃的食品。

- **職業：**工作上的需要和職場環境的文化，也會影響消費者的購買行為。例如：上班族可能會買領帶、襯衫、皮鞋、公事包等，藍領階級可能會買輕便的工作服等。

④ 心理因素

心理因素包括態度、信念、動機、認知、學習等，也會對消費者的購買行為有極大的影響。

- **信念與態度：**信念是一個人對某事物持有不易改變的想法；而態度是指一個人對某事物或觀念，有較為一致的認知評價、情緒感覺與行動傾向。信念與態度會導致人們喜歡或不喜歡、接近或遠離某些事物，所以當消費者對某品牌或某產品抱持正面的信念與態度時，會在無形中過濾品牌或產品的負面訊息。

- **動機：**動機是一種被刺激的需求，當這種需求升高到一定強度時，便形成驅使人們尋求滿足的動機。而消費者的購買行為常受動機所左右，例如：同樣是買相機，有人是為了工作需要，有人則是因興趣、喜好。

- **認知：**認知是指個人對外界事物的一種看法，相同的事物每人認知的重點就不

同。例如：小強認為買汽車比較安全，而小美卻認為買汽車不僅要考慮停車位還有較高的維修保養費，是一種負擔，所以小強會買，但小美就不會買。

- **學習：**學習是指個人因吸收新知或得到他人的經驗而改變其行為。例如：某公司提供免費試用的產品給消費者，比方說洗髮精、洗面乳、蛋糕、飲料等，目的是希望消費者使用後，轉而改買他們公司的產品。

組織市場的顧客分析

一般來說，影響組織購買行為的因素主要包含：環境、組織、個人和人際等四類。

- **環境因素：**影響組織購買行為的環境因素包括需求水準、經濟展望、利率、政治等。例如，當經濟蕭條或衰退時，組織購買者會暫停廠房設備的新投資，甚至減少存貨，此時行銷人員在無法刺激銷售的情形下，只能勉強增加或維持現有需求量較高的占有率而已。

- **組織因素：**影響組織購買行為的組織因素包含採購目標、採購策略、作業程序、管理制度和組織結構等，行銷人員必須清楚企業組織的內部運作，否則可能事倍功半，徒勞無功。

- **個人因素：**影響組織購買行為的個人因素包含年齡、教育、所得、工作職位、人格、文化等。在購買決定過程中，或多或少都會摻入個人動機和偏好的影響，這些都會和年齡、教育、所得、工作職位、人格、文化等因素有關。

- **人際因素：**影響組織購買行為的人際因素包含利益、地位、權威、同理心等。行銷人員若能掌握這些微妙的人際因素並適時適切地應對，業務的推廣將更為順利。

03 網路時代的消費方式

隨著科技日新月異與網際網路的發展，消費者的購物型態漸漸地產生變化，現代消費者越來越講求快速方便，而網路購物不只減少很多時間，也縮短地區之間的距離，因網路購物的普及化，只要在家動動手指按按滑鼠，就可以不分時間、地域盡情地購物。

網路購物逐漸取代傳統購物，因網路購物和傳統購物相較下有許多優勢，如消費者可不必受限於商店營業時間，而急著去買；也不必侷限地點，就算要貨比三家，也不用花太多時間來回奔走，對賣方而言，則省時又省租金。且消費者購物行為已從購物中心的展示廳，轉換到居家客廳，消費者可以在家中運用視訊、店家商品的 3D 展示、擴增虛擬實境……來選購商品、進行比價，然後線上完成付款，在家等貨送上門。但傳統購物，仍有其吸引力，對消費者而言，逛街買東西也是一種休閒樂趣。

在還沒有網路之前，或者更準確地說在電商興起之前，人們購物的習慣和方式是怎樣的呢？

首先，去哪裡買？也就是購物地點，無非就是自己喜歡的商場、超市，或者距離住家或公司更近的商場、超市。由於地點遠近的限制，讓購物時間也不那麼隨意，所以更多的人會選擇在時間充裕的週末才出門購物。

其次，如何購買。在商場或超市中，商家會對商品進行陳設、促銷，而消費者在選擇產品的時候也會受到服務品質、店員勸說、價格等影響，最後結合自己內心潛伏的種種欲望、期望，以及自己的品味、愛好再分析、思考、選擇，才做出購買決定。

這就是傳統的購物方式，雖然受到網路普及的衝擊，但並沒有因此而消失，現在仍有很多人選擇這種購物方式，若想買衣服，就到附近的服飾店或百貨公司；若想買日用品，就去住家附近的超市。歸納一下，傳統消費方式有以下幾個特點。

- 會花費消費者比較多的精力和時間。
- 商品都是實物展示，消費者可以透過感覺和知覺（如衣服可以直接試穿）來判定商品品質的好壞，並決定是否購買。
- 付款方式大多為現金支付。
- 消費者在付款方面有安全感。
- 商品種類可選擇性小。
- 如果遇到商品品質有問題，退換貨比較方便。

網路時代的消費方式

十年前，一個人如果經常網購，他的親朋覺得很新鮮；而十年後的今天，如果一個人從不網購，或很少網購，他身邊的人會覺得他落伍了。

網路購物是指透過網路在電子商務市場中消費和購物。在網上，省卻了逛店的精力和體力，只要點點滑鼠，就可以貨比三家，買到稱心如意、配送便捷的商品，這顯然對消費者非常具有吸引力。

網路購物的過程可分為六大階段，分別是——選擇購物網站、商品搜索選購、下訂單、線上支付、收到貨物、購後評價，如圖所示，其優勢有以下幾點。

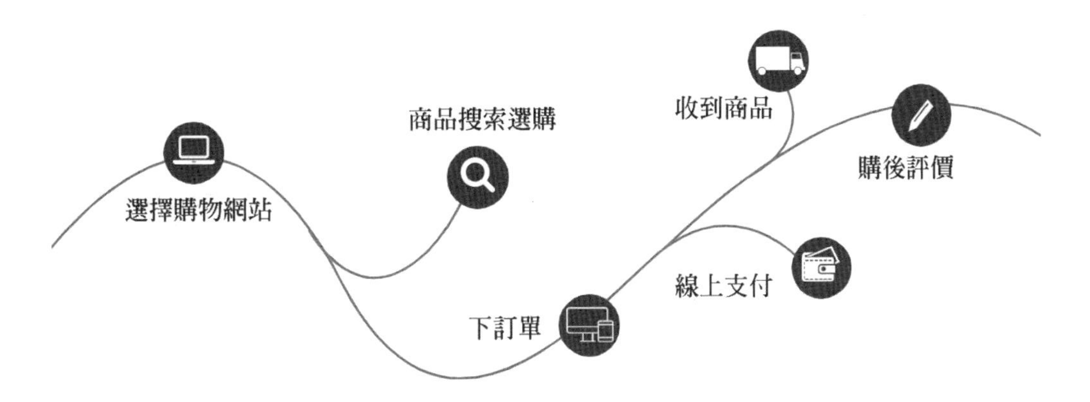

1. 購物方便快捷。一台電腦、一部手機就可以輕鬆購物，免去人們花費大量時間在商場挑選商品，不僅節省體力還節省時間。

2. 網上購物價格相對便宜。因為其行銷模式只有廠家、商戶、客戶這麼三級，為此，大大降低了商品生產流通環節的成本，利潤也相對得到提升。

3. 現代物流與網路購物競相發展，物流配送速度較快，配送容量也比較大。

4. 網路支付的安全度和可信度有了大幅提升，消費者可以完全放心網購。

5. 網店注重口碑行銷，所以售後服務都做得相當不錯，一般都實行七天包退、十五天包換的服務換等售後保障權益。

網路購物對消費者來說，能利用更多的零碎時間隨時隨地「逛街」，不受時間和空間的限制，同時獲得的商品資訊也是最全面的，可以更多的時間去對比和選擇，可以買到傳統購物模式所買不到的商品；網路購物還能保護個人隱私，內衣、內褲、成人用品、豐胸減肥產品，這些在實體店不好意思難以啟齒的商品，在網店上都能「悄悄」幫你送回家。

從下訂單、網路支付到送貨上門，這種商業模式無需消費者親臨現場，就能在家坐等收貨。同時，因為網店省去了店面租金、人工成本、水電費用等支出，網購商品價格往往低於實體店賣的價格。對新世代的消費群體來說，網路購物絕不僅僅意味著一種購物方式，而是全新的生活模式。

網路購物對於商家來說，無疑是給自己提供了一個最佳的銷售平臺，因而有越來越多的企業選擇發展電子商務，因為網上銷售經營成本低，庫存壓力小，受眾人群多且廣，產品資訊回饋及時且真實。網路銷售突破了傳統商務面臨的障礙，成為企業佔領市場的理想工具，快速成長的智慧手機使用覆蓋率，也給行動電子商務創造了更多的機會與市場。

「互聯網＋零售」是「互聯網＋」最深入人們生活，最容易改變人們消費習慣的一個領域，網路購物已成為時下民眾的消費主場。以中國「雙十一」購物為例，「雙十一購物節」是從 2009 年開始的，當年阿里巴巴的交易額只有 5200 萬，而到了 2012 年雙十一，其交易額躍增為 191 億元，2013 年為 350 億元，2014 年為 571 億元。2017 年淘寶「雙十一」購物節成交額高達 1682 億人民幣（相當於台幣 7569 億），數字遠超過 2017 年的 1207 億人民幣，不斷創下歷史紀錄。有人把「雙十一」看作是傳統零售業態與新零售業態的一次直接乾脆的交鋒，阿里巴巴集團創辦人馬雲也曾表示：「『雙十一購物狂歡節』是中國經濟轉型的一個信號，是新的行銷模式對傳統行銷模式的大戰，讓所有製造業、貿易商們知道，今天形勢變了。」

毫無疑問，中國的零售業態正在「發生根本性變化」，線上交易形式已經由之前作為零售產業的補充通路之一，轉型為拉動中國內需的主流形式，由此開始全面反過來推著傳統零售業態升級；近兩年，零售巨頭沃爾瑪在中國屢次關店，更加驗證了這一點。全球零售業巨頭們紛紛投入電子商務的行列，以美國為例有 Walmart、Staples、Sears 等，在中國市場，從國美、蘇寧大舉投資電子商務、銀泰、萬達百貨公司全面電商化、Walmart 收購一號店，到中國最大量販店大潤發成立飛牛網……等，台灣傳統零售巨頭大力投入電商領域的也不少，例如統一集團投資 ibon mart、博客來，遠東 Sogo 集團投資 Gohappy，新光三越投資 Payeasy，另外大潤發、屈臣氏、康是美、漢神百貨……等大型通路也紛紛投入電子商務的行列。而行動網路的發展和普及，讓網民從 PC 端向行動終端購物傾斜，行動購物場景的完善、行動支付應用的推廣、各電商企業在行動端布局力度的加大，以及獨立行動終端平台的發展，更使得未來幾年行動購物市場將吸引大量的消費者進行消費。

另外，線上線下相融合的購物成為主流消費方式，因為有不少消費者在購買 3C 電子產品時，會先在線上研究再到實體店體驗。對消費電子產品而言，如果消費者在線上研究相關功能及規格後，又到實體店體驗，那麼購買該品牌的機率高達八成，且其中有一半的人會選擇就在實體店購買。也就是說只要消費者有興趣查找、對比價格並與他人討論，品牌商和零售商就能透過提高透明度和便捷性的線上線下購物環境來推動消費者下單購買。對消費者而言，線下線上購物的界限越發模糊，畢竟消費者想要的不過是便利、個性化、靈活和透明的購物體驗，企業應當整合網路商店與實體店的特色，引導消費者購買符合他們特定需求的產品。

互聯網下的購物觀念的改變

從表面上看，傳統的消費方式和網上消費方式的區別顯而易見，無非就是價格、便捷性、購物所花時間等。但從本質上講，互聯網時代的銷售方式讓消費者成為產品專家，消費者甚至比生產者和銷售者更懂得產品，擁有更多的相關知識。現今，消費者不再是產品資訊的弱者，反而成了資訊的發布者、創造者、擁有者、掌控者，這就是互聯網時代下消費者的最大改變。

就拿最簡單的網購點評來講，其只是UGC（使用者生成內容）中的一個細分。消費者在網上完成購物後，不但可以分享自己的購物經歷和感受，還可以「曬」產品、發表開箱文，這個很平常的舉動就實現了產品資訊的發布，如下頁圖所示。而就是這樣眾多的評價，為其他消費者接下來的購物提供了重要的參考依據。據分析，習慣網購的消費者，有近九成的人都會先看看這個賣家或商店的評價，參考其他買家的點評內容，再決定是否要購買。

如此一來，生產者和銷售者就必須更加重視消費者，否則差評太多就會嚴重影響商品的銷售。網路的即時與公開使得資訊更加透明，生產者和消費者發布的任何一條資訊，都有可能被人們更正、批駁、揭穿或者認同、稱讚，所以企業必須要面對隨時出現的關於自己產品、品牌和銷售信譽、品質的大量資訊，如果不能恰當地回應這些資訊，那很快就會被消費者所拋棄。

店面介紹
購物說明
購物車
留言版(2770)
客服
回首頁
本店商品
搜尋
幸福泉美容美髮館
【幸福泉平價美妝】專營可靠信用之進口美髮、護髮、整髮造型、美容保養等沙龍級公司貨，還請大家繼續支持唷^_^
PChome > 商店街首頁 > 保養彩妝與香水 > 幸福泉美容美髮館 > 店家評價分數
店家評價分數：49759(優良49852 - 待加強93) 評價規則說明
優良評價百分比：99.8 % ※計算方式 = 優良/(優良+待加強)
留下 優良評價為：49852 明細
留下 普通評價為：108 明細
留下 待加強評價為：93 明細
店家評價分數總表
前一週 前一個月 前六個月 累計
優良 + 52 + 290 + 2892 + 49852
普通 0 0 1 108
待加強 - 0 - 0 - 1 - 93
30天內評價列表
評價人： nancy08(156) 最新一筆評價： 優良！
購買商品： 資生堂 SHISEIDO 靚光護色洗髮乳 1000ml
評價等級： 優良 (2017/03/02 03:11:23) (最新一筆)
購買商品： 資生堂 SHISEIDO 甦活養髮洗髮乳 1000ml
評價等級： 優良 (2017/03/02 03:11:21) (最新一筆)
評價人： b*n*i* *h*2*0*(18) 最新一筆評價： 優良！
購買商品： 歌薇 GOLDWELL 光纖重建劑 18ml/單支
評價等級： 優良 (2017/03/02 03:11:23) (最新一筆)
慶祝評價破1000，全館降價免運費評價總覽
99.9%
正面評價百分比
1044 正評 - 1 負評 = 1043 總評價分數
過去評價商品數
近一週 近一月 近半年 近兩年
正評 62 388 2207 4612
普通 0 1 6 13
負評 0 0 0 0
全部評價
賣商品評價(1052)
買商品評價(1)
全部 | 正評 | 普通 | 負評
評價 購買明細 購買金額 評價人 評價意見
正評 【愛莎&嵐】 NIKE 運動長褲/3XL（限彥瑜下單）(展開明細) $780 買家/ 彥瑜 黃 (8) 過去交易評價 感謝 已到貨 2017/03/02 22:34:30
正評 〔愛莎&嵐〕UNIQLO 桃紅保暖羽絨背心外套 /150CM(C007) (展開明細) $590 買家/ 小寶寶 (137) 過去交易評價 收到商品了，給您一個好評～有機會一定還會買的。值得推薦的賣家。記得也給我個評價喔！ 2017/03/02 21:56:25
正評 (愛莎&嵐) 設計師 李芳玲 女裝車拉鍊黑色長上衣/7(全新)(限小婉下單) (展開明細) $650 買家/ 小婉 (58) 過去交易評價 出貨迅速，交易愉快。 2017/03/02 21:17:04
正評 〔愛莎&嵐〕VILLE 女秋季上衣 (展開明細) $500 買家/ vivi (90) 收到了喔!謝謝~ 2017/03/02 18:24:56

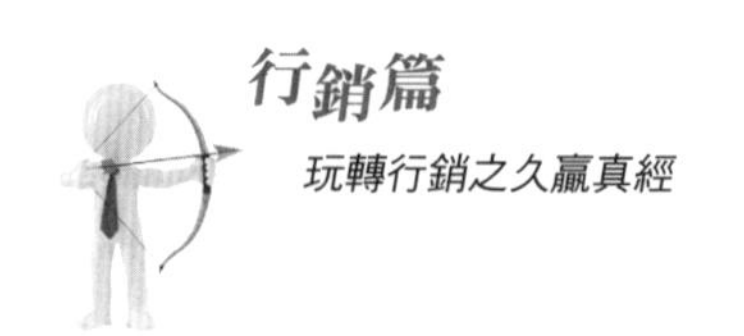

04 迎向消費者主導的時代

隨著「互聯網＋」的發展，互聯網已滲透到各行各業，成為推動企業進步的新能源。企業與消費者之間的關係也發生著微妙的變化，在消費市場的升級換代中，互聯網讓消費者從傳統的被動接受模式，變成如今的主動選擇，可以說消費者是產品的第一驅動力，其主導產品的時代已然來臨。

從引導消費者到消費者主導

我一向認為：當下我們用互聯網思維思考問題，其原因歸根究底是大數據的驅動，因為大數據的結構化和即時性，使得我們能比以往任何時候都更加清晰地認識、瞭解、判別我們的顧客。同時，還有一點，也是最重要的一點，就是要真正認清消費者的主導地位，並轉變溝通方式，和消費者建立起長期的協同默契關係，這是企業實現「互聯網＋」在產品定位與運作中一定要認清的事實。

現在消費者的生活狀態不再是「早上看報紙，晚上看電視」，網路賦予了他們更多的選擇。在網路營造的數位生活空間裡，消費者既是資訊接收者，也是創造者和傳播者，企業的所有相關資訊形成之後，不論是正面的還是負面的，只要消費者對其產生興趣，就有可能成為另一次企業資訊傳播的起點，他們會將這些資訊主動傳遞給另外一群人。

「互聯網＋」時代的商業世界變得透明化，這也讓消費者掌握了更多的知識，現在的消費者已經開始專家化。企業與消費者之間資訊不對稱的局面被進一步打破，消費者之間的溝通也變得便捷和緊密。

過去商家靠著密集且大量廣告曝光、營造概念等方式，可以很輕易地引導消費者購買。以下一些經典的廣告，是不是一下子就讓你回想起它的產品，然而在今日，這些操作手法大多很難奏效。

- 再忙，也要陪你喝杯咖啡——（雀巢咖啡）
- 不在乎天長地久，只在乎曾經擁有——（鐵達時手錶）
- 鑽石恆久遠，一顆永流傳——（De Beers 鑽石）
- 全國電子就感心！——（全國電子）
- 我會像大樹一樣高！——（克寧奶粉）
- 達美樂打了沒，8825252 ！——（達美樂）
- 阿母啊！我阿榮啦～——（鐵牛運功散）

「今年過節不收禮，收禮只收腦白金。」這個廣告相信在中國沒有人不熟悉。十多年前，一對卡通老年夫妻的腦白金廣告曾引起陣陣浪潮。不管你說腦白金俗也好，廣告煩人也罷，不可否認的是，腦白金曾是 21 世紀中國市場賣得最成功的商品之一。

對於消費者來說，在一些相對低端的市場，品牌知名度就有很大的市場驅動力，鋪天蓋地的廣告往往能帶動銷量大幅提升。而銷量的提升讓企業賺得盆滿缽滿，廣告力度也就更大，於是腦白金的廣告伴隨了中國消費者十多年。很多人為腦白金的策略稱道，有力的論點就是：廣告的目的本來就是為了市場銷售。

但在當下「互聯網＋」的時代，腦白金這樣的廣告策略已經落伍了！網路的普及讓社會化媒體越來越普遍，正因如此，消費者不再那麼輕易就被操縱，對於自己不滿意的產品或者服務，消費者可以高調拒絕購買；對於自己的不爽覺得到被愚弄的體驗，消費者隨時可以投訴，一次不好的用餐體驗，顧客拍照上傳臉書，餐廳的負評一下子就被廣而告之，並迅速傳播到四面八方，可見，消費者的力量已經崛起，消費者變得越來越不容易取悅。

2013 年夏天，可口可樂仿照在澳洲的行銷方式，在中國推出可口可樂暱稱瓶，每瓶可口可樂瓶子上都寫著「分享這瓶可口可樂，與你的 ________ 。」

這些暱稱有閨蜜、氧氣美女、喵星人、白富美、天然呆、高富帥、鄰家女孩、大咖、純爺們、有為青年、文藝青年、小蘿莉等，迎合了當下中國的網路文化，使廣大網民喜聞樂見，幾乎所有喜歡可口可樂的人都積極去尋找專屬於自己的可樂。

如果企業對當下網路經濟、行動網路視而不見，它們的殺傷力絕對會讓你意想不到，摩托羅拉、諾基亞的失敗就證明了這一點；相反地，如果企業能充分利用網路，那它會讓你的企業重新煥發活力，如星巴克就是個典範。

很顯然，可口可樂暱稱瓶就是運用了網路思維，成功地進行了線上線下的整合行銷：品牌在社群媒體上傳播，網友在線下參與購買屬於自己暱稱的可樂，然後再到社群媒體上討論，這一連串過程使得品牌進行了一場立體式傳播。

可口可樂暱稱瓶還斬獲了 2013 年艾菲獎全場大獎，其更重要的意義在於它證明了在品牌傳播中，社群媒體不只是競爭的配合者，也可以成為競爭的核心。

因此，在今天「互聯網＋大數據行銷」的環境下，企業從現在開始必須要打破既有思維，重新審視與消費者的關係，及時做出因應與調整。

而企業行銷模式的變革更是要即刻啟動的，這種變革的核心應該是從消費者的需求出發，只有充分了解到消費者的真實需求，才能做出積極有效的回應，買方與賣方之間才能達成一種高度默契，而這種默契將大大有助於企業的行銷與長期發展。

得粉絲者得天下——最給力的消費者

對企業的網路行銷發展來說，粉絲佔據著重要地位，因為他們不僅是最忠誠的消費者，還是最專注、最專業、最具影響力的客戶群，如果他們享受到了一款高 CP 值的產品或服務，就會注入一定的情感因素，迫不及待地與他人分享，成為最積極的推廣者、免費的宣傳者。

不是一般愛好者，而是對事物有些狂熱的癡迷者，極端的粉絲為了追隨和支持明星，他們會購買明星的演唱會門票、歌曲 CD，以及明星代言的各種產品。應用到企業行銷中也是一樣的道理，比如 Apple 手機的粉絲，每當 Apple 有新產品發布，粉絲們便會漏夜排隊等候在 Apple 專賣店外。

Apple 手機不斷地更新換代，而 Apple 粉絲一直都是最忠誠的追隨者，高端用戶必買 Apple 手機，低端用戶以買 Apple 手機為目標；已經買過的還想更換 Apple 的新產品，有的果粉甚至想要集齊 Apple 所有的產品。可見，Apple 不再是單純的數位商品，已逐漸成了個人身分的象徵。

粉絲不但本身是最忠誠的消費者，還會給企業創造出更大的價值，只要你妥善地經營與粉絲之間的關係，粉絲就會免費為你服務。聰明的行銷人員會認真地與粉絲消費者進行溝通互動，透過交流獲取消費者的購買心理、消費習慣、對產品的改進意見等行銷資訊，然後根據這些資訊做出有效的行銷方案，這樣才能知己知彼，百戰不殆。

粉絲如此重要，誰掌握了粉絲，誰就掌握了市場經濟的天下，但掌握粉絲的前提是要吸引粉絲、經營粉絲，無時無刻不進行用戶管理。

粉絲是最給力的消費者，而粉絲模式，也不再是以消費者的名稱、會員卡號或手機號碼作為唯一識別，而是用社會化媒體的虛擬 ID 作為唯一識別，粉絲社區往往是核心的社會化媒體，它可能是自建，也可能是依託於微博、微信、Facebook 等建立。在「互聯網＋」時代，網路社交生活化是一個不可避免的趨勢，因此，社交網站的基礎是好友，也就是俗稱的粉絲，可以說是一個「互聯網＋」時代重要的行銷落腳點。

粉絲模式可以這樣解讀：一是透過對企業品牌的塑造，吸引一批十分認同企業價值觀的忠實客戶，如讚賞 Apple 創新與個性精神的果粉，就為 Apple 創造了大部分的收入；二是透過對企業在行動網路社交門戶上的長期經營和推廣，聚集一大批關注者，並據此開展各種行銷活動，利用輿論熱度來提高行銷效果。對於「互聯網＋」企業來說，這兩者都不容忽視。

知識性脫口秀這一類的頻道、自媒體新秀「羅輯思維」一經推出就收獲無數粉絲，其每期的網路點擊率都高達百萬以上。但如何將粉絲轉化為收益呢？該頻道的主創兼主持人老羅（羅振宇）是這樣做的。

2013 年 8 月，「羅輯思維」的微信公眾帳號推出了「史上最無理」的付費會員制：5000 個普通會員＋ 500 個鐵杆會員，會費分別是 200 元和 1200 元（人民幣），為期兩年。

這種「搶錢」式的會員制居然取得意想不到的成功：5500 個會員名額在六個小時內銷售一空，也就是說 160 萬元已經透過支付寶、銀行等途徑輕鬆入手，當日活動截止後還不斷有人匯錢過去，其粉絲的忠誠度可見一斑。

有人會問，這些會員用真金白銀對老羅表示了支持，具體能得到哪些好處呢？老羅很快就給出了答案，表示自己已先後幾次提供會員福利：第一時間回覆會員資料的會員，將獲得價值 6999 元（人民幣）的樂視超級電視，這與他們付出的會費相比，實在是大大的福利。而且，先後送出的總共價值 7 萬元的超級電視，其實並不需要老羅掏一分錢，因為這都是樂視免費贊助的。

從「羅輯思維」的粉絲行銷案例，我們可以看出，他先透過其優質內容產品，將有相同價值需求的社群聚集在一起，以收取會員費的方式一方面賺取收益，另一方面進一步增加粉絲黏性。然後他再以這個忠誠度極高的群體作為基礎，向需要精準行銷的品牌提供合作機會，自己則作為社群與品牌的連接，形成自己的穩定收益來源。

在這個時代，如何用互聯網思維創業？如何用互聯網思維行銷？這是很多人當下都在思考的問題。我們來看看雕爺牛腩是怎樣做的，你也許會從中得到一些啟發。

雕爺，原名孟醒，網路名人，淘寶精油第一品牌阿芙的董事長。在淘寶平台上已做到精油品牌第一的他，2013 年進入了餐飲行業，創辦了一家名為雕爺牛腩的餐廳，開始了他的二次創業。作為一個毫無餐飲經驗的門外漢，雕爺牛腩開業僅兩個月就實現了所在商場餐廳單位評效第一名。而且僅憑兩家店，雕爺牛腩就已獲得

6000萬元的投資，風投給出的估值高達4億元。是什麼原因讓一個餐飲業的外行能在征服用戶口味的同時，也一同征服了創投的眼光？網上搜尋一下雕爺牛腩，就能搜索到160多萬條結果，但其實，雕爺牛腩很少在地鐵或公車上花錢做廣告，其推廣基本依靠粉絲口口相傳。那雕爺牛腩又是怎麼利用他和粉絲之間的關係呢？

- 粉絲有充分的參與權。如果粉絲認為某道菜品不好吃，這個菜品很快就會在菜單上消失。

- 如果粉絲在用餐過程當中有哪裡不滿意，就可以憑微信回覆獲得贈菜或者免單。

- 粉絲可申請VIP，在關注雕爺牛腩的微博之後，要參與答題遊戲，才能贏取VIP資格。題目不難，但粉絲必須對雕爺牛腩有全面的瞭解，如橡果味道的黑豬火腿產自哪個國家，茶水怎麼上的，服務員為什麼要蒙黑紗，「食神咖喱牛腩」配的米飯是什麼樣的？消費者必須要對用餐細節有所掌握，才能答對所有題目。

- 雕爺牛腩的VIP會員有專屬的菜單，還可以索取精美紀念冊，生日可獲得甜品無限量免費贈送。

好的互聯網產品都有一個共同的特點：重視用戶體驗，如微信、小米等，都是如此。雕爺牛腩也不例外，以上這些舉措拉近了商家與粉絲之間的距離，並依靠粉絲傳播帶來更多的客戶。

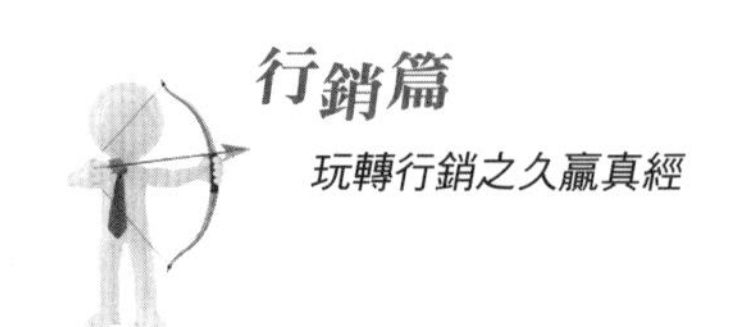

05 精準找到你的客戶

現在這個社會製造產品已經不是很難的問題，所以如果你說你有什麼東西、什麼產品，那都不重要，因為東西大家都有，那你要如何做好 Marketing 呢？

第一步就是要確認好你的目標是什麼，千萬不要亂槍打鳥，這樣不僅會花很多廣告費，效果也很差。舉例，我自己成立的王道增智會在 FB 上有兩個粉絲頁，一個是公開的；一個是非公開的。那個公開的粉絲頁是誰都可以上去看，還可以買廣告。另一個非公開的那個就只有我的會員和弟子可以看到，結果每次我要賣什麼課程或產品，那個非公開粉絲頁反而賣得很好。那個公開的社團即使花了廣告費有好幾千人來按讚，最後也沒成交幾筆。

所以確定你的目標非常重要，如何匯集這些目標，讓這些目標來注意你，就是一門學問。

首先是設定目標客群，千萬不要再將大眾視為你的目標客群，就是所有的人、男女老幼通吃，你必須要分眾，甚至可以只有 1 人，而這就是我要教你的一個訣竅——

當你在公眾演說一對多銷講、當你寫文案的時候、當你寫一本書的時候，都有一個共同的撇步，就是對著一個你設定好的人講，自己設定一個聽眾、觀眾，千萬不要想說要對著全世界的人講，所以每次我在演講時，台下大爆滿，但儘管台下人再多，對我而言都是一個人，而那個人是什麼人呢，那個人就是我的目標市場。我公司旗下有一雜誌品牌 EF，如果你問 EF 的員工你的客戶是誰，他們都能回答一個清楚的形象，在台北敦化北路一棟大樓裡的一名上班族，女性，二十五歲左右，未婚，目前有男朋友，準備結婚生小孩……講得詳詳細細的。EF 雜誌的編輯就是編給那個人看，這就是目標市場的概念。

可是真的就只有那個人會買嗎？當然不是，很多人都會買，三十歲的女性會看，五十歲的女性也會想看看，抓住青春的尾巴。所以這雜誌設定的目標市場，就是一名女性在金融業上班的時髦女性，也嚮往婚姻，想有自己的孩子；因此，這本雜誌也適合育兒知識之類的，例如也可以放婚紗特輯或海外婚禮之類的，這就是目標市場的概念。

在分眾（小眾）市場中選取符合你產品／服務推廣的目標市場，定位鮮明地尋求自己的利基（Niche），所謂「弱水三千只取一瓢飲」。於是，選定池塘後，可以改良網具或撒網的技巧，也可以增加撒網的次數與運送的效率，務求漁獲量之最大，此即垂直方向的發展！水平方向的思考則是：何不以我們精湛的撈捕技術多尋訪幾個更大的池塘呢？（注意：尋找更多、更大的池塘，並不代表要放棄原本的小池塘！）

在台灣已成立五十餘年的中國砂輪，專業研磨砂輪之研發與製造。總經理林心正發現，全世界的晶圓廠，都是用游離磨料來研磨晶圓，於是他試著用砂輪來研磨晶圓，不但成功而且效果更好！中國砂輪目前「居然」擁有二條 8 吋與一條 12 吋「晶圓」生產線，成功由傳統產業晉身為高科技業。

有一家叫傑里茨的公司，專門生產劇院布幕與舞台布景，是全球唯一生產大型舞台布幕的製造商，全球市占率高達 100%，無論到紐約大都會歌劇院、米蘭斯卡拉歌劇院，還是巴黎巴士底歌劇院，舞台布幕都是由傑里茨生產的。而瑞士公司尼瓦洛克斯，你對它可能也一無所知，但你手錶中的游絲發條很可能就來自尼瓦洛克斯，他們的產品在全球的市占率高達 90%。

還有一家名為日本寫真印刷株式會社，這間公司來自日本京都，是小型觸控螢幕的全球領導者，擁有 80%的市占率。更有間 DELO 公司專門生產膠黏劑，一般消費者可能沒有察覺也不知道，但它已成為我們生活中不可或缺的東西了，舉凡汽車安全氣囊感應器、金融卡和護照內的晶片，都使用 DELO 生產的膠黏劑，全球每兩支手機就有一支手機使用 DELO 生產的膠黏劑；在現今 IC 卡等新科技蓬勃發展的年代，讓 DELO 成為全球市場的領導者，目前有 80%的晶片卡都使用 DELO 的膠黏劑。

這些公司都成功佔據利基市場，但他們的產品嚴格說來都不怎麼起眼，那為什麼他們的產品能讓客戶非買不可呢？原因只有一個，那就是「獨特的技術與服務」。這些以利基市場為基礎發展的公司，不只在一件大事情上做得特別出色，更每天在一些不起眼的小地方做出改進，不斷精進自己的技術、競爭力，成為世界第一。這類企業在獨特的市場區塊中，雖然產品不起眼，成長後勁卻很強，屬於世界級的企業，以致全球沒有對手能贏過他們。

垂直行銷的概念為產品找到的市場已越來越小，水平行銷卻能找出全新的市場！像美國流行的麥片餅乾棒，表面上是想取代以牛奶沖泡穀類的早餐或點心，實際上也大量入侵了巧克力棒的市場；而原本專治頭疼的阿斯匹靈也被拜耳公司找到新市場：可以預防心臟病；原本以經營嬰兒尿布起家的台灣富堡工業，發現台灣的人口結構朝高齡化發展，毅然決然地轉型生產成人紙尿褲，並成功創立「安安」這個品牌。富堡工業的創辦人指出，與其把資源投入競爭激烈的嬰兒尿布市場，不如拉長戰線，投入成人紙尿褲這藍海市場。美國亞馬遜網路書店何以能轉虧為盈？因為它的銷售平台兼顧了垂直發展（深耕圖書領域）與水平發展（大量販售其他領域商品）。

總之，垂直行銷符合左腦的邏輯與傳統思維模式；而水平行銷符合右腦的創意發想與直覺式思考，若能兩者並行，兩相烘托，成功機率必將大增。

將目標對象具體化、形象化

行銷最重要的就是你可否實現他的願望？可否解決他的問題？可否消除他的煩惱？請問這個「他」指的是誰？就是你的目標客戶。

我們出版界訪問過很多歐美的暢銷書作家，他們幾乎都不約而同地表示自己在寫書、寫稿時，都是對著一個人寫，而這個人可能是實際的，也有可能是虛構的人。美國有一位很會寫小說的小說家，他說他寫作時，設想的對象是他的前前任女友，他說得出她的姓名，住家在哪裡，做為他的設定目標，結果也是上千萬人購買。所以有些人是寫給一位虛構的人，有的是寫給某位真實的人，特地寫給他看

的，都會有一個目標對象。

我們看 Discovery 獅群遇到一大群羚羊時，獅子如果一開始沒有鎖定其中一隻羚羊，最後牠是一隻也抓不到。雖然是一大群幾百隻、幾千隻的羚羊群中，一隻獅子撲了進去，你想隨便好歹也會抓到一隻吧，你錯了，牠一隻也抓不到，除非正好有一隻羚羊腳斷了或是撲到一隻幼小的羚羊，那也許有可能。所以，雖然面前有幾百隻羚羊，但獅子在追捕的時候也已經設定好目標了，鎖定這幾百隻羚羊中的某一隻去追，這就叫設定目標。最後往往會成功，當然所謂的成功，成功率雖然只有四成，但是夠了。所以一開始你就要設定目標，你才容易達成，要是沒有設定目標，認為隨便都能撲倒一隻，那你通常是一隻也抓不到，除非你運氣很好，才有可能遇到一隻受傷的羚羊。

人們都在找「懂我」的人，而這個人們指的是消費者。假設你自己也是消費者，想想看你會被什麼人打動？答案是會被懂你的人打動，他懂你的問題在哪裡。如果要你上台來賣東西，絕對要提痛苦的解決，不能只是說你的產品多好多好之類……的，你要說明你的產品能解決對方什麼樣的痛苦或煩惱，對方通常才會買。例如，客戶有什麼問題，是你的產品或服務可以解決的。像我會買艾多美的牙膏，很大一條才賣九十多元，當初銷售員問我牙齦是不是偶而會出血，結果我用了幾次後就真的不會再出血了，他解決了我的痛苦，我就被成交了。

一流的醫生從來不會去找病人，而是病人自己找上門，一流的大師也不用主動去招募弟子，而是學員會主動要求想成為大師的弟子，一流的行銷人員也是，要讓顧客自動找上門——這就是行銷的最高境界。

花若盛開，蝴蝶自來！其實只要花開了，哪怕只是小小的一朵，也會有蜜峰來採蜜！所以我們必須想方設法創造讓客戶自動上門的環境，讓客戶找到自動上門的理由，只要花開枝頭，客戶聞到香味，便會自動找上門了。

各位想想看，自然界，花開了，它要不要做宣傳，不用，蜜蜂自然會去找它，因為它的蜜很甜，但它還是要靠香味或是花朵來做它的 Marketing，不然的話沒有蜜蜂會知道它有很甜的蜜。

重點就是要讓人家知道你，然後是很重要的四個字：定位要清楚。在行銷學上定位非常重要，定位的英文是 Positioning，就是你的位置是什麼要讓大家很清楚。

便利商店為何不斷擴增，提供各種想得到的與想不到的服務？

很多商店都提供免費的服務，且有些商店不但免費，還可以倒貼？台灣最多做到免費，而中國大陸則很多是倒貼的。請問 7-11 為什麼在鄉下或郊區的分店很多都會設廁所，因為它想解決了你一切的問題，試想在連假時你們全家去自駕遊，不管是在中南部或是東部，你除了會有上廁所的需求，你可能會肚子餓，或其他各種的問題，而 7-11 就想滿足你的一切需求，於是你就會把車停在 7-11 店門口，除了上廁所之外也有所消費。

中國大陸倒貼最嚴重的是打車，UBER 在台灣雖然被禁，在大陸卻是被併購，我之前去中國用 UBER App 打車，它會補貼我車資 10 ～ 15 不等的人民幣，因為是用打車軟體叫車，計程車若是跳錶 65 元，司機說公司會補貼 15 元，只收我 50 元人民幣，為什麼要這樣子？它的目的就是要讓大家養成 App 叫車的習慣。各位如果有去北京或上海，要有個概念，隨手招計程車很難叫到車，不像在台灣這樣幸福，隨便在哪裡通常不用等太久就能招到一台計程車。在大陸，你想這樣隨招一台計程車，很可能都要等半小時以上，所以在大陸十分仰賴打車軟體，在出門前十分鐘就先用 App 叫好車。重點來了！你要點選哪一家、叫哪一家的車？任何行業都有競爭，光是叫車軟體都有十多家，而競爭這麼多，你又為什麼要選這家呢？因為它有補貼 10 元人民幣，另一家更有補貼 15 人民幣，UBER 就是其中一家。持續這樣演變下來，截至去年，中國叫車市場經過一番撕殺，排名後半段的倒成一片，前半段的開始進行購併、合併，前六家併成兩家，目前中國的打車軟體就剩這兩家在競爭，所以現在也不補貼了，漸漸地也開始賺錢了。

結論是客戶想得到的和想不到的服務都要提供，人家才會理你，你的公司或產品才會成為客戶的選項之一。

06 市場區隔

你想創業成功嗎？想賺大錢嗎？經營的事業想成功嗎？必須要有「STP」的觀念，也就是要做出有效的「目標行銷」。STP 精準的行銷，讓銷售變得多餘！企業想要確保自己的產品或服務有好的銷路，並獲得一個好的市占率，就必須選擇一個適合的目標市場。為什麼要學成交、學銷售，那是因為你的行銷沒有做到位，如果行銷有做到位，那麼銷售就會變得多餘，顧客自然會主動來找你。

你是否有發覺到有些公司他會派出很多業務人員去開發市場，有些公司卻是啥事也不用幹，自然就有業績，這是為什麼？因為它的行銷做得很好，它的產品是爆品，消費者就會自動找上門。

所謂目標市場，是指企業進行市場分析並對市場做出區隔後，擬定進入的子市場。而目標行銷（Target Marketing）是企業針對不同消費者群體之間的差異，從中選擇一個或多個作為目標，進而滿足消費者的需求。主要包含三個步驟，又稱 STP 策略。三個步驟如下：

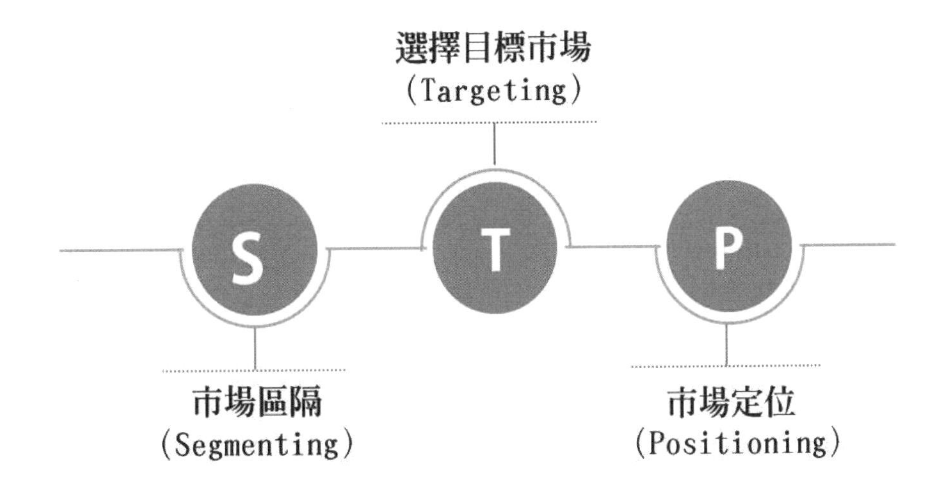

你要想清楚你的市場在哪裡，區隔清楚，選擇好目標市場，然後做好定位，這就是行銷的精華，如此一來，銷售就變得多餘了。

① 市場區隔（Segmenting）

是依消費者不同的消費需求和購買習慣，將市場區隔成不同的消費者群體。例如：上班族或學生，高收入或一般收入。

② 選擇目標市場（Targeting）

評估各區隔市場對企業的吸引力，從中選擇最有潛力的一個或多個作為進入行銷的目標市場。例如：我今天是一家網路行銷顧問公司，我會選擇中小企業為我的目標市場。

③ 市場定位（Positioning）

決定產品或服務的定位，建立和傳播產品或服務在市場上的重大利益和優良形象。例如：創見文化出版社定位出版財經企管、成功致富相關書籍，如果是語言學習的書，就不會在創見文化出版。

市場區隔

市場區隔必須要考量以下幾點：

- 此區隔是否可以明確辨識？
- 此區隔出的市場是否可觸及並獲利？
- 此區隔出的市場是否對不同的行銷策略有著差異性的反應？
- 此種區隔是否會經常變動甚至消失？

例如，當年西南航空（Southwest Airlines）觀察到美國各城市間長途巴士的旅客人數一直在穩定地成長（可辨識、可觸及、可獲利），於是開航了各城市間密集且廉價的航班，吸引了不少巴士的旅客們來轉乘（消費者對西南航空的行銷策略

有反應）。然後配套不對號入座等簡化程序，但服務更親切而活潑。後來西南航空果然從美國地區性的中型航空公司成長為全球獲利最高的航空公司。

同期間，日本航空卻宣告破產！ WHY ？

之前我前往中國演講時，那時中國正在積極發展建構大飛機，在一次聚會中某高層諮詢我的意見與看法，我的建議是不要做大飛機，要做中型飛機。對方也採納，他們現在成立了一個很大的中型飛機工廠，大飛機和中型飛機差在哪裡？答案是載客量。那為什麼載客量不要大的反而要中型的，關鍵是載客率。

日本航空為什麼倒閉？我們先來看一個概念，例如專門一條航線是東京到首爾，全日本想去首爾的旅客都必須先集合到東京，再搭乘載客量大的一台大型飛機直飛首爾。這個邏輯概念有問題嗎？沒有，這對企業自己而言，是十分理想的，但對消費者就不是那麼 ok。如今是消費者思維，我們要讓自己從消費者的角度來思考，請問西南航空是怎麼想的？大阪有一群人想到首爾，就安排飛機，從大阪直飛首爾；北海道有一群人想到首爾，那就札幌開個班機直飛首爾；但西南航空卻不這麼想，他們觀察到美國各城市間長途巴士的旅客人數一直在穩定地成長，因此開航了許多城市間的航班，讓美國的飛狗巴士獲利率從高峰跌到谷底。美國幅員廣大，各城市之間可以直接坐飛機，且國內線班機的安檢沒有那麼嚴格，所以西南航空這個策略就把飛狗巴士打趴了。

明白了嗎？日本空航空為什麼會倒，因為它想的是如果有一群人要去北京，這些人就要自己想辦法來到東京集合，然後用一架大飛機將這一大群人送往北京去。

所以我才認為中國不合適發展大飛機，試想如果要從北京飛深圳，就把北方各省想去深圳的旅客統一集合到北京，然後在一個統一的時間安排這一大群人到大型飛機飛深圳，這對航空公司來說是很方便，但對消費者而言卻是大大不便；消費者想的是，我想飛深圳，最好就在離家最近的機場就有航班飛深圳，不用舟車勞頓先到北京再飛深圳。

西南航空就是定位非常明確，美國有幾十個大城市，他們的航班就在這些大城市之間互飛，感覺上就像在坐巴士差不多，票價也沒貴多少，方便又快速，出入機場就跟出入車站一樣，也因此從中型航空公司成長為大型航空公司，可是它的飛機並沒有從中型飛機發展到大型飛機。

市場區隔的目的是企業可以根據不同子市場的需求，分別設計出適合的產品。由於每個人的需求不盡相同，企業的產品或服務應該具有彈性，包含「基本解決方案」及「進階選擇項目」兩個部分，前者提供的要素能滿足區隔內的所有成員；後者則要能滿足某些人的特殊偏好。

例如，汽車公司可將目標市場分成三種消費者：

- 只想用低成本購買運輸工具
- 尋求舒適駕駛體驗
- 尋求刺激與高性能駕駛樂趣

但你不宜將目標客群定位成「年輕、中產階級」的消費者，因為這群人想要的車子，其定位可能完全不同。

而市場區隔可以分為以下五種層次：

1 大眾行銷（Mass Marketing）

是指企業僅對某一項產品做大量生產、配銷和促銷。例如：可口可樂早期只生產一種口味。

2 個人行銷（Individual Marketing）

市場區隔的終極目標，就是達成「個人區隔」、「客製化行銷」及「一對一行銷」。現今消費者更重視個人化因素，因此有些企業結合大眾行銷與客製化，提供「大眾客製化」（mass customization）平台，讓顧客挑選自己想要的產品、特殊服務或運送方式，來達成更精準的溝通。例如：幫客戶量身製作整套西裝。

日本 Paris Miki 眼鏡會使用數位設備拍下顧客臉型，根據顧客選擇的鏡架風格，在相片中顯示模擬試戴後的效果。顧客也可以選擇鼻樑架及鏡臂架等配件，一

小時內就可以拿到有個人風格的眼鏡。

③ 區隔行銷（Segment Marketing）

能確認出購買者在欲望、購買力、地理區域、購買態度和購買習慣等方面的差異，介於大量行銷和個人行銷之間。

④ 利基行銷（Niche Marketing）

「利基」指的是一個需求特殊、尚未被滿足的市場，目標客群的範圍較狹小。企業將市場劃分為幾個不同的市場，在市場中找出有特定需求的消費者，然後以差異化的產品或服務，來滿足這群消費者需求的策略。

利基市場的競爭者較少，所以業者可透過「專業與專精」來獲取利潤和成長，因為這個市場的顧客通常都願意支付較高的金額，來滿足自己的特殊需求。

例如，汽車保險業者銷售特殊保單給有較多意外事故記錄的駕駛人，藉以收取較高額的保費來獲取利潤；針對餐旅服務業出版一本餐旅英語考試專用書。

⑤ 地區行銷（Local Marketing）

指依照特定地區顧客群的需要與欲求，發展出在地的特殊行銷方案。這其實就是草根行銷，其內涵通常屬於「體驗式行銷」，試圖向目標客群傳遞獨特、難忘的消費經驗。如，早期麥當勞的米漢堡是針對台灣市場而推出的米食產品。以 Nike 與 Kraft 為例：

- 運動用品大廠耐吉（Nike）早期成功的原因之一，就是贊助各地學校校隊的衣鞋與設備。

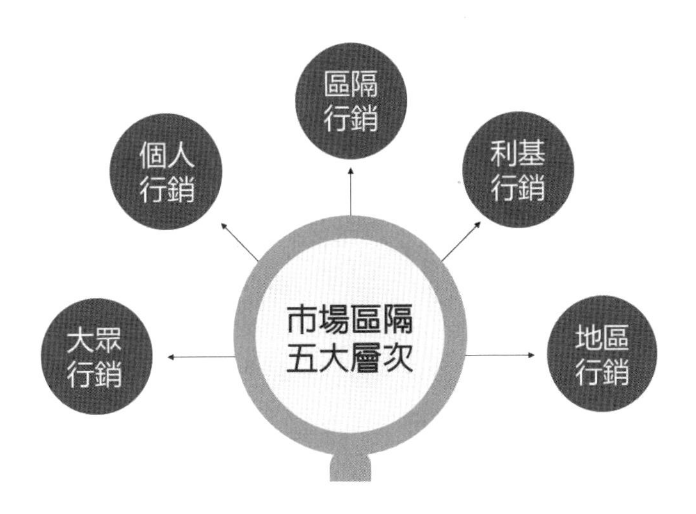

- 美國食品公司卡夫（Kraft）會協助各城市的超商業者，確認乳酪食品的搭配與擺放位置，使產品在種族與所得高低不同的地區商店內，皆能有最佳的銷售。

選擇目標市場

酒廠的目標客戶是誰？當然是愛喝酒的人！但日本啤酒品牌 Kirin 卻鎖定不（愛）喝酒者，推出了一款不含酒精的啤酒 KIRIN Free，口感、味道與啤酒一模一樣！果然大暢銷！在日本一年便可賣出 600 萬箱。

因為麒麟 KIRIN 在日本的市占率本就很高，不論推出什麼新產品，都很難避免自己打自己的窘境，於是它新定位了一項產品，推出新品：不含酒精的啤酒，因而能大暢銷，也不會侵佔到自己原本的市場。

市場區隔化的目的是在於正確選擇目標市場。市場區隔顯示了企業所面臨的市場機會，目標市場的選擇則是企業評估各種市場機會，決定為多少區隔市場服務的重要行銷策略。

選擇目標市場基本上有下列五種方法：

- **產品專業化**：企業集中生產一種產品，並向所有可能的顧客銷售該種產品。
- **市場專業化**：企業僅服務於某特定顧客群，盡力滿足他們的各種需求。
- **選擇性專業化**：企業選擇幾個區隔市場，每一個對企業的目標和資源利用都有一定的吸引力。
- **單一市場集中化**：企業選擇最拿手的產品或服務專攻一個區隔市場。
- **整體市場涵蓋**：企業企圖以各種產品滿足所有顧客的需求，但一般只有實力強大的大企業才能採取這種策略。

在目標市場選擇好後，在決定如何為已確定的目標市場設計行銷策略與行銷組合時，有差異化行銷、無差異行銷和集中化行銷這三種。

一、差異化行銷策略

差異化行銷充分肯定消費者個性與需求的不同，針對不同的區隔市場分別從事行銷活動。企業根據不同的消費者推出多種產品並配合多種促銷方法，力圖滿足不同消費者的偏好和需求。

差別性市場行銷策略就是把整個市場細分為若干子市場，針對不同的子市場，設計不同的產品與服務，制定不同的行銷策略，以滿足不同的消費需求。

行銷A計畫　區隔市場A
行銷B計畫　區隔市場B
行銷C計畫　區隔市場C

創業者開創事業的早期，其普遍的盲點，就是沒有看清楚、想清楚他們的目標客群到底是誰。

想清楚這點之後就要為目標客群的某一痛點去設計產品或服務，然後把它放在眾籌網站上，看看能否得到反響與回應，這樣你就可以賺大錢。你要先把目標市場的客群找出來，然後找出目標客群的痛點在哪兒，你的方案要能解決他們的痛苦，只要滿足他們的需求，自然就能獲利。

設定 Target Audience（目標受眾／目標客群）是一個「濃度」的問題：當你對準了一群購買意願很高的客群，行銷的工作將會事半功倍。相反的，當你搞不清楚到底誰會買你的產品，結果當然就是亂槍打鳥，最後往往效果不彰。

所以行銷的前置工作就是設定目標客群，目標客群設定得好或不好，將大大影響你創業成功的機率。例如——

Mamibuy 的目標客群是新手爸媽。由於新手爸媽經常會有睡眠不足的狀態，導致他們往往有更高的付費意願，就算不是為了孩子的健康，如果花點小錢能夠換來片刻的安寧，那也值得。因為目標對準第一次為人父母的人，所以 Mamibuy 的粉絲團就叫做「新手爸媽勸敗團」。

Mamibuy 網站上最重要的功能，當然就是新生兒的「好物推薦」，因為新手村裡的爸媽需要了解養小孩該添購什麼裝備，而哪些裝備又是特別好用的，因此「其他村民」的推薦品被採用的比例極高。

因為這樣精準的目標客群設定，專注在服務新手爸媽，完全不理會沒有小孩，或是小孩已經很大的客群，所以 Mamibuy 的推廣成效非常顯著，其中並沒有花費太多的預算。

注意上述的例子中，目標客群的設定並不是用傳統的年齡、性別、收入、居住地區等描述方法，顯然 Mamibuy 用的是家庭狀態。在大多的創業案例中，光是用年齡、性別這些客觀參數去描述你的目標客群是不夠的！即使是 28 ～ 35 歲的年輕男女，在出生率這麼低的社會中，真的是新手爸媽的比率還是不高。其優缺點如下：

優點：

- 針對消費者的不同特色展開差別行銷，充分滿足市場深層的需求，有利市場的發掘。
- 企業同時為多個區隔市場服務，有較高的適應和應變能力，有助於分散或降低經營分險。

缺點：

- 目標市場多，經營品項多，管理複雜，行銷成本大，有可能造成企業經營資源和注意力分散，顧此失彼。

二、無差異化行銷策略

無差異化行銷是指將整個市場視為一個整體，不考慮消費者對某種產品需求的差別，致力於顧客需求的相同處而忽略異同處。企業設計一種產品，實行一種行銷計畫來滿足最大多數的消費者。例如：可口可樂始終保持一種口味、包裝，其優缺點如下：

優點：

- 統一的廣告促銷，節省市場開發費用。
- 大量生產的情況下行銷成本較低。
- 單一標準化產品，降低生產、存貨與運送成本。

缺點：

- 只能滿足大眾市場的表層，無法滿足不同消費者的需求，面對市場的頻繁變化缺乏彈性。

為什麼我不建議做無差別性市場行銷策略，因為如果你的公司很小，知名度不夠，客戶連有你這家公司都不知道，而你又採無差別行銷策略，你的產品要如何讓消費者看到，並關注你呢？所以你一定要做差異化行銷策略，才能在眾多商品中脫穎而出。

但如果你是連鎖國際級的大企業，那當然可以逕行無差別性市場行銷策略，因為你夠知名，在消費者心目中占有一席之地。

無差別市場行銷策略，就是企業把整個市場作為自己的目標市場，只考慮市場需求的共通性，而不考慮其差異性，運用一種產品、一種價格、一種行銷方法，盡可能地吸引消費者。例如，美國可口可樂公司從 1886 年問世以來，一直採用無差別市場行銷策略，生產一種口味、一種配方、一種包裝的產品，來滿足世界 156 個國家和地區的大眾需求，定位為「世界性的清涼飲料」。

1985 年 4 月，可口可樂公司宣布要改變其配方的決定，不料在美國市場掀起軒然大波，許多電話和信件蜂擁而至，對公司改變可口可樂的配方表示不滿和反對，甚至有人組團抗議遊行！可口可樂公司才不得不繼續大批量生產傳統配方的可口可樂。

採用無差別市場策略，產品在內在品質和外在形體上必須有獨特風格，才能得

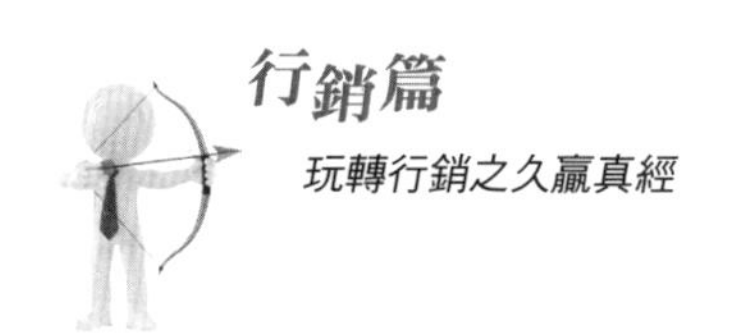

到多數消費者的認同，從而保持相對且長期的穩定性。

國外有名的是可口可樂，而台灣有名的典型代表則是養樂多。養樂多沒有定位只有誰才能喝……誰都可以喝，以「健胃整腸」的預防醫學訴求為其價值主張，企圖賣給男女老幼所有可能的消費者。如果你想創業做養樂多的競爭者，是可能成功的，事實上也很多人成功了，因為它的價格只有養樂多的三分之一，席捲了中午的便當市場，我想大家午餐都曾訂過便當，便當附送的養樂多，你仔細看那些都不是真的養樂多，因為真的養樂多比較貴。

三、集中市場行銷策略

集中市場行銷策略就是把所有資源集中起來全力進攻某一個微小的子市場，針對該子市場的特性，設計（至少讓人認為是）完全不同的產品與服務，制定不同的行銷策略，以滿足不同的消費需求。

它的優點是聚焦全部力量精耕細作，在該領域取得競爭優勢，表面上給人成功地以小擊大的感覺；裡子上卻取得高投資報酬率。

集中式行銷是指企業集中所有力量，在某一個區隔市場上實行專業生產和銷售，力圖在該區隔市場上擁有較大的市場占有率。例如：當年大車雲集的美國車市，殺出了一家專門開發省油小型車的車廠，德國福斯汽中集中於小型車市場的開發和經營；當大部分的電腦廠商相互殺價，一片紅海市場形成時，蘋果和惠普卻專攻高價電腦市場；至於德國與日本，有不少全國第一甚至世界第一的小廠、微廠，甚至是個體戶。其優缺點如下：

優點：

- 服務對象較專一，企業對其特定的目標市場有較深刻的了解，可以深入發掘消費者的需求。
- 有利於聚焦力量，建立競爭優勢，獲得較高的投資報酬率。

缺點：

- 如果企業選擇的區隔市場發生變化，當消費者偏好轉移或改變時，企業將缺少轉換的餘地，風險較大。

我有個會員到中國貴州做養雞生意，如今他的雞肉料理席捲整個四川、湖南市場，你猜為什麼？因為四川、湖南人都很愛吃辣，但他的招牌料理香菇雞湯是完全不辣的，很清淡，反而受到歡迎。

汶萊是個回教國家，回教徒是不吃豬肉，當地有個豬肉王是從金門去的，他就是靠賣豬肉成為首富。為什麼？因為現在是多元化的社會，不可能訂下一個規則，便要所有的人買單，試問汶萊是個回教國家，難道所有居住在汶萊的人都不吃豬肉嗎？去汶萊旅遊觀光的，也會有華人，而這些人就會吃豬肉啊；又好比整個四川湖南的人都吃辣嗎，總會有些人不吃辣、不合適吃辣，或想嚐鮮吃些不辣的料理吧？此時若能推出幾道清淡的菜色，就會令人眼前一亮。所以，有時候逆向思考反而能帶給我們不小的商機。

二〇〇一年初渣打銀行已連十五年呈現虧損狀態，一直到二〇〇二年張清山先生到任之後，渣打才從二〇〇三年起由虧損轉為獲利。而張清山先生有什麼轉虧為盈的管理法寶呢？靠的就是區隔市場的行銷策略，首先他推行聚焦策略：生意成功之道就是知道什麼是你要的，什麼是你不要的，渣打銀行鎖定三十五～五十歲的高資產族群，專門為其服務，走精英分眾路線，而不走大眾路線。接著並行：追求 100%的客戶滿意，以客戶滿意度為管理上的關鍵指標（KPI），有了這樣的戰略，無怪乎張老鎖定獵物之後鮮少失手，比那些亂槍打鳥毫無規劃，且戰且走，不知 Focus 為何物的公司贏得先機。

07 如何讓客戶主動來找你？

定位，就是你的位置到底在哪裡？

市場定位是個非常重要的概念，你對自己的產品／服務的定位一定要很清楚，很多人賺不到錢，生意失敗，事業不能做大，都是因為定位不清楚，那要如何做才能做好市場定位呢？

如何讓客戶主動來找你？就是定位要清楚。要很清楚 who、why、how。who 指的是你要清楚自己的產品或服務是要賣給誰，我們稱為溝通的對象，以及對象的需求和你要如何做，而這就形成一個 T 型的三角，如下圖所示。你要把自己定位得很清楚，你到底是高端、中端，還是低端的。舉例，如果你去逛街要買一個包，你看中了一款 LV 的包，定價台幣 250 元，你可以百分之百肯定這個包一定是假的。為什麼呢？因為你知道這價格和 LV 的定位不吻合。

所謂「定位」是指在消費者腦海中，為某個品牌建立有別於競爭者的形象的過程，而這程序的結果，即消費者所感受到相對於競爭者的形象。所以，一旦公司選定區隔市場，接著就必須決定在這些市場內占有「定位」。

為了使自己的產品獲得競爭優勢，企業必須在消費者心中確立自己的產品，相對於競爭者有更好的品牌印象和鮮明的差異性。進行市場定位時應有下列三種考量：

1. 要確定企業可以從哪方面尋求差異化

差異化是指使企業與競爭者的產品或服務有所差異。

2. 找到企業產品獨特的賣點

有效的差異化較能為產品創造一個賣點，也就是給消費者一個購買的理由。

3. 明確產品的價值方案，擬定整體定位策略

價值方案是指企業定位，並行銷其產品或服務的價值和價格的比較。消費者往往會依自己對產品的價值來判斷是否購買，當價值大於價格時，消費者較容易購買。

企業在制定產品定位策略時，可以考慮以下六種方式：

1. 以產品的利益定位：例如 TOYOTA 汽車最省油。
2. 以產品的屬性定位：例如汽車性能卓越、安全防護係數高、加速度快等訴求。
3. 以產品的用途定位：例如休旅車可當商務車和小轎車使用，兼具工作與休閒之用途。
4. 以產品的種類定位：例如 BMW 不僅是小型豪華轎車，也是一種跑車。
5. 以品質和價格定位：例如高品質／低價格，低品質／低價格，高品質／低價格。
6. 以使用者定位：例如中產階級較適合開豐田汽車。

許耀仁老師出版了一本暢銷書《用寫的就能賣》裡面提出一個干我屁事原則。書中提到，某件產品的特色優點如下：

- 主機上直接設定時間自動清掃，一週七次。

- 具有自動偵測樓梯功能。
- 適用於木質地板、大理石、磁磚、防水地毯與中短毛地毯。
- 僅高 10 公分。
- 燈塔型虛擬牆裝置。
- 任務完成或快沒電時，有自動返航功能。
- 可沿著牆壁或傢俱邊緣清掃。

以上的描述充其量只能說是「產品說明」，用產品說明來介紹你要推廣的產品是一種很爛的行銷手法。有非常多人都踏入這個誤區，很多公司在培訓他們的行銷人員時，都把他們培訓成一名產品說明員。

那麼，要如何說才不會讓自己淪為產品說明員。請看如下的敘述：

好處
✓ 每天自動幫你打掃，維持家裡清潔，輕鬆又簡單。
✓ 家裡有樓梯嗎？不用擔心機器會掉下來摔壞。
✓ 不管家裡地板是什麼材質，都可以幫你掃乾淨。
✓ 連清掃最麻煩的傢俱底下與牆邊都能幫你清掃到。
✓ 可以限定打掃區域。
✓ 快沒電時會自己回家充電，不必煩惱充電問題，也不用擔心打掃到一半沒電。

也就是說不管你是定位還是賣東西，一定要明確地告訴你的客戶對他而言有什麼好處。

像我開辦公眾演說班，對報名的學員有什麼實質的好處？那就是經過培訓後，你可以站上舞台，而且這個舞台我們在台灣和中國都已建立好了。市面上其他的公眾演說班、講師培訓班，它將你培訓得再好，教學多到位，最後你學成了，獲得了證書，但沒有舞台讓你發揮，學了再多技巧也是白費。而我的公眾演說班能為學員提供舞台，這就是我能帶給學員客戶的好處。我另一個班則是出書出版班，為什麼在業界很紅呢？因為我能保證出書。因為我自己就有出版社，能提供學員出書的管道，若想出書，但你的文筆很差，我們也能引薦厲害的寫手幫你修改到好，當然這個修改費要自行負擔。這樣你就能自己出版一本書，你之後去拜訪客戶時，你除了發名片外，還可以再給對方一本你的著作，這樣不是更能突顯你的專業嗎？！

請看以下的對照表：

優點／特色／優勢	好 處
✓ 主機上直接設定時間自動清掃，一週七次。 ✓ 具有自動偵測樓梯功能。 ✓ 適用於木質地板、大理石、磁磚、防水地毯與中短毛地毯。 ✓ 僅高 10 公分。 ✓ 燈塔型虛擬牆裝置。 ✓ 任務完成或是快沒電時自動返航功能。 ✓ 可沿著牆壁或傢俱邊緣清掃。	✓ 每天自動幫你打掃，維持家裡清潔，輕鬆又簡單。 ✓ 家裡有樓梯嗎？不用擔心機器會掉下來摔壞。 ✓ 不管家裡地板是什麼材質，都可以幫你掃乾淨。 ✓ 連清掃最麻煩的傢俱底下與牆邊都能幫你清掃到。 ✓ 可以限定打掃區域。 ✓ 快沒電時會自己回家充電，不必煩惱充電問題，也不用擔心打掃到一半沒電。

左邊的部分叫產品說明；而右邊的描述是不是比較能吸引人，不論你賣的是什麼產品，你一定要清晰地告訴你的潛在顧客，讓他知道用了這個產品或服務後，他能獲得什麼好處，直白地把好處說出來。

不管你是做哪一行、哪一業，賣什麼產品，以下這五點，你一定要常常問自己，並確保你的答案是清晰、明確的。

- 我的顧客是誰？（有關年齡、收入、身分、職業等等）
- 顧客有什麼想要解決的煩惱、困擾、問題，或其他想要實現的需求、願望、夢想，是我的產品（服務）可以幫上忙的？

- 為什麼顧客值得花時間了解我的產品／服務？

- 顧客了解我提供的產品／服務之後，會擔心或煩惱哪些地方？

- 我要用什麼樣的表達方式、提供哪些資訊、推出什麼樣的方案等等，才能協助顧客做出正確的決定？

最好的產品介紹，就是當你介紹完產品或服務，會讓顧客覺得你的產品簡直就是為他量身打造，非常符合他的需求，專門為他解決問題來的。這樣你的目標設定就很成功。

- 以 appWorks 為例，他們的客戶就是「想在 Internet 或 Mobile Internet 創業，但需要幫助的人」。

- 以 Mamibuy 為例，他們的客戶就是「不知道該買哪些嬰幼兒用品的新手爸媽」。

- 以 5945 裝潢網為例，則是「家裡有裝潢修繕問題，但不知道去哪裡找師傅的消費者」。

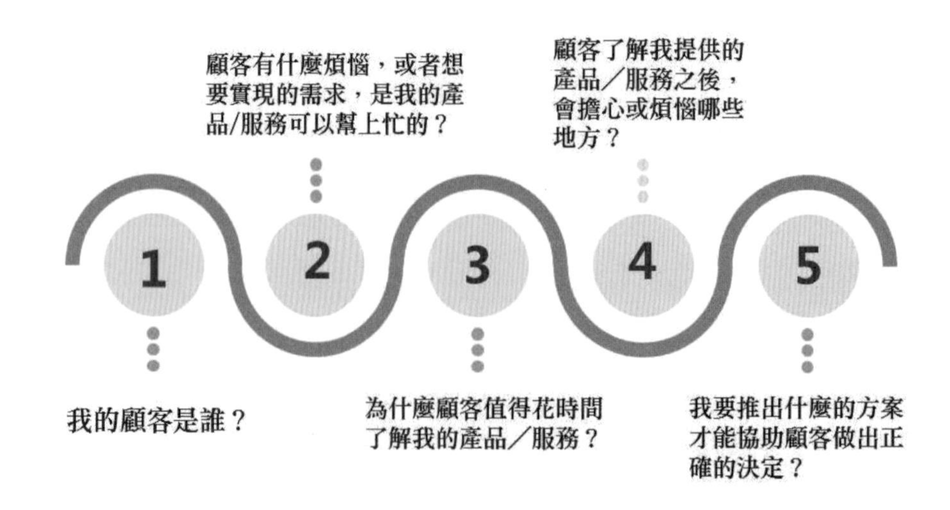

以下為您示範什麼叫「明確的定義導致你明確的定位」，不管你現在做什麼，或是你將來做什麼，或是你規劃要創業，都要能清楚地回答以上的五個問題。

你的客戶是誰？當然不能簡單地說是人，你要明確地描述出你的客戶是誰，要有具體的形象，而且範圍要越小越好，千萬別把你的目標客群設得太廣，如 0 到 100 歲，男女老少都可以，這樣的設定有等於沒有，一點意義都沒有。

沒錯！我們要研究的就是定位（Positioning），你的產品使用者是誰？產品會被怎樣使用？潛在顧客在哪兒？他們為什麼要用你的產品？

你的客戶要定得非常狹隘，然後專門針對這狹小的客群去投其所需、精細化行銷，你反而最後會成功。

我的四百名王道會員中，大約有二十位是在做保險的，如果有人說他什麼人都可以拉保險，這種人反而拉不到保險。那些成功拉到保險的，都是定位非常清楚的，他們都有個專門主打的保險，但他的客戶來源卻很廣泛，例如我有位朋友，專門做有錢人的資產規畫，他請我替他介紹一些有錢人，越有錢越好，於是我介紹一些頂級客戶給他，結果呢他如願收了不少保單，而且連那些不太有錢的客戶，像是他正在談的有錢客戶的秘書啊，司機啊，員工……也想找他做資產規劃。因為他在接觸這些有錢人的過程中，也認識了這位客戶周邊的人脈，也因為光環效應的影響，使他們覺得老闆都找他做理財規畫了，可見他的方案相當不錯、可以信任，因而跟著老闆買。所以，如果你是保險業務員，你可以把你的目標定得狹隘些，例如：我就是只要服務資產在多少以上的人、或專門做財產險、專門做退休規畫，專門做……等，而其他外圍的人也會來找你，因為你為了要接觸這專門的對象，也會接觸到他身邊的其他人。

那你要如何證明你在那個狹小的領域很專業？如何證明你是很懂、很專業的呢？不外乎兩個途徑，一個是寫書、寫專欄；另一個是透過公眾演說、一對多的銷講，或成為某一領域的講師或名師。一直到今天還會有人看到我，問我說王老師你數學一定很棒吧？你猜他為什麼知道我數學很棒，因為我以前是數學老師，補教界的名師，數學當然很棒，所以，只要你能站上台教人某種知識，你就很棒。

請問手錶是用來做什麼的？

看時間、裝飾配件、彰顯地位身分……等，這些是手錶傳統的一般性功能。而手錶的主要功能是看時間，但如今大部分都被手機所取代，你可以去普查一下，是不是大部分的人都已不刻意戴手錶出門了，因為有手機就隨時能掌握時間了。

我在 1999 年時曾提出一個報告，轟動出版界，一炮而紅，因為在當時全世界，甚至是兩岸，都預言下一代的產品是電子書。我當時就跳出來反駁，說若是按照目前所定義的電子書來說，電子書其實毫無前景可言；如今電子書的現況完全證明了我當年的判斷無誤。因為 1999 年到 2000 年，大家口中所謂的電子書，就是有一台機器，如 Amazon 的 Kindle 或其他，讓讀者可以在這台電子閱讀器上閱讀各種類的書，幾百本、幾千本書都不成問題，而這台機器這個載具就叫電子書。我當時為什麼就敢直言不可能，在 1999 年那時試想未來的人類，只會用一台機器，但不可能看書用一台機器、看電視用另一台機器、上網去用一台上網的機器……打電話、聽音樂都有其各自的機器……不論做什麼都有一台適用那個功能專用的載具，這是不對的，未來的人一定會想辦法把各功能都統合在一台機器上，這才方便，才符合人性。所以你看二十年後是什麼機器勝出呢？手機，智慧型手機，大螢幕手機，一台手機，它就可以滿足你的許多需求，包括讀書、上網、看電視、看影片……等，所以，最後是智慧型手機吃下了電子書載具市場。

而我在這裡也可以大膽預測未來能取代一切包括手機的產品是什麼？答案是眼鏡，且讓我們拭目以待吧，因為眼鏡上面就是一切，你想要上網、看書、看電影、玩遊戲……在眼鏡上就可以直接看。

瑞士人的傳統特質是忠誠與專注。專注體現在工匠精神的機械錶，因此瑞士工匠以傳世之寶之心態打造昂貴材質的機械錶！當錶的定位明確為計時工具後，美國的石英錶又切入了這個藍海市場；然後日本卡西歐的電子錶還有碼錶與鬧鐘等功能，手錶又可定位為運動產品。

關鍵就在定位，不管做哪個行業都要先定位，而要做好定位，就一定要談到 nich 利基，因為每個位子有每個位子的利基，所以你一定要找出或培養出你的利基。

像 Swatch 將錶的定位，從計時工具、運動產品，進化為時尚商品。帶手錶者有「對時掌時者」、「多功能使用者」、「彰顯地位者」、「流行搭配者」。當時，針對「對時掌時者」、「多功能使用者」與「彰顯地位者」的市場已競爭激烈，但「流行搭配者」的市場仍被忽略；因此，僅 Swatch 集團內部就已有多種品牌競逐前三個子市場了！

亞洲更湧出大量的平價與廉價手錶！但當時尚缺 for「流行搭配者」這個子市場的產品！

Swatch 在多年前推出的手錶叫做「流行搭配者」，將手錶和流行元素結合在一起，兼顧流行時尚與實用，價格也很實惠。手錶就是用來對時掌控時間，一千多年來都是如此，如果你還在標榜你出產的手錶非常準時，一秒都不差，可以想見是沒有賣點的，甚至可能滯銷，因為這樣的特色別家也有，有等於是沒有，無法吸引到消費者的目光。

Swatch 誕生了！當時的廣告詞是：它就像男人的領帶，女人的包包，可以配合場景，搭配穿著。一旦精準定位，接著就要積極和這個子市場中的消費者對話，讓你的產品在消費者的心理逐漸佔據更大的位置！像 GPS 一般，攻取消費者的心佔率。

所以產品不重要，產品的定位才重要，你要怎麼去定位或定義你的產品呢？

為什麼行銷做得好，就不必做銷售，因為你已經攻下了消費者的心佔率了。也就是說，消費者要買什麼東西前，他的腦海、心裡就已經定位好了，想好要買哪家的產品了。各位應該都逛過 outlet，整個商場的規劃都是一間間的店面，都把最想推薦的店設在最靠近門口的那一區，但消費者的腦中都有一台 GPS，通常不會先逛最先看到那個品牌，反而會直奔自己心目中想買的那家店。所以我們常會看到一個現象，往往在商場最偏僻的角落常排著長長的人龍；一進商場就很顯眼的店，人潮反倒沒那麼多。也就是說顧客在到 outlet 前，心目中就已經想好要買哪一個品牌。

Swatch 雖然突顯設計，可是對時間之精確、防水功能、材質選用……等有關 CP 值的構成卻絕不馬虎！

雖然大家比的是行銷，並不代表產品本身並不重要，產品本身非常棒，非常好，那是基本要做到的，在現今這個快速發展的時代，你還敢生產不夠好、不優質的產品嗎？光是被負評或客訴，就能讓你的業績一落千丈，早早就會在第一階段被淘汰了。所以各家廠商無一不是絞盡腦汁想推出最好、最優質的產品，產品和服務都非常棒，這是基本功。如果你提供的產品不夠好，很抱歉在初選就會被淘汰了。

那如果大家的產品或服務都做得很好，比的是什麼呢？答案是行銷。

請看以下這個座標軸分析，你可以看出 Swatch 強調的是設計感，它在設計感上是最頂標的而價格是中等的。如果是電子錶，你猜它的訴求是什麼？除了實用，價格便宜之外，還是一個大家很容易忽略的特點是：它能讓我們的下一代提早養成時間觀。如果是數字型的，一歲半的小孩就能看得懂，而那種長針短針的型式的要四歲以上的孩子才看得懂。

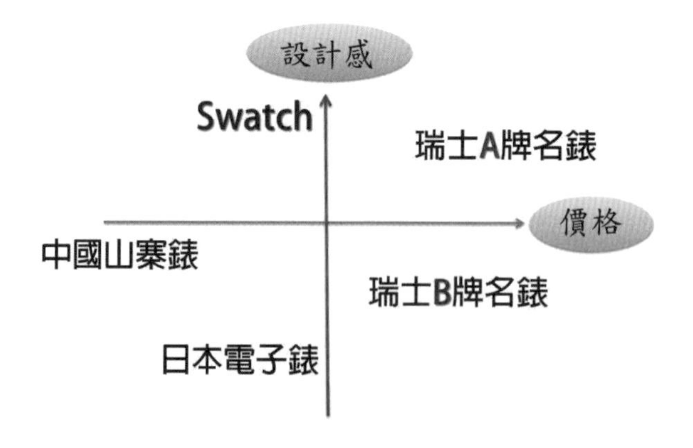

你也能用座標軸找出你的定位。在目標客群中找出兩件他們決定購買的關鍵因素，以這兩個因素畫出座標軸，收集歸納大環境與趨勢的 OT，以及你和你的競爭對手之 SW，完成 SWOT 分析。

但 Swatch 手錶在風光了四十年之後，也開始走下坡了！因為很多消費者都不戴手錶了，也有不少人改戴智慧型手錶了！

對蘋果公司而言，手錶是什麼呢？蘋果認為是一部多功能的穿戴式電腦。

所以當你重新去想：什麼是錶呢？只要跳脫一般人正常的想法，你就能為手錶賦予很多天馬行空的新功能……而這就是新商機的來源，重新定義之後，你就可以開發新的思維、新的想法。

日本的孫正義之所以能從一般人變成日本的首富，他主要就做兩件事，第一件就是重新定義，不管什麼東西到他手裡都會被他重新定義，比方說重新定義咖啡；重新定義手機；重新定義西裝；重新定義麥克風……第二件事就是把兩樣東西連接起來，任何的兩樣都可以。

孫正義的第一個產品是什麼，大家知道嗎？這樣產品很少人知道，儘管它是個失敗的產品。當初他把字典上的字隨意的剪下來，放在一個大大的籤筒裡，進行就抽籤，他第一個抽出來的單字是：clock；第二個單字是 chicken，所以他做出來的產品是會報時的雞（機器雞）。雖然這個產品失敗了，但他下一個動作就讓他成功了，變成有錢人，他去買了一間快倒閉的公司，那是已有三四十年歷史的公司，是日本第一家推出機器人的公司，那家公司為什麼做不起來呢，因為他們推出的機器人是什麼事能做的機器人，讓它端盤子，盤子會摔破，讓它做家事，它會做得一團亂，想像一下就會明白，三、四十年前的技術做出來的機器人能做什麼？自然是不會有現在這樣成熟，那孫正義買下那家機器人公司打算做什麼呢？他的成功就靠這一役。他讓公司的人把機器人的造型改一改，做成貓和狗的造型，推出機器貓和機器狗，要做到人的精細動作不容易，但若改成做些日常貓狗會做的動作，就容易多了。這產品推出標榜的是新型寵物，廣告訴求是此新型寵物沒有大小便的問題，也沒有餵食的問題，卻能帶給你心靈的慰藉，對你不離不棄，此產品一推出，席捲了日本寵物市場 2.5% 的市場，大賺一筆。

08 重新定義你的產品

那麼是否要繼續發展為智慧型手錶呢？紅皇后效應告訴我們——一直往前跑也不過只能維持在原來的位置而已！必須十倍數加速，才能跳脫原來的位置。但方向必須正確才行！所以，一定要想清楚：**什麼是錶？**（你的產品定位）

什麼叫做紅皇后效應，就是你成長了 2%，別人成長了 8%，相較下來其實你是衰退的，紅皇后效應看的是整體，談的是一個相對的概念，別人成長的比你多，那你的成長就稱不上成長，反而是退步的。全世界全宇宙所有的東西都是相對的，愛因斯坦的相對論說的是連時間和空間都是相對，大家是否想過一個問題，假設那邊有一個鏡子，我所看到鏡子中的我，其實已經是之前的我，不是現在的我了。因為光一秒鐘繞地球七圈半，我為什麼能看到我，因為我的影像透過光射到那個鏡子，那個鏡子再反射過來，然後我再看到那個反射的光，所以事實已經有一點點的時間差了，因此我看到的並不是瞬間現在的我，是一點點時間之前的我。在明白了這種紅皇后效這種相對的概念，你才能明白這世界是怎麼回事。很多人都愛抱怨我這麼努力這麼打拼，為什麼還不成功呢？那是因為別人比你更努力。

所以，如果你要做手錶這一行，請想清楚什麼是錶？你才能深入這一行，才有機會在這一行中賺到錢。任何行業也是這樣，比如我做的是出版業，我就經常在想什麼是出版？我是做出版的，所以我是知識服務商，而我又專門做華文這一塊，因此我對自己出版的定義是——全球最大的華文知識服務商。不管你做什麼，也都要好好想一想。

傳統的馬戲團經太陽馬戲團重新定義後，以另一種特別的演出方式，不但避免掉紅海市場上的激烈競爭，還建構出一個新的產品市場，引導消費者進入更高品質的表演之中。

成立於 1984 年的太陽馬戲團（Cirque du Soleil），成員來自全球二十一國，包括四百三十五名表演者，共約一千五百名成員的優秀表演團體；並在全球巡迴演出逾一百二十座城市，估計已有超過一千八百萬名觀眾欣賞過它們精彩的表演，太陽馬戲團超越人類極限的演出，帶給觀眾各式各樣的驚奇。

太陽馬戲團成功的原因在於它們不願跟當時主要的競爭對手玲玲馬戲團（Ringling Bros. And Barnum & Bailey，現已解散）互相競爭，洞悉到當時沒有人瞭望到的藍海，讓團隊走出紅色海洋的競爭之戰，邁向全新的領域。

太陽馬戲團體認到，若要開創出自己的藍海，就要徹底跳脫同行競爭，另闢蹊徑，吸引全新的客群。因此，他們「取消」了傳統馬戲團的動物表演和中場休息時間的叫賣小販，甚至「減少」了那些驚險刺激的特技表演。你可能會認為，這樣馬戲團還有什麼好看的？會有人去看嗎？事實證明，太陽馬戲團不但「提升」了原有的價值，還締造了前所未有的成功。

因為太陽馬戲團的轉型，「創造」出許多同業沒有呈現的表演——它招募了一批體操、游泳和跳水等專業運動員，讓這些運動員站上另一座舞台，成為肢體藝術家，擴展了他們的競爭力；且運用絢麗的燈光、華麗的戲服、撼動人心的音樂及融合歌舞劇情的節目製作，創造感官上的新體驗。全新的表演模式，讓觀眾深深著迷，全都臣服為他們的忠實觀眾，有些企業團體甚至會直接贊助，邀請他們到當地演出，只為了一睹太陽馬戲團的獨特魅力；這些新客戶讓太陽馬戲團掙脫傳統的桎梏，走上藍海的道路。

在台灣，飼養寵物的家庭越來越多，現在飼養寵物已不僅僅是觀賞，更是尋求一個陪伴；因此，全國動物醫院之所以能從原先台中的單一店面，成長到現在擁有北中南近二十家分店，不僅是看見寵物商機成熟，更以專業分科和重視服務的理念，讓它們成為台灣最大連鎖動物醫院。全國動物醫院執行長陳道杰，別出心裁地用人醫的概念來經營獸醫專業，並按照醫生個別的興趣和專長，區分出十個不同的專業，讓寵物得到的醫療服務及效果能更確實、周到。然後再透過定期的講座、會議、考試等各種管道，提升醫師專業的教育訓練，並建立助理、客服人員的標準化作業流程。

全國動物醫院透過內部分享的力量，逐步建置起連鎖的條件，並且培養出不同專科的醫生，設立專業的分科，讓寵物得到最精細的醫療照顧，他們皆透過這些專業化的過程，在無形中形成其他廠商進入市場的困難度，也因為這樣才使得他們的獲利空間能夠一直成長，在不同地區開設連鎖店。

不管你準備從事什麼行業，你也要想清楚你要從事的這個行業是什麼？為什麼要不斷的想呢，因為要與時俱進，時代與趨勢是會隨時變化的，而行業也要跟著改變與因應。

薄利多銷好？還是厚利適銷好呢？

在 1990 年代，諾基亞（Nokia）曾是手機市場的龍頭，估計獲得了 90% 的全球市場的利潤。卻因諾基亞因為錯估觸控趨勢，沒能掌握進入智慧型手機市場的先機，導致他們在智慧型手機市場完全消失。

雖然 Nokia 很慘，但其子公司 Vertu 卻異常成功！ Vertu 產品的定位是極盡奢華的手機：外殼以水晶寶石結合鱷魚皮打造，內部金屬以鈦合金為主，提供 24 小時真人 Siri 私人線上助理，要價近百萬台幣且限量！其三度空間定位圖（perceptual map）的三個軸分別為下圖所示：

Vertu 這個公司很小，它賣的產品也不多，可一部手機就要價百萬，所以它一年只要賣幾千支就好，大家知道嗎？中國的手機廠都是在拚幾千萬支的銷量，它只要賣幾千支、幾萬支就能賺錢，而且是賺大錢。

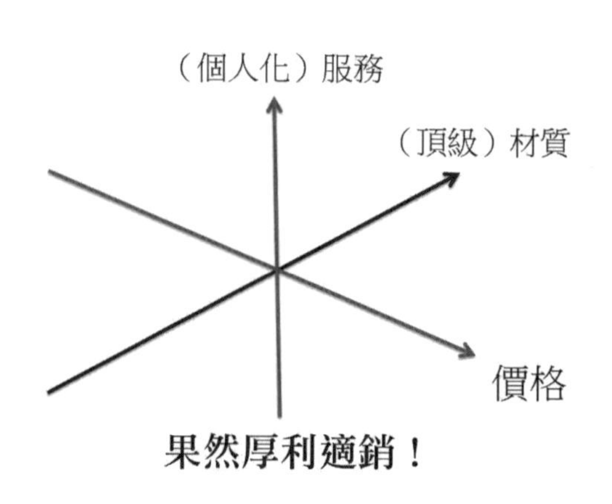

果然厚利適銷！

我們常用的座標圖是二度空間的，以上這個圖是三度空間的，一個是服務；一個材質；一個是價格。三度空間會形成八個掛限，那請問你準備創業或生產的產品是在哪個掛限。就問你三個問題：1. 價格是偏高還是偏低；2. 材質是頂級的還是普通的；3. 服務是否有做到頂級的個人化服務還是一般的

大眾化服務。

薄利多銷好？還是厚利適銷好呢？當然是厚利適銷比較好，當薄利多銷與厚利適銷大戰時，厚利適銷絕對佔有優勢。舉例：郭台銘很厲害嗎？但仔細分析，你會發現一個事實，雖然鴻海的營業額可以到 4 兆朝 5 兆邁進，但它的獲利還輸台積電、蘋果，且蘋果的東西還都是由鴻海生產的，為什麼會這樣呢？差別就在於台積電和蘋果都是做厚利適銷，而郭董的公司是薄利多銷。那憑什麼厚利，依恃的就是你的產品定位清楚且無可取代。請問台積電為什麼無可取代，因為它的技術永遠是領先業界一大步。

所以，切記！只有厚利適銷才能讓你賺大錢。

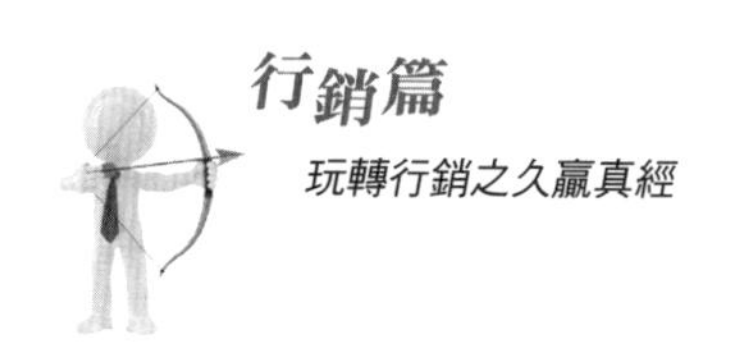

09 行銷組合與 SWOT 分析

行銷組合是指在目標市場上，為了讓產品或服務順利銷售，所採行的各種行銷手段，其中最具代表性的就是 4P 了。

80 年前就有行銷這門學問問市，我大學唸的是台大，當時還特地去選修商學系的一門課：市場學。其實就是行銷，行銷的英文是 Marketing，當時台大把它翻譯成市場學。而這幾十年來，市場學就在談四個 P ——Product、Price、Place、Promotion，所以各位想做生意、想賺錢的、想創業的，所要想的、思考的，就是這四個 P，你的產品或服務是什麼？你的定價策略是什麼？你的通路在哪裡？還有你如何做促銷活動？

後來又不斷有人提出不同的 P，例如：Packages 組合跟包裝，這其實是其中一個 P 的延伸，一樣產品包裝得很漂亮、很精美，是不是環保包裝，那其實也是 Product 的一部分。最後一個 P 在十多年前被提出，Purple cow 紫牛，什麼是紫牛呢？就是跟別人不一樣，你在一片草原上看到一群乳牛、一群黃牛或是一群水牛，如果牛群當中有一頭紫色的牛，這隻牛是不是就把大家的目光都吸引過來，讓大家的焦點只看到這頭紫牛？這就是紫牛理論，讓你的產品或服務跟別人不一樣，不管是哪一方面的，因為跟其他的不一樣，大家才會注意到你。

所以行銷講到最後又回到最根本的四個 P：產品、價格、通路和促銷。你只要把這四件事當中做好其中一兩件，你就可以席捲市場了。中國有一樣產品很少人搞懂它是什麼東西，價格很貴，沒什麼通路，可促銷做得很好，那就是一直在大陸電視上打廣告的：「收禮就送腦白金」，但其實真的很少人知道腦白金究竟是什麼東西。中國有三大節日：五一、十一、春節，幾乎都會有一週的假期，在外地工作的通常都會在這個時間回老家，回家不免要送家裡的長輩、老人家禮物以表孝心，當不知道送什麼好時，就有人會想到電視上常廣告的：收禮就收腦白金。因此銷售出乎意料地好。

這就是單點突破的例子，它就只有促銷做得好，其他就沒做那麼好，價格也不具競爭力；通路也不多，產品呢，別說產品好不好，因為大多消費者連腦白金是什麼樣產品也不了解。據我向大陸友人多方詢問之下，腦白金其是全中國第一個標榜高檔營養品的產品，成分是褪黑素，有益於提升睡眠品質，而它透過極強勢的促銷手段，將「送禮＝腦白金」的印象深植觀眾心中，才能創下銷售佳績。

行銷 4P

4P 最早是在 1960 年由美國行銷學者麥卡錫（Jerome McCarthy）所提出。4P 是由四個英文單字的字首所組成，並以產品為導向。而行銷組合是將這 4P 互相搭配應用。4P 內容如下：

產品
Product
通路
Place
行銷
4P
促銷
Promotion
價格
Price

① 產品（Product）

應該推出什麼樣的好產品？包含：外型設計、功能、包裝、品質、附加贈品……等，以期符合顧客的需求。產品不單指商品本身，也包含服務、品牌、形象等所有集合。

② 價格（Price）

高價位可以帶來更多的利潤，但銷售量可能受到一些限制，低價銷售量大，但獲利可能有限。通常在訂價時會考慮到經濟學上的需求彈性（Price elasticity of demand），需求彈性高的產品訂價宜低，反之，需求彈性低的產品訂價宜高一點。除了市場上的定價外，也包含了折扣價格、經銷商價格、量販價格、零售價格等。

③ 通路（Place）

包含行銷的管道、顧客購買的地點、物流等，行銷人要思考以什麼通路來行銷才能將產品以最有經濟效益的方式傳達到顧客，而不同屬性的產品，適合不同的通路。

④ 促銷（Promotion）

促銷就是為了達成短期業績目標，將產品提供給顧客，無論買一送一、第二件半價、滿千送百、四人同行一人免費等，都是一種促銷策略，促銷重點在於刺激顧客購買欲，吸引更多新顧客，以達成短期業績目標。

對顧客而言，顧客們最希望能在方便簡單的情況下，用最便宜的價格買到品質最好的產品；對企業而言，上述 4P 環環相扣，不能單一思考，這是行銷人要注意的。

除了 4P 之外，部分行銷界人士又提出了行銷 7P 的概念，也就是在原來的 4P 再加上：人（People）、流程（Process）和實體例證（Physical Evidence）。7P 的概念尤其適用於服務業。

⑤ 人（People）

在服務業中，第一線的服務員是和顧客最直接的接觸者，許多顧客也會以和企業員工的互動經驗，來評價這個企業的好壞，所以人對企業具有非常重要的意義。

⑥ 流程（Process）

指的是企業提供服務的流程，例如航空公司訂位流程是否快速便捷，物流與快遞公司是否能在顧客期望的時間，將物品及時送達目的地，在餐廳用餐是否要苦苦等候點餐與供餐，高鐵訂票服務是否順暢等，這都是顧客評鑑企業優劣的重要因素。所以，為了強化企業的服務流程，各種服務業都建立了 SOP（Standard Operation Procedure 標準化作業程序），並且對員工施以嚴格的教育訓練，使人員服務和網站能達到一定的品質水準。

例如：麥當勞為了縮短客戶點餐等候的時間，客戶排隊現場另有幾位服務人員會在等候的顧客身邊，逐一地詢問顧客點餐的項目，並以 PDA 記下內容，當輪到顧客向櫃台服務生點餐時，只須將 PDA 記下內容與顧客確認，就可以迅速完成點餐作業；有些店甚至會另外設置「得來速」，讓開車的消費者能在得來速的專用停車道點餐與取餐，解決了用餐必須四處找停車位的問題。

又好比信義房屋和永慶房屋等房仲業者，為了縮短為客戶搜尋房屋及現場帶看的時間，全面推動 e 化服務，經紀人身上都配有可以上網的智慧型手機或平板電腦，房仲經紀人只要上網連線進入公司資料庫，就可以立即下載租售房屋的資料及照片，讓客戶先瀏覽、篩選過資料後，再到現場看屋，大幅節省顧客的時間，也提升經紀人的工作效率，進而順利圓滿成交。

⑦ 實體例證（Physical Evidence）

指的是顧客在消費現場中，透過五官感受到的所有事物，例如：使用的傢俱、店面的設計、商品的陳列、裝潢的材質、現場的氣氛、播放的音樂、商品的包裝、燈光與色調、人員的制服、企業 Logo 等，都會在顧客心中形成一種印象評價。像喫茶趣餐廳在店內與店外種植樹木而且喜歡採用大片的玻璃，讓消費者有一種窗明几淨及綠意盎然的感覺；另外像走中國風的點水樓；汽車旅館每間不同風格的裝潢等，都能透過五官感受到現場的氛圍。

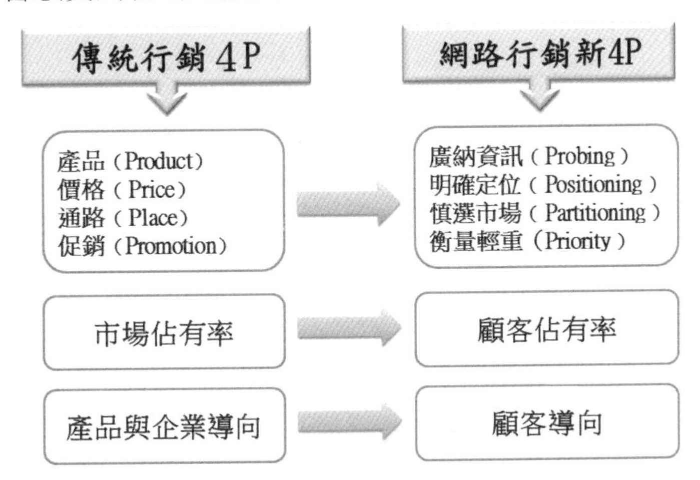

Marketing 行銷學（市場學）於是成為顯學，最早的行銷學只研究 3P（product 產品、price 價格、place 地點）後來進展到 4P、5P、6P……（promotion 促銷、position 定位、publicity 公關、package 包裝、Purple Cow 紫牛……陸續加入），二十世紀末 George Lois 與 Bill Pitts 又提出了所謂的第 15 個 P（當然

也可能是第 16 個或 17 個）—— pass-along 傳閱率。進入二十一世紀之後各種新的 P 有增無減，例如 Philip Kotler 提出了 physical evidence 具體感受與 personalization 個人化等等（當然，在台灣一定要加上 politics 政治因素），越來越多的 P，可謂不勝枚舉啊！

行銷 1.0 是以產品為核心；行銷 2.0 是以顧客為核心；行銷 3.0 則以溝通為核心；行銷 4.0 則以感情和心靈為核心，目的是要讓品牌自然融入消費者的心中，形成腦內 GPS。行銷從 1.0 到 2.0 到 3.0、4.0，目的都是為了建立品牌，然後讓這個品牌深植人心，最後形成一股力量。

以往創意、溝通傳播、行銷等是幾個獨立的概念，現在則走向一體化，以互動共鳴產生內化的效果。好的創意要能引起潛在顧客體驗與互動的動機，然後在體驗與互動中，同時完成了價值訴求的溝通與傳播，使行銷的效度 MAX 化。

行銷 4.0 時代，傳播管道與形式極為多元，傳遞與接收資訊的方式則極為破碎，所以 DSP 的傳播溝通方式就顯得極為重要！

所以現在已經進入行銷 4.0 的時代，這個時代叫品牌人性化時代，高明的行銷讓潛在客戶與我們的產品或服務產生情感上的連結，將品牌人性化。

行銷對話提升到心靈上的溝通，讓消費者在極其自然的環境下，接受我們的價值主張，使行銷消失於無形，因為它已經自然融入到消費者的心中了！所謂不銷而銷是也。

顧客導向 4C

後來隨著市場上的競爭日趨激烈，行銷人發現 4P 有其盲點，似乎無法完全兼顧到顧客的需求，難以掌控市場的變化。於是從生產者角度思考的 4P，發展至站在消費者立場的 4C 行銷觀點，其邏輯如下：

- 不要再生產你能夠生產的東西，而是要反問消費者需要什麼東西！（同理，學校不應再教學生們懂的東西，而要教學生與社會需要的知識。）21 世紀能夠

生產非常好的產品已是廢話一句！不能生產非常好商品的廠商已註定要淘汰！因此，「顧客會想買什麼？」成為了行銷上的第一問句。

- 現代的定價思維模式完全要從「消費者願意付出多少錢？」出發。即：顧客的機會成本有多少？
- 千萬不要再從商品供給者的觀點來談什麼通路策略！而是要思考如何讓商品需求者更便利地取得他所要的。試著研究看看 Dell 電腦是如何崛起的吧！
- 以後少用「促銷」這個名詞吧！要改口：與消費者「溝通」。當今大部分的市場都是買方市場，顧客導向就必須雙向溝通！唯有溝通，才能發展關係行銷，才能建構品牌，也才有所謂的「品牌忠誠度」可言。

著名行銷專家羅伯特・勞特朋（Robert Lauterborn）提出了以顧客為導向的 4C 理論內容如下：

1 顧客（Customer）

顧客有其欲望和需求，所以要先以消費者的角度去思考、設想，而不同的顧客群有不同的欲望和需求，企業的產品必須要能帶給顧客他們所期望的利益。

2 成本（Cost）

這裡的成本不單指企業生產的成本和支付的成本，也包含了顧客購買時間的成本，體力的成本和風險的成本。當顧客經評估過後，願意購買的金額若高於產品的定價，則企業就能獲利了。重點是要讓顧客心甘情願把錢拿出來，所以行銷人要了解顧客心理能接受的價格區間，以滿足買賣雙方的需求，因此企業對產品的訂價就是顧客獲得產品所必須付出的成本。

③ 便利性（Convenience）

顧客以什麼方式最容易購買取貨，這些都是行銷人要思考的。企業的產品必須讓顧客能方便購買和取貨，也就是便利性。

④ 溝通（Communication）

溝通不是單向，而是雙向的，企業不再只是自己想怎樣就怎樣，要傾聽顧客的聲音，適時修正調整，以求更貼近顧客需求的產品。企業不要老做促銷，更要多與顧客溝通，以建立顧客對企業和產品的好感度和忠誠度。

如果想讓顧客再消費，可以採用 4R 行銷，如下：

1. 重新設計（Redesign），設計美學創意，創造獨特體驗。

2. 重新組合（Recombine），重新包裝故事，創造新的價值。

3. 重新定位（Reposition），企業再造、品牌再造，重新定義再出發。

4. 重新想像（Reimagine），新觀念、新思維、新願景。

4 個 Re（重新），代表更好的產品、更有價值的服務、更有意義的品牌。

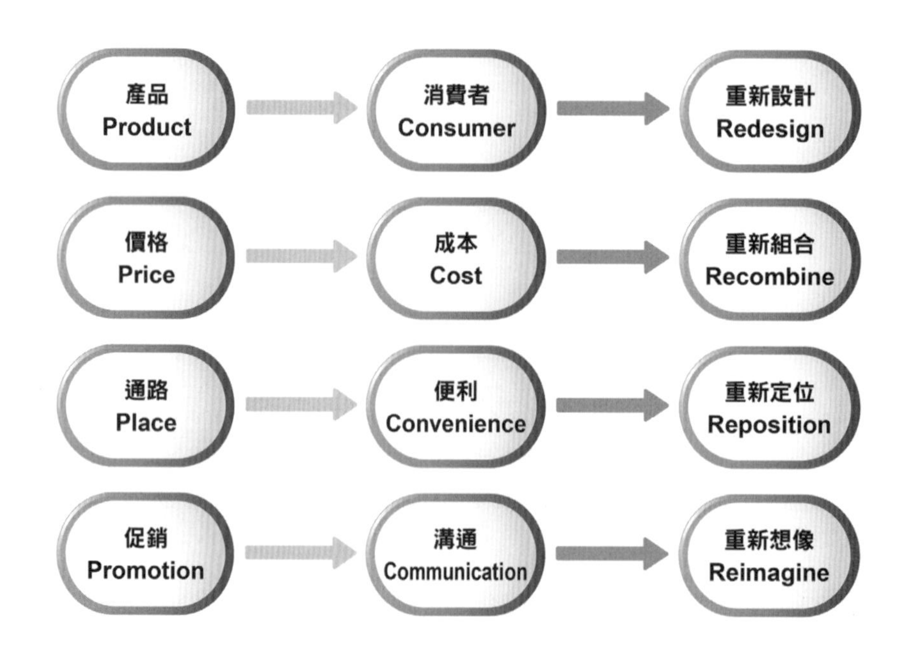

SWOT 分析

SWOT 分析是針對企業的整體的優勢（Strengths）、弱勢（Weaknesses）、機會（Opportunities）和威脅（Threats）進行綜合分析。

- **S（優勢）W（弱勢）分析：**是指用來了解企業內部的優勢和弱勢。每個企業都有其本身的優勢和弱勢，在瞬息萬變的競爭環境下，優勢不一定永遠存在，劣勢也不一定無法改變或動搖企業根本，所以各部門必須發揮溝通協調功能，逐漸匯成一股團結力量，才能展現企業的優勢與核心競爭力。

- **O（機會）T（威脅）分析：**是指用來了解外部環境變化對企業有何影響。「機會」是指環境中具有吸引力，可使企業獲得競爭優勢的領域；而「威脅」是指環境中不利的趨勢或發展所引起的挑戰，這種挑戰可能導致企業的銷售與利潤受到侵蝕。外部環境的變化並非一夕之間造成的，也不見得對所有企業都有利或不利，所以必須擬定因應策略、對症下藥，配合內部競爭優勢，企業才能始終屹立不搖。

在快速變化的市場當中，機會與威脅有可能會互相轉化，像被具有威脅性的事物可能轉變成機會（如：併購競爭對手），反之機會也有可能存在著威脅（如：公司大將跳槽另立門戶）。所以，對於外在環境逆轉的現象，就必須給予高度的重視，針對環境中的機會和風險研究分析後，將注意力轉向企業內部，唯有將組織中的優、劣勢了然於胸，方可胸有成竹。

綜合企業內外部環境的優勢、弱勢、機會和威脅，可思考下表中的問題：

S：內部優勢	W：內部弱勢
企業的生產製造優勢？	企業的生產製造弱勢？
企業的行銷發展優勢？	企業的行銷發展弱勢？
企業的人才組織優勢？	企業的人才組織弱勢？
企業的創新研發優勢？	企業的創新研發弱勢？
企業的資金財務優勢？	企業的資金財務弱勢？

O：外部機會	T：外部威脅
企業未來發展機會	是否滿足顧客需求？
是否有新的市場	政府經濟因素？
是否有新的商機	競爭者的動向或市場的變化？

範例 1：星巴克咖啡

優勢

1. 採用員工配股制，員工流失率低。
2. 全世界最大咖啡連鎖店，品牌知名度超高。
3. 採用高級阿拉比卡咖啡豆。
4. 咖啡、蛋糕產品多樣化。
4. 優質研磨設備和技術。
5. 財務穩健。
6. 展店順利快速，並重視顧客服務。

劣勢

1. 使用高級咖啡豆，故成本較高。
2. 裝潢設計成本較高。
3. 門市商品單價較高。
4. 外送門檻較高，且非每家門市皆可外送。

機會

1. 全省超過 250 家店，擁有一定的經濟規模。
2. 擁有消費能力強的粉絲群。
3. 獨佔高消費咖啡市場。

威脅

1. 油價上漲，咖啡豆、奶精、糖等食材成本上升。
2. 麵包店複合式經營搶市場一席之地。
3. 全省各家便利商店低價咖啡爭奪搶市。
4. 現代人越來越重視健康，導致每人一天飲用量降低。
5. 報章雜誌媒體報導一天少喝一杯咖啡，一年可省多少錢的觀點，導致每人喝咖啡的頻率降低。
6. 在咖啡飲料市場上，越來越多罐裝咖啡問市。

範例 2：美國沃爾瑪（Wal-Mart）

優勢

沃爾瑪是美國著名的零售業品牌，以物美價廉、品項眾多和一次購足而聞名。

劣勢

雖然沃爾瑪擁有領先的 IT 技巧，但由於營運據點遍布全球，跨國經營導致聯繫能力、協調能力等方面較不足。

機會

採取收購、合併或策略聯盟方式與其他國家當地零售商合作。

威脅

因為最大，所以是所有競爭者的頭號目標。

範例 3：CITY CAFE

台灣現在很多地方都飄散著咖啡香，7-11 內的 CITY CAFE 於 2001 年推出，曾在兩週內創下銷售破億元的佳績，成為國內規模最大的平價咖啡通路。

優勢

1. 一杯最低 25 元，單價低，願意購買人數多。
2. 門市設於 7-11 內，容易獲取各地的客源。
3. 咖啡豆挑選嚴格，獲得顧客信任。
4. 咖啡品質中上，顧客接受度高。

劣勢

1. 員工對咖啡的專業知識不足，難以建立品牌。
2. 設定好的綜合咖啡機調配咖啡，比不上烘焙過的咖啡。
3. 咖啡品項略顯不足，選擇性較少一點。

機會

1. 近年咖啡愛好者增加。
2. 利用集點行銷，易引起顧客購買。

威脅

1. 品牌忠誠度不易維持。
2. 咖啡市場容易進入，導致競爭對手多。例如：全家、萊爾富等皆有同性質產品。

SWOT 分析除了應用在企業上，也可應用在個人工作上，分析如下：

S ＝優點：你具備的社會競爭條件是什麼？例：工作經驗十年以上，英文聽說讀寫佳。

W ＝缺點：你所不足的基本條件。例：證照、相關經驗等。

O ＝機會：例：大企業注重英文能力。

T ＝威脅：例：熱門產業競爭激烈。

SWOT 分析後，進而需用 USED 技巧來產出解決方案，USED 是下列四個方向的重點縮寫，如用中文的四個關鍵字，會是「用、停、成、禦」。USED 分別是：

如何善用每個優勢？ How can we Use each Strength ？

如何停止每個劣勢？ How can we Stop each Weakness ？

如何成就每個機會？ How can we Exploit each Opportunity ？

如何抵禦每個威脅？ How can we Defend against each Threat ？

運用 SWOT 分析找出自己的優劣市場

Google 為什麼甘願只把一項服務做到最好、最專業，肯定也是做了一定的研究分析，才確認市場的定位。所以，接下來想跟創業主們談談這最基本的研究工具── SWOT 分析。

Google 公司因清楚自己的定位而取得市場領先

企業的優缺點，可以透過內部組織的分析得知，就如創業者自己的優、缺點，能從個性與過往的成就與經驗，來明白大致情況，但如果是企業的機會與威脅，就要從外部環境來分析。舉例來說，Yahoo 一直認為自己掌握了內容服務事業就可以勝出市場，但它錯估當時的市場需求，大眾需要的其實是一個可以提供快速搜尋引擎服務的網站，而非大量內容的網站，因為內容來源可以從舊媒體去取得，不需要網路公司大費周章的產出；相反地，Google 很明白地看到這點，致力於研發搜尋引擎，並善盡做組織、搜尋知識的行業，把握住這項市場機會，由於它把自己清楚定位在提供搜尋引擎，而非提供內容服務的行業，因而能勝出 Yahoo；只要你深究 Google 的實質工作內容，會發現他們既不生產也未掌握任何原創內容，只不過是做到「組織網路上的現有內容」，成為公司主要的優勢所在。

柯達公司錯失數位相機市場

柯達公司也是一個「無法看到市場的機會與威脅，以及自己優點與缺點」的公司。在數位相機普及的時代，傳統底片的年代已宣告式微，但柯達公司一直到2004年，才宣布停止在美、歐等成熟市場銷售傳統底片相機，進行轉型。柯達投資35億美元進行重整，特別著重於數位影像科技部門，包括旗下的數位影像產品，註冊會員超過七千萬人的線上服務、全球八萬家零售點以及一系列的數位相機、印表機、及相關設備。這個決定雖然是正確的，但決定得卻太遲了，柯達已無法跟惠普、佳能等對手較量，導致公司虧損連連，拱手讓出原先在相機市場上的寶位。且若以會員數七千萬人的線上服務實力來說，柯達其實可以走向線上影像和記憶行業，可惜柯達公司被實體事業所限制，讓網路上最有名的相片群網站Flickr，被當時的新興網路公司Yahoo所買下，錯失翻身的機會。

但其實也不一定要爭取到領導地位才算是成功，有時候透過「策略聯盟、雙贏策略」，兩家或兩家以上的公司或團體，基於共同的目標而形成，各取所需、截長補短，各有優勢長處、相互合作，也能開創良好的事業基礎。例如：肯德基公司為了在日本開設連鎖店，與三菱集團進行策略聯盟，因為三菱企業對日本市場的熟悉度一定比肯德基公司來得好。在台灣，連鎖便利商店雖然是一股時代趨勢，但7-11當初如果沒有找台灣統一企業合作，要在市場上勝出也不大容易。7-11之所以能崛起，便是因為其能充分地運用精確的物流管理系統這項優勢，以及熟悉台灣市場的統一企業，才打贏傳統的雜貨店。

10 行銷新思維不斷湧現

面對互聯網浪潮的洶湧而來，傳統行業應以積極的姿態迎接網路新時代，用互聯網思維去武裝行銷，這就是「互聯網＋行銷」。

現在，眾多企業感受到了經濟轉型之痛，困局、危機眾多，傳統企業舉步維艱。曾經的龐然大物在頃刻間轟然倒塌，角落裡小企業瞬間成為行業領先。曾經手機行業的老大諾基亞現如今屈居微軟之下，名不見經傳的小米成為全球成長最快的企業，傳統的工業思維受到互聯網思維的強勢挑戰。

在互聯網環境中成長起來的新世代年輕網路族，已然成為消費主力軍，他們用自己的方式選擇品牌、選擇產品。工業化時代行銷思維的權威性逐漸減弱，不管你願不願意，互聯網思維、「互聯網＋」行銷就這樣來到我們身邊。

互聯網改變行銷規則

隨著網路技術的快速發展，企業行銷需要依靠價值驅動，將企業使命、願景和價值觀與消費者的互動溝通，藉此建立起鐵杆「粉絲群」，實現產品的持續銷售。

典型的互聯網企業小米科技做的仍是傳統的事：手機、電視、路由器等電子產品的製造與銷售。而 TCL、聯想、華為等也都在做同樣的事，但小米卻能成為黑馬，因為小米是用互聯網思維來經營，全面顛覆了手機業「行規」的小米，被視為互聯網思維的最佳代言者，如今的估值已經超過百億美元。

傳統企業用工業化生產的路徑前行，流程冗長繁瑣、等級分明而制約了企業發展，而互聯網思維的企業要求扁平化管理，在網路上實現互聯互通和跨越時空的聯繫，因此，隨著互聯網的發展，從意識、思考方式和行為習慣，到行銷方法，都將產生新模式、新產品和新形態，一種交叉、融合與互補的跨界模式正改變著行銷規則。

「互聯網＋」時代講究產品的「體驗」和「極致」，也就是說「以使用者為中心」，將產品做到極致，製造「讓使用者尖叫」的產品。隨著行動網路的發展與普及，用戶與企業之間溝通的管道非常通暢，企業完全可以將用戶回饋囊括在糾錯機制之中，形成內部創新的標準化體系，加快產品的更新週期。因此，行銷的關鍵就是要「全通路」接觸顧客，「體驗」至上。

人人都是產品經理

以往傳統的做法是企業提供產品服務，藉由行銷、推廣等手段讓消費者購買，贏得市場占有率，而「互聯網＋」行銷需要充分考慮消費者的意見，依據消費者的需求訂製產品，消費者參與產品設計，可以說，「人人都是產品經理」。在產品沒出來前，消費者就已經決定購買，所以，有人說到了網路時代，如果企業的所有努力不能取悅消費者（粉絲），那麼之前一切投入的時間、金錢就是打水漂，市場的話語權就回到消費者手中了。

在 2013 年的時候，一家叫作黃太吉的煎餅店迅速在網路上走紅。黃太吉被廣泛關注是因為網友們津津樂道地分享「黃太吉老闆開著賓士車送外賣」的故事。透過不斷的網路炒作，黃太吉因而不經意地成為當時上班族都想嚐一嚐的「時尚煎餅」。然而，大眾點評網上的評論，卻將黃太吉「打回原形」，多數網友認為黃太吉煎餅用餐環境不錯、服務也好，但口味的確一般。「黃太吉的裝修和服務都很好，東西本身不行，完全沒有再去一次的欲望。估計最後和馬蘭拉麵一樣吧，紅一陣子，然後店家喊累了人們也聽煩了，湊合存在著。」大眾點評一位網友這樣評價道。

過度重視行銷炒作及噱頭的製造，卻忽視了產品本身的口味或價值，成了黃太吉煎餅的致命傷。

因此，我們也不能被互聯網思維顛覆一切的浪漫衝昏頭腦，雖然互聯網時代的一切都在變，但行銷還有著其不變的堅守，那就是消費者，倘若失去了消費者，企業就失去了存在的價值。企業要永續發展，就不能忽視消費者的個性化需求，在產品上、服務上力求對每個消費者進行識別追蹤，建立長期的互動。人都是有情感的，在顧客習慣了你的產品服務之後，就不會輕易地離開，反而不會花費更多的時間和精力去瞭解、適應其他的產品的；因此，「滿足」消費者需求，創造消費者的「滿意」，是每個企業的使命和宗旨。

消費者是企業的資源，更是企業的資產。企業要改變以往那種尋求短期利益最大化的「交易行銷」，轉型為追求長期利益最大化的「關係行銷」，在買賣雙方之間創造更親密的共用和依賴。因此，累積消費者忠誠度的關係行銷將未來企業在行銷方面所要重點施力的地方。傳統通路瓦解，企業以通路為王的時代已經過去，網路時代下企業可以直接與消費者建立聯繫，過去傳統的通路控制消費者的能力逐漸減弱，壟斷通路已漸漸瓦解。

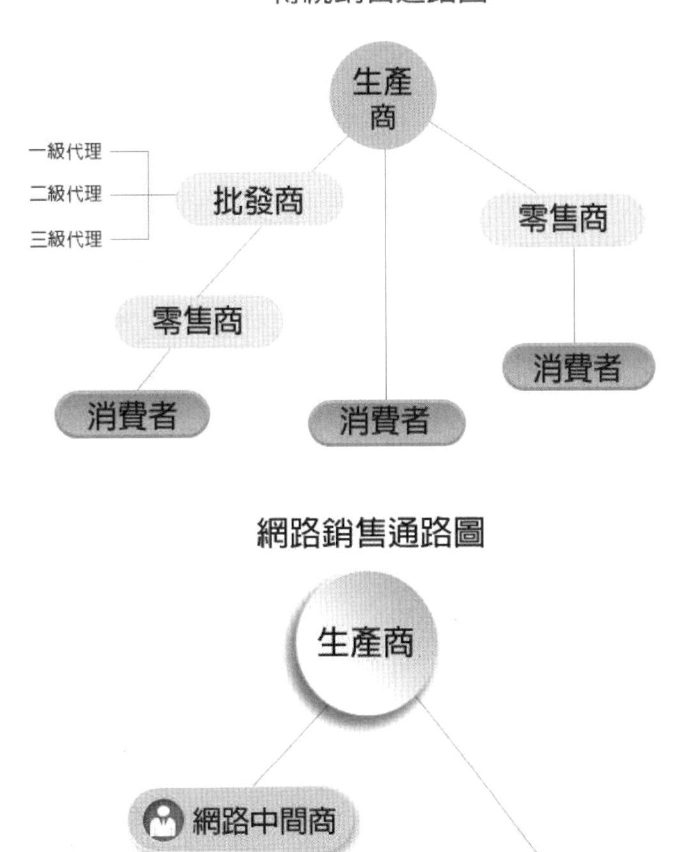

近十年來，全球的品牌企業開始投入線上銷售，擁有自己的網路通路，像是 Apple、小米、Ikea、Gap、NIKE、Uniqlo……等，在台灣，網路原生品牌 Lativ、東京著衣、Pazzo、Grace Gift……等，在線上銷售都取得亮眼的成績。

小米是典型的代表，小米在銷售通路上，堅持選用線上銷售的電子通路作為其唯一的銷售管道，而當前隨著中國聯通、中國電信定製機的相繼問世，小米也真正實現了流通管道的多元化。要知道，單純依靠網路銷售模式的確為小米省下了不菲的通路行銷費用，而多頻次的「饑餓行銷」模式又放大了其在通路上的相對優勢。小米的這種網路行銷手段使小米的廣告費用只占 0.5%，通路成本也在 1% 以下。

因此，傳統產業想要靠著網路趨勢擴大發展，必須先實現「現代行銷企業」的轉型，也就是人人都是「為顧客服務」。從上到下、從下到上都理解並知道，只是環節、職務不同，工作目的一致。以員工滿意帶來顧客、供應商、經銷商滿意和股東滿意，促進社會大眾滿意，也只有如此，才能帶來更多、更忠誠的粉絲，創造更多讓人尖叫的產品；同時，意識到「行銷」不僅是重要的管理職能，更是企業文化、經營哲學，真正「以用戶為中心」，所有行銷創新都要基於粉絲的需求，行銷才有良好的生存環境。

11 大數據行銷塑造產品獨特性

想知道如何從數字中找出顧客嗎？想知道廣告怎麼下才有效果嗎？想知道未來消費市場的趨勢嗎？善用大數據才能有效精準做行銷！

近年來大數據的研究與發展日趨成熟。對企業而言，若能透過數據分析資料，進一步了解產品到底購買和需求的族群是哪些人，就更能實現精準行銷，目前台灣市場光一年的大數據商機就突破一千億元，關鍵就在於在大數據追蹤下，消費者想要或購買的任何東西，電腦能透過分析提供數據給業者鎖定目標客群，現在已成為新世代行銷的新趨勢！

騰訊公司網路媒體事業群總裁劉勝義指出：「大數據時代，網路媒體正在從單純的內容提供方進化成開放生態的主導者。大數據時代的社會化行銷重點是理解消費者背後的海量資料，挖掘用戶需求，並最終提供個性化的跨平臺的行銷解決方案。」透過大數據分析，追蹤，有助於企業找到目標客戶，並進一步分析鎖定目標客戶群。據報導指出，使用大數據分析行業第一名是美妝業、再來是金融理財、家庭消費品不動產、飲品和食品類。數據的分析是幫助產品找到會買它的人，也就是說，具體的數字會告訴你，產品應該要對誰推銷，然後集中火力推銷。

大數據資料能協助我們去做一些指標分析、一些數據的解讀，利用大數據行銷，能精準高效地提升廣告效果，不但可以察覺到購物族群的變化，與行銷策略的成效是如何；根據大數據分析消費者的實際需求並生產具有相應獨特性的產品，最終獲得較高的投資報酬率。

其實在我們平常生活裡面，我們留下很多紀錄，這個紀錄包含像是我們上網喜歡看什麼內容、我們會分享什麼文章、那我是男性或女性、我在什麼地方等等，那如果這一些資訊配合上我的實際購買紀錄，那就可以區分成不同的族群，將商品

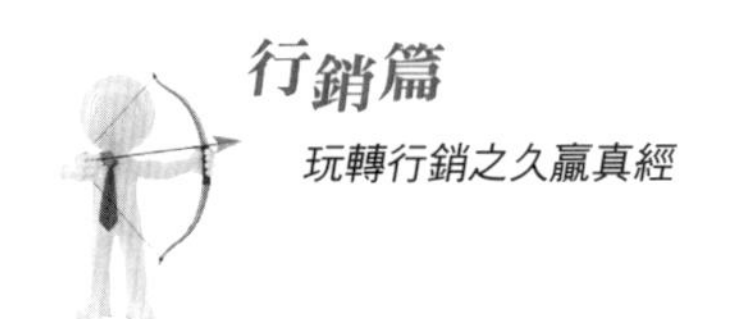

做關聯性的行銷。你是否曾經有過類似這樣的經歷，你連續幾次在某個網站上購買嬰兒紙尿褲，再次購買時，網站主動會為你推薦很多相關產品，如奶粉、嬰兒濕紙巾、安撫奶嘴等，這些商品的廣告郵件、優惠資訊會出現在你的常用郵箱裡，甚至你會接到一些推銷的電話，告訴你有哪些與嬰兒有關的商品正在促銷。這就是網路商店透過大數據分析消費者的購買傾向，並預測出他可能會購買的商品，進而進行的精準行銷；這樣做，無疑增強了消費者的購買動機，同時也多方面地滿足了消費者的需求，並且提高了網路商店的工作效率和商品成交量。

大數據行銷是基於大量的數據資料去分析、挖掘，形成客戶畫像，基於客戶畫像進行一系列的行銷活動，比如透過網路數據挖掘，篩出喜歡體育運動的客戶，對該群體進行行銷。

大數據和資料庫是兩回事。大數據行銷門檻高，需要掌握數據，需要分析挖掘技術平台，資料庫行銷則經由行業管道如銷售人員收集、社會關係收集，形成一個客戶庫，依客戶資料庫進行行銷，一般是靜態性質的。資料庫，是說你有很完善的數據，比如你可以告訴我台北有多少人使用穿戴式裝置，有多少兒童沒有近視，這就是資料庫的概念。數據資料很大量，也許很精確，也許不是很精確，但這都是資料庫，我們可以運用這個資料庫來賺錢，收集和累積會員（用戶或消費者）信息，經過分析篩選後，針對性地使用電子郵件、簡訊、電話、信件等方式進行客戶深度挖掘與關係維護的行銷方式，這就是資料庫行銷。

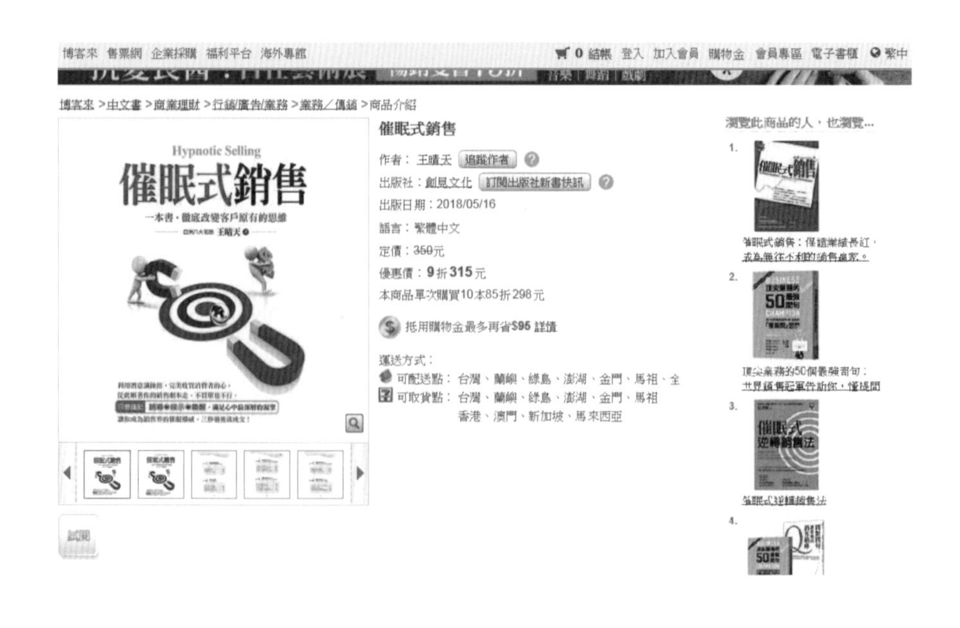

而透過大數據分析管理就會更深入一些，以廣告投放來說，從前期推送廣告給用戶，到後期用戶瀏覽廣告，再到用戶購買，直至最後成為會員，這一整個的行銷流程全程都有數據記錄，以產品定位來說，根據其產品特徵，尋找定位目標用戶，首先要搜尋採集用戶數據，包括性別、職業、年齡、婚姻狀態、收入情況、用戶瀏覽行為、購買行為等等這些數據，透過對這些數據的收集和分析，對用戶進行用戶畫像分析，掌握用戶需求，進而做差異化產品和精準行銷策略。整體來說這是一個對行銷全流程關注、分析、管理的過程。

大數據行銷的價值不勝枚舉，海量的行銷資料能精確獲取消費者及潛在客戶的消費特徵，為企業產品生產提供具針對性的有效資訊。

① 企業藉由大數據對使用者做行為與特徵分析

透過大數據技術分析，結合自家產品的定位，鎖定核心消費群，針對核心消費群制訂行銷策略。例如，小米將目標客戶精準鎖定在草根人群，並透過數據技術對使用者年齡、個性、區域分布等各方面進行分析，然後集中力量在核心區域針對手機用戶造勢。只要累積足夠的使用者資料，就能分析出用戶的喜好與購買習慣，甚至做到「比用戶更瞭解用戶自己」。這一點，正是許多大數據行銷的前提與出發點。

無論如何，那些過去將「一切以客戶為中心」作為口號的企業可以想想，過去你們真的能及時且全面地瞭解客戶的需求與所想嗎？或許只有大數據時代這個問題的答案才更明確。

② 大數據實現客製化或獨特化的精準行銷

精準行銷總被許多公司提及，但這些名義上的精準行銷其實並不怎麼精準，因為其缺少使用者特徵資料支撐及詳細準確的分析。依靠大數據支撐的個性化行銷，不但能把行銷資訊直接推送到受眾群體的面前，還能保證廣告投放的效果，對受眾群體產生最直接、最有效的消費刺激；現今很多企業或網路電商都會運用此個性化技術進行精準行銷。

雖然大多數的網路電商、購物網站都有產品搜索功能，但海量的產品資訊還是容易讓人覺得繁瑣，看得眼花瞭亂，於是各大網站紛紛引進站內個性化推薦系統，這一系統能讓使用者從海量資訊中，篩選出自己所需的資訊，從而達到精準行銷的目的，比如知名的購物網站淘寶網，基於用戶的瀏覽歷史，推薦符合用戶需求的商品清單，為用戶提供感興趣的商品，達到精準行銷的目的。

透過數據分析管理，為你分析自家產品的受歡迎程度，選擇使用者好評率高、點選率高、毛利高的「三高」產品進行促銷，對於一些差評、點選率低的產品或改進。例如，7-Eleven，這個擁有 4800 多萬種商品、單店匯入均約 2800 種，每週都有新品推進、每間商店的商品都有所不同，而所陳列的商品正是由消費者資料決定的。在中國的 7-Eleven 店裡，除了能看到常見的壽司、餐包、關東煮以外，還能看到包子、澆蓋飯等更符合東方人口味的餐品。從店鋪到總部的資訊，以及供貨商、訂貨系統的資訊，7-Eleven 均實現了網際網路化，在提高顧客體驗的同時，也方便了資料採集，而且資料裡會提示，哪一類型的熟食更受當地消費者歡迎，繼而影響新品開發與商品的陳列。

精準行銷將取代傳統式的撒網行銷，這種精準不僅表現在投放內容的個性化上，還體現在投放產品的獨特性上；這種爆品的獨特性會及時、準確地滿足消費者的實際需求。

③ 大數據帶來產品獨特性，投使用者所好

如果能在產品生產之前瞭解潛在使用者的主要特徵，以及他們對產品的期待，那你就可以根據這些分析結果確定產品的特點，進行特定化生產，這樣產品的獨特性就能投用戶所好。例如，Netflix 在拍攝《紙牌屋》之前，即透過大數據分析了解潛在觀眾最喜歡的導演與演員，結果果然捕獲了觀眾的心。又比如，《小時代》在預告片投放後，即從微博上透過大數據分析得知主要觀眾群為 90 後女性，因此後續的行銷活動就主要針對這些人群展開。

大數據行銷的十個價值

利用大數據行銷，能夠精準高效地提升廣告能力，並獲得高效的投資報酬率。

如果你曾在 Amazon、博客來、momo 網站上購物，一定有過這樣的體驗，一開始你會看到一些突然冒出來的推薦，網站會根據你現在瀏覽的商品跟你說曾經瀏覽過這個商品的人又看過了什麼，或是買這個商品的人他們也會購買什麼商品，然後給你一份推薦清單，其中還包括你自己的瀏覽紀錄及購物紀錄，這種推薦方式便是根據歷史購買紀錄計算的！根據統計資料而產生的推薦，讓 Amazon 在一秒鐘能賣出 79.2 樣商品，這就是電商透過大數據分析出該消費者的購買傾向，並預測出他可能會購買的商品而進行的精準行銷。

這樣做無疑增強了消費者的購買欲望，同時也在多層次上滿足了消費者的需求，並提高了購物網站的工作效率和商品成交率。

大數據行銷的價值不勝枚舉，海量的行銷資料能精確獲取消費者及潛在客戶的消費特徵，那大數據行銷的價值具體有哪些呢？

1 用行為與特徵分析

只要累積足夠的用戶資料，就能分析出用戶的喜好與購買習慣，甚至做到「比用戶更瞭解用戶自己」，有了這一點，才是許多大數據行銷的最有力依據。那些過去將「一切以客戶為中心」作為口號的企業可以想想，過去你們真的能及時且全面地瞭解客戶的需求與所想嗎？或許只有在大數據時代，這個問題的答案才能更加明確。

2 精準行銷資訊推送支撐

過去多少年了，精準行銷總被許多公司提及，但真正做到的少之又少，反而是垃圾信息氾濫。究其原因，主要就是過去名義上的精準行銷並不怎麼精準，因為其缺少使用者特徵資料作為基礎及詳細準確的分析。相對而言，現在的 RTB（即時競價）廣告等應用，則向我們展示了比以前更好的精準性，而其背後靠的就是大數據的支撐。

3 引導產品及行銷活動投使用者所好

透過擷取大數據，分析消費者個人喜好及生活習慣，從而創造消費需求，比如：Google 可知道你通常在哪裡上網、週末去哪裡玩；Facebook 可知道你喜歡聽誰的歌，能掌握使用者的習慣就能投其所好。遠傳電信大數據智慧部經理蕭博仰對大數據的應用，做了這樣貼切的註解：「觀其所行、揣其所欲、析其所群、投其所好。」並舉例遠傳推出的 FriDay Video、FriDay Shopping 等 App，在分析數據後，就能針對用戶對歌曲和影片類型的喜好、及其購買紀錄，做出精準推銷，大大提高了轉換率。

此外，不少品牌會在推出新產品前在社交媒體上先「試水溫」，透過按讚數目及點閱率來預測銷量；購物網站向用戶推薦商品前，亦會追蹤用戶購買、瀏覽歷史，並分析購買資料，以期讓消費者有更滿意的購物體驗。

4 競爭對手監測與品牌傳播

競爭對手在做什麼是許多企業想瞭解的，即使對方不會告訴你，你也可以透過大數據監測分析得知。品牌傳播的有效性亦可透過大數據分析找準方向，例如，可以進行傳播趨勢分析、內容特徵分析、互動用戶分析、正負情緒分析、口碑品類分析、產品屬性分析等，也可以藉由監測競爭對手的傳播態勢，根據使用者的期望策劃內容。

5 品牌危機監測及管理支援

新媒體時代，品牌危機使許多企業談虎色變，然而大數據可以讓企業提前偵測或有所預警。在危機爆發過程中，最需要的是跟蹤危機傳播趨勢，識別重要參與人員，方便快速應對。大數據可以採集負面定義內容，及時啟動危機跟蹤和預警，按照人群社會屬性分析，聚類事件程序中的觀點，識別關鍵人物及傳播路徑，進而保護企業、產品的聲譽，抓住源頭和關鍵節點，快速有效地處理危機。

6 企業重點客戶篩選

以前總讓許多行銷人員糾結的事是：在企業的用戶、好友與粉絲中，哪些是最有價值的用戶。有了大數據，或許這一切都可以更加有事實依據來支撐。從用戶訪問的各種網站可以判斷出其最近關心的東西是否與你旗下產品相關；從用戶在社群媒體上（IG、FB）所發布的各類內容及與他人互動的內容中，可以找出千絲萬縷的資訊，利用某種規則關聯並綜合起來，就可以讓企業篩選出目標用戶。

⑦ 大數據用於改善使用者體驗

要改善用戶體驗，關鍵在於真正瞭解用戶及他們所使用的產品的狀況，做最適時的提醒。例如，在大數據時代或許你正駕駛的汽車可提前救你一命，只要經由遍布全車的感測器收集車輛運行資訊，在你的汽車關鍵零件發生問題之前，就會提前向你或車廠發出預警，這絕不僅僅是節省金錢，還有益於行車安全。事實上，美國的 UPS 快遞公司早在 2000 年就利用這種基於大數據的預測性分析系統來檢測全美六萬輛車輛的即時車況，以便及時地進行預防性保養或整修。

⑧ 社會化客戶分級管理支援

面對日新月異的新媒體，許多企業想透過對粉絲的公開內容和互動記錄分析，將粉絲轉化為潛在用戶，啟動社會化資產價值，並對潛在用戶進行多角度的畫像。大數據可以分析活躍粉絲的互動內容，設定消費者畫像的各種規則，相關潛在使用者與會員資料，相關潛在使用者與客服資料，篩選目標群體做精準行銷，進而使傳統客戶關係管理結合社會化資料，豐富使用者不同角度的標籤，並可動態更新消費者生命週期資料，以維持資訊的新鮮有效。

⑨ 發現新市場與新趨勢

大數據的分析與預測有利於洞察新市場與把握經濟走向。例如，阿里巴巴從大量交易資料中提早發現了國際金融危機的到來。又如，在 2012 年美國總統選舉中，微軟研究院的 David Rothschild 就曾使用大數據模型，準確預測了美國 50 個州和哥倫比亞特區共計 51 個選區中 50 個地區的選舉結果，準確率高於 98%。之後，他又透過大數據分析，對第 85 屆奧斯卡各獎項的得獎者進行了預測，除了最佳導演外，其他各獎項的預測全部命中。

⑩ 支援市場預測與決策分析

關於資料對市場預測及決策分析的支援，過去早就在資料分析與資料挖掘盛行的年代被提出過。沃爾瑪著名的「啤酒與尿布」案例即是那時的傑作，其透過數據分析了解到：每逢週五晚上，到超市購買尿片的男性顧客，往往會為週末球賽順便買了幾瓶啤酒回家，於是沃爾瑪打破常規，將啤酒與尿片擺放在同一區域，成功讓兩項產品的銷售量提升三成。這樣從資訊的「量」到資訊的「質」，從靜態的儲存

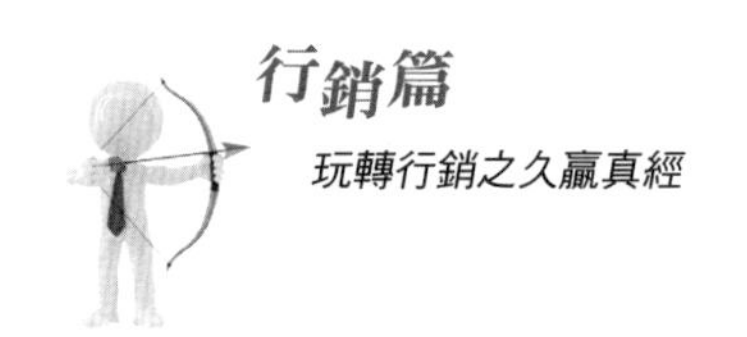

到動態的管理、分析，只是由於大數據時代資料的大規模與多類型對資料分析與資料採擷、提出了新要求。更全面、速度更及時的大數據，必然能對市場預測及決策分析進一步發展提供更好的支援，要知道，似是而非或錯誤的、過時的資料對決策者而言簡直就是災難。

身處網路化時代，傳統企業必須勇敢地面對這種衝擊，主動變革比創業本身更需要勇氣，我們所要關注的焦點是新時代下客戶的生活方式，所要克服的是過去的成功所造成的慣性思維。當然在網路浪潮的衝擊下會有一批企業被淘汰，但當越來越多的傳統企業明白時代轉型的必要與關鍵後，依舊可跳上一曲優美的華爾滋，來一次華麗的轉身。

12 笨蛋！問題在產品

行銷學大師菲利浦．科特勒（Philip Kotler）說產品是指「可提供於市場上，引起注意、購買、使用或消費，並能滿足消費者欲望或需求的任何事物。」所以，廣義的產品包括有形產品和無形產品，而無形產品包含服務、人物、地方、理念、組織、事件等。例如：

1. 實體產品：衣服、手機、電腦、圖書、房子、汽車、食品……等。
2. 服務：新書發表會、線上叫車、線上訂餐、美容美髮……等。
3. 人物：政治人物、明星藝人、運動員、作家、畫家……等。
4. 地方：台北 101 大樓、巴黎鐵塔、紐約自由女神、杜拜帆船飯店……等。
5. 理念：禁煙、反毒、交通安全……等。
6. 組織：公益團體、宗教團體、基金會……等。
7. 事件：2020 年東京奧運、公司創立二十週年……等。

產品生命週期（PLC）模式

產品生命週期（Product Life Cycle, PLC）是由行銷大師李維特（Theodore Levitt）於一九六五年所提出，指產品從進入市場到退出市場的週期性變化過程，就像人的生命一樣，要經歷出生、成長、成熟、老化、衰退的階段過程。產品的生命週期不是指產品的使用壽命，而是指產品的市場壽命，可分成四個階段：

① 導入期（Introduction）

又稱上市期或萌芽期，是指新產品剛進入市場的時期，此時的銷售成長從零開始。由於銷售量小，產品的研發成本高，所以新產品在導入期只是一個成本回收的過程，利潤一般來說是負數。例如：引發全球限量熱潮的 Nike，其一向以創新為傲，產品生命週期比較短，新品推出進入成熟期後，馬上就有更新的產品推出。而在導入期階段，若尚未有類似的產品在市場上出現，Nike 有時就會採取「限量搶購」，讓消費者在眾多商品中立即聚焦在限量商品上，順水推舟地迎接生命週期的下一階段—成長期。這個階段的行銷策略：強調「快」，可以採取以下策略：

- **快速掠取策略：**以高價格高促銷的方式推廣新產品，高價格的目的是使企業快速回本；高促銷的目的是為了儘快打通銷路，讓更多的人知道有此新產品。

- **快速滲透策略：**是以低價格高促銷的方式推廣新產品，其目的是為了獲得最高的市占率。

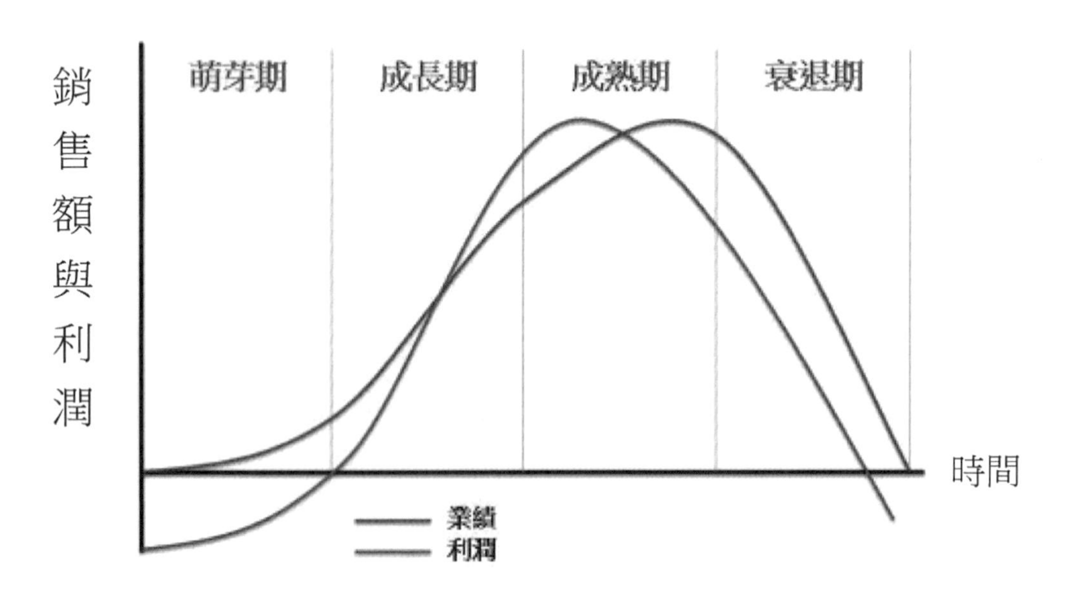

② 成長期（Growth）

是指產品已開始為大批購買者所接受的時期，此時的銷售大幅成長，由於銷售量的上升，產品的單位成本下降，產品的銷售利潤也就開始增加。例如：愛之味鮮採番茄汁，茄紅素（Lycopene）被證實具有抗氧化作用，且能降低血液中的膽固醇濃度，以致與番茄相關的各類食品紛紛攻占各大賣場。而愛之味企業所推出的「愛之味鮮採番茄汁」堪稱是番茄養生風潮的領導者。

這個階段的行銷策略：強調「好」。可以採取以下策略：

- **改善產品品質**：為了跟競爭對手抗衡，會從產品的材質、功能、樣式、包裝等方面去加強，進而鞏固自己的市場占有率。

- **調整產品的售價**：適當時機推出特惠價，可吸引更多的消費者購買。

- **擴展新市場**：可進軍未進入的市場，增加銷售據點，以便讓更多的消費者購買。

③ 成熟期（Maturity）

由於產品的市場已趨於飽和，或已出現替代產品的強力競爭，銷售成長緩慢，甚至逐步下滑，此時為了維持市場占有率可能增加行銷相關費用，造成產品的利潤下降。例如：美國一家生產牙膏的公司，品質優良，包裝精美，深受消費者的喜愛，每年營業額逐步增加。不過後來業績卻停滯不前，董事會為此不滿，特別召開全國高層會議，商討對策。會議中，有一名年輕的經理大膽提議：「既然使用人數已無法再突破，我們何不將現在的牙膏開口擴大 1mm。」總裁最終接受這個提議，立即下令更換新的包裝。親愛的讀者，你們想想看，牙膏開口加大 1mm 將帶給公司什麼樣的影響呢？答案是每天早上每位消費者多用了 1mm 的牙膏，而使該公司自那年起營業額增加了 32%。

這個階段的行銷策略：強調「優」。可以採取以下策略：

- **提高使用率**：提高產品使用的次數和提高產品每次使用量。

- **擴大使用人數**：吸引競爭對手的顧客成為自己的顧客。

- **產品改良**：重新改良款式或包裝，增加產品的特色或提升產品的附加價值。

- **調整行銷組合**：企業的行銷組合不是永遠一成不變，有時會因應外界環境而改變，如提高或降低售價，擴增行銷通路，增加促銷活動，將產品重新包裝等。

④ 衰退期（Decline）

由於消費者的興趣或需求已經轉移或轉變，或替代產品已大幅占領市場，致使產品的銷售量持續下降，利潤大幅減少，直到最終退出市場。

例如：傳統底片。現在已幾乎沒有人在使用傳統底片了，所以傳統照片沖洗店紛紛倒閉，即使有也轉型成數位照相館，但也不像以前那麼多家了。現在人們普遍都使用數位相機，用記憶卡和硬碟甚至雲端來儲存照片，除非有必要才會將某幾張照片沖洗出來。這個階段的行銷策略：強調「轉」。可以採取以下策略：

- **割捨策略：**逐步將庫存的產品以超低價售出變現，以便做好退出市場的準備。
- **不動策略：**將所有行銷成本降至最低，不再將時間心力花在此產品，讓產品在市場上自然銷售。

新產品的開發

新產品是指被大部分消費者認為是新的產品、服務或想法，包含原創的新產品、新品牌、產品改良、重新包裝等。如果以行銷學的角度來看，新產品主要包括以下四大類：

① 模仿新產品

又稱新產品或地域性新產品，是指市場上已存在但企業未生產過的產品，或其他地區已存在，而本地是首次生產的產品。由於這些產品的開發與生產都是對現有產品的一種模仿，所以叫模仿新產品。例如：知名服飾品牌 Lativ，它有些品項據說有模仿日本知名品牌 UNIQLO。

② 改良新產品

是指在產品的材料、結構、功能、顏色、包裝、造型等方面進行局部改良。例如：iPhone XS 比 iPhone 8 螢幕採 OLED 材質的、尺寸更大、螢幕更新速率更快、記憶體大了 2GB、電池續航力更佳、處理器效能更優化。

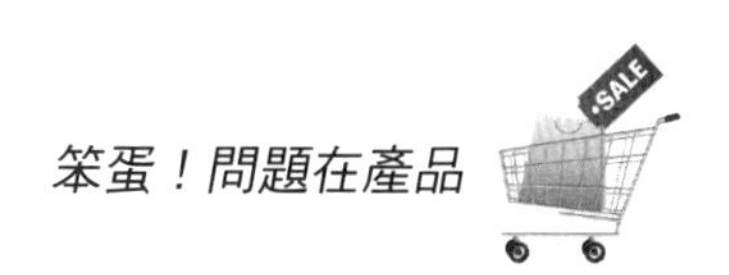

③ 換代新產品

是指對產品的相關性能進行大幅度修改的產品。例如：微軟 WindowXP、Windows Vista、Windows 7，雖然都是電腦的作業系統，但操作介面、細部功能皆不同。

④ 完全新產品

是指完全或部分採用新材料、新技術、新原理而具有全新功能的產品。例如：從電話到手機，從桌上型電腦到現在流行的平板電腦等。

諾和諾德（Novo-Nordisk）公司在 1985 年開發出的胰島素筆針，就是個改良新產品的典型例子。在胰島素筆針還未開發出來之前，糖尿病病患注射胰島素時，需準備注射筒、針頭及胰島素，整個程序既複雜又麻煩，直到筆針這種簡便的注射器出現，才大大解決了病患注射胰島素的不便利性，使胰島素筆針成為一個炙手可熱的產品，而這一切只因為諾和諾德公司留意到病患使用的需求，將之設計到產品裡，讓產品市場得以打開，創造當時無人可及的佳績。

「多芬香皂」這個品牌在市場上的銷售成績始終相當亮眼，探究其能勝出市場的主要因素，就藏在包裝品牌名稱下的那一行字：保濕乳液。因為它含有保濕成分，有滋潤肌膚的功效，貼心地把保濕乳液的成分放到香皂中，讓多芬香皂一推出就受到消費者的歡迎。

獨特的產品是構成一頭紫牛的主體，但問題是哪來這麼多卓越非凡的獨特產品呢？

網路世紀的到來，使得抄襲對手的好點子變得比以往更加容易！尤其當創造獨特產品的研發費用很高，但創新之後往往不成功便成仁時，風險與成本都低的抄襲策略就被眾廠商所趨之若鶩了。法國化妝品通路商 Sephora 以黑色經典系列著稱，後來另一家連鎖店 Patchouli 從店內裝潢到員工服裝，甚至燈光、音響與商品陳列方式都模仿 Sephora，Sephora 一氣之下告上法院，法院卻判決 Patchouli 勝訴！

根據統計，全球抄襲仿冒的判例，光是無罪或不起訴處分的就超過了九成以

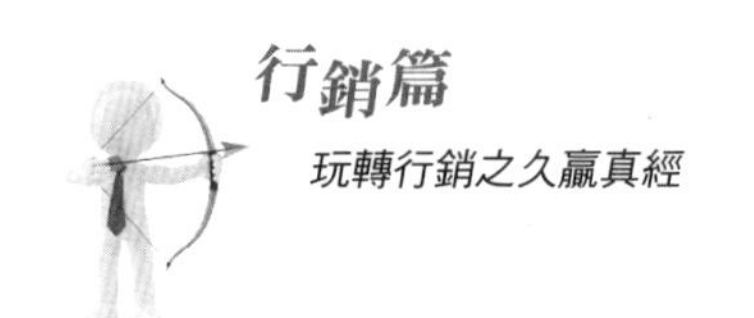

上，以內容產業而論，只有抄襲「內容」才會犯法！仿冒策劃選題（所謂 idea 的跟風），格式、版型、裝幀與行銷企劃統籌通通沒事！因此，通路商模仿大品牌而美其名說是自創品牌的事，今後只會多、不會少！

所以，白痴才不用對手的好點子！一般企業的最佳應對策略仍是 80/20 法則，用 20% 的精力以 me too 的方式生產，提供 80% 的產品（服務），再以 80% 的精力設法創新出 20% 的獨特產品或服務。

破壞性創新

創新大師美國哈佛商學院教授克利斯汀生（Clayton M. Christensen）在他的著作《創新者的解答》當中提到：創新可分為兩類，一類是維持型創新；一類是破壞性創新。

維持型創新就是生產更好的產品，用更高的價格銷售給主要且忠誠的客戶，破壞性創新就是做出更簡單、方便的產品，以更低的價格銷售給忠誠度低、會流動的顧客或其他次要的客戶。一旦這個破壞性的低價產品在低階市場或新市場立足之後，企業就會開始改善產品品質，向上提升，慢慢的向上層的顧客發展，由於技術進步的速度快，吸收新顧客的速度慢，因此先前技術含量較低，品質尚不夠好的產品終會改善，以趕上高層顧客更高的需求，這就是所謂的破壞性創新，而中國大陸中芯半導體的竄起就是最好的例子。

克利斯汀生教授（Clayton M. Christensen）在其著作《創新者的解答》中指出：一個管理者要想清楚以下四個問題才可以決定是否要採取破壞性創新的行為。

1. 有其他競爭者因為沒有錢或相關的設備而放棄生產這一類產品嗎？
2. 低階市場的顧客，願意以低價購買性能較差但是還算好用的次等品嗎？
3. 能發展出一種既可以較低的價格吸引那些之前受到良好服務的客戶，並能獲取一定的獲利，還可讓資產周轉率加快商業模式嗎？
4. 這個破壞性創新可以打敗市場上的所有對手嗎？

13 創造讓客戶驚艷的價值

「爆品」這個詞是大陸用語，它起源於小米手機，它的第一款手機推出時，小米聲稱其在網路上只用十分又三十一秒就賣了一千萬台，所以它就是一款爆品。爆品就是公司推出讓人尖叫的新產品，一下子就有幾十萬幾百萬的人去推薦它。

O2O 指的是線上和線下，在線上在網上的叫 online；不在網上的叫做 offline，O2O 兩端都要匯集粉絲，這正是 B 的秘密與流量的秘密，也唯有爆品才能營造飢餓行銷！

品牌是由爆品誕生的，那你要怎麼打造讓消費者驚艷的產品呢？就是要做到：

1. 產品個人化

2. 追求極致

3. 更新速度極快

這中間有個名詞叫做迭代，就是一代比一代更好，讓人家感覺你一直有在更新有在 Update，這樣你的東西就可以被稱為爆品。

沒有麼比顧客需求更重要的了

提高產品價值，是能滿足消費者需求的最佳辦法。傳統行銷時代，消費者在購買產品時，大多會比較重視產品的品質和性能，而對產品的外觀、特色等附加價值比較沒那麼在意。但如今時代不一樣了，人們的生活水準提高，消費者對產品的價值需求也隨之變化，從品質到品牌，從功能到款式，產品的價值關係到使用者的需求。

所以重視顧客需求就更顯重要了，有一些公司只知道追研發、創新，不斷地在生產技術上求改進，卻忘了一切的改進或是創新都要符合顧客的需求，如此一來企業的產品才有市場可言。所以說，如果可以的話，商品的生產及行銷的策略應該盡量朝著「客製化」的方式推動，就算無法百分之百客制化，也應該以客戶的方便度為優先考量，像中國的用友電腦軟體公司在研發技術時，特別強調產品便於使用的特性，立志成為用戶之友（所以叫「用友」），成為大陸最大的電腦軟體公司之一。由此可見，符合人性的方便設計，就是最好的設計，有志於突破業績瓶頸的你不可不知。

所謂的「創造市場需求」就是指企業是為了滿足消費者的需求而存在，如果顧客對企業的產品一點需求都沒有，就不必談行銷了，所以掌握顧客的需求就等於控制了市場，但企業不一定只能被動地接受顧客的要求，高明的企業會積極主動創造消費者的需求！

創造顧客的需求需要很大的想像力，但天馬行空的幻想是沒有用的，必須進行精密的市場調查和分析。最重要的是，不要以售貨廠商的眼光看產品，如果以售貨廠商的眼光看產品，就會被侷限在研發或技術層面，應該要以消費者的眼光來看產品，如此一來才可以製造出實用的產品。管理者必須很誠實地問問自己：「如果自己是顧客的話，會不會買自家的商品？」如果得到的答案是否定的，就代表你必須研發出更適合顧客需求的產品。

使用者價值是企業生存的基本根基，產品就是給使用者價值的兌換，而行銷就是實現價值交換的過程，你能為使用者提供什麼價值，客戶就得到什麼價值。

客戶價值的實現，在一定程度上受到爆品核心價值差異化的影響。舉個最簡單的例子，五星級酒店的客戶需求點，與快捷經濟酒店所呈現的價值點，當然是明顯有所區別。

企業的網站或者電商平臺作為品牌價值的表達戰術部分在實際操作中呈現出來，但背後是客戶價值在引領。從企業經營的層面上，首要問題是找對價值點，那些競爭能力強、客戶回購率高、體驗細節到位的電商商家，在啟動時或者在發展的過程中，一直不斷優化價值體系的構建，戰略規劃清晰。客戶價值已經成為展開行銷與品牌發展的核心問題，一切策略和戰術行銷、活動、促銷都應該圍繞品牌核心價值點展開。

 提高產品價值的方法

提高產品價值，全面引爆發力點，這是每個企業的追求目標，也是能滿足消費者需求的最佳辦法。提高產品價值不能單依靠增加功能或者降低成本，企業要在產品設計和產品改進設計中，探索一切可以提高價值的方法和途徑，提升企業的經濟效益。具體說來，提高產品價值的方法有以下幾種：

- 產品功能增加，成本下降，則產品價值就能大大提升。企業在做產品時可以採用先進的技術，使產品功能在應用上實現較大的突破。
- 產品生產成本不變，使產品功能增加，也能提高產品價值。比如把外觀設計陳舊、乏味的產品進行適當地改變，則無須增加成本，就可提高它們的美學功能，以提升產品價值。
- 功能不變，使成本降低，可獲取價值提高。
- 成本稍增加，功能增加，價值提高。
- 功能稍微的降低，成本大大下降。

在鄭州的冷飲攤上有一種「一元水果」的商品，所謂的一元水果就是切削後分塊零賣的水果。攤主們把蘋果、哈密瓜、鳳梨、西瓜等水果切成塊，在每一塊水果上都插上一根木條，並定價一元人民幣，雖然「一元水果」的價格與整個出售的水果價格相比要貴一些，但「一元水果」的生意卻非常紅火，很受顧客歡迎。

試著分析一下，為什麼「一元水果」比整顆賣的水果要貴一些，顧客卻還爭相購買呢？這是因為一元水果的定價迎合了消費者的消費心理，尤其是滿足了那些特定消費者的消費需求，除了只要花費少少的錢就能滿足小小的口欲，由於只要花

費一元，所以還能再買其他的水果，滿足他們只想花少少錢就能嚐到多種水果的心理，所以即使是單價算起比較貴的「一元水果」消費者還是很願意掏錢購買，因為他覺得這一元花得很值得。

這個一元的價格定得恰到好處。在中國貨幣流通市場上，人民幣的角和分已經相對較少了，而一元（人民幣）相對流通的比較頻繁。在中國消費大眾的眼裡，一元並不多，一元一塊西瓜、一塊哈密瓜、一塊鳳梨，價格並不貴，對於來往行經路過的顧客也免去了找零錢的麻煩；再加上，鄭州是一個大城市，每天人口流動量可達上百萬人次，因而客源相對穩定。用低價帶動了流量，用流量帶動了銷量，薄利多銷，更何況實際上一元水果的利潤並不薄。

一元水果滿足了消費者特定的消費需求，夏天來杯冷飲確實是件很享受的事情，而水果與冷飲相比起來更有優勢，畢竟水果的營養價值要高於冷飲，但如果買整顆的西瓜或鳳梨，不僅要花費比較多錢，吃不完也是一種浪費。所以，一元水果恰好滿足了消費者的這些心理需求。

如何為沒有特點的產品找價值點

對消費者來說，在決定購買一款產品之前，通常都已經瞭解了這款產品，並確定它能為自己提供所需要的功能。而對於企業來說，要把產品推銷出去，就應該讓自己的產品具備一些與眾不同的獨家賣點，以此吸引消費者前來購買。

然而現實情況是，如今同性質的產品越來越多，大家能為消費者提供的需求滿足也大同小異，那應該如何為本身沒有特點的產品找到獨家賣點呢？

1 做好客戶價值的優化和升級

可能有些行銷人員會說：「我已經展開了客戶價值升級，但沒有在開始時進行規劃。」沒關係，行銷運作就是一個不斷優化的過程。

美國西南航空公司（Southwest Airlines）在調整經營戰略、優化客戶價值方面做得非常到位。西南航空公司是 1971 年成立的航空公司，總部設在德克薩斯州達拉斯，是民航業「廉價航空公司」經營模式的鼻祖。2001 年 911 事件後，幾乎所有的美國航空公司都陷入了困境，美國西南航空公司則例外；2005 年運力過剩和史無前例的燃油價格讓美國整個航空業共虧損 100 億美元，達美航空和美國西北航空都於同年申請了破產法保護，相比之下，美國西南航空公司則連續第 33 年保持盈利。

美國西南航空成功地運用低價格政策，打破了美國航空業統一實行民航局批准的高票價規則，在成立之始就把投資方向轉向提供永久的低價機票。美國西南航空還成功地實行了雙重票價——高峰票價和離峰票價。美國西南航空的低價格政策使飛機成為真正意義上城際間快捷而舒適的「空中巴士」，低票價以高效率和低成本為基礎，在低價格的同時還保持優質服務。

西南航空為了降低成本，飛機上不提供費事費人的用餐服務。此外，連登機牌也是塑膠做的，用完後回收供下次再使用；而「摳門」的結果，讓西南公司的機票價格得以同長途汽車的價格相競爭。

② 打造企業的競爭優勢，規劃品牌核心價值

有些企業會覺得自己的產品沒有特點，與同類產品相比，看不到自身的競爭優勢。千里馬常有，而伯樂不常有，每款產品都有自己的特點，關鍵在於你能否挖掘出產品本身的優點，能否透過價值分析，抓住產品核心優勢。

廣州祥榮是著名製氧機品牌英維康的華南區代理商，在面對網路低價市場競爭對手的混亂局面時，他們請來行銷顧問為其商品打造競爭力，規劃品牌核心價值。

行銷顧問為英維康梳理了客戶價值圖，幫助廣州祥榮尋找打造企業競爭力的著力點、競爭優勢和模式，從而將資源集中到最有價值的部分。

行銷顧問指導該公司將自己定位於高端氧療服務商，以「高端、安全」為核心價值，以「全球首選品牌」為品牌主張，以「高端產品＋個性服務＋祥榮服務＋氧療平臺」為經營特色，又細分到各個經營環節和落地戰術上，全面打造該公司的競爭優勢，以此規劃品牌的核心價值。

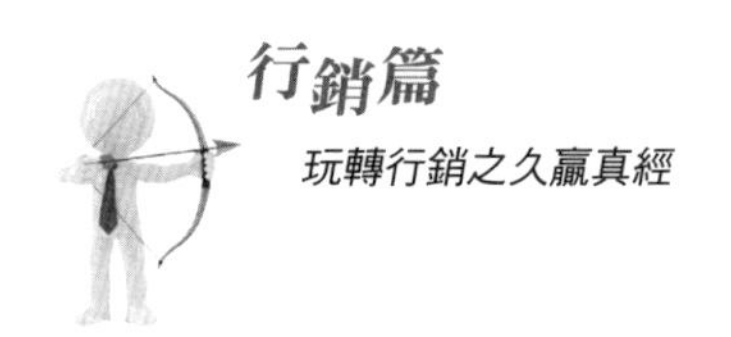

③ 做好產品服務價值與消費者需求之間的匹配

人與人之間需要溝通交流，產品與消費者之間也需要交流，企業要想成功售出產品，就要努力做好產品服務價值與消費者需求之間的匹配。產品是什麼？有什麼？能提供的資料有哪些？消費者需要買什麼？為什麼要選擇你的產品？你的數據可信嗎？找到與產品服務價值相對應的消費者需求，是為產品找到獨家賣點的突破口。藉由消費者價值認知對接，來落實專業服務商的價值，進而做好服務市場定義、產品價值開發以及客戶競爭戰略分析。

④ 用特性字眼建立品牌價值

同質產品如何才能脫穎而出？聚焦於一個詞語來描述產品特性，以此作為一個產品或者一項服務的區隔點，找到獨家賣點建立品牌價值。產品的獨家賣點即是特性，所謂特性，就是指某個人或某個事物的性格、特徵或與眾不同的特點。

事實上，人和事物是各種特性的混合體。產品也不例外，每個產品根據它所屬的品類，也具有一系列不同的特性。例如：玫瑰代表的是「愛情」、牡丹代表的是「華貴」；愛因斯坦是「智慧」、瑪丹娜是「性感」。同樣道理，我們可以確定某一產品、事物的最顯著特性，來建立它獨特的品牌價值，並保證這一顯著特性能以利益為導向，吸引目標消費者的注意。

擁有特性是區隔一個產品或一項服務的方法之一，也可以幫助企業為沒有特點的產品找到獨家賣點，需要注意的是，你所選擇的特性不能和現有競爭對手的產品特色鬧雙胞，必須避免雷同、找到差異性，更好的方法是找到與競爭對手相反的特性。舉個例子，面對可口可樂這個老牌子，百事可樂成功地把自己定位為「年輕人」的可樂，是「新一代的選擇」。

14 定價也要耍心機

價格策略的擬定是行銷組合中非常重要的一環，關係著日後的業績和利潤。價值是主觀認定的，價格是由市場上的供給和需求來決定，或者說是由買賣雙方彼此協商而定。而企業在訂定價格時，基本上可分為四大步驟：

1 選擇定價目標

通常定價的主要目標包含：獲取最大利潤、倍增銷售量、增加市場占有率和建立品牌形象等。企業在不同的定價目標之下，會有不同的定價考量。

2 評估需求、成本和利潤

在決定定價目標後，還要評估需求、成本和利潤三者之間的關係，已確保這三項因素能達到定價目標並且可行。

3 選定適當的價格水準

為了確定適當的價格水準，企業可從成本導向、需求導向和競爭導向三類定價方法中擇一採行，以選定適合該產品的價格水準。

4 訂定最終價格

一旦選定適當的價格水準後，再考量消費者心理、行銷組合、經銷商、產品差異、時間差異、地點差異等因素，最後訂出最終價格。

如何定價？價格應否調降或調漲？學院派會強調平均與邊際成本、需求與供給彈性、邊際收益與利潤的關係等等。實務上定價時，會參考同業平均水平、預期市占率、現金流、競爭者的可能動向及本公司對個別產品或企業整體的定位等因素。

當然，實售價一定要與消費者的認知價值（perceived value）相吻合，被認為品質高且價格也高的產品，則提供了身分和地位的表徵。例如 賓士汽車和勞力士手錶。

由於利潤＝收入－支出＝價格 × 銷量－成本 × 製量，其中製量與銷量的差額為庫存量與滯銷品。因此，若想到達到利潤高，不外乎售價高、成本低且庫存也要低！

售價高靠的是產品差異化；低成本與低庫存靠的則是管理。品牌商（Rolex、LV、NIKE……）較不重成本，它們是靠行銷打造出差異性；而代工廠（晶圓雙雄、廣達、仁寶……）較不重品牌（指 B2C），靠量大以降低成本。在微利時代，以總成本加 3% 至 10% 為實售價，而主要靠大量銷售來達成目標報酬率的加成定價法，仍不失為一個不錯的短期定價法。

長期的定價策略則要視本身為市場價格的制定者或追隨者、與產品在生命週期中所處的階段而定。

最後要注意：降價促銷時一定要師出有名——不管理由是實質上還是名目上的，務必做到降價是有理由的，而不是胡亂調價。

定價策略

定價要符合企業的目標和政策，且被消費者接受，又要能獲利，既是一門藝術，也是一門大學問。以下介紹六種定價策略：

① 滲透定價策略

此策略即在新產品投入市場時，價格定得較低，以吸引顧客，以期能快速打開市場。這就像倒入泥土裡的水一樣，從縫隙裡很快滲到底，故此得名。這種定價策略的優點是：由於價格較低，以薄利多銷方式，既可以迅速打開產品銷路，擴大銷售量，更可阻止競爭對手加入，有利於佔領市場。所以，滲透定價策略也叫「別進來」策略，這種定價策略的缺點是投資的回收期限較長，企業需要具備雄厚的實力；因此，那些生產能力較小的企業不宜採用這一策略。

② 吸脂定價策略

此策略就像從牛奶中吸取營養，所以稱為「吸脂定價策略」。新產品剛上市的時候，價格定得很高，目的是在較短的時間內就獲得最大利潤，也能在競爭增加時採取降價策略。這樣一來，一方面可以限制競爭者的加入，同時也符合消費者對待價格由高到低的心理；不足之處是由於價格有時大於價值，當新產品尚未在消費者心目中建立起聲譽時，較難打開市場，有時甚至根本沒有顧客光臨。例如：最新款的智慧型手機。

③ 滿意定價策略

這是一種介於滲透定價策略和吸脂定價策略之間的價格策略，所訂的價格比吸脂定價低，而比滲透定價高，這種定價策略因能讓生產者和消費者都滿意而得名。消費者把這種滿意價格也叫做「溫和價格」或「君子價格」，這種價格策略的優點是有利於增加銷售量。

④ 心理定價策略

這是一種根據消費者心理要求而使用的定價策略。它運用心理學的原理，根據不同類型的消費者，在購買商品時的不同心理要求來制定價格，以誘導消費者增加購買量。例如：某產品定價 199 元，而非 200 元，讓消費者心裡感覺不到 200 元，所以覺得很便宜。

⑤ 地點定價策略

是指同一產品在不同地點訂定不同的價格，但每一個地點的成本其實沒有什麼差異。例如：演唱會、棒球賽和大型演講會不同的位置的價位就不同。

⑥ 折扣和折讓定價策略

是指企業為了鼓勵中間商和顧客大量購買其產品，在基本定價不變的情況下，常常給予價格折扣或折讓，常見的折扣和折讓有下列四種類型：

- **現金折扣：**是指對迅速支付帳款或以現金交易的顧客給予價格優惠，其目的是鼓勵顧客趕快付款，以加速企業資金周轉，降低經營風險。例如：付款期限為一個月，若當天以現金付款則享有 5% 折扣，三天內以現金付款則享有 4% 折扣，十天內以現金付款則享有 3% 折扣，企業可提早拿到現金，而顧客也享有折扣，創造雙贏。

- **數量折扣：**是指根據顧客購買數量的多寡，分別給予不同的折扣，購買數量越大，折扣越多，其目的是鼓勵顧客大量購買。例如：一次購買滿壹萬元，即享有九折優惠。

- **季節折扣：**是指在淡季購買產品的顧客給予價格上的折扣優惠，其目的可減少庫存壓力，加速資金週轉。例如：毛衣會在夏季促銷打折，而飯店會在平日打折等。

- **折讓折扣：**是指為了鼓勵中盤商參與某活動計畫所給予的額外給付，折讓又可以分促銷折讓和抵換折讓兩種。促銷折讓是讓願意參加產品促銷活動所給予價格折扣或補助津貼，例如：新絲路網路書店辦一個創見文化出版社展，出版社會依平常的進貨折扣再給予某百分比的折讓，新絲路網路書店的利潤提高了，也因此能做更大更好的曝光，創造雙贏。而抵換折讓是指顧客在購買新產品時，將自己使用的舊產品賣給廠商作為新產品的減價，例如：iPhone 新機型推出時，通路商都會有「舊機換新機」的抵換活動，金嗓卡拉 OK 也曾打出舊機換新機的活動，對顧客來說，用更便宜的價格即可擁有新產品，也不用擔心多了舊產品的負擔。

定價方法

定價基本上會依產品成本結構、市場需求和競爭狀況來計算，定價方法主要可分成本導向、需求導向和競爭導向三大類：

1 成本導向定價法

成本導向定價法是指以成本為基礎而制定產品價格的方法，最常見的就是成本加成定價法，是指以產品單位成本為基礎，加上預期利潤而形成的價格。

價格＝平均成本＋預期利潤

例如：某企業生產某種產品3000件，固定成本90000元，預期利潤率30%。產品定價的計算如下：

單位固定成本＝ 90000/3000 ＝ 30元/件

產品定價＝ 30+30×30% ＝ 39元/件

② 需求導向定價法

需求導向定價法是指以市場需求和消費者所得到的價值為基礎而制定產品價格的方法。一般來說，消費者的認知價值高，就訂較高的價格；消費者的認知價值低，就訂較低的價格。

③ 競爭導向定價法

競爭導向定價法是指以同類產品的市場競爭狀態為基礎，而制定產品價格的方法。當許多同行相互競爭下，價格高可能會存貨，價格低會破壞行情，減少利潤，因此，產品差異小的產品適合採取此種定價法。

我之前出版過「紫牛學系列」書籍。紫牛象徵著「獨特、與眾不同」，「紫牛學系列」勢必也要採取特別的定價手法。

「紫牛學系列」的價格策略是採取逆向思考。一般書籍在剛上市時的定價大致都是正常定價，軟皮精裝本四百頁左右大概會賣到350～399元，推出後便以書的內容好壞來決定銷售量，但往往時間一久就漸漸乏人問津；反觀「紫牛學系列叢書」是首刷時先以99元的特價推出，等到增修改版時再將價格提高到199元。

很多人以為，書店的銷售排行榜是根據每月出版新書「硬碰硬」的銷售量來排名，但事實上，大部分的書在一般書店的進貨量甚小，就算全部賣完也未必上得了排行榜。一本書要賣得好，必須先引起書店人員的注意，消費者才會注意；如果連書店都不注意的話，更不可能受到讀者的注目了。一般來說，價格越低，越容易擠進排行榜。第一刷特價99元，吸引書店的注意，書店也因為價格低，自然訂得多，而訂得多相對地當然賣得也多，上了排行榜後要大家不注意到它也難了！另外，當初「紫牛學系列」同時也在 7-ELEVEN 等便利商店販售，便利商店的客群和書店或網路書店是不重疊的，來便利商店的客群不是專門來買書的，並不知道這裡有賣這本書，所以通常都是剛好看到，有興趣拿來翻一翻，最後有可能購買。

如何因應價格戰危機？

競爭者為何可以發起價格戰爭？不外乎它的產品功能或服務較少，抑或領導廠商本就享有不低的超額利潤？還是競爭者已研發出成本更低的生產方式或 Business Model ？當然，競爭者也可能抱著「要死大家一起死」的心態「撩落去」，且削價戰一般不會持久，因為終會有人不支倒地！

當企業面對價格戰時，首先要對自身的成本結構做一深入分析，其次要觀察市場上對價格敏感的顧客群是否真的日益增多了？若評估後，確定自家產品仍具核心競爭或低成本的優勢，務必要讓對手知悉並表達抗戰到底的決心，以威懾對手不再進一步降價。

當決策猶豫在價格競爭還是採取非價格競爭時，不要懷疑，答案一定是雙管齊下！大企業面對削價戰時，宜交互運用「差別定價法」與「選擇定價法」，但千萬不要讓消費者有過多的選擇；小企業則要全力發展利基型的邊緣產品（或生產主流產品，但利用邊緣銷售通路）。

此外，在價格戰前、中、後均能不斷以「Game Theory」（賽局或遊戲理論）分析消費者、本企業、競爭對手與相關業者等四方面的動態相互關聯，隨時保持策略的彈性。有時，全線退出（不跟你們玩了！）亦不失為一個好的選擇！

15 有通路，行銷才會暢通

沃爾瑪（Wal-Mart）已是全球第一大企業（經濟規模超過兩百多個國家），全球 IT 百強台灣首名是資訊產品通路商——聯強國際！統一超商證明了通路為王，統一超商（7-ELEVEN）以四千多個店面串聯網路（含手機）、郵購和宅配滲入金融、餐飲、旅遊與升學考試市場，統一超商要以小小的店面做大大（無所不包）的生意。在展店策略上，初期為貫徹標準化經營，全部店面都是直營，待標準化經營上軌道之後，再加上採特許加盟制度（冠上「特許」二字使加盟變得很偉大神聖）全面衝量。

其在商品策略上強調 FBO：First（首創）、Best（最好）、Only（獨有），企圖以差異化商品為區隔，拉大與同業之間的差距，接著再透過製販同盟以控制商品結構，並壓低成本。因此，統一超商前總經理徐重仁可以很自豪地說，他已經證明了高清愿在七〇年代上一世紀的考察心得：「誰掌握了通路，誰就是新世紀的贏家！」

行銷通路（Marketing Channel）又稱配銷通路（Channel of Distribution），是指將產品或服務，由生產者（或製造者）移轉給最終消費者或使用者的過程中，所有參與者（或組織）所組成的一個體系。在產品或服務移轉的過程中，生產者（或製造者）推出產品或服務是行銷通路的起點，消費者或使用者購入產品或服務則是行銷通路的終點。

行銷通路的成員主要可分成三大類：

① 經銷商（Merchant）

是指在商品移轉中，取得商品所有權，再轉售這些商品的中間機構。例如：批發商（Wholesaler）、配銷商（Distributor）和零售商（Retailer）等。

② 代理商（Agent）

是指在商品移轉中，只負責尋找準顧客，並代表顧客和生產者協商談判，但並未取得商品的所有權。例如：銷售代理商等。

③ 促成者（Facilitator）

是指即不參與買賣的協商工作，也未取得商品的所有權，只是協助執行配銷工作。例如：倉儲公司、運輸公司等。

制定行銷通路策略時要先明確企業行銷的產品類別，以及每種產品的市場覆蓋面，不同屬性產品選擇不同行銷通路：

- 特製品最好採用獨家性行銷通路（或稱為有限性行銷通路）。
- 便利品最好採用密集性行銷通路（或稱為廣泛性行銷通路）。
- 選購品最好採用選擇性行銷通路（或稱為高銷售潛力的行銷通路）。

通路的階層

產品從製造商的工廠到最終消費者手中，中間經過的通路商數目，我們稱它為通路的階層。

① 零階通路

零階通路指的是製造商自行將產品銷售到消費者手中，中間不經過任何通路商，例如製造商可以透過電話行銷、郵購、網路訂購、傳真訂購或業務人員，以直接銷售的方式將產品賣給消費者。

② 一階通路

一階通路指的是製造商的產品，只經過一個主要的通路商便將產品賣給消費者。

③ 多階通路

凡是中間的通路商在兩層三層以上，我們都將它稱為多階通路。製造商可能同時採取零階通路和多階通路的方式來銷售它們的產品，除了自己的業務人員以直接銷售的方式銷售產品外，也可能設立自己的直營門市，或經由其它的中間商銷售產品。例如一些大型的建設公司，除了自己的業務部門負責銷售房屋之外，也會委託代銷公司或仲介公司銷售它們的預售屋以及成屋；另外像壽險公司除了有自己的業務人員之外，也開放其它的保險經紀公司來銷售他們的保險商品；還有像筆記型電腦，原廠會將其產品批給代理商，代理商再批給經銷商，經銷商再賣給消費者。

通路的類型

通路的類型有相當多的變化，而且持續有新型式的通路出現。一般我們可以將通路分為兩大類型，第一大類是店頭賣場式通路，第二大類是非店頭賣場式通路。

① 店頭賣場式通路

常見的店頭賣場式通路包含以下十一種類型：

1. 連鎖門市：連鎖門市擁有多家店面的優勢，而每家店又有相同的企業識別。例如：7-11、麥當勞、星巴克咖啡、康是美、誠品書店……等。

2. 獨立店：多半由個人設立。例如：西門町的阿宗麵線，台北市永康街的冰館（後改名叫永康 15）……等。

3. 量販店：買日常用品最常去採買之處。例如：家樂福、大潤發、好市多 Costco……等。

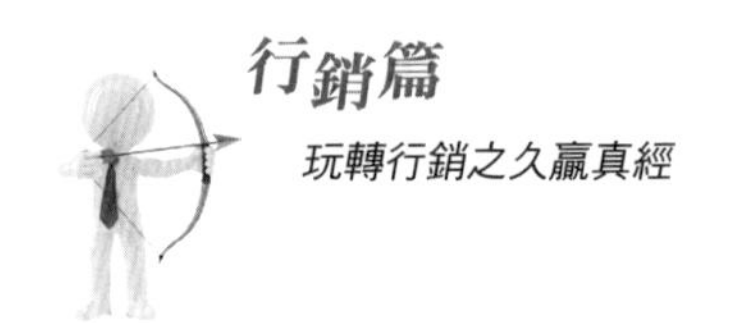

4. 專業大賣場：專門販售某類產品的大型商場。例如：燦坤、宜家家居IKEA、車麗屋……等。

5. 綜合賣場：結合了不同業種的賣場。例如：新北市新莊的鴻金寶有賣服飾、餐飲、遊樂場和電影院，另外像西門町的萬國商場、台北市忠孝東路的頂好商場……等也都是綜合賣場。

6. 超市：因量販店展店不斷擴張，導致超市因商品種類沒比量販店多，價格又拚不過量販店的情況下，許多超市陸續關門。目前常見的有全聯福利中心、美廉社、松青超市、頂好超市……等。

7. 百貨公司：彼此競爭激烈，講求購物的環境和專業的服務，以專櫃專營為主。例如：SOGO、新光三越、漢神、大葉高島屋……等。

8. 購物中心：基本上總營業面積都在幾萬坪以上，結合了購物、餐飲、娛樂、休閒等多元化的業種，和百貨公司的差別在於購物中心在餐飲、娛樂、休閒比重較高。例如：環球購物中心、台茂、美麗華、京華城、夢時代……等。

9. 捷運商店街：是一種較特別的零售通路，這些商店街的產權屬於公有，再由政府委託專業的公司執行招商作業與商店街整體規畫和經營管理。例如：台北捷運地下街……等。

10. 市集：自古以來存在的零售通路型態。例如：建國花市、光華商場、光華玉市、各地的菜市場……等。

11. 另類通路：

另類通路大致包含下列六種。

- 自動販賣機：只販賣體積小以及便利性的商品，例如飲料、面紙或報紙。
- 餐廳：餐廳除了用餐之外，通常會提供顧客果汁、茶、碳酸飲料，因此餐廳對飲料業界而言是相當重要的通路。

- 福利社：學校、醫院、部隊、公民營機構也常設有福利社，通常以招標方式遴選進駐的廠商。
- 攤販：攤販是台灣的另一種特殊文化，也成為許多商品如服裝、飾品、髮飾、熟食、滷製食品、冰品的重要通路，根據研究，攤販為台灣創造的地下經濟規模相當驚人。
- 商展：商展是另外一種特殊的通路型態，像世貿定期舉辦的加盟連鎖大展、電腦展……等等，是廠商尋找顧客或採購廠商的重要管道。
- 檳榔攤：檳榔攤是台灣特有的文化，除了檳榔以外，顧客經常順便購買飲料以及香煙，因此也成為這兩類產品營業額相當可觀的通路。

② 非店頭賣場式通路

此外，常見的非店頭賣場式通路包含下列五種類型：

1. 電視購物：

近年越來越多電視購物頻道開播，銷售各式各樣的產品，由電視購物頻道的主持人和廠商代表以一搭一唱的方式介紹商品。它的優點是消費者不必出門，從電視上就可以聽到完整的商品說明，還可以從電視畫面中以各種角度觀賞商品，而只要撥打購物專線的電話，立即完成商品的交易，對消費者來說既省事又方便。例如：東森、MOMO、VIVA 等電視購物頻道。

2. 郵購型錄：

商品也可以透過郵購型錄來銷售。例如：「花旗禮享家」就是花旗銀行針對卡友推出的商品郵購刊物，還有像 DHC 化妝品也使用郵購方式來銷售。

3. 手機通路

以前手機只是用來通訊的工具，隨著科技的進步，手機還增加了許多的功能，例如透過手機下載圖鈴、數位音樂、電子書……等，手機已成為一種新興的通路與媒體，廠商的商品資訊可以透過手機直接傳送到消費者手中，甚至消費者經由手機就可以完成線上購物以及付款的動作，因此手機已經成為可以直接接觸消費者並且進行個人化行銷的通路。手機購物在美國突破百億美元，成長率高達 25%，可以想見手機／行動購物在未來將是最終極便利的購物方式。隨著購物類 App 的大幅增加，購物 App 的出現更如同消費者口袋裡住著一家購物商場，不再需要等待商家開門營業，隨時隨地都能盡情的購物。包括蝦皮購物、MOMO 購物網、Yahoo 購物中心、露天拍賣、Yahoo 拍賣與 PChome24h 等。

4. 多層次傳銷與直銷：

多層次傳銷（Multi-level Marketing，簡稱 MLM）。其獲取銷售獎金的方式有二：第一，可以經由銷售產品及服務給消費者，從而獲得零售獎金；第二，他們可以自直屬下線的銷售額或購買額中賺取佣金，也可自直屬下線之再下線組織的總銷售額中賺取佣金。在中華民國，多層次傳銷是合法的商業行為，廣被正規經營的大型「直銷」業者採用。例如：安麗、如新、美樂家、綠加利、美安……等。

有些人以為傳銷與直銷是一樣的，事實上傳銷與直銷有相同的地方也有相異之處。

多層次傳銷採用的是多層次獎金的獎酬方式，傳銷商不但能從自己的銷售業績中賺取獎金，也可以從自己推薦的下線傳銷商以及由此再衍生的各代傳銷商的業績中獲得一定比率的獎金，俗稱組織獎金。

而直銷是由廠商將產品直接銷售到消費者或最終使用者手中的行銷模式，例如以電話行銷、郵購型錄行銷、傳真行銷、網路行銷都可以算是直銷，像全球知名的戴爾電腦就是以卓越的直銷手法聞名全球的。

我們可以說傳銷是直銷的一種，但傳銷並不等於直銷，其中的差異就在於是否有組織代數獎金的設計，因為有了組織代數獎金，才能達到傳銷事業所標榜的「倍增時間」和「倍增組織」的理想與目標。

5. 網路商店：

網際網路早已快速的發展與普及，全世界的上網人數不斷成長，網際網路也因此成為另一種全新的媒體與行銷商品的通路，而且它對傳統媒體及傳統通路所造成的衝擊與影響非常巨大具深遠。

資策會產業情報研究所（MIC）針對消費者網購行為進行大調查，發現台灣網友日常購物頻率中，10 次購物行為中，約有 4.5 次是透過網購通路，其中 21 ～ 45 歲族群網購頻率又高於整體平均。網購普及率相當高，調查結果顯示 2017 年平均網購金額為 26,487 元，足以顯示出臺灣消費者對網路購物的依賴度有持續加深的趨勢。而其針對消費者網購行為進行大調查，發現近 2 年跨境網購比例無明顯增幅，但 2017 年曾進行跨境網購的網友，年均消費金額為 16,378 元，較 2016 年 15,535 元成長了 5.4％，其中 26 ～ 35 歲是最主要族群。跨境網購族最青睞的網購平台為淘寶／天貓商城（69.5％），其次為日本樂天（19.3％）、日本 Amazon（17.9％）、美國 Amazon（14.2％）與 eBay（7.2％）等。現在不論是個人企業，都可以利用網際網路作為行銷自己產品的工具，因此網路也成了另一種類型的通路，其重要性不可忽視。

6. 網路直播通路：

當 LINE 與 FB 正式開放直播功能，直播平台如雨後春筍般冒出，同時帶動購物方式的革新。各式的直播拍賣循著電視購物的脈絡，憑藉主持人的口才與魅力吸引消費者購買，創造了一波新商機。直播平台上什麼東西都可以賣，什麼主題都可以直播，有人直播化妝、有人直播發呆、有人直播賣衣服、鞋子，現在只要打開手機，就連買海鮮都能買。而富邦 MOMO 更是抓緊時機結合網紅直播，利用直播與社群互動，輕易地就將買氣帶起來。富邦媒總經理林啟峰表示：「我們的 FB 粉絲數超過百萬人，LINE 的粉絲更超過千萬人，隨便一場直播都是上萬人收看，」經過 1 年測試，他發現，「電商平台與網紅結合，確實是可行的直播導購模式。」

現在透過網路直播，一支手機、一台電腦，就可以觀看賣家直播、互動並且購買。不僅提高了賣家曝光的機會、營業型態及營業額，消費者也可以隨時擁有親臨現場般的購物體驗。

因為「直播」消除了空間與時間的障礙，直接對應那些針對特定主題有需求的觀眾，而他們同時也是潛在的產品購買者。也因為「直播」其完全透明無法遮掩，無法修改，無法做假的特點，所以更能讓消費者信賴。

網路商店的種類

網路商店的種類大致可分為下列四種：

1 在網路拍賣平台販售

利用網路拍賣平台販售商品的以個人為主，有的是賣二手商品，也有 SOHO 族利用網路拍賣平台銷售全新的商品，一般而言，網路拍賣平台比較適合短期、零星、按件計費的銷售方式。例如：Yahoo! 奇摩拍賣、PChome、露天拍賣、ebay 等。

2 租用知名網路商場的交易平台

企業除了本身專屬的網路商店之外，也可以租用知名網路商場的購物平台，例如 Yahoo! 奇摩、PChome 等知名的入口網站都有提供網路商店的購物平台。這種購物平台是一種類似套裝軟體一樣已經模組化的網路商店，具有各種完整的線上購物功能，企業只要租用這種購物平台，立即就能有自己的網路商店開始做生意。

租用購物平台的優點是這類平台已具極高知名度，每日至此瀏覽的人次非常龐大，在此開設網路商店曝光度高，被網友搜尋瀏覽的機率也相對較高。至於缺點則是除了須支付平台租用費，每筆成交金額往往還要被平台業者抽取 3~5% 的交易佣金或手續費。

租用知名網路商場的交易平台，就好像進駐知名百貨公司或購物中心設置專櫃，雖然不像獨立店有自己完整獨立的門面與自主性，但可仰仗百貨公司的高人氣與大量的來客數，可以為自己帶來較高的業績。

③ 借用知名網路交易平台將自己的商品上架銷售

如果企業不想花費太多的金錢租用交易平台，也可以在知名的網路商場中將自己的商品上架販售。

有些交易平台具有開放性，容許各家廠商選擇想販售的商品在此交易平台販售，在這種交易平台，各商家沒有自己獨立的網址與店面，但仍然可以利用購物平台的商品上下架功能，管理自家的商品以及收受訂單，且只須支付網路商場的商品上架費或者成交的佣金抽成。

例如奇集集 Kijiji，依商品分類將自己商品的圖文訊息在上面發布。另外像 591 租屋網，提供屋主（賣方）刊登房屋租售訊息的交易平台，按刊登筆數或刊登期間收取費用。

④ 架設獨立的網路商店

企業可以建置自己專屬的網路商店，它具有獨立的網址，也具備了金流、物流等功能，顧客在企業專屬的網路商店中就可以完成線上購物的作業。

如果企業有自己的網路部門及專業的人才，就可以自行建置網路商店，如果沒有網路專業的人才，也可以委託 ASP 公司（也就是專門為人建置網站的專業公司）為企業量身訂作獨立的網路商店。目前也有一些免費的架站軟體如 Xoops，Joomla，個人即使不懂程式也可以運用這些軟體架設自己的網站。獨立的網路商店還要向網域中心申請網址，並將網站或網路商店的程式安裝在伺服器。如果缺乏網路方面的技術與知識，可以向一些提供網路服務的 ISP 公司（Internet Service Provider 網際網路服務提供者）或 ASP（Application Service Provider 軟體服務供應商 ）公司租用「虛擬主機」，如此一來，許多複雜的電腦網路等技術問題都可以由 ASP 或 ISP 公司協助解決。

消費者與商家之間

由於網路購物的市場經濟規模龐大，商家不論是否擁有實體店面，也大多會想從網路行銷自己的商品。在實體店面購物因為可當場看見商品並當場結帳，因此消費者較不會有購物上的疑慮和糾紛，而網路購物看不到，摸不到產品實體，幸好有七天鑑賞期的機制，否則會有很多消費者因擔心受騙而不能放心購買。

曾經有一家稱「自由之丘」的糕餅店，都是在網路上接受顧客訂單，且頗有名氣，卻在 2010 年 10 月突然惡性倒閉，造成許多在網上已訂購的顧客損失慘重。過去也有多個商家因網頁上標錯價格，造成消費者大量下單，後來商家無法出貨的情況。

像 Yahoo! 奇摩拍賣為了提升網路購物的信任感，在網站上設有商家的評鑑機制，讓曾與商家交易過的消費者在網上對該商家評分，藉此作為其他消費者進行線上交易時的參考，而能安心購買。

經典案例：韓國樂金的通路策略

韓國家電大廠樂金（LG），為全球百大品牌之一，在亞洲地區的家電市場占有率極高，具有世界級的競爭力。樂金一向將行銷通路視為企業重要資產來經營，所以能擁有一個高效率、低成本的行銷通路系統，藉此提高其產品知名度、市場占有率與行銷競爭力。

1 明確的市場定位與適當的通路決策

樂金的家電產品系列種類齊全，其產品規格、品質主要設定在中高等級，與其他品牌相比的優勢在於，消費者能以略高於國內產品的價格，買到相當於國際品牌的產品，因此樂金將市場定位在那些既對產品功能和品質要求較高，又對價格比較敏感的顧客。樂金選擇大型商場和 3C 賣場為主要銷售通路，因為這些地方一向都是國內家電產品的主要通路，具有客流量大、信譽度高等特性，便於擴大樂金的品牌知名度；另外也在一些次要地區開設專賣店，為其開發當地市場打下良好的基礎。

② 建立通路成員規範與維持高度合作關係

樂金對中間商的要求包括：中間商應保持高忠誠度，不能因見異思遷而導致顧客的損失；中間商要貫徹其經營理念、管理方式、工作方法與行銷模式，以便彼此溝通與互動；中間商應提供優質的售前、售中與售後服務，使樂金品牌獲得顧客的認同；中間商還應即時反應顧客的意見和需要，以便掌握產品及市場走向。

中間商則希望樂金制定合理的通路政策，造就高品質、整合性的通路系統，使成員都能從中獲益；還應提供持續性、技術性的訓練，以便即時瞭解產品功能和技術的最新發展；中間商還希望得到樂金更多方面的支援，能依據市場需求變化，即時對其經營活動進行有效的調整。

③ 提供通路成員最大的支援和有效的管理

樂金認為企業與中間商之間是互相依存，互利互惠的合作夥伴關係，而非僅是商業夥伴，所以在通路決策和具體措施方面，樂金都會大力支持自己的中間商。這些支援主要表現在兩個方面：

- 在利潤分配方面，樂金給予中間商非常大的利潤空間，為其制定了非常合理、詳細的利潤回饋機制。

- 在經營管理方面，樂金為中間商提供全面性的支援，包括資訊、技術、服務、廣告等方面，尤其是充分利用網路對中間商提供支援。在樂金的網站中專門開闢了一個「中間商俱樂部」，不僅包括所有產品的使用說明、功能特色，生活應用等詳盡資料，還傳授一些經營管理知識和實務上的做法，如此一來，既降低了成本，又提高了效率。

④ 改變行銷模式，實行逆向行銷

為了避免傳統行銷模式的弊端，真正做到「以顧客為中心」，樂金將行銷模式由傳統的「樂金→總代理→批發商→中盤商→零售商→顧客」改變為「顧客←零售商←樂金＋批發商」的逆向模式。採用這種行銷模式，可以加強對中間商的服務與管理，使通路更加順暢，同時縮短了中間環節，物流速度變快，銷售成本降低，產品的價格也更具競爭力。

16 你的促銷行不行？

促銷是指利用各種有效的方法和手段，使消費者了解和注意到你的產品或服務，以激發顧客的購買欲望，並促使其買下產品。例如全球最大零售商沃爾瑪（Wal-Mart）之所以能快速成長，除了正確的市場定位外，也得益於其首創的「折價銷售」策略，每家沃爾瑪的賣場都貼有「天天廉價」的大標語，同類商品他們就是賣得比別家便宜。沃爾瑪提倡的是低成本、低費用、低價格的經營方針，主張把更多的利益轉嫁給消費者，「為顧客節省每一塊錢」是其經營目標。沃爾瑪的毛利率通常在 30%左右，而其他零售商的毛利率都在 45%左右。每週六早上沃爾瑪都會召開經理人會議，如果有分店代表報告某商品在別家商店賣價比較低，就可以要求高層立刻決議降價。

「低廉的價格、可靠的品質」一向是沃爾瑪的最大競爭優勢，如此也吸引了全球各地的消費者一再光顧沃爾瑪。

促銷三大目的：

- 可以吸引新顧客
- 可回饋舊顧客
- 達成業績目標

促銷的 23 種花招

促銷通常是為了達到短期的行銷目標，而進行的優惠方案。常見的有以下 23 種：

① 累積點數換贈品或會員卡

為了促使消費者重覆購買及增加購買頻率，結帳時贈送顧客一張集點卡或點券，累積達某個點數的時候，就可以向商家兌換贈品或獲贈一張會員卡。這種累積點數的方案，目的是為了鼓勵重覆消費以及對忠實客戶給予回饋，例如書店、飲料店等都喜歡用這種方式。讓我印象很深刻是 7-11 曾推出憤怒鳥馬克杯，共有紅、藍、綠等八種顏色，由於造型可愛，引起小朋友、大人爭先換購，其中更以「紅色憤怒鳥」原創造型最受歡迎；凡消費滿七十元即送一點，集滿廿五點或是集滿五點加價六十九元，就可換購一個，然因貨品太搶手，造成嚴重缺貨，還必須採取預購方式。

② 加量不加價

加量不加價是以較大的容器包裝更多的商品，但以一般售價或降價銷售。例如 7-11 推出巨量杯的可口可樂；三商巧福曾推出「超大盛牛肉麵」的促銷活動，餐點以增加 30% 的內容物，讓顧客更為飽足。

③ 卡友來店贈禮

多數百貨公司和購物中心都會和特定銀行發行聯名卡，以這張聯名卡到這家百貨公司、購物中心消費，除了可以享受優惠價格之外，還可以定期持卡免費獲得百貨公司購物中心的贈品。例如 SOGO 和新光三越都常運用這種來店禮創造大量人潮，每次贈送卡友來店禮的時候，總是造成大批卡友大排長龍從樓上延伸到樓下的壯觀場面。

④ 當日消費滿額禮

為了刺激顧客提高消費金額，許多百貨公司在週年慶的時候，會為了拉高每天的營業額，而採用這種促銷手法，還會依照不同的消費金額，贈送價值不等的贈品，讓消費者為了獲得更好的贈品而增加消費。例如，當日消費額滿五千元送皮包，消費滿一萬元送全套餐具。

⑤ 加價購

這種方案是當消費者在支付商品的價格之外，如果再額外付一筆費用，就可以用特價買到另一項特別的物品。

例如：屈臣氏就常推出購物再加少量金額可以買到泰迪熊玩偶；便利商店也曾經推出只要消費金額超過某個數字就可以送公仔。

⑥ 多人消費，一人免費

為了鼓勵更多人消費，商家會打出「多人同行，一人免費」的促銷手法，例如餐廳、旅遊業或是補教業者就曾經以這種手法吸引更多人呼朋引伴前來消費。

⑦ 產品搭配合購

廠商有時候會將 A 商品和 B 商品搭配一起促銷，而合購這兩種商品的價格，會比個別購買這兩項商品的價格總和來得低。例如套書、清潔用品等。

⑧ 抽獎

舉辦抽獎活動是招攬顧客聚集人氣常用的促銷手法，獎項的多寡和價值的高低將影響抽獎活動參與的熱度。例如當年京華城開幕期間，曾推出當日購物 1000 元以上即可兌換抽獎券，每日抽出十部價值五十萬元的休旅車，十天共送出百部汽車，這一項活動的推出在當時造成相當大的轟動，被媒體大篇幅報導。

⑨ 分期付款優惠

一些高價的商品為了減輕客戶一次性付款的壓力，而以低頭期款及拉長付款期限的方式吸引消費者購買。例如預售屋、家電、汽車和兒童學習產品等，都常採用分期付款策略；有些商家還會推出分期零利率的方案，來吸引更多的顧客購買。

⑩ 每日一物

這種促銷活動是由商家每天選出一種商品，以遠低於市場行情的價格銷售，目的在藉此吸引來客，進而消費店內其它的商品；且消費者為了買到每日一物的特價品，會持續關注商店每天的活動訊息。例如早期的瘋狂賣客，另外像有些網路書店推出當日六六折的書（每次一個書種，且每人限購一本），也是每日一物的概念延伸。

⑪ 限量特賣

商家為了刺激消費者提早做出購買行為，將限制數量，讓消費者產生一種可能買不到的憂慮，來加速購買行為。像以前發行的紀念郵票、新年套幣、王建民公仔和悠遊卡，都以限量特賣為號召，造成消費者排隊搶購的熱潮。

⑫ 限時特賣

限時特賣也和限量特賣一樣，讓消費者感受到一種必須及早購買，否則就買不到的壓力。為了誘使消費者購買，廠商會設定特定的期間提供商品特價優惠，這期間可能跨越好幾天或好幾個星期，也可能是限定在一天當中的特定時段。例如有一家手機通路商和有線電視及銀行業者合作，隨著寄給顧客的帳單，附上一張手機免費兌換券，上面註明限量五百支，而且必須在特定期限內憑著這張兌換券到這家手機通路商的全省特約門市兌換。當然免費手機一定會綁特定的門號，但免費兌換市價一萬多元的百萬畫素手機，應該還是會讓有些人採取行動。

為慶祝世界球后戴資穎摘下亞運羽球女單冠軍金牌，麥當勞 8 月 31 日推出當日限定買一送一活動，引發民眾排隊熱潮，全台各地的麥當勞門市幾乎都出現大排長龍，麥當勞的行銷大舉成功，不僅銷售量大增、排隊盛況也引來媒體報導，曝光度更是爆表。之前更早的中華電信母親節優惠 499 元上網吃到飽，也是一樣，意外引發全台民眾塞爆門市、漏夜排隊等亂象，據中華電信統計，推出優惠期限 7 天內，就有 144 萬名用戶申辦。

⑬ 離峰消費優惠

例如涮涮鍋週一到週五的中午生意通常比較冷清，店家為了吸引顧客光臨，推出經濟鍋一百元的方案；KTV 白天和凌晨的時段通常比較少客人上門，像錢櫃和好樂迪因此打出白天和凌晨消費低價優惠的策略；另外像行動電話也有通話時段的費率優惠；國光號在非假日也提供優惠價來吸引更多的乘客。

⑭ 吃到飽方案

通常推出這種促銷手法的是自助式的餐飲業，例如饗食天堂、上閤屋日式料理、小蒙牛火鍋等，比方說只要付 359 元再加一成服務費，即可無限暢飲吃到飽；另外像行動通訊業者推出網內互打免費的方案，智慧型手機上網吃到飽方案等，也都算是一種吃到飽的概念。

⑮ 試用試吃

商品試用或試吃常用於新產品上市階段。例如波卡洋芋片、肯德基炸雞、星期五餐廳都曾經舉辦大量的試吃和試用活動，一方面可以提高產品知名度，二方面測試消費者對新產品的反應，藉此作為產品改進的參考。另外，許多大型量販店的乳品或果汁販賣區，也常常會有各廠商派駐現場的人員鼓勵消費者試飲，順便說服消費者試用後購買商品。此外，軟體業也常在網路上提供試用版供消費者使用，但試用版僅有短暫期間，像提供線上音樂服務的 KKBOX 在試用期間下載的音樂在試用期間過後，若未加入成為正式會員，下載的音樂也將無法播放收聽。

⑯ 免費加贈配備

有時候為了促成交易，廠商會以免費加贈配備的方式，讓消費者做出購買的決定。例如買電腦主機贈送滑鼠鍵盤、防毒軟體等軟硬體配備。

⑰ 免費附加服務

有些廠商在顧客購買商品之後，還會提供一些免費的附加服務，比方說保固期間的免費更換零件就是其中的一種。另外像全國電子推出「小家電終身維修免費」，即使商品超過保固期仍可以享有免費的維修，很多消費者就因為這一點而選擇到全國電子購買小型家電。

⑱ 舊換新

有些廠商在推出新規格商品的時候，會以舊換新的活動促使舊客戶更換商品。例如金嗓卡拉 OK 伴唱機，曾推出拿舊機再加多少元即可換新機的活動。

⑲ 商品發表會／明星簽唱會

每當有新的商品和作品即將問世時，有時會廣泛邀請媒體和業界人士參與他們的商品發表會。比方說 Apple 的前執行長賈伯斯就是運用商品發表會為自家商品成功造勢的高手，之前的 iPad 以及 iPhone 的商品發表會，都是萬眾矚目的焦點。

音樂出版業為了累積發片歌手的人氣以及拉高 CD 的銷售量，舉辦明星的歌友會和簽唱會，同時在現場販售 CD 以及周邊商品。

20 異業聯盟

遠東集團推出的 Happy Go 卡，除了在遠東集團的關係企業，如遠東百貨、遠東愛買等處消費可累計點數折抵消費金額外，也可在金石堂書店、奇哥服飾、威秀影城……等處享有同樣的消費福利。

來自馬來西亞的 eCosway 集團是整合連鎖通路、電子商務與傳銷的複合式經營事業，除此之外它在台灣與上千家店面門市簽訂合作方案（加入此方案的商家稱為「eCosway 聯惠商家」，凡 eCosway 會員持 eCosway 與銀行聯名卡至聯惠商家購物消費可享有平均 5~10% 的折扣，藉此可提供會員福利及促進新會員的招攬，各商家也可能因此增加一些來店客）。

21 特定顧客集中促銷

廠商鎖定一些特定的顧客給予特別待遇或優惠進行促銷。例如：母親節針對為人母者提供價格折扣，信用卡公司篩選白金卡顧客給予刷卡紅利優惠，銀行針對信用良好顧客給予較低利率的信用貸款或代償專案……

微風購物廣場舉辦「微風之夜」的購物活動，鎖定高所得、高消費的 VIP 客戶送出邀請函，活動期間舉辦「封館特賣」，必須持有邀請函的 VIP 客戶才能進館購物消費；藉由活動的炒作，讓微風在短短數天內即創造近八億元的營業額。

22 犧牲特賣

為刺激來客數與提高營業額，業者挑選店內特定商品以不計血本的瘋狂降價，吸引大量來客創造話題。

例如有服飾店將原本訂價一千二百元的排汗衫以九九元做為促銷，吸引人潮與買氣。

23 多種折扣戰

- **數量折扣：**一次大量採購同一件產品雖然總價較高，但平均起來單品單價較低。例如量販店將衛生紙、牙刷、牙膏等日用品以大包裝方式低價出售，給予顧客一種數量折扣。

- **節慶折扣：**節慶折扣最常見於百貨公司、購物中心、餐廳等通路。因為逢節慶送禮是中國人多年的習慣，例如新年、端午節、中秋節、母親節、父親節、情人節等。

- **換季折扣：**這類促銷活動最常見於服飾業等具有季節性需求的行業。

- **全面折扣：**全面性的折扣常見於店面遷移、結束、清倉的時候，廠商藉著低價出清存貨以換取現金。

以上列舉了二十三種業界常見的促銷手法與方案，行銷人員可以依據公司的狀況和商品的特性選擇最適合的促銷方案。

17 促銷其實是玩數字遊戲

很多商家很會做促銷，有時你看到的促銷活動令你很心動，但其實有些促銷的背後其實是有暗藏玄機的，這些促銷活動的背後，到底是消費者賺到了，商家真的賠了嗎？以下將列舉很多不同的範例，讓大家了解促銷背後的祕密：

促銷折扣相同，但表達方式不同，結果大不同

範例：某牌西裝一套定價 12,000 元

- 第一種促銷方式現金回饋：西裝一套 12,000 元，現在買現金回饋 2,400 元。讓您馬上省下 2,400 元。
- 第二種促銷方式直接降價：西裝一套 12,000 元，現在買只要 9,600 元。
- 第三種促銷方式打折：西裝一套 12,000 元，現在買打八折。

分析：

- 第一種促銷方式現金回饋：現金回饋 2,400 元，省下 2,400 元。感覺超划算的。
- 第二種促銷方式直接降價：雖然是降價，但實際上還要付九千多塊，感覺蠻貴的。
- 第三種促銷方式打折：只打八折，感覺折扣不夠低，如果可以打五折更好。

經由上述分析，我們可以發現雖然三種促銷方案最後的成交價都是相同的，也就是說最終都是以 9,600 元賣出，但顧客對於這三種促銷方式，所產生的心理感

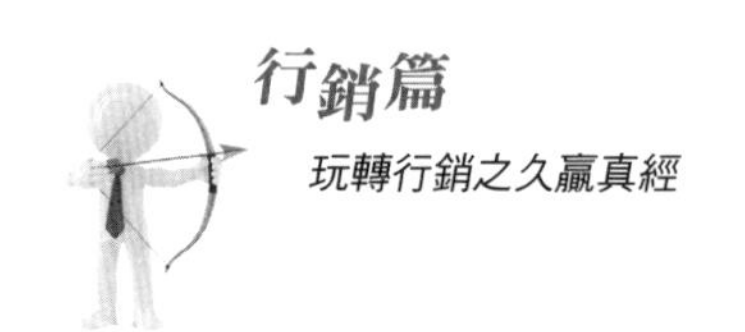

受卻是不同的。以此範例來說，以「現金回饋」之促銷方式效果最佳。

針對高單價產品，促銷表達方式有學問

範例：高級家庭劇院組（定價：59,000 元）

- 第一種促銷方式現金回饋：高級家庭劇院組。現在買現金回饋 17,700 元，讓您馬上省下 17,700 元。
- 第二種促銷方式直接降價：高級家庭劇院組，現在買只要 41,300 元。
- 第三種促銷方式打幾折：高級家庭劇院組。現在買打七折優惠。

分析：

- 第一種促銷方式現金回饋：讓您馬上省下「17,700 元」。哇！省了一萬多元！感覺好便宜！不買會失眠的感覺！
- 第二種促銷方式直接降價：現在買只要 41,300 元。雖然有比較便宜，但還是要花四萬多元，感覺還是好貴喔！買不下手。
- 第三種促銷方式打幾折：現在買打七折。感覺還不錯！我考慮考慮，之後再看看！

經由上述分析，以高單價產品來說，用「現金回饋」的促銷方式效果較佳。

針對低單價產品，促銷表達方式有技巧

範例：低價產品：原子筆一支（定價：10 元）

- 第一種促銷方式現金回饋：原子筆一支，現在買現金回饋 3 元，讓您馬上省下 3 元。
- 第二種促銷方式直接降價：原子筆一支，現在買只要 7 元。

● 第三種促銷方式打幾折：原子筆一支。現在買打七折。

分析：

● 第一種促銷方式現金回饋：讓您馬上省下 3 元。什麼？！才 3 元！沒有什麼感覺！若只賣 1 元，我才會買。

● 第二種促銷方式直接降價：現在買只要 7 元。10 元和 7 元感覺差不多啦！

● 第三種促銷方式打幾折：現在買打七折。原子筆打七折！感覺便宜三分之一，這種低單價的產品一般常看到九折，現在七折感覺有便宜到。

經由上述分析，以低單價產品來說，用「打幾折」的促銷方式效果較佳。

折扣多少，跟購買頻率有關係

範例一：A 品牌衛生紙一大包打 9 折；B 品牌衛生紙一大包打 75 折

分析：

衛生紙這種民生必需品，每個家庭都需要，如果沒有特別品牌忠誠度的顧客，基本上會先選折扣較低的 B 品牌衛生紙，若用的感覺不錯，下次如果有相同折扣，會繼續購買，如果使用感覺不佳，才會考慮選擇其他品牌。所以，購買頻率較高的產品，以折扣較低之促銷方式，較容易吸引到顧客買單。

範例二：A 品牌投影機一台 9 折；B 品牌投影機一台 5 折

分析：

投影機這種較精密且單價不低的產品，顧客心理基本上會希望可以使用很久，最好不要壞。有些顧客心裡會想 B 品牌投影機一台 5 折，會不會品質有問題，還是有什麼其他不可告人的原因？為何折扣如此優惠？所以，有些顧客會選擇擇感覺比較有保障的 A 品牌投影機，即使價格較貴，但買起來比較安心。所以，購買頻率較低的產品，以折扣較高之促銷方式，比較有效。

產品標價二段式降價呈現

一個產品，如果有標上特價，最好也標上定價或原價，才有落差感。

範例：《成功 3.0》有聲 CD，定價：2980 元，特價：1680 元，優惠價：1200 元。限量 1000 盒，售完為止。

分析：

利用原本較高的金額當作定價或原價，再用一個較低的金額當作特價，再用一個更低的金額當作優惠價，可以增加顧客購買的意願，讓顧客有一種促銷、再促銷的感受。

搭配贈品出售有三種技巧

無論在實體門市或網路上，常看到買 A 產品再加一元就送 B 產品，買 A 產品送 B 產品，或買 A 產品加 B 產品只要多少元，或加價購。以上三種是我們常見的促銷方式。

範例：

	A 產品	B 產品
內容	一套繪本（共八本）	三片美語學習 DVD
定價	1000 元	1000 元
成本	300 元	200 元
利潤	700 元	800 元

分析：

- 當顧客買 A 產品加 1 元送 B 產品時。

業者：（一套繪本利潤 700 元）－（三片美語學習 DVD 成本 200 元）＋ 1 元＝ 501 元（還能享有的利潤）

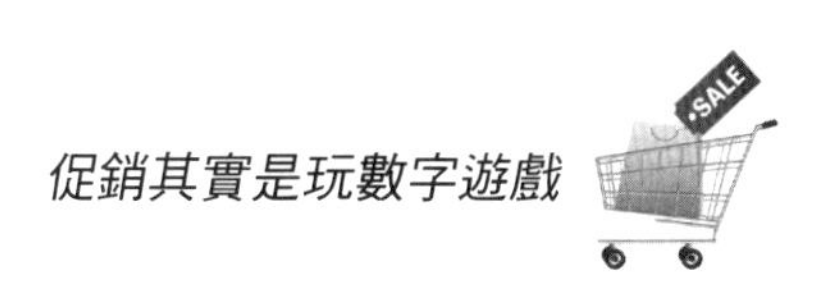

● 當顧客買 A 產品送 B 產品時。

業者：（一套繪本利潤 700 元）－（三片美語學習 DVD 成本 200 元）＝ 500 元（享有的利潤）

● 當顧客買 A 產品加 B 產品只要 999 元時

業者：（營收 999 元）－（一套繪本成本 300 元＋三片美語學習 DVD 成本 200 元）＝ 499 元（享有的利潤）

經由以上分析，可以發現這三種促銷方式中，業者的利潤都差不多，相差最多 2 元而已，顧客所付的金額也差不多，同樣最多相差 2 元而已。雖然玩法不同，但對於業者和顧客而言，所獲得和所支出的都差不多。

 高單價產品和低單價贈品之組合出售

當有一個高單價產品和一個低單價產品同時存在時，要如何搭配出售？

範例：

高單價產品：智慧型手機售價：19,999 元

低單價產品：32G 記憶卡售價：499 元

促銷方式：

● 加價購：買智慧型手機再加 299 元，就送 32G 記憶卡。

● 產品組合：買智慧型手機加 32G 記憶卡只要 20299 元。

● 直接送：買智慧型手機再送 32G 記憶卡。

分析：

1. 加價購：還要加 299 元，可能會想一下是否真正需要？

2. 產品組合：總共要 20299 元，要 2 萬多，有點貴，考慮考慮。

3. 直接送：我本來就要買智慧型手機，買就送我 32G 記憶卡，很不錯！若不好用我還可在網路上拍賣或送人。

經由以上分析，可以發現此範例以「直接送」效果較佳。

不同促銷方案顧客感受不同

市面上有些產品會有多種促銷方案讓顧客選擇，而不同促銷方案對於顧客來說感受是不同的。

範例：墾丁三日遊定價 9900 元

促銷方案：

- 直接降價：特價 8900 元
- 贈品：定價 9900 元附贈二天早餐共 4 份
- 贈品：定價 9900 元附贈下午茶優惠券 2 張
- 加價購：加 899 元送按摩一小時體驗券 2 張

分析：

對某些人來說，精打細算後發現選擇「直接降價」最乾脆划算，因為有時贈品會有條件限制，若沒使用到，反而吃虧了。

買一送一跟一件 5 折有何不同

有時我們會看到「買一送一」和「一件特價 5 折」的促銷廣告，表面上看起來好像一樣，但其實精算後利潤不一樣喔！

範例：牛仔褲定價 1300 元，成本 500 元，利潤 800 元。

分析：

- 若買一送一時：利潤 800 元－成本 500 元＝利潤 300 元
- 若一件打 5 折時：牛仔褲定價 1300 元 ×0.5 ＝ 650 元　650 元－成本 500 元＝ 130 元

經由上述分析，若買一送一時利潤 300 元；若一件打 5 折時利潤只有 150 元，所以兩者相差 150 元，差很多吧！

折價券要發多少張，才會賺錢

市場上很多商家都會發送折價券、現金抵用券或電子折價券，但現送出去的同時，商家也要考慮到有多少顧客會回流消費，回流消費人數越多，消費金額越大，對商家而言當然越有利。那究竟要發出去多少張折價券，才會達到月營業額的目標，我想這是老闆最關心的議題。我們來算一下。

範例：某家餐廳，每月營業額目標 50 萬元。套餐平均 200 元。凡消費滿 100 元就送一張 20 元／ 50 元／ 100 元折價券。假設回流率 2% ／ 5% ／ 10%。

分析：

- 套餐 200 元－ 20 元折價券一張＝顧客實際支付 180 元

  月營業額 50 萬／顧客實際支付 180 元＝月來店人數約 2777 人

  月來店人數 2777 人／ 2% 回流率＝ 138850 張折價券

- 套餐 200 元－ 50 元折價券一張＝顧客實際支付 150 元

  月營業額 50 萬／顧客實際支付 150 元＝月來店人數約 3333 人

  月來店人數 3333 人／ 5% 回流率＝ 66660 張折價券

● 若凡消費滿 100 元就送一張 100 元折價券。假設回流率 10% 套餐 200 元－ 100 元折價券一張＝顧客實際支付 100 元

月營業額 50 萬／顧客實際支付 100 元＝月來店人數 5000 人

月來店人數 5000 人／ 10% 回流率＝ 50000 張折價券

結論

折價券金額	顧客回流率	月營業額	月來店人數	發出折價券張數
20 元	2%	50 萬	2777 人	138850 張
50 元	5%	50 萬	3333 人	66660 張
100 元	10%	50 萬	5000 人	50000 張

由上表可發現，折價金額越高，顧客回流率越高，月來店人數也越多，但發出折價券張數變少。當然，還有一個因素要考量的就是成本，千萬不要月營業額達到了，每個月卻都處於虧損狀態。

文字魔術師

在市面上會有各式各樣的促銷文字，這當中運用了不少銷售心理學，才能掌握顧客的心理，達到行銷的目的。

範例一：兒童衣服特價 99 元。

分析：99 元雖然只比 100 元少了一元而已，但感覺就是比 100 元便宜，這是心理作用。一般來說超過 100 元，等於你要拿出一張以上的鈔票，但如果只要拿出一張鈔票，感覺上就不會手軟。所以，你經常會看到 99 元、199 元、299 元、399 元、999 元等，就是要給它少一元。

範例二：限量 1000 套，售完為止，絕不再版。

分析：有聲書限量 1000 套，其實應該不只 1000 套，這是一種慢了就買不到的促銷手法。

範例三：晴天 9 折，下雨沒折。

這是在賣什麼呀？仔細一看，喔！原來是賣雨傘。晴天時，真的沒人在買。下雨時，有人沒帶傘，只好乖乖用原價買。

範例四：老闆瘋了！全部 1 折起。

分析：光看到「老闆瘋了！」這幾個字，就會有人被吸引，再看到後面的字，更令人難以抗拒。但有經驗的讀者，就會知道所賣的東西不是全部都一折，只是有少部分的東西賣一折，而且文案上故意把「起」這個字寫的特別小，讓顧客沒看清楚而被吸引過來。

範例五：週年慶，魯肉飯只要 10 元。

分析：雖然魯肉飯本來就不貴，但對於不想多花錢吃飯的人，無疑是一個好選擇。當然了，你去這家店點一碗魯肉飯，一定還會加點其他小菜或湯，對於店家來說，就是要用 10 元來吸引顧客上門，即使一碗賣 10 元，還是有利潤的。

範例六：誰說 35 元沒有好咖啡？

分析：不知讀者有沒有喝過 35 元的壹咖啡？業者用「誰說 35 元沒有好咖啡？」來吸引顧客的注意，店裡還有其他高價的咖啡和厚片土司。所以，一句吸引人的文案，可以瞬間吸引顧客上門，增加營業額。

範例七：魯肉飯 30 元，貢丸湯 30 元，燙青菜 30 元，套餐只要 69 元！

分析：我們去大賣場美食街看到琳琅滿目的美食佳餚，有時都不知要吃什麼好，可以發現很多商家都會用套餐來促銷，因為單點比較貴，消費者基本上都會點套餐。像麥當勞直接推出各種不同的套餐，直接讓你選你要幾號餐，我想現在去麥當勞的顧客，應該很少單點一個漢堡再加上一杯可樂的吧？

範例八：滿千送百。

分析：像網路商店常有滿千送百的促銷活動，或消費滿多少元，就送什麼好禮，這是一種滿額禮的促銷模式，讓顧客多消費，商家就多營業額。

範例九：1 元加購漢堡。

分析：某速食店曾用買套餐再加 1 元就多一個漢堡的促銷活動，對於食量大的人，真的是賺到了，如果吃不完也可以分享給他人。1 元加購的威力真的很強，因為 1 元對於顧客來說，不痛不癢。

範例十：限時一天，限量 1000 本，特價 75 折！

分析：商家利用「限時」、「限量」、「限價」的技巧，喜歡這產品的顧客，只好乖乖今天購買，錯過今天，機會不再。這種促銷模式是很難抗拒的。

集點送

很多飲料店、商家都會有集點促銷活動，以鼓勵顧客多多消費，集滿多少點最後可以免費換一杯飲料或獎品。他們到底是怎麼做的，請看以下的範例：

範例：ABC 飲料店，凡消費滿 50 元就可在集點卡上蓋一個章，若蓋 10 個章即可免費兌換一杯飲料，限 50 元以下，超過 50 元請補差額。

分析：

消費 50 元獲得 1 點，集滿 10 點等於消費 500 元免費送一杯 50 元飲料，也就是說只消費 450 元（9 點）即消費者享有 9 折優惠。一杯飲料的成本可能不到 10 塊錢，這樣的集點促銷活動不僅有利潤，還可帶動買氣，促進消費者重覆消費，進而留住顧客。

適用行業：飲料店、火鍋店等。

福袋大搶購

百貨公司很喜歡用福袋來做活動，效果一直都很不錯。

範例：某家百貨公司推出福袋活動，每份福袋 1000 元，每份福袋至少有等於價值 1000 元以上的產品，最大獎品是百萬汽車開回家。每份福袋利潤約 200 元，汽車成本 80 萬元。

分析：百貨公司要賣出多少份福袋才不會虧錢呢？

汽車 80 萬元／利潤 200 元＝ 4000 人，也就說若不到 4000 人買福袋，百貨公司就虧了。

假設活動期間共賣出 10000 份福袋，又有多少利潤呢？

10000 份福袋 × 平均利潤 200 元－汽車成本 80 萬元＝ 1,200,000 元

也就是說若百貨公司最終賣出 10,000 份福袋，就有 1,200,000 元的利潤。

辦卡更優惠

有些飲料店會有辦會員卡買飲料更優惠的促銷活動。而辦卡需要費用，當顧客拿卡消費時，到底是顧客賺到還是商家賺到？

範例：某飲料店辦一張會員卡 100 元（成本 50 元），無使用期限，全省分店皆可使用，只要品項單價超過 40 元，若使用會員卡皆以 35 元計價。

分析：

若一杯飲料 40 元，成本 10 元，當顧客買一張會員卡，並使用會員卡買一杯 40 元飲料，只要付 35 元，此時商家的利潤為：

會員卡利潤 50 元＋飲料利潤 25 元＝利潤 75 元，如果有 10000 人購買會員卡，每人一年消費 12 次時，商家利潤有多少？

會員卡利潤：一張利潤 50 元 ×10,000 人＝ 500,000 元

飲料利潤：10000 人 ×（一年消費 12 次 × 飲料利潤 25 元）＝ 3,000,000 元

商家利潤總共 500,000 元＋ 3,000,000 元＝ 3,500,000 元

 生日免費

我們常看到有些餐廳打著「當月壽星免費」的促銷口號，也許會有讀者疑惑，萬一每個當月壽星都是一個人去吃的話，餐廳不就虧大了嗎？

範例：

牛排套餐 定價 500 元

成本 100 元；利潤 400 元

分析：

若只有一人用餐，餐廳則損失 100 元。若壽星帶一位朋友用餐，餐廳利潤＝收入 500 元－成本 200 元＝ 300 元

若壽星帶二位朋友用餐，餐廳利潤＝收入 1000 元－成本 300 元＝ 700 元

若壽星帶三位朋友用餐，餐廳利潤＝收入 1500 元－成本 400 元＝ 1100 元

若壽星帶四位朋友用餐，餐廳利潤＝收入 2000 元－成本 500 元＝ 1500 元

若壽星帶五位朋友用餐，餐廳利潤＝收入 2500 元－成本 600 元＝ 1900 元

餐廳打的如意算盤是當月壽星不太可能一人獨自用餐，即使有也不多；如果壽星呼朋引伴，三人同行、四人同行、五人同行，餐廳的利潤則越高。這和四人同行，一人免費有異曲同工之妙。值得注意的是，此促銷模式較適合「利潤高，成本低」的產品。

入會 1000 元，送你超過 1000 元

範例：某網路書店現在入會繳交 1000 元，就送你五本書，每月買書再送你一

本書。

分析：

賠錢的生意不會有人做，所以商家提供的贈書一定不是暢銷書，而是一些庫存量大的書，若成本以一本 40 元來計價，五本成本共 200 元。

若會員每月都有買書，則一年共送出十二本書，成本共 480 元。若有 1 人加入會員，商家利潤：入會費 1000 元－入會贈書五本成本 200 元－一年最多送出十二本成本 480 元＝ 320 元。

若有 100 人加入會員，商家利潤＝ 32,000 元 若有 1000 人加入會員，商家利潤＝ 320,000 元 若有 10000 人加入會員，商家利潤＝ 3,200,000 元 若有 100000 人加入會員，商家利潤＝ 32,000,000 元

以上數字並未加上會員每月購買書籍的利潤，所以以上數字只會更多，不會更少。

只能說商家真的很會算，不然怎麼叫生意人呢？

填問卷，產品免費送給你

有些幼教圖書或補教業會使用這種模式，無論在網站或報章雜誌，只要填基本資料或回答一些簡單的問題，透過線上申請或回函方式，即可收到商家寄來的贈品；另一種是透過線上申請或回函方式，商家用抽獎的方式來送。當然，商家也不是平白無故就送你東西，因為商家有你的基本資料了，日後會打電話給你進行電話行銷，或者日後不定期寄一些相關產品 DM 給你，讓你訂更多的產品，這就是他們背後的目的和計謀。記住，送的產品最好有吸引力，也要同時考慮到成本。

範例：8G 隨身碟免費送

分析：

某電腦公司推出只要在線上留下基本資料，即可免費獲得一個 8G 隨身碟，但要到電腦公司領取。重點是你以為拿了 8G 隨身碟就可以全身而退嗎？電腦公司的老師（叫老師是好聽，其實都是業務，但他們都互稱老師）會引導你報名電腦課程，當然你可以拒絕。我們來看一下贈品和電腦課程之間的價格關係：

8G 隨身碟的定價：288 元　成本：99 元

電腦課程的售價：29000 元

假設成交率 10%，講師鐘點費 1600 元／小時，共十堂課，當有十個顧客來店裡領取 8G 隨身碟，有一個顧客報名電腦課程時。

商家成本：10 個 8G 隨身碟成本 990 元＋講師鐘點費 16000 元＝ 16990 元

當有二十個顧客來店裡領取 8G 隨身碟，有二個顧客報名電腦課程時。

商家成本：20 個 8G 隨身碟成本 1980 元＋講師鐘點費 16000 元＝ 17980 元

當有一百個顧客來店裡領取 8G 隨身碟，有十個顧客報名電腦課程時。

商家成本：100 個 8G 隨身碟成本 9900 元＋講師鐘點費 16000 元＝ 25900 元

由上述可知，只要有一個顧客報名電腦課程，就不會賠錢了。

	8G 隨身碟成本	講師鐘點費	營收	利潤
一個顧客報名	990 元	16000 元	29000 元	12010 元
二個顧客報名	1980 元	16000 元	58000 元	40020 元
十個顧客報名	9900 元	16000 元	290000 元	264100 元

由上表可知，講師鐘點費是固定的，報名的人數越多，利潤越大。即使來店領取隨身碟的人越多，只要成交率有 10%，商家絕對賺錢。

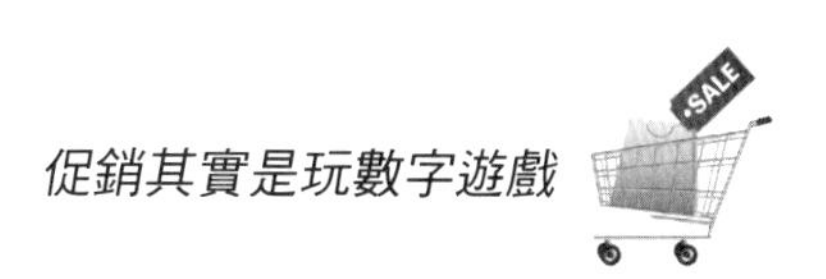

咖啡機免費送你用

商家向各企業推廣咖啡機免費用的活動，企業只要自付咖啡豆的錢就好了，那麼商家要第幾個月才會賺回來？

範例：進口全自動咖啡機企業免費用

分析：

進口全自動咖啡機成本：12000 元

咖啡豆一包定價：1600 元

咖啡豆成本：400 元

咖啡豆利潤：1200 元

企業可以免費使用咖啡豆一個月，第二個月商家開始收咖啡豆的費用，但咖啡機還是讓企業免費使用的。

若每月企業都買一包咖啡豆，那商家要幾個月才能回本呢？

12000/1200 ＝ 10

也就是說，商家要 10 個月才能回本，11 個月才開始獲利。若每月企業都買二包咖非豆，那商家要幾個月才能回本呢？ 12000/2400 ＝ 5

也就是說，商家要 5 個月才能回本，要第 6 個月才開始獲利。

此模式也可適用於濾水器（利潤來源為濾心）、彩色印表機（利潤來源為墨水匣）等產品上。

總之，促銷是一種非常有趣的活動，利用不同的數字和文字的組合變化，誘導顧客花更多的錢。

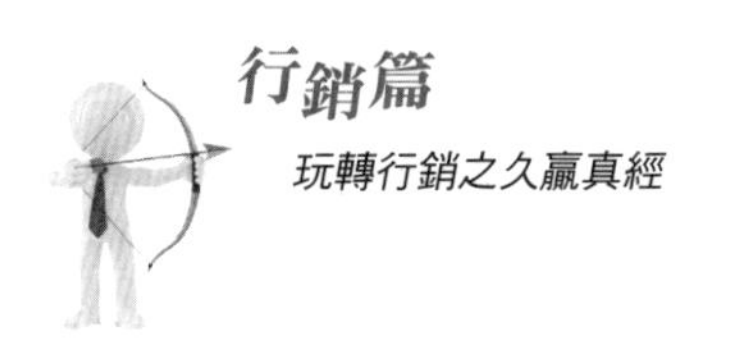

18 品牌決定價值

桂格創辦人 John Stauart 曾說：「如果企業要分產的話，我寧可要品牌、商標或商譽，其他的廠房、大樓、產品，我都可以送給你。」

研發&設計　品牌&通路
附加價值、利潤
價值創造活動

宏基前董事長施振榮先生曾提出一個著名的「微笑曲線」。

他認為企業要創造更高的價值，只有靠兩種方式。一種是靠研發和設計，另一種則是品牌和通路。如上圖所示。

一個皮製手提包，只要印上「LV」的 LOGO，價值就翻數十倍，運動鞋加上 NIKE 的 LOGO，價值也跟著水漲船高。所以價值取決於產品上的 LOGO，無論是對個人或企業而言，建立品牌這件事情不容小覷，因為其品牌效應所帶來的無形力量，比你想像中要大得多。

品牌的概念是在十九世紀末二十世紀初開始發展，當時從事手工藝的工匠會在他們的作品上留下標記，作為自己獨特創作的象徵；而在西方牧場的主人為了辨識自己的牛羊，會在它們的身上留下烙印，作為標示自己財產的方法。日後隨著零售業的成長和普及，廠商為每一種商品取名稱，或用特殊的文字圖案來標示商品成為普遍的趨勢，這也就是品牌的由來。

無論你走進便利商店、3C 賣場、大型量販店，還是百貨公司等，看到的是數千數萬種各式各樣的商品，即使同一類的商品也有多達數十種以上的品牌，當消費

者沒有一定要買哪一種品牌的產品，同時各品牌的產品價格差異不大時，消費者通常會購買他們最熟悉或印象中不錯的品牌。

若想為品牌建立起多元的正面聯想性，企業應該考慮以下五大方面：

- **特質：**一個好的品牌應能在顧客心中勾繪出某些特質，比方說賓士汽車勾繪出的是一幅經久耐用、昂貴且機械精良的汽車圖像。假如一個汽車品牌無法勾繪出任何與眾不同的特質，那這個品牌肯定是個不夠成功的品牌。

- **個性：**一個好的品牌應能展現一些個性上的特點。因此，假如賓士是一個人的話，我們會認為他是名中年人、較不苟言笑、條理分明，而且帶有權威感的人士。

- **利益：**一個好的品牌應暗示消費者將獲得的利益，而不僅僅是特色。麥當勞能夠使人聯想到令人滿意的供餐速度以及實惠的價格。

- **企業價值：**一個好的品牌應能暗示出該企業明確擁有的價值感。賓士能暗示出該企業擁有一流工程師和最新的科技與汽車安全的技術，而且在營運上也十分有條理並具有效率。

- **使用者：**一個好的品牌應能暗示出購買該品牌的顧客屬於哪一類人。我們可預期賓士所吸引的車主是那些年紀稍長、經濟寬裕的專業人士，而不是年輕的毛頭小子。

當我們談到打造品牌，我們總是先想到 CI 戰略、品牌延伸、品牌溝通或是品牌權益，但其實顧客的滿意度才是打造良好產品品牌及企業形象的根本。有一家 3C 通路商售出一支每接三通電話就有一、二次斷線的故障手機，買到這隻手機的顧客前往 3C 門市退貨，根據這家 3C 通路商的退貨規定，在這種情況之下是允許顧客退貨的，但當天值班的店長卻以手機有刮痕為由，對顧客的需求不予理會，就這樣，該公司因為服務不佳被投訴，且上了知名媒體，辛苦建立起來的商譽毀於一旦！此時，就算有再好的 CI 戰略、品牌設計，恐怕也難以重建顧客對該品牌的信心。由此可知，服務是打造品牌的根本，如果員工對待客戶的態度不佳，即便再有創意、再吸引人的品牌設計，也難以挽回公司的信譽。

品牌的四種呈現方式

根據美國行銷協會（American Marketing Association，AMA）的定義：「品牌是指一個名稱（name）、名詞（term）、設計（design）、符號（symbol）或這些的組合，可以用來辨識廠商之間的服務或產品，而和競爭者的產品形成差異化。」以下介紹四種品牌呈現方式：

① 圖案

例如：蘋果電腦的缺一口蘋果、喜美汽車的 H 標誌、香奈兒的雙 C 標誌、麥當勞的黃 M 標誌、NIKE 的勾勾標誌……等等。

② 文字

例 如：IBM，ASUS，HP，SKII，BMW，eBay，Nokia，BenQ，Fedex，Coke Cola，Uniqlo，Lativ，Canon，SONY……等。

③ 文字與圖案的組合

例如：愛迪達三條線加上 adidas，國泰世華銀行加上一棵綠樹，Hang Ten 加上兩隻腳丫……等。

④ 象徵人物

例如：巧連智的巧虎、大同寶寶、麥當勞叔叔、肯德基爺爺、迪士尼的米老鼠及唐老鴨……等。

成為某領域、某行業或某產品的代名詞，是一個公司最寶貴、最具永續競爭力的無形資產，也是品牌價值。可樂的代名詞是什麼？可口可樂！速食的代名詞是什麼？麥當勞！方便麵（泡麵）的代名詞？康師傅或統一！便利商店的代名詞？7-11……想到平板電腦你想到什麼品牌？講到大賣場你想到什麼品牌？講到國民服飾你聯想到什麼品牌？……由此可見領導品牌果然具有極為巨大的優勢！

那如何塑造自己向品牌代名詞之路邁進呢？首先要將市場上最強的競爭者視為對手，倘若自己最強時，那你就是自己的頭號對手！圍棋高手往往是靠著自己與自己對奕來精進棋力！頂尖企業幾乎都是不斷靠自己打敗自己來撰寫他的成功史。而且你也千萬不要忘了，我們的競爭對手正在想方設法地創新以求超越我們，因此我們亦須不斷在產品與服務上做更大、更多的創新，創造出競爭者無法追趕的差異性。再來就是與消費者的溝通了（廣告與廣告公司意義之所在），積極傳遞使用本公司產品的真正利益與品牌之意義和其所代表的承諾。消費者為何要使用你的產品？為何認定你是領導品牌？因為他認為業界都相當了解並信任你的品牌；因為他認為使用你的產品（相對於你的競爭者）可以獲得最大的利益；因為他聽閱過他人對你的產品和品牌的正面評價。

我們來看看以下的例子。

家樂福

由於國際原物料價格不斷上漲，為了增加利潤，便利商店和量販賣場各有不少自有品牌商品。家樂福認為，家樂福在臺灣已有五十多家分店，加上市售產品不斷漲價，發展自有品牌可以拉大彼此間的價差。家樂福的自有品牌商品分為三種不同等級，共約二千三百項：

- 紅標「家樂福超值商品」：以低價為訴求。
- 藍標「家樂福商品」：為主力商品，占有率達 75%，標榜比領導品牌便宜 10 ～ 15%。
- 黑標「家樂福精選商品」：特別著重於商品的高品質和獨特性，例如精選有機白米。

即使是自有品牌，銷售量也不見得比知名品牌差，像家樂福品牌的牙線，就占該類品項七成的銷售量；大潤發自營品牌的寵物飼料，銷售量也相當驚人，據統計，全臺灣每五個寵物就有一個食用過大潤發自營寵物食品。另外，像 7-11 自家品牌的衛生紙和屈臣氏自家品牌的清潔保養品等，也有一定的銷售量。

百事可樂

「百事可樂」是世界飲料業兩大巨頭之一，一百多年來與「可口可樂」上演著「兩樂之戰」。「兩樂之戰」的前期，即一九八〇年代之前，百事可樂一直處於低迷狀態，由於其競爭手段不夠高明，尤其是廣告的競爭力不足，所以被「可口可樂」遠遠甩在後頭。然而經歷了與「可口可樂」無數次交鋒之後，「百事可樂」終於發現自身的缺陷所在，從而明確了自己的定位，以「新生代的可樂」形象對「可口可樂」展開了側翼攻擊，從年輕人身上贏得了廣大的市場。如今，飲料市場占有率的戰略格局已發生了巨大變化。

「百事可樂」的定位是具有其戰略眼光的，因為「百事可樂」的配方、色澤、味道都與「可口可樂」相似，絕大多數消費者根本喝不出兩者的區別，所以「百事」在品質上根本無法勝出。「百事」選擇在消費者定位上實施差異化，摒棄了不分男、女、老、少，再透過「全面覆蓋」的策略，從年輕人下手，將消費群體重新定位。透過廣告，「百事」力圖樹立其「年輕、活潑」的形象，而暗示「可口可樂」的「老邁、落伍、過時」。

「百事可樂」完成了自己的定位後，開始研究年輕人的特點，經由精心調查發現，年輕人現在最流行的東西是「酷」，所表達出來的就是獨特的、新潮的、有內涵的、有風格創意的意思。「百事」抓住了年輕人喜歡「酷」的心理特徵，開始推出了一系列以年輕人認為最酷的明星為形象代言人的廣告大戰。

在美國本土，一九九四年「百事可樂」與美國當紅流行音樂巨星麥可·傑克森簽約，以五百萬美元的驚人價格，聘請這位明星作為「百事巨星」，並連續製作了以麥可·傑克森的流行歌曲為配樂的廣告片。此舉被譽為飲料業有史以來最大手筆的廣告運動。

麥可·傑克森果然不辱使命，當他踏著如夢似狂的舞步，唱著「百事」廣告主題曲出現在螢幕上時，年輕消費者的心無不為之震撼躍動，「百事可樂」這一飲料

品牌也開始為年輕人所矚目；不久以後，「百事可樂」又聘請世界級當紅女歌星瑪丹娜為世界「百事巨星」，此舉可謂轟動全球。由這些紅透半邊天的世界級明星引領，「百事可樂」這一品牌開始深入人心，尤其受到年輕一代的青睞，銷量直線上升。

「百事可樂」透過名人廣告在美國市場上大獲成功之後，決定在世界各地如法炮製，尋找當地的名人明星，拍攝受當地年輕人喜歡的名人廣告。

在香港，「百事可樂」推出張國榮、劉德華為香港的「百事巨星」，展開了一個中、西合璧的音樂行銷攻勢。之後，「百事可樂」又力邀郭富城、王菲、珍妮·傑克森和瑞奇·馬丁四大歌星為形象代表。在台灣，先後找了張惠妹、周杰倫等人廣告代言，廣告在亞洲地區推出後，受到了年輕一代的極大歡迎。音樂的傳播與流行得益於聽眾的傳唱，百事音樂行銷的成功，正在於它感悟到了音樂的溝通魅力，這是一種互動式的溝通，好聽的歌曲旋律，打動人心的歌詞，都是與消費者溝通的最佳語言。

我曾在 YouTube 看到一段「百事可樂」的微電影，演員有古天樂、羅志祥、張韶涵，周迅、張國立和霍思燕。共同打造一部以「把樂帶回家」為主題，呈現家庭溫情的一面。每個人都希望和快樂不期而遇，有趣的是，我們永遠不知道，他們會在哪等我們？雖然影片中運用了置入性行銷，但還是很感人。

「百事可樂」勇於創新，透過廣告，樹立了一個「後來居上」的形象，並把品牌蘊含的那種積極向上、溫馨感人，和不懈追求美好生活的新一代精神，發揚到百事可樂所在的每一個角落。

經過我的調查，儘管大部分的人還是喜歡喝「可口可樂」，但「百事可樂」那年輕、充滿活力的形象已深入人心，成為年輕一代最愛的飲料之一。

國民服飾 Lativ

你有穿過本土網路服飾品牌 Lativ 嗎？沒穿過也聽過吧？ Lativ 以三十八色、一六八元的 Polo 衫出名。2007 年成立，業績年年高速成長，2011 年營收約 40

億，比 2010 年成長 1.6 倍。員工約 300 人。新聞說他們的年終有人領到 40 個月，令人羨慕不已。

Lativ 所屬的米格國際總經理張偉強很有信心地表示：「我們要用簡單與專注幫台灣的品牌服飾打開了一片天。未來超越 HangTen、Net，成為台灣第一大休閒服飾品牌。」張偉強才三十六歲、電子科畢業、完全沒有紡織業經驗。理著小平頭、穿著牛仔褲，一如 Lativ 給人平實的印象，他創造的 Lativ 旋風，吸引很多同行爭相模仿。

Lativ 有清楚的品牌定位，以國民服飾為訴求，強調「高品質、平價」，走到產業鏈上游，一條龍管理原料、設計、製造、品管、行銷、銷售與客服，不像網路競爭者只是買進賣出，這才是真正的網路原生品牌。

從 2010 年開始，Lativ 不得不將台灣廠商無法負荷的訂單，逐步轉往越南、印尼、大陸等地，但有些原料則仍是從台灣生產。

點進 Lativ 的官網，沒有很炫的網頁設計，也沒有五花八門的款式，剛開始只賣基本款襯衫、T 恤、牛仔褲，竟能創造八成的回購率。近年來推出羽絨外套和發熱衣，還有不定期的福袋等多種促銷優惠方案，更引起辦公室同事之間的團購，不僅自己買也幫全家人訂購，隨便一買就是好幾千塊，運費也省了。

雖然 Lativ 曾經數次出現負面新聞，但還是有一群忠實顧客，2012 年的營收也超越了 2011 年。Lativ 終究成功創造了其品牌價值，現今的他們，朝著千億營收邁進。

萊雅 L'OREAL 銷售希望

萊雅（L'Oreal Group）是全球最大的美妝集團，擁有十七個全球性策略品牌，包括百貨公司專櫃的蘭蔻、植村秀、碧兒泉、HR，開架的有媚比琳、巴黎萊雅，以及專業美髮用產品 L'OREAL Professionnel 等，每個品牌都成功塑造了不同的個性和定位。

萊雅集團是一個擁有極強的品牌資產和品牌經營 know-how 的公司。每一年投入的研發經費佔營業額的百分之三，有超過三千名科學家從事不同領域的研究，包括生命科學、藥物學、生物化學等，全球擁有的專利超過三萬個，其一半以上的產品營收，來自專利的發明。萊雅每年的主要品牌產品線，都會更換二成的新產品。

近幾年來更運用多元化的品牌策略，連續二十年獲利成長呈兩位數，全球景氣起伏，仍不減它們的成長力道。

L'OREAL 的行銷主軸在品牌塑造，首先它強調品牌更新。L'OREAL 是一個法國的科學家舒萊爾（Eugene Schueller）在一九〇七年創立的品牌，L'OREAL 十分強調品牌的更新，其掌握時代脈動的方法就是由年輕人下手，每年 L'OREAL 都會舉辦「L'OREAL 行銷獎」讓各國學生參加，由學生的創意主導 L'OREAL 的行銷策略。在台灣，L'OREAL 也有舉辦這種比賽，不但讓年輕的學生族群因為親身參與 L'OREAL 設計而增加購買率，也讓 L'OREAL 的行銷方針更年輕、更時尚！

第二，它著重強力曝光。L'OREAL 的創辦者舒萊爾非常有行銷頭腦，不但在報章雜誌電視為 L'OREAL 打廣告，還靈機一動地發明在公車車身上登廣告，並在當時剛起步的廣播電台上播放 L'OREAL 的廣告歌。不久，L'OREAL 的廣告歌就流傳於法國大街小巷當中。

第三是多元文化兼容並蓄。L'OREAL 後來之所以可以在全球擴張成功，就是因為他每到一個地區就和那個地區的風土民情融合，而不是設法改變當地的消費習慣。例如，當 L'OREAL 併購美國的 Maybelline 後，就針對美國人追求快速的生活習慣，設計一款一分鐘即乾的「快捷指甲油」，比原先 Maybelline 製造的指甲油多了將近五倍的銷售量！就是這三個法寶打造了 L'OREAL 成為全球知名的品牌。

萊雅的台灣總裁康博爾（Kenneth Campbell）曾表示：從價值創造來看，我們會要求消費者主動加入產品的設計流程；至於價值傳遞，由於線上購物快速發展，商品易接近性增加了；所以我們追蹤消費者的行為，萊雅在全球有八個研究中心，不只做技術研發，更觀察消費在日常生活中如何接觸並使用商品。積極去研究消費者何時上專櫃消費？何時上網？他們在意些什麼？他們對什麼有興趣？希望以逐步深化的模式，建立品牌與消費者的關係，提供消費者更便利取得的創新美妝產品，顧客覺得 L'OREAL 是與眾不同、產品有持續在創新。

你以為 cama 是低價取勝，其實它勝在品牌價值

cama 現烘咖啡的創辦人何炳霖，當初是長年替客戶品牌運籌帷幄的資深廣告人，和大部分人一樣，領著別人的薪水過日子，但他為了建構專屬於自己嚮往的人生，邁出自創品牌的第一步。

在創立 cama 之初，何炳霖便決定要做品牌，並非只單純賣咖啡而已，且 cama 的定位非常清楚：「在都會區的專業外帶、外送咖啡」，目標市場鎖定為對咖啡較講究的白領上班族；更在執行上力求「每個細節都要顧到」！ cama 的識別標誌「cama baby」，就是把一顆咖啡豆擬人化的設計，賦予品牌親和力，連杯子與店面擺設，都是緊扣品牌核心價值與廣告設計美學的整合展現。

當初在打造品牌時，他認為咖啡是生活不可或缺的飲品，因而以「平價享受好咖啡」來設定品牌初衷，金額滿 200 元就可外送。cama 雖然平價，但在強調新鮮、品質方面毫不妥協，選擇在店內烘焙豆子，而非集中於單一工廠處理，挑豆的成本雖然較高，但這樣才能維持咖啡的好品質。

手工挑豆、烘豆機及烘培過程，以及外送腳踏車都在店裡公開展示，就是希望消費者能看到他們的工作過程，這是一個感染力、一種氛圍，因為消費者待在店裡的時間通常很短，而 cama 這品牌名稱是理念、也是行為，從踏進店內到喝下第一口咖啡的過程，即傳達視覺、嗅覺、聽覺、味覺、觸覺，從五感行銷創造出品牌的好體驗，由高品質創造出高價值。

而「專營外帶、小坪數、現烘咖啡」的商業模式，讓 cama 從創始店經營沒多久，就湧入大量加盟電話，一度被逼得將加盟電話塗掉，因為他們是從品牌永續的

角度經營，選的不是加盟主，而是事業夥伴。因此，在創業的前三年，僅開了四間分店，等到直營店管理經營都上正軌後，第四年才開放加盟。目前每年加盟店數也僅開放二十個名額，不為什麼，就是為了品牌營造。

塑造品牌的錯誤觀念

大家都知道建立品牌的重要，但是如果有以下這些錯誤的觀念，就可能導致品牌建立失敗。

① 以為用大量的廣告轟炸，就可以成功塑造出一個良好的品牌

大量的廣告的確是可以塑造出產品的知名度，讓一個原本沒有人知道的商品變得眾所皆知，但如果只知道大量的廣告，卻不控管好產品的品質，那麼廣告反而會變成最大的殺手。因為一件劣質品如果沒有宣傳，就很少人購買，既然很少人購買，自然也就很少人知道產品的不良。但如果是劣質產品，還大肆宣傳就不一樣了，在短期內或許有人因為廣告打得多，而購買了劣質品，但消費者使用過後發現產品不好用，那麼，關於這個產品不好的評價，也會立即被廣而告之，這家公司的信譽就會被消費者大打折扣，做廣告反倒變為得不償失了。

② 以為產品的銷售量增加就代表品牌建立成功

多數企業以為產品的銷售量增加，就是品牌建立成功的結果，這是錯誤的觀念。因為銷售量的激增，很可能是因為做了一堆短期之間可以把業績堆上去的促銷活動，而這些促銷活動不是常態，只是為了壯大產品的聲勢而推行的一種暫時性計策，一旦這些活動停止之後銷售量就恢復原先的水準。產品品牌的知名度、商譽、忠誠度是需要長期的業績穩定成長來證明的，有些企業為了獲取短期的利益，而不顧長期的考量，這樣是沒有辦法建立一個良好的品牌形象的。

③ 多數企業以為產品的品牌形象應該要日新月異，常常變化

這個觀念其實不完全正確。品牌的核心理念應該是固定不變的，只是表達的手法可以有所差異，像百事可樂一直將產品的核心理念定位在年輕、歡欣，雖然代言人與表現方式常替換，產品的廣告也常更改，但是一直朝著年輕歡欣的形象去塑造

可樂的品牌形象，讓消費者對可樂的印象趨於一致，這才是建立品牌的正確方式。如果企業在做廣告時沒有掌握到一個始終不變的核心理念，選擇代言人的時候也是看誰當紅就選誰，完全不考慮到合不合品牌形象的問題，這樣的品牌塑造幾乎都會失敗。

4 任意延伸品牌

這是企業主常常採用的一種方法，每個管理者都希望自己公司的商品都是暢銷商品，而不是只有一樣主力商品可以暢銷。所以，一旦塑造出暢銷品之後，許多管理者就會想要乘勝追擊，把暢銷商品的品牌延伸。

雖然延伸品牌的方法不是不能採用，但是要小心執行，不然原先辛苦建立的品牌就會毀之一旦。延伸品牌時要注意新舊品牌之間的差異性以及消費者的接受度，並考慮企業是否具備新品牌的行銷能力，如果沒有考慮好這些問題就做出延伸品牌的動作，可以說是搬磚頭砸自己的腳，往往會得不償失。

品牌不是建立起來就可以高枕無憂的，隨時要有品牌的危機意識才可以，平時品牌管理就要敏銳的觀察產品的銷售狀況，並建立良好的連結網路，讓產品一旦出了問題就可以快速反應、避免危機擴大。對於品牌危機的處理，企業要謹慎而快速，例如儘快召開記者會以澄清事實等動作。

管理者在建立自家產品品牌的時候，要注意上述可能引發錯誤的觀念，以免引起企業的危機。

19 你的廣告有效嗎？

所謂廣告（Advertising），是由特定的廣告主以付費的方式，使用各種傳播媒體，對組織、理念、產品或服務做非人員的陳述和推廣。而廣告行銷是指公司將其產品及相關的有說服力的資訊，以廣告的形式告知目標顧客，說服目標顧客做出購買行為而進行的行銷方式。

廣告的主要功能——

1. 提供資訊情報。

2. 刺激購買欲望，擴大產品需求。

3. 維持和擴大公司的市場占有率。

4. 塑造產品定位，建立品牌形象。

廣告的特點是——

- **大眾普遍性：**舉凡道路上、公車、捷運、計程車、火車、報紙、雜誌、電視、廣播、網際網路、書本、電梯裡、廁所等地方，斑斕多姿，形形色色，影響著我們的生活。

- **公開展示性：**廣告是一種高度公開的溝通工具，透過廣告向社會大眾傳達廣告訊息，以非強制性的方式提供資訊，增加印象刺激購買欲，促成行銷目的。

- **藝術表現性：**廣告可以借用各種形式、手段與技巧，提供將一個公司及其產品戲劇化的表現機會，增加其吸引力與說服力。

廣告行銷的 5M

在實施廣告行銷時，必須依序考慮五個問題，簡稱 5M。包含：

1. 任務（Mission）：確定廣告目標
2. 資金（Money）：制定廣告預算
3. 訊息（Message）：設定廣告資訊
4. 媒體（Media）：選擇媒體廣告
5. 評估（Measurement）：評估廣告效果

一、確定廣告目標

廣告目標是指企業藉由廣告活動，希望在一定的期間內，對目標顧客達到某一程度的溝通任務或宣傳效果。一般來說，廣告目標包含以下五個方面：

- **宣傳期間：**廣告活動的規劃時期，從何時開始到何時結束。
- **目標顧客：**針對哪一部分的潛在顧客去宣傳。
- **廣告範圍：**廣告活動傳播的地區範圍。
- **廣告目的：**希望透過廣告達成什麼效果？
- **關鍵績效指標：**簡稱 KPI（Key Performance Indication），是透過對組織內部某一流程的輸入端、輸出端的關鍵參數進行設置、取樣、計算、分析，衡量流程績效的一種目標式量化管理指標。KPI 是現代企業中受到普遍重視的業績考評方法，簡單的說就是對此廣告以數字化方式做效果評估。

範例：有一家美語補習班在某人力銀行網站打廣告

- **宣傳期間：**今年 1/1~1/31。

- **目標顧客：**想學好英文和考上全民英檢中級的學生。
- **廣告範圍：**在某人力銀行網站上。
- **廣告目的：**讓更多的學生知道本美語補習班有三小時免費體驗課程。
- **關鍵績效指標：**活動期間內，能有超過一千個學生參加三小時免費體驗課程，最後有一百個學生報名正式課程。

廣告目標還可以依不同的方向來分類，基本上可以分成下列四種：

① 企業形象目標

以企業形象為目標的廣告在於擴大企業的社會影響力，期望透過廣告使企業整體形象和知名度提升。所以，若以企業形象為目標，重點就不在於短期內追求產品的銷售量，而在於增加與目標顧客之間的溝通和共鳴，進而達到對企業的好感度和信任感。另外，若是不實的廣告，還可能導致客訴，進而影響整個企業的商譽，這點要特別注意。

② 產品推廣目標

以產品推廣為目標的廣告在於加強潛在顧客對產品的認知度，期望透過廣告使企業的某一產品品牌被顧客所接受和認同。所以若以產品推廣為目標，重點在於改變顧客的現有觀念，並提升對產品的認知度，此目標較適合新產品或新品牌的行銷推廣。

③ 市場拓展目標

以市場拓展為目標的廣告在於開拓新的市場，期望透過廣告增加顧客數。所以，若以市場拓展為目標，重點在於加強顧客對產品或品牌的認知度和知名度。

④ 銷售成長目標

以銷售成長為目標是市場上最常見的廣告目標，期望透過廣告激發顧客的購買欲。廣告大師大衛．奧格威曾說：「我們的目的是銷售，否則便不是廣告。」可見營業額成長對企業來說是多麼重要。然而，廣告不等於銷售量，還要配合產品、通路、價格等因素，才算成功奏效。

前面在產品的生命週期中，已有提到番茄紅素的相關案例，不僅被證實具有抗氧化的能力，並能降低血液中的膽固醇濃度，在市場上形成一股旋風，各大食品業者紛紛推出與番茄相關的食品，其中以愛之味最獨領風騷。

1971 年成立的愛之味向來以罐頭食品為主力，雖然涉足飲料市場多年，但始終沒有代表性的產品，大家只認識愛之味脆瓜、鮪魚片，甚至愛之味健康食用油，卻不知道愛之味也賣果汁，直到推出「愛之味鮮採番茄汁」，愛之味才在台灣飲料市場攻下了一席之地，擁有可觀的市占率。

其實，番茄汁並不是什麼新口味的飲料，統一、可果美等企業旗下早就生產了番茄相關的各類飲品，但愛之味的「鮮採番茄汁」上市後，為什麼卻能立刻成為番茄汁飲料的第一品牌呢？其關鍵就在於它以「健康」為訴求，成功地將「愛之味鮮採番茄汁」與其他廠牌做出區隔，並以「在義大利大家都說：『番茄紅了，醫生的臉就綠了！』」這句廣告詞為訴求，相信很多人一定都還記得這個廣告。

現代人對養生議題越來越看重，強調健康、保健等功效的產品往往都能得到消費者的青睞，愛之味便是抓準了人們渴望健康的想法，成功為產品做出定位，再加上飲料口感不錯，產品自然很快便受到消費者歡迎。

一個高明的企業，其成功之處就在於能敏銳地察覺消費者需求變化的前兆，適時採取新對策，市場在變化，顧客的心理也在不斷變化，只有配合潮流隨時調整行銷策略，才能屢創佳績。

二、制定廣告預算

在制定廣告預算時要考慮下列五個的因素：

① 產品生命週期階段

新產品一般需投資較大量廣告預算以便建立知名度，而已建立知名度的品牌，所需的預算在編列上通常較低。

② 市場占有率和顧客忠誠度

通常市場占有率高的企業，因為不太需要利用廣告去開拓更大的市場，所以編列的廣告預算可能會比市場占有率低的企業少一點；而已擁有忠實顧客群的企業，比急於建立忠實顧客群的企業，廣告預算的編列可能會少一點。

③ 廣告頻率

廣告這種東西基本上宣傳頻率一定要多到讓顧客留下深刻的印象，當然廣告宣傳次數越多，廣告費用也相對越高。

④ 干擾與競爭

對於競爭激烈的市場，企業必須視情況大力宣傳，以便抵抗市場的各種干擾聲。

⑤ 產品替代性

基本上擁有多種同類品牌的產品，例如：礦泉水、香菸、牛奶、巧克力、洗髮精等，為了凸顯產品的差異化，爭取更多的顧客，就需要編列一些預算，透過廣告以樹立其特別形象。反之，若同類替代性品牌較少的產品，廣告則可能少一點。

三、設定廣告資訊

廣告是傳遞有關產品或服務的溝通工具。當然，這當中與廣告設計、訊息選擇和廣告創意有關。

① 廣告設計

廣告設計是指行銷人員根據企業所要傳遞的產品或服務訊息，結合行銷的內外部環境，運用廣告藝術手段來塑造形象、傳遞訊息的創作活動，其中又包含了主題設計、圖案設計、文稿設計和美術設計。

② 訊息選擇

廣告訊息重點在於企業想告訴顧客哪些事情，從中去挑選出幾個最具吸引力的。較不建議全部透過廣告表達出來，因為表達的訊息越多，越無法聚焦，顧客印象就越不深刻，那就失去廣告意義了。

③ 廣告創意

廣告設計的成功關鍵在於廣告創意。廣告創意是廣告設計人員對廣告的主題思想和表現形式所進行的創造性思考活動。然而，廣告創意和一般創意是不一樣的，廣告創意必須符合企業的廣告目標，塑造形象要以激發顧客購買為目的；所以，廣告創意在廣告活動中具有舉足輕重的地位，影響整個廣告效果。

四、選擇媒體廣告

廣告是一種溝通訊息的傳播活動，為了達到行銷產品或服務的目的，往往需要藉助一些傳播媒體。這一步驟包括：預期的接觸面、效果、頻率，選擇媒體類型、選擇媒體工具，以及媒體時程安排和媒體區域分布。

① 預期的接觸面、頻率與效果

- **接觸面（Reach）：**是指廣告露出期間內，目標顧客接觸到該廣告的百分比。例如：廣告主希望一個月接觸 50% 的目標顧客。

- **效果（Impact）：**是指目標顧客中平均每人接觸到該廣告的次數。例如：廣告主希望平均接觸 6 次。

- **頻率（Frequency）：**是指透過媒體所呈現出的效果比較。例如：我今天有一個關於財經的廣告，此廣告刊登在《商業周刊》或《今周刊》的效果，一定比刊登在服裝雜誌好。

② 媒體的類型

廣告媒體基本上包含八大類型：

- **交通媒體：**計程車、火車、捷運、飛機等。

- **戶外媒體：**廣告牌、燈箱、T 霸等。
- **印刷媒體：**報紙、雜誌、書籍、宣傳手冊等各種印刷品。
- **店頭媒體：**商店門面、櫥窗、海報、橫幅等。
- **直接媒體：**直接郵件、電話等。
- **包裝媒體：**包裝紙、包裝盒、信封、面紙、提袋等。
- **電子媒體：**電視、廣播、電影、網站、App 等。
- **其他媒體：**服飾、煙火等。

③ 選擇媒體工具

行銷人員若選擇電視為廣告媒體工具，下一步就要思考是在有線電視台還是無線電視台播出？在哪一個節目或時段播出才會有較佳的廣告效果？例如：你在奧運棒球現場轉播賽的時段中打廣告，想必廣告費用很高，但效果也一定很好，因為很多人在看。

行銷人員也要考慮到各媒體的特性，並考慮到閱聽者的注意力，媒體成本和媒體效果之間的平衡和評估媒體工具的編輯品質等。

④ 媒體時程安排

選定好媒體工具後，下一步規劃和安排廣告時程。企業可以根據產品屬性和需求來安排，以下提供四種廣告時程安排類型以供參考：

- **集中型：**廣告只集中在某一個時段密集出現，以期收到某種立即性或突破性的效果。例如：節慶、寒暑假、旺季、假日、週年慶、新開幕、選舉、特別日子等，透過不斷持續曝光廣告，以便增加印象，創造話題，倍增營業額。此類型適合：百貨公司週年慶、書店開學季活動、冷氣機促銷等。
- **連續型：**廣告在整個活動期間持續曝光，沒有什麼特別的變動，關鍵在於維持顧客對廣告產品的印象。此類型適合：房地產、化妝品、汽車等。

間斷型：是指年度中廣告期和無廣告期交互出現。此類型適合需求變動較大的產品或服務，如季節性產品。

混合型：是指連續型和間斷型混合。此類型適合需持續曝光，並選在銷售高峰期增加廣告量，以擴大廣告效果。例如：服飾、飲料等。

5 媒體區域分布

媒體時程安排好後，最後決定媒體區域分布。如果產品具當地特色，如水果、名產、餐廳、活動等，可以選擇地區型廣告，不必選擇全國的全面性廣告。當然如果是一般飲料、手機、機車、家電、網站等，若預算夠，可以選擇全國的全面性廣告。

五、評估廣告效果

廣告費用通常都不便宜，所以廣告主一定會很在意廣告效果。廣告效果的評估基本上可分成行銷效果評估、溝通效果評估和形象效果評估三方面。

1 行銷效果評估

目的在衡量廣告推出後對行銷的影響。基本上可由下列指標來分析：

行銷成長率

行銷成長率是指廣告實施後的營收較廣告前所成長的比率。由於行銷成長的影響因素不是唯一，若單純以行銷成長率來評估廣告效果，其實並不精確，所以通常以行銷成長情況和廣告支出狀況相比較來評估。

行銷成長率＝（廣告實際後營收－廣告實施前營收／廣告實施前營收）
×100%

廣告支出售占銷率

廣告支出售占銷率是指在一定時間內廣告支出占廣告期間營收的比率。當廣告支出售占銷率越小，就表示廣告效果越好。

廣告支出售占銷率＝（廣告支出 ÷ 廣告期間營收）×100%

廣告促銷率

廣告促銷率是指在一定時間內營收成長幅度與廣告期間成長的幅度的比率。

廣告促銷率＝（行銷成長的幅度 ÷ 廣告期間成長的幅度）×100%

單位廣告成本效益率

單位廣告成本效益率不僅可用來評估各時期廣告支出的效益，亦可用來分析不同媒體或地區的廣告效果，有利於企業做進一步的廣告決策。

單位廣告成本效益率＝（行銷成長額 ÷ 同期廣告支出）×100%

2 溝通效果評估

溝通效果的評估目的是在衡量一個廣告是否達成其預期的溝通目標，可以透過下列指標來分析：

接收率

接收率是指對閱聽者接收廣告情況所進行的定量測試，藉以評估廣告溝通的廣度和深度。

接收率＝（接收廣告訊息人數 ÷ 目標市場總人數）×100%

閱聽率

閱聽率基本上只能算是一個接收廣度指標。

閱聽率＝（閱聽過此廣告的人數 ÷ 接觸該媒體的總人數）×100%

注意率

注意率說明了廣告被接收的最大範圍。

注意率＝（注意到此廣告的人數 ÷ 接觸該媒體的總人數）×100%

認知率

認知率是指接收廣告訊息的人，真正理解廣告內容的人所占的比率。

認知率＝（理解廣告內容的人數 ÷ 注意到此廣告的總人數）×100%

③ 形象效果評估

廣告效果不僅反應在產品的營收上，也會在顧客心目中建立一定的印象，也許不會立即購買，但日後還是有可能選購；對企業來說，可以提升知名度和品牌忠誠度。

 廣告八大訴求

① 感性訴求

理性訴求是直接訴諸消費者的利益，感性訴求則較能以打動消費者情緒的方式，來傳遞商品的訊息。

例如依莎貝爾在多年前推出的結婚喜餅廣告，影片中男主角一句「我們結婚吧！」的真情告白讓無數女子為之怦然心動；而另一則「鑽石恆久遠，一顆永流傳」的鑽戒廣告以及鐵達時手錶的廣告詞「不在乎天長地久，只在乎曾經擁有」，不僅動人心弦，更成為歷久不衰的經典口白。

② 理性訴求

理性訴求就是在廣告中透過說理、分析、比較，說明產品帶給消費者的實質好處或利益，一般來說像產品的品質、功能、經濟性，或者整體的績效表現，藉此爭取消費者的青睞。

例如電視、多功能事務機、數位相機和智慧型手機和平板電腦，就經常採用理性訴求的方式。像數位相機幾乎都會標示出幾萬畫素，幾倍光學變焦、錄影解析度多少，內建 HDMI 和支援 Wi-Fi……等。

③ 恐嚇訴求

廣告除了採用正面的訴求以刺激消費者採取行動之外，也可以透過一些負面的訴求勸誡，或警告消費者不要採取某些行為，抑或必須採取某些行為，來防止不利

事件的發生，這樣的訴求方式就稱為恐嚇訴求。

例如安泰人壽曾經推出一則死神廣告，片中一個死神裝扮的人如影隨形地跟著劇中人物，藉此表達「意外無所不在，風險無所不在」的觀念，提醒消費者應該要有居安思危的風險意識，透過保險降低人生中無所不在的風險，因為明天和意外，不知哪一天會先來？

4 生理訴求

廣告的另一種訴求方式是引發消費者生理上的欲望和需求，進而採取消費行為。

例如旅狐休閒鞋有一篇平面廣告，畫面上一男一女的身體幾乎交疊在一起，但是畫面中刻意不露出兩人的臉孔，卻聚焦在下半身，而在兩人的腳上所穿的都是旅狐休閒鞋；許多線上遊戲為了吸引宅男們的目光，也以穿著惹火及曖昧的言語、肢體動作吸引宅男參與線上遊戲的欲望；另外像遊樂園區的廣告片中常出現雲霄飛車、大怒神、自由落體等驚險刺激的畫面，吸引一些喜歡冒險和追求極速快感的消費者躍躍欲試。以上都是一種透過暗示，引起消費者對廣告好奇與注意的手法，以刺激消費者生理欲望的訴求方式。

5 道德訴求

道德訴求是訴諸個人心中的道德感、正義感、同情心、憐憫心，藉此呼籲人們去做一些利益他人、利益眾生的事，例如生態保育、垃圾分類、維護治安、幫助弱勢團體與個人等等。

例如孫越長期擔任公益廣告的代言人，呼籲孩子不要深夜逗留街頭早點回家；福斯汽車在電視上也打出一則廣告呼應地球暖化主題，同時呼籲大眾共同珍惜地球挽救下一代的未來，內容則是福斯汽車推出了一款採用新燃料的車種，可以降低二氧化碳的排放量，這也是一個掌握時勢脈動，並將公眾道德和公司商品連結的典型案例。

6 趣味訴求

為了抓住消費者的目光或留下深刻印象，有些廣告會採取趣味訴求的方式。

例如：蠻牛提神飲料找了一位瘦弱逗趣的男星飾演被胖老婆凌虐的受氣包；早期的和信電訊藉由女性和親友的對話「這個月沒來，下個月也不會來」，讓人以為講的是女性的生理問題，實際上卻指的是……「帳單下個月不會再來」；京都念慈庵潤喉糖的廣告，借用孟姜女哭倒萬里長城的故事，找了一位長相喜感的女諧星飾演孟姜女；瘦身茶飲料以一個身穿旗袍頂著西瓜髮型的矮胖女子作為擬人化的「膽固醇小姐」，攀爬在大吃大喝的中年男子身上，比喻飲食不節制將被膽固醇纏身。像這些廣告都是用詼諧逗趣的短劇或對話讓觀眾覺得非常有趣而對廣告留下深刻的印象。

7 懸疑訴求

世界頂尖魔術師大衛考伯菲曾公開宣示要在某一特定時間讓矗立於紐約的自由女神像在世人親眼見證下憑空消失。在台灣與大陸聲名大噪的魔術師劉謙也曾公開宣布他可以精確預言十幾天後台灣各大報當天的頭條新聞。這種充滿神奇與懸疑的操作手法立刻獲得媒體大篇幅報導，而且在正式表演當天更是創造了極高的收視率。

例如世界知名的魔幻小說「哈利波特」持續出版七集全球熱賣，系列電影也在全球擁有頗高的票房。作者蘿琳在撰寫其中第六集《哈利波特與混血王子》時，運用媒體對外聲稱有幾名書中的要角將在本集中喪命，但卻堅不透露喪命的究竟是誰，引起了全球哈利迷的好奇與焦慮，並形成廣泛的猜測與討論，當書籍一上市立刻迫不及待地排隊搶購，希望一解心中的謎團與不安。蘿琳以賣弄懸疑的手法充分掌握了粉絲的好奇心，並成功地為新書與新片製造話題。

8 嫌惡訴求

針對人們對某些事物的嫌惡，提出可以避免或反制的方案；例如，香港腳、口臭、狐臭、禿頭、減肥、滅鼠、剋蟑等藥物的廣告就常使用此種訴求。

 廣告 11 大表現方式

在確定了廣告的訴求方式之後，接下來就是要用什麼樣的廣告表現手法，能將廣告訊息具體地呈現出來，其表現方式大致有下面十一種：

① 故事式

用一段虛構或真實的故事作為廣告表現的手法。例如：大眾銀行曾播出一則廣告，成功地傳達出大眾銀行貼近社會基層民情的形象，順利提高了當月的存款儲蓄率。

廣告的主角是一位台灣的阿嬤，因身處委內瑞拉的女兒正值懷孕之期，想帶中藥去替她補身子。後來在機場遇到了一些刁難和狀況，幸好事前有準備小抄，上面是女兒寫下的國語、英語和西班語翻譯的文字。在貼滿異國文字的機場大廳，阿嬤辛苦地奔波趕飛機，最後終於見到了女兒，參與了孫子的誕生。

② 功能說明式

如果廠商的產品在某種特定的功能上有卓越的表現，而且明顯優於其它的競爭品牌，那麼就很適合採取功能說明式的廣告表現手法，也就是在廣告中強調產品的獨特賣點（USP，Unique Selling Proposition）。

例如同樣是洗髮乳，多芬強調它的乳霜成分和滋潤效果，海倫仙度絲主打去頭皮屑的功能，落健強調有助於預防毛髮的脫落，絲逸歡則著重修護毛髮增添光彩。

③ 比較式

比較式的廣告通常具有某種挑戰競爭品牌的意味，廠商之所以選擇這種比較式的廣告表現，代表了對自己的產品在某些特色上具有強烈的自信。

例如金融業有一段期間為了爭取信用卡的客戶，紛紛推出信用卡的代償方案，並且在廣告中將自家銀行的貸款利率與貸款額度和其它銀行作詳細的比較，藉此爭取其它銀行的信用卡客戶轉貸。

④ 素人推薦式

廣告多半讓人覺得是廠商在老王賣瓜自賣自誇，為了提高廣告的說服力，於是找產品的消費者現身說法。

例如信義房屋和多芬洗面乳都選擇了素人推薦式的廣告表現方式，而且反覆播放了一段很長的時間，畫面中只看到顧客一個人像是在接受採訪的樣子，藉著消費者個人的獨白，表達他們對於廠商的產品以及服務的態度。信義房屋和多芬洗面乳廣告所找來的多名受訪者都不是知名的人士，而是一般的上班族或小市民，他們的言談自然誠懇，讓觀眾很容易相信這確實是他們的親身體驗與感受，也增加了對廣告的信賴度。

⑤ 名人見證式

和素人推薦式廣告不同在於此廣告通常會找一些具有高知名度的公眾人物來為商品代言。例如 518 人力銀行找形象佳的謝震武律師擔任廣告代言人，IKEA 找資深媒體人盛竹如為廣告代言人……等，藉著這些明星的高知名度和高人氣，以利抓住消費者的注意力，進而認同和喜歡該產品或服務。

值得注意的是素人推薦式和名人見證式的廣告其真實性與可信度，如果是虛構不實的，不但無法取信於人，還可能涉及刑責。

⑥ 音樂式

音樂式的廣告如果詞曲優美動人，對商品可以產生極大的加分效果，而且音樂式的廣告很容易被消費者記住，並且不易忘。

台灣從很早就有音樂式的廣告，例如大同電視的廣告「大同大同國貨好，大同產品最可靠」的歌聲配合大同寶寶玩偶的推出，這首廣告歌曲幾乎傳遍大街小巷；另外像乖乖、小美冰淇淋、斯斯、綠油精和麥當勞……等，都是非常膾炙人口的廣告歌曲。

⑦ 動畫卡通式

廣告也可以採用動畫卡通式的表現手法。例如金頂鹼性電池的廣告中那隻打鼓

打得特別持久的兔子令我印象深刻。

⑧ 現場展示式

如果產品本身在使用當時即可明顯看出效果或為了解說產品的使用程序，則採用現場展示的訴求方式極具效果。例如購物台賣鍋具、健康器材、卡拉 OK、手機、清潔用品等都是採用人員現場展示的方式，往往可以打動觀眾激起購物的欲望，再加上廣告中常找年輕辣妹擔任模特兒，無形中更是加分不少。

⑨ 置入性式

置入性行銷是以不引人注目的手法將產品訊息放置於電視節目、電影中，影響觀眾對產品的認知。這種手法搭配節目內容或電影戲劇的情節在看和聽的同時，順便接收產品訊息減低觀眾對廣告的抗拒心態，並轉而對產品產生心理認同。

例如國外戲劇「慾望城市」中女主角身上穿戴的各種名牌商品，007 系列電影中男主角的手錶、汽車，台灣偶像劇中男女主角使用的手機，在劇情進行時常會刻意將鏡頭帶到這些物品上，觀眾也因此在不知不覺中接收到產品訊息，進而對劇中人物或劇情的投射，因此對產品產生好感。

⑩ 隱喻式

我們也看過一些廣告並不是平鋪直敘地訴說商品的優點，而是採用一種比較委婉含蓄或者曲折隱晦的方式來傳遞商品的訊息或意象。

例如近年來線上遊戲盛行，許多廣告便紛紛推出身材火辣臉蛋清純的「宅男女神」為廣告代言，例如童顏巨乳的瑤瑤坐在前後擺動的木馬上高喊「殺很大」；電影變形金剛女主角性感女明星梅根福克斯為某品牌內衣代言，廣告場景是她居住於某一旅館中，客房男服務員進房為其服務時梅根在房內一角更換內衣，服務員餘光瞥見後心頭小鹿亂撞，故意在房內徘徊逗留，由於影片拍攝手法高明傳神，網友將影片瘋狂轉寄，使該品牌內衣瞬間爆紅。以上廣告都是藉由眼神、肢體動作及充滿曖昧的性暗示語言挑動消費者的慾望。

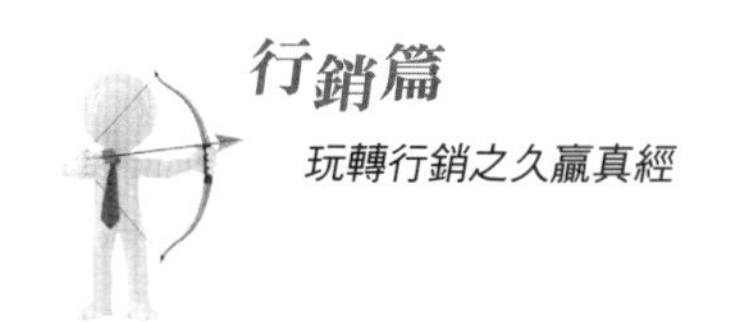

⑪ 創意式

之前英國劍橋大學兩名頗有創意的大學生，竟在自己臉上印商標給企業打廣告，僅 155 天內就賺得了 3.1 萬英鎊（約新台幣 120 多萬元）。成本低又吸引眼球，而且又能四處活動，這樣的廣告果然很創新！

有傳奇故事者勝出

《紫牛》原創（著）者 Seth Godin 說：「事實無關緊要！短期來看，你的產品是否真的比較好，服務是否更快速或效率比較高都不重要。重要的是消費者相信什麼。」當然，你為行銷所編講的故事是謊言還是事實，長期來看仍是顧客是否持續支持你的關鍵。故事，可以讓你賣出更多產品！故事，可以讓你的廣告更加打動人心，說服力加倍！

當麥當勞以「I’m lovin’ it」（我就是喜歡）訴說其年輕且充滿活力「酷」的故事之同時，其對手肯德基的「山德士上校」也換起唐裝（華人是很「民族主義」的！）默默地在城市來回穿梭，塑造其家庭與親情的故事。

當一群工人在砌牆時，你可說一個疊磚頭的故事，也可說一個蓋房子的故事，更可說成一個建造家園的故事！說故事的力量是巨大的。Annette Simmons 在《The Story Factor》一書中指出最具行銷影響力的故事有六種：

1. 我是誰？

2. 我為何在此？

3. 希望與願景。

4. 教育意義。

5. 有何價值？有何好處？

6. 我知道你在想什麼。

為產品找故事、建立情境，遠比削價競爭來得明智，那要怎麼說，你的故事才能帶動銷售呢？而你的廣告訴求就可以在這個故事基礎上盡情發揮，達到深入人心的效果。

首先，你要明確自己的產品形象。超級品牌的成功之道就在建立恆久的原型（archetype），讓消費者一看到這個商品就能在心中喚起某種感覺。星巴克（Starbucks）咖啡館的名稱取自美國文學《白鯨記》，Starbucks 是該書中愛煮咖啡大副的名字，由於這位大副個性溫和、愛好大自然，星巴克也希望藉由這個形象傳達自然生態保育的概念。

其次，要讓產品和消費者生活融合。好的故事源頭除了來自觀察，有時候也來自生活中的記憶和經驗，例如統一超商成功地以鐵路便當勾起台灣人童年的記憶，創造了新的消費者意識。

再來就是要連結消費者與真實情境。將故事深刻化，營造真實感。如紅極一時的「唐先生的花瓶」就是一個典型的例子。

最後，你還可以讓消費者參與故事的發展。現在有許多廣告或是網路上的微電影，甚至電視劇沒有結局，而是請讀者票選最佳結局，像是和信電訊推出「輕鬆打」的活動，請來任賢齊、侯湘婷、錢韋杉來演一段三角戀情，最後男主角的情感抉擇由觀眾投票決定，這支廣告果然十分成功，引起許多人的注目。2012 年中秋節前夕，某電器業者推出一則廣告，內容為一位拾荒婦人用辛苦拾荒賺來的錢，買月餅回家給老伴吃，老伴問到「阿宏有回來嗎？」讓人動容，也讓不少網友猜測，阿宏最後會回去與父母團聚嗎？引發觀眾廣大關注，電器業者順勢舉辦網路票選，決定將拍完結篇，結局由觀眾票選決定。還有之前挺轟動的新聞「誰讓名模安妮懷孕？」導致 Yahoo! 奇摩的搜尋引擎流量大增。其實整件事是虛構的！幕後策劃者當然就是 Yahoo! 奇摩網站。

廣告就是要吸引眼球，所以請記住一點，話題是創造出來的。紫牛式行銷的關鍵便是把事件搞大！如之前台灣新竹商銀的「貸 me more」認為：用現金卡借錢的人一定是瘋了！還找來救護車把用現金卡的人送去瘋人院——當然，這只是廣告。

哪一家拉麵創下開幕後消費者連續排隊近 300 個小時的紀錄？是日本來的一蘭拉麵！什麼小店的產品開幕第一個月就可以賣出一百萬個？答案是 Mister Dount 的甜甜圈。被羊肉爐燙傷後就可以寫出排行榜上的暢銷書，日本鼎泰豐排隊的人龍比台灣的還長……這一切豈是「神奇」二字所能解釋？

所以話題是創造出來的！「說故事」，就是要說一個動聽（或好看）的故事嘛！當然，要儘量說得大聲一點兒喲！

20 品牌需要口碑而非廣告

每一家企業都有這樣的美好願望——將自家的品牌做成家喻戶曉的大品牌，也有一些資金雄厚的企業不惜重金做廣告宣傳，電視、廣播、報紙、雜誌，只要能上廣告的平臺都要撒一撒資訊，認為這樣就會很快把品牌樹立起來。實際上，這樣不但投入成本高，效果也不一定明顯、有效。要知道，品牌的打造不是單單花錢打打廣告就能辦到，主要還是在於你的產品或服務能否令顧客滿意，在消費者心目中是否具有良好的口碑。

企業在進行品牌宣傳時，離不開口碑行銷。所謂口碑，是指企業在品牌建立過程中，透過客戶間的相互交流，將自己的產品資訊或者品牌傳播開來，以取得一定的影響力和品牌效果；口口相傳的效果更具影響力和可信度，於是用戶在口碑傳播的過程中就顯得格外重要了，所以企業一定要找到方法讓用戶幫你進行口碑傳播。我們先來看看以下這個案例：

在美國有一家比薩店，名字叫「Flying Pie」。進入它的官方網站看，並沒有什麼特別之處和其他商家大同小異，然而這家比薩店推出的線上行銷方案卻十分有趣、令人驚豔，推行了幾年後，就讓城裡的每個人都知道了這家小店。

這個極成功的線上行銷方案叫「It's Your Day」，它完全沒有做太多的網站內容，就能達到極大的傳播效應。Flying Pie 每天都會挑出一個「名字」，比如 1 月 1 日是「May」，2 月 11 日是「Jack」，他們會邀請五位叫這個名字的幸運民眾，請他們當天在餐廳的離峰時段下午 2 點到 4 點或晚上 8 點到 10 點，來 Flying Pie 的廚房免費製作自己的比薩，完成後還會讓幸運顧客和他們做好的成品一起拍張照片，並發布到網上。

Flying Pie 固定每週都會在網站上公布下一週的幸運名字，每個人都可以在

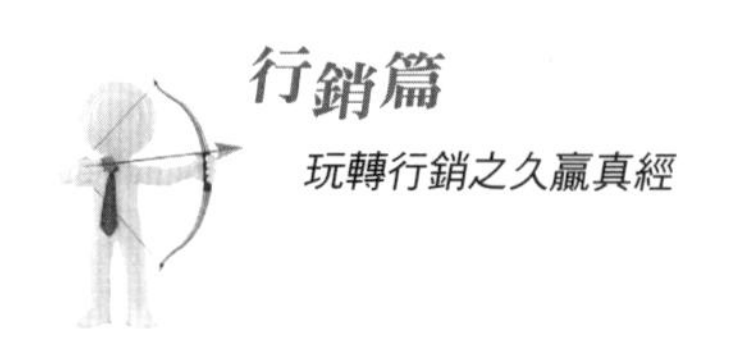

Flying Pie 官網上看到每日幸運者清單，看看自己或認識的人的名字有沒有在名單上。Flying Pie 告訴消費者，如果你看到你朋友的名字，歡迎告訴他，千萬別錯過這個大好康。

而幸運名字的選定也非常有趣，Flying Pie 會請每個來參加過「It's Your Day」活動的人建議下一位幸運者的名字，他們可以提自己的親人、朋友或同事，參與幸運名字的投票，把這個票數作為決定下一週幸運名字的參考。這樣做的好處是，讓這些已經參加過的人們能邀請更多的朋友過來，讓顧客主動為 Flying Pie 比薩店進行口碑宣傳，這樣一來，Flying Pie 比薩店的客群就會越來越大，不斷產生新客戶。

表面上看來，Flying Pie 每天讓五名幸運顧客來免費做比薩，事實上並沒有每天都有五名顧客來參加，因為每個人都有自己的工作要做，大家都很忙，來參加免費送比薩活動的人並不多。所以 Flying Pie 的行銷活動成本並不高，而且即使這些人不來，也不影響這些人們四處幫忙傳播「Flying Pie」的好康活動，因為自己親手完成比薩就很吸引人，沒有人不想拍照分享在臉書或朋友圈中。這個創意構思雖然簡單，但口碑傳播效果卻出奇得好，Flying Pie 所贏得的不只是這位幸運兒，而是他背後的整個朋友圈子。

好口碑帶來好的行銷效果

最近行銷界人人都在談「爆品」，「爆品」是什麼意思呢？我們就字面上來理解，「爆」是指引爆、爆發的意思，「品」是指產品、品牌、品質，品由三個口組成，是眾口鑠金，是口耳相傳，並最後成為口碑。產品有好品質才能產生好口碑，而好口碑就會帶動產品爆發。

如果你想做爆品，那你的產品一定要有非常好的口碑，擁有好的口碑才能引起消費者的關注，帶來口耳相傳、讓消費者主動購買，提升銷量。讓用戶之間相互分享推薦是前提，沒有口碑的產品不可能被稱為爆品。

消費者的主動推薦，更是一種免費的口碑傳播，相對於收費廣告，大大降低了行銷成本。尤其是對時下的年輕人來說，他們更相信使用者口裡說出來的產品感受，口碑宣傳比廣告宣傳更可信，這也是為什麼大家都愛看開箱文，搜尋和參考網友們的推薦。

要想讓所有人為你的產品或服務主動推薦，既要有實實在在的好產品、好服務，還要有忠實的用戶為你傳播口碑。這是很多企業意識不到的，他們可能會認為只要宣傳做得好，就會傳出好口碑，以至於追求浮誇忘了重點在於產品。

「傳播」是口碑行銷的關鍵點，好產品是好口碑的根本和基礎，好的行銷方案是引發好口碑的輔助手段。你產品做得再好，如果別人不知道，那還是無法發揮產品應有的價值；「知道產品的好處」，並不能體現出價值，更重要的是消費者要認可產品，因為購買的前提是知道後認可，而不是只有知道。另一方面，如果行銷方案做得很好，而產品不給力，那麼好口碑很容易就轉變為「醜聞」，唯有兩者相結合，才能贏得所有人一致的讚賞。

產品口碑需要尖叫點

要想讓用戶主動為你宣傳，首先要讓大家認可你的產品。產品為王，能夠給使用者提供實實在在的價值的才是好產品，實實在在的好產品才會贏得用戶真實的讚美，才有可能被稱為爆品。

好產品本身就有權威的話語權，如果沒有好產品，傳播做得再好也是無用功，因為缺少根基的傳播都是空穴來風。就如小米的目標一樣：「做讓使用者尖叫的產品是我們的追求，我們更追求用戶使用過後真心的推薦。不僅要把產品做好，而且要讓你的消費者，你的用戶去向你身邊的人去推薦，這就是小米的目標。」。

不知道大家是否有看過《舌尖上的中國 2》？有一集播的是張爺爺和他的手工空心掛麵，一播出即迅速走紅，這碗麵如今已經火遍中國，同年七月，西貝蓧面村作為全國最大的西北菜餐飲集團，宣布以 600 萬元的價格買斷《舌尖上的中國 2》裡的張爺爺掛麵，並在其全國門店推出了號稱「張爺爺家原汁原味」的酸湯掛麵。這碗麵在推出的短短兩個月時間裡，就賣出了一百多萬碗，銷售額突破一千七百萬元。

西貝莜面村的這款爆品麵條，以其深受消費大眾歡迎的優勢，爆炸式地傳開了，並在眾多吃貨美食家間迅速蔓延開來，熱賣到好多顧客都需要拿號排隊，有時候甚至出現缺貨的情況。

西貝掌門人賈國龍在產品層面有他的堅持——「麵粉必須用最貴的河套雪花粉，老母雞熬湯必須超過五小時，番茄必須發酵，上桌時麵湯的理想溫度為57℃，雞蛋必須要圓。」

不光產品必須具備讓消費者動心、動情的尖叫點，產品服務也需要尖叫點。在找到令用戶尖叫的爆點以後，企業還要對尖叫點進行動態監控，隨時對尖叫點進行調整開發，以避免其他企業的模仿跟進。

「三隻松鼠」便做得很響亮，不光它的產品讓人尖叫，服務也讓人尖叫。使用者購買三隻松鼠的產品，它還會附贈紙巾、垃圾袋、明信片以及滑鼠墊；買一包堅果還會額外收到一堆免費贈品，這就是尖叫點。可是，這種模式被越來越多的商家仿效，三隻松鼠的尖叫點也不那麼特別而吸引人了，那是不是應該考慮再去發展其他的尖叫點呢？

讓所有人為你按讚，主動幫你傳播

要想讓所有人為你的產品和服務按讚，既要有實實在在的好產品、好服務，還要有忠實的用戶。一個品牌要想做出成績，最重要的是有好的口碑，而好口碑是傳出來的，也是做出來的。如果你產品做得很好，別人不知道，那還是沒有發揮產品應有的價值；如果行銷方案做得很好，而產品不給力，那麼好口碑很容易就轉變為「醜聞」，只有將好產品和好的行銷方案二者相結合，才會贏得所有人的讚，按「讚」成金。

1 讓使用者為你的產品按讚

產品為王，能給使用者提供確實受益的使用價值的才是好產品，名副其實的好產品才能贏得使用者真心的讚美。如果沒有好產品，再好的行銷也是做白工，就如雷軍對小米目標的描述一樣：「做讓使用者尖叫的產品是我們的追求，我們更追求用戶使用過後真心的推薦。不僅要把產品做好，而且要讓你的消費者，你的用戶去向你身邊的人推薦，這就是小米的目標。」好的產品、好的服務都是讓使用者為你按讚的籌碼。

② 讓用戶為你做口碑行銷

讓所有人為你按讚，首先要能讓用戶為你按讚，為你做免費的口碑行銷。只有真正使用過產品的人、享受過服務的人，才能說出真實的感受，並把這種美好的感受傳播給周圍的人。所以，我們要找對傳播源，定位最佳忠誠用戶，以點帶面，以忠誠用戶帶動更多的潛在用戶。與那些大牌的明星代言相比，忠誠用戶的真實體驗與推薦，更容易贏得消費者的信任，更容易傳播給他們身邊的親朋好友，也會更積極地影響他們身邊的人的購買決策。

- **培養品牌忠誠用戶：**利用本身的品牌知名度，或依靠自身過硬的產品品質、服務品質等，培養品牌的忠誠粉絲群體，為口碑行銷拉絲結網。

- **鼓勵使用者寫出產品體驗的過程、使用回饋和評價：**將這些有用資訊轉達給潛在使用者，告訴他們擁有產品後能獲得的好處。

- **搭建網路社交平台：**如臉書粉絲頁、推特、部落格、微信、公司網站等，給用戶提供更多為你按讚的途徑，用戶的積極評價是最好的口碑行銷。

③ 讓粉絲留下評論

口碑行銷離不開傳播媒介，因為你需要為產品資訊、品牌故事的傳播，提供一個良好的網路行銷主戰場，並在此媒介上大面積開花。企業網站、社區論壇、微博、微信等都可以成為消費者之間互動的平臺，在這樣的平臺上，企業不但可以傳達自己的行銷理念，還可以傾聽消費者的心聲和訴求，在交流中加深情感互動。

用戶在互動平臺上進行傳播時，一般都會運用撰寫評論的方式，即所謂的網購點評，超過 90% 的人都只會瀏覽點評，只有不到 20% 的人願意進一步留言互動，包括註冊或點讚，只有不到 10% 的人願意主動分享購物體驗。通常用戶願意互動交流的原因大概有以下四種：

- **氛圍驅動：**平臺內各用戶發言評論熱烈，引起共鳴後言之有物。
- **性格驅動：**用戶本身就喜歡自我分享和傾訴，期望自己的留言或想法能夠說服到他人。
- **情感驅動：**內心感受深刻，遇到或興奮或憤怒的極端購物體驗後，需要宣洩。
- **利誘驅動：**透過互動行為可以累積積分，或抽獎或得到獎品。

有電子商務的企業都比較重視消費者的評論，因為他們深深明白，關注就是銷量，評論就是利潤。舉個最簡單的例子，淘寶網店把提高商品好評率做為一件大事來做，有些店鋪甚至會花錢請人寫好評，為什麼呢？因為一個淘寶店鋪會因為消費者的一個差評或者評分低而導致權重下降，而影響排名，就會直接影響到產品的銷量。那要如何提升店鋪評分與好評率呢？

首先，一定要有耐心，關注每一個細節，抓住每一個提高店鋪評分與好評的機會，日積月累定能見成效。提高服務品質是一個關鍵點，服務行業就是這樣，不能因為消費者的某句話不好聽，就影響自己的服務態度，這樣反而會給自己帶來負面影響。

另外，網店的商品詳情頁面一定要認真規劃，縮短商品照片與實物之間的差距，避免發生不必要的糾紛，引起消費者心理反差。

最後，快遞公司的選擇也會影響店鋪的好評度，好的快遞公司服務效率高、配送速度快，自然能為你的店鋪加分；做好售後工作，也能提升回購率，潛在地提高了店鋪評分與好評。

別小看社群的力量

你說 100 句話誇自家產品，不如由 100 位部落客幫你說話。想知道現在台灣的大學生在想什麼，到「PTT」逛一圈你就知道了！台灣規模最大的學術網路（BBS）——台大批踢踢實業坊（簡稱「PTT」），擁有60萬、平均年齡21歲的會員數，每日平均流量高達百萬人次，其規模之龐大，讓其他社群難以望其項背，而PTT也成為年輕人發聲的超級媒體。

PTT中有各式各樣不同議題的社群，有休閒的Movie電影版，也有大爆黑店內幕的Anti-ramp版，還有討論八卦的Gossiping版、電腦新手教學的A_Beginner版……等等，在PTT裡，所有的問題幾乎都可以找到答案。在PTT下區隔的近八千個子社群中，各子社群都有高手為眾人解除疑難雜症，而這些高手也成了各項議題的「意見領袖」。

在會員互相討論，以及意見領袖的分析下，就有可能造成商品熱賣或滯銷的結果。以其中的Beauty Salon美容保養版為例，某網友在該版表示自己使用埔里酒廠生產的「酒粕」敷臉，沒想到膚質變得光滑白皙，因而造成埔里酒廠酒粕每日狂銷近五百瓶，原本乏人問津的釀酒殘渣成了搶手貨，讓埔里酒廠吃驚之餘，也大賺了一筆！此外，出版界也搭上這股熱潮，推出「酒粕美容」相關書籍，而這股酒粕炫風就是來自網路社群的力量!!

你知道團購的力量有多大嗎？只靠企業團購，賣捲心酥一個月就可以有一千五百萬業績！這可不是隨便唬人，「黑師傅捲心酥」就是有這樣的魅力，讓全台灣的上班族迷戀不已；還有屏東潮州心之和Cheese Cake現在下訂單，你可得等上兩個月才能拿貨呢！台灣的上班族熱愛團購，除了捲心酥這種小餅乾之外，水果、彈性絲襪、維他命、床單、奶酪、飾品、包子、蝦捲、滷味、電影票……各式各樣，吃的、喝的、用的幾乎無一不團購。團購之所以在辦公室造成炫風，除了大批訂購折扣較高之外，群眾影響的心理因素也是關鍵之一。團購商品很容易在辦公室中造成話題，同事間熱烈討論更讓彼此因有共同話題而增進情誼，而在口耳傳播及網路社群的討論之下，也很容易讓商品從受歡迎轉變成為超級熱賣。適當利用團購通路推廣產品，產品一旦受到上班族喜愛，其帶來的營業額將是不可預計。

口碑行銷的六個關鍵點

所謂的口碑行銷，就是透過用戶之間的相互交流將自己的產品資訊或者品牌故事傳播開來，以達到銷售的目的。在我們日常生活中，處處都能看到這樣的場景，例如熱愛美食的朋友，如果公司附近新開了一家餐廳，他會第一時間去品嚐，覺得菜色好吃，用餐環境佳的話，他不忘拍照上傳廣而告之他的臉書朋友，甚至帶著同事去吃，期間也不忘推薦這家餐廳的特色菜品。一名數位達人如果購買了一款最新款的數位產品，例如三星「Gear 360」，必然會在買下的第一時間 PO 出開箱文來顯擺一番，附上大量產品細部照片與使用情境照，甚至即時直播介紹其 360 度攝影的功能，透過直播進行直接的傳達影像，讓初次看到此 3C 產品的消費者也萌生購買之意，於是他就在不自覺中為這些產品做了一次現場版口碑傳播。回想一下你的生活周遭是否有這樣的內行人，自己買了 iPhone 或其他產品，用得不錯就瘋狂地向身邊的人推薦，帶動其他人也買了 iPhone 或者其他產品呢？

口碑行銷是網路時代大部分企業都非常重視的行銷方式，如今網路快速發展，要想在競爭激烈的商海中佔據一席之地，就要把口碑行銷做到極致，做到口耳相傳，一傳十，十傳百，這樣才能讓自己的品牌、產品資訊傳遍全世界。以下是做好口碑行銷的六個關鍵點：

1 做好產品、好品質、好服務

好口碑離不開好的產品、好的服務。首先就是要在品質和服務上有所保證，只有堅持「產品為王」，理解消費者的需求，並發揮產品的最大價值，才能滿足消費者的實際需求，最後贏得好的口碑。任何一種完美的行銷手段都掩蓋不住產品自身的不足，沒有營養的產品內容，即使穿上再華麗的行銷外衣，也只能吸引消費者一時的注意，得不到長久的關注和持續的支持，甚至會導致負面的反效果。

2 尋找口碑傳播中的關鍵聯繫員

口碑傳播是透過使用者之間的相互交流將產品資訊或品牌故事傳播開來的，所以在廣大的消費者中尋找口碑傳播中的關鍵人物尤為重要，我們不妨把這些關鍵人物稱為口碑行銷中的「意見領袖」。這些「意見領袖」可以是社會菁英，如成功人士、社區管理者等，擁有一定社會地位的人，他們善於交際，交際範圍比較廣泛。

「意見領袖」也可以是消息比較靈通，又善於廣泛傳播的「聯繫員」，比如公司裡善於傳播八卦新聞、小道消息的「大喇叭」，只要是他們知道的事情，很快身邊的其他人就都知道了。「意見領袖」無處不在，所以你要重視每一個消費者，並觀察他們是否有成為關鍵聯繫員的潛質，讓你的產品資訊借助聯繫員的傳播遍地開花。

③ 與粉絲進行互動分享

不是將產品資訊傳遞給聯繫員，聯繫員就能幫助企業進行免費的口碑傳播，口碑行銷還離不開與粉絲之間的互動與分享。在粉絲經濟時代下，我們要準確掌握粉絲的心理變化，把粉絲當作自己的朋友，瞭解他們真正的需求，並根據他們回饋需求的資訊及時調整、改進產品和服務，做到超出粉絲的預期；與粉絲間的互動方式也是多種多樣的，如節假日的祝福問候，周到的售後服務等。同時，企業要多多鼓勵粉絲進行體驗感受的分享，他們的用戶體驗經驗對那些潛在客戶來說異常珍貴，具有消費引導的作用。經常在拍賣網、淘寶購物的人都知道，多看看買家評論總是能看出一些產品問題。

④ 以情動人，分享你的新奇故事

一個好的產品和服務，除了「以質取勝」，就是用標準化的品質內容吸引消費者，還要做到「以情動人」，讓消費者認同企業所崇尚的文化、品牌背後的故事。網路時代的口碑行銷要做到極致，做到完美，就要想辦法讓用戶主動為企業宣傳品牌的故事，而那些真正深入消費者內心的故事更能打動消費者，分享的故事可以是新奇的、感人的，也可以是快樂逗趣的，它們都有可能成為消費者與朋友聊天時，讓人津津樂道的題材。

⑤ 提供線上口碑行銷環境，建立互動平台

口碑行銷離不開傳播媒介，因此你需要為產品資訊、品牌故事的傳播提供一個良好的網路行銷環境，並以此為媒介大做文章。企業官網、社群論壇、FB、LINE微博、微信等都可以成為消費者之間互動的平台。在這樣的平台上，企業不但可以傳達自己的行銷理念，還能了解到消費者的心聲和訴求，在交流中加深情感互動。

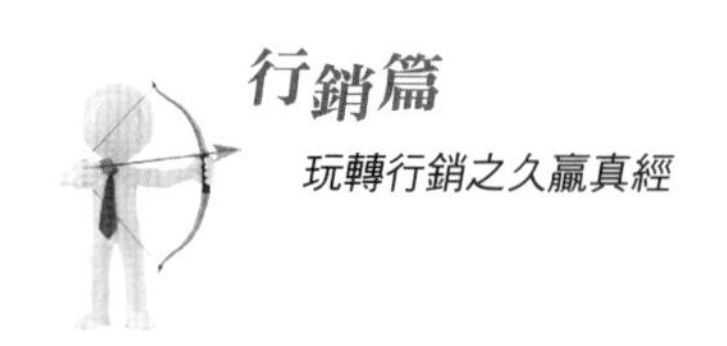

6 線上行銷不動搖，線下口碑齊進行

如今的口碑行銷主戰場雖然是在線上，但很多企業往往因此而忽略了線下行銷，以致於難以達到口碑行銷的最佳效果。網路的資訊快速傳播優勢應該加以利用，但線下的行銷活動也是具有潛移默化的效果的，如果能夠做到線上行銷不動搖，線下口碑齊進行，線上線下相結合，那麼口碑行銷才是長期的、持續的、效果顯著的。

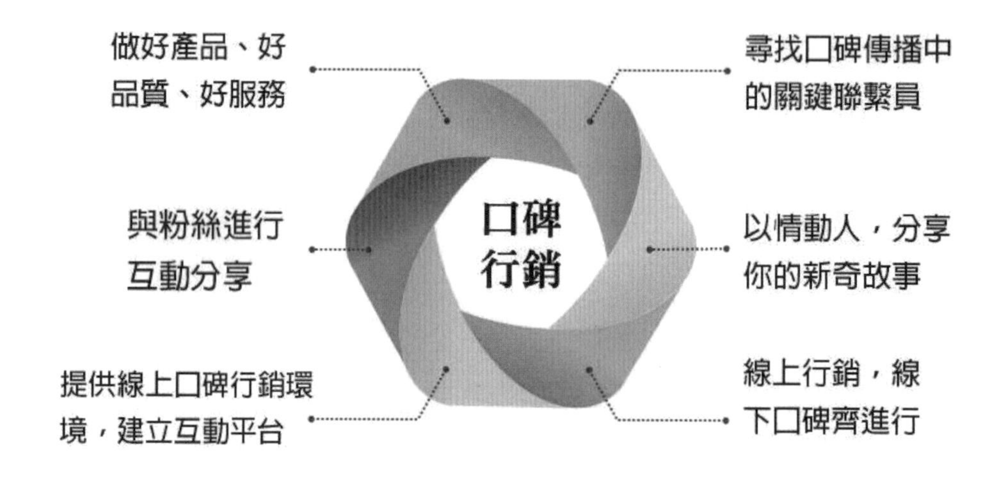

21 飢餓行銷賺免費宣傳

買車要交定金，買房要先登記，買部 iphone 都要排長龍，中華電信母親節優惠 499 元上網吃到飽，引發全台的排隊熱潮，運用飢餓行銷模式搶占人氣。「限量版」、「秒殺」等現象更是常有，因為現在消費者面對著比以往更多的選擇，幾乎已經到了沒活動不上街、沒優惠不購物的地步。很多商家選擇使用「飢餓行銷」，用稍具口碑的產品打出「限量低價」來吸引顧客，但不是把飢餓行銷理解為「量少低價」這麼簡單，信用的品牌、質精的產品、靈活的行銷才是關鍵。

什麼是飢餓行銷呢？我們來看看小米手機是怎麼做的——小米手機從開始投放市場以來，給用戶的感覺一直都是供貨吃緊，他們會在前期大肆宣傳以吸引消費者的注意，使其產生興趣和購買的欲望，在用戶開始一窩蜂搶購後，小米手機就宣布供貨不足，對外宣稱大量高端定製品在生產環節很複雜，以致產量跟不上銷售。隨後小米手機的人氣越來越高，追捧者也越來越多，銷量暴增、有口皆碑，這就是小米公司慣用的飢餓行銷手段。

雖然飢餓行銷取得的市場效果非常誘人，但並不是所有的企業都適合進行飢餓行銷，也就是說飢餓行銷需要具備一定的實施條件。如果市場競爭足夠激烈和充分，產品本身並不具備一定的競爭優勢和差異，或消費者的心態理智且成熟，又或者產品單價較低、重複購買率高，那便達不到飢餓行銷預期的效果。

實施飢餓行銷前，你要先找到產品中包含的「稀缺性」——這是運行飢餓行銷的先決條件，可以是產品的原料產地、工藝技術、功能價值等等，確定自家的產品或服務是否具備市場潛力，然後衡量自己的產品能否得到消費者的喜愛和認可。如果沒有先進行詳細的考察與調查而盲目地實施飢餓行銷，很可能因其中某一個環節的缺失而導致行銷失敗。那飢餓行銷要怎麼操作呢？

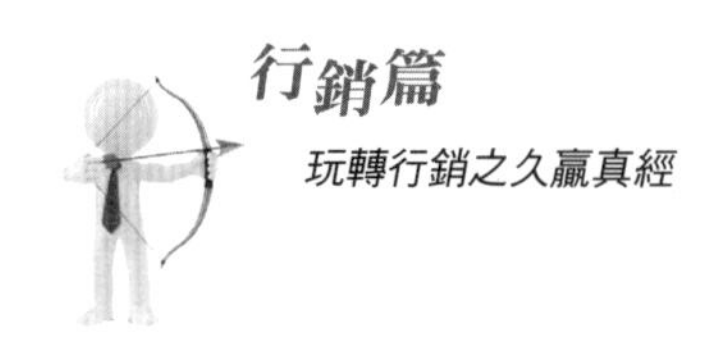

- 明確市場定位和消費客群，瞭解消費者的實際需求。
- 生產高品質的產品、提供高品質的服務，佔據市場競爭優勢，全面滿足使用者心理需求，如果產品品質不夠好，銷售多少就會招來多少客訴。
- 做好新品上市的前期宣傳造勢，如借助網路、電視、電臺、報紙雜誌等不同平臺進行廣告宣傳，線上、線下同步進行。你還要有廣泛的市場傳播，讓同業、到分銷管道、到街頭巷尾都知道你的產品的名號，即使你的身影不在，都不用擔心被人忘記。
- 在宣傳內容上進行利益引導、促銷等手段，吸引消費者關注產品，產生購買欲望。
- 線上線下的宣傳造勢必須跟上，產品上市前，製造賣點，適當提供資訊，吊足消費者胃口；上市後，利用社交媒體即時傳播搶購情況，烘托供不應求的氣氛，刺激消費者的購買欲望。
- 製造產品供不應求的現象，促進消費者快速購買，如公布最新供應緊張資訊、定期發售、排隊購買、對消費者購買資格進行條件設定等，幫助用戶建立一定的期望值，讓使用者對產品的興趣和擁有欲越來越強烈。
- 密切監控市場動向，根據實際銷售情況及時對供求關係進行調整，避免過度等待而澆滅了消費者的購買積極性。
- 做好飢餓行銷的「後勤工作」，如技術支援、物流配送支持、售後服務支援等。

飢餓行銷首重在掌握住消費者的心理變化，爭取粉絲的擁戴，並利用消費者的各種心理，如追求名牌、追求新產品、強烈的好奇心等，吊起他們的胃口，引導其進行消費。沒有腦殘粉還想玩飢餓行銷，根本是玩不起來，「腦殘粉」是指即使被嘲笑為腦殘，都要去成為粉絲」，他們在市場中能迸發出難以想像的力量。

飢餓行銷更是一把雙面刃，在獲得良好口碑的同時，企業經營者還要全面把握市場方向，避免負面影響的發生。如果飢餓行銷實施過於極端，那很可能使得消費者因為長時間的等待或日漸成長的銷售價格而變心，在冷靜理智的思考之後改買其他品牌。在消費者流失的同時，你的品牌也因此受到負面影響，品牌價值降低。

借助臉書和微信等社交媒體進行傳播

臉書、部落格等社群媒體，只要短短的幾段文字加上圖片，就能實現分享交流的效果，具備便捷、即時、互動等多種特性。對於企業來說，能將企業的核心價值傳播出去，從而吸引使用者或潛在客戶關注留意公司品牌，並參與交流、互動。除此之外，還能及時發現負面資訊，並進行合理的解釋、開導，化解矛盾，淨化網路中的不良口碑，發揮一定的危機公關作用，更幫助企業快速有效地累積固有的粉絲群及好口碑。

要想打理好企業官網，需要做到以下幾個方面：

- **內容託管：**通用話題、企業資訊、實用類、情感類、新鮮類、娛樂類、消遣類、影音類。
- **活動策劃：**活動文案策劃、活動圖片設計、活動跟蹤推進、活動結束、活動總結報告。
- **CRM 管理：**客戶歸類、客情日常維護、客戶口碑引導、客戶投訴解答、客戶溝通互動。
- **輿情監控：**企業話題關注、競爭對手關注、輿論口碑引導、危機公關。

透過官網和 FB 等社交媒體與粉絲溝通。如果說企業官網和 FB 是社會化媒體時代的代表作品，則 LINE 是社會化媒體提升為行銷的升級版本，確切地說是一些行銷的升級版，當既「精準」，又能「互動」的 LINE 和 LINE@ 出現後，一切行銷思維似乎被人為地改變了。

LINE 的個人帳號就有較強的個人屬性，其好友和粉絲被賦予較強的「關係」

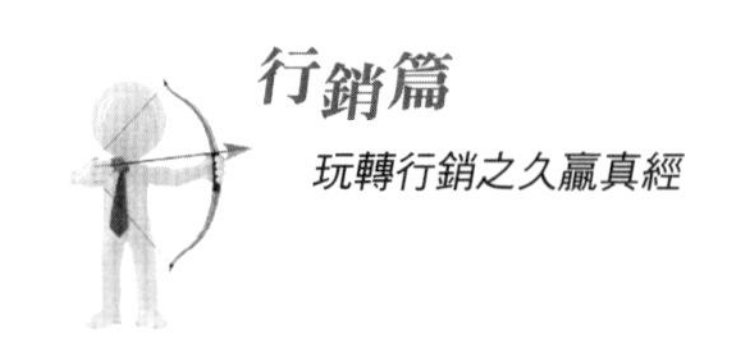

符號。而 LINE@ 公共平臺在這個基礎上，對用戶進行更為細緻和嚴格的管理。雖然目前開放平臺更多體現在 App 的開發和經營上，但基於 LINE 使用者資訊的點對點推廣，已成為開放平臺的必然選擇。

LINE 和微信等現有的資訊傳播方式主要有打卡、二維碼、開放平臺、公眾平臺、語音資訊、圖文資訊等幾種方式，而這些方式都有一個共同點，那就是特別適合「推送資訊」。

與企業的官方網站相比，LINE 和微信的互動性顯然是更好的。對用戶來說，資訊的一對一推送，有專屬管家的感覺；訊息的 100% 送達，更像是一對一的資訊派發，是及時有效的資訊傳播途徑，讓資訊最及時抵達到客戶端，提供用戶做決策提供最為有效的依據。結合地理位置和使用者喜好的資訊傳遞方式，讓用戶體驗到更為便利的感覺；而這一切的服務，都是以使用者為中心。

LINE 和微信以一對一的資訊傳遞開始；以使用者的購買為橋樑；以消費者的轉介紹為目標；以提升使用者的體驗為宗旨。這個傳遞的過程構成了微信行銷的價值鏈條，在這個過程中，LINE 和微信自始至終都發揮了重要的作用。

從最初 LINE 的推出，僅限於方便人與人之間的聯繫，而現在大家發現，手機用戶使用微信不再局限於朋友之間的交流對話，還可以查找其他更多的專業資訊帳號，關注更多有價值的公眾平臺；而精通於行銷的用戶，便在 LINE 和微信的使用中發現了無限的商機。LINE 和微信不同於官方網站或 FB，商家和使用者之間的對話是私密性的，不需要公之於眾，私密度更高，可以將滿足消費者需求和個性化的內容推送到各個潛在的關注使用者手中，使用者也可以一對一地與其互動。

智慧手機作為行動網路的載體，因而變得越來越普及，這些年伴隨著智慧手機的發展，其「性價比」也不斷提升，智慧手機已成為普通人的一般消費，這對於 App 行銷無疑是一個巨大的利多消息。

你的用戶夠飢餓嗎

在日常生活中，我們會遇到這樣的現象：iPhone手機、名牌包或演唱會門票等商品的限量版搶購與秒殺等。這些都是商品生產企業有意調低產量，營造一種供不應求的現象，以提高品牌商品的知名度和價值度，維持商品的售價和利潤率的行銷策略，我們稱之為「飢餓行銷」。

在飢餓行銷中，賣方往往是先進行大量的宣傳造勢，以激起消費者的購買欲望，隨後進行預售，讓消費者在等待中再次加深購買欲望，其最終目的更是為了進行口碑行銷，提高產品的附加價值，樹立起自身的品牌價值。

創辦旅人網的梁寧在聊爆品戰略時，總結了騰訊做爆品第一步：你的用戶夠飢餓嗎？爆品的產生，需要大規模飢餓的使用者。在某種意義上說，用戶飢餓與否，關鍵在於使用者是否存在產品需求，而企業的行銷手段也會對用戶的飢餓程度產生一定的影響。

① 能否解決大規模用戶的飢餓問題

飢餓行銷只是一種行銷手段，其關鍵還是在於用戶（消費者）是否有這方面的產品需求，也就是直觀的硬需求。首先要符合市場趨勢，當全民崇尚虛華浮躁，都過度包裝追求精緻的時候，你卻大談簡樸，就會被市場拋棄；相反地，當大家都在鄙視奢華浪費，提倡質樸的時候，你卻向市場推出高檔、高單價的奢侈品，這就是逆市場潮流而動，是怎麼樣都不會成功的。如果大規模的用戶都存在某一方面的飢餓需求，而你的產品或服務恰好能夠解決這種飢餓問題，那麼這樣的產品或服務又何愁不火，無法成為爆品呢？這種大規模飢餓的用戶稱為國民性痛點，企業要做的就是想辦法找到這個痛點，並想辦法餵飽飢餓的用戶，推出能解決他們痛點的產品或服務。

要能解決大規模用戶的飢餓問題，就要找到與其他競爭產品之間的差異性，要找到獨特的定位，在特定消費人群的痛點上去發揮、去研究，建立自己的價值體系，化用戶的痛點為尖叫點。把產品做到極緻，即使是在細微的點上，都以偏執的態度去行動，不管是在設計、包裝，品管還是在市場行銷方面，要做就做到極致。

當你的產品具有難以取代的獨特性，你就有權利選擇自己的目標客戶，對他們提出基本的硬性要求，為了顯出難以取代的獨特的氣質，需要為自己的領域設定進入門檻，絕對不允許任何不合條件的人蒙混過關，在客戶體驗方面，也需要用挑剔的標準來要求。

將美味佳餚賣給肚子咕咕叫的用戶，清爽飲品賣給口乾舌燥的用戶，所以找準用戶的「飢餓點」是關鍵。為什麼雷軍在做小米之前時常泡在手機論壇裡，因為他想尋找到飢餓的用戶，確定他們的痛點所在，並在後來成功地解決了飢餓用戶對 2000 人民幣以下高性能手機的需求。

2 用免費模式製造使用者飢餓

免費贈送，對於消費者來說是極具誘惑力的，免費模式會讓不餓的用戶產生飢餓需求感，會讓有點飢餓的用戶加強飢餓感，會讓已經很飢餓的用戶瘋狂出手。對商家來說，實施免費行銷能獲得很多間接收益，如提升自身品牌的知名度、獲得最新的使用者資訊回饋、掌握市場需求方向、壓制競爭對手等。

那麼，這種免費模式具體要怎樣操作呢？

捆綁式免費，帶動銷售

有些商品是需要和其他產品配套使用的，如手機和 SIM 卡是需要一起使用的，汽車和衛星導航是需要配套使用的，像是吉列刮鬍刀買刀片免費贈送刀架，買咖啡送隨行杯、買印表機送墨水匣、買屋送裝潢……商家可以藉由把免費的東西與付費產品捆綁在一起，作為贈品出售，也就是用贈品的免費帶動主產品的銷售，透過相關副產品的免費，即可達到促銷主商品的目的。

部分免費，帶動間接收費

部分免費模式，就是對產品的使用設定一些免費的環節，用免費部分帶動間接消費。商家設計此銷售模式時要恰到好處，要保證免費的部分能帶來好口碑，在口耳相傳中吸引更多的消費者進行付費購買，同時避免讓消費者產生反感，甚至有上當受騙的感覺。如某酒吧對到店的情侶實行女性免費提供酒水服務，間接地帶動了男性消費。

用免費提升品牌知名度

免費贈送是一件能吸引消費者眼球的事情，商家透過免費活動吸引人潮、買氣，擴大消費者基數，在大面積範圍內形成較大的影響，總能在一定程度上提升品牌親和力和知名度。

首次免費促成二次消費

商家可以先免費提供給消費者商品，而後再從商品的二次銷售中獲得利潤，這種免費模式中的第一次成交只是一個測試，目的在於讓消費者對商家產生信任感，促成後面的第二次、第三次，甚至多次的成交，這樣後面的追售成本幾乎是零。

先免費提供商品，然後再慢慢賺取利潤，成為了商家常用的行銷手段。行銷分為「前端」和「後端」，這是兩個不同的階段，對於商家來說，「前端」應該是花錢的地方，「後端」則是收穫的地方。

你看奇虎 360 就是避開了掃毒軟體行業的收費模式，推出免費防毒服務才打敗了其他對手，從而避開了整個殺毒市場。這看起來只是一個戰術，但戰術貫通整個企業模式，就成為了戰略；戰略和戰術本質上是一體，戰略引領戰術，戰術反過來又表達著戰略，互為影響，互相貫通。

飢餓行銷的適用原則

1 優質的產品是前提

產品在同類產品中具有獨到的優勢，且短期內無法被模仿，這是企業實施飢餓行銷的前提條件。消費者再衝動也不會為了一個沒有實際用處或無明顯優勢的產品去等待、去搶購。

2 強大的品牌是基礎

應用飢餓行銷成功的企業都具有很強的品牌影響力，因為消費者對知名品牌的認可度和品牌忠誠度高，企業製造供不應求的搶購氣氛消費者才會買帳，從而加入排隊搶購的隊伍中，陷入飢餓行銷的模式中。

③ 消費者的心理因素是關鍵

目前市場中，完全理性的消費者是不存在的，消費者或多或少會受一些心理因素影響，比如求名、求新、好奇等。求名促使消費者追逐名牌產品，哪怕預定或排隊等候也心甘情願；求新導致消費者高度關注新產品，不惜花費大量金錢和精力去獲得新產品；好奇則強化消費者的購買欲望，越是得不到的越是想得到。

④ 有效的宣傳造勢是保障

飢餓行銷想要成功，產品上市之前就要透過媒體進行宣傳，把消費者的胃口吊起來，飢餓行銷效果好不好，跟宣傳媒體的選擇、時機選擇、方式的選擇密切相關。產品上市後的排隊搶購和缺貨等實況傳播更是產生產品供不應求氣氛的關鍵，需要企業在銷售過程中配合媒體宣傳。另外，特別要注意資訊傳播的頻率，過多則產品無秘密可言；過少則激不起媒體與消費者的興奮。消費者被吊起的胃口也要把握，太小達不到企業的目標，太大則讓消費者產生畏懼感。

以上原則缺一不可，必須在實施飢餓行銷之前通盤考慮。

22 場景式行銷，擄獲顧客心

隨著人們生活觀念和方式的改變，人們的消費觀念和消費方式也變得越來越新穎獨特，只要人們在消費的過程中開始注重消費環境，我們就把這種情況稱為場景消費。場景消費，就是指現代的消費者在進行產品消費的傳統消費之外，還在消費一種「場景」，消費者在自己的頭腦中預先構想出某種場景需求，然後透過購買商品來實現這一場景需求。與之相對應，企業在生產出售產品時可以開展場景式行銷，也就是說，除了保證產品的性能和品質之外，企業還應當讓產品本身與消費者的場景需求相結合，提升產品附加價值。

那什麼是**場景式行銷呢**？簡單說，就是以場景作為產品銷售背景，經由環境和氛圍的營造，來觸發消費者的購買欲望，激起消費者的需求，進而買下產品／服務；場景式行銷能彌補產品體驗的不足，以良好的購物氛圍來打動消費者的心。

舉例來說，如果你想購買新房的家居用品，有兩家商店讓你選擇，一邊是分類陳列的靠枕、被子；一邊是用靠枕、沙發、床和被子布置成溫馨的臥室，哪一邊能激發你的購買欲望呢？答案顯而易見，那間溫馨的臥室會更吸引你的目光。

場景式行銷具有三個顯著的特點：

- **隨機性：**任何時間、任何地點都可以發生，消費者不是因為想購買某一產品了才會感受場景消費，消費場景隨時都可以設立，如商場、街邊看板、臉書、微博朋友圈等。
- **不相關性：**由一件事、一個人、一句話都可以將話題轉移到產品上來。
- **多樣性：**場景的設定沒有任何限制，只要你能想到，可以多樣化、立體化。

 場景行銷刺激衝動消費

場景觸發式購物。比如看到明星拿的包包、用的化妝品，或在 LINE 聊天時得知新的美容產品，瞬間就被點燃的購物欲望，有些人借購物享受與家人和朋友的聚會，也屬於此類。

場景式購物有個關鍵特徵是顧客能即時買到心儀的商品。購物的衝動來去如風，賣家必須在消費者改變主意前打動他們，才能促成成交，研究顯示，網路購物當天送達貨品，不但能增加銷量，還能大幅提高客戶滿意度。

一般來說，消費者都是理性的，他們知道自己需要什麼樣的產品，心裡有一套他們自己的選購計畫的，但在實際購物的過程中，他們更容易受到銷售現場的影響，而偏離自己的購物計畫。比如一名消費者計畫要買手機，A 賣場只賣小米——各種型號、各種款式、各種價位，另一個賣場 B 除了賣小米手機，還同時有三星、HTC、Apple、華為等各種品牌手機可以挑選，那麼這個消費者在哪個賣場裡能夠購買小米手機的機率會大一些呢？答案當然是 A 賣場！這就是消費場景對消費者做出購買行為的影響和作用，再理性的購買計畫都或多或少會受到消費地點與情景的變化，而變得缺少理性。

因此對企業來說，首先就是要知道人們對產品的需求點在哪裡，需要什麼樣的功能，願意支付什麼樣的價位，哪些因素會引發消費者購買欲望，進而設定出特殊的消費場景和溝通方式，逐步引導消費者的購買欲望。

消費者注重個性化，場景服務提供極致用戶體驗

同樣是賣同一品牌的手機，為什麼別人賣得嚇嚇叫，而你的銷量卻始終上不去呢？你有沒有認真觀察過彼此之間的銷售場景有何區別？有時候，你不能把銷售簡單地看成是產品，銷售更是在出售一種消費理念。尤其是消費升級的時代，不同的群體之間會有差異化需求的存在，人們注重個性化、獨特感，注重消費品質，追求新鮮刺激。因為消費者都是比較注重自身個性化需求的，他們喜歡追求現代和新的生活觀念，而場景服務能為消費者提供極致的用戶體驗，引導消費者追隨內心的情

感需求。

不同的場景會給消費者不同的體驗，刺激消費者產生不同的需求；細節而貼心的服務容易觸動消費者的心，也更容易超出他們的預期希望。同樣是喝咖啡，店內也都配備了免費 Wi-Fi，為什麼人們卻熱衷於去星巴克？因為星巴克為消費者設置了全新的消費場景——第三空間，它不僅僅是提供咖啡或點心，更是一種生活方式、一種體驗。簡單的咖啡被賦予了更多的意義，在紛擾忙碌的社會中，星巴克為人們提供了一個靜思的環境，在第三空間這種非正式的公共場所，讓人們有機會暫時擺脫家庭和工作的壓力，給心靈一片悠閒的綠洲。星巴克的總裁霍華德曾經總結，星巴克之所以擁有無限吸引力，源自於四個方面的能量：浪漫的味道；負擔得起的奢侈；眾人的綠洲；悠閒的交際空間。

消費者在消費的過程中，不但自己的物質性需求要得到滿足，還會想獲得更多的心理和精神上的滿足；所以企業或商家可以藉由場景的設定與設計，利用與產品相關聯並具有象徵意義的人、物、背景場合等的微妙組合，為消費者提供心理滿足、精神滿足的極致體驗，吸引他們買單。

消費者聚集網路，場景應用多樣化引人入勝

隨著網路快速的發展，它已成為人們生活中不可或缺的存在。對企業而言，消費者大量聚集在網路中，所以行銷活動也應該針對網路特色去設計，才能投其所好；企業也要在網路上應用場景設計，透過圖文、視頻、音訊等多樣化手段，為用戶提供互動式體驗，範圍逐步擴大，把場景應用連接到臉書、微博、百度 Google 等社交平臺。

我們用 LINE 進行語音視訊是網路的場景應用，我們在家裡用 App 點餐叫外賣是網路的場景應用……如此多元化和多樣化，讓消費者深深地感受到社交、購物、遊戲娛樂的吸引力，這在一定程度上吸引了消費者的目光，滿足了消費者追求個性化的需求。

在行動網路時代，人們將更多的時間都花費在虛擬世界裡，所以我們可以有效

利用網路上每一名用戶痛點，讓其成為可利用的場景來進行行銷。新加坡圖書出版商 Math Paper Press 就找到了行動網路使用者的痛點，他們發現，無論是在地鐵上還是公車上，隨處可見拿著手機閱讀新聞資訊的人；每當路過信號較差的地方，頁面就會處於離線狀態，對於此也只能莫可奈何地接受。於是新加坡圖書出版商 Math Paper Press 有效利用這個消費者的痛點，修改了一些設定與規劃，當使用者訪問網站遭遇斷網時，依然能閱讀到這些介紹段落和銷售此書的書店地址。對於手機使用者來說，離線時無所事事，不如看看這些不愛離線影響的內容來打發時間，給出版社、書店帶來不少的收益。

23 體驗行銷：以體驗創造需求

體驗經濟（The Experience Economy）是從生活與情境出發，塑造感官體驗及思維認同，以此抓住顧客的注意力，進而產生需求，最後決定消費。主要是追求顧客「感受性」與消費過程的「體驗性」，以顧客自己獨特的生活與情境出發，透過服務的調整創新，增進顧客體驗的感受，以增加服務產品的價值。想想在迪士尼樂園遊玩的經歷，去拉斯維加斯玩樂的經歷，是不是就更明白體驗經濟是怎麼一回事。

隨著行銷模式的更新壯大，行銷不再是簡單的產品介紹、廣告推廣，而是升級到在用戶體驗中完成銷售，透過親身的體驗，不論是實際接觸或網路傳播，使消費者能對產品感同身受，進而對產品產生連結，而想要購買。

台北 101 引進史特拉斯堡耶誕市集，在北方水舞廣場舉辦全台矚目的史特拉斯堡市集，其帶動人潮與全館消費效應難以估計，就是以觸動消費者的內心情感與情緒來使其主動參與，創造情感上的體驗而收到奇效。而京華城則是在暑假引進仿真室內賽馬場、VR 虛擬實境樂園等，體驗娛樂部分擴大規模達 100%，業者指出，暑假室內遊樂園比室外更吸客。

用戶體驗如果做得好，能給銷售帶來意想不到的絕佳效果，體驗比銷售更具深遠意義，它是產品行銷中更重要的環節，也是引爆市場的助力器。

這裡所說的用戶體驗，是讓使用者經由對產品或服務進行眼看、耳聽、使用、參與的方式，充分刺激和調動用戶的感官、情感、思考、行動、聯想等感性因素和理性因素，讓使用者實際感知產品或服務的品質和性能，從而促使使用者認知、喜好並購買的一種行銷方法；說白了就是使用者在使用產品過程中一種純主觀的感受。那要如何開展用戶的體驗式行銷呢？

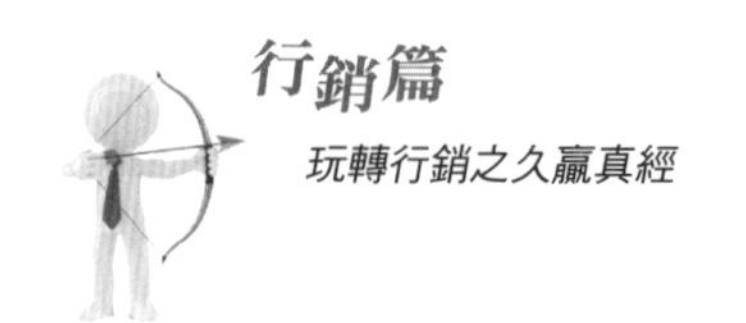

進行目標使用者識別與分類

首先，同傳統行銷方式一樣，要識別你的客戶，將目標客戶進行分類。首先要知道自己要賺誰的錢，男人、女人，老人、兒童，工人、農民，藍領、白領，總有一群是你能服務的對象，對不同的客戶提供不同方式、不同的行銷體驗。把產品賣給所有人的想法是美好的，卻是不現實的，必須定位好自己的客戶群體，識別好目標客戶，然後針對目標客戶提供售前體驗，這樣才能鎖定目標客戶群，降低行銷成本。

其次，在實施體驗行銷時，要以用戶為中心，圍繞目標客戶的需求來進行。事實上，很多企業在開展體驗行銷活動的時候，都缺乏「以用戶為中心」的意識，一廂情願地根據自己的喜好設計產品或開展體驗活動，從而偏離了目標客戶的真正需求，結果只能是一次失敗的體驗行銷活動。根據使用者的需求進行體驗行銷，如果目標客戶是二、三十歲的年輕人，那體驗行銷最好表現出時尚動感的元素、彰顯出時代的個性；如果目標客戶是中老年人，那麼可以展現實用、柔和。

總之，要想做好體驗行銷活動，就必須要緊緊圍繞目標使用者去策劃、設計，不能偏離他們的需求、喜好和主流價值觀；要清楚用戶的利益點和顧慮點在什麼地方，根據其利益點和顧慮點決定在體驗行銷過程中重點展示哪些部分。

星巴克的目標群體主要是追求生活品質和文化品位的人群，他們有著某種層次的文化追求，而星巴克正好能提供他們這樣的社交場所和文化價值的享受。在生活節奏比較緊張的大城市裡，消費者在星巴克不單單是品嚐咖啡，更是感受時下非常需要的一種體驗、一種生活方式，即所謂的「星巴克體驗」。

來到星巴克的消費者，無論是在視覺、聽覺，還是嗅覺上，都會有全新的、立體的感官體驗。這也正是星巴克 CEO 舒茲（Howard Schultz）給星巴克定下的目標：「顧客一踏進我們的店，無論嗅覺、視覺、聽覺、觸覺和味覺，都能感到舒暢。」

星巴克的特色環境給人耳目一新的視覺體驗，星巴克咖啡館通常設在商場、辦公大樓、高檔住宅或社區，地理環境好，每間店面的裝修極具異國風情，既達

到了品牌風格統一，又彰顯了風格各異的個性特色，無論是從現代大吧台、美式沙發、木香桌椅的店面擺設上，還是從古色古香的牆面圖案、展現咖啡歷史的掛畫風格上，都彰顯了傳統與現代的結合。星巴克獨具格調的音樂也給消費者提供了舒適的聽覺體驗，星巴克店內播放的音樂多為讓人感覺放鬆和自由的美國鄉村音樂、爵士樂、鋼琴獨奏。店內濃濃的咖啡香氣給消費者美妙的嗅覺體驗，咖啡豆的自然醇香、煮咖啡的濃郁香氣，都在不間斷地挑逗著消費者的消費欲望。

星巴克把滿足消費者情感上的體驗放在第一位，要求員工無論多忙都要微笑迎接，注意眼神接觸，給消費者帶來賓至如歸的情感體驗，而做到員工親切的微笑和快速的服務不干擾到消費者，星巴克也思考怎麼讓消費者越坐越舒服：如果你有空，請多坐一會兒；如果你有事，請下次再來坐。星巴克更在情感上加強與消費者之間的交流互動，比如叫出熟客的名字、給顧客提供不同口味的新飲料、顧客可以把杯子寄放在這裡、新推出飲品的試喝、提供免費無線上網等，這些都是為了給用戶不同的感受和體驗。

確定使用者體驗的方式與實施模式

巴黎萊雅在推出它們的新款 L´Oréal 防水睫毛膏，成功進行了一場體驗行銷，在絕佳環境成功讓消費者體驗到產品特色。其邀請一百位女性觀賞一部賺人熱淚的電影，並在進電影院前先為她們刷上新款防水睫毛膏，並事先幫她們拍下照片，以此證明他們家的防水睫毛膏出類拔萃。果然在這些女性朋友走出電影院後，她們還是能美美的拍攝照片；比對前後照片，眼妝完好無瑕，足夠抵擋淚水的攻勢，並沒有把妝容哭花。巴黎萊雅在短時間內成功證明自家的新產品效果出眾，也讓體驗的女性對使用這款產品的效果感到很滿意。

體驗行銷有別於以往說教的方式溝通產品功能，單方面向消費者呈現特性，而是恰當的運用場合，讓消費者藉由自身的經驗探索產品特點，不但更具有說服力，也順利在消費者心中留下美好的使用經驗。體驗式行銷重視的是讓消費者能產生感同身受的情感，透過顧客的參與來傳遞產品價值的核心，讓消費者能深刻體驗到產品的價值並產生難忘的經驗，進而提升對產品的購買意願及忠誠度，遠比傳統行銷只注重在產品本身，更能打動消費者的心。

體驗行銷重在體驗，是多個層面下的共同體驗。開展用戶體驗活動時，行銷策劃者要注意多方位體驗相結合，全面刺激目標使用者的體驗感受。使用者體驗的方式有如下幾種：

1 瀏覽體驗

網路用戶體驗首當其衝的是網站的瀏覽體驗。安全、穩定、快速的網站經營環境，合理的整體布局，客戶服務的便利、及時，網站的定期更新優化。

2 產品體驗

產品做得好就成為制勝的關鍵。如果你的產品做得好，不久就會口耳相傳；如果你的產品經不起考驗，不久就會罵聲一片，帶來負面效果。

3 服務體驗

優質、周到的服務會贏得使用者的滿意，會贏得好口碑。

4 交互體驗

交流互動會產生一定的影響力，形成品牌的凝聚力，激發更多的潛在用戶和忠實用戶。

5 感官體驗

利用人的視覺、聽覺、觸覺、味覺與嗅覺，開展悅人、動人、誘人、感人的真實立體式品牌體驗；最後，確定體驗行銷的具體實施模式。

6 節日模式

傳統的節日觀念對人們的消費行為有著無形的影響力，假日消費可大大增加產品的銷售量。

7 感情模式

透過尋找消費活動中導致消費者情感變化的因素，激發消費者積極的情感，

促進行銷活動順利進行。

⑧ 文化模式

利用一種傳統文化或一種現代文化，使產品及服務參與到消費者的社會文化氣氛中，讓消費者自覺地接近和購買與文化相關的產品或服務。

⑨ 美化模式

人們在消費行為中求美的動機主要有兩種表現，一種是商品能為消費者創造出美和美感；另一種是商品本身存在客觀的美的價值。

⑩ 服務模式

優越的服務模式可以贏得消費者的信任，良好的服務是消費者的保障。

⑪ 環境模式

良好的購物環境能吸引消費者，同時也能提高產品與服務的完美形象。

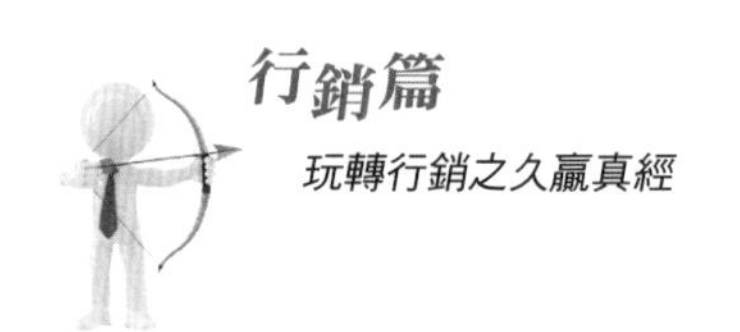

24 粉絲經濟：從陌生到狂推

在行動上網與穿戴裝置的時代，從事哪些方向的創業較易成功？可以利用社群進行創業，並且往五大領域發展，包括：個人信貸、客製化服務、個性商品、在地餐飲及人與物的交通等五大領域。

中國大陸最近有一款類似有名的 Airbnb 模式的 App 應用程式「途家短租」非當暢銷，主要利用大陸房市泡沫化現象、將閒置的空房出租，並且利用密碼保障房客安全，只要發揮一點想像力，善用雲端大數據庫，取代傳統產業的流程與亮點，就能成功實現創業夢想。

假設我是開餐廳的，我賣的東西還是和以前一樣，我只做了一個修改，就能讓業績增加 50%，甚至增加五倍都有可能，你猜我要做什麼更改，我標榜在地餐飲，我的每一樣食材都來自北北基、宜蘭，如我的蔥保證來自宜蘭的三星蔥，豬肉來自桃園養的豬，每一樣都有產品證明，為什麼這樣可以讓銷售額大幅提升呢，因為現在環保意識抬頭，有環保意識的人就會來這家餐廳消費，且環保十分強調食材要在地化。

「社群」是什麼呢？是指一群有共同興趣、認知、價值觀的用戶聚集在一起，發生群蜂效應，他們一起互動、交流，在這個社群裡，大家經常溝通、建立感情、互相幫助、彼此信任，從而形成強大的凝聚力。在過去，一個人可能生活在不同的社群裡，喜歡財經的人在一個社群：喜歡旅遊的人在一個社群……一個人會有很多愛好、身分和標識，他可能生活在很多的社群裡，但在同一個社群裡的，人們的價值觀和審美一定是互為認同的。

社群經濟正是基於社群而形成的一種經濟思維與模式，它依靠社群成員對社群的歸屬感和認同感而建立，借由社群內部的橫向溝通，發現社群及成員的需求，其

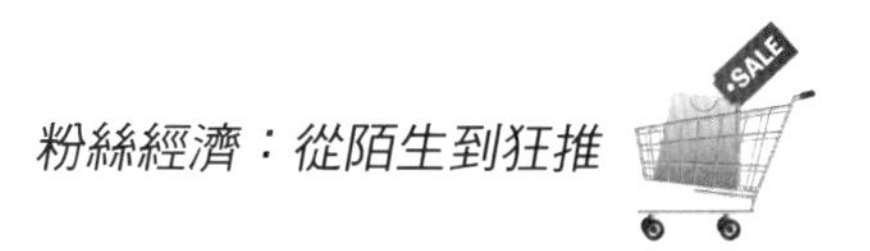

重點在於透過這些需求，而獲得相應的增值。你可以利用社群——

- 培養社群並促進互動關係——愛好者彼此聯繫，一起做有趣的事情。
- 隨時和你的社群成員溝通——提供他們渴望獲得且重視的一手訊息與內部消息。
- 總是保持透明——讓他們樂意接受你的導引。
- 設法讓高品質成員加入你的社群——採行確保高品質成員持續存在的戰略與戰術。
- 讓社群成員協助開發產品並提供內容（UCC）——利用他們的想法導引未來產品開發的方向。利用社群成員的熱情達成你的任務。
- 從社群成員中招募員工——將你的社群視為孕育團隊人才的完美園地。

UCC 是網路上的專有名詞，指 User Created Contents, Contents 指的是內容，我們在網路上看到的內容都是，到底是誰做的呢？ FB 上的內容是 FB 做的嗎？不是，那些都是用戶自己做的，這才是最高明的。Uber 有沒有一台屬於自己公司的車嗎？沒有。那 Airbnb 旗下有沒有什麼房子呢？也沒有。這招就叫空手套白狼，這是你一定要學會的。

我早期是個數學老師，我什麼都沒有投資卻賺了不少錢，當時我和飛哥合作，他教英文，我教數學。飛哥積極地招生是為他自己，不是為我，他主力是為自己招英文班，數學班他只是順帶問一下，同學要不要補個數學，我和他的拆帳方式是對分，他一年英文班的收益大約有兩個億，而我的數學大約是六千萬，我和他分這六千萬。請問你誰賺得多，我啥事都沒幹，我只是單純去教書，我為什麼有資格去教數學，因為我大學數學聯考考了一百分，但我什麼資源都沒下，沒有教室、沒有工作人員，我只是加入了飛哥補習班，借用他的教室、他的資源，我就賺三千萬，而對飛哥而言這三千萬也是他多賺的，因為他為補習班所做的投資都是為了他的英文班而做的，這就叫互利共好，也就是借力。所以最高明的借力就是 UCC，你讓 User 自己去產生 Created 內容，這就叫平台，你搭建好平台，讓別人上來做內

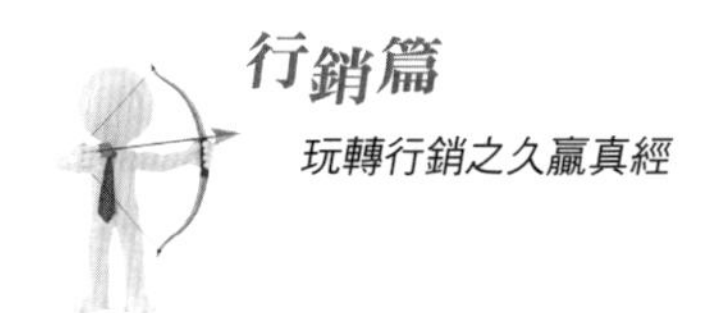

容，這才是最高明的借力。我的王道增智會就是一個平台，弟子會員之間互相幫助。

活躍你的社群一直是提高抓客力的最佳方法，你不只是建立寶貴的資產，每當社群成員因為新產品或活動而聚集時，將為你創造更多的宣傳者。當你沿著這條路前進，伴隨的將是志同道合者共創成功的腳步，努力創造集客力吧！

不管是什麼樣的年齡，在什麼地方，從事什麼行業，人們都有一定的消費需求，有自己的喜好，習慣於某個品牌的牙膏，或某個品牌的 3C 產品，這些擁有相同喜好的人們聚在一起，就構成了許多粉絲團。在網路行銷時代，有粉絲的地方就會有行銷，於是各個企業開始借助粉絲的力量展開粉絲經濟模式，粉絲行銷也隨之成為了網路行銷思路中最奪人眼球的一種方式。

這個時代做生意的關鍵就是「社群經濟」，用社群創造商機交流、推薦、分享、購買，藉由社群互動，產生購買行為的方式，這也是社群經濟有意思的地方。

在以前，行銷主要透過廣告，從電視廣告裡，你已經知道它要賣東西給你，所以你的戒備心會早早就升起。但是如果有一樣產品，你看到一堆明星為它做代言，做見證，很自然地跟著大家一窩蜂也買單了。一群喜歡 BMW 汽車的人，他們都是 BMW 的玩家，因此，這群人組成了一個社群，當你想要尋找高消費力的潛在客戶，你就加入這樣的組群，這樣你的產品很快就能銷售出去。使用者因為好的產品、內容、工具而聚合，經由參與式的互動，共同的價值觀和興趣形成社群，從而有了深度連結，盈利的商機自然浮現。例如微信就是一個非常典型的案例，它從一個社交工具開始，逐步加入了朋友圈點讚與評論等社區功能，繼而添加了微信支付、精選商品、電影票、手機話費充值等功能。

也有人是靠經營社群而賺到大錢的，在大陸有個「大姨媽」社群，在一開始，只是大家在群組裡討論女性生理期方面的問題，後來有人給建議要如何改善、有人提供相關用品，最後這個社群竟擁有 5000 萬人的婦女會員，現在你就可以針對這個社群特性，銷售很多有關婦女的產品。

粉絲能帶來財富收入，能顯示一個企業或是一個人的號召力和資源，財富不

等於粉絲，但粉絲卻能轉換成財富；明星姚晨成為「微博女王」之後，片約、廣告不斷，身價水漲船高。不同的人吸引不同的粉絲，明星吸引的是關注娛樂圈的年輕粉絲，現代作家吸引的多是文藝青年，這些粉絲在各自的圈子裡相互交流，樂此不疲，成為各行業裡最活躍的免費廣告連結。比如在電影產業，電影公司可以利用明星的知名度吸引觀眾先看片花、預告片，先睹為快，利用粉絲之間的相互傳播達到票房大賣，粉絲行銷不僅在電影行銷方面常被使用，現在也廣泛用於商品行銷中。

很多的行業開始重視粉絲的作用和號召力，粉絲的概念開始向更廣闊的領域延伸，不再只有明星藝人才有粉絲。行動網路時代下，粉絲經濟日漸蓬勃，只要你擁有足夠多的粉絲，那麼你出售的產品一樣可以一路大賣，就像是「486 先生的粉絲團」那樣。

企業一方面可以利用自身的品牌知名度吸引一批十分認同企業價值觀的忠實用戶，例如讚賞 Apple 創新與個性精神的「果粉」，就為 Apple 創造了大部分的收入。另一方面，企業還可以依靠優質的產品品質、服務品質等，在網路社群門戶上進行長期經營和推廣，聚集一大批關注者，拉攏消費者們組成龐大的粉絲群體，而這些粉絲群體透過強大的社交網絡相互傳播分享資訊，達到擴大知名度、增加產品銷量的行銷目的。

Apple 手機產品極大地體現了粉絲行銷的效果，甚至出現一些狂熱的粉絲，他們為了買到最新款的 iPhone 手機，而通宵排隊等候。由粉絲所產生的行銷效果極其明顯，極其驚人，但也說明一點，這樣的忠誠粉絲需要以優質的產品為根本，如果產品本身不夠出色，粉絲的行銷效果也就不理想。

所以企業要用實際行動去拉攏更多的粉絲，而不是被動地等待粉絲去為你做任何事情。一方面，要站在消費者的角度，站在粉絲的角度，設計出能滿足他們潛在需求的產品；另一方面，要建立與粉絲交流互動的平台，讓粉絲成為你產品的支持者和傳播者，讓他們主動為你的產品代言、打知名度。

 粉絲重複購買帶來豐厚利潤

在網路時代興起的諸多行銷思維當中，最博人眼球的就是「粉絲模式」了。

我們都知道：Apple 的果粉、小米的米粉、Zara 的鐵杆粉絲、明星偶像的粉絲等，都屬於粉絲模式。但有些企業「粉絲模式」存在著一些誤解，比如有的企業在 FB 裡成立個官方社團，然後採用各種手段邀請他人加入社團，吸引他們關注和追蹤、轉發廣告，自降身分不說，更沒有什麼品牌形象可言。

在網路行銷中，企業追求的目標應該是引導消費者購買的品牌效應、粉絲效應，要知道生拉硬拽來的並不是粉絲。那麼在這個得粉絲者得天下的網路經濟時代，如何才能打動消費者，讓他們變成自己最忠誠的粉絲，對你永遠追隨呢？又如何才能引導粉絲重複進行購買，給企業帶來豐厚的利潤呢？

① 做好市場定位，找對粉絲群

要聚集粉絲，首先要知道什麼樣的人群才是自己的銷售目標。中高端人群還是低端消費者，青年人、兒童還是老人，男性還是女性，上班族還是商店老闆，這些都是最基本的市場分析與市場定位；只有知道自己的目標，才能做到有的放矢，有針對性的行銷。

確定的目標使用者是陌生的，也可以叫作「全新使用者」，需要進一步溝通促成交易；對於已經購買過的用戶，定義為第二類「已買用戶」；對於購買了一次之後還要再次購買的用戶，定義為「信任用戶」，此時重複購買已經帶來利潤；還有一種是購買的金額一次比一次高的用戶，就已經是「鑽石用戶」了，即所謂的最忠誠粉絲。

知己知彼百戰不殆，對使用者進行等級劃分的目的在於掌握自己的粉絲結構，並採取相應的行銷方案，瞭解不同的粉絲等級能夠為企業帶來的利潤空間。

② 注重使用者體驗，讓產品品質吸引粉絲

如何才能吸引消費者，讓他們變成粉絲呢？那就要引導他們進行產品體驗，行銷就是從用戶體驗開始的，讓使用者在使用產品和享受服務的過程中產生心理變

化、感受變化，對產品產生好感，如果能給用戶一個積極、高效的體驗，他們就會持續使用你的產品。但前提是要保證產品的高品質和高性能，讓產品能滿足使用者的實際需求，提高其生活品質或是提高其工作效率，這樣的產品才能在高效的體驗中，吸引用戶成為忠誠粉絲。

在推行用戶體驗行銷時，要讓人人都有參與進來的機會，讓用戶感受到體驗不再是奢侈的事情，只要有產品需求，人人都可以成為 VIP。只有給用戶體驗的機會，用戶才會無償地給產品代言，成為最忠誠的粉絲。宜家家居在用戶體驗上就敢於大膽嘗試，他們曾經包下一輛地鐵來宣傳新店，將地鐵內部裝扮成家居生活的樣式，以這種新穎的使用者體驗方式進行推廣行銷，洞察用戶內心訴求，並融入到產品設計中，從而達到用戶內心訴求與產品功能的共鳴；參與乘坐地鐵體驗之旅的用戶，還會向更多的用戶傳達他體驗到的美好感受，進而為宜家代言，帶來更大的商業價值。

③ 加強使用者服務，從情感上征服粉絲

消費者購買商品並不是交易的結束，而僅僅是「粉絲模式」的開始，有了第一次交易之後，使用者在產品本身的使用過程中認可產品，然後在享受使用者服務的過程中產生情感。好的服務大多會超出消費者的心理預期，不管是售前諮詢還是售後服務和維修，都是打動消費者、征服粉絲的關鍵點。粉絲注重情感，從情感上出發才會無條件地喜歡一個人或事物，而加強使用者服務能從情感上征服粉絲，繼而透過粉絲創造收益。

④ 為粉絲提供免費服務，創造更多利潤

免費贈送，對消費者來說是極具誘惑力的；對商家來說，實施免費行銷也是能獲得很多間接收益，如提升自身品牌的知名度、獲得最新的使用者資訊回饋、掌握市場需求方向、壓制競爭對手等。「免費」，表面上看來是虧本的買賣，但實際上免費所帶來的價值是無限的，關鍵在於商家能否拓寬思路，運用巧妙、新穎的構思和創意，讓免費為自己創造更多的贏利點。

用戶≠粉絲

在網路行銷時代，用戶就是某一種技術、產品、服務的購買者和使用者，是以商品交易是否成交來判定的；而粉絲不但使用過你的產品、技術或服務，還會在產品品質、品牌理念與情感認同上成為你最忠誠的支持者和傳播者。所以，用戶和粉絲不是一個概念，一個企業擁有很多用戶，但並不能代表這些使用者都是產品或品牌的粉絲，粉絲與企業、產品口碑之間的親密互動關係要遠大於用戶。於是，如何將現有用戶轉化成粉絲就成了網路行銷的重點之一。用戶是可以轉化成粉絲的，如果使用者能夠對產品或品牌產生情感，表現出忠誠度，就算加入了粉絲群體。那如何才能提高用戶的忠誠度，提高用戶轉粉的轉換率呢？

① 使用者轉粉應以產品為根本

企業可以透過公司理念、情感訴求和配套的傳播體系，來實現用戶轉粉絲，但必須建立在產品品質優良的基礎之上，以產品為根本。如果產品品質差，或是沒有一定的特色與個性，是很難征服用戶的，更別說什麼忠誠度了。

如果一個企業要想保留現有消費者，並將其轉變為自己的忠誠粉絲，首先就要在品質和服務上有所保證，一個成功的聚粉爆品應該建立在好的產品品質和有保障的服務的前提下，只有產品為王、理解消費者的實際需求，並發揮產品的最大價值，才能滿足消費者的心理，最後獲得忠誠粉絲。

② 建立粉絲交流平台

普通的社群互動以功能為主、感情為輔，而粉絲經濟的交流則是以情感互動為主。有粉絲、有交流、有互動，是網路行銷的條件之一，建立起粉絲交流平台是實現粉絲經濟的有效途徑─臉書、微信、微博、推特等，都是各個企業與粉絲交流的有效平台，每個平台都各有優勢。企業官網的粉絲專頁一般正面粉絲較多，微博的傳播速度快、覆蓋面廣，微信、LINE 平台便於瞭解用戶的真實回饋，而貼吧的地域性較強。

網路行銷千絲萬縷，小米之所以能取得如此傲人的成績，離不開粉絲行銷的力量，小米論壇有 700 多萬粉絲，小米手機、小米公司等的微博粉絲有 550 萬，小米合夥人加員工的微博粉絲有 770 萬，微信有 100 萬。這些幾千萬可到達、可精細化經營的粉絲，支撐了小米的行銷神話。

小米創始人雷軍曾分享了小米成功的七字要訣：專注、極致、口碑、快。對此他進行了解釋：「專注就意味少就是多，大道至簡；而極致就是做到自己能力的極限，把自己逼瘋，把別人逼死；口碑非常重要，產品要超越使用者的預期；快就是天下武功唯快不破。」

③ 為使用者提供全程極致體驗

擁有高品質的產品或服務是前提，還要輔以良好的用戶體驗才能提高用戶轉粉率。為了讓使用者重複購買，需要為使用者提供全程的極致體驗，站在如何更滿足用戶需求的角度上優化產品設計，加強用戶的歸屬感和安全感，這樣才能讓使用者認同你的產品、做事風格，進而成為忠誠粉絲。

另外，還要留意假粉絲的存在。粉絲作為一個群體，很難保證觀點的高度統一，也許會存在跟風的成分，於是假粉也就出現了，這些假粉並沒有對產品或品牌的高度忠誠，只是出於攀比跟風，通常都是看到周圍的人都在追捧，便盲目地投身其中。

得用戶容易，轉粉難；得粉絲容易，養粉難。粉絲是特殊的用戶群體，企業不但要善於轉化粉絲，還要善於培養粉絲，從粉絲那裡吸取最新的回饋資訊並及時做出調整與改進，保持產品的更新換代以滿足粉絲日漸刁鑽的口味需求。粉絲經濟時代，誰能掌握住粉絲的心理變化，誰就能夠占有市場；誰的粉絲數量更多，誰的市場占有率就大一些；誰的粉絲忠誠度更高，誰的產品和服務就更成功。忠誠的粉絲就意味著能夠帶來持續的購買行為，同時也會對品牌傳播產生積極有效的作用，為你帶來更多新用戶。

如何做好粉絲互動

粉絲能否幫助企業進行免費的口碑傳播，離不開企業與粉絲之間的互動與分享。

付出愛才能得到愛，這個道理同樣適用於粉絲經濟時代。企業只有與粉絲進行互動交流，把粉絲當作自己的朋友，瞭解他們真正的需求，才能準確把握粉絲的心理變化，並根據他們的需求回饋資訊及時調整改進產品或服務，以超出粉絲的預期希望。

企業與粉絲間的互動方式也是多種多樣的，如節假日的祝福問候，周到的售後服務等。同時，企業要多多鼓勵粉絲進行體驗感受分享，他們的用戶體驗經驗對那些潛在消費者來說異常珍貴，對潛在消費者有引導作用。

① 體驗行銷互動模式，人人是粉絲，人人是 VIP

你的品牌需要粉絲，而不只是用戶，而用戶會在多次的行銷互動中逐漸成為粉絲。把用戶看作自己的粉絲，像對待 VIP 一樣對待每位用戶，給他們提供極致的產品體驗，這樣的粉絲互動模式才是理想的。

引爆爆品行銷的最佳方式之一就是提高使用者的參與度，讓用戶在體驗中感受產品、接受產品、愛上產品。於是，體驗行銷急速升溫，讓人人都成為 VIP 粉絲，參與體驗不再是奢侈的事情，互動也就變得更加容易。

在推行用戶體驗行銷時，要人人都有參與進來的機會，讓用戶感受到體驗不再是奢侈的事情；只要有產品需求，人人都可以成為 VIP。只有給用戶體驗的機會，用戶才會無償地給產品代言，成為最忠誠的粉絲。

網路時代的用戶與以往不同，因為他們有太多選擇，變得更加挑剔，如果企業不專注於用戶體驗，即便你的產品功能再強大、價格再便宜，最終還是吸引不了用戶，那麼粉絲互動也就無從談起了。所謂體驗行銷就是經由消費者體驗達到銷售產品、樹立品牌的目的，所以，除了讓更多的消費者主動參與互動、參與體驗，體驗行銷還體現在給消費者更多的機會，參與到產品或服務的設計、生產過程，企業給消費者提供場景和必要的產品或服務，讓他們親自體驗消費過程的每個細節之中。

② 讓粉絲留下評論

粉絲意見不僅是日後自我提升的依據，也能讓對方感受到被傾聽和被尊重。你可以隨時留意線上網站的討論、使用 Google Alerts 或第三方軟體來搜尋網路上對公司產品或品牌的評論。除了提升產品與服務品質，更符合對方需求與喜好外，你也可以根據他們的意見修改網站內容，提高內容行銷效益。不要怕網站上的顧客證言或意見區被留下壞評，因為這樣反倒能提高其他好評的可信度。

所有經營者都必須先有心理準備，就像做人一樣，再怎麼努力，也不可能讓所有人都喜歡你。就算滿分的商品品牌，還是會有消費者不滿意，因此自然不需要把負評視為毒蛇猛獸，有時候「嫌貨才是買貨人」負評之中也是有抱持著愛之深責之切的鐵粉存在。

負評不可怕，可怕的是逃避的心態。當你能站在顧客角度來處理壞評，他們就會感受到你的用心，並願意繼續支持你。

顧客評論關係到電子商務企業的產品銷量，不管是網路拍賣、蝦皮，還是其他線下銷售平臺，都應視消費者評論為至寶；不過線下沒有線上留言方便，所以網路代表更高的效率，因此，企業向網路轉型，就是提高效率。

25 你今天 Facebook 了嗎？

Facebook 的興起，改變了人與人的溝通、分享和娛樂模式。Facebook 的創辦人是馬克．佐克柏（Mark Zuckerberg）。他是哈佛大學的學生，之前畢業於阿茲利高中。主修電腦科學和心理學，跟比爾．蓋茲（Bill Gates）一樣，在求學期間輟學創業。

Facebook 的名字是來自傳統的紙質「花名冊」（也稱作「通訊錄」），通常美國的大學把這種印有學校社區所有成員的名冊，發放給新入學或入職的學生和教職員，協助大家認識學校內其他成員。最初，Facebook 的註冊僅限於哈佛學院的學生，在隨後的兩個月內，註冊擴展至波士頓地區的其他大學（如麻省理工學院）以及史丹佛大學、紐約大學、西北大學和所有的常春藤名校。第二年，很多其他學校也被邀請加入。之後，在 Facebook 中也可以建立高中和公司的社會化網路。而從 2006 年 9 月 11 日起，任何用戶輸入有效電子郵件地址都可申請。由 2006 年 9 月至 2007 年 9 月間，該網站在全美網站中的排名由第六十名上升至第七名。同時 Facebook 是美國排名第一的照片分享站點，每天上載八十五萬張照片，超過其他專門照片分享站點。2010 年 3 月，Facebook 在美國的訪問人數已超越 Google，成為全美訪問量最大的網站。至今全球 Facebook 用戶已突破十億，成為全世界最大的社群網站，台灣用戶超過一千三百萬人。

Facebook 規定至少十三歲才可註冊成為用戶。由於 Facebook 沒有官方中文名稱，不同漢語地區的使用者社群便各自發展出不同的譯名，如中國大陸的臉譜、香港的面書或面簿、台灣的臉書、馬來西亞的面子書等……真是有趣。

Facebook 最大迷人之處莫過於「讚」（Like）這個按鈕。當你按「讚」時，就表示你看過、喜歡、感同身受、推薦對方這篇訊息，雖然只需要花你一秒鐘的小小動作，而且不用花錢，卻代表著一個正面的回應；相對的，對方有時也會禮尚往來，也幫你按個「讚」，於是兩人之間的距離就莫名更近了。所以，根據統計，全球每天平均新產生六千五百萬個「讚」，每二十分鐘就有七百六十萬個粉絲專頁被按「讚」。希望未來 Facebook 不要多一個按「遜」的負面按鈕，畢竟多給他人鼓勵總比批評他人來得好。

接下來我們來談談何謂 Facebook 個人檔案：是讓您可以結交自己的好友，並且用來使用 Facebook 官方與第三方公司所提供的一些網路應用程式或遊戲。

上圖是我的 FB 個人檔案。請搜尋：王晴天

Facebook 具有下列五大特色：

- **用人與人的方式做連結（方便）：**使用者可以透過彼此的首頁連結，看對方有沒有自己還認識的朋友，當然，也可以邀請不認識的朋友作為自己的好友。

- **利用電子郵件來尋找朋友（簡單）：**這是 Facebook 除了用姓名搜尋外，另一種簡單尋找朋友的方式。

- **用相片與人做連結（容易）：**人們留下足跡的方式多為文字及相片，透過相片能留住彼此的回憶，在 Facebook 上，不但能留下回憶，更能透過相片直接超連結到朋友的塗鴉牆上。

- **用遊戲與人做連結（輕鬆）：** 以之前最夯的「開心系列」小遊戲來說，這是Facebook在台灣最大的賣點，許多在工作中的上班族可以透過這些小遊戲來放鬆心情，進而為其帶來商機，這些上班族願意花錢買點數在這些小遊戲上，因為他們沒有辦法花在那些需要大量投資時間及遊戲風險的online game上。

- **用應用程式與人做連結（交流）：**大量支援的應用程式，讓使用者們有著更多的話題作交流，透過可以發布在塗鴉牆上的功能，使用者們可以在彼此的塗鴉牆上看到話題，並互相留言、互動交流，不需要自己特別想話題。

由於Facebook具有上述五大特色，所以有時Facebook也會變成警方破案的好工具。例如在高雄縣有一名員警，在自己家裡的電腦桌前，利用現在最流行的Facebook，竟然就偵破了一起飛車搶案。原來他日前抓到嫌犯時，在他家中搜到一台高級數位相機，但嫌犯不承認是偷來的，員警就從相機電池上貼的被害人姓名，在Facebook上比對個人照片資料，還真的找到了被害人，讓他好訝異，被害人因此領回了失竊的相機，開心地留言向員警道謝，而原本不肯承認犯行的搶嫌，也俯首認罪，Facebook意外成了警方破案的最佳幫手。還有更多的實際案例在網路上都查得到。

如何經營個人檔案

個人檔案上的「塗鴉牆」，就好比你家的前院，這前院是每個路人經過都會看得到的，你可以讓它空空盪盪的，也可以精心布置，由你自行決定。如果空空盪盪，我想就不會有人注意到你，反之，若能精心布置，一定能令人印象深刻。那要在「塗鴉牆」上發布什麼內容？才會吸引網友按「讚」，留言和分享呢？

① 建立完整個人資料

- **姓名：**Facebook規定用戶要用本名，我建議用中文全名，而不要用英文名字，因為若用英文名字，別人有可能搜尋不到你。

- **大頭貼：**建議放看得出來是你本人的照片，以免當有人要搜尋你的名字時，出現好幾個同名同姓的人，若大頭貼看不出來是你本人，那就很難被找到了。

➔ **個人資料**：包含關於你、學經歷、基本資料、聯絡資訊，這樣網友才會了解你。

② 展現專長

你可以依你的專長和興趣，發布一些相關內容，讓大家更了解你、喜歡你。

範例：

③ 提供資訊或知識

你可以發布一些新聞、不錯的佳句、文章、資訊或知識。範例：

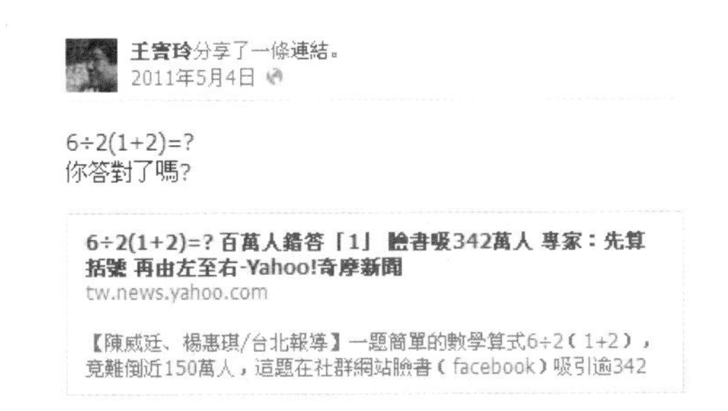

一題簡單的數學算式 6÷2（1+2），竟難倒近 150 萬人，這題在社群網站臉書（facebook）吸引逾三四二萬名全球網友解答在統計期間，結果有一九二萬多人答九，一四九萬多人認為是 1，兩派網友還爭論不休。數學專家說，依由左至右的原則計算，答案應是 9，因此約四成四的人答錯。教育部還說這麼多人算錯是一個警訊，將針對教學作檢討。

④ 分享照片和影片

你可以發布一些你的生活照或好笑有趣的照片或影片。有時一張圖，勝過千言萬言，一張圖，會引發想像。

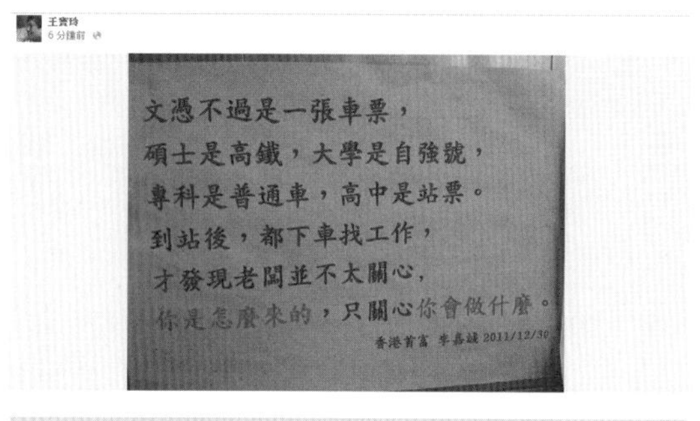

⑤ 表達心情

你可以發布你目前的心情，無論開心或難過，讓你的朋友了解你的狀況。建議不要寫太多負面的情緒字眼，畢竟人不喜歡跟負面的人相處的。

王寶玲分享了一條連結。
4月23日

http://news.msn.com.tw/news2621909.aspx
423世界書香日，朱立倫打造書香城市鼓勵讀好書。朱市長推薦「林書豪給年輕人的12件禮物」、「讓美好世界轉動」、「城市的精神」、「賈伯斯傳」、「鐵意志與柔軟心」、「從巴黎到巴塞隆納，慢慢走」等6本書給大家。很開心我的新書「林書豪給年輕人的12件禮物」獲推薦。

423世界書香日　朱立倫打造書香城市鼓勵讀好書
news.msn.com.tw

記者黃村杉／新北報導市長朱立倫22日出席2012世 ...

我發現一個很有趣的現象，有人發文說：今天被老闆罵了一頓。結果竟有人按「讚」。我在想，這種不開心的事情還要按「讚」嗎？我發現無論是好事還是壞事，都會有人按讚，甚至曾在新聞上說有人燒炭自殺，在個人臉書案上發文說我快死啦！結果還有網友按讚，見死不救！曾經有一陣流行一種要按「讚」才能看到全文內容的手法。你會看到一段非常吸引人的文字，或讓你非常想要點下去的圖片，點下去後，會另開一個新視窗，強迫你按「讚」，才能看到全部的內容，我想一定有很多人因為好奇心而按讚。按了之後，會自動出現在你的塗鴉牆上，所以你所有的朋友都看得到，你朋友看到也會因為好奇而按「讚」，就這樣一傳十，十傳百。也因為如此，該網頁流量暴增，而網友其實不喜歡這種被強迫的方式，被網友罵翻。

例如：有一段文字寫著：男人看了會火大的照片。點下去會看到一個美女圖，但當你看到一半時會出現類似以下的文字：

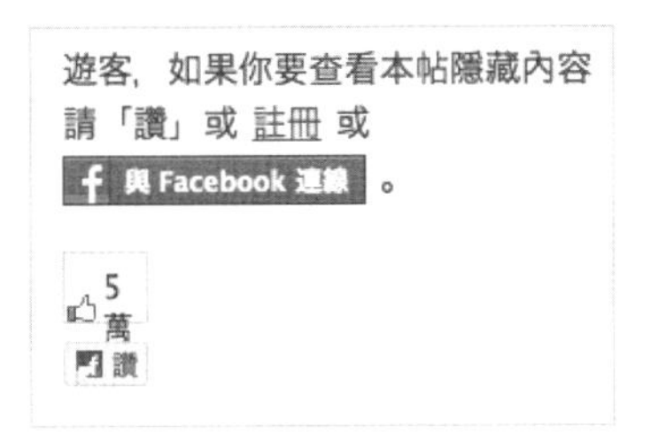

我後來發現，你可以先按「讚」看完全部內容後，再按收回讚取消或刪除即可從你的塗鴉牆上消失。

總之，無論發布什麼內容，根據我的觀察和經驗，發現有圖片或連結影音的發文效果其實是比較好的，讀者不妨試試看喔！

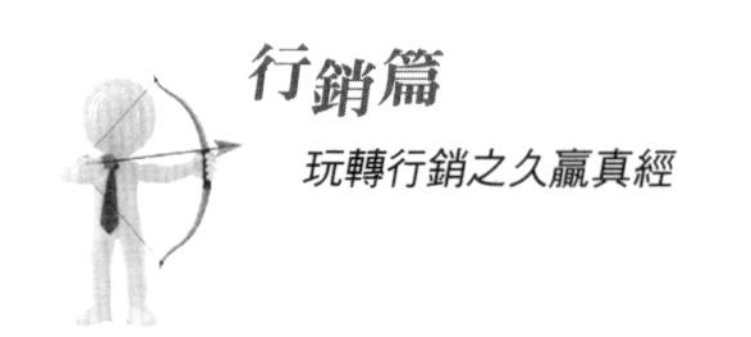

26 如何經營粉絲專頁？

Facebook 除了個人檔案外，許多大企業和中小企業，甚至個人會建立粉絲專頁。粉絲專頁就像另一個企業網站，是讓人們可以光明正大地在網路上成立一個專屬商業應用的頁面，行商業宣傳之目的。

經營粉絲專頁五大心法

① 創造被分享的價值

經營粉絲專頁，最重要的關鍵就是創造被分享的價值。也就是說重點不是你在賣什麼東西，而是分享什麼內容，因為內容為王。發布的內容，除了文字外，可以結合圖片或影音，文字最好不要太多行，因為這不是寫書，而是提供讓粉絲想看、按讚、留言和分享的內容。內容千萬不要全都是行銷文，因為我們平常已經看太多銷售的訊息了，可依粉絲專頁的定位和類別，來決定發布的內容。如果不知發布什麼內容好，可以用知識性、休閒娛樂性等主題當發布素材，因為這些主動是廣被大眾所接受不排斥的。記住！粉絲專頁的目的不是利益導向，而是經營粉絲，創造一個快樂分享互動的園地。所以，當你在發布一個訊息時，先問問自己會不會喜歡，若連自己都不喜歡，粉絲們怎麼會喜歡或分享呢？

範例：以下是一個取名《七年級創意團隊》粉絲專頁。這是一家名片印刷公司，從來不發布關於產品的訊息，大部分都發布些有趣的圖文。例如下面訊息才發一小時而已，就已經有 661 人按讚，16 人留言，47 人轉寄分享。

七年級設計印刷
可清潔兼運動的好鞋~

讚 · 留言 · 分享 · 661 16 47 · 約 1 小時前 ·

② 發文的頻率

這其實沒有硬性規定。但如果你在幾分鐘內發送數篇訊息，可能會造成粉絲塗鴉牆被洗板現象，引起粉絲的反感。有些粉絲專頁會一天分早、中、晚不同時段共發文三次，因人而異。重點是如何間隔發送不會造成反感，又能讓粉絲喜愛，這才是我們要思考的。

③ 發文的時間

社群媒體管理公司 Vitrue 於 2007 年 8 月到 2010 年 10 月，針對美國一千多個品牌，一百六十四萬則訊息和七百五十六萬留言的大規模調查發現，Facebook 用戶使用的高峰時間為美東時間上班日的早上十一點，下午三點和晚上八點，週日最不活躍；而美國德州行銷顧問公司 The Marketing Spot 的專家提出的個人測試報告，發現 Facebook 訊息最佳曝光時間每天晚上八點，早晨六點最不好。上述兩份研究報告都是國外的經驗，不同國家在使用上應該會有些許上的差別。以台灣來說，有專家認為下午茶和晚上睡覺前為最佳發文時段。

根據專家的研究發現，在粉絲專頁發文一則，平均約有 15% 的粉絲會看到，也就是說你所發的訊息不會讓所有粉絲都看到，因為每位粉絲上 Facebook 時間和長度皆不同。

④ 和粉絲互動

在粉絲專頁如何創造互動？最簡單的方法就是問問題。你可以問一個簡單的問題讓粉絲們發表自己的意見，如果有粉絲提問一個問題，最好能立即回應。

範例：Cheers 雜誌在粉絲專頁上問大家哪個封面好？最後吸引來二〇九位粉絲留言。

票選自己最喜歡的封面，歡迎投票，投下你喜歡的封面數字喔~到下午3點半截止喔~

⑤ 發文不間斷

每天發文，持續發文，是粉絲專頁管理員要做的事。當腸枯思竭，為了想發什麼文而想破頭時，可以直接分享他人的內容，不一定每次發文都是自己原創。當然，你能天天都有新的原創內容是最好不過了。如果你想半夜十二點發文卻不想撐到那麼晚，或明天一大早七點發文卻不想那麼早起，或者某天因故無法發文時，可以使用「粉絲頁小幫手」工具，讓你可預先設定好發文的時間和內容，時間一到，系統就會自動發文。

做法是首先，你在 Facebook 搜尋欄搜尋「粉絲頁小幫手」，點選「粉絲頁小幫手」，再按應用程式中的「粉絲頁小幫手」，即可使用了。操作簡單方便。

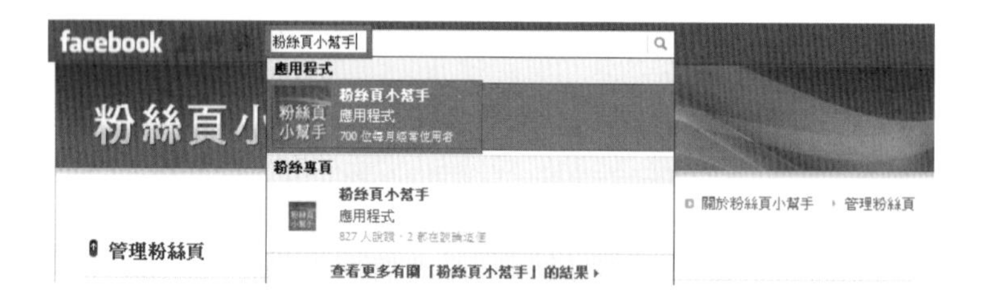

如何快速增加粉絲人數

① 贈獎活動

你可以在粉絲專頁辦一個抽獎活動，讓更多的粉絲按讚參與。像發燒網（http://www.fever38.com/）是一個網路社群行銷平台，是由 eBay 前員工陳郁辛和閻妃麗所創，致力於數位行銷服務與通路的開發。目前研發的服務包含 Whiich 民宿網、發燒好康 Hot Deals、全民最大投、全民百萬學堂、Facebook 社群網站的整合行銷工具，以及手機上的應用服務等。發燒網可以說是目前全台最大社群活動平台，一手玩抽獎，一手掌握各家粉絲頁新品流行情報。全台各地粉絲行銷活動現熱烈舉辦中，讓你天天都活在中獎的希望與喜悅當中。

利用發燒好康舉辦活動的好處：

人人有帳號，降低參與門檻

藉由 Facebook 舉辦活動或經營粉絲團，網友可使用已有的 Facebook 帳號輕鬆加入，不必再熟悉新的活動介面，也不需要再填寫個人資料登入會員，方便又快速。

網友上網習慣的轉移

由於社群平台的的興起，花在社群平台的上網時間比重越來越高，因此在宣傳活動時，也應該同時將社群活動列為行銷計畫之一，增加活動訊息的能見度。

透過網友宣傳，能有效溝通（口碑行銷）

藉由 Facebook 網友之間的互相消息傳播，能有效將商品資訊傳遞給更多人知道。

朋友鏈緊密，擴散速度快

Facebook 網友可看到自己的朋友（據統計，Facebook 用戶每人平均有 130 位以上的朋友）加入某某商家的粉絲團或參與了新活動，利用朋友鏈的力量增加曝光率，讓粉絲一個拉一個，增加知名度與影響力。

實名帳號、提高活動灌票門檻

Facebook 會員為實名制，網友在登錄帳號時需要以真名登錄，不僅可加強網友在網路上各項行為、言論的責任感，也可避免假帳號被使用於活動中產生灌票等問題，可讓活動更具公信力並保障網友的權益。

較容易評估活動成效

藉由 Facebook 上粉絲數的增減，可以更容易地估算活動參與人數，在評估每次的活動成效時更加精確，且也可於活動進行中更機動地掌握粉絲對活動的好壞反應，即時調整活動內容。

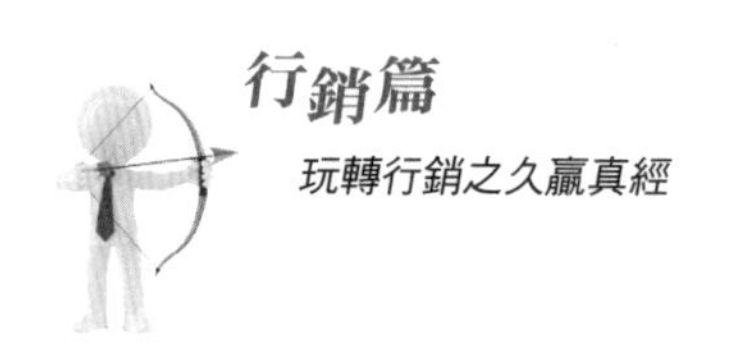

我有一本書就是用此平台來行銷。如下圖：

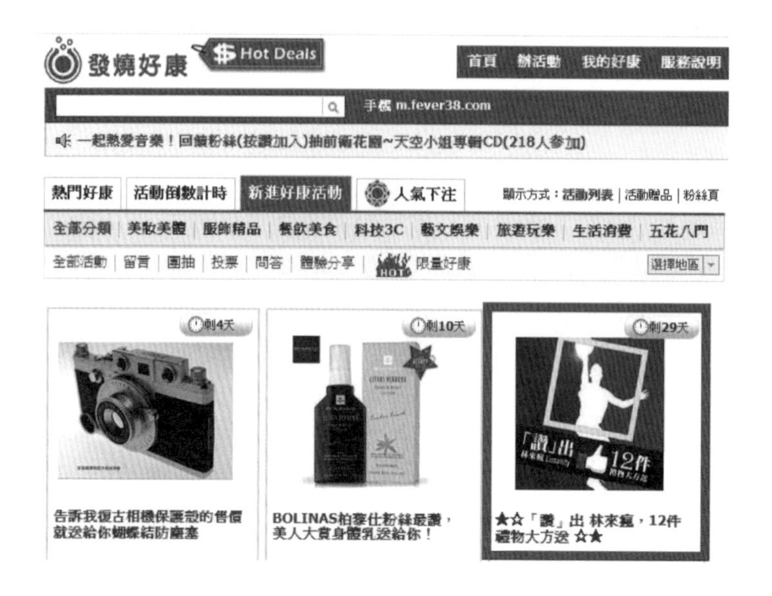

活動方式：

- **步驟 1：**按「讚」加入【創見文化】粉絲團

- **步驟 2：**填空組成你個人的留言「林書豪給年輕人的 12 件禮物中，讓我最震撼的啟示是第　　　件，這一段話是　　　　」（答案內容請寫書中 12 件的其中一件〈請點選我〉）

- **步驟 3：**請記得勾選「在我的 Facebook 個人檔案上留言」

- **步驟 4：**留言成功後，別忘了按下「參加抽獎」，獲得抽獎序號就有機會獲得：創見文化的《林書豪給年輕人的 12 件禮物》書籍乙本加送〈林書豪漫畫版精美海報〉！！

② 玩遊戲

在個人檔案塗鴉牆上常常會看到有人玩了什麼遊戲或心理測驗的訊息，這些都是有人設計了一款遊戲或心理測驗等，讓玩的人一定要先按「讚」，這樣衝粉絲人數速度也非常快速。範例：好事多俱樂部 44 天就增加 100 萬新粉絲！

根據筆者的研究發現，先將粉絲頁衝出人數，管他阿狗阿貓，再經營粉絲群的做法不一定合適，若以長期經營的角度，設法先讓網友跟品牌互動，認同和喜歡上品牌，剛開始或許無法快速暴增，但這些粉絲群才是真正認同和喜歡你的粉絲群，才是真正實質的潛在客戶，而不是一堆虛有的數字。

精選粉絲專頁

以下介紹一些熱門粉絲專頁給讀者參考：

範例一：笑到凍未條

此粉絲專頁內容全部都是一些有趣好笑的圖片，你可以自行分享出去。沒有任何商業廣告。

範例二：不正常人類研究中心

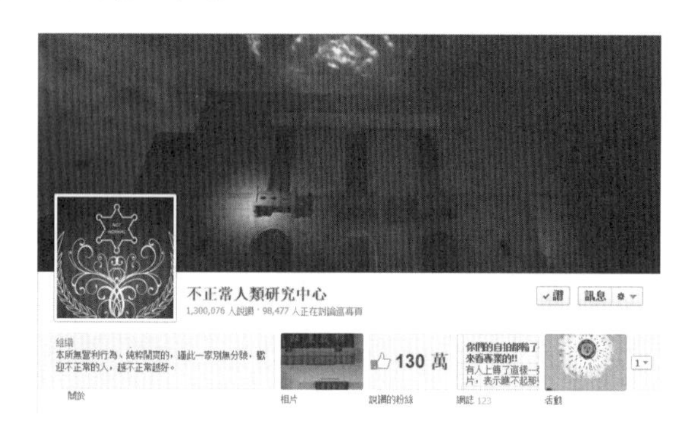

此粉絲專頁發文內容都是一些有趣好笑的圖片，這樣的粉絲專頁也可以創造百萬名粉絲，由此可知，大家都喜歡看有趣好笑的圖片。

範例三：信義路五段 100 號

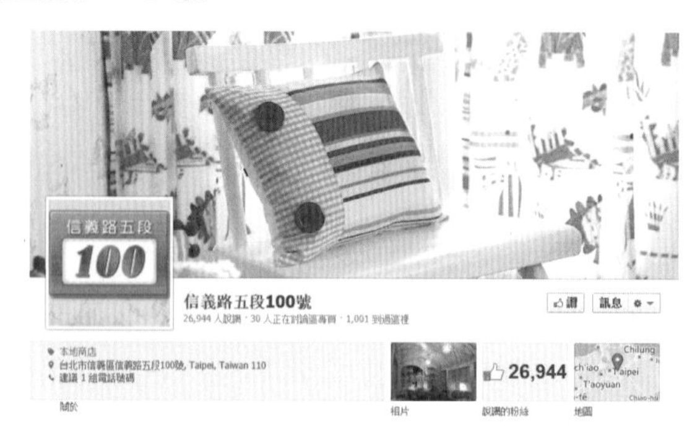

此粉絲專頁不定期跟大家分享世界各地的特色建築、創意有趣的居家設計，還有與「家」有關的新奇科技或相關資訊。此粉絲專頁的名稱也真是有趣，「信義路五段 100 號」到底在哪裡呢？其實是信義房屋總部的所在地。

範例四：七年級創意團隊

從這個公司名字看來就令人值得玩味的公司「七年級創意團隊」，正如您所想像的，是一群七年級生所成立的平面設計公司。而他們的粉絲專頁更是在 FB 社群頗受年輕學子好評，也許是公司名稱具有親切感之故，亦或是他們的發文從不對外宣傳關於公司的內容或產品有多好多棒，而是訴求以「經常微笑」的方式提醒在這社會忙碌奔波的你我，再忙，也要記得「微笑」。

再細看該粉絲專頁的發文內容，更會感覺到這群七年級生的用心與細心，不只文案的精確度，其搭配之圖片也必具有美感，而不是單純轉分享他人圖文，或隨意下載圖片就任意發文。在上方大圖中有一個「Like it!」的小字，隨著箭頭指示，就自然而然地按「讚」的巧思，更顯現出這家公司的專業。

目前此粉絲專頁人數仍在持續成長中，除原有的七年級設計印刷粉絲專頁外，另外又代管其他粉絲專頁，如「設計經理人」、「旅行・電影・愛音樂」、「地產巴菲特」、「業務講堂」、「企業家」、「愛情事物所」、「媽咪・貝比同學會」……等二十幾個以上的粉絲專頁。厲害的是每個粉絲專頁都能在短時間破萬人。根據筆者的研究，發現有其三個關鍵點：

1 粉絲專頁名稱和封面設計

Facebook 粉絲專頁現今成為市場創造企業形象的主流行銷，透過臉書非侵略性的行銷方式，達到企業商品及形象的高曝光度。然而粉絲專頁名稱、大頭貼和封面設計為網友接觸的第一印象，根據市場行銷調查，當顧客進入粉絲專頁後，主視覺第一印象則決定顧客停留的時間長短。因此，粉絲專頁的首頁主視覺將成為留住來訪者的關鍵。

② 企業簡介內容簡單明瞭

粉絲專頁與其它平台經營特性不同，在首頁「關於」中的公司簡介、使命、產品相關資訊等等，建議用 50~150 字的文宣簡單說明，方便網友快速閱讀了解。

③ 用心經營粉絲專頁

- 對外大量曝光粉絲專頁文章，推廣與分享。
- 非商業性議題內容比例高，著重圖文行銷。
- 文章具正面性、趣味性、感染力及高傳播度。
- 提升粉絲人數，穩定經營舊粉絲。這家公司除了名片設計印刷主業外，如今成立 Facebook 社群管家服務團隊，也幫企業客戶代管操作 Facebook 粉絲專頁，也都有漂亮不錯的績效，成功地創造了社群新經濟。

更有趣的是有人看了他們的粉絲頁，覺得這家公司很不錯，主動投履歷來應徵，平均每天有五位求職者來信，想不到一個有特色的粉絲專頁，竟帶來許多求職的人潮，真是一舉數得。

從潛在顧客變身為顧客的四大步驟

如何從不知道你，到認識你，最終成為你的顧客，可以分成以下四大步驟：

1. 認識：潛在顧客在某種情況下看到或知道你，並檢視你的檔案來了解你。
2. 好感：若覺得你不錯！就會在你的粉絲頁上按「讚」成為粉絲。至少對你有好感。
3. 信任：當潛在客戶常看你的訊息按「讚」，甚至分享出去，代表彼此有一定程度的信任感。
4. 購買：當潛在顧客從認識到好感再進入到信任，才會決定是否購買你的產品或服務，很難從認識一下子就跳到購買階段。而從認識到最後的購買在網路

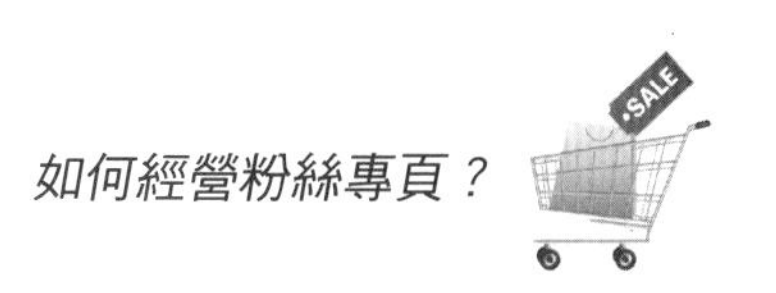

上是需要一段時間，時間依情況而定，沒有一定。

 FB 也可以變成 PPT

之前在 Baagic 咩即可－消費者熱線粉絲頁看到一個塑膠杯蓋行不行的圖片，點下去一看，是在講關於塑膠杯蓋安全性的問題，重點把此主題弄成一張張圖，只要點選下一張，即可看到完整內容，彷彿是另一種 PowerPoint（簡稱 PPT）的呈現。如下：

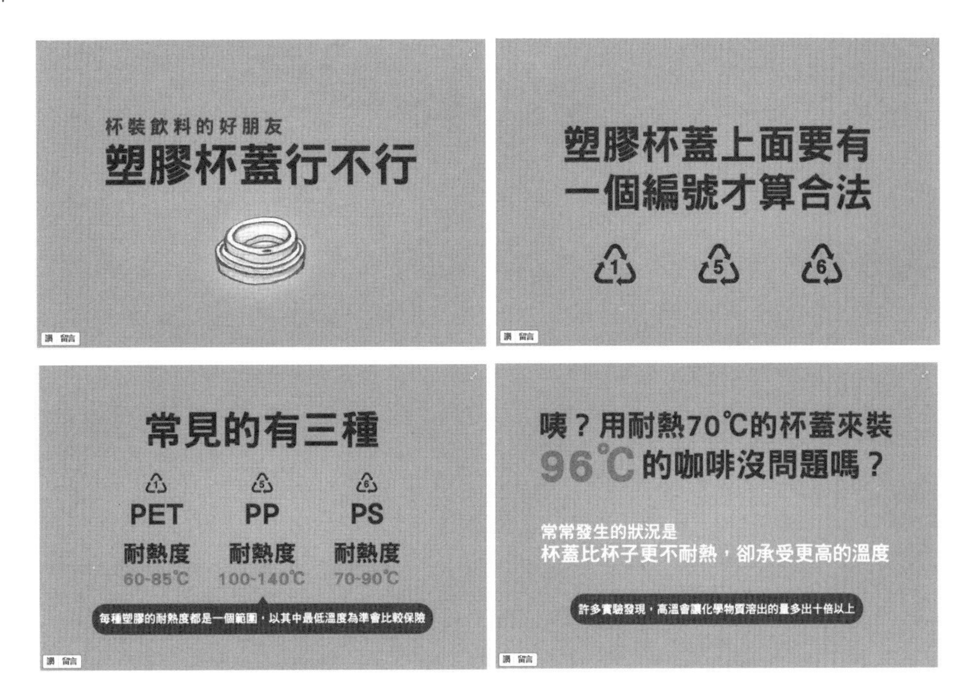

（圖片源自：https://www.facebook.com/silkbooks?ref=hl#!/photo.php?fbid=293425577435555&set=pb.257700981008015.-2207520000.1354069001&type=3&theater）

此案例共有二十四張圖，以上只是略舉四張為例，雖然這二十四張圖並沒有行銷任何產品或服務，但我們可以用這樣的概念行銷我們的產品或服務，用故事性的方式做成一張張圖片，藉由網友點下一張的同時，循序漸近的行銷產品或服務。

除了粉絲專頁外，還有一種討論區形式叫社團。Facebook 為了讓一些民間社團或組織能有一個相互交流討論的空間，因而建立社團的機制。不過社團的管理者可以主動加人到社團中，所以有時自己會被一些不認識社團所加入，接受一些自己不想要不喜歡的訊息。

以下特別簡單整理個人檔案、粉絲專頁和社團三者之差異：

	個人檔案	粉絲專頁	社團
主要用途	社交	宣傳	凝聚
管理員身分	公開	可隱藏	公開
設定短網址	可	可	不可
行銷數據分析	無	有	無
塗鴉牆	有	有	有
朋友（粉絲）量	最多 5000 人	不限	不限
應用程式	可	可	不可
電子名片貼	有	有	無
申請位置	www.facebook.com	www.facebook.com/pages/create.php	www.facebook.com/groups/

27 最夯的網路媒體——線上行銷

線上行銷，顧名思義就是建立在網路基礎之上，實現企業銷售目標的一種銷售手段。隨著現今網路技術的日益成熟，低廉的運營成本，讓越來越多的商家、買家能利用網路這一平台各取所需。

傳統行銷時代，企業往往要透過專業的廣告公司進行策劃，根據自身產品的特點，定位消費群體，尋找媒體投放廣告，不但繁瑣且資本投入高。而網路行銷讓所有的環節都簡單化，企業可以跨越時間和空間的限制，直接將廣告傳遞給消費者個人，再加上網路的高技術性、高整合性做強大的後盾，企業可以用最低的成本投入，獲得利益的最大化。

有別於實體行銷，網路行銷是有其獨特的優勢的，其特點可以歸納為以下幾個方面。

1 不受時間和空間上的限制

由於網路不受時間和空間的限制，資訊能更快、更準確地完成交換，企業和個人還能全天候地為全世界的客戶提供服務，既方便了消費者的購買，又為賣方省去了繁瑣的銷售工作。目前網路技術的發展已完全突破了空間的束縛，從過去受地理位置限制的局部市場，擴展為範圍更加廣闊的全球市場。

2 傳播媒介豐富

擁有豐富傳播媒介資源的網路可以對多種資訊進行傳遞，如文字聲音、圖片和影音資訊等，這些傳播媒介能讓產品更加形象立體地呈現出來，使消費者對商品的瞭解更加深刻詳盡。

③ 行銷方與消費者之間的互動性

商品的本質資訊和圖片資訊的展示，可以透過網路的資料庫進行查詢，從而在消費者和行銷方之間進行資訊溝通；也可以透過網路進行客戶滿意度調查、客戶需求調查等，為商品或服務的設計、改進提供及時的意見資訊。

④ 交易氛圍的獨特性

網路行銷是一種以消費者為主導的交易方式，因此消費者可以理性地選擇所需商品，避開那些強迫性推銷。供需雙方可以透過資訊交換、溝通建立起良好的合作關係，消費者可以體會到網路行銷所帶來的好處：較低的價格、人性化的服務。這是其他行銷方式所無法比擬的。

⑤ 售前、售中與售後的高度整合性

網路行銷是一種包括售前的商品介紹、售中交易、售後服務的全流程的行銷模式。它以統一的傳播方式，不同的行銷活動，向消費者傳遞商品資訊，向商家回饋客戶意見，免去了不同的傳播方式造成的多因素影響，便於消費者及時表達意見，商家則能及時掌控市場訊息。

⑥ 行銷能力的超前性

網路作為一種功能強大的行銷工具，它所提供的功能是全方位的，無論是從通路、促銷、電子交易，還是互動、售後服務，都滿足了行銷的全部需求，它所具備的行銷能力具有超前性。

⑦ 平台服務的高效性

網路的高效性正深深地改變著人們的生活，可以存儲大量資訊的電腦，為網路行銷提供了高效能的平台。它不但能為消費者提供查詢服務，還可以應市場的需求，傳送精準度極高的資訊，及時有效地讓商家理解並滿足客戶的需求，其高效性遠超其他媒體。

⑧ 運營成本的經濟性

網路發展日益成熟，網路行銷的營運成本也在逐步降低，尤其是與之前的實

物交換相比較，其經濟性更有明顯的優勢。網路以外的行銷方式需要一定的店面租金、人工成本、水電費用等支出，投入的資金遠比網路行銷要高很多。所有企業都希望降低行銷成本以求得利益的最大化而網路行銷具有明顯的優勢，其運營成本低廉，受眾規模大，能為企業提升競爭力，拓展銷售管道，增加使用者規模，因此越來越受到企業的關注。

行動行銷強調精準、即時、互動！

在最近幾年裡，發展最迅速、市場潛力最大、改變人們生活最多、發展前景最誘人的，莫過於行動網路了。從智慧型手機的普及開始，加上社群媒體的快速發展，消費者的生活已與手機密不可分，手機「走到哪、買到哪」的便利性，更連帶改變了消費者的消費行為，使得品牌也不得不制定相關的行動行銷策略來吸引消費者。每年的行動上網人數都在不斷地攀升，其驚人的成長速度已被世界所矚目。手機網民數量的快速成長，也帶動了「行動行銷」（Mobile Marketing，主要是指伴隨著手機和其他以無線通訊技術為基礎的行動終端的發展而逐漸成長起來的一種全新的行銷方式。）的興起和發展。

行動網路被認為是未來的發展趨勢，因為網路用戶已經不單單只是在 PC 上體驗操作，手機用戶也可以透過網路借助 LINE、微信、FB、QQ 等各種工具，隨時隨地在朋友圈中進行溝通和交流。行動網路的發展也讓許多企業轉變思維，在行動網路上進行「圈地運動」，構建自己的粉絲群，打開行銷管道，將行銷做到極致。

現在是個碎片化時代，當人們的干擾太多，注意力已成稀有財，消費者沒有足夠的耐心專注在廣告上，因此廣告必須有創意才能吸引消費者目光。

與 PC 時代的網路行銷相比，行動行銷更注重個人資訊和感受，互動也更加簡單和便捷，用戶回饋的聲音也更真實和具體。每個人都可以利用手中的手機，成為資訊傳播的中心和新聞的源頭。無論是網路的便攜性、移動性還是社交互動性，都使得消費者間的分享更加便捷，連結日益密切，同時也極大地改變著消費者的資訊獲取和使用模式。行動網路的行銷有以下四大特點：

① 便攜性、移動性

由於便於隨身攜帶性，人在哪裡行動，網路就在哪裡，它與手機用戶可以說是形影不離，坐車的時候看看手機，等人的時候看看手機，如廁看手機，睡覺前看手機……除了睡眠時間，行動設備是陪伴主人時間最多的，這種優越性是傳統 PC 無法比擬的。那些有趣的手機應用軟體讓人們把大量的零散時間有效地利用起來，也就給行銷帶來了更多的機會，大家都在線上，不怕沒人看到企業的產品資訊推廣，不怕沒人參與到產品互動當中來。消費者可以隨時隨地接入網路享受各種服務和體驗，比如消費者掃描 QR 碼，可以很快連接到線上獲取資訊和下達訂單，然後可以在線下實現貨物提領或服務。

② 精準性、高效性

由於手機等行動裝置是專屬個人的，是私有財產，所以也更具個人性和明顯性，所以行銷時進行目標使用者定位就能更加精準和具體。性別、年齡層次、產品需求等資訊，都有利於行銷人員在快速鎖定與自己產品服務相匹配的目標客群，進而進行銷售方案的改進和實施。

③ 成本相對低廉性

行動行銷具有明顯的成本優勢，因為智慧型手機的使用者眾多，覆蓋面廣泛，且不受時間、空間的限制，行銷快捷便利，所以無論與傳統行銷還是 PC 行銷相比較，行動行銷需投入的成本都不高；因其成本投入低廉、價值回報高，成為企業降低行銷成本、尋求行銷管道、提升競爭力、拓展銷售市場的最佳選擇。

④ 社交互動性

無論是行動通訊與網路的結合，還是個人生活與網路平台的結合，都體現了行動網路的社交性。無論是微信、LINE、QQ 還是臉書，其作用都是增加社會交往的頻率與密度。最初，網路是通訊工具、新媒體；如今，網路是大眾創業、萬眾創新的新工具。只要「一機在手」，「人人線上」，「電腦＋人腦」融合起來，就可以透過眾籌、眾包等方式獲取大量資源資訊。基於行動網路社交性的特點，行動行銷在熟人朋友間實現了資訊分享、資訊推薦和互動交流，從而減少了用戶對傳統商業行銷資訊的反感和排斥心理。

LINE@ 生活圈的多元應用方式，為行動行銷開啟了無限可能。若想成功經營社群，不是只靠傳統的單向傳播，而是透過雙向的互動，了解顧客的心理，在商品、行銷操作上才能更加得心應手。

看準 LINE 在台灣有 1700 萬的用戶，以及 LINE@ 的精準行銷方式，橡木桶洋酒從 2015 年開始經營 LINE@ 帳號。以招募大量好友為目標的他們，陸續舉辦多元類型的 LINE@ 好友專屬活動，透過有趣的獨家活動，以及病毒式的好友推薦力量，在短短幾個月內，橡木桶洋酒的好友人數突破二千大關！其中，好友最喜歡、也最熱烈參與的就是贈品活動。這樣用心的設計，不但能為橡木桶洋酒一次帶來百名好友，也能以間接的方式，作為新產品上市的宣傳。

網路行銷的行動指南

網路行銷，能提升你的口碑，增加你的訂單，只做網站不做行銷，效果砍一半，因為網路行銷的應用已經越來越廣泛，涵蓋我們生產生活中的各行各業，滲透到人們的衣食住行。

網路行銷不是簡單的資訊發布、網站推廣，網路行銷的開展需要科學地制訂行銷目標與計畫，需要全方位的配套設施與支持。以下就網路行銷的注意事項提出幾點建議，希望能幫助大家理清思路，做為行動參考。

1 從消費者的需求出發，吸引網民的眼球

網路行銷的產品和服務種類繁多，覆蓋面廣泛，要想吸引消費者或潛在消費者的注意力，那就要從消費者的角度出發，想一想消費者如果有購買需求，會注重產品的哪些品質，或是如何在搜尋引擎裡尋找關鍵字。同時，在製作行銷資訊內容時，重點突顯產品的品質、優勢與亮點，運用新穎獨特的顯示設定，抓住消費者的

眼球，給消費者留下深刻印象。

網路具有資訊共用、交流成本低廉、資訊傳播速度快等特點，在網路發達的今天，產品資訊、行銷訊息浩如煙海，對消費者來說，這些資訊是相對過剩的。所以說，消費者所缺少的不是資訊，而是能吸引自己注意力、滿足自身實際需求的最佳產品。從消費者的角度出發，感受消費者的最佳需求，是吸引消費者注意力的首要條件，用亮點吸引顧客，創造出與顧客的個性化需求相匹配的產品特色或者服務特色，才能成功吸引網路顧客的注意力。而不是強勢地不斷用廣告「轟炸」，那些強行向顧客灌輸資訊的方式，只會令他們產生反感，避而遠之。

② 針對個性化需求做行銷

隨著網路行銷的快速發展，產品日趨完美、服務越加完善，消費者的口味也越來越刁鑽，個性化需求已漸漸成為行銷界不容忽視的發展趨勢。個性化革命悄然而至，私人定製成為新的行銷趨勢，要轉而思考：是繼續為每一位消費者都提供完全一樣的服務，還是以滿足消費者的個性化需求為目標，提供獨特的服務。答案顯而易見，個性化行銷是每個企業都應該關注的新型行銷方式。

個性化行銷在傳統的大規模生產的基礎上，從產品與服務上根據每位消費者的特殊要求，進行個性化改進，簡單地解釋就是「量體裁衣」。

與傳統的行銷方式相比，根據消費者的個性化需求所設計的行銷活動具有獨特的競爭優勢。

- 實施一對一行銷滿足用戶的個性化需求，體現出「用戶至上」的行銷觀念。

- 個性化行銷目標明確，以銷定產量，避開了庫存壓力，降低了生產投入成本。

- 在一定程度上減少了企業新產品開發和決策的風險。

滿足消費者的個性化需求是一項大工程，無論是從產品內容、服務體驗還是行銷模式上都需要具備與眾不同的特點，個性化應貫穿始終。

首先，產品內容需要個性化，無論是產品的結構設計、外觀形象，還是價格定位、功能使用上，應最大限度地滿足某一類消費群體的個性需求。

其次，將服務體驗個性化，好的服務體驗能提高產品的附加價值，感動消費者，滿足消費者在個人情感上的心理訴求。最後，採取個性化的行銷模式直達消費者的內心，好的行銷管道能直接且有效地刺激目標消費群體，好的行銷方式能準確地吸引有個性化需求的消費者。

③ 讓價格成為優勢，吸引顧客，戰勝競爭對手

網路行銷的開展依靠飛速發展的資訊網路，而資訊網路也為顧客提供了準確且廣泛的價值資訊，這些十分便利的條件，有利於顧客對不同企業的產品和服務的價值進行比較與評估，從而選出最優商品。所以，一個企業要想在網路行銷中戰勝對手，吸引更多的潛在顧客，就要在產品價格上做出讓步，向顧客提供比競爭對手更優惠的價格。

從另一個角度上來說，產品的線上銷售價格大多都會低於線下銷售價格，因為線上銷售能節省一定的資金投入，如店面租金、人工成本、水電費用等支出。因此，線上銷售企業就應該把競爭對手定位在同樣採用網路行銷方式的企業，考慮如何提高產品價值和服務價值，降低生產與銷售成本，以最低的價格吸引顧客，在網路行銷戰中取得勝利。

④ 長期經營樹立品牌效應

網路行銷最忌諱的就是一錘子買賣，企業應該把銷售的目標放長遠一點，不但在品質、價格、服務上優於別人，還要樹立起品牌效應，把網路行銷當作一項長期工程。這就好比淘寶店鋪的等級，是需要日積月累才能換來的，而顧客們更喜歡在信譽度高的店鋪或一些品牌旗艦店選購商品。有些企業可能兩三單生意就收回行銷成本，於是開始失去了對網路行銷的耐性，而有的企業因為短時間內效果不明顯而退出，這都是不利於品牌效應的形成的。

做好品牌行銷，企業要在不斷提高產品和服務品質的同時，輔以恰當的形象推廣，提高品牌的知名度、美譽度，最終樹立起大眾信賴的網路品牌。對網路品牌的行銷，既有利於發掘潛在的新顧客，又有利於留住老顧客，促成老顧客重複回購。

一舉多得，何樂而不為呢？

5 建立自己的朋友圈，做好關係行銷

網路行銷從某種意義上來說更是一種資源整合，我需要你銷售的化妝品，他需要我銷售的美味食品，而你正需要他銷售的暢銷書，這就是我們的「朋友圈」，也是我們做好關係行銷的優勢所在。現代市場行銷的發展趨勢已漸漸從交易行銷向關係行銷轉變。一個強有力的企業不僅能贏得顧客，還能長期地擁有顧客，建立關係行銷，是永久保留顧客的制勝法寶。所以我們不用太關注短期利益，把目標轉向長遠利益，和顧客建立起友好的合作關係，透過與顧客建立長期穩定的關係，才能實現長期擁有死忠顧客的目標。

28 「80 / 20 法則」與「長尾理論」

義大利經濟學家帕雷托（Vilfredo Pareto）曾提出一個應用廣泛的「重要的少數和瑣碎的多數—— 80／20 法則（Pareto Principle）」。意思是說在任何特定的族群中，重要的因子通常只占少數，而不重要的因子則常占多數，因此只要控制重要的少數，即能控制全局。反映在數量上，就是 80%的價值來自 20%的因子，其餘 20%的價值來自 80%的因子。例如：

- 80%的營收，來自 20%的顧客。
- 80%的業績，來自 20%的銷售人員。
- 80%的看電視時間，花費在 20%的節目上。
- 80%的財富，掌握在 20%的人手裡。

雖然行銷學強調顧客導向原則，但是顧客又可劃分為許多類型，行銷所要做的就是區別顯在顧客和潛在顧客、忠誠顧客和游離顧客、重要顧客和一般顧客，如何抓住舊顧客、忠誠顧客與重要顧客，就是行銷工作的核心。

近年來，有學者提出了「長尾理論」，有別於傳統「80／20 法則」，「長尾理論」是說只要通路夠大，非主流的、需求量小的商品。

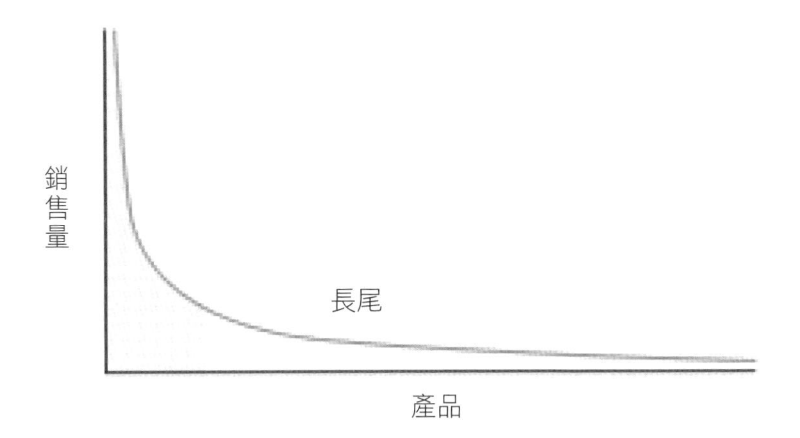

「總銷量」也能夠和主流的、需求量大的商品銷量抗衡。「長尾理論」的出現起因於網路科技的迅速發展與運用，引發行銷方式「去中間化」、「多元化」等變革所造成的結果。如此一來，99％的商品都有機會被銷售，「長尾」商品將鹹魚翻身。

例如：Google（谷歌）的主要利潤不是來自大企業的廣告，而是來自眾多中小企業的廣告。進入 Google 的首頁，你根本看不到任何廣告，但事實上廣告卻是 Google 營收的主要來源。秘訣在於 Google 獨特的廣告經營方式，Google 的廣告形式不用橫幅廣告，也沒有 Flash 動畫廣告，所有的廣告都是文字格式的，同時這種文字資訊的廣告被列入搜尋資訊列中，也就是說，當用戶打上關鍵字進行搜尋時，相應關鍵字的廣告也會出現在搜尋結果中，並能保證出現在搜尋結果較前的位置，這種機動靈活的廣告方式不僅在技術上處於領先，而且深受商家歡迎，用戶也不會有太大的反感，同時也為 Google 帶來滾滾財源；eBay 的獲利也主要來自長尾的利基商品，例如典藏款汽車、高價精美的高爾夫球桿等；亞馬遜網路書店的書籍銷售額中，有四分之一來自排名十萬以後的書籍，這些「冷門」書籍的銷售比例正以高速成長，預估未來可占整體書市的一半。

「長尾理論」的來臨，將帶動另一波商業勢力的消長。未來，暢銷商品帶來的利潤越來越薄；願意給長尾商品機會的人，則可能積少成多。「長尾理論」不只影響企業的策略，也將左右人們的品味與價值判斷，大眾文化不再萬夫莫敵，小眾文化也將有越來越多的擁護者。

企業在進行行銷活動時不應該只追求市場規模最大、占有率最高等目標，而應以最能創造利潤的顧客市場為首要的目標。當企業發現 80％的利潤來自 20％的核心顧客時，就該努力讓那 20％的核心顧客感到滿意且樂於合作，最起碼也應知道這 20％是誰，才能清楚掌握未來的成功機會。

湯馬斯．佛里曼（Thomas L. Friedman）在其大作《世界是平的》（The Word Is Flat）一書中指出：世界已被抹平！大家的立足點已經變成真正的平等，小蝦米和大鯨魚的平起平坐將不再是夢想。隨著全球經濟一體化和競爭無國界化兩個新格局的到來，在「世界是平的」前提下，行銷的重點將是：

- 虛擬行銷，美國與印度可以經常面對面嗎？透過網路（視訊、音訊）與多媒體，天涯若比鄰，虛擬宛如實境。
- 個性化的彈性行銷，廠商可以根據小眾（分眾）的特殊需求，隨時進行新產品的設計，並制定彈性行銷策略。
- 行銷組織將由全體動員取代專責機構，由網絡化與扁平化取代層級架構，並須極速地反應市場變化才能生存與發展。
- 行銷哲學將完全以客戶為中心，行銷目標將是「質」與客戶忠誠度的提升。
- 所有的企業都要面向全球競爭，這對優質或利基強的企業來說是一件好事！
- 品牌經營國際化。
- 數位化行銷通路將使得商業流程「去中間化」，企業務必建構全新的 B2B 與 B2C 的通路模式。

29 故事行銷，讓顧客從心動到行動

哈佛研究報告：「說故事可以讓行銷獲利八倍以上！故事，是人類歷史上最古老的影響力工具，也是最有說服力的溝通技巧。」足見故事行銷（story marketing）的重要性和影響力是我們不可忽視的。請看以下的例子：

《灌籃高手》中的熱門人物流川楓在縣大賽打完陵南之戰後，跟安西教練促膝長談他想要去美國發展一事，畢竟美國是籃球的最高殿堂，他想去那裡證明自己的實力。但安西教練反對了，流川楓十分不解。後來，安西教練給流川楓說了一個故事：大約十年前，安西教練還在大學擔任教練時，有一個球員，他叫谷澤，前程似錦，但他受不了當時人稱「白髮魔鬼」安西教練嚴格訓練他，結果他逃到美國去了。一年之後，谷澤從美國寄回來一捲他在美國打球的錄影帶，可是影片中的他完全沒有進步，五年後的某一天，安西教練在報紙上看到谷澤駕車身亡的死訊……

後來，流川楓決定留下來。他對安西教練說：「請您繼續指導我。」他決定先成為日本第一的高中籃球員。以上情節源自於井上雄彥所繪的《灌籃高手》。

這個故事告訴我們，流川楓被安西教練說服了。一個好的故事簡單來說要具備兩大元素：

- 故：是由來。
- 事：是過程。

所以一個好故事，除了要有「故」還要有「事」。

說故事行銷

一位行銷人，擁有感人的服務故事，會引起顧客的共鳴與成交；企業若善用故事，會讓產品產生獨特的生命力。如何以最少的資源，打造叫好又叫座的明星商品？如何不斷地創造故事，超越老闆要求的數字，創造銷售奇蹟？

說故事行銷學院創辦人陳日新指出：「開發新客戶或與新客戶第一次見面時，常常就是談商品的價格、規格與功能，不知道如何創造氣氛吸引客戶的興趣？在接到企劃部同仁推出的新商品時，感覺商品有一些賣點，卻不知道該用什麼樣的方式來包裝、行銷它？不知道如何創造、挖掘、整理一個好故事？讓商品的「故事力」與「感性力」充分被消費者深刻體會！過多的敘述文字與大量的綴詞，往往會讓閱聽者失去耐心，不知道該如何只用一張 A4 紙的故事，打動聆聽者的心？同事們創造很多績效，卻沒有將奮鬥過程加以整理、建檔，以致於對內的企業文化沒辦法有效凝聚，對外也無法讓品牌價值永續發光，吸引更多優秀人才或客戶加入。對於同仁的激勵上，主管講得不夠生動，沒有達到預期的激勵效果。以上種種現象都是個人或者企業所面臨的困擾，而透過故事行銷，將可有所突破，創造佳績。」

所以身為一個行銷人，一定要會用說故事來行銷你的產品或服務，以下我舉幾個例子來說明和顧客如何應對和說故事的時機：

顧客：「我這個（商品）很多了……」

業務：「真的嗎？太棒了！（正面積極、熱情回應）我想您一定是非常重視生活品質的人（讚美 & 肯定對方），而且您一定也非常愛您的家人，是嗎？（引導顧客願意開口談自己）」

顧客：「也沒有啦！只是之前有朋友幫我規劃過啦！陸續買了一些，我覺得我已經買很多了啦！」

業務：「我有一個顧客跟您從事相同的工作（以顧客行業去呼應）。她總是說：『我的時間非常寶貴，而且該買的保險也都買了，就不要浪費時間了。』可是，我就告訴他這樣一個故事……（故事開始）」

顧客：「我要與家人商量一下……」

業務：「如果我是你，我也一定會跟家人商量（同理心）。畢竟，這也是一筆費用，不過，我倒是有個建議您可以聽聽看，我有個顧客，他的做法是這樣子的……（故事開始）」

顧客：「我要考慮／過一陣子再說……」

業務：「老闆，您有沒有這種經驗？一件事情反覆一直思考，反而讓自己的心懸在那邊，可是一旦下定決心後，所有的擔心都一下子不見了（分享經驗）？前陣子，我有一個顧客也是這樣說……（故事開始）」

顧客：「我現在失業／負債／有經濟壓力……」

業務：「謝謝您把我當成可以信賴的人告訴我這些，不過我相信這一切都只是暫時的，機會來了您一定會再創高峰的（鼓勵客戶），加油！像我有位顧客也是剛失業的主管……（故事開始）」

顧客：「我現在不需要／沒興趣」

業務：「沒有關係！我想要向您報告一個好消息（興奮語氣）！因為，我好多顧客，他們給了我三分鐘聽完這個故事之後，幾乎有 90% 的人都改觀了（引導想聽下去），這個故事是這樣的……（故事開始）」

那麼故事到底要如何說或如何寫，才能讓顧客想聽、愛聽、想看、愛看、心動和行動呢？接下來，我想跟大家分享說一個好故事必須掌握的四大關鍵：

- **吸引力：**換位思考，想一下如果你是蘋果日報的總編輯，你會下什麼標題？來吸引顧客繼續看或聽下去。

- **故事力：**故事，要有起承轉合，要有高潮和爆點。

- **生命力：**除了故事文字內容，若能運用五覺，就是所謂的聽覺、視覺、觸覺、味覺和嗅覺，再加上圖像和音樂的元素，一定能提升故事效果十倍以上。

- **影響力：**故事要先感動自己，才能感動他人；要先能激勵自己，才能啟發他人，最終將故事轉換成現金。

經典案例：民宿的故事

一間歐式的城堡裡，住著公主與王子，他們在這裡過著幸福快樂的日子……

民宿的外觀是一棟歐式建築，民宿老闆自稱為管家，把每一位來這裡的女客人叫「公主」，男客人的就叫「王子」（假如是家族出遊，還會延伸稱爸爸叫「國王」，媽媽叫「皇后」，開來的車子叫「馬車」）。從客人抵達城堡的那一刻，就像進入一個歐式的童話城堡裡，映入眼簾的即是歐式建築的別墅，內部的擺設布置提供了歐式城堡的氛圍與風格。對老闆來說，他想要把這邊塑造成一個公主王子的家，而老闆就是這邊的管家，為公主王子們整理房間，守候家園。

既然是公主王子的家，每個房間名稱也要有特色。大的雙人房叫「白雪公主」，用的是以玫瑰為主題的蕾絲，營造公主華麗優雅尊貴的氛圍。六人團體房則叫作「小矮人房」，還有四人的「白馬王子房」，另外有兩間雙人房分別叫作「睡美人」、「費歐娜（史瑞克的女朋友）」。每個房間依照名字做了不同的主題布置，但目的都是為了呈現童話般的夢幻空間，提供造訪的公主、王子一個難忘的體驗。

民宿的挑高客廳裡隨時播放著輕快可愛，或是足以放鬆心情的音樂，舒服的感受環繞於整個室內。每間房間都放了主人精心擺設的香氛包，讓屋內時時刻刻飄散著優雅的氣味。民宿主人使用講究的陶瓷容器裝盛早餐與下午茶，熱騰騰的三明治頗能感受到主人的用心。屋內所有的擺設都是開放式的，可以隨意使用聯誼室、電腦、冰箱……等，這種不受拘束的舒適感，更能強化消費者的體驗。

此外，不同於其他飯店旅館，民宿主人本身的特質非常重要。民宿主人在與客人的談話裡，不斷夾雜著曾經造訪這裡的公主、王子的故事（在這裡求婚、或是發生其它有趣故事），民宿主人也將這些照片與公主、王子們留給城堡的紀念品巧妙地裝飾在屋內；在整個對話的過程裡，就像參與了整座城堡過去與未來的想像。而公主、王子離開後，網站上的留言板變成一個延續體驗的園地，民宿主人透過留言板，與每位曾經來過城堡的公主、王子交換心得，也為「即將」到訪的公主王子設計行程提供建議。這些就是體驗與故事結合的神奇魅力。

在這個案例裡，很明顯的故事訴求是：「公主王子過著幸福快樂的日子……」，並運用顧客的五感（視覺、聽覺、嗅鼻、味覺、觸覺）來陳述。

1. 視覺部分：映入眼簾的即是歐式建築的別墅，內部的擺設布置提供了歐式城堡的氛圍與風格。

2. 聽覺部分：民宿的挑高客廳裡隨時播放著輕快可愛，或是可以放鬆心情的音樂，舒服的感受環繞於整個室內。

3. 嗅鼻部分：每間房間放了主人精心擺設的香氛包，讓屋內時時刻刻飄散優雅的氣味。

4. 味覺部分：民宿主人使用講究的陶瓷容器裝盛早餐與下午茶，熱騰騰的三明治頗能感受到主人的用心。

5. 觸覺部分：民宿主人將照片和紀念品巧妙地裝飾在屋內，讓公主、王子可以觸摸欣賞。

總之，民宿主人透過故事行銷，進而創造更多消費者與民宿之間的情感連結，這樣的行銷才是王道。

在未來，「說故事」的市場將急速擴大，各產業將需要聘任專業媒體公關，替它們打造並傳播品牌故事。而如果要進行這樣的宣傳方式，就需要一個擅長「說故事」，且具有「渲染能量」的人，因為未來無論哪一種產業，都必須回歸到「人性」，重視「人」的感覺。所以只要掌握上述說故事的四大關鍵，挖掘屬於自己或商品的「差異化」故事，建構出獨一無二的品牌形象，就能創造雙贏！

30 活動，拉近與顧客之間的距離

 「您帶十朵玫瑰，我請千元盛宴」的行銷神話

王品台塑牛排曾於十週年慶時所推出的「您帶十朵玫瑰，我請千元盛宴」的行銷活動，以十週年慶的事件行銷為驅動主軸，帶動整合品牌傳播，此活動除了以生日為名外，主要目的是品牌年輕化的形象塑造，共有四階段：

Step 1 網路行銷讓活動未演先轟動

在一個月前王品即透過網路行銷，包括 eDM、Viral Mail 等，並參與各 BBS 的討論，將以十週年慶包裝的宴客訊息「您帶十朵玫瑰，我請千元盛宴」全面灑向年輕的網路族群，網路族也發揮了一傳十、十傳百的精神，讓活動未演先轟動。

Step 2 店舖文宣確認活動的真實性

網路族收到「十朵玫瑰換千元盛宴」的活動訊息，剛開始都不敢相信會有這麼好的事，於是透過電話或直接到店面詢問。由於消費者反應符合事前預期，於是王品啟動了第二波文宣作業，透過店舖海報、桌立牌、橫布條等正式對外宣告活動訊息，適時回應消費者的疑問。此階段以店面為媒體，適時加深活動印象。

Step 3「十朵玫瑰」讓媒體也瘋狂

誠如所料，活動前一晚 10 點鐘，各店就開始出現零星人潮，活動當天全台各店幾乎出現手持十朵玫瑰、盛裝赴宴的消費人潮，賣花的人見有機可圖，前來販售玫瑰，這一幅景象雖不能說絕後，也算空前。此階段充滿話題性，讓活動變成有新聞價值。

Step 4 品牌形象廣告打鐵趁熱

「十朵玫瑰」事件為王品創造了話題性、關注度，進而把新裝潢、新菜色的訊息帶給消費大眾，活動落幕，品牌形象廣告立即上演。品牌廣告在一致性的品牌定位策略「在人生中重要的時光，只款待心中最重要的人」主軸下，推出了「貴在真心」生日篇、結婚篇、生意篇及朋友篇四則形象廣告，及一則產品廣告，吸引消費者的目光。

月月有活動

百貨公司或網路購物商城一年三百六十五天當中，每月搭配不同主題會有不同的活動行銷，例如以百貨公司來說每月的活動行銷主題如下：

1~2 月 春節：超市年貨、男女裝、親子玩具、餐廳。

2 月 西洋情人節：珠寶飾品、男女裝、香水、禮品雜貨、巧克力。

3 月 白色情人節：珠寶飾品、男女裝、香水、禮品雜貨、巧克力。

4 月 兒童節：兒童服飾和相關用品。

5 月 母親節：化妝品、女裝、內衣、珠寶金飾、家電廚具。

6~7 月 夏換季：6 月中下旬開始換季拍賣出清。

7~8 月 七夕情人節、父親節：珠寶飾品、香水、禮品雜貨、巧克力、刮鬍刀、健康家電用品。

9 月 秋季購物節：男女裝、化妝品、香水、珠寶飾品。

10~11 月 週年慶：全館優惠促銷。

12 月 聖誕節、跨年：禮品雜貨、男女裝、保暖用品。

經典案例：強力膠水賣翻天

法國有一家經營強力膠水的商店坐落在一條偏僻的街道上，生意也是門可羅雀。一天，老闆在門口貼了一張廣告：明天上午九時，本店將用出售的強力膠水，把一枚價值五千法郎的金幣貼在這面牆上，若有哪位先生或小姐能用手把它取下來，這金幣就屬於您的！

次日，人們將這店門口擠得水泄不通，連電視臺都來現場連線報導。老闆當眾拿出一瓶強力膠水，在一枚金幣的背面薄薄地塗上一層，將它貼在牆上。人們一個接一個來碰運氣，結果金幣絲毫不動。而這一切都被電視臺錄影下來，從此以後，這家店的強力膠水賣翻天，供不應求。

經以上的案例我們可以發現，活動行銷的成敗，可以從下列三點來評估:

1. 議題明確且與品牌精神相符。

2. 引起媒體的熱烈報導。

3. 參與者眾多且目標精準。

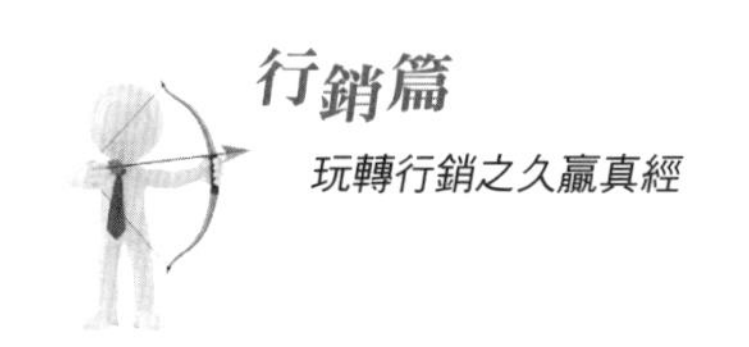

31 差異化行銷，我就是紫牛

競爭策略大師麥可．波特（Michael E. Porter）說：「競爭策略不是低成本，就是差異化。」除非你的公司的成本最低、市場占有率最大，否則就必須找到獨特性，也就是和競爭者差異的地方，沒有差異就沒有市場。

在今日，不管是大賣場、百貨公司或美食街，琳瑯滿目的商品與服務讓人眼花撩亂，不知道到底要買哪個品牌的產品才好；所以消費者除了考量品牌效應及自己實際的需求，做出正確的選擇外，產品本身與其他同類產品的辨識度也非常重要，一般最常見的作法，便是以擴大差異化來吸引消費者的目光，選中自家產品。

例如你可以在「傳承」價值這上面做文章。一般來說，大眾選擇商品時，如果你是一個信譽良好的廠商，消費者通常會比較有購買意願；諸如標榜「百年老店」、「蘇格蘭威士忌」、「不朽的樂器——史坦威鋼琴」……等等，只要你本身傳承優良傳統，或代理這些擁有歷史的優良品牌，在市場上就較容易勝出。

此外，在機器取代人工的現今，如果可以強調產品是遵照「古法研製」或「純手工製造」的話，也可以讓你的產品勝出市場。我以新竹的「百年老店東德成米粉」為例，東德成米粉與其他店家最大的不同，乃在於其完全遵照傳統來製作米粉，每根米粉都用純米研磨製作，天還沒亮老闆與老闆娘就起床磨漿，據了解，製作過程還必須忍受炙熱的高溫，著實辛苦。不過，東德成米粉卻因為堅持承襲這樣的製作方法，讓他們不僅擁有品質、更有價值，一天能賣出近兩百斤的米粉。

強調產品自製、研發、創新而來，也不失為產品差異化的法寶之一，以台灣盈亮健康科技所生產的涼椅來說，它與傳統產品不同的是，不但有乘涼的性能，也同時兼具搖椅的功能，你可以坐在涼椅上搖啊搖，讓全身獲得高度放鬆；且頭部還有靠枕設計，坐久了也不會腰酸背痛，在整體設計上更符合人體工學。而盈亮健康科技之所以能讓產品差異性拉大，那層層把關的安全檢測，及設計、研發、打樣的專業程序，誠然是其勝出的市場關鍵。

不管是成分上的創新或功能、研發的創新，這在廣告上都是非常好的賣點，像克雷斯推出含氟防蛀的牙膏，含氟成分就是一大賣點。其他像是強調電力持久，品質優異的金頂鹼性電池……等，也是強調產品研發創新，在廣告上表現出差異性；且事實證明，消費者相當容易被這些看來專業、有效用的廣告詞影響。

國際行銷大師賽斯．高汀（Seth Godin）曾提出的一個革命性商品行銷概念：「如果要讓你的商品闖出名氣，就要想辦法讓它夠顯著，像一群乳牛中唯一閃亮的紫牛，才會引起市場的注意與討論。」以下將舉許多案例故事來說明，差異化行銷的威力。

英國小說家的徵婚啟事

英國小說家毛姆尚未成名前，一直過著貧困的生活。在窮得走投無路時，他用了一個與眾不同的點子扭轉了劣勢。

早期他的小說乏人問津，即使出版社用盡全力促銷，情況依然沒有好轉。眼看自己的生活越來越拮据，情急之下，他突發奇想，用剩下的一點錢，在報紙上登了一則醒目的徵婚啟事：

「本人是一個年輕有為的百萬富翁，喜好音樂和運動。現徵求和毛姆小說中女主角一樣的女性共結連理。」

廣告一登，書店裡的毛姆小說很快就被一掃而空。一時之間，紙廠、印刷廠、裝訂廠必須加班，才足以應付這突如其來的銷售熱潮。

原來，看到這個徵婚啟事的未婚女性，不論是不是真的有意和富翁結婚，都很好奇地想瞭解女主角是什麼模樣；而許多年輕男子也想瞭解一下，到底是什麼樣的女子能讓這名富翁這麼著迷，再者也要防止自己的女朋友去應徵。毛姆的差異化行銷策略，讓他一舉成名。

日本東芝彩色電風扇

世界上生產的第一臺電風扇是黑色的。電風扇剛問世初期著重在實用，而並不講究造型及色彩，一律是黑色鐵製的，之後竟也就形成了一種慣例。每家公司生產的電風扇都是黑色的，似乎不是黑色，就不能被稱為電風扇。長久以來，人們的認知中也就形成電風扇是黑色的這個概念。

一九五二年，日本東芝電器公司庫存了大量的電風扇，銷售始終上不去。公司七萬多名員工為了打開銷路想盡了辦法，可惜進展不大，全公司陷入一片愁雲慘霧中。最後公司的董事長石阪先生宣布：「誰能讓公司走出困境、打開銷路，就把公司百分之十的股份給他。」

這時，一個最基層的小員工向石阪先生提出，為什麼我們的電風扇不能是別的顏色呢？石阪先生非常重視這個建議，特別為此召開了董事會。大家都說這個建議很荒謬。後來，石阪先生想不如就姑且一試，死馬當活馬醫。不久之後，東芝公司就推出了一系列的彩色電風扇。而這批電風扇一推出就在市場上掀起一陣搶購熱潮，幾個月之內賣出了好幾萬臺。結果，彩色電風扇銷售奇佳，扭轉了東芝的命運。

從此以後，世界上任何一個地方，電風扇都不再是一副黑色面孔了。

電風扇顏色的改變，使東芝公司大量庫存滯銷的黑色電風扇，一下子就成了搶手貨，企業也擺脫了困境，營收更是倍增成長。

乞丐也要會行銷

從前有個乞丐，每天在廣場靠乞討為生，生活始終無法溫飽，有一天，他聽說附近有一家專業行銷顧問公司，於是他就跑去拜訪那個行銷顧問公司老闆，希望老闆能給他一些好的策略。

老闆問：「請問你真的想增加十倍以上的收入嗎？」

乞丐說：「是的！我真的想要！」

「請問你姓什麼？」

「我姓李。」

「首先，你要有自己的品牌，所以從現在起，你就叫『叫化李』。然而有了自己的品牌後這還不夠，你的乞討方式與競爭者要區別開來，你必須差異化經營，讓別人覺得你有個性、有特色和與眾不同。」

「你乞討時要放一個立牌，上面寫著：『我只收五塊錢。』以後不管什麼人給你錢，你只許收人家五塊錢。如果有路人不理你，你別洩氣，這是正常現象，不要奢望把所有的人都變成你的顧客。記住了，我們只為一部分的人服務，要找到我們的目標客群。如果有人給你的是一塊錢，這時候你要對對方說：『謝謝！我這裡只收五塊錢，一塊錢請拿回去。』如果有人給你十塊錢，你要對人家說：『謝謝！我這裡只收五塊錢，找你五塊錢。』聽清楚了嗎？」

叫化李有點不明白地問：「啊？！照你這個策略，人家給一塊，我不收，人家給超過五塊錢，我還不要，那我不是損失了，不行不行。」

「叫化李，你聽我說，你想在乞討業有所突破，就必須按照我的話去做。」

「真的？那我就試試」。隔天，叫化李就聽話照做，放了立牌，上面寫著：「我只收五塊錢。」

過了不久，有人丟了一百塊錢，叫化李心裡很掙扎地跟路人說：「謝謝！我這裡只收五塊錢，所以找給你九十五塊錢。」結果那個路人回到公司就和所有同事說：「我今天遇到了一個很特別的乞丐，不！是個瘋子，我給他一百塊錢，他竟說他只收五塊錢，還找我九十五元。」於是隔天，很多同事都跑去叫化李那邊，看是不是真的只收五塊錢，就這樣，叫化李只收五塊錢的事情傳開了。

後來記者知道了這件事，也紛紛跑來試探他，果真只收五塊錢，甚至還採訪了他，叫化李也因此上了電視新聞，名氣和人氣從此水漲船高，收入也比以前好十倍以上。

半年後的某一天，行銷顧問公司的老闆決定看看叫化李的績效表現，來到廣場看到現場人潮洶湧，這位行銷顧問公司的老闆好不容易擠進去一看。

「咦！你不是叫化李吧？」

「你說叫化李呀！他是我們的老闆，就在對面，現在這裡由我來負責。」

原來叫化李已經開始開放加盟連鎖了呀！從品牌的差異化到乞討方式的差異化，最後建立系統用加盟連鎖的方式在經營，讓原本默默無名的乞丐起死回生，令人拍案叫絕。

油漆店之差異化行銷

美國紐約有一家油漆店，生意做得並不理想。油漆商特利斯克為了吸引顧客購買油漆，左思右想，終於想出了一個好主意。

首先，他到城市中進行市場調查，確定了一批有可能成為油漆店顧客的人，然後，他將油漆刷子的木柄寄給其中的五百人，並附上一封商店的商品 DM，熱情洋溢地告訴他們，可憑此函來店免費領取刷子的另一半——刷毛頭。

結果呢？只有一百多人前來。其中大部分的人除了兌換刷毛頭外，也買了油漆，但引來的人潮，並沒有達到原始目標，效果雖然不甚理想，但畢竟有一點成績。

「那怎樣才能吸引更多的客人前來消費呢？」特利斯克心想，將油漆刷子的木柄扔掉，其實對很多人來說並不會覺可惜，對顧客的吸引力也不大，要顧客為此專門跑一趟，他們未必會認為值得。但如果是一把完整的刷子，大部分的人就不一定會捨得扔掉了，而且，真的有想買油漆的顧客，當然會想去有到贈送刷子的油漆店買，假如我再將油漆稍微降價，來購買的人肯定會比往日多。於是，他改變銷售策略。

特利斯克給一千多個潛在客戶，郵寄了油漆刷子，同時附上一封信：

「朋友，您難道不想重新粉刷您的房子，讓貴宅換上新裝嗎？讓自己有換新屋的感覺嗎？為此，本店特地贈送您一把油漆專用刷。並且，從今天起三個月內，為本店的特別優惠期。凡是拿著這封信前來本店消費的顧客，油漆一律八折優待。請大家一定要把握這次的良機！」

不久，就有七百多人前來光顧並購買了油漆，他們也都成了特利斯克的老主顧。隨著越來越多人的光顧，油漆店的生意日益興盛，油漆商特利斯克也因此致富，成為遠近馳名的油漆經銷商。

油漆商運用智慧使顧客上鉤，關鍵在於免費贈送油漆專用刷，對於那些有需求的人來說，如果心目中沒有特別的指定品牌，自然就會想到向這位油漆商買油漆，這是一個成功利誘顧客的案例。

房仲業也搞團購

你有看過企業徵才在團購網站上曝光嗎？永慶房屋竟在台灣知名團購網上刊登廣告，令人眼睛為之一亮！如下圖：

整個頁面以文圖並茂的方式，充分展現永慶房屋的文化、特色和活力，令人印象深刻，也佩服企業不受局限的行銷思維。

美國乳品大王之差異化行銷

美國乳品大王史都·李奧納多（Stew Leonard）經營的世界最大乳品超級市場「李奧納多乳製品」（Leonard's Dairy），每週有十萬多人光顧，能賣出超過九萬五千個月形麵包，年銷售一百八十萬個蛋捲霜淇淋，年銷售額超過五億美元。

僅靠單純的乳製品，他是如何打開銷路，讓貨架上的東西儘速賣掉的呢？說來也並非祕訣，那就是創造一個能刺激顧客購買欲望的良好環境，也就是店頭廣告做得好。

首先，史都·李奧納多別出心裁地在超級市場門前，放上了一頭裝扮得漂亮的乳牛，這頭乳牛頭戴紅帽，腰繫紅綢，不時地搖頭擺尾向客戶致意，牠可愛的模樣令人不由自主地聯想到乳品。

其次，進入商店大門，前廳是一頭形態逼真的塑膠乳牛，胖胖圓圓，栩栩如生，旁邊還站著一個哼著民謠的牧牛機器人。讓人想到在那遼闊的大草原上悠閒唱著牧歌的牧童。

再來，展售大廳裡，有兩隻活潑可愛的機器狗，每隔六分鐘就唱一次「×××真好吃、××× 真好吃」之類的幽默歌曲，讓你也不由地想嚐嚐這種「真好吃」的東西。透過以上三個步驟巧妙的安排，顧客的購買欲望已在不知不覺中受到初步刺激。

最後，當顧客在琳琅滿目的商品中漫步時，陣陣烤麵包的濃郁麥香，帶著各種風味的濃郁奶香撲鼻而來，令人食指大動，想必有很多人禁不起誘惑了。

人的購買心理常受到外在環境的影響，所以，我們要懂得創造一個良好的購物環境，營造別出心裁的氣氛，來吸引顧客的眼光，以刺激客戶的購買欲望，達到目標。上述案例從視覺、聽覺與味覺三方面入手，提供顧客一種溫馨、親切和快樂的享受。

獨家 T 恤，只賣一天

台灣有一家在網路上賣 T 恤的網站叫「敗衣網」，敗衣網的「敗」取自英文的諧音「BUY」。敗衣網在正式開站前就在 FB 上預購宣傳，導致在開站的七十二小時內就創下超過十五萬點閱率。此網站無論在產品上和行銷策略上跟其他賣衣服的網站不一樣，每天只推出一款設計 T 恤，而且只賣 T 恤，二十四小時即下架絕版，無法再買到以前的 T 恤，當然在其他地方也買不到；且網站上不會預告明天會銷售的設計款式，所以每天都讓網友有期待感和驚奇感，網站流量也因此有一定的水準。

在 T 恤上的圖案設計也獨樹一格，有段時間台灣曾很流行一句話：「奇怪耶你。」所以敗衣網曾出現一款衣服上面有寫：「C H I　K U A I　A N I」，仔細一看，原來是「奇怪耶你」的意思，引起網友的瘋狂轉貼和討論，開賣不到十二小時，就讓網站創下超過三萬的點閱率。敗衣網還跟超人氣部落格天后彎彎合作，推出彎彎 T 恤，還推出結合《賣火柴的小女孩》動漫創作家「蘭堂血多」的作品，除了在產品設計上很講究外，T 恤的質料都是柔軟舒適的台灣製 100% 精梳棉水洗，兼具了設計與品質。

在行銷上，網路上還嵌入了一個倒數計時器，顯示還剩幾小時幾分幾秒此活動就結束，讓網友產生一種不趕快下單就來不及了的急迫感，就像電視購物一般。此網站還跟西堤牛排、7-Eleven 合作，凡訂閱電子報，即可抽西堤餐券和百元超商禮券！網友只要在部落格寫下開箱文，描述購買敗衣網 T 恤的美好體驗，敗衣網每月會抽選出四位網友，一位可獲得 1000 元 7-Eleven 禮券！另三名網友可得 Häagen-Dazs 迷你杯兌換券。（網友開箱文參考：http://imvivi.pixnet.net/blog/post/30074689）

敗衣網

獨家T恤 只賣一天

在市場如此競爭的時代，行銷就是要走出差異化，敢於與眾不同，才能瞬間吸引顧客的注意力和喜愛，進而倍增營收。

32 瘋狂轉傳的病毒式行銷

病毒式行銷（Virus Marketing）又稱基因行銷。美國歐萊禮（O'Reilly Media）總裁兼執行長提姆．歐禮萊（Tim O'Reilly）提出病毒行銷是指行銷訊息會從一個顧客傳送到另一個顧客，再由另一個顧客傳送到其他顧客。

關於「病毒行銷」的起源雖然眾說紛紜，但普遍認為最早提出這一名詞的是哈佛商學院畢業生 Tim Draper 和哈佛商學院教師 Jeffrey Raypor。1996 年 Jeffrey Rayport 為《Fast Company》雜誌撰寫的文章中首次用上了「病毒行銷」這個詞，次年 Tim Draper 和風險基金公司的合夥人 Steve Jurvetson 就用這個詞來形容 Hotmail（現已併入 Outlook）利用用戶郵件來為自己宣傳的行銷方式。

病毒式行銷通常是用極具創意、令人驚訝或產生好奇的聳動元素，穿插、融入產品或服務之中，通常是先以 E-mail、Blog、FB 等傳播工具，以文字、圖片、照片、聲音、影片、小遊戲、電子書、小程式等不同方式發布，當網友們發現一些好玩或好康的事物，就會再以 E-mail、PPT 討論區、YouTube 或 LINE 即時通訊告訴別人，一傳十、十傳百、百傳千、千傳萬……就像「病毒擴散」一樣很快便傳播出去；這種靠網友間主動分享、積極互動的行銷方式，就是所謂的病毒式行銷。

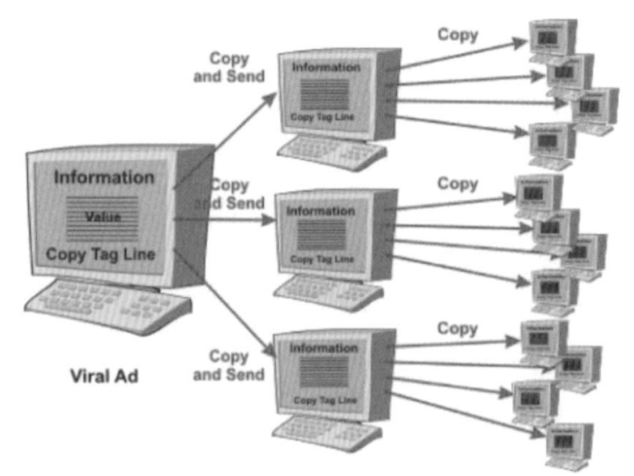

曾瘋靡一時的 ALS 冰桶挑戰賽不知你是否有印象？從新聞、報紙、社群幾乎

天天都有它的消息，光是臉書據官方透露就有超過百萬人發布有關冰桶挑戰的影片內容；但也因為有眾多來自國內外政界、娛樂界、體育界、科技界的諸多名人參加了這項挑戰，讓你想忽視都很難。從冰桶挑戰活動的結果來看，它便是病毒式行銷的成功案例。

近期，LINE Pay 一卡通電子支付開通後，推出優惠攻勢「轉帳拿紅包」，只要使用 LINE Pay 轉帳給 LINE 好友，就能獲得 1 個紅包，轉帳給愈多人，就有越多得獎機會，引起廣大迴響。此活動鼓勵用戶「註冊後使用」，在多次的發紅包、收紅包的「訓練」當中，更熟悉怎麼綁定帳戶、怎麼互相轉帳、怎麼收款，不僅造成註冊人數的病毒式擴張，還「訓練了使用者怎麼使用電子支付轉帳」。

病毒式行銷靠的就是口碑和參與感，透過大量轉分享的曝光手法，讓訊息被高效地廣而傳遞。

美國電子商務顧問威爾遜（Ralph F. Wilson）提出病毒式行銷的成功六大關鍵：

1. 提供有意義的資訊

2. 提供簡易方便的傳遞方式

3. 利用網路用戶本身的資源

4. 利用現有的網路媒介或平台

5. 利用網路用戶的特性和習慣

6. 傳播的範圍容易從小圈子向外迅速擴散

然而，病毒式行銷當中最好的例子就是電子郵件行銷（Email Marketing）。電子郵件行銷除了具備成本低廉的優點之外，更大的好處其實是能發揮病毒行銷的威力，利用網友「好康道相報」的心理，輕輕鬆鬆按個轉寄鍵就化身為廣告主的行銷助理，一傳十、十傳百，接觸到原本公司企業行銷範圍之外的潛在顧客。

病毒式行銷分成三大類

① 推薦類

此類手法是本身推薦給其他朋友，而推薦成功者便能獲得什麼樣的好處，讓人們願意分享，因為有好處。

我再舉個很有名的例子。在 Hotmail 初期推廣時，當時 Hotmail 還是一家新興的免費電子郵件服務商，為了打開市場、吸引更多的用戶使用，他們在郵件的結尾處附上：P.S. Get your free Email at Hotmail。每一次某位 Hotmail 使用者發出電郵，郵件最後都有一行暗示使用者背書的邀請：「現在就到 Hotmail 申請你自己的免費電郵帳號。」每一個用戶都成了 Hotmail 的推廣者，這種資訊於是迅速在網路用戶中自然擴散。Hotmail 靠著這種手段，在創建後一年半時間內就吸引到眾多的註冊用戶，成為了市場的領先者，他們的行銷費用還不到其直接競爭者的 3%。

② 免費類

此類手法是本身寄送免費的軟體、免費的遊戲、免費的贈品、免費的電子書……等，引發他人注意並採取下一步動作。《紫牛》作者賽斯．高汀（Seth Godin），是當今觀察最敏銳、直觀最犀利的行銷人，他在《紫牛 2》告訴我們免費的力量有多大。《免費！揭開零定價的獲利祕密》作者克里斯．安德森（Chris Anderson）指出，「免費」從來不是一個新概念，卻不斷在演變：「免費」只是誘惑消費者掏錢的噱頭；好比每天用 Google 搜尋數十次，不會收到帳單，用 Facebook 社交，一毛錢也不用付。

③ 休閒生活類

新聞文章、搞笑或驚悚短片等，都會讓人們覺得好笑或值得分享給他人。

我常常收到朋友寄來的 E-mail，裡面就有一些某某餐廳的照片資料、星巴克優惠資訊、麥當勞的折價券、某某品牌大清倉等資訊。一位聯電工程師設立的網站「我的心遺留在愛琴海」，有許多美麗的照片，而且不斷被網友轉寄，僅短短兩個月，上站觀看人次便突破一百萬，全是因為這些照片具有話題性；後來他出書了，根本不需要做些額外的宣傳，因為已經有很多人看過照片了。另外像《我的野生動物朋友》這本書未出版之前，照片就已由許多環境保育團體人士大力宣傳及轉寄，就是要找出那些重要的意見領袖，讓他們對某議題產生興趣，自動到處宣揚；內容一定要正中這些人的喜好，這樣訊息的傳播速度才會更加快速。

病毒影片廣告的鼻祖則是一位廣告製片人艾德．羅賓遜，他在 2001 年花費一萬美元拍攝了一段搞笑影片。當時他為了宣傳自己的公司，特意拍攝了一段試圖吸引人們眼球的影片。在這段影片中，一個成年男子用嘴巴為橡皮船充氣，這時一個小孩衝過來猛地跳上了橡皮船，導致充的氣全湧進了男子的嘴裡，最令人意外的一幕出現了，這名男子的腦袋和氣球一樣爆炸了。羅賓遜把自己公司網址附在了影片結尾，然後用電子郵件把影片發給自己的朋友，結果那個週末，就有六萬多人看了這段影片，羅賓遜的網站訪問量也因此大增。現在更有人把自己的廣告放在影片之前，看完廣告後才進步影片主題，就像去電影院看電影一般，在電影正式開演前，都會放一些跟電影無關的影片。

統一 AB 優酪乳曾在網路上發表「麻辣鍋也不是故意的」網路文章，在結尾帶出「吃麻辣鍋前先喝 AB 優酪乳可保護腸胃」的結論；文章內容受到眾多網友熱愛、大量轉寄，僅兩週的時間，就有超過四萬次的瀏覽數，超過二千次的轉寄數。

2012 年 5 月 9 日有網友在台大批踢踢實業坊貼了一篇「這什麼分手擂台的劇情」文章，文章開頭是這麼寫著：

昨天 11 點多，去學校的餐廳吃中餐，坐在我前方的前方的桌子，有一對正在吵架的男女……其實說吵架也不太對，感覺比較像女生單方面的發飆……

一開始會注意到他們，是因為那個男生整個表情超淡定地默默吃著食物，然後女生一直在歇斯底里地潑婦罵街。

很多人在看，但是那個女生還是不顧形象地一直狂罵，男生只是默默地吃著東西，整個呈現超維妙的對比。

「你說，昨天跟你吃飯的那個女人是誰？」一開始就直搗黃龍，女主角雙手交握，如果不是她的面前只擺著一碗湯，我覺得她一定會把餐具當凶器拿來直接捅男

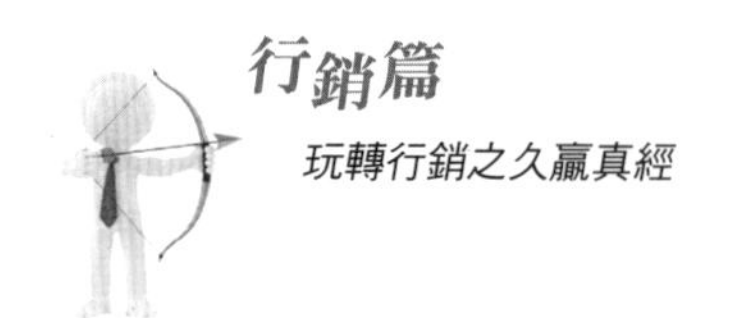

主角。

「那是我妹。」無視女主角的憤怒，男主角依舊慢條斯理地嚼著麵包，然後淡定秒答。只見女主角愣了一下，然後使出空手奪白刃的絕技，直接搶過男主角手上的叉子然後捅……對不起，她沒捅，只有搶過來丟在地上。（我還以為我差點就有機會成為社會情殺案的目擊證人上電視了呢！）

男主角也不生氣，淡定地站起來，走到櫃檯，又要了一把新的叉子然後走回來，坐下，繼續默默地吃著他的總匯三明治……

「你說話啊！那個女人是誰！！」悲憤的淚水湧出眼眶……因文章內容很長，所以完整版請看 http://ppt.cc/Bq_s 後來男主角點了一杯紅茶，態度依然淡定地喝著，最後男主角提出分手。

這就是「淡定紅茶」的由來。看似平凡每天都會發生的情侶吵架劇情，只是路人甲、乙等人把親眼看到聽到的劇情內容用有趣的文字表達出來，再加上網友透過網路瘋狂轉貼分享後，一天之內竟創造超過十萬人次的瀏覽量，而我則是在 Facebook 上看到的，「淡定紅茶」也這樣意外地一夕成名了！

我當時在想到底市面上有沒有賣淡定紅茶，後來看到新聞說：樂天網站有人在賣森林紅茶「淡定系列」，希望喝茶不只是解渴，而是從中找到啟發，從容面對生活，四款創意紅茶，希望悲歡「若水」，心如「浮塵」，雍容「淡定」，波濤「泰然」。有趣的是這茶在網站上賣了兩年，原本業績幾乎掛零，因為這篇 Kuso 文章，幾天內迅速走紅，供不應求。博客來網路書店也推出「淡定紅茶展」，裡面賣的不是書，而是各式各樣的茶。標題寫著：淡定紅茶精選，猜猜男主角喝什麼茶？」。我想，這又是一波短暫的商機了。

過去傳統的病毒式行銷僅限於 E-mail，如今，靠著社群感染的強大力量，形成口碑行銷。唯一要注意的是避免負面新聞的產出，因為負面比正面更容易流傳散布。

33 結合在地特色的觀光行銷

觀光行銷是統合觀光當地相關資源，滿足觀光對象最大需求，創造觀光市場最大利潤，以兼顧當地居民及社會大眾。

由亞洲舞王羅志祥和金鐘影后楊丞琳主演的微電影《再一次心跳》，其行銷手法結合了「Yahoo! 奇摩影音平台」、「知名藝人」和「觀光景點」，將澳洲的人文風光以浪漫唯美的微電影形式呈現，借助藝人的號召力及網絡宣傳推廣，吸引更多大中華地區的消費者赴澳旅遊。

此微電影的內容是在訴說獨自前往澳洲旅行的李衛成〈羅志祥飾〉，因為好友們的惡作劇，意外地與不顧家人反對而出國的楊小羽〈楊丞琳飾〉併房同住；卻因此展開了一場充滿謊言與意外的旅程……一段充滿浪漫驚喜，尋覓真愛的心跳之旅，將當地美景及旅遊體驗濃縮於五十分鐘的劇情中，讓更多大中華地區的人們領略澳洲各式各樣的旅遊體驗，建立情感共鳴，帶動更多人將赴澳旅遊的風潮。

此微電影正式上映前幾天就已在 Yahoo! 奇摩首頁大量預告曝光，共分為五集，於每週四凌晨 12:00 準時播出。當第一集播出時，就創下 Yahoo! 奇摩當日超過三百萬人次的觀看人數。而當看完第一集後自然會想看第二集，但要等七天，因為每集之間播出相差七天，所以此策略等於是把網友緊緊抓住五週的時間。再加上羅志祥剛好正值新專輯宣傳期，影片中還以羅志祥的新歌《不具名的悲傷》當作插曲，使影片在 Yahoo! 奇摩、土豆網、YouTube 的點閱數已破億人次，創下了新紀錄。

在第四集播出時，完結篇播出時間原本還要等七天，結果改成隔天播出，並且預告結局有兩個版本，一個是導演版，另一個是羅志祥改編版，但羅志祥本人也不知當天會播哪一個版本，如此手法真是吊盡網友胃口，只為了那最後一集。

整個幕後策畫的團隊充分利用了媒體、唱片、網路和口碑等效應，在行銷上可以說是大獲成功。

曾經紅極一時的電影《海角七號》是台灣少見耗資千萬的大成本製作。內容是講六十多年前，台灣光復、日本人撤退，一位日籍男老師被迫離台，與他在台的戀人友子，就此別離；他將思念與愛戀寫在一張張的信紙上，卻始終未寄出。

六十多年後，在台北失意不得志的樂團主唱阿嘉（范逸臣飾），回到恆春老家當郵差，日本過氣模特兒友子則被迫留在恆春。後來，阿嘉、只會彈月琴的老郵差茂伯、修車行黑手水蛙與小米酒銷售員馬拉桑等小鎮居民，組成了樂團，實踐那被生活壓得幾乎已看不見的音樂夢。阿嘉最終也將日籍男老師寫給戀人卻無法寄出的信，送到友子手中，讓跨越時空的愛情趨於完滿。

此電影在不景氣中打敗國片魔咒，掀起「海角旋風」，蛻變成叫好又叫座的商業性電影，並兼具了置入性行銷和觀光行銷。例如：

1. 水蛙的老闆陳光輝，在喜宴上唱的「轉吧！七彩霓虹燈」，正是夾子電動大樂隊的代表作。

2. 阿嘉與恆春在地樂團表演的第一首歌「無樂不作」，飾演阿嘉的范逸臣正好發行新歌加精選。

3. 阿嘉從台北騎到恆春的 Kawasaki 破機車、行經西門町的電影院、中途休息的 7-Eleven。

4. 阿嘉代班郵差的中華郵政恆春郵局。

5. 阿嘉被勞馬抓到沒戴安全帽的地點，正好就在 7-Eleven 的前面。

6. 水蛙服務的機車行（光陽機車）

7. 來台演出的日本療傷系男歌手「中孝介」，《海角七號》是他的大螢幕處女作。

8. 茂伯手上的月琴，是恆春民謠的代表樂器。

9. 苦命日本女公關落腳的墾丁夏都飯店。

10. 小米酒推銷員「馬拉桑」，由某廠商與南投信義鄉農會合作生產的小米酒品牌，千年傳統，全新感受！

我想受益最大的大概是恆春地區的觀光產業了，以前只是一個著名的觀光景點，也因此部電影據說假日湧入人潮是以萬為單位，旅遊業更是推出套裝行程，如參觀阿嘉的家，友子阿嬤的家和古蹟城門等地。

還有一個很特別的案例，在高雄土生土長的劉嘉達，整整花了兩年，利用休假時間，跑遍高雄二十六個行政區，總計拍了四千零一張照片，從市區到山區，從白天到黑夜，劉嘉達跨上機車帶著相機，上山下海到處亂鑽，五千公里的長征，將高雄之美收進回憶裡，製作成十二分鐘的影片，放上網路後立刻爆紅，片名取做「高雄人哭了」，希望高雄人看到影片，能回想起家鄉，不知不覺也行銷高雄之美。劉嘉達說：「人走了，你什麼也帶不走，重點是你能留下些什麼？所以我用一張一張的照片來證明，我曾經活耀在這個世界上！我的攝影源自於對這片土地的熱愛！」有興趣的讀者可以到 YouTube 上搜尋「高雄人哭了」。

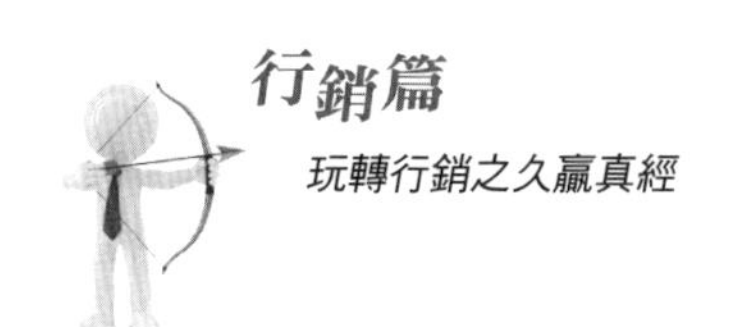

34 創意行銷，出奇制勝

「創意行銷」就是指我們推出的好點子、妙創意，吸引消費者的目光，進而購買我們的商品或服務，創造出實質效益。以下我將舉許多案例故事來說明創意行銷的威力。

賣梳子給和尚

有一家績效相當不錯的公司，準備擴大經營規模，高薪聘請行銷人員。一時間，報名者雲集。

面對眾多的應徵者，公司負責人說：「為選拔高素質的行銷人員，我們給各位出了一道考題，題目是『賣梳子給和尚』，誰賣得多就錄取誰。」

大多數應徵者都困惑不解，甚至不滿地說：「出家人要梳子有什麼用處？這豈不是故意刁難嗎？」不一會兒，應徵者紛紛拂袖而去，只剩下三名應徵者甲、乙、丙。

主考官交代：「以十日為限，屆時向我報告銷售成果。」十天過後。

負責人問甲：「賣出幾把？」甲答：「一把。」

「怎麼賣的？」甲講述了歷經的辛苦，他遊說和尚應當買把梳子，不但沒有效果，還慘遭和尚的責罵，幸好在下山途中遇到一個小和尚邊曬太陽邊使勁搔頭皮。甲靈機一動，遞上木梳，小和尚用後滿心歡喜，於是買下一把。

主考官接著問乙：「賣出幾把？」乙答：「十把。」

「怎麼賣的？」乙說，他去了一座名山古寺，由於山高風大，進香者的頭髮都被吹亂了。他找到寺院的住持，對他說：「蓬頭垢面來參佛是對佛的不敬應在每座廟的香案前放把木梳，供善男信女梳理頭髮。」住持採納了他的建議，於是他便順利地賣出十把木梳。

主考官再問丙：「你賣出幾把？」丙答：「一千把。」主考官吃驚地問：「怎麼賣的？」

丙說，他到一個頗具盛名、香火極旺的深山寶寺，那裡的朝聖者、施主絡繹不絕。丙對住持說：「凡進香參觀者，都有一顆虔誠之心，寶寺應有所回贈，以做紀念，保佑其平安吉祥，鼓勵其多做善事。我有一批木梳，聽聞大師您的書法超群，若能在木梳上寫上『積善梳』幾個字，便可作為贈品。」住持大喜，立即買下一千把木梳。得到「積善梳」的施主與香客也都很高興，一傳十、十傳百，朝聖者更多，香火也更旺了。

把梳子賣給和尚，聽起來似乎令人匪夷所思，但若能以不同的思維，從不同的角度切入，則將會有不同的結果。

賣冰給愛斯基摩人

湯姆：「您好！愛斯基摩人。我叫湯姆．霍普金斯，在北極冰公司工作。我想向您介紹一下北極冰給您和您的家人帶來的許多益處。」

愛斯基摩人：「這可真有趣。我聽過很多關於你們公司的好產品，但冰在我們這兒可不稀罕，它用不著花錢，我們甚至就住在這東西裡面。」

湯姆：「是的，先生。看得出來您是一個注重生活品質的人。你我都明白價格與品質總是相連的，您能解釋一下為什麼您目前使用的冰不花錢嗎？」

愛斯基摩人：「很簡單，因為這裡遍地都是。」湯姆：「您說得非常正確。您使用的冰就在周圍。日日夜夜，無人看管，是這樣嗎？」愛斯基摩人：「噢，是的。這種冰太多太多了。」

湯姆：「那麼，先生。現在冰上有我們，你和我，那邊還有正在冰上清除魚內臟的鄰居，北極熊正在冰面上重重地踩踏。還有，你看見企鵝沿水邊留下的髒物嗎？請您想一想這樣的冰適合拿來食用嗎？」

愛斯基摩人：「我寧願不去想它。對不起，我突然感覺不太舒服。」

湯姆：「我明白。給您家人飲料中放入這種無人保護的冰塊，如果您想感覺舒服，食用得衛生，必須得先進行消毒，那您如何去消毒呢？」

愛斯基摩人：「煮沸吧，我想。」湯姆：「是的，先生。煮過以後您又能剩下什麼呢？」愛斯基摩人：「水。」湯姆：「這樣您是在浪費自己時間。說到時間，假如您願意在我這份協議上簽上您的名字，今天晚上你的家人就能享受到乾淨、衛生的北極冰塊飲料。」

湯姆運用了正確的引導、擴大痛苦、假設成交、換位思考等銷售技巧，成交了一筆一般人無法成交的訂單。所以，銷售技巧結合話術，將使你無往不利。

賣斧頭給總統

美國布魯金斯學院（The Brookings Institution）以培育優秀的銷售業務人員聞名，在每期課程結訓時，都會提出幾個實習題目，讓學生們展現推銷實力。

柯林頓當政期間，他們出了一道題目——請把一條三角內褲推銷給柯林頓。八年間，有無數學員為此絞盡腦汁，最後都無功而返。柯林頓卸任後，布魯金斯學院把題目換成——請把一把斧頭推銷給小布希總統。多年下來，從不曾有人完成此一目標，而學生們也大多因著學長們的前車之鑑，往往還沒有嘗試就直接宣告放棄。大多數人都認為：「貴為一國之首，必定是衣食無缺，怎麼會需要一把斧頭呢？而就算是需要斧頭，又為什麼會向名不經傳的我購買呢？」

然而，有個名叫喬治的年輕人，在結業前，決心要挑戰這項不可能的任務。

他從報章媒體中先瞭解總統的生活習慣，並參觀總統所擁有的一座農場；然後，他主動寫了一封信給總統：「我曾經參觀過您的農場，裡面有著許多樹，但有些樹已經枯乾、木質鬆軟。我想，您一定需要一把斧頭來做些清理的動作。但對您來說，小斧頭太輕了，因此我認為您需要一把好拿好使力的老斧頭，而我爺爺正好留給我一把這樣的斧頭，很適合砍伐枯樹。若您有興趣的話……。」

沒多久，喬治收到了總統寄來的十五美元，順利地將斧頭推銷出去了。

世界第一推銷員

有一個自稱世界第一的推銷員，以能賣出任何東西而聞名。他曾賣給牙醫一支牙刷，賣給瞎子一台電視，賣給麵包師父一個麵包，但是其他的推銷員還是很不服氣對他說：「你必須成功地把防毒面具賣給在保護區的印地安人，才能算一個成功的推銷員。」

於是這個推銷員千里迢迢來到一片只有印地安人的森林，他對印地安人說：「您一定要買一個防毒面具。」

印地安人說：「這裡的空氣這樣新鮮，我要它做什麼？」

推銷員說：「生活在現代，建議您應該要買一個來預防恐怖分子的襲擊。」

印地安人說：「真遺憾，但是我並不需要。」推銷員說：「喔！別這麼說，你很快就需要一個了。」為了成交，推銷員開使在保護區附近蓋了一間工廠。過了一陣子後，工廠蓋好了，有毒的廢煙不斷地冒出來。後來印地安人找到推銷員說：「我現在需要一個防毒面具了。」推銷員說：「當然，這樣的好東西，您的確需要一個。」

印地安人說：「您還有嗎？這裡的人都需要一個。」

推銷員說：「你真走運，我還有成千上萬個。」

印地安人好奇地問：「你的工廠都在生產些什麼呢？」

推銷員興奮又簡潔地回答：「防毒面具。」行銷就是創造需求，滿足需求。

有廁所就有人潮

王老闆曾在飯店當了十幾年的大廚師，多年下來也存了一些積蓄，想自己開一家餐廳。於是，他在國道旁邊選了一個地點，開了一間名為「連發」的餐館兼商店。他想，這條公路是交通要道，每天車輛川流不息，客人一定會很多，生意自然不壞。可是，儘管門前車流滾滾，但餐館卻是門可羅雀，一個月下來，「連發」不僅不發，本錢倒是虧了一大筆。

王老闆真是不明白，明明店門口車水馬龍，為什麼他們都不吃一點、買一點呢？是餐館味道不行，還是服務不夠周到呢？但他們連吃都沒吃過，又怎麼知道我的飯菜和服務不合他們意呢？

有一天，閒得無聊的他突然看到一則外國廣告，廣告詞非常幽默。於是他靈機一動，也來了一個「照本宣科」，內容是這樣的：

「如果你們再不進本店吃點東西，本店的所有員工就沒得吃了。」

王老闆喜孜孜地看著做好的廣告招牌，心想，這次總可以掙點「吃」的了吧？又是一個月過去了，紅紅綠綠的廣告招牌被風雨打得「面目全非」，但餐館的生意還是老樣子，絲毫沒有因為這次的廣告而有所改變，這下子，王老闆真的像熱鍋上的螞蟻了。

著急了幾天後，他突然萌生一個想法，設法在離餐館不遠的空地上，花錢建造一座小巧精緻的廁所；然後，再將原來放在公路邊的「連發」廣告招牌用油漆刷白，用鮮紅的油漆寫上「廁所」兩個大字。

這樣一來，往來的人潮從很遠的地方就能看到「廁所」這兩個大大的紅字了。廣告招牌才剛放上去，當天就有幾輛大巴士停下，從車上湧下一批遊客，直奔餐館旁的廁所。休息過後，自然就會到「連發」去逛逛，有的吃飯，有的購物，好不熱鬧。

長期下來，公路上來來往往的司機都記住了「連發」旁邊的廁所，每天都有上百輛車停在「連發」門前，生意自然好得不得了！

可見，只有最精心的安排，沒有意外的巧合。

三陽機車之創意廣告

臺灣三陽機車早期為了拓展市場，在新產品上市以前，連續六天在報紙上刊登巨幅廣告，提醒消費者六天內暫停購買機車。第一天，臺灣兩大報紙登出了一則沒有註明廠牌的機車照片，並附加說明：「今天不要買機車，請您稍候六天。買機車您必須慎重地考慮。有一部意想不到的好車就要來了。」第二到四天，內容一樣，只是換一下天數。到了第五天，廣告內容稍稍改為「讓您久候的這部無論外型、衝力、耐力度、省油等，都能令您滿意的野狼一二五機車，就要來了。麻煩您再稍候二天。」第六天，廣告內容又稍改為：「對不起，讓您久候的三陽野狼一二五機車，明天就要來了。」第七天，野狼一二五機車正式上市，刊登全頁的巨幅廣告，市場大為轟動，「野狼」頓時成為搶手貨。

適當運用懸疑技巧，延續廣告訊息的推出時間，引發消費者的好奇心，期待下次出現的廣告內容，為加深廣告印象預留伏筆，這也是以出奇制勝的行銷技巧之一。

書商之借力使力

一個機靈的美國年輕人看到出版商積壓在倉庫裡的一大堆書，正苦於找不到銷路。他翻了翻書，覺得書的內容很好，於是便對出版商承諾，自己可以幫忙把書賣出去。出版商正為這批滯銷書大傷腦筋，便一口答應說：「如果書能賣出去，他只收取書的成本，其餘的利潤都歸年輕人所有。」

於是年輕人帶著一本書，開始設法去拜見州長，並一再要求州長下一句書評。

日理萬機的州長懶得和他囉嗦，想打發年輕人儘快離開，就隨便說了一句：「這本書值得一讀，我留下來看吧！」

年輕人如獲至寶，到處兜售此書，並打上：「州長認為值得一讀的書」的宣傳標語。很快地，書就銷售一空。

不久，年輕人又帶上兩本好看卻不好賣的書去見州長。州長拿起其中一本，並寫下「最沒有價值的書」，以此奚落年輕人。

可是年輕人卻絲毫不以為意，仍然笑嘻嘻地遞上第二本書。州長看著他詭異的表情，於是什麼都沒有說，就把書放在一邊。

可是過了不久，年輕人很快地又大賺了一筆錢。州長好奇地派人去打聽，原來這兩本書出售時分別打著「州長認為最沒有價值的書」和「州長難以下評語的書」宣傳語來進行宣傳的！

達美樂 Pizza 創意行銷

日本達美樂 Pizza 推出了一個相當有趣的促銷方案，你只要符合你家有「雙胞胎、綁著雙馬尾或是高二學生⋯⋯」等達美樂設定的條件，選一個你符合的條件，分享到 Facebook 或 Twitter 上，就可以得到一張 8 折的 coupon 券，送到達美樂官網上你所屬的 coupon Box。直接在網上訂購會再給你 5% off，一共 75 折。訂好餐之後等外送員送餐到府時，以你所選的造型或身分出來應門，就可以得到優惠了。像新絲路網站書店曾經在情人節時推出購書滿五百二十元的滿額禮活動；某遊樂場於特別的節日推出車號是雙數者門票優惠的促銷活動。不禁讓我覺得好的行銷創意，是能夠讓消費者主動參與，而不是你硬塞到他信箱裡的垃圾，最好還能激發消費者的想像力，讓他的生活更有趣。

上述案例故事聽起來或許有趣好笑，但我們若能以不同的思維，從不同的行銷角度切入，則將會產生不同的效果。

35 電子郵件行銷，如何歷久彌新

電子郵件行銷是一種非常顯見且常用的行銷方式，就像十萬大軍的銷售團隊。關於電子郵件行銷，我把它分成 EDM 和電子報兩大類。以下分別說明之。

EDM（E-Direct Marketing）又稱電子郵件廣告，是透過電郵的寄發方式送到網路使用者的信箱，不分國界，EDM 也是網路市場中的一個低成本行銷方式，比起傳統的 DM 寄發方式更快又有效。雖然現在 EDM 泛濫，但只要你有創新的觀念，主旨和內容吸引人，一樣可以達到目的，這也是為什麼如今依然還是有很多企業在使用的原因。其有下列好處：

- 開發新顧客。
- 增加公司品牌知名度。
- 新產品行銷宣傳。
- 以最小的行銷成本獲取更大的營收。
- 增加舊顧客重複購買的可能性。

下頁的圖是兩封 EDM，左邊是推廣網路架站，右邊是推廣機能襪。這種 EDM 幾乎都是設計成一張精美的圖檔，透過點選圖檔的方式，進入到另一個網站或網頁。

另一種是電子報，電子報和 EDM 最大的差別在於電子報是帶給會員知識和資訊，而不像 EDM 看起來就是要賣東西給你。而電子報也不是從頭到尾都不賣，它會用價值來包裝，以會員有學到或得到東西為出發點。

範例一：

※歡迎轉寄分享給你的朋友※
若網頁無法正常顯示，請點選 這裡

我要訂閱　取消訂閱每日報
你擔心遺漏任何行銷創意訊息嗎？請 按此

動腦brain 每日報
www.brain.com.tw
發行日期：2012-11-21 No.1299

FOLLOW US ON　訂閱 RSS

行銷商機網 | 動腦講座 | 動腦商城 | 雜誌前期電子報

HOST OUR CUSTOMER RADIO?

IKEA怎麼做「有意義的行銷」？
作者：米卡｜【創新策略】如果品牌要你幫忙遷店，你會幫嗎？除了做漂亮的紙袋，品牌還可以做什麼東西，讓消費者帶著走，成為活靈活現的行動廣告？

萬聖節南瓜不扮鬼臉扮人臉更有梗
作者：火腿男@大人物｜南瓜是西洋萬聖節的象徵之一，除了南瓜燈以外，還可以怎麼做什麼樣的創意南瓜飾品...

中國零售市場 永輝、電子商務站鰲頭
作者：Kantar Worldpanel｜中國零售市場最近狀況如何？大潤發、沃爾瑪兩大品牌成長率增加多少...

Best regards以外，結尾還可以怎麼寫？
作者：Robert Tolmasoff｜【行銷人的英文課】不少英文信的結尾，都用Best regards表達敬意...

行銷商機網　創意案例 BRAIN SEARCH

原來愛，就是甜蜜_情人節Fun好康活動

廣告主/企業主：八大電視台
案例篇名：原來愛，就是甜蜜_情人節Fun好康活動
網路行銷、資訊科技：迅寬行動多媒體

專案中行動媒體主要扮演曝光，並且將人潮導入社群媒體的角色。我們運用了定向廣告的技術，篩選媒體受眾進行強力曝光，再透過社群媒體藉由每日活動的方式，讓消費者產生黏著度達成參與式行銷的目的且更立即的提供廣告主回饋…

想知道更多行銷創意案例，請上「行銷商機網」
在這能找更多案例，也能找到適合你的代理商。
你也想要分享更多精采案例嗎？請登入

業界動態

※用文字遨遊全世界精品旅館
《動腦雜誌》「設計之旅」專欄作者丁一出書了，如果你也曾流連忘返於丁一充滿禪意的哲思，別錯過其新書《在旅館房間裡旅行》，享受一場讓人意猶未盡的心靈饗宴！

政府標案

> 嘉義市政府-慶祝嘉義市升格恢復省轄市30週年晚會及媒體宣傳暨活動執行委託案
結標日 11月14日

> 澎湖縣政府-2012年七美愛情島觀光行銷活動委外採購案
結標日 11月14日

特別企劃

天天動腦，給你滿滿的創意idea！

★【節慶行銷】周年慶搶買氣，業績提升行銷全攻略
★【節慶行銷】企業、賣家如何藉節慶拉攏人心
★【文案特訓】從行銷、職場應用、文化、趨勢四大面向改造您的文案功力！
★【文案特訓】黃金講師陣容，打造您的文案握句力！
★【文案特訓】無法抗拒的文字魅力，文案大師傳授給您！

活動快報

節慶 拼買氣
品牌 有活力
誰的節慶行銷最聰明
佳節氣氛效果加乘
銷售翻倍再翻倍

說明：此為動腦雜誌的每日報，我們可以從中學到東西，當然下方有行銷相關活動，有興趣的會員自然會點進去，若有需求的會員自然會報名，這就達到業者的目的了。

電子報行銷的七大關鍵

① 網站上提供訂閱電子報之處

除了註冊會員之外，也必須在您的網站上提供訂閱電子報的地方，然而訂閱流程要方便且簡單；當然如果能清楚告訴網友訂閱電子報有什麼好處的話，想必一定可以大量增加電子報人數。例如：訂閱電子報有機會抽中 7-11 禮券，訂閱電子報就送紅利點數多少點之類的。

② 網友訂閱後立即發歡迎確認信

訂閱之後系統馬上寄一封通知信，提醒網友，已經訂閱完成。

③ 電子報信件主旨要吸睛

主旨如同文案標題一樣重要。如果會員找不到開信的理由，那你就白發信了。

④ 電子報要署名

署名就是寄件者顯示名稱和電子郵件位址，最好不要經常更動；反之，如果沒有署名，對方根本不知道你是誰。

⑤ 電子報寫上收件人名稱

收件人最好能帶入該客戶的匿稱或姓名，這樣才能塑造成一種個人化的郵件，讓收件人覺得是為了我個人而發信，有被尊重的感覺，但其實是系統大量發送。

⑥ 提供回信以外的聯絡方式

信中至少設一個連結連到官網。固定式的電子報，在最上橫幅可放一張公司 Logo 圖，並連結到官網。

⑦ 提供訂戶取消訂閱的功能

即使再好的內容，也可能有人不喜歡，所以一定要提供一個取消訂閱的功能，這功能要簡單方便，才不會增加會員的困擾。

36 搜尋行銷，讓顧客快速找到你

過去消費者的購物習慣是 AIDMA：

A（Attention）——引起注意

I（Interest）——產生興趣

D（Desire）——培養欲望

M（Memory）——留下記憶

A（Action）——促使行動

如今已轉變為 AISAS：

A（Attention）——引起注意

I（Interest）——產生興趣

S（Search）——主動搜尋

A（Action）——促使行動

S（Share）——訊息分享

引起注意 1 → 產生興趣 2 → 主動搜尋 3 → 促使行動 4 → 訊息分享 5

艾瑞諮詢公司針對網路消費者的行為模式，提出另一種不同的觀點：

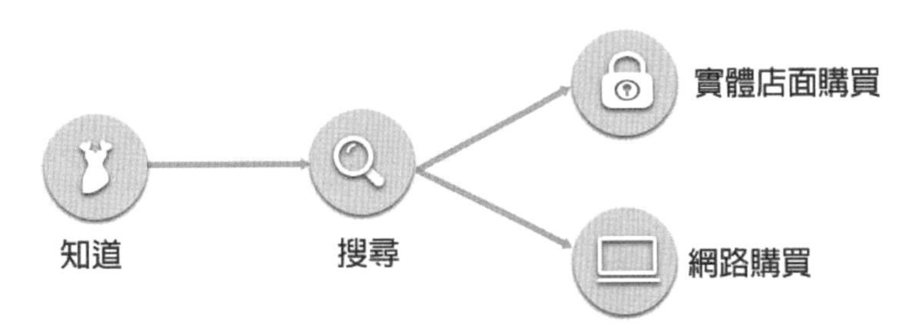

所以，網友在網路上搜尋變得比以前更加頻繁，在網路上分享的訊息，比以前更巨大。再跟讀者分享一個資訊，有 55% 的人會因為你的外在與穿著，選擇要不要接近你，38% 的人是看你做了些什麼事情以及行為舉止決定是否進一步接觸你，7% 的人才會真正注意到你正在講些什麼。所以，你一定要在網路上留下一些東西，無論是圖片、文字或影片皆可，這樣網友才有可能搜尋到你，才有可能進一步認識你、了解你，最終才有可能成為你的顧客。接下來，我將 SEO 的概念和做法做一個介紹。

搜尋引擎最佳化（Search Engine Optimization，簡稱 SEO），也有人翻譯成搜尋引擎優化，是一種利用搜尋引擎的搜尋規則來提高網站排名方式。為了要讓網站更容易被搜尋引擎接受，搜尋引擎會將網站彼此間的內容做一些相關性的資料比對，然後再由瀏覽器將這些內容以最快速且接近最完整的方式，呈現給搜尋者。所以 SEO 不是電腦程式，也不是一套軟體，它只是一個讓搜尋引擎輕易找到你的網站並獲得領先排名的一種概念。

搜尋引擎行銷（Search Engine Marketing，簡稱 SEM），顧名思義就是透過網路搜尋引擎來進行行銷活動。例如使用者在搜尋引擎輸入關鍵字，然後依照顯示的搜尋結果點選符合需求的資料。由於全台灣有超過億個網頁，那麼多的資訊，每個人都想被搜尋到，而決定誰先被搜尋到的「裁判」，就是搜尋引擎了。目前國人最常使用的搜尋引擎不是 Yahoo! 奇摩，就是 Google。網站被搜尋引擎排在越前面，代表越受搜尋引擎的喜愛。所以我們要獲得搜尋引擎的喜愛，讓自己的網站被排在第一頁，這樣才能創造流量，進而創造營收。

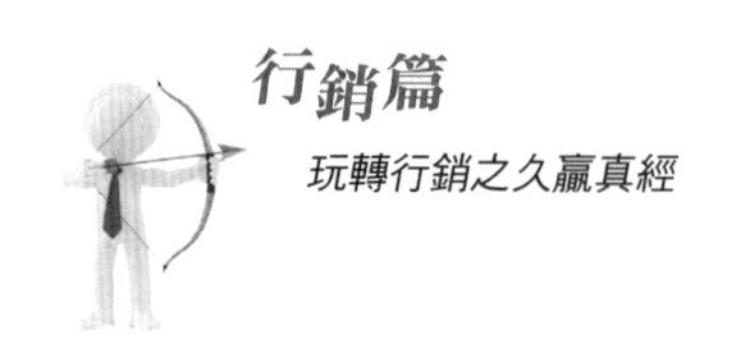

搜尋引擎的搜尋機制

搜尋網站就像一場歌唱比賽，評審（搜尋引擎）訂出了比賽的規則，音色佔幾成，技巧佔幾成，台風佔幾成，再把每一位參賽者的分數乘上每個評比項目的比重數，得到一個總分後，再依序排出名次來。

網站就是歌唱比賽的參賽者，我們把網站所有的評比項目挑出來，每一個評比項目都做到最好（最佳化或優化），每一種搜尋引擎每一個評比項目的比重有所不同，但結果基本上不會差異太大。

可惜的是無論 Yahoo! 奇摩還是 Google 搜尋引擎並不會公開它們的搜尋機制，因為這是他們的機密，且搜索引擎不斷變換它們的排名評比規則，每次評比的改變都會讓一些排名很好的網站，在一夜之間名落孫山，而失去排名的直接後果就是失去了網站固有的流量。所以每次搜索引擎評比的改變，都會在網站之中引起不小的騷動和焦慮。其實我們可以換個角度想，如果我們是搜尋引擎，我們會如何將網站排序。

早期搜尋引擎

網站管理員以及網路內容提供者在九〇年代中期開始使用搜尋引擎來優化網站。此時第一代搜尋引擎開始對網際網路分門別類。一開始，搜尋引擎利用一些蜘蛛機器人（spider），擷取網頁程式找到連結，並且儲存所找到的資料。過程中同時包含了將網頁下載並儲存至搜尋引擎擁有者的伺服器中，這時有另外一個軟體稱為 Indexer 來擷取頁面中不同的資訊，頁面中的文字、文字的位置、文字的重要性以及頁面所包含的任何連結，之後將頁面置入清單中等待過些時日後，再來擷取一次。隨著線上文件數目日積月累，越來越多網站管理員意識到隨機搜尋（organic search）的重要性，所以搜尋引擎公司開始整理他們的列表，以顯示根據最恰當適合的網頁為優先。搜尋引擎與網站管理員的戰爭就此開始，並延續至今。

一開始搜尋引擎是被網站管理員本身牽著走的。早期版本的搜尋演算法有賴於網站員提供資訊，如關鍵字的基本定義標籤（meta tag）。當某些網站管理員開始濫用標籤，造成該網頁排名與連結無關時，搜尋引擎開始捨棄標籤並發展更複雜的排名演算法。

當代搜尋引擎

Google 由兩名在史丹佛大學深造的博士生拉里·佩奇（Larry Page）和謝爾蓋·布林（Sergey Brin）開始。他們帶來了一個給網頁評估的新概念，稱為「網頁級別」（PageRank），又稱「網頁排名」。是 Google 搜尋引擎演算法重要的開端。網頁級別是指透過網路浩瀚的超連結關係來確定一個頁面的等級，Google 把從 A 頁面到 B 頁面的連結解釋為 A 頁面給 B 頁面投票，Google 根據投票來源（甚至來源的來源，即連結到 A 頁面的頁面）和投票目標的等級來決定新的等級。今天，大多數搜尋引擎對它們的如何評等的演算法保密。搜尋引擎也許使用上百個因素在排序，而每個因素本身和因素所佔比重也可能不斷地在改變。

儘管如此，我們還是可以把自己當成搜尋引擎來思考。以下為我根據多年的研究和經驗，特意整理出十九個搜尋引擎不會告訴你的祕密：

① 網頁標頭

網頁標頭上的標題最好能跟要搜尋的關鍵字有全部或部分吻合。今天如果有一個人想要出書，如果他知道自資出版這樣的概念，他也許會在某入口網站搜尋自資出版或自費出版等關鍵字，當網站標題有「自資出版」或「自費出版」的字眼時，就容易被搜尋引擎搜尋到。如下圖：

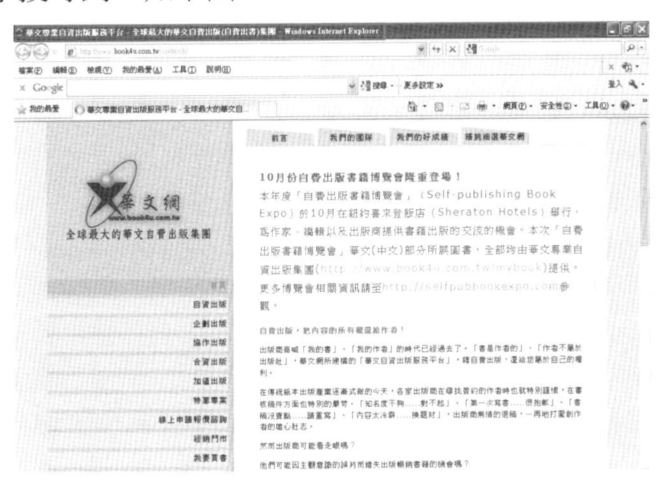

所以，有些網站的標題會看到很長的一連串文字，其目的就是把該網站有關的文字都設定上去，以便能提高被搜尋到的機率。

② 網頁內文出現關鍵字

網頁內文若出現關鍵字越多，基本上有助有搜尋，但如果故意放置太多的關鍵字，也可能被搜尋引擎判定為作弊。

華文網為全球最大的華文自費出版集團，網頁中出現了多次「自費出版」和「自資出版」關鍵字，將有助於搜尋。如下圖：

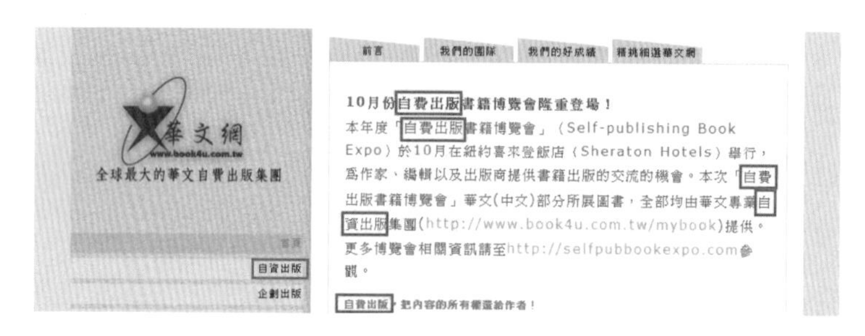

③ 網站的年齡

網站成立時間越久，照道理來說流量會比較大，被搜尋到的機率基本上比一個全新的網站來得高。

④ 內容更新的頻率

網站如果有定期更新，搜尋引擎基本上會判定是一個有人經營的活網站。

⑤ 網站的年齡

網站成立時間越久，照道理來說流量會比較大，被搜尋到的機率基本上比一個全新的網站來得高。

⑥ 內容更新的頻率

網站如果有定期更新，搜尋引擎基本上會判定是一個有人經營的活網站。

⑦ 網站的流量

流量大，代表有很多網友喜歡來此造訪，搜尋引擎會喜歡這樣的網站。也許有讀者會想知道究竟自己的網站流量大約有多少？ Google 的 Analytics 是一個可以統計網站流量的工具。只要註冊即可免費使用。網址：http://www.google.com/analytics/

⑧ 網友停留網站的時間

網友停留網站或網頁的時間越久，代表網站或網頁的內容是能讓網友花較長時間觀看的，搜尋引擎可能會喜歡。

⑨ 網站首頁是否一目了然

如果首頁看了半天仍看不懂主題是什麼，網友下次就不會再來了，搜尋引擎就會判定這是一個設計不佳的網站。

⑩ 網站動線

如果一個網站動線不佳，就像一家百貨公司動線不佳，一定會造成顧客的反感，同樣的搜尋引擎會判定你的網站動線是否合宜。

⑪ 網站程式語言

如果網站首頁是用 FLASH 製作，搜尋引擎較不易抓到，最好以搜尋引擎喜歡的 HTML 程式語言來設計為宜。

⑫ 網站隱私權條款

網站如果有加入會員功能，需要註冊的部分，網站上要有清楚隱私權條款說明，以確保網友個資安全。

⑬ 外部連結

如果你的網站被其他 PR 值高的網站連結，表示你的網站受到他網的肯定。PR 是英文 Pagerank 的縮寫形式，Pagerank 取自 Google 的創始人 LarryPage，它是 Google 排名運算法則的一部分，Pagerank 是 Google 對網頁重要性的評估，是 Google 用來衡量一個網站的好壞的唯一標準。PR 值的級別從 1 到 10 級，10 級為滿分，PR 值越高說明該網頁越受歡迎。Google 把自己的網站的 PR 值定到 9，這說明 Google 這個網站是非常受歡迎的，也可以說這個網站是非常重要的。一個 PR 值為 1 的網站表明這個網站不太具有流行度，而 PR 值為 7 到 10 則代表這個網站非常受歡迎。

⑭ Meta 說明

在網頁中加註上 Meta 的語法能協助搜尋擎引找到你的網頁。Meta 在網頁實際上是看不到的，若要看到要在該網頁點右鍵，選擇「檢視原始檔」，即可看到這網頁的程式原始碼，也可以在 IE 瀏覽器工具列上點選「檢視」中的「原始檔」。如下圖：

你可以把你認為跟此網頁所有有關的關鍵字加入在 Meta 裡，相對的，搜尋引擎找到該網頁的機會就高。例如有網友搜尋新絲路、華文網、自費出書等關鍵字，此網頁就有機會被搜尋到。如下圖：

上面的 <meta name= “keywords” content= “關鍵字 1, 關鍵字 2, 關鍵字 3,” 在「content=」後面的地方一定要出現您的關鍵字，可以用 ,（半形逗號）分隔多個關鍵字（不要超過 20 個字）。

⑮ 網站描述

當我們在輸入關鍵字後按上「搜尋」鍵，就會出現好幾個跟此關鍵字有關的網站，基本上會分成標題和網站描述兩個部分。假設我們輸入「出書」後按搜尋，如下圖：

華文專業自資出版服務平台 - 全球最大的華文自費出版集團
華文專業自資出版服務平台作為全球最大的華文自費出版集團，我們幫您找回屬於作者的權益！華文自資出版服務平台，積極耕耘全球華文自費出版市場，以最頂尖的自資出版團隊，提供最優質的自費出版服務，為作者自費出書開啟一片天空。
www.book4u.com.tw/mybook/payyourself.html - 庫存頁面

標題：華文專業自資出版服務平台 - 全球最大的華文自費出版集團。就是我們該網站的 TITLE。

網頁程式語法：

<title> 華文專業自資出版服務平台 - 全球最大的華文自費出版（自費出書）集團 </title>

網站描述：華文專業自資出版服務平台作為全球最大的華文自費出版（自費出書）集團，我們幫您找回屬於作者的權益！華文自資出版服務平台，積極耕耘全球華文自費出版市場，以最頂尖的自資出版團隊，提供最優質的自費出版（自費出書）服務，為作者自費出書開啟一片天空。以上文字就是介紹這個網站的描述，可以在原始碼中檢視。

網頁程式語法：

<META NAME="description" CONTENT=" 華文專業自資出版服務平台作為全球最大的華文自費出版（自費出書）集團，我們幫您找回屬於作者的權益！華文自資出版服務平台，積極耕耘全球華文自費出版市場，以最頂尖的自資出版團隊，提供最優質的自費出版（自費出書）服務，為作者自費出書開啟一片天空。">
如下圖：

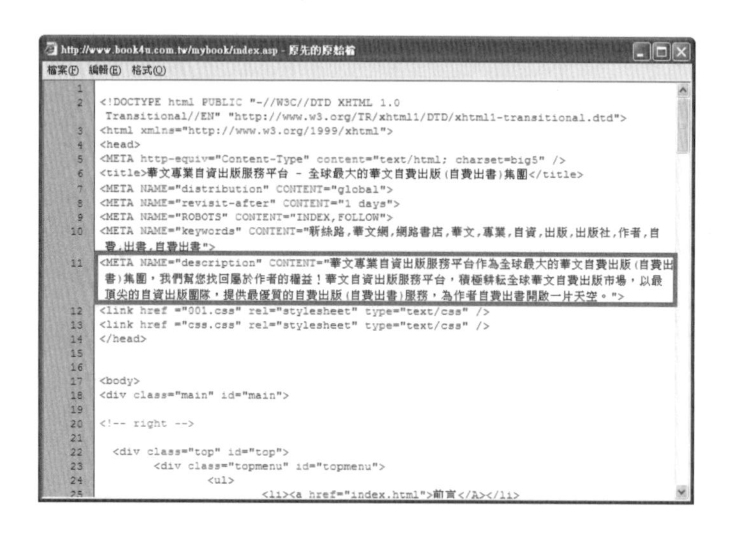

⑯ 網域名稱 Domain Name 命名

網路上辨別一台電腦的方式是利用 IP Address（例如：192.83.166.15），但 IP 數字很不容易記，且沒有什麼聯想的意義，因此，我們會為網路上的伺服器取一個有意義又容易記的名字，這個名字我們就叫它「Domain Name」。就是一個網站的網址，例如 http://www.book4u.com.tw 就代表賣「書」的網站；http://www.cake.com.tw 就代表賣「蛋糕」的網站；http://www.cup.com.tw/ 就代表賣「杯子」的網站。所以如果你提供的產品或服務跟網域名稱（Domain Name）有符合，就比較容易被搜尋到。

⑰ 文章標題

網站中的文章若取一個和關鍵字吻合的字詞，也有助於被搜尋到。

⑱ 網站地圖

網站地圖是用來描述網路結構的。有些網站比較複雜，有很多分類和層次，也許有人一時之間找不到自己要的資訊，這時網站地圖可以方便網友快速查詢到自己想要的資訊。

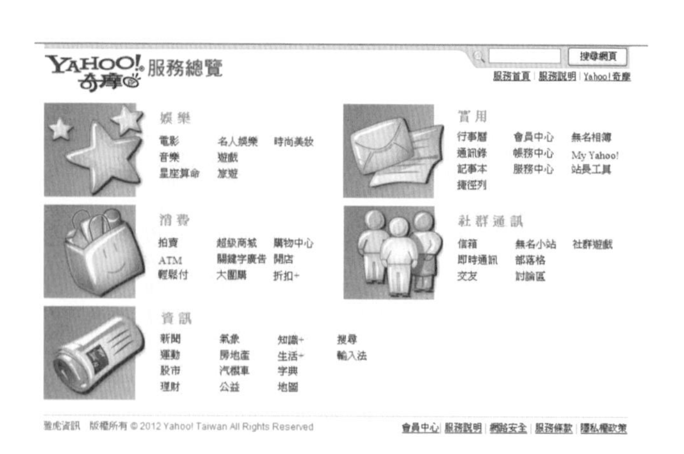

範例：Yahoo! 奇摩首頁

也許有讀者會想知道在 Yahoo! 奇摩上常搜尋的關鍵字有哪些？可以進入到 Yahoo! 奇摩關鍵字工具查詢，網址如下：http://tw.emarketing.yahoo.com/ysm/guide/index101.html

關鍵字建議工具的方法

您知道有多少人在找您嗎?

使用關鍵字建議工具，您可以得知每個關鍵字有多少搜尋量，並可提供您更多相關的關鍵字

- 包含您的字彙的相關搜尋
- 該字彙上個月有多少筆搜尋

查詢送出

備註：此數據僅供參考，所有建議的關鍵字以我們的登錄審閱標準為準。

此工具所提供之數據僅包含Yahoo!奇摩首頁的搜尋量，並不包含Yahoo!奇摩其他頻道(例如：知識+、生活+、拍賣...等)與聯播網的搜尋量。

如果你想知道 Google 的關鍵字搜尋資訊，可進入 Google 搜尋透視，網址如下：http://www.google.com/insights/search/#

⑲ 圖片優化

除了文字外，在搜尋引擎上搜尋結果有時會出現圖片，例如在 Google 上搜尋「蛋糕」。結果如下：

其實我們可以動一些手腳讓圖片被搜尋引擎找到，比方說下面這張圖：

這是一張蛋糕圖片，如果你希望這張圖片能被網友搜尋到，你可以在 HTML 程式語法寫成：<img src=“cake.jpg” alt=“這是一個蛋糕”>

「alt」的功能是當圖片無法正常顯示時用來替代圖片的文字說明。所以當你在 alt 後面加註說明這張圖片所代表的意義，就有機會被搜尋引擎找到。圖片檔名最好設定成跟圖片有關的英文，例如 <img src=“1.jpg” alt=“這是一個蛋糕”> 這樣的寫法就比較不好，另外如果加入一些和圖片無關的關鍵字例如：<img src=“cake.jpg” alt=“這是一個蛋糕交友一夜情”> 這樣搜尋引擎可能不會喜歡。

20 主機放置地點

如果你的主機是交由他人代管或自己的，而你的網站是繁體中文，主機位置若能在台灣對你來說是最佳選擇；若在國外，對你來說在搜尋上是比較不利的。

21 錨點文字（Anchor Text）連結

例如在網路上發表一篇文字，文章中有一句話：亞洲八大名師王晴天。在「王晴天」這三個字的地方會有一個底線，用滑鼠游標移到「王晴天」這三個字的地方點下去可以連結到預先設定好的網址（例如：王晴天的 Facebook）。你可以在文章中設定多個錨點文字。

Google 在《搜尋引擎最佳化入門指南》中告訴我們，每個含有連結的都會算是錨點文字，而文字的下法最好避免幾點：

- 避免使用「閱讀更多（more）」，「點擊此處（Click here）」，作為導引連結的文字。
- 避免使用不相關的字詞做錨點文字連結（譬如說文字是王晴天，連結目的頁面卻是王力宏的官方網站，這個就不是相關的字詞）。
- 避免使用一段話來做為錨點文字。

上述十九個 SEO 的做法，是比較正規的做法，一般稱為「白帽」，其實還有一些不正規的做法，也可說是作弊的做法，稱為「黑帽」。像假首頁作弊法、迷你字作弊法、別名網址作弊法……等，筆者較不建議使用作弊法，因他搜尋引擎發現你使用作弊法，有可能將你列入黑名單除名。

SEO 致勝心法

- 網站首頁要讓網友一目瞭然知道這個網站是做什麼的。
- 網站能正常開啟瀏覽，不要讓網友等太久。
- 網站本身的架構要完整。
- 網站的內容一定要和搜尋的關鍵字有高度相關。
- 網站的流量不能太少。
- 網站內部連結正確，動線設計良好。
- 網站內容常更新，且最好為原創內容。
- 網站不宜作弊來欺騙搜尋引擎。
- 有其他流量高的網站來連結你的網站。

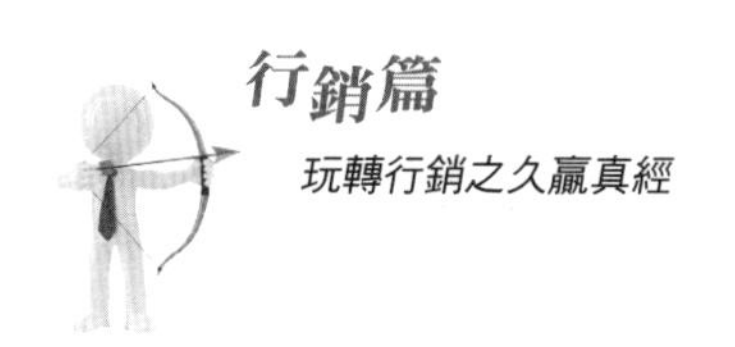

37 關鍵字行銷，讓顧客指名找你

當網友在入口網站輸入關鍵字後按搜尋，如果你的網站被排在第三頁以後，基本上被網友看到點閱的機率就比較低，因為一般人通常沒有耐心一頁一頁看完，除非是找資料。

根據調查統計，出現在第一頁的點擊率約 65%，第二頁點擊率約 25%，第三頁點擊率約 5%，所以如果你的網站自然排序不佳，可以透過買關鍵字廣告，提升被曝光在前三頁的機率。關鍵字廣告目前以 Yahoo! 奇摩和 Google 這兩者最多人使用，兩者皆以每次點擊關鍵字廣告的計算方式收費，也就是說網路上有人點擊你的關鍵字廣告時你，才需要支付關鍵字廣告費用，若沒有人點擊，則不必付費。

關鍵字廣告區的版位區域如下圖 A 區（上方區、右方區、最下方區）；而 B 區是自然排序區不用付費。

範例：搜尋吃到飽

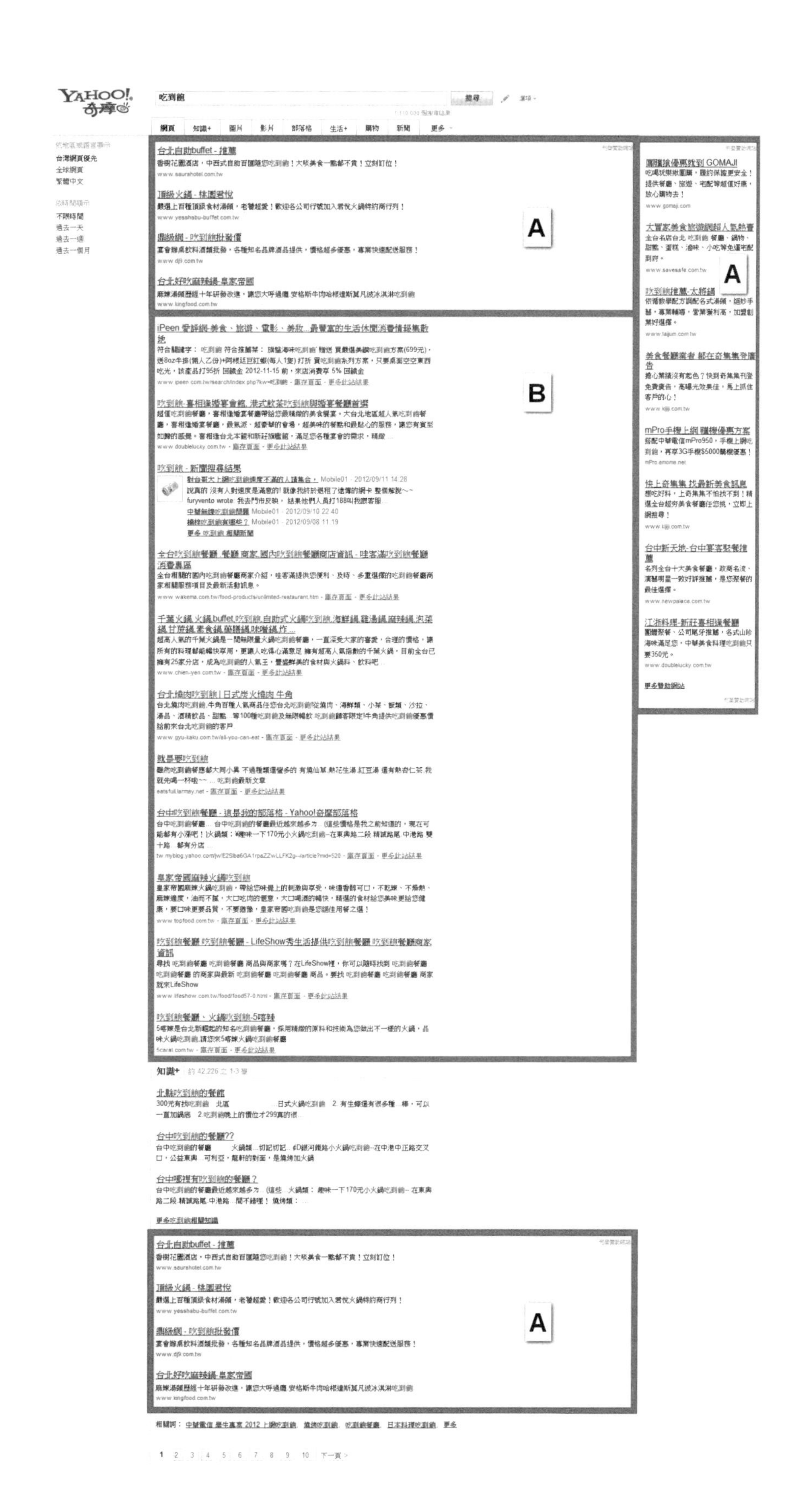

YAHOO! 奇摩
A
A
B
A

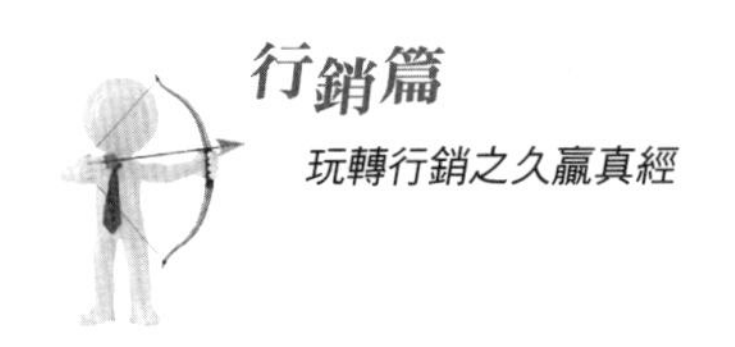

關鍵字廣告具有下列六大特色：

- 出現廣告不用付費，有網友點擊廣告才要付費。
- 一天二十四小時中，任何時段點擊關鍵字廣告所付出的成本是固定不變的。
- 關鍵字廣告的關鍵字由你自己決定，只是避免一些字眼即可，例如：我是第一，我是最棒的等關鍵字。
- 你可以自行設定每組關鍵字的費用。當有人跟你買同樣的關鍵字，如何決定曝光位置誰先誰後？先後順序取決於該組關鍵字的設定成本和該組關鍵字被點擊次數兩者的整體總分來決定。
- 你可以自行決定每日、每月預算，以預付儲值的方式抵扣，當每日或每月的預算額被扣完時，你的關鍵字廣告將不會出現。
- 關鍵字廣告的露出時間、地區範圍可自己決定設定。例如：我要曝光一個月，只要台北地區，那高雄地區的人就看不到此關鍵字廣告。

關鍵字廣告的組成

範例：西裝外套

刊登贊助網站

EZ西服 - 訂製合身版型西裝
EZ時尚版型 西裝，合身版型！體驗名牌訂製西服的獨特魅力！全省EZ門市服務！ www.ez.club.tw

以上為商家購買的關鍵字廣告，此廣告組成有三大元素：

- **標題**：EZ 西服——訂製合身版型西裝。
  標題字數盡量在十二個字以內。標題下的好，點擊率一定會比較高。
- **短文介紹**：EZ 時尚版型西裝，合身版型！體驗名牌訂製西服的獨特魅力！全省 EZ 門市服務！
  短文介紹每行最多十七個字，同樣的，要想出打動人心的文字來增加點擊率。

網址：www.ezclub.tw

想知道在 Yahoo! 奇摩首頁大部分的人都在搜尋什麼關鍵字，可到下列網址查詢：http://tw.emarketing.yahoo.com/ysm/guide/index101.html

長尾關鍵字

何謂長尾關鍵字？顧名思義，則是在目標關鍵字首或尾加上修飾性詞語後的關鍵字。

例如：我是一家賣吉他的樂器行，想必「吉他」一定是熱門關鍵字，而長尾關鍵字就像：吉他譜怎麼看？「你是我的眼」吉他譜，吉他和弦指法圖，吉他自學，吉他自彈自唱……等。

所以長尾關鍵字可更符合網友的需求，被點擊的機率提高，成交率也隨之提高，且根據專長研究統計發現，長尾關鍵字帶來的業績比熱門關鍵字大很多。如果你只選熱門關鍵字的話，競爭者多，熱門關鍵字費用較貴，少了更多被搜尋的機會，若熱門關鍵字＋長尾關鍵字都選，才能一網打盡。那要如何選擇長尾關鍵字呢？大陸有一個網站叫站長工具 http://tool.chinaz.com/baidu/words.aspx

你只要輸入熱門關鍵字，網站自動會幫你找出許多長尾關鍵字以供你參考。要注意的是因為這是大陸網站，所以在輸入熱門關鍵字時請用簡體字，並用大陸的語言。例如我要輸入網路行銷，大陸用語是叫網絡營銷。

Yahoo! 奇摩關鍵字廣告公布關鍵字廣告客戶類別成長排行來看，分別是遊戲產業、電子商務（包含美妝、3C 家電）、零售業、房地產與醫療美容。

38 聯盟行銷，複製分身幫你賣

AP是Affiliate program / Associate program的簡稱，一般稱為「聯盟行銷」或稱「夥伴計畫」。是網際網路商業化後一直存在的營運模式。簡單的說是透過加入的合作夥伴的協助，將商品或是活動訊息傳播出去，接觸到更多的消費者，並於消費者完成交易後，以回饋金（獎金）方式，提供合作夥伴議定的報酬。

聯盟行銷（Affiliate Marketing）在歐美是廣泛被運用的廣告行銷模式。1995年，電子商務龍頭「亞馬遜Amazon.com」率先利用聯盟行銷（Affiliate Marketing）迅速擴展市場版圖，成為電子商務界的巨人。美國最大的聯盟行銷（Affiliate Marketing）網站為CJ.COM，日本則有Yahoo購併的ValueCommerce.com。越來越多品牌運用聯盟行銷傳遞他們的商品資訊，包括eBay、Sony、Apple、微軟、迪士尼、AT&T、HP、戴爾電腦等。

聯盟行銷有三大要素：

1. 聯盟會員（Affiliate）

2. 商家網站（Merchant Website）

3. 聯盟行銷管理系統（Affiliate Management Software）

商家網站透過這種系統來跟蹤記錄每位聯盟會員所產生的點擊數（Clicks）、印象數（Impressions）、引導數（Leads）和成交次數或成交額（Sales），然後根據聯盟協議上規定的支付方法給予聯盟會員支付費用。

而聯盟行銷根據商家網站給聯盟會員的回饋金支付方式，可分為三種形式：

① 按引導數付費（Cost-Per-Lead，CPL）

網友透過聯盟會員的連接進入商家網站後，如果填寫並提交了某個表單，管理系統就會產生一個對應給這個聯盟會員的引導（Lead）記錄，商家按引導記錄數付費給會員。

② 按點擊數付費（Cost-Per-Click，CPC）

聯盟行銷管理系統記錄每個網友在聯盟會員網站上點擊到商家網站的文字的或者圖片的連接次數，商家按每個點擊多少錢的方式支付廣告費。

③ 按銷售額付費（Cost-Per-Sale，CPS）

商家只在聯盟會員的連接介紹的網友在商家網站上產生了實際的購買行為後才付費給聯盟會員，一般是設定一個佣金比例（銷售額的 2% 到 50% 不等）。

以上三種方式都屬於 Pay For Performance（按效果付費）的行銷方式，對於商家或聯盟會員來說，都是比較容易接受的。且網站的自動化流程越來越完善，在線支付系統也越來越成熟，越來越多的聯盟行銷系統採用按銷售額付費的方法；這種方法對商家來說也是一種零風險的行銷方式，商家也願意設定比較高的佣金比例，使得這種方式的行銷系統越來越被廣為採用。

聯盟行銷的優勢

建設一個成熟的聯盟行銷系統不是一件容易的事，需要很多技術、資金和人力的投入，但它能帶給商家的效益是顯而易見的。其優勢如下：

① 較低廉的客戶成本和廣告成本

比較麥肯錫公司對電視廣告成本和雜誌廣告成本的統計，聯盟行銷所帶來的平均客戶成本是電視廣告的三分之一，是雜誌廣告的二分之一。

② 雙贏局面

對於商家，這種「按效果付費」的行銷方式，意味著他們只需要在對方真正帶

來「業績」後才付錢，何樂而不為？而對於聯盟會員，只要有流量就好，他們不需要有自己的產品就能獲利，不需要生產，不需要進貨，不需要處理訂單，更不需要提供售後服務！

③ 聚焦於產品開發

由於聯盟行銷的方式基本上解決網站訪問量的問題，商家可以集中精力放到產品開發、客戶服務上面，大大提高工作效率。

④ 可計算結果

聯盟網路行銷「按效果付費」的機制，比傳統行銷方式的一個顯著特點是，顧客的每一個點擊行為和線上交易過程，都可以被管理軟體詳細記錄下來，能讓商家知道每個環節的效益，還可以對這些記錄進行統計、分析和比較，以作為產品開發和行銷策略提供科學的決策依據。

聯盟行銷案例

以下筆者將列舉八個國內外運用聯盟行銷的案例，以供參考：

① 微軟（Microsoft）

微軟公司提供完整的聯盟行銷體系，只要將產品成功售出，完成廣告依成交計價 Cost-Per-Action（CPA），即可獲得高達 10% 佣金。

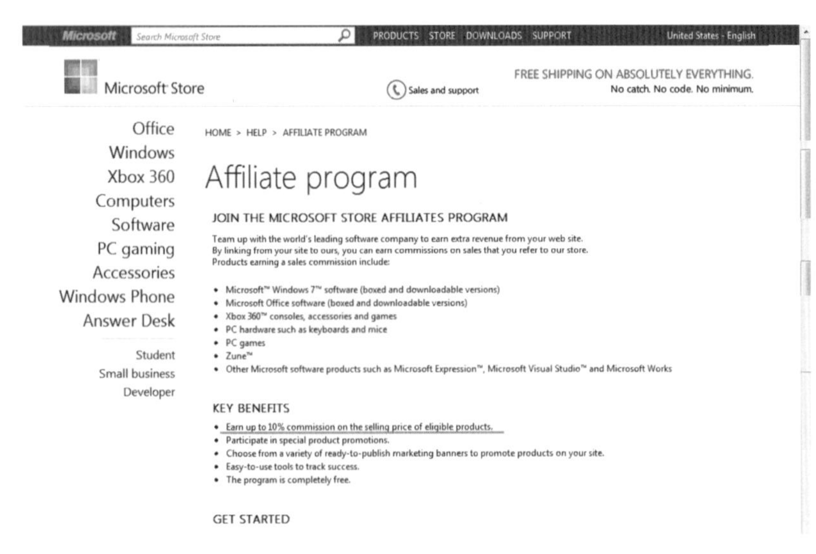

② 蘋果（Apple）

只要聯盟行銷會員將廣告依成交計價 Cost-Per-Action（CPA）完成，便可取得 2% 佣金。

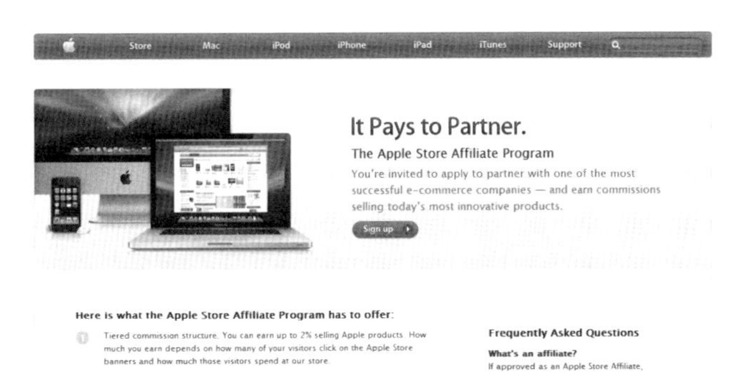

資料來源：http://www.apple.com/storeaffiliates/

③ 可口可樂（Coke Cola）

擁有全球市占率最高的飲料公司——可口可樂，也是聯盟行銷市場中的一員。

資料來源：https://signup.cj.com/member/brandedPublisherSign Up.do?air_refmerchantid=2725160

④ 優衣庫（Uniqlo）

日本知名的國民品牌 Uniqlo 也投入聯盟行銷市場中，廣告依成交計價 Cost-Per-Action（CPA）完成，提供 5~7% 的推廣佣金。

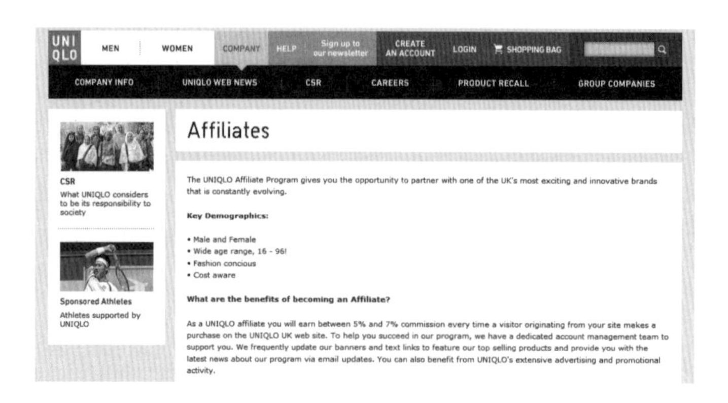

資料來源：http://www.uniqlo.com/uk/corp/affiliates.html

⑤ 星巴克（Starbucks）

國際知名的咖啡品牌—— Starbucks，在 2011 年 12 月也悄悄加入聯盟行銷行列。

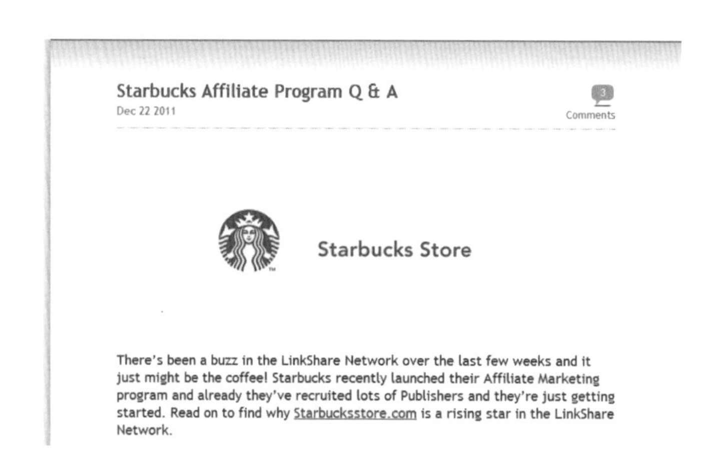

資料來源：http://blog.linkshare.com/2011/12/22/starbucks-affiliate-program-q-a/

⑥ 迪士尼樂園（Disneyland）

世界最聞名的樂園——迪士尼樂園，在法國巴黎的官網中成立聯盟行銷的專頁，以招募聯盟行銷會員加入，幫助迪士尼樂園進行廣泛的網路宣傳。

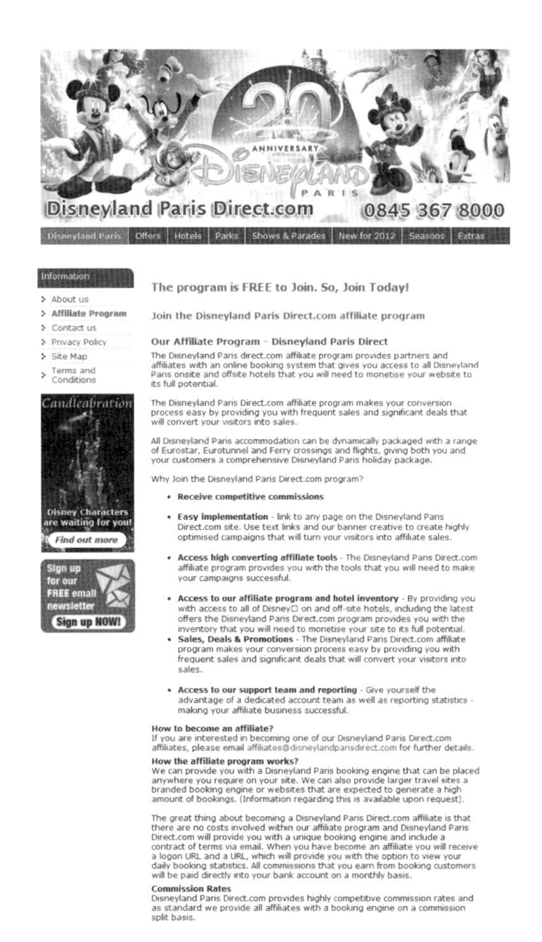

資料來源：http://www.disneylandparisdirect.com/affiliate_program.asp

⑦ 通路王

通路王嚴選商品超過一百萬種，其網路廣告平台讓廠商成交、網友分紅，改寫網路行銷效益最大值。通路王讓廠商與廣告主在數萬個網站與部落格曝光廣告，聯盟會員推廣商品賺取佣金。

資料來源：http://www.ichannels.com.tw

網友可從合作廠商百萬種商品裡，在自己的網站或部落格撰寫推薦文，再放置可辨識會員編號的商品購買連結，廠商只要安裝對接的廣告程式碼。如此一來，通路王便可追蹤到每筆訂單是由哪位站長帶來的。

8 美安

美安臺灣是一家產品代理和網際網路行銷公司。總公司美國美安集團（即「美安公司」）擁有三百萬優惠顧客，十八萬購物顧問，遍布世界各地，目前累積的總零售額已達三十億美元。公司總部設於美國北卡羅萊納州的格林斯堡市，全球共有逾五百位員工，在美國、加拿大、臺灣、香港、澳洲與菲律賓皆設有分支單位及業務。本公司透過創新的一對一行銷概念，將網際網路與眾人創業動力結合，打造出網路購物世界的終極網站。加入的會員即可擁有一個「識別 ID」（用來識別你的網站），你只要將個人網址分享出去，若有人點選進入購買任何產品，你就可以獲得美安公司提撥給你的回饋金。

資料來源：http://www.markettaiwan.com.tw/

總之，聯盟行銷的優點在於免投資、免成本，是網路創業者或兼差的最佳模式。聯盟行銷涵蓋了各種網路行銷模式，包括文章行銷，部落格行銷、論壇行銷、社群行銷、關係行銷、資料庫行銷、電子報行銷等。我相信，國內外未來會有更多使用聯盟行銷的成功案例出現，只希望那些有心人士，不要把此行銷策略運用在不當的交易上，以免有人上當受害。

39 電話行銷，輕鬆成交

人與人的溝通可分成以下三種方式：1. 聽得到，看得到；2. 聽不到，看不到；3. 聽得到，看不到。而電話行銷則是屬於上述第三種方式。

美國自 1970 年代開始就有電話行銷了，至今仍然被各行各業所用，在求職方面，電話行銷的工作也一直有職缺，可見其仍然是企業重要的行銷方式之一。本章節所討論的電話行銷，是在電話中銷售產品或服務，而不是電話邀約。

聲音和文字是構成「語言」最重要的兩個部分，然而電話行銷就是靠聲音和內容來打動人心，所以在心態上和聲音上必須避免以下幾點：

- 緊張
- 鼻音
- 過快或過慢
- 表達不當
- 口音
- 含糊不清

電話行銷人員一定要掌握的五大關鍵

1 準備好相關資料

電話行銷前的準備就像大樓的地基，如果地基做得不確實，大樓很快就會倒塌，唯有充分準備才能抓住難得的機會。把你需要提問的問題和要講的話整理出來，並先設想顧客可能會提到的問題並做好應對準備。因為在和顧客溝通時，顧客也會向你提問一些問題，如果顧客的問題你無法立即回應，還要花時間找資料，顧客很可能因不耐煩而把電話給掛掉，所以事先準備好一切相關資料，才不會錯失良機。

② 設計吸引人的開場白

對電話行銷人員來說，好的開場白就成功了一半，你的開場白能否引起顧客的興趣，決定後續的發展；因此，設計出一套顧客願意聽下去的腳本，是電話行銷成功的關鍵。許多電話行銷人員喜歡使用這樣的開場白：「您好，我是 ×× 公司的 ××，可以打擾您兩分鐘嗎？」這句話並沒有什麼問題，是一個很禮貌、很合理的電話行銷開場白，但對受話方來說，就有很大的問題，因為這種開場白容易使接電話的人心生警惕心。我想每人都曾有過被電話行銷的經驗，像我平均每星期都會接到這種電話，我大腦的直覺反應是這又是電話行銷。所以，千萬不要讓顧客產生防備心。

你的第一句話就決定了此次銷售的命運，作為一個成功的電話行銷人員，在報上自己的公司和姓名後，可以再問顧客：「請問現在方便說話嗎？」事實上，很多人接到推銷電話都是在不方便的時間，如果對方說：「請問有什麼事嗎？」這就暗示著你可以繼續說了。「您算是我們公司的老客戶了，現在我們公司特別針對老顧客有一個最新的創富方案，讓您不用再擔心退休後的生活，您希望退休後不用為錢而煩惱嗎？」

總之，電話行銷中前 10 秒就要緊緊扣住顧客的注意力，並引起他的興趣，30 秒內就決定了接下來的命運，是結束還是繼續。

③ 取得顧客信任

對於電話行銷人員來說，最頭疼的是在接觸新顧客的最初階段，許多銷售專家得出一個最重要結論：如果不能取得顧客的信任，銷售根本進行不下去。例如：

電話行銷人員：「您好，林醫師，我是 ×× 保險公司的高級顧問，我這裡有一個獎品要送給您，不知道您這星期六是否方便，我給您送過去？」

林醫師：「你是誰？我的獎品？你怎麼知道我的電話？」

電話行銷人員：「您的電話是從我們公司內部資料庫挑選出來的。不過像您這麼知名的醫生，有您聯繫方式的人一定很多。這個獎品很難得的，只須佔用您 5 分鐘的時間就行，您看可以嗎？」

林醫師：「什麼獎品啊？對不起，我很忙，沒有時間，再說吧！」

在初次以電話接觸顧客時，取得顧客的信任才是關鍵，而不是帶給客戶利益，誰會相信天上能掉下來的禮物呢？所以，電話行銷人員在初次接觸顧客時，最好是借用第三者或者明正言順的理由，才容易取得對方的信任，使談話容易進行下去。如上述例子的電話對話中，當林醫師問起對方是怎麼得到他的電話時，這時電話行銷人員如果能引出林醫師熟悉的人作為介紹人，必然會增加林醫師的信任感，從而使談話進入到一個融洽的氣氛中。

4 迅速切入正題

在顧客願意聽下去時，電話行銷人員就要迅速切入談話正題，不要認為迅速進入正題會冒犯客戶，你必須儘快地以產品能給他們帶來利益作為談話的內容，再次引起顧客對你的興趣。例如：

電話行銷人員：「您好！過去一年我服務超過一百個會員，協助他們在預算內做好他們的退休計畫，您想擁有業界最完善的退休計畫嗎？」

顧客：「是什麼樣的退休計畫？」接下來電話行銷人員就可以繼續說明下去了。

5 強調產品的價值

電話行銷人員在描述產品時，應主要說明產品能解決顧客哪些實際問題，能為顧客創造哪些價值和利益，這樣顧客才會容易接受你的產品，因為他們要購買的是好處和價值。

例如，你可以說：「許多顧客告訴我們，我們的產品讓他們降低了病毒入侵電腦造成巨大損失的機會，保證系統的安全性，還減少了因垃圾郵件過多，而需要額外增加容量的問題，並讓他們省去了購買新防毒軟體的費用。這些對貴公司而言，應該都很重要，不是嗎？」無論電話行銷還是面對面銷售，自身價值都是銷售過程中必須強調的部分，因為這是顧客決定是否要成交的關鍵因素。電話行銷工作的困難之處在於，如何在最短的時間內和顧客建立關係、取得信任、產生交易。

透過上述的說明，希望能給從事電話行銷的人員一些啟發，以期能快速掌握電話行銷的訣竅，更有成效地做出業績。

頂尖電銷系統

對於從事電話行銷的企業或部門，每天每位電話行銷人員都要打上百通的電話，那有沒有更有效率的方法，可以協助每位電話行銷人員工作更有效率，進而提高業績呢？坊間有一種電話行銷系統，可以把電話行銷的開場白預錄下來，並且利用系統自動播號（顧客的電話）的方式帶出開場白，顧客完全聽不出來是系統預設好的，電話行銷人員就不用一直連續按顧客的電話，也不用擔心被連續拒絕而信心大失，影響下一通的語氣、心情與表現，等到有意願的顧客時，電話行銷人員再用真實的聲音和顧客互動即可。整體來說透過這種電銷系統有以下七大好處：

1. 電話行銷人員預錄開場話術後，管理者可以透過系統檢視電話行銷人員的開場品質，確保通話品質。

2. 大批量名單採用 EXCEL 即可匯入系統。

3. 省時。

4. 一個電話按鍵即可紀錄撥打結果，簡化雜亂的手寫報表。

5. 每通電話都有智慧型錄音，可輕易診斷話務結果，另外可以下載存檔作為教學或指導範本。

6. 可降低新人打電話被拒的挫敗感。

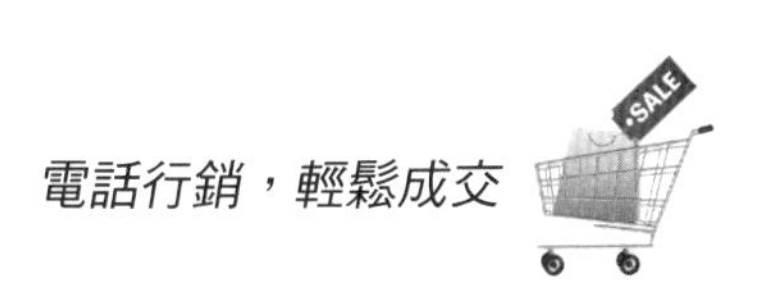

7.節省人事成本、訓練成本、時間成本、管理成本。

電話行銷應對話術

電話行銷人員永遠不知道顧客現在處於什麼樣的狀態，所以，被顧客拒絕是很正常的，以下為常見的拒絕理由，但實際上拒絕的理由不只如此，電話行銷人員可以自行應用，研擬一套反制顧客拒絕的應對話術。

① 顧客說：我沒空。

電話行銷人員：我能理解，我也老是覺得時間不夠用，不過只要給我三分鐘，您就會相信，這三分鐘對您來說是非常關鍵的，還是您可以選一個您方便的時間，我再與您聯絡。

美國富豪洛克菲勒曾說過：「每個月花一天的時間在錢上好好盤算，要比整整三十天都在工作來得重要。」

② 顧客說：我沒興趣。

電話行銷人員：您說沒興趣我能理解，要您對不知道有什麼好處的東西感興趣實在是強人所難，但如果您沒有細心去研究的話，又怎麼會有興趣呢？所以，希望您能給我三分鐘的時間，讓我做一個完整的說明。

③ 顧客說：你先把資料寄給我就好了。

電話行銷人員：我們的資料都是精心設計的，必須有專人從旁解說，以一對一的方式為顧客量身訂做出適合顧客的方案。

④ 顧客說：我有需要再跟你聯絡。

電話行銷人員：也許您目前沒有太大的意願，不過我還是樂意讓您了解，若是您能考慮買我們的產品，對您是相當有益的。也許您現在未必有興趣購買我們的產品，但透過我的介紹，您肯定會有所收穫的。

⑤ 顧客說：我沒有錢。

電話行銷人員：謝謝您說得那麼坦白，正因為如此，反而可以充分證明我們的產品可以對您產生經濟效益，用最少的資金創造最大的利潤，我的工作就是一方面為您省錢，一方面又為您節省時間。

⑥ 顧客說：我要考慮一下。

電話行銷人員：好的，是不是我哪裡說得不夠清楚，以致於讓您要再考慮一下呢？我明天下午打給您比較好呢？還是晚上打給您比較方便？

⑦ 客戶說：這金額太大了，我無法馬上付錢。

電話行銷人員：是的，我想大多數的人和您一樣都沒辦法馬上付款，所以，我們公司將提供無息分期付款，可以分三期和六期的供您選擇，請問您要分三期還是六期呢？

⑧ 客戶說：太貴了。

電話行銷人員：我了解！好東西本來就不便宜，便宜沒有好貨。產品的價值在於它可以為您做什麼？而不是您付了多少錢對吧！假如它只花你一百元，卻可以為您做一千元價值的事情，這樣你反而賺到了不是嗎？所以當您將產品上優良的品質，減去對便宜貨的失望，乘上買到好產品的快樂，除以一段時間的成本，這樣計算的結果對您是絕對有利的。

⑨ 客戶說：最近市場不景氣。

電話行銷人員：我能理解，最近很多人都在談論市場不景氣的事情，但我們絕對不會讓不景氣因素干擾我們公司前進的腳步，您知道這是為什麼嗎？因為我們公司借鑑了許多成功企業的經驗。不知道您有沒有發現，很多成功人士都是在市場最為不景氣的時候創立自己的事業，因為他們看到的是長期的機會，而非暫時的處境；市場不景氣並不是我們靜觀其變的時候，而是採取行動的好時機，您說是嗎？

⑩ 客戶說：能不能算便宜一些。

電話行銷人員：在這個世界上，我們很少發現可以用最低價格買到最高品質的產品，這是經濟社會的真理。假如您同意我的看法，為什麼不多投資一點，選擇品質較好的產品呢？畢竟選擇普通產品已不能滿足您了。當您選擇較好的產品所帶來的好處和滿足時，價格就已經不重要了，您說是不是呢？

⑪ 客戶說：別的地方比較便宜。

電話行銷人員：也許您說的是真的，畢竟每個人都想以最少的錢買到品質最好的商品。但我們這裡的服務是有口碑，您在別的地方購買，就沒有這麼多服務，而且還要再找時間去買，這樣不是又耽誤了您的時間，等於沒省多少，因此，還是選擇我們這裡比較恰當，對不對？

40 如何快速搜集顧客名單

如果你不喜歡一對一銷售，不喜歡花大量的時間去拜訪客戶；如果你不喜歡與人接觸，不喜歡看別人臉色，如果你想要透過網路行銷來增加業績，倍增收入，那麼你一定要知道網路淘金術「名單 × 信任」的巨大威力。此方法適用於個人創業、中小企業、業務員、行銷企劃人員等，網路淘金包含四大要素：

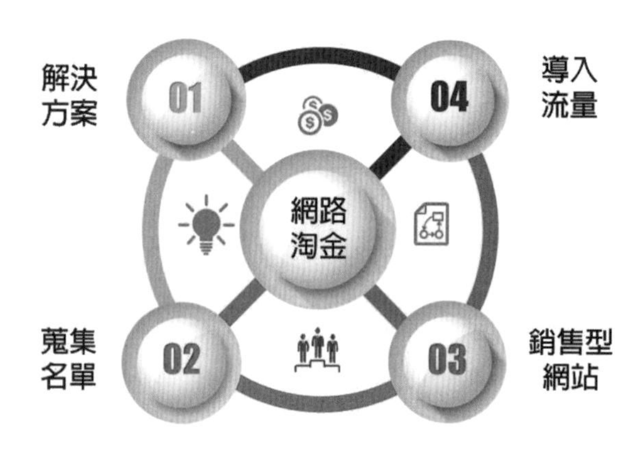

① 解決方案

剛開始，你要找出一個可以解決人類某方面的需求，確定可以滿足顧客一個或多個解決方案。即：你要有可以販售的「產品」或「服務」。

② 蒐集名單

如果你沒有足夠的顧客，你要學會在網路上蒐集顧客名單，來增加你的潛在顧客資料庫。

③ 銷售型網站

很多網站都是形象網站，如果你可以打造一個銷售型網站，你的標題和文案都非常有吸引力，那你的業績就會持續上升。所以，你要學會建立一個銷售型網站或銷售網頁。

④ 導入流量

一個網站如果沒有流量，就不會有業績，所以，你要學會如何導入流量到你的網站，要有 SEO 與「成交率優化」的基本概念。

雖然網路上什麼都能賣，賣什麼都不奇怪，但並非三百六十五行在網路上都是很容易銷售的，因此在網路上並非任何東西都可以輕易賣出，那什麼樣的東西在網路上比較好賣呢？

- **私密產品：**基本上不方便在實體商店購買的東西，在網路上都會特別受到歡迎的，以情趣用品來說，因為涉及私密，因此在網路上賣效果是不錯的。

- **熱門產品：**比方說 3C 產品、服飾、書籍、保養品等標準型商品，一直都是網購的熱門產品，因此這些類別的產品也都會有不錯的銷售量，但熱門產品偏重價格戰。

- **虛擬產品：**因為本身無形，賣的可能就是一種夢想，一張合約書等，但要注意的是，你賣的產品必須要是大眾化，產品解說度困難低的，例如旅遊業，賣的是旅遊行程；教育訓練業，賣的是課程；人壽保險業，雖然產品大眾化，但因為涉及要說明的專業度高，因此要在網路上賣複雜的保單並不易，不然為何現在保險業務員還是以人與人的銷售方式在作業，倘若是賣簡易的保單，例如：意外險、旅遊平安險、單純的保險則很適合，那這麼說來人壽保險業務員是不是就不需要網站呢？其實人壽保險的業務員個人本身非常需要網站，雖然不能在網路上直接銷售保單，但只要增加個人曝光量，有興趣的朋友自然會主動與您聯絡，您即可在日後與顧客見面並促成交易。

近年來最熱門的行業和網路上最常搜尋的關鍵字如下：比特幣、虛擬貨幣、區塊鏈、移民、徵信、手機、減肥、瘦身、保險、留學、熱汽球、網路電話、美容、整形外科、租屋、保養品、簡訊、坐月子、催眠、搬家公司、名片、喜帖、抽脂、隆乳、信用卡、美白、咖啡、翻譯社、水晶、數位相機、翻譯、網頁素材、攝影機、圖庫、不動產、精油、日文、投影機、印刷、線上遊戲、手機鈴聲、寵物、傢俱、機票、購物、旅行社、旅遊、食譜、網頁設計、網路行銷、虛擬主機、電子商務、網路開店……除了上述關鍵字，沒有被寫出來的並非這些行業以外就不能做，相反的可能甚至是還未被發現新商機。

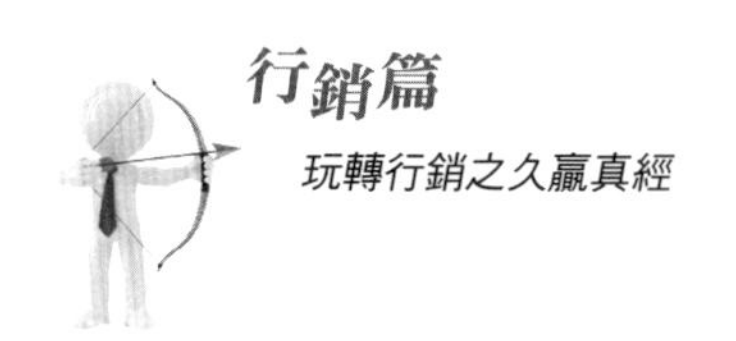

蒐集名單

接下來，為你介紹如何快速蒐集顧客名單，以豐富你的顧客資料庫。

《網路印鈔術》一書中提到：客戶名單，就是你的存款；客戶資料庫，就是你的小金庫；客戶對你的信賴，就是你永續的財富；相信你的客戶所組成的資料庫簡稱魚池。上述的意思是把客戶比喻成魚，一群信任你的客戶資料庫就是魚池，而當你擁有一定規模的魚池，你就可以重覆對他們促銷，這才是企業利潤的泉源。那要如何蒐集名單建立魚池呢？

首先你可以去買名單，若本錢不夠，還有第二種方法，就是你可以設計一個可以讓潛在顧客留基本資料的網頁，如此一來，這些準顧客名單就是你的資產，你就可以做進一步的行銷工作。以下我列舉了十個範例供讀者們參考：

範例一：送你 600 堂免費美語課程！

範例二：啟動夢想只需要一步的距離

範例三：400 本《順流致富法則》免費送！

此活動短短不到十五小時，已有四百位顧客填寫基本資料！當四百本送完時，你就擁有了四百個顧客名單了！

範例四：這市場充斥著太多黑心！

其實，你還可以將你知道的知識或技能，變成一個誘餌，讓潛在顧客留下基本資料。

範例五：十大減肥騙局免費下載

為什麼市面上很多減肥產品都無效！因為大多數都是騙人的！沒有知識也要看電視，沒有看電視也要聽我說故事。再設計幾個欄位讓潛在顧客留下基本資料即可。

範例六：十種讓搜尋引擎快速找到你的方法

你可以錄製一段影片，先分享五種讓搜尋引擎快速找到你的方法，想要知道另外五種，請留下基本資料，我會再提供另外五種讓搜尋引擎快速找到你的方法。

範例七：你所不知的 WORD 祕技

我想很多人都會使用 WORD，但有些功能可能就有人不知道了。所以你可以錄製一段影片，分享一般人可能不知道的 WORD 祕技，如果你想知道 EXCEL、POWERPOINT、OUTLOOK 等軟體的祕技，請在下方留下你的基本資料。

範例八：你就是下一個周杰倫

你可以錄製一段影片，或用文字說明編曲五大要素，想知道更多關於編曲和創作上的資訊嗎？請上 www.×××××.com.tw

當潛在顧客到你的網站上要看影片或文章時，你可以設一個門檻，也就是要先註冊成為該網站的會員，才可以觀看，這樣一來，顧客基本資料就到手了。

範例九：史上最快速背單字的方法

你可以用一段影片或文字說明如何背單字最快。最後，設定一個訂閱電子報的按鈕，只要留下基本資料，註冊者就能不定期收到學好英文的電子報。

範例十：寄信留言

這是一種最簡單的方法，就是在書上或網路上註明：現在只要寄 E-mail 到 ×××××@×××××.com.tw，即可參加抽獎，獎品有……

看完上述十種範例，其實還有很多主題你可以自行去選擇和發揮：如何增進兩性關係？如何瘦肚子？如何瘦大腿？如何快速看完一本書？如何公眾演說？如何唱高音？如何交男女朋友？如何種花？如何經營粉絲頁？如何養小動物？如何選對基金？如何選車？如何穿對衣服？如何買對電腦？如何煮飯？如何買屋？如何心想事成？如何寫一本書？如何打造出一本暢銷書？還有很多很多……

在《引導式銷售》一書中，作者提出人們已不想再被「推銷」任何東西，他們要的是影片、說明書及網路研討會，讓他們在決定購買前有更多了解。過去 95% 放在對外銷售的努力，現在應該改採行銷 75%，銷售 25% 的比例。業務和行銷人員必須變成「銷售導遊」，專心引導潛在顧客自行做出正確的決定。也就是說我們透過網路行銷、廣告等方式產生流量，吸引潛在顧客進入銷售漏斗（如下圖），再由業務團隊引導潛在顧客做出正確的決定。

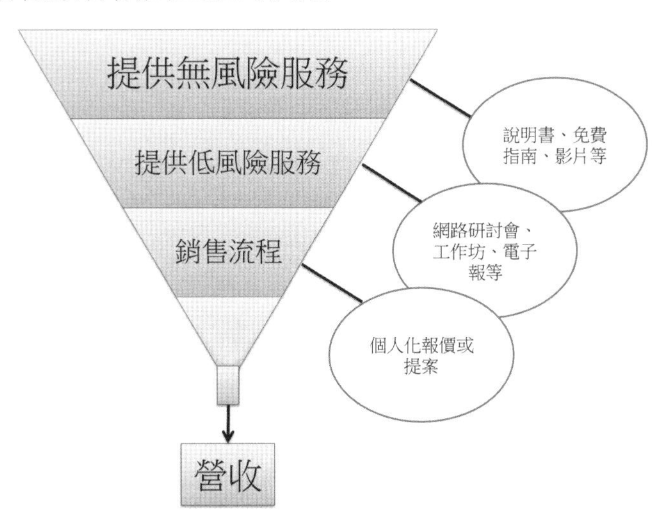

所以，我們透過無風險的服務來搜集名單，目的就是能進一步追蹤行銷，從原本大量的潛在顧客，一直篩選到少量的成交顧客。當然，公司的產品或服務不能只有單一品項，最好有周邊相關產品和後續高價產品，才能讓個人或企業有源源不絕的營收。

41 建立讓顧客留下資料的網頁

首先想跟你介紹一個專有名詞叫Landing Page，中文翻譯為登錄頁或著陸頁。Landing Page 可以適用於註冊會員、產品 EDM、活動邀請、市場問卷、贈品索取、訂閱電子報、行銷產品或服務……等。

也許你跟我一樣，不是學程式設計的，也沒有美工背景，要怎麼製作這樣的網頁呢？以往我們想製作一個自己的 Landing Page 或網站，都需要使用如 Dreamweaver 之類的網頁設計軟體，然後上傳到某個網路空間，不但學習起來麻煩，還得花錢租用一個網頁空間，對一般的電腦初學者來說是個不小的負擔，而且不容易上手。之後雖然「部落格」服務開始盛行，如 Yahoo! 奇摩部落格、蕃薯藤 yam 天空部落、痞客邦和 Google 的 Blogger……雖然可以免費申請而且使用容易，但畢竟部落格是個以時間順序來排列裡面的內容，並不適合當成正式的網站，無法自由地排列裡面的頁面及內容。

在此介紹一個好東西，就是 Weebly，2007 年 Weebly 被時代雜誌選為年度前五十名最佳網站之一。它是一間位於美國舊金山的網頁服務業者，該公司提供了免費的「模組化」網頁設計界面，使用者只要用拖曳的方式即可輕鬆建立網頁，還提供了網頁的代管服務，不限制上傳的空間及下載的流量（只限制單檔上傳大小），而且還能將網站套用自己的網域名稱，是個非常好用、而且很適合初學者的一項網頁設計服務。

 Weebly 功能簡單介紹

透過拖曳的方式可以自由配置數十種網頁原件，以模組化方式規劃出符合所需的網站版面。

在「頁面（Page）」頁籤中自由新增、刪除網頁數量以及修改 META 值，並透過拖曳的方式整理分配網站的結構，不管是二層、三層或更多層的架構都能輕鬆建立。

編輯畫面所見即得，即使進階使用者修改 HTML 或 CSS，透過「Preview」頁籤也能立即查看修改後的結果。

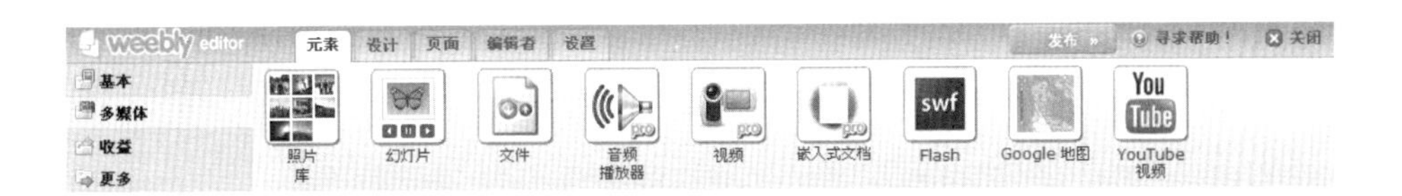

網頁元件（Elements）

擁有基本的標題、文字、圖片以及結合前三者的圖文整合網頁元件。

在排版上，「兩欄版面（Two Column Layout）」以及「分隔線（Divider）」元件皆能達到基本的效果，其中雙欄版面左右兩欄的大小能由使用者自訂界限，若需要三欄或四欄的配置，只要在雙欄內再加入一個雙欄即可。

多媒體方面，Weebly 提供了「相簿（Photo Gallery）」以及「幻燈片（Slideshow）」供使用者進行大量照片或圖像展示；此外，當今網頁常用的 FLASH、Google Maps 以及 YouTube 等，在 Weebly 上也都有對應的網頁元件支援。

在客戶連絡方面，Weebly 內建多種形式的詢問表單，並可依需求自訂表單內容以及表單回傳位址，在 Weebly 的編輯畫面也會整理出表單所接獲回函的一覽表。

除了內建的功能元件之外，進階使用者可以使用「自訂 HTML（Custom HTML）」元件，撰寫簡單的 HTML 程式語法，做出靈活的排版或需要的功能。

（例如表格、倒數計時器等）

設計（Design）

Weebly 內建高達百餘種的網頁美術樣式供使用者套用，並且可隨時更換，已製作好的網頁版面即內容也不會亂掉或消失。

可自訂網站文字的大小以及字體，在版面的配置上，多數的網頁原件都有靠左、置中、靠右以及有無邊框或是四周間隔大小的選項。進階的使用者可以在「設計（Design）」頁籤中進行 HTML 或是 CSS 的編輯。

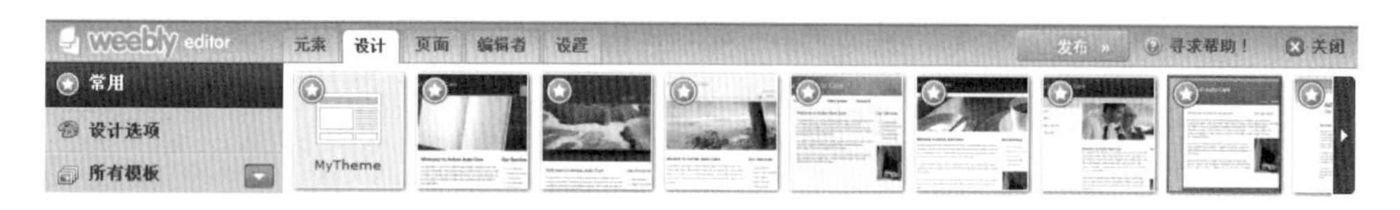

網站發布及伺服器管理

以 Weebly 所製作出來的網站只要按一下編輯畫面右上角的「發布（Publish）」按鍵，就能以所設定的網址在網路上進入你的網站了。在伺服器方面，Weebly 提供給每個使用者網站伺服器代管服務，而且是完全免費的！

網域名稱

每個 Weebly 的使用者可以自行設定網域為 weebly.com 結尾的網址，若是已擁有網域的使用者，可以將自己 Weebly 網站的網址改為所擁有的網域，而想申請新域名的使用者，Weebly 也有提供相關服務，讓你能快速擁有國際網址。

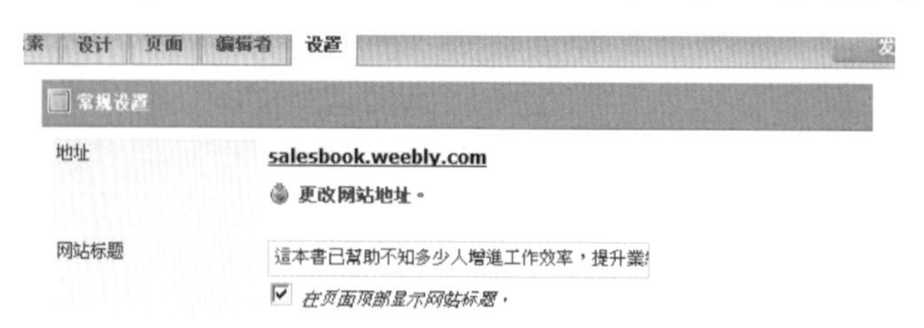

內建 SEO 功能

Weebly 很貼心，還內建了 SEO 設定功能，你可以為你的網站描述一段話，設定關鍵字，當有網友在搜尋引擎上輸入和你設定的文字符合，你的網站就容易在很前面的頁數被搜尋到。

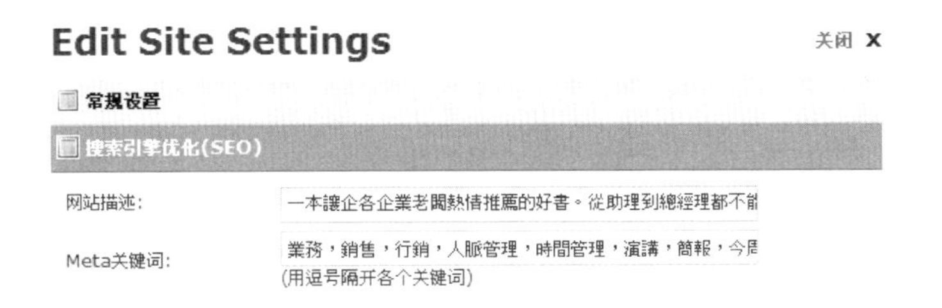

流量數據

你可以透過後台看到你的網站每天有多少人拜訪你的網站。以圖示表示。

名單列表

你可以從後台，看到網友留下的基本資料，方便你進一步行銷。現在你已經知道有這麼好用的工具，可以讓你以最快且簡單的速度做出蒐集名單的網頁。現在立即到 www.weebly.com 註冊，開始架設一個讓全世界看得見的網站吧！每個免費帳號可建置兩個網站，但如果你想要更多進階的功能，那可就要付費了。

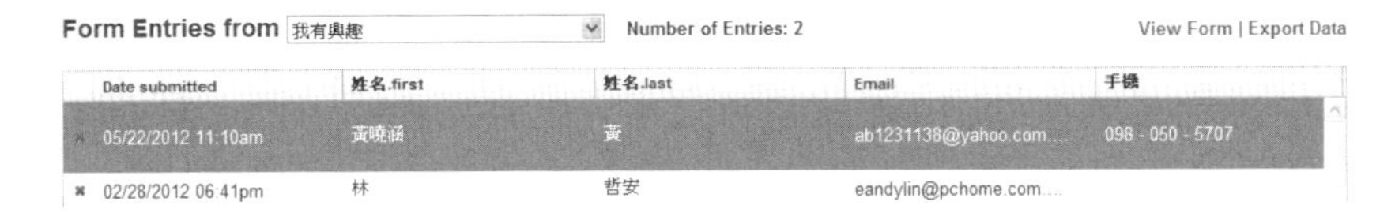
Form Entries from 我有興趣　Number of Entries: 2　View Form | Export Data

Date submitted	姓名.first	姓名.last	Email	手機
05/22/2012 11:10am	黃曉涵	黃	ab1231138@yahoo.com....	098 - 050 - 5707
02/28/2012 06:41pm	林	哲安	eandylin@pchome.com....	

42 導入流量的 10 種技巧

不管是銷售頁或部落格，還是官網，一定要有潛在顧客進來參觀，雖然流量不等於業績，但流量越大，業績才有可能越高，那麼流量怎麼來的呢？如何讓更多的潛在顧客進入我的網站呢？方法很多種，以下提供十一種技巧：

① 關鍵字廣告

關鍵字廣告包含 Yahoo! 奇摩關鍵字廣告和 Google 關鍵字廣告，是兩者都是要付費的，但這是還不錯的導入流量方式，顧客較精準。

② 付費廣告

網路廣告是在網路上以文字或 Banner 的方式呈現，兩者都可以超連結到你想要曝光的網站，當然，如果有龐大的預算，網路廣告可以讓你的曝光極大化。

③ 免費廣告

比方說像奇集集 Kijiji，可以發布免費廣告，再連結到你的網站。

④ SEO（搜尋引擎優化）

做好 SEO，可以讓你被搜尋的機率大大提升，相對的，網友要進入你的網站的機會也會相對增加。

⑤ 影片行銷

我們可以製作一段影片上傳到 YouTube 上，設定好關鍵字，並寫下簡單的自我介紹或你想要說的話，並留下網址，當有人在 YouTube 搜尋時，就很有機會搜尋到你的影片，看了你的影片後，點選你留下的網址，進入你的網站。

範例：新絲路視頻

以下的畫面是我在新絲路視頻「說說書系列」及「歷史直相」的影片。在影片下方有新絲路 FB 粉絲頁網址和我個人 FB 的網址（下方框線處），有興趣的網友會點進去看，這也是導流量的技巧之一。

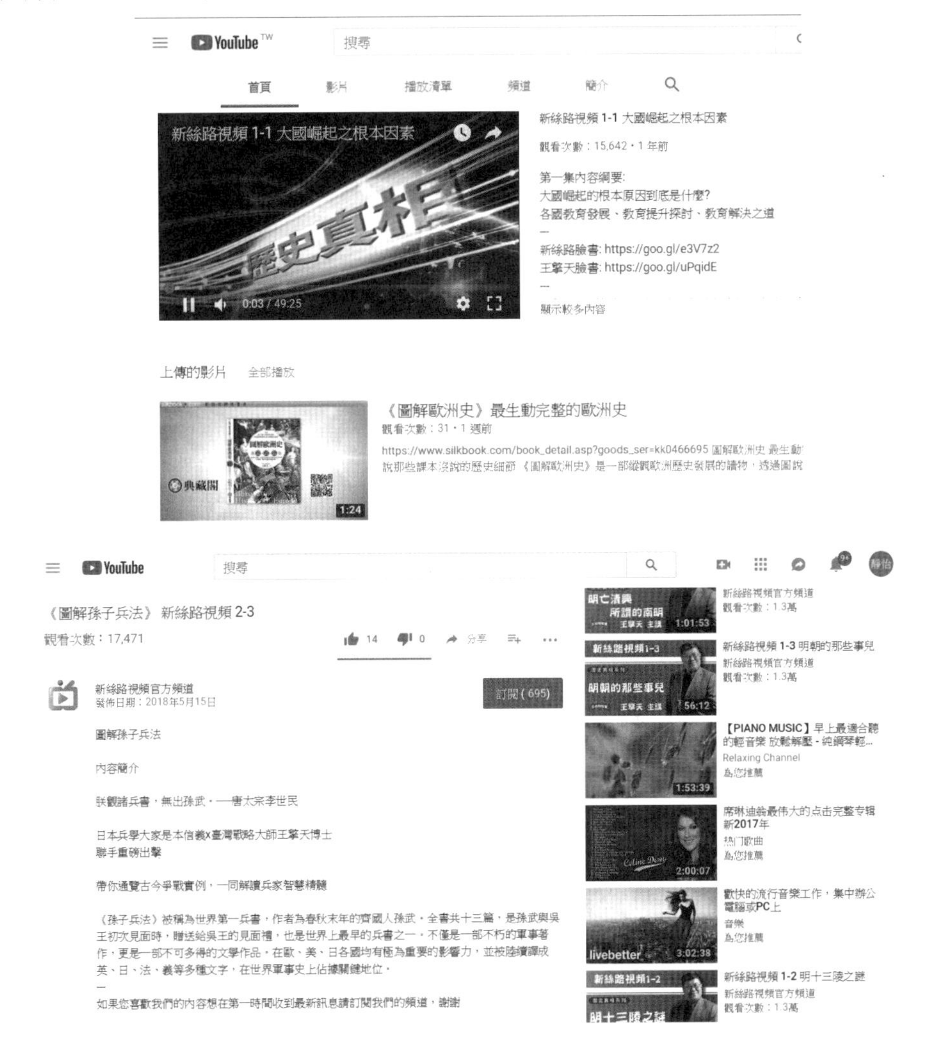

在利用 YouTube 導流量時，請注意五個重點：

- **標題**：要包含關鍵字，且最好放在最前面。
- **標籤**：把最重要的關鍵字放在首位，YouTube 最多可以設置 12 個標籤。
- **描述**：寫一段具吸引力的描述，描述中最好包括關鍵字，你要連結的網址和聯絡方式。

- **評論：**網友的評論越多，代表你的影片越受歡迎，對排名多少有些幫助。

- **外部連結：**影片優化也一樣，同樣需要外部的連結，在他人的網站中，可連結到你的影片。

另外，由於 YouTube 和 Google 關係非常密切，所以，做好影片優化，有助於被 Google 搜尋到。

⑥ 網路社群媒體

你可以在 Facebook、Twitter、Purk 和部落格等網路社群媒體發布訊息（加上連結），就會有人點選進入你的網站。

⑦ 寫文章

如果你有經營部落格，而且流量也不錯的話，可以善用本身的優勢，讓流量倍增，怎麼做？你可以將最新新聞或熱門的題材，用自己的方式寫成文章發布在部落格上。比方說，林書豪突然爆紅，如果當時你寫一些關於林書豪的文章，且文章標題有含「林書豪」三個字，被網友搜尋的機會就會大很多，相對的你的部落格的流量也會增加。

⑧ 發文和留言

除了在自己的部落格或 Facebook 發表文章外，你還可以到各大討論板或論壇發文和留言。發文就是發表文章，留言就是在別人發文後留言。這當中，你的暱稱和簽名檔就很重要了，暱稱要有趣，簽名檔要有特色。在我印象中有幾個暱稱很吸引人，例如：魚乾遊、朝河蘭……那你要在哪裡發文和留言呢？你可以在流量大的網站、討論板、YouTube、部落格和 Facebook 粉絲頁等網站留言。

你可以到這個網站 http://www.alexa.com/topsites/countries/TW 裡面列出台灣流量排行榜前五百名的網站，代表著這些網站非常受歡迎，流量大，如果你在這些網站發文或留言，相對的你被搜尋到的機會也會提升。然而請記住一個最高指導原則，就是不要發廣告文，因為人不喜歡看廣告，甚至還會被板主刪除呢！

⑨ Yahoo! 奇摩知識＋

你可以在 Yahoo! 奇摩知識＋用不同的帳號自問自答，導引有相同問題的網友到你的網站。

⑩ 互相連結

你可以跟你朋友的網站互相連結，或異業合作友好連結，以增加曝光量，進而導入更多的流量。

43 做好 SRO，提升成交率

何謂 SRO ？是 Sale Rate Optimization 的縮寫，簡稱 SRO，中文翻譯為成交率優化的意思。

我們可以算一下，當有 100 個新顧客訪問你的網站，而只有 1 個人成交時，你的網站成交率為 1%。而經過 SRO 優化及處理，改造了你的網頁，那麼，每 100 個訪客之中，有 2 個人成交，則你的網站成交率就變成 2%，相對於過去的 1%，提高了一倍。所以，SRO 就是優化網站內容與編排，提高網站商品的成交率。

SRO 其實也就是一種「網路冷讀術」（有關冷讀術可參考我的另一本著作《懂得人都不說破的攻心冷讀術》）。也就是說你必須了解瀏覽你網頁的人在想什麼、他們需要什麼、他們害怕什麼、他們渴望得到什麼……有了這些資訊再來優化你的網頁。

範例：池香古早味肉燥乾麵（http://johoja.com.tw/index_ old.htm）

說明：此網站為單頁銷售頁。基本上網友到一個新的網頁，只有黃金七秒半的時間來決定是否要繼續看下去。所以一開始，可以用文字、影片或圖片的方式來吸引顧客的注意力。像此網頁一開始就是用一段影片來吸引顧客的注意力。

說明：接下來引發顧客的購買欲，喚醒顧客心中的需求。

說明：介紹此產品的操作方法，讓顧客覺得自己做很簡單，不需靠別人。

說明：我相信有很多人非常注意健康，所以非常害怕什麼有添加化學成份的東西，此網頁也特別標明不含防腐劑、瘦肉精、人工調味劑，讓網友可以買得安心和放心。

 SRO 成功的關鍵三要素

我們要提高成交率其實說難不難，說簡單也不簡單。首先你要了解這三件事：

- **付款**：顧客付款當下會產生痛苦感，若付款金額越大，則痛苦感越大。
- **風險**：顧客因為還沒正式使用過產品或服務，所以心裡多少會有顧慮和擔心，害怕做錯決定。
- **價值**：顧客使用過後才感慢慢感受和體會到產品或服務的好，如何快一點感受和體會到產品或服務的好是我們要思考的重點。

由上圖可知，要成交不是那麼輕而易舉。我們可以發現有兩個痛苦大於一個快樂，那要如何讓成交變得更容易呢？關鍵祕訣就在於要讓一個快樂大於兩個痛苦。所以針對付款，風險和價值，我們在網頁上的呈現要做到下列三件事：

- **方便付款**：讓消費者感覺付款很放心、很方便，沒有付款障礙。
- **降低風險**：降低風險的聲明、機制和手段。
- **塑造價值**：顧客未來將獲得的好處與利益。

而 SRO 成功的精髓就在於以下這兩個關鍵——

放大快樂和縮小痛苦

世界第一潛能激勵大師安東尼．羅賓說：「一個人做任何決定，不是為了追求快樂，就是為了逃離痛苦。」所以我們只要善於操控「追求快樂」和「逃離痛苦」這兩個因子即可。放大快樂就是要會塑造產品或服務的價值，以下再針對縮小痛苦的做法說明解析。

100% 滿意保證和退換貨承諾就是縮小痛苦的策略做法。請看以下的範例：

1. 購買本公司產品享有七天鑑賞期，七天內皆可無條件退換貨。

2. 購買本公司產品享有七天鑑賞期，七天內皆可無條件退換貨。若有贈品不用退回。

3. 購買本公司產品享有三十天鑑賞期，三十天內皆可無條件退換貨。已領贈品不用退回。

以上這三種方案，你會喜歡哪一種？

44 八種風險逆轉模式

當顧客在決定購買前，基本上內心都會浮現兩種聲音：

- 你是騙子嗎？
- 萬一我買了不滿意怎麼辦？

所以，如果你能消除顧客內心的這兩大疑問，你就可以讓顧客決定購買的時間加快十倍以上。風險逆轉的意思是說把顧客本身存在的購買風險，轉移到業者身上，也因為如此，企業會推出更佳品質的產品或服務，對業者和顧客來說都好，等於創造了雙贏。以下列舉八種風險逆轉模式：

提供全額退款保證

提供全部退款保證的意思是，顧客若使用後不滿意，可申請 100% 全額退費。

在美國有一家網路鞋店（http://www.zappos.com/）。其上線的第三年，其銷售額便超過了八億美元，占美國鞋類網路市場總值三十億美元的四分之一強，被稱為「賣鞋的亞馬遜」。創辦人之一謝家華所創立的這家網路鞋店就叫做 Zappos。Zappos 的名字來自西班牙語 zapatos，意思是「鞋子」。Zappos 使用了風險逆轉商業模式，公司高速成長的主要關鍵就是回頭客和顧客之間相傳的口碑，他們始終堅持提供「業內最好的服務」，服務包括：

- 承擔購物和退貨的運費。
- 三百六十五天之內皆可免費退換貨。

➔ 客服中心二十四小時開放。

是的！你沒有看錯，三百六十五天免費退貨，而且你不用再支付任何費用，一切成本由 Zappos 自行吸收；這雖然導致了 20% 的退貨率，但也形成 75% 的客戶回購率與 25% 的轉介紹率。一旦你能讓顧客輕鬆滿足需求，協助他們做出明智的決定，並正確地準時送達，顧客不僅會感到開心滿意，驚喜萬分，還會成為你的忠實顧客，對你忠貞不貳。

部分風險逆轉

部分風險逆轉的意思是業者無法退還 100% 的費用，而是退還部分費用，至於退多少，不一定。

範例：有一家公司辦了一堂課程，並提供午餐，若學員上完課不滿意，可以申請退費，但無法退回課程費用的全部，只能退回課程費用的 90%，公司則收取學員 10% 的行政手續費，這當中包含了場租費用、午餐費用和行政費用。

提供分期付款服務

有些高單價產品，對於某些人來說也許一時或一次付不出來，所以，若業者可以提供分期付款服務，則會有更多的顧客願意購買，除非你的產品或服務在這世界上獨一無二，顧客又非買不可，否則，顧客可以選擇你的競爭對手，只因為你的競爭對手可以不用一次付清，即可買到產品或服務。

範例：某購物中心在網路上所賣的產品，除了現金價外，還可以使用信用卡刷卡分期，從三期到二十四期都有，消費者皆能享有零利率。

提供免費試用

免費力量大，免費吸引人，我想「免費」這二個字的確在行銷上增添了極大的誘惑。免費的行銷模式已在商業上大量泛濫使用，但有些使用免費產品後所產生負面的效應，而導致顧客越來越精明；所以如何善用免費試用商品，達成風轉逆轉的效果，進而創造後續更多的營收和利潤，這是我們可以深入思考的。

一家音樂教室，打著「免費學吉他」的廣告招生。其實是免費上一堂課，這一堂課可說是體驗課，因為不知老師教得如何？老師長得如何？學習的感覺如何？所以若體驗完第一堂課，覺得不錯，可以報名全期共十堂課。業者提供這樣風險逆轉的模式，讓想學吉他的朋友有了機會，也讓業者擁有更多的學員和營收。當然，後續的教學品質就很重要了，不能前面教得好，後面隨便教，如何留住顧客，甚至讓舊顧客轉介紹，品質一定要維持在水準之上，畢竟這是服務業，服務正是業者勝出的主要指標（KPI）。

提供優質售後服務

很多業者都有提供售後服務，例如：0800 二十四小時客服專線，三年保固免費維修服務，上完本課程終身免費複訓。根據銷售心理學，顧客會擔心購買後若有問題要找誰？公司會不會倒閉？甚至後續有什麼服務，可以讓我覺得這次購買物超所值？顧客心理期望的是買得安心，買得放心和買得開心。

一家連鎖服飾店推出活動：凡在店內購買無論襯衫、外套、褲子，若日後有問題，如修改腰圍，補扣子等，皆終身免費服務。我曾經掉了一顆襯衫的鈕扣，想去試試看是否免費，結果店家真的免費幫我縫了一顆新的扣子。

提供免費售前服務

當顧客在購買前，業務提供一些售前服務，讓顧客可以先享受，等享受完後，會有一定比率的顧客會想繼續享受，這就是業者想要的結果。

有位農夫想要為小女兒買一匹小馬。在他居住的小城裡，共有兩匹馬要出售，從各方面看，這兩匹小馬的資質都差不多。第一個商人告訴農夫，他的小馬售價五百美元，喜歡的話，可以立即牽走。第二個商人表示他的小馬要價七百五十美元，但他告訴農夫，在做出決定前，農夫的小女兒可以先試騎一個月。他除了將小馬帶到農夫家外，還自備小馬一個月吃草所需的費用，並且派出自己的馴馬師，一週一次，到農夫家去指導他的小女兒如何餵養及照顧小馬。

他還告訴農夫，小馬十分溫馴，但最好讓農夫的小女兒每天都能騎著小馬，讓彼此互相熟悉，因為小馬也是有感情的。

最後他說，在第三十天結束時，他會再度光臨農夫家。屆時，農夫有兩種選擇：一、讓他將小馬牽走，他會把環境清掃乾淨；二、農夫支付七百五十美元，將小馬留下。

最後的結果是，農夫的小女兒捨不得讓那匹小馬離開，因此農夫就花了七百五十美元買下了小馬。

見效後再付費

若顧客購買一樣產品或服務，購買時不用錢，使用後有效果再付費，我想顧客一定會很喜歡。

一家行銷顧問公司，幫顧客設計一個行銷策略，若顧客執行後，月收入大於多少數字，則另撥利潤之 10% 回饋給行銷顧客公司，這就是一種見效後再付費的模式。

比零風險更好的策略

比零風險更好的策略的意思是說，你所退還給顧客的產品或服務大於其價格，讓顧客不僅沒有任何損失，反而得到更多。

有一位行銷大師是這樣招生的：學員先付訂金一千元即可報名一堂六萬元的課程，另外再送七套課程 DVD，課程尾款三天內補齊即可。而你在三天內對這七套課程 DVD 若有任何不滿意，即可寄回給我們，我們將退還一千元給學員，而運費也是我們自行付擔，學員不用付任何費用。若上完課不滿意可馬上申請退費，我們也不問任何理由，只要握握手做個好朋友，我們會退還當初所繳的學費六萬，而當初免費送給你的七套課程 DVD 你可以自行保留，不用寄還給我們，所有的筆記也自行保留，所有一切都沒有讓你多付一塊錢，讓你享受比零風險更棒的禮遇。

風險逆轉策略要適情況而使用，業者可以針對自己的行業別和產品屬性，來決定上述八種模式中的其中一種或數種的組合。根據國內外企業使用過後的經驗，絕對可以彌補顧客退貨或退款的損失。最重要的是讓你增加顧客數和營收的成長。

45 如何寫好追售信

什麼是追售呢？所謂追售就是你持續追蹤銷售給他人，最簡單的做法就是發電子郵件，而寫追售信的最重要的一點就是：價值銷售。你想想看，如果你每次見到一個朋友，你每次都要賣他東西，你覺得對方會不會不太喜歡你，甚至躲著你不接你電話；但如果你每次跟朋友見面，都是提供好康的給對方，偶爾賣一次，這樣對方是不是會比較喜歡你，不會排斥你，進而跟你購買。以下我舉一個真實成功追售的範例，此案例在 24 小時內，共超過 100 人報名參加。

首先，要擁有準客戶名單（準魚池），這樣追售才會有效益，至於擁有客戶名單的方式很多，以下的範例是透過影片行銷的方式來獲取客戶名單。（影片網址：www.songyan.com.tw）影片開始影像如下：

一位宅男在網路上發表一部

1分半鐘的影片 沒想到竟然.....

影片內容簡單的說：如果你不擅言詞，討厭推銷，不想得罪朋友，想成功，想擁有更多的收入，想在網路上吸引有效的客戶跟你購買產品或服務，只要你留下姓名和電子郵件，即可收到免費的帆達淘金術課程。

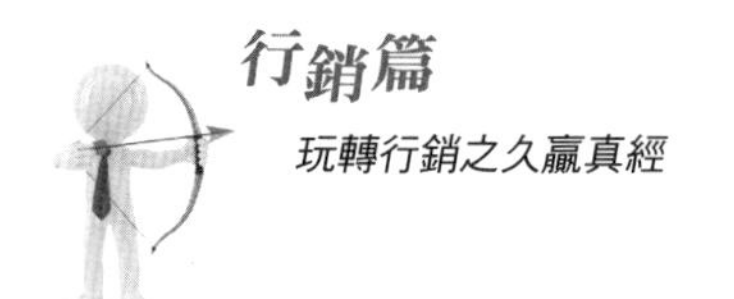

當你留下姓名和電子郵件後，你接下來每天都會收到一封信。內容如下：

第一封信

主旨：帆達淘金術 1：你也可以網路錢，輕鬆賺！

親愛的 ×××：我是 ×××，今天我將跟您分享，帆達淘金術第一集：網路錢輕鬆賺。

請你先到以下網址，看一個 74 秒的影片。

http://www.YouTube.com/watch?v=LQJ3wCCJm6w（有中文字幕）

以下要跟你分享，影片中的鄭雲龍老師，我到底是給它什麼樣的指點，以致於他可以在短短的幾星期內，就多幾百萬的收入，還賣到工廠來不及供貨。

事實上我給他的方法很簡單：我只是提供一個策略跟一通電話給鄭雲龍老師，這通電話是我一位網路通路商的朋友，對通路商而言，尋找好商品是很重要的事情，而鄭雲龍老師的商品，剛好符合我朋友的市場通路，就這樣，鄭雲龍老師在短短的時間內，就又多賺了數百萬。

有些人苦無商品，有些人苦無通路，一個簡單的引薦，就馬上讓商品以數倍的速度銷售出去，以致使鄭雲龍老師，在短短的幾個星期內，賣出了數千套，就多賺了數倍的營收。

這是 100% 真實的案例，而我做的事情也就真的這麼簡單，講到這邊，也許你想會問……

我也有一些很棒的商品，但我卻不知道通路商在哪裡，那我該如何用你的方法讓我自己也能賺錢呢？

這是一個很棒的問題，我想向您請教一下：如果我願意告訴您一些適合您且強而有力的通路商，請問您願意付多少錢給我呢？以午安 QQ 枕為例，如果您是鄭雲龍老師，您願意為這通電話付多少錢呢？

我告訴人家，通常我賣一通電話號碼的金額，通常是 20 萬。很多人都會嚇一跳，給人家一個電話號碼，就要 20 萬，會不會太黑了。

但我會給朋友一個零風險的承諾，如果這通電話號碼，沒有在三個月內幫助你賺進至少 30 萬以上淨利的話，那不足的部分我補貼給你到 30 萬為止，說到這時候，朋友都覺得這麼不可思議，那真的是非常便宜。

事實上，我並沒有賣給鄭雲龍老師這一通電話，我們是用不同的合作模式，因為如果只是 20 萬一次賣斷那真的是太便宜了，未來我將會向各位說明為什麼太便宜，但這邊我必須要先詢問您一個問題：

如果您是鄭雲龍老師的話，在這個零風險承諾之下，您是否願意投資這通電話號碼呢？

如果您的答案是不會的話，請不要繼續閱讀下去了，因為如果您覺得這樣還要考慮或猶豫的話，我未來實在不知道該怎麼做，才能有效幫助到您。

為什麼我要問您這個問題呢？

這雖然只是一個再簡單不過的數學題目，連小學生都會算 30 － 20=10，沒道理不要，但我相信還是會有很多人猶豫了一下，事實上財富離我們可以很遠，卻也可以很近，而這一切的關鍵，都在於自己願不願意相信，賺錢就真的這麼簡單。

從小到大我們都已經被灌輸了：錢不好賺、天下沒有白吃的午餐、小心不要被騙……等觀念，而日常生活中也經常看到不少被騙的新聞或故事，而自己跟商家買東西回來後，多多少少也有過跟當初想的不一樣，覺得商家惡劣，有受騙上當的感覺。

自我保護的觀念是需要有的，但經常的過度自我保護，反而會讓自己把賺錢想得太難，太過複雜，事實上最容易的賺錢方法，往往都是最簡單的。

過去跟我買電話號碼的人，每個朋友都很感謝我，還覺得太便宜，大多數的朋友不到一個月，就多幫他賺進了七位數以上。因此，這通電話號碼假設我真的只賣他 20 萬，對他來講也真的太便宜了。

親愛的 ×××，我並不是要你來跟我買電話號碼，我也沒有這麼多適合的電話可賣，我寫這個案例的主要目的，是希望你能了解到，賺錢就真的這麼簡單，如果把賺錢想難了，往往就真的賺不到錢，越容易賺錢的方法，都是非常簡單的。

下一次的帆達淘金術祕訣裡，我將會告訴你一個自己能操作並有機會也賺到七位數的方法，下一次我將為 ××× 分享的祕訣是：為什麼網路賺錢靠文案，最高境界卻是「隨便寫」

祝您學習愉快！

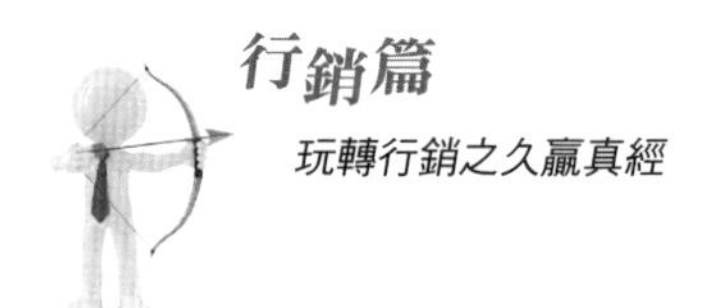

第二封信

主旨：帆達淘金術 2：文案隨便寫寫，也能輕鬆賺進數百萬！？

親愛的 ×××：我是 ×××，今天我將跟您分享，帆達淘金術之～文案隨便寫寫，也能輕鬆賺進數百萬！？

「咦？網路行銷的文案不是很重要嗎？怎麼會說只要隨便寫寫呢？」

別急，且聽我說一個故事……一位朋友介紹了某知名投資理財相關的雜誌社的老闆給我，這家公司的老闆跟我講，因為聽朋友介紹我的行銷方法很獨到，希望我能給他們公司一些建議與方向。

他們新開發了一個很棒的投資理財工具的課程，想要招生，價格是 56000 元，希望招生人數是 70 人，目前有發送 EDM 給客戶，但僅僅報名了 6 位，不賺錢是不要緊，丟臉事大，詢問我是否有方法，能在兩個星期內，增加報名人數。

我詢問了一下他們有多少訂戶，老闆告訴我約 7 萬名訂戶左右，我又問老闆，可不可以看一下給訂戶的 EDM 內容，老闆馬上請助理列印出來給我看，我看了一下 EDM 的內容並及大致了解產品後，我跟這位老闆說：

「這個 EDM 的內容不行，我會請人把 EDM 內容幫您重新寫過，並且只要按照我指示的發信方法，發送給你的會員，我想應該至少可以幫助您多增加幾十位客戶！」

老闆質疑地問：「改了 EDM 就會差那麼多嗎？」我提出一些過去的案例跟他做說明，讓這位老闆了解，我們用的方法，比一般的 EDM 效果強上數十倍以上。老闆半信半疑地說：「就給你試試看吧，那這個案子交由您執行，要多少錢？」

我跟這位老闆講：「我是算績效的，您完全不需要承擔任何風險，這個專案，如果您沒有因此而進帳，完全不需付錢，成本都我自行吸收即可。」

「但如果我達到了目標，我將收取多增加的營收的 30% 作為此案全金。」這位老闆非常開心，馬上就同意了，我請一位朋友幫忙寫了文案與追售信，執行後，總共報名人數破百人以上，這位老闆趕緊臨時換了更大的場地，才得以解決爆滿的盛況。

簡單的觀念：滿足需求與借力！

親愛的朋友，以上的案例，您知道我做了哪些事情，賺了多少錢嗎？

事實上，我只是去跟這個老闆見一次面，見完面後，打了一通電話給一位會寫銷售文案的朋友，朋友文案寫好後，我請客戶按照時間將這些文案的信件發給這七萬名訂戶，就吸引了超過一百位以上的朋友來報名參加課程。

也就是說我從頭到尾，見一次面，打了兩次電話，其他什麼事情都沒做，就搞定我的百萬佣金，真的這麼簡單。

這家雜誌社有七萬筆客戶名單，族群與產品都是和投資理財相關，族群本身對雜誌社又有信任度，這樣的情況，只要能寫出不要太爛的銷售文案，要達成任務實在太簡單了，當然我朋友寫出來的文案，也算是相當不錯的。

我出版過一本被網友稱為行銷聖經的經典書籍──《網路印鈔術》，在2010年六月的時候，我利用《網路印鈔術》銷售一場兩天48000元的百萬級網路行銷現場課程，據統計，平均書店每賣出去20本書，就有一位學員來上課，也就是每本書都有1/20的成交率。

而這個案例，客戶本身就有七萬筆有效的族群名單，因為名單都是訂閱戶，所以對此雜誌社有一定的信任度，目標要成交70位，等於只要1/1000的成交率，比起1/20的成交率，雖然價格比較高一些，但比較起來是不是容易太多了呢？

那我到底藉由這個案子賺了多少錢呢？

每位學員56000元，招到100人，等於是560萬×3成的佣金=168萬，而文案是請朋友幫忙的，所以有成本，我花了10萬元請朋友寫。

所以是168萬－10萬＝158萬。親愛的朋友，我想再問您一次，我到底做了什麼事情，便賺到158萬呢？沒錯，就是見一次面，跟打了兩次電話。帆達淘金口訣：誰缺什麼？誰又剛好有什麼？你是否還記得上封信，一個電話號碼賣20萬的故事呢？事實上如果我賣給這個老闆電話，我只能賺20萬，那我這樣不就虧大了，為什麼賺錢能這麼簡單輕鬆？因為我知道誰缺什麼，而誰剛好有什麼，這就是賺錢最快的方法。這個案例裡，名單是客戶的，產品也是客戶的，文案是朋友的，但這位雜誌社老闆，不知道如何做，我這個寫文案的朋友，雖然文筆不錯，可是一個月也沒有十萬以上的收入，但當我結合他們兩位，就可以創造出來百倍的威力。

一個文案到底價值多少？它的價值可能很低，也可能數百萬以上，除了看文案本身的內容外，更重要的是誰在用，有多少人會看到。所以，我可以隨便寫寫一件普通的文案，就可以收入百萬以上的關鍵在哪裡，各位親愛的朋友，你猜到了嗎？

那就是——找對你的合作夥伴。如果你的合作夥伴本身已具有一定數量的名單，但他卻不知道可以怎樣做，幫他增加財富，這時候你只要提一個對他近乎沒有風險的訴求，很容易打動對方的心，有效的追售文案優化技巧在台灣仍是相當新的東西，沒有多少人知道，當然很多老闆也不知道，就算知道，也不知道該如何運用，發揮最大的效益，所以很容易接受你的提議。

親愛的朋友，相信這時您會想：「真的這麼簡單嗎？」

我想告訴您，就真的這麼簡單，但還是很多人做不到，因為他們不願意放棄過去的觀念，擔心受騙，因此不願意相信真的是這麼簡單。有些人就算學會寫文案，並花一定程度的時間經營，也買個幾萬元的關鍵字廣告，每個月收入能有個十萬就已經算得上不錯，但若能換個方向與想法，同樣的文案，同樣的作法，就可以輕易創造百萬收入。如果你有一顆長生不老的仙丹，你覺得賣給一般人、賣給郭台銘、賣給比爾蓋茲，這三個人的價錢會不會一樣呢？如果是你的話，您想要將這顆仙丹賣給誰呢？希望今天的帆達淘金術能對你的人生有幫助！我們下回見！

第三封信

主旨：帆達淘金術 3：三個帆達淘金的百萬成功案例！重點是你也能從這裡學會如何做到！

親愛的 ×××：我是 ×××，今天我將分享我學員的成功案例，在今天的案例中，你可以學會帆達淘金術裡一個必備的簡單技能：「只運用文字，賺百萬財富」！

請先到以下網址，看兩個很簡短的影片。

http://www.YouTube.com/watch?v=PZfCr5omtjM

http://www.YouTube.com/watch?v=PFruXUOuTmY

您是否還記得，之前與您分享的鄭雲龍老師的成功案例，然而以上這兩篇成功案例所用的行銷方法，跟鄭雲龍老師的方法又完全不同。

以郭育志老師的親子溝通大師而言，我當初用的是新聞稿曝光，加 Landing Page 為說服文案，再引導至 PCHOME 買單，這個案子是 100% 由我親自操作。

短短七天賣出上千套光碟，如果你也有產品是用這種速度在賣，你的財富會增加多少？成長多快？這封信裡，我不做太多的教學，因為這必須一步一腳印地讓你領悟與學習。

透過一些成功的案例展示，讓你去學習寫文案的技巧，最好的學習，往往就是從觀察與模仿開始。以下為郭育志老師的親子溝通大師文案：http://www.satisfied.com.tw/goutong/ 你也想擁有超越 20 倍以上的收入嗎？看到這兒，你有沒有發現……上述銷售文案很長，跟你所了解到的一般網站有所不同，對嗎？在你不了解這種網頁文案時，會有「這樣的網頁真的能賺錢嗎？」的想法也不奇怪，然而這種長文案行銷的模式在國外已經行之有年，在台灣卻還很少人知道，如果你仔細研究，這對你是很有幫助的。

48000 元的產品，也能透過「只有一頁的網站」賣出去！除了上述文案外，我也再分享一個我個人的案例：我開了一班兩天收費 48000 的課程，而這一班的學員來源主要來自於三個方面：

1. 看完我的《網路印鈔術》一書就來報名
2. 網路曝光 Landing Page 文案並直接做銷售
3. 朋友幫忙舉辦的三場現場說明會。

這場課程共有 86 位學員參加，而朋友幫忙舉辦的三場說明會的成交人數，總共占不到十位（我真的很不擅長做現場說明會與講話～哈。）

其他的七十幾位學員，都是從：

1.《網路印鈔術》一書的暗黑之章而來
2. 網路行銷 Landing Page 文案而來

這樣的成績，讓台灣一些教育訓練單位，覺得不可思議。

一堂近 5 萬元的課程，僅有兩天，竟然可以不靠現場說明會就成交 70 個人以上，在台灣這麼小的市場，大家都在想我到底是怎麼做到的？

如果你跟我一樣，是一個不喜歡與很多人面對面講話，不喜歡像傳直銷的講師一樣會在台上口沫橫飛賣東西的人，你是否好奇我如何不與人見面、不用打電話，也能賣出高價商品呢？

有興趣了解當時這場：網路行銷 Landing Page 文案，請至下列網址研究與學習：http://www.satisfied.com.tw/20100619/

親愛的朋友，如果以上我提供的網址，您都有仔細閱讀的話，我相信將大大增加您的文案寫作功力，這些文案裡頭，您可以仔細觀察，想要寫好文案，先從觀察他人，模仿學習開始做起，希望今天的案例展示，對您有所幫助。

如果你對這樣長文案的網頁開始產生好奇，或對這種不用面對面向人推銷，不需要被人拒絕的賺錢方式感到有興趣，歡迎你回信至我的信箱跟我分享你的收穫。

祝你　淘金旅程愉快

P.S.：Landing Page 指的是網路上的網友，看到廣告，並點擊廣告後所看到的第一頁網頁，中文叫著陸頁。著陸頁的文字和網頁設計如果恰當，就可以為你帶來百萬的財富，而這其實只是一些簡單的心理學與文字上的應用而已！

第四封信

主旨：帆達淘金術 4：低成本同樣可以打造出億萬商機

親愛的 ×××：

我是 ×××，今天我將跟您分享，帆達掏金術之 4：低成本同樣可以打造出億萬商機。

我有一個朋友，是某藥廠的老闆，他新推出嬰兒副食品，來問我該怎麼行銷好。我就給他如下建議：

1. 最重要的先做好產品的包裝。

所謂的包裝包括見證、代言人、或者有三個副食品，嬰兒愛吃某個副食品，其他兩個品牌的副食品就不會去吃，或不會吃得很開心，營造出核心產品的價值。

2. 包裝好了以後，等於文案也差不多了，這時花一筆媒體宣傳費。例如：新聞、關鍵字廣告、BANNER、部落客或者做體驗，重點是一定要成功。所謂的成功不在於賺了多少錢，甚至虧錢都無所謂，重點是市場接受度有沒有起來，也就是說如果要找通路商銷售的話，通路商是否有意願，而通路商有沒有意願，也就是看你初期銷售的成績了。

3. 市場接受度起來後，要找人家銷售就簡單多了。這時候可以先給電視購物賣

1~2 波，當然電視購物佣金抽很高，但可以跟電視購物談判，要談到銷售出去的名單讓給商家為條件。

4. 電視購物成功後，可以找國內五大團購業者，跟電視購物的合作模式一樣。

5. 再來追售電視購物的名單、團購的名單，同時找有名單的廠商合作。

例如：坐月子中心、滿月油飯、坐月子餐、麗嬰房、臍帶血銀行等，以廠商的名義，以贈品作關心的追售。

6. 此時知名度應該到一定的程度，應該要打電視廣告、公車廣告、並且跟全國連鎖通路商合作，將產品上架各大實體通路。

7. 把這個模式跟行銷資料做整合，並翻譯成其他語言版本，搶進大陸、東南亞及其他國家市場。

這個案子執行起來可能是百萬有找，卻有機會挑戰億萬商機，如果預算還是沒有這麼高的話，可以直接把 1 項做完後，就先做第 5 項，再做 2、3、4 項。

因為第 5 項的關鍵主要是找對廠商合作，而為了提高廠商合作的意願度，準備足夠的贈品及郵寄費用還是需要的，這樣成本可壓低至 30 萬以下，甚至可能根本不需要用到 30 萬，因為合作是一家一家來的，並不是同時來的。

在付出贈品的同時，也會因為追售，慢慢有營收進來，這是一個很低成本的營運模式，但相較之下卻是風險最低及獲利效率最高的模式。這樣的模式，我們稱為向相關廠商借魚池，這項技巧在我的另一本著作《網路印鈔術》一書中有詳盡的介紹。

為了怕有人不明白第 5 點的道理，以下特別做解釋：嬰兒副食品，就是當寶寶出生滿 4 個月～ 1 年 2 個月的這段期間，因為牙齒還沒有發育完全，若單純喝牛奶，不足以讓寶寶攝取到足夠的營養，因此在這 10 個月裡，嬰兒副食品可以說是嬰兒的必需品，但現在的家長通常都沒時間製作副食品，因此業者就把它變成一罐罐的食品，例如馬鈴薯泥。

也就是說這個產品的壽命只有 10 個月，而坐月子中心、滿月油飯、坐月子餐、麗嬰房、臍帶血銀行……等這些機構，通常都擁有寶寶的出生日期資料庫，但大部分的機構，在寶寶出生後，生意通常就結束了，因為我兒子帆達在我寫這篇文章時正是 10 個月大，我在寶寶出生前，都會收到很多以上商家的郵件，而當帆達出生後，我就幾乎沒有再收到任何的廣告信，我覺得這很可惜。

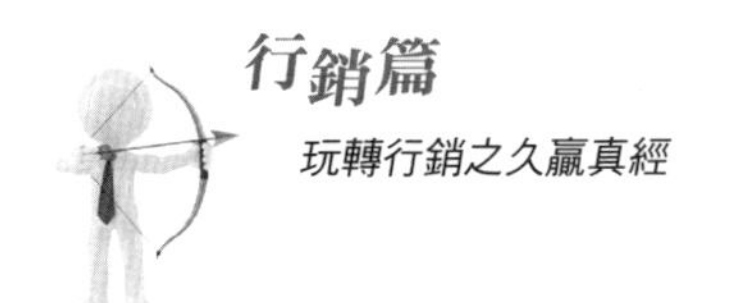

當時我有買坐月子餐，於是我就想到，我們訂購的坐月子餐，如果能在帆達四個月大時，送幾罐副食品給我們，而帆達（我兒子的名字）也吃得合適，上面又有訂購單的話，我應該就會買單了，而且寶寶通常如果吃得好好的，最好不要亂換，以免不適應。嬰兒的換奶、換食物都是一件很麻煩且痛苦的事情，像我家的帆達是吃亞培的，為什麼吃亞培呢？因為帆達當時在醫院裡，醫院就是給帆達吃亞培，後來出來後，我才知道原來嬰兒要換奶粉是這麼的麻煩與不方便，因此亞培吃得好好的，我當然就沿用亞培就好。

親愛的朋友，以上的解釋，不知道您看懂了嗎？寶寶出生相關業者，都擁有寶寶的名單，知道寶寶多大了，但是這些業者通常在嬰兒出生後，名單就大多沒再用了，如果我們去跟這些業者洽談，我們可以用你的名義，送兩三罐副食品給您過去的客戶，一方面也是貴公司感謝客戶的體現，也會讓客戶覺得貴公司很窩心，另外如果客戶的寶寶吃了滿意，填下訂購單，還有一筆佣金收入可以拿，而這一切，廠商都不需要支付任何成本，都可以由我朋友支出成本，這是廠商、客戶、公司三贏的合作方案，這樣不就是最低成本卻產生最大購買率的方法嗎？

希望今天的帆達淘金術能對你的人生有幫助！我們下回見！

第五封信

主旨：致富祕密的關鍵鑰匙

親愛的 ×××：

一開始，我要立刻告訴您，到底甚麼是致富祕密的關鍵鑰匙，這個答案是：選對行業賺大錢。這個標題看似簡單，人人都知道，但真正知道這句話精華，且真正實踐過的人，卻是少之又少。

這個祕訣，在我的百萬級網路行銷的現場課程裡，正是破題第一課！

在現場課程裡，我舉了數個親身經歷的經典案例，每個案例都非常精彩，以下就要跟各位朋友分享其中最經典的一個案例：

我過去曾經營線上遊戲的虛擬金幣買賣，營收最好的一年，年淨利約 5000 萬台幣左右，營業額破億。而我所經營的金幣買賣，有點像是仲介一樣，代收代賣，也因此我們必須要有金幣來源可以收貨。

當時我公司的金幣來源是3000多位專業玩家，固定合作收幣。而其中有一位玩家還只是名國中生，但由於給的金幣數量龐大，導致我公司每個月都要支付這位國中生約60萬新台幣。我因此特地邀他見個面，並請教這位國中生如何能生產這麼多遊戲幣。他告訴我：「我把幣賣給你們後，賺了一些錢，但這些錢，我也不知道要買什麼，由於喜歡玩電腦，所以就把錢拿去買新電腦。」

「買了電腦之後，爸媽就跑來關心我，詢問怎麼會有錢買電腦呢？不得已，只好吐露實情，我爸媽了解實情後，一開始擔憂，後來卻轉變為興奮，接著幾天，詢問非常多關於遊戲方面的問題，並要求我演練給他們看。」

「爸媽後來索性連工作也辭了，並買了20台電腦回家，爸媽跟我學習玩遊戲，當我的助手，後來又買了幾台電腦，因為我跟我父母三個人同時顧這20幾台電腦，所以才有這麼多金幣可以提供。」

說完這個故事後，我在課程現場問大家：這位國中生，是否因為能力的關係，而月入60萬呢？當年每個經營遊戲幣的競爭對手，只要有點小規模的，普遍月收入都在50萬以上，而除了這個國中生外，還有多位高中生、大學生，許多月收入也都在十萬以上，絕非少數個案。

兩年多之後，遊戲幣市場經過一番惡劣的競爭，很多遊戲幣的老闆都從50萬以上的收入掉到剩下連5萬都不到，而原本收入超過十萬以上的學生，後來也都賺不到錢了。

如果能力是最大關鍵的話，增加了兩年的經驗與能力後，應該更強才對，但怎麼會有了更強的能力，收入卻變成1/10呢？而且這不是個案，幾乎當時每個做遊戲幣的朋友都一樣如此。

每個產品都有一定的壽命與時機點，只要能踩到對的時機點，即使只有學生的能力，都有可能月入數十萬且不困難，當然能力較強的人，就有可能是月入數百萬。

相反的，如果在不對的時機點，沒能力的人將遭市場淘汰，而有能力的人，也僅能夠賺點苟延殘喘地生存，只有極少數的超級強者，並兼具有天時地利人和，才有可能在這種艱困的時機點獲利。

我必須坦言，遊戲幣現今的市場，即使每天工作12個小時以上且都不休假，能一個月有10萬以上收入已是能力非常頂級的人，而大部分的人都已經因市場競爭激烈，而被淘汰，因為這行業已經太難賺了。

我最近又知道一位 18 歲的高雄學生，他的遊戲工作室有 100 多台電腦，每月的營收可觀，而他僅 18 歲，他做得跟現在跟我以往做的不太一樣，這就是兼具運氣與實力的人，但這個實力仍然脫離不了運氣，因為我相信有一天一樣無法再做下去。

在我現場課程裡，分享了我人生有許多不同產業的親身經歷，但最後卻發現，不管任何行業都找到幾乎差不多的情況。而這些情況，讓我發現……

致富祕密真正的關鍵鑰匙其實是：機運大部分的人，之所以能賺到第一桶金，並非具備什麼能力，而是運氣好，大多數成功的人，都是剛好選對產品與時機點；又因為有了第一桶金的經驗，進而快速增加能力與自信，產生更大的後繼能力。

親愛的讀者，您可以想想，媒體所報導過的成功故事，這些成功者對於過去的第一桶金所談的，是不是幾乎都說：那時候這個產業真的很好賺，或當初運氣很好，發現了什麼 ×××。包含我自己也一直在講感謝老天爺，包括我個人也必須要坦誠，當初選遊戲幣這個行業而賺到大錢，這點實在是因為運氣太好。

我又發現：大多數能持續成功的成功人士，最重要的成功關鍵，是因為他們曾經體驗過成功，唯有體驗到自己的成功然後再徹底失敗，較容易真正有機會，回想過去的成功因素，並檢討為何又失敗的原因。

在經歷這些過程後，最容易領悟到成功真正的關鍵：選對產品與時機的眼光，而想要獲得這項眼光的能力，即使是看最棒的書或上最棒的課，都難以比擬的。親愛的讀者，你可以仔細回想，你們看過或聽過的所有成功者報導、成功者傳奇、成功者傳記……等，是不是幾乎都循著這個模式。

如果您還沒有真正成功過，那所有的知識、技巧都只能夠幫助您加強能力，加速並放大您未來的成功，但絕對不是成功最重要的關鍵，因為想要成功致富最核心的第一步關鍵是：機運的降臨。

講到這裡，我猜您可能會問：鄭老師，這樣說我以後是不是都不要上課及讀書了，那我來上鄭老師的課程會有用嗎？

大部分的人都不會有中樂透的超級特等機運，另外機運是分層次的。絕大多數人都有小機運、中機運、高機運的出現，越大的機運層次，所出現的機率也就相對越低。且如果僅依靠機運致富，絕大多數的人都只能賺取一桶小小金，用個數字來表達，高一點的機運，可能只有10萬～100萬，我們暫且以100萬來舉例好了。

身處現代的社會，不知您是否同意，100萬能夠做的事情真的太少了，更何況許多人可能一輩子都沒有100萬層級的機運。而在還沒產生『眼光』這項能力前，能力最重要的功能，就是把100萬的機運，變成1000萬、1億、甚至10億以上，因此能力的功能：是為了把機運加速、放大、並延長成功的存續時間。

能力是具有相當可觀的加乘效果，如果沒有能力，要維持長久的成功是不太可能的，除非有超級特等機運的加持，但這種人太少，本文不做探討。

因此成功除了需要依賴機運外，書還是要讀、課還是得上，因為您必須依靠能力，來使機運有機會做倍數的加乘。講到這裡，我猜您又會問，那我是否只能很無奈地等待機運的降臨？難道沒有其他的方法？如果我就是那種向來都不會有好運的人，那該怎麼辦？這方面，您可以去研究一些命理或佛法……等，因為我並不是命理、佛法的專家，所以我無法告訴您這方面的專業，但以我個人的領悟，命運的確可以透過一些方法改變，並大幅度提升您的機運。

現代流行的吸引力法則、祕密法則……等，其實早在明朝的袁了凡居士就已經完全領悟，並透過《了凡四訓》告訴後代，如果各位不曾了解過《了凡四訓》，我很建議您有空能夠去了解一下。

《了凡四訓》裡提到的，積善去惡絕對可以改變命運，積善比較容易解釋，而去惡的根本就是知恥、知畏、知勇，當然這並不容易，所以大多數的人並不易成功。

當機運來臨時，大多數的人都會做成功必須要做的事情，但大多數最終卻不怎麼成功！

會造成這樣的結果，主要原因通常是：做了更多不成功的事情，也就是所謂的「過」。

雖然有機運的降臨，但因為太多的「過」，除了可能使能力加乘效果降低，更甚者，機運帶來的不是獲得，而可能是徹底的毀滅。因此，如果沒有能力可以將機運駕馭得當的話，機運很可能帶來的並非好事，這邊也再一次提醒您能力的重要性。相信可能也有朋友想問，積善去惡的時間通常要很久，有沒有什麼確實可行的速成良方？

可行的速成良方的確存在，我個人也是利用這樣的良方來速成，但我必須要告訴您，這個速成良方的根本仍然是積善去惡之道。

如果您想在短時間內速成，自然必須在短時間內做更多的付出，而這項良方，也被我視為行銷最重要的根本！！

下一次的帆達淘金術，我將告訴您～行銷祕密的關鍵鑰匙。

希望今天的帆達淘金術能對你的人生有幫助！我們下回見！

第六封信：

主旨：行銷祕密的關鍵鑰匙

親愛的 ×××：

行銷祕密的關鍵鑰匙：如同上一章一樣，我要立刻告訴您，到底什麼是行銷祕密的關鍵鑰匙，

這個答案是：捨得。

捨得就是先捨後得，這是最容易也是最快的行銷方程式。

如果您願意懷抱捨得的心胸，不計較，願意謙卑學習，願意先付出，不求回報，願意相信成功者的成功模式，願意追隨成功者的腳步；如果您真的同意這樣的觀念並願意去付出，那下一步只要跟已經成功的朋友廣結善緣，這樣成功借力的機會當然就大大提高了。

以下這段話是我個人常講的捨得心法：多數人都喜歡跟富有的人交朋友，不喜歡跟貧窮的人交朋友。金錢不多的人只要捨得起，仍是富有的；而金錢再多的人，若是捨不起，仍是貧窮的。

捨得、捨得、有捨才有得，捨不了自然就得不到。懷抱捨得心胸，朋友就會喜歡你，並且都來幫助你，自然借力使力不費力，這時只要準備一場令人驚奇的表演，就很容易打開行銷之路；而你的心胸能包容多大，成就就有多大。

捨得最簡單的做法就是先幫助對方，而風險或成本可能全部或部分自行承擔或吸收。

你雖然先幫助他人，但他人不一定會回報給你，你無法確定你捨了之後是否會有回報，即使沒有回報，也不可以責怪對方，因為捨得二字就是不求回報，如果心

裡想著對方的回報，那並非捨得模式，而是交易模式。

即使最後沒有任何回報，因為無私與不計較，只是單純的付出，自然也就不存在風險的成立，因此你必須要一開始就有不求回報的心態。

捨得沒有回報是很正常的，但只要能正確運用四項關鍵技術，「捨得」將很容易使您成功借力使力，借力是一種致富最實用的槓桿原理，記得阿基米德所說的嗎？只要給我一個站立的地方和支撐點，還有一根夠長的木棒，我就能移動地球。

「借力」將是世界上賺錢最快也最容易的致富之道，借力的這根木棒越長，能讓您產生的財富也越大，如能成功借力，將使您得到超越交易模式更多的驚人回報。但怎麼做才能輕易借力呢？最重要的關鍵心態就是我們以上所提到的：捨得。

以下我將告訴您如何利用捨得，並依靠四項借力的關鍵技術，來成就不可思議的巨大收穫。

四項借力關鍵技術：認清自己、廣結善緣、識人技術、焦點重視。

1. 認清自己：

通常越高的成功者，需要的誠意跟捨的程度，自然也越高，而且捨得還有另一項關鍵技術，就是你很難直接跨越太大的層級，因此首先必須認清並承認自己的層級，以金錢來舉例的話，最簡單的判斷方式就是收入，如果你現在月收入是在 3 ～ 7 萬之間的話，你很難直接借到月收入百萬等級朋友，如果先跟 15 ～ 35 萬收入的朋友借力的話，比較容易，也比較實在。

當你自己到達 15 ～ 35 萬月收入的層級後，就比較有機會借到 50 ～ 150 萬收入層級成功者的力。依此類推，往上提升你的心胸與包容，最後心胸的深廣將決定你最終的成就到達到哪個層級。

為何需要先認清自己的層級呢？在借力的過程中，你必須要先能夠找到與成功者的交集點，如果你的付出，並不是他人需要的、想要的，那對他人而言，你的付出是完全沒有任何意義可言的。

2. 廣結善緣：

因為在交集點這個項目裡，必須要具備緣份也就是仍需要小小的機運，所以在商界有一句大家常說的話：廣結善緣，只要能廣結善緣，等同讓你增加了與更多人產生交集點的機率，這樣要找到有交集點的對象，當然比較容易。

3. 識人技術：

有句話大家都知道，人脈就是錢脈，事實上，這句話並不完整，人脈並不一定是錢脈，而是負債。唯有找到對的人，才是錢脈，且人脈必須要彼此理念相同，並產生交集點，才有意義，這就是所謂的物以類聚。

而「如何確認是對的人」這項技術，我要特別感謝，我的恩師吳政宏顧問的指導，讓我了解這項技術，其實只要花點心力去關心一下對方的過去，看看這個人是否有誠信、責任、愛心，如果不是的話，這個人很可能是負債。

如果朋友真的幫助了你，你必須懂得感恩，懂得歸功於對方，懂得回饋，若未來與這個朋友，有任何的誤會或不好的機緣，而導致自己認為這位朋友對你有所虧欠，也不要去責怪對方，畢竟他曾幫助過你，其實這只是緣分已盡；這樣也能留一點名聲給人探聽你的做人處事。

4. 焦點重視：

每個朋友能夠對你產生的交集點都不同，就算想要，也很難對每位朋友同等捨得的對待，對於有可能產生最大幫助的朋友，必須盡量提供更高程度的捨得。

以下我將告訴你，我是如何快速崛起的借力祕訣實例，雖然我是個顧問師，以鐘點費提供客戶諮詢是我收入的來源之一，但當朋友希望我替他的公司想想行銷對策時，在時間許可的情況下，我會盡量接受其邀約，並為此朋友免費提供策略與諮詢。

這是捨我的時間與專業，這時候並不一定能互相有交集點，在交集點還沒出來之前，我最多的捨，通常也只能是提供時間與智慧給朋友。但如果能在互動過程中找到交集點，進而產生合作的機會，這時候我就會提供更大的捨，例如：主動承擔更多的風險、主動給予更大的利益。

我有些公眾人物、黃金圈的朋友，對待這類的朋友，雖然一開始結緣時，還無法產生交集點，但為了未來能夠有更深一層與其互動的機會，通常我會主動向對方提出能幫助到對方的可行方案，而這項方案很可能是我的收費項目，甚至對我有一定程度的現實金錢成本，但我可能完全自行吸收成本，也就是做大幅度的捨，因為這樣做，一方面能讓我有更多的機會與其互動；另一方面更是展示自我專業的大好機會，如果黃金圈的人脈可以認同你，並能夠跟你成為好友，那你將有機會快速大幅度地往上躍升。

您可以試想，如果這個人是SONY老闆，倘若能有機會互動，進而使其欣賞與信任，某天他需要個可信任的人，來帶領某項新業務，卻苦於找不到人才，這時他想到了你，您認為這是不是一個快速大幅度向上攀升的機會呢？可能你會問，萬一投資這麼大，最終卻沒有回報，那豈不是賠慘了？假如您現在還會想到這個問題，就代表你還不了解捨得之道，仍循著大多數人的交易模式之道。

交朋友本就不應該求什麼，能夠交到黃金圈的朋友，本身就是一種難得的機遇，光向對方學習就夠值回票價了，況且有機會幫助黃金人脈的朋友，本身就是一種榮耀，一種成功案例，還多求什麼呢？

沒有回報本來就是正常的。但沒有產生回報也很困難，如你能持續並長時間與其保持聯絡與互動，要產生交集點，通常只是時間的問題。一個人能夠有幾位值得信任的朋友呢？可信任的人才，對頂級人脈來講，是永遠都缺！當然，要取得黃金人脈的信任，所要付出的誠意與時間，本來就會大一點、久一些，可能是一年、三年、甚至更久。

如果您覺得這個時間太久的話，可以這樣想：「這種能快速大幅向上攀升的大機遇，本來就不屬於自己，而如今卻有了機會。」我個人也因為運用這樣的借力技巧，促使自己的收入快速向上攀爬，當我達到一定程度的成功時，這時候只要展示自己的成功案例，朋友就更加容易信任您，包括陌生人對您的信任時間，也將大幅度縮短，使您快速產生更多、更大的機運。

我個人曾經因為一下子太多機運通通迅速跑來，而我又很希望能盡力幫助每位朋友，因此對朋友做了承諾，但我沒想到會在短時間內朋友陸續接踵而來，當時的我，一方面不懂得拒絕，另一方面也貪心地希望自己能夠服務更多人，所以在短時間內承諾了多位朋友，但事後才發現，自己的時間與精力實在有限，雖然想幫助每位朋友，但我能夠做到的實在太少，導致那段時期的朋友，原本很可能都是我的貴人，卻因為如此，從期待轉變成失望，而失去了這群朋友的信任。

這件事情，讓我深刻體會到：當一個人有一定程度的成功後，很多機運都會自動跑到你身上，這時如果能力不足以駕馭太多的機運，必須要學會挑選與拒絕，否則，這些機運不但會很快離你而去，未來將更難取得同一位朋友的信任，如果處理不好的時間長了，會有更多的朋友對你失去信任，你的壞名聲就會在公共關係圈內快速傳開，這個代價是相當高昂的。

我看過很多朋友曾經跟我犯同樣的錯，以致快速崛起，也快速殞落，因為壞名聲已經在公共關係圈內傳遍，所以未來更難以重新東山再起，這也是我一再強調，一定要有能力掌握機運，否則機運很可能帶來短暫成功的背後，就有看不見的超級地雷。

看到這裡，你應該知道了最快速的致富祕密，那你是否能利用這些祕訣，進而成功呢？事實上，我知道這很難，因為即使您了解了這些祕訣，都還處於假性知道的過程，所謂的假性知道，最簡單的解釋就是還沒有去真正實踐過，大多數的人們都會說：「你說的這些我早就知道了。或者你講的很棒，但我聽完還是不知道該怎麼做。」

因為光知道是沒有用的，如果知識技巧，不能轉化為行動進而悟道的話，是無法得到這項能力的，所以如果你還沒有親身實踐過，千萬不要說那個我早就知道了。而你可能會問我，為什麼這封信內容，脫離了網路行銷的範圍，事實上這完全沒有脫離，如果你不能選擇好的商品，不管是實體行銷或是網路行銷，要賺暴利都是很困難的，而與人合作更是行銷關鍵中的關鍵，如果你的商品，能由我來銷售，甚至上百間通路商幫你銷售的話，那要賣得不好也很難。

下一期的帆達淘金術將會告訴你，邁向網路致富最簡單的方法，打造自己的資源，更不可思議的是只要一次付出，就可以創造永續的被動收入。

希望今天的帆達淘金術能對你的人生有幫助！我們下回見！

第七封信

主旨：我是鄭錦聰，2012 最新的致富祕訣來了

親愛的 ×××：

我是 ××× 在新的一年裡，我把百萬級網路行銷，提升到了百萬級網路行銷 2.0，威力是原來百萬 1.0 的 10 倍以上。但百萬 2.0 為確保品質，我只接受小班教學，我每一季招生百萬 2.0 的學員，都不超過 25 位，也因此每期都必須刷掉很多想報名得學員，跟市面上只要交錢就可以上課的課程完全不同；百萬 2.0 必須要經過嚴格的審核，只有通過審核的朋友，才有資格報名。目前百萬 2.0 的學員，上完課後，許多都成功創業，或原本有事業的都更成功，不過因為審核很嚴格，想報

名的朋友甚至稱我的審核表很機車，你可以去看看，我的招生網頁，然後也看看審核表，是不是真的很機車；但我想要說的是，審核表之所以機車，就是為了把位置留給真正有心想要成功的朋友，成功絕對不是上了一堂課就可以成功，需要具備真正的決心。

以下的網頁，你只要花上九分鐘逐字閱讀，你就會知道，這將會成為你今生最寶貴的禮物。

網址：http://www.satisfied.com.tw/20120310/

看完了以上七封信的內容，不知你有什麼想法？

想像一下你是收信者，當你看完第一封信時，你可能會期待收到第二封信，當你隔天收到第二封信時，可能會期待第三封信，當你收到第七封信時，你也許知道這一切都是為了銷售課程在做的舖陳。但每一封信扣人心弦，你會對課程充滿憧憬。即使你最後沒有報名課程，你一定也從這七封信中學到一些行銷上的觀念和技巧。這便是追售的最高境界，在不知不覺中帶給你知識，給你價值，同時也在銷售。此追售技巧是有效可行的，現在，如果你也有產品或服務想要在網路上銷售，不妨也試試這個方法。

（本文節錄自《行銷 3.0》一書）

46 網站即時客服系統

市面上有一種網路行銷工具，在全世界都已經流行到很普遍，但在台灣仍不是很普遍，必須網路行銷工具就是網站即時客服系統。其功能簡單的說，就是像skype一樣的聊天軟體，最大不同的地方在於，網站客服人員可以主動傳訊息給訪客，就好像你到了我的網站，而我就可以傳訊息給你一樣的意思，另一個特點在於，訪客完全不需要安裝任何軟體，也就是說訪客來到提供網站即時客服軟體的網站，商家可以主動進行銷售行為，不需要被動地等顧客聯絡。

根據統計，平均至少有一至二成訪客會主動來電或來信諮詢，也就是說，會有八至九成的訪客就此錯失變成顧客的機會，當訪客瀏覽公司網頁時，客服人員可以知道訪客是從哪裡連結到公司網頁，可以了解訪客對什麼資訊有興趣，隨時處理訪客的疑難雜症，留住訪客的心。我個人認為這是網路行銷未來的趨勢。

這樣的好處與商機是什麼？大部分利用關鍵字的訪客，商家是需要花廣告成本的，而一般的網友行為，卻不會來到商家的網站立刻進行聯絡或購買，通常會比較很多同業，了解到一定程度為止，這時候如果有需要，訪客會將之前看到覺得比較有好感的網站，採取進一步的聯絡。但當商家花了龐大廣告費之後，卻不一定能達到預期的效果，因此造成雖有提高網站的流量和曝光率，仍無法有效提高成交量，而此時網站即時客服系統，便是可以達到有效提高成交量的工具，在配合關鍵字廣告下，效果又會大很多，讓商家所花的關鍵字廣告費，能有效地回收，雖然關鍵字廣告大家都了解其重要性，但卻很少人知道並相信，搭配網站即時客服系統，可以有效提升其成交量。為何網站即時客服軟體可以有效提高成交量，原因有三：

1. 化被動為主動。

2. 即時性的客服會提升網友方便性及滿意度。

3. 非常適合用來做市調以提升商品成交率。

那麼，此系統會出現什麼樣的語句呢？

➡ **範例 1：**Hello ！您好！歡迎您來到 ×× 網站，本網站為了能夠更進一步加強提升網站服務的品質，希望能向訪客進行幾個簡單的問卷調查，如您不想被打擾，請按：拒絕對話；若您願意協助我們，請按：接受對話。如願意協助我們，在問卷完畢後，我們將免費贈送給您一個特別的禮物！

➡ **範例 2：**Hello ！您好！歡迎您來到 ×× 網站，我們是台灣最專業的卡拉 OK 音響公司，我姓王，若您不知要選購哪一種廠牌，或者您想知道各種廠牌的優缺點，請按：接受對話，我將很高興為您說明與服務。如無需要，請按：拒絕對話。謝謝！

➡ **範例 3：**Hello ！您好！歡迎您來到 ×× 網站，如您要購買平板電腦，請告訴我們您喜好的廠牌、價位和尺寸，我將立刻為您搜尋出適合您喜好的廠牌、價格及機型，供您比較參考，此項服務是免費提供，如有需要，請按：接受對話，如無需要，請按：拒絕對話。

建立網站即時客服系統的注意事項：

1. 人工邀約是比較好的，當已經有對談對象後，不要再邀約其他人，專心服務好一個顧客，效果會好得多，當然打字回覆速度要快，否則一般人是很沒耐心等待客服人員的龜速。

2. 不要問我有什麼可以幫助顧客的問題，因為顧客需要幫助時他自己會來找客服人員的。

3. 要想能給訪客什麼服務與對話，才能吸引他的興趣，以提高邀約成功率。

4. 想要提高邀約成功率，若能給點好處的話，就會容易許多，而且此好處最好是顧客購買後才能擁有或生效。

5. 負責邀約訪客的執行者，不要有被拒絕的挫折感和失落感，要知道連續被顧

客拒絕是很正常的事，重點是只要有一人接受邀約，就有機會成交。

6. 最好有業務能力的人，親自實驗再製作話術，將方法交給客服，這樣才能夠提升成交率。

7. 不要太快與訪客進行邀約動作。我們可以把網站先想成實體店面，實體店面裡會有店員，當有訪客進來店裡，如果店員太熱情很快問訪客：「請問您要找什麼？」想必會造成訪客的反感，所以，此系統還可以偵測訪客看了幾個網頁，停留多久時間以後再進行邀約動作。

47 自動追客系統

根據許多國內外行銷專家的研究，大部分的消費行為都是在與產品訊息接觸七次以上才完成，這反應出必須設計一個讓準顧客留下名單的機制，在接觸產品或網路廣告的同時，願意留下他們的名字和 Email 並持續做行銷，如此才能將行銷效益最大化，並將廣告的投資報酬率最大化。

在網路上做生意，若 20% 的既有顧客是營利來源，那另外的 80% 就是被忽略的廣大市場。要如何維持舊顧客的穩定度與如何突破被忽略的潛在顧客，答案是與顧客培養一定的信任度。

如果有一套系統可以幫你建立彼此的信任度。只要藉由提供潛在顧客價值的發信內容或文案，定期、定量、系列追蹤的發信，一封、三封、五封……系列發送，隨著信件內容價值性的提高與時間的增加，潛在顧客就會由陌生顧客變成了解你與產品的好友，成交率絕對能夠大大提升！

這種系統在國外已非常流行，稱為郵件自動追蹤信系統。當有網友在網頁上留下基本資料後，此系統會自動回覆表示你已成功註冊，接下來每隔一天，或每隔 N 天你可以自行設定排程發信給這些註冊者，內容自行設計。

國外提供此服務的廠商很多，但絕大多數都只適用於英文，如果輸入中文字，有極大部分會出現亂碼！經朋友介紹有一套系統不錯叫 GetResponse，但整個操作還是英文介面，對於英文不好的朋友還是會有心理上的負擔，為了減少使用上的摸索，我有一個朋友他根據國外多種自動追蹤系統，找到各家優缺點，花了三年時間最終自行開發一套自動追蹤系統稱 eTrack。

所謂「工欲善其事，必先利其器」，一般發信系統需用人工發信，無法事先預設發信時間，萬一有大量名單時，是造成時間成本增加的因素。而一般發信系統更無法自動發送系列信件，例如，您在第一天要發送第一封信給 10 個名單，第二天要發送第二封信給第一天的名單顧客，同時要發送第二天的新顧客……以此類推，唯有 eTrack 發信系統才能做到此分天批次累積的功能。

自動發信系統有別於一般發信系統，能在信件發送作計數統計，並藉由此統計數據大大了解信件文案的接受度，以便利用追蹤銷售信的撰寫，來拉近與準顧客的信任。

eTrack 共有五大優勢：

- 有效提升銷售金額
- 善用原有人力資源，降低時間成本
- 全台第一中文系統，操作簡易輕鬆上手
- 可有效搭配各種網路行銷活動與廣告專案
- 最精準的顧客名單獲取法

我想強調一件事情，就是顧客在從接觸到購買會有一個週期，從了解期到信任培育期，再到渴望期，最後才成交。所以，如果我們能充分掌握顧客的購買週期，必能提升成交率。

自動追蹤信系統行銷案例

我曾經看到一個吸引我的網頁，上面寫著：免費下載！原價 $980《如何吸引高單價客戶？》CD。後來我註冊了，果然幾分鐘後我就收到系統回覆信，要我點選一個網址，以便確認我的 Email 無誤之後即可下載。

第二天，我收到第二封信，主旨寫著：《今周刊》專欄文章～你正在賣時間換金錢嗎？

第三天，我收到第三封信，主旨寫著：你聽了嗎？

原來是提醒我之前的索取的《如何吸引高單價客戶？》CD 聽了沒？

第四天，我收到第四封信，主旨寫著：你清楚你的事業品牌定位嗎？

第五天，我收到第五封信，主旨寫著：如何在眾人面前成為一位具吸引力的講師？

第六天，我收到第六封信，主旨寫著：保險業務，關鍵字行銷，聯盟行銷，網路賺錢，直銷商如何進修成長～

第七天，我收到第七封信，主旨寫著：如何不銷而銷？

第八天，我收到第八封信，主旨寫著：免費演講《吸引更多客戶》美國最新行銷訊息分享

第九天，我收到第九封信，主旨寫著：你現在最想解決的問題是______？

第十天，我收到第十封信，主旨寫著：一切都是最好的安排

第十一天，我收到第十一封信：主旨寫著：看完《祕密》卻不知如何應用吸引力法則吸引理想客戶？

第十二天，我收到第十二封信，主旨寫著：謝謝你！重點來了，這封信內容邀請我參加三堂的讀書會，而且低於 75 折，再加上三通 Q&A 電話解決你的問題！

第十四天，我收到第十三封信，主旨寫著：不到 6 小時……內容原來是寫離報名參加三堂的讀書會的時間不到 6 小時……

上述的範例就是一個利用自動追蹤系統來行銷的案例，關鍵就在於剛開始先給網友一個願意註冊的誘因，然後再繼續提供有價值的資訊，慢慢地跟網友建立信任感，最後再進行銷售。

48 成功者的終極之秘

最後，我將告訴你個人創業及企業揚名的終極祕密，99.9% 的人都不知道的行銷祕訣。

無論你從事何種職業，經營何種行業，也不管你的經驗如何，教育程度怎樣。無論你從事什麼行業，無論你的經驗如何，教育背景與程度如何，這個終極祕密——將讓你白手起家，在最短的時間內，創建自己的事業王國！將讓你以零成本、零風險，快速獲得你想要的顧客群魚池！將讓你瞬間佔領新的市場，徹底摧毀你的競爭對手！

總之，這個終極祕密將讓你輕而易舉地得到你想要的一切！

蘇秦運用這個終極祕密，連橫六國，差一點兒攻下強大的秦國；張儀運用這個終極祕密，幫助秦國把六國逐一攻破，最終統一六國；洛克菲勒運用這個終極祕密，建立了世界上最強大的石油王國；甚至連歐巴馬也運用了這個終極祕密，借用了網際網路這個世界上最強大的媒體武器，打敗了希拉蕊，贏得初選走進了白宮，且又一次完美的運用，連任成功！這個終極祕密到底是什麼呢？

美國有一個圖書館因為建築物老舊，重建要搬家，可是圖書館內的書太多了，如果請搬家公司，計算下來大約要二百萬元美金的費用，圖書館並沒有那麼多預算，怎麼辦呢？後來請了高人指點，方法是：圖書館在報紙上刊登一則廣告，從現在起全市人民可以在舊的圖書館裡免費借十本書，條件是還書時要到新的圖書館去。這個方法讓圖書館節省了二百萬的支出，而這方法的概念就是「借力」二個字，所以這「借力」一樣可以運用在行銷上。聰明的讀者你猜到了嗎？這個終極祕密就是行銷的最高境界——借力行銷。

猶太商人認為，任何事業的成功都不是靠一步登天實現的，登天的辦法多樣多種，而借助別人的力量來讓自己登天，既省力又便捷，何樂而不為？以下我將介紹常見的借力行銷技巧：

借免費產品換取宣傳

你可以製作一本電子書，免費提供給合作的商家。商家把該電子書作為免費贈品以換取顧客名單。而你在該電子書裡，加上自己的產品銷售連結或網站連結，促使顧客進而購買你的產品。

美國曾有一位期貨專家，他製作了一個期貨操作的電子書試閱版，然後找了一些同性質的網站合作，只要留下電子郵箱，就可以免費下載期貨操作的電子書試閱版。對於合作的網站來說，是免費增加了內容和瀏覽者的名單；而對於這位期貨專家來說，看了他的電子書的網友，若想進一步了解，就可以連結到這位期貨專家的網站，網站中又有很多關於期貨等金融商品可供購買，所以他不但賺到了流量，也獲得了營收。

在我出版《王道：成功 3.0》一書時，我特別製作了《王道：成功 3.0》試閱版，還內附一片 CD，當有人看完這本試閱版的《王道：成功 3.0》後，基本上會有三個選擇，一個是購買《王道：成功 3.0》正式版的書，另一個是購買《王道：成功 3.0》12 片 CD 有聲書，另一選擇當然就是什麼都沒有買。所以我借著贈送《王道：成功 3.0》試閱版給讀者，帶動了更多書和有聲書的收入了。

借危機反敗為勝

晚清時期，上海閘北區有一家梨膏店，生意做得很大，店門口掛著「天知道」三個大字的牌匾。「天知道」梨膏店的對面是一家姓于的水果店，這梨膏店的發跡就是因為這家水果店。

光緒八年，于家水果店從山東萊陽運了五十簍梨到上海閘北區，因為路途遙遠，梨皮被顛破，經雨一淋，運送到目的地的梨子也開始發爛，不管怎樣晾、曬或削皮，都賣不出去。

對門有個小店，裡面住著一對夫妻，正愁沒有糧食吃，見于家扔掉了許多爛梨，就拾來削去皮、挖掉爛眼，一吃很甜，就把削好的碎梨切成小塊，一個銅錢賣五塊，生意很是興隆。

這夫妻倆就到于家水果店將一簍簍的爛梨買來。反正梨爛了也不值錢，于家樂得其所，一股腦地賤賣給他們。買的量變多了，一時賣不完，這對夫妻就將梨削好放進大缸用糖醃起來，這樣更好吃，一上市就很熱賣、搶手。

後來，夫妻倆到處買爛梨，削去皮放進鍋裡熬成梨汁，製成膏糖。春天沒梨吃，人們轉而想吃梨膏糖，一下子竟然成了上海閘北的名產。第二年，朝廷的欽差大臣到上海閘北區出巡，買了梨膏糖一吃，又甜又酸，覺得很美味，就將梨膏糖帶到北京獻給慈禧太后。慈禧正咳嗽，吃後覺得味道真好！便傳旨叫夫妻倆進貢梨膏糖，這一下夫妻倆生意做大了，正式開了梨膏店。于家水果店老闆暗自打探，終於知道這些梨膏糖是爛梨製成的，既眼紅又嫉妒，就在夜裡在紙上寫了「天知道」三字，貼在那對夫妻的梨膏店大門上。

第二天，這夫妻倆一看「天知道」三個字，愣了一會兒，就知道有人搗亂。男老闆哈哈大笑說：「我正愁不知用什麼名字當招牌，今天就有人寫了三個字送到門口，真是好極了。我家店裡的梨膏糖連皇上都吃過，他是當今天子，應當叫『天知道』，我就用這三個字當招牌吧！」由於「天知道」寫得特別大，好奇的人一問，知道皇上、太后都愛吃梨膏糖，這生意就更好了。于家水果店老闆罵人不成，反而讓人家生意更興旺，連字也被人利用了，就更生氣了，於是又在梨膏店牆上畫了一個烏龜，把頭縮進肚裡，還寫著「不知羞恥」。

第二天，梨膏店夫妻倆一看又是一愣，接著同聲說：「咱們就用烏龜當商標。梨膏糖止咳延年益壽，龜也是長壽的。」從此，這個商標就成了上海的馳名商標。

在美國沙加緬度市有一間高級餐廳，名叫「ten22」，從披薩到牛排都有賣。有一天，這間高級餐廳碰到了餐廳最怕碰到的事，一位在當地頗具盛名的美食家來到這間餐廳吃飯，然後，在網路上發表了一大篇的負面評論：「這家的雞翅，比在超市試吃的還要難吃；然後所謂五分熟的漢堡，吃到中間，竟然是冰冷的，全部都是紅色的生肉。肋排雖然還算溫熱，但幾乎都沒有味道，這家所謂的高級餐館的東西應該是買冷凍食品直接加熱後食用⋯⋯」

面對這樣的負評，這間高級餐館會如何回應？幾天後，ten22 餐廳什麼都沒有說，只是推出一場簡單的「真的嗎？體驗活動」——只要這位美食家提到過的「食物」，通通都「半價優待」，歡迎所有市民前來嚐嚐看吧！

過了一個月，因為這個大降價的促銷方式，這間餐館的名氣竟然比以前更大了，客戶也比以前更多了，所有的報導都已經不再是報導當初那位美食家負面的評論了。

負面評價難免會有，然而當我們遇到時應該怎麼做，沒有絕對的答案，只是有些店家默默接受，而有些店家順水推舟，以智取勝。

上述兩個案例都是借負評之機會，讓危機變轉機，扭轉乾坤，反敗為勝。

借顧客資源

找到其他同質性相似的商家，跟他交換顧客資源。也就是說，你可以直接針對他的顧客進行行銷；反之，他也可以針對你的顧客進行行銷，這種方法是倍增顧客最快的捷徑。因為，假如你的合作對象與你一樣，擁有一萬名顧客名單的話，彼此合作互換一次，就可能把顧客變為二萬名，若再與另一個商家合作互換一次，可能就變成了三萬名甚至四萬名了，以此類推，完全無需額外的投資。

借顧客變成你的業務員

制定一套優惠方案，鼓勵顧客瘋狂轉介紹其他朋友一起來。例如：美髮業可以訴求一人剪髮服務，只要 200 元，二人同行，則只需要 300 元。飲料店可以訴求當顧客累積多少點數時，就送二張 VIP 卡，一張給該顧客自己用，另一張可送給他的朋友使用，這樣就可以刺激顧客持續購買，並持續轉介紹購買。

跟商家借魚池

暢銷書《有錢人想的和你不一樣》的作者哈福．艾克（T. Harv Eker）是一位白手起家的百萬富翁，他的「百萬富翁思維」課程非常著名。早期招生時，也碰上了很多困難，後來他想到了一個與眾不同的辦法，他找到了多家美國商業聯合會（就像我們的行業協會），跟他們的主席說：「我想為協會出點力，免費為你們的會員提供三天二夜的培訓，教大家如何快速創造財富。」協會自然是欣然同意了，於是向會員贈送門票，共有一千二百人報名參加了他的培訓課程。在這三天二夜的培訓課程裡，他提供了大量的有價值的資訊與技能，讓與會者收穫良多；在培訓的最後一天，他說：「如果你想學習更多、更有效的創造財富的方法，可以來參加我的高級培訓班，學費是 2995 美元，但僅剩 50 個名額。」於是，數以百計的人接著報名了他的高級培訓班。

借商家通路

請問男士們！你們用哪一種廠牌的刮鬍刀呢？在 1903 年，金．吉列（King Gillette）花了四年的時間，發明了可更換刀片的刮鬍刀，但剛開始只賣出 51 副刀架和 168 片刀片。

後來，他想到一種新的商業模式，以極低的價格賣給美國陸軍，美國陸軍也把這些刀架當作生活必需品發給士兵們。

他後來又將刀架低價賣給銀行，讓銀行作為贈品送給他們的客戶，沒想到一年後，共賣出九萬個刀架和一千兩百四十萬片刀片，又是一個借力使力的實例。

不知讀者有沒有看過房仲業彩色大張的售屋廣告 DM，裡面有許許多多賣屋的物件資訊和租屋訊息，其中，會有某一小塊放了某家洗衣店或某家飲料店的廣告。房仲業者找這些商家合作，讓這些店家在店面放置這些 DM，DM 上面也會印上此此商家的折價券或促銷廣告，讓拿到此 DM 的人可以來此消費。而這 DM 一次都是印上萬份，對房仲業者來說，至商家消費的顧客可以看到房仲廣告，增加了曝光量；對這些合作的商家來說，無疑是免費的廣告，進而創造額外的營收。

借商家網站

你可以和商家合作，讓商家把你的廣告放在商家的網站上，彼此拆帳。例如一家剛成立不久的線上訂製襯衫的公司，可以跟上班族常看的雜誌合作，因為這類型的讀者，有一定比例的人會穿襯衫，所以目標客群正確，線上訂製襯衫的公司因為初期沒有知名度又沒有實體店面，所以在該雜誌網站上打廣告，只要是透過該雜誌網站而成交的顧客，再回饋當初談好的拆帳比例給雜誌網站即可。

以顧客推薦語形式換取宣傳

你可以主動為某商家之網站寫一段「推薦語」或「見證語」，或為某人新書寫一段「推薦序」，並在該「推薦語」或「見證語」的最後，附上你的網址，這樣當潛在顧客看到，即有機會連結到你的網站了。

借人脈成功

千萬經歷，不如貴人推薦一句。比爾．蓋茲（Bill Gates）的書不會告訴你他的母親是 IBM 董事，是她給兒子促成了第一筆大單生意；巴菲特（Warren Buffett）的書只會告訴你他八歲就去參觀紐交所，但不會告訴你是他擔任國會眾議員的父親帶他去的。

有一個小朋友問一位富翁說：「叔叔，你為什麼這麼有錢？」富翁摸摸小朋友的頭道：「小時候，我爸給了我一個蘋果，我把它賣了，再想方法用低價買了兩個蘋果，後來我又這樣賺了四個蘋果。」小朋友若有所思地說：「哦！叔叔！我好像懂了。」富翁說：「你懂個屁啊！後來我爸死了，我繼承了他全部的財產。」這才是事情的真相，只是你不知道而已。

老師也是一種人脈，人脈就是貴人。所謂聞君一席話，勝讀十年書，老師可以啟發我們的思想，增長我們的智慧。自年輕時代就充滿了理想與抱負的我，立志要創造一番非凡的作為；就讀建國中學時期，受到數學老師林昌煜（林師儀）、歷史老師辛意雲與國文老師林宣生等師長們的啟迪，認真投入校刊和班刊編輯的工作，不管是企劃、採訪、邀稿、編輯、印刷與發行樣樣自己來，除了大量閱讀圖書與報章雜誌之外，也發表自己的創作，無疑是位標準的文藝青年，感謝當時學校老師們給我的教導，我才有今日的成就。

借贈品獲取顧客名單

從別的商家手中獲得「免費贈品」，然後把這些「免費贈品」提供給有興趣的顧客，這些顧客想獲得「免費贈品」，就要留下「個人姓名＋電子郵箱」。你累積了一定的客戶資源之後，就可以再與更多家商家合作，行銷這些商家的產品或服務來獲利。

借智慧和經驗來獲利

有一個女孩子想創業開咖啡廳，但沒有開咖啡廳的經驗，資金只有約十萬元，她去找一家經營非常成功的咖啡廳，跟老闆說：「我看您的咖啡廳開得非常成功，我也想開一個咖啡廳，但我絕對不會開在您的店附近，我會開在另外一個地方，絕對不會跟您惡性競爭。請您讓我在您的店裡打工三個月，您不用支付我薪水，但是有一個條件，就是請您讓我接觸你經營咖啡廳的各個面向，然後請您每個星期抽出兩個小時的時間，讓我來採訪您，告訴我開店成功的祕訣，然後三個月之後我在另外一個地方開一個咖啡廳，請您當我的顧問，我將回饋第一年百分之百的盈利給您！怎麼樣？」

這個女孩借咖啡廳老闆的成功經驗，雖然第一年所賺的錢全部回饋給了咖啡廳老闆，但請讀者想一想，如果第一年賺了一百萬，那第二個一百萬還會遠嗎？

借服務換取利益

你可以主動跟商家提議，為他寫一份「促銷信」或「廣告文案」，由該商家發送此信給自己的顧客，由此信所帶來的利潤中的一部分作為你的回饋獎金。所以，你只要善用自己寫文章或寫文案的能力，再借用商家的「商品」，完全可以「零風險」地從中受益。假如你跟很多個商家合作，那就可以輕鬆地從多個商家賺取更多的複合式收入了。

借力的方式就是你可以為某商家提供某種服務，比方說像網站維護、平面設計、EDM 代發等服務，商家為你宣傳產品或服務，而你不用花費自己的錢，就可以直接利用到對方的資源了。

《富爸爸窮爸爸》一書提出的致富理論是：OPT（Other People's Time）以及 OPM（Other People's Money），也就是說我們可以運用別人的時間和別人的錢來賺自己的錢。

向競爭對手借力

西元三世紀，中國正處在魏蜀吳三國鼎立的時期，其中魏國佔據北方，蜀國佔據西南方，吳國佔據東南方。有一次，魏國派出大軍，從水路攻打地處長江邊上的吳國。不多久，魏軍就前進到離吳國不遠的地方，在水邊紮下營地，伺機準備儘速進攻。

吳國的元帥周瑜，在研究了魏軍的情況後，決定用弓箭來加強防守。可是怎麼在極短時間內造出作戰所必須的十萬枝箭呢？因為根據當時吳國的工匠評估，要造出這麼多箭，至少要六十天的時間，而這對於吳國的防守來說，顯然是時間太長了。當時蜀國的軍師諸葛亮正好出訪吳國，諸葛亮是一個非常有智慧的人，於是周瑜向他請教如何以最快的速度造出所需的箭。諸葛亮對周瑜說，三天時間就夠了。大家都認為諸葛亮是在說大話，但諸葛亮卻寫下了軍令狀，如果到時沒有達成任務，自願被斬首。諸葛亮接受任務後，並不著急，他向吳國的大臣魯肅說，要造這麼多箭，用普通的辦法自然是不可能的，他自有妙計。接著，諸葛亮請魯肅為他準備二十隻小船，每隻船上要軍士三十人，船上全用青布為幔，並插滿草人，諸葛亮一再要求魯肅為他的計謀保密。魯肅為諸葛亮準備好船和其他必需的東西，卻不明白其中的奧祕。

諸葛亮說三天的時間就能備好十萬支箭，可是第一天並不見到他有什麼動靜，第二天還是這樣，第三天馬上就要到了，一支箭也沒有見到，大家都為諸葛亮捏了一把冷汗，如果到時候沒有完成任務，諸葛亮就沒命了。第三天半夜時分，諸葛亮悄悄地把魯肅請到一隻小船中，魯肅問：「你請我來幹什麼？」諸葛亮說：「請你跟我一起去取箭。」魯肅大惑不解地問：「到哪去取？」諸葛亮笑笑說：「到時候你就知道了。」於是諸葛亮命令二十隻小船用長繩子連接在一起，向魏軍的宿營地進發。

當天夜裡，大霧漫天，水上的霧氣更是伸手不見五指。霧越大，諸葛亮越是命令船隊快速前進。到船隊接近魏軍營地時，諸葛亮命令把船隊一字排開，然後命令軍士在船上擂鼓吶喊。魯肅嚇壞了，對諸葛亮說：「我們只有二十條小船，三百餘士兵，萬一魏兵打來，我們必死無疑了。」諸葛亮卻笑著說：「我敢肯定魏兵不會在大霧中出兵的，我們只管在船裡喝酒即可。」魏軍聽到擂鼓吶喊聲，主帥蔡瑁連忙召集大將商議對策。最後決定，因為長江上濃霧重重，不知道敵人的具體情況，所以派水軍弓箭手亂箭射擊，以防敵軍登陸。於是魏軍派出約萬餘名弓箭手趕到江邊，朝著有吶喊聲的地方猛烈射箭。一時間，箭如雨點一般飛向諸葛亮的船隊，不一會兒，船身的草把上都扎滿了箭，這時諸葛亮命令船隊掉轉船身，把沒有受箭的一側面向魏軍，很快上面也扎滿了箭。諸葛亮估計船上的箭扎得差不多了，就命令船隊迅速返回，這時大霧也漸漸開始散去，等魏軍弄清楚究竟發生什麼事時，懊悔極了。

諸葛亮的船隊到達吳軍的營地時，吳國的主帥周瑜已經派五百名軍士等著搬箭了，經過清點，船上的草把中足足有十萬支箭，眾人不得不佩服諸葛亮的智慧了。但諸葛亮怎麼會知道當天晚上水上會有大霧呢？原來，他善於觀察天氣變化，經過對天象的仔細推算，也得出當天晚上水面上有會大霧的結論，就是這樣，諸葛亮運用自己的智慧巧妙地從敵軍那借來了十萬支箭。

此外，有些出版社會將自己出版的書，加上別家出版社的新書或暢銷書組成套書，這也是另一種借用競爭對手的優勢，來增強自己的力量之借力概念。

資源整合

一位優秀的商人傑克，有一天對他的兒子說：「我已經相中了一個女孩，我要你娶她！」

兒子：「我自己要娶的新娘我自己會決定！」傑克：「但我說的這女孩可是比爾．蓋茲的女兒喔！」兒子：「哇！那這樣的話……。」

在一個聚會中，傑克走向比爾．蓋茲。

傑克：「我想替你的女兒介紹個好丈夫吧！」

比爾：「我女兒還不想嫁人呢？」

傑克：「但我說的這年輕人可是世界銀行的副總裁喔？」

比爾：「哇！那這樣的話……。」

接著，傑克去拜訪世界銀行的總裁。

傑克：「我想介紹一位年輕人來擔任貴行的副總裁。」

總裁：「我們已經有很多位副總裁，夠多了。」

傑克：「但我說的這年輕人可是比爾．蓋茲的女婿喔！」

總裁：「哇！那這樣的話……。」

最後，傑克的兒子娶了比爾．蓋茲的女兒，又當上世界銀行的副總裁。

傑克借助了比爾．蓋茲的影響力，讓世界銀行的總裁接受了讓自己的兒子成為副總裁的建議，同時借助世界銀行的影響力，讓比爾．蓋茲接受自己的兒子成為他的女婿。所以同樣地，我們可以與兩方或兩方以上的商家合作，因為資源整合就是一種借力。

上述十五種借力技巧，目的是讓我們可以借用他人成全自己，正如同阿基米德曾說：「給我一支夠長的槓桿，和一個支撐的支點，我就可以舉起整個地球。」這句話剛好說明了槓桿借力的威力。

我曾聽過一則故事：有一天，一位其貌不揚的男士，帶著一名年輕貌美的妙齡女子來光顧一家 LV 店，他為這位女子選了一個價值六萬元的 LV 手提包。

付款時，男士拿出支票本，十分爽快地簽了一張支票，店員有些為難，因為這位男士是第一次來店購物。男士看穿了店員內心的想法，十分冷靜地對店員說：「我感覺到，您擔心這是一張空頭支票，對嗎？今天是週六，銀行關門。我建議您把支票和手提包都留下，等星期一支票兌現之後，再請妳們把手提包送到這位小姐的府上。您看這樣行不行？」店員這才安心許多，欣然接受了這個建議。

星期一，店員拿著支票去銀行入帳，支票果真是張空頭支票！店員非常憤怒地打電話給那位男士，男士對店員說：「這應該沒有什麼關係吧！你和我都沒有損失。上星期六的晚上我已經和那個女孩共渡了一個浪漫的夜晚了！哦對了！多謝您的合作。謝謝！」

以上這個案例完全符合了槓桿借力必須具備的四個基本要素——

1. 槓桿（空頭支票）
2. 支點（店員）
3. 槓桿的一端（帥哥）
4. 槓桿的另外一端（美女）

最後，我們來思考一個問題，你跟馬賽跑，誰比較快到達終點誰就成功。基本上當然是馬比較快，但如果你騎在馬上就會變成馬上成功，是不是就比原本你自己跑更快了呢？

總之，如果你懂得善用借力，你就可以適時「見縫」和「插針」，達成目標和夢想。

如果說「推銷」是走樓梯，「行銷」是坐電扶梯，「贏利模式（business model）」是坐直達電梯，那麼既然我們的目標在頂樓，為何不用最直接快速的方法呢？

·銷售篇·

絕對成交必勝5步曲

Business & You

Marketing and Sales

- 銷售過程中，賣方賣什麼？
- 銷售流程中要售的又是什麼？
- 買賣過程中買方買的是什麼？
- 買賣過程中賣方賣的又是什麼？
- 跟著買方的心理活動展開你的銷售行動
- 成交就是一步一步引導客戶說 YES 的過程！
- **Step 1**：銷售從贏得好感建立信賴感開始
- **Step 2**：滿足客戶需求，塑造產品的價值
- **Step 3**：別怕客戶說不，巧妙化解抗拒
- **Step 4**：試探、要求、實現成交
- **Step 5**：持續服務，倍增客戶終身價值

01 銷售過程中，賣方賣什麼？

答案是銷售你自己，你要先把自己推銷出去人家才會買你的產品。如果你這個人不能被客戶認同，客戶怎麼會買你的產品或服務呢？如果你看起來沒自信，專業度不夠，一副沒料的樣子，客戶又怎麼會買你的產品呢？即使你的公司、你的產品是一流的……也是枉然，因為客戶不一定要跟你買。

銷售不僅僅是把產品賣出去，而是在販售「個人魅力」。

銷售是一個過程，在這個過程中最重要的環節就是贏得客戶的信任和好感——也就是把自己推銷出去。客戶只有在認同眼前這名業務員之後，才有可能接受他銷售的產品，不然再好的產品也難以打動客戶；尤其是高單價的商品，客戶比的通常不是商品，而是品牌以及人（銷售人員）。所以，優秀的業務員都是在向客戶介紹產品前，先把自己介紹給客戶，取得客戶的信任後，才開始介紹自己的產品，進而讓客戶掏錢買單。

賣產品前先把自己賣出去

班．費德文（Ben Feldman）是美國保險界的傳奇人物，被譽為「世界上最有創意的推銷員」。他剛進入保險業時，穿著打扮非常不得體、業績甚差，公司還有意辭退他。

費德文因此非常著急，於是他向公司裡業績第一名的業務員請教。那位第一名業務對他說：「因為你的頭髮理得根本不適合銷售這行業，衣服的搭配也極不協調，看上去非常土氣！你一定要記住，要有好的業績，就要先把自己打扮成一位專業業務員的樣子。」

「你知道我根本沒錢打扮！」費德文沮喪地說。

「但你要明白，外表是會幫你加分，幫你賺錢的。我建議你去找一間販售男士西服的店，他會告訴你如何打扮才適宜。你這麼做，既省時又省錢，為什麼不去呢？這樣更容易贏得別人的信任，賺錢也就更容易些。」第一名的業務員衷心地建議道。

於是費德文馬上去了理髮店，要求髮型設計師幫他設計一個超級業務員的髮型，然後又找了間男西服店，請服裝設計師幫他設計一下造型。服裝設計師非常認真地教費德文打領帶，為他挑選西服，選擇相配的襯衫、襪子、領帶；每挑一樣，設計師就順便解說為何挑選這種顏色、款式來搭配，還特別送費德文一本如何穿著打扮的書。

從此，費德文像變了一個人似的，他的穿著打扮就是專業業務員的樣子，使他在推銷保險時更具自信，業績也因此增加了兩倍以上。可見，我們要為成功而穿，為勝利而打扮，但並非花大錢穿名牌，因為客戶會根據你的服裝來打量你這個人是否值得信任，如果有名保險業務員跟你談張幾百萬的保單，卻是一身邋遢不得體的打扮，你會放心跟他買嗎？

世界汽車銷售冠軍喬．吉拉德每天起床穿好衣服後，都會站在鏡子前問自己一個問題：「今天會有人買你嗎？」

所以如果你能讓客戶對你產生一種可以信賴和放心的感覺，基本上就已成交在望了。

你一定要在客戶心中留下良好的印象，最好是具有自我形象與特色，讓客戶在有需求的時候，隨時都能想起你。業務員最怕的就是服務了半天，客戶卻對你毫無印象，因此設計自己出場的方式，加深客戶對你的第一印象是非常重要的。如每次出現時都會帶小點心；固定的裝扮，像前 101 董事長陳敏薰的黑色套裝加盤髮便是一種方式；幽默風趣，每次一到就帶來歡笑是一種方式……最忌諱的就是讓自己像個隱形人似默默地出現與消失，讓客戶連名字都叫不出來。

介紹產品前先介紹自己

初次與客戶見面時，首先不是介紹你的產品，而是爭取讓客戶認識你，認同你。有些業務員過於心急，他們滿腔熱情地向客戶介紹產品，不懂得循序漸進的道理，恨不得馬上將那些陌生的客戶變成自己的搖錢樹，讓客戶購買產品。這些業務員與客戶第一次見面，就迫不及待地拿出自己的產品，向客戶介紹，其實很容易觸動客戶的防衛機制，遭到拒絕。

初次與客戶溝通時，請不要提及過多的公司及產品的相關內容，除非客戶主動問起，否則不要以賣產品為話題。你可以盡量引導客戶多說話，多向他們提問，與客戶多談一些生活上的事，或對方的興趣愛好，相同的愛好能讓業務員與客戶產生更多的話題，化解尷尬的氣氛，拉近雙方的距離，贏得好感，使溝通更順暢，進而願意與你合作。

良好的態度能令人產生好感，經常保持微笑的業務員能給客戶帶來好心情，使客戶願意與之接觸。除此之外，總是面帶微笑的業務員還給人一種充滿自信的感覺，容易獲得客戶的信任。

業務員整體表現出來的就是對自己有信心，連帶地感染客戶，進而對你的產品充滿信心。你要對自家產品有十足的信心與知識，100% 相信自己的產品，且不僅熟悉自家的產品，也熟悉對手的產品，不論客戶問什麼問題，都要對答如流，讓自己成為客戶眼中的產品專家。你還要根據客戶的背景需求，有選擇性地向客戶傳遞他們最感興趣、最關注的資訊，不要不分輕重地把所有資訊，一股腦兒地全灌輸給客戶。

在與客戶溝通時，還要用客戶聽得懂的語言向客戶介紹，盡量使用通俗易懂的語言，讓不專業的客戶聽懂專業知識；唯有這樣，你才能給客戶留下足以信賴的感覺，使客戶願意聽從你的建議，最後影響他們的決定。

成功銷售，就像追女（男）朋友一樣，業務員只要將「膽大、心細、臉皮厚」七字訣發揮得恰到好處，保證情場春風得意，商場飛黃騰達。

業務人員如何做到「膽大」？

「膽大」是指對自己要有信心，對認定的目標有大且無畏的氣概，懷著必勝的決心，積極主動地爭取。天上不可能掉下餡餅，若你不主動走出去尋找客戶，不主動和客戶溝通，那你永遠不可能有業績。為什麼總統無論見到誰都能面帶微笑？因為他們已被培養出這種君臨天下的心態，所以我們若要取得成功，就必須像這些大人物一樣，隨時準備好主動微笑與人握手。

那身為業務員，要怎樣才能使自己「膽大」？

- **對公司、對產品、對自己有信心：**一定要時刻告訴自己，我們的公司是有實力的，我們的產品是有優勢的；而我是有能力的，我的形象是讓人信賴的，我是名專家，我是位人物，我是最棒的。
- **拜訪客戶之前做好充分的準備：**一定要注意檢查自己，必備的資料是否帶齊？形象是否無可挑剔？走起路來是否抬頭挺胸？表情是否愉悅輕鬆並帶著自信？
- **要有一種平衡的心態：**正如我們追求心儀的女人，你並不是去求她給你恩賜，而是讓她不錯過一個能給她幸福的男人；同理，我們面對客戶，一定要有這種平衡的心態。客戶是重要的，我也同等重要，倘若能夠合作，他會為我帶來業績，而我會為他帶來創造財富、便利或幸福的機會。

業務人員如何做到「心細」？

「心細」是指善於察言觀色，投其所好。客戶最關心的是什麼？最擔心的是什麼？最滿意的是什麼？最忌諱的是什麼？你得在他的言談舉止中捕捉到這些，你的談話才能有的放矢，服務才能事半功倍。

身為業務人員，心怎樣才會「細」呢？

- **在學習中進步：**只有具備廣博的知識，你才會具有敏銳的思想，對公司、產品、科技背景、專業知識等更是要熟知。

- **在會談中要注視對方的眼睛：**注視對方的眼睛，一則顯示你的自信，二則「眼睛是心靈之窗」，你可以透過眼神發現他沒用語言表達出來的「內涵」；一個人的眼睛是無法騙人的。

- **學會傾聽：**除了正確簡潔表達自己的觀點外，更重要的是要學會多聽。聽，不是敷衍，而是發自內心的意會，交流那種不可言傳的默契。

業務人員如何做到「臉皮厚」？

「臉皮厚」實際上就是指優秀心理素質的代名詞，要求我們正確認識挫折和失敗，有不屈不撓的勇氣。從事業務工作，一定會遇到很多次失敗，但一定要有耐心，相信所有的失敗都是為日後成功做準備。這個世界有一千條路，卻只有一條能抵達終點，如果運氣好，可能走第一條就成功了；如果運氣不好，可能要嘗試很多次，但記住：你每走錯一條路，就離成功近了一條路。為什麼這個世上有成功者，也有失敗者？原因很簡單，因為成功者比失敗者永遠多堅持了一步。

身為業務人員，臉皮怎樣才能「厚」起來呢？

- **永遠對自己保持信心：**交易不能成功，並不是自己的能力問題，而是時機不成熟；並不是公司的產品不好，而是不適合。

- **要有必勝的決心：**雖然失敗了很多次，但你最後一定會成功的。

- **要不斷總結自己的成功之道：**回想自己過去的成功經驗，不斷挖掘自己的優點。

- **要正確認識失敗：**失敗為成功之母，小失敗可以累積為大成功。

- **要多體會成功後的成就感：**這將不斷激起你征服的欲望。與天鬥，其樂無窮；與地鬥，其樂無窮；與人鬥，其樂無窮，要把每次與客戶的談判，視為你用人格魅力和膽識征服一個人的機會。

02 銷售流程中要售的又是什麼？

答案是觀念和想法。請想一想，成交後是誰掏錢？客戶為什麼要掏錢呢？那是因為他覺得你的產品或服務的價值，超過他所要付出的金錢。那如果你銷售的產品或服務不符合顧客心中的想法時，該怎麼辦呢？那就改變顧客的觀念，讓顧客的想法或觀念被你說服了！

或者，配合顧客的觀念！業務員將產品特徵轉化為產品益處時，要考慮到客戶的需求，因為只有你的產品益處是客戶所要的，才能引起客戶購買的欲望。

只要潛在顧客的想法和觀念被你說服了，你就成交了。

所以，我們要仔細想想：「顧客為什麼要掏錢買你的產品或服務？」答案是因為你的產品或服務有價值，且產品價值大於他所要掏出來的錢，也就是說你的產品／服務的價值，大於他所要支付的價錢；顧客為什麼會願意支付 1000 元來買，因為他認為他所能得到或換到的會超過 1000 元。所以，業務員要懂得塑造價值，為你的產品塑造價值，讓客戶認為他會得到超過 1000 元的好處，這樣，他就願意付出 1000 元來換取超過 1000 元價值的東西。為什麼 iPhone 一台可以賣二萬多元，因為 Apple 知道 iPhone 對客戶的價值遠遠超過那個價錢。

顧客重視的是價值與購買商品的理由，價值才能影響客戶決定他「要不要買」，而不是你的這個產品本身有多大的用處、有多麼強大的功能。

那什麼是價值？我大學學的是經濟學，上的第一堂課是經濟學原理，課堂上教授問為什麼空氣、水對人們是那麼重要，卻賣不了什麼錢，而某名牌包卻可以賣八萬、十萬元以上？這就是價值的問題，以及買的人要不要買單，並不是你說這個東西多有用、多好、多重要；只要客戶不認同它的價值，那它對客戶來說就不值錢。

例如，一瓶水可能在沙漠中價值很高，賣多高的價格，都會有人買單，但在三兩步就一間便利商店的市區來說，其價值就很低。

人們買的不是東西，而是他們的期望，好比小姐、女士們購買化妝品，並不是要購買化妝品本身，而是要購買「變美的希望」。也就是說客戶購買及認定的價值並不是產品或服務本身，而是效用，是產品或服務能為他帶來什麼好處或利益。

顧客不是為了買早餐而買早餐，他們為的是吃飽、享受美味、圖方便或希望吃得營養健康。所以，賣早餐的你就要想你的餐點是要提供給誰？一定要滿足目標客戶的需求，這樣你的早餐對目標客戶才有價值。例如，你的顧客是那些重視養生的中年客戶，那賣油滋滋的美式漢堡就不行；如果你的目標客戶是趕著打卡的上班族，就要在很快的速度內讓他們拿到餐點。

所以，我們要幫助客戶創造這種價值與期待的利益，並把這種價值告訴他，說服並讓他認同你的產品價值，這就是你要銷給客戶的觀念或想法。價值是你給顧客的，而價格則是你向顧客收取的，且當你把焦點聚焦在產品的價值上，除了能強化客戶購買的意願外，還能有效降低價格上的疑慮。

銷售不是賣「產品」，而是賣「願景」

產品的實用性、便利性、特色、設計和價格等，固然是業務員銷售產品時，應該介紹的重點，但真正具有關鍵性的要點，乃是能否引導客戶描繪出使用該產品所能產生的「願景」，因為客戶所購買的和他所關注的焦點大部分是價值，而不是價格。他們想購買的是一種價值，一種期待的利益，所以你要讓客戶去想像買了這件產品或服務後，能帶給他什麼樣的好處或利益；讓客戶去想像使用了這個產品之後的改變。因為單靠用心介紹產品的特色仍不足以打動他的心，如果想要讓客戶點頭答應，就要讓他產生憧憬與美夢。

例如，銷售保險時，讓客戶想像一下，擁有這張保單，二十年後每個月可以領到的錢，可以讓他的退休生活無後顧之憂，讓他想像和全家人一起出遊的情景，臉上的笑容，心境的閒適。所以，客戶買的不是一張保單，而是一個不用再為錢煩惱的未來，一個能快樂享受生活的未來。

例如，銷售汽車時，讓客戶想像一下擁有這台車之後，你可以載著你的愛人，或全家人一起出遊的溫馨畫面，那種愛的表現；這台車就代表你的格調，代表你的身價，代表你事業的成就，朋友或客戶看到時那種信任和崇拜的眼神。所以客戶買的不是一台車，而是擁有這台車之後的那種幸福快樂和成就感。

例如，銷售房子時，要讓客戶想像擁有這間好房子後，他的生活更便利，夫妻感情更融洽，這個家是你下班後最佳的避風港，甜蜜的堡壘，讓你愛上回家，讓客戶聯想到住進來之後種種的美好；客戶買的不是一間房子，而是一種幸福，一個安定。

使客戶期盼的「夢」栩栩如生地呈現在客戶的眼前，讓客戶聯想到清晰的畫面，因為「夢」的擴大或縮小，往往就是客人取捨的關鍵。

當客戶還沒有得到商品時，他會想像使用商品後的改變。客戶會如何想像？就需要我們去引導了。你為客戶建立的想像，能讓客戶確認價值，然後你再提出價格，只要價值遠大於價格，客戶就買單了。

03 買賣過程中買方買的是什麼？

客戶為什麼會買，因為我們給了他一個理由。當你想要成交時，就必須給客戶一個買的理由。你在和他溝通的時候，就是在幫他找理由，告訴他一個非買不可的理由，只要他認同了這個理由，就會買了。

那客戶買的是什麼呢？客戶買的是一種確定的感覺，在銷售過程中，你讓客戶感受到的氛圍，將影響到他是否決定購買，而業務員又很有自信、很確定地向客戶表示這是最適合他需求的，最能幫助到他，那客戶就會買了。

試問，一款高檔奢侈品擺在菜市場的地攤上販賣，你會掏錢買嗎？再或者是，該款奢侈品雖然在高檔百貨精品店販售，但銷售人員不尊重你，對你的態度很差，你會買嗎？所以，營造好的氛圍與感覺，為顧客找到理由，離成交就不遠了！

給顧客一個買的理由

客戶為什麼會買？因為我們給了他一個理由，一個買的理由，一個夢想！有利益，才會動心，想要順利售出產品，就要讓你的客戶看到實實在在的利益。當客戶還沒有得到商品時，他會想像使用這個產品之後的改變，權衡一下產品會給自己帶來什麼好處，權衡後如果發現自己的付出得不到相對的回饋，就會毫不猶豫地拒絕業務員成交請求。

當你在向客戶介紹產品好處時，首先要提及某種突出特徵，再根據客戶的需求強調這種特徵所形成的價值，並營造一個使用時的想像，讓客戶印象深刻。要注意的是，你要盡可能讓客戶感到自己從中獲得了利益，這樣才能加深他想要「擁有」的感覺。

當你打算購買一些東西時，你是否清楚購買的理由？有些東西也許事先沒想到要買，一旦決定購買時，是不是有些理由支持你去做這件事，再仔細推敲一下，這些購買的理由是否正是我們最關心的利益點？

例如，消費者之所以會購買特斯拉，便是因為特斯拉的電動車技術較其它品牌的電動車款穩定、成熟，且使用電力驅動降低空氣汙染，對環境造成的衝擊較小；政府也因環保議題廣為推廣電動車，提供綠能補助，使消費者不僅能對環境貢獻一份心力，又能大大地節省荷包，就是因為這個利益點，才決定購買的。

因此，業務員可從探討客戶購買產品的理由，找出客戶購買的動機，發現客戶最關心的利益點。

通常我們可從三方面來瞭解一般人購買商品的理由：

- **品牌滿足：**整體形象的訴求最能滿足地位顯赫人士的特殊需求。比如，賓士（Benz）汽車滿足了客戶想要突顯自己地位的需求。針對這些人，不妨從此處著手試探，看看潛在客戶最關心的利益點是否在此。

- **服務：**因服務好這個理由而吸引客戶絡繹不絕地進出的商店、餐館、飯店等比比皆是；售後服務更具有滿足客戶安全及安心的需求。服務也是找出客戶關心的利益點之一。

- **價格：**若客戶對價格非常重視，可向他推薦在價格上能滿足他的商品，否則只有找出更多的特殊利益，以提升產品的價值，使之認為值得購買。

以上三方面能幫助你及早探測出客戶關心的利益點，只有客戶接受銷售的利益點，給他一個買的理由、一個確定的感覺「就是這個了」，你與客戶才會有進一步的交易。

在業務員的產品能滿足客戶的主要需求後，如果還能有額外的益處，對客戶來說將會是一個驚喜。你可重新幫客戶定位他的利益點，提醒客戶這種產品的益處是什麼，而不是等客戶自己發現。舉一個簡單的例子，夏天時，女性的皮包裡都喜歡放一把遮陽傘，那「防紫外線」就是客戶的首要利益，如果你的產品除了能遮陽之外，折疊起來更小巧、更輕便，樣子也更為美觀，勢必會受到女性客戶的青睞。

給客戶「確定的感覺」

很多業務員在介紹產品時，只是將產品的特徵一一列舉給客戶，這樣的做法是無法令客戶對你的產品印象深刻的。你滔滔不絕地向客戶介紹了一大推產品特徵，但客戶聽完後卻一臉茫然地說：「那又怎樣？」或「你說這些有什麼用呢？」因此，在介紹產品特徵時，要結合產品益處，明白地告訴客戶產品能替他帶來什麼好處，這樣客戶才會對你的產品產生興趣，進而與自己的需求做連結。

但要注意的是，在將產品特徵轉化為產品益處時，要考慮到客戶的需求，只有你的產品益處是客戶想要擁有的，才會引起客戶購買的欲望，讓客戶覺得這就是我要買的，非常適合我，可以解決我目前的問題；反之，如果產品的益處是客戶不需要的，那即便你的產品再好，客戶也不會購買。其實客戶會猶豫、會抗拒不買，是因為他們害怕、擔心買到價值不足或不適合、不符合自己需求的產品，所以你要讓客戶看到實實在在的好處，給他確定的感覺，讓他買了不會後悔。

要想取得好的業績，就要懂得把握銷售節奏，按部就班地與客戶接觸，不要太過急躁，先與客戶做好溝通、逐漸加深客戶對自己的信任。客戶一般要確定產品能給他帶來的利益之後，才會考慮是否購買，所以，顧客購買產品是想要知道這個產品或服務可以為他解決什麼問題。而對業務人員而言，你要做的就是有自信地對客戶展現出「確定的感覺」，感染客戶，然後成交！

04 買賣過程中賣方賣的又是什麼？

賣的是解決方案，客戶買的並不是產品本身，而是產品帶來的利益、一個解決方案，或至少能避掉什麼麻煩或痛苦！

什麼叫問題的解決，例如，解決食衣住行的問題，買房子解決住的問題，買車子解決行的問題，也就是通常我們有一個需求想要被滿足，或是一個困難想要被解決，就會透過去買某樣的產品或服務，進而解決這個問題。例如，我上班很忙，工作很累，以致於可能沒有時間打掃家裡，那我就會去找家事清潔公司來解決我的問題，這就叫問題的解決。

所以，客戶若能因購買，滿足其預期的結果（好處或快樂），不但能實現成交，對方還會跟我們說謝謝！

不要再說你要賣的東西是產品或服務，要說你賣的是解決方案。以牙科為例，其實牙科醫生在學校受的教育絕大部分不是拔牙，而是口腔衛生，教的是你要怎麼刷牙，如何保養、保健才好。不是牙疼時才找牙醫，而是平常牙齒不疼時就應該要去洗牙並定期保養，或是去諮詢牙齒要怎麼刷才不會有死角；但絕大部分的人去看牙醫的目的都是痛苦的消除，牙疼才著急地找牙醫，因為牙醫那裡會有解決方案，把牙疼這個痛苦解決掉。所以，牙科醫生千萬不要說他賣的服務是替人拔牙，而要說是解決你牙疼的方案，大部分的人比較重痛苦的免除，比較輕快樂的到來，所謂「避凶」重於「趨吉」是也。

不要推銷，而是協助客戶解決問題

蘋果電腦的零售門市有一個 APPLE 經營客戶法。APPLE 這五個字母中，

A 代表 Approach（接觸），用個人化的親切態度接觸客戶；P 代表 Probe（探詢），禮貌地探詢客戶的需求；第二個 P 代表 Present（介紹），介紹一個解決辦法讓客戶今天帶回家；L 代表 Listen（傾聽），傾聽客戶的問題並解決；E 代表 End（結尾），結尾時親切地道別並歡迎再度光臨。

蘋果電腦門市銷售人員根據訓練手冊奉行的銷售原則是——不要推銷，而是協助客戶解決問題。

問題解決是什麼？這就像業務員最常接受的訓練，這叫做專業。以理財專員為例，我有一次在為理專上課時，有人問我：「老師，我學了那麼多專業、考了很多證照，但並不知道這些能有什麼用處？」

我當時的回答很簡單：「學專業、考證照只有一個目的，就是能更有效且正確地幫客戶解決問題，若客戶有任何投資理財方面的問題，你所學的就能派上用場，主動幫他解決。」

比方說，你是做傳銷的，你能解決客戶什麼問題呢？答案是收入不夠多的問題。如何解決呢，一個是多元收入，一個是被動收入。多元收入是你本來就有一份穩定的收入，另外再找幾份別的收入；被動式收入是指，一旦建置好了，就連睡覺時都會有收入，連出國旅遊時也會有收入，這叫問題的解決。

世界潛能激勵大師安東尼．羅賓說：「一個人所做的決定，不是追求快樂，就是逃離痛苦。」這個觀念就可運用在銷售上。

追求快樂是指客戶購買我的商品有什麼好處和價值，所以你要給客戶好處，讓客戶願意追求快樂；逃離痛苦是指購買我的商品可解決客戶某方面的痛苦。所以你要提醒客戶的痛苦，在傷口上灑鹽，因為人習慣花錢止痛，人也只有在非常痛苦的情況下，才會願意改變。而你提供的解決方案就是要能幫助客戶逃離痛苦、追求快樂，刺激他們想要擁有，想立刻買下來。

一般業務員都只會跟客戶說購買我的產品有什麼好處，說得又多又好，但卻沒有說出若不購買，客戶會有什麼樣的損失和遺憾。而這往往就是客戶為何無法立即做決定的關鍵點，因為現在買和以後再買，對客戶來說似乎差別不大，最多也只是價格上的差異罷了。

你要先給客戶痛苦，再給客戶快樂。這順序很重要，因為如果先給客戶快樂，再給痛苦的話，那層次落差感根本出不來，在銷售力道上就會差那麼一點。

所以你一開始要先給客戶一點痛苦，再給一點快樂，然後擴大痛苦，再擴大快樂，又再給客戶更大的痛苦和更大的快樂……就這樣將逃離痛苦和追求快樂交叉運用，直到成交為止。

愉快的感覺

任何的銷售拆解開來，就是在賣兩件事。第一件事情，叫做「問題的解決」；第二件事情，叫做「愉快的感覺」，也就是說光解決問題還不夠，你還要能塑造愉快的感覺。以下先分享兩個我自己的親身經歷。

我走進一家服飾店，店員充滿熱情地上前招呼，滿臉笑意地問：「先生！請問要找什麼嗎？」

「喔！我隨便看看！」我回答。

「好的！如果有任何需要可以叫我，看到有喜歡的可以試穿，不買也沒有關係。」店員親切地回應，然後就站在一旁，不打擾我挑選。

過了五分鐘，我說：「請幫我找找有沒有比這件大一號的尺寸？」我試穿後覺得很滿意就買了。

臨走前，我主動對店員說：「本來我不打算現在就買，但因為妳那句話『不買也沒有關係』，讓我動心決定現在買。」

我想大家也都常會碰到店員不是過分熱情，就是在旁邊說了一些讓你有壓力的話，使得原本有意購買，後來卻沒了興致，沒買就離開了，不知有多少店家每天都因為這樣損失客戶而不自知。既然有客人走進你的店，就有機會成為你的客戶，所以你要營造一種輕鬆愉快的購物環境，才能留住客戶，並轉介紹更多的客戶。人都不喜歡被推銷的感覺，但卻喜歡買東西，所以，你要讓你的客人買得愉快，不要讓他們有壓力、有被推銷的感覺，否則你的客戶就會變成競爭對手的客戶了。

還有一次，我和朋友去一家餐廳吃飯，前餐有附麵包，那麵包一上桌還是熱騰騰的，吃起來軟中帶勁，真是我所吃過最好吃的麵包，後來我向服務生再要了二塊，服務生送來時說：「老闆說這麵包本來兩個要四十元，但今天老闆請客，所以免費！」

或許這只是一個謊言，但聽起來真舒服，真開心，覺得老闆人真好，下次還會想再來這家餐廳。因為服務生的一句話，就留住了一群客人，這就是愉快的消費氛圍；一次愉快的消費體驗很有可能為你帶來無數次的重複消費，甚至帶來更多的顧客。

買東西買的就是一種感覺，很多時候明明覺得好像這個東西也不缺，或者目前沒有這個需求，但最後為什麼還是掏錢買了？

最常見的狀況就是百貨公司的週年慶，有的人會列出清單，就只買清單上的東西，但離開的時候，通常會另外多買很多東西。像我有一年去百貨公司週年慶，就列了要買的襯衫、外套，依據清單買完總共 8200 多元，但因為百貨公司在做活動，滿 5000 元送 500 元，所以就想著要不要湊一萬？結果湊一湊就消費了 12800 多元，這時我又在想「要不要繼續湊？」

結果我總共買了 25000 多元。對我來說，原本那八千多元的產品，是「問題的解決」，而後面再多買的，就是「愉快的感覺」。

愉快感覺是氛圍。那氛圍來自於什麼？因為氛圍很抽象，如果用 NLP 神經語言學的概念來講，氛圍便是一個五感體驗。

五種感官經驗包括視覺、聽覺、味覺、觸覺、嗅覺，看到什麼、聽到什麼、聞起來什麼味道、嚐起來什麼味道，觸摸起來什麼感覺，這些就是五感體驗。

NLP 神經語言學指出我們人有不同的傾向，每個人注重的感覺是不一樣的，有人是視覺型的，有人是聽覺型的，有人是感覺型、觸覺型的；所謂一樣米養百樣人，如果你知道潛在客戶特別注重哪個感官的話，你就從那個感官去加強，你就更容易成交。所以，業務員就要針對不同型的人，做不同的銷售方式，面對視覺型的人，你就要讓他看到產品的實品，唯有看到他才能感覺到。

所以你在跟一個人交談之後才能了解他是哪一型的人，通常都不是均衡的人，都會偏重某一方面，因此你要對不同人採取不一樣的舉動與對待。例如，對感覺型或觸覺型的人，你的擁抱、拍拍對方的肩膀、握手都非常重要；可是對聽覺型的人來說就毫不重要，若是聽不到聲音他就不會有感覺，這就叫做五感銷售。

很多時候，當我們在講銷售的時候，為什麼很多人重視五感銷售？這對商店來說更是如此。以星巴克為例，為什麼大家都喜歡去星巴克喝咖啡？許多人的回答是「感覺很好」。若講得明確一點，就是五感經驗加起來很好，視覺燈光裝潢看起來很喜歡，音樂聽起來很舒服，空氣中聞得到咖啡香，觸覺是星巴克的椅子坐起來很輕鬆，最後才是味覺，喝到咖啡的味道很滿足，這五個感官加在一起就是所謂的體驗，然後將此體驗內化為好感。

愉快的感覺除了是現場氛圍的營造之外，現場銷售人員的訓練也很重要。如果百貨公司只訓練櫃台小姐的產品知識及使用功能，那就錯了，不是說產品知識不重要，而是還要培訓她們如何帶給客戶愉快的感覺。你會發現一些賣場如大潤發，家樂福它們廣告傳單上的商品真的超便宜，因為它的目的就是要利用便宜的優惠，吸引你去消費，當消費者親臨賣場後，他們就設法營造出購買的氛圍（對消費者而言就是愉快的感覺）。例如，我公司走出來就是中和 Costco，有時為了方便我會把車停在那裡，看到那些商品促銷傳單，又被吸引上去逛逛和試吃，它的試吃通常又都很大份，一點兒也不小氣，在試吃時有愉快的氛圍，於是我就買了，然後推車很大，我買的東西看起來太少了！就又再多買一些，但這完全不在我的預期之內，這就是愉快的感覺，也就是購買的感覺。

「問題解決」與「愉快感覺」哪一個重要？

我常在課程當中問學員一個問題：「問題解決」跟「愉快感覺」這兩件事情，哪一個比較重要？許多人的回答是愉快感覺比較重要，但事實上，我不得不說，愉快的感覺與問題的解決對業務員來說同等重要。但是記住，千萬不能本末倒置，有很多人上了一些大師的成交課後，覺得產品知識不重要，錯了，產品知識還是很重要，因為那是業務員的基本功，是一定要具備的，也是你專業度的呈現，你若不懂，如何能賣給客戶呢？如果你賣保險不懂保險，賣車子不懂車子，那你賣什麼呢？所以，你當然要懂，不管賣什麼，你一定要對那一領域瞭若指掌，這是最基本的。

在問題的解決上，如果業務員沒有專業知識，只注重讓客戶感覺很愉快，儘管客戶感受再舒服、再愉悅，但對他提出的問題卻一問三不知，專業度不夠，無法讓客戶買得安心，自然就不可能成交了。

緊接著，你要設法營造出愉快的感覺，了解潛在客戶的問題在哪裡，並幫助他解決，只要能在這個過程當中，營造出愉快的感覺，那你就成交了，這就是成交的秘訣。所以你提供的產品或服務就叫做問題的解決方案，找出顧客的問題並協助他解決，若顧客問題很小呢，你就在傷口上灑鹽，讓他認為這個問題比想像中還大，你的解決方案才會適配他的這個問題，這樣才能順理成章地賣給他，然後在愉快氛圍的催化下，成交自然是順理成章了。

05 順著買方心理展開銷售活動

消費者購買商品或服務時，會依次經歷以下 5 個決策階段：第一步，確認需求；第二步，收集資訊；第三步，評估方案；第四步，做出決策；第五步，購後行為。業務員在推動銷售時，一定要緊扣著客戶的消費心理變化，搞懂消費者行為，拆解出消費者的心境轉折，來做反應與行動，那自然賣什麼都暢銷。

接下來要和大家談的是下方這張圖的內容，這是我近幾年不遠千里赴中國、美國上了不少銷售高級班、成交班，所提出的成果。我向中外各銷售冠軍如喬．吉拉德、喬丹．貝爾福特學習成交的心得，並融合多年的實戰驗證確實有效的精華，可以說一張圖就價值美金 10 萬元以上！

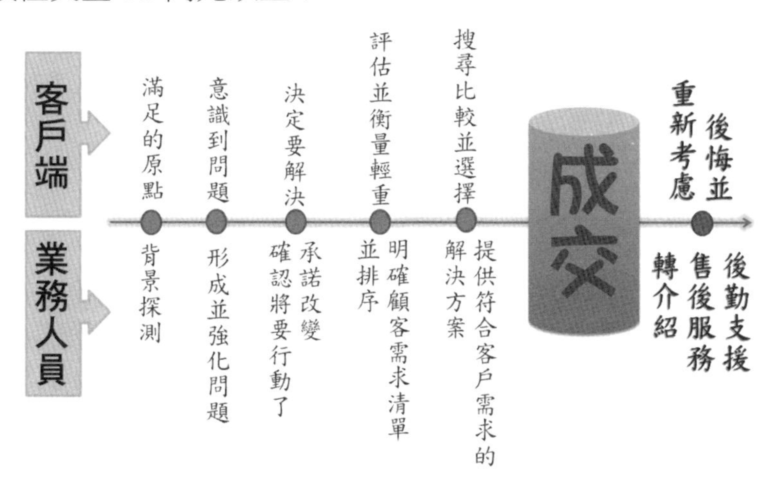

要想成功拿到訂單，從業務員和客戶見面開始，一切的銷售行動都得跟著客戶的心理變化去做調整。銷售的過程其實就是銷售員與客戶心理博弈的過程，業務員要根據客戶的心理變化調整自己的行動與銷售方案，針對客戶在銷售過程中每一心理階段的變化，來調整自己的行動，才能成功接單。接下來我就用這張圖來說明，線的上方是消費者端的心路歷程，線的下方是業務員要在這時期該做的事。

客戶是否滿足現況

業務員一開始和客戶接觸時，不是一見面就介紹產品，而是要先了解客戶在想什麼，要做背景探測，觀察客戶是否處於滿足的原點。什麼是滿足的原點？例如你剛買了一部車或房子，這都是處於滿足的原點，因為剛換車自然不會想買新車，剛換房子暫時也不會想買新房子。

所以，我們必須先瞭解客戶究竟對現狀有什麼不滿或想改善的地方，而對於這個問題，他曾用了哪些方式嘗試去解決，解決的狀況又是如何，他對過去嘗試過的解決方式，又有什麼樣的不滿意或不滿足。

一般來說，客戶不太會輕易說出自己對產品的真正需求，尤其是面對陌生的業務員時，更是懷有戒心，不僅如此，有時候客戶越是有意購買，為了爭取更多優惠，越會隱藏自己的想法；所以，為了與客戶順利走到成交這一步，就要先瞭解和發現客戶的根本需求。我會建議使用開放式問句去做需求測探，如：「不知您較欣賞哪種款式的產品？」、「你對目前使用的產品滿意度如何？」這樣較開放式的問法，讓客戶可以根據自己的意願回答，使客戶說出更多內心的想法，引導他們說出他們不願意說的話，循序漸進地透過提問來控制銷售的節奏，並想辦法盡可能滿足客戶的心理，這樣才有機會成交。

機械加工製造廠的業務員小詹去拜訪一位客戶。

小詹：「王先生，您好！我是 ×× 公司的業務員小詹，真是恭喜您呀！」

客戶：「恭喜我？恭喜我什麼呢？」

小詹：「我今天在報紙上看到一篇報導。報上說貴公司的產品在業界有著極高的市場占有率，像貴公司這樣的龍頭企業當然值得祝賀了！」

客戶：「也多虧國家政策的扶植和 VC 資金的投入了。」

小詹：「那麼在市場占有率的高成長下，公司的壓力應該不小吧？」

客戶：「是啊，研發部門的人整天叫著忙，就連生產部門的主管也抱怨人手不

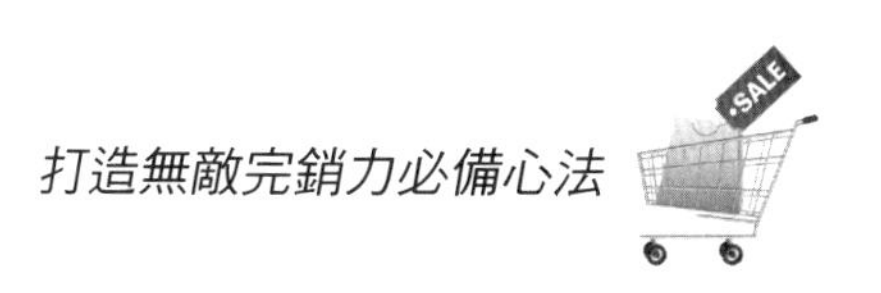

夠。」

小詹：「看來這不僅是一個機遇，更是一次挑戰呀！那貴公司在網站上的徵才廣告是否就是為了解決生產吃緊的問題呢？」

客戶：「當然，否則忙不過來。」

小詹：「確實，一般市場上的均製造效率是 5 台／人，那貴公司應該高一點吧？」

客戶：「沒有，我們設備比較老舊，所以效率一直拉不上來。」

小詹：「哦，那貴公司希望在原來基礎上再提高 25% 的效率嗎？」

客戶：「那當然，誰不希望呢？」……

就這樣，小詹不知不覺就把問題導向了自己公司的設備上，最後客戶決定先購買一小批設備，試看看產能如何。

發現了嗎？業務員小詹並不是用「說」來與客戶進行溝通，而是用「問」來突破客戶的心房。這一系列極具邏輯性的問題引導了客戶的思路，讓對方不知不覺地參與到雙方的溝通之中，接下來，小詹只要再循循善誘地帶出公司的產品，客戶定會感覺到小詹是為了解決自己的問題，替自己著想而來的，那買下產品自然是理所當然的事情。

在與客戶初次見面時，為了營造愉快的談話氣氛，你要針對客戶感覺比較舒服的內容進行提問，使客戶願意主動傳遞相關資訊。例如，在與客戶初次交談時，你可以向客戶提問：「您目前使用的產品有什麼地方讓您覺得滿意？哪裡不符合您的要求？您希望買到什麼樣的產品呢？」讓客戶多表達自己的意見，然後從客戶的回答和意見中捕捉對自己有利的資訊，分析客戶的需求，掌握客戶真正關心或在意的部分，進而對客戶關心的話題展開攻勢。

在這個階段還不宜馬上把話題引到銷售的細節上，要從客戶熟悉並願意回答的問題入手，比如問客戶：「您對產品有哪些具體要求？」、「您所滿意的產品都具備哪些特徵呢？」

先向客戶提一些較容易接受的問題，邊問邊分析其反應，從對方的回答中找出其背景與需求，再一步步引導客戶進入正題。

客戶在說話時，往往會提到自己心中最理想的產品是什麼樣子的，如果業務員能留心並記下客戶的需求，設法滿足客戶的需求，就能從中發現無限商機。

向客戶提問的目的就是要瞭解客戶的購買心理，唯有知道客戶需要怎樣的產品，才能展開下一步的銷售活動。而想要讓客戶的需求轉化為購買產品的強烈欲望，還要注意提問的頻率，儘量保持提問的連續性。

客戶只有在連續被提問的過程中，對需求的緊迫感才會持續增強，讓他跟著你的節奏走向成交。

客戶意識到問題

隨著時間的過去，不管是買車子、買房子……客戶都會漸漸意識到問題，且房子或車子時間久了，難免會有些問題或狀況發生，只是問題大和問題小的差別，然後就會想去解決，這時便是客戶意識到問題了。

客戶意識到的問題，業務員要形成問題並強化問題，也就是在傷口上灑鹽，不管什麼問題，你要在談話中暗示或明示他問題的嚴重性，進而和他討論，如果能改善這個狀況，對他來說會帶有什麼樣的效益。另一方面，也告訴他如果問題不解決，未來是否會產生更為嚴重的影響和後果，以此強化他的痛苦，讓客戶做出決定解決。

唯有讓客戶認識到問題（或機會），瞭解期望與現實的落差所在，同時清楚問題的嚴重程度，他才會知道解決這個問題的「價值」究竟有多大；當客戶的「價值」想像越美好，客戶的「購買」動力也才會越強。

但如果一開始就把產品資訊提供給客戶，焦點就從客戶轉移到自己的身上，客戶無法對產品或服務的價值有準確的瞭解，導致我們在過程中可能會過度強調客戶不在意的重點，使客戶產生「被推銷」的感覺，這樣要成交就難了。

客戶決定要解決

若客戶決定要解決了，業務員就要確定客戶是否真的要行動了，讓他承諾確定要改變，再次確認他的問題，並詢問他有沒有其他要注意的事。

與客戶溝通時，最好是多發問，然後傾聽，用提問的方式引導他們談話，因為發問才能掌握主導權。如果客戶不停地向你提問，那你就要盡快利用反問，及時扭轉自己被動的局面，不能只做一些簡單的回答，反而要不斷反問客戶一些問題，例如客戶問：「你們的產品有效果嗎？」你就可以反問：「你認為什麼樣的效果對你最重要呢？」

當客戶在你的引導下說出自己的想法或問題，你也可以重複你所聽到的，瞭解並確認客戶和自己相互認同的部分，讓客戶承諾現在確定要改變了，確保你的客戶真正明白他問題之所在與需求，而你也能再一次評估你的產品能否給客戶帶來利益，在反覆確認過後，業務員才能向客戶銷售自己的產品。

客戶評估並衡量輕重

當客戶決定要解決問題後，就會評估並衡量輕重。比方說，如果你是顧客，當你決定要換房子時，就會開始思考你要換什麼樣的房子，你考量的優先次序是什麼？你一定要住台北市還是郊區也可以？是首重學區還是距離上班地點近，還是要環境清幽呢？還是要生活機能健全……等，評估各種需求並衡量輕重。

而客戶在評估或衡量問題的輕重時，業務員要明確客戶的需求清單並排序，排序就是排列優先次序。所以你得用心傾聽客戶說的話，明確客戶的想法和需求及這些需求的優先順序，這樣才能準確地選擇適合客戶特點的銷售策略，向客戶推薦最適合他們的產品。

每件事都有它的排序，如果你是房仲員，當你的客戶說他買房子要找高機能性，有捷運有商圈的，你就要推薦他機能性健全的房子，且每個人考慮的點不一樣，有的人在意價格，有的人要求地段好，你要投其所好，才有成交的機會。例如，有的客戶最注重價格，超級業務員喬．吉拉德就曾針對這點提出買貴退差價的方案，也就是說一輛車賣三萬美金，但如果有人賣二萬九千美元，喬．吉拉德就無條件退一千美元給他的客戶；而有的客戶很重視售後服務，喬．吉拉德針對這點的做法是，他每個月會請維修部門的人吃飯，所以只要是喬．吉拉德客戶的車子回廠保養或維修，維修人員就會特別用心，服務得又快又好。

只有讓客戶說出明確的需求，業務員才能進入下一個步驟，推薦解決方案，進行產品簡報，所以業務員要將「產品功能」與「客戶需求」產生直接的關聯，這些關聯越深越明顯，案子成交的機率就越高。

客戶搜尋比較並選擇

當客戶在搜尋比較並選擇可能的產品與服務方案的時候，業務員就要提供符合客戶需求的解決方案。而你提供給他的解決方案，要盡力包裝成正好可以解決他的問題之方案，因為一個問題本來就有各種面向，一個產品或服務也有各個面向，那你就要呈現給他或包裝好能解決他現存問題的方案，給客戶他想要的，讓客戶只想找你買。

接下來，就讓我們來看看業務員如何才能把客戶需求和產品優點結合起來，打造成一個適合客戶的解決方案，一擊中的說到客戶心坎裡。

很多業務員在向客戶介紹產品時，總喜歡把產品所有的特點和優勢全都說出來，以為產品的優點越多就越能被客戶接受，然而事實並非如此。客戶購買產品的欲望，在很大程度上受到自己的偏好影響，他們要對產品有興趣才會關注產品，進而決定是否購買。所以，業務員那種長篇大論的產品介紹，只會令客戶「不想再聽下去了」，不僅浪費業務員時間，還影響客戶情緒，讓客戶厭煩。因此，你要懂得從客戶的關注點出發，讓客戶願意聽，產品的「好」才可能被客戶接受。

業務員對產品的解說應該圍繞客戶感興趣的方向展開，將客戶最關注的資訊先傳遞給客戶，重點描述產品可以滿足客戶需求的特性。如果客戶購買產品是為了讓工作、生活更方便，你就要重點描述產品的功能；如果客戶看重產品對品味、身分等特徵的體現，業務員應該從產品的品牌和品質、產品的象徵意義和產品外觀等幾個方面進行介紹，然後接著問：「您現在覺得這產品如何呢？」從客戶的回答中去瞭解他們真正的想法。當顧客進一步表示有興趣，但猶豫不決該購買哪一款商品，或詢問某項產品的功能或價格時，就表示顧客已經有意購買。

業務員千萬不要只顧眼前，短視近利，推薦利潤高卻不適合客戶的熱銷產品，反而要結合客戶的需求和特點，向客戶推薦最有價值意義的產品，這樣客戶才能買得放心，用得舒心，把自己的感受分享給身邊的人，替你轉介紹更多客源。

宏泰人壽處經理陳淑芬就是堅持「把客戶的權益視為自己的權益」，光靠老客戶介紹客戶的口碑行銷，就讓她打敗金融海嘯。因為她把客戶的權益當作自己的權益來看，所以她堅持不銷售投資型保單，雖然這是絕大多數保險公司力推的主力商品，但就算客戶表示要買，她仍婉拒，因為她認為——投資賺錢，客戶們比我更懂，不需要我為他們費心。

所以，若客戶在意價格，你就保證最低價，日後發現買貴了退他差價也無妨，因為賠本的生意不會有人做，對手賣的價格也肯定是有利潤的，只是賺得比較少，所以你也不致於太虧。

讓客戶當場跟你買，既然有了合適的解決方案就要鼓吹他當場買，若客戶說沒錢，你可以幫他辦貸款、辦分期，總之就是要打鐵趁熱，爭取立刻就能成交。

客戶後悔並重新考慮

成交後，客戶可能會後悔太早買或買貴了，因而重新考慮，這個時候業務員需要的是後勤支援或售後服務，售後服務做得好，用後勤支援去解決客戶的後悔。若想維持，甚至是提升客戶的滿意度，你就要用堅持不間斷地服務，消除客戶不滿意因素，以超越客戶期望來服務他們。如果沒有良好的服務，一旦競爭對手出現，顧客就會毫不猶豫地離你而去。

客戶要的不再僅是產品而已，產品加上服務才能為客戶產生價值，這才是客戶真正需要的、在意的。精明的用戶不會只關心價格，你要用周到、貼心的售後服務，讓客戶有「加值」的感受，從你的服務中獲得快樂，進而為你帶來額外的收穫。如果你的服務能做到競爭對手怎麼努力都達不到的門檻，你的顧客自然而然就會變成你的忠實顧客。

業務員一定要對自己的工作、產品負責，不推卸責任，將服務進行到最後，讓客戶把這種貼心和周到的感覺記在心裡，這樣他才會真心地與你做朋友，幫你宣傳產品。據中泰人壽總經理林元輝的觀察，保險業務員只要經營好十個「家庭客戶」就夠了，他說只要能夠得到這些客戶完全的信任，再靠樹枝狀的人脈轉介紹，生意就做不完了。

只要你能提供客戶滿意的服務，你就會得到其轉介紹的機會。對許多老練的業務員來說，老客戶推薦的新客戶更是開發新生意最重要的來源，任何生意只有透過轉介紹才是最偉大的客戶來源，因為開發新客戶的成本實在太高了，如果舊客戶能為你轉介紹，那你就成功了。以我的王道增智會來說，這一點我是成功的，因為很少有人會看了廣告就找來說要加入王道增智會，那些新入會者都是經由會員介紹帶朋友加入，由公司同仁去陌生開發而加入的可說是少之又少。

06 成交就是在引導客戶說 YES ！

成交就是一步一步引導客戶說 YES 的過程！你要 step by step 去取得客戶對你的承諾，以下這四個 YES 是關鍵——

1. 客戶願意改變

2. 同意你的解決方案

3. 同意向你買

4. 同意現在買

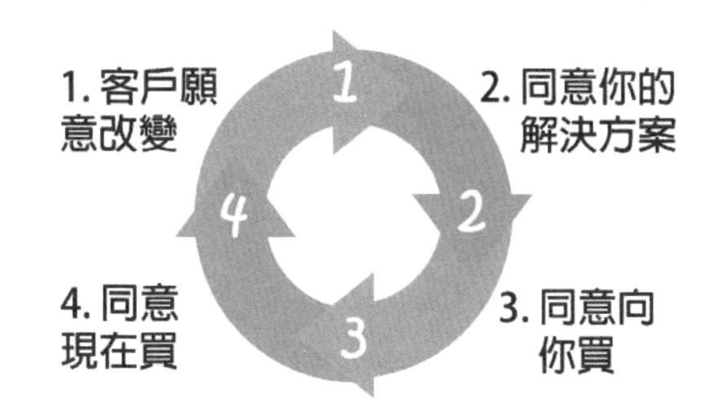

第一個 YES 是：客戶願意改變

比方說你是賣車的，客戶必須要想買車或換車你才有機會，那一般顧客的行為受兩種因素影響，也就是追求快樂和逃避痛苦。潛在客戶的問題可能是車子太老舊了，或車子不夠氣派無法彰顯客戶的身分，又或者是客戶平時閒暇時，喜歡去戶外郊遊、露營、登山，車子底盤太低就不太合適；所以你在背景深測、需求探詢時，就要積極找出客戶的問題點、他的痛點，試著用「痛苦感」來刺激客戶的購買欲望，而業務員是賣車的，自然能找到各種不同的車來解決客戶的問題需求。某種程度上而言，業務員的角色與醫生或顧問頗為近似，同樣是透過提出精準的問題，加上敏銳細微的觀察力，才能切中要害，贏得客戶的信任。

第二個 YES 是：客戶同意你的解決方案

例如客戶覺得車子不夠氣派，開原本這款車出門不夠有面子，因而考慮要換車，這時賣車的業務員就要抓緊時機推薦，告訴客戶你有一輛非常棒、價格也非常優惠的車，絕對能讓客戶感覺超值且品牌高檔夠面子。這樣不就能引起他的興趣了嗎？

第三個 YES 是：客戶同意向你買

很多情況是，業務員把他的解決方案解釋了半天，說得口沫橫飛，客戶也同意了你為他設計的解決方案，但最後卻是向別人買。所以，你一定要取得他對你的承諾：向你買。

第四個 YES 是：客戶同意現在買

很多客戶聽完業務員的介紹後，常會說「再等等」、「再看看吧」，就是沒有當下要買的決心，但你最好在銷售的過程中，便讓客戶當場決定購買，避免客戶臨時反悔。

要讓客戶說出這四個 YES 其實都不簡單，尤其是高單價產品，且最難的永遠是第一個 YES！所以你要先有個誘餌，像免費就是最好的魚餌，而魚餌正代表著第一個 YES！就像之前我的合作夥伴威廉老師，他幫我辦了個 2 ～ 3 小時眾籌的課程，是免費的，這個就是魚餌。

很多人上培訓課程都很失望，失望的是每個老師課上到最後都是以銷講結尾，其實這很正常，因為他如果不銷講，為什麼要讓你免費聽課呢？所以，所有的免費課一定有銷講，不管是長期還是短期的。為什麼免費？因為免費就是魚餌，老師開課必須租場地，有的還供應飲料甚至是餐點，而這一切往往只有一個目的，那就是希望你參加付費的課程。所以免費的好東西就是最好的魚餌！免費正是促成銷售最大的力量！

最棒的魚餌是 100% 保證滿意方案

當商品售價越高，潛在顧客的抗拒就越大！因為消費者總會擔心購買產品或服務後，才發現無法解決自己的問題，害怕廠商或業務員誇大不實，讓自己受騙或後悔。總之，就是不信任商家！

此時，業務員可用 100% 保證滿意，不滿意無條件退費專案，來解決客戶或消費者這方面的疑慮。一般來說，只要商品或服務具有一定的滿意度，絕大多數的客戶都不會惡意退費，所以 100% 保證滿意專案的風險，只要經過測試與設計，完全可以控制。且 100% 保證滿意專案最好要訂出期限，例如，購買後一個月內或服務後（上完課後）3 日內等等，以避免有心人士找麻煩。

史上最偉大的 100% 保證滿意專案是 Zappos.com，這是美國的一家網路鞋店，創辦人是華人謝家華，該網站的滿意保證期限是一年！一年之內保證退款或退換貨。曾有人在這個網站買鞋穿了 11 個月後都變舊鞋了，還申請退貨說不滿意，該網站二話不說立刻全額退款！且 Zappos 還有很多創舉，例如你可以隨時打給他的客服人員天南地北地聊天，還可以要求免費多寄幾隻鞋給你試穿……等，以客為尊的創舉，使他們成為全球最大的網路鞋店。

艾特瑪（AIDMA）法則

無論銷售成功與否，你都應分析和檢討每一次的銷售過程，自我審視是否有需要改進、修正、加強的部分；尤其是在銷售失敗時，若能自我分析導致失敗的原因，對往後提高客戶購買欲、增加客戶心理分析都有相當大的幫助。你可以透過艾特瑪（AIDMA）法則來檢視並改進你的銷售環節，艾特瑪法則是根據客戶的購買心理，將銷售活動法則化，並將客戶的心理狀態分成五大階段，各階段均以第一個字母來命名。

A、引起注意（Attention）

運用銷售技巧或銷售策略，讓客戶注意到你的商品或服務。

I、引發興趣（Interest）

引發客戶對商品產生興趣與想法，或針對客戶的目標需求，訂定明確的商品或服務訊息。

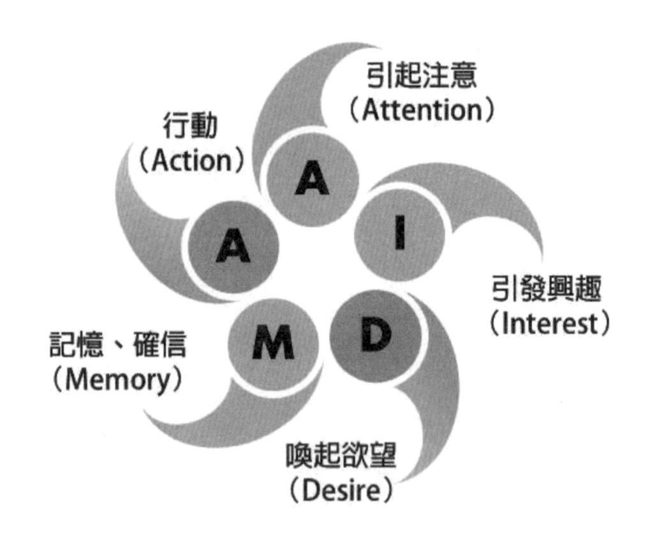

D、喚起欲望（Desire）

運用銷售技巧凸顯商品特色，刺激客戶的購買欲，並讓客戶產生期待擁有的想法。

M、記憶、確信（Memory）

引導客戶假想購買商品後的使用狀態，使客戶確信商品能帶來舒適、愉快、便利的生活，且購買金額合理又划算。

A、行動（Action）：

客戶決定購買商品，並採取實際的購買行動。當然，要確保客戶是向你購買。

採用艾特瑪法則檢視銷售成敗原因時，你應依據上述 A、I、D、M、A 此五階段逐一分析，從中檢視自己引導客戶到哪一個階段，如何引導？為什麼成功？為什麼失敗？某些客戶的購買意願明明已被誘導到某階段了，為何最後仍拒絕購買？但某些客戶卻又能順利完成銷售？當中的差異在哪裡？盡可能地為你的銷售成敗分析原因，甚至當場做出結論。一般業務員很容易忘記以往失敗的教訓，也不能立即探究原因，所以在和下一位客戶面談時，往往又犯下同樣的錯誤；而重複錯誤的路徑，也不會有正確的結果，這正是現場分析並改善的重要之處。

與客戶接觸首重迎客技巧，尤其是「話術」，特別是開場白，以下提供幾個方向，供大家參考並套用：

- 你真有眼光，一眼就看上「賣得」最好的產品（頌揚式）
- 此款產品上市半年已賣了十萬套（數字式）

- 十大富豪的賺錢秘密全在裡頭（誘惑式）
- 定價看起來似乎較貴（自問自答式）
- 但它可是五機一體呢（功能式）
- 平均多一種用途還不到一千塊（附加功能式）

如果顧客最後什麼也沒買準備要走了，當然不能拉著人家不放，但你一定要設法讓他對某一、二種產品留下深刻的印象。切記：不能因為已確定顧客（這次）不會買了，就不全力以赴！因為永遠有下一次機會呀！

總之，銷售過程中，客戶的一舉一動都潛藏著成交或抗拒的訊息，善於察言觀色、巧妙運用並解讀肢體語言的心理訊息，能協助你掌握進攻或撤退的有利時機；而培養自我檢視的習慣，反覆檢討銷售成敗的原因，則能有效提升客戶心理分析的準確度，大大提升你的銷售力。

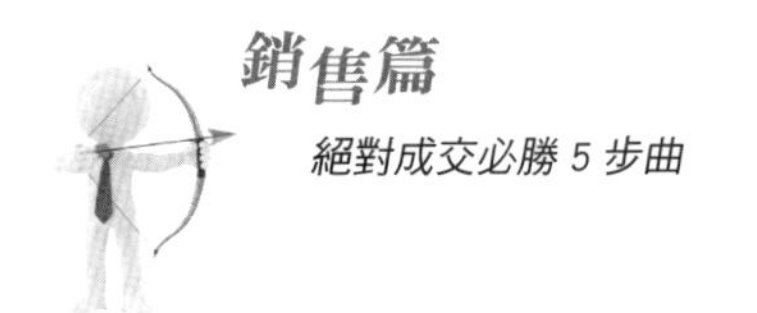

07 第一次接觸就攻下客戶的好感

Toyota 公司的神級業務員神谷卓一曾說：「接近客戶，不是一昧地向客戶低頭行禮，也不是迫不及待地向客戶說明商品，這樣反而會引起對方的反感。在我剛從事業務員的時候，面對客戶我只知道如何介紹汽車，不知道該如何去突破客戶的心理防線。在無數次的銷售失利下，我漸漸開始明白，原來銷售不僅僅是說明產品細節而已，你反而要和客戶打好關係，先試著跟他們話家常，談些銷售以外的話題，讓客戶對你產生好感，這才是形成銷售的關鍵。」

有些業務員就是犯下這樣的錯誤，一見到客戶便滔滔不絕地介紹產品性能、價格等，以至於成交率非常低。這樣的銷售模式，僅花了 10% 的時間在取得客戶信任，20% 的時間在尋找客戶需求，30% 的時間在介紹產品，40% 的時間去促成產品的成交。但根據統計，有 71% 的人，他們之所以會跟業務員購買產品，絕大多數的原因是他們喜歡、信任這位服務他們的人；因此，在和客戶初次見面時，不要只想著生意能否談成，你反而要去想該怎麼打造出完美的情境，讓自己跟客戶有個美好的第一次接觸。

一般情況下，人們都會對陌生人心懷戒備，難以敞開心防，所以業務員要積極地與客戶進行心的交流，使自己被對方所接受、喜歡和信賴你，用你的溫度去打動他，讓對方感受到你的熱情與專業，特別是親和力！

有上過我的課程的人，都知道我相當推崇「7、38、55 法則」，因為這個法則在很多地方都適用。這個法則是加州柏克萊大學心理學教授馬布藍（Albert Mebrabian）提出的，指出人們在看待他人時，有 55% 的印象分數來自外型與肢體語言，38% 受到說話語調與表達方式影響，至於對方究竟說出哪些實質內容，只占印象分數的 7%。換言之，穿著與儀態，大大決定了你的第一印象，以及別人

對你的「好感度」。

第一印象並非總是正確的，但卻是最鮮明、牢固的，它是雙方今後往來的依據。所以，業務員一定要注重自己的儀表，力求給客戶留下一個好印象，為交易的成功打下基礎。

在你開口與客戶說話前，你應該先看看現在的自己會給客戶留下一個什麼樣的形象？攻下心防你才能進一步開始介紹，我們往往都是喜歡後才會選擇相信，對嗎？而唯有同溫，才會心生喜歡。

大衛是一名美國醫療器材經銷商，為了節省成本，他想從中國大陸引進一些醫療器材。他聽說 A 公司是中國國內有名的醫療器材生產商，在醫療器材製造上有先進的製程，器材的品質優良。於是大衛主動與 A 公司的業務員聯繫，希望能與 A 公司合作。

到了他們約定好的會面時間，大衛坐在辦公室裡等待 A 公司業務員，不一會兒，響起了敲門聲，大衛便請他進來。門開了，大衛看見一個人走進來，自稱是 A 公司的業務員。這個人穿著皺皺巴巴的淺色西裝，裡面是一件襯衫，打著一條領帶，領帶飄在襯衫的外面，有些髒，好像還沾了些油漬；他穿著棕色的皮鞋，鞋面還看得見灰塵。大衛打量著他，心裡起了個大問號，腦中也一片空白，似乎只看見他的嘴巴在動，完全聽不清他在說什麼。

業務員介紹完他的產品之後，沒有再說別的，氣氛頓時安靜下來。大衛一下子回過神來對他說：「把資料放在這裡讓我研究一下，你請先回去吧！」但業務員離開後，大衛根本沒有去翻看那份資料。

最終，大衛沒有與 A 公司合作，而是選擇了另一家醫療器材生產商。

由於 A 公司的業務員衣著邋遢，沒有給大衛留下一個好印象，所以大衛對他所銷售的產品也完全沒有興致了，雙方還沒開始交流，就已經畫下休止符。由此可見，業務員一定要注重自己的儀表與態度，務必給客戶留下一個良好的第一印象。

業務員的形象顯得至關重要，特別是在與客戶的第一次見面時，關乎著能否獲得客戶的青睞。

如果一名業務員穿著 T 恤、球鞋……你認為他的客戶會對他產生「這個人看起來很厲害，應該很專業……」的想法嗎？對業務員來說，最得體的打扮莫過於穿著乾淨整齊、符合個人氣質的西裝。穿著得體，不僅表現在你穿什麼衣服、打扮得乾淨整潔賞心悅目，它更應該成為一種工作態度；就算客戶習慣在與業務員首次溝通時表現出抗拒，但形象良好的業務員也一定會增加客戶與之溝通的欲望。試想，你面前站著一個外形邋遢和一個精神抖擻、形象乾淨整潔的人，你一定更願意與後者溝通。

在客戶面前展現出最得體的形象，能讓你在剛開始銷售時便搶得先機，獲得更多溝通的機會，以最快的速度虜獲客戶的心。

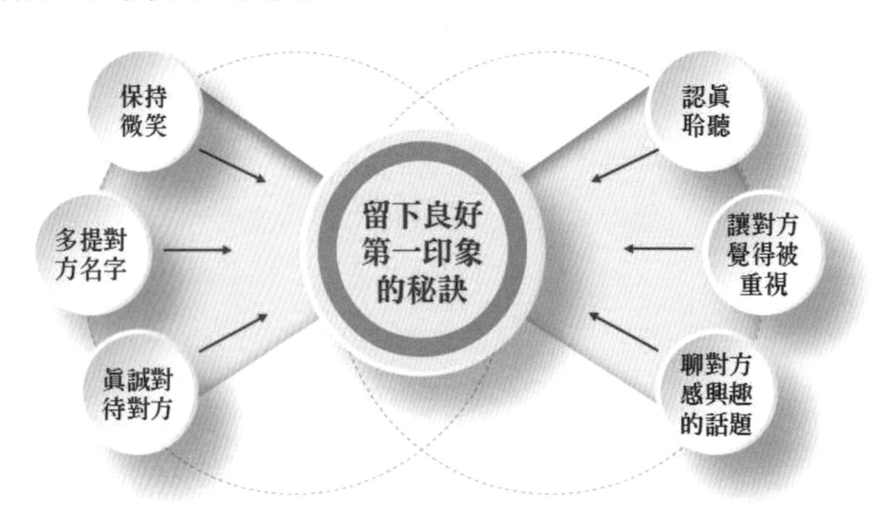

從接觸客戶時，你的服務就開始了

從業務員與客戶最初的接觸、交涉，到最後的成交並建立長久的信賴關係，業務員都要充分發揮個人魅力，吸引客戶關注，贏得他的認可和信任；唯有提升個人魅力，樹立鮮明的個人標誌，才能更迅速地抓住客戶，讓客戶們永不散場。

第三屆《商業周刊》「超級業務員大獎」房地產業金獎得主——永慶房屋的賴宗利，在臨近中年才轉行房仲業，他靠著熟記人名的能耐，刷新房仲業在桃園區銷售紀錄，至少十分之一的桃園人曾透過他買賣房子。他堅信人脈就是業務員最大的資本，因此他使出的絕招是：讓大家認識他。而要做到這點，他就必須先認識大

家。他對人名、電話有超強記憶力，此能力一方面與生俱來，另一方面也是他刻意地自我訓練而來，因為他發現，凡是他能喊出客戶名字的，往往都能得到對方正面的回應，更激勵他拚命地記住每個人；客戶反饋微笑，看似無價，卻能滾出價值。

賴宗利走在路上見到的每一位當地居民，他都能喊出對方名字，並熱情打招呼，也因為他的服務和為人深得人心，客戶才會放心將房子交給他賣，並推薦朋友給他。他說：「讓一個人滿意，可能影響到二十六到三十二人。」這是永慶房屋內部的研究報告，他銘記在心，並反推：「如果我得罪一個客人，也會讓二十六到三十二人不跟我買房子。」賴宗利堅信，建立信賴與人脈比賺錢更重要。

由於房屋買賣成交的時間長、互動也慢，持續力跟服務的態度就變得非常重要，賴宗利自然散發的親和力，讓他能在房屋仲介這個高度重視信任感的行業中勝出。

很多業務員都認為，在客戶購買自己的產品時，銷售服務才算真正開始。其實並非如此，客戶會和你談成一筆交易，不僅因為你銷售工作做得好，還有很多其他的因素，比如看到你和其他客戶的互動情形、銷售態度、專業印象等。業務員在接觸客戶時，就應該做好萬全的準備，從接觸客戶起就開始提供最符合客戶需求的服務。

客戶都是有感情的，當客戶被業務員用不同的態度對待時，也會用相應的態度回應。業務員與客戶的合作關係，並非一時的，所以對待客戶時不要只想到眼下的交易，而是要與客戶建立長久合作關係。為了達到這個目的，你不僅要為客戶提供良好的產品和服務，滿足客戶利益，還要試著建立鮮明的個人品牌，想辦法在客戶心中留下深刻而良好的印象。

08 客戶覺得和你互動是舒服的

讚美並認同讓好感度直升

據專家研究，一個人如果長時間被他人讚美，其心情就會變得愉悅，心防會鬆懈，所以，若想要有好的業績，就應該毫不吝嗇地讚美客戶，肯定客戶，以消除他的心防，拉近彼此的距離。每個人都需要肯定和認可，需要別人誠心誠意地讚美，因此讚美客戶不失為接近客戶的一種好方法，但誇獎和讚美也要實事求是，你的讚美不但要確有其事，還要選擇既定的目標。

業務員在讚美客戶前，必須找出可能被他人忽略的特點，並且要讓客戶知道你是真誠的，因為沒有誠意的讚美反而會招致客戶的反感；多餘的恭維、吹捧，會引起對方的不悅。如對方的吃相不佳，你卻說：「你吃飯的姿態真優雅！」如此一來，對方不僅會覺得很難堪，甚至認為你是在藉機嘲諷他。

讚美也有很多方式，如傳達第三者的讚美，如：「章經理，我聽 ×× 公司的王總說您做生意最爽快了，他誇獎您是一個果決的人。」或讚美客戶的成績，如：「恭喜你啊，李總，我剛在報紙上看到您當選為十大傑出企業家。」抑或讚美客戶的愛好，如：「聽說您書法寫得很好，我竟不知道您有如此雅興。」……

在與客戶的互動中要養成「稱讚對方」的習慣，因為讚美能為你營造出和諧的氣氛，多使用「真的就像你說所的那樣」、「您真是厲害（了不起）」，往往能收到意想不到的效果。有些人喜歡直接了當地讚美別人，但如果改以比喻的方式，客戶聽了可能會更加舒服，如：「你的鼻子很好看，很像吳奇隆。」或留意客戶身上的飾品，我們可以說：「你的髮圈很適合你的髮型，上頭有朵小玫瑰很別緻，哪裡買的，可以介紹一下嗎，我也想買來送我的女朋友，她應該會很喜歡。」細微的關注與認同，更能拉近你和客戶的距離。

很多時候業務員要處理的不是產品的問題，而是客戶的心情、客戶的情緒，所以 A 咖級的業務員他們在面對客戶時，都會採取「先處理心情，再處理事情；先處理情緒，再講道理」的技巧。

卡內基人際關係第二條原則：給予真誠的讚賞和感謝，所以我們要懂得適時讚美客戶，客戶忙得不可開交，卻仍願意抽出時間跟我見面且聽我說話，要感謝！客戶對產品表示出興趣和喜歡，要感謝！客戶有想購買的念頭，要感謝！客戶把我的提案或建議記在腦海中，再感謝！客戶最後終於決定跟我購買了，無比的感謝！

把客戶當朋友對待

民視主播羅瑞誠在銀行擔任櫃員的經歷，讓他深刻體認到絕不能小覷貌不驚人的對象。曾有位客戶每次總穿著夾腳拖鞋進出銀行，往來一陣子後，才知道對方竟是台北市精華地段的大地主。所以，每一次與客戶接觸時，都要秉持「交朋友」的心態，就算談不成生意，替建立起人際網絡未嘗不是下次合作的契機。

業務員如果能把客戶當作朋友對待，用自己的關心、體貼和愛護使對方產生親切感，就能與客戶建立良好的交情。只有與客戶有了深厚的交情，業務員才能更快、更好地把自己的產品銷售出去。

現在各行各業的競爭都很激烈，在同樣品質、同樣價格、同樣服務等情況下，要想贏過對手，就只能憑交情了，如果你比對手更用心地對待客戶，和客戶成為朋友，這樣誰還能搶走你的單？所以，把時間花在什麼地方，你就得到什麼。

知名成功學大師金克拉（Zig Ziglar）說：「優秀的業務員總會讓自己成為客戶的朋友，站在朋友的立場來為客戶的利益著想，為客戶的問題尋求解決方法，這才是一個業務員在和客戶交談中應有的位置和態度。」在銷售過程中，業務員要想與客戶交朋友，就得向客戶敞開心胸，讓他感受到你是一個值得信賴的人，這樣才能順利取得他的認可。

要想加深與客戶的交情，就要經常與客戶交流溝通，保持雙方的密切交往，讓客戶對你產生喜歡和依賴之情。千萬不要在與客戶談生意時，才開始考慮與客戶建

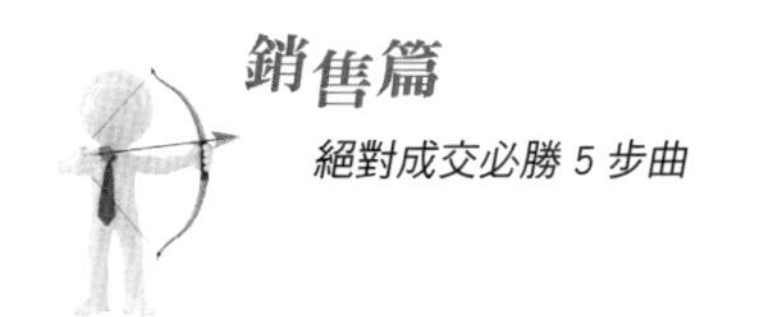

立良好關係，尤其是對一些重要的客戶，應該更早就與之密切交往，建立深厚的友誼；「像」朋友說到底還是沒有比「是」朋友來得好些，如果你能在平時就用心與客戶往來，和他們「博感情」形成良好的朋友關係，就更容易談成生意了。

與客戶交朋友並非一味地討好客戶，朋友之交應該是平凡之中見真情。比如說，業務員每天難免都會遇到一些客戶的嘮叨，而真正與客戶是朋友的業務員，在面對客戶的嘮叨時，往往就能將心比心，換位思考，站在客戶的角度去理解客戶，傾心聽取客戶的意見，並幫助客戶做力所能及的事。至於少數無法將客戶視為朋友的業務員，則會把客戶的嘮叨視為找碴，會想要反駁，有的甚至與客戶發生口角。結果可想而知，善於理解客戶的業務員會讓客戶打從心裡喜歡他，而與客戶爭辯的業務員，儘管有理，客戶也會從心理上越來越疏遠他，自然不會想再找他服務。所以，當客戶家裡中發生困難時，如果你能及時伸出援手，幫助客戶解決困難，哪怕是一點小事，都可能感動客戶，在客戶心中留下極好的印象，他們自然也會把你當朋友。

從事電腦證照推廣業務員的林嶽賢，其接觸的客戶群包含了各行各業，從資訊管理到資訊工程博士，也有高中職的電腦教師，每人的專業領域各不相同。林嶽賢說，推廣證照時，他總是把客戶當成朋友來看待，用真誠的心去協助朋友，朋友有困難時，只要能幫上忙的，儘管是芝麻綠豆般的蒜皮小事，他都盡力協助。例如，有人半夜電腦當機了，即使時間再晚，他也會想辦法找出解決方案協助修復，長期下來，這些人都成了他的「忠實客戶」；這樣他不但能做好工作，又能交到好朋友，這些相處經驗，對他日後業務的擴展，常有意想不到的功效與助益。

和泰汽車南松江營業所所長陳先尊曾說：「這世界上是沒有奧客的。」陳先尊表示，每個人都有放在心裡最重視、且不能妥協的那個點，只有讓客戶的堅持與需求獲得滿足，才有成交的可能；因為客戶不只要信任你的產品，更要信任業務員。

「車子賣不成，做朋友也很好。」陳先尊總是秉持著這句話，用交朋友的方式賣車子，他才能創下三年內由新進業務員一路跳升為營業所長的紀錄，且升任主管職沒有時間跑業務，但他每年還是能賣出超過一百台汽車，原來這些業績都是朋友介紹的，而這些朋友，都曾是他的顧客。

09 傾聽，讓客戶不知不覺信任你

「喜歡說，不喜歡聽」是人的弱點之一，而「喜歡被認同」則是人的弱點之二，所以在和客戶溝通、聊天時，謹守「傾聽先行」的原則，除了能讓客戶暢所欲言外，還能讓他從你身上獲得一種認同感，那這樣你肯定事半功倍。

從事業務銷售工作一定要懂得「聊天」，經由不具目的性的聊天，才能取得客戶信任，而且要懂得傾聽，真正會聊天的人都是擅長傾聽的人。溝通聊天的話題如下圖，包括了夢想、休閒、時間、家庭、工作、健康、收入與財務狀況，FORMDHT，這些都是你可以發揮的聊天話題，讓你和潛在客戶有話題可講之外，這些主題也有助於你對客戶背景的了解，可說是一石兩鳥。

成交是設計出來的，包括內容、題型、話術全部都可以經由事先設計而達成，以下是與客戶溝通時，可以多加運用的聊天題型。

夢想
休閒
時間(分配)
家庭
FORMDHT
工作
健康
收入與財務狀況

填空題：上海是中國的省。

是非題：你去過重慶嗎？

選擇題：下次出國旅行你想去日本？韓國？帛琉？還是杜拜（迪拜）？

申論題：吃素的好處還真不少！比如說……

簡答題：您最常使用的理財方式是？

當雙方的言語式互動卡住時，也可以換個話題，聊吃的！例如：「天冷了，我們今晚去吃火鍋吧！您的老家（母校）附近有知名美食嗎？」多多運用開放式問句，透過這些話題去了解你的客戶，只有了解客戶，才算完成準備工作，並了解競爭對手在做什麼，這樣你就立於不敗之地了。

傾聽是一種理解、一種尊重，傾聽得越多越久，客戶就離你越近，若你想獲得對方的好感，就將 80% 的說話時間留給對方，20% 的時間留給自己。在溝通聊天的過程中，客戶都希望能得到業務員的重視，這會讓他們產生心理上的滿足感，否則會因為感覺不受尊重，而沒了和你繼續談下去的興緻。全球知名成功學家戴爾．卡內基（Dale Carnegie）曾說：「在生意場上，做一名好聽眾遠比自己誇誇其談有用得多。如果你對客戶的話感興趣，並且展現出急切地想聽下去的欲望，那訂單通常會不請自來。」當你在與客戶洽談，向客戶傳遞資訊時，也需要藉由傾聽，從客戶那裡獲取資訊，銷售就是一個業務員與客戶有效互動的過程。

每個人都有傾訴的欲望與權利，當一個人有很多話想說的時候，就不會太認真聽你講話，這時你若說得越多，對方就越討厭你，造成反效果，所以業務員在面對客戶時，若能扮演好聆聽者的角色，可使客戶產生被尊重和被關切的感覺。而當客戶發覺自己可以在業務員面前暢所欲言地表達自己的要求和意見，並得到真誠的傾聽時，他們會感到內心需求被滿足，也會因此獲得自信和關愛感，進而對業務員及他的產品產生興趣。可見，對業務員來說，做一個好的聆聽者，不僅能進一步全方位地瞭解客戶，還能引起客戶的關注和好感。

我看過很多業務都習慣滔滔不絕地講，好像要把自己所知道的通通說出來，好讓客戶知道，但如果你完全沒有讓對方表達意見的話，客戶反而會越聽越煩，然後說：「謝謝！再聯絡！」這樣你就完全沒有機會再跟他說話了。

所以，記得先和客戶聊聊他感興趣的話題，例如：「請問你為什麼會想從事現在的工作？」、「請問要如何做才能到達你現在的職位？」先讓客戶侃侃而談，眼神注視著客戶，過程中不插話，耐心地傾聽，也不要邊聽邊想等等要講什麼。每個人都渴望被了解，都想要表現自己或得意的一面，當你傾聽能力很好時，客戶會覺得你很尊重他，也對你產生了信任感。

世界銷售大師喬．吉拉德（Joe Girard）也說過：「世界上有兩種力量非常偉

大：傾聽和微笑。當別人在說話時，你聽得越專注越用心，對方就越願意接近你，據我實際觀察也確實如此；有些業務員與客戶商談時總滔滔不絕、喋喋不休，但他們的業績卻還是平平，無亮眼成績。試想，上帝為什麼給了我們兩隻耳朵，卻只有一張嘴呢？我想，就是希望我們少說多聽吧！」

所以，在銷售時一定要當個好聽眾，唯有抓住客戶的心，才能抓住客戶的注意力，進而使之關注到你的產品。傾聽就是注意看、專心聽，留意以下四個原則，能幫你將傾聽演繹得更好，更到位。

① 集中精力，認真傾聽

業務員認真傾聽客戶談話，是實現有效溝通的關鍵，也是傾聽的第一步。在購買產品時，沒有哪個客戶願意與無精打采、心思散漫的業務員談生意，所以，在傾聽客戶談話時，要盡可能地做到認真、專心，以表示對客戶談話內容的重視和關心。

② 及時總結歸納客戶的觀點

傾聽客戶談話時，切勿一味地接受資訊，要及時將這些客戶資訊加以整理和總結，並在適當的時間點回應給客戶，以檢視傾聽效果，避免歪曲或誤解客戶觀點的情況發生。此外，這種及時地回饋也會讓客戶有被重視的感覺，進而使之更願意發表意見，傳達他內在的需求。

③ 不直接反駁客戶的觀點

在傾聽的過程中，難免會聽到客戶提出的觀點與你的想法不盡相同，甚至有失偏頗。此時，你切勿為了想證明所謂的「真理」，而直接反駁客戶的觀點，要知道，沒有一位客戶會樂意接受業務員的糾正和反駁。

當你的銷售工作因為客戶的觀點而受到影響時，你只要運用一些巧妙的技巧提醒客戶。在一般的情況下，你可以用提問的方式，來引導客戶調整話題方向，使談話朝著對你有利的方向進行。

4 不隨便打斷客戶的談話

焦點放在對方身上，不要老是高談自身經驗，當客戶侃侃而談時，隨便打斷客戶的談話，是一種非常不禮貌的行為。當客戶正說到興頭上卻被打斷時，會大大減少他們的談話熱情，倘若客戶正好情緒不佳，那無疑是火上澆油，使客戶更為惱火，所以，最好不要隨便接話或插話。

在傾聽客戶談話時，業務員應不時給予簡單的回應，如「嗯」、「是嗎」、「是的」、「好的」、「對」等等，以表示對客戶談話內容的關注。

10 模仿，客戶會覺得你更親切

在銷售過程中，我們可以發現，擁有好業績的人都非常善於察言觀色，能做到和客戶保持「同步」交談。

俗話說：「物以類聚，人以群分。」每個人都喜歡和自己共同點較多的人合作，所以如果你與客戶的共同點越多，就越容易溝通。一名業務員在與客戶接觸的過程中，如果能在動作、表情、言語上和客戶保持同步，模仿客戶，那客戶就會對你產生一股親切感，所謂「同流者易交流」是也。

這裡所說的模仿並不是指業務員要像猴子一樣去模仿客戶，那樣只會引起客戶的反感，而是要從客戶的興趣、立場去感受問題，也就是說在交談時要與客戶的情緒、興趣、語調和語速保持一致，讓客戶覺得你是個平易近人、善解人意的人。一些業務員認為在和客戶交談的時候要熱情積極，將微笑常掛臉上，但有一種狀況，是不能這樣做的；如果你的客戶心情處於低谷，而你卻還興致盎然地向他推銷產品，可想而知，客戶不但聽不進你的話，還會感到很氣憤，更別想他會買你的產品。所以，在溝通時要取得對方的信賴和好感，就要在說話、用語、肢體語言或情緒上與客戶一致，跟不同的人講話要使用不同的說話方式，不僅要讓客戶聽得懂，更要讓客戶聽得舒服，在語言表達與節奏上和他們保持同步。

有的人在講話時，喜歡夾雜些英文，你也要時不時說幾句英語；有些人喜歡用方言，那就要盡量用方言回應他，讓他覺得有親切感；此外還有人說話習慣用一些專業術語，或是口頭禪，如果你聽得出來對方的慣用語，同時也用這些慣用語回應他，對方就會感覺和你一見如故，特別順耳。以對方喜歡或習慣的方式和他溝通，你的說服將會讓人無法抗拒。

在與客戶溝通時，可以講一些能引起客戶興奮的話題，好讓客戶在開心之餘，購買意願也相對增強。這個興奮點指的就是客戶的興趣、愛好以及他所關心的話題，找到這個興奮點之後，你要想辦法與客戶的興趣、想聽的內容同步，如果只有客戶感興趣，而業務員對此毫無興趣的話，會讓客戶覺得他是在對牛彈琴，這樣根本發揮不了什麼作用。

投其所好，聊客戶感興趣的（話題同頻）

如果你發現客戶對你的談話內容毫無反應，就要立即放棄原有的話題，將話題轉移到客戶感興趣的事物上。但要如何才能知道客戶感興趣的話題是什麼呢？其實只要把與客戶見面時，與客戶有關的一些細節都記下來，比如當時的天氣，或他喜歡談論的話題，包括當時是在一個什麼環境之下聊的……等等，把這些記下來了，就有可能找到客戶關心和感興趣的話題。

例如，你剛認識了一位新客戶，回到公司後，你可以把與這位客戶有關的東西記錄下來，好比說她當時點的是一杯拿鐵半糖，她說她的女兒今年考大學，她戴著一條紅黑相間的格紋圍巾等等。之後，當你有機會再和這位客戶見面，你可以說：「還是喝拿鐵半糖嗎？」「妳上次繫的那條圍巾很漂亮，在哪裡買的？」她一定會對你有留意到她的喜好，感到非常意外且開心。

一開始就要引導出客人愉快的情緒，讓對方先講個幾分鐘，接著再帶入「你今天想買什麼？」的銷售話題，因為聊了那麼久，慢慢熟了，對方會不好意思，就會有所鬆動，最後幾乎都能成交。當然，也有可能你和客戶聊了老半天，卻什麼都沒有買，這時，你就要學會判定客戶是否有意購買。如果客戶講話的時候臉上有笑容、眼睛發亮，你感覺他是真心願意和你聊幾句話，那他就是有購買意願的客戶；倘若在你丟出相關話題之後，對方還是一副愛理不理的死魚臉，那就是無效，這時就要考慮先放棄這個客人了。

VOLVO 汽車全省業務冠軍曾偉智曾說：「並不是每個業務員都有本事賺進大筆獎金，一台 VOLVO 要價二、三百萬元，想買車的客戶，從口袋裡掏出的，不只是錢，更是信任。想博取客戶信任，業務員的態度、性格是否合客戶胃口，往

往比業務員的話術還重要。」所以他認為，雖然銷售最終目的是把車賣出去，但也不能只和顧客聊車子，閒聊是有必要的，而且要懂得「投其所好」。隨著 VOLVO 的車款增加、走向年輕化與時尚感，曾偉智所要接觸的客群更為多元化，需要的背景知識也更博且雜，所以他才能跟土財主聊兒孫、聊古董；跟企業家聊兩岸經貿談一帶一路；與科技新貴聊 3C 產品、虛擬貨幣；與年輕 OL 聊精品服飾等。

談論客戶的興趣是拉近你與客戶距離的最佳方式，所以要懂得瞭解客戶的興趣後去迎合他的喜好，藉此刺激客戶產生購買欲望。你還可以刻意讓你的生活節奏與你的客戶群同步，這樣你們的共同話題也會自然而然同頻、氣場也會相投，談起生意就順利多了。

多想想你的潛在客戶會在哪裡，你就要時常出現在那裡。如果你是高級汽車業務員、銀行理專，那高爾夫球是你必須要會的興趣，因為你的潛在客戶大都在球場裡，一場球打完十八洞，少說要六個小時，整天耗下來，球友間很容易就卸下心防、大吐心事，從誰家的股票要上市、聊到誰的女兒在找工作，這時如果有人透露了想買車或投資的意向，那你可以發揮的機會就來了。

11 專業的業務員最值得信賴

業務員的形象魅力來自兩大方面：一是你個人的形象號召力；二是對產品／服務的專業度。個人的形象號召力能讓客戶不由自主地跟隨業務員的腳步，聽取業務員的意見，它是業務員本身的一種氣勢，是業務員從內而外散發出的自然特質。對產品／服務的專業了解度，表現在業務員對自己的產品與服務專業度要夠，要重視對產品形象的塑造，積極鍛鍊自己塑造品牌的能力。且如果能證明自己是業內的權威領袖，或透過出書或公眾演說等管道讓客戶認識，能有效助你取得陌生人或潛在客戶對你的信賴感。

專業的業務員較能快速得到客戶的信任，因為客戶期待的是業務員能提供專業的服務，替他們解決問題，而不是一個報價機器，或滿腦子想賺錢的貪婪鬼而已。所以，你必須讓客戶覺得你是可以信任的專家，你是用產品或服務來幫客戶解決問題的人，而不僅是只會銷售業務員而已。

若想成為客戶的購物顧問，就應該替客戶解決相關問題。如果你是賣電視的，就要能根據客戶的居住空間和客戶需求推薦最適合客戶需求的機型，並解決客戶可能遇到的一切技術性問題；如果你是賣服飾的，就應該知道衣服的材質、編織工法，以及如何穿搭、保養等，讓客戶在選購服飾時，能得到更多的知識，提升自己的品味。

也就是說，成為客戶的銷售顧問並不只是把產品賣出去那麼簡單，還應盡可能地為客戶提供服務，讓客戶感到物超所值。

 客戶想要知道的專業知識

在銷售中，不同的業務員說出同樣的話，對客戶產生的影響卻不一樣，有的業務員能對客戶產生很大的影響，他們的話能被客戶認同並得到重視；但有的業務員說的話卻只能被客戶當作耳邊風，即便說得再多仍無法得到客戶的關注，甚至產生負面效應，這種差異的產生，原因在於他們對業務員信任度的不同！

最直接有效收服客戶對自己的信任之方法就是——業務員知道的永遠比客戶多一點，讓客戶感覺到自己是在與產品專家對話。喬．庫爾曼（Joe Culmann）說：「這是一個專家的年代。魅力與教養能使你每週獲得三十美元的收入，而超出的部分，只有少數人能得到，就是那些孰知自己專業的人。」

所以，業務員在與客戶溝通之前，一定要明白以下的問題：

- 客戶為什麼要購買我的產品？
- 我的產品能給客戶帶來哪些好處？
- 我要如何證明我講的是真的？
- 為什麼客戶要跟你買？
- 為什麼客戶要現在跟你買？
- 我的產品要如何操作？
- 我能否熟練地向客戶介紹產品的優點和能帶給客戶的利益？
- 我能否發現客戶主要考量的問題，而這些問題我的產品是否能解決？
- 我能否詳細區分自己的產品與其他同類產品的優勢和劣勢？
- 我能否堅持不斷地蒐集競爭對手的資訊並進行分析？
- 我能否確定行業內外競爭對手的產品？

- 我是否知道競爭對手的弱點，而這些弱點又是不是我的強項？

- 我能否看出市場未來的發展趨勢並做出結論？

客戶需要的是專業，非專業術語

優秀的業務員往往對產品的專業知識瞭若指掌，但客戶多是「門外漢」，對一般的客戶而言，即便他想購買某種產品，但他對產品的了解也是表面的，對於較專業的知識了解甚少。

如果業務員介紹產品時，使用過多的專有名詞和專業術語，客戶聽了也是一頭霧水、不知所云，業務員雖然展示了專業水準，卻無法讓客戶準確地理解產品的價值，更因此留下了喜歡賣弄的負面印象，對業績毫無幫助。

有些業務員認為，專業就要在與客戶的溝通中使用大量的專業術語，其實這是錯誤的觀念，掌握專業術語的目的是為了企業內部交流，而不是向客戶傳達，那些繁瑣的專業術語只會把客戶嚇跑；客戶需要的專業，是專業的產品介紹和一流的服務，而非專業術語的羅列。

當你在向客戶介紹產品時，以淺顯易懂的話來介紹產品性能是非常重要的，有位電腦業務員在向客戶解釋雙核心處理器（dual-core processor）時是這樣說的，值得大家借鑑學習：「如果把電腦比作汽車，處理器就是它的發動機。而原來的單核處理器就好比汽車只有一個發動機，現在的雙核心則具備了兩個發動機，有兩個發動機的汽車，自然會跑得更快些。這樣，如果你在家一邊下載電影一邊玩遊戲時，就不會受到速度下降的干擾，是不是很方便呢？」

這樣一來，客戶對雙核心處理器就有了生動且直觀的瞭解。銷售的目的是要將產品銷售出去，而不是向客戶賣弄你的專業術語，你賣力地解說，就是希望顧客能感受到商品的價值，但有時候不管怎麼說明，顧客就是無法感受，問題大多出在解說內容太過專業，顧客無法理解。通常業務員自覺「很好懂」的說明，其艱澀的程度其實是一般人能理解的十倍左右，因此，你可以先試著對自己的親朋演練一下產

品介紹，如果他們都聽不懂，你就要再進一步簡化這些內容，才能清楚地將產品價值傳達給顧客。請注意：並不是顧客無法感受到產品價值，而是你的解說客戶無法理解，進而打了退堂鼓，那實在是太可惜了。

在做產品介紹時，「怎麼講」真的比「講什麼」更重要，當你要介紹一項產品時，你要曉得，對方可能已經聽其他業務員講過數十次，甚至是數百次了！你絕對不是第一個向他推銷的業務員，所以你要表現出和他們的不同，將你和其他業務員的「關鍵性差異」展現出來，如果能把相對單調的產品資訊，透過饒有樂趣的故事，生動地表達出來，不但能使客戶對產品發生興趣，也能在客戶心中留下深刻的印象。推薦產品應力求銷售語句的通俗化、生動化，具體地描述產品能為客戶帶來哪些利益，例如省電燈泡可以省電 70%等等，將專業的東西翻譯成客戶能接受、了解的事物，好比漫畫、白話文或口語化的小故事等，給客戶一目了然的感覺，在較短的時間內，盡可能將意思表達清楚，簡單明瞭、乾淨俐落地向客戶傳遞訊息。這樣一來，產品資訊才更容易被客戶理解和接受。

小賴剛從事壽險業務員不到一個月，他一看到客戶就一股腦地向客戶炫耀自己是保險專家，在電話行銷中就把一大堆專業術語塞給客戶，每個客戶聽了都覺得壓力很大。與客戶見面後，小賴更是接二連三地大力展現自己的專業，什麼「豁免保費」、「保單價值準備金」、「前置費用」等等一大堆專業術語，讓客戶聽得霧煞煞，被客戶拒絕也是很自然的事。我們仔細分析一下，不難發現業務員會不自覺地把客戶當作同業在解說，滿口都是專業用語，這樣如何能讓人接受呢？既然聽不懂，又怎麼會想買呢？你必須把這些術語，用簡單的話語來取代，讓人聽得明明白白，才能有效達到溝通目的，也才有機會成交。

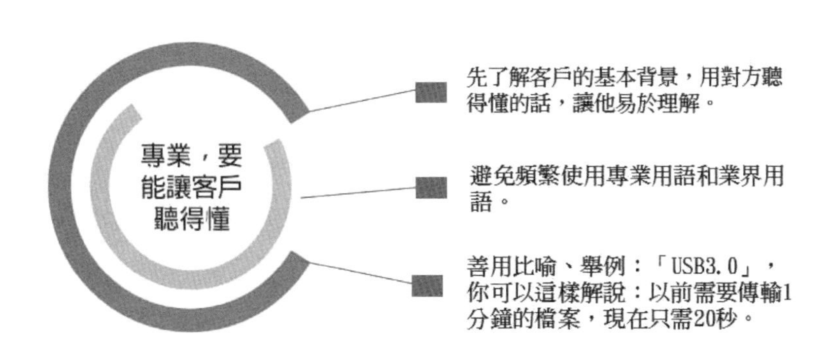

用專業建立影響力

史密斯（Benson Smith）與魯提格利亞諾（Tony Tutigliano）合著的書《發掘你的銷售長處》（Discover Your sales Strength），指出最頂尖的業務員都能對客戶發揮一定的「影響力」。

業務員個人魅力及專業形象是消費者考量買與不買的關鍵之一。銷售行業需要專業的銷售人才，業務員要注意培養自己的專業能力，以確保自己能遊刃有餘地應對工作中出現的各種問題。在與客戶溝通時，如果業務員對很多資訊都不清楚或不了解，甚至從來沒有聽說過，就會給客戶留下不專業的印象，引發他的質疑，更難引導客戶改變決定。

國泰人壽王俊堯本身並非財經本科系出身，但在公司推出投資型保單之後，他決定轉攻投資類這塊領域，在一年半之內便考取了六張證照，從財經門外漢變成投資專家，再搭配有人脈的資深業務員一起去開拓業務，第二年起就轉型成功，業績呈倍數成長；且除了一般客戶的投資建議外，包括企業的財務規畫、稅務諮詢，他還要求自己必須不斷進修，具備足夠的專業度。而 TOYOTA 國都豐田汽車的翁明鈴，她的專業度就讓同行的男性業務員都佩服不已，她為了弄清不同車種避震器的差異，一一去借車來體驗，若試坐駕駛座的感覺還不夠，就換到左前座、後座，再試試看轉彎、煞車等情況時坐起來的感覺。這樣當顧客隨口問她：避震器如何？翁明鈴就可以迅速回答出坐在不同座位上的感覺，這是看汽車雜誌也學不到的專業。業務員只有精通專業知識，具備專業能力，正確地解決客戶心中在意的各種問題，才能贏得客戶更多的信任，使客戶願意聽從自己的建議，最後影響客戶的決定。

做顧客的產品顧問

與客戶接觸時，業務員要學會做客戶的產品顧問，比客戶有更齊全、更領先的產業知識，而不只是位產品的介紹員。不論客戶問什麼問題都要對答如流，讓自己成為客戶眼中的產品專家，但這並非是一味地將產品的資訊灌輸給客戶，而是要幫助客戶在成千上萬種產品中，選出他們所喜歡和需要的產品，唯有這樣，你才能在

客戶心中留下足以信賴的感覺，與客戶建立長久的合作關係。

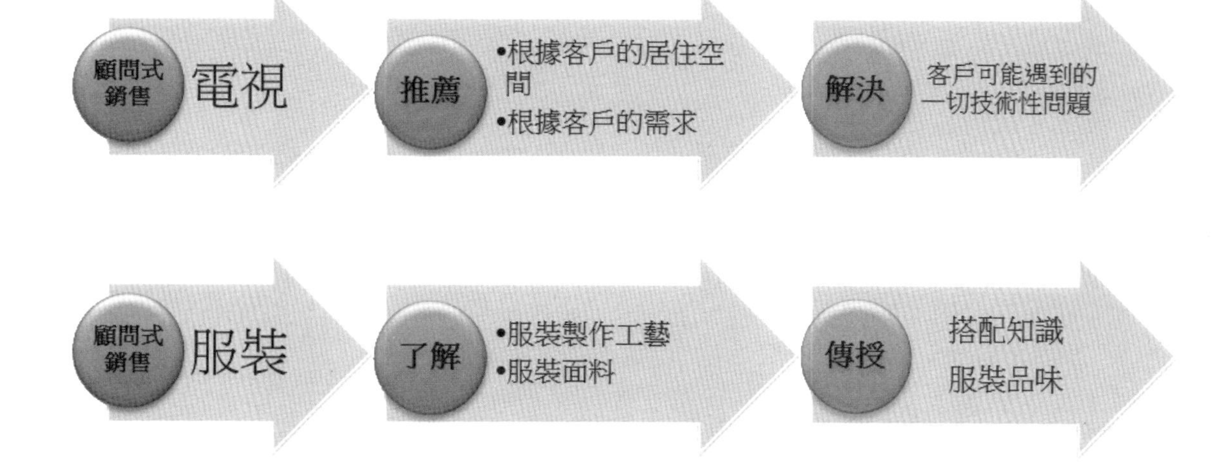

那怎樣的業務員才能當一名稱職的產品顧問呢？以下是客戶最想知道的四種專業知識。

① 不怕被問倒的產品知識

你必須要對你銷售的產品或服務有充分完整的認知與了解，並熟記使用方法及它的各種應用方式。如果客戶問你問題，你卻一問三不知，客戶會以為你是新人，自然對你的產品有所疑慮，反之，面對客戶的問題，如果你可以回答得讓客戶非常滿意，客戶會覺得你很專業，值得信任，放心地向你購買。我曾去一家知名 3C 百貨想要購買一台數位相機，但當我問店員其中兩台相機的不同之處時，他似乎答不太出來，而我無法得到我想要的答案，就又跑到別家店買了，所以不專業除了無法讓客戶信任外，生意也很可能因此就泡湯了。

如果你在向客戶介紹產品時，無法詳細說出自己產品的特徵、功能、用途、使用方法、型號、價格等等，那麼客戶也就無法確定你的產品是否符合他的要求，交易自然無法順利進行下去。

② 掌握專業知識

專業知識是業務員需要掌握的最基本內容，包括產品的技術組成與含量、產品的物理性能。業務員要充分了解產品的規格、型號、材料、質地、美感、包裝和保

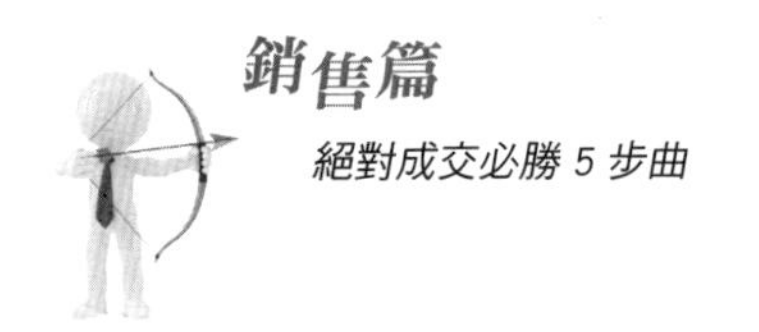

養方法等內容，並詳細地介紹給客戶，各種型號的區別、功能和特點……等，對一些重要的產品背景和基本的使用規則也要熟悉，並在工作中熟練應用，為客戶提供最全面的產品資訊，讓客戶得到最高品質的服務。例如房仲業務員對房屋的建材、格局、裝潢風格、甚至是風水，以及近年流行的室內設計都要有所涉獵，這樣在為客戶介紹時，才能讓買主更瞭解房屋的價值所在。

3 關注市場動態

市場隨時都在變化，業務員要注意觀察市場訊息，根據市場變化及時調整銷售策略和方法，例如，那些超級理財專員們，他們與客戶對談時所談的大多不是自家產品，反而是和他們的客戶談目前的經濟現況、未來趨勢之類的觀點。從企業金融萎縮、消費性金融興起的趨勢，到金融海嘯的衝擊、新南向政策的經濟效益與區塊鏈……等，他們就像個小型訊息交流站，再加上自己專業的觀點，使他們的角色更像客戶的夥伴，讓客戶每次跟理專們見面，都覺得很有收穫；而理專也在無形之間累積了自己的影響力，等到客戶有需要時，說話自然更有分量了。

4 了解行業的最新資訊

業務員要多關注所在行業的資訊，了解市場同類產品的情況、產品相關行業的發展狀況等資訊，使自己在銷售中及時跟隨行業的變化，妥善應對可能隨時會出現的問題。此外，業務員要清楚自己產品不同於其他同業同類產品的功能為何，並介紹給客戶，將自己的產品與其他同類產品區分開來，藉以塑造獨特的產品形象。

5 強化客戶對產品的信心

業務員要站在客戶的角度思考問題，盡量滿足客戶的需求和利益。客戶猶豫不決時，業務員就要拿出專業技巧，強化其對產品的信心，讓客戶覺得你的推薦很專業，不是只考量自己是否有利潤，體會到你是站在他（購買者）實用角度上，專業地替他考量。如果你的專業建議和搭配的實際效果真的又很好，如此，客戶信任的不僅是你的專業能力，更信任你這個人，向你購買的機率當然就提升不少了。

⑥ 售後服務

在產品同質化的社會，客戶越來越關注產品的售後服務，因此，業務員要好好把握這一點，透過完善的售後服務為產品建立良好的形象。需要注意的是，在與客戶溝通時，對於公司不會提供的服務不要亂誇海口、隨便承諾，以免在往後的服務過程中出現爭議，流失老客戶，這可是業務行銷之大忌！

你想在網路上賺大錢嗎？你只需做兩件事，第一是收集名單；第二是建立這些名單對你的信任。

歐美那些賣資訊型產品的網路大師毫無例外地都是這麼做的。他們都是先想辦法收集各種名單，而依個人功力的不同，有人收集到 1000 筆名單，有人是 10 萬筆名單，然後他會發一些資訊給這些名單，提供一些他自己領域內的專業知識，三不五時就發信給這些人，而這些人當中，通常會有一兩成的人開始注意他、信任他，甚至開給期待他發來的內容。那位在網路上賺很多錢的老師就是先收集名單，他收集了 16 萬個，所謂的名單就是 Email-address，其他像是電話、地址他都不要，他只要 Email，陸續收集到 16 萬個名單後，他開始兩、三週就發一篇文章，像目前網路界的發展或網路行銷相關的新知識，而他這 16 萬個名單中約有 3 萬名粉絲喜歡他的文章，甚至還會主動回信問他何時會發新文，那就代表有人在期待。持續了半年之後，他終於跟大家宣布他有一個最完整的報告叫「流量的秘密」，可以解決所有流量的問題，但這本來是要賣美金二萬多元，現在只要九千九百美元，你要不要買呢？結果 3 萬名粉絲中有一半的人要買，而非粉絲的 13 萬名單當中，只有 1 千人要買，所以他第一次 product launch 就收了 16000×9900 這麼多錢，而且是美金！因此網路發財就是名單乘上信任度。所以信任度到底重不重要呢？以上的例子可以見得用專業知識來建立信賴感的重要了。

 成為權威或名人就能取得信賴感

要如何證明你是業內的權威或業內的領袖呢？

答案是出書或公眾演說，你能出一本書談某個專業；你能上台演講，證明你具

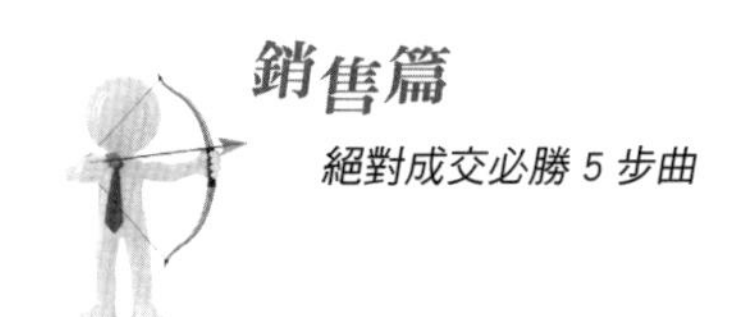

有某一方面的權威，這樣你就很容易得到陌生人的信賴。這也是為什麼產品代言都找明星，因為大家都認識他，所以只要找他代言就很容易取得共鳴。簡言之，只要你被公認為某一領域的專業人士，那你就能較容易地取得他人的信賴感。

所以，如果你想快速成為權威或名人，趕緊找一個你有興趣的領域，選一個主題認真努力地去學習、去上課，鑽研到精熟，然後針對這個主題寫書或開課，這些王道增智會都能協助你完成。等你成為權威或名人之後，你就能獲得眾人的信賴感，這樣生意就自然好做多了，而且即使你只是某個領域的權威或名人，在其他領域做生意依然很好做，據統計，保險業務員在推銷別的產品時比一般人好做 10 倍。保險業務員本來是賣保險的，當他兼著也賣別的產品時，例如鍋子之類的，為什麼也會好做？因為保險業務員較有機會到客戶的家中拜訪，因而可以輕易地推薦一些器具或民生用品，再加上他的客戶信任他，所以成交率是一般人的 10 倍。

12 銷售是用問的，不是用說的

你想想看，如果你要追求一位心儀的對象，想約對方出來，你會用說的？還是用問的？當然是用問的，因為你得用問的，才會知道對方在想什麼。

頂尖的業務員總會花比較多的時間在問客戶問題，而不是一直說，他們會用問句來引起客戶的興趣，用問句來銷售產品，用問句來引導客戶做決定；銷售不是演講，銷售是藉由一連串的引導，客戶回答自己想要的答案。只要你問得有技巧，客戶就會配合你，跟著你的節奏走，若客戶不配合你，那可能是因為你問得不夠到位，而且透過問問題來銷售有三大好處：

1. 掌握主導權（提問的那個人擁有主導權）

2. 用引導的方式，不說教，不強迫

3. 讓客戶自己說服自己

透過提問，問出客戶的問題與渴望

在銷售的過程中，絕對會遇到形形色色的客戶，有的會主動說出自己的需求或疑惑，有的卻遲遲不願透露自己的想法，可我們又不知道該如何發現客戶心中的想法、探究對方的潛意識，因而僵在那兒或選擇放棄。其實要解決這個問題很簡單，就是透過「問」！

為什麼會這麼說？因為客戶通常也不曉得自己要的到底是什麼，所以當他們不清楚自己真正的需求時，你就要善用問問題的方式，鑿開他海平面下的冰山，唯有讓對方有機會多說話，多表達意見和需求，業務員才能準確掌握客戶到底想什麼。

在拜訪客戶時，請暫時放下銷售產品這件事，先以對待朋友的方式先關心和瞭解客戶的現況，例如：「貴公司成立多久了？」、「未來有什麼營運計畫？」透過問問題，讓客戶多說話，自己則要專心聆聽，用心聽出關鍵核心。

正確挖掘客戶的需求是順利促成交易的保證。很多業務員常會被客戶的一些表面說詞所困擾，無法真正了解客戶的真實想法，這其實是挖掘客戶需求的深度不夠所致。

「多問為什麼」是一個比較好的方法，當客戶提出一個要求時，我們反而要連續問「五個為什麼」。比如，客戶抱怨道：「我們的使用人員對你們的新產品不甚滿意。」在業務員的詢問下，可能客戶會說：「因為操作起來很不方便。」如果業務員就此以為找到了原因所在，以為客戶需要的是操作方便的新產品，就大錯特錯了。因為，業務員並沒有深入了解操作起來不方便，可能是設計方面的原因，或是其他別的原因。

這時就要繼續問第二個「為什麼操作起來不方便」，原來是「新加入的功能介面不好用」，那這有沒有意味著這個新功能不必要，或在設計上有問題呢？然後再問一個「為什麼」，發現是「使用人員不會使用」；那是不是公司沒有提供培訓還是培訓效果不好呢？接著問第五個「為什麼」；最後才發現，「一週的培訓時間其實是夠的，但使用手冊只有英文版，如果在使用的過程中遇到問題，還要翻閱英文說明書，也很難一下子理解。」最後，問題終於浮出來，原來客戶要的是一個操作更簡單的設備，也不是需要更好更多的培訓，而是需要易讀的中文版使用手冊以便平時查找。

在對話中運用多重選項的方式來探測客戶的需求，還能為下一個問話鋪路。例如：「您買數位相機是要自己用？還是要送人的呢？」、「您喜歡的是輕便型的還是多功能的呢？」這樣問的好處，一來是表現出尊重客戶的態度，二則展現出自己的專業能力，讓客戶信任你，喜歡和你繼續對話。客戶會根據業務員的問題表達自己內心的想法。

在此之後，你就要針對客戶說出的問題尋求解決問題的途徑了，當然你可以

選擇用耐心詢問等方式，與客戶一起商量，共同找到解決問題的最佳方式。例如：「您擔心的售後服務問題，在我們公司是絕對不會出現的，這在合約上有載明，如果我們做不到，那我們的損失會更多。」、「您的顧慮我們可以理解，不過我想您真正在意的一定是其他問題吧？」

這時你可以用開放式提問的方式使客戶更暢快地表達內心的需求，比如用「為什麼……」、「什麼……」、「怎麼樣……」、「如何……」等疑問句來發問。

有些業務員即使掌握了提問的方法，也難以提高自己的業績，這是因為他們不知道如何巧妙地向客戶提問，只會生硬地照搬問題，這樣很容易使自己的提問失去意義，達不到提問的目的。

所以，問對問題也很重要，問問題時請留意以下細節吧！

① 提問必須圍繞主題

提出的問題必須緊緊圍繞特定的目標展開，要以實現銷售、促成成交為目的，千萬不要脫離最根本的目標，漫無目的地進行提問。在見客戶之前，你應該根據實際情況將目標逐步分解，並據此想出具體的提問方式，這樣既可以節省時間，又能循序漸進地實現各級目標。

② 提問要因人而異

對不同性格的客戶要採用不同的提問方式。如：對脾氣倔強的客戶，要採用迂迴曲折的提問方式；對性格直爽的客戶，可以開門見山地提問；對文化層次低的客戶，要採用通俗易懂的詢問方式；對待看上去有煩惱的客戶，要親切、耐心地提問。

③ 多提開放性的問題

在探勘階段應多向客戶提一些開放性的問題，讓客戶根據自己的興趣，圍繞主題說出自己的真實想法，這樣不僅可以使你根據客戶談話了解更有效的客戶資訊，還能使客戶暢所欲言，感到放鬆和愉快。你可以多多使用「如何……」、「怎樣……」、「為什麼……」、「哪些……」、「您覺得……」等語句進行開放式提

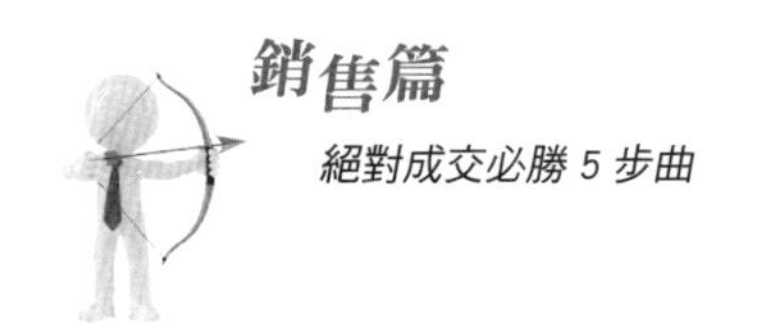

問，給客戶的回答留下更大的發揮空間。

④ 注意提問時的禮儀

向客戶提問時，要注意禮貌，多使用一些敬語，如「請教」、「請問」、「請指點」等。在客戶的回答偏離主題太遠時，要委婉地將話題引回來，使用如「這些事您說得很有意思，今後我還會想再請教，不過我仍希望再談談先前所提的問題……」這樣的語句，巧妙地把話題控制在自己掌握的範圍內，並留意態度，向客戶提問時要有足夠的禮貌和自信，不魯莽，不畏首畏尾。且在提問時不要板著臉，要保持微笑，為客戶營造一個回答問題的良好氣氛。

⑤ 提問要注意分寸

與客戶的溝通是為了讓雙方能有良好的交流，所以你的提問要顧及客戶的情緒，提出的問題必須是客戶樂於回答的，不要冒昧地詢問客戶的薪資收入、家庭財產、感情狀況或其他個人隱私問題。提問後，你要仔細觀察客戶，從客戶的表情、動作中獲得資訊反饋，當客戶面露難色或答非所問時，就代表他不想或不方便回答這個問題，這時就不應繼續窮追不捨，要適可而止，以免引起客戶的反感。

提問能幫助你從客戶那獲取更多重要的資訊，推動銷售朝成交發展，因此在與客戶溝通時，業務員要能充分運用提問技巧，在問與答之間醞釀買氣，及時抓住成交的機會。

13 發問與傾聽的絕妙搭配

最成功的銷售不是用嘴巴去進攻，而是用耳朵去傾聽。業務員與客戶的溝通必須建立在願意表達和傾訴的基礎上，如果客戶不開口講話，那業務員也無從傾聽。所以，我們要學會鼓勵和引導客戶講話，讓客戶說出他們心中的想法，多傾聽客戶的訴求和意見，這不僅是尊重客戶的表現，還能使你從客戶那得到更多的訊息，為銷售業績尋找出路。

在與客戶的互動中，一定要多讓客戶說話，巧妙地向客戶提問。很多時候客戶不願意主動透露自己的想法和相關資訊，你可以用「為什麼……」、「怎麼樣……」、「如何……」等問句來發問，用這種開放式的問題，讓客戶暢快地表達內心的想法，並透露出真實的需求，有利於你找到解決問題的途徑。

在與客戶溝通時表現出專心傾聽，能激發客戶的談話興趣，而真誠地、全神貫注地傾聽更像是一種邀請「您有什麼問題？我會盡全力幫您解答」，在這種無聲的邀請下，沉默也是一種壓力，客戶將變得更加主動，對產品產生更大的求知欲，激起客戶談話和提問的興趣。

在傾聽客戶的問題時，你可以將客戶的疑問記錄下來，這樣既能讓客戶有被重視的感覺而願意繼續發問，又可以使自己的回答有針對性且不致遺忘。當你說明產品功能之後，就要挖掘客戶的需求，這時候，發問與傾聽是非常關鍵的技巧。

業務人員：「貴公司提供的員工宿舍真是不錯呀！不僅房租便宜，交通也很便利，真是好的沒話說。」

客戶：「嗯！是呀！」

業務人員：「我有一個朋友也是住在員工宿舍，可是他說：『員工宿舍太小了，而且下班還會碰到公司的同事，很難真正放鬆心情，真想早點搬出去住。』他真是人在福中不知福啊！」

客戶：「嗯！我可以理解那個人的心情……」

業務人員：「噢！是這樣嗎？沒有員工宿舍住的上班族，不是都很羨慕有員工宿舍可以住的人……您能不能告訴我您對員工宿舍最不滿意的地方是什麼？」

業務員可以透過不斷地重複詢問，有技巧地讓客戶自己說出對員工宿舍不滿意的地方，從中整理出有關客戶對住宅的需求。反觀差勁的業務員，他們就只會咄咄逼人地以「員工宿舍真是差勁，還是早些搬出來吧！」這些話來強迫客戶，反而容易適得其反。因為當自己住的地方被別人批評得一文不值時，相信沒有人會不生氣的。

而業務員也可這樣回答：「如果是這樣的話，還是單獨一戶的住家最為理想囉！」發現客戶的需要，適時地提出問題，或是說：「我手邊有一間很不錯的物件，雖然可能沒像現在這裡如此便利，但也因為這樣，周遭的環境相當不錯！」透過「圈套詢問法」，若客戶感興趣，離成交便僅差臨門一腳。

若客戶始終做不出決定，那你可以再使用「暗示詢問法」，不經意地提及搬過去的好處，以此來暗示客戶，卸下他的心防，成功銷售。

傾聽有兩種，一是「聽得懂」意指聽得懂對方傳達的內容；另一種則是「懂得聽」，懂得聽話的技巧，能聽出弦外之音。所以，業務員要做到傾聽不「傻」聽，多留點心，千萬不要為了傾聽而傾聽，要隨時將話題轉到銷售主題上。講白話點，傾聽其實就是為了便於銷售，機靈且適時地將話題引到有利的關鍵點上，才有助於銷售，否則將本末倒置。

對做業務的人來說就是要多聽少說，全程用眼睛觀察客戶的肢體語言，客戶有沒有在對話的過程出現不耐的訊息？有沒有表現出想要買的肢體動作？……等，你才能適時調整銷售策略及話術。多開口問話，要激起客戶不斷地說與問（Say or

Ask），客戶說得越多，成交的機會也越高。

 從客戶的話中發現銷售機會

客戶不會主動把自己的想法告訴你，你必須不斷地提問，從問與答之間逐步掌握客戶的需求。要想客戶開口說話，提問便是個不錯的選擇，因為礙於面子，客戶也會對你的問題做出回答。當你在提問時，要語氣親切、態度誠懇，並且要有很強的目的性，如果只是盲目地亂問，連自己對答案有什麼樣的期待都不知道，只會浪費客戶與自己的時間。因此，問對問題很重要，要帶著一定的目的性，不僅能讓客戶開口說，也能得到自己需要的資訊，如：

- 您對電腦的規格有什麼要求？
- 你希望能在來年的產品加工中節省 50000 元嗎？
- 您覺得輕薄款好，還是功能比較強重要呢？

客戶在說話時，往往會提到自己心中最理想的產品是怎樣的，如果你能留心並記下客戶的需求，滿足客戶的需求，就能從中發現無限商機。

當客戶在你的鼓勵之後說出了自己的想法或問題時，你就要重複你所聽到的，瞭解並確認客戶和自己相互認同的部分，確保對方是否真的明白產品的益處，才能針對客戶想聽的再做介紹，為成交增加雙倍的勝算。

只有讓客戶說出明確的需求之後，業務員才能進入第二部分的產品簡報，重點就在於將「產品功能」與「客戶需求」產生直接的關聯，這些關聯越深越明顯，案子成交的機率就越高。如果能用心傾聽客戶的話，也能更了解到客戶對產品的意見、想法和需求，進而選擇適合客戶特點的銷售策略，向客戶推薦最適合他們的產品。

從問與答中打探客戶在想什麼

1 客戶為什麼要購買產品

客戶並不會盲目購買產品，他們會在各種產品間做出選擇才購買，一定有其理由。在與業務員的交流過程中，客戶的字裡行間一定會有一些訊息，透露出他們購買產品的原因。這時你要注意觀察，仔細聆聽，抓住這些資訊，分析出客戶為什麼要購買這項產品。與其死命推銷客戶根本不需要的產品，業務員要像個心理學家般，把力氣花在傾聽與發問，慢慢誘導出客戶自己也不知道的需求。

所以，在銷售過程中，你要引導客戶多說話，給他們機會表達心中的想法，從中捕捉客戶購買產品的原因。一般來說，會讓客戶購買產品的原因包括以下幾個方面：

- **讓自己的工作或生活更加便利：**有些產品對客戶工作或生活有著很大的幫助，能給客戶帶來便利，使他們能更好地進行工作或生活。

- **產品形象符合客戶需求：**當產品給客戶的整體形象與客戶某方面的需求相近或相符的時候，客戶就會產生購買產品的欲望。

- **滿足自己的興趣愛好：**當產品與客戶的興趣愛好相符時，客戶就會對產品進行關注，並考慮是否購買該產品。

- **顯示自己的身分與地位：**對某些客戶來說，他們購買產品並不是為了使用，而是要彰顯自己的身分和地位，所以沒有很重視產品的實用性，注重的反而是產品的品牌、品味、品質與檔次。

分析出客戶購買產品的原因後，就要根據不同的情況使用不同的銷售方法，對症下藥，滿足客戶的需求，讓客戶做出購買產品的決定，順利成交。

2 客戶對產品的要求

客戶對產品都會有一些特殊的要求，為的是讓自己使用起來更加方便，只有滿足了客戶的要求，才能順利地把產品賣給對方。但很多時候，客戶不會直接把自己

的特殊需求表達出來，而是用很隱晦的方式表達自己的想法或不滿，這時候，你就要引導客戶多說，多給客戶表達想法的機會，進而分析出客戶的需求，在自己的能力範圍內盡量給予滿足。

③ 客戶的弦外之音

有時候，客戶所說的並不是他們的真實想法，可能因為某些原因，導致他們不方便或不想直接表達自己的真實想法，這時業務員就要聽懂客戶的弦外之音，從客戶的字裡話間去探查他們的真實想法。

王木林是一家建材廠的業務員，他與客戶李先生的銷售已進行到最後階段。

李先生說：「你們的產品確實很不錯，價格方面不是問題，關鍵是時間很趕，最好能在我們訂貨後的一週內全部到貨！」

王木林是個經驗豐富的業務員，他知道李先生並不像他自己說的那樣不在乎產品的價格，關於時間上的要求只是他的一個說法。於是，他對李先生說：「李先生，我想您也知道，由於我們的建材產地在大陸，一週之內全部到貨對我們來說確實有些困難。不如這樣，我在原來的總價上再給您一點折扣，以補償時間的損失。您覺得如何呢？」

李先生最後果然痛快地答應了王木林的提議，敲定降價細節後便與王木林簽下了合約。

王木林正是在客戶的話語中捕捉到有用的訊息，了解客戶的真實想法，從而找到應對的方法，順利完成交易。

④ 客戶對哪些問題還不清楚

客戶的疑問會阻礙客戶的購買，所以一定要及時弄清楚客戶有哪些地方還不明白，解決客戶的疑問。在實際的銷售過程中，你要多與客戶互動，讓客戶多發表意見，從客戶的言談中搞清楚他們對哪些問題還存有疑問，並對這些疑問及時給予解答，以確保銷售過程順利進行。

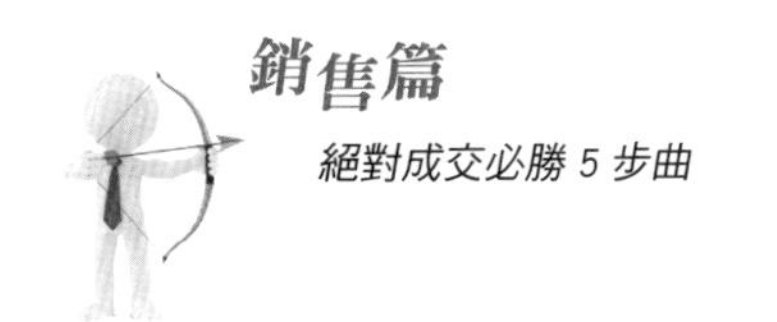

除了以上幾方面外，你還可以從客戶那獲得更多的資訊。至於獲取的這些資訊，要及時歸納和檢討，從中分析客戶的心理，了解他們言語背後的真實含義，幫助他們解決在購買產品過程中遇到的問題，也讓自己的銷售工作做得更順利。

聰明提問，問出你要的答案

不管業務員選擇哪種提問方式，其最終目的都是為了瞭解客戶的購買需求，然後滿足他的需求，最終成交。

向客戶提問的目的就是要瞭解客戶的購買心理，唯有知道客戶需要什麼樣的產品，才能展開下一步的銷售行動。那要怎麼問才能與客戶深入交流，問出客戶真正的需求呢？以下幾個技巧是必須靈活掌握的原則：

1 提問時旁敲側擊

與客戶初次見面時，最好不要馬上把話題引到銷售的細節上，反而要從客戶熟悉並願意回答的問題入手，比如：「您對產品有哪些具體要求？」、「您滿意的產品都具備哪些特徵呢？」先向客戶提一些較為容易接受的問題，邊問邊分析其反應，從客戶的回答中找出談話重點，再一步步引導客戶進入正題。

使用這種旁敲側擊的提問方式時，在話題上要做到有效地規範和控制，既不可漫無目的地與客戶談論與產品毫無關係的話題，又不可過於直接地向客戶詢問與產品直接相關的問題，做到不給客戶咄咄逼人之感，又能在之後順利引入正題。總之，你要讓客戶多說一說他自己的想法。

2 提問時多重複幾次

在與客戶交流時，適當使用重複性的提問，既能表現出對客戶所談內容的理解和興趣，也能確認自己接收到的意思正確，及時找到客戶的興趣點與關心點。

客戶：「店裡的裝修方案我已經確定了。」

業務員：「您已經確定了店裡的裝修方案？」

客戶：「是的。」

業務員：「就是上次您提到的中高檔裝修方案嗎？」

③ 試探性的提問

當我們還不清楚客戶的購買心理時，可以進行試探性地提問，這種提問方式非常實用，一般可分為兩種：

- **舒適區試探：**那常使用於銷售溝通初期，在與客戶初次見面時，為了營造愉快的談話氣氛，你要針對客戶感覺比較舒服的內容進行提問，使客戶願意主動傳遞相關資訊。例如在與客戶初次交談時，你可以向客戶這麼問道：「不曉得您比較欣賞哪種款式的產品？」這樣較開放式的問法，可以讓客戶根據自己的意願做回答，使客戶說出更多內心的想法，而業務員可以根據客戶的回答，逐步掌握客戶真正關心或在意的部分，進而在客戶關心的話題上展開攻勢。

- **敏感區試探：**所謂敏感區試探，指的是業務員針對客戶所存在的問題，或客戶比較在意的問題進行提問。一般用在雙方已建立良好的互動，也就是客戶的戒備心已經消除，開始信任並願意與業務員進一步溝通的時候，可以進行敏感區的試探。

你的問題要能深化客戶的不便或痛點

預計要對客戶提問的問題，一定要有的放矢，讓對方感受到購買產品的必要性和緊迫性，如此才能儘快促成交易，取得訂單。你可以透過以下實質性提問來刺激客戶的購買欲望。

當你瞭解客戶的需求之後，就要對他的內在需求進行分析，向客戶提出若缺少你的產品，可能使他遇到何種困難，並強調這些困難會對客戶帶來的影響。我們來看看抽油煙機業務員在面對客戶時，可以如何利用提問來增強客戶需求的迫切性。

「您在做菜時，沒有抽油煙機會感到不舒服嗎？」

「當您在烹調時感到不舒服，是怎樣的感覺？」

「您會在烹調之後，有眼睛和喉嚨不舒服的感覺嗎？」

「您瞭解多少油煙會對人體產生的傷害嗎？」

「您知道哪些是因油煙導致的疾病嗎？」

……如果你能深化客戶因不改變，可能會面臨到的困難、不便或障礙時，就能提高客戶對產品需求的緊迫度，促使他更快做出成交決定。而你的提問要細化客戶的不便或痛點，在客戶有需求的情況下，指出客戶缺少產品時所遇到的困難，並一一羅列出這些困難對客戶的影響。以銷售汽車為例，當客戶想買車時，你可以這樣問：

「放假時，您也希望帶著家人去郊外放鬆一下吧？」

「當您遇到突發狀況時，有自己的車是不是會方便一些呢？」

細化客戶可能會遇到的問題，以加快客戶想要立即擁有的欲望。

你的問題要環環相扣

想要讓客戶的需求轉化為強烈的購買欲望，還要注意向客戶提問的頻率，儘量保持提問的連續性。客戶只有在連續被提問的過程中，對需求的緊迫感才會持續增強，一旦你將提問中斷，就會如同橡皮筋鬆了一般，失去應有的效果。因此，你的問題要緊扣以下方向：

- 為什麼你還沒有行動？
- 不行動對你有什麼壞處？
- 長期不行動對你有什麼壞處？
- 現在就行動對你有什麼好處？

➔ 你什麼時候開始行動對你比較好？

以下提供傳直銷的範例讓讀者參考。

業務：「除非您不認同，否則你早就加入了，我可以了解一下原因嗎？」

客戶：「我有一些顧慮。」

業務：「沒有加入對您有什麼好處呢？」

客戶：「可以少花錢啊！」

業務：「如果您一直沒有採取行動，對您有什麼損失您知道嗎？」

客戶：「不知道？（此時業務員要告訴客戶有什麼損失）」

業務：「您知道現在加入對您有什麼好處嗎？」

客戶：「不知道？（業務員就要進一步告訴客戶現在加入對他有什麼好處）」

業務：「既然如此，你覺得以後再加入對你比較好呢？還是現在就加入對你比較好？」

客戶：「現在吧！」

我們要用問的方式給客戶痛苦；用問的方式給客戶快樂；用問的方式來回答客戶的反對問題；用問的方式來銷售產品；用問的方式來引導客戶做決定。所以，銷售是用問的，不是用說的，銷售是一連串問問題的熟練度，只要你把問的功力練得爐火純青，那成交對你來說簡直易如反掌。

 問得有技巧，客戶就會配合你

技巧 1：先從範圍大的問題開始問

如果你是銷售健康食品，你可以問：「您覺得健康重要嗎？」

如果你是銷售保險，你可以問：「你覺得儲蓄重要嗎？」

如果你是銷售成長課程，你可以問：「你覺得學習重要嗎？」

技巧 2：讓客戶回答：「是！對！好！」

你的問句一定要能讓 99% 的人都會回答：「是！對！好！」否則客戶就不會配合你了。比方說你問客戶：「你想成為億萬富翁嗎？」也許有人不願意，他就會回答：「不想！」因為有人覺得錢夠用就好了，不一定要成為億萬富翁。但如果你換另一種問法：「你想不想過著不用為錢煩惱的生活嗎？」我想 99% 的人都會回答：「想！」

技巧 3：讓客戶二選一

例 1：你想每個月領固定的薪水，還是想每個月除了固定薪水外，還有三萬到五萬的額外收入？

例 2：透過學習，可以縮短一個人摸索的時間和犯錯的機會，而你現在只有兩個選擇，一個是花二十年的時間摸索和犯錯，靠累積出來的成功經驗學習；一個是花一天的時間，學習成功者二十年的經驗和智慧，你覺得哪一種比較划算？

例 3：你是反對透過存錢讓自己提早退休，還是不喜歡業務人員為了業績強迫推銷呢？

技巧 4：用問句給客戶痛苦

例 1：你知道你每天都在燒錢嗎？但其實你每個月可以多賺三萬元以上，你知道嗎？

例 2：等到我們退休年紀的時候，才後悔年輕時沒有做好財務規劃，連累了家庭，這是你想要的結果嗎？

例 3：你是想付學費呢？還是想付被淘汰的代價？

技巧 5：用問句給客戶快樂

例 1：你想提早退休，過自己想要的生活嗎？

例 2：二十年後，你每個月都有五萬塊以上的利息可以花，重點是，這在你現在的能力內就可規劃，你要還是不要？

例 3：參加完本課程，並實際運用在工作上，你未來的月收入可以比現在多三倍以上，這不就是你想要得到的結果嗎？

技巧 6：在每句肯定句後面加上「不是嗎？」或「你說是嗎？」

例 1：別人做傳直銷不成功，不代表這個行業不能做，關鍵在於方法和心態，不是嗎？

例 2：你可以保持現狀，也可以選擇讓自己擁有更美好的生活，沒有什麼理由可以阻擋你去追求你想要的，你說是嗎？

例 3：我們現在的結果，是過去的思想和行為造成的，若要改變未來的結果，就要改變現在的思想和行為，你說是嗎？

技巧 7：在句子前加上「你知道……嗎？」或「你知道嗎？」

如果我說：「陳小姐！上課對你來說很重要，會讓你成功。」陳小姐心裡可能會想：「不一定！」但如果你換另一種問法：「陳小姐！你知道嗎？有一個課程對你非常重要，能幫助你成功。」同樣的意思，不同的問法效果和感覺大不同。當你要讓別人知道某件事情，但他根本不知道自己知不知道的時候，他會先假裝知道，他不會表現出來，讓你發現其實他不清楚，因為他的內心會告訴自己我並不很笨，所以會假裝他自己知道。

例 1：你知道有一種行業是窮人翻身最快的行業嗎？

例 2：你知道幾乎所有的有錢人都懂得投資工具嗎？

例 3：你知道嗎？財富取決於你說服他人的能力。

14 在問答中勾起客戶想買的感覺

尼爾．雷克漢姆在《銷售巨人》一書中，曾對提問與銷售的關係進行過深入的研究，他認為：「與客戶進行溝通的過程中，你問的問題越多，獲得的有效資訊就越充分，最後銷售成功的可能性就越大。」

對業務員來說，提問是一種很有效的銷售手段，業務員對客戶有針對性的提問，能使雙方的對談更加深入，使業務員能更有效地把握客戶的需求。由於人與人的表達方式和行為習慣各有不同，溝通的過程中難免出現一些理解上的誤會，這時業務員就要及時提出問題，使自己確切地理解客戶的真實想法，減少誤會的發生。

客戶在決定購買產品之前，都會有自己的底線，所以，只要你掌握客戶這個底線，那銷售的難度就大大降低了。知道了這個底線，你與客戶的溝通就有一定的目的性，這時你的每一句話都要想辦法套出客戶願意成交的條件與底線，客戶沒有說出口的，才是成交關鍵。所以要多多利用問「為什麼？」、「怎麼辦？」等開放式問題，讓客戶說出自己的想法、觀點和成交條件說出來。

林濤是一家醫療器材生產廠的業務員，他正與一家醫院負責採購醫療器材的濮院長進行商談——

林濤：「您好，聽說您準備購進一批新式醫療設備，請問符合您要求的產品應該具備哪些特徵呢？」

濮院長：「首先，要保證產品的品質合格，一定要達到國家標準，其次要耐用、易於清理，還要價格公道，保證提供周到且完整的售後服務……。」

林濤：「我們公司非常希望與貴醫院取得合作，不知道您對我們公司產品的印象如何？」

濮院長：「貴公司的產品我倒是聽說過，不過還不知道品質怎麼樣，醫療器材一定要符合國家標準，你們的產品有達到標準嗎？」

林濤：「我們的產品不但有達到國家標準，也達到目前國際制定的所有標準，包括日本、美國與歐盟的標準，您是否有興趣了解一下我們產品的具體情況呢？」

院長：「是嗎？那我倒有興趣聽一聽。」

林濤簡單介紹了產品的情況，並給濮院長一些資料，說：「這是產品的相關資料，請您過目。」聽完林濤的介紹，並看完產品資料後，濮院長對林濤的產品有了比較深入的了解和較濃厚的興趣，他對林濤說：「產品還不錯，不過在運送與安裝測試的問題上，你們真的能保證時間來得及嗎？」

林濤：「對於產品的運送問題，其實您完全不用擔心，只要簽好訂單，我們都會在一週內將產品全數送達，安裝與測試大概要另外再三天的時間。那麼，您打算什麼時候下單呢？」

濮院長：「哦，是這樣啊，就下週一吧！」透過對客戶的提問，林濤一步步引導客戶，從不了解產品到對產品產生濃厚的興趣，並產生購買意願。那些經驗豐富的業務員都善於向客戶提問，引導客戶做出準確且內容豐富的回答，他們知道要善用主動提問將談話的主導權握在自己手中，掌控銷售的進程，從而抓住成交的機會。

那要如何做才能在和客戶的問答中醞釀買氣，抓住成交機會呢？

熟練掌握提問的方法

業務員問得越多，客戶答得就越多，暴露的訊息也就越多，業務員能獲得的資訊自然越多。所以，業務員要想挖掘客戶內心的需求與想法，發現客戶的購買意圖，就要多向客戶提出問題，使自己處於主動的地位，提高成功的可能性。

一般向客戶提問的方法主要有以下幾種：

① 單刀直入法

這種方法是針對客戶的購買動機，直接詢問客戶是否需要某種產品，開門見山地向其進行銷售，給客戶一個措手不及，然後「趁虛而入」，對客戶進行詳細的勸購。在使用這種方法時要膽大心細，既要給客戶心理上的衝擊，又要注意掌握分寸，不要過分強勢，以免引起客戶的反感，影響銷售。

② 連續肯定法

這個方法是指你所提出的問題便於客戶用贊同的口吻來回答，客戶對你所提出的一系列問題，可以連續地使用「是」來回答，為客戶簽下訂單製造有利的條件，讓客戶從頭至尾都做出肯定的答覆。但使用連續肯定法時，業務員要具備準確的判斷能力和敏捷的思維能力，在提出每個問題前都要仔細思考一番，還要注意雙方對話的邏輯結構，使客戶順著自己的意圖做出肯定的回答。

③ 「照話學話」法

這種方法是先肯定客戶的意見，然後在客戶所說的基礎上，用提問的方式表達自己的想法。例如，客戶聽了業務員的介紹後說：「目前我們確實需要這種產品。」這時，就要不失時機地接過話說：「對啊，如果您也認為使用我們的產品，確實能節省貴公司的時間和金錢，那我們什麼時候可以簽約呢？」這樣銷售就能水到渠成、順其自然地成交了。

④ 「刺蝟效應」法

這種方法是指用提出問題的方式來回答客戶提出的問題，控制自己與客戶的溝通，按照自己的需要將談話引向銷售程序的下一步。例如，向客戶銷售保險時，客戶詢問「這筆保單中有沒有現金價值？」業務員可以說：「您很看重保單是否具有現金價值的問題嗎？」客戶也許會回答：「絕對不是。我只是不想為了第一年就有現金價值，而支付任何額外的費用。」業務員就可以從中了解到客戶不想為現金價值付錢，從而向客戶解釋現金價值的含義，提高他對這方面的了解。在各種促成交易達成的提問方法中，「刺蝟效應」法是很有效的一種。

⑤ 選擇提問法

這種方法是指向客戶提出的問題是有選擇性的，讓客戶在問題中做出選擇。例如：「您方便週一簽約還是週二簽約呢？」、「您要使用現金付款還是刷卡呢？」你問的問題必須有兩個或更多的選擇，而且這幾個選擇都是自己可以接受的，這樣才能從客戶那裡獲得自己想要的答案。千萬不要講出「您是要買呢？還是不買呢？」這類的提問，在實際的銷售中，提問的方式不只有以上幾種，你要根據實際情況尋找新的方法和技巧，對其進行靈活運用；多注意並觀察客戶，用心揣摩客戶的心理，把握好提問技巧的使用，使自己在與客戶的問和答中佔據主動地位，穩穩抓住成交的機會。

15 讓客戶發問，喚起他的購買欲

客戶到底會不會購買呢？有時客戶會與業務員玩捉迷藏的遊戲，可能表面上表示不想購買，其實內心急著想把產品買到手，只是在心裡盤算著如何才能讓價格一降再降；或是客戶表面上表示拒絕，其實對產品已經開始感興趣了，只是心裡在琢磨如何才能得到更多優惠。

對業務員來說，觀察與發問式的言語溝通是一個能更準確了解客戶的好方法，透過觀察客戶的表情變化和肢體動作，不僅能迅速把握客戶的心理變化，還能讓客戶感覺受到被重視。

客戶只有對產品感興趣的時候，才會想要了解產品更多的訊息，他們在購買一件產品前，一定要弄清楚產品的相關資訊，這時，客戶會主動向業務員提出問題；業務員則能在與客戶的一問一答中獲得相關資訊，判斷客戶的需求，了解客戶的心理，在解答客戶問題的過程中，加深客戶對產品的了解，刺激客戶的購買欲望。而業務員可以從以下幾方面來勾起客戶的購買欲。

引導客戶主動發問

很多時候，業務員要引導客戶主動提問，以突破客戶心理的防線。業務員可以在讓客戶親身體驗產品後，引導他們提出問題，並讓他們主動發問，與他們進行交流，這樣就能很容易地發現客戶的興趣，摸清他們的想法，從而清楚地知道下一步應該採取哪些措施。客戶在體驗產品時，可能會提出一些實際操作的問題，這些問題很可能是業務員以前從來沒有想過的，所以業務員一定要非常了解自己的產品，認真操作和實際使用過，才能準確回答。

在引導客戶提問時，應該注意以下事項：

- **對客戶的提問要有技巧地回答：**最好能引發客戶進一步的提問，這樣就可以層層推進，深入了解客戶的想法和需求。
- **客戶提問後不要馬上回答：**客戶提出問題後，你可以先委婉反問，弄清楚客戶問這個問題的原因和目的，之後再做出恰當的回答。
- **對客戶不用有問必答：**面對客戶的問題，不一定要有問必答，而是要透過應對，有目的地引導，挖掘客戶的潛在需求，弄清楚他最關心的問題，找到對自己最有力的回答方式。

無論客戶在實際操作中提出什麼樣的問題，你都要自信滿滿地應對，相信自己的產品一定能在某方面滿足客戶的需求，並重點突出產品某方面的特點，贏得客戶的認同。

引導客戶提問時應注意的問題

在客戶提問時，要注意觀察，用心挖掘客戶的內心世界，與客戶形成良好的「問答」式互動。你可以適當地運用一些肢體語言來鼓勵客戶，如在客戶停頓的時候向客戶點頭、微笑，或配合一些手勢，以增強客戶的被認同感，使他們產生持續交談的欲望；只有了解客戶心中所想，透過回答客戶的問題並引導客戶的思想，才能讓客戶產生購買興趣，最終實現成交。

在引導客戶提問時，應該注意以下問題：

- **讓自己處於主導地位：**當客戶提出問題時，不要只顧著回答問題，不能被客戶牽著鼻子走，要藉由回答客戶的問題，進一步引導客戶的思維，掌握談話的主導權。
- **事先有所準備：**在引導客戶提問時，要事先做好準備，選對方向，不要讓客戶的注意力轉移到與產品無關的資訊上。

- **考慮周全後再回答問題：**當客戶提問時，不要急於回答問題，要先仔細思考一番，也可以反過來婉轉發問，等了解並想清楚後再回答問題，並注意自己的態度和用語，不要讓人有咄咄逼人的感覺。

- **不要排斥客戶的問題：**如果你覺得客戶的提問與銷售無關，千萬不要表現出排斥的態度，要耐心聽完客戶的問題，不可打斷客戶。你可以使用委婉的語言，以反問等方式改變雙方談話的方向與重點，將話題拉回至銷售上。

引導客戶主動提問是一門藝術，需要一定的技巧才能事半功倍，我們要多加訓練這方面的能力，引導客戶提出問題，為他們提供解決方案，這樣才能使客戶更了解產品，激發購買欲，促使銷售成功。

用心解答客戶提出的問題

向客戶介紹產品時，客戶難免有一些不清楚、不懂的地方，有些業務員會為了盡快完成交易，對客戶提出的問題不夠重視、敷衍了事，致使客戶轉身離去，反倒丟失成交的機會。

業務員這樣做很顯然是不對的，在購買產品的過程中，客戶更重視心理上是否得到了滿足，如果他們對產品本身是滿意的，但業務員的服務令他們不滿，他們也不會想買。當客戶針對產品提出問題時，你要及時回應他的問題，並留意他的反應，根據具體情況做出恰當的回應，讓客戶感覺自己是被重視的，他才會繼續提問，把焦點關注在你和產品上；因此，在解答問題時一定要用心，讓客戶有被重視的感覺，就算最後生意沒有談成，你的用心也會被客戶牢記在心裡。

王小姐非常愛漂亮，十分重視皮膚的保養，對自己用的化妝品總會精挑細選。這天，小芳向王小姐介紹一款新款的保養品，並說這款保養品 100% 純天然，對補充肌膚水分、改善暗黃的膚色十分有效果。

王小姐知道自己的皮膚屬乾性膚質，所以她對保養品能否補充肌膚水分這點非常在意，聽了小芳的介紹後相當感興趣，便向小芳詢問了許多問題，小芳也一一

詳盡地回答。而王小姐試用後也表示感覺還不錯，小芳因而以為王小姐要購買，便提出了成交要求，但王小姐卻沒有要買的意思，繼續詢問另一套產品的情況，小芳還是認真地解答，並熱情建議王小姐試用，一番攀談後，王小姐還是沒有買就離開了。小芳雖然不解，但還是熱情地歡迎王小姐有時間再來。

三個月後，王小姐再次光臨，買走了兩套保養品，小芳這才恍然大悟，原來王小姐對產品確實是挺滿意的，但當時家裡還有很多之前買的化妝品沒有用完，所以三個月後才來買。

案例中的小芳在客戶表示不會購買後也沒有「上演變臉秀」，因為她知道只要得到客戶的心，那要客戶花錢買單只是時間的問題了，所以仍然對客戶付出同樣的熱情和關心，細心地解答客戶的問題。因此，在客戶提出問題時，一定要耐心解答，特別是在尚未確定客戶是否購買時，更要用心，這樣才能出奇制勝，進而提高成交率，甚至是回購率。

盡己所能地用心幫助客戶

客戶在購買和選擇產品的過程中，常常需要業務員提供一些建議，以便更快做出選擇，買到滿意的產品。所以你不能只是介紹產品、想方設法讓客戶接受產品，還要懂得關心客戶購買過程中會遇到的困難、考量的問題點，盡己所能地用心幫客戶解決，讓對方感受到你的貼心，對你加倍留下好印象。

業務員平時就應根據客戶的具體情況，提供最貼心有效的幫助，尤其是當客戶處於以下情況時，更需要業務員真心的幫助：

- **客戶不是購買的決策人：**客戶無法決定是否可以購買時，可能是在與決策人溝通後仍做不出決定，畢竟光憑客戶的描述，很難讓決策人對產品有十分準確的了解和認識。這時你可以向客戶詢問決策者的愛好、習慣等，透過客觀的衡量，幫助客戶確定購買方向和具體的產品，共同討論出一個大家都滿意的結果，或親自拜訪，向他們再做一次詳盡的解說。

- **客戶不知道選哪件產品好的時候：**如果客戶對幾種產品都很滿意，反而更難做決定，這時你應綜合評估客戶的實際情況，向客戶推薦對其最有利的產品，而非佣金最高的產品。

- **客戶有特殊需求時：**如果客戶的需求比較特殊，你應據此向客戶推薦能滿足客戶特殊需求的產品，或在情況許可下增加服務以滿足客戶；如果產品確實無法滿足客戶時，則可向客戶推薦其他商家更適合的產品，也為自己留下好的印象。

16 先服務別人，再滿足自己

當你準備開始談一筆生意時，你會花多少時間去想客戶要什麼？還是大部分時間只想到自己要講什麼呢？如果你是一名汽車業務員，你會趕快建議客戶去試車、急著介紹車子的各種功能，還是先了解顧客的需求？

成交的關鍵是「先服務別人，再滿足自己」，不要因為有業績壓力，而忽略了客戶的需求，腦中只想著催促客戶趕快購買。你要先想該如何滿足顧客的需求，然後才根據需求，推薦自己公司的產品或服務，確實滿足客戶，順利成交，滿足自己的業績需求。

我們必須了解客戶到底需要什麼，挖掘客戶的潛在需求，關注客戶的興趣是什麼、關心什麼、什麼需求是必須滿足的……只有這些都確實掌握了，才能給客戶提有建設性的意見，給客戶他們想要的。

如果產品不能滿足客戶的需求，業務員就要想辦法讓客戶接受，並盡快喜歡上你的產品。你可以根據產品情況幫助客戶建立新的需求點，轉移客戶原先的需求點，把產品的顯著優勢及能給客戶帶來的利益，以建議的方式說給他聽，不僅能有效吸引客戶對產品的關注，他們也會因為收到對自己有幫助的訊息，更願意耐下心來認真考慮。

小陳從事凱迪拉克汽車業務的工作剛滿半年，這半年間他只賣出一輛車，每個月都被檢討，但沒想到在他決定要辭職的那天，他竟然賣出了兩輛車！

第一輛車是顧客一走進來就跟他說：「我只是來看看的」，小陳平淡地說：「沒關係，您儘管看，有任何問題我都可以為您解說。」因為心情輕鬆，沒有急於成交的壓力，顧客問什麼他就答什麼，全程都很有耐心地解說，結果顧客竟突然跟他說：「那我買了。」

另一組客人是快下班時來的，小陳心想這應該是今天接待的最後一組客人，就好好服務吧。客戶一開始就對小陳表達他對車子的需求；「我需要適合我身高（185 公分）方便上下車的、座椅坐起來不能太低、後座空間要大。」小陳一開始先帶客戶看 STS 車型，雖然坐起來很舒服，但客戶覺得 STS 的座椅偏低，不是不滿意。小陳接著又介紹 CTS 車型，但客戶還是覺得座椅偏低，本來客戶想說算了要轉身離去，小陳建議客戶再試坐一下 SRX 車款，客戶立即喜出望外，覺得座椅高度適中，也容易上下車，其內裝材質、皮椅等級也一樣很優。

客戶初步滿意後，小陳客氣有禮地做各項說明，講到某些功能客戶明顯不感興趣，他就自然地停止說明，直到客戶再提出問題或表示意見時，他才開口說明。就在客戶車子看得差不多時，小陳為他冲了杯咖啡，準備好型錄資料，巧妙地留下客戶，讓他再仔細考慮。沒想到客戶最後決定買了，並對小陳表示這次的購車經驗很愉快，完全沒有壓力，是很棒的體驗。小陳這才明白自己之前錯在哪裡了。

業務員可以用觀察、傾聽、詢問等方法去挖掘客戶想要的「餌」，只有了解客戶的「習性」後，才能釣到客戶這條「魚」。舉例，如果顧客說：「超出預算或太貴。」業務員就可再詢問顧客：「不知道您預算多少？」或是「不知道您期望用多少錢買呢？」然後再設身處地從客戶的回答中，去找尋最適合價位的商品推薦，以滿足客戶的需求。

將產品的好處連接上客戶的需求

每一條魚都有它想吃的釣餌，每位客戶也都有他想要的商品，成功銷售的重點，並不在於你銷售的商品是什麼，而是客戶能否因為購買它而獲得「好處」。所以我們要針對客戶的實際需求，將產品優勢與客戶的利益聯繫起來，強調產品能給客戶帶來哪些利益，引起客戶的注意和興趣，使他們被利益所吸引，產生購買欲望。

客戶的消費行為背後都隱藏著複雜的購買決策，他會考慮要購買什麼、預算多

少、以何種方式購買、商品使用是否便利、購買感覺是否良好等等，而如何刺激客戶的潛在購買欲，即是能不能成交的一大關鍵；除了細心聆聽客戶的需求外，從交談中推敲客戶的購買動機，掌握可能的消費心理，才能順應客戶的期望，有效結合商品賣點，從而提升成交的機率。

一般來說，客戶的消費心理主要可分為以下幾種：

- **追求物美價廉的心理：**客戶都希望以最少的錢，換取最大的商品效用與使用價值，所謂高 CP 值是也。而在追求物美價廉的心理作用下，客戶不僅對商品價格的反應十分敏感，也善於運用各種管道比較同類商品的價格與品質，以期在購買前就能充分掌握市場資訊。值得留意的是，縱然物美價廉的商品受到他們的歡迎，但價格低於市場行情過多時，有時也會讓客戶對商品的品質產生質疑，而不敢購買。

- **追求新奇先進的心理：**在生活消費模式中，當市場上出現新穎、先進的商品時，追求新奇、使用先進商品的消費心理，將會促使客戶嘗試購買新商品，即使價格偏高、使用或附加價值較低，也不容易減低他們的購買意願；而陳舊、落後、過時的商品，就算價格低廉、品質不錯，也未必能吸引他們的注意。尤其對年輕族群而言，追求新奇先進的心理經常使他們成為跟隨市場潮流的購買者。因此，在銷售過程中，適當地提供符合市場需求的訊息或趨勢，能有效卸下客戶的心防，在此時進行銷售也會比較容易。

- **花費在民生必需品上：**購買食、衣、住、行等相關日常生活必需品時，消費者首先考量的未必是價格，而是商品能否滿足實際需要？又是否符合生活模式？追求實用價值的心理，自然讓他們著重於商品的實用價值與使用效果。

- **追求快速便利的心理：**洗衣機、數位相機、自動洗碗機、微波食品、傳真機等商品的出現，大大地滿足了現代人追求方便、快速的生活需求，隨著科技的昌盛發展，人們對於能為家庭生活、工作環境帶來便利的商品也更加趨之若鶩。當客戶抱持追求快速便利的心理時，他們會優先考量商品的操作使用是否便利？能否有效節省大量時間？與此同時，也要求商品有完善的售後服務，因為萬一商品出現了狀況，他們會希望在第一時間內，就立即有人著手解決問題。

- **追求安全保障的心理：**客戶追求安全保障的心理，經常表現在家用電器、藥品、衛生保健用品、醫療保險、居家保全等商品的選購上。大致而言，追求安全保障的心理有兩種涵義：獲取安全及避免可能發生的危害，所謂趨吉避凶是也。在這種心理的趨力下，客戶購買商品或服務時，會考量商品是否會損害個人的身心健康？會不會危害到親友或他人的人身安全？同時，也會考量購買商品能否帶來生活的保障？能否降低生活中可能的危害？無論是有形的商品或無形的服務，只要能提供最大限度的安全保障，他們並不介意以較高的價格購買，甚至樂意長期為此投資。

- **追求自尊與社會認同的心理：**心理學家馬斯洛（Abraham Maslow）曾提出人類的五個需求層次，依序為生理需求、安全需求、歸屬（社會）需求、尊重（自尊）需求、自我實現需求，從消費心理而論，當客戶的生理需求獲得滿足後，就會轉而提高其他層次的消費需求，並期望自己的消費獲得外界的認同和尊重。這類型的客戶在購買商品時，思考的是商品所帶來的附加價值，以及商品品牌所訴求的「社會形象」，例如它能否彰顯自身的外在形象、社經地位？能否凸顯個人品味？能否因為擁有它而獲得尊重與認同？換言之，他們希望自己的成就、社會地位或個人品味，可以藉由某種商品、某種消費形式予以彰顯，因此對商品的品牌形象、商品的市場定位也較為敏感。

- **追求美好的心理：**美好的事物人人喜歡，無論是裝扮自己或美化外在環境，都能帶給人們滿足感與愉悅感，儘管每個人對「美好」都有主觀判斷，但隨著時日推移、市場潮流的改變，時下流行的審美觀念很容易左右多數客戶的想法。當客戶抱持追求美好的消費心理時，他們不僅會判斷商品是否美觀？也會觀察它是否符合潮流？對於商品所呈現的質感也甚為注重，尤其年輕的客戶更會講求「時髦感」。值得一提的是，有時客戶為了與多數人產生「區別之美」，或想引起人們的強烈注意，反而會產生獵奇心理，也就是他們會追求有別於大眾市場的喜好，較偏愛風格獨特、造型奇美的商品。

當你與客戶面對面時，你必須清楚告訴他購買商品的「好處」，而這些好處

必然根源於商品的特點，儘管商品介紹手冊上集結了商品特點，例如商品的功能、規格、成分、操作方式等等，你仍應讓每一項特點都能獨立出來，成為符合客戶期待的「商品好處」。在向客戶展示產品好處時，你可以套用一些句式，使自己的表達既省時省力，又能符合客戶的興趣點。如：「使用我們的產品能使您成為……」「使用這款產品可以減少您的……」、「我們的產品減少（或增強）了您的……」「這款產品可以滿足您的……」

一般來說，吸引客戶產生購買欲望的原因不外乎以下幾點：**省錢、方便、安全、關懷、成就感**。業務員要知道客戶最關心的是什麼，然後根據客戶最需要得到的服務，針對需求進行介紹。

- 如果客戶最關注的問題是省錢。→ 業務員不妨這樣說：「我們的產品是同類產品中價格最便宜的。」、「我們的產品採用了先進的技術，能給您帶來巨大的經濟效益。」

- 如果客戶關注的問題是使用方便。→ 一句「我們的產品使用方便，會大大節省您的時間，讓您省下時間做更重要的事」往往就能促使客戶下定決心購買。

- 如果客戶關心的是安全問題。→ 業務員則應舉例說明產品在安全方面的保障。

- 如果客戶在意產品的人性化設計。→ 業務員可以說：「我們產品的特色就是人性化的設計，這款產品能充分展現您對家人的關懷。」

- 如果客戶看中產品的時尚感。→ 業務員則可以說：「這是我們這一季最新的產品，它時尚的外觀能突顯您不凡的品味。」

客戶說出購買條件之後，業務員要將自己的產品與客戶的需求進行比對，先找出產品有哪些特徵與客戶的期待相符，對客戶來說，他們購買的只是產品帶給他們的利益和好處，只有滿足他們的需求才能引起他們的興趣。所以，在清楚客戶的興趣點之後，業務員要針對客戶的關注點來介紹產品，只要讓客戶認同產品，成交就在望了。

17 對客戶有價值，他才會買

你要給客戶一個買的理由，這個理由就是產品的價值。銷售就是在解決客戶的問題或帶給客戶更大的快樂與滿足，但客戶一般較注重問題的解決，所以客戶的痛苦就是業務員的機會，因此產品的價值就在於能為客戶避免掉什麼痛苦與壞處。

知道瞎子摸象的故事嗎？明明是一頭大象，但因為眼睛看不到，所以你在摸它的時候，會因接觸到的地方不同而有不同的感覺。而且不同的人去摸，感覺也會不一樣，描述也會不一樣。這也是為什麼業務員口才一定要還可以，因為你要會描述，描述才能產生價值，不會描述的價值聽起來不高，會描述的就產生很大的價值，所以我開的公眾演說班就是在教你怎麼去說，說出你的產品或服務的價值。

業務員常聽到客戶會很直接地拒絕說：「我沒錢。」這其實是顧客不想購買某件商品的藉口，這句話真正的意思是：「我才不想花錢買這樣東西呢！」即使客戶非常有錢，但如果是他們不需要、感受不到魅力的東西，也一樣會推說「沒錢」。

也就是說，客戶對於「覺得很有價值的東西、自己想要擁有的商品，即使要節省生活費、刷信用卡分期付款，還是想要買；但其他的東西則希望盡可能撿便宜或根本不買。」這就是為什麼高級品牌非常受歡迎，10 元商店或折扣藥妝店的人氣也特旺的原因。所以，能否讓消費者確實感受到商品的「特殊價值」，就決定了交易的成敗。

有了價值後客戶才會買單。所以，全世界最好賣的東西是什麼？是價值遠大於價格的東西。但價格是客觀的，價值卻是主觀的，這個主觀來自哪裡，來自於你找的人是誰，以及你的描述。比方說，我有個東西要賣，潛在客戶那麼多，這樣東西對這些人而言的價值都不同，那我應該去找誰？找那個認為我這樣東西價值高的人，再經由我的描述，形容產品有多好、多特別，然後我在客戶面前又是一副值得

信任的樣子，於是生意就這樣成交了。

那什麼叫找錯人？找錯人就是這個東西明明很有價值，但那個人卻不認為它很有價值。每個人的問題都不一樣，痛處也不一樣。因此，你要找到目標客戶，會描述，取得他的信任，那這樣絕對成交。

所以，如何去塑造產品或服務的價值，就是成交流程當中最重要的一件事情。

因此，成交關鍵不在於客戶有沒有錢，而是讓客戶「說什麼都想要」、「即使很貴也想買」。業務員就是要努力把產品價值呈現出來並論述出來，而最有效的方式是解析產品優勢，讓客戶看到產品獨一無二的價值，引起客戶的購買興趣。假如客戶不斷提起價格問題，就表示你沒有把產品真正的價值告訴顧客，才會讓他一直很在意價錢。記住，一定要不斷教育客戶為什麼你的產品物超所值。

解析產品優勢

客戶購買產品其主要原因是看中產品本身的使用價值，而不是花俏的促銷手法和業務員的好口才。將產品賣給客戶的最好方法，是要準確解析產品優勢，將產品的優點全面展示給客戶，用產品本身來吸引客戶，使客戶心甘情願地購買，實現銷售價值的最大化。具體做法如下：

1 做好產品定位

對你的產品或服務有清楚的認識，從產品的特徵、包裝、服務、屬性等多方面研究，並綜合評估競爭對手的情況，做好產品定位。在進行產品定位時，業務員應該考慮的問題包括：

- 產品能滿足哪些人的需求？
- 客戶們的需求都是些什麼？
- 產品能否滿足他們的需求？

➡ 如何讓產品與客戶需要的獨特點結合？

➡ 客戶的需求如何才能有效實現？

根據產品特點和客戶的需求對產品進行定位，你才能使產品在客戶心中留下深刻的印象，引起客戶對產品的關注。

② 分析產品優點

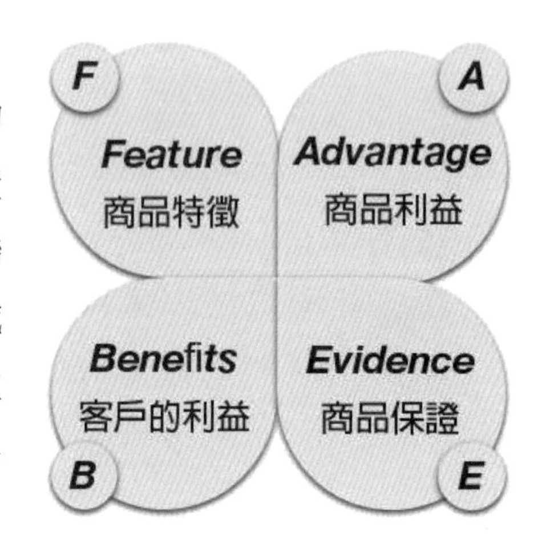

在同質化產品越來越多的市場上，客戶的需求卻越來越多樣，為了讓客戶對你的商品產生深刻的印象，甚至往後有需要時，能立即聯想到你的產品或服務，你應找出產品最特殊或最重要的特點，為它擬定強而有力的目標，並善用「FABE 銷售訴求法則」來設計你的產品介紹文。

透過 FABE 法則設定商品的銷售訴求點：

- **F（Feature）**：指商品特徵，也就是商品的功能、耐久性、品質、簡易操作性、價格等優勢，將這些特點列表比較，然後運用你的商品知識，為它們設計一些簡要的陳述。

- **A（Advantage）**：指商品利益，也就是你列出的商品特徵發揮了哪些功能？能提供客戶什麼好處？

- **B（Benefits）**：指客戶的利益，你必須站在客戶的立場，思考你的商品能帶給他們哪些實質的利益？假使商品的利益無法與客戶的利益相互結合，那即便你的商品再優異，對客戶也沒有用處。

- **E（Evidence）**：指商品保證的證據，你要「有證據」證明你的商品符合客戶的利益，或是能讓客戶實際接觸而確認商品有益，因此你必須提供商品證明書、樣本、科學性的資料分析、說明書等物品與見證，藉以保證商品確實能滿足客戶的需求。

簡單說來，FABE 法則是將商品特點拆解、分析後所整理出的銷售訴求要點，而在實際應用上，你必須先瞭解客戶真正的需求，並且快速排序你的銷售重點，例如客戶關心的是價格問題，你的銷售就應側重在價格，其次才是各項要點的陳述。

當你利用 FABE 法則解說商品時，務必簡明扼要地說出商品的特點及功能，避免使用太過專業、艱深的術語；引述商品優點時，則要記得以多數客戶都能接受的一般性利益（一般消費者感興趣的特點）為主；再來是針對客戶利益做出說明，提供相關的證據加以證明，最後再進行總結。

當你在分析產品優點時，要站在客戶的角度，從客戶最關心的點下手，詳細充分地解答客戶的問題，這樣才能縮短與客戶之間的心理距離，使產品的優點被客戶接受。

③ 突出產品與同類產品的不同之處

業務員要找到自己產品與其他同類產品的不同之處，提出一些競爭對手沒有提過的優勢，凸顯自家產品的不同，引起客戶的關注，吸引客戶主動要求購買，實現銷售價值。

還要善於發現自己產品與競爭對手的不同之處，尋找產品的獨特賣點，並把它展示出來並大書特書，讓客戶了解並接受，強化自己產品的競爭力，加快產品的銷售。

④ 將產品的不足化為優勢

每個產品都不是十全十美的，一定都有其不足之處，但只要換個角度看，就能成為特殊的優勢。業務員要善於運用銷售技巧，將產品的不足化為產品優勢，使產品得到客戶的認可，促進銷售價值的實現。

朱軍是一名房屋仲介，他銷售過一批房子，前面幾間都很順利，但剩下的最後一間卻怎麼也賣不出去。這間房子坪數很大，但格局並不好，尤其是衛浴間是三角形的。朱軍帶很多客戶來看過這間房子，大部分都不滿意，即使房子的價格比別間低，客戶也不願意購買。

後來朱軍想了一個辦法，他找了一家裝修工人把房子簡單裝修了一下，訂了一個合適的木板把衛浴間的三角擋了一角，讓這個衛浴間看起來像個梯形。此外，他還把房子售價定得略低於市場行情，用以吸引客戶。

因為房子的價格便宜，有一個客戶來看房。朱軍帶著他參觀了一下後，客戶感覺還不錯，決定買下。簽完合約後，朱軍帶著客戶來到衛浴間，把衛浴間的擋板拿下來，告訴客戶多送給他半坪的空間放雜物。這位客戶看了覺得更滿意了。

朱軍在銷售房子的過程中，清楚知道房子賣不出去的原因，於是便用板子擋住衛浴間的三角，把房子的缺點掩飾起來，使客戶對房子有一個好的印象。當客戶簽下合約後，朱軍告訴對方還能多出半坪的空間放置雜物，讓客戶感覺自己得到了額外的好處；如此一來，客戶非但不會在意衛浴間原來三角形的設計，還滿心歡喜地覺得自己佔到了便宜。

所以，我們要掌握一定的銷售技巧，善於解析產品優劣勢，找到銷售成交的關鍵點，順利促使客戶購買，滿足雙方的利益需求，實現銷售價值的最大化。以下將介紹的要點總結如下：

- 當客戶對產品的品質提出質疑時，就應該用精確的數字來證明產品的優秀品質。而業務員選擇採用的數字要能突出產品賣點和相對於其他產品的優勢。

- 如果條件允許的話，要及時更新資料，不要試圖用一個缺少實質意義或已過時的資料矇騙客戶。

- 使用的資料越精確，越容易得到客戶的信任，如果只是一個概數，即使確實經過調查，客戶也會認為你是隨口亂說的。

- 在介紹產品時要告訴其能為客戶帶來多少潛在的利益，例如：一年能為客戶節約多少開支、數年下來能節省多少錢、不需要特別的維護等等。成本的節約是一個最具誘惑力的條件。

- 介紹產品時要揚長避短，對客戶不重要的優點可以一帶而過，甚至可以不用提及，或是化缺點為優點。假設產品外觀簡單，那你可以這樣說：「我們的產品

外觀簡潔大方，而且又不會過時，特別適合您這樣有品味的客戶。」

- 在介紹產品時，應該抓住客戶的受益點，比如向客戶介紹保養品的時候，不要只告訴客戶保養品的成分，而是要告訴他使用後的效果，如美白、緊緻等等。

- 客戶一般較關注的產品特徵有：品質、味道、包裝、顏色、大小、市場占有率、外觀、配方、製作程式、價格、功能等等，你可以針對這些特點來設計你的話術。記住：成交是設計出來的！

18 讓客戶相信並認同產品的利益

想一想消費者的購物動機是來自「喜歡」？還是「期待」？

消費者願意買下一樣東西，是因為他喜歡這個產品，還是對這個產品有所期待呢？

當你深入去想，你會發現「喜歡」並不會連接到購買行為，「期待」才會觸動人們想要「擁有」，並讓人們在心裡預期「購買這樣產品會得到某種好處或利益」，而因為這個原因促使自己打開錢包，付費購買。

銷售大師喬．吉拉德曾說：「鑽進客戶心裡，才能發掘客戶的需求」。業務員只有抓住客戶的心，才能抓住最有價值的資源，否則即使與客戶做成一筆生意，也難以保持雙方長久的合作關係。

有時產品的某些優點之所以無法吸引客戶，是因為這些優點並不是客戶心裡所要的，以至於業務員在介紹產品優點時客戶不感興趣。但對業務員來說，介紹產品的優點是說服客戶購買的途徑之一，有些業務員總試圖說服客戶，強迫客戶接受產品，但客戶的觀點其實是很難改變的，還可能弄巧成拙，引起客戶反感，反而做不成生意。

以客戶需求為重點，把好處說到客戶心坎裡

客戶需要什麼，你就給他介紹什麼；客戶不感興趣的，你就一語帶過，甚至可以完全忽略。頂尖的業務員從不強迫客戶接受產品優點，而是想方設法尋找產品與客戶需求的契合點，找到讓客戶購買的理由，激發興趣，讓他們真切地看到產品的好處，打從心底接受產品。

不知道各位是否曾想過這樣的問題，客戶為什麼會購買你的商品？

因為它物美價廉、外觀時尚，還是因為它功能齊全？當然，這些都可能是客戶購買產品的原因，但最重要的一點就是你的產品要能滿足客戶的需求；所以，你要給的是客戶需要的理由，而不是你銷售的理由。如果客戶需要晚宴穿的晚禮服，但你賣的是運動服，那即使你的衣服再精美，款式再新穎，價格再實惠，也無法引起客戶的興趣。想要得到成交的機會，你就必須在成交時，讓客戶產生心理需求，使他對你的產品產生強烈的購買欲，極度想擁有。

所以，在介紹產品之前，要先將客戶的需求瞭解清楚。

- **聽客戶說，你會有意外的收穫：**聆聽客戶說話也是一種瞭解其需求的方式，在聽的過程中，要將重點放在客戶希望得到什麼上和客戶為了得到，希望可以付出什麼。但客戶有了需求，並不代表可以合作，而且有些客戶往往會因為不想暴露自己的真實想法，而說一些假話，可是假話說得越多，越容易暴露真實想法，因此，對客戶的假話也要格外留意，從中找出一些線索。

- **業務員要善於提問：**問什麼，在什麼時問都非常重要。提問前，你要先明確自己想知道什麼，有時客戶為了拒絕你，會找到很多藉口，而你明知道是藉口卻無法揭穿，這時提問就是探究客戶需求最好的辦法了，以邊聽邊探索的口吻提問，瞭解客戶的真正想法，加以引導客戶。

產品介紹時，緊扣客戶的需求

業務員得知客戶需求後，在介紹產品時，就要以客戶的需求為核心。如果業務員為了一點蠅頭小利，就鼓吹客戶去購買一些不需要的產品，將使自己失去良好的信譽和口碑，只有把客戶的需要當做自己的行動指南，找到最適合客戶使用的產品，才會讓客戶滿意而歸。

想客戶所想，就是真正站在客戶的立場上思考，若省錢、效益是客戶所想，那就先不考慮你的公司能得到多少利潤，先看如何為客戶省錢，如何為客戶賺錢；先為客戶省錢，才有機會賺錢，兩者並不矛盾。

如果我們能做到一切從客戶的立場出發，進行換位思考，不僅有利於雙方之間的溝通，還可在通往交易成功的路上做到有的放矢、對症下藥，能針對性地解決問題，進而為客戶提供最滿意的、最需要的產品和服務，提供能為他們增加價值和省錢的建議，使自己受到客戶的歡迎及肯定。

每個客戶都有不同的購買動機，同樣是購買手機，有的人需要的是簡便實用，有的人需要的是功能齊全，有的人需要的是緊跟潮流……所以，真正吸引客戶的因素，並不是產品所有的優點和特徵，而是其中能滿足客戶需求的一個或某幾個特點。業務員只有識別出客戶的利益點，充分挖掘客戶的特殊需求，才能藉由產品相關的特性和優點打動客戶。

張志明是一家汽車廠商的業務員。這天，一對年輕夫婦來到店裡，張志明迎上前去，並詢問他們想買什麼樣的車。

這對夫婦在店裡轉了一圈，最後在一台小型車前停下了腳步。張志明馬上向他們介紹這款車：「這款車是今年最流行的車型，線條流暢，而且有多種顏色，最重要的是它耗油低，價格便宜……」經過一段時間的產品溝通後，張志明發現這對夫婦對車子的體積、長度和寬度特別關心，於是主動向他們詢問原因。原來，這對夫婦已經有一輛車了，只是妻子的停車技術太差，停車的時候常常發生一些尷尬的事情，所以，他們想再買一台車身較短的車。

張志明在得知這一情況後，只簡略介紹了一下車子耗油和相關配備，重點介紹了車子的長度、寬度和體積，並把相關的資料都提供給客戶。後來，這對年輕夫婦購買下這款車，滿意地離開。

因此，向客戶介紹產品時，應該做到客戶需要什麼，你就給他介紹什麼；客戶不感興趣的，就要一語帶過，甚至完全忽略。

① 介紹產品後，詢問客戶意見

有些業務員在實際的工作中常會有這樣的疑問：我介紹的產品明明是客戶需要

的啊，為什麼還是無法成交呢？很可能是客戶對你介紹的產品大致上是滿意的，但產品仍有些美中不足，導致他未能下定決心購買。要想擺脫這種情況，就應該在介紹完產品之後，及時詢問客戶的意見，不斷修正，儘量給客戶最滿意的產品。

如果你在介紹完產品後，發現客戶還是猶豫不決，代表你的產品無法使其滿意，這時，你就要進一步詢問客戶的意見，協助客戶找到最滿意的產品。

你要給客戶需要的，而不是你想給的。客戶的需求是業務員介紹產品時的指揮棒。一般而言，客戶是為了要買產品才會找上你的，成功的業務員的工作只是幫助客戶選到他真正需求的產品。因此，你要先了解客戶的背景，在第一時間知道對方的需求、想要什麼、預算有多少、用途為何……等，這些資訊都是你提出建議時，很重要的參考依據。

② 讓客戶相信產品對他有益

沒有人願意購買品質低劣又對自己毫無用處的產品，客戶在購買產品時，都希望產品達到自己的要求，滿足自身利益需求。為了防止利益受損，客戶對業務員總是抱持一種警戒的心理，用懷疑的態度看待業務員和他推薦的產品。

我們應該理解客戶的這種心理，幫助客戶化解心中的疑慮，向客戶銷售產品時，要提供有力的證據來證明，用最有說服力的證據，讓客戶相信購買產品後能得到的利益。

李建代理了某品牌的減肥食品，並在一間大型商場裡租了一個櫃位，他把櫃位裝飾得非常漂亮，向客人介紹產品時也非常用心，詳細介紹產品成分、食用方法以及應該注意的問題。

雖然李建的口才很好，把減肥食品的功效說得神乎其神，但礙於產品價格高昂，很少有客人購買。一段時間後，李建賣出的產品甚少，獲得的利潤都還不夠付櫃位的租金，這讓他很著急，試圖想辦法改變現狀。他找到以前食用過這款減肥食品且減肥成功的人，取得對方允許後，將其食用前和食用後的照片放大，擺在櫃檯外面，並定時請分享者到櫃上和客戶進行經驗分享。

這兩張對比鮮明的照片成功吸引了很多群眾圍觀，李建趁機開始做產品介紹，並拿出產品品質檢驗證書和專家推薦，終於讓客戶相信了這種減肥食品的效果，不少愛美的女士紛紛掏錢購買；李建的產品終於被客戶接受，銷量越來越好。

要想讓客戶相信產品對他有益，就要掌握一定的說服技巧，打消客戶的疑慮，讓他們相信購買產品後所能得到的利益。那業務員該如何做才能更好地說服客戶呢？

③ 向客戶提供強而有力的證據

在銷售產品的過程中，為了打消客戶對產品的懷疑，業務員要向客戶提供相關的證明，證實產品品質和使用產品後能得到的效果。一般情況下，產品的說明書、合格證、獲獎證書、統計數據或名人推薦、相關照片等，都具有一定的說服力，能消除客戶的懷疑，讓客戶相信購買產品後能得到的利益。業務員要主動向客戶提供這些證據，打消客戶的疑慮，增加客戶對產品的信任度，使客戶產生購買產品的意願。

此外，你還可以向客戶提供精確的資料，如產品已被多少人購買，客戶使用產品多久可以見效等，透過列舉精確資料說服客戶，提高客戶對產品的信任度。需要注意的是，列舉的資料一定要真實可靠，否則一旦客戶發現資料造假，不僅會懷疑業務員的人品，對產品和生產企業的印象也將大大扣分，給業務員和產品、企業與品牌帶來極為惡劣的影響。

- 讓事實說話，用圖片、模型、表格展示擁有產品後能得到的利益。
- 讓專家說話，用權威機構的檢測報告或專家的論據證明你的產品。
- 利用公眾傳播的力量，比如媒體，特別是權威媒體的相關產品報導。
- 利用客戶的推薦信或一些使用過的網路部落客或網路紅人的分享，來為產品做免費的宣傳。

 見證比什麼都重要！

如果客戶對產品的品質、功能等存有疑慮，讓客戶親自體驗是最直接且有效的方法，例如在銷售化妝品時，可以先試擦半邊臉或一隻手，看看有何差別，各種疑慮也就煙消雲散了。但有些產品是無法體驗的，這時可以提供過去的成交案例給客戶看，讓客戶知道有那麼多人使用我的產品，並得到他想要的效果，甚至利用某知名藝人或某知名專家學者的推薦，也就是名人見證，讓客戶明白他可以全然放心地相信眼前這位業務員。

不管賣什麼，都能找到一堆人來為你見證，那你就成功了。還有一種是灰姑娘見證，指的就是素人，沒有人知道他是誰，這個時候就要採結果導向，比方說你賣的是減肥產品，你可以先找一些胖兄胖妹，先一一替他們拍張照，然後請他們使用你的產品，一段時間後果然有人變瘦了，你就將使用前和使用後的照片放一起做對比，這樣一來大家就會相信你的減肥產品是確實有效的，雖然消費者並不認識他們，但他們是確實存在的人；且這相對於名人見證好實施多了，因為名人不好找，而且還要花費一筆不少的代言費。一般常見的見證方法如下：

- 名人見證。
- 灰姑娘見證（素人見證。）
- 同行見證。
- 媒體見證。
- 結果導向（非產品導向或流程導向）。
- 眼見為憑，圖片優於視頻、優於文字描述。
- 數字精準，勿取概數。

19 讓客戶試用，賣得更好更輕鬆

很多業務員在與客戶溝通時，都習慣把重點偏重於介紹產品上，滔滔不絕地向客戶傳達產品資訊，認為客戶對產品了解越多，越有可能購買產品；但得到的結果卻經常與期望相反。其實，業務員大可不必這麼費力，有時候，讓客戶親身體驗產品，並詢問他們的體驗感覺，透過客戶的反饋來找到銷售的切入點，往往就能得到很好的效果。

讓客戶看到、摸到或使用到你的產品，透過試用與體驗，只要客戶對你的產品或服務留下好印象，不管你說什麼都是中聽的，更強化他們對產品的好感度。

我們在這裡所說的讓客戶試用產品，也就是體驗式銷售，讓客戶自己去感受產品的性能和效果，這種真實的體驗能讓客戶更安心。要注意的是，在決定讓客戶試用後，一定要給客戶充足的試用的空間及時間，讓客戶真實感受到產品帶給他的享受。

客戶都希望買得安心，用得放心，但要如何實現客戶的這個希望？讓客戶試用便是最直接，也是最有效的方式，當客戶試用完產品後，會在心裡為其估出一個分數，權衡自己是否需要購買。

在銷售過程中，儘量讓客戶參與到你的銷售活動中，讓客戶親身感受到產品的性能與眾不同，此時再運用形象的語言加以介紹，客戶會更願意聽你說。

不僅賣產品，還是賣體驗

優秀的業務員深知產品體驗的重要性，他們明白一旦客戶對產品有了切身體驗，很容易就能聯想到擁有產品後，能給自己帶來何等益處，這樣業務員就可以不

費吹灰之力地與客戶達成交易；比業務員費盡心機地向客戶介紹產品、擺出各式的證據、列舉各樣的資料，來的更有效。喬・吉拉德在銷售時，也總會想方設法地讓顧客體驗新車的感覺，他會請顧客坐到駕駛座上，並握住方向盤，自己觸摸操作一番；如果顧客住在附近，喬還會建議他把車開回家，讓客戶在自己的親朋好友面前炫耀一番。根據喬本人的經驗，凡是試乘過，並且駕駛一段距離的顧客，沒有一位不買他的車！

雅詩蘭黛（Estée Lauder）是全球知名的化妝品品牌，在其草創時期也曾歷經商品無人問津的困境。當時創始人艾絲蒂・蘭黛女士從鄰居分享美食的經驗中啟發出靈感，以廣發「免費試用品」作為宣傳方式，沒想到一舉成功將商品推向市場。為何發送免費試用品能夠帶動銷售呢？根據銷售心理學的研究發現，業務員將商品交給客戶試用一段時間後，客戶心中就會產生「商品已經屬於我」的感覺，因此當業務員要收回商品時，客戶的心理會感到不適應，進而萌發想買下來的決定。

換言之，如果你能讓客戶在實際承諾購買之前，先行試用商品一段時間，成交率將大為增加，當然了，礙於商品屬性不同、公司政策不同，你未必能讓客戶擁有商品免費試用期，因此根據實際情況，你的商品若能夠分裝為試用品，譬如化妝品、家庭清潔用品、個人衛生用品、食品、文具用品等品項，不妨就自行製作一個產品試用袋。在拜訪客戶時，將產品試用包交給客戶，並告訴對方在試用幾天或一週後，你將再度回訪，以詢問對方的使用心得，或提供必要的諮詢服務；透過這樣的方式，往往可以有效加深你與客戶之間的互動，銷售業績也能有效提升。

沒有什麼比「親身體驗」更能產生說服力與信賴感了。業務員講述自己的親身經驗很重要，不是照本宣科唸出介紹手冊裡的產品介紹，而是要熱情地向顧客講述自己使用後的感受，這樣反而更能贏得客戶的信任。自己沒有親身體驗過的東西，是無法講述的，因此，企業可以召集店內的全體員工舉辦試吃會、試穿會、試乘會等活動，不僅餐廳如此，電器行、汽車經銷商、珠寶店也一樣，乍看之下可能是很浪費時間的做法，但卻能產生很大的價值。

另外，銷售高單價產品時，也可以多加善用讓客人免費試吃、試乘、試玩、試用，藉由免費體驗的方式讓顧客上癮，並了解到你的產品價值之所在，而願意花大錢購買。目前市場上用體驗的方法來打開市場的案例有非常多，尤其以高單價的商品最常被應用到，讓顧客體驗高品質的東西，使他們感受到「貴雖貴，但更有價值」，但如果顧客已能感受到現有商品的價值，那就請他體驗更高等級的商品。這種讓顧客親身體驗的效果非常好，因為它抓準人們「由奢入儉難」的習性，像住過高級飯店的人，下次還是會想訂高級飯店；開過豪華房車的人，就會一直想買高級名車。

讓客戶親自體驗產品，是業務員最省力最有效的銷售辦法，所以業務員要多多善用這種方法，讓客戶切身體會到購買產品後能得到的利益，使客戶相信產品，產生購買產品的欲望。像筆者本人在 Costco 賣場買的食品幾乎都是先被「試吃」引誘後才「上鉤」的！

人們都喜歡自己來嘗試、接觸、操作，因為好奇心人皆有之。讓客戶親自體驗產品，並不需要多費口舌，只要在客戶體驗的過程中詢問客戶的感受，並針對客戶提出的問題和疑慮做出合理的解釋與說明。這時，客戶在體驗的過程中已清晰地感受到產品的優點，根本不需要過多的介紹就能成交。

那如何做才能讓客戶更好地體驗產品呢？

- 在請客戶體驗之前，應該親自測試相關產品，以掌握正確的用法，如果你在為客戶展示時不熟練，會給客戶留下產品不易使用的印象。

- 如果你銷售的是電器或者工具類，就應該接通電源，讓客戶實際看到產品運作時的狀況。

- 如果你銷售的是化妝品和生活用品，就應該提供一些小巧的試用包給客戶，或讓客戶聞到產品的味道、觸摸產品質感。

- 如果向客戶展示傢俱，就應該請他們用手觸摸傢俱表面的纖維和木料，坐上去或躺上去實際體驗。

多提問及引導

在客戶試用產品的時候，業務員應有意地引導客戶，多加運用一些提問，來代替產品性能的描述，這樣可以更有效地讓客戶參與到產品的銷售流程中。例如，業務員介紹完一款電子書，就可以讓客戶親自操作一下，並詢問客戶在操作過程中，對這款電子書有什麼感想，對哪些地方滿意，或哪裡需要可以改進；你也可以詢問客戶的興趣所在，針對客戶感興趣的點多加著墨，並讓對方親身體驗，滿足客戶的心理享受，讓其最終做出購買的決定。所以，業務員在實際操作中要注意這兩方面的結合，讓客戶多多體驗產品並詢問他們的感受，使他們對產品產生興趣，引發他們的購買欲望。

別以為只要讓客戶試用產品後就萬事 OK 了。客戶試用產品後，一定要及時詢問客戶試用後的反應，傾聽他們的意見，適時對客戶進行勸購，把他們導引到自己所預期的銷售方向。

在客戶試用完產品後，你可以提出這樣的問題：

- 「經過體驗後，您是否了解我們產品的功能了呢？」
- 「我們的產品是不是能使您的工作更有效率？」
- 「您喜歡我們的產品嗎？」
- 「穿上這件衣服，是不是讓您看起來更苗條了呢？」

透過這些問題，你就能揣測客戶的態度，如果客戶體驗產品的效果不是那麼理想，你可以進一步強化產品價值，或用有力的證明來展現產品的優勢。

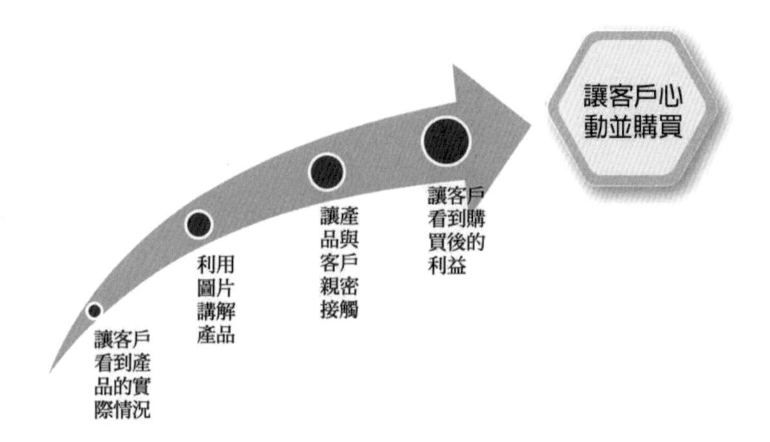

業務員若想售出產品，就不能只停留在對產品誇誇其談地陳述，而是要讓客戶親眼看一看、摸一摸、試一試，先讓準客戶試用你的產品或服務，直到他割捨不下，最後決定把產品留下來為止。

20 為客戶提供有效建議

每個業務員都聽過「客戶就是上帝」這句話，但你在實際的銷售工作中，是否真的有把客戶視為上帝呢？業務員都把「為客戶著想」當作自己的職業準則，但為客戶著想並不是一句口號，喊喊就算做到了，它是業務員應具備的一種特質。業務員要想確實做到為客戶著想，就應該為客戶提出一些可行性建議，替客戶解決眼前的問題；我們要給「客戶真正想要的」，而不是硬把產品賣出去就好。

客戶在購買產品時，最浪費時間和精力的莫過於選擇產品的過程。為了買到自己滿意的產品，有的客戶會思前想後、權衡利弊，花很長的時間斟酌產品與自身需求之間的差異。在客戶選購產品時，如果你能提供對客戶非常有幫助的建議，不但能縮短銷售時間，還能取得對方的信任；這樣客戶不僅會購買產品，使用後也會願意繼續找你諮詢，如此一來，你就把客戶的心套住了。

對業務員來說，在這個過程中為客戶提供好建議，正是贏得客戶的好機會，讓客戶覺得你在購買過程中非常重要，甚至覺得沒有你就無法選擇到最合的適產品，這樣你在客戶心中的重要地位就建立起來了。所以，作為業務員，你應該從客戶的實際情況出發，向客戶提供高效建議，讓客戶覺得沒有你不行。以下提供一些業務員要如何提建議，以俘虜客戶心的注意要點：

你的建議必須是符合客戶需要的

有些客戶在購買產品時有明確的目的，但有些客戶卻比較模糊，導致你在與客戶溝通時，常會發生這樣的情況：客戶認為自己需要的某種產品和服務不適合他們，或業務員不重視的產品卻剛好能滿足客戶的需要。一旦銷售過程中出現了這樣的狀況，你就要及時向客戶提出衷心的建議與意見，如果你沒有提出合理的建議，讓客戶買到自己選擇但不合適的產品，那這位客戶絕對不會成為你的老客戶，甚至可能反咬你一口，向公司投訴你服不周。

有些客戶的購買目的比較模糊，他們不知道哪種產品更適合自己，在這種情況下，你就應該結合客戶的具體情況進行分析，幫助客戶挑選最合適的產品。

對於這類購買目的模糊的客戶，你一定要讓他們明白自己選擇的產品有哪裡不妥，而你推薦的產品又有哪些優勢是適合他的。如果客戶購買了不合適的產品，不但會為他們的生活帶來不便，事後還可能要求退貨，或把過錯推到你身上，這豈不是得不償失。因此，若能讓客戶第一次就買到合適的產品，就不會有後顧之憂了，也能替自己贏得服務佳的美名。

還有一種客戶，他們有需求，卻不知道該購買什麼樣的產品。這類客戶可能會直接告訴業務員，希望業務員幫他們做選擇，但需注意的是，你只能提出建議，最後的決定還是要交給客戶自己拿主意，千萬不能替客戶決定買哪一種。

向客戶證明，你的商品是他想要的

客戶之所以會心甘情願地掏錢購買產品，最大的原因就是「有欲望、有需求」。所以，身為業務員，你必須讓顧客知道這個產品有用，瞭解購買產品是一項穩當的投資，同時相信你、也喜歡你，才能讓客戶想要「擁有」你的產品。因此，你必須先從挑起顧客的「欲望」著手，給客戶心目中想要的產品。

至於如何讓產品聽起來既誘人又非買不可呢？你可以從以下四個基本要素來檢視：

- 你的產品亮點與特殊用途
- 為什麼你的產品比競爭者優秀
- 競爭者有什麼樣的產品
- 你所屬公司的介紹，包括歷史、財務、聲譽等

你的建議應該「一勞永逸」

由於少數不負責任的業務員的行為，造成不少人都曾被業務員欺騙過，以至於他們一聽到「業務員」、「推銷員」就十分反感，致使業務員自我介紹結束的時候，他們會有這樣的反應：

「又是業務員，你們這些人能不能離我遠一點？」

「我已經上過一次當了，想讓我再上當，那是不可能的！」

「我朋友已經被這種東西害得夠慘了，難道我會讓自己也惹上這樣的麻煩嗎？」

有些不肖業務員在向客戶提出建議時，總昧著良心只想著如何多賺點錢，完全沒考慮到客戶的利益，也因此他們給客戶的建議往往會遭到對方的反感和厭惡，比如：

- 為了得到更多的收益，教唆客戶購買超出需求的產品。
- 不顧客戶的需求，勸說客戶購買價格昂貴的產品。
- 惡意攻擊競爭對手的產品和服務。
- 以次充好，勸說客戶購買其產品。

這類業務員向客戶提建議時，完全沒有站在客戶的角度，為他們著想，所提出的建議也是不可行的，或多或少會給客戶帶來一些損失，因此終究會被客戶拋棄；只有那些全心全意為客戶著想、考慮客戶需求的業務員，才能得到越來越多的客戶。

客戶希望買到最好的產品

既然客戶會對產品的各種條件進行一番權衡，那他們在購買產品時，當然希望自己能有一定的選擇空間，使自己更有彈性地選擇購買哪種產品，這也是折衷心理的重要體現。所以，當你在向客戶推銷產品時，不妨給他們留下彈性選擇的空間，讓他們能在更大的空間內進行選擇，比如多準備幾種不同型號、不同造型、不同品質的產品，當然了，產品的價格也要分不同的層次。這樣既可滿足客戶的各種需求，又能讓每位客戶都能在一定範圍內充分選擇，進而滿足客戶的折衷心理。

當然，在把握客戶的折衷心理時，你不僅要把不同種類和特徵的產品一一陳列在客戶面前，還要根據自己的觀察和分析，針對不同的客戶需求，向客戶提出合理建議。比如，當客戶在面對諸多選擇而猶豫不決時，你若發現客戶更在意產品的品質和價格，就要著重推薦簡單實用的產品；如果客戶在意的是產品的外型，則全力主推造型特別的產品。而客戶在經過自己內心的一番權衡和業務員的合理建議之後，會結合自己權衡的結果及業務員的建議，做出選擇，進而完成交易。

關鍵時刻幫助客戶抉擇

在很多情況下，客戶有購買意願，卻不喜歡迅速做出決定，這時業務員可以在關鍵時刻幫客戶抉擇，推動成交進度。客戶猶豫不決有時並不是你的產品不好，而是因為他覺得你和其他家的產品難分伯仲，遲遲下不了決定，如果你不盡快引導客戶做出抉擇，可能就白白將機會讓給競爭對手，所以你可以試著幫客戶做抉擇，在旁敲敲邊鼓。

強調產品可能給客戶帶來的利益，讓客戶明白買與不買的結果有什麼差別，才能讓客戶更快付錢買單。例如業務員不時地提醒客戶「這件產品真的很適合您」、「如果您沒買到這件產品該是多麼遺憾啊！」、「您完全不用擔心，您購買產品以後，一定會有很多人對你投以羨慕的眼光」等，這些肯定的話語可以在一定程度上，堅定客戶的購買意願，助其排除猶豫心理。

抑或是適當給客戶一些壓力，如對客戶說「產品數量已經不多」、「還有人打算訂購」、「優惠活動即將結束」等，製造緊迫感，促使客戶儘快做出決定。

我們這裡所說的幫助客戶抉擇，並非要你替客戶做出決定，你在幫助客戶抉擇時，一定要使用「商量」的口吻，因為肯定句或命令句會使客戶感到不舒服，即便

你是對的，客戶也可能不會認同。

銷售中，業務員所說的每句話，其目的都是要說服客戶購買自己的產品，但最不可取的就是對客戶用命令和指示的口吻，因為客戶購買的不只是產品，也希望能買到被尊重和重視的感覺，一旦你讓客戶感覺到他沒有受到尊重，就會引起客戶的反感甚至不滿，這個交易可能因此就泡湯了。

當然，並不是每個客戶都對他想購買的產品有充分的瞭解，這時就需要業務員的介紹和建議，但如果你開口閉口都是「應該這樣」、「不應該那樣」、「應該買這個」、「不應該買這個」，即使你說的是對的，給客戶的建議也是最適合的，你那強硬的態度，反倒會惹來客戶的反感；如此一來，你非但賣不出產品，還會把客戶越推越遠。因此，當你向客戶提出建議時，你要知道你所說的只是建議，不是命令，最後的決定權還是握在客戶手中。

所以，你要替這些「建議」稍微包裝、美化一下，讓客戶感受到你的誠意，客戶一定會樂於接受的。如果你能站在客戶的角度，向他們提出一些可行性的建議，那你不僅是一個業務員，更是一位產品顧問；如此一來，客戶會開始依賴你，買東西就自動想到你，與客戶長期合作的目標也就達成了，這就是「顧問式銷售」的真締。

此外，如果你感覺到客戶購買的意願已經出現，就一定要勇敢地提出銷售建議。大多數人在決定買與不買之間，都會有猶豫的心態，因為客戶有時不是真的不喜歡，而是需要有考慮的時間，想再確定自己是否真的想要，這時業務員只要敢大膽地提出積極而肯定的成交要求，營造出不買很可惜的購買環境，客戶的訂單就能順利到手了。

21 成交的關鍵——價值

客戶買的是產品的價值，就像一瓶礦泉水，它在城市中的便利商店和在沙漠中的價值完全不同，在沙漠中，哪怕一瓶水要價 1000 元，你也會買下，因為那不僅是水，更是救人的東西；而金錢便是一種價值交換的媒介。

律師幫當事人打贏官司，只說了幾句話，請問律師值多少錢？一個人對於一樣產品，都會失主觀地用價格來判斷其價值，若價格大於價值，客戶就會覺得貴，哪怕很便宜，客戶也不一定會購買，因為他不了解產品的價值；反之，若價值大於價格，客戶就會覺得便宜。

報價之前要先塑造產品的價值，我們的價格能否被客戶接受，就看我們能不能讓客戶認同我們的價值，當提供的價值大於商品的價格時，客戶自然就願意買單，反之則否。只要客戶還沒有了解這產品的價值時，不管多少錢客戶都不會覺得產品是便宜的！所以，先講產品的價值，後講價格，才會讓客戶覺得物有所值。

當客戶與我們討論價格問題的時候，我們首先要有自信，充分說明自家產品的價值、值得購買的理由，以及可以給客戶帶來的諸多利益，以感動行銷或故事行銷的方法，賦予產品高附加價值。且在對客戶的好處未充分表達之前，盡量少談價格，過早地提出價格與客戶糾纏，往往會被客戶用「買不起」或「太貴了」拒絕，成交的關鍵就在於你如何用價值打動你的客戶！

跨界會產生新價值

做生意，要隨時想供需，需要提供哪些價值？而這些價值又可轉換成價格與獲利。我們可以用跨界創新，賦予你的產品或服務新的價值，讓新的目標客群感受

到不一樣的價值，願意付出新的價格。像 Airbnb 近年推行的「奇屋一夜」，便是和品牌跨界合作的創新行銷模式。Airbnb 作為一個住宿預訂平台，也存在社區屬性，這個社區平台聚集了大量對旅行、生活方式感興趣的年輕人群，而這群人也是目前很多品牌的重點關注對象。Airbnb 透過與品牌的合作，對自己來說，可以豐富平台的體驗活動；對於品牌而言，則能讓產品融入 Airbnb 的房源，讓用戶更直觀地去了解品牌，這些創新的住宿體驗，也能讓品牌在線上獲得流量和曝光；透過跨界合作，創造新價值，刺激出新的需求。

有著近百年歷史的雲南白藥也曾遭遇市場被西藥吞噬的危機，它選擇了將中藥應用到材料科學上，把創可貼、牙膏等產品賦予雲南白藥的特殊價值，以比普通牙膏貴三倍的功能性牙膏為賣點，創造了一個產品跨界崛起的奇蹟。當初 iPad 的誕生，從某種意義上來說，也是一種「跨界產品」，它介於筆記本電腦與智慧型手機之間，比筆電更攜帶方便，又比智慧型手機有更好的視覺體驗。跨界不為別的，就是為了經由跨界把產品價值最大化，實現 1+1 等於無限大的效果，讓產品不再是單一屬性，從而吸引更多不同個性和品味的消費者，進而引發新的商機。

華爾街之狼如何賣筆

好萊塢電影《華爾街之狼》的真實主角喬登．貝爾福（Jordan Belfort），因涉嫌洗錢及詐欺入獄服刑 22 個月，出獄後並沒有重操舊業，而是憑著過人的口才和魅力當起講師，傳授他的獨門銷售術，透過一系列事先想好的步驟，從初識客戶到最終賣出產品。他不僅做過企業顧問，談論商業道德或教授他的銷售技巧，也出書、演講，且這些收人比從事股票經紀工作時的高峰還要多。

在電影《華爾街之狼》最後一幕，是喬丹成為激勵銷售大師，拿著一支筆去詢問在台下聽演講的所有人，要他們賣筆給他。開場第一句話，就是拿出一支筆，交給台下的觀眾說：「請將這支筆賣給我。」結果，接連問了三位觀眾，得到的答案，不外乎是「這支筆很好用」、「這支筆很棒」等。在電影裡沒告訴你的答案，但在他的課程裡，他做了解答：「你講的第一句話，應該是想辦法創造出客戶新的需求。」

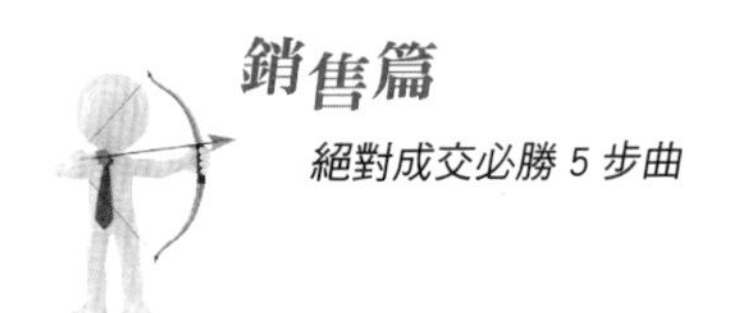

一般業務員會犯的毛病是，一味地吹捧手上的產品有多好，然後滔滔不絕地介紹它的特點和細節。但貝爾福特說，高明的業務員是這樣做的：「在我賣筆給任何人之前，我需要了解他這個人、他有用筆嗎、需要什麼筆、多久用一次、慣用什麼筆、用筆來做什麼、使用筆的時間有多長。」然後才根據他的需求提問。

在 Apple 直營店中，銷售員們賣的不是產品，他們賣的是對生活美好的想像。他們不說 iPhoneXS 有 A12 處理器，他們說 A12 晶片，讓每一個動作都更快，從瀏覽網頁、到 App、到玩遊戲，全都變快了。他們不說照相功能是 1200 萬像素相片及 4K 影片，而是說有了 iPhone 等於擁有一台具備上網功能的專業相機，你外出旅行的行李就可以少一件了。

他們說明的不是功能，而是功能背後所可以給客戶帶來的好處及價值，讓客戶去想像買了這項商品之後的美好及願景；這也就是喬丹・貝爾福在課程中所教授的銷售心法的核心——去創造客戶的需求。只是塑造產品的價值讓客戶難以抗拒，觸動客戶購買的動機，理解了這樣的概念後，你就可以賣任何東西了。

如何賣出一支筆？Step by Step

華爾街之狼就是拿出一隻筆，教你如何把這隻筆賣掉。一隻筆無論你再強調這隻筆品質如何地好，還是賣不掉，但如果這隻筆有別的功能，它有跨到別的領域的功能呢，那它就能賣得掉了。我去美國上銷售課，華爾街之狼教的絕招就是跨界，就是如果我們這個領域的東西還具有別的領域的功能，你就能賺大錢。就像我現在把出版轉化成媒體，因為每個人都需要宣傳，不管是宣傳你的產品、你的服務、你的公司、還是你自己。好比說，我開設的出版班以前只是出書，若我現在把出版班變成自媒體養成班，那它就可以去宣揚任何你想要宣揚的東西。

以下是如何賣出一隻筆的步驟，列點如下：

1. 站在對方立場思考

2. 找出商品特色

3. 顧客的需求為何？

4. 商品的好處在哪兒？

5. 科學依據，權威認證與實績

6. 見證與顧客的好評

7. 無意間透露的心聲

8. 設計一個故事

9. 追加其他好處與利益

10. 明確商品保固與售後服務

① 找出商品特色

首先條列出商品的特色。以下第一點就是關鍵，滾輪式按摩棒，這就是《華爾街之狼》的真實主角喬登．貝爾福賣出一隻筆的方法。他說這隻筆有特殊設計可以按摩，我在美國真的有買了一隻，我發現它按摩的效果不是很好，但騷癢的效果倒是不錯。他的意思是你不管做哪一行、哪一業，你都要去跨界，為你的產品增加價值，你如果不跨界，別人就會跨到你的領域把你原本的業務、生意搶走。以下他所列的商品特色，除了第一點強調按摩棒，其他的都是筆和筆之間的競爭，你在高級筆領域有的特色，你的競爭對手也一樣拿得出來，但如果有一隻筆除了有高級筆應有的功能及特色外，還具備其他領域的功能，那它就絕對勝出了。

- 滾輪為鐳鍺合金超細微粒精製，空筆（不置墨水）時還可作為滾輪式按摩棒使用。

- 稍微用力即可順暢書寫

- 高密度油性墨水，字跡清晰

- 高質感花紋筆桿，有 3 種顏色選擇：青銅灰、香檳金、葡萄紅

- 筆握為可吸收衝擊力的硬質天然橡膠
- 筆球直徑有 5 種獨家選擇：0.4mm, 0.6mm, 0.8mm, 1mm, 1.2mm
- 每套價格只要新台幣 1980 元，CP 值極高！

② 顧客的需求為何？

再來分析顧客對這隻筆的需求會有哪些？如：

- 對局部按摩有興趣的上班族們
- 想要省力且流利、穩定的書寫者
- 希望字跡清晰者
- 想提振精神狀態，消除慢性疲勞的人
- 想舒緩僵硬頸肩，並改善鬱悶與壓力者

③ 商品的好處在哪裡？

這是銷售的關鍵，你不管賣什麼，你都要明確地告訴客戶好處在哪裡？你千萬不要做客戶聽不懂的商品簡介，只要明確告訴客戶好處在哪裡。

- 功能性好處為隨時按摩、鬆弛肌肉、促進代謝與循環、預防疾病，可減肥並瘦臉……
- 情緒性好處為自我療癒、消除疲勞與壓力、提升工作效率，去除僵硬轉換心情，使身心靈都可以更健康！

④ 科學依據，權威認證與實績

你的介紹要有科學的依據、權威的認證，最好還要有實際的績效。

- 按摩滾輪為鐳鍺合金超細微粒精製，表面包覆特殊矽膠，具有遠紅外線效果，可滲透入人體深層細胞，增強免疫力與血液循環之效果。

- 已購買者對問卷調查之回覆，非常滿意達 82%，滿意者為 16%，合計達 98%！

- 預防醫學權威專家李大炮驗證此商品對身體健康之效果超過天然麥飯石！「大部分慢性病患者，都是因為體質過寒，而鐳、鍺等元素可幫助體內深層的暖化，有效改善寒性體質，對神經痛與過敏等慢性症狀，可有效舒緩或改善。」此即為「權威見證」法。

⑤ 見證與顧客的好評

永遠不要忘了，你賣任何東西都要有見證，若找不到名人見證，你可以找灰姑娘見證，也就是素人見證或親朋好友來見證。

例如：我一直在尋找這種商品，本來還以為只是一個玩具，沒想到按摩滾輪這麼有效！每當寒流來襲，我用筆的另一頭全身按摩，身體就暖和起來，疲勞也一併消除了。客戶看到我在用這支筆時，往往都會發出「這是什麼東西啊」的讚嘆！很多時候，光靠這支筆，就能順利與潛在客戶打開話匣子呢！

（張永超先生，35 歲，南山人壽光華通訊處保險業務員）

⑥ 設計一個故事

你要去說一個故事，設計一個關於這隻筆的故事，或是關於這隻筆的公司的創辦人的故事或發明人的故事，也可以是有人買了這隻筆後，身體健康大幅改善的故事。例如：

- 我喜歡按摩！但上班時總不好意思明目張膽地拿出按摩器具，但現在只要這支筆，就能大大方方地按摩了。（笑……）

- 用按摩滾輪沿著頸部淋巴腺來回滾動，就可以消除僵硬，對臉部肌肉的緊實也很有效喔！（齊可惠小姐，27 歲，第一銀行興雅分行理專）

⑦ 追加其他好處與利益

- 本產品採用低黏度環保墨水，書寫時你將感受到前所未有的順暢，且墨水顏色密度是一般筆的 3 倍！字跡完全不會模糊。

- 筆握材質為可吸收衝擊力的橡膠，彈性適中可帶給手指舒適的掌握感。

8 明確商品保固與售後服務

這是賣東西的基本流程，你一定要承諾保固及售後服務，要不然客戶是不會放心購買的。

通常低價商品可不必明確保證，只須符合法令與一般商業規範即可。但一支要價 1980 元的筆，若能明確寫上保固期限：例如 2 年內免費維修與退換貨，可以更襯托出商品的不凡價值。

例如聲明：「本公司對於商品的製造、保存、運送等流程均嚴格把關！但萬一商品有瑕疵，可隨時與我們連絡。退換貨之運費，均由本公司負擔。」

9 一言以蔽之

一言以蔽之，是成交的話術，你一定要練習用一句話，便將你產品的好處和優點全都說盡。

- 居然可以用原子筆來放鬆耶！
- 一支筆就可以享受極致樂趣！
- 拯救上班族的終極文具，終於出現了。
- 前端工作，後端休息。
- 可以鬆弛肌肉的革命性原子筆。
- 書寫也好，按摩也好……
- 放在口袋裡的書寫按摩器。
- 筆的革命！

- 從未有過如此滑順的書寫享受。
- 寫到上癮了！
- 真沒想到，我居然變成了筆記大王。
- 這滑順的運筆手感，真是太不可思議了。

22 嫌貨才是買貨人

房屋仲介肯定都知道那些老愛嫌東嫌西、意見一堆的人，才是真正想買房子的人，因為往往是因為在意，才會問很多，房子是要住一輩子，所以才仔細挑，深怕自己買了後悔；因此，挑剔的前提都是因為顧客心裡有想買的意願。

業務員要明白，嫌貨才是買貨人。賣賓士車的超級業務員陳進順指出，那些一進門就對賓士車讚不絕口的人，通常不是準客戶，什麼都說 Yes，最後一定是說 No；反而是那些不斷嫌棄賓士沒有 GPS 和車用電視的人，才是真正要買的人，因為他正為接下來的殺價預先鋪梗。所以說，客戶提出異議並不代表不想買，這點其實才是他們想購買的前提，他們提出的異議往往是雙方達成交易的突破點。因此，你必須在短時間之內判斷客戶喜歡、在意什麼，跟他聊什麼可以引發共鳴，從交談中洞悉他心裡真正的想法，只要化解了客戶的異議，與客戶達成交易就是自然而然的事情了。雖然客戶說「不合適」，但其實還是有心買，要不然他也不會詢問業務員相關細節，並徵求旁人的意見；只要抓住這一細節，就可以明白客戶的態度，從而促成交易。即便客戶說話前先在大腦裡進行了一番修飾，出口的語言仍會帶著內心的某種資訊，常常是話裡有話，這時就要看業務員會不會聽，能不能聽出客戶語言中的細節變化了。

「據我了解，這件產品好像並沒有像你說的那樣熱銷。」

「這種款式的衣服好像已經不流行了。」

客戶說這樣的話其實是想降低產品的價值，以便能以更低的價格買下，這時業務員不能慌亂，反而要強調產品的優勢和客戶能得到的利益，維護產品的價值和形象，不能輕易讓步。

「我還是到別處看看吧！」、「我在那家看到的產品似乎更適合我。」這是客戶想從業務員那裡得到更多優惠的表現，希望業務員能再釋放利多，好留住自己。

「我們同事也買了一套類似的產品，我們出遊的時候還一起用過。」這表明客戶想向業務員說：「我很了解產品，你最好不要在我面前耍什麼花樣。」

嫌貨才是買貨人，如果客戶真的對你的產品或服務不感興趣，也沒有必要浪費時間和口舌與你周旋。如果客戶和你有話可說，且你們已經進入一種類似談判的局面，那就不必擔心客戶會離開；認真傾聽客戶的語言，分析其中的細節，讀懂客戶話裡的潛在意思，你就能更有效地掌握客戶心理，見招拆招。

了解客戶提出異議的原因

為了更有效地化解客戶的異議，促進交易的達成，業務員在面對客戶提出的異議時，要做到以下幾點：

在銷售過程中，其實客戶對所要購買的產品、服務或多或少都存在著異議，習慣用懷疑的眼光來看待業務員的說法。無論是品質還是價格，客戶總有辦法找到他們不滿意的地方，或提出「產品品質真的那麼好嗎？」、「價格為什麼這麼貴？」等諸如此類的疑問。業務員只有多了解、分析客戶的心理，找出客戶產生異議的原因，用自己的真誠和耐心去化解客戶的異議，才有辦法促使交易的達成。

雖然在銷售的過程中，客戶產生異議的原因各式各樣，但一般情況下，還是可以將異議分為以下幾個方面：

- **擔心產品品質：**為了滿足自己的需求，客戶最關心的就是產品的品質，經常會針對品質提出質疑或異議。
- **認為價格不合理：**價格是客戶在購買產品時，一定會加以考慮的因素，客戶有時會覺得產品的價格太高，讓人難以接受，有時又會因為產品價格太低，而對品質產生懷疑。

- **擔心產品的售後服務：**客戶在購買產品後，由於擔心產品的品質問題，會要求相應的售後服務，可能是自己的親身經歷或是從親朋好友那得到的經驗，使他們擔心買到產品後不能享受相應的售後服務，從而提出質疑。

- **對公司不信任：**客戶在剛剛接觸一個新的公司時，由於對該公司的產品和業務人員不熟悉，有時候，客戶對產品產生異議，並不是對產品本身有質疑，而是對公司或其業務人員尚未產生信賴感所致。

- **客戶存在消極心理：**客戶在購買產品時，可能會存在一些消極心理，阻礙銷售順利的進行。例如，客戶的購買經驗及習慣與業務員的銷售方式不一致；客戶情緒不佳或心情不好；抑或是受隨同人員，如家人朋友的影響；對產品完全陌生或曾聽說過產品的負面評價等，這些都會使客戶產生消極心理，對產品提出異議。

- **受其他因素的影響：**如果客戶在網上搜尋到不利的資訊；或是聽從了別人的勸告；找到了更合適的產品，都有可能使他們的決定產生變化，也許今天還向業務員表示要購買產品，明天卻突然說要取消交易，成交的與否，僅隔了一夜便發生變動。

23 抗拒點，有一半以上都是假的

業務員經常到五花八門的異議，而這些抗拒可能阻礙銷售順利的進行，所以每位業務員在遇到客戶的異議時，都會盡最大的努力幫助客戶解決問題，化解這些異議。但並不是每回都能取得滿意的結果，有時即使業務員再努力，仍然得不到客戶的認同，無法達到共識以完成交易。

一般情況下，客戶的異議分為兩種：

- **真異議：**真異議包括客戶對業務員的產品抱有偏見、很不滿意，或現在沒有購買的需要，抑或是客戶曾經使用過、聽過這種產品的負面訊息，對產品有不好的體驗或經歷。

- **假異議：**假異議主要指客戶用一些藉口來敷衍業務員，從而達到自己的目的。根據客戶的目的，假異議可以分為兩類：一類是客戶對產品、服務沒有太大興趣，只是為了不想繼續交談，想將業務員打發走；另一類被稱為「隱藏的異議」，是客戶為了混淆業務員的視聽，讓業務員做出讓步，而對產品的款式、顏色或品質提出異議，以達到降價的目的。

「顧客的反駁，62% 是謊言。」若想要成功銷售，就要識破對方的「No」！據統計，客戶的反駁或抗拒，對你說「No」時，有 62% 是假的（暫時的？）。所以，當對方對你的產品、服務提出意見，或提出他覺得有哪裡不好的質疑時，恭喜你成交在望了，因為嫌貨人才是買貨人。

你要多讓客戶說出他的想法，這樣你才有機會成交，徜若他什麼都不說，那就真的無望了。以賣房子為例，如果客戶願意跟你去看房子，對你介紹的房子東挑西撿的，挑剔地說這樣不好、那裡不好，那這個人很可能是要跟你買的人；那種根本不去看房子的人不可能會買；那種看了房子後，一句話也沒表示的人，也不會買。但你可以反過來用問題來引導對方說出真正的需求，試著重述對方的話，找出問題的突破點。

如果客戶說：「這個手機的設計沒什麼特色，我不是很有興趣。」聽到這樣的抱怨，如果你回答：「這樣啊」、「真是不好意思」那雙方的對話就真的結束了。其實碰到這種情況，你只要緊接著說出和顧客一樣的話就好，先接受對方的不滿，再用相同的話回覆說你這個問題問得好，運用「反擊提問」，就能找到解決問題的突破點。你可以這樣回答：「原來如此，我知道了。那您可以說明一下，您指的『設計有特色』大概是什麼樣子呢？」這樣你或許就能從他的回答中找到突破口，判斷出客戶的異議屬於以上哪種情況，然後再根據實際情況採取正確的銷售手法，找到恰當的解決辦法，增加成交的機會。

判斷客戶異議的真假

以下要點有助於業務員判斷客戶異議的真假：

- **認真傾聽客戶的異議：**業務員要集中精神，仔細傾聽客戶的異議，從中尋找隱藏的玄機，根據自己平時累積的知識和經驗來判斷客戶異議的真假。

- **仔細觀察客戶的神態：**客戶的神態會反映出他們真實的想法，有時在業務員介紹產品的過程中，客戶會翻出手機不停地看時間，不斷地變換坐姿，或陷入一種無意識的狀態，想自己的事情，對業務員的話不做任何反應……通常這種時候，客戶提出的異議一般都是假異議，業務員不必太在意，可以和客戶再另外約時間進行訪談。

- **及時向客戶提出詢問：**業務員要善於提問，用開放式問句引導客戶，讓其說出異議產生的真正原因。這時可以直接向客戶詢問，請求客戶的解答，也可以採用間接詢問的方式，在溝通中有意強調一些話題，透過對客戶語言、舉止、表情等方面分析判斷客戶異議的真假。

- **留意客戶聽完解答後的反應：**如果客戶在聽完業務員的解答後，還是不能下決定購買，那通常有兩種可能：一是客戶根本就不想買；二是業務員的答覆客戶還是不滿意。這時，業務員就要對症下藥了，對於第一種情況，業務員要付出更多的真誠和耐心，至於第二種情況，則需要業務員從自己身上找原因，找出另一種更適合客戶的解答方法與解決方案。

但有些客戶是我們俗稱的「奧客」，通常一進門就直接嗆話：「你的底價是多少？能送什麼東西？直接講比較快啦。」這種客戶雖然不受業務員的觀迎，但他們往往是朋友買東西時的意見領袖，因為他們既會殺價又會拗東西，所以，只要你的服務態度讓「奧客」滿意，他就會是你的「好客」，甚至替你帶來更多的客戶。

在遭到客戶刁難時，業務員應保持一顆平常心，不驕不躁，只要拿出真誠的態度終能打開客戶的心結，只要你的服務能滿足他，他就不容易變心，成為你的死忠客，因為其他業務員也很難令他滿意。所以，面對這種「內行客」，一定要用加倍的專業和熱情去服務，確認顧客真正的抗拒點並測試成交，若被拒絕，也沒關係，你更要探求出真正的抗拒點。

但很多業務員卻不是這樣做，通常是如果判斷這個客戶只是來比價的，就不願花太多心思去服務。其實面對這樣的客戶只要設法軟化他的心防，問他知不知道某項特殊功能，細心講解客戶可能忽略未提的細節，然後請客戶坐下來喝杯咖啡，再好好地聊一聊，最後通常都能順利簽約。

處理客戶異議的方法

客戶拒絕購買產品，並不意味著他真的不會買。當你察覺到客戶有一些顧慮而不願說出口的時候，就應該引導和鼓勵客戶說出自己期望的產品特徵和成交條件，有的放矢地為客戶解決問題，使自己在談判中掌握主導權，這樣談及價格時才能居於有利地位。而常見的處理異議的方法有以下幾種：

① 以優補劣法

以優補劣法是指業務員用產品的優點來抵消和彌補它的某種缺點，以促成客戶購買的意願。有時候，客戶提出的異議正好是業務員提供的產品或服務的缺陷，遇到這種情況時，業務員千萬不能迴避或直接否定，反而要肯定客戶提出的缺點，然後淡化處理，利用產品其他的優點，來補償甚至抵消這些缺點，讓客戶在心理上獲得補償，取得心理平衡。

② 讓步處理法

讓步處理法即業務員根據有關事實和理由來間接否定客戶的意見。採用這種方法時，業務員要先向客戶做出一定的讓步，承認客戶的看法有一定的道理，然後再說出自己的看法，這樣可減少客戶的反抗情緒，也容易被客戶接受。

③ 轉化意見法

轉化意見法是指業務員利用客戶的反對意見，來處理客戶異議的一種方法，即所謂「以彼之矛，攻彼之盾」是也。有時候，客戶的反對意見具有雙重屬性，它既是交易的障礙，同時又是很好的成交機會，你應該學會利用其中積極與正面的因素，去抵制消極與負面的因素，用客戶自身的觀點化解客戶的異議。這種方法適用於客戶並不十分堅持的異議，特別是客戶的一些藉口，但在使用這種話術時，一定要留意禮貌，別讓客戶下不了台。

④ 詢問客戶法

詢問客戶法是指業務員在面對客戶的反對意見時，運用「為何」、「如何」、「難道」等詞語，根據必要的情況反問客戶的一種處理方法，透過向客戶反問，讓客戶說出他們真正的看法，從中獲得更多的回饋資訊，並找到客戶異議的真實根源，從而把攻守形勢反轉過來。使用這種方法時，雖然要及時追問客戶，但也要注意適可而止，不能對客戶死纏爛打、刨根問底，以免冒犯客戶。

⑤ 直接否定法

直接否定法是指業務員根據有關事實和理由，直接否定客戶異議的一種處理方法。在遇到客戶對企業的服務、產品有所懷疑或客戶引用的資料不正確時，業務員

可直接向客戶解釋，加強客戶對服務或產品的信心與信任。但這種方法容易使氣氛僵化，不利於客戶接納業務員的意見，應盡量避免或少用，使用這種方法時，一定要讓客戶明白，否定的只是客戶對產品的意見，而不是他本人；因此在表述時，語氣要柔和、委婉，維護他們的自尊心，絕不能讓客戶認為你是有意與他爭辯。

⑥ 忽視處理法

忽視處理法是業務員故意不理睬客戶異議的一種處理方法。對於客戶提出的一些無關緊要的細節問題或故意的刁難，業務員可以不予理睬，轉而討論自己要說的問題即可，例如可以用「您說的有道理，但我們還是先來談談……」等語句。但在使用這種方法時一定要謹慎，不要讓客戶覺得自己不被尊重，從而產生反感，阻礙銷售的進行。

銷售的過程其實就是業務員處理客戶異議的過程，業務員要重視對客戶異議的處理，消除成交障礙，這樣才能讓銷售過程暢通無阻。

24 與客戶爭執，你就徹底輸了

不管客戶如何批評，永遠不要與之爭辯，有句話說得好：「爭論的便宜占越多，吃銷售的虧就越大。」與客戶爭辯，失利的永遠是業務員自己。

資深的業務員，都明白即使客戶是錯的，也絕對不會跟客戶爭執，反而會有技巧地和客戶溝通，讓客戶很有面子。

成功學大師卡耐基（Andrew Carnegie）曾經說過：「你贏不了爭論。要是輸了，當然你就輸了；如果贏了，你還是輸了。」做銷售就是如此，對業務員來說，失去客戶就等於失去一切，與客戶爭論就像是拆自己的台，不僅令客戶反感，也有損個人和公司形象。務必要記住：與客戶爭論，吃虧的永遠是業務員。在與客戶交談時，無論面對什麼樣的情況，都要耐心對待，切不可意氣用事，與客戶發生衝突。

一名男子身穿名牌西裝，走進一間國產汽車商場，但臉上一點笑容也沒有，顯然不是一位好應付的客戶。一開口，就很不客氣地說：「不用花費心思招呼我，我只是隨便看看罷了。因為我已經決定要買進口車了，絕不會買你們這種國產車！」

「為什麼呢？」

不問還好，這麼一問，男子就開始數落國產車的不是，而且話越說越難聽。

接待他的業務員感覺自己受到侮辱，眼看脾氣就要爆發了！這時一名資深老鳥立即跳出來接手這名客戶。

約莫一小時之後，客戶離開了，資深老鳥也回到了辦公室。

剛才那名業務員還氣憤難平地說：「剛剛那個傢伙，真的很難搞吧？」

「是很難搞沒錯。」老鳥業務員接著說：「不過，他剛才跟我買了一輛車。」

業務員吃驚地問：「這怎麼可能？你是怎麼做到的？」

「很簡單！當他開始批評我們生產的汽車，我就順著他的話，說『沒錯，您說得很有道理』。」

「但他說的明明不是事實，你怎麼不反駁，還表示贊同，這究竟是為什麼？」

「因為只要我順著他的話，就可以堵住他批評的嘴。」

老鳥接著說：「然後，他才安靜地聽我介紹我們車子的優點，我也才有機會說服他購買我們的汽車！」

業務員聽了，深感佩服但又忍不住問：「可是，看到他那麼囂張的模樣，難道你都不會生氣嗎？」

「我當然會生氣。」老鳥業務說：「面對這樣的顧客，我有兩個選擇：第一個選擇，是狠狠地罵他一頓，但我什麼都不會得到；第二個選擇，是我嚥下這口氣，然後賣他一輛車！」

平衡式話術

無論客戶的意見是對是錯、是深刻還是幼稚，業務員都不能忽視或輕視，要尊重客戶的意見，講話時面帶微笑、正視客戶，客戶說的你都要先表示認同，忌反駁。此時的 SOP 標準步驟是：

1. 微笑認同：你這個問題問得非常好

2. 反問：請問您覺得哪裡不合適？

3. 再提出你的解釋＋說明

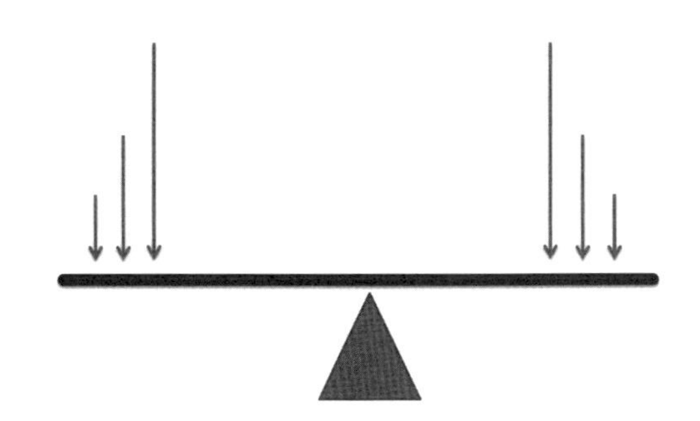

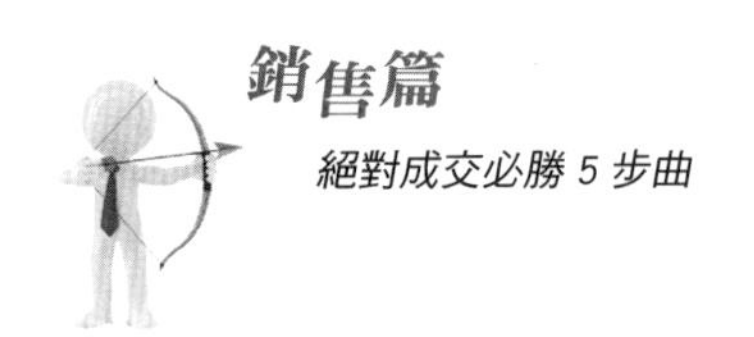

第一步：微笑認同

客戶不管說什麼，你都要表示：「對，有道理。」千萬不要反駁、說不對，即使客戶說你的產品不好，你也要說：「對，我的產品很不好。」

這裡的「對」……不是真的說對，而是表示認同，不管客戶說什麼你都一定要先認同，一般人的錯誤是急著解釋，比方客戶說：「你的產品很爛」，你立即反駁說：「怎麼會，是您錯了，我們的產品有多好……多好……」這樣成交的機率就渺茫了。建議你不要急著駁斥，而是要表示認同，不管客戶說什麼都要先給了認同。如果情況不容許你說對或表示認同時，你也可以說：「您這個問題問得非常好。」以表示你的認同。

第二步：反問

順著他的話，問他一個問題。比方說，客戶對你說：「傳銷很不好耶。」那麼你的第一步認同，就要說：「這個問題問得太好了，很多人都這樣認為。」接著第二步反問，你可以說：「請問您認為傳銷哪裡不好呢？」

第三步：進入解釋和說明

一定要有前面兩步認同、反問做緩衝，很多人都是急著辯解補充，反而讓成交因此破局，比方說有人說：「我不適合做傳銷……」你卻急著說：「不不不，您很適合，您天生就適合，您就是做傳銷的料。」最後通常成交不了。所以，一定要先表示認同再反問，反問說：「那您覺得自己哪裡不適合做傳銷呢？」對方可能會回答說：「我口才很差……」等等說一堆原因，然後等你知道了這些原因，心裡有譜後，再來做解釋和說明，就比較能發揮效益。

例如，客戶問你：「這是傳銷嗎？」笨蛋才會回答是，因為對方一聽是傳銷，很多都是轉身就走。若說不是，那對方可能會說什麼：「不是啊……那就算了。」明白了嗎？人分兩種，一種是喜歡，一種是不喜歡，我們怎麼能先假設對方是喜歡還是不喜歡呢？所以最保險的做法就是先認同再反問，從反問中你就會知道對方是喜歡傳銷還是不喜歡傳銷？那你第三步的說明和解釋就解決了。所以，如果你一開始就說明解釋，就會不平衡。

永遠不要說客戶錯了，也不要說「但是……可是……」你可以這樣說：「我非常同意（尊重）您的意見，但同時……（能讓客戶樂於接受意見）」先表示對客戶異議的同情、理解，或是簡單地重複客戶的問題，使客戶心裡有暫時的平衡，然後轉移話題，對客戶的異議進行反駁處理。因此一般來說，間接處理法不會直接冒犯客戶，能保持較良好的銷售氣氛；而重複客戶異議並表示認同的過程，又給了業務員一個躲閃的機會，使業務員有時間進行思考和分析，判斷客戶異議的性質與根源。間接處理法能讓客戶感到被尊重、被承認、被理解，雖然異議被否定了，但在情感與想法上是可以接受的；且用間接處理法處理客戶異議，比反駁法委婉、誠懇些，所收到的效果也較好。

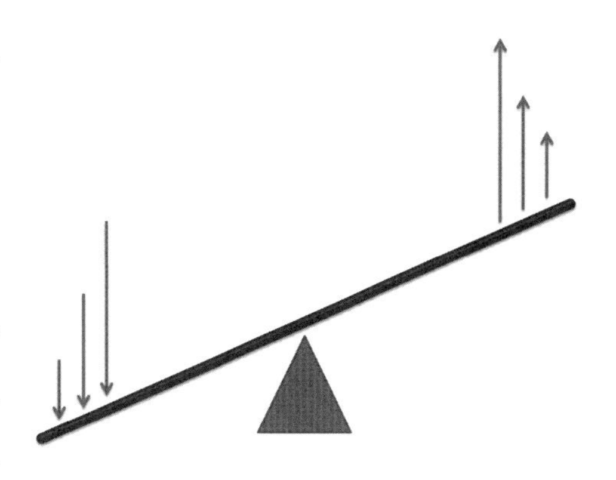

利用客戶異議正確、積極的一面，去化解客戶異議錯誤、消極的一面，就可變障礙為信號，促進成交。比如客戶說：「價格怎麼又漲了。」

業務員：「是的，價格是漲了，而且以後勢必還會再漲，現在不進貨，以後損失更多。」

但這是對中間商而言，如果是對最終消費客戶就該說：「以後只會漲不會跌，再不買，就虧更多了！」

你還可以根據事實和理由，間接否定客戶意見，比如客戶說店員介紹的服飾顏色過時了，店員不妨這樣回答：「小姐，您的記憶力真好，這顏色前幾年前已經流行過了。不過服裝流行是會循環的，像今年秋冬又會開始流行這種顏色，現在買正划算呢！」

「永遠不要跟客戶發生爭執」，這是每位業務員在服務客戶時，都應謹記在心的一句話。我至今也未曾聽聞跟客戶爭執能夠獲益的事，可見硬要跟客戶論出一個是非曲直，對增加業績和利潤並沒有什麼幫助。客戶永遠是對的！這是每位業務員都要牢記的。

把說話主動權讓給客戶

當客戶對產品或服務有意見時，業務員切不可一味長篇大論地解釋，或直接打斷客戶的異議，否則就是火上加油，使客戶變得更加急躁。那應該怎樣做才最合適呢？

在這種情況下，應該把說話權交給客戶，給客戶表達不滿的機會，讓他盡情地發牢騷。在與客戶洽談的過程中，難免有需要說服客戶或雙方觀念不同的時候，千萬不要與客戶爭執，你只要反問客戶問題，點出客戶的盲點，讓他在回答問題時，再次思考即可。這樣既能撫平客戶不愉快的情緒，又能給自己一個傾聽客戶異議、判斷客戶真實需求的契機，是一舉兩得的好方法。

與客戶意見相左時，有的業務員往往沉不住氣，會和客戶爭論，我們在前文中已強調過，與客戶爭辯，即使贏了也是輸。業務員要知道，自己最終的目的是要銷售產品，而不是與客戶分出高下，因此，業務員要懂得向客戶「示弱」，讓客戶在「我比你強」的情緒中放鬆警惕，爭取訂單。

業務員會想為了證明自己是對的，而選擇和客戶爭執，好像自己要是錯了，客戶就會認為自己的程度不夠、專業不足或產品不行，只有爭贏了，客戶才會買單；但事實正好相反，不論你是對是錯，只要你與客戶爭執，這筆生意恐怕就此飛了。

任何場合下，你都要讓客戶感覺他是被尊重的，這是成交的關鍵。爭執非但無法解決問題，反而會擴大問題，因此，你要有選擇性地傾聽客戶的異議，運用語言技巧，消除劍拔弩張的緊張氣氛。

銷售就是一場業務員與客戶的爭奪戰，你要想取得戰爭的勝利，就要讓客戶看起來是自己贏了，主動示弱，但客戶其實只是贏了面子，你卻贏了裡子（成交）。

傑佛瑞．吉特默有句名言：「總而言之，只有一個觀點是重要的，只有一個看法是重要的，只有一種感受是重要的，那就是客戶至上。」

也就是說，不管遇到什麼情況，都不能激怒客戶，哪怕一切都是客戶的錯，你也要時刻表現出對客戶的尊重，以寬容的態度化解自己和客戶的矛盾，先安撫客戶的心情，然後再尋找解決問題的方法。

25 顧客為什麼還不向你買？

對業務員來說，遭到拒絕並不可怕，可怕的是你沒有堅持下去的決心和動力。所以你要不斷暗示自己，被拒絕的過程其實就是一種成長，用從容的氣度和廣闊的胸懷迎接這個過程；業務員只有在經歷被客戶多次拒絕之後，才能漸漸適應，並逐漸學會從容應對。

如果你賣的是高單價產品，例如房地產，房仲業務遭到拒絕的次數更多，客戶可能會提出對公司的疑問，也會質疑房仲經紀人的銷售能力，有時甚至是持續拜訪七、八次卻還是徒勞無功。但優秀且具熱忱的業務員還是會再接再勵，持續拜訪，因為堅持到最後的業務員，才有可能得到屋主的售屋委託。

即使客戶拒絕了你的產品，沒有與你達成交易，也要展現你的風度與專業，給客戶留下一個好印象，為以後的合作打好基礎。

據統計，顧客為什麼還不向你買的原因不外乎——

- 沒錢
- 有錢卻捨不得花
- 認為可能別處會較便宜
- 不想向你買
- 認為價值還不夠
- 認為沒有急迫性
- 想買別家的產品

➡ 痛苦還不夠！（這時，就要在其傷口上灑鹽）

➡ 不信任你

想想看，是否有多次生意是在你第一、二次都遭到拒絕，一直到第三、四次，甚至更多時，才終於談成的？但如果你能用誠意敲開客戶的心扉，反而更能與客戶拉近距離。

曾有位超級業務員說過一句至理名言：「把『吃閉門羹』這件事轉變成客戶所背負的人情債。」所以，在這個行業工作那麼多年，他都能坦然地面對拒絕。有很多客戶都以「現在用不上，很抱歉！」這些話來拒絕你，其實客戶所要傳遞給你的訊息是：「我家中現在還用不著你的產品，不必浪費時間了，快到下一家去碰運氣吧！」如果你能以感激的心情來解讀這些冷漠的拒絕，你就不會有那麼深的挫折感了。而且如果你的誠意十足，對客戶的冷漠再回以二、三次的友誼性拜訪，反而能喚起客戶的欲求；同時，你懷抱著感激的心，會讓客戶感受到你親切有禮的態度及誠心。

因此，你可以針對客戶會拒絕的說詞，設計一套對付客戶拒絕的話術，當客戶說：「我得和先生商量看看，如果我擅自作主的話，會被先生責罵的。」你可以回答：「哎呀！對啊！如果因為這件事讓您們夫妻傷和氣的話，那就不好意思了，不如您們先商量看看，改天我再來拜訪。」如此一來，彼此都能有緩和的空間。

不過，並非所有的客戶都真的必須和家人商量，有的只是敷衍、應付你的客套話而已，因此，你必須學著分辨客戶的口氣，將拒絕的話加以分類，把真偽判斷出來，再決定要如何回答。所以，真的、假的、還是暫時的，都要用你的智慧來判別。

例如，初出茅廬的業務員，在面對客戶說沒錢時，通常會回答：「那下次有機會再說了！」或「不管怎樣，還是希望您能好好考慮考慮！」這樣的應對，根本不可能談成任何交易；而老練的業務員就不同了，如果對方說「沒錢」，他就會立刻接口：「您真愛開玩笑，您沒有錢，那誰還有錢呢？」或當客戶說「考慮看看」他就會答道：「那我明天再來打擾您，等待您的好消息。」如此步步逼進，客戶自然

無法招架。

此外，絕不能對客戶說：「您都看這麼久了……」、「快做決定吧」之類的話語，以免引起反效果，也不能說：「我不知道，這不是我負責的。」這會讓人覺得你很不專業。

以下是客戶最常用的拒絕話術及業務員的積極破解法：

- 我沒興趣。業務員可以這樣回應：「我完全能理解，勉強您對還不甚清楚的產品（或服務）感興趣實在是強人所難。但可以讓我為您解說一下嗎？或是可以改約時間，我再來拜訪您，親自為您示範一次。」
- 我沒時間！業務員可以這樣回應：「我也是常常覺得時間不夠用。但希望您能給我三分鐘，您就會相信，這個產品絕對能帶給您料想不到的利益。」
- 抱歉，我沒有錢！業務員可以這樣說：「我相信只有您最了解自己的財務狀況。不過，就是要及早規劃如何投資小錢，將來才不會一直處在沒有閒錢的狀態，用最少的資金創造最大的利潤，這不是對未來最好的保障嗎？我方便先留下資料，再跟您約見面的時間嗎？」
- 我有空再跟你聯絡！業務員可以這樣說：「也許您目前對我們的產品不會有什麼太大的需求，但我還是很樂意讓您了解，要是能考慮使用這項產品，對您絕對大有裨益！」
- 我要先好好想想（我再考慮考慮，下星期給你電話）。業務員可以這樣說：「方便請教您的顧慮是什麼嗎？」或回應：「好的，先生，靜候您的佳音。還是我星期三下午撥電話給您？」
- 我要先跟我太太商量一下。業務員可以這樣回應：「好的，您可以約夫人一起，我再親自為夫人說明？要不要就約這個週末，或是您哪一天方便呢？」

類似的拒絕還有很多，但處理的方法其實還是一樣，就是要把拒絕轉化為肯定，讓客戶拒絕的意願動搖，然後再乘機跟進，誘使客戶接受自己的建議。

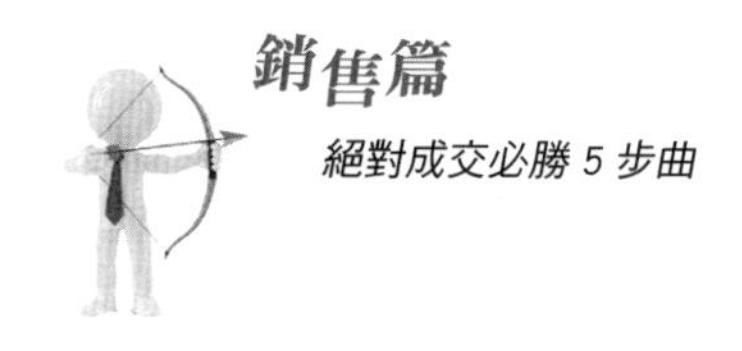

客戶各種不購買、不下單的理由，都是業務員磨練的大好機會。在與客戶交談時，業務員最苦惱的不是直接拒絕的客戶，而是那些以各種藉口表示拒絕的客戶，因為這種客戶向業務員拋出了一個煙霧彈，如果無法穿過重重迷霧，洞悉客戶的真實意圖，那這筆生意也就談不成了。

如果你希望自己的工作不被客戶的藉口影響，就應該掌握銷售的主動權，引導客戶做出有利於銷售成功的決定，不給客戶找藉口的機會。

26 別被客戶的藉口騙了

很多時候，客戶不是不需要你的產品，而是你的工作做得不到位。客戶的藉口就像變色龍的偽裝，所以你要練就一雙慧眼，識破客戶的藉口，並找到客戶拒絕真正的原因，就有機會順利成交。

安妮在客戶只聽說過自家公司的大名，沒有使用過公司任何產品的情況下，再次與客戶確認道：「也就是說，您只聽說過我們公司，但從未使用過我們公司的產品，是嗎？」

客戶：「對，是的。」

安妮：「這是為什麼呢？」

客戶：「嗯，這個……因為你們公司離這裡太遠了，我想可能會不方便。」

安妮：「這是唯一的原因嗎？沒有其他方面的原因了嗎？」

客戶：「嗯……我想是的。這個……因為你們的產品口碑還不錯。」

安妮：「這麼說，只要我們能保證及時交貨，是否有合作的機會呢？」

客戶：「嗯……應該是這樣的吧。」

客戶不願表明自己的想法，一定是有原因的，你要仔細觀察客戶的表情，揣測客戶心理，巧妙地瞭解客戶的需求，而不是去盤問客戶不購買的原因。案例中的安妮用幾個問題便得到客戶心中的顧慮，而這些顧慮是客戶之前不願意說出口的，而安妮知道客戶的顧慮之後，就能夠及時地提出解決方案，那這筆訂單就很有可能成交。

在實際的工作中，我們常會遇到這樣的狀況，你還沒開口介紹產品就已被客戶擋了回來，像是「我不需要」、「我很忙」、「改天吧」之類的，其實這些理由只是客戶不想與你交易的藉口。如果你想讓客戶談論他的需求，但又怕客戶心生排斥，那只要營造氣氛和環境，讓客戶主動聊起自己內心的世界就行了。一旦客戶開始思考這些事，就能以比較輕鬆的心情說起自己的經驗與產品需求；更重要的是，他們會覺得說出這些事是自己的意思，因而沒理由覺得反感或抗拒。

我相信沒有業務員是不曾被客戶拒絕的，對於客戶所提出的反對問題，我們可以把它視為客戶「關心的領域」，根據我的經驗，「錢、效果和時間」是客戶內心真正的三大「關心的領域」，但最後你會發現最終會歸到只有一個「關心的領域」，那就是錢的問題，而錢對客戶來說只是意願和決心的問題罷了。

我整理出業務員最常遇到的客戶拒絕藉口、客戶的異議（客戶最常拒絕你的話），並寫出如何回應，當然，破解之道和話術有很多種，我提供的不一定是最好或最適合你的，你可以自行設計一套破解之道和話術，只要能解決客戶關心的領域就是好方法。

當客戶說：「不需要」

當客戶表示「不需要」的時候，可能隱藏了拒絕購買的真正原因。你可以主動詢問客戶不想買的真正原因為何，比如，你可以問「您是不是還有其他的考量呢？」、「您對我們的產品有什麼不滿意的地方嗎？」如果客戶能說出自己拒絕的真正原因，就能節省不少時間和心力。

客戶說「不需要」，很可能是對產品及業務員存有戒心，因為面對不瞭解的產品和生疏的業務員，人們往往不想接觸也不想多費唇舌。對銷售環境感到陌生，就有可能成為客戶拒絕的原因。

當你與客戶溝通時，最好用較溫和的語氣，事事多為客戶考慮，以拉近自己與客戶之間的距離，幫助客戶消除陌生感。例如，當客戶以「不需要」為由，拒絕你推薦的服裝時，你可以說：「您是在擔心這件衣服不適合您嗎？其實您多慮了，您

穿上這件衣服，身邊的朋友一定會讚不絕口的。」你只要營造出一個親切、和諧的銷售氛圍，感染客戶主動參與，就能讓銷售工作持續開展下去。

事實上，「我不需要！」這句話的背後是客戶在暗示你，為什麼我現在就需要你提供的產品或服務？

這時業務員可以這樣說：「我了解你的意思，你知道嗎？這世界上有很多業務員對他們的產品很有信心，他們也有很多理由說服你購買他們的產品，當然你可以對他們說不，但對我而言，沒有人可以拒絕我，因為你拒絕的不是我，而是在對你未來美好的生活和財富說『不』！如果你有一個非常好的產品，客戶又非常的需要，你會不會因為客戶一點小小的問題就不提供給他呢？我相信你一定不會，同樣的，我也不會。」接下來你所要做的，便是持續建立彼此的信任感和了解客戶真正的需求，才能打動客戶的心。

有時客戶會不好意思馬上拒絕你，反而給你一個介紹產品的機會，但當你介紹完產品或服務時，他會告訴你：「不好意思！我不需要！」這時你也可以用以上的說法與客戶溝通。

客戶說：先寄資料！若有需要我再跟你聯絡！

有一些客戶通常喜歡說：「先寄資料，有需要的話我再聯繫你」他是在暗示你，我現在在忙，為何一定要先跟你見面？

業務員可以這樣回應：「我了解您的意思，請問您是要『E-mail 寄』還是『我親自送』？您知道嗎？我們的資料都是精心設計的，必須配合我的解說，所以我就是最好的資料，為了節省您的時間，最好的辦法就是看您哪一天有空，只要十五分鐘，您就可以知道透過我提出的解決方案，能夠解決貴公司哪些問題，對您來說只有好處沒有損失，不知您下星期一或星期二哪天有空呢？」

基本上，寄資料給客戶還是盡量避免，除非不得已，否則還是盡可能跟客戶見面談，因為根據我的經驗，寄出去的資料大多是石沈大海。如果你要寄資料，那寄出資料後二十四小時內，你一定要確認對方是否有收到，並想辦法約客戶見面。

客戶說：我沒時間

有時候，客戶對你說他沒時間，其實是在暗示你，他為何要把時間空出來，跟你見面聽你的產品介紹？

業務員可以這樣回應：「太棒了！我最喜歡和忙的人交流了。您喜歡每天都很忙嗎？就是因為你很忙，我才要跟你分享如何擁有更多時間的方法。其實我們每個人都有時間，只是每個人對時間的使用價值不同，如果我給您一塊錢，請您從台北車站東門走到西門，我相信你會說你沒時間，沒興趣，那是因為這件事對您沒有價值；但如果我給您一千元，我相信您就有時間了不是嗎？成功的人都懂得安排和規劃時間，現在就讓我們來規劃一下時間吧！請問您明天或後天哪天有空呢？」

當客戶說：「不好意思，我現在沒有時間。」此時業務員可以先觀察一下四周，看看他是否真的公事繁忙，如果忙就可以留下自己的名片，記得也索取對方的名片，然後禮貌地離開；如果一點忙的跡象都沒有，那客戶的忙就是藉口了。

你可以試著說：「（微微一笑）小姐，我知道您正在忙（如果客戶不忙，業務員這樣說，對方多少會覺得不好意思，對你的態度也會開始緩和），我不會佔用您太多時間，這是我們公司送給客戶的禮品，請收下（如果有宣傳用的小禮品，可以送對方一份，畢竟「拿人手軟」，通常會禮貌性地聽你的介紹）。其實我們的產品漂亮又實用，您看這個保溫杯，很適合女孩子平常使用……」

一般來說，「忙」只是客戶不想跟你見面的藉口，他不想被你推銷，所以你要想一個能吸引對方見面的理由，例如：分享一個對你有幫助的資訊，分享我最近做了什麼事，讓我的人生變了很多，分享某某公司用了我們的產品有了很大的變化……等。

你也可以不用理會他的藉口，直接說：「您放心！我不會銷售任何東西給您，除非您有需要，我只是想跟您分享為什麼全世界有超過三百萬人都在使用我的產

品，難道您不想知道這產品如何讓一個人更健康、更美麗嗎？」

客戶說：現在不景氣，以後再說吧！

客戶這樣說是在暗示你，現在沒有錢也不急，為何要現在決定購買而不是以後呢？「現在不景氣」這句話只是一個藉口，不景氣的時候，有人成功，有公司獲利，郭台銘說：「經濟不景氣，讓我渾身是勁。」所以重點不是景氣問題，而是你怎麼做，不是嗎？

業務員可以說：「我明白您的意思，您知道嗎？這世界上有很多成功者，都是在經濟不景氣時做下一個正確的決定，建立他們成功的基礎，因為他們看到的是長期的機會，而不是短期的挑戰。同樣的，今天您有這樣一個機會，我相信您也會做出相同的決定對吧！」

客戶說：我再考慮一下！

我想很多業務員都曾遇過這樣的客戶，在你為他介紹了產品或服務的大致情況後，他仍沒有購買的意思，詢問之下，也只是丟出一句「我再考慮考慮」，讓你心涼了一半。其實，客戶說出「考慮考慮」的原因很多，可能是因為產品不符合自己的期待，也可能是對價格不滿意，甚至是對談話氛圍不滿意；很多業務員覺得，當客戶說出「考慮考慮」時，就代表著銷售活動的終結，其實不然，如果你能留住客戶，再多問幾句，深入了解原因，還是有機會成交。

以下這個案例將告訴你如何應對客戶的「考慮考慮」。

安真是一名汽車業務員。一天，一位男士走進安真駐點的賣場，準備挑選一輛轎車，安真負責接待他。經過一番挑選後，這位男士選定了一輛黑色的轎車。起初，客戶對黑色的轎車非常感興趣，並稱讚車內的配置與功能很好，但安真對這輛轎車做了更多的介紹後，客戶的態度卻開始冷淡下來，遲遲沒有要成交的意思。

安真：「這輛車很適合您這樣的高端商務人士，有一輛漂亮的車代步，無論去哪裡都會非常方便。而且這輛車的性能很好，絕對是高品質的產品，可以說是物超所值，方便請問您遲遲未做出決定是什麼原因呢？」

客戶：「沒有原因，我只是想再考慮考慮而已，沒有什麼特別的原因。」

安真：「這樣啊，但您一定是在為某件事而擔心對嗎？如果您有什麼顧慮的話，儘管說出來，也許我能幫上忙。」

客戶：「真的沒有什麼擔心的事情，我只是想再考慮一下，給自己一個思考的時間。」

安真：「作為一名業務員，我想我應該要瞭解您對產品的不滿意和擔心之處，這是我們的責任，而且我也真心希望能為您解答。您必須說出您的顧慮，這樣我才能幫您解決啊，您說是嗎？您對產品有什麼不滿意的地方嗎？」

客戶：「好吧，我覺得這輛車的價格有點偏高。」

安真：「很高興您能說出您心中的疑問，我也正在想您是不是在擔心價格的問題。」

客戶：「對，這輛車的價格太貴了。在我看來，似乎不需要這麼高的價格，因為我問過其他同等級車款的價格，他們的價格都沒有你們的貴。」

安真：「可能和其他廠牌相比，這輛車的價格是有點兒高，但這也是因為這款車的品質和性能優越，關於這方面，我想您也是認可的，『一分價錢一分貨』的道理您一定比我明白。我們的銷售不僅僅是產品，我們更注重品牌價值與售後服務，如果您在使用中出現什麼問題，我們都會為您服務到家，替您省去很多麻煩，您一次購買，就能享受到我們的終身服務，只要您仔細想想，就會發現在我們這裡買車是相當值得的。您覺得呢？」

客戶：「你說的似乎也有道理。那好吧，就買這輛了。」

安真：「好。如果您現在購買的話，只要兩天的時間就可以交車了。那麻煩您到前面的櫃台辦一下手續，這邊請。」

案例中的業務員做得很好，當客戶說需要考慮的時候，她並沒有主動結束交易，而是引導客戶說出猶豫的原因，儘量給客戶說話的空間；在得知影響成交的因素之後，就能即時向客戶做出合理的解釋。

世界潛能大師安東尼．羅賓（Anthony Robbins）也曾遇過一位在充分瞭解過產品資訊後，仍不願購買產品的客戶，安東尼對這位客戶說：「您不買我的產品，一定是因為我沒有解釋清楚，那我再為您解釋一遍。」就這樣，客戶一次次推拖，安東尼就一次次解釋，最後安東尼拿到了訂單。

為了讓客戶找不到拒絕的理由，業務員可以用「行動」來卸除客戶的藉口，例如你是房屋仲介，你可以帶著你的客戶去看附近所有符合客戶需求的房子，同時邊看屋時邊教育客戶說：「附近哪間房屋剛成交了」、「這一帶的房子很搶手，好房子通常一釋出很快就賣掉了」等等，讓客戶覺得「該看的都看了，的確應該要做決定了」，把成交壓力丟回客戶身上。

可見，當客戶試圖拒絕購買時，你只要不厭其煩地說明和引導，最後往往能打動客戶，讓他說出真正拒絕購買的核心原因，堅持不懈、鍥而不捨是每個業務員都應具備的基本素質，只要不放棄追求，就有成功的可能。

當客戶說我要考慮考慮，是他想知道為何一定要現在馬上購買？現在購買對他有什麼好處或效益？這時業務員就要說：「我了解您的意思，是不是我說得不夠清楚，讓您需要再考慮一下呢？那就讓我再說明一次購買這產品對您的好處吧！」

如果客戶回應說：「我已經了解了這產品的優點，但我還是要再考慮一下，若我確定要買，再和你聯絡。」

業務員可以說：「我了解您的意思，您這麼說該不會是逃避我吧？請問你要再考慮的原因是因為我們公司嗎？還是產品本身呢？又或者是我的問題？還是價格問題呢？我相信您絕對不會計較每天投資這麼一點點錢，而阻礙您未來美好的生活對吧？」

如果客戶還在內心交戰，你可以說：「如果您看到地上有一張千元鈔票，您會不會把它撿起來？這是一個在您眼前唾手可得的機會，就如同我現在告訴您現在這個機會一樣，我相信您不會因為下一條路上躺著一張千元鈔票就不會撿眼前這張對吧？如果您現在放棄眼前我提供給您的大好機會，就等於是不撿眼前這張千元鈔票。請問您現在是撿還是不撿？」

除了要讓客戶覺得這是必須購買的產品外，你還要讓客戶深刻感受到現在買跟以後買有什麼天壤之別，不然他為什麼要現在決定呢？只要這個問題解決了，訂單就拿到了。

客戶說：別家比較便宜！

客戶會這樣說，就是在暗示你，他想知道為何要跟你購買，而不是跟別人購買？但客戶也許只是隨便亂說的，所以千萬不要輕易降價，你反而要清楚地讓客戶知道，這不僅最適合且符合他需求的解決方案，價格也是最優惠的。

業務員可以說：「我知道別家產品可能比我們便宜，但您知道嗎？這世界上，我們都希望以最低的價格，買到最高的品質，擁有最好的服務，可是目前為止，我還沒看到可以用最低的價格，買到最高的品質，並擁有最好服務的公司和產品，就像賓士車，是無法用買國產車的價格買到的，不是嗎？」接下來，你就要開始分析自家產品和競爭對手的差別。

客戶說：目前沒有預算！

客戶會這樣說是在暗示你，為何現在需要購買？當一個人或一間公司覺得沒有迫切需要時，就會用沒有預算來回應你，這時，你要讓客戶知道，為什麼這產品對你或對公司來說是必要且刻不容緩的，讓客戶了解沒有購買會有多大的損失。

例如，你可以這樣說：「我知道每個人（或每間公司）都有預算，而預算是幫助個人（或公司）達成目標的重要工具，但工具本身是有彈性的，我們的產品能幫助您（或貴公司）提升業績並增加利潤，所以還是建議您根據實際情況來調整預算。當我們討論的這項產品能幫助您（或貴公司）擁有長期的競爭力的話，聰明的您（或作為一個公司的決策者），在這種情況下是想讓預算來控制您，還是由您自己來控制預算呢？」

接下來就可以說明為什麼這產品對客戶或對公司來說是必需的，而且是刻不容緩的。

27 價格攻防戰：如何和客戶講價

客戶說：我沒錢

業務員使出渾身解術說服客戶購買產品的目的是什麼？當然就是賺客戶的錢。但很多客戶都會用這麼一個殺手鐧——我沒錢。相信不少業務員只要一聽到這句話，都會識趣地放棄，因為客戶已經說沒錢了，再糾纏也無益。然而，客戶真的是沒錢嗎？這其中的玄機恐怕也只有他自己才清楚。

還有一種狀況是客戶明明對產品很滿意，但卻說自己沒有錢，對於這樣的情況，業務員肯定也經常遇到。客戶做出這樣的表示，原因有很多種，也許客戶只是以此為藉口，並不是真的想購買產品，也有可能是為了讓賣方降低價格，故意說自己沒錢。總之，如果遇到這種情況，業務員不能一概而論，反而針對不同的原因，採取適當的辦法來處理。

錢變不出來可以湊出來，只要想客戶想要的東西，即便是錢不夠也沒關係。所以，如果能確定客戶是真的喜歡產品，但沒有足夠的錢來購買時，那你可以向他提議一些分期付款或優惠方案，替他想一些辦法。例如，使用分期付款、貸款、延期付款等方法，你可以說：「沒關係，我看您真的很喜歡，這也非常適合您，如果您喜歡我們的產品可以採取分期付款，這樣就能解決您這方面的問題。」

如此一來，既能解決客戶沒錢的問題，也會讓客戶覺得你在幫他想辦法，而對你增加好感，不過需要注意的是，有些客戶可能真的很難拿出資金來，那最好不要再想辦法要求他，雖然沒有做成生意，但客戶已經把你和產品記住了，未來在他能力允許的時候，肯定會先想起你，而你先前的努力也不致於白做了。所以，你必須記得，千萬不能因為客戶的拒絕，就收起笑臉轉身走人，否則可能失去這個未來的潛在客戶。

因此，遇到「沒錢」的客戶，我們要見招拆招，在他還未說「沒錢」的時候，就封住他的嘴；也就是先找到客戶有錢的跡象，如果斷定客戶的沒錢，只是一種藉口，那你就可以運用觀察能力，從客戶身上找到能證明客戶有錢的跡象。像你可以稱讚客戶的戒指精美，然後再藉機詢問戒指的價格，如果他很驕傲地表示戒指很貴，那就再好不過了，這恰好證明客戶並非缺錢，接著你就能稱讚客戶的品味，然後將產品與此做連結，那麼客戶就會因為自尊心的關係，很快做出購買決定。例如：「您的項鍊非常漂亮，一定價值不菲吧，您真是有品味啊。我們的保養品就是以您這樣的貴婦為主要消費群的，包裝也相當有質感哦。」

這樣的問法是借消費者心理，來提高成交的機率。每個人都有虛榮心，我們要充分利用虛榮心的力量，讓客戶沒有機會說「沒錢」，乖乖地主動掏錢出來。

客戶說：太貴了！

「太貴了！」或是「能算便宜一點嗎？」是客戶經常說的一句話，這話意味著你的價格可能超出了他平時的消費水準，也有可能是他覺得你的產品或服務根本不值這麼多錢。所以，我們不要認為「太貴了」是客戶的一種拒絕，這其實是一種積極的信號。

我們來看看業務員遇到這種情況時，可以怎麼處理。

客戶：「這條牛仔褲多少錢？」

業務員：「1980 元。」

客戶：「太貴了。」

業務員：「不會啊，小姐，這可是最低價了。」

客戶：「我還是覺得有點貴。」

業務員：「小姐，您摸摸看這質料，比一般的牛仔褲要細緻多了，對吧？這款式也是今年的新款，數量不多，保證能大大降低撞衫的機率；而且這個版型很有塑身效果，更能突顯您的身材。一分錢一分貨，您說對嗎？」

客戶：「那就替我包起來吧。」

賣家總想賣出最高價，而買家則會希望以最少的錢買到最好的東西。

要想讓客戶購買我們的產品，就要讓他覺得我們的產品值這麼多錢，要讓他知道我們的產品是同類產品中最好的，花這些錢是物有所值，甚至是物超所值，給他們加強信心。這樣一來，我們就能讓客戶心甘情願地買單了，除非你是以極明顯的低價促銷，不然很少有客戶不嫌價格貴的。

客戶說太貴了，是在暗示你，他不清楚你的產品或服務為什麼值這個價格？這時你可以說：「我了解您的意思，我很高興您提出這樣的問題，因為這是我們最吸引人的優勢之一。價格固然重要，但我們購買的不是產品的價格，而是它能為我創造什麼價值不是嗎？如果您花一千元，卻能為您帶來一萬元的價值，您不但沒有損失反而賺到了不是嗎？價格是一時的，價值是永遠的，我相信您對價值比較有興趣對吧！（接下來你可以加強塑造產品的價值，讓客戶明白他購買的產品簡直是物超所值。）」

你還可以這樣說：「我們產品雖然比較貴，但還是有很多人指名購買，您想知道為什麼嗎？」

告訴客戶你的產品或服務是多麼地物超所值，因為唯有當價值大於價格時，客戶才會覺得便宜。另外，「貴」得看是跟什麼比較，你可以和另一個相似的產品比，來突顯你的產品比別人便宜，或換算成每天只要投資多少錢即可擁有。

以交易習慣而言，客戶要求折扣是難免的，若是能讓客戶充分知道他能得到哪些利益後，「討價還價」也許只是一個習慣的反應。記住——

① 當客戶提出異議時，要運用「減法」，求同存異。

現在的消費者除了關注產品本身的價值外，也很注重產品的附加價值。所以，業務員在銷售產品時，不妨多花心思在這，例如免費升級、免費安裝、加送贈品、

延長保修、終身維護……等；且附加價值最好要能夠量化，這樣客戶才能明白自己獲得的好處有多少。

舉例，電視購物曾很流行一種行銷方式，如：「原價 16,800 元的手機，現在只要 10,000 元，另加價贈送價值 800 元的無線藍牙耳機及價值 100 元的記憶卡，然後再加送價值 600 元的原廠手機殼；僅需要付出 499 元，你就可以輕鬆擁有這部手機及其他周邊……」消費者一聽，自然會認為買手機的錢不貴，也就很樂意購買。

② 當客戶殺價時，要運用「除法」，強調留給客戶的產品利潤。

「除法」指的是將客戶在產品上的投入分成小等份，具體到每個員工、每個部門，甚至是每段時間上。比如某公司要購買一些產品發表會上用的精緻糕點，預計有一百位媒體出席，所以設為一萬元，費用聽起來不少，但如果將它平均分配到一百人身上時，其實每個人也才 100 元，單位價格會低很多。

巧妙分解價格，化整為零

如果客戶對價值和其他地方已經沒有問題，只剩價格仍存有異議，業務員可使用「差額比較法」和「價格分解法」來應對：

- **差額比較法：**當客戶表示對產品的價格不滿意時，你可以採用合適的方法，讓客戶說出他們認為較合理的預期價格，然後把自己產品的價格和客戶提出的價格進行比較，然後在這個差額上做文章。把產品的總額相比，差額一定要小得多，這個數字就不會對客戶產生很大的壓力，運用這個差額來說服客戶就容易多了。

- **整除分解法：**這種方法的特點是細分之後，並未改變客戶的實際支出，卻能讓顧客陷入「所買不貴」的感覺中。由於整除分解法的效果非常顯著，因此經驗豐富的業務員常採用，但在運用此法時，業務員應圍繞在客戶較關心的興趣點上進行，才更容易讓客戶認同產品的價值，實現成交。

當客戶說：「能不能再算便宜一點？」心裡其實是在擔心自己是否買貴了？或想要取得更低的價格！期望從你那裡拗到什麼優惠。

你可以這樣回應：「我也很想再算你便宜一點，但我已經給你最優惠的價格了，我相信你一定可以認同產品的品質、售後服務和符合你需求的解決方案，這些都是非常重要的因素，雖然我無法再給你更便宜的價格，可這已是最符合你需求且最物超所值的方案了嗎？若放棄實在很可惜。」（如果有贈品，你可以用贈品來促成成交。）

有時客戶只是一種試試看的心理，心裡盤算著搞不好可以得到什麼好處？若沒有也沒關係，所以千萬不要輕易降價，你可以試探性地問客戶：「請問我再降價的話，您現在就會買嗎？」

價格異議的處理唯有「利益」二字，在客戶沒有充分認同您能給它的利益之前，你要小心應對，不要輕易地陷入討價還價之中。因此，你要學會轉移客戶的注意力，千萬不要一開始就和客戶談價格，要先描述價值，後談價格，化被動為主動；只有這樣，才能讓客戶感覺到產品的物有所值，甚至是物超所值。

28 刺激欲望，留住客戶

連續兩年當選美國百萬圓桌超級會員的馮金城，分享他的成功經驗為——他從不急於成交，他在乎的是找到客戶自己也不知道的需求，和客戶碰面時他總會先問：「你有做財產贈與規劃嗎？」

「沒有？為什麼？」即使對方不耐、被拒絕、擺臉色，他也從不放在心上。每隔一、兩週，他就會試著再跟對方聯絡一次，提醒客戶這個問題，甚至幫客戶做好一系列的精算規劃，將做與不做的結果都比較給客戶。曾有一個客戶，就讓馮金城醞釀了將近十四個月，最終保費收入高達千萬，但這還不是最長的紀錄，馮金城說他曾經經營一個準客戶長達八年。

想實現成交，既要沉得住氣，還要不輕言放棄。在客戶選擇產品的過程中，業務員應給客戶留下足夠的空間，即便一番努力後沒有結果，也不要輕易放棄，要抓住一切可能的時機，運用各種技巧留住客戶。

在客戶選擇產品的過程中，業務員應做到：

不催促客戶做決定

客戶選擇產品時不怕產品種類多，就怕沒有足夠的時間選擇，他們一般很少馬上做出成交決定，經常要經過一番比較和分析，才能選到最心儀的產品。如果你在介紹產品後就急著催客戶購買，很容易引起客戶反感。

其實在選擇產品時，如果客戶沒有特別疑問，通常是不希望被打擾的，更不願在被催促下做出成交決定，這樣等於是主動權被剝奪了；且他們最厭惡的就是業務員的打擾和催促，認為業務員只想盡快成交，自己只不過是業務員手中的一顆棋子罷了。記著：選擇重於一切，有選擇才有成交！

在向客戶介紹產品後，要給客戶足夠的選擇空間，這樣才能維持良好的銷售氣氛，贏得客戶更多的尊重和信任。

有條理地引導客戶

如果只是放任讓客戶自己決定，而業務員沒有在一旁使力，自然難以達到成交的效果，所以業務員在這期間要做好引導，防止或消除其他不利因素對客戶的影響。

- **透過提問引導客戶：**向客戶提出有關需求探討方面的問題，採取連環提問的方式，逐漸引導客戶對特定產品的關注，激發客戶的購買興趣。
- **藉由證明引導客戶：**利用有說服力的產品認證和見證資料，引導客戶對產品的態度，使客戶心甘情願接受和喜歡產品。
- **透過第三方引導客戶：**利用其他客戶的使用結果來引導客戶，向客戶表明購買產品之後能得到的利益，促使客戶做成購買決定。

適當保持沉默

客戶在選擇產品時，需要根據自身所面臨的情況綜合考慮，可能在一些具體問題上難以定奪，這時最怕別人打斷思路。如果業務員仍滔滔不絕地說個沒完沒了，不停地向客戶介紹產品優勢，很容易打斷客戶興致，甚至讓他產生另換別家的想法。

不要覺得說得多就能留住客戶，在客戶思考時，最好適當保持沉默，這不僅能表現出對客戶的尊重，又能給客戶一種無形的壓力，反而能讓對方更快做出決定。

與客戶持續保持聯繫

如果與客戶商談後並沒有達成交易，客戶執意要離開時，業務員最好不要強行挽留。這時可以奉上名片，與客戶保持聯繫，設法消除客戶心裡的芥蒂，先與他建立好關係，之後再找時機約見他。如果未能成交，要積極主動地與客戶約好下一次見面日期，如果在你和客戶面對面的時候，無法約好下一次見面的時間，那以後要想與這位客戶見面可就難上加難了；如果與客戶預約成功，一定要在拜訪前充分準備，以確保拜訪進行順利。

對業務員來說，一旦與客戶有過接觸，就算認識了，新接觸一個客戶，即等於多了一個資源，就要把這些客戶當成寶貴的資源加以珍惜，即便成交失敗，你也要保持對客戶的關注，持續追蹤、了解客戶的需求變化，只有對客戶有足夠的了解後，才能發現再次接近並贏得客戶的時機。身為一名優質的業務員，一定要堅持追蹤，追蹤、再追蹤，如果要完成一件業務工作需要與客戶接觸五至十次的話，那你不惜一切也要熬到那第十次的購買信號，而當客戶決定要購買時，通常會給你暗示，這時傾聽就比說話更重要了。

總之，業務員在與客戶接觸時，不要操之過急，要根據自己的計畫，把握好銷售的節奏。在客戶遲疑時，不急著催促客戶成交；被客戶拒絕時，也不輕易放棄，只要在前期造出氛圍，做好準備，打好基礎，成交就是自然而然的事情了。

如果客戶猶豫不決，眼神裡流露出留戀之情，你要試著找到客戶的疑慮點，不要為了急於促成交易，一味地叫客戶購買，反而要運用一些技巧，讓客戶在不知不覺中消除疑慮，激發其購買欲望。除了有些客戶對某件產品一見鍾情外，大部分的成交都是在業務正確引導的過程中實現的，以下分享四種激發客戶購買欲望的方法：

- **倒數計時：**告知客戶優惠活動即將結束或這是限量商品等。

- **給誘惑：**告訴客戶購買產品後能獲得什麼樣的好處，將購買前後的情況向客戶做一個對比，使其在權衡利弊後做出購買產品的意向。

- **製造優越感：**客戶在個人優越感得到一定的滿足時，往往更容易接受業務的請求，如此一來，客戶得到了業務的肯定，心情好也會成為他購買產品的原因。

- **增加對產品的印象：**有時客戶會有「貨比三家」的想法，此時業務員可以增加客戶對產品的印象，向客戶明確地介紹產品特點和價值，還有為何一定要購買我的產品，而不要買競爭對手的產品，有利於加深客戶對產品的印象。但在這個過程中，請一定要特別注意客戶的反應，無論是舉止、表情，只要客戶表現出不耐煩和不悅，就應馬上停止，更別大肆地批評對方。總之，在面對陌生客戶時，腦中要存有「沒有陌生人，只有還沒有認識的好朋友」的信念；在面對老客戶時，心中要存有「你就是我的信徒，你會瘋狂地幫我轉介紹」的想法，這是基本的心理建設。

29 向客戶要求成交

一筆訂單的成交，意味著個人業績、銷售獎金；對公司企業意味著營業收入、市場發展；對客戶則意味著個人需求獲得滿足。因此，「順利成交」形同是多贏局面的代名詞，但假若銷售失敗，業務員往往首當其衝，獨自承受著內外壓力，造成業務員在即將與客戶達成協定時，容易對成交產生患得患失的心情，一下子擔心自己操之過急，一下子期待客戶主動購買，結果未能完成最終的銷售目的。

事實上，當你希望獲得訂單、成功完成締結時，除了要掌握成交時機外，也取決於你能否勇於向客戶要求成交。在銷售過程中，儘管有許多因素會影響客戶的購買行動，但你的商品解說、解決異議、引導溝通等銷售技巧，便是幫助你完成銷售的工具，有時你早已善用「工具」刺激了客戶的購買欲，卻仍提不起勇氣要求客戶成交，因而平白錯失成交良機。一般來說，業務員在要求客戶成交時，會有以下常見的心理障礙：

擔心時機不對，引起客戶反感

有時業務員會不斷確認客戶的購買需求、購買意願，可一旦客戶真的有意購買時，卻又擔心要求客戶成交的時機不夠成熟，貿然開口會造成客戶的壓力或反感，所以寧可「靜觀其變」。

其實這種心理源自於業務員的「害怕失敗」，畢竟好不容易讓客戶產生了購買意願，怎能不更加謹慎地因應？固然延遲提出要求成交的時機，避免馬上被拒絕的風險，但這也代表你無法得到一份確定的訂單。尤其當客戶已有購買意願時，正是業務員積極引導、主動提出成交的好時機，過度的謹慎只會讓客戶在你躊躇的時

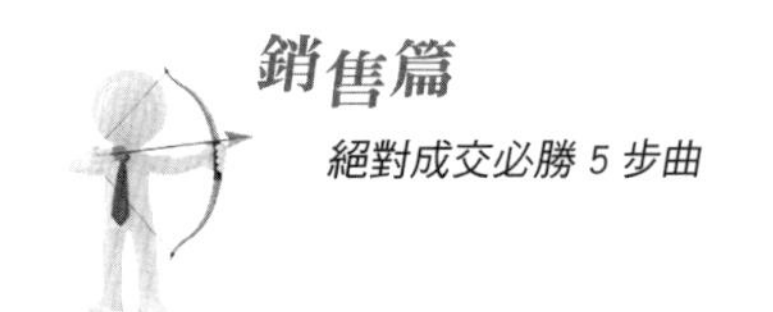

間下，卻購買欲漸漸地冷卻下來，因此，克服這種心理障礙的方式，就是保持平常心，坦然面對結果，不要過分在意成敗。

期待並等待客戶主動開口

通常銷售成交的方式有兩種，一是簽訂供銷合約，二是現款現貨交易，但無論哪一種方式，業務員都不應有錯誤的期待，認為客戶會主動提出成交要求，我只需等待他們開口。事實上，絕大多數的客戶都不會主動表明購買意願，即使他們有極高的購買意願，業務員如果沒有積極提出成交要求，他們也不會採取購買行動，所以在銷售過程中，應牢記自己是引導的角色，適時地鼓勵客戶完成購買。

主動要求成交，像是求著客戶購買

業務員主動要求客戶成交時，如果他的內心會產生「這是在哀求客戶購買」的感受，不僅意味著他對銷售有著錯誤的認知，也表示他不清楚自己與客戶之間是平等、互惠的銷售關係。這種心理往往會讓業務員在面對客戶時缺乏自信，不敢提出任何積極性的建議，很容易陷入自艾自憐的困境，長此以往之下，自然會對個人銷售事業的發展有不良影響。

身為業務員，你必須瞭解你是在為客戶提供商品或服務，滿足他們生活上的需求，而客戶也以金錢作為交換與回饋，因此雙方進行的是一場「公平交易」，唯有正確認知雙方互利互惠的買賣關係，你才能調整心態、展現自信，樹立專業的銷售形象，也才能獲得客戶的信賴。

擔心商品不夠完美，引起客戶的心理反彈

這是一種複雜的心理障礙，當業務員對自己銷售的商品沒有信心、害怕客戶拒絕、憂慮市場競爭者具有銷售優勢時，經常會在提出成交要求時感到卻步，如果客戶最後沒有採取購買行動，業務員便會將銷售失敗的原因，歸咎於商品的品質有問

題，而更加否定商品的價值，不斷惡性循環。

在銷售過程中，業務員憂慮自己的產品不夠完美，可說是自尋煩惱，因為世界上沒有百分百完美的商品，客戶所尋求的商品標準也不是「完美」，而是「好處」。當客戶瞭解商品帶來的益處正是他所需求的，那這就是值得購買的商品，此時業務員若主動提出成交要求，可以促使他們做出購買決策。換言之，業務員若想克服「商品完美性」造成的心理阻礙，就必須清楚認知：完美的商品並不存在，商品的好處、價值是可以塑造的。

 成交一切都是為了愛

不管你從事什麼行業，你都要熱愛你的工作，你必須要喜歡你自己賣的東西。如果你連自己賣的產品都不認同，都不喜歡，那勸你趁早不要賣了，不然你就不符合「成交一切都是為了愛」。

什麼叫「成交一切都是為了愛」？就是我真的認為這個產品或服務很好，所以我才會設法推銷給你。就像我一直在推薦的王道增智會，因為我自己真的是認為很好、很棒，所以我能夠很理直氣壯地賣給你，這樣你就能得到我的服務，而這個服務價值絕對超過你支付的金錢。

你要確認你賣的東西很好，而且是發自內心地確認，若一樣不好的產品，你為何要去賣呢？所以我很難想像為什麼有人要去賣地溝油呢？

我很推崇一個「厚利適銷」的概念，就是我拿真正很好的東西，但賣給你一定的價格，不敢說貴，可是要有一定的價格。我記得二十多年或三十年前我第一次去大陸，因為我父親是當年跟蔣介石一起來台灣的老兵，所以當政府一開放大陸探親時，我就陪著我父親回大陸探親。你知道當時什麼東西最讓大陸同胞驚豔，讓他們眼睛瞪著大大的嗎？是台灣的泡麵，因為它裡面真的有肉。我跟他們說這一碗台幣要賣 25 元，折合人民幣 5、6 元，當時大陸的方便麵才賣幾毛錢而已，雖然價格很高，但他們仍願意花人民幣 5、6 元來買這碗泡麵。

這讓我明白一件事，真的很好、很高檔，品質很棒的東西，把價格賣高一點沒關係，因為它本來就有它的價值，且賣東西本就是要賺錢，但你的東西一定要很好、很棒。

所以，成交一切都是為了愛，並不是說你不要去賺客戶的錢，你當然可以大賺客戶的錢，但你的東西要非常好、非常有良心，好得讓人驚艷，讓客戶反過來謝謝你推薦好東西給他。

向客戶提出成交的好時機

要求客戶成交是完成銷售的最後一步，只要業務員克服了以上阻礙成交的心理，在適當時機，真誠、主動地提出完成交易的要求，成交機率將會大幅提升，但何時才是向客戶提出成交的適當時機呢？

1 商品解說之後

當你確認了客戶的購買需求，並為對方介紹商品之後，詢問他所需要的商品款式、數量、顏色等條件，將是順勢提出成交請求的好時機。

2 異議處理之後

當客戶提出購買異議時，你在化解疑問之後，要徵求客戶的意見，以便確認客戶是否真的有清楚瞭解商品，以及你是否需要再進行意見補充。

客戶認同你的說明時，你只要再進一步詢問對方選擇何種商品，並提出成交要求，往往可以推動交易的完成。

3 客戶感到愉悅時

客戶的心情越是輕鬆，購買意願也會隨之提高，此時提出成交要求，將可增加成交的機率。

值得一提的是，當你向客戶提出成交要求，並達成協定之後，必須牢記「貨款完全回收」才算真正完成銷售。換言之，你與客戶達成的口頭協定，並不表示你能

真正收到貨款，甚至連簽訂合約後，客戶仍有可能因為實際情況與簽約條件不符而拒絕付款。為了避免你與客戶發生買賣糾紛，在簽約時務必將交易條件說明清楚，並確認客戶瞭解雙方的權利與義務，尤其是高價位商品應以書面方式確立同意事項，審慎處理，最低限度也要取得客戶口頭上的同意。

如果你是與客戶協議在特定日期或每月按時前往收款，赴約前務必先和客戶確認，而後再依約前往，一來可避免客戶不在，白跑一趟，二來可防止客戶取消訂單。有時業務員會認為每月收款既麻煩又辛苦，但收款的同時，其實就是在做售後服務，特別是雙方建立起長期的良好關係後，客戶多半會願意為你介紹新客戶。

30 抓緊客戶的「心動時機」

敏銳觀察客戶的肢體語言、解構客戶的心理狀態，可說是一個傑出業務員的必備條件，唯有善於捕捉客戶的購買資訊，才能掌握客戶的「心動時機」，從而提高成功銷售的機率。但要如何掌握客戶心動的剎那呢？又要如何察覺出這種心理狀態的改變呢？

在一般情況下，客戶有極高的購買意願時，他們多半會有以下五種行為表現：

1. 客戶會從挑剔、質疑的批評態度，逐漸轉變為「點頭默許」的肯定態度。

2. 客戶的言行舉止或對你的態度，比先前要和善、親切。

3. 客戶會觸摸商品，並仔細觀察或目不轉睛地翻閱商品目錄和說明書。

4. 客戶頻頻詢問品質、價格、使用方法、付款方式、售後服務等購買細節。

5. 客戶開始討價還價，希望你能提供更優惠的價格或附送贈品。

當客戶出現以上五種行為表現，或透過態度、言語、肢體訊號傳遞出購買的意願時，往往意味著成交有望，但此時業務員若過於急躁或催促成交，反而會讓客戶因此感到壓力而萌生退意，所以你只要適時地從旁配合、引導即可。

讓客戶當場購買

看準顧客的購買欲最強烈的時候，打鐵趁熱，直接提出成交簽約的要求，是提高簽約效率最直接的途徑，但這種方法一定要看準顧客成交意識是否已經成熟，有較大的成交把握時再使用。

有些業務員在客戶有購買的意願時，卻不能掌握時機與客戶完成交易，這就好比足球場上的「欠缺臨門一腳」，著實叫人遺憾。當洽談已發展至有利的階段，卻還是失敗的原因有二——

- 業務員無法確切地回答對方的問題。
- 在洽談的關鍵階段，業務員沒有封鎖客戶可能提出的拒絕。

業務員在進行商談前，務必提醒自己封鎖客戶在商談中出現的反駁，並預測客戶可能會有的異議，同時不要忘了使用強力的銷售用語。

洽談過程中，客戶會向業務員提出各種疑問，此時，必須誠懇認真傾聽，並對客戶的質問完整回答。如果隨便敷衍，即使客戶有購買之意，也會在瞬間沒有興趣，所以，確認客戶拒絕的真假程度，也是很重要的。面對「我再考慮一下！」、「我和先生再商量看看！」這樣的拒絕語，就回答「明天我會在這個時候再來拜訪，聽您的好消息。」如果客戶有心拒絕，一定會說「哦！你不用來了。」有購買意思的客戶則可能會說：「好，那麼到時候我再做決定。」至於「沒有預算」這一類的拒絕話，多半不是真正的原因。在促使客戶下決定成交時，最好是以最自然的方式，具體方法如下：

① 以行動來催促客戶做決定

這是促使對方決定簽約的方法。當你判斷客戶可能會與自己交易時；就要當作（假設）客戶確實要買了，隨即進入簽約過程的最後階段。時機點通常是在詳盡介紹和解答所有疑問後，理所當然地說一聲「麻煩您在這裡簽個字！」在恰當時機時，就將合約書和筆一併拿出，這就好比跟客戶說：「好！請決定吧！」客戶此時往往會情不自禁地拿起筆簽下合約。

保險業務員就常利用此法，例如業務員會藉著「每個月十五日前後來收款，可以嗎？還是您有更方便的時間呢？」這種收款日期的確認，可以使客戶更容易點頭答應。因為這種方法容易引導客戶主動說：「好，我買了！」是一種站在客戶立場、揣摩客戶想法，使雙方輕鬆愉快地締結契約的收場方法。應用此法的手段很多，如收款日期的確認和買受人名義的確認，但手段雖多，卻有一共通點，就是業務員都要以客戶要購買的心情來假設，與客戶溝通。還有，為求確認，千萬別忘了說：「謝謝您，太太（先生）！能不能在這裡蓋個章？」然後神態自如地把合約書拿出來填寫，這時切勿因交易成功而喜形於色，以免客戶認為自己是不是決定得太倉促了！

② 引導客戶做「二選一」的決定

業務洽談至締結契約的階段時，客戶與業務員間激烈的攻防戰就開始了。縱然客戶購買的欲望很強，但心中難免產生抗拒的想法：「現在這樣也不錯啊！還是盡量多節省一點開支吧！」這種想買又不想買的矛盾，使客戶很難果斷地下決定，而業務員要做的，就是針對客戶這種心理狀態，協助他化解其中矛盾，請看以下對話——

客戶：「是啊！這房子確實不錯，不過我得徵詢我老公的意見？每個月增加快兩萬元的支出，我一個人沒辦法決定啊！」

業務員：「李太太！這麼好的機會稍縱即逝啊！您先生鐵定會贊成啦！說不定還會稱讚您找了這麼好的一棟房子！」

客戶：「可是一個月多快兩萬元的支出……」

業務員：「李太太！這地段的行情是持續看漲……明年捷運通了，就不是這個價了，絕對是回本很快的！」眼看時機成熟，就要悄悄把訂購單備妥，但別被察覺，否則顧客容易產生戒心，等客戶表現出「到底要還是不要」這種心理狀態時，業務員就可以若無其事地說：「那請問是要登記誰的名字呢？先生的名字？還是孩子的呢？」此時，一直猶豫不決的客戶也會說「好吧！就請你寫孩子（先生）的名字好了」這筆單就這樣談成了！

例如：「（商品）要 A 類型的，還是 B 類型的？」這樣的詢問，記住不要給客戶太多的選擇，非 A 即 B 的二擇一法最易收效；如果是產品的話，「甲和乙您喜歡哪一個？」迫使客戶盡速做出決定。當人被問到「要哪一種？」的時候，通常都會朝自己喜歡的種類來作選擇，以致於在說出答案的同時，就一併去除猶豫不決的情況，而這稱為「選擇說話術」，或稱為「二選一說話術」，在各種商談的場合

上，經常被使用到。

③ 利用身邊的例子，促使客戶下定決心

舉身邊的例子，舉一群體共同行為的例子，舉流行的例子，舉主管的例子，舉知名人士的例子，讓顧客嚮往，產生衝動、馬上購買。如果商品是車子，就可以說：「您隔壁的 ×× 先生也是我的客戶，上個禮拜週休二日，他們一家人開著車到北海岸兜風，玩得很盡興呢！」如果是工作上使用的機器，就可以說：「像 ×× 公司，也是購買我們的機器，一年就節省了百萬元的成本。」對購買可能性高的客戶，盡量舉一些他們所熟悉的實例，不失為一種刺激購買欲的方法。

④ 細心安撫客戶心中的不安

成交前、中、後都要不斷安撫你的準客戶，安撫的意思就是你要顯現出自己的信心，如果你自己都沒有自信的話，就不太可能成交。什麼叫信心呢？假設我從口袋裡掏出一張千元鈔，而我的產品就是這 1000 元，然後我賣 500 元，請問有誰要買呢？是不是很容易就有人要買；那價值 1000 元的產品，為什麼只賣 500 元呢，因為它製作的成本可能只要 300 元，但對客戶來說，他們不可能只用 300 元就做出這樣東西，但企業可以，因為每間公司都會有它專精的地方。而我做出來的東西具有 1000 元的價值，只賣 500 元，若你不要就是你的損失，我一點都不會感到不高興，因為我對我的產品有信心。

用「是不是因為有不太滿意的地方，導致您無法下決定？請不要有所顧忌，讓我們了解您的疑問。」這類的話，探究客戶的疑慮及不安的原因，再細心地為他們解答，用你的信心來安撫客戶，有時候業務員沒有注意到的細節，可能就是客戶遲遲無法下決定的原因，但將這些問題解決而順利簽約的，也不在少數。

⑤ 亮出最後的王牌，促使對方下決策

客戶可以得到什麼好處（或快樂），利用人性的弱點迅速促成交易，如果不馬上成交，有可能會失去一些到手的利益（將陷入痛苦）。像這個時候，經常被使用的王牌就是「折扣」，既然是王牌，一定要到最後才可以亮出來，一旦亮出王牌，就必須要有讓對方簽約的心理準備；而除了折扣外，可以使用的王牌還有分期

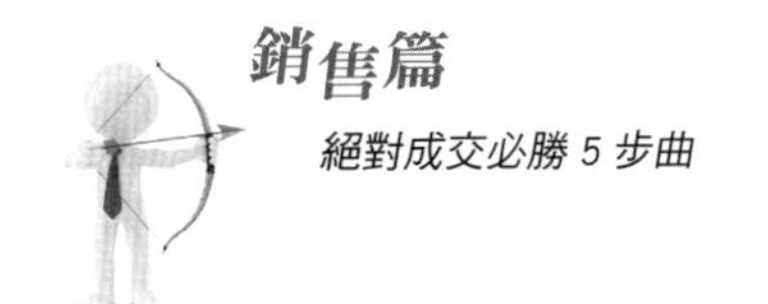

付款、先享受後付款、庫存品數量有限、優惠期限即將截止等。此外，客戶是永遠不會拒絕「謝謝」的，縱然他不想買，也不會對一個帶著微笑說謝謝的人板起面孔的，所以在運用此法時，必須先假設客戶已決定購買，在言語上半強迫式地造成客戶非買不可的心理。

當顧客對簽約表示了肯定的意思之後，能否有效快速地完成簽約，也是評價銷售人員是否夠專業的依據。業績超強的業務員在簽約時，總能在速度上求快，公事包裡務必整整齊齊、有條不紊，同時他們清楚記得合約書放在哪兒，印章擺在哪兒，以及各種目錄文件放置的位置，只要對方有一點購買意願，他們就會立即取出合約書，說道：「謝謝您，請在這裡簽上您的大名吧！」

這是業務員最基本的成交動作，但如果在這個過程中業務員動作生疏，慌慌張張的，可能會改變顧客的想法，當你慢條斯理地翻公事包時，顧客原來高昂的情緒會逐漸冷卻下來，等你取出契約要求對方簽約時，對方可能會說：「容我再考慮一下」或索性打消主意不買了。

另外，你拖拖拉拉的舉動會影響顧客對你的信心。因為顧客是基於對你的信賴感，才同意與你簽約的，當你好不容易將商談推進到簽約的階段，卻在這時暴露出雜亂無章的公事包，七手八腳地尋找那份合約書，這些對顧客原先已萌發的消費意願是一種打擊。同時，你的這種表現還會讓顧客對自己的決定產生懷疑，這時很有可能原先已達成的簽約意向就這麼消失了。

31 成交訂單的九大神奇詞彙

在銷售過程中，我們的用字遣詞有時也會深深影響著客戶內心的變化，所以我們可以改變一些用詞，觸發客戶潛意識裡的「購買指令」，從而讓客戶不知不覺地產生購買欲望，甚至瘋狂地購買，使銷售更為順利。

將「購買」改成「擁有」

「蔡小姐！當妳買了這本書之後，落實書中所教的，妳的業績會像直升機般日益上升，這是妳要的結果嗎？」

你可以這樣換個說法：

「蔡小姐！當妳擁有這本書之後，落實書中所教的，妳的業績就會像直升機般日益上升，這是妳要的結果吧？」

「買」和「購買」基本上都給人要花錢的感覺，花錢在心理上會造成某程度上的負擔，當你換成「擁有」，效果就不同，因為每個人都想擁有，兩者意思相同，但投射在心裡的感覺卻是完全不同的。

將「頭期款」改成「頭期投資金額」

「陳媽媽！妳只要付頭期款 5000 元，之後每個月只要付 2500 元，就可以買下這台新型的筆記型電腦了。」你可以這樣換個說法：「陳媽媽！妳第一次只要投資 5000 元，之後每個月只要再投資 2500 元，妳的小孩就可以擁有這台筆電了。」

無論頭期款還是每月付款金額，聽起來都是要花錢，但當你換成「投資」，感覺就不同，因為投資在心理上是一種投入會有回報的感覺，就像買書是投資知識在自己的大腦，讓小孩補習或學才藝或學電腦其實都是一種投資。

將「合約書」改成「書面文件」

「張先生！這份合約書請您過目一下。」你可以這樣換個說法：「張先生！我把剛才溝通的內容寫下來，當作我們彼此的協議，這份書面文件請您過目一下。」

因為「合約書」聽起來較正式、嚴肅，給人有很多法規條款的感覺，而「書面文件」感覺是比較一般性的資料，客戶心理自然就不會產生較多的排斥與抗拒感，而不願意簽名或多重考慮。

將「推銷」改成「參與」或「拜訪」

「游總經理！謝謝您給我這次推銷的機會，我們有很多客戶都買了這個計畫。」

可以這樣換個說法：「游總經理！謝謝您給我這次拜訪的機會，我們有很多客戶都擁有這個計畫。」

人一般都不喜歡被推銷，因為有一種被強迫的不舒服感覺，當你換成「參與」或「拜訪」，聽起來比較沒有侵入性和負面的感覺，心理自然而然就不會產生抗拒和排斥。

將「生意」改成「機會」

「王董事長！這是一筆千載難逢的生意，我相信您一定不會想錯過是嗎？」

你可以這樣換個說法：

「王董事長！這是一個千載難逢的絕佳機會，我相信您一定不想錯過是嗎？」

「生意」聽起的感覺也是要花錢，但不知可否確定會賺錢，所以當你換成「機會」，就不一樣了，因為每個人都想要把握難得的機會。

將「簽名」改成「同意」或「授權」或「確認一下」

「楊小姐！如果沒有其他問題，請您在這裡簽個名。」你可以這樣換個說法：

「楊小姐！如果沒有其他問題，我需要您的同意或授權，讓我們可以繼續為您服務，請您在這裡確認一下。」

我們小時候可能被父母教育不要隨便「簽名」，以免上當受騙，當你換成「同意」、「授權」或「確認一下」，感覺上是客戶在主導決定，而不是逼客戶簽名決定。

將「佣金」或「獎金」改成「服務費」

「賴先生！當您買下這間房子，我們只賺您 2% 的佣金。」你可以這樣換個說法：

「賴先生！當您擁有這間房子，我們只收您 2% 的服務費。」

「佣金」或「獎金」會讓客戶覺得你在賺他們的錢，客戶不喜歡被你賺走太多錢，所以當你換成「服務費」，客戶會覺得你有幫他做些事情，給一些服務費是應該的。

將「如果」改成「當」

「鄭小姐！如果妳今天加入會員，除了入會費免費外，再贈送你限量保濕面膜，對妳而言並沒有任何的損失。」

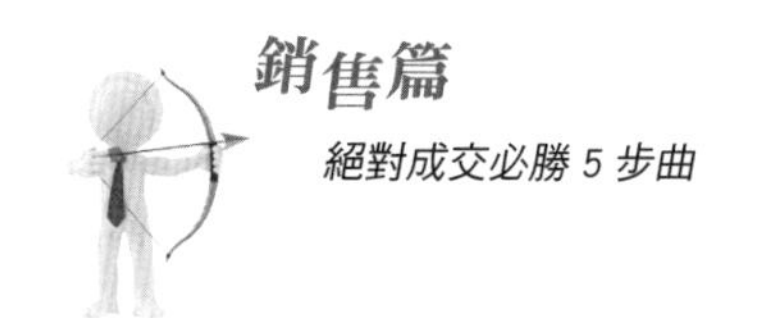

你可以這樣換個說法：「鄭小姐！當妳今天加入會員，除了不用入會費外，再贈送你限量保濕面膜，對妳而言沒有任何的損失。」

「如果」給人一種還沒正式開始的感覺，當你用「當」這個字眼時，就感覺事情正在發生或已經發生了，而不是還未發生。

將「消費者」改成「服務的人」

「洪小姐！用過這產品的消費者，都非常喜歡，還積極幫我轉介紹。」

你可以這樣換個說法：「洪小姐！我服務過的人都非常喜歡這產品，而且還幫我轉介紹。」

「消費者」感覺上就是有消費有花錢，而「服務的人」感覺上是你有為客戶做些什麼，有幫助過什麼，客戶寧願被你服務，也不要被你消費，所以兩者感覺是不同的。

當你熟練運用以上九種神奇詞彙，客戶便會不知不覺被你引導，順利得到你想要的結果。

32 用對技巧，輕鬆 Close 訂單

銷售的目的就是要成交，沒有成交，再完美的銷售過程，也只能是鏡花水月。很多業務員都深刻明白這一點，在他們心中，沒有成交，一切都是白費。

很多業務員開始做業務的時候，往往衝勁很大，找到客戶，送了樣品，報了價就不知道該怎麼辦了，常常是白做工。其實你應該不斷地問他，您什麼時候下單呀，直到有結果為止。

其實，採購就是在等我們問他呢。會哭的孩子有奶吃，徜若孩子不哭，我們怎麼知道他餓了呢？所以我們要懂得要求客戶購買，然而，有 80% 的業務員都沒有做到積極主動向客戶提出成交要求。

接下來就給大家介紹幾種高效的成交方法，業務員可以根據實際情況，針對客戶的個性特徵和需求，抓住有利的時機，選擇合適的成交方法，及時有效地促成交易。

直接請求成交法

「直接請求成交法」就是業務員用最簡單明確的語言，直接請求客戶購買。如果業務員察覺客戶有意成交，就可及時採用這種方法促成交易，例如，業務員說：「您看我們的產品價廉物美，您這次準備買多少呢？」

直接請求成交法的好處就在於能有效節省銷售時間，提高成交效率，加速客戶下定購買決心，但其缺點在於直接的請求很可能會引發客戶的反彈與抗拒，甚至引發客戶的成交異議。因此，業務員在使用直接請求成交法時，一定要確定客戶已經有強烈的成交跡象。

使用這種方法時，業務員的語氣要恰到好處，既能讓客戶接受，又能給客戶一定的壓迫感。同時，要注意自己的言辭和態度，不要給客戶咄咄逼人的感覺，以免讓客戶反感。

肯定客戶成交法

「肯定客戶成交法」就是業務員以肯定的語氣，堅定客戶的購買決心，進而促成交易，積極地肯定並讚美客戶，讓猶豫不決的客戶變得果斷起來。

使用「肯定客戶成交法」前，必須確認客戶對你的產品已產生了濃厚的興趣，且你的讚揚一定要發自內心，虛情假意的讚美只會讓客戶反感。肯定客戶成交法在一定程度上，能滿足客戶的虛榮心，幫助他確認並強化其想要擁有的「消費決心」，也有利於提高成交率。

非 A 即 B 成交法

「非 A 即 B 成交法」就是給客戶兩個選擇，這種方法是用來幫助那些總是猶豫不決的客戶，客戶只要回答問題，總能達成交易。「非 A 即 B 成交法」看似把主動權交給了客戶，實際上卻是讓客戶在成交的範圍內選擇，有效促成交易。

「非 A 即 B 成交法」最大的好處就是把購買的選擇權交給客戶，沒有強加於人的感覺，因而可減輕客戶購買決策的心理負擔，有利於促成成交。

你一定要假設客戶會購買你的產品，只是買多買少，什麼時候買，千萬不要問一個自殺式問句：「請問你要不要買？」請先假設客戶會買，而不是一直想著客戶究竟會不會買，當假設成交時，我們可以再利用非 A 即 B 二擇一法，讓客戶決定，例如：你要 XL 還是 L 的？你要黑色還是紅色的？你要一個還是兩個？你要這星期送還是下星期送？你要付現還是刷卡？你要一次付清還是分期？保險大師曾經在成交時問客戶：

「吳經理！請問是要用您的筆簽還是我的筆？」最後吳經理用他自己的筆簽上

他的名字！成交！

還有一種相類似的選擇成交法，是指業務員直接向客戶提出若干方案，並要求客戶選擇其中一種購買方案。這種方法的特點是把客戶的選擇局限在成交的範圍內，使客戶回避「要還是不要」的問題，不給客戶拒絕的機會；但向客戶提供選擇時，應盡量避免向客戶提供太多的方案，最好控制在三項之內，否則不利於客戶做出選擇。

從眾成交法

眾所周知，人的行為不僅受到觀念的支配，還會受到周圍環境的影響，稱為「從眾心理」，例如暢銷書排行榜上的書往往會更暢銷！而「從眾成交法」就是利用客戶的從眾心理下定購買決心。

人們都具有從眾心理，但程度有高有低，業務員在運用從眾成交法時，一定要分析客戶的類型和購買心理。雖然從眾成交法可簡化銷售勸說的內容，但卻不利於業務員準確地傳遞全面的產品資訊，這種方法若用在個性較強勢、有主見的客戶身上，往往會有反效果。

「害怕買不到」成交法

可利用客戶「害怕買不到」的心理，假裝停止談判，準備離開，那些性子急的客戶往往會因此主動提出成交。一件事物，人們原本對它的興趣不大，但當人們占有、享有或觀賞它的自由受到了限制，人們就會變得開始渴望這件事或物了。購物時，如果你發現貨架上的物品還很多，我們會猶豫一下，心想，今天不買，明天買也是一樣的，結果拖到最後還是沒買。但若存貨不多只剩下一、兩組，你就會想，今天如果沒買，明天可能就沒有了，尤其是當售貨員說「這是全球限量版」時，腦子裡的理智線就會緊繃甚至斷裂，覺得這麼好的機會被自己遇上，不買就可惜了。所以，我們常被某店鋪櫥窗外那些「數量有限，欲購從速，售完即止」所征服，最後不得不買。

善用「現在不買，以後將錯過」、「害怕失去某種東西」的緊迫感，往往更能激起客戶「想要擁有」的欲望。選擇機會越多的時候，人們越拿不定主意；而選擇機會越少時，人們越急著做出選擇。害怕失去某種東西，往往比希望得到同等價值東西的想法對人們的激勵作用更大，在受限的環境下，人們很容易被激發出「得到它」的欲望，因而將「需要」變成「必須要」。

因此，你可以多加善用這點，介紹產品時，適時增添一些緊迫感，讓客戶產生「只有這一次機會」或「錯過了，將十分可惜」的感覺，促其加速做出購買決定。但運用這種方法的前提是，最好能確定客戶對產品有足夠的興趣，而且自身的產品也具有其他產品不可取代的優勢，否則只會白白將生意讓給競爭對手。

妥善利用限量供應的策略，往往可促使客戶由猶豫不決迅速轉變為果斷下單，馬上成交。限量供應雖然能讓客戶產生「不買就會吃虧」的心理，但這種方法不宜經常使用，否則容易失去新鮮感；要使消費者產生「只有一次」或「最後一次」的意識，才能成功喚起客戶的緊迫感，主動催促你買單。

將花費減少到極小程度成交法

當我們銷售一樣高單價產品時，這個成交技巧就相當有效，將產品總金額除以使用時間，換算到每天只要投資多少錢，當客戶發現每天只要花費極少的錢就可購買產品時，自然就不會覺得產品貴了。

例如：「林經理！這課程的費用非常便宜，最重要的是所學的技巧可以用一輩子，若我們以 10 年來計算，課程費用 6 萬／ 10 年＝ 6 仟元（每年），平均每天只要 6 仟／ 365 天＝ 16 元，每天投資 16 元您就可以參與這堂對您一生極有助益的課程。林經理！每天 16 元會不會造成您很大的負擔？我想以林經理的財力和成就，這樣的投資有如九牛一毛，不是嗎？」

蘇格拉底成交法

希臘最著名的哲學家蘇格拉底的溝通祕訣，就是讓客戶說「是」！心理學家指出，當一個人在說「是」的時候，他身心是放鬆的，會積極地接受外界事物，當對方連續回答「是！對！好！」之後，你再問對方問題時，對方也會輕易地配合你回答「是！對！好！」，所以只要你引導得好，客戶就很容易被你牽著鼻子走。

設計好你的成交問題，讓每一句問話都能誘導顧客說：「是！」消除客戶對你的戒備，同意你說的每一個觀點，自然就會不由自主地對你說：「Yes ！」

所以你可以事先想好一些能讓客戶回答「是」的問句，也可以搭配二擇一成交法，原則就是讓客戶回答自己想要的答案，這個技巧非常實用，適用於邀約客戶，產品介紹，締結成交。

以下舉例說明，大家可以依自己的產品行業別加以改編。

業務：「你知道投資股票有漲有跌嗎？」

客戶：「當然知道。」

業務：「如果有一家公司沒有未來性、不會賺錢、發展性不夠、沒有格局、沒有成長空間、沒有潛力、對這家公司沒有信心，你應該不會投資這家公司對不對？」

客戶：「對！」

業務：「相反的，如果有一家公司具有相當的競爭力、又有潛力、未來又會有可觀的獲利、格局又宏觀、不斷的成長，你會投資嗎？」

客戶：「會呀！」

業務：「世界成功策略大師博恩．崔西說每個人的大腦都是一部 280 億位元的超級電腦，如果你的大腦是一個投資標的物，你覺得大腦值得投資嗎？」

客戶：「嗯！」

業務：「如果投資自己可以運用自己所學的知識與智慧幫你每個月多賺一萬、五萬、十萬甚至更多，這是你要的嗎？」

客戶：「是的！」

業務：「現在就讓我們來看一下如何讓你每個月多出更多的被動收入吧！」

對比成交法

我們想像一下，當你前面放一桶冰水和一桶溫水，先把手放進冰水放三分鐘，再放進去溫水，你會感覺水溫有點熱，感覺比實際溫度還熱，這就是一種對比的原理。

從前有一個小女孩為了要存錢買腳踏車，就去批餅乾來賣，一年賣出四萬多包，許多銷售專家和心理學家就去研究她是如何做到的，結果發現她用的是對比成交法。她每天下課後都帶著好幾盒餅乾，一盒裡面有十包餅乾，另外她還帶了一張彩券，每當她挨家挨戶敲門拜訪時，她就會跟對方說：「您好！我為了存錢買腳踏車，所以每天利用下課後打工賺錢，這裡有一張彩券，只要三十元美金，您買一張好不好？」

通常對方都會覺得太貴了，因為他們都知道一張彩券只要三元美金就買得到，但小女孩還是堅持不放棄地向對方說：「不會貴呀！你想想看，這彩券只要三十元，若中獎了！你可能得到三千元或五千元，一下子就賺回來了！」

小女孩不斷地說三十元，三十元，三十元，一直不斷重覆三十元這個數字，當對方不耐煩並堅持不買後，她就從包包裡拿出二盒餅乾說：「不然這樣好了，這裡有二盒總共二十包餅乾只要十元，您要買嗎？」對方幾乎都是馬上付錢買了。

為什麼客戶最後會買呢？因為當小女孩一直重覆「三十」這個數字時，客戶的腦海裡會一直存在著「三十」這個數字，當你再說一個比三十更便宜的數字時，客戶會覺得比三十元更便宜，所以很快就決定買了。

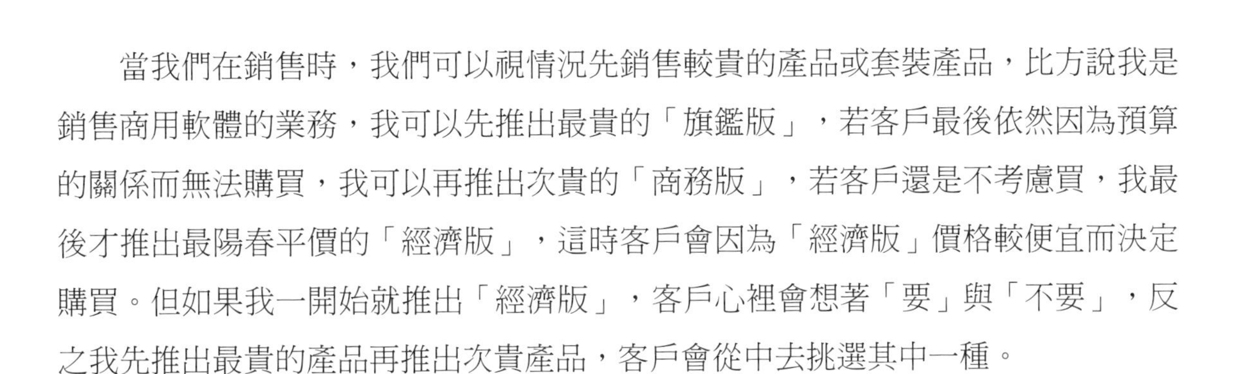

當我們在銷售時，我們可以視情況先銷售較貴的產品或套裝產品，比方說我是銷售商用軟體的業務，我可以先推出最貴的「旗艦版」，若客戶最後依然因為預算的關係而無法購買，我可以再推出次貴的「商務版」，若客戶還是不考慮買，我最後才推出最陽春平價的「經濟版」，這時客戶會因為「經濟版」價格較便宜而決定購買。但如果我一開始就推出「經濟版」，客戶心裡會想著「要」與「不要」，反之我先推出最貴的產品再推出次貴產品，客戶會從中去挑選其中一種。

當然在銷售過程中，不要輕易讓步，要讓客戶知道這就是最適合你的解決方案，除非等到確定客戶願意用更少的金額購買時，你才可以讓步，並用對比成交法成交客戶。

回馬槍成交法

有時無論我們如何介紹、勸購，客戶還是不買，那種失落、沮喪的心情，我能體會，這時可以用這一招，用法如下——

業務員說：「林媽媽！說真的，我覺得我們這套學習軟體非常好，也非常適合您的小孩，雖然您不願意讓您的小孩使用，也沒有關係，我不會勉強您的。」邊說這段話的同時要邊收東西，當東西都收好後，站起身來，往大門走去，裝作要離開的樣子。根據心理學，當業務員沒有成交將要離開時，客戶心裡頓時會鬆了好大一口氣，心裡想著終於又拒絕了一個業務員，此時客戶的心房會有所鬆懈，就是業務員最佳的反攻時機。

所以接下來這個動作很重要，當你的手握住大門門把要轉開時，馬上轉過身很誠懇地對著客戶說：「林媽媽！說真的！您不讓您的小孩擁有這套學習軟體的真正原因是什麼？可不可以告訴我，讓我這份工作能做得更好，是不是錢的問題？」

客戶：「是！」

業務員：「錢的問題最好解決了，來！我來幫您解決。」

（再坐回位子上繼續說明此產品對客戶的好處和價值，並以分期的方式解決價格的問題。）

優惠成交法

優惠成交法又稱讓步成交法，是指業務員藉由提供優惠的條件，促使客戶做出立即購買的決定的方法。例如，你可以向客戶保證在一段時間內提供免費的維修，透過提高產品的附加價值來吸引客戶的注意，促使客戶做出購買決定。當然，降低價格也不失為一種極佳的優惠成交法。

33 簽約後與客戶維持良好的友誼

很多業務員往往會在成交一筆生意後，就開始立即尋找下一個潛在客戶，而疏忽了已成交的客戶。其實對業務員來說，維繫老客戶與開發新客戶同樣重要，有時老客戶甚至更重要！

開發一個新客戶的成本平均是維持一名老顧客的六倍（新興行業低些，成熟市場則更高），而要使一個失去的老顧客再重新成為顧客，所花的成本則要開發全新顧客成本的 12 倍！依據「80/20 法則」，企業 80% 的營收是來自於 20% 忠誠的老顧客，所以千萬別以為老顧客不會跑，就搞一些對吸引新顧客有利，卻會傷害老客戶的行銷策略（同理，不要以為老員工不會跑！）。例如當差別售價可行時，能取得較好價格的，有時居然是不穩定的新客戶（新客戶往往是較小的客戶），而較大、較穩定的老客戶反倒承受了較差的價格（服務）條件，一旦老顧客知悉，十之七、八會因此棄你而去。貪新輕舊的經營法就像一只漏洞的水桶，不斷注水也無法注滿，水平面還有可能持續下降！如果有一天「勞力士」為服務普羅大眾而推出中、低價位的手錶，它肯定也會得不償失！

客戶關係管理（CRM）主要要管理維護的其實就是那些「老顧客」的關係。因此，譁眾取寵或誇大絕不可取！（注意：設法引起注意與「騙」並不相同），那麼，老顧客和新顧客究竟誰比較重要呢？答案是：都重要。（今天的立即銷售和為明天鋪路的長期行銷動作又是哪一個比較重要呢？）

即使生意談成了，還是不能鬆懈，要適當與客戶保持連繫，可能有些業務員會想：都談完生意了，要用什麼理由再去約見客戶呢？的確，生意已經談完，但業務員和客戶在生意中建立的情分還在，自然要努力維持，才不會白費了之前在這名客戶身上所下的功夫。

在我從事教育訓練課程推廣工作過程中，我常常定期發電子郵件給我的會員和潛在客戶，曾經有一個會員跟我說她最近很低潮，提不起勁，我後來不定期傳簡訊激勵她，例如：「放棄只要一句話，成功卻要不斷地堅持。」還邀請她來聽演講，事後她打給我，跟我說她心情好多了，謝謝我的關心與付出，我聽了也很開心！覺得自己又幫助了一個人！

銷售大師喬．吉拉德，便時常將 I love you 掛在嘴邊，逢人就說 I love you，但後來覺得 I love you 太肉麻了，所以才改成 I like you，且即便你沒有跟他買車，他對你的態度仍很友善，仍會握手向你致意，並說 I like you；而那些潛在客戶哪天想買車時，就會馬上想到喬．吉拉德，優先以他為首選。所以，他並不會因為客戶當下沒有買，沒有成交而擺臭臉，那些不買的人還是他的朋友，仍與對方維持良好的關係，以致喬．吉拉德賣車生涯的後半段，能平均一天賣六部車。

請想想當你成交了一個客戶後，你是否就不管了呢？還是你會持續關心客戶，把對方當成朋友看待呢？

不要斷了與客戶之間的聯繫

我們可以以朋友的身分，在客戶閒暇時約其喝咖啡或是下午茶，在「閒聊」中了解客戶的現狀；業務員也可以尋找適當的聚會或相關商業活動邀請客戶參加，在活動中與客戶探討問題，了解客戶公司的現況。其實不論用什麼方法與客戶相處，你的目的只有一個，那就是盯緊客戶，當發現客戶有絲毫想改約、後悔不想合作的想法或暗示時，才能及時說服客戶，不給客戶任何反悔的機會。

另外即使款項已順利入帳，還是不能忘記要和客戶保持聯繫，為下一次的交易製造機會，只要透過一些點滴的小事，就可以讓客戶對你有印象，並逐漸發展成好朋友：

- **節日問候：**逢年過節時，可以發簡訊問候或送禮物、送賀卡（電子與實體均可，但意義稍有不同）為客戶送去一份問候，既簡單又溫馨。

- **找時間點發簡訊：**可以在產品售出一週或成交一個月後，主動發簡訊關心客戶，詢問使用狀況是否滿意以及應注意的事項。生活中常見的例子是美容院會主動發簡訊告知客戶有優惠活動，牙醫提醒病人要定時回診檢查或洗牙等。

- **贈送小禮物：**在條件允許的情況下，可以把公司的公關贈品送給客戶，讓客戶享受到實惠。

- **幫助客戶解決問題：**盡己所能地為客戶解決難題，不論是工作上還是生活上的，令客戶時常想起你。

定時了解客戶是否有新的需求

如果你總是沒事就聯繫客戶、就打電話和他閒聊，次數多了客戶會覺得困擾和厭煩，但如果你聯繫客戶時便表明自己想了解客戶是否有新需求或新問題，他一定不會拒絕你。這樣不僅能讓對方覺得你是個責任心極強的業務員，同時也能了解到客戶的新需求，進而展開下一輪銷售。你可以透過一些方式追蹤或側面去了解客戶現狀：

- **打電話或寄 E-mail：**你可以定期給客戶打電話或寄 E-mail，以了解客戶需求。當客戶接到你的電話時也許會欣慰地想：這個人還記得我呢！對業務員的印象分數也會提高。

- **親自回訪：**業務員可以直接上門回訪，但要提前和客戶約好時間，不要貿然前往。

- **寄送調查回饋表：**將調查回饋表寄給客戶，讓客戶填寫對服務、產品的印象，產品或業務員需要改進的地方，以及客戶還沒有被滿足的需求。

- **上網：**可以透過拜訪客戶的官方網站或相關的 Blog 與 Facebook 等社群，以了解客戶的最新動態。

- **從對方的競爭對手那裡打探消息：**客戶的競爭對手一定也在密切關注著客戶的

動態，如果有機會接觸到客戶的競爭對手，也可以試著透過他們，了解客戶當前狀況。

及時告知客戶企業產品新資訊

對業務員來說，與客戶保持並加深密切關係的核心就是：保持與客戶的往來與合作，持續向客戶介紹能滿足客戶需求的新產品與新服務。當公司有新產品上市時，業務員要及時將產品的新資訊告訴客戶，這樣不僅能幫自己「看牢」客戶，還可以為自己創造更多的成交機會。可以從以下幾個方面來進行：

- **透過 E-mail 或信件發送新品訊息：**把新產品的資料整理好，透過 E-mail 或紙本信件的方式發給客戶。提供給客戶的資料必須最新、真實、有系統，一堆亂七八糟的檔案只會招致客戶反感。

- **邀請客戶到公司參加新品發表會：**在一些大公司裡，如果新研發的某種產品與眾不同，公司可能會舉辦新品發表會，若有機會，可以邀請客戶參加，讓客戶了解最新產品的資訊。

優秀的業務員會採取多元與多樣的方式，做好老客戶的回訪工作，並在回訪的過程中爭取更多的訂單與與更多的轉介紹。通常在產品使用過一段時間後，產品的效果也就出來了，這時，你可以打個電話關心一下客戶，詢問他們對產品是否有任何問題或建議。

如果客戶買的是電腦，你可以問一問電腦的使用狀況如何；如果客戶購買的是保養產品，你可瞭解客戶是否還有皮膚過敏的反應，膚質是否有改善。一句關心的話，就可以得到最直接的訊息，並為下一次的銷售做好鋪陳。

34 用售後服務贏得回頭客

「以賺錢為唯一目標」是不少業務員恪守的一條定律，但在這個理念下，許多業務員會為了追求獲利，不自覺地損害了客戶利益，致使客戶對供應商或品牌的忠誠度普遍偏低；而這種以自身利益為唯一目標的作法，極有可能導致老客戶不斷流失，自然也會損害企業的利益。

日本許多企業家認為，讓客戶滿意其實是企業管理的首要目標。日本日用品與化妝品業龍頭花王公司的年度報告曾這麼寫著：「客戶的信賴，是花王最珍貴的資產。我們相信花王之所以獨特，便是因為我們的首要目標既非利潤，也非競爭定位，而是要以實用、創新、符合市場需求的產品，增加客戶滿意度。對客戶的承諾，將持續主導我們的一切企業決策」。

豐田公司（TOYOTA）也正在著手改造它的企業文化，使企業的各組織部門和員工能將目光關注於如何在接到訂單一週內向客戶交車，以便縮短客戶等待交貨的時間，讓客戶更為滿意。日本企業的做法，使日本品牌的產品遠遠高於世界其他地區，以汽車品牌為例，歐洲車在歐洲的品牌忠誠度平均不到 50%，而豐田車在日本的忠誠度卻高達 65%。由此可見，重視客戶利益，讓客戶滿意，是抓緊客戶對企業忠誠度的有效方法，客戶對企業有了忠誠度，不僅能以低成本從老客戶身上獲取利益，還可因客戶推薦，提升新增客戶銷售額。

保持客戶長期的滿意度有利於業務員業績的提升。因為我們與客戶做的並不是單一買賣，成交過後便老死不相往來，追求長期合作才是經營之本。

我們總希望與客戶產生第二次、第三次交易，最終將新客戶發展成為我們的老客戶，但如果我們不關注客戶的滿意度，在第一次交易後，客戶便對你敬而遠之了，那要如何才能做好售後服務，讓客戶滿意呢？

賣出產品並不是銷售活動的終結

業務員要明白這樣一個道理，那就是，賣出產品並不意味著從此就沒業務員的事了，因為業務員要做的並不是一次性買賣，而是要與客戶達成長期交易。所以，產品售出後，你仍要對客戶進行以下的後續服務：

- **您還需要哪些服務呢？**當交易完成之後，如果你能定期回訪，瞭解客戶需要哪些幫助，這樣不僅能向客戶表達自己的關心和關注，讓客戶充分感受到來自業務員的尊重和重視，還能透過你的主動詢問，盡可能瞭解客戶遇到的困難，有效解決這些問題。而一旦發現客戶的問題之後，就要馬上解決，如果無法協助客戶解決問題，很可能會替你帶來極為不利的影響。

- **我馬上幫您解決：**我們都知道，很多客戶在成交之後，或多或少會遇上一些使用上的問題，有些可能是因為客戶對產品不夠瞭解，有些可能是產品本身的問題。當客戶遇到這些問題時，可能會聯繫產品的售後服務部門，也有可能直接聯繫業務員。如果客戶找到你，那麼你就要儘量為他提供良好的服務，即使不能為客戶解決問題，也應該積極主動幫助客戶聯繫相關的服務人員，但如果業務員在這時推卸責任，就是犯了大忌。例如——

客戶：「我發現最近這台電腦啟動速度特別慢，不知道哪裡出現問題了，你們能幫忙解決一下嗎？」

銷售人員：「您有沒有先掃毒看看是不是中毒了？如果是您上網而中毒的話，那就不在我們的保修範圍之內……」

客戶：「我最近根本就沒有上過網，明明就是你們電腦本身的問題……」

銷售人員：「那請您打我們的售後服務電話吧，他們負責產品的售後維修，電話號碼是……」

如果當客戶向你請求幫助時，你這樣拒絕了他，可想而知，客戶一定會對你不滿，你將來再想賣給他產品或期望他能幫你轉介紹，就比登天還難了！

 將貼心周到的服務進行到底

有些業務員在成交之後便不再與客戶保持良好的關係，使客戶覺得業務員當初與自己「稱兄道弟」不過是為了成交而已，甚至有被騙的感覺。所以業務員對客戶的服務應該始終如一，即便在成交之後，你也要繼續服務，做好售後服務並做定期回訪。

打從一九九四年開始賣賓士車以來，陳進順迄今已賣出六百多部賓士，至少創造十八億元業績。幾乎年年榮登賓士銷售龍虎榜（現為賓士菁英），包括郭台銘、詹仁雄等名人都是他的客戶。

陳進順認為「信任二字，從交車那一刻起開始培養」。

每一次售後服務都是絕佳的行銷機會，他將自己的工作時間 80% 用在做售後服務，只有 20% 時間是在做銷售。客戶要求幫忙維修保養，陳進順非但不嫌麻煩，還視為難得的好機會，因為「這表示他沒有透過你，會不安心」，顧客的期望值越高，要求當然也越多。曾有位客戶只要車子一有狀況，或維修遇到問題，就立刻打來破口大罵，陳進順都會先用同理心安撫對方：「對，為什麼會修不好，我立刻幫您問到底是誰負責維修的？」如果客戶還是怒不可遏，就趕緊轉移話題，聊客戶喜歡的事物，如「您明天會去打球嗎？」讓氣氛和緩一點。

陳進順隨身攜帶的顧客記事本，仔細記錄了客戶各方面的細節資料，可說是他做生意的「葵花寶典」，詳細記錄每個客戶送了什麼東西、買哪家的保險、以什麼方式付款、貸款或現金比例等。當客人轉介紹客人時，陳進順會特別注意先前送給老客戶什麼東西，若新客戶有賓士杯子，老客戶卻沒有，那就糟糕了；再加上他殷勤提供售後服務，長期維繫顧客關係，才能登上頂尖業務員的位子。將服務做得徹底，始終與客戶保持良好的關係，客戶才願意與你長期合作，並在朋友面前替你說好話。你可以透過以下幾點讓自己的服務更貼心完善：

- 信守承諾：在銷售過程中對客戶的承諾都要做到，不能讓客戶有被欺騙的感覺。

- **不推卸責任**：發現問題後要勇於承擔，不讓客戶為錯誤「買單」。

- **傾聽客戶抱怨**：當產品出現問題後要積極解決問題、傾聽客戶抱怨，不讓客戶「有口難言」。

- **體現客戶優越感**：要尊重客戶，重視客戶的感受，讓客戶有優越感。

- **徹底解決問題**：若產品出現問題要予以徹底解決，不給客戶留「後患」。

做到讓客戶全面滿意才是王道

在現在高度競爭的環境中，除了比產品、比價格、比品質、還比服務和感覺，如果你能讓客戶喜歡你、信任你，對你的表現非常滿意，自然而然他就變成你忠實的客戶或粉絲，客戶就不會跑到你的競爭對手那裡去了。所以，業務員要做到全方位的服務，而不只是做到局部好而已。

留住一個現有客戶，比發展三個新的客戶更能獲得顧客的終身價值（LTV），從成本效益角度看，增加客戶的再消費水準比花錢尋找新的客戶要划算得多。此外，在留住客戶方面，只要增加少量的心力投入也會帶來成倍的利潤成長。

客戶流失已成了很多企業所面臨的尷尬情況，失去一個老客戶會帶來嚴重的損失，也許企業得再開發十個新客戶才能予以彌補。

客戶的需求不能得到切實有效且立即的滿足，往往是導致客戶流失的最關鍵因素。因為客戶追求的是較高品質的產品和服務，如果我們無法提供給客戶優質的產品和服務，客戶就不會對我們滿意，又怎麼可能產生堅不可摧的忠誠度呢？

而許多企業雖已意識到培養忠誠的客戶是經營的關鍵，卻往往不得要領。例如，當客戶在餐廳沒有受到周到服務而投訴時，餐廳通常以折價或免費的方式給予補償，期望以此獲得客戶的忠誠度。但這其實只能平息客戶一時的怨氣，無法得到客戶永久的忠誠，因為客戶要的是美味的食物和優質的服務。

有些公司雖然意識到客戶服務的重要，但卻未能真正維繫這種關係。

有位先生有很長一段時間，總會在節慶日時收到一家公司的賀卡或活動邀請函等，他想，這家公司應該是極其尊重客戶、珍視與客戶關係的，因此對這家公司的印象很好。但有一次，他真的有一些產品上的問題要反應，於是向這家公司的客服人員連發了兩封 E-mail，卻未得到回覆，他感到很失望，便不再相信這家表裡不一的公司了，沒多久就將業務轉向其他公司了。

35 顧客抱怨巧處理

只要顧客沒有覺得後悔買貴了、買錯了、買早了……他就會主動為你轉介紹，所以你要用持續的售後服務、後勤支援、來打消或解除「後悔」這件事兒，讓客戶的後悔無所遁形。

業務員的售後服務做得好，有助於下次的銷售。首次成交靠產品，再次成交靠服務，只要服務做得好，不怕沒客戶，這就是開創新客戶的不二法門，也是倍增業績的祕訣！對於許多老練的業務員來說，被老客戶推薦的新客戶才是新生意的重要來源。

我們必須重視客戶，滿足客戶，這樣一來，你的客戶會很樂意再為您介紹另一客戶，形成客戶介紹客戶的良性循環，這也是售後服務的最高價值。

反過來說，一些業績不好的業務員，商品一賣出去就什麼都不管，偶爾想到再去拜訪客戶時，也只抱著是否能得到更多業績的想法，這完全是為了自己的利益才去拜訪客戶，客戶感受不到業務員的真誠，自然不滿意。

我知道很多業務員擔心客戶會抱怨商品，所以不願做持續的售後服務，但我們必須了解，售後服務的目的本就是要進行檢視商品是否有使用不便的情形，再針對其原因加以改善。因此，客戶當然會產生各種抗議、批評或不滿的態度，但只要我們已事先做好心理準備，就能輕鬆處理好這些客訴和抱怨。

根據一份國際權威機構的研究報告顯示，在分析許多跨國企業長期性的客戶調查統計資料後發現：

- 服務不周會失去大約九成四比例的客戶。

- 客戶的問題沒有獲得解決會失去八成九比例的客戶。
- 在不滿意的客戶中，有六成七比例的客戶會採取投訴行動。
- 客戶抱怨或投訴之後，只要問題獲得解決，大約能挽回七成五比例的客戶。
- 客戶抱怨或投訴之後，表達特別重視對方意見，並且採取及時、高效的方式努力解決問題，將會讓九成五比例的客戶願意繼續接受服務。
- 創造一名新客戶所花費的費用，是維持一位老客戶所需花費用的六倍。

沒有或很少接到抱怨或申訴的訊息，表示顧客對自己的產品或服務很滿意，因此可以高枕無憂？

你這樣想很可能就錯了 !! 當顧客不滿意時，高達 97% 的人並不會向原廠商申訴，不過它們也不會再購買你的商品了！且其中還有 39% 的人會告知自己的親友對此項商品的不滿。另外，不要忘了若很少接到投訴可能表示申訴管道不暢或「貨」只是舖出去而已，真正賣到 end user 手中的很少；所以懂行銷的廠商會誘導消費者將優點告訴親友，將缺點向原廠申訴，唯有鼓勵投訴才有留住不滿意顧客的機會。而投訴之中往往也蘊藏著新的商機，當某大賣場的客服專員「居然」在接到捲筒式衛生紙量太多的抱怨後，悄悄開發了紙量只有一半，價格也可打六折的小卷衛生紙，銷路竟然還不錯！尤其深受飯店業的喜愛。

總之，顧客滿意度是由顧客期望的品質與價值和實際使用後感知的品質與價值二者之間差異的大小所決定，滿意度高忠誠度就高，而滿意度低時，若能透過投訴來溝通、改進，便可適時留住客戶。台灣花旗銀行的客戶滿意度調查就極為注重客服專員接聽電話的時間、平均等待時間、專員態度與答覆的正確性、自動語音系統的處理比率和反應等，能隨時、隨地、隨身的服務，也同時提高了客戶申訴處理的有效性，是當代台灣優良客服的典範之一。

總之，售前服務讓客戶感動，而售後服務更是不可少，如果售前和售後做得好，將使客戶對你產生強大的信任感，只要你主動要求，客戶會幫你介紹新客戶，相反的，賣出商品後便不聞不問，只是拚命找下一位新客戶，很可能再過幾個月，你就會因為沒有新客戶而陣亡了。

 將抱怨的客戶變成滿意的客戶

「只有滿意的客戶，才有忠實的客戶。」因為每一位客戶的背後，都有一個相對穩定、數量不小的群體，只要贏得客戶的心，便能連帶獲得他所屬群體的信任；但相對的，一位客戶的抱怨與不滿也能摧毀潛在市場。尤其隨著通訊科技的高速發展，自媒體已然遍地開花，壞消息會比好消息傳播得更快，當客戶認為他們的問題沒有獲得滿意的解決，他們會利用各種管道與方式散市出去重挫產品，所以，業務員必須更加謹慎地處理客戶抱怨。

在處理客訴時，光有善意與責任感是不夠的，還要有方法。許多人一遇到客戶抱怨的情況時，經常會手忙腳亂、毫無章法，致使客戶的不滿情緒高漲，而以下七項處理原則，可以協助你立即掌握狀況，有步驟、有計畫性地解決客戶問題。

① 永遠正視客戶的抱怨

當客戶有所抱怨時，絕對不要逃避或忽視，很多時候，他們的抱怨是在提醒你有哪些必須改進的地方。

② 營造友善氣氛，讓客戶暢所欲言

無論客戶是否帶著怒氣，你都應該營造友善的氣氛，讓對方將心中的不滿與想法都傾吐出來，這除了能減低客戶負面情緒的強度外，也能讓你確實瞭解問題的核心之所在。

③ 不與客戶爭辯，並且避免自我辯護

客戶正在表達不滿時，你應以平和、友善的態度仔細傾聽，避免與對方爭論對錯，或自我辯護，這只會激化客戶的不滿情緒，對化解爭議並沒有任何益處。

④ 給客戶尊重，不先入為主

尊重客戶的立場，不要有先入為主的觀念，客戶抱怨時，要能尊重對方的立場，不可有先入為主的觀念，輕率地否定對方的意見。

⑤ 不急於做出結論，但要展現積極處理的誠意

有時客戶的不滿會涉及許多層面，甚至無法當下立即處理，此時，你不必急於做出結論，而應展現積極處理的誠意，除了請求對方給予你處理的時間，也應承諾一旦確認解決方案後，會迅速為對方處理問題。

⑥ 向上司回報問題，或自我記錄處理的經過

如果客戶的抱怨必須獲得上司的協助才能處理時，務必確實向主管回報你遇到的問題，千萬不要隱匿不報，導致情況惡化。如果客戶的問題你能獨自解決，也應記錄處理的經過，以便從中思考解決方式，日後也可作為檢討或改進的依據。

⑦ 擬定最佳的解決方案，徹底執行

當你向客戶提出解決方案時，必須確實說明解決的方式，並獲得對方的理解與認同，必要時，你也可以提供表達歉意的小禮物，然後再徹底執行解決方案。

面對後續問題的處理時，也別忘了調查客戶的反應，親自致歉並且確認對方的問題已獲得解決，是種負責任態度，除了能減輕對方的不快，也能贏得對方更深的信任感！

客戶後悔了想退貨怎麼辦？

客戶對買回去的產品不滿意，覺得自己受騙了、後悔了而想退貨，見到你之後，他最想做的就是告訴你他的感覺有多糟，你的產品給他帶來了什麼樣的負面影響。所以，這時如果你想用解釋堵住他的嘴幾乎不可能，就算真的制止了他的話，也平復不了他的怒氣，甚至會讓他累積更多的不滿。與其如此，不如讓他痛痛快快地發洩出來，不論是他自以為受騙的原因，還是產品真的給他造成的影響，你都要耐心傾聽，不要為了證明你的正確而急於反駁，否則只能使談話氣氛越來越糟，在爭論中，你不僅會失去良好的形象，也會連帶影響到公司的聲譽。

客戶向你投訴，就是為了要一個結果，所以你要仔細瞭解事實真相，讓他們的心理得到平衡和滿足。在弄清楚緣由之後給予他們有效的回答，如果你發現客戶的質疑是受他人影響而造成的，並非你產品本身有問題，也不是你的銷售過程有問題，那就要向客戶解釋清楚，準備好相關資料向客戶證明他的想法是不正確的，消除他不必要的擔心。你可以多收集老客戶給你的感謝信或產品使用分享，並把它們放在你的公事包中，需要的時候可以拿出來消除新客戶的疑慮，相當有效。但如果客戶的質疑是客戶使用產品不當造成的，那你就要向客戶說明產品的正確使用方法，使他明白問題並不在於你和你的產品。

客戶因對產品不滿而要求退貨，是棘手的問題。一般出現這種情況的話，問題往往不在產品本身，多數是客戶主觀臆斷的結果，因此也會有業務員表現出強硬的態度，堅決不予退貨，結果就是讓雙方談話進入僵局，導致客戶更強烈地堅決要退貨或賠償。任何一位銷售人員都不希望自己因為賣出產品而牽連到賠償問題，使自己已獲得的利益受到損失。因此對於客戶要求退貨或甚至索賠，業務員要儘量在不涉及賠償的情況下解決，這就需要使用更有效的方法；但如果賠償責任真的不能避免或補救，業務員也要勇敢承擔下來。

面對這種情況，可以參考以下原則來處理、解決：

① 弄清楚客戶認為產品不好的原因

客戶抱怨產品不好，也一定有原因，即便客戶要求退貨的原因是出於主觀因素，業務員也要弄清楚他們的想法是什麼，為什麼會這麼想，多向客戶提問，並給客戶闡述觀點和意見的機會，讓他們完整地表達他們的意思。而在客戶闡述的過程中，要做到認真傾聽，即便客戶的觀點不合理，也不要打斷客戶的談話，待客戶說完原因後，再根據具體情況做出相應的處理。

② 在合理範圍內幫助客戶解決問題

如果客戶拿回的產品符合退換貨的標準，業務員就要適當地做出讓步，並告訴客戶本來這種情況是不能退換貨的，這樣就可以避重就輕的解決事情，能換貨的絕不退貨，以此來確保公司的利益。

如果產品是客戶因使用不當所造成的損壞，就必須向客戶說明原委，使他明白並非產品本身存在問題，他自己也需要負一定的責任，然後根據具體情況做出補救

措施，例如酌情收取一定的費用維修，只要你的態度誠懇，客戶一般都會接受。如果被證明產品是產品本身品質出現問題，就要誠懇地向客戶表示歉意，然後盡自己最大的能力採取補救措施，例如免費為其維修、更換產品、並額外增加服務專案、辦理折扣卡，延長售後服務期間等，使客戶享受到更多優惠，盡己所能地化解客戶的不滿。

③ 消除客戶對產品的不正確認識

有時客戶認為產品不好可能是因為自己的使用方法不對或對產品的認識不正確，對於這種情況，只要業務員能婉轉地加以說明，一般都是可以解決的。例如客戶因為個人觀點的侷限，認為肩背包的顏色不好搭配衣服，業務員就可以使用色彩搭配法為客戶選出可以與肩背包搭配的顏色，透過引導讓客戶轉變認知，而去消除其對產品的不滿。

④ 不要激怒客戶

如果客戶的退貨要求過於主觀，並且執意要退貨，那麼你也不能言辭激烈地反駁，以免局面最終難以收拾。你可以透過引導的方式與客戶進行溝通，如果客戶仍然執意要退貨，那你可以在許可的條件下改為換貨，並告訴客戶這是底線。如果客戶的情況不能換貨，就要向客戶說明原因，並誠懇地向客戶道歉，對於你的這種態度，一般通情達理的客戶都不會再繼續糾纏不放。

⑤ 向客戶表示歉意

道歉是舒緩緊張關係的好方法，像一個人踩了另一個人的腳，一句「對不起」，就可以消除一觸即發的怒氣。而在銷售工作中也是，無論造成雙方關係緊張的原因是什麼，業務員只要先說一聲道歉的話，就能讓當下的氛圍變得和諧起來。

36 讓客戶主動替你宣傳

銷售領域裡有這樣一句話：「先交朋友，再做生意」是指業務員在做生意前，先要和客戶成為朋友。客戶是業務員最寶貴的資源，業務員與客戶成為朋友，建立起良好的關係，不僅比開發新客戶能節省更多精力，而且還能讓客戶做免費的義務宣傳，幫助自己宣傳產品，成交率通常都很高。時任永慶房仲集團總經理的廖本勝曾表示，公司裡頂尖的房屋仲介，可能有高達九成的業績都是老客戶轉介的，導致有的業務遲遲無法退休，因為客戶的介紹電話老是接不完。

全球最偉大的汽車銷售員——喬·吉拉德（Joe Girard）也說：「他有六成的業績來自老顧客與老顧客介紹的新顧客。」

「嗨，安，好久不見，你躲到哪裡去了？」喬·吉拉德微笑著，熱情地招呼著一個走進展區的客戶「嗯，最近比較忙，現在才來看看你。」安抱歉地說。

「難道你不買車就不能進來看看？我還以為我們是朋友呢！」

「是啊，我一直把你當朋友，喬。」

「你若每天都從我這裡經過，我也歡迎你每天進來坐坐，哪怕就是幾分鐘也好。安，你做什麼工作呢？」

「目前在一家螺絲機械廠上班。」

「哦，聽起來很棒，那你每天都在做什麼呢？」

「製作螺絲釘。」

「真的嗎？我還沒有看過螺絲釘是怎麼做出來的，方便的話找個時間去你那裡

看看，歡迎嗎？」

「當然，非常歡迎！」

喬．吉拉德只想讓客戶知道自己很重視他，甚至是他的工作，或許在此之前，也有人問過類似的問題，可都是隨口問問。

等有一天，喬．吉拉德真的特地去拜訪安的公司，看得出安喜出望外。他把吉拉德介紹給其他同事們，並自豪地說：「我就是向這位先生買車的。」吉拉德趁機給了每人一張名片，讓大家方便聯繫他。

喬．吉拉德透過與客戶交朋友，為自己建立固定的客戶，而且藉由固定客戶的介紹和宣傳認識更多客戶，給自己贏得了更多銷售機會，這正是這位世界級銷售大師（以售車業績擠進金氏世界紀錄）成功的重要原因之一。

贏得客戶的信任

曾經有汽車業界人士這樣形容：「賣一輛現代汽車，比賣三輛豐田汽車還難。」但現代汽車公有一名業務員，可以創下台灣有史以來單一年度銷售汽車量的最高數字：205 輛，而且還是一名位在台南佳里小鎮的小業務員所創造出來的佳績，他就是——林文貴。客戶口中土味十足的阿貴就是信奉喬．吉拉德的「二五〇定律」：滿意的顧客會影響二百五十人，抱怨的顧客也會影響二百五十人，所以得罪一個人，幾乎等於得罪二百五十個客戶。他說：「我賣車攏是客戶一個一個介紹的，每個客人都是我的條仔腳（樁腳），每一個客戶都是我的朋友，以前前輩跟我講，十個客戶中有兩個是樁腳就不錯了，但我現在還有保持聯絡的客戶，就有五百多個……」

林文貴的師傅陳華洲說，阿貴是在做人，不是在賣車，若有客人介紹生意，不管多遠，他絕對服務到家，也因此他的客戶當中，來自外縣市者就高達六成。

憨直的阿貴有絕對耐煩的超「人」力，碰壁再多次都不怕。他曾拜訪一位女客戶高達九次都未能成交，但他依然不放棄地去找出對方不願意下單的原因，才終於

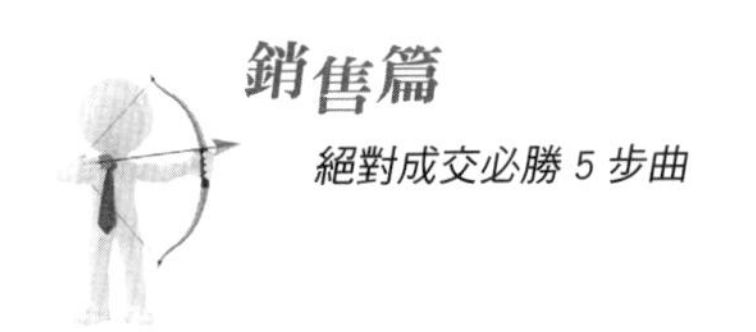

發現女客戶買車是為了接送坐輪椅的先生去醫院看診，於是他主動提議要自掏腰包幫客人把車更換可自動調整高度的電動座椅，讓坐輪椅的先生可以方便上下車，這種看到客戶深層需求的貼心舉動，當然案子成交了！而且還成為阿貴的死忠樁腳。

阿貴還有一樣絕招就是把握交車的最後服務時間，他會不厭其煩地為客戶講解用車的所有細節，並一定要客戶親自動手、試車，如果客戶有使用上的問題，一定會講解到對方聽懂為止，不會有半點想草草了事的敷衍心態，他還會帶客人去一趟保養廠，先讓車主和保養廠人員彼此熟識。如此仔細的服務，不外乎是希望客戶能懂得使用和欣賞這部車，這樣若客戶滿意，就會和親友們分享他新買的「戰利品」，就能再滾出新的生意。阿貴說，他最高紀錄，可以從一家人中滾出七輛車。

業務員想與客戶成為朋友，並為自己做義務宣傳，首先就要贏得客戶信任。業務員可以收集客戶的資料，了解客戶的興趣，然後再投其所好，搏感情做真正的朋友。同時，你與客戶接觸得越多，相互了解也就越多，關係也就更麻吉。再經由他們獲得更多客戶，完善和拓展自己的銷售關係網。

《Magnetic Service 磁性服務》，書中對創造死忠顧客的方法，整理出七個秘訣。

1. 持續不斷地創造顧客對產品的信任感，信心與信任才可以造就品牌。

2. 專注於顧客的期望，而非顧客的需求。

3. 不時在服務之中添加一些刺激與魅力。

4. 誘發顧客好奇心，讓顧客參與，讓顧客傳遞經驗。

5. 偶而給顧客一個驚喜，設法讓顧客感動。

6. 設想與顧客同步，讓顧客舒適，讓自己與顧客都充滿活力。

7. 服務要細緻，服務要展現真誠，從服務中要表達出品牌的特性。

Magnetic Service 中的 Magnetic 可以譯為有磁力的、具吸引力的、迷人的、

可引起興趣的、具特殊魅力的、令人著迷的……不正是 Marketing 所要塑造與追求的嗎？

利用自己的關係幫助客戶解決難題

朋友是在困難時肯幫助你，也會把好東西分享給你的人。試想，客戶憑什麼在自己的朋友面前替你宣傳？當然是因為你們之間的關係好！

但這種良好的關係不是你幾句話就能換來的，你只有盡己所能幫客戶解決問題，服務夠貼心，才能贏得客戶更多的信任和認同，使你們之間建立起更深厚的友誼。

小簡在大學畢業後踏上了業務員之路，但是，小簡銷售的牌子很少有人聽說過，這讓小簡的工作一度停滯。這天，小簡在拜訪客戶的時候，得知對方陷入了經濟危機，需要一大筆資金來周轉，所以即使有意購買，但暫時拿不出這麼多錢來。小簡思考了一下，建議說：「您可以貸款啊！我剛好有個不錯的朋友在銀行貸款部工作，我把他的電話給您，您可以試著聯絡看看。」於是客戶透過小簡的朋友貸出一筆錢，順利度過了這次難關，也因此和小簡成了好朋友，更主動幫小簡推薦產品。

對方公司的同事、生意上的夥伴甚至鄰居，都一一買了這個牌子的產品。他們用過之後都覺得比那些所謂的名牌商品更好用，外加小簡公司產品品質很好，價格也實惠，所以越來越多的朋友介紹客戶來購買產品，小簡的銷售業績迅速上升。

你利用自己良好的人脈關係，幫助一籌莫展的客戶解決燃眉之急，必然能讓客戶對你的好感倍增，同樣他們也會盡力幫助你宣傳產品，為你介紹客戶。有人做過統計，在商場的銷售中，60% 的業績是來自 20% 的老客戶，如果業務員向客戶推薦自己的產品，客戶可能還會半信半疑，但如果是老客戶的推薦和介紹，效果可就大大不同了。

很多時候，你幫客戶做盡了所有該做與不該做的事後，很可能碰上如台語俗話

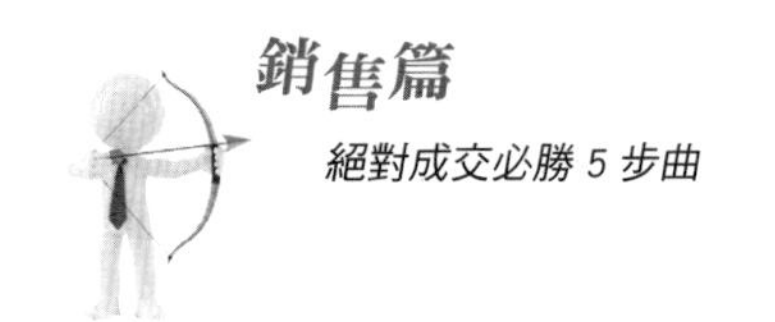

說的「做到流汗，被嫌到流涎」。業務員總認為要盡量給客戶東西，錯了，你可以要求客戶給你東西，客戶反而會很高興。客戶會覺得他給了你恩惠，比方說你拜訪客戶的家，發現這名客戶的興趣是收集奇石，家裡擺了很多各式各樣的石頭，一般人想法是客戶有收集石頭的嗜好，那我下次一定要記得送他石頭；但高明的做法是向客戶要一個石頭，這麼大膽的做法很少人敢做，但如果你真要到的話，他反而會成為你的終身客戶。

中國紡織出版社的社長我認識他十五年，我是透過北京市市委書記介紹認識的，因為當時我幫北京市市委書記出了一本書，還給了他十萬元的稿費。當時第一次介紹我到中國紡織出版社社長家中拜訪，發現社長有集郵的愛好，我當時就大膽問他有沒有哪一個是最具中國特色的郵票能送我一枚，他很高興地送我一枚中國百家出版社創社紀念郵票，他說這個最具紀念義意送給我珍藏。這是我開口跟他要的，而我也接受他送我的東西，結果讓他感覺給我很大的恩惠，從此之後我和他的合作可說是非常順暢，我每年在大陸出書的書號有一半是從他那裡取得的；當然，我之後也收集了很多台灣的郵票送給他。

真正高明的業務工作是「讓客戶給你恩惠」。想想，假如你為一個政客投了票，捐了錢，要是他失敗了，那證明你是個傻蛋，為了不當傻蛋，你會拼命幫他辯護；要是他成功了，那證明你有遠見，所以你會拼命地認同你挑選的那個政客。這就是政客鼓吹大家來小額捐款的妙用，而政客的滿意度與當初的得票率高度重疊，也是出於同一種心理，這都是選民在選後仍然在為自己的行為辯護。

而客戶也和選民一樣，會為自己的選擇辯護。人會為自己做過的行為辯護，也就是人會自我感覺良好。人會對於已經無法改變的事，會根據自己條件，說服自己接受現在的狀況；因為人不會一輩子活在悔恨之中，這是人類自我保護的機制。

所以，請客戶幫兩個忙，就能讓產品變成他願意辯護的選項，讓他們主動替你背書，為你的產品或服務代言。

第一、徵詢客戶對產品的意見，讓客戶認為他是聰明的。

第二、與客戶共同完成一件事，讓客戶參與我們的銷售工作。

客戶的口碑，是對產品最好的宣傳。客戶用了你的產品後，如果認為不錯，一定會向他的親朋好友宣傳，他的親戚、朋友、同事也會受其影響進而買你的產品，這正是業務成交最高明的手段啊！

什麼是「顧客終身價值 LTV」？

顧客終生價值 LTV（Lifetime Value），指的是每個用戶在未來可能為該服務帶來的收益總和。簡單來說，顧客終生價值越高的人，就會為你帶來越高的收益。

通俗一點來說就是指對顧客終身消費總額的占有率，爭取同一位顧客一生都使用你的產品或服務。例如高階經理人一生平均會買八部車，若八部車均屬同一品牌，該品牌的顧客價值占有率就達到了 100%。

提高消費者價值持續占有率的方法除了提供紫牛級的產品外，主要仍是靠優質服務、與顧客互動、讓顧客有參與感……等「關係行銷」，一對一的個人化服務為典型的代表。

而「價值」是雙向的！如果同時消費者在該領域內獲得的價值（滿足感），也大多來自於本企業（而不是被騙來的），即企業與顧客互相提供彼此高額的終身價值，這就是一個極為成功的企業；如此一來，「口碑行銷」與「品牌行銷」等低成本、利潤好的生意、訂單也將伴隨而來！

因此，今後的行銷思維框架不能再以「出售」為核心，而要以「顧客終身價值」為主要考量，設法創造不僅是適應消費者的需求與價值。你買過幾張保單呢？若你再買保單時會不會主動找之前的保險公司或業務員呢？連公營的中央健保局，都會對未使用過健保卡的民眾大肆表揚一番；而歐美的生存險總保額也早已超過了死亡險（一般被稱為人壽保險）的總保額。所以，保險公司是否要更留意其客戶的終身利益？那其他各行各業又何嘗不是呢？

接·建·初·追·轉

超級自動完銷系統

本篇作者：吳宥忠老師

MARKETING AND SALES

Business & You

信 → 有信任，才有買賣

沒有信任，沒有買賣，教你在最短時間增進客戶對你的信賴感，用信任去贏得每一筆訂單。

接 → 接觸客戶

沒有必然的接觸就沒有必然的成交，教你如何接觸潛在客戶，成功銷售！

建 → 建立名單

客戶名單就是你的小金庫，教你如何建立有效名單，管理名單，將人脈變錢脈。

初 → 初次的銷售

學會如何進行初次銷售，對準需要推薦，第一次拜訪客戶就成功！

追 → 持續追蹤銷售

教你了解客戶的消費心理，如何吸引客戶再回購，提升客戶終身價值。

轉 → 客戶為你轉介紹

轉介紹就是借力，將教你如何打造借力系統，讓客戶心甘情願為你轉介紹。

01 別做讓信任感被扣分的事

有人詢問 NBA 總冠軍教練獲勝的方式，他提到一點很重要，他說一場籃球比賽有分進攻和防守，想要在這場比賽中獲勝，進攻和防守同等重要，都要重視，大多數的球隊只注重進攻並沒有深刻體會到一個道理——不失分就是得分。

先不要說怎麼做可以增加好的人際關係進而產生信任感，只要盡量避免以下的行為，基本上你就比其他人強，因為在信賴感的建立上，要加分不容易，但是要扣分卻很容易，加分是一分一分加上去，但是做錯事的扣分可以一次 10 分或是 50 分都有可能，所以請避免做一些會讓信賴感掉分數的事或行為。

別當他人的地獄

我相信你一定有過這種經驗，就是被長輩說教的當下常常感到不耐煩，只想趕快逃離現場，但回過頭來一反思他們講的是否有道理，其實八九成都是有道理的，為什麼當時聽不進去呢？

因為順序不對了，一樣的事情，順序不同，結果就完全不同。例如，一名女大學生白天上學，晚上去酒店上班，你聽了是什麼感受？是不是覺得那女生不求上進，為什麼要自甘墮落。那如果將順序反過來說呢？一名晚上在酒店陪酒的小姐，為了充實自己所以將晚上賺的錢用來讀大學，是不是覺得這女孩很上進，一樣的事情只是陳述的順序不同而已，就對那女生有完全不同的觀感，一個是墮落一個是上進。

喜歡說教的長輩們其實犯了一個錯誤，就是順序沒有搞好，「應該是先處理情緒，再來處理事情」，人際關係中最重要的就是情緒問題，因為人不是機器，人有高潮低潮，喜怒哀樂，所以人際關係首先要注意的是不能把對方的情緒弄糟了。

法國著名作家保羅·薩特說：「別人，就是地獄」，為什麼別人是地獄呢？例如，一名女子三十五歲還沒有結婚，也沒有對象，她自己過得很開心、很自由、很享受單身生活。但每當過年過節一些親戚們總是不忘逼問她：「什麼時候結婚啊？幹嘛那麼挑呢？隨便找個男生吧！」那個時候他人是地獄，三姑六婆是地獄，隔壁的王大媽一直幫她介紹相親對象，王大媽是地獄。當你考試考不好時，你自己已經很自責內疚了，隔壁的同學說：「我考 100 分ㄟ」，老師也對你說：「你有看到很多人都考 100 分嗎？你怎麼考得那麼差。」回到家媽媽不滿地說：「你怎麼連隔壁的小明都考不過。」別人，是地獄，考 100 分的是地獄，老師是地獄，媽媽是地獄，隔壁小明是地獄，所以別人是很容易變成地獄的，除非你身邊環繞的人是有同理心的人。

我們常常因為自己認為的人生應該怎麼過，就把這種枷鎖放到別人身上，認為別人要依照你以為正常的方式來過生活，才是正常的。

以前我朋友曾向我抱怨過一件事情，就是她跟她先生結婚兩年多，一直沒有小孩，不是因為生不出來，是因為他們想先專心打拚事業，加上也沒有很想要生小孩，兩人世界也挺好的，所以一直沒有積極的生育計畫。但是有一次她婆婆在里民大會中無意聽到隔壁的鄰居說，她沒有小孩可能是生不出來之類的，附近的鄰居也說這樣不好，結婚就是要有小孩才是完整的家庭，她婆婆聽了很生氣，回去就對兩夫妻下最後通牒，要他們生一個出來，不然會被鄰居看笑話。

我朋友為了婆婆的面子，為了不讓鄰居說是非，就努力做人，於是一年後小孩出生了，但因為是雙薪家庭的關係，夫妻倆都要上班，小孩常常半夜哭鬧，婆婆因有高血壓也沒有辦法幫忙照顧，搞得一家人常常為了誰來照顧小孩而爭吵，甚至幾次鬧離婚，婆婆也因為小朋友要找保姆很是頭大，因為請保姆要花一筆錢，又怕保姆會欺負她的孫子，自己帶又沒辦法，要媳婦辭職自己帶，家裡的房貸、車貸誰來繳，原本好好的生活就因為當初別人的閒言閒語而變得如此辛苦，甚至有一次她婆婆終於爆發了，跟她鄰居抱怨說都是他們當初的一番話，才讓她現在過得那麼辛苦，但是鄰居說她們完全不記得有這麼一回事，不記得有說過這些話，還反過來指責她婆婆太自私，只為自己想等等……

是不是鄰居是地獄，婆婆是地獄？所以我們不要認為我們無心的話無傷大雅，很可能對他人來說就是一個地獄，更不要當別人的十八層地獄。

不想麻煩別人是不能創造信賴感的

很多人認為不向銀行借錢，是最明智的事，因為日後買房子若需要貸款時，銀行會因為你沒借過錢，代表你以前的信用良好不需要借錢，會特別給你最高的貸款額度和最低的利率。但事實上，並不是這樣子的！你不曾跟銀行打過交道，所以銀行不清楚你的信用如何，銀行反而不會那麼容易借給你，因為你的信用是空白的，反而是那些曾經跟銀行借過錢、打過交道，並且還款正常的人，他們的信用評分會比較高。

昔日在上海灘呼風喚雨的「上海皇帝」杜月笙曾說過一句話，他說：「從來不麻煩別人不叫做人情，人情是你麻煩了人家，然後你懂得怎麼還回去，那才叫做人情」。夫妻間也是一樣，之前聽過一個故事，有一對夫妻，先生是上班族，他老婆因得了癌症，體力虛弱，需要長時間在家休養，但是每天這位先生都會在中午休息時，打電話給他老婆交代她，自己晚上想吃什麼、喝什麼，還要有什麼甜點，一一說清楚，希望他老婆能幫準備好等他回家。一天、兩天都這樣，同事終於看不下去了，就指責他怎麼那麼不體貼，老婆都已經病成這樣了，還這樣麻煩她，但是他卻跟同事說，他不得不這麼做，他當然很心疼老婆，但是這樣做可以讓她暫時忘記自己是個病人，覺得自己也是別人需要的對象，讓她有存在的價值，所以他老婆雖然很辛苦地準備這一切，但內心是滿滿的滿足，明白自己的老公還是需要她的，如果她老公怕她累，不再麻煩她了，這樣會讓他老婆失去了存在的價值，反而是一種傷害。

有一部電影叫《觸不可及》，是由一名法國富翁的自傳《第二次呼吸》改編而來，是一個描述黑人混混和殘疾富翁的故事。影片中，德瑞斯這名黑人，剛從監獄出來，想著怎麼養活住在巴黎郊區的一大家子，此時富翁菲利普家在招募傭人，他想去應徵碰碰運氣，心想若是不成也能靠富翁的拒絕信去領取失業救濟金生活。黑人因為覺得自己不會被選中，所以只是隨隨便便應付一下，富翁卻很中意他，因為富翁覺得黑人小子的隨意態度讓他感覺自己受到正常人般地對待，沒有絲毫被被人同情的感受。所幸，黑人也還算盡職盡責，黑人習慣在工作後帶富翁出去溜達，雖然他隨性且自由散漫的生活方式與這豪宅格格不入，卻也打開了富翁心中的鬱結，兩個人相處得很融洽，也互相改變著，原本胸無大志的黑人被富翁的生活態度所感染，而富翁也被德瑞斯照顧得很好。劇中殘疾的富翁喜歡被黑人照顧的原因，最主要是因為富翁被當成正常人看待，黑人雖然給富翁添了許多的麻煩，但是這就是社交貨幣的發行，與和銀行打交道的道理是一樣的。

所以，不要怕去麻煩別人的原因是，第一，別人被麻煩的時候他會感覺到被你所重視；第二，當你麻煩別人的時候，表示你跟他的互動是頻繁的；第三，只要他願意幫你，他的心裡一定是認同你這個人才會幫你這個忙，重點在麻煩別人後的態度，應該要適時地還人情，這樣的人情有來有去，有流動的人情才能長久的。

在莎士比亞名著《哈姆雷特》裡提到，一個父親在送他孩子遠行的時候，對孩子說：「不要借錢給別人，也不要跟別人借錢。」這是一個父親對兒子的囑託，卻不知道他這個囑託會害了孩子的一生，因為尋求幫助和幫助別人才是人脈建立的有效管道，如果人情是個貨幣，你就應該發行你自己的社交貨幣，麻煩別人正是發行社交貨幣最正常的方式，因為這個社交貨幣就像是人家借你一萬元的社交貨幣，你就應該連本帶利的還給對方這個一萬多的社交貨幣，就算一時還不起，你也應該每隔一段時間付點利息給借你社交貨幣的人，讓他們知道你懂得做人道理，也可以讓他們沒有「虧」的感覺，至少還有利息可以拿，有利息可以拿表示本金還在。

請記住，還回去的社交貨幣一定要比當初借的還要多，但是不是要花更多的錢就不一定，而是要讓對方感受到你的誠意和用心，那才是社交貨幣的重點。

老是以自我為中心

每個人最感興趣的便是自己，當我們拍團體照的時候，一拿到相片一定第一

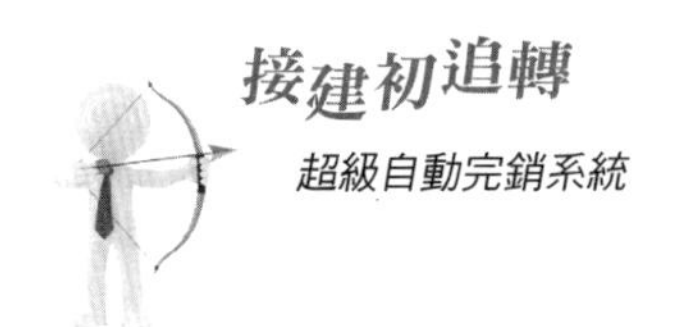

個先找自己，如果拍下的瞬間剛好拍到自己那時候閉眼睛，你就會說這張相片拍得不好，如果是別人閉眼，你就覺得還好，所以每一個人最感興趣的是自己。也就是說，如果你和別人聊天都只顧著聊自己的事，那可是會令人頻頻翻白眼。

例如，小孩都唸同一所幼稚園或學校的媽媽們聚在一起聊天時，有某位媽媽顯得特別健談，你若仔細聆聽她們之間的對話，會發現當別人一開口說話，這位媽媽就會立刻搶著接續話題，例如「哎呀！我也是這樣耶」然後便自顧自地聊下去，也不管人家原本是想討論幼稚園或學校的問題，只一味沉浸在自我的世界，口中不斷叨叨絮絮：「我的情形是這樣……」只要是在眾人齊聚聊天的場合，這種人勢必會受到孤立。

你應該有這樣的經驗，同事心血來潮地問你：「你昨天在幹嘛？」但你可別開心得太早，他只不過是為了自己可以接著聊說：「我呀，昨天做了……。」而埋下的伏筆罷了。換句話說，當他主動問你：「你曾出國去過哪兒嗎？」很可能接下來他就等著跟你說：「我曾經去過那裡……」之類，講話習慣預留伏筆的人，主要是因為他覺得一劈頭就聊自己的事可能不太禮貌。也就因為如此，在沒有辦法的情況下，他才會採取主動開口詢問對方的方法，當然，像這種人是不可能真心對你的話題感興趣的，他所在意的只有自己，以及圍繞在自己周邊的事物。所以他幾乎不關心眼前人在說什麼，因為他的心思全放在如何瞄準空檔，以便隨時把自己的話題插進去。

許多人剛開始與這樣的人交往的時候，都會覺得這個人性格很開朗、很善於交際，你如果稍微仔細聽他說話，可能還會覺得內容很有趣。但如果你每一次聽到的都是關於他自己的事情時，相信任誰都會感到厭倦吧？

因此，你必須要警惕自己不能有這種習慣，首先，你要時刻提醒自己，多聽別人說話，要達到這個目的，你得對他人的話題感興趣才行，老實說，別人的話其實還滿有趣的，在仔細聆聽的過程中，慢慢地你會瞭解到說話的人有什麼樣的想法，甚至因此了解他的人生觀是什麼，而當你逐漸懂得欣賞別人說話的樂趣時，你就不會再執著於只聊自己的話題了。之前有個客戶是位花花公子，他的愛情史非常豐富，有人就問他追女生的技巧，他說非常簡單，就是把話題圍繞在她身上就好，可見，如果你要有好的人際關係，切記，不要把話題都繞著自己轉。

負面情緒及想太多

遇到負面人格的人，你能跑多遠就跑多遠，因為凡事碰到負面思考的人都將變了調，都會往不好的方向移動，如果你不希望成為他下一個批評、唱衰的目標，就盡量遠離這樣的人。而你也不要成為這樣的人，以前的我很愛交朋友，幾乎是來者不拒，白領、藍領、打工小弟、老闆、總裁皆來者不拒，所以我算是個朋友很多的人，也一直覺得朋友很多是好事，但是隨著年紀漸長，我感覺自己並不像年輕時那麼喜歡交朋友，因為我發現，朋友的數量就算再多，也不如幾個很好的知己。質感比數量還重要，朋友的好與壞，真的會影響我們的生活品質，你跟誰綁在一起會決定你是誰，你跟郭台銘走在一起，你就是企業家，先不管真假，但在別人眼中你是這樣，跟吳宗憲走在一起你就是開心的人，跟我師父王晴天董事長在一起，你就是個有學問、有涵養的講師，跟負面的朋友在一起，你肯定變成負面思考的人，朋友的格調會決定你帶給人的印象。甚至有人說若要觀察一個人，就先觀察他身邊的朋友，所謂的「物以類聚」就是這個道理。

那些頭頂上總是罩著烏雲的人，很黑暗、很愛批評別人、憤世嫉俗、喜歡罵人、毀謗別人，情緒管理不佳、道人是非的人……這樣的人，我建議是能避就避，能不交朋友就不會跟他們來往，與這樣的人交朋友，你就會變得跟他們一樣，成為充滿負面情緒的人，對你來說，絕對不是好事。

要如何觀察對方是負能量的人呢？首先他們愛爭執，有人得罪他，就一定據理力爭到底，總愛攻擊別人，凡是不合他的意就絕對不給人台階下，喜愛羞辱人，他不會真心的祝福你，也不會替你的幸福或成功感到快樂，去餐廳吃飯喜歡當奧客挑三揀四，或許當你與他同個陣線時，他會和你一起批鬥別人、一起講別人的壞話，但是你要想，如果有一天，你跟他不是同一陣線的、意見不同了，甚至有利益衝突了，他就會用同樣的方式對你。

負面人格的人看待事物的角度也不一樣，例如我看到成功的人士，會想要向他們學習，希望有朝一日自己也能有像他們一樣的成就。但是負能量的人就會想到嫉妒、不滿，怨自己時運不濟，遇到好事總是會詛咒、看衰別人，有明星結婚就酸人家早晚會離婚，有人談戀愛就等著看人家分手，任何事情在他們眼裡都是充滿了怨念和不滿，遇到這樣的人，能離他多遠就多遠，不要想去改變他的性格，這是無法改變的。如果你不希望成為他下一個批評、唱衰的目標，就不要跟這樣的人往來，即使他在你的面前表現的是好朋友的樣子，但他在別人面前說你絕對不是這麼一回事。

多跟正面思考的人交朋友，正面思考的人永遠會鼓勵你，真心希望你幸福快樂，希望大家都好，而不是只有他自己好，別人不好。當然每個人都一定會有負面情緒，但我們要避免被負面情緒牽著走，避免做那些令我們後悔的事。這時候你需要正面積極的朋友來陪伴開導，你也要學著處理自己的負面情緒，轉念、接受，讓自己成長、堅強，當你越來越正面積極，那些不是真心的朋友、不適合你的人，就會自動消失在你的生活，不用怕朋友變少，只要真心的留在你身邊就足夠，所以我再也不追求當個「人緣好」的濫好人。

別人背後認為的雙面人

之前公司有位同事，老是說自己家裡多有錢，出來工作是為了打發時間，賺一些零用錢，他這樣說其實我們都不曾懷疑過，只是後來每次出去吃飯的時候，這位同事總是說皮包沒帶，要一起分攤費用時，又開始精算說哪一盤小菜他沒吃所以不能算他的，開的車也算百萬名車，但是只會開來給我們遠觀，不曾說要讓我們坐坐順風車，更別提大家一起出去玩時，輪流出車載同事。同事結婚宴客時他包的禮最少，卻總愛嫌東嫌西，一下說氣氛不好、菜不好吃、主持人應該找有經驗的、新娘禮服太寒酸、喜餅不夠大氣，總之跟這種人在一起會得白內障（因為會不斷地翻白眼）。

如果你小氣沒關係，但是不能批評別人小氣，小氣的人也是可以有好的人緣，重點在於要求別人卻沒有要求自己有同樣的標準，這才是問題，所以朋友們，小氣不是問題，小氣的人看不起小氣的人才是問題所在，我們不要當我們批評或看不起的那種人。

世界看似很大其實很小，常常在外都會碰到認識的人，就連我去法國都能碰到以前同事，還是那種打死不聯絡的同事，因為他之前是那種喜愛用嘴巴到處毀損別人的人，表面一套，私下講的又是另一套，通常好話傳到這種人的耳裡，都只會變成壞話，生出一堆我們根本沒講過的話，而壞話就更不用說。與這樣的人相處，你會發現他們身上都有一樣的特質「躲在背後說別人的不是」，但要他們出來當面說清楚時，卻不敢面對。這樣的人相信每個人也曾遇過，表面上跟你當好朋友，檯面下卻到處說你的壞話，明面上處心積慮討好你，以至於有些人會因此對身邊的人失去信心、信任，這種朋友就，能離多遠就多遠，你也不必太在意這種人的感受，因為不管你怎麼做，他都會說你的不是，路遙知馬力，日久見人真心，這種人我們只要遠離，不需要去解釋和開導，時間會揭開他的真面目的。

白目卻自以為無辜

什麼是白目？白目就是搞不清楚狀況，沒禮貌但是又不知道自己沒有禮貌，哪壺不開提哪壺的人，學生時代講錯話還無所謂，反正大家會原諒你是學生，也就算了。但是進入有利益關係、職場如戰場的公司，有時候無心說錯一句話，惹毛了主管或同事，遲早都會惹禍上身的，所以一定要小心，別指望別人會體諒你沒有惡意，甚至還相信你是無心的。只要得罪人就是得罪人，尤其我們的白目碰觸到別人內心的隱疾或創傷時，有人說那種怨恨是幾輩子都忘不了的。

說真話的底線到底在哪？

不要亂開別人的玩笑這個原則要謹記在心，長輩、上司、不熟的人當然不要亂開玩笑，就算是好朋友也要注意分寸。即便有些事情或缺陷當事者常常會消遣自己，但是假如你以為他自己都這麼說了，也拿那個缺點來說嘴，搞不好就得罪人了！

在電視新聞我們常會看到，原本幾個數十年的老朋友或好朋友，一起喝酒聊天，忽然一言不合就打起來了。那個一言不合往往就是不懂得察顏觀色，不小心碰觸到別人的禁忌，當事人都已經變臉了，自己卻絲毫都沒發覺地繼續說，就會產生這種悲劇。跟老朋友相處最棒的地方就是很自在，不用客套，可以呈現最原本的自己，但是每個人內心一定都有一些最柔軟、最不可碰觸的禁忌，我們若知道，就不要去故意踩地雷，若不知道，不小心講錯話，一發現對方變臉，就要適可而止，並且偷偷記在心裡，以後絕不要再犯。

真話也要有技巧地說，電影《王牌大騙子》裡的金凱瑞，當他被下咒一整天內只能說實話，不是得罪了他所有的好朋友與同事，還因此丟了工作，人有時候真的不能講真話，這也是善意謊言的由來，善意謊言的確是人與人之間的潤滑劑，有太多白目的人都是自以為是個說實話的道德高尚的人，其實很多只是不能體貼別人的冷血動物罷了！

人與人之間交往，無形中都會以自己認為與對方的親密熟悉程度定出一個舒適的範圍，若我們違反的話，輕者被視為白目，嚴重者會得罪別人，從言談的交淺言深或相反地與老朋友過度客氣都要避免，甚至跟人相處時彼此身體的距離都有講究的，比如說距離我們身體五十公分是屬於親密距離，除非家人或很熟的老朋友，不然不能隨意侵入這私人領域，造成別人的困擾。

其實也未必要注意那麼多小細節，要做到不要當一個白目的人其實很簡單，就是多聽少講，真的要講出來的話，就三思而言，盡量不對事情做出評論，也是可以避開白目的陷阱，如果不小心掉進去，真誠地道歉是最佳的處理方式，切記，不要找其他更多的理由去解釋你的白目，那只是另一個白目的開始罷了！

接下來，請寫下五個你現在有可能對你的人際關係會扣分的項目，檢討為成功之母，試著自我覺察，或問問你身邊的好友，針對這些扣分的項目你如何去改進：

____

____

____

____

以上這些扣分項目有傷害到哪些人呢？試著釋出你的善意去彌補。

---

02 自己不強，人脈何用

如果你一沒本事，二不努力，別那麼急著建立人脈。

請記住：比你厲害很多的人，一般都沒時間鳥你，「人脈就是錢脈」這個詞，不知道是何時、是誰發明出來的，但我覺得是這詞誤導了很多年輕人，許多人年紀輕輕，一沒本事，二不努力，就開始急著建立人脈了，好像人脈圈一旦成形，就天下無敵了。在他們的認知裡，似乎只要別人一收他的名片，普天之下就都是他的好友了。你是否也常聽到身邊的親朋一臉得意地說出類似這樣的話：「你知道不？那個誰誰誰，陳董！是我朋友！」、「什麼？你不信？你看看我 LINE 好友名單裡，就是有他」、「跟他也很熟，經常在臉書互動。」

有名片、有加對方的 LINE 和 FB，就算人脈嗎？

他所說的互動，就是在陳董發表的文章按個讚，留言一下而已，至於這 LINE 和 FB 臉書怎麼來的呢？可能是他去參加講座時正巧坐在陳董隔壁，他主動向陳董要求加 LINE 和臉書，對方不好意思拒絕就加了，或是台上的講師在台下合照的時候被拱要加好友，如此半推半就加入對方的 LINE 和臉書，然後呢？然後就沒有然後了。

對普通人來說其實是這樣的，行業頂尖的專家名人，他們的 LINE 和臉書加或不加其實沒有多大區別，只是能看到其動態而已，你若是給他們訊息，基本上他們是不會回的，因為給專家名人發消息的人很多，他們精力有限，自己也有很多事情要做，其次，他們的時間很寶貴，通常不會用這時間和你聊天，如果專家名人真的經常回覆你，有三種可能：

- 你本身也是個名人，在行業金字塔裡處在中上層的位置。

- 你長得夠美、夠帥，他可能喜歡你，所以才願意花時間在你身上。
- 你有他要的資源。

別人為什麼想要跟你發生關係

世上的人那麼多，為什麼要跟你發生關係，你有什麼資源、特質、能力可以吸引別人想要靠近你，不管你說社會現實也罷，冷漠也罷，現實就是，人都是跟自己能力、財富、資源相當的人來往，自古以來都是窮人跟窮人玩在一起，富人跟富人玩在一起，官商勾結，權錢交易就是很明顯的例子。官為什麼要跟商勾結呢？因為各自都有對方所需的東西，互相交換，就有了自己想要的東西，你聽過當官的跟乞丐勾結的嗎？當然，官商勾結是違法的，可是至少說明了一個道理，存在即合理，男女結婚也是一樣，各取所需，總得圖點什麼，你要是沒有我想要的東西，還不如我自己一個人過一輩子呢？平等的交換才是這個世界的生存法則。

如果將人際交往的過程，比喻成商業上買賣的行為，你就是商品，你要怎麼把自己賣出去，讓你想要認識的人脈來認識你，這時候你就要了解你的客戶要的是什麼？你有什麼是別人會想要來認識你的特點，例如，就像有人要買手機，手機的品牌有上百種，每一個人要買的不同，因為每個人需求的點不一樣。先前日本東京 Sony Mobile 總部負責東北亞市場的資深副總裁高垣浩一（Hirokazu Takagaki）簡報了日本市場手機用戶的差異，在高階手機市場中，蘋果 iPhone 手機為何比 Google Android 手機受歡迎的原因。

答案就是：「簡單」，在高階手機市場裡，許多 Android 旗艦手機的功能都比 iPhone 強大，價格也比 iPhone 便宜，卻賣得比 iPhone 差，這實在是沒有理由，但是這些 Android 旗艦機都做得太「難」了，對於平常沒有研究手機，或是時常關注手機的消費者，買了一台 Android 旗艦機，往往要花上 2 ～ 3 天才能瞭解全部功能，相較來說，蘋果 iPhone 的介面進入門檻相對較低，在 Sony 的簡報內表示：iPhone 是適合任何人「Anyone」使用，也就是說任何人拿到 iPhone，就可以很快速地開始使用它，無形中增加了 iPhone 的吸引力。此外，Sony 也提到 iPhone 受歡迎的另外兩個原因，其中之一就是蘋果產品一直以來給人的「設計感」，即便在功能上落後，但是蘋果在外觀設計上不斷追求創新（包括外型與顏色），繼承了以往蘋果產品使用者給人的「雅痞」感，讓一般消費者購買 iPhone 後能有個人素質提昇的心理作用，這是目前 Android 旗艦手機很難超越的一點。

第三個原因則是龐大銷售量帶來的豐富配件：高垣浩一在簡報時就開玩笑地提到，iPhone 在日本的使用人數（2800 萬）比日本的家貓數目（1000 萬）高，這樣龐大的使用人數讓配件廠商不斷推出 iPhone 的相關配件（如保護殼、保護貼、外接隨身碟等），加上 iPhone 款式較少、2 年一次大改款的周期，也讓配件廠商願意推出更多適用的新配件。

總結 Apple 手機的特色就是「簡單」「設計感」「豐富配件」就是它的特色賣點。所以在你的人際關係中，有沒有屬於你的特色，你要知道人際交往的過程中對方要買的是什麼（簡單說就是在你這邊可以得到什麼好處）？或至少能避掉什麼麻煩或痛苦！

什麼叫問題的解決？認識你，可以幫他解決生意上的問題，解決食衣住行衣的問題，買房子解決住的問題，買車子解決行的問題，也就是通常我們有一個需求想要被滿足，或者一個困難想要被解決，就會透過希望認識你之後，進而解決這個問題。

例如，我公司的產品想要上架到 7-11 的通路，那麼我就會想要去認識統一集團的高層的人脈，這個叫問題的解決。

什麼叫愉快的感覺？這指的是氛圍，第一種氛圍是你直接帶給他開心愉快的氛圍，第二種氛圍就是你的名氣讓他覺得跟你在一起是很有面子的一件事情。

第一種氛圍是你直接帶給他開心愉快的氛圍，也就是說對方跟你在一起的時候你會帶給他開心的感覺，見到你就心情愉悅，大家一起出去你就是那開心果，可以為團隊帶來愉悅的氣氛，不是說一定要去搞笑當諧星，包括你做人很 Nice、你很有氣質、你學識淵博等等，都算愉快的氛圍。

第二種氛圍就是你的名氣讓他覺得跟你在一起是很有面子，在和你合照後把照片放在臉書上，有些人很喜歡說他認識○○董事長、認識○○明星、認識○○老師……總之他覺得認識你是可以跟別人炫耀的一件事情。

「問題解決」與「愉快感覺」哪一個重要？我常在課程上問學員這個問題，大家覺得問題解決比較重要，還是愉快感覺比較重要？許多人的回答是愉快感覺比較重要，但事實上，我不得不說，其實兩件事情都很重要。

在問題的解決上，如果你沒有影響力，光只是讓對方感覺很愉快，但是他事業上的問題你沒有辦法幫忙解決，自然他對你的人際關係就沒有那麼緊密，所以我認為兩個都一樣重要。

所以客戶買的並不是產品本身，而是產品帶來的利益或一個解決方案，所以你想要有優質的人脈及自動而來的人脈，你就必須——讓自己變強大！！讓自己變強大！！

你想想看如果有一天你變成了一位名人，先釐清一點，名人≠有錢人，但是通常名人都會是有錢人，這是因為名利雙收，當你有名了，利自然會來。舉例：假設你是郭台銘的話，你還需要主動去認識人脈嗎？答案是還是需要的，因為有更強大的人不會來主動認識你，像郭台銘就主動去認識美國總統川普，為什麼呢？原因又拉到原始點，就是—我可以在你這邊得到什麼好處。我建議要高築牆、廣積糧、緩稱王的概念，也就是說你可以給人的「利益點」必須要是別人很難模仿的利益點、別人沒有的利益點，這樣你在人際交往的市場上就很搶手，別讓自己都看不起自己，努力地經營自己吧！好讓自己變強大！！畢竟投資自己才是穩賺不賠的生意。

讓自己變強大

不懂得經營自己，讓自己變強，認識再多人又有何用呢？我覺得這點太重要了，所以必須要再強調一次。

你要明白這世界沒有雪中送炭的情形（少數不提），都是錦上添花，人際關係這個圈圈也是一樣，沒有人會想認識比自己能力差的、比自己沒錢的、比自己地位低的，所以要有好的人際關係的第一步，請提升你自己的價值（能力、財富、社會地位、名氣）。

確會願意掏錢買個沒用的東西？畢竟錢都是辛辛苦苦賺來的，要知道，除了富二代，大多數的有錢人也是從窮人一路爬升過來的，比我們還更懂得交換，懂得給你打分數，更精明，價值判斷更精準，更會「算」，你要是沒有富人需要的東西，富人為什麼要跟你交朋友。

常常聽到身邊的朋友、同行說認識了誰誰誰，跟誰誰誰交換了名片，跟誰誰誰一起參加聚會……，請相信我他口中的那個誰誰誰其實不太會記得他是誰的。

不要成天抱怨這個，抱怨那個，那樣只會讓你喪失發展的信心，等你埋頭苦幹，用心耕耘之後，你進步了，你的價值提升了，你就會進入更高層次的圈子，你會擁有更多的人脈、資源等，這樣路才會越走越寬，等到那個時候，你成功了，你靜下心來想一想，跟你之前的那個底層的圈子的人會有距離感，你會覺得自己不屬於這個圈子，原本那個圈子的人來跟你互動，你會覺得格格不入，不知道是哪裡不對勁，你以為你變了，以為自己是一個見利忘義的人，其實不是，你還是原來的你，只不過你現在擁有更多身外之物，你擁有的資源更多了，雖然你想跟底層的人走得更近，你試圖努力，但你發現那樣會很累，因為你們所擁有的資源不同，各自的角度不同，看問題的方法已經變了，你說的對方很難理解，對方說的你也不懂，其實你們都沒變，只是位置變了、角度變了、思維也跟著變了。

就像是這時候你在三十樓跟五樓的朋友說：「前面有條河」，五樓的朋友會說：「騙人！前面明明是個二十層樓的大樓」。

電視上常常出現的橋段是：一群朋友同時進一家公司一起打拼，其中有一個人表現特別優異，比其他人早升遷上去，並且成為這群好友的上司，這時候就會有一幕出現，就是底下當初一起打拚的同儕批評升遷的朋友，酸酸地說換了位子就換了腦袋，意思是說感覺不再是可以在一起的朋友，眼睛長到頂頭上了。其實不然，因為升遷者的位置不同了，他的心其實沒有變，變的是他肩上的壓力多了，眼光遠了，思考的深度變深了，因為在五樓的人沒辦法看見在三十層樓看出去的景物，所以位置變了想法一定會改變，你覺得金錢不像以前那麼重要了，更重要的是時間，表示你有一定的高度了，因為你現在的時間是大於金錢，外出時，你會選擇坐飛機或者坐計程車。但是，窮人最不缺的就是時間，他們選擇擠公車、坐火車，哪怕路再堵，人再多，他們的時間沒有你那麼珍貴，一年的年薪還趕不上你一個月的收入，他們不需要處處考慮節省時間，他們有大把的時間陪老婆孩子，下班到處閒逛，有時候，你看著他們的生活，彷彿回到了過去，看見了曾經的自己，你不願再想過去的艱苦生活，覺得過夠了，也過怕了，所以，你更要拚命努力，想不斷鞏固現在的生活基礎，為自己的晚年生活累積更多的財富。

最可怕的是，自己既窮又不努力，還想著跟富人交朋友，請問你有什麼？富人為什麼要跟你交往？所以我們自己要努力要上進，不要等著別人施捨，人家又不欠我們的，窮也好富也罷，我們都要懂得上進，要投資自己的腦袋，要懂得艱苦奮鬥，明白自己動手豐衣足食，只有當我們通過自己的努力，擁有更多的資源之後，才容易跟周圍的人交換，來獲取我們想要的東西，我們也才更有尊嚴，不要總是仇富，留著力氣好好努力吧！要知道比你漂亮、比你有錢、比你有能力的人都比你努力，你有什麼資格在這裡怨天尤人。

現在我要你寫下你要學習什麼才能讓你變強大，寫下五個你需要去學的技能，請注意不是你喜歡的技能，而是你需要的技能，如公眾演說、商業模式、眾籌、寫作出書班或是健身、跑步，又或者你有一個想要結交的重要人脈，而他喜歡釣魚，請你立刻去學習釣魚方面的相關知識等等，現在就把它寫下來吧！

思考一下你該學習什麼才能開始變強，現在、馬上、立刻去做，GO！GO！GO！

1、________________________________

2、________________________________

3、________________________________

4、＿＿＿＿＿＿＿＿＿＿＿＿＿＿＿＿＿＿＿＿＿＿＿＿＿＿＿＿

5、＿＿＿＿＿＿＿＿＿＿＿＿＿＿＿＿＿＿＿＿＿＿＿＿＿＿＿＿

現在已經寫下五個需要去學習的技能，請你放下本書，去 Google 你需要上課的資訊並報名，先從一堂課開始，立即去行動吧！

03 要改變關係，先改變自己

認清自己，才能對接人脈。「認清自己」這一點很重要，是讓自己調整方向的依據，也是把自己放在哪一個起跑點上開始經營（門當戶對），所謂「門當戶對」意思是說一開始你的人脈起跑點，請從跟你相當的人脈開始經營，不要想一次就認識郭台銘，可以先從同事的朋友、家人的朋友、生活周遭的人們開始。

當你門不當，戶不對的時候，整個頻率是不對的，談的事情、休閒育樂、接觸到的事物都不一樣，很難有相關性，當然不是說完全不行，有的人天生就是交朋友的料，但是一般人我還建議要先找門當戶對的朋友開始經營，這樣也不會有過大的壓力，當然也不能總是一直停留在門當戶對的情況之下，一定要有所突破，最好的突破有三個方式可以去嘗試，重點都在於與對方發生關係。

① 加入社團

獅子會、扶輪社、同濟會、青創會等等的社團，因為加入社團後你就是會員，會員跟裡面的會員就變成門當戶對，裡面的會員可能有公司老闆或是名人，平常跟你是門不當，戶不對的關係，現在因為你加入了社團而不一樣，你們都是會員基本上是平等的，你要跟他聊天也變得容易多了，有聚會活動時你也可以主動當聯絡人，甚至可以爭取當幹部為大家服務。不要整天在想我這樣做吃虧、這樣做得不到什麼好處，你要懂得讓利及營利點後退的道理，只要你有付出就不用擔心沒有回報，只是可能在之後一次全部加利息給你，所以我們不要吝嗇付出，只要是對的事情就依自己的能力去付出吧！因為大家的眼睛都是雪亮的，你的努力他們都會看見，一旦有機會或是有好康的自然會想到你。

② 參加付費的培訓課程

我們在商業活動上認識的朋友，僅僅只交換名片、留聯絡資訊後就各自離開，所以你跟他只能算是商場上利益關係的一員，也就是說你對他有益處他才會想到你，但是如果我們去上一些成長課或是商業的課程，尤其是那種好幾天大家都關在一起學習、一起上台表演、一起完成老師出的作業，你們的關係不是那種商場上薄弱的情誼，而是同學關係，你想想如果這個課程學費是十萬台幣，會花這十萬台幣的人是什麼人呢？不是有錢的老闆，就是熱愛學習的明日之星，你跟他們建立同學的關係，日後在商場上他們就是你的合作夥伴了。

上課學習本身雖然很重要，但是上課後面帶來的利益才是可觀的，不然那麼多企業家老闆去上 EMBA 幹嘛？他們其實主要都是想去做生意和交朋友的啊！老師出的作業，很多都是助理在寫的。我有一個朋友去大陸上商業模式的課程，要價 10 萬人民幣，我朋友還是借錢去上的課，學習回來後其實沒有什麼改變，但是他在課堂上認識了一位內地的土豪同學，那名土豪同學是賣豬飼料的，他的豬飼料有一些別人沒有的獨家配方，但是他只會用最傳統的通路去賣他的豬飼料，想不到用其他方式把他的產品推廣出去。而剛好他就和我朋友是同一組，他知道我朋友來自台灣，就請教他還有什麼方法可以提升產品的銷量，我朋友就說上網賣啊，於是結訓後不到一個月我朋友幫他架設一個網站，那網站還是免費的，內容寫的也很普通，但是那個網站卻讓他每年分紅將近一千萬，這就是去上課後可觀的收益，並不是來自課堂上的知識。

要知道自己的個性，是屬於「DISC」中的哪一個類型，DISC 人格測驗將人類的行為分成「支配型（Dominace）」，「影響型（Influcens）」，「穩健型（Steadiness）」，「分析型（Conscientiousness）」等四大種類，並透過結果來分析人的個性傾向！因為有些場合、角色、立場上你必須要戴上面具，去成為 DISC 人格特質的每一種人去適應這世界。因為每一個人最喜歡的都是自己，你先要認清自己有哪一些特長可以讓你經營人脈這部分，例如，你擅長料理，可以在家裡煮幾道好菜招待朋友；你有法律方面的知識，可以協助朋友處理法律上的問題；你是開心果，每次活動聚會你總是可以帶來歡樂，都是你負責把場子炒熱；你有教育的背景，可以給有小孩的朋友在教育子女方面一些建議，這些就是你的特長，但是切記你的特長只要在旁邊協助給建議，如果朋友沒有主動要你幫忙你就採取被動，等朋友開口了你再出手，不然很容易會熱心過頭，反而會扣分。

③ 參加社區或是學校的相關組織

一般大家目前住的都是以社區型的住宅為主，通常都設有管委會，這也是一個機會，我們可以爭取進入管委會體系，雖然管委會大多是吃力不討好的工作，但是所有的經驗經歷都是有意義的，看你如何運用而已，在管委會裡其實你就可以光明正大地與鄰居互動，有正當理由進行社區服務，進而認識整個社區的鄰居，相信在這些的鄰居裡面，一定有不錯的人脈可以經營，當然也會有惡劣的鄰居，但是我們只要經營我們覺得好的人脈就好，重心放在那些對你有善意的人身上，不用太在意那些對你有敵意的人身上，不然你會過得很累。

至於那些沒有住在社區或是社區沒有管委會的人，我建議可以參加團體，任何社團都可以，例如我有一個朋友，她是賣保險的業務員，當初她也是覺得無聊就去參加救國團的課程，是有關手作小點心的料理課程，那一班也只有十五個人參加，但是她發現因為開班時間是在下午，誰會在平常日下午去學點心料理呢？答案是貴婦居多，結果她無心插柳，柳成蔭，最後陸陸續續談成好多的大單，這完全歸功於信賴感的建立，因為她們全部是同學相稱，也常常相約到彼此的家中練習，練習的產品就當作下午茶聊天的點心，所以彼此的感情都像家人，一旦感覺像家人，支持你的事業就變得理所當然地容易。參加任何團體其實都可以從中建立人脈圈，再慢慢往外擴展出去。

不招人忌是庸才

有一句古諺說：「人怕出名，豬怕肥」，如果你是老闆眼中的「當紅炸子雞」，那可能很快就會被周遭的同事所嫉妒，我想從人性的角度來看，這是無可避免的現象，而人在職場除了要展現能力之外，也要學會降低別人對自己的嫉妒，這算是人生必修的重要學分。

我有一位好友在公司短短一年時間，因為快速完成公司交辦給他的業務工作，並且拿下整個團隊第一名的成績，被老闆快速提拔與晉升，但沒多久很多的流言蜚語就開始出現在辦公室，甚至也有人在他上司面前給他「穿小鞋」。有一天他心情沮喪地跑來跟我聊天與訴苦，我聽完之後就先祝賀他，朋友不解地問我：「我已經這麼慘了，你卻還這麼幸災樂禍」，我當時回答說：「有一句名言叫做『人不遭忌是庸才』，代表你是個非常有能力的人，因此才會有人會嫉妒你啊」，我舉個簡單的例子，我問他全亞洲最紅的歌星是誰，他回答周杰倫，我說沒錯，但是被罵得最兇的也是周杰倫，我跟他說當初周杰倫跟侯佩岑在一起的時候，我也加入反周杰倫的粉絲團，朋友聽完之後才稍稍有些氣消地點頭認同，我接著跟他說：「只是你並沒做好布局來降低別人的強烈嫉妒心」。

其實像我朋友這樣狀況的人，在職場上可說「屢見不鮮」，人性本來就會有喜、怒、哀、樂、羨慕、嫉妒、自私，如果人沒有這樣的情境與心理，我想這就不是人了，當我們看到別人比我們還好，通常都會先難過與沮喪，然後開始羨慕或是嫉妒，如果這時候因為自己沒有做好人際關係或是布局，可能嫉妒自己的人會越來越多，而且因為嫉妒對自己所造成的傷害，也會加重且加深，所以我給朋友最後的建議是「人不遭忌是庸才；人不避忌是蠢材」。

在職場上因為競爭激烈，往往在不自覺中，會有很多的「敵人」出現在身邊，雖然有些敵人是絕對會有的，但是，有些敵人卻是因為自己做人處事不當而產生的，這其實是可以避免掉的。

宋朝名詩人蘇軾曾寫過「人生到處知何似，恰如飛鴻踏雪泥，泥上偶然留指爪，鴻飛哪復計東西」，就是要我們瞭解人生猶如驚鴻一瞥，來去匆匆，誰也無法預知未來，所以要能活在當下，職場就像那個廣大無限舞台，如何能夠讓自己如輕鴻般，可以來去自如，而不能讓自己侷限於泥沼中，開心地活躍於亮麗的職場上，就是我們每個人所要學習的課題。在職場上成功的人的確是容易被「嫉妒」與「眼紅」的，如果人要像美麗飛鴻般可以到處展現自我，「趨吉避凶」的工夫與廣結人脈的藝術，確實是多花些心力的。

不過，我所謂的避免製造敵人，並不是說要讓自己成為濫好人，或者是內心全無原則的意思，就如前面所說，有些敵人是不可避免，畢竟職場上還是有很多小人，只為自己著想與打算，必要時我們還是得聯合其他有識之士來對抗，重點是自己要有能耐來培養人脈與廣結善緣，這樣才不會當這些人在自己背後放冷箭的時候，沒人會出手相助，所以，如果說自己在組織內都沒幾位可以幫忙的好朋友，不管你的能力有多強，其實都暗藏波濤洶湧的危機。

《被討厭的勇氣》一書給了我許多的啟示，之前公司尾牙時，有請那種專門帶活動的主持人熱場，還有幾名穿著清涼的舞群，在餐會進行到一半的時候，氣氛越來越 high，台上那些辣妹唱歌跳舞，主持人開始從台下拉人上舞台跳舞，大部分人都不敢上去，我是很想站上去，可是我怕其他人會笑我，因為我不會跳舞只會在上面扭來扭去，但是後來我還是鼓起勇氣上台，站上去之後我發現了一個現象，就是當你從台上往下看，你會看見台下的人幾乎都沒有在看你，因為每一個人都忙著交際應酬，彼此聊天敬酒，幾乎沒什麼人的目光停留在舞台上，那時我才發現我們常常高估了人們對我們的注意力，就算有少數的人在看你，他們看你的眼光也不是以一種你好怪或是你跳得很爛的眼光看著你，而是帶著笑容覺得你好勇敢、好開心的那種眼光，他們看我的眼神並非是我一開始想像的那種負面的審視，那次的上台經驗讓我明白，原來是我們自己創造了心中可怕的心魔。

暢銷書《被討厭的勇氣》被很多人討論著。人們常常沒有辦法做決定，很重要的原因就是之前我提到的─害怕其他人對我們的評價，尤其是負面的評價，講白了就是害怕人家討厭我們，害怕別人不支持我們，從剛剛我的故事裡，我發現每個人都忙著過好自己的生活，其實沒有什麼人會在意你在幹嘛。就像那次尾牙餐會上的眾人，他們只在意餐桌上面討論的話題而已，或是延續上班的話題，根本沒有人在意你在舞台上面的表現。

第二個部分就是這本書中提到的，害怕被別人討厭，但是你知道嗎？別人會討厭我們，往往出自於別人跟我們不一樣，甚至於你會發現是因為他們覺得我們比他們有勇氣，比他們有能力，比他們運氣好如此而已，但是他們無法面對這個現實，無法接受我們比他們優秀的這個事實，所以很簡單就用一個「我討厭你」這樣態度來面對我們。這是因為他們用這樣態度來面對我們的時候，就不用去面對那個自己不夠優秀的這個現實，所以被討厭是一件好的事情，因為你被討厭代表了你比那些人還要優秀的事實。

你想想看你的日常生活中，當一個人做事情不成功的時候，基本上你不會討厭他，你會討厭他一定是他做了某些會影響你的事情，你才會討厭他，當一個人有足夠的影響力，他才會被其他人討厭。也就是說當一個人有足夠的影響力，但是他的想法跟我的想法不一樣，我才會去講他的是非，或是我才會討厭他，所以反過來說，當我們被人家討厭的時候，其實不就是證明你是有想法、你是有影響力的。因此，被討厭這件事情本身就應該讓你帶來許多的勇氣，因為被討厭代表你是有想法、有影響力的人，不要懼怕其他人對我們閒言閒語，或是害怕其他人討厭我們，因為這個只是證明你的能力是強的。

我們的人生我們自己才能控制，我們的人生也只有我們自己才需要負責，你要學會被討厭的勇氣、接受你自己的卓越。

專業知識是基本

雖然說成交的要素取決於：將 80% 時間用在信賴感的建立，20% 才是發揮你的專業技巧，所以專業度也佔了 20%，專業在銷售上是絕對必要的，因為再熟的朋友把錢交給你，你把產品交給他的時候，如果你讓他感覺你不夠專業，他也不會想找你買，日後也不會再考慮你、他會後悔、更不會幫你轉介紹、你們的關係會因此倒退。

我自己就曾有一次失敗的經驗，那時候我剛做保險，朋友的老婆剛生小孩也正好需要買保險，自然就想到了我，因為和他們夫妻倆交情熟，所以他們放心把一切交給我規劃，我說多少錢他們都沒有懷疑過，也沒有跟其他保險公司比較過，直到有次需要理賠的時候，我發現我當初少規劃到其中一個部分，導致理賠的保費很少，他們夫妻倆也沒有為難我，就是想再多了解我規劃的保單，於是約了我去他家諮詢保單的理賠相關細項，因為我也沒有多了解醫療險，我只是想賣儲蓄險，醫療險都是順便賣的而已，根本不太懂理賠的部分，於是他們夫妻倆問我的問題，我是一問三不知，只能尷尬地微笑，然後拿起電話找其他同事求救，那一天我在他們家待了兩個多小時，卻感覺待了漫長的一整天。

那天回去我立即加強醫療險的相關知識，內心期待他們趕快再找我諮詢，好扭轉我的專業形象。但是從那次之後他們都沒有找我問保險問題了，我以為是他們都沒問題，後來，我才從另一個朋友口中得知，他們夫妻倆有請其他同業幫忙解釋我賣的保單內容，當時的我很羞愧，當初只認為賣出保單的我好厲害，不會像其他同事一樣，客戶的反對問題很多，我反而是沒有遇上什麼刁難，原來不是這樣。後來甚至我那朋友老婆的妹妹生小孩，保單就找那個幫忙解釋的同業購買，如果當初我具備專業知識，我相信朋友妹妹的保單也一定是我的，所以成交的條件裡面，專業度是必須的，是不能有折扣的。

聚焦你的目標人脈

你要明白就算你討好每一個人，也不可能每一個人都喜歡你的這個事實，相信你也一定有莫明其妙討厭某些人的特徵或是特質，例如討厭短頭髮的女生、看不慣長髮的男生、討厭肌肉男，反正什麼樣的樣式都一定有人會討厭，所以請不要試著去討好每一個人，第一太累，第二沒必要，第三討好每一個人，你將會一事無成，請聚焦在對你的付出有善意回應的人，越大的越好的回應你就應該最優先處理，但是我們往往相反，都把心力花費在解決那些對我們吹毛求疵的人身上，請把焦點拉回到那些對你的付出有善意回應的朋友身上。

而且你如果想討好每個人，反而離成功更遠，你表現越好，就越有可能招惹別人的批評，我們身邊總是有一些人會冷言冷語批評我們正在做的事，這些人就是愛雞蛋裡挑骨頭，其實不論你做了什麼，總是會惹惱某個人，其實你不用太在意，因為這世界上有很多比你去在意少數人的感受更重要的事，成功人士有時候會讓人討厭的原因之一在於，他們深刻明白世界上還有比在意少數他人感受更重要的事。

我們從小被教育成要當一個好人，好的人會時時刻刻注意哪些是讓人不開心的事，然後盡量避免那些事情發生，如果你對他人情緒妥協，可能就會令你綁手綁腳、甚至一事無成。我的意思並不是說當個不在意他人感受的人一定會成功，而是你要知道當你的影響力越大，可能懂你的人就會越來越少，只要你影響的人數到達一定數目，你所做的行為或是言論都極有可能在非常短的時間被散播開來，或是被刻意曲解。

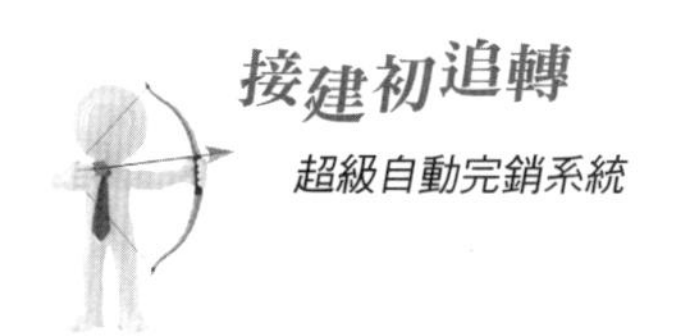

我就曾親眼見證曲解的可怕。有一次活動，同事們在搬運準備給來賓們喝的水，因為水比較重，所以主管請一位同仁去叫另一位身材比較壯碩的同仁來幫忙搬。因為那位同仁最近業績比較差，那個傳達的同事就跟他說，因為你業績不好所以經理要你負責搬水，那位壯碩的同仁一聽臉色立即其差無比，我趕緊上前說明真實的情況，但是言語如同一把鋒利的劍，一旦插進去再拔出來修補還是會痛、會有疤痕的，有些人就是見不得別人好，所以會搬弄是非讓人產生誤解。

當然，你要能避免所有的誤解發生：只要不是涉及利害相關的事，也許當「YES 先生」，幫忙做些小事，可以減少不少麻煩，但在這個個性化的時代，一個毫無個性的人，不可能脫穎而出。如果真的想當一只捕捉人們聽覺的雲雀，你不能和所有的麻雀發出同樣的叫聲，人人都有立場，有時立場是對立的，企圖討好兩種不同的立場的人，終究會被兩方驅逐出境，就是俗話所說的「豬八戒照鏡子，裡外不是人」。不管別人喜不喜歡你，每個人都有自己喜歡或不喜歡的人，不要想討好每個人。但是，如果你身邊的人都不喜歡你，請先檢討一下你自己，可能是你的個性有問題，待人處世不夠得體。

我們都知道一個很簡單的道理，就是你要領錢的話你就得先存錢，但是錢存在哪邊就很重要了，假設你的錢是存在銀行，你不用擔心錢會不見，銀行就像那些對你有善意的人，你對他好他們會放在心上，該回報你的時候會多回報你一些，一樣的付出得到不同的結果，那我們當然要選擇 CP 值高的人去付出。如今的社會上充斥著許多酸民，別想辦法去改變他們，你只需要離開他們就好，現在，就聚焦在那些對你好的人身上吧。

每一個人都可能是關鍵人脈

這世界看似很大，但是有時候還挺小的，這是一個發生在我身上的真實故事。我之前從事業務工作時，有一次到新竹科學園區拜訪客戶，因為新竹科學園區的停車位一位難求，所以車與車前後都停得很近，就當我正沿路尋找停車位時，一台我正前方的車子正準備要停進路邊的停車格，因為是單行道也沒辦法超越，只能先等前面的車停好我才能繼續往前開，但是似乎我前面那輛車的駕駛技術不是很好，一下往前，一下往後，遲遲停不進去，我看到駕駛是位女生，雖然我也趕時間但我還是耐住性子等，但是我後面的車主就不耐煩了，瘋狂地按喇叭示意那台車停快一點，甚至還下車朝那台車叫囂，內容大概就是說女生開車就是這樣，不會開車就不要開之類的，那女生因為這樣更顯慌張，於是我就下車走到前面那輛車旁，女駕駛很緊張地搖下車窗連忙道歉，說：「附近停車位不好找，我有會議要開始了，所以沒時間再去找其他車位，不好意思請再等一下」，我跟她解釋說：「我沒有怪妳的意思，我走過來只是想我可以幫妳停車」，最後她的車是由我幫她停好的，她連忙道謝後就匆匆離開了。

至於我後面的那台車在我下車後就倒車離開了，我也趕緊找好車位，停好車前往客戶公司準備做簡報，進到客戶公司大廳後竟然看到熟悉的面孔，那不是剛剛在我後面很兇的男生嗎？旁邊還帶一名女生，應該是他的助理，他正在櫃台辦理訪客登記，他之後我也進入客戶公司裡等待會議開始，走進會議室後我才知道他是我的競爭對手，客戶這邊安排我們兩間供應商來這邊互相廝殺，價低者得標。更妙的是會議桌上除了有兩位單位的主管，還有一位之前在接洽時候從沒有出現過的採購部經理，因為這是最後一次決定的會議，客戶的公司希望這次就搞定，所以派出最高階主管出席，而那個採購部經理不就是那位停車停不進去的女生，這時候我看到那競爭對手的臉色似乎也發現了，但是他還是很鎮定地裝作不知道，那女主管也很好心地沒有說出剛剛的狀況。不過事後我發現女生是不可以得罪的。當然那個案子是我得標，這點我不意外，因為原本我們的勝算就比較高，意外的是之後所有相關的產品都是由我獨家提供，而且我直接面對的採購主管就是那名女生，那個競爭對手之前在那間公司的產品，也都一一換成我公司的產品，之後我跟那女主管比較相熟之後，她才將當初的怨氣一一說出，原來我也只是她報復的工具，她把訂單都給我只是為了要報復那個叫囂男，害我以為是我開車技術好、人又長得帥才給我訂單，之後得知那叫囂男離職後，我的生意也就沒有那麼順利了，可能是我的被利用價值沒有了吧。

電視上也常常看到女方要介紹父母給男方認識，男生在前往女方家的路途中碰到了一些鳥事，跟路人衝突了起來，最後因為趕時間就匆匆離開，到女方家裡後才發現剛剛的路人竟然是女友的爸爸，這種灑狗血的劇情太多了，代表這種事情還蠻

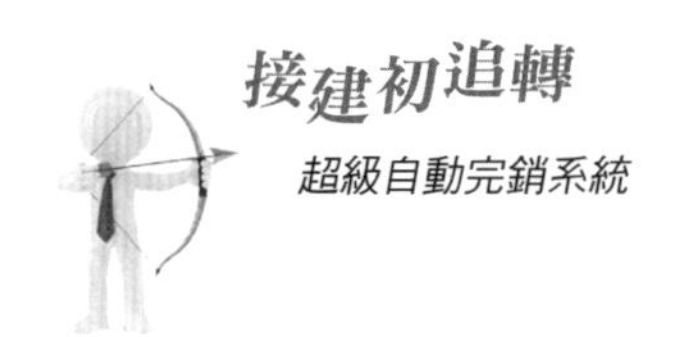

常發生的，所以請善待你遇見的每一個人，因為你不知道他後台有多硬，對你會有什麼影響。

捨得、讓利，懂得放水養魚

我們在人際關係中通常是最愛計較的人最吃虧，因為每一個人都不喜歡吃虧，一旦你碰到願意先吃虧的人，你一定很樂意跟他交往，甚至合作事業等等，這道理雖然簡單，卻很少人做到，因為眼前的「利」是很誘人的。

我認識一個朋友他就能將「讓利」、「捨得」這兩部分發揮得很徹底，他是開鎖店的老師傅，附近的大樓只要有住戶鑰匙不見，需要鎖匠來開鎖，通常警衛室都會通知他去開鎖或是裝鎖，其他的業者很難打進這些社區的市場。原來我朋友每次去新的大樓開鎖或是裝鎖都會給警衛一些介紹費，也就是說只要有人要開鎖，請警衛幫忙打電話叫開鎖的，警衛都是優先找我朋友，開一副鎖我朋友會給警衛 50 元，兩副鎖給 100 元，要是換新的鎖則給警衛 100 元，這樣其他鎖行來這社區貼廣告，通常在第一時間就被警衛撕掉了。也因此他的生意才能越做越大，所以凡事先讓利你才有機會得到後面的大利。

人際關係經營也是一樣，偶而吃點虧沒有麼大不了。許多人都只想追求最大化的利益，沒有想到情義長久化。很多人怕吃虧，斤斤計較各種利益，遇到一點困難掉頭就跑，這樣如何贏得友誼，人際關係自然不好。

不怕吃虧，平等對待各種人和事，只有肯吃小虧，才能贏得良好的人際關係；廣積人情，才會收穫別人的信賴和幫助，才能把事業做大。其實，無論虧大虧小，該吃就得吃，人情在了，以後回報才會有。主動付出，看似吃虧，實為得福。「紅頂商人」胡雪巖，原本是一家店鋪的小夥計，經過打拚，成為江浙一帶的商人。雖然只是一個小商人，但是他善於經營，做人更是沒話說，一點小小的恩惠便可以將周圍的人聚集起來，為他出力。胡雪巖對小打小鬧的小生意當然不滿足，因為他想做大事業。他的志向高遠，他想像大商人呂不韋從商場發展到官場，名利雙收。

當時一個不起眼的杭州小官王有齡，有向上爬的志向，卻窮得很，而當時金錢是升職的敲門磚。胡雪巖在與王有齡交往中，發現他倆目標相同，可以說是殊途同歸。王有齡對胡雪巖說：「雪巖兄，我也不是沒有門路，只是囊中羞澀，沒有錢想升職是行不通的。」胡雪巖堅定地說：「我願傾家蕩產，助你一臂之力。」王有齡說：「我富貴了，一定報答你。」

於是胡雪巖變賣了自己的部分家產，積攢了幾千兩銀子給王有齡。王有齡去京師求官，胡雪巖則仍操舊業，並不在乎別人笑他傻。

幾年後，王有齡官至巡撫，親自登門拜訪胡雪巖，並問他有什麼可以報答的，胡雪巖說：「祝賀你福星高照，我並無困難。」

但是，王有齡非常重情義，當年胡雪巖雪中送炭，他始終銘記在心。於是，他利用職務之便，特別照顧胡雪巖的生意，胡雪巖的生意自然是越做越好、越做越大，他也更加看重與王有齡的情誼。

其不在意吃虧的心態，才使得胡雪巖的事業迅速發展、壯大起來，可以說是吉星高照，後來被左宗棠舉薦為二品大員，成為清朝歷史上唯一的「紅頂商人」。俗話說，「吃虧是福」，只有聰明人才懂得其中的玄機。吃虧不重要，重要的是贏得了人情。以吃虧來交友，以吃虧來得利，是非常高明且有遠見的人才會有的處事原則。

中國人看重人情，你吃虧不要緊，因為你成了施與者，他人就是受者。儘管從表面上來說，你吃虧了，他人獲益了，然而，在友情、情感的天平上，你有了非常有份量籌碼，這是多少金錢都很難買來的。

良好的人際關係不僅能使一個人和諧地融入群體，極大地拓展自己的知識和能力，而且是與他人合作、實現互惠互利夥伴關係的基礎。總之，吃虧能廣蓄人情，建立起自己的人脈。一個能吃得了虧的人，在他人眼中是豁達、忠厚的人，比起金錢更加可貴，能夠讓他人心甘情願地幫助你，只有懂得吃虧才能贏得他人信任，為你辦事。

04 經營「人心」，用心為上

我有個朋友是營造業的老闆，逢年過節老是送我紅酒，但我知道他本身並不喝酒卻送我紅酒，我上網查一下那紅酒的價格，還不便宜，於是我好奇地問他，他說是一個廠商的業務送他的，因為那業務是做有關衛浴設備的銷售，我就問我朋友說：「他不知道你喝酒會起酒疹嗎？」我朋友說他應該不知道，不然怎麼會一直送他紅酒，我猜想是我朋友的辦公室有幾瓶紅酒放在酒櫃裡當擺飾，所以那業務以為我朋友喜歡紅酒，也就沒有透過一些方法套話，一廂情願地就認為我朋友是紅酒愛好者。於是我打趣地問我朋友說，送你一瓶五百元醬油和一瓶五仟元紅酒你要哪一個，我朋友選擇醬油，因為他喜歡吃東西都沾醬油，我心中蠻同情那個業務，送那麼貴重的禮沒有達到效果就算了，還被人認為你不懂我，真是吃力不討好，要是他能事先打聽到我朋友愛的是醬油，其實送他高級醬油也不過一千左右，我朋友收禮會收得更開心的。

給對方想要的，付出才有價值

人際交往貴在用心，給對方想要的，你的付出才會有價值，但是很多人會說，我要怎麼做才能知道對方需求的是什麼？期待的是什麼？才能達到「送禮送到心坎裡」、「雪中送炭」的效果，以下提供幾個還不錯的方法與大家分享：

① 直接詢問

不要想太多，請直接詢問對方的想法，當然有時候要有技巧性地詢問，私密的話題例如薪水、性相關比較私密的……如果你們之間交情不夠熟就別問了。

以我朋友的例子來說，如果你是那名業務員，你可以直接問：「王董事長，請問您最愛的食物是什麼呢？」這種單刀直入的方式也不錯！缺點是會有些老闆覺得你不夠用心，但是對直來直往個性的老闆卻很吃這一套可以直接詢問無妨，這個方法最不會出錯，爾後送禮就能有所依據。

② 旁敲側擊

不直接詢問，而是問對方平常喜歡的休閒活動，最常吃些什麼等等，請問他你要送人禮品的話要送什麼禮品比較好呢？類似這樣的旁敲側擊，可以讓他講出他喜歡的送禮項目或方式。你也可以這樣問：「× 老闆，假設有廠商送您紅酒的話您覺得如何呢？因為我在幫公司調查過年的禮品。」這種假設法對方會認為你只是在詢問統計意見而已，進而你也可以問他：「如果公司要送您禮品，您會比較喜歡什麼樣的禮品呢？」

③ 觀察

培養觀察力，因為這是可以讓人感覺到最貼心的做法，通過後天來訓練敏銳的觀察力，學習有效地進行觀察，讓觀察變成一種生活方式，並擴大你的觀察範圍，有些人的觀察視野很狹窄，他們只看見眼前的事物，那些事物幾乎也就是他們所認為的世界的樣子。然而有些人的視野則更為廣闊，並且能夠把觀察到的地方擴大。顯然，觀察視野越廣闊越好。寬廣的視野可以增加你看見事物的機會，並獲得更多的訊息，如：可以透過他的好友觀察他喜歡什麼類型的人；透過他辦公室的風格來了解他的喜好偏向；透過他與人的互動，了解到他的性格……等。不然你可能會錯過這種機會並失去這些訊息，讓觀察成為你生活的一部分，不停地透過觀察力的遊戲來提高自己的觀察力，是可行且高效的途徑。

透過簡單的觀察可以了解對方的一些資訊，再利用拼圖和交叉比對其實也不難，最簡單的可以從外觀、飲食、對方的朋友觀察起，例如他跟朋友說話方式是屬於急性子還是慢郎中等等，都可以慢慢拼湊起來。不過這樣的資訊過於零散，建議從你要了解的部分去觀察收集，這樣會比較精準，例如想請他吃飯，卻不知道他喜歡吃什麼？你就可以先搜尋他的 FB，上去看看他都曾去哪些餐廳吃飯、打卡、偏愛哪些料理，從中或許可以得到一些訊息，只要有心很多訊息都是可以解讀的。

④ 問第三者

如果你們有共同的朋友，當然可以先詢問第三者，或他身邊的人，但還是要加上自己的觀察和問對人，如果問的是對方董事長的秘書基本上是對的，但是如果對方有可能也是猜測的，建議你可以多問幾個人，再交叉比對一下，這樣才可以綜合出正確的資訊。不能就以第三者提供的資訊當作 100% 正確的資料，這只作為大方向參考而已，你還要找機會拿其中幾個訊息找當事人旁敲側擊，在聊天時候當作話題詢問當事人，藉以判斷第三者提供資訊的準確度如何，你也可以多詢問幾位相關的第三者，透過交叉比對選出多數有志一同的選項。

任何的合作講求的都是雙贏，其實人和人之間的友誼是建立在利益交換上，或許你會感慨地說「感覺好現實」，其實我覺得不然，因為人和人之間的相處本來就是互利的，夫妻情侶在一起本來就要比還沒有在一起前快樂，如果兩人在一起比自己一個人還不開心，那就不如一個人生活，所有的人在交往的過程中都重視甚至偏愛「公平交換」，對一般人來說，不公平的交換，等同於「搶」，沒有人喜歡「被搶」的感覺。

某種意義上，儘管絕大多數人不願意承認，他們所謂的「友誼」實際上只不過是「交換利益」，可是，如果自己擁有的資源不夠多、不夠好，就更可能變成「索取方」，做不到「公平交換」，最終成為對方的負擔，這時候，友誼就會慢慢無疾而終。所以可以想像：資源多的人更喜歡與另外一個資源數量同樣多，或者資源品質對等的人進行交換，因為在這種情況下，「公平交易」比較容易產生，所以當你想要維持良好長久的人脈，一定要建立在互惠平等的基礎上。

進階的人脈經營一定要先想到你能幫對方帶來什麼好處，好處還包括無形的，例如快樂、安全、興奮等等，當你都站在朋友的立場想的時候，你的人際關係一定會變好。你要知道對方重視的是什麼，因為你自己所想的未必是對方所想，要做到把對方所想當作是自己所想的地步，有時候我們認為這樣做是對方想要的，沒想到對方非但不領情還不高興，因為那是你用自己的喜好、想法去揣測對方想要的，但事實並不是你想的那樣。

站在他人立場想事情

你或者你的親朋也許都曾有過這樣的體驗：有的人非常熱心，但常常熱心過頭了，反而造成別人的困擾。我的親身經驗是，有次朋友聚會，那時剛好我正在減肥，所以都吃得不多，也不好意思跟朋友說我在減肥所以不吃。朋友相當熱情，讓老婆切水果招待大家，有鳳梨、芒果、西瓜這三樣水果，這三樣水果很好吃但是也都很甜，所以我就各拿一塊來吃，因為甜分高熱量也就高，我想還是得忌口。但是大家坐下來一起話家常時，朋友就一直招呼大家吃水果，在座的其他朋友當然一開始很捧場，但是因為份量還蠻多的，又是吃飽才來他家坐坐，吃得並不熱絡，朋友就起身端著水果一一到每個人面前，請每個人拿水果，到我面前我說吃不下了，但是他卻說水果小小一片沒關係啦！我還是堅持說我吃飽了，並跟他道謝，他卻主動拿叉子叉了幾片水果，硬是塞給我，那時候的我拿也不是，不拿也不是，當下的感覺其實不好，我知道那是他的好意，但是熱情過頭反而會造成我的困擾，如果他可以站在我的立場想想我為什麼不吃水果，而不是單憑他認為自己請大家吃水果是在展現他的熱情，他覺得這樣大家一定會很開心，其實這樣反而造成了反效果，賠了夫人又折兵。

凡事站在他人的立場想事情是非常重要的，因為這樣你可以精準地善用資源，可以達到不浪費又快速的效果。例如我本身不敢吃部分海鮮類，像蝦類、貝類、章魚那一類我都不敢吃，但是有的朋友沒有問過我或是觀察過我，只是單憑一般大眾都喜歡被人請吃龍蝦、鮑魚，覺得那樣很有面子，殊不知其實他請我吃一碗滷肉飯，我還會比較開心。

又例如我有個朋友A君是不喝茶的，有次有人為了要討好我朋友A君，特別送給他台灣比賽得名的冠軍茶，而且價格還不便宜，要是那個人先透過LINE向我打聽A君的喜好，他馬上就能省下不少錢，因為我那朋友最喜歡喝養樂多，可惜他並沒有先諮詢我，不然那兩罐冠軍茶可以買好幾箱的多多吧！

當然站在他人立場想不光光只是吃的方面，同理心更是一大重點。例如有一次我在趕業績的情況下，多打了一通電話詢問訂單狀況，沒想到對方接到電話劈頭就很生氣地罵我，歇斯底里地在電話那頭罵個不停，我當下當然是滿頭霧水，心裡想有那麼嚴重嗎？但是我轉念一時，她不是這樣火爆脾氣的人，一定是有什麼事情導致她那麼生氣，於是我壓下想反駁的火氣，讓她發洩一下，因為她連他老闆罵她的部分都算到我頭上，一直罵到早上她跟她男友吵架的部分，也算在我頭上，這下我明白了，原來是因為她早上出門前跟男友大吵一架，到公司遲到加上工作上的事情被老闆罵，我就那麼剛剛好那時候打電話去，她不找我發洩？要找誰呢？

我一站在她的立場想之後，反而沒有那麼不爽被罵了，而能冷靜下來聽她抱怨、吐苦水，偶爾附和她罵我們這些臭男人，最後她或許是情緒找到了出口，我不斷地讓她釋放，沒有當她釋放時候，硬堵住她不讓她發洩，還跟她吵，讓她情緒更糟、更加放大，等到她倒垃圾倒得差不多的時候，她自己察覺到自己不應該這樣，最後竟然哭了出來，頻頻向我道歉。

最後等她平靜下來了，我才詢問她訂單的事情，她馬上幫我處理，原本訂單到她手上還要再跟我們談付款條件，但是因為她那愧疚的心，她很幫忙地直接給我最好的付款條件，我的獎金也因為付款條件比較好的關係，多了兩萬多元，重點是後面跟她的合作都很順利，她甚至會跟我說我競爭對手開的價格是多少，但是也不必比競爭對手低，因為我這邊會沒有利潤，這點她也都先替我設想到，會給我她建議的價格，然後再去跟她老闆說明，所以我拿的條件是最好的，之後很多的訂單也都談得順風順水，甚至我離開了我原本待的公司，往其他產業發展，她還表示她公司有缺人，建議我去應徵看看，她會幫我跟面談主管說，但是我因為有自己的人生規畫所以婉拒了。她還問我打算到哪邊發展，未來公司的產品如果她們公司有用到，她會幫我引進。之後我做服務業賣雞排去，她還常常叫外送，幫我介紹客戶，這些的好處和人脈的發展都源自當初那通電話，我要是沒有站在她的立場，去體諒她為什麼會這樣，劈頭就跟她吵起來，相信我是不會收穫到後面這些資源的。

話說得體招人喜歡

與人培養好關係沒有其他的秘訣，重點只有一個，就是「用心」。但現實中，很多人交朋友非常短視，也就是心裡只想著這個人可以為自己帶來什麼好處，藉此評估是否要拿出自己的資源去經營彼此的關係，而這種以功利建立起來的人脈，往往不長久，也不真實。

因此，若你想真誠地與他人建立好關係，至少要做兩件事。第一、換位思考，從對方的觀點看世界，第二、先幫助對方得到他想要的進而和對方合作，而不是想著你能從他身上得到什麼。

在此與大家分享一個實際的做法，可以幫助大家養成真誠建立關係的習慣。當你和朋友見面或是認識新朋友時，不要再問自己說：「跟他交朋友對我有什麼好處？」而是先自問：「我們彼此有什麼好處？」久而久之，你就能習慣用心去對待任何人了。

至於「經營人心」最便捷的做法，就是改變自己說話的方式，說話是一門學問，同樣的事，同樣的話，換個方式說，達到的效果卻完全不同。與人說話的過程中請遵守以下原則：

① 不判斷觀點的對錯

我們最容易犯的錯誤，就是自己在心裡默默對對方的觀點判斷對錯，其實每個人的觀點，只是對事物的不同的看法，很難做出誰對誰錯的判斷。例如我跟一群小朋友出去旅遊，旅途中一位小朋友頻頻覺得我們車速太快，另一位小朋友則認為一點都不快，一問之下原來覺得車速快的小朋友，是因為他媽媽開車是屬於開車速度很慢的類型，所以相對今天行駛在高速公路的車速，當然覺得快了。另一位小朋友平常則是坐慣爸爸開的車，因為他爸爸常開高速公路，所以相較起來就覺得還好，沒有誰對誰錯，只是每個人的觀點不同。

因為在我們的頭腦中，有一套自己處理事情、辨別是非的價值觀或方法論，它不能代表別人，更不能代表真理。如果邊聽邊判斷，就會對說話者在心裡定格，先下定論或存有偏見，也就難免會在談話中帶上個人情緒，在言語上失了分寸。

② 充分的尊重

這世界上沒有兩個完全相同的人，每個人對事物的看法，觀點也是不同的，抱著一種學習的態度去與人交流，這是產生尊重的基礎，尊重能讓對方感覺到你的真誠和善意，所以，若想讓他人尊重你，你自己要先做到尊重別人。

③ 說話儘量不使用否定性的詞語

根據心理學家研究指出，與人交流中不使用否定性的詞語，會比使用否定性的詞語效果更好，因為使用否定語句會讓人產生一種命令或批評的感覺，雖然明確地表達了你的觀點，卻很難讓聽者接受。例如：「我不同意你這次提案的做法」這句話我們可以換一種說法：「我希望你重新考慮一下你這次提案的做法」。所以在溝通交流中，很多的問題都是可以使用肯定的字句來表達的。

④ 換個角度表達，讓人更容易接受

同樣的觀點會有多種表達的方法，例如，我們要說的意思是某女生很胖需要減肥，你可以說：「你好胖，需要減肥」；另一種說法是：「你五官很立體，若能瘦下來一定很美。」可見，表達的方式很多種，就看你用不用心，有沒有顧慮到聽者的感受。如果你是那位女生，你會喜歡哪種說法，當然是第二種。所以，我們在要表達自己的觀點時不妨多想個三秒鐘，思考一下接著說出來的話是否更讓人易於接受。俗話說的好：良言一句三冬暖，惡語傷人六月寒。

⑤ 善用肢體語言

肢體語言包括身體各個部分，為表達自己觀點而產生的各種動作，文字、語調、肢體動作，只有各個部分完美的配合，才能產生最佳的效果，交流時文字、語調、肢體動作等所產生的作用是不同的，文字占 7%，語調占 38%，肢體動作占 55%，所以我們說話時搭配一些適當的手部動作和臉部表情，就可以讓你說話的內容直入對方心中。

⑥ 將「命令」改為「期望」

命令式的語言會讓人有不被尊重的感覺，這種感覺會削弱聽者的積極性，對你引起反感，反而不利於溝通，影響到你的預期效果，例如：「你必須在五天內把資料交給我。」聽到此話的人，內心難免會有不舒服之感，實行你的命令自然也不會多盡心。

那如果換個期望式的說法，如：「依你的能力，相信你會在五天內完成這份報告的，期待你的表現。」這樣的說法，在工作場合中效果最是顯著，這種期待式的

任務交付，不但不會有損你的權威感，反而大大提升你的主管魅力。

7 切勿以偏概全

很多時候人們說話時，會把意思擴大化、深層化，再加上自己情緒上發洩的字眼，這樣非常的傷人。

例如，小孩子愛玩不小心把你心愛的骨瓷杯打碎了，有的家長一看到自己心愛的骨瓷杯摔破了就大聲責罵：「你就是一個敗家子，講都講不聽。」想一想，只是打碎一個杯子，就把孩子說成是敗家子，這對事情並沒有幫助，你的骨瓷杯也不會因為你罵孩子幾句就完好如初。所以還不如換一種說法：「有沒有受傷，以後注意點，受傷了怎麼辦，下次要注意玩的場合，這是爸爸心愛的杯子，你把它打碎了我很難過，我們一起來把它清理乾淨。」每個人都有善良的一面，每件事都有積極地因素，記得一定要就事論事，絕不以偏概全。

8 情緒不好的時候少說話

心理學研究證明，人在情緒不穩或激動、憤怒時，腦袋的智力是相當低的，大約只有六歲，在情緒不穩定時，常常表達的不是自己的本意，道理理不清，話也講不明，更不能做決策，不要相信「急中生智」的謊言，尤其是生氣的時候，盡量避免講超過三句話，因為生氣時講出來的話大多是不理智的氣話，通常沒什麼「好」話！與其等到傷了人、誤了事、賠了形象之後再來懊悔，倒不如選擇沉默以對，先化解對峙的場面，來得明智許多。在我們的生活周遭、工作中，因一句不合反目成仇，甚至鬧出命案的例子比比皆是，不得不慎重對待。

話說的得體能讓人喜歡，不只是一個表達技巧的問題，還要我們養成學習和觀察的好習慣，不斷約束與練習說話之道，要常反思，悟出來的才真正成為自己的，培養好自己的語言魅力吧！

對他好一定要讓他知道

華人通常是比較含蓄的，也很壓抑的，有時候我們辛苦了大半天做出來的成果，卻被一個只會動嘴的人把功勞搶走，你看著他受到表揚，你心裡恨得牙癢癢，但又基於雙方情面只能在心裡咒罵。功勞會被那些小人搶走，其實是你自己的錯，因為你心裡覺得「邀功」是很要不得的行為。功勞、成績就像一個美味的肉包，誰把它拿下來就可以享用它，你把這個肉包做出來卻不好意思去享用它，所以那美味的包子放在桌上，當然在旁邊的人、路過的人、凡是聞到香味的人，都會想辦法去吃那顆包子，所以包子被拿走是很正常的事情，搶功勞的人也是因為要有功勞可搶，所以我們不要做「大仁哥」，真的是你做的功勞，該邀功就邀功。

我有個朋友從一件事情明白到「邀功」的必要性及重要性。

有一次他半夜起床上廁所，看見他老婆踢被子，被子掉到了床下，因為他和他老婆會互搶被子，所以是各自蓋自己的被子。他輕手輕腳地怕吵醒他老婆，幫老婆蓋上被子，隔天早上他老婆起床的時候，因為一點小事跟他鬧了脾氣。

我朋友氣不過就找我抱怨了幾句：「我半夜怕她著涼，還幫她蓋被子，而她早上為一點小事就跟我發脾氣。」我開導他說他的用意和做法都沒有錯，但是少做了「邀功」這件事，因為你半夜做了什麼你老婆根本不知情，跟沒有做是一樣的，所以建議他下次試著要「邀功」。必要的時候稍微依序描述三個過程（你眼睛看到的事實情況→你心裡想的擔心和幫忙的方式→你動手做的事實），於是他苦苦等待他老婆半夜再踢被子，等了好幾天遲遲等不到他老婆踢被子，又跑來問我有沒有其他方法，我跟他說：「你老婆哪會知道她自己有沒有踢被子，你可以耍心機做些小手腳，你可以把被子拉開當作是她自己踢的啊！」（情急之下想出來的，各位看倌不要學），所以他依樣畫葫蘆半夜就悄悄地把他老婆的被子拉開（怕驚醒老婆），然後把被子放在床下，再輕輕拍他老婆，把他老婆叫醒並對她說：「老婆，我看到妳被子掉床下了，妳怎麼踢被子了，小心別感冒了，來我幫妳把被子蓋好。」然後幫他老婆把被子蓋上，再親她一下，隔天早上他老婆起床後竟然主動去買早餐給他吃。之前都是我同事去買早餐的，今天破天荒是老婆幫他買，然後吃早餐的時候他老婆才跟他說謝謝！！謝謝他晚上那麼貼心幫她蓋被子。

各位朋友，你發現了沒，有跟別人說你為了他做什麼，和沒有說，是不是差很多，但是如果過程中你沒有跟你老婆說明過程，早上只跟老婆說你有幫她蓋被子，這效果其實不太大，一定要說明過程。

朋友幫老婆蓋被子的邀功過程：

- 你眼睛看到的→老婆，我看到妳被子掉床下了，妳怎麼踢被子了呢？
- 你心裡想的→我怕妳感冒了。
- 你動手做的→幫老婆把被子蓋好，再親老婆一下。

之後他食髓知味三天兩頭地跟他老婆邀功蓋被子的事情，他老婆就不太會理會他，他問我說為什麼？我跟他說，你沒有被發現你背後做手腳已經是不幸中的大幸了，邀一樣的功，在第二次之後，效益會每一次減少一半以上。

描述過程可以讓對方知道你的辛苦和用意，這個方法用在客戶身上也是很恰當的。有一次客戶的公司要蓋廠，需要很多設備，我抓準機會去推銷自家的產品，但我發現負責的工程師超級忙，要負責很多的專案，在簡單訪談了解對方的需求後我就離開，並約好三天後再拜訪。三天後我將自家公司的產品報價資料附上，並且還同時列上其他品牌的產品比較分析，諸如哪一間公司有用、效果如何、價格分析、維修流程、產品 CP 值等資料全部蒐集好，並整理成一份報告，讓他可以直接交給他的主管，我還貼心地將報告封面的 LOGO 也換成客戶公司，報告人的名字不是寫我的名字，而是寫那名工程師的名字，並且我把過程告訴客戶（你眼睛看到的→你心裡想的→你動手做的），我對他說：「我那天來拜訪你的時候發現你真的好忙，同一時間要負責好幾個專案，所以我想在這方面我很專業，能減輕你一些工作量，應該能幫上忙，所以我花了三個晚上的時間，熬夜比較了數十家公司的產品，親自跑了四家設備廠商，才整理出這份資料，希望可以幫到你。」

我邀功過程：

- 你眼睛看到的→我那天來拜訪你的時候發現你真的好忙，同時要負責好幾個專案。
- 你心裡想的→我想在這方面我很專業，能減輕你一些工作量，應該能幫上忙。
- 你動手做的→所以我花了三個晚上的時間，熬夜比較了數十家公司的產品，親自跑了四家設備廠商，才整理出這份資料，希望可以幫到你。

結果那一份報告讓他在他主管面前大大被讚賞，因為他是第一個交專案報告的工程師，並且內容全部都很到位，所以我那一份被當作範本，之後那工程師因為這一份報告，被派任成為某一專案負責人，因為那專案是我寫的，所以他就常常拜託我一些事情，例如幫他看一些其他人的專案報告，當然都是秘密進行，自然於我也是有很大的好處，我因此得以看到所有競爭對手的資料，包括報價資料。所以那家工廠所有要用到的設備，只要我公司有的產品幾乎都全包，只有部分利潤不好的產品，讓給其他競爭對手，這一次的成績就足夠且超越我一年的業績目標了，所以邀功有方法，只要注意兩點即可，就是：內容不要太誇張，邀功不要太頻繁。

如何讓他人喜歡你？

以前我還蠻喜歡釣魚的，有時候若是去比較遠的地方釣魚就會在那邊待上一整天，順便享受一下大自然，帶著自己喜歡吃的美食，例如甜甜圈、漢堡、巧克力、披薩等等，有次我竟然忘記帶到魚餌，這個失誤突然讓我有個體悟，以我自己來說，我喜歡吃漢堡和巧克力，可是我不能拿漢堡和巧克力去釣魚，因為水裡的魚只愛吃小蟲，魚餌必須是那些魚所需要的，在釣鉤上鉤一條小蟲或是一隻蚱蜢，放下水裡等待魚兒上鉤，我必須給魚兒愛吃的牠們才會上鉤，如果勾上漢堡牠們鐵定不會有興趣，更別指望釣到魚了，那我們為什麼不用同樣的道理，去「釣」一個人呢？

所以弄清楚以下兩個問題對你的銷售和人際關係很重要。

- 人際銷售流程中你要銷售的是什麼？
- 人際買賣過程中對方要買的是什麼？

答案是你自己，即使您的公司是一流的！產品也是一流的！服務更是一流的！但您的人是三流的，還講著外行話，這樣的你能成交嗎？所以，佛要金裝，人要衣裝，你必須要把自己內外在都要提升到至少門當戶對。你要跟一群工地的朋友交朋友，總不能穿西裝打領帶地去找他們談天說地吧？！你要向上市公司的主管們做簡報，不能只穿一套輕便的服裝就上場吧！因地制宜是最好的選擇，至於內在其實跟外在差不多，你跟什麼人在一起就是要談怎麼樣的話，也就是先調整頻率跟對方相近，之後再來做微調，如果你推銷的產品或服務不符合客戶心中的想法，怎麼辦？那就改變客戶的觀念！或者，配合客戶的觀念！

中國字很有意思，買賣這個「賣」字上面有一個士，古代的士大夫也是辦教育的，所以要賣之前一定要先教育客戶，先跟客戶說明你的產品為什麼值得這個價格、為什麼值得客戶買。

交朋友也是一樣的，要跟朋友說明你的資源有哪些，為什麼你們可以當好朋友，互相有哪些條件可以幫助彼此。

至於為什麼客戶會買？是因為我們給了他一個理由，一個夢想！當客戶還沒有得到商品時，他會想像使用商品後的改變，客戶會如何想像？那自然就看怎麼引導了，你給客戶的想像，能讓客戶確認價值，然後提出價格，只要價值遠大於價格，客戶就會買單了。

請問，一款高檔奢侈品若是擺在菜市場的地攤上，你會買嗎？該款奢侈品雖然在高檔百貨精品店販售，但銷售人員不尊重你，你會買嗎？所以，營造好的氛圍與感覺，為客戶找到理由，就絕對成交了！

交朋友也是一樣，你為他找到一個跟你交朋友的理由，你就絕對跟這個人當好朋友了，還有一點很重要交朋友在於「確定的感覺」，也就是你把對方當作真心的朋友，對你而言，信心就是「確定的感覺」之表徵！然後感染對方！然後交往！信心的再昇華就是信仰！

05 你的圈子決定你的未來

「物以類聚，人以群分」，想要成為什麼樣的人，想要擁有什麼樣的未來，這一切都取決於你接觸什麼樣的朋友，而那些人都將會是你成功路途上的貴人。如果經常與浮誇的人為伴，學不會踏實；如果你的朋友都是積極向上，就可能成為努力進取的人。

你應該能夠發現，富人的朋友比窮人來得多，這是為什麼呢？就是因為富人有很高的利用價值。正如一句老話所說：「窮居鬧市無人問，富在深山有遠親。」

要想使自己的人脈網變得更加豐富，就要提升自己的利用價值，不僅在事業上如此，在朋友之間也要如此，因為朋友之間就是一種彼此互助的關係，現在的社會是一個錦上添花的社會，很少有人會有雪中送炭。要想讓自己的人脈變得更豐富多元，就要在建立人脈方面加大投資。

其實只要仔細觀察就會發現，你的生活中從來都不缺少貴人，他們可能就是你身邊的朋友、老闆與同事或者只是一些和你萍水相逢的人，只要善於拓展自己的人脈資源，你的貴人就會在你需要的時候，及時地向你伸出援助之手。

無論你從事何種職業或專業，學會處理人際關係，你等於在成功路上多走了百分之八十五的路程。美國石油大王約翰．洛克菲勒說：「我願意付出比天底下得到其他本領更大的代價，去獲得與人相處的本事。」

朋友是最好的人脈，關係到了，財就來，「有好人緣就有財源」這點是無庸置疑的，大企業的老闆們都非常清楚人際關係在事業上的重要性，幾乎人人都是處理人際關係的個中高手，我們中華文化裡有一句老話說得非常中肯，那就是「在家靠父母，出外靠朋友。」

通常創立一份事業，無法靠自己的單打獨鬥進行，這時就必須要有合作夥伴，合夥人的選擇，是影響事業與投資成果的關鍵，集合大家的經驗和智慧，再加上彼此間明確的協定，將使投資過程更加順利。

你能否成功，不在於你知道什麼，而是在於你認識誰，擁有了豐富的人脈資源，也就等於擁有了巨大的財富，所以，千萬不要小看人脈的作用。有時候，自己費盡心力也做不到的事，可能某個關鍵人物一句話就能輕易解決。

走出舒適圈，豐富人生

不斷地走出舒適圈去嘗試自己的各種可能性！無論個人還是企業，如果設定了新的目標，就必須離開原有的「舒適區」，去改變原有的生活習性，克服心理障礙，去挑戰自我的潛能，去發掘自己真正的能耐在哪裡。例如，想要有廣大多元的人脈，首先要克服自己的膽怯，主動和人聊天；想成為行銷高手，首先要克服惰性，主動聆聽大咖們的分享，哪怕只是幾分鐘。踏出舒適圈，給自己多一點挑戰，你會看到更好的自己！

唯有脫離舊有舒適圈，才有機會成長，一旦你決定走出舒適區，並每天付出努力，你將會收穫許多驚喜，邁向自由區，首先，先定義一下，什麼是舒適圈？什麼是自由區？

- **舒適區：**舒適圈（英語：Comfort zone），指的是一個人所處環境的一種狀態和習慣的行動，人會在這種安逸狀態中感到舒適並且缺乏危機感。那些很有成就、很成功的人通常會走出自己的舒適區，去達成自己的目標，舒適區是一種精神狀態，它導致人們進入並且維持一種不現實精神行為之中，這種情況會給人帶來一種非理性的安全感，類似惰性，當人圍繞自己生活的某一部分建立了一個舒適區之後，他就會開始傾向於呆在舒適區內，而不是走出舒適區。

  走出一個人的舒適區，就必須在新的環境中找到新的不同的行動方式，同時回應這些新的行動方式所導致的後果。

➔ 自由區：「自由區」是我自己定義的，「區」比「圈」範圍來得大，意思是說達到財務自由的境界，不必為三餐煩惱，生活的時間可以自己安排。

當然有的人會說，我財務自由了，還要建立什麼人脈，為什麼還要那麼辛苦？財務自由固然是很好，但是你有沒有想過，財務自由不代表你有很多的財富可以讓你退休，財富自由只是你每個月的被動收入大於你每個月的開銷，也許你每個月開銷不到兩萬元，剛剛好你有一個投資每個月的回報大於兩萬，這也算是財務自由的一種。

我要各位進行的是兩個階段，第一階段盡量可以讓自己快速達到財務自由，第二階段就是財務自由後的自由區生活，唯有達到自由區生活，你才能快速累積大量並且有效的人脈。此話怎講，你想看看，如果你每天要上班又加班，早上天一亮就趕著去上班，等你下班了，月亮高高掛，你哪裡來的時間去經營人脈，辦公室裡的同事或許可以，但是同一區的人脈通常是沒什麼用的，自然是要跨過各種領域的人脈才是值得經營的。

又如果你必須為三餐打拚的話，也沒有什麼錢可以用來經營人脈圈，如果要經營高端人脈那就更不可能，這不是花錢的問題，而是時間上的問題，因為那些高端人士所有的時間都是自己安排，有可能星期一的下午去喝下午茶，星期二早上去打球，星期三整天去爬山，星期四早上談論投資案，下午找一些股東聚餐談投資，星期五去參觀別人的項目……，你想看看，如果你是朝九晚五的上班族，哪裡有時間可以參與他們的生活，他們要介紹一些好的人脈項目給你都困難，有的人會說：「我假日可以啊！」問題是那些人卻不可以，通常假日他們不太跟不熟的人聚會，他們喜歡跟家人或是好友，在自己的家裡悠閒過一天，因為假日外頭到處都是人，去哪裡都塞車，加上假日大家都放假，高端人士也是要陪家人，所以星期一到五你要上班，要經營這些優質的人脈是有困難的。

你要達到自由區的前提是你要離開你的舒適圈。離開舒適圈說起來很容易，做起來不容易，因為你將面臨安全感的缺失、不確定性以及各種阻力的考驗，所以才有 5% 是成功人士，95% 是一般人。離開舒適區有方法的，首先你必須訂下目標，一個很簡單的目標，讓你不舒服但是又不會很不舒服的目標，例如每天先向你社區中的警衛打招呼，或是公司裡的大樓警衛問好，這夠簡單吧！總而言之你要慢慢的習慣不舒服的感覺，等自己身體可以適應了再來加大，不要一次加到最大，不然你就會掛掉，更別提你的目標了。

 不要想會有所回報

一位女性朋友與我閒聊時抱怨她的男友，因為她男友非常講求公平，例如男生負責開車，女生不能在旁邊睡覺，要陪他聊天；男生負責家裡水電維修，女生要負責料理；男生負責洗馬桶，女生就要負責洗浴缸；男生幫女生買宵夜，女生就要幫他按摩；男生凡事要求我對你好，你要有所回報，所以兩人常常爭吵，最後以分手收場。

很多人在付出的時候，心裡總是期待會有所回報，要是回報結果不如預期，就會覺得付出不值得、感覺被騙，心裡很不是滋味，但是換個角度想，要是我們在付出的當時，只是單純出自內心想幫助對方，認為沒有回報是正常，若是有所回報則是賺到，之後每一次付出的時候就會沒有罣礙。

如果不想當冤大頭，你也可以在付出前先衡量自己的能力，例如有朋友找你借錢，這時候就要先衡量自己能力，把借出去的錢當作對方不會還你，這樣若是未來這筆錢要不回來，也不會對你的生活有所影響，如果會的話，你就要考慮要不要借，或是降低金額，不求回報不是要你做爛好人，付出的對象一定要是精準的人脈，也就是說值得你付出的人，才去付出，並不是所有的人都值得你這樣做，而且有時候所謂的回報不一定是立刻馬上的。

我前公司有個同事，他做人很好，凡事找他幫忙都可以獲得解決，從生活上的食衣住行育樂無一不能，而且他幫忙完後不會要求回報，我們常常問他這樣不是當爛好人嗎？他說他也是會看交情的，不求回報心中自然不會有所期待，就不會有落差，但是回報常常在無意間發生。他分享說：之前我們公司有一位新來的總機小姐，負責影印資料的工作，所以每次開會她都要準備資料，問題是公司的影印機常常故障卡紙，女生對機器這方面又不在行，於是我那同事看到會主動幫忙，幫忙幾

次後他就變成那個總機小姐的工友兼好友了，之後總機小姐有新的人生規劃離職了，也和我同事斷了聯絡。後來過了兩年多，有次我同事去拜訪一家公司爭取訂單，老闆因為在忙，就先請秘書在會客室接待一下我同事，好巧不巧，那秘書正是當初那位總機小姐，因為有舊交情在，我同事也在那秘書私底下的協助和幫忙敲邊鼓下，順利取得一筆很大的訂單，要是當初他沒有幫忙她，相信不會在兩年後獲得她的幫忙，陸陸續續那位前總機小姐也幫我同事轉介紹了很多客戶，因為她會知道公司供應商的一些資料，對她來說不過是順手的事，但對我同事來說是業務員寶貴的資料。

最後我同事總結一個他為什麼會凡事不求回報最大的關鍵，原來是他漂亮的老婆也是他不求回報追來的。當初追求他老婆的時候，只是單純地想對她好，一開始他老婆根本對他沒感覺，那時他也只是想：沒有回應是正常的，若是有回應就賺到的心態，沒想到第三年才打動了他老婆，第四年兩人就結婚了。所以他人生的態度是如此，先看看要幫忙的對象是誰才決定要不要幫。

➔ 幫忙的對象：

有關係的→老婆、同事、朋友、同學、鄰居、親戚等等。

與業務相關的→主管、客戶、廠商、公司同事、送貨司機、大樓警衛等等。

可以帶給你利益的→麵店老闆（可以多塊肉）、客戶的員工等等。

讓自己心情爽的→美女、美女、美女、美女、美女、美女、美女、美女、美女、美女，或是帥哥、帥哥、帥哥、帥哥、帥哥、帥哥、帥哥、帥哥、帥哥、帥哥、帥哥。

➔ 不幫的對象：

討厭的人、欲求不滿的人、毫無關係有手有腳者、自以為是的人、說三道四的人等等。

所以我們不是要當濫好人，也拒絕當「大仁哥」，但是我們要有一個觀念，就是拉低你的獲利點，先讓利出去，沒有人喜歡吃虧的，我們可以先讓他人得利，之後我們再來獲利，先主動釋出善意，主動打招呼、幫忙他人、讓他人心情好，之後別人也會這樣對你的。

先降低獲利點還有一個很大的好處，就是你的客戶會變多，為什麼會變多呢？因為你是提供好處者，沒有人不喜歡好處的，一旦量大、人多的時候，根據漏斗理論，你就可以篩選出優質的人脈。量大也是一個經營人脈很重要的元素。

例如，假設我要請幾位大陸朋友吃晚餐，我們選擇吃台菜，有兩間餐廳給我們選擇，各位猜猜，我們會選擇哪一間呢？答案是人多的那一間。同樣地，臉書上，有一個人突然主動加你，於是你去看他的資料，一看只有 20 個朋友，或是一看他有 4575 個朋友，你會比較想加入只有 20 個朋友的人呢？還是有 4575 個朋友的人呢？

答案不言自明，所以當一個人朋友多的時候，我們腦袋自然就會認為他很厲害、他人緣應該很好、他應該是成功人士等等。

主動出擊＋馬上行動

我曾經因投資失利而損失上千萬，當時想在短時間內就把失去的錢賺回來，我評估了一下，以自己目前從事的保險業是沒有辦法讓我在短期內賺回失去的錢，於是我主動出擊地去尋找機會，一開始我知道我必須去學習，所以我報名許多國內外大師的課程，希望藉此找尋到一些機會。

就在一次新北市板橋舉辦的一場多元收入的演講，在那一場演講中我認識了現在我的師父——王晴天董事長，那一場演講他分享了他人生成功的四桶金，我聽完後茅塞頓開立刻換個腦袋，我馬上行動去附近提款機領了七萬九千元，加入王董事長創辦的「王道增智會」（聽王博士說道理可以增加智慧），最主要的目的其實不是學習課程（想到才會做到），而是與王董事長發生關係，成為他的會員，之後也上了王董事長很多的課程，結交到更多的人脈。

今年王董事長開始進行退休計畫，開始招收弟子，第一時間我也馬上行動加入弟子，成為王董事長的弟子，最後還睡了王董事長（出去玩住同一房間），關係更加密切，2017 年王董事長舉辦的世華八大明師，因為有缺主持人，我主動出擊毛遂自薦，所以就擔任 2017 世華八大明師的總主持人，之後因為我表現得還不錯，受到王董事長的青睞與栽培，接下王董事長培訓事業的棒子，成為他的接班人，更成為 2018 年亞洲八大名師的其中一名講師，也才有機會出書，所以主動出擊，馬上行動，主動追求你要的人脈，想辦法接近他，並與他發生關係（我和王董一開始是師生關係），而且這一切不光光是主動出擊這樣就好，你還要馬上行動，因為想要成功的人很多，你行動晚了，機會或許就是別人的，「主動出擊＋馬上行動」才是關鍵。

所以現在請你闔上這本書，拿出筆和紙，寫下你最想認識的一個人脈，一開始不要寫難度太高的，如郭台銘等名人，你可以寫公司的總經理、客戶的主管、星巴克漂亮的服務員、同事帥氣的哥哥，總之這些人在你生活中是可以碰到的，不是出現在電視上或網路上那些遙不可及的人，並且寫下三個可以跟他發生關係的行動方案，最後，請你現在馬上、立刻去行動！成功的話恭喜你，失敗的話也恭喜你，因為你已踏出成功的第一步。

1、＿＿＿＿＿＿＿＿＿＿＿＿＿＿＿＿＿＿＿＿＿＿＿＿

2、＿＿＿＿＿＿＿＿＿＿＿＿＿＿＿＿＿＿＿＿＿＿＿＿

3、＿＿＿＿＿＿＿＿＿＿＿＿＿＿＿＿＿＿＿＿＿＿＿＿

重點不是成功或失敗，而是去做的感覺，並且讓那常常騙你並充滿謊言的大腦，給他一個教訓，跟大腦說我可以承受這失敗的結果，讓自己覺得不舒服，並且接受它，做完一個人脈三個行動方案一個結果，再繼續讀下去。

緣故陌生化，陌生緣故化

刺猬是一種全身披著刺的針毛動物。這種動物通常群體而居，自成一個小團體。西方有一種刺猬定律：每當天氣寒冷的時候，刺猬被凍得渾身發抖？為了取暖，牠們會彼此靠攏在一起，但是牠們之間會始終保持著一定的距離。原來，如果相互距離太近，刺猬身上的刺就會刺傷對方，但如果距離太遠的話，又達不到相互取暖的效果。於是刺猬們找到了一個適中的距離，既可以相互取暖，又不會被彼此刺傷。

在職場上，也有所謂「刺猬理論」，我們稱它為人際交往中的「心理距離效應」。在人際交往中，人際關係的距離並不是越近越好，「距離產生美」，所以不要時時刻刻把自己的透明度設置為百分之百，要懂得運用距離效應。

許多人交友都會陷入一個錯誤的觀念。他們認為好朋友之間無須講究客套，講究客套太拘束、太見外了，這樣的觀念完全錯誤，好朋友之間也應當注意保持距離，朋友間相處，也需要有一些空間，太過親近，不小心忘了分寸，口無遮攔，會造成彼此之間關係緊張，另外，大家來自不同的環境，接受過不同的教育，時間一長，即使再親近的朋友，也難免會有摩擦或小口角。人的感情是很奇妙的，太過疏遠難免淡漠，太過親密難免疲憊，只有保持適中的距離，才能維持新鮮感，就算是關係最親密的夫妻，相處的時候也需要有些距離，要有屬於個人的空間，距離是一種美，也是一種保護，感情容易滋養人心，也會輕易傷害人心，不管是血濃於水的親情，還是海誓山盟的愛情，都可能在不經意間刺傷對方，留出距離就是給彼此的感情騰出一個足以盛放的空間。為何有朋自遠方來不亦悅乎？遠方的距離造成了更多的嚮往和更多的牽掛，距離太近可能換來的是更多的摩擦。

「緣故陌生化，陌生緣故化」這句話做保險的朋友應該常常聽到，它的意思其實很簡單，就是自己的親朋好友，相處起來要用陌生人的方式去對待，剛認識的陌生朋友要猶如好朋友一樣的對待，而對待很熟的朋友稍不留意就失去了界線，有時候超過了份際卻不自覺，這樣會讓對方很不舒服，自己卻渾然不覺，因為我們人相處久了很多事情會認為理所當然，就失去了尊重，最後漸行漸遠。你還在奇怪為什麼他都不理你，你也不爽他這樣，於是你們就從此不相往來了，全部是因為沒有保持界線的關係。

至於陌生人的朋友一開始過於客氣，你和他的距離感覺會拉得很遠，透過你和親朋好友的相處模式去應對進退，這樣可以快速拉近你們之間的信賴度，這也是最基本拉近關係的方法。

放開一點

人的性格分類分成DISC四種性格，有支配型（Dominace）、有影響型（Influcens）、有穩健型（Steadiness）、有分析型（Conscientiousness），其中I型性格的人屬於熱情愛表現、專注於人際互動、善於運用群眾魅力、富創意，這些特質在人際互動中是比較吃香的，但是這不是絕對的，每一個類型都有他各自的優缺點，因為這一篇的主題著重在「放開」，所以才會針對I有影響型（Influcens）的優點拿出來說，那屬於其他類型的朋友，你必須要讓自己放開一點，主動去接觸人群。

我之前從事保險業的時候，有一位客戶生日的時候，我去85度C去買一個蛋糕，然後去客戶的公司，因為他們公司在一棟綜合型大樓的五樓，一般業務送客戶蛋糕的做法不是放在櫃台就是親自交給客戶本人，然後講一些祝福的話就離開了。

而我不是，我是在一樓電梯的時候，就把蛋糕拆封，插上蠟燭，點上燭火，然後從五樓電梯口端著蛋糕慢慢走去客戶的辦公室，途中會經過櫃台、辦公室、會議室最後到他的辦公室，一到辦公室就開始唱生日快樂歌，這時候辦公室裡的所有人都看到了，紛紛討論這傢伙是誰啊？這麼大的膽？於是我客戶從他辦公室走出來看到我端著蛋糕，唱著生日快樂歌，旁邊的同事也湊熱鬧地一起唱，最後吹蠟燭把蛋糕分給現場所有的同事，我的客戶則拍我的背說：「幹嘛這樣大費周章呢？真是謝謝你了！」但是，從我送蛋糕的過程中，我可以感受到他開心的樣子，從踏進他的公司到離開，也不過半小時左右，其實跟一般人送蛋糕過去閒聊一下的時間差不多，我們花的錢也一樣，路程一樣，心意一樣，目的一樣，但是給客戶的感受卻完全不一樣，給他辦公室同仁的感受也不同。

在我離開之後聽我客戶說，他跟同事們說我是他的保險業務員，他們全部都難以置信，都說自己的保險業務員怎麼都沒有做到這樣的貼心，於是那個星期我的慶生舉動傳遍了整棟大樓，連其他公司也都耳聞了這件事，這時候我取得我客戶的強烈信賴感，以及他身邊同事的好感，連同棟樓的其他公司，沒看到只聽到這件事的人的好印象也一併捕獲了。

所以，有時候所有成本一樣，但是我的表現方式放開點，那結果就大大不同，當然不是所客戶都喜歡這套，還要靠你平常的觀察紀錄，有 I 型性格特質的人會比較，所以 DISC 有機會去學習一下，對你人際關係會有幫助的，我鼓勵比較害羞內向的朋友，練習把自己放開一點，慢慢練習，這也是踏出舒適圈的一個方式。

06 活用人脈存摺逆轉勝

「四十歲以後靠人脈」這句話，我們常常聽到。道理說來簡單，真正實行起來是要費一番功夫和時間，Hands Up 創辦人洪大倫也在他的文章《一通電話的背後》裡面提到：「我之所以能用一通電話找到某些人，那都不是『人脈很廣』四個字這麼輕描淡寫就能帶過，背後必須有更多的付出與行動。你們不知道這背後得有多少次的彎腰、握手、噓寒問暖，更別提得有多少次的應酬、交陪、替對方擺平難事。在你們來看，我只要打一通電話就能解決，但事實上我有時候會選擇不打電話，而盡可能是靠自己來完成某些事，這是因為要考量的層面有很多，不單單只是一通電話而已。」

付出才有收穫是人人都知道的事，但做起來就是不簡單。所以，每次有人問我經營人脈的問題，我都會請他換位思考，先想想自己能給人什麼樣的協助，而不是只想到自己可以獲得什麼好處，你下次再剛跟別人認識或和新朋友在寒暄時，你可以這樣問：「你有什麼需要我幫忙的？」、「你現在最需要的是什麼？」只要你是真心誠意地想幫忙，對方是會感覺得到的，即便你最後可能幫不上忙，對方聽在耳裡也會覺得很貼心。

我們選擇人脈的時候，第一請你選擇對的人，尤其當你還沒有強大的時候，因為這時候幾乎很多人都是不太理你的，你可以先從對你釋放出善意，本身就是個願意幫助別人、喜歡交朋友、樂觀積極進取的人下手，例如，我（自拍馬屁一下），或是你有對方想要的資源的人。

第二點很重要，你要去結交比你優秀的朋友，人通常不敢找比自己優秀的人交往，舉例，如果你是 70 分，你只敢找 70 分以下的人脈交往，於是你認識了一個 65 分的人，那 65 分的人背後，就只有 65 分以下的人脈資源，可以成為你的人脈圈，所以你人脈圈的品質會不斷地往下掉，正確的做法應該是，找比自己優秀的人交往，但是不要一次找高於自己太多的人，你可以從 75 分開始，再來 80 → 84 → 90 → 93 → 95 → 99 → 100，不需要一步到位。

不必擔心沒辦法和比自己優秀的人交往，只要我們拿出真心，先付出去給予，真誠的關心雖然很重要，但是這種關心無法量化，也無法與對方發生關係，例如同學關係、師徒關係、生意夥伴關係，關係是你第一步往高分人脈前進的踏板，也是高分人際圈的柵欄，可以把你圍在他的範圍裡，對於結交高分的人脈，請先進行如下的心態建設。

1 對任何事都不設限

你永遠不知道下一秒會發生什麼事情，所以只要做好準備，其他的就大膽地去執行，偶而嘗試結交高端人脈，挑戰自己的膽量也不錯，說不定對方正好賞識你這一型的。

凡事不設限，有時候出奇不意反而能達到意想不到的效果，我有個朋友，他和他老婆的結合就是在於當初我朋友在交友心態上不設限的關係。在一次餐會中，當時還不是他老婆的她是一位女強人，因為公司在台灣成立新的據點而辦了一場酒會，特別邀請國內外的廠商和客戶來參加，當時還不是他老婆的「林總經理」是整個案子的負責人，在酒會開場時上台致詞，我的朋友被台上的她吸引，當初他只是覺得林總經理好厲害，因為那個產業領域很少有女生可以駕馭，於是我朋友鼓起勇氣主動上前自我介紹，並且表達敬佩之意，那場酒會後他們變成了好朋友，偶而傳傳訊息關心對方，慢慢地愛情的幼苗就在彼此心中發芽，進而交往最後走向紅毯的另一端。我在一次的聚會中問他老婆說：「當初你們的身分差那麼多，（一個是台灣區的總經理，一個只是一家代理商的業務），你怎麼會理睬我朋友呢？」他老婆回答我說：「因為他是第一位主動上來要認識我的業務人員，我很欣賞他的勇氣，所以我才會留私人的聯絡方式給他，之後他也很主動關心我工作上的壓力，才使得我漸漸打開心房，接受了他。」

也就是說如果當初我朋友覺得身為一間跨國企業的總經理是不可能理會他的，抱持這種心態而沒有上去主動認識、介紹自己，就不會有現在幸福的家庭。所以當你準備好的時候，就應該對凡事不設限，大膽地去執行你心中的想法吧！

② 自尊是成功的絆腳石

你是否常常覺得你自己不夠優秀，而不敢去認識比你能力強的人，人往往會因為一次成功的經驗，而緊緊抓著這一次經驗不肯放手，以致於遇到了不同的狀況，還是堅持使用同樣的方法去解決，下意識認為這樣做最安全、最穩當，最可以保住自己的名聲、地位和尊嚴，不至於砸了自己的招牌，甚至丟了飯碗、面子掃地。

只願意去看自己想看到的，只願意相信自己所相信的，豐富的工作經驗和人生閱歷反而會削弱了我們與生俱來的「直覺」，「自尊」就變成了拒絕變通的固執。而讓經驗和自尊成了主動出擊，認識高端人脈的絆腳石，讓我們在擁有豐富經驗的同時，卻喪失了前進的勇氣，這不是很可惜嗎？

一個能夠放下「自尊」去做事情的人，他看的是目標結果，然而過分強調自尊的人，在做事情的時候，總是希望有人陪自己做同樣的工作，這樣他才會覺得不那麼難堪，對於那些還停留在一窮二白階段，卻又無比渴望成功的人而言，說穿了被過度強調的「自尊」就是阻礙其前進的最大絆腳石。如果你想得到你想要的，就請先放下無用的自尊。

李嘉誠說過這麼一段話——

當你放下面子賺錢的時候，說明你已經懂事了。

當你用錢賺回面子的時候，說明你已經成功了。

當你用面子賺錢的時候，說明你已經是人物了。

當你還停留在喝酒、吹牛，啥也不懂還裝懂，只愛面子的時候，說明你這輩子就只能這樣子而已！

一個人越是百無一用的時候，越是會在意那無謂的自尊，處處都要表現出自己強大的自尊心。

這種自我陶醉似的自尊，不過是一種建立在不安全感之上的自卑感，更多的時候，能力和自尊要求是成反比的，尊重是隨著價值的提升而得到的。有個同事家的孩子，是典型的自尊心強烈型，堅持要當白領，寧可失業在家啃老，也不願做那些薪資並不低的勞動工作，認為做那些出賣苦力的工作很沒面子。家人好不容易托人幫他找了一份還算理想的工作，第二天就因為被同事嫌棄學歷低，覺得人家看不起他，就衝動辭職，至今也沒有一份正式的工作。

請認清楚人與人之間的巨大差距，這是很正常的。不要用我們之間是平等的這樣的鬼話來騙自己，也別去憤憤不平世界的不公，別指望別人用相同的態度來對待你，人和人之間的確有巨大差距，而且這種差距是有原因的，千萬別指望所有人都會熱心地對待你，還必須用你希望的方式。

承受是成功的前提，曾經有一段關於馬雲的影片在網上瘋傳，1996 年，這個又矮又瘦的年輕人騎著自行車，挨家挨戶地推銷，大部分的人甚至連門都不開，鏡頭記錄下他曾經所有的窘迫與無奈，也見證了他許下的誓言，他說：「再過幾年，北京就不會這麼對我，再過幾年你們都會知道我是幹什麼的。」二十年後他做到了，這才是一個人真正的自尊，該求人的時候，把姿態放低，別以為一切都是天經地義，一個人經得起多大詆毀，熬得住多少苦難，才能擔得起多少讚美。

貢獻自己所長

老天在創造你的時候，一定會給你一樣專長，如果沒有，不是老天沒給你，是你自己沒發現。

朋友圈裡面，每天都會發生大大小小的事情，你要是有心的話，你會發現很多朋友的事物，是在你能力範圍以內並且有能力幫忙的，有時只是舉手之勞。例如，在一次餐會上，有位新朋友說：「等一下我要回店裡去，因為裝潢的師傅要來找我簽約，我的店打算重新裝潢」，她還拿報價單給我們看，抱怨現在的裝潢很貴，我一看就發現事有蹊翹，因為我前陣子才幫朋友介紹了另一個裝潢師傅，所以那時候對裝潢的價格、施工都有一定的了解，我當然明白不要亂擋人財路的道理，但因為報價誇張了點，於是我提點了那朋友一些應注意的事項，並且傳給她網路上一些價格資訊，她半信半疑地回去簽約，結果她回去約兩三小時後就 LINE 我，要感謝我，請我吃飯，因為我提供的那些資料和注意點，讓她省下了五萬元，她很開心地說一定要請我吃飯。隔兩天我就跟她去吃夏慕尼，之後她也陸陸續續跟我討論她開店的相關事宜，也因為這樣我跟她的信賴感變得很深，當然之後也成為我的保險客戶，一樣的是，我只跟她談三分鐘保險她就買了。

有時候你的一個順水人情、舉手之勞的動作，對對方而言很可能是很大的一個幫助，要是對方對你的幫忙不領人情也沒關係，有時候只是時間還沒到，你心裡明白這是為自己播下善的種子，當這個種子長大時自然會庇蔭到自己。

除了要貢獻自己所長之外，還要向別人借他的優勢，去麻煩別人的所長，因為透過「借」他人所長，讓他跟你互動，請他幫你做他最擅長的事，因為每一個人都希望自己最擅長的事情被人看見，都希望自己的優勢有舞台可以發揮，當你請他幫你的時候，就修正了他對你這個人的看法，你又請他幫你做他擅長的事情，等於給他一個發揮的舞台，他的內心跟他的潛意識就開始對你萌生好感，開始對你釋放善意。

麻煩別人這件事，就像你要跟銀行建立好關係，希望貸款的時候可以談到比較好的條件，如果你從來不跟銀行借錢，你以為這樣就能累積好印象，是有加分效果的，但其實不然，當你向銀行申請貸款時就會發現，你根本不會有好的條件，因為銀行對你這個人不熟悉，因為沒有往來過，所以會給你的條件也不會好，只會先給你一般的。所以，我們麻煩別人如果麻煩的正是他擅長或是喜歡的事情，對他而言會有三個想法：

- 還好這是我擅長的，別人要花很多時間我只要一下子。
- 太好了！反正是我喜歡做的事情。
- 終於有人看到我的優點了，我一定要好好幫他。

以上三點都是讓對方不至於認為這是個麻煩，麻煩了別人就跟別人有了關係，你也有藉口要還人情，一來一往這個「情」就產生了，友情、愛情有的時候不是都這麼來的嗎？

電視劇上不都是這樣演的？女主角特別會麻煩某一個男生，初期那男生對那女生是很反感的，逼不得已才幫她，最後女生覺得不好意思一直請男生幫忙，只好自立自強學會一切，之後沒有再找那男生幫忙，這時候男生心裡就覺得怪怪的，才發現自己愛上對方了，雖然有點狗血，但這就是麻煩的力量。

精準的人脈

我們每一個人都希望能認識很多的人脈，但是往往認識了一堆人脈卻不知道怎麼經營、不知道這些人脈對自己目前有什麼幫助和好處。於是像無頭蒼蠅般地到處參加聚會活動，最後弄得自己很累卻一無所獲，所以我們一開始就要知道我們需要什麼樣的人脈，「想到」永遠比「做到」排在前面，你知道怎麼做，你想要取得什麼人脈你才會去接近這種人脈圈，所以可以將你未來的人脈分成短期和長期，當然這是我粗略的分法，你可以更細部地去分，重點只是讓自己可以篩選人脈，因為只要你開始認真地經營人脈，去參加一些活動主動出擊，你會發現你交換的名片會在短時間內堆得很高，LINE 的好友數會飆升，LINE 群組會多很多（我已經 250 個群），每天你的 LINE 訊息根本看不完，因此精準的人脈圈就很重要了，例如你需要業績時，短期的目標人脈就比較有幫助，遠水救不了近火，但是遠水也必須一步步建立，你可以用功能性分類、地區性分類、財富分類、行業別分類、美醜分類等，總之不要什麼人脈你都去開發，舉例：

- 短暫性人脈，意思是說對你短期內有幫助，或是可以立即提升你業績，可以幫助你解決目前碰到的問題，或是生意上需要合作的夥伴。

- 長期性人脈，意思是說若長期與這些人交往，可以在他身上學到很多，對於你的人生的影響是正面的，他的事業剛剛起步你很看好他，現在你卻沒有機會跟他合作，這個人有成功的特質，將來成功機會很大，因為很多成功者都很珍惜和看重那些在他尚未成功時所結交的朋友，因為他們認為那個時期結識的朋友，大部分都是真心的，功成名就後才結識的那些朋友多是想在他身上獲取好處的，所以我們要積極結識這些績優股，一旦他們飛黃騰達後，還是會把你當知心的朋友。

共用你的資源

這部分我想分兩個部分來談，第一是你的閒置資源，第二部分是你的珍貴資源。

閒置和珍貴由你自己定義，不是由別人來定義，有些資源你或許覺得很普通，對你而言一點都不重要，但是在一些人的眼中卻是珍貴的，例如，有的人很有錢，他的閒置資源就是錢，但對另一個人來說，錢卻是他的珍貴資源。

將資源分成閒置和珍貴最主要的用意是，為了將資源做最有效率的運用，閒置資源對你來說不是不重要，而是你不常用到所以才稱為閒置，例如你有一台很拉風的跑車，平常根本很少開，跑車對你而言就是閒置資源，但是可能對孤家寡人的小王就是珍貴的資源，因為小王買不起跑車，但是他很需要跑車去追女生建立自己的信心。你很會唱歌，唱得跟那些歌手一樣好，平常根本用不到，但是小王的婚禮需要一個婚禮歌手，這時候你的閒置資源「歌聲」就是小王的珍貴資源了。

如今是個資源共享的時代。有一次朋友 A 在運動過後感覺胸口悶悶的不舒服，跟他一起運動的朋友 B 上前關心，但是胸口痛的朋友 A 卻說：「沒關係他常常這樣，休息一下就好了」，但是朋友 B 仍然不放心，於是打了一通電話詢問自己的哥哥，因為 B 朋友的哥哥是台大的住院醫生，也待過急診室，聽完 B 所描述那些狀況，B 的哥哥立即強烈建議 A 馬上到附近的醫院做心臟方面的檢查，於是 B 極力勸朋友 A 快去醫院急診檢查，胸口痛的 A 還覺得 B 太小題大作，但是礙於朋友關係，加上 B 很堅持，如果不去反倒會壞了兩人之間的情誼，於是就這樣半推半就地去附近的醫院做檢查。等他們人到了急診室，B 朋友的哥哥還特別打電話來關切，建議急診室的護士該怎麼處置，沒想到檢查出來的結果很驚人，是急性的心肌梗塞前兆，必須馬上動手術做支架，要是今天沒有處理隨時可能發生心肌梗塞，那 A 朋友嚇死了，當天就做了手術。事後他特別感謝 B 朋友的熱心才救了他一命。

以上的例子中 B 的哥哥是醫生，也是 B 的一個閒置資源，但這個閒置資源卻救了 A 的性命，所以你必須先把自己有的資源清點一次，清楚知道你有哪些資源是可以運用、支配的，把這些資源變成你的資料庫，一旦臨時有需要你就可以立即搜尋出來。

現在就立刻盤點你的閒置資源，並且每天不斷地擴充你的資源。

選擇對的人

逛夜市的時候大家應該都有看過那種現場叫賣的拍賣攤位，就是老板背後有一堆玩具、日常生活用品等等的貨品，一樣樣的拿出來在攤位前面大聲叫賣：「這東西要一千嗎？不用！要五百嗎？不用！要一百嗎？不用！現在只要五十元」……這樣的畫面應該很熟悉吧！下次去逛夜市的時候可以稍微留意，注意那個賣力拍賣的人，他會找現場願意跟他互動並且有意願要購買的人，並跟這些人進行互動。他絕對不會找那種雙手交叉在胸前、面無表情的觀眾來跟他互動。同樣的，我們去看魔術表演時，魔術師也只跟台下那些想跟他互動的觀眾互動，為什麼呢？

因為他們都在選擇對的人，你想想看，那個拍賣小哥，如果找一個雙手抱胸面無表情的觀眾互動的話，不是自尋死路嗎？拍賣小哥會賣得很吃力。相同的，演講會場、表演會場，台上的人如果將重心放在那些沒反應的人身上，不但自己會覺得表演得很爛，喪失信心，那些現場願意配合互動的觀眾也會覺得不被重視。

請選擇與對的人來往，別把時間浪費在錯的人事物上。聰明的人懂得在自己所犯的錯誤中學習，而有智慧的人則能從別人的錯誤中學習，不用自己承擔那些痛苦，有些事早些明白，可以讓自己省下犯這些錯誤的代價。

羅伯．麥克．傅立德曾說：「時間是無法再生的資源，那訊息想要傳達的意思再清楚不過了，你應該把時間投資在對你最重要的人事物上。」許多人犯的最大的錯就是投入太多自己的時間與生命在不對的事情上，最後浪費了時間、青春與自己的大好人生，最後懊悔不已，但是過去就讓它過去，從此刻起調整你的方法尋找正確的人，以下有五種方法供你參考：

① 相信你的直覺

人的直覺是很準的，職場上，當你的直覺向你透露著眼前的事物不妥時，就應該立刻停止，直覺是防止你犯錯最好的警鈴，它往往能先你一步察覺異樣，當你的直覺告訴自己該怎麼做時，不妨先停下腳步，仔細想清楚後再前進，尤其是讓你不舒服的磁場，這個相處的模式或是人一定有問題，人脈不是短期的投資，請先停下腳步看清楚再前進。

② 不要太乎其他人的看法

當你過度在乎別人的看法，就會看輕你內心真正重要的東西，有時候說者無心，我們聽者會把對方的話曲解了，把焦點轉移在別人的意見，而不是你內心真正的想法，每個人都有不一樣的看法，別在乎其他人怎麼想，只要是自己認為對的事，就堅持走下去，當別人跟你說你做不到的時候，其實是他們心裡覺得自己做不到，所以認為你也做不到，但那是他們，不是你，凡事按部就班一步一步來，凡走過必有成績。

③ 懂得拒絕

有時候，懂得學會拒絕，才能避免將時間浪費在那些不重要的小事上。職場上，不要當個 OK 先生／小姐，對別人的要求照單全收。而是應該將多一點的時間留給自己和重要的家人朋友，當我們成為一個凡事不懂得拒絕的人時，我們也錯失了把生活重心放在自己身上的機會。

因為你懂得拒絕，在對方的內心也會覺得你的時間是寶貴的，才會珍惜你的幫忙，不然幫忙久了，你的協助會變得很廉價，萬一有一天你拒絕了別人，對方還會覺得你在拿翹。網路上有兩個小故事正呼應我的觀點——

故事一：一名年輕人從農村到城市討生活，上班的路上都會經過一座人行天橋，天橋下有一位固定在那邊乞討的乞丐，每次年輕人上班經過時都會固定給乞丐 20 元，一年過去了，因為景氣不好年輕人被減薪了，於是年輕人上班經過乞丐時心裡猶豫了一下，想說現在自己都不好過了就給乞丐少些，等之後有加薪再多給，於是年輕人給乞丐從原本的 20 元變成 10 元，放下 10 元後年輕人轉身準備離開時，這名乞丐叫住了年輕人，不滿地質問他為什麼只有 10 元而不是 20 元呢？你了解其中感覺了嗎？就是太頻繁的付出，讓你的付出變得廉價、變得是理所當然的，這就是人性。

故事二：小明不喜歡吃蛋，所以學校的營養午餐裡只要有蛋，小明就會把蛋夾給小林，久了小林也很習以為常，還常常主動去夾小明便當裡的蛋。有一天吃中餐時小林有事比較慢到，於是小明就將蛋夾給隔壁的小華吃，等到小林到的時候得知小明將蛋給了小華吃，小林非常不高興，並質問小明為什麼沒有經過他同意，把他的蛋給了小華吃呢？聽出哪裡不對勁了嗎？明明是小明的蛋，理當是小明高興給誰就給誰，但是因為給小林給得習慣了，小林就認為小明的蛋是他的蛋，所以有時候懂得分配你的資源也是很重要的，不能太廉價地去分配你的任何資源，包括閒置資源，總之別再當好好先生／小姐了。

4 別浪費時間在不對的人身上

知心好友幾個勝過無數個酒肉朋友，同時，選擇一個真心對你、懂你的另一半也重要得多，自然是要選一個最適合你的，而不是別人口中認為最好的。職場上也是如此，把時間花在對的人身上，跟對的人共事；跟太多錯的人合作、相處，反而是給自己添麻煩。

5 接受結果可能會讓你失望的事實

生命中無論任何事，即使你已經盡心盡力，但你仍必須接受結果可能不是你想要的，人生本來就充滿著各種可能性，你討厭的、不喜歡的事隨時有可能會發生，當你不願看到的結果發生了，學會快速接受它，然後收拾心情繼續往前走。

有學生問我說「有錢沒意願」和「沒錢有意願」這兩種客戶要選擇哪一種呢？

基本上我建議選擇「有錢沒意願」的客戶，因為很現實的沒錢就是沒辦法成交，「有錢沒意願」的客戶可以透過努力提升他的意願，最終是有機會成交的，「沒錢有意願」的客戶只要保持聯繫，當他有錢時候，基本上要成為你的客戶，也還是有機會的。

借力使力，讓更多人幫你賺錢

何必自己辛辛苦苦建立魚池呢？你可以借用別人現有的魚池，因為我們借的是使用權，而不是所有權。

每一個人都有自己的人脈圈，要建立人脈圈必須花費一定的時間，你必須要先從個人開始認識、交往後產生信賴感，這時候你就增加一個人脈，整個過程時間快的話或許一個月。如果你要建立一個魚池的話，你必須一條一條的魚慢慢地放進你的魚池。期間這個池塘的魚可能因你疏於照顧而死掉，小偷來你的魚池偷魚，你的仇人來你的魚池電魚、毒魚，養這些魚你必須買飼料定時餵養，還要找醫生來醫治生病的魚，找營養品來讓你的魚變健康強壯，還要換水、打氧氣等等的開銷，所以你真的要自己辛辛苦苦打造魚池嗎？

借力，是最省力的方式，我們要借的是使用權，而不是所有權，所以只要跟魚池老闆講好，我們是借他的魚池，而且是選他空閒的時間借，或是借魚池後給租金。

也就是說，人脈的運作不必全部自己來，可以透過朋友的人脈圈來變成自己的人脈圈，例如，有一次我幫一家賣醫療儀器的公司幫忙行銷儀器，我想要醫生圈的人脈，我就去找有這類人脈圈的朋友幫忙引薦，一開始是找一位賣醫療儀器的業務，他有幾個不錯的醫生朋友，於是就安排餐會大家聚聚，當然我必須準備一個誘餌，他們才會理我，於是我找一位很漂亮又善於交際的女性朋友陪同我去，這也是借力的一種，加上賣出的儀器他們有抽成，所以那一場我就認識很多的人脈，我的 LINE 群組多了三個醫生群的群組，那群組不是每一個人都可以進去，必須要群主同意才能加入，之後我透過那三個群裡面的醫生幫忙介紹漁池，於是 LINE 的醫生群一共又多了十五個群，目前還在繼續增加中，所以何必自己建立魚池呢？用別人現有的魚池，我們要的是使用權，而不是所有權。

通常我們借用他人資源，有一件事情一定要注意，就是你要主動提出讓利方案或是給相對的報酬，報酬可以是現金、資源、任何的好處、甚至簡單到請他吃一頓飯，總之你一定要表現出感謝之意，就算再熟的朋友也是一樣，記得「緣故陌生化，陌生緣故化」，沒有人應該免費幫你，當你主動提出好處時，最大的用意是避免尷尬，有的人會不好意思要求你要付出些什麼來換取他的資源，但這些心中的小小抱怨會隨著時間累積而不斷被放大，加上如果其他人有給好處的話，而你沒給好處，這個點就會被放大。所以當你下次再要求要借力時，不是借的力小很多，就是借不到任何的力，被對方拒絕了。就算對方是有錢人你也不要覺得好像給些小利對方也不需要，這種猜測的心態千萬不要有，所謂禮多人不怪，只要我們做到位，有借有還，還加上給高的利息，這樣別人有閒置的資源才會願意借給你，因為他知道不會白借的。

07 讓人快速信賴你的三種方法

你有沒有發現你的生活周遭總是有一種人，他們有很強的吸引力，不管走到哪裡都很受歡迎，為什麼會這樣呢？那些很受歡迎的人都有很強的親和力，跟他們相處會讓人覺得舒服，覺得可以信賴，因而對他所說的話深信不疑。

人們用三十四秒看著你的臉，就會快速判斷出你是否是個「值得信賴」的人，簡單來說，人們會把笑臉歸為值得信賴，憤怒的臉則不值得信賴。孟子說：「觀其眸子，人焉廋哉。」當你要對方信任你時，眼神不應該閃躲，如果你有信心，就會以堅定的眼神，傳達出要別人相信你的訊息。此外，因為現代生活中很少人願意聽別人講話，大家都只關注發表自己的意見。所以假設你一開始就能把聽的工作做得很好，你跟他的信賴感就已經開始建立了。

你希望受人信賴嗎？為了要取得他人的信任，該如何做比較好呢？以下的方法將提供你在與人溝通與互動中就能默默快速建立起信賴感的方法。

一般級的示好法

- 特點：示好送禮，待他如女友。
- 優點：這個方法好學、任何時間都可以用、不須太多的技巧、效果普遍還不錯、時間短就有效果、容易複製。
- 缺點：容易被看出用意、會讓別人認為你是在巴結、競爭對手多、需要額外的開銷、對方胃口容易被養大、容易淪為理所當然、地位不平等。
- 效果：效果平平，但是容易打動人心，初步入門的朋友可以先從這個方法開始。

大部分都是送禮、主動示好，這種方式就是把對方當做你要追求的女友，主動出擊不等待，見縫插針有機會，勤快為致勝點，但是要記住示好不要太心急，當開啟對客戶示好機制的時候，客戶會自動開啟反制機制，心裡頭其實明白你要幹嘛，只是看看你的表現跟其他人有哪裡不同，這時因為有比較，所以容易淪為佣人或是提款機，其實，你並不要過分擔心你太主動會讓對方感到反感，若是你不主動，那別人也是會主動，你倆的事基本就沒什麼下文了，若是你剛開始的主動示好被拒絕了，那也實屬合理。千萬不要因此而沮喪，你哪裡知道客戶到底怎麼想的呢？

首先要給客戶一種感覺，讓對方有信賴感的感覺，因此你要營造出下列的感覺：

1 一定要讓客戶感覺你是個非常有上進心的業務

這時候勤快就很重要，要常常找藉口理由去見你的客戶，並有任何進度就跟對方報告，有機會要懂得行銷自己，準備一分鐘、五分鐘自我介紹的橋段，內容要包括你在這一份工作上要達到的成就，還有在人生上要為社會做出什麼貢獻。當然要注意的事情很多，基本上外在穿著起碼必須是襯衫西裝褲加領帶，記住孔雀理論，一定要讓客戶知道你很重視這次的會面，並且你對未來信心滿滿，是一個很有企圖心的人，你已經制定了長遠的目標，並在積極努力地一步步實現。

2 展現出你的自信心、責任心

要讓自己看起來成熟些，讓客戶感受到安全感，給客戶做出部分的承諾，而且是一定要做得到的承諾，並充分表現出你的自信心和責任感。

3 在正經和輕鬆之間找一個適當的度

客戶都喜歡帶來歡樂的業務，平常上班已經很無趣，若你總是帶來歡樂的話，他們都會很期待你的來訪，開玩笑的時候放開地開玩笑，該一本正經的時候就嚴肅些，太過呆板或者太過嬉皮笑臉的業務一般都不討人喜歡。

④ 展現你成熟的一面

成熟穩重的業務比較能獲得客戶的喜歡，讓客戶感覺到你遇事從容不迫的魅力所在，更給人安全感和信賴感。

中級的模仿法

- 特點：物以類聚，人以群分。
- 優點：不易被察覺、效果好、隨時可以用、沒有地點時間限制。
- 缺點：需要一點時間才會有效果、需要較多的技巧、有可能弄巧成拙、費用有時候會很多、需要觀察時間。
- 效果：需要點時間來發酵、成為好友的機會高、莫名拉近信賴感。

每一個人最喜歡的人就是自己，所以中級的模仿法就是模仿你的客戶，模仿有很多的面向，聲音、語調、肢體語言、生活習慣、品味、想法、興趣、習慣等等，比如你喜歡某個人，你就會不自覺地模仿他的言行舉止，進而你們倆會越來越像。也就是說，你要讓別人喜歡，你要先做像他的人。我們要想成為別人心中足以信賴的人，就要去模仿那個人。那麼，要如何去模仿呢？可以先從以下這五個面向著手：

① 聲調語速

如果對方是屬於高音系列，你就把自己說話的音調盡量調高，對方低你就低，聲音的速度也是一樣，對方講話的速度很快，你的音速就要加快，最起碼要和他維持在同一個頻率才容易溝通。

② 肢體語言

肢體語言是比較容易模仿的，例如你在跟對方談事情的時候，對方習慣托腮幫子，你也學著托你的腮幫子，對方習慣翹右腳，你也模仿他翹右腳，要注意的是不要同步模仿，也就是說對方翹右腳的時候，你等 30 秒或 1 分鐘後再翹右腳，因為同步模仿容易被看穿，此招務必要做到無聲無息的地步，他會覺得像在照鏡子般，而莫名地喜歡你。

③ 想法

這一點需要去練習，怎麼練習呢？與他聊天時，你可以問他一些問題，然後自己在心裡暗自猜測他的答案，如果都跟你心中想得差不多的話，你就算成功了。如果不一樣的話，可以詢問對方為什麼是這個答案，然後再去想下一題，如果我是他的話會怎麼想呢？不管你最後有沒有複製到他的想法，過程中你已經模仿了，磁場也會因為練習而拉近，所以不用太在意結果是不是跟對方一樣，重點是過程。

④ 興趣

這一點有時候需要克服，舉例像我本身興趣比較廣泛，所以幾乎所有的興趣基本上我都可以參與。但是如果有人本身就怕水，就沒辦法跟對方相約去海邊玩水，有人身體不適合爬山，就沒辦法跟對方去爬山。所以不一定所有對方的興趣你都要配合，你可以找你喜歡的，例如你喜歡桌遊，而且是桌遊的高手，這時候你就可以找對方一起玩，在遊戲的過程中，你要記住，你的目的是什麼，你的目的是取得對方的信賴感，不是在遊戲中獲勝，這樣說你明白嗎？也就是說假設你在跟他打羽毛球，就算你羽毛球再厲害，曾經是校隊、是國手，也不要表現出來。有的人會把一些運動競賽看得很重，要是你不懂人際眉角，一直拼命地贏球，第一，他會覺得你不會做人，對你反感，你的目的沒達到反而搞砸了；第二，就算他沒生氣也沒有放在心上，但是下次他不會再找你，不是因為怕你贏他，而是這種競賽的運動，要比分相近才有意思，雙方實力難分伯仲才有趣，實力懸殊玩得起來一點都不盡興。同理，若你要放水給對方，自然不能做得太明顯，分數盡量相近，小輸就好，有時候也可以小贏對方，比賽三次可以讓對方贏兩次，這樣對方才會喜歡跟你一起運動，記住你的目的是什麼？是建立信賴感不是贏得競賽。

⑤ 日用品

簡單來說就是用對方所用。對方用什麼牌子的筆你就用什麼牌子的筆、穿什麼牌子的衣服你就穿什麼牌子的衣服、穿什麼顏色的褲子你就穿什麼顏色的褲子、平常喝哪一家的咖啡你就喝那一家的咖啡、喜歡喝紅茶你就開始喝紅茶、喜歡看恐怖

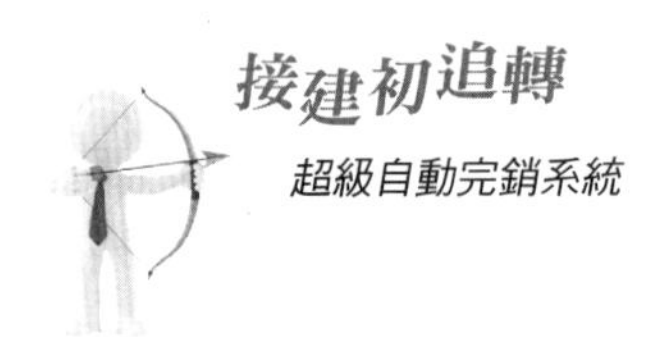

片你就跟著看恐怖片。

你會問說又不是跟屁蟲，學那麼多幹嘛？因為你學得越多，你跟他除了可以拉近頻率之外，你們也會有很多共通點可以當作聊天話題，能聊得更起勁。例如，如果你跟對方用同一款手機，你們就有共同的話題，可以一起討論哪一個設計很棒、什麼樣的情況下容易當機、超耗電時可以一起罵廠商，甚至有時候他的某個配件弄丟了，而你正好不太會用到的話，還可以讓給他用，這才僅僅是一種共同使用的產品而已，就能衍生出來那麼多的話題。總之如果有使用很多共同的產品，你們會有非常多的話題可以聊。

以上的模仿行為當然是在對方的面前才需要做的，平常你還是可以做自己喜歡的事物，有的人會說，有必要搞成這樣嗎？那就看你多想要對方的生意，成功的人願意做別人不想做的事、不願意做的事和別人做不到的事情。人本來就有很多的性格，例如人格分析有分成 DISC 交叉各類型的人，所以把這些當作工作一環，必要的時候請戴上面具，戴上面具不是代表你虛偽，而是你重視這份工作、重視你的客戶、也重視你的人生，沒有人喜歡不做自己，但是請在你成功前放下這一切，戴上面具開始學習一切，在模仿學習過程中也是能學習到很多的經驗，凡事都有兩面，不是正面就是反面，請多看可以為你帶來好處的那一面，積極思考，馬上行動，行動才能改變命運。

高級的借要法

- 特點：借他所長，索取他所珍有的。
- 優點：目前比較少人用、是「要」，不是送、地位平等、可以建立長久情感。
- 缺點：「要」不成很尷尬，所以要有膽量、要比較長時間的觀察，花的時間最久。
- 效果：最好、極佳。雙方變成死黨的機會最高、要求習慣之後可以要求訂單。

分為兩部分，「借」與「要」，基本上都屬於同一種方式，都是開口跟打算建立信賴感的對方「要求幫忙」或是「給予」，當一個人來到新環境的時候，都會希望趕快交到很多的朋友，希望成為一個受歡迎的人，最好能快速取得他人的信賴感，特別是來到一個新環境的時候，我們都害怕被排擠，怕沒有人是跟自己同一隊的，所以每個人都會有很多的方式來建立人際關係，有些人來到新環境時，就和身邊的人不管是同事、同學或者是新的夥伴，就主動問話搭話，問人家你平常吃什麼啊？你的興趣是什麼啊？中午要做什麼啊？晚餐要吃什麼啊？很愛問一些問題找人聊天，但這樣的人會被原本環境裡面的那群人，覺得他好煩或是很嘮叨。

還有第二種人，就是來到新的環境他就做好自己的事，默默地不太理人，也不太跟別人搭話或講話，久而久之他跟大家就漸行漸遠，大家會覺得這個人傲慢且陌生，覺得他根本沒有想要融入我們這個環境。

以上這兩種狀況其實都不是正確的人際相處模式。來到一個新環境，如果想要融入環境，想要快速結交新朋友，有一個很簡單的方法，這個方法被稱為富蘭克林法則，這個法則是來自美國一百元鈔票上那個肖像人物，就是富蘭克林先生，他是美國的記者、作家、慈善家，更是傑出的外交家，富蘭克林在美國革命成功後，參與許多了政治事務，也因此有一個敵對的政客，每一次他說什麼，這個政敵就會批評他、反對他，跟他鬧得不愉快，這時候富蘭克林採用了一個非常聰明的方式，這個方式把對方從反對他的立場，轉變成為支持他，甚至就把這個政敵變成他一輩子的好朋友，是什麼方式呢？

就是「借」與「要」，有一天富蘭克林朝那位政客打招呼說：「我聽說你家有一本很珍貴的書，可不可以借我看一下，我想要閱讀那本珍貴的書。」基於人情這個政敵當然很不情願地借書給富蘭克林，之後富蘭克林看完這本書後就如期歸還，然後對他說：「我真的覺得你這本書好棒啊，你這個人真有品味，學識廣博，我要多跟你學習。」於是繼續向他借第二本書，第二本書看完後，一樣跟那政敵分享心得並讚揚他，就這樣持續地一直借書，並且與他保持互動，兩人最終變成了好朋友。

富蘭克林用一個很簡單的方法，扭轉這個人對他的感覺，我們一般都會覺得說，我們想要讓這個人喜歡我，最好的方式就是給他東西、送他禮物、對他很好。而富蘭克林卻反其道而行，他並沒有送這個政敵任何東西，他也沒有刻意討好他，而是反過來是跟他借東西，從他那邊拿東西，結果竟和那政敵成為朋友，這是為什麼呢？

其實這是種心理學，當我們在幫助一個人的時候，內心會不停地自我暗示，不停地告訴自己，這個人很不錯，這個人很好，因為我們潛意識認為我們只會幫助好的人，所以現在我幫助了他，他一定是個好人。如果善用這個技巧的話，你可以快速交到很多朋友，也就是讓很多人幫助你，一旦你能讓別人幫助你，他的內心就會開始修正對你的評價，不論對你是陌生的評價，或是負面的評價，他都會修正對你的看法，因為在心理學上人們會認為，自己所投資的東西一定是好的，比如說有些人愛上了一個人，大家都說這個人很糟糕，可是他不承認這個事實，於是他不停地告訴別人，和自己在一起的這個人很好，因為他的內心也不斷地自我暗示，我的時間投資在這個人身上，我愛上她並為她付出，所以她一定是好人。同理，我們來到一個新環境時，如果我們想要快速交到朋友取得信賴感，就可以向那些我們想要交朋友的對象，向他們求助，請求他們給予幫忙，這樣就可以扭轉他對你陌生的評價，而漸漸變成你的朋友。當我們希望人家幫助我們的時候，那我們需要他們幫助我們什麼事情呢？最好的方式就是請他幫你做他最擅長的事，因為每一個人都希望自己最擅長的事情被人發現，被大家看見，都希望自己擅長的事有舞台可以發揮。

當你請他幫你的時候，就修正了他對你這個人的看法，你又請他幫你做他擅長的事情，等於給他一個發揮的舞台，他的內心跟他潛意識就開始對你有好感，對你釋放善意，這就是你開始交好朋友的一個方法。

我師父王晴天董事長，是采舍集團的董事長，他跟大陸那邊的關係很好，也是運用「要」的技巧，當初王董事長要去大陸開疆闢土時，透過朋友引薦得以和中國紡織出版社的社長會面（大陸所有出版社都是官派的），兩人相談甚歡，最後聊起了興趣，那位社長有集郵的習慣，他拿出他珍藏的郵票跟王董事長娓娓道來這些郵票的歷史，之後王董事長就跟社長提出了一個要求，就是請社長挑選一個他認為最有意義的郵票送給他，社長欣然同意，最後挑選了一張有意義的郵票送給王董事長珍藏，從此王董事長就與中國紡織的社長有一條隱形的線緊緊綁在一起，當然王董事長三不五時可以向社長說，社長送他的郵票很多人看到都很喜歡，很羨慕他能擁有這張這麼有意義的郵票，當下，社長可是聽得心花怒放，因為那郵票是他送給王董事長的，所以任何的稱讚都是間接地在稱讚紡織社社長，於是他們倆就因為這張郵票變成很好的朋友，每每王董事長去北京時社長都會撥空招待，社長來台灣的時候王董事長也盡地主之誼，中國市場的敲門磚也由社長開始引薦，直到現在，采舍集團已經是全球最大的華文知識服務商。

08 建立信賴感，做就對了

奧地利心理學家阿德勒（Alfred Adler）認為所有煩惱，都來自人際關係，每個人都避免不了要和人打交道，人際交往每天都在發生，我們會遇上形形色色的人，被著各種不同的人際關係所困擾。俗話說：工作好做，人難處；三分才能，七分關係。儘管科技飛速發展，人類已經把科學探測器發送到了火星，但是，對於人際交往，科學家也難以說清楚其中的道理。

先從不容易被打槍的人下手

柿子要挑軟的吃，一開始練習如何經營人脈可以先從身邊的同事開始，例如主動關心同事，中午出去買便當的時候問一下需要幫忙一起買嗎？目標先不要多，先從一兩位開始，漸漸熟悉與他人相處的模式再增加人數，從認識比較深的做起，再慢慢往外擴散，例如一開始甚至可以從家人開始：

家人→朋友→同事→鄰居→常買早餐的店家→陌生人→討厭的人→恐懼害怕的人。

① 家人

通常對我們最好的家人，卻反而是我們最容易擺臭臉和不耐煩的對象，所以請你先從自己家人開始練習起，請把最好的態度留給最愛你的家人。

② 朋友

朋友不在多，在於誠，坦誠以對的朋友值得交往，你可以先從幾個好友開始練習，讓他們感覺你的不同，這時候大膽地去嘗試書裡的技巧，並且可以詢問對方的感受，把他們的意見作為修正的依據，相信很快你就會有你自己的一套 SOP 經營策略。

③ 同事

通常是臭味相投的才會在一起當朋友，但同事就不是這樣了，全憑個人命運造化，所以在辦公場合很有機會碰到沒有那麼「麻吉」的同事，但是又得相處很久的時間，這就是你磨練和練習的機會，試著把他們變成你的好友，試著把那些老是跟你唱反調的同事們拉到與你同一陣線。有人會說，老師你不是說要找對的人嗎？有善意回應的人嗎？怎麼會找跟你唱反調的人呢？請記住，這些都是練習，目的在於讓你多吸取成功的經驗，不在於你能不跟他變好朋友，能變好朋友自然是最好的，被打臉也好，被對方接受也好，總之都是練習，是為了讓你更習慣主動出擊。

④ 鄰居

所謂千金買屋萬金買鄰，鄰居在我們生活中扮演很重要的角色，所以我們一定要跟他們保持良好關係，從這一階段開始，希望你的基本功已經練到一定水準了，可以開始作戰。鄰居其實不難建立人脈關係，因為人會對住在周圍的人會自動產生信賴感，只要你稍微點頭微笑問好的話，往往都能收穫不錯的人際關係，進電梯時請你主動打破僵局，聊聊天氣等簡短話題，如果有節日聚會，例如中秋節烤肉便可以邀請對方參加，一步步向外擴展你的人脈圈。

⑤ 經常去的店家老闆

這層關係很微妙，因為你是他的客戶，他不得不理你，也不會想得罪你，但是也請不要在人家最忙碌的時候去找他攀關係、閒聊套交情。例如，你每天都要外食的話，你可以刻意晚一點再去用餐，這樣你去用餐時客人相對就不多了，就比較有機會可以跟餐廳老闆多聊幾句。切記，要建立這種人際關係，重點在於一定要很密集，不要兩三天才去一趟，可以安排在某段期間內天天去，而且一定要找朋友去吃，並且把老闆找出來當著朋友的面大大稱讚老闆的手藝好、餐點好吃之類的，透過第三人的肯定，老闆就會對你非常有印象，以此建立你和店家之間的好情誼。

⑥ 陌生人

這就有些難度了。我的建議是看當場的情況，你只要抱持著無欲則剛，真心地釋出想要和他結交的善意，其實也沒有那麼難。人和人之間要看緣份，但是有時候面對很想認識的人，主動製造機會反而不會留下遺憾，這種搭訕功力我想是無論男女老少都必須要擁有的，因為對方是陌生人所以搭訕的難度比較高一些，所以你的準備和功力也必須要提升，我提出了一些基礎內外在都要具備的前提，加上最後的小技巧，期望能透過這些方式，建立人際關係，大致上分為內外兩個部分。

內在心態要做到——

- **心態要真誠、無欲則剛：**其實對於新手來說，跟陌生人搭訕的確很難，而且最難的地方莫過於，你抱著目的去認識朋友，你會非常擔心對方拒絕你而感到焦慮，其實焦慮的原因往往在於你把過多的注意力放在自己身上，擔心表現得不夠好，於是自身的情緒和內心無限放大的結果，造成你的恐懼，其實說什麼不重要，重要的是你的態度，當你開口說話的時候，一切都暴露無遺，包括你的目的，那麼對方內心要不要接受你，往往在於第一印象，你說什麼已經不那麼重要，重要的是你是否夠真誠、和善，只有真心才最能打動人。

- **讓對方感覺舒服且沒有壓力：**因為在搭訕過程中對方擁有拒絕的權利，會讓你有處於弱勢的感覺。這種心態我希望你能調整成「認識我是你運氣好」，首先先將你們的地位拉到相同的水平，其次用引導的方式來問問題，切忌不要過多地發問或者查戶口，而是先表明自己的來意與簡短的自我介紹，其次是態度真誠，當互動感覺非常舒適，對方情緒正好時，可以詢問聯繫方式，以便於後期深入溝通和邀約。

外在攻略，要注意——

- **形象：**人要衣裝，佛要金裝。與初次見面的陌生人接觸，第一眼非常重要，總不能因為形象邋遢，而讓對方討厭你，好形象能給人一個好印象。因為對方必須在最短時間內打量你之後，再決定要不要跟你交談，所以好的形象可以提高對方與你交談的意願，當然不是要你穿得跟明星一樣講究，而是要得體、乾淨，衣著顏色適中，不要過分的誇張，整潔有序，鞋面乾淨，簡約不簡單，落落大方等等。

- **笑容：**沒有人會喜歡一張哭喪的臉，微笑可以增加幸福感，也可以讓人喜歡你，提升你的好感度。

- **特殊壞習慣：**和陌生人搭訕時記住不要表現一些特殊的習慣，例如抖動大腿、挖鼻孔等等，因為女生很討厭這種惡習。

- **小細節：**魔鬼藏在細節裡，有時候細節決定成敗，你把開發人脈當一回事，你就要去重視它，隨時檢視自己的細節，認識結交朋友的機會隨時都有，只是這機會是不是屬於你，機會是給隨時準備好的人。

⑦ 討厭的人

如果你能進階到這裡真是恭喜你了，因為這真的很不容易。面對不喜歡的人還要試著去釋放善意而不是打他兩拳，我先為你鼓鼓掌。只要你始終記住我們要的是什麼就好，如果討厭的人有你要的資源，請你務必想方設法地讓他喜歡你，除非你完全不需要他的幫助，但是對方也能幫你成長的，你可以拿他當標靶，用槍不斷地射擊、修正、射擊、修正直到打到靶心為止。我有一個學員找一個討厭的鄰居做練習，練習成功之後他發現他不再討厭他了，因為他之前討厭他的時候，老是看到他的缺點，所以越看越不順眼，但因為要練習和討厭的人打交道，迫於無奈，於是主動跟對方示好，強迫自己去看對方好的那一面，沒想到，一陣子過後他發現很多的事情，並不是表面看的那樣。所以，看人所短你將無人可識，看人所長你將無人不識。

⑧ 恐懼害怕的人

當我們害怕某個人或某件事的時候，是因為只看到了事物消極、困難的一面，但事物都有兩面，如果能以積極地心態去看看事物好的一面，就能減輕心中的恐懼感，一旦嘗試之後並得到成功的經驗後，便會增加自己的信心和勇氣。

人生中許多害怕、恐懼的事，難就難在走出第一步，當你有勇氣踏出第一步，其實你就已經成功了，之後你就會覺得其實沒有什麼好害怕的，當你突破這個害怕障礙的時候，你反而會問自己「之前是在怕什麼？」如果你想征服自己，就要勇敢邁出第一步，最難的往往是踏出第一步，一旦去做了，就會發現沒什麼大不了的，勇敢去做你害怕的事吧！

 隨時打開你人脈的雷達

不知道你是否曾經有過這樣的經驗，例如你需要買油漆，這時候你腦海中想著家裡附近哪裡有油漆行，你左想右想就是沒有印象，於是你去住家附近逛逛，結果在一條每天會經過的路上發現有兩家，你納悶地想：怎麼自己每天都會經過卻都沒有發現。

這是因為你沒有打開你的目標雷達，當你打開你的目標雷達之後你就會在你之前接收的資料庫中去過濾出你要的目標，就像我們出入境的時候，經過海關時，他們的桌上都會放一張通緝犯的照片，讓海關一直看目標的樣貌，每當有人經過海關時，就會將他的對照雷達打開去比對，只要符合相關特徵就會被約談。

在日常生活的行程當中我們其實有很多認識新朋友的機會，卻都在不經意中錯過當下的機會點，因為我們沒有平常就將雷達打開，讓雷達隨時隨地去偵測機會，去收集資料見縫插針，例如，有次我走在路上看見一位老人家正在路邊修理他的腳踏車，我看見那台腳踏車不是一般的腳踏車，是全車身都是碳纖維打造的，加上那位老先生一身的 NIKE 運動衣褲，連鞋子也是，看起來像是個有錢人，於是我主動上前詢問他是否需要幫忙。我看了一下，原來是腳踏板的一個螺絲掉了而沒辦法騎，於是我打電話給我的朋友，（之前我也玩過腳踏車，所以我的人脈資源裡有開腳踏車店的老闆），將我拍的照片傳過去給他看，他跟我說這是小問題，並且問我在哪邊？他可以幫我處理，於是我給了我朋友地理位置，在等待朋友的過程中，我和那個老先生聊了起來。原來他是一家高級西服總代理商的老闆，在閒聊過程中他覺得我人很不錯，會主動幫助陌生人，還給了我他公司的 VIP 卡，那張 VIP 卡不容易取得，要在一年內購買超過十萬元的西服客戶才會有的。之後透過 LINE 聯繫我和他成了關係不錯的忘年之交，他也變成我的人脈資產之一。

在當時那個情況下，也不是說我是看到對方是有錢人才主動幫忙，而是我的人脈雷達有打開，我知道這是一個建立人脈的機會，因為對方需要幫助，我們主動付出，就有了機會。而且你也不會知道他背後有多強大的人脈資源，所以我們不要只會看表面，就算他今天騎的是 Ubike 我們也要主動幫忙。

值得注意的是，很多人往往都是幫忙完之後就沒有了，所以這個人脈建立的機會是無用的。正確流程應該是：第一次接觸→留資料→跟進→約訪→轉介紹，你在過程中可以透過聊天或是有技巧地詢問，去勾勒出對方的背景，但不能像警察盤問那樣，例如我當時是這樣與那位騎腳踏車的長者搭話的：

- 這台車真漂亮，應該不便宜？
- 您的談吐感覺跟我老闆的架勢很像，您是從事哪一行的呢？
- 您的身材真好，平常還有做其他運動嗎？
- 平常會去哪邊騎車，可以給我推薦一些不錯的點嗎？

甚至可以當場相約騎車的行程，這樣就可以順口要聯絡方式，爾後打電話邀約也會有正當理由，漸漸地對方會主動提供更多的資訊，這時候你再打蛇隨棍上，順著對方提供的資訊好奇地問下去，緊接著他可能會問你的背景，所以平常就要準備好一分鐘、三分鐘、十分鐘的自我介紹就可以派上用場，重點是要互留聯絡資訊，並在當天晚上主動打電話或是傳訊息關心，之後看狀況是不是要列入跟進或是更進一步的交往。

所以你要隨時打開你的人脈雷達，去偵測你要的人脈，當然去的地方也要挑選過或是打聽過，像我之前做保險時想要認識大老闆，就跑去練習高爾夫球，滿心期待地想說可以在練習場上認識一些老闆，沒想到一到那裡才發現都是一些跟我一樣的人在那邊練球。後來我才明白原來是我選的時間不對，遇到的都是上班族。在我和老闆娘混成好朋友後她告訴我每一個時段會來哪些人，我才知道地點對了但是時間不對，因為我都是晚上七八點去的，那時候是下班的上班族去的時段，而下午則是業務人員摸魚練球時段，而大老闆們通常都早上五、六點就會來，所以老闆娘建議我一大早就要到，她會幫我介紹幾個老闆給我認識。隔天我再去高爾夫球練習場時，剛到停車場就發現不一樣了，滿眼都是高級名車，跟晚上停車場停的都是國產車，完全不一樣，所以雷達要開，掃描的地點要選，不懂就要問，時時刻刻保持好奇心，人脈是靠主動出擊去發掘、跟進、轉介紹出來的。

檢討並不斷改進才會成功

凡事要檢討才會知道自己是不是在瞎忙做白工，但是很多是沒辦法量化的指標，針對你在人際關係、信賴感這一塊，有沒有比之前來得進步，我們必須時時自我檢示。

一個好的人脈高手會自我檢討三個地方：

- 思考自己做對了哪些事情？很多人不了解自己成功的關鍵，因此無法不斷重複他成功的關鍵，所以也沒有辦法將關鍵變成 SOP 的程序延續下去。

- 思考自己做錯了什麼？為什麼這樣做還是無法收穫好人脈，失敗為成功之母這句話是錯的，因為只有檢討才是成功之母，假如我們不了解我們失敗的原因在什麼地方，不及時加以改進的話，整個結交人脈的過程就會不斷地犯同樣的錯誤。

- 思考高手做對了什麼？人際交往的群體中一定會有出色的、好人緣高人氣的交際高手，所以我們要研究他到底做對了什麼事情，他哪裡做得比我們還好，要如何模仿他，進而超越他，同時他做錯了哪些事情，我們應該避開它。

所以關於人脈拓展、擴大好友圈，或許可以從以下幾方面，去觀察與檢示自己在人際往來中是否有進步，進而修正方向。

① 變忙

這一點是沒有可以量化的指標，通常是身邊的人會跟你說：「最近很忙喔！」因為我們是慢慢地增加自己人際關係的工作量，所以不會覺得自己明顯變忙很多，如果有家庭的朋友，當然另一半或是小孩就馬上有感覺了。

你每天會忙，這是我要你做的功課。你會忙著處理人際關係中瑣碎的事物，初期是不會有什麼成果的，因為每個人的心門打開是需要時間的，人際交往中，不求急不求快只求穩，關鍵在於紮實，把每天的行程當作吃飯一樣，飯好吃你也得吃，不好吃你也要吃，所以把發展人脈的工作，變成生活的一部分，你才會持續做下去，變忙碌後的你會覺得生活更加充實。

② LINE 訊息

看到 LINE 為讀取的訊息會比以往多出很多，但是要扣除一些廣告群，但是一些吃喝玩樂的群也要算進你的人脈群，建議向這種群可以轉發一些正面的文章、網路笑話、美食景點、建康資訊，但是切記不要發負面的文章，與政治、宗教相關的內容。

你或許會說：「怎麼那麼多限制」，記住我們的目的是多結交一些朋友，凡事違背這個目的的事情都不去做它，以目標為導向，「你若成功了，放屁都有道理；你若失敗了，再有道理都是放屁」，這一句話雖然很傷人，但是這就是現實社會的真實面，所以請做可以結交朋友的行為，其他的就不需要多做了，再提醒你沒有雪中送炭的人際關係，只有錦上添花的人脈圈。

③ 臉書按讚人數

這個指標我覺得非常好用，因為臉書可以看之前你發表的文章有多少人按讚，再跟現在發出的貼文做比較，就可以一目了然，快速知道你經營的人脈有沒有增加。當然有些人會跟我說：「很多人我都不認識加他好友幹嘛？」我只想說的是，所有人都是你的朋友，只是你還沒有認識而已，所以在臉書世界我建議是多加一些朋友，不管你認識不認識，但是有一些加你之後老是在直播賣石頭或是其他的產品，這一種的帳號我就歸類成無效的人脈帳號，最好的是照片是他自己本人的照片，也有定期發表一些文章，當然有的是潛水客，這一類的朋友也是很重要的，因為他們雖然不會按讚或是留言給你，但是他們還是有在關注你的動態。

我建議打算好好經營人脈的朋友，一定要常常在臉書上曝光，讓你的朋友們知道有你的存在，你可以轉貼文章、打卡、PO 一些正面的貼文，相信你的按讚人數會越來越多！

你可以把臉書當作你成長的紀錄，一年後再回顧你一整年的行動，看到自己不斷地向上提升向前邁進，屆時你能深刻感覺到自己的成長。

④ 費用支出增加

人脈等於錢脈，這句話的另一個意思是說交朋友也是必須花錢的。有學生說：

「老師你這樣說太市儈了」、「交朋友也可以不用花什麼錢啊」、「靠花錢交的朋友，哪是好朋友」，那時我只問他們一句話：「你們不花錢的朋友有帶給你什麼好處嗎？」不用急著回答我，相信你內心已有答案了。

不論是在政治上或是生意上，哪一個場合不需要花錢去營造的，不只是交女朋友需要營造，好朋友也是需要，有人說交女朋友很花錢，那交朋友就不花錢嗎？英國研究指出，要做一輩子朋友的花費一點也不便宜，向朋友掏錢的機會相當多，一生中可能得花上好幾萬英鎊。

據英國《鏡報》報導，如果你們只是一般朋友，花費可能不會這麼多，但根據研究指出，以 40 年的友誼來說，你至少要花 23,870 英鎊，例如你必須花 4,679 英鎊替他過生日、當朋友失戀你要花 168 英鎊帶他去散心、你外出旅遊時會花 242 英鎊買伴手禮，或是你們分隔兩地，就必須花 18,000 英鎊作為探訪旅費，此外，當對方要結婚時，你可能會花 431 英鎊當作禮金和前一晚的單身夜上，當對方有小孩時，你最少會花 283 英鎊買禮物送給他們；當對方搬家時，你的花費是 127 英鎊慶祝喬遷之喜。儘管如此，有超過八成的受訪者認為，這是值得花的錢，也就是說，朋友在人生中，是很重要的關係。

花錢交的朋友我個人覺得有以下的好處：

➡ 花錢交的朋友才是「免費」的

這跟最好的人才都是免費的意思是大致相同的，有的公司請人才會擔心給付給員工薪水達不到效益，被浪費了，所以開出的薪水就比業界同級職位來得低，因為薪水較低，吸引來面試的人都是一般般的人才，那些好的人才是不會被吸引來的，於是這些一般般的人才常常犯錯，不但造成公司的損失，甚至還得罪客戶和廠商，整體算下來你不但要付他薪水，連同那些損失算進去也是一筆開銷。如果你一開始是用一般人 N 倍的高薪和高職位去吸引優秀的人才，最終其實他是免費的，因為他為公司帶來的利潤會遠大於你支付給他的薪水。同樣的道理，你為了省錢去交一些不用太花錢的朋友，例如聚會都在一般的小吃店，旅遊都走平價路線，咖啡也只喝 7-11 的咖啡，打球就去公園裡面打打免費的籃球，這樣你會碰不到太多的機會，要交什麼朋友你得先往那個圈子靠近，這叫目標導向。

例如我有一個朋友，他公司是生產遊艇，所以他都是往一些跑車聚會的圈圈靠近，例如保時捷、瑪莎拉蒂、法拉利等跑車的聚會場所，因為唯有這些人脈才是他可以推銷遊艇的精準客戶，總不能去 Toyota、Hyundai、Luxgen 等車友的聚會去推銷遊艇吧！

花錢交的朋友才是「實在」的

因為生意人知道彼此的交往都是為了利益好處而交往，不會有什麼太不切實際的幻想，或不合理的期待。都是你帶給我什麼好處我給你什麼利益，今天你請我吃龍蝦，明天我請你吃鮑魚，有時候花錢交的朋友是不喜歡佔人便宜的，因為他了解其中道理，往往那些我們氣得半死的朋友都是所謂的不用花錢的好友，他們會占盡我們的便宜之外，還認為理所當然。我有個女性朋友外型相當漂亮，她憑著亮麗的外表出去吃飯應酬都不會付錢，似乎每個人都必須幫她出錢。很久之後有一次她問我，怎麼那麼久沒有飯局？原來她還不知道問題就在於：她覺得人家請她吃飯是理所當然的。

花錢交的朋友才是「省時」的

我們知道交朋友怕的不是花錢，怕的是沒時間去交際應酬，尤其是不談錢的朋友更是要著重心靈交流，沒事要打打電話關心一下，偶而聚餐聊聊心事，這些不是不好，麻煩的是如果你有五十個這樣的朋友要交往，你可以想像你有多忙了嗎？所以有時候花錢的朋友很省時指的是不用囉嗦，錢可以代表時間、可以創造價值、可以營造氣氛等功能，可以在短時間之內達到一甲子的功力。

花錢交的朋友才是「省力」的

前陣子有個朋友辦一場求婚花了不少錢，相對幾年前也是有個朋友辦一場求婚，他就沒有花什麼錢，因為所有的道具、設備、軟硬體、工作人員等都是自家親友，那一場也算成功。但是相比較起來我還是會建議就交給錢來處理吧！

有人會說自己辦求婚才有意義也比較省錢。比較有意義，這點我們就先別談了，因為那是對你有意義，對於有參與累得半死的朋友可不就那麼認為，省錢這件事看似你省不少，實際上你也虧不少，虧在哪裡呢？

首先，這些幫忙的親友們的人情要不要還，錢好還，情難算。

其次，你花的這些準備時間和精力真的比花錢來得划算嗎？

交給專業，專業有它的品質水準在，你自己策劃的是一輩子的驚喜，這個風險你承擔得起嗎？要是中途有出什麼狀況，不是很尷尬嗎？畢竟工作人員都是沒經驗的，所以「錢」很現實，也很實在。

花錢交的朋友才是「簡單」的

因為大家沒有太多的牽絆都是為了彼此的利益，可以一起合作創造雙贏，目的性是一致的，不用去猜測你需要什麼，我要怎麼滿足你之類的，可以很簡單地坐下來開誠佈公地談，談彼此的優勢可以幫對方創造哪些利益，利益怎麼分配，將來如何再次合作等等，不必客套地來來往往互想試探，浪費時間。這樣的交往才是簡單的合作共生關係。總之，如果你的人脈圈開始動起來之後，你會發現你的支出變多了，時間減少了，初期你還沒壯大時，請你配合人脈強大的人，等你哪一天變得強大了，你要別人怎麼配合你，都不是問題。

⑤ 收入

人脈雖然就是錢脈，但是要如何把人脈轉變成錢脈則是一門學問。這個部分可以分兩個層次來說，第一個是直接的收入；第二個是間接的收入。

直接的收入其實就是你的本業收入，例如你從事保險業為了要多點人脈，可以讓你銷售保險而建立的人脈，又或者你是一家企業的老闆，為了你的企業去建立相關客戶的人脈，是為了提升營業額，這些建立人脈的收入是直接立即性的收入。

還有一種是間接的收入，例如說我有一個朋友是從事油漆裝潢的事業，因為想要練習高爾夫球所以去練習場打球，在練習場認識一個專門在做玉石買賣的朋友，認識久了也變成不錯的朋友，那朋友是長期在國外挑玉石較少回台灣，台灣玉石的部分就請我做裝潢的朋友負責接洽，他也教導我朋友玉石方面的鑑定和買賣技巧，結果最後油漆裝潢的部分我朋友漸漸做得比較少了，反而全心投入玉石產業，也為他帶來比之前做油漆裝潢多好幾倍的收入。重點是健康也比較顧得到，因為做裝潢的長期提重物、長期吸入油漆味都有一些職業傷害，這就是間接的收入。

人脈圈其實是很有意思的，你不會知道你新認識的人，會為你的生活帶來什麼樣的改變，會為你增加什麼視野，背後一切都是新奇的，只要你心存正面的心態去面對學習，每一個人背後的故事都是值得你學習和衍生的。

不要一開始就是以利為優先，任何人都不喜歡輸的感覺（吃虧），所以你想要獲得什麼請你先給對方什麼，你想要愛就先給對方愛，你想要誠信你就先給對方誠信，你想要利益就先給對方利益，先將你的營利點後退，自己就像商品一樣行銷，要讓人試吃、不滿意退貨、CP 值最高、保固時間長等等，把自己行銷出去，自然錢就會從四面八方來，有時候也不是即時，而是可能在一年後，或 N 年後含高額的利息一次回饋給你。

09 接觸客戶前必做的功課

在對客戶進行銷售或者回訪客戶的時候，對對方的了解是至關重要的，俗話說得好「知己知彼，百戰不殆」。了解客戶的背景，就是我們剛才所說的「知彼」。作為一個優秀的銷售人員，在與客戶見面之前應該了解客戶的相關背景，包括職業、文化背景、性格、愛好、生活習慣等等，這些準備都是為了鋪墊以後的溝通之路，為了尋找契機銷售自己的產品與服務；除此之外，我們還要「知己」，即掌握產品的知識。對於銷售人員來說，了解產品知識是最起碼的要求，如果連自己都不了解產品，我們能向客戶介紹什麼呢？

除此之外，在溝通的過程中難免會遇見業內人士，特別是一些近期發展較快的行業，客戶產品需求較高，對產業了解迅速成長，你還能說你比他懂得多嗎？如果在回訪或者銷售的過程中，被客戶問倒，或者你需要問公司後再回覆客戶，這樣就讓人大跌眼鏡了，客戶會感覺你是送上門的雜耍演員，他又怎麼會使用你的產品或者你的服務呢？

與客戶進行溝通是每位銷售人員最重要的工作內容，與客戶見面後，我們要聊什麼，怎麼聊都是銷售人員必須提前做好的準備工作，所以交談前應該準備好以下幾個事宜：

了解客戶的相關資訊

客戶的姓名、性別、職位、大致年齡、話語權、專業知識熟練程度、聯繫方式、興趣愛好等相關信息，銷售人員必須提前了解。這些資訊，有助於你在正式拜訪客戶時，恰到好處地與客戶進行溝通、交流，促成商業合作的達成。

提前準備好拜訪資料

銷售人員必須提前準備好相關的拜訪資料。包括：公司宣傳資料、個人名片、筆記型電腦（需配備無線網卡）、筆記本（公司統一發放，用於記錄客戶提出的問題和建議）等。如果有必要，還需要帶上公司的相關合約、產品報價單等。其中，包括公司提供的產品類型、單價、總價、優惠價、付款方式、合作細則、服務約定、特殊要求等等。

提前準備好應對競爭對手的措辭

客戶在做出最終決定前，往往是「貨比三家」。銷售人員必須針對這些主要競爭對手，提前準備好措辭。主要包括：我們與主要競爭對手的區別在哪裡？我們的優勢在哪裡？競爭對手的優勢和弱勢各在哪裡？相比競爭對手，我們的比較優勢是哪些？若是能做好一份 SWOT 分析，並從旁說明讓客戶更清楚你才是他的最佳選擇，就更好不過了。

這些措辭的提前準備，非常有助於銷售人員在拜訪過程中直接「攻克」客戶的內心，不會處於「被動」的局面。

確定拜訪人數

對不同的客戶，在不同的時間段內，根據客戶不同的需求，銷售人員的人數是不一樣的。如果是一般性質的拜訪，或者是不需要太多技術含量的拜訪（比如：專業知識要求不多，只要簡單進行銷售溝通即可的拜訪），銷售人員的人數一人即可。如果是非常正式的、重要的拜訪，尤其是技術含量要求比較高的拜訪，至少要求是 2 ～ 3 人。比較建議三人拜訪團隊，可遵循以下分工原則：一人負責公關，溝通感情，以銷售人員為主導；一人負責技術或者專業性質的溝通與發言，主要針對那些技術含量較高的話題，給客戶進行解答和回覆；一人負責協調或者是助理的角色，處理客戶與公司之間的協調、溝通事項。

 提前到達拜訪地點

拜訪遲到的業務員非常不受客戶歡迎，而且很難成功，一定要先計算到達客戶處的大致時間，並預留出一些機動時間。絕對不能讓客戶覺得他沒有受到足夠的尊重。如果業務員到達拜訪地點的時間很早，可以先熟悉一下周邊環境，緩解一下緊張情緒，同時整理自己儀容與形象，再復習一遍拜訪措辭。最合適的到達時間是在約定時間前十五分鐘左右的時間內給客戶電話，表示自己已經到達拜訪地點，等待客戶的會見。

10 全方位了解你的客戶

被懷疑、被人拒絕，是業務工作的常態，若是能把「被拒絕」這件事，轉換成「有價值的報酬」，從客戶拒絕的理由，去探求客戶感興趣、在意的地方，投其所好，就有機會成交。因此碰了客戶的軟釘子時，你不能對被拒絕有負面感受，還要積極將它轉變為成交機會，那麼，具體而言該怎麼做呢？

首先，請先計算出每個拒絕「價值」是多少？你不妨為自己經手過的案子做個粗略假設，若每成交一筆生意，平均能賺台幣 5000 元。接著，你要計算並追蹤自己的「接觸到成交」比率，也就是你需要接觸多少客戶，才能成交一筆生意。一般來說，「十比一」的比率是在銷售工作中相當合理的平均值，換句話說，你需要接觸 10 個人才可以完成一筆生意，若一筆生意等於 5000 元，那麼你一次接觸等於獲得了 500 元。

你必須告訴自己：「收入不是始於生意，而是始於接觸，你並非因為成交了一筆訂單而獲得報酬，而是因為你試著去接觸客戶。」

客戶對什麼感興趣？

透過與客戶聊天去旁敲側擊，了解哪些東西讓他們充滿感興趣？哪些東西讓他們眼前一亮？它們可能來自於工作，也可能來自於家庭或者個人愛好，你可以近距離觀察一下他們，桌子及其周圍擺放著哪些類型的照片或擺設？他們閱讀哪些書、雜誌？通常客戶都會有戒心地防備你對他們的觀察，那怎麼讓客戶從「有戒心」到「有興趣」？

當你聽到「我不想買」「我不需要」等客戶回應時，你心裡該想的是「又獲得了一次價值 500 元的報酬」，培養從容面對拒絕的正向心態。甚至你會開始期待遭到拒絕，畢竟你已經看出了接觸越多人、被拒絕越多次，背後潛藏的現金價值有多大。

客戶說：「我不喜歡」，其實是「客戶還有沒被你說服」，你的產品或服務還沒讓他感興趣、讓他心動。但是，遭到客戶拒絕，對方是真的不願意購買嗎？

《銷售的技術》作者法蘭克．貝特格（Frank Bettger）指出，他曾做過 5000 多次的客戶訪談，想了解人們購買及不購買的原因，結果發現其中有高達 62% 的人表示，「他們拒絕購買的原因根本不是真正的原因」。

那麼，該如何分辨出客戶的真實想法呢？我們先從最常聽見拒絕話術，又稱客戶「善意的謊言」來盤點：我要考慮考慮、預算已經用掉了、我得和老婆（先生、主管、會計師……）商量、我還沒準備要買、現在不景氣……，但其實客戶內心的想法可能是：沒錢、有錢但捨不得花、自己拿不定主意、不想換廠商、認為別處有更划算的買賣、對你／你的公司／你的產品沒信心……。這些在前文「銷售篇」已有詳盡的介紹，這裡就不再贅言。

其實客戶說「我不喜歡」背後的真正想法，其實是「你還沒打動我、說服我」，他們希望你能提供更多資訊，給予他們更強而有力的保證說詞。

對每個拒絕說法先推演，事前準備排除障礙方案，拆除拒絕話術，你需要更仔細聆聽銷售對象的反對說法。若你懷疑對方講的是藉口，不妨多利用「除此之外」的句法來回應，例如「除此之外，你真的沒其他的顧慮嗎？」藉由提出關切，你可以一步步引導對方將真正的反對理由說出來。

緊接著，你可以將你問過的問題，換個方式再問一次，像是「這麼說來，要不是因為折扣不夠，你就會購買了，是嗎？」在一來一回之間，再次確認，提出符合對方需求的解決方案。

接著將問題轉向促成成交的方向，例如「折扣的部分，我會跟公司正式提出申請，如果我這邊沒問題，我想我們這筆生意就這麼說定了。」用假定的方式進行溝通，再提出送貨時間、地點等具體確認交易的提問，逐步讓潛在客戶變成真正的客戶。

其實，業績超強的超級業務員，不是不會被拒絕，而是早就對每一項客戶可能拒絕你的理由先經過沙盤推演，對客戶每一個拒絕說法，都準備好應對的資訊，從容回答，對於被拒絕，業務員除了應正面看待外，還要有這樣的認識，當「準客戶說『價格太貴了』，並不意味著今天他不會購買」，只要找出他的購買障礙，幫他排除，即使最後真的不買，你還是賺到了一次「被拒絕的價值」，儘管客戶大都不願意透露自己的想法，但仍可以從他們的回應看出端倪。一般而言，客戶的內心變化可以分成以下四種：

1 有警戒，沒興趣的跡象

「找我有什麼事嗎？」、「我現在很忙，可以下次再見嗎？」

● 對方表現：

面無表情，擺起架子時不時就看手錶、手機上的時間。

● 你的做法：

創造談話氣氛，勾起客戶興趣。

2 產生興趣的跡象

「我還有很多問題想問！」、「有什麼具體方法？」

● 對方表現：

態度變認真、積極 主動發言的頻率增加。

● 你的做法：

釐清客戶需求，提出解決方案。

3 疑惑的跡象

「這個解決方案真的沒問題嗎？」、「關於這個問題，你會怎麼處理呢？」

● 對方表現：

一邊摸著下巴或頭一邊思考，並抱著胳膊考慮，表情面露不安。

● 你的做法：

耐心解答，消除其遲疑與不安。

④ 決定的跡象

「如果是這樣，我就能接受」、「聽起來還不錯耶！蠻想買的！」

● 對方表現：

面帶微笑，看起來很滿意樣子。

● 你的做法：

用力點頭，表示贊同並協助客戶決定解決方案。

客戶有哪些成就？

你可以事先透過上網去了解，利用搜尋引擎找一下他的圖片了解一下。哪些人讚揚過他們？他們獲得過哪些獎勵？贏得了怎樣的公眾聲譽？是否發表過相關的言論？

知道客戶的成就時就可以稱讚他們，會讚美客戶，收單必定水到渠成，在銷售過程中，經常會碰到這樣現象，你使出渾身解數推銷產品，客戶仍然不會接受你的產品，而那些只是和客戶談笑，對產品只是簡單幾句一帶而過的銷售員卻能夠成功的說服客戶，這為什麼呢？關鍵就是他們掌握了客戶喜歡被稱讚的心理。

每個人都希望別人尊重和讚美，每個人都有值得被稱讚的一面，客戶也是如此，在銷售的時候，你恰到好處地稱讚客戶，就能贏得客戶的好感。

有一家商店裡有三隻鸚鵡，牠們從外表看起來沒有什麼不同，但是價格卻相差很大，分別是 10000、20000、30000，引起不少客人好奇地問老闆：「為什麼這三隻鸚鵡價格會差距這麼大？」

老闆說：「因為 10000 元的鸚鵡在客戶進來只是說歡迎光臨，客人走說謝謝光臨。20000 元的那隻，牠不僅會說歡迎光臨、謝謝光臨，還可以對產品進行解釋，給客戶推薦產品，牠能夠創造利潤，所以牠價值 20000 元。30000 元那隻，牠還會說幾句誇人的話，來了男客戶會說：『你今天真帥』。對女客戶說：『你今天真漂亮。』客人聽了就高興，還會給小費，所以售價自然是貴了許多。」

做為銷售員也要這樣，會講產品的只是中等銷售員，只有會稱讚客戶的才是最優秀的。如果只是一味地抱怨產品、公司以及自己未來，那麼你就不要做銷售了，稱讚能滿足客戶自我炫耀之心，也體現自身價值所在，客戶就會有自豪感而對你產生親切感。就會用行動來回報你的稱讚，進而成為你的長期客戶。若是過了頭就會令客戶討厭你。那如何去稱讚客戶呢？以下有七種方法：

- 在讚美的時候要互動，不要讓客戶一個人講述光輝成長歷史，也不要自己一個勁讚美，不顧客戶的反應。
- 在與客戶寒暄中找讚美題材，要自然地說出來，這樣既可以建立感情，又為接下來的銷售打下基礎。
- 當客戶提出一些意見時，不要對客戶有牴觸心理，請先自我反省，然後稱讚客戶提出意見很合理，表示會改正或調整。這樣就可以穩定客戶情緒，以便於進行勸購。
- 要真實的讚美，很多業務員為了成交，淪為制式的讚美客戶，不分情況一通讚美。比如你的皮膚很好、你的身材窈窕，這樣的讚美是沒有誠意的，不僅發揮不到活躍氣氛、拉近距離，反而使客戶討厭你，客戶還會認為你是在取笑他。
- 讚美切忌空泛。比如你是一位卓越的領導，你的工作很出色，這些根本就不會引起客戶好感，有可能引起誤解和信任危機，你可以這樣說，你的工作報告寫的非常具體實用，明白地提出你認為很棒的部分及特色，並加以稱讚。
- 找別人沒有發現的優點來讚美。
- 透過第三人來稱讚，可以在客戶的朋友或是長官、下屬等認識的人面前稱讚客戶，透過客戶的朋友轉告你在稱讚他，效果會比你說破嘴還來得好。

你們有哪些共同點？

你們有哪些交集？表達清楚你對你們共同興趣的熱情以及理解。同時記得以你需要溝通的對象為了解的重心，以這些興趣作為切入點，嘗試去了解他們的價值觀。現在是一個合力共贏的年代，如果將很多人聚集起來，發揮每一個人的特點和優勢，很複雜的事都會變得很簡單，因為人們團結合作互補出來的力量是不容小覷的。

- Uber —— 世界最大計程車行，卻沒有自己的車。
- Facebook —— 世界最紅的媒體，卻沒有自創的內容。
- Alibaba —— 世界最大量交易的商場，卻沒有自己的庫存。
- Airbnb —— 世界最大住宿提供者，卻沒有自己的房產。

一個好的平台是可以吸引許多優秀的資源，如果這個平台是一個人脈的平台呢？你想辦法把自己變成一個平台，積極吸引許多優秀的人來你這邊，問題是要如何變成一個人人都想靠近的人脈平台呢？重點在於你是否能夠資源整合，整合是一種資源的優化，而非誰拿走了資源！所謂「花若盛開，蝴蝶自來！」這也歸咎到原始點，讓自己變強大！！

你要問自己五個問題——

- 我要什麼（必須明確）？
- 我有什麼（清點自己）？
- 我缺什麼（要懂得藏拙）？
- 誰的手裡有我缺乏的（誰可以給你所缺的）？
- 為什麼別人要把你所缺的給你（說服對方給你資源）？

請現在清點一下你的資源，並且寫下你要補強的部分。

Q 我要什麼（必須明確）？

Q 我有什麼（清點自己）？

Q 我缺乏什麼（要懂得藏拙）？

Q 誰的手裡有我所欠缺的（誰可以提供你所欠缺的）？

Q 為什麼別人要把你所欠缺的給你（說服對方給你資源）？

越知道自己的資源，你越可以快速地去建立你的人脈平台，建立平台有以下三個步驟：

① Step 1 組織資源

這第一步驟最困難也最花時間，你要清楚你要搭建的是什麼平台？吸引什麼人？如何去尋找你要的資源，去借、去學、去租還是去買……，定位一定要弄清楚。

② Step 2 公開資源

記住不是等都完成才開始做 Step 2，是同步進行，只是重心 80% 放在 Step 1，剩下 20% 去跟他人分享你未來會有什麼資源可以合作，記得要借別人的力，你要的是使用權，不是所有權。

③ Step 3 倍增資源

這一步你的平台也有規模了，請你去吸引更多的資源進入你的平台，像臉書就是找更多的合作廠商，開發更多的平台功能，目的就是要將使用平台的人緊緊連結在一起，想要離開都很困難。他們只能不斷地找資源進來你的平台為你所用，到這一步驟基本上是別人在幫你壯大你的平台了。

客戶面臨哪些挑戰？

了解客戶在自己的工作中面臨哪些挑戰，擁有哪些機遇，你能夠為他們應對挑戰或者抓住機遇提供哪些幫助？

而且我們對他好一定要讓他知道，不能默默地付出，華人通常是比較含蓄的，也很壓抑的，有時候我們辛苦了大半天做出來的成果，卻被一個只會動嘴的人把功勞搶走，你看著他受到表揚，你心裡自然懊悔難當，但又基於雙方情面只能在心裡咒罵。功勞會被那些小人搶走，其實是你自己的錯，因為你心裡覺得「邀功」是很要不得的行為。所以我們不要做「大仁哥」，真的是你做的功勞，該邀功就邀功。如何「邀功」，前文已有提過，可以再往前複習 P596 頁。

你對他們的重要性

你知道客戶為什麼會買單的真正原因是什麼？你提供的服務，能否讓他們的生活更加幸福、便利、充實或者富足？你是否讓你的客戶覺得你很重要，是無法被人輕易取代？

如今人人都在談「跨界」，可到底什麼是「跨界」呢？如果你希望自己是個不容被輕易取代的人，你就要努力讓自己做個「跨界人」。

為什麼這麼說呢？請先試著想一下如果你正在跑馬拉松，跑得很賣力，遠遠地看到終點就快到了，但是突然不知道哪裡來的一群人比你先跑到終點，從第一名、第二名、第三名、第四名到第十名全部都被他們拿走，你連他們是哪裡冒出來的都不知道，而你的領域已經被別人跨界來經營了。

最典型的例子的就是馬雲的支付寶，本來是第三方支付，一夜之間變成了餘額寶，其實餘額實就是支付寶，餘額寶裡面就有八千億人民幣，立刻變成全世界最大的基金，金融界想都想不到會有這種事發生，這就是跨界。

跨界人指的就是不單單只做只有一種功能的朋友，還要有情感的跨界，例如，你平常是個只會找對方吃飯玩樂的朋友，是不是能跨界一下，成為在他心情不好時可以傾訴、吐苦水的朋友。

這是一個跨界的時代，每一個行業都在整合，都在交叉，都在相互滲透，如果原來你一直獲利的產品或行業，在另外一個人手裡，突然變成一種免費的增值服務，你要如何和人家競爭？如何生存？

跨界這種事情其實已經發生在各個領域了，進入 21 世紀跨界變成一種顯學，人脈的競爭也是一樣，別人為什麼要跟你做朋友，不再是單一示好的競爭，而是資源整合的競爭，誰能持有資源才是關鍵，所謂花若盛開，蝴蝶自來，資源是被吸引而來，而非要來的，你應該想的是你如何在人際關係中跨界？

以下提供你幾個方向：

- 你有什麼資源可以整合起來，做到別人沒有，只有你有的？
- 你可以提供什麼樣的平台，是他人想要的？
- 你有什麼樣的閒置資源，是可以分享出去的？
- 你有什麼樣的經歷，可以讓人覺得跟你在一起感覺是賺到的？

我們以采舍集團的王晴天董事長來舉例：

① 有什麼資源可以整合起來，做到別人沒有只有你有的？

王董事長有二十多家出版社的資源可以幫你打造品牌，兩岸實友會串起兩岸人脈交流的資源，以及有培訓部門，吸引許多大師共同分享資源，光是王董事長這邊可以幫你出書、行銷至暢銷書，這個資源就是市場上獨一無二的。

② 你可以提供什麼樣的平台，是他人想要的？

王董事長這邊有借力致富平台，還有講師培訓及舞台可以發揮，以及可以打造你成為專家的平台，最重要的是出書出版平台。在通路為王的世代，董事長這邊有通路的平台，如今我也和王董事長成立了培訓平台，讓有能力的素人或是知名的大師，可以在這平台培育更多優秀的人才。

③ 你有什麼樣的閒置資源，是可以分享出去的？

那些名人或大師有很多的人脈是目前的閒置資源，但是人家為什麼要讓你用他的閒置資源，最重要的就是和他發生關係，例如你可以參加王董事長的「B&U」的課程，可以加入「王道增智會」變成王博士的弟子等等，這樣王博士的閒置資源才有理由讓你所用，當然資源分配也是重點，最好的資源到一般的資源是：弟子＞王道會員＞一般學員＞一般人。

④ 你有什麼經歷，可以讓人覺得跟你在一起感覺是賺到的？

以下是王董事長的簡歷：

台灣大學經濟系畢業，台大經研所。長達二十年台灣數學補教界巨擘，現任蓋曼群島商創意創投董事長、香港華文網控股集團、上海兆豐集團及台灣擎天文教暨補教集團總裁，並創辦台灣采舍國際公司、全球華語魔法講盟、北京含章行文公司、華文博采文化發展公司。榮獲英國 City & Guilds 國際認證。曾多次受邀至北大、清大、交大等大學及香港、新加坡、東京及中國各大城市演講，獲得極大迴響。

現為北京文化藝術基金會首席顧問，是中國出版界第一位被授與「編審」頭銜的台灣學者。榮選為國際級盛會—馬來西亞吉隆坡論壇「亞洲八大名師」之首。

2009 年受邀亞洲世界級企業領袖協會（AWBC）專題演講。

2010 年上海世博會擔任主題論壇主講者。

2011 年受中信、南山、住商等各大企業邀約全國巡迴演講。

2012 巡迴亞洲演講「未來學」，深獲好評，並經兩岸六大渠道（通路）傳媒統計，為華人世界非文學類書種累積銷量最多的本土作家。

2013 年發表畢生所學「借力致富」、「出版學」、「人生新境界」等課程。

2014 年北京華盟獲頒世界八大明師尊銜。

2015 與 2016 年均為「世界八大明師會台北」首席講師。

2017 年主持主講〈新絲路視頻〉網路影音頻道，獲得廣泛的迴響！

2018 年成立「全球華語魔法講盟」培訓機構，以培訓世界級講師為志業。

為台灣知名出版家、成功學大師，行銷學大師，對企業管理、個人生涯規劃及微型管理、行銷學理論及實務，多有獨到之見解及成功的實務經驗。

提出證明就不需要說明，相信不用我說明就可以知道跟王董事長在一起為什麼感覺是賺到的，各位朋友你想想看，如果你的人生也可以像王董事長那樣豐富，你還需要擔心沒有人脈的問題嗎？所有的人脈會如雪片般的飛來，這時候你要做的就是挑選對象，是不是感覺很棒！

他們真正要的是什麼？

業務就是為客戶服務，先觀察客戶需要什麼，找出他們心中缺失的那一塊拼圖，填補需求，比一味推銷更重要。你需要先了解客戶的痛苦點，知道對他們公司的影響，再來是找到他的急迫性，同時也有清楚的時程、預算及好感，加上他的上司的支持，才不會做白工。

我們要抓到客戶的痛點，另一種是急迫性，要去了解客戶有沒有急迫性，有沒有時間壓力，如果沒有感受到急迫性。若只是某人自己的想法及構想，就找你去「聊一聊」，可能會換來白忙一場。這時要掌握住關鍵話：「董事長有何指示？」、「總經理知道了嗎？」等，如此才能明確了解客戶是真的急，想做，否則可能只在想的階段。

如果客戶有急迫性，那一定會有清楚的時程，就表示上層有指示要去執行，而不只是停留在想的階段，是有計畫的，你可以從有沒有編列預算，有沒有排定時間表，有沒有總經理及董事長的監督等來分辨，最後就是他們對你是否有好感，是不是希望你來跟他們一起執行專案，再來是了解他的需求與目標。檢視你去拜訪的客戶，到底有沒有機會。如果了解他的痛苦與困擾，也知道對其公司的影響，這些都掌握到了，才算你有機會賣產品給他，否則是條件還不成熟，機會還不存在。

切記一點：價值有了，才有價格。例如，客戶找我們去報價，結果價格被客戶用來比價，去殺別家廠商的價格，殺成了又回來殺我們的價格，豈不白忙一場？當然也有人採 CP 值，可能大部分廠商現在皆採用此模式。較少的是用安全不出錯的信任標，此時價格就不是太重要的考量。

搞清楚客戶的購買行為及決策模式後，就可以來規畫解決方案，切勿在未搞清楚前就先去規畫，才不致於白費功夫，若是規畫好了再要大改，無疑是自找麻煩。做好了規畫方案，進一步就準備議價了，特別注意議價不是減價降價，而是找出雙方能接受的價格，由價值決定價格，如果無法讓客戶發現你的價值所在，那就很可能淪為價格的競爭。因此，要讓客戶了解價值、認同產品的價值，比去談價格重要。

找到客戶的個人需求，議價完了就是達成個人目標，你能幫客戶達成了什麼目標？能給他什麼實質利益？曾有一副總找上我請我幫忙，這位副總要解決的是上司給他最後機會，這次做不好就要走人，那他就是要安全，先求穩再求好。那我們就要幫他穩住在公司的位子，替他求得安全，這就找到了他的需求，幫他贏。

用對方法，找出客戶的需求，才能提出解決方案，針對客戶的痛點、急迫點去提供價值，客戶怎麼不會不買呢？

11 銷售前先明白六個問題

誰是我的目標客戶群（Who）？

這是做銷售時要問自己的第一個問題，要知道你的目標在哪裡，要打誰、要往哪裡進攻，必須知道得清清楚楚，所以你的頭腦必須非常清楚，要知道誰是你的目標客戶群，很多人會說我們的產品任何人都需要，是人都需要；我們的化妝品、美容保養品愛美的人都需要，是女生都需要；我們的健康食品、減肥產品每個人都想要，想健康的人都想要……很多人會說我們的產品活著的人都需要，會呼吸的人都需要，如果你的心裡也是這樣想你的產品定位的話，你就不是一個稱職的行銷人員。

為什麼呢？

因為這是公司喜歡教育你的方法，目的是讓你相信這個市場很大，然後你就會去加入這個生意，但是當你真正加入這個生意的時候，你認真去想真的是每一個人都需要嗎？真的是世界上的每一個人都想要嗎？如果真的是這樣子的話，公司為什麼還需要利用業務人員去推廣生意呢？

例如我覺得我們魔法講盟的 Business & You 是所有想要創業的人必須要學的一門課程，實際上只有少數人這樣子認為，事實上也不會每一個人都來上 Business & You 國際課，Business & You 這堂課程還是必須要透過不斷地尋找準客戶，利用陸海空三軍加上海軍陸戰隊的行銷方式，針對目標客戶去做銷售式的演講，所以這世界上沒有一個產品是每一個人都需要的，沒有一個產品是可以賣給世界上每一個人的，這一點作為行銷業務的人員必須要明白。

針對這個「誰是我的目標客戶群」的問題，你要回答的是最精準的客戶，最精準的客戶有符合什麼條件，最精準的客戶就是他會立即購買，而且買很多，並且會重複不斷地購買，這種客戶的特徵你必須去分類，例如年齡是多少到多少的呢？學歷是什麼學歷以上的呢？什麼學歷以下的呢？行業大致上是什麼行業的呢？性格以及價值觀大概是什麼傾向的呢？平常有什麼購買習慣呢？是已婚還是未婚呢？小孩是一個還是兩個以上呢？興趣的愛好大致上是哪一類的呢？你必須把這些細節都寫出來，而不能說是人都需要，是女生都需要、愛美的都需要、想健康的都需要，不能寫得這麼廣泛。

我們可以試著想像一下打仗的時候，不能說見到人都要殺，因為戰場上有老百姓、有自己的夥伴、有不相關的路人，我們要打擊的就只有我們的敵人。行銷上最浪費的就是對不精準的客戶做廣告，業務上最浪費的就是對不對的客戶大量的採取推銷行動，我們的時間、本錢非常少，應該要花在最應該花的人的身上，要保留子彈投注在最精準的人身上做廣告，什麼叫做最精準的人呢？很少有人能夠真的回答得出來，我們應該在行銷之前就把這些精準的客戶定位出來，只對這些精準的客戶做行銷、做廣告。（可往前參考「行銷篇」的 P47）

客戶到底在哪裡（Where）？

了解到目標客戶的年齡層、婚姻狀況、工作收入、社會地位、購買的習慣、興趣為何等等的特徵之後，接下來就應該要問自己：符合這些特徵的客戶到底會在哪裡出現呢？

有人會回答到處都有啊！但是我要的答案是哪裡聚集這些特徵的人最多呢？他們最有可能去哪裡？想想可能的區域、地點、環境，思考目標客戶的生活習慣，你要走進這些目標客戶的內心世界你去想一想，他從早晨起床到睡覺，他的一天當中會出現在哪些地方，這樣你才知道你會在哪裡遇到你的準客戶，才有機會對他們銷售。世界行銷之神傑．亞伯拉罕說：「要選對池塘，才能釣大魚」，要釣小魚就在溪流裡面就有了，要釣鯨魚唯有大海才有，我今天除了要知道我的目標客戶是誰，還要知道這些目標客戶平常在哪裡出現，有時候目標客戶並不是主動有需求的客戶。例如小朋友喜歡的玩具，通常是小朋友先發現到才會吸引父母親也注意到，所以有些目標客戶雖然是老闆，但是老闆旁邊的行銷副總或是業務經理等等都是關鍵角色，要先吸引他們的注意，你才有機會和他們的老闆談到生意，才有成交的機會。

他們為什麼要購買我的產品（Why）？

你要給客戶一個購買的邏輯和理由，比如對客戶說：「我是來幫你省錢的，你之前花了太多的冤枉錢買到不對的產品，才導致現在的情況，所以你必須淘汰不需要的產品不再花冤枉錢，而是要對症下藥，所以我是來幫你省錢及省時間的。」

你要給客戶一個購買的邏輯而不是簡單的一個理由，現在的客戶普遍都能輕易地接觸到太多的資訊，一開始對你都是抗拒排斥的，如果你只給他一個簡單的理由，他會認為你在為你的銷售找理由，但是你給他一個邏輯就不一樣了，你會引導他自己思考，所以，最好的方式是透過一步一步的引導，從小的地方開始慢慢走到客戶的痛點，因為唯有客戶自己才能說服自己，在說服自己之後的行動力才是最強的、最有效益的。

他們為什麼要購買競爭對手的產品？

市場競爭除了考慮消費者之外，也要對你的競爭對手夠了解，要了解競爭對手如何行銷客戶，如何去找尋他的客戶，如何制定他們的定位。

比如在追求女朋友的時候，不能只考慮自己要怎麼追求女朋友，只考慮女生的興趣愛好等等，還要考慮到你的競爭對手有誰，他們用什麼樣的方式去追求你心儀的對象，他們會用什麼樣的方式去對待要你的意中人。你的同行是用什麼樣的賣點去吸引新客戶，是用降價？還是打折？還是用贈品？還是他們的服務比較好？還是他們的功能比較好？你要了解對手的產品優點是什麼，對手目前在推什麼樣的產品，就是要了解競爭對手的優勢，才不致於被比下去。

為什麼客戶應該買我的產品，而不是對手的？

你應該給客戶一個邏輯，為什麼推薦客戶來買自己的產品，而不是買競爭對手的產品，你應該把競爭對手的優點，以及你的優點共同列出來並且一一做比較，不要擔心列出競爭對手的優點，因為當你列出競爭對手的優點，客戶會覺得你很有誠實，說話可靠有信用，所以當你列出雙方優點時你就要有一套邏輯，去說服為什麼要購買我的產品，而不是競爭對手的產品。

這裡就必須把你的 USP、你的獨特賣點展現出來讓客戶了解，獨特的賣點讓客戶無法比較你與競爭對手的產品，就是將你的產品在客戶的心中，變成一個無法比較的產品。

例如，我問你美國蘋果還是日本蘋果好吃？你可以馬上說出來答案，但是，我問你是香蕉比較好吃？還是芭樂比較好吃？你就無法回答，為什麼呢？因為香蕉跟芭樂是不同的品種，無法比較，你就要把你的產品跟競爭對手的產品區別化，讓客戶無法相互的比較。

總之，你要用最精準的語言、最短的時間、最清楚的用詞讓客戶知道我和競爭對手的差別在哪，你應該選我而不是選他。

客戶為什麼要現在買？

我們當然希望客戶能當下跟我們購買產品，立即就成交。但是當你做完一系列的步驟與介紹後，卻沒有給客戶為什麼應該現在買的理由，客戶就算認同你的產品也不會當下立即購買你的產品，你要給客戶一個邏輯和理由為什麼要立即購買，你給客戶的理由和邏輯一定要是真的，不能每次都是同一樣的理由，例如每天都是跳樓大拍賣，你可以用不同的方法去讓客戶同意應該當下就購買，但是一定要是真的。

12 沒有接觸就沒有成交

想辦法多接觸不同客戶，主動積極地去尋找客戶、拜訪客戶，找到對談和交流的機會，才有機會成交，客戶與我們的信任關係是必須透過持續的接觸累積來的，通常八成客戶須接觸五次以上才可能成交。以下是如何接觸客戶的四個方法：

快速的接觸客戶

產品銷售過程中，大家都知道要賣出產品，首先就是要把業務員自己賣出去，如果客戶不認可銷售人員、不信任業務人員，是很難賣出產品。在銷售時有時口才並不是必勝的利器，口才與銷售的成功與否並不存在正相關的關係。好業務員知道什麼時候該說，什麼時候不該說，在接觸的過程中第一印象很重要，初次的見面接觸往往會成為銷售成功的關鍵！以下是首次和客戶接觸就能快速讓客戶對你感興趣，並建立好感的方法：

1 透過轉介紹拜訪客戶

業務員利用與客戶熟悉的第三人，通過電話、信函或當面介紹的方式接觸客戶，這種方式往往使客戶礙於情面而同意與業務員見面。因為有熟人朋友介紹，避免了陌生拜訪的尷尬，能快速進入主題。

2 利用差異化方式勾起客戶好奇心

這種方法主要是利用客戶的好奇心理來接近對方。好奇心是人們普遍存在的一種行為動機，客戶的許多購買決策有時也多受好奇心理的驅使。

3 利用提問方式，引起客戶注意並激發溝通興趣

這個方法主要是通過銷售人員直接面對客戶提出有關問題，透過提問去引起客

戶的注意力和興趣點，進而順利過渡到正式洽談。

4 迎合客戶求利心態的方式激發客戶購買欲

銷售人員著重把商品給客戶帶來的好處放在第一位，首先把好處告訴客戶，把客戶購買商品能獲得什麼好處，一五一十說出來，從而使客戶引發興趣，增強購買信心。

5 實物演示的方式吸引客戶

在利用現實物品現場表演方式接近客戶，此時為了更好地達成交易，銷售員還要分析客戶的興趣愛好，業務活動，扮演各種角色，想方設法接近客戶。

6 利用小禮品做人情的方式引起客戶注意

銷售人員利用贈送禮品的方法來接近客戶、引起客戶的注意和興趣，效果也非常明顯。在銷售過程中，銷售人員向客戶贈送適當的禮品，是為了表示祝賀、慰問、感謝的心意，並不是為了滿足某人的慾望。在選擇所送禮品之前，銷售人員要了解客戶，投其所好。

7 真誠讚美的方式引起客戶注意

誠如「每個人的天性都是喜歡聽好聽的話、受到讚美的。」讚美是銷售人員利用人們希望讚美自己的願望來達到接近客戶的目的。讚美對方並不是美言相送，隨便誇上兩句就能奏效的，在讚美對方時要恰如其分，切忌虛情假意，無端誇大，如果方法不當反而會起反效果。

大量的接觸客戶

一般而言，很多難開發的市場，都是因為客戶難找，要如何在短期內，大量找到客戶，你可以利用以下方法：

1 使用付費廣告

除了傳統的媒體廣告，建議使用像是 Google 付費關鍵字的方式，在短暫時間內，可以大量曝光，加上關鍵字或是內容聯播網，這一類的廣告都是只有廣告被點擊時，才需要付費，可以降低廣告費用的浪費，因為通常會點擊的人很可能就是潛在客戶，而這樣的廣告方式不需花費太多的時間管理，可以自己設定每日花費上限，相當方便又有效益。

② 經營臉書粉絲團

平常可以依據不同的類型開幾個不同類型的臉書粉絲團，並提供有價值的資訊給粉絲團裡面的粉絲，當然文章的內容不能都是置入性的文章，因為現在的消費者已經變得很聰明，一有置入性的文章消費者通常都會對這個粉絲團產生了警戒心，所以必須花時間經營，至少三個月到半年時間，提供粉絲沒有置入性的文章並，而且是有價值的內容，屆時如果需要客戶的時候，就可以考慮從粉絲團的屬性去挑選適合的客戶。

③ 與大企業合作

要快速增加客戶的捷徑就是與大企業合作，客戶群一定有較大型的企業，這樣的企業對於舉辦活動、網站的建構都較有經驗，也可以請他們向自己的客戶推薦自己，有規模的公司，他們公司的客戶名單通常相當完整，他們的行銷業務團隊，也較為完整跟專業，若是能與他們合作業務開發，更能提升效益。

④ 參展或演講開講座

參展是很多公司開發業務的主要方式，尤其是做外銷的企業，參展是他們招攬新客戶的主要活動，但是不是每間企業都有大筆預算，可以租大型場地，或是花大量預算在展場設計上，但是又希望引起潛在客戶的注意，可以在參展時，同時在展場大會中發表演說，一來可以提高知名度，一個好的演講，也會增加潛在客戶的興趣。

⑤ 跟各階層窗口接觸

很多人做業務開發，尤是是陌生電訪的時候，會直接找到最高決策者，但是很多時候，這樣的高階經理人，其實是相當難找的，不是經常出差，就是一直在會議中，這個時候可以考慮找中階經理人，先行了解公司的狀況，說服中階幹部，將來

引進新產品或服務時，內部的反對會較少，使用的效益也會較高。

 低成本的接觸客戶

如何快速低成本地開發客戶？專業和人脈，一個都不能少，人脈在任何銷售中起著決定性的作用。戴爾．卡耐基說過：「一個人的成功只有百分之十五是由於他的專業技術，而百分之八十五則要靠人際關係和他的做人處世的能力。」對於一名業務行銷從業人員來說，除了要有專業的產品相關知識，建立強大的人脈關係網也是一個必不可少的條件。麼怎麼建立人脈，多多接觸客戶呢？答案是：走入人群，建立人脈。以下是你可能會面臨的四個困境：

1 突然跟陌生人說話，覺得很唐突和恐懼

因應之道：人脈的運用要秉持不求回報的心去關心他人，只有自己堅持「但求付出，不求回報」的心態，耐心耕耘，讓時間成為人脈自然發酵的催化劑，人脈經營才能經久不衰。

2 跟朋友談到產品時怕被拒絕

因應之道：人脈運用的精髓就是要互惠互利。如果我們指望對方能給我們一個「正中下懷」的答覆時，我們就會害怕被拒絕。從這點來講，如果沒有先預設立場，那麼，向別人開口分享產品和事業，只不過是在傳達一項信息，何懼之有？

3 因為太忙，所以疏於經營人脈

因應之道：經營人脈並不見得是要每天應酬，而是可以運用方法在現有人脈基礎上再做延伸與擴展。所以，首先我們得累積自己的專業知識，然後培養主動積極的待人態度，哪怕只是主動微笑或點頭問好，都有可能開啟人脈新的一頁。

4 與別人談產品，怕別人覺得我在利用他

因應之道：有些人因為習慣性緊盯著一條人脈不放，所以會給對方很大的壓迫感。要建立人脈就要走入人群，例如準備一份簡潔有力的自我介紹，有技巧性地打開話匣子，給別人留下優雅的印象。另外，學習運用銷售話術、對話前準備卡片等

手段也能有效加強自信心，有效消除談話對象對被推銷的敏感度。

準確定位擁有含金量的人脈是建立業務人脈圈的基底，對於業務行銷人員來說，如何用最低的成本找到自己的第一人脈？以建立有效的人脈圈呢？以下有幾點建議：

① 在自己的同學中挖掘人脈資源

向自己的同學介紹公司產品，屬於緣故拜訪的一種。但相較於其他緣故，同學是我們更為熟悉的人。哪些人比較有購買潛力、哪些人比較樂於交流，我們也更容易做出判斷。

而且作為同齡人、同學也是我們更容易了解其需求的人，講解起公司產品也不會有太多壓力。緣故拜訪有利於我們更完善地收集資料，去推薦一款最適合客戶的產品。對於那些在同學圈中有影響力的、受歡迎的、處事果斷、有職場能力的同學，我們可以著重發展。有些同學也許在學生時代的成績不是很好，但他們踏入社會後卻左右逢源，在事業上有長足的發展與成就。他們可能會是你未來的潛力客戶。所以在一開始接觸這些同學時，不必期待或追求立即的回報。有些人脈的價值，是需要時間去孕育的。

② 深入優質客戶的生活，打進他的核心人脈圈

在與優質客戶接觸時，要注重培養與客戶的情誼，對客戶的銷售需求，有時需要放在友情需求之後。在與客戶交談時，不妨多追問一些生活細節，從細節中找話題，或者聊一些有趣的事，這樣雙方交流起來都會感到非常愉快，客戶也會感覺到我們不僅僅是業務人員，更是一個在生活中可以給予他建議和指導的朋友。

客戶也許會拒絕一個業務人員，但一定不會拒絕自己的朋友；我們也許不會把一名業務人員介紹給朋友，但我們卻可能將朋友介紹給另一個朋友。

業務人員應充分利用「轉介紹」的系統，讓新朋友成為老客戶、讓老客戶介紹新朋友，形成良性循環，讓自己的人脈圈不斷擴展、壯大。通過倍增效應來擴大自己的人脈資源，這是一條累積人脈的捷徑。因此，對於那些富有責任感、又具有分享精神的客戶，就是我們要極力去經營與維護的人脈。「責任感」決定了他們一定

會深刻理解並認同你的產品的好處，而他們的「分享精神」則為你未來獲得轉介紹的機會鑿開了一扇大門。

③ 參與各項社交活動、展會和社團

許多公司都會舉辦週年活動、酒會和各類博覽會，我們平時也會接到同學會、宗親會等一些社交活動的邀請，而這些社交活動正是儲備人脈資源的金礦。

在業務銷售中，我們常常因陌生拜訪而遭受拒絕，但是參與社交活動時，人與人的交往會更自然、順暢。所有參與活動的人都是我們的潛在客戶，我們可以尋找一些志同道合、能夠談得來的新朋友進行互動。

此時我們的主要目的是開拓自己的人脈圈、是累積自己新朋友的名單庫，而並非是銷售。所以在參與這些活動時，只要盡情展現自己的人格魅力，去吸引他人與我們交流即可。

通過各類活動產生人際互動和聯繫，人脈之路也就在自然而然中不斷延伸。在選擇活動時，可以盡量選擇一些高端活動參加，比如品酒會、車友會。因為這類型的聚會的參與者往往是一些有一定社會地位或是生活品質的人。如果可以與這類型的人發展並保持良好的友誼，有助於我們打開高端客戶的人脈圈。

總之，要建立自己的人脈圈，最重要的是找對管道、找準目標、找對需求、然後敢於開拓。建立人脈與信任感並不是一朝一夕的事，而是需要花費時間去經營、甚至等待的。所以在尋找關鍵人脈的時候，要盡量避免把時間花在沒有挖掘潛力的客戶身上。有含金量的人脈，可以從點、線、面地為我們延展出一條延綿不斷的客戶鏈。

CRM 系統：自動化的接觸客戶

可以先透過程式或是 CRM 系統的篩選，篩選過後再經由訓練過的人去接觸進行再次的篩選，而 CRM 客戶人脈管理系統一個重要作用就是人脈自動篩選晉級，通過銷售漏斗的進行「系統化的篩選」就可以大大減少時間上的浪費，那 CRM 銷

售漏斗如何幫助業務呢？

- 利用銷售漏斗及時整合客戶訊息與數據，篩選銷售漏斗上端潛在客戶有效數據信息。業務人員對潛在用戶進行電話諮詢或拜訪後，在客戶檔案中，根據所收集到的資訊，包括客戶基本資訊、聯繫人資料、歷史拜訪記錄等，CRM 系統能夠把相關資訊錄入、行動記錄、日程安排等功能集於一身，不必經過複雜的資料整合，便能井然有序地展現工作成果，大大地減輕工作量，可以更好地以客戶為中心，做出更專業、貼心的服務。

- 擴大銷售機會，提升銷售漏斗中端客戶群體量。對於獲得的銷售機會，需要重點跟進，在客戶檔案中，創建項目跟蹤，業務人員也可以根據自己的情況，進行銷售漏斗分析在當前階段可能存在的風險或問題有哪些，如何去規避它，如何順利推動其到下個階段等，爭取提升銷售漏斗中端的客戶量。

- 有效、實時的資料庫管理模塊，確保銷售漏斗下端潛在用戶的成功率，幫助企業提升整體的執行力。可以實時了解到公司在一段時間內的銷售機會，以此形成決策的依據。此外，待辦任務，不僅僅是自己的一個清空大腦的提醒工具，更是促進團隊協作和管理的統一頁面，待辦任務幫助分支機構與組織檢查，幫助公司高層了解到各個分支機構與集團所屬組織的工作概況和細節。

- 靈活嚴密的用戶權限設置與統計報表功能，打造穩定的客戶成交率。可以使不同職能的工作人員同時在線使用不同的功能模塊，方便管理層科學決策。隨著 CRM 系統的引入，實現良好的客戶關係管理機制就不是什麼難題了，方便企業各個分支機構與所屬組織的高效溝通與協作。所有問題均能通過 CRM 系統所提供的功能表單來解決，客戶情況綜合統計、銷售報表、財務報表等，方便企業決策者總體把握，哪些區域的客戶群體開發得好、哪些行業的客戶群體占總體培訓客戶比重大、哪些培訓產品或服務更受市場的歡迎，而財務報表的統計可以幫助主管高層更有效且全面地去規劃項目資金的投放和管理。

13 客戶名單就是你的金庫

在行銷／銷售的世界，我們都知道客戶名單很重要，創業圈裡面流傳著這麼一段話：「古代的商人都會這麼跟夥計說，如果哪一天店裡失火了，裡面的東西都將燒成灰燼，而你只有少許的時間能夠從裡面帶出一樣最重要的東西。請記得把商店的客戶名單本搶救出來。」

可見得客戶名單的重要性。因為客戶名單就是你的金庫，只要名單還在，我們就能隨時提供產品給它創造價值。

許多銷售公司擁有大量的客戶名單，例如東森購物就擁有許多的客戶名單，這些客戶名單就是他們的現金，因為只要隨便把一件產品上架，再廣為通知名單中的客戶，這樣就會有一定的比例消費者會下單購買，不管是產品的單價高低、用途、有形無形的產品，都會有客戶掏錢購買，所以產品要賣得好有一部分取決於名單的數量和精準度，例如發一千筆產品的資訊出去給一千位客戶，就一定不如發給一萬筆客戶來的有效，產品如果適合女生就以女生族群為主要的發送對象，會遠比亂發送來得好。

客戶名單是怎麼來？

話說回來，既然客戶名單那麼重要，那為什麼你會沒有客戶名單呢？

而大家的客戶名單是怎麼來的呢？答案是：「買來的」

是的，你完全沒有聽錯！客戶名單就是買來的，這不是什麼秘密，因為取得客戶本來就是需要成本的。

最簡單的理解就是，許多老闆（包含你的競爭對手），都在 Facebook、LINE、Google……等地方大量買貼文廣告跟關鍵字廣告。或者花費許多人力成本做 SEO（搜尋引擎優化），好讓消費者可以在搜尋的第一時間找到他們的產品 & 服務。

他們就是這樣持續地花大把的錢在「買客戶」。這時候大多數的人可能會說，那是他們有錢啊，我又沒這麼多錢去買廣告。真正的問題就在這裡了……

為什麼你會沒有錢去買客戶？

大多數一直在買廣告的老闆，並不是因為他們有錢所以才一直花錢買客戶，是因為一直花錢買廣告能讓他們接觸到客戶，可以幫他們賺到更多的錢。簡單地說就是他們的客戶取得成本低於客戶終身價值。這對於剛接觸行銷的人來講或有點抽象，請先看以下這個例子——

一個手機的廠商，產品一台賣 NT$20,000。

假設一台手機的成本（扣掉貨物成本、物流成本……等）是 NT$10,000，也就是說賣方賣出去一台可以賺取 NT$10,000。接著再計算，手機廠商平均花 NT$2,500 元在臉書上打廣告，可以賣出去一台手機，這時候他是不是淨賺 NT$7,500。

如果你是這位老闆你會怎麼做？一定會瘋狂地買廣告（買客戶）對嗎？當然是的！因為你知道這樣做能幫助你賺到更多錢。

企業獲利的三大支柱

① 客戶數量

客戶數量的多寡直接影響到企業獲利的關鍵，當然這邊指的客戶數是比較精準的客戶，一家擁有一百萬客戶資料，跟一家只有一萬筆客戶資料相比，一定是客戶數量多的企業獲利能力較高。

② 成交轉換率

擁有龐大的客戶數量雖然是企業獲利的很重要因素，另一項成交轉換率的因素也是非常重要，

如果可以將轉換率從 40% 提升到 60% 的話，代表提升了 50% 的業績，在客戶數量難以突破的情況下，試著去提高成交的轉換率是一個非常棒的選擇。

③ 顧客終身價值

一般的企業著重在客戶的初次銷售，卻忽略了客戶的終身價值，終身價值包括客戶的重構以及轉介紹，這些都是客戶的終身價值，維持舊客戶對公司的信賴感非常的重要，因為維持舊客戶的成本遠低於開發新客戶的成本，聰明的公司都會特別重視老客戶以提升客戶的終身價值。

你有越多名單就能賺到越多錢（量大），但就像一開始說的，客戶是用買的、靠投放廣告被吸引而來的。而你要確保自己能夠花錢去買客戶，就是要有一定的成交率，而這個成交率足以打平你的廣告支出。

接著，後端是前端的支撐點，如果你這個客戶進來了你的銷售循環後，除了第一個成交的產品外。你還有其他的產品或服務能夠銷售給他，讓他付出更多錢。那你甚至可以讓前端免費，這時候成交率將會大幅提升。你的事業獲利將會往上跳一個更高的層級。

14 如何賺更多錢去投資客戶名單？

最簡單的方法就是提高你的成交率，當成交率提高，你就更有底氣與本錢去買更多廣告、更多的客戶。這時候名單對你來說就不是問題。

例如培訓業最重要的就是學生的名單，因為老師教得再好，沒有學生也是枉然，所以培訓業或是補習班都是非常需要大量的客戶名單，一旦擁有客戶名單，就可以利用漏斗式的銷售流程把名單變現金，而銷售流程可分為三個階段。

培訓業的銷售流程大約是三階段——

- **第一階段：**做廣告或者跟別人配合，讓想要學習投資的人來報名實體講座。
- **第二階段：**學生到現場後，老師會實際教一些投資的心法和技巧。
- **第三階段：**課程結束的尾端，會公布他投資課程的進階方案。

懂得做銷售流程的講師和不會做銷售流程的講師差異非常大，例如 A 講師的場次常常爆滿，他很敢於花錢買廣告，也和很多人合作。而 B 講師就黯淡許多，因為他幾乎很少辦試教的講座。因為 B 講師現場講課真的不夠精彩，雖然他的課程也很扎實，但就是不吸引人，所以成交率很低；而 A 講師就很有舞台魅力，所以現場的成交率很高，導致他能夠花更多的錢去取得客戶。

提高顧客終身價值（提升你的後端）

做行銷的時候我們通常會有「前端產品」跟「後端產品」，後端產品是當客戶成為了你的顧客之後，你接著會再銷售其他的產品和服務給他。後端是前端的支撐點，當後端夠強大的時候，前端產品甚至可以免費。

台灣在 2015 年的時候因為新聞報導的關係，那時候流行安裝淨水器來過濾日常生活的飲用水，當很多廠商都在爭食這個市場的時候必然變得很競爭。此時有一家默默無名的淨水器業者推出「免費送價值十萬元淨水設備」的活動！

這時候如果你是淨水器的業者你一定會想說：「他要賺什麼？做慈善嗎？」當然不是做慈善，況且就算是慈善單位也要有獲利的，不然怎麼堅持下去，是吧！

原來是——客戶買淨水器勢必就需要濾心等耗材。所以廠商會和客戶約定未來所有的濾心及耗材都必須找這家廠商更換，那這台機器就可以免費送給客戶使用，而濾心及耗材是你未來會花的錢，跟別人買也是得換這些濾心及耗材，加上對方提供的濾心及耗材的售價也沒有特別不合理或偏高，所以每個消費者都很樂意和廠商簽下這個約定。

我們來看看他怎麼賺錢：

NT$100,000 的淨水機假設成本只要 NT$20,000

一年的濾心及耗材的淨利大約 NT$20,000

平均一台機器客戶會用至少五年以上

所以 NT$20,000（濾心及耗材的淨利）×5 年＝ NT$100,000

所以如果有客戶願意免費帶一台回去，淨水器公司在未來的 5 年預計可以淨賺 NT$100,000。這中間還不包含客戶會幫他介紹朋友買或是購買公司其他產品的獲利。

從以上面這個實際案例來說，淨水機是前端，後端是濾心及耗材。在現實的商業社會中這種案例比比皆是，例如咖啡機也有人這麼做（送咖啡機，但後續賺咖啡豆的錢）。

健身房用一個禮拜免費健身體驗吸引你，後續賣你會員，接著再賣你教練課程、運動用品、保健食品，甚至是瑜珈課程。這很正常，因為你開始運動後，你會想要學習正確運動的方式，會想買輔助器材避免自己受傷，也會希望透過飲食更快達到你要的體態，於是就進入一個銷售循環。

15 開始建立客戶名單

當行銷人員辛辛苦苦地把客戶導流到網站後，結果客戶瀏覽完網站就直接離開了網站，那過去的這些辛苦鋪陳不就白費了嗎？所以行銷人員有一個非常重要的步驟，那就是要「留下客戶資訊」，這也是絕大部分網路行銷人員會犯的錯誤：無法留下客戶名單。

如何讓客戶留下資訊？

其實有幾個方法可以進行，包括：線上詢問表單、線上即時客服、訂閱電子報或留下 Email 提供有價資訊、電話。

從這些方法你可以知道，其實留下客戶的名單並不難，但是很多行銷人卻不知道這個道理，結果錯失了許多商機。事實上，從很多商界實例中，就有很多例子說明留下名單的重要性。

台塑已故的創辦人王永慶先生早年在嘉義開設米店，當時嘉義的米店非常競爭，為了要爭取生意，他挨家挨戶去推銷，卻沒有人要購買，於是他改變經營模式，因為當時製米技術沒有很好，米裡面時常會夾雜小石頭，所以他會事先將白米中的小石頭挑起，然後以此作為招牌，吸引客戶上門。

等到客戶上門之後，他還提供送貨到府服務，不管你是提不動、懶得提，只要留下地址，都可以免費送貨到府，這樣一來王永慶就擁有一大筆的客戶名單。接下來，透過觀察客戶米量的消耗，知道哪些客戶的米快要沒了，就會預先送到客戶那邊，這樣貼心的服務，讓客戶持續不斷地跟他購買，當然米店的生意就越來越好。

從這個故事當中，可以看到幾個重點：

- 打造 USP：所有米店的米當中都有小石頭，而他賣的米沒有。
- 留下客戶名單：提供免費送米到府，讓客戶願意留下名單。
- 重複消費：透過主動送米的服務，建立死忠客戶。

這三個重點當中，最重要的就是留下客戶名單。因為你留下客戶名單以後，才有機會進行後續的生意。

靠自動化表單收集

有時候會看到企業想要做好網路行銷，花了很多錢架設網站、買關鍵字廣告，並且進行 SEO，所得到的效果卻很不好，只有少數的客戶進行交易，於是認為網路行銷不適用在自己的企業上。但在我來看，其實挺可惜的，事實上他們或許就快要成功了，只是在行銷上碰到了盲點，只要修改一下做法就可以了。

線上詢問表單就是一個收集客戶名單的好工具，一般來說，線上詢問表單是最基本的配備，如果連這個都沒有的話，那就真的完蛋了。特別是經營 B2B 網站的廠商，一定要能夠讓別人進行線上詢問，甚至可以讓對方直接詢價，這樣除了可以節省接電話的人力，還能讓對方留下聯繫的資料。

常見的線上諮詢表單會確實留下對方的資料，方便日後聯繫。一般來說，這樣的諮詢表單固定有幾個要素：姓名、廠商名稱、聯絡電話、電子信箱、詢問主題等等，其他像是：地址、對方的部門、職稱等，屬於可留可不留的項目。

Google 表單

一般來說，這樣的諮詢表單在架網站的時候，就會納入網站的設計當中；但如果是以部落格形式的話，比較難設定這樣的表單。不過，還是有方法可以解決這樣的問題。這時候 Google 表單就可以準備上場了！只要在 YouTube 上面搜尋「Google 表單建立」就會找到許多教你如何建立 Google 表單的教學影片，讀者們可以多多利用 YouTube 上面的資源，甚至網路上也有基本表單收集的格式可以參考及下載，在 Google 搜尋「Google 表單範例」也可搜尋到許多的範例。

 如何輕鬆的獲得客戶名單呢？

行銷是一個神奇而又複雜的世界，如果你想看清這個世界，如果你想在這個世界裡遊刃有餘抓住機會創造財富，你需要做些什麼呢？

關於這個問題，一直都沒有答案。是技術？不是。是策略？也不是。因為不需要在原有的技術上再增加一個技術，也不需要在原有的策略上再增加一個策略。需要的是一張行銷的「地圖」，有了這張地圖就可以去創造價值；有了這張地圖，就可以自己去創造技術和策略；有了這張地圖，就可以自己去創造機會！

而這張地圖上有兩條軸：一條是橫軸，叫行銷軸；一條是縱軸，叫策略軸。地圖的中心是「成交」，這是核心，因為所有活動都是圍繞「成交」環節來進行的，沒有「成交」，行銷就完全失去作用。

在橫軸中，成交之前的部分，是為了尋找潛在的準客戶，稱為「抓潛」。讓潛在的準客戶逐漸向「成交」環節靠近的工作，稱為「前段」。成交之後的部分，即通過追加銷售來建立起客戶的終生價值，這一部分稱為「後端」。

而縱軸是通過確定項目、建立商業模式、系統化運作，最終形成自動循環的一個過程，在行銷導圖橫軸方向，第一步叫「抓潛」。

抓潛是什麼意思呢？抓潛就是在成交之前，你必須先找到潛在的客戶，為成交環節作鋪墊、打基礎，也許你用銷售信成交，也許你用電話成交，也許你是面對面去成交，這都沒關係，但在成交之前，你必須找到自己的潛在客戶，沒有潛在客戶，你就無法成交。

如何以最省力地獲得這些潛在客戶呢？答案是到別人「池塘」裡去「抓潛」，試想一下，你想要的每一個客戶，他的一生不可能生活在「真空」裡，他一定有很多需求，有他自己的夢想，他需要購買很多產品和服務。如果他購買的那個產品和你的產品之間有足夠的關聯時，就表明這個「池塘」裡的「魚」，有很大比例是你想要的「魚」，他們就是你的潛在客戶，這是「池塘理論」的基礎。

你想要的每一條「魚」，或者每一個潛在客戶，都是別人「池塘」裡的「魚」，也許你會問：「那我是不是可以去別的地方抓『魚』呢？」可以，但是千萬不要到大海裡抓魚，那是非常辛苦的，而且沒有效率。比如，你隨便到馬路上去發傳單。看起來好像人挺多，但成功率只有千分之一，甚至可能更低，也許你會問我，那我該怎麼辦呢？答案是到別人的「池塘」裡抓「魚」。

和別人建立一個合作模式，讓他心甘情願地把他的「魚」推薦給你。這樣你借了他（池塘塘主）的信譽度，你的成交率成倍提升，所以你的行銷是從別人的「池塘」開始的，說到這裡，你應該充分意識到了「抓潛」的重要性，那麼該怎樣「抓潛」呢？

首先取得對方的姓名、郵件地址，這是最起碼的。如果你能夠讓他留下他的電話號碼和家庭地址更好！一般來說，你得到潛在客戶的個人信息越多，這個客戶的品質就越高，你後續成交的可能性也就越大，也許你會驕傲地說：「我的網站點擊率很高，很多人都來我的網站上瀏覽！」但我要告訴你，這沒有用，這不叫「抓潛」，因為你並沒有「抓」住他，讓他留下聯絡資訊。

下面是一個真實案例，通過這個案例，你會明白什麼是「抓潛」，並成功地留住客戶。

王董是深圳一家有機食品公司的老闆，2011 年春節，他拿到一份訂單，有機會向某大型企業的 3000 名高管銷售一批高級水果禮盒，王董的銷售很成功，取得了 50 萬元的銷售業績，這已經是一個很成功的銷售項目了，但他卻犯了一個巨大的錯誤：他竟然沒有拿到這 3000 名高管客戶的名單！他意識到這是巨大的損失！因為這批高管精英都消費了他的高級水果禮盒，成為他的客戶，但如果他們對高級水果禮盒的評價不錯，還想繼續二次購買，那該怎麼辦？因為王董沒有名單，就沒有了追售的可能。

很顯然，這是一個典型的行銷失誤。你要「抓」住潛在客戶，意味著你要有他的姓名、電話、電子郵件或者家庭地址等聯絡方式，這才叫「抓潛」。你的第一筆交易是賺錢了，這當然是好事，但更重要的是名單，你需要取得客戶的聯繫方式。

每個客戶的購買行為背後，都隱藏著他的夢想、他的藍圖，他並不是只單獨想購買某項產品或服務，他需要的是實現自己的夢想和目標。也許他需要走很多步驟，需要購買很多相關的產品才能實現自己的夢想。

試想一下，雖然你成交了，但那一刻你沒有留下客戶的名單信息，那麼你就沒有辦法繼續為客戶的夢想貢獻價值。除非你下一次再花錢，再把他們「抓」住，但這就造成了資源的浪費。所以「抓潛」一定要抓住名單信息，否則沒有用，當然，這也有補救的方法。

王董於是透過該企業向這些客戶做一個簡單的問卷調查，讓他們對這批高級水果禮盒的品質填寫意見調查表，同時讓他們留下姓名、電話、地址等聯絡方式，因為只要是填寫了意見調查表的人，每人將獲贈一斤的水果，整個過程進展得很順利，這 3000 名高管精英很快就把問卷填好並發回，當然王董更開心，因為隔月他再追售其他商品，又順利地大賺了一筆。不管你自認為是多厲害的成交高手，如果沒有「抓潛」這一環，即使你的成交率非常高，但將來也會有一般甚至更多的客戶流失掉。

所以你必須「抓」住這些人的名單，那麼，有沒有什麼辦法能夠更輕鬆地獲得客戶名單呢？當然有，對於某些行業，如銀行業、保險業、航空業、媒體出版業、教育培訓等行業，他們的客戶必須提供自己的姓名和聯繫方式。但是，像零售行業的專賣店、連鎖超市或者批發商這些企業，收集客戶資料相對比較難，必須運用一些技巧和方法才能成功建立客戶數據庫，有以下六種簡單可行的方法：

① 讓所有和你直接接觸的客戶留下關鍵性資料

通過一定的方式、方法，讓所有和你直接接觸的客戶留下關鍵性資料，應該採取客戶容易接受的方法，請客戶留下資料。比如，銷售人員可以非常客氣地解釋客戶留下資料的好處，並做出保密承諾。絕不能引起客戶反感，而是讓客戶產生信任感。

需要提醒的是，客戶名單列表會隨著客戶實際情況的發生而變化，所以，企業單位或個人應該利用數據庫管理工具在固定的時間內更新數據庫，確保客戶數據庫的穩定與有效。

② 透過展覽會、行銷活動等收集資料

可以透過舉辦產品展覽會，或與自己產品有關的一些娛樂性的行銷活動，透過回收問卷表格等方式來收集參與者的個人資料，這是一種非常易於操作的方法。同時，問卷上設有住址、姓名、年齡、職業等欄目，只要收集這些問卷自然就可以獲取客戶信息以建立數據庫。

③ 藉由優惠券、折扣券、抽獎活動等方式收集資料

利用優惠券和抽獎活動是零售行業常用的方法，只要將優惠券、折扣卡贈送給購買金額在一定程度以上的客戶，客戶就有意願去填寫姓名、年齡、電話等個人資料。當然抽獎活動的效果會更好，因為客戶填寫關鍵性資料的意願更大。

④ 不同行業間進行名單交換

行業數據庫是一個較為精準的分類數據庫。例如，服裝店和化妝品店都以年輕女性為對象，它們之間可以交換各自的客戶名單，實現交叉銷售。只要事先設定好合作規則，這種互換客戶，分享各自客戶名單的做法，就不會引起競爭，也能實現雙贏，何樂而不為呢？

⑤ 客戶推薦客戶，建立更可信的數據庫

客戶之間互相推薦，這種數據比較真實，比如，汽車銷售公司可以準備一些精美的、吸引人的禮物贈送給那些介紹別人來購買的客戶。保險公司更可以採用以下方法：只要與某個客戶簽下一份保單，就可以通過這個客戶得到其他準客戶，例如其親友、同事等。這種經由保戶介紹的潛在客戶，一般是有效的潛在客戶。

⑥ 向專業的數據公司購買

目前已經有專門提供各行業、各類別數據的公司，這些公司是客戶數據庫最重要的來源，在購買或者租借數據時，一定要根據企業的實際情況，選擇最符合企業

要求的數據庫。

如果數據中某人以前曾與你接觸過或購買過產品，那這個人的名字與聯繫方式對你的企業就很有價值。通常，將產品的資料寄給自己「池塘」中的「魚」要比寄給別人「池塘」中的「魚」的效果高出三～四倍。即使別人「池塘」中的「魚」與你的「池塘」中的「魚」的性質、背景十分相近，也無法獲得同樣的的效果。

16 客戶關係管理策略

現在是電腦網路資訊化時代，在建立客戶名單的時候也要順應網路潮流去發展，消費者習慣隨著時代不同而迅速變遷，在以顧客為導向的年代中，公司的品牌策略變成希望與客戶建立更多的關聯，因此對於行銷人員「CRM 策略」顯得更為重要。

客戶關係管理（Customer Relationship Management, CRM），最早發展客戶關係管理的國家是美國，這個概念最初由 Gartner Group 提出來，在 1980 年初便有所謂的「接觸管理」（Contact Management），即專門收集客戶與公司聯繫的所有信息，到 1990 年則演變成包括電話服務中心支持資料分析的客戶關懷（Customer care）。

客戶關係管理（CRM）的起源及發展，最早發展客戶關係管理的國家是美國，在 1980 年初便有所謂的「接觸管理」（Contact Management），即專門收集客戶與公司聯繫的所有信息；1985 年，巴巴拉・本德・傑克遜提出了關係行銷的概念，使人們對市場行銷理論的研究又邁上了一個新的臺階；到 1990 年則演變成包括電話服務中心支持資料分析的客戶關懷（Customer care）。

1999 年，Gartner Group Inc 公司提出了 CRM 概念（Customer Relationship Management 客戶關係管理）。Gartner Group Inc 在早些提出的 ERP 概念中，強調對供應鏈進行整體管理。而客戶作為供應鏈中的一環，為什麼要針對它單獨提出一個 CRM 概念呢？原因之一在於，在 ERP 的實際應用中人們發現，由於 ERP 系統本身功能方面的局限性，也由於 IT 技術發展階段的局限性，ERP 系統並沒有很好且有效地管理供應鏈下游（客戶端），針對 3C 因素中的客戶多樣性，ERP 並沒有給出良好的解決辦法。

另一方面，到 90 年代末期，網路的應用越來越普及，CTI、客戶信息處理技術（如數據倉庫、商業智能、知識發現等技術）得到了長足的發展。結合新經濟的需求和新技術的發展，Gartner Group Inc 提出了 CRM 概念。從 90 年代末期開始，CRM 市場一直處於一種爆炸性成長的狀態。CRM 既是一套原則制度，也是一套軟體和技術。它的目標是縮減銷售周期和銷售成本、增加收入、尋找擴展業務所需的新的市場和通路以及提高客戶的價值、滿意度、利潤率和忠實度。

CRM 在整個客戶生命期中都以客戶為中心，這意味著 CRM 應用軟體將客戶當作企業運作的核心。CRM 應用軟體簡化協調了各類業務功能（如銷售、市場行銷、服務和支持）的過程並將其注意力集中於滿足客戶的需要上。CRM 應用還將多種與客戶交流的管道，如面對面、電話接洽以及 Web 訪問協調為一體，這樣，企業就可以按客戶的喜好使用適當的渠道與之進行交流。

而 IBM 則認為：客戶關係管理包括企業識別、挑選、獲取、發展和保持客戶的整個商業過程。IBM 把客戶關係管理分為三類：關係管理、流程管理和接入管理，從管理科學的角度來考察，客戶關係管理（CRM）源於市場行銷理論；其核心思想就是：客戶是企業的一項重要資產，客戶關懷是 CRM 的核心，客戶關懷的目的是與所選客戶建立長期和有效的業務關係，在與客戶的每一個「接觸點」上都更加接近客戶、瞭解客戶，最大限度地增加利潤和利潤占有率。

CRM 的核心是客戶價值管理，它將客戶價值分為既成價值、潛在價值和模型價值，透過一對一行銷原則，滿足不同價值客戶的個性化需求，提高客戶的忠誠度和保有率，實現客戶價值持續貢獻，從而全面提升企業盈利能力。儘管 CRM 最初的定義為企業商務戰略，但隨著 IT 技術的投入，CRM 已經成為管理軟體、企業管理信息解決方案的一種類型，因此另一家著名諮詢公司蓋洛普（Gallup）將 CRM 定義為：策略＋管理＋ IT。強調了 IT 技術在 CRM 管理戰略中的地位，同時，也從另一個方面強調了 CRM 的應用不僅僅是 IT 系統的應用，和企業戰略和管理實踐密不可分，放眼看去，一方面，很多企業在資訊化方面已經做了大量工作，收到良好的經濟效益，另一方面，一個普遍的現象是，在很多企業，銷售、行銷和服務部門的資訊化程度越來越不能適應業務發展的需要，越來越多的企業要求提高銷售、行銷和服務的日常業務的自動化和科學化。這是客戶關係管理應運而生

的需求基礎，但你知道什麼才是好的 CRM 策略嗎？

① 關心「關係智慧」的範疇

別以為人工智慧、機器學習和行銷人沾不上邊，臉書改演算法就如同行銷人的世界末日，開始擔心會流失 20% 的潛在客戶，殊不知這些新技術一直與顧客關係管理（CRM）在做整合，若知道如何在大數據中有效管理訊息資料，妥善運用在各個行銷方式，就不用擔心被社群平台制約。如今，很多 CRM 解決方案已經雲端化，並有多元的行銷功能，可以監控網站、各大 Social Media、自動優化及過濾名單……等，讓行銷人多元運用，不再被單一社群綁架。

② 建立「客戶追蹤」的流程

建立客戶關係不只侷限於挖掘新客戶，完整規劃 CRM 追蹤流程，針對不同階段的客戶，提供不同訊息，以降低任何流失的可能性，對於已成交客戶定時追蹤關心，促進客戶再消費。貼心良好的客戶體驗也會讓客戶樂於分享，自然達成口碑行銷。

③ 善用「分析數據」的軟體

龐大數據牽動著關係智慧，隨時可能會改變 CRM 的競爭格局，因此審慎評估使用快速敏捷的 CRM 解決方案，以因應內部及外部環境的變化，做出最即時的反應相當重要。怎樣最有效運用大量名單、分析效益、化繁為簡，讓我們輕鬆獲取具有價值性的資訊及名單，是一大成功關鍵。

客戶關係日常的管理工作

除了訊息技術的運用外，我們還應該如何切實地改變企業日常的管理工作，為改善企業的客戶關係管理做出努力。

① 識別你的客戶

將更多的客戶名輸入到資料庫中→採集客戶的有關訊息→驗證並更新客戶訊息→刪除過時資訊。

② 對客戶進行差異分析

- 識別公司的「金牌」客戶。
- 哪些客戶導致了公司成本的發生？
- 公司本年度最想和哪些公司建立商業關係？選擇出幾個這樣的公司。
- 上年度有哪些大宗客戶對公司的產品或服務多次提出了抱怨？列出這些公司。
- 去年最大的客戶是否今年也訂了不少的產品？找出這個客戶。
- 是否有些客戶從你的公司只訂購一兩種產品，卻會從其他公司地方訂購很多種產品？
- 根據客戶對於你公司的價值（如市場成本、銷售收入、與本公司有業務來往的年限等），把客戶（包括上述 5% 與 20% 的客戶）分為 A、B、C 三類。

③ 與客戶保持良好互動

- 給自己的客戶打電話，看得到問題答案的難易程度如何？
- 給競爭對手的客戶打電話，比較服務水平的不同。
- 把客戶打來的電話看作是一次銷售機會。
- 測試客戶服務中心的自動語音系統的品質。
- 對公司內記錄客戶訊息的文本或紙張進行跟蹤。
- 哪些客戶給公司帶來了更高的價值？主動與他們聯絡。
- 通過訊息技術的應用，使得客戶與公司做生意更加方便。
- 改善對客戶抱怨的處理。

④ 調整產品或服務以滿足每一個客戶的需求

- 改進客戶服務過程中的紙本工作，節省客戶時間，節約公司資金。
- 讓發給客戶郵件更加個性化。
- 替客戶填寫各種表格。
- 詢問客戶希望以怎樣的方式、怎樣的頻率獲得企業的資訊。
- 找出客戶真正需要的是什麼。
- 徵求名列前十位的客戶的意見，看企業究竟可以向這些客戶提供哪些特殊的產品或服務。
- 爭取公司高層對客戶關係管理工作的參與。

17 第一印象很重要！

人真的會「以貌取人」！用對力氣，第一印象才會好，與陌生人第一次見面時，大多數人習慣將重點放在「說話的內容」上，輕忽「肢體動作與外貌表現」「說話的聲調、音量與速度」。然而，根據「7、38、55 形象定律」，外貌與談吐占整體印象 93%，因此想要帶給別人良好的第一印象，就要下對功夫從外貌與談吐改造起。

心理學家亞伯特．馬布蘭（Albert Mehrabian）提出「7、38、55」，區分成三要素：

- 肢體動作與外貌表現：對第一印象的影響佔 55%，重要性遠超過「說話的內容」。
- 說話語氣及聲調、音量與速度：對第一印象的影響佔 38%。
- 說話的內容：對第一印象的影響佔 7%，言語為說話的內容，是人們花最多心力準備的事項，卻是影響他人第一印象中最輕微的。

《業務拜訪現場直擊》作者傑哈德．葛史汪納（Gerhard Gschwandtner）提到，多數人總是將心思花費在影響他人印象最輕微的「說話的內容」上，忽略了影響更大的「肢體動作與外貌表現」、「說話的聲調、音量與速度」。就像業務員將全副心力都用在寫提案、講漂亮話上，卻草率打理穿著，沒想過要留意過自己的肢體語言或講話聲調。

《魅力學》強調，「想要給人留下良好的第一印象，機會只有一次，不會有第二次。」隨時做好準備，才不會在短短幾秒鐘裡，就讓人對你的印象扣分，甚至因而斷送了工作的好機會。

你可能覺得很不公平，決定第一印象的重要因素——外表長相，甚至會影響一個人的收入與升遷。《區域經濟學家》（The Regional Economist）期刊在 2005 年發表的〈工資與外表間的關聯〉論文指出，一個人的薪資收入和外表長相大有關係：在教育程度、工作經驗等都一樣的條件下，外表出色的人比長相醜的人薪水多 14%。

《求職聖經》作者楊士漢也指出，多數職場工作者都會抱持「努力才能被老闆看見」的想法，到頭來卻發現獲得加薪與升遷機會的人，很多都是表現與專業能力評價中等，卻善於為自己創造曝光度，讓旁人對自己留下深刻印象的人。

弄懂真正的關鍵，別再把力氣用錯地方

《第一印象心理學》指出，和你初次見面的人，在短短幾分鐘內，從你的外表、臉部表情、態度、談話、聲調等語言或非語言訊息，所形成的印象，就是所謂的「第一印象」。

第一印象為什麼重要？因為在工作與生活中，隨時都有可能遇到初次見面的人，而顧名思義，「第一印象僅此一次」，若是第一次見面就搞砸了人們對你的觀感，後續還要更費力地靠第二次、第三次見面的機會，扳回一成。問題是，萬一對方不給你第二次機會呢？

心理學家亞伯拉罕．盧欽斯（Abraham Luchins）研究發現，第一印象不僅容易被記住，一旦形成就會成為重要的判斷依據，影響後續對這個人的認知與評價，而且長期占據主導地位。他將這種現象稱為「首因效應」。更讓人不得不謹慎面對的是，第一印象的影響深遠，形成的時間卻非常迅速，有時候甚至短到 2 秒鐘，短到你來不及臨機應變，除了預先練習、準備，別無他法。

心理學家琳達．布萊爾（Linda Blair）指出，第一印象的建立，取決於雙方見面的前 7 秒；國際形象顧問協會（AICI）山川碧子認為，對於初見面的人，大約 4 分 5 秒就能決定一個人的第一印象；哈佛大學（Harvard University）研究指出，人與人會面的第一印象，在 2 秒鐘內就已經形成。

既然第一印象很難改！人們就傾向於維持既有評價，在面臨「改變既有想法」或「證明沒必要改變想法」的選擇時，幾乎每個人都會選擇後者。這個說法點出了第一印象的重要性：一旦對某人做出評價，在日後的互動，我們眼中所看到、聽到關於對方的每一件事，都會透過最初的印象做篩選。

所以真正的關鍵在於你要把握第一次見面的機會，給對方良好的第一印象。

18 初次拜訪客戶的細節

在銷售過程中，客戶拜訪可謂是最基礎最日常的工作了。尤其是初次拜訪客戶，如能給客戶留下良好的第一印象，那麼對後續的產品銷售具有極其重要的作用，甚至達到事半功倍之效。

然而，許多客戶對那些來訪的業務員愛理不理，業務員遭白眼、受冷遇、吃閉門羹的故事也多不勝舉。其實，只要切入點找準，用對方法，你也會覺得客戶拜訪工作並非想像中那樣棘手——拜訪成功，其實很簡單。

客戶的拜訪工作就是一場機率戰，很少能一次成功，也不可能一蹴而就、一勞永逸。尤其是初次拜訪，成功的機率更不是那麼理想。因此，業務員既要學會初次拜訪的禮儀和技巧，還要培養良好的心態，隨時為拜訪失敗而總結教訓，這樣將離成功拜訪客戶又近了一大步。

如果有了第一次成功拜訪的基礎，就可以第二次拜訪，最終成功將產品賣出去，取得業績。

在初次見到客戶時，大多數銷售員都迫不及待地向客戶介紹產品、性能、功能、價格、服務等，向他猛灌「產品資訊」，結果事與願違，導致客戶在面談後兩三分鐘內即表露出不耐煩的情緒，因為每個客戶都厭煩那些拜訪者急急忙忙就向自己介紹產品，業務員越是著急推薦產品，客戶越是厭煩，那麼，如何消除初次拜訪這樣的尷尬呢？

小吳是中國人壽公司的保險銷售員，有次小吳想預約一個叫王董的客戶，他可是個大忙人，每個月來往於台灣與北京至少數十次，小吳提前給王董打了個電話邀約——

「王董您好，我是小吳，您好朋友林總的朋友，您還記得他吧！」

「是的」

「王董，我是中國人壽保險業務員，是林總介紹我打電話給您的，我知道您很忙，但您能在這一星期的其中一天抽出 5 分鐘，給我機會和您聊一下嗎？ 5 分鐘就夠了。」

小吳特意強調了「5 分鐘」。

「是想推銷保險嗎？幾星期前就有許多保險公司都找我談過了。」

「那也沒關係，我保證不是要向您推銷什麼，明天早上 9 點，您能抽出幾分鐘時間嗎？」

「那好吧。你最好在 9 點 15 分來。」

「謝謝！我會準時到的」

經過小吳的爭取，王董終於同意和他見面。第二天早上，小吳準時到了王董的辦公室。

「您的時間非常寶貴，我將嚴格遵守 5 分鐘的約定。」小吳非常禮貌地說。

於是，小吳開始了儘可能簡短的提問，5 分鐘很快到了，小吳主動說：「王董，5 分鐘時間到了，您還有什麼要告訴我嗎？」

但由於談話並沒有告一段落。雖然王董與小吳是初次見面，但他感覺到小吳是個很誠實守信的人，於是很願意與小吳再多談一會，於是在接下來的 30 分鐘裡，王董又知無不言地回答很多小吳想知道的東西。

30 分鐘後，雙方是在友好的氣氛中結束了初次見面，王董對小吳的初次拜訪很滿意，答應下週再約時間好好聊聊。

實際上，在小吳約見的許多客戶中，有很多人是在 5 分鐘後又和小吳說了一個小時，而且他們完全是自願的。「初次拜訪不談銷售」，小吳就是堅守著這一原則，從而消除了客戶的戒備心理，確保了和客戶見面的機會，了解更多的客戶資訊，同時也贏得了客戶的好感。

實際上，兩個陌生人在首次接觸時，如果第一印象感覺良好，那麼以後的交往也會相對順利，因此，初次拜訪不談銷售，正是運用人們的這個心理，把握時機爭取和客戶初次面談的機會，這個方法值得大家好好學習。

初次拜訪客戶，因為沒有太多的工作經驗，在和客戶溝通時，業務員稍一不慎很可能就會犯一些錯誤，讓客戶不舒服、搞砸了首次見面，因此，業務員初次拜訪客戶時候，需要準備、注重的細節很多：

1 保持良好樂觀的心態

在面見客戶時，你必須調整好自己的心情，多想想一些快樂的事，自信地跟自己說你是來帶給客戶好處的，讓自己臉上有發自內心的笑容，任何不開心的事情都不能在臉上顯露出來。

2 約好拜訪時間

拜訪客戶前，一定要提前與客戶約好拜訪時間；如果沒有與客戶約好拜訪時間，就直接登門拜訪，那是對客戶的一種不尊重和非常魯莽的一種行為，更別指望能談好生意。

3 了解客戶的相關資訊

客戶的姓名、性別、職位、大致年齡、話語權、專業知識熟練程度、地址／行車路線、座機／手機、興趣愛好等相關信息，都必須提前了解與掌握。這些資訊，有助於你在正式拜訪客戶時，恰到好處地與客戶進行溝通、交流，促成合作的達成。

4 精心準備和安排

拜訪客戶前，一些前期必要的準備工作還是必須的。如對方公司背景，客戶姓名、喜好，自己所要銷售產品的性能、參數、優缺點等等，這些都要做到心裡有

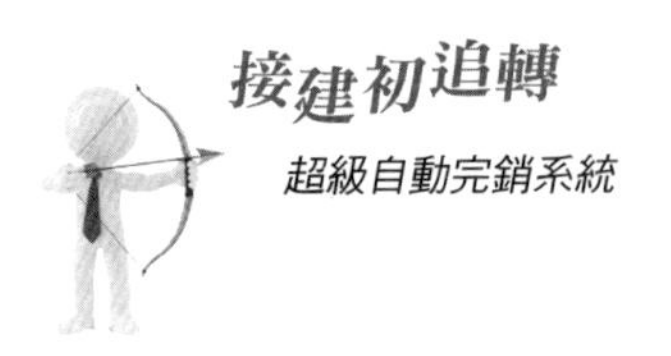

數，要有不被問倒的自信。

5 注意穿著細節

俗話說：「人靠衣裝，佛靠金裝。」一般來說，去拜訪客戶，一般是穿比較正式的襯衣，或者休閒裝。不管穿什麼衣服，基本一定要整潔，不能邋遢、不修邊幅。一些奇形怪異的髮型，或者比較花俏的顏色是比較讓人反感的，男士更要注意最好不宜穿涼鞋去拜訪。

6 禮貌交換名片

交換名片，要有一定的禮數。遞名片不能把名片放在桌子上直接推出去。應當站起來，微微傾身，自下而上，名片正面要正對對方，不要上下，左右搖晃遞出去。對方向你遞出名片時，你要用雙手去承接，態度要謙恭。

在交換名片前，一般是要握手的，如果對方是男士，可以先伸出手，如果對方是女士或者長輩，就要等對方先伸手，不可貿然採取主動，握手力度要適中。如果不握手，可以微笑著用點頭來示意。

7 拜訪結束，禮貌辭別

拜訪結束，就應起身告辭離開，不要久說或久坐不走。和對方握手告辭，並感謝對方的接待。如辦公室門原來是關閉的，在你出門後應輕輕把門關上。客戶如要相送，應禮貌地請客戶留步。

19 第一次拜訪客戶就成功！

拜訪客戶卻沒有先做好功課，帶著空腦袋就去見客戶，不僅會令你丟了面子，也輸了裡子。在初次見面之前，你應該先研究四件事：第一是了解對方的名字、職務、地位等；第二是客戶關係；第三則是研究公司產品；第四是事前設定拜訪目標。

年輕時我到一家公司應徵工讀生，結果面談時被主管問到一個問題：「你知道我是誰嗎？」我回答：「不知道」，就沒有再多說。當下，該名主管說：「你來我們這裡打工，卻沒有多了解我一些，至少也上網查查我的資歷或做過什麼，不是會好一些嗎？」

這讓我想到很多業務拜訪客戶，沒有做好準備工作，就匆匆忙忙跑去，結果找不到話題聊，雙方都很生疏，沒兩句就結束了，白白浪費了一次機會，更浪費彼此的時間，也許連下次見面的機會都沒有，很是可惜。

還有一次，剛進一家公司工作時，跟著主管去見客戶，在車上主管問我有沒有準備好，等一下要拜訪的客戶主要競爭對手是誰？對客戶了不了解？他們需要什麼？結果我答不太出來。他當場斥責我怎麼沒有做好功課，沒有打聽清楚就貿然前往。當下我立刻意識到自己太草率了，應該做更完整的準備工作。

認識客戶

一名業務如果沒有準備就去拜訪客戶，那就準備迎接失敗。

做好準備工作，就成了業務敲開客戶大門、拿下訂單的第一步，要準備什麼？

首先是研究客戶及對象。要弄清楚客戶是誰，把他的名字、職稱都查清楚。進一步要了解他在這間公司的經濟情境。舉一個例子來說，如果這名客戶剛上任，急欲在大老闆面前建功，展現自己的價值，那麼他可能會積極採用可以快速達到效果的方法，取代一般以價格為主的產品服務。另一種情況是，如果他已「留校察看」，不容再犯錯，那就可能採取保守安全的產品服務，而不敢冒險，再來就是事先想好客戶會提出什麼問題，要想辦法列出幾個問題並預備好答案，才不致當場被問倒，被認為不夠專業。

再來可以進一步了解：客戶住哪裡？有何興趣嗜好？家庭成員有哪些等等。事見有所了解就能快速拉近彼此的距離，也能創造出軟性話題，帶給客戶親切感。最後，打聽這位客戶在公司的地位及重要性，因為光看職稱不準，還要探查他隱性重要性。同時也要打聽這家公司有沒有問題、他們決策的過程或主決策人是誰等等，都要在事前研究清楚。

研究客戶與我們的關係

這裡說的關係，是指客戶過去的交易資料、曾買過什麼產品等。要注意，鑑往知來，從過去的交易經驗，有沒有什麼特別要留意的地方？有哪些是客戶的禁忌？這都可以問前輩或同事，找到蛛絲馬跡，了解客戶的習性及禁忌，也要去了解客戶公司的策略或未來發展方向，透過年報或公司在媒體上的報導，可以找出未來公司的發展方向，也能大致推估客戶的需求。

另一個重點是要了解競爭者是誰？到業界去打聽，有誰會來搶？如何搶？過去對手的習慣是什麼？更進一步去了解競爭對手會派誰出來？他過去的戰功是什麼？知道越多，就能預防更多，才不致半路殺出程咬金，把到你嘴邊的肥肉給搶走了。

研究公司的產品

接下來就是要好好研究自家公司的產品，想想我可以提供什麼？公司的哪種產品可以解決客戶的問題，可以滿足客戶的需要？

很多業務勤在外面跑客戶，但常會忘了自家產品的功能，有時甚至不知自家有哪些產品，特別是剛推出的新產品。好的業務必須徹底了解自家產品，適當地提供對的產品給客戶，就像汽車銷售員，他在你進到展售店參觀時，可以透過對話來找到你的需求，推薦你最合適的車款。同樣的，你必須了解公司所有的產品，其特性及提供解決的方案，如此才能推薦給客戶最恰當的產品。

拜訪前先設定目標

之前我們談的都是對客戶方的了解，最後我們心裡要明白自己在這次拜訪中想要達到的目標是什麼？

你要先決定你要得到什麼，是客戶的尊敬？還是客戶的承諾？或是客戶的合約？這些都要先設定清楚，以便在拜會過程中，巧思安排，達成目的。

每一次的拜訪都要有目標，有目標才會有成果。絕對沒有只是「聊聊、見見面」這回事。大家都很忙碌，怎麼可能空出時間來陪你聊天？不能只是禮貌性的拜會而已，一定要有目標、有主題，在會議結束前，一定要建立下一次會面的機會，也就是製造可能延續的機會，讓彼此還有合作、繼續往下走的可能性。

20 打造完美銷售 SOP

很多人說，行銷像是拉力，業務則是推力。當公司的行銷部門已經從「廣大的消費者」中將「目標客群」給篩選了出來。接下來，業務們就可以針對這些目標來作戰了。

步驟 1 攀交情

與客戶初次見面時，一見面就談生意難免讓人覺得過於嚴肅、也不舒服。因此，在正事開展前，比較好的做法是，先與客戶相互寒暄一番。建立了基本的好感，後頭的生意也會比較好談。不過，第一次見面到底該聊些什麼呢？

投其所好

初次見面前，事先調查客戶的基本資料相當重要，瞭解其嗜好及地雷，針對其感興趣的議題來聊。若來不及準備，也可以從客戶身上的特徵、辦公室內的獎盃、獎牌、照片也都是很好的話題開端。

多使用「開放式問題」

開放式問題指的是使用 who（何人）、where（何地）、when（何時）、why（為何）、what（何事）、how（如何）、how much（多少）來開頭的問句，其好處是比較不容易被客戶「句點」。例如：「貴公司今年有什麼目標？」、「近期面臨了什麼樣的挑戰？」等等；相反地，封閉式問題則只能引導出「好 / 不好」、「對 / 不對」、「要 / 不要」這類「Yes」or「No」的回話，一不小心就會把話題帶入冰點。例如：「這附近是不是常塞車？」、「貴公司最近業績好嗎？」等等。這部分前文「銷售篇」已詳盡介紹，可往前翻閱複習。

位階高的，好為人師

有時遇到較年長、位階較高的客戶時，可以試著請教他們一些問題。通常他們都很樂意分享其經驗，話題也就能自然聊開。有時要點小心機，甚至可以故意講錯，等他來糾正。

步驟 2 識別顧客需求

當客戶對你產生了初步興趣後，就可試著將話題導向今日的主題。接下來的第二步驟，必須大量地收集客戶需求，之後才能投其所好，找出客戶滿意的產品或服務。以下提供幾個識別客戶需求常見的問句：

「這次案子預計多久結案？」

「貴公司過去如何考慮這類案子？」

「預算多少，資金到位了嗎？」

「對這案子哪個部分較感興趣？」

「哪個部分相對重要？」

「對我們公司的看法如何？」

「對目前供應商看法如何？哪裡好？哪裡不好？」

「整體產業趨勢對貴公司所造成的影響？」

「貴公司的短中長期目標為何？」

「我們該如何成為貴公司最有價值的夥伴？」

「我們雙方的下一步該怎麼走？」

另一方面，在這個階段也須盡可能地透過一些問題，去瞭解誰是這場交易的最終決策者。不然搞了半天，眼前的人不是做決定的人，從頭到尾方向都走偏了。例如，我們可以問：

「除了您以外，還有誰也一起負責決策這個案子呢？」

「這個案子的審核流程會怎麼走？」。

最後，在進入下個步驟前，我們得去鑑定該客戶是否為真正的潛在買家，還是來亂的（有時可能是「商業間諜」來探底問價的）。這類的判別相對較難，通常只能靠經驗來累積自己的敏銳度。一種可思考的方式是，有心的客戶可能早就已認真研究過我們的產品，甚至是與同業比較過了。因此，當他對這個產業「特別熟悉」或「特別不熟悉」（可能在裝笨）時，都值得我們注意。又或者，當與客戶交換名片時，他連名片都拿不出來，這時就該提高警覺了！

步驟 3 提供解決方案

接下來，整理剛才來自客戶的需求訊息，並與客戶確認是否有誤。而後，針對客戶的需求，來介紹公司相對應的產品與服務方案，以爭取其認同。你可以口頭解說或是以簡報的方式來談論你的商品。在這邊特別要記住，大部分的人不喜歡當白老鼠，因此最好多引述成功案件來舉例。簡單來說，此階段可以分為三個步驟：需求總結→與顧客確認需求→將其需求與方案相配對。

步驟 4 確認購買意願

最後與客戶確認其需求是否能透過我們的產品、服務來獲得解決與滿足，並與客戶確認是否下單。當然，事情總不會那麼順遂。客戶心，跟女生一樣是海底針呀！

步驟 5 處理反對聲音

被客戶打槍後，若是處理得當還是可以結案的。另外，值得注意的是，其實

「反對聲音」無所不在，可能會出現在任何步驟中，因此要能隨機應變。這邊提供「處理反對聲音」的流程：

➡ 認可與同情

客戶的問題百百種，不管其所說的是否合理，千萬別急著為自身立場辯解，反倒應展現十足地認同客戶的觀點，與客戶站在同一陣線上。這邊我們舉一個例子，假設目前客戶對價格有疑慮。

➡ 提出其他方案

談判的過程中別想要全贏，考慮自己的籌碼，並適度的讓步才能讓交易更順利進行。此時，客戶對於價格有顧慮，我們可以將其疑慮限縮成一個問題反問之：「若是打八折，您 ok 嗎？」

➡ 確認答案

確認該客戶是否贊同以上的方案，其反對聲音是否被解決。

➡ 取得購買承諾

當客戶滿意後，應儘快向客戶取得購買承諾，以免夜長夢多。這時業務可以透過一些說法，促使客戶在短期內下決定。例如：「因為公司打八折的程序比較複雜，還要跟我老闆申請，你得確定打八折會下單啊，不然到時毀約我在公司可就混不下去了！」就算你是這場交易的決策者，也別急著跟客戶說你就是下最終決策的人，因為當談判面臨僵局，無計可施時，就沒有救兵可以幫你擋了啊！

以上的銷售流程是一個較有規劃的銷售步驟，不同的產業也可以依其特性調整之後成為公司的銷售 SOP。另一方面，對於一些經驗老道的業務們來說，其談判功力早就爐火純青，可以見招拆招，完全不需要銷售步驟的指引。不過對於新手業務來說，藉由銷售步驟的銷售流程，能讓人在談判桌上較踏實地步步進攻，畢竟就像嬰兒學走一樣，要先會爬才能走。

21 拜訪客戶太多次惹人煩！

業務員是一個靠嘴說話的職業，因此，不少業務員都很苦惱「首次拜訪客戶時，該說什麼」「拜訪舊客戶時，該說什麼？」或是「如何開發新客戶」等問題，一般業務員在拜訪客戶前，通常不會有太多準備，因為他們認為與客戶交涉，靠的是「臨場反應」，但是，毫無準備就貿然拜訪客戶，結果想必也不盡理想。

不同於學生時期，仍處於學習、摸索、嘗試的階段；進入職場後，面對任何事情都要先掌握目的和意圖，特別是業務工作。

我們跑業務的目的是什麼？不外乎是拿到合約、獲得生意或合作機會，因此，拜訪客戶是為了「獲得生意」的方法之一，必須認清「拜訪」並不是業務員的工作內容，也就是說「拜訪客戶」只是一種手段且務必要成功，若失敗就無法達成目的，也無法獲得生意，這一切註定就是做白工。因此，既然是達成某項「目的」的方法，就必須謹慎思考，每次拜訪客戶時，明確的「內容重點」和「預期目標」是什麼，絕不能淪為紙上談兵。

就我個人經驗，「三次」是最佳的拜訪次數，所謂的「三顧茅廬」也是這個意思。然而，這三次的拜訪重點和目標各不同：

① 初次拜訪

- 問候。
- 了解需求（向客戶介紹公司的產品，了解是否符合其需求）。
- 若符合需求就提案，並立刻約定再次拜訪的時間。
- 試著向客戶打探，是否有其他競爭對手。

- 若有機會，建立初步的合約內容。

② 再次拜訪

- 補充初次拜訪時的缺失內容，再次詳細說明（重點是解決第一次無法回答的問題，盡量避免丟出新的問題或訊息）。
- 找出客戶中的主要決策者。
- 打探是否有競爭對手（若初次拜訪時沒調查，務必在此次探詢）。
- 再次提案，約定最終拜訪時間。
- 有機會就提議簽約。

③ 第三次拜訪

- 再次提案（原則上是最終提案，並與合約內容相符）。
- 積極爭取簽約。
- 打探未來是否有其他合作的可能性。
- 若成功，務必讓對方在契約書和訂單上簽名用印。
- 不幸失敗，也請打好雙方日後有機會合作的關係再離去。

漫無目的拜訪、沒有明確目標，或無法積極說服對方等，很難取得成果。假設第三次拜訪也無法成功，那麼去第四次、第五次通常也沒用。有不少業務員習慣「多拜訪客戶幾次」再勇於提案。但是，若第一次拜訪就有機會，就千萬不要猶豫，勇敢提出！必須掌握「快、狠、準」的節奏，才是成為專業和優秀業務員的必要條件。

22 業務面對客戶的七大絕招

陌生式拜訪客戶並不一定要完成買賣，但是它能幫我們抵達一壘，熱情與自信送我們上二壘，幽默與傾聽形成滿壘的局面，最後，贏得客戶信任奔回本壘成交，能得分，首先要可以先站上一壘，才能有機會走到得分圈的位置，而如何面對客戶可以順利地站上一壘，可從以下七大方向做起：

熱情與自信

「熱情」是所有銷售的書裡面最重要的一個詞，不單是見面推銷，尤其電話銷售時更需展現你的熱情，試著用充滿熱情興奮的心去和電話那一頭的陌生人溝通，效果絕對出乎你的想像。

記住 10 － 3 － 1 法則，每天打十通電話給你的老客戶，每天見三個準客戶，每天開發一位新認識的朋友。我們也都知道，客戶就像那一壺冷水，我們就是扮演火爐的角色，你想想，水是冷的，如果火爐也是冷的，那一壺水何時能燒開？所謂 cold canvassing，就是用我們的熱情去瓦解那冰冷的心（有人要來拿你的錢，怎不冰冷？）因此要想辦法——自我激勵，先讓火爐發熱、發燙，才能燒開那一壺水，然後倒出來、沖泡出來的那一口茶，就是我們的利潤了。

親自拜訪客戶

想要有成交，就要有一定的接觸量，親自拜訪客戶是每個超級業務必須要做的事情，也唯有與客戶面對面的交談才能在其中建立與客戶的信賴感，親自拜訪客戶也是累積業務經驗的必要過程之一，學再多，看再多，聽再多，都不如去做一次，把公司的產品親自介紹給客戶，一定會有所收穫與成交，親自拜訪客戶的次數越多，就越能處理客戶的問題。

如果我們勤奮工作，銷售業是世上最簡易的工作；但如果懈怠了，銷售業就是世上最艱難的工作。切記：你無法完成交易，除非你簽寫合約；你無法簽約完成，除非你面對客戶；你無法面對客戶，除非你前去拜訪，這就是一切銷售的祕密。

世上沒有所謂的超級業務巨星；有的只是他們吃過超級的苦頭！所有的卓越高手都曾經和我們一樣面臨過三個困境：在陌生的大門前徘徊過；在陣亡的邊緣掙扎過；在人後偷偷地哭泣過。苦盡，才會甘來。與大家共勉！

確實做好記錄

就銷售工作而言，沒有任何事物比開發客戶更重要，然而，大量開發客戶必然帶來大量的資料，如何去蕪存菁，保持鮮活的印象，就非得靠詳實的「記錄」功夫不可了，因之「記錄你的工作，以及執行你的紀錄」是絕對必要。

你做「什麼」工作，比你做「多少」工作更重要，在千頭萬緒中，挑出「什麼」工作來做，所以確實地「記錄銷售工作」的功夫方能畢其功於一役。「做得高明」比「做得勤奮」更重要。

要 work smart，也得從「記錄」的蛛絲馬跡中不斷搜尋，不斷搜尋出靈感不可。鉅細靡遺如實地寫下你一天的工作紀錄，代替我們脆弱而易忘的記憶，人的記憶力是最不可靠的！用筆、用紙來代替它，這樣「空」出來的腦袋，才能思索「把什麼工作做得高明」。

適當機智的幽默化解敵意

根據一些調查評分，有幽默感的人總能在團體中可以贏得好人緣，而「幽默感」是什麼，很多人都回答說：不就是「搞笑」嗎？

若是單單以結果來說是一樣的，目的都是使人愉悅，但是就內容來說兩者之間還是有很大區別的，通常幽默感是一種被動的策略，發生了事情看到了某些事物，本來是難堪或者令人憤怒不舒服的，藉由新的解讀方式，讓人輕鬆，莞爾一笑地解了窘境。

而關於「搞笑」，則解釋為一種主動的，故意為之的言行，目的是使人發笑，比較不拘泥形式與方法，可以無所不用其極，難免給人輕浮感，也容易在不知不覺中傷害到他人而不自覺。

邱吉爾（Winston Churchill）曾說過一句名言：「幽默是一件嚴肅的事情。」（Humor is a very serious thing.）幽默感如同兩面刃，用得巧，或許能和緩關係的緊張感與距離感，讓你的個人魅力倍增；若使用不當，便成了人際關係的殺手，比不用還糟，所以請謹慎使用幽默感才能贏得好人緣。

有些人的幽默感是與生俱來的，有幽默感的人，在其談吐之間，也會讓人倍感溫暖。而「幽默感」這種東西，是一種由內而外的「氣質」，話語中的字裡行間，都會讓人覺得他是一個很聰明、反應很快的人。

為什麼他們會被稱為「反應快」，因為他們擅長用語言的技巧，去化解所有尷尬的場面。讓你明白他說的點的同時，又不會因為這句話感到生氣，有許多真實的話其實都是在說笑中講出來的。

舉個例子，在你覺得對方的行為有點過分時，如果你直接就說一句「你做得很過份，你是想怎樣？」無需置疑，這句話一定會引起對方的不快，因為他覺得沒面子加上被教訓了，兩人勢必會吵起來。如果在那樣的情況下，你用一句「剛剛你講的話燒到我屁股了，過火了點！」就能在表達你的想法的同時，避開了會一觸即發的正面衝突。

幽默的回覆，往往可以將與人衝突的危機與張力降到最低，有些時候，我們在日常的生活中，或是在社群網站上，心直口快，不小心說錯話，或是做出「白目」的事情，讓不理性的人來找我們的麻煩，這時該怎麼辦？

可以用幽默消解衝突於無形，消解衝突的好方法，除了「請」、「謝謝」、「對不起」之外，「幽默感」也是一種強大的武器，它藏在我們的心中和口中，往往能在「禍福相倚」的瞬間，以幽默的「神回覆」，讓敵意輕鬆地化解掉。

「神回覆」是什麼呢？「神回覆」又稱「神回」，簡單來說，「神回覆」就是一種可以逗人開心，卻又讓人意想不到的有趣回答，可以戳中別人心中的笑點，讓雙方會心一笑，也能讓誤會一掃而空。

因為人類的語言模式有時候很特別，常常有「言外之意」、「弦外之音」，某人在語言的表達中，雖然說了 A，其實隱藏的是 B 的意思，但是並不是每個人都能理解我們的意思，因此常常導致聽不懂的人來找麻煩，尤其是在性別議題與政治爭論……這一類的討論上。

像是最近「一句話惹毛〇〇人」這一類的留言遊戲比賽，就是大家一起來分享不同居住地或不同行業的人，會被怎麼樣的一句「白目話」惹毛發狂，後來變成了大家競相以幽默神回覆的大決賽。

「神回覆」的幽默要怎麼用呢？我們想要回應一句話時，首先要先靜下心來，仔細想一想，接下來的這句幽默神回覆講了出去，對方會有什麼樣的反應？千萬不要自認幽默，卻傷了人家的自尊心，也不要把「取笑」跟「神回覆」混為一談。

而幽默是安全又好用的武器也是最好的防身符！「泛舟哥」張吉吟雖然說了：「颱風天就是要泛舟啊……不然要幹嘛？」而引起了軒然大波，但是他立即道歉，並且幽默面對一切的質疑與責難，展現了高強的抗壓力與高 EQ，讓整件事能安然落幕，這種「風險控制」方式，是非常值得參考的。

幽默防禦術是最安全的回話結尾，幽默其實是一種心理戰術，如果可能會說出不小心觸犯對方「地雷」的話，那在講話時，配合一些幽默橋段，先架好讓雙方都能下的「台階」，這樣會安全多了，譬如在輸入文字時，加上「呵呵」、「哈哈」，尤其是用「XD」當結尾，最不容易讓別人誤解你只是表達幽默的意思。

大家都知道幽默感很好用，但是幽默感卻不容易培養，最大的原因在於每個人的反應和性格不同，不容易培養也不是說完全不行，我們要知道那種臨場反應必須在短短幾秒內就要脫口而出，要有快速的機智反應，舉電腦的例子來說，就是要有很好的軟硬體，硬體是先天父母給我們的，要升級有難處，所以這部分別太要求，倒是資料庫的內容，像 Google 可以在那麼短的時間內，搜尋到那麼多你設定關鍵字的資訊內容，完全是因為它的資料庫裡面的資料量很大，這是因為 Google 平時就不斷地在收集網路上的資料，並加以整理分類歸檔，為的就是日後要使用的時候才能搜尋得到。

培養幽默感也是同樣的道理，若是希望自己能在短瞬時間內就做出反應，那平常就要多看看一些幽默的文章、綜藝節目、短片、新聞線民的神回覆，還有最重要的是——練習。

幽默感與「神回覆」是需要練習的，只要平常看到別人怎麼回話、回文或留言，連你都能被逗到嘴角失守，「不爭氣地笑了！」，那就是一個好的神回覆，神回可以消解別人與我們衝突，也能讓傷心的朋友在網路上振作起來，何樂而不為呢？

傾聽，被人遺忘了的銷售祕訣

你有多久沒仔細聽人講話了呢？大家都知道傾聽的重要，但有多少人了解它的意義，很多人都希望能「讓人喜歡、博得好感」，殊不知「傾聽力」若運用得好，就能發揮事半功倍之效。對業務員而言，「傾聽力」比會說話還重要，所以老天爺創造了兩隻耳朵一張嘴，雖然我們往往容易被說話能力所吸引，但是細細觀察那些人緣不好、業績不佳的人，就會發現原因可能出在他們只顧自己一直講不停，也不用心去聽別人說些什麼。事實證明，善於當個好聽眾卻拙於處理人際關係的人很少見，而很喜歡說話卻無法建立良好人際關係的人倒是挺多的。

與人交談時，對於沒打算真心聽我們說話的人，我們會出自本能地關上心房，對於那些敷衍我們的人，我們也只會與他們有形式上的往來。相反地，和很專心聽我們講話的人之間，就能保有互動頻仍的人際關係。與人交談時你只要負責引導對方，他會把他想說的一切慢慢地透過「說」來對你建立信任感，因為一旦你們談話的次數變多，聊天的內容也多元的時候，自然就會講出一些心中的秘密，這時候你的信賴感在他心中的位置會不斷地提升，甚至你都沒有說什麼話，他還會覺得你口才不錯，因為你讓他抒發了說話的情緒。

很多業務員最常犯的一個錯誤是：遇上自認為優質（有望成交）的準客戶興奮不已，暗自竊喜，進而一輪猛攻，一路發表強而有力的話術，也不留心準客戶臉上的表情變化如何（慢慢轉為不耐煩），最後，好好的一個 case 被「說」垮了，還不知道自己是怎麼丟了這筆單的。

其實，我早期也是犯了這種毛病：喋喋不休甚至一副掏心挖肺般地解說，結果總是剃頭擔子一頭熱。原來明明可以成交的，往往落個無疾而終。也難怪日本銷售大師原一平拜訪客戶總是早早撤退，或者採用輪盤話術——聊客戶喜歡的事（聊他家的事）。慢慢的，我漸漸學會沉默是金，沉默可以換來業績。

傾聽，原來在銷售裡也是一門大學問，不光是沉默，整個行為語言展現出來你專心、熱忱、渴望地傾聽的態度，只是這樣些微的改變，卻會對你整個的銷售業績，做出不可思議的成長。

有一次我到一家大公司拜訪，空檔時看到布告欄上，有一則給他們公司業務員的忠告：「下次你們去電影院時，注意看看演員傾聽時臉上的表情。一名優秀的演員，除了能說善道，更必須是優秀的傾聽者。聽者的表情更是可以搶說者的鏡頭。

日本名導演黑澤明曾經說過，許多演員不能成為巨星，主要是因為他們學不會有效的傾聽。」什麼叫有效的傾聽？除了表現出你非常專心聽對方說話，還要非常留意他的談話內容，而這些，不正是我們的銷售對象一直很渴望得到卻鮮少得到的東西嗎？不是有一句銷售諺語這樣說：「你讓他得到他想要的；他就會讓你得到你想要的。」這句話用在傾聽上一樣非常管用。因為，有九成九的人心裡都有一籮筐的話要講，所以當你暢談不止時，對方心裡會作何感想？臉上又會有什麼樣的表情？反之，當你能扮演順從的傾聽者，讓對方盡情表達，滔滔不絕之後，也許就是一張大大的訂單呢！

以下有四個小撇步讓你成為好聽眾。

① 總是引導對方說更多

人總是很難洞察自己內心真正的想法，容易受枝微末節的事物影響而分心；因此，好的傾聽者絕不會只以「然後呢？」來敷衍對方，他們會渴望了解更多、更深入，同時細心記下你闡述的內容，將事件的表象與背景連結起來。有好的傾聽者與你一同檢視細節，你的思考將能更完整，你可以這樣說「你剛剛說的是代表什麼意思呢？」或是重複他說的片段，讓他覺得你很在乎他的事情，一旦讓他覺得你很在乎他，他就會慢慢地交出他的真心，對你的信賴感將會馬上提升不少。

② 問他當時的感受

大家常用「好、壞、討厭」等含糊的形容詞闡述一件事情，卻忽略深入探究「為什麼有這種評價和感受？」當他在描述一件事情的時候，他只是在交代而已，但是你問他：「當時你的感受是難過的嗎？還是開心的呢？或是憤怒的？」一旦他有回應他情緒上的描述，就變成是他內心的話語，而那些話背後的意義自然就全盤托出。

③ 不要說教

高度競爭的社會裡，人人都不喜歡被視為失敗者，所以害怕向他人傾吐煩惱；但是與好的傾聽者對話不會令人不安，因為他們不會逼你接受建議，只會適度給予正向回饋，無論你提出了多蠢笨的問題，都不會遭到嘲笑或羞辱，因為他們在乎的是如何協助你，而非傷害你。

④ 不會只因立場不同就批評對方

可能許多人認為「意見不一就只能對立」，但好的傾聽者能區分「對人」與「對事」的不同，即便意見相悖，他也會溫和地與你釐清彼此想法。

在資訊爆炸、人工智慧當道的今日，許多艱澀的問題都可以交由機器、網路資訊來解決，但是，人與人之間的相處，則需要更多的軟實力來經營，而其中，「傾聽力」就是一個很好的開始，藉由專心傾聽，無論是同理心的培養或是正反思考的轉換，都能幫助我們經營出更融洽的人際關係。

秉持三問原則

做一名出色的傾聽者，讓別人感受到你很有興趣聽他講話，你的專心傾聽和讚歎是他長期渴盼卻又得不到的寶貝。給他想要的，你就會得到友誼和業績。下次見到客戶時不要忘了問：「您能有這樣的成就，究竟是如何達成的？」客戶的話匣子打開後，接著問：「然後呢？」講到高潮處，不要忘了再繼續問：「真精彩！還有呢？請再告訴我多一點。」

秉持三問原則，客戶的話就會像水龍頭打開般地止不住；你的收入也正像水龍頭般湧出的金幣接也接不完。

兩人同心其利斷金

初期做陌生式拜訪，筆者建議最好兩個人一組，搭配進行，好處是：

- 遇挫折時，相互鼓舞打氣，比較不會氣餒，免得一開始拜訪兩三家不順利，就垂頭喪氣，無以為繼。
- 進攻時，一為主攻一為助攻，相互支援，兩個打一個，比較不吃力，思考也會較為周密，遇有突發狀況，才不會手忙腳亂。
- 主攻或助攻可隨時調整互換角色，讓彼此喘息的機會，否則客戶以逸待勞，業務員一旦體力不堪負荷，腦袋一下子不靈光，就會敗下陣來。
- 兩個人可互相牽制打氣，比較不易產生情緒上的怠惰，工作上較可掌握進度與效率。

當然，缺點不是沒有，萬一你找的搭檔本身不是積極努力型，和客戶約見面常遲到或放鴿子，等來等去耗去了許多工作時間，會影響你的工作效率。因此，慎選工作夥伴是相當重要的。

23 追售的強力策略

追售就是你持續追蹤已銷售之客戶而再次銷售他們產品，讓原有的客戶持續購買新產品或重複購買產品，最簡單的做法就是發送電子郵件。追售時提供好康的給客戶或引發客戶的需求，在原有信任基礎之上，再次喚起消費者的欲望，從而鼓勵他們重複購買或是升級購買。

對商家來講，若整個行銷過程中銷量增加了 50%，那麼這 50% 不是增加在銷售環節，而是在銷售之後。就是說，成交不是銷售的結束，而應在銷售完成後給客戶追售商品，讓客戶再多付錢。可惜的是，絕大多數的銷售，在完成交易這一步後並沒有做好追售的鋪陳。其實，追售有兩種：一種叫即時追售，一種叫二次追售，所謂二次追售就是售出一段時間後再追售。

請盡可能地積極進行追售，因為跟你成交過一次的客戶，他就會非常信任你，除非你的產品非常差，給他留下極差的印象。比如買過我的《人信銷售》的讀者會去買《虛擬貨幣的魔法即賺力》；再比如，在「新店矽谷」聽過我的課的人，也更願意再來報名我「Business & You」的課。因為，有些讀者或學員，已經對我產生信任感了。現在是社交行銷時代，注重的是口碑行銷。其實，口碑行銷一直存在，只是過去你和朋友分享某一產品不錯，你的朋友只好自己去實體店或網站上找這個產品。而在行動網路時代，只要你覺得不錯，動動手指就能把好產品分享給朋友，對方也會即時收到，中間省去了許多環節。而在非移動社交時代，對方就有可能一時忘了，而沒去成交他原本想買的產品，時代變了，產品的銷售人員為產品講再多好話，都抵不過客戶的朋友的一句美言。

追售與初次銷售有何不同呢？初次銷售的目標客戶不穩定，客戶對產品信任低、害怕產品劣質等等的原因，以致於成交的難度相當高，而追售的目標客戶是先前消費過的客戶，曾經使用過產品的客戶，所以有一定的信任基礎，追加購買的成功率是很高的。

不是任何人都會追售，追售也算是網路行銷中特別的技能，如果你學會了這個技能，就給你的企業賺更多錢的機會，也能夠帶給自己賺大錢的機會。

同品追售與異品追售差異很大

同品追售主要靠文案的寫作功底，能夠在幾千字內，就培育起另一類消費者的欲望。而同品追售面對的消費者就簡單很多，什麼是同品呢？

- 都是 A 類消費者，已經購買過本產品，並且沒有對產品有不愉快的經驗。
- 對產品已有一定消費經驗，信賴感已建立起來。

成交報價策略

同品追售的關鍵，不是靠很多的見證故事與巧妙的懸念標題，而是靠極具誘惑力的「成交報價」策略。

美國行銷鬼才文森特．詹姆斯透過一套巧妙的成交策略，靠賣「減肥代餐」賺了兩億美元，我將摘錄一小部分「追售文案」，跟大家共同探討「成交報價」設計的奧妙：

以下為美國行銷鬼才文森特．詹姆斯的「成交報價」策略——

親愛的顧客朋友，由於您是我們的前兩百名消費者，因此，作為獎勵，您將可以免費進入我們的高級顧客俱樂部，成為高級 VIP 會員：

- 作為高級 VIP 會員，您以後每次購買的產品，每瓶都將獲得 20 美元的減免優惠。一般顧客購買每瓶代餐，需要 59.95 美元；而您只需要 39.95 美元（還需另加 6.95 美元的包裝處理費）。

- 作為高級 VIP 會員，您如果堅持每天寫「代餐效果日記」，並堅持持續六個月的話，那麼，我們將贈送給您一台 DVD 播放機。

- 從您第一次訂購開始，每隔三十天我們會自動送貨上門，費用直接從您的信用卡裡扣除。當然，您可以隨時撥打電話 *** 取消每月的自動訂購……

以上的文字並不多，但卻運用了「會員制」、「累積贈品」、「自動續購」三大成交策略，非常有殺傷力，值得我們參考利用。

同品追售需要一個理由

「同品追售」需要一個「理由」，你不能一見面就對你的客戶說：「嗨，王太太既然已經決定要買了，要不就再多買一些吧，幫幫忙，再來一瓶……」消費者不是傻瓜，他們都只會為自己的利益考慮。所以，當你想要鼓勵消費者重複購買他們已經買過的產品時，必須給他們一個非常充分而正當的理由。

「清倉大甩賣」、「換季」、「迎二十週年」……都是理由，但只有「會員俱樂部」是最容易接受、最持久、最能培育忠誠度的。

「會員俱樂部」這個小小的「重購理由」之所以吸引力大，因為它有很多優點：

- 給消費者一種「超越普通人」的「成就感」。

- 有一種「參加某個獨特圈子」的「歸屬感」。

- 獲得一種享有某種特權的「優勢感」。

人類是一種很「自以為是」的「社交動物」，希望獲得很多特權，又希望超越別人。所以，「會員制」這種身分的認同，對各類的消費者都具有吸引力——尤其是當「獲得這種會員資格有一定的門檻時」。

「減肥代餐」的成交策略，一開始就抓住了這一點：由於你是我們的前兩百名消費者，因此作為獎勵，您將進入我們的高級顧客俱樂部，成為高級 VIP 會員。短短一句話，給了一個「充分」的理由（「前兩百名」），直接告訴消費者：「您已經成為我們的會員了，所以，要重複消費喲……」

它這個「理由」非常巧妙，讓每個人都感覺「合情合理」。而實際上，文森特對每個消費者都是這樣說的，每個人都是「前兩百名」，每個人都會感覺自己很幸運，滿足了人人都想要的「優越感」。

會員的特權

接下來，我想解釋什麼「會員的特權」——如果一個人僅是會員，卻沒有「特權」，那麼就違背了「會員」的「優勢感」法則。所以，這份成交文案馬上就介紹說：作為高級 VIP 會員，您以後每次購買的產品，每瓶都將獲得 20 美元的減免優惠。一般顧客購買每瓶代餐，需要 59.95 美元；而您只需要 39.95 美元（還需另加 6.95 美元包裝處理費）。

原價是近 60 美元，「自動加入會員」後，只需近 47 美元。相當於打了個「8 折」，節省了 20%。成為會員，每次購買都節省了 20%，這對於普通消費者來說還是非常有吸引力的。

消費者會認為：這種「特權」有價值。相反，如果每次僅提供「2%」的折扣，那麼，消費者很可能會感覺「特權不明顯」，甚至認為「吃了虧、上了當」。所以，當你也設計自己的「會員制」時，一定要提供讓消費者感覺超值的「會員特權」。

誘發利益目標

當然，僅有「會員優惠」還是不夠的，最好還有累積贈品——誘發行為的「利益目標」。

既然要鼓勵顧客重複購買，就必須給他們一個「持續行動的理由與目標」。僅為了「減肥」，是不太容易「持續」的——因為人們普遍偏向於「見好就收」，看到效果就停止努力。所以，如果某款減肥產品效果特別快，那就意味著消費者停止購買的速度也特別快。

此時，單靠「思想教育」是不夠的，必須給他們明確、有吸引力、夠得著的「利益目標」。請看「減肥代餐」的設計：

作為高級 VIP 會員，您如果堅持每天寫「代餐效果日記」，並堅持持續六個月的話，那麼，我們將贈送給您一台 DVD 播放機。

在當時，一台 DVD 的市場售價是 200 美元，對於普通消費者來講，還是有「價值」的。

我們可以來算一算：如果買一台 DVD，就要花 200 美元；但是，堅持吃六個月的「減肥代餐」，一共需要：59.95 ＋（39.95+6.95）×5 ＝ 294.45（美元），294.45 美元與 200 美元相差並不多。

所以，如果獲贈了一台 DVD，就相當於「白吃了六個月的減肥代餐」。當一個人產生「付出的成本還能有一些價值回饋，消費的產品等於白拿」的時候，他的「貪便宜的心態」就被立即激發了。

所以，有很多消費者都會受這個「免費贈送 DVD」的目標激勵，持續購買「減肥代餐」。

從而幫助文森特的「平均購買延長到了 4.4 個月」——他當然大賺特賺了。因為，他每台 DVD 的進貨價不過 40 美元。只要消費者多購買一個月的量，他就把 DVD 的成本撈回來了。

所以，從信息不對稱的角度來看，這種「累積贈品」的確是一種雙贏的成交策略。非常值得我們借鑑與應用。累積贈品的設計要點——

- 「考核標準」明確可執行——比如每天寫日記，持續寫六個月，然後寄回日記，就可以獲贈 DVD。

- 「累積標的」適當——累積時間不宜太長，累積的積分要求也不能太高。如果讓消費者感覺「難度太大，不好達成」反而儲讓他們失去興趣。

- 「贈品價值」有吸引力——至少要達到消費者付出的總成本左右。如果僅送 10 美元的東西，卻要求消費者支付 1000 美元，一樣不具吸引力。

累積贈品策略在現實生活之中，非常常見。比如，長榮航空就提出：成為長榮俱樂部成員，飛滿 10000 公里將贈送一張飛機票⋯⋯

連鎖酒店的會員，專享 2000 積分兌換大床房一晚⋯⋯諸如此類的「累積贈品」幾乎無處不在了。這足以證明了其價值與威力。

類似這樣的促銷策略值得好好應用，因為它可以立竿見影地提升老客戶的重複購買率。

滿足客戶懶惰需求

網路購物之所以這幾年興起，很重要的一個原因就是滿足了「宅男宅女」的「懶惰需求」。即使你的產品非常好用，但是，如果你不經常提醒消費者，消費者也往往受「懶惰基因」限制，不會積極主動去找商家重複購買——反而會在另一個商家的「主動誘惑」之下，改換品牌。

因此，「忠誠度」跟「購買的便利度」也是有很大關聯的。尤其是對於網路消費者來說——因為時下的網路商品太多了，很容易就被引誘而變心。

設計自動續購系統

為因應客戶善變的心，你要經常出現在消費者的面前，甚至主動把商品送到他們手上——這就需要你設計「自動續購」系統。

「從您第一次訂購開始，每隔 30 天我們會自動送貨上門，費用直接從您的信用卡裡扣除。當然，您可以隨時撥打電話 *** 取消每月自動訂購⋯⋯」

文森特的「自動續購」設計，在信用卡制度完善的美國，是非常常見的。這種「每隔 30 天自動送貨上門」的機制，讓消費者的「重複購買環節」大大減少。原來要重複購買一個產品，至少需要三個動作：

打電話訂購→信用卡確認支付→等待快遞員上門送貨簽收

在文森特重新設計之後，以上的三個動作變成一個動作：每個月固定時間等待快遞員上門送貨。於是，消費者的「懶惰基因」就默默接受了這種「自動續購」機制，從而將重複購買行動變成習慣。利用「懶惰基因」鼓勵消費者重複消費，是完全有可能的，如今也有不少日本美妝品採行這個方式，如山田養蜂場、Suntory 三得利健康定期購等。國內已經有「賣襪子」的網站開始嘗試每隔三個月自動送貨上門，鮮花包月送貨上門的，從而實現重複消費的策略。

買一送一

根據實踐調查之中的總結發現，有一種類似的方法更切合國情，更滿足商家快速賺大錢的「胃口」：買半年送半年策略，一次性購買本產品六個月用量者，贈送六個月用量。相當於用半年的投資，換回一年的減肥代餐……這種「買半年送半年」的策略，在減肥產品促銷活動之中非常常見。往往可以促使消費者一次性購買大單，而對於商家來說，也可以快速回籠資金，在幾個月內內賺回未來幾年的錢。

24 會員制方便你追售

追售最好的方式是將消費者引導到會員組織裡，把會員與一般消費者做一個區隔，這樣會讓入會的消費者感到與其他消費者不一樣的優越感，加深認同感與差異化，會讓入會的會員更加死忠地使用公司產品，對於爾後的追售會更加簡單容易。

會員制組織一定要讓會員養成一種造訪和參與的習慣，這就需要策略和戰術：一切要從新會員有效入會開始著手，我鼓勵客戶把新手入會流程最適化，甚至在開始思考獲取漏斗結構前，就先把這件事情做好。新手入會就跟員工到職一樣，都是把人們帶進組織的流程，這個流程包含提供一份會員該期待什麼的指南，並協助他們順利使用會員權益。跟新進員工到職流程一樣，新手入會流程要確保會員具備能在這個新社群中成功運作的知識、習慣和文化思維。當潛在會員登記入會後，入會流程就隨之啟動。

成功的入會流程，具備三個關鍵步驟：

① 簡單化並去除障礙

在會員經濟中，新手入會時，組織要做的第一項工作就是讓新手能很簡單、輕易地入會並去除障礙——會減緩用戶接觸所提供服務的任何障礙，尤其是在登錄加入會員時的流程有任何這類障礙，都要一併去除掉。去除障礙的理由很簡單：因為沒有人會希望在加入會員和取得價值的流程中，因為有任何步驟太困難或太花時間，而流失潛在會員。

② 立即給予價值

一旦新手加入會員成功，就應該立即提供一個很棒的價值，當做入會成功的見面禮，可以是一個資訊型的服務商品，最好是跟公司產品有相關的產品，並且是可以查詢的有實際價格的，可以把見面禮獨立出來成一個商品，價格定位高一點，平常放在門市或是公司有人購買固然是不錯，因為價格定得很高的原因是因為要當做有價值的見面禮，所以平常是不太會有人購買這個產品，但是如果當作見面禮贈送給新人，會讓入會成功的新人感覺很好，所以一加入會員馬上就提供有價值的見面禮，會讓新人覺得廠商很有誠意，有機會也會主動幫公司分享、轉介紹，這樣新人無形當中也變成公司的推廣業務員。

③ 獎勵會員行動的期望行為

這跟讓用戶建立善用企業價值的習慣有關。這方面有可觀的數據支持這個說法：人們在特定一段時間（譬如三十天內）都進行特定行為，最後這種行為成為個人日常生活一部分的可能性就會大增。如果你希望試用者成為積極忠誠的會員（最後成為超級用戶），那你就要藉由企業文化，讓他們養成這些習慣，持續重複這些步驟，就能讓新會員成為舊會員，也能隨著時間演變，增加會員忠誠度，並讓會員更常參與組織的社群活動。

25 迅速提高客戶的回購率

許多商店的顧客都是「第一次購買顧客」，而已經購買過的顧客卻很少再買第二次，也就是回頭客非常少，雖然熟客很難經營，但其實這些現有顧客的購買力也不容忽視，如果你想提高現有顧客的購買力，不妨試試以下幾個策略！

會員制度

現今絕大多數的商店都在發展會員制度，不但能獲得顧客的不同資料，更能在會員制度上建立不同的優惠和行銷方案，所以這是提高顧客購買力絕對不可少的管道。很多人以為會員制度很容易建立，但其實隱藏不少小技巧。以下三個小技巧是比較常用的。

① 什麼時候詢問客戶要不要成為會員？

很多賣家為了得到所有顧客資訊，會詢問客戶要不要做會員，但事實上，當客戶想要購物時看到這個表格，會讓他們很反感，甚至會打消購買意願，因此，最適合的時候反而是購物後，用讓他們更方便檢視和更改自己訂單資訊的原因來邀請他們加入會員，他們反而會很樂意加入。

另外，很多商店也會選擇提供優惠折扣給予第一次加入會員的顧客，這樣的獎勵會讓不少顧客心動而加入。但是，這個方法卻也會造成一些機靈的顧客每次購買都登記一次會員，因此必須慎重考慮並制定加入會員後的福利計畫。

② 什麼是必備的會員服務？

必備的會員服務有兩種：

第一、你要提供個人化的界面和訂單追蹤，不論是發貨時間、送貨狀態都能讓顧客一一看到。

第二、除此之外，個人化版面還包括推薦類似的瀏覽商品、重複購買的快捷按鈕等等，都能令顧客感受到會員制的便利。其次，售後服務也是必不可少的。現今大多數電子設備品牌都提供網路預訂售後服務，例如 Apple 的售後服務 Genius Bar 便融合了會員制和預訂系統，讓每一個客人可以預訂適合的維修時間，以避免顧客在門市長時間等候的不便。

③ 你有讓人眼睛一亮的會員服務嗎？

除了以上必備的兩項會員服務外，還有一些瑣碎但卻能讓人印象深刻的驚喜服務，例如：會員有特別的商品包裝或禮物，就像美妝產品的商店可以考慮送出會員專屬的試用包；也有一些網路商店會附上手寫卡片，讓每一個客人都體會到商店的貼心。若是覺得這些方法太複雜又消耗人力，也可以選擇另一種：生日驚喜折扣，這個方法幾乎是所有大型網路商店都在使用，折扣不需要很便宜，例如免運費、折 100 元等等，讓客人能有與眾不同的滿足感，才能讓他們在你的網路商店持續消費！

如何宣傳

對於既有顧客來說，你除了掌握了他們的 Email，能夠拿來追蹤顧客外，還有很多顧客會追蹤你的 Instagram、Facebook 來關注你的商店資訊，以下兩個小技巧便與此有關。

① 如何讓我的宣傳電子報突圍而出？

既然擁有了顧客的 Email，當然不能錯失 EDM 宣傳的機會！但是，因為 EDM 推廣已經被濫用盡了，所以很多 Email 伺服器會將純圖片、HTML 的電子郵件歸類為垃圾信件，讓這些 EDM 根本無法達成宣傳效果。例如，Gmail 系統中，Gmail 會主動將促銷內容的郵件分類至另一個收件匣，若客戶沒有自己點入那個資料匣，就不會看到商家發出的 EDM，當然也就不會看到相關的折扣訊息囉！

因此，建議你的宣傳 EDM 不要用純圖片或 HTML 的方式，而且一個重要的秘訣是，收件人看到附有自己名字的信件通常都會想要點開閱讀，所以你可以考慮一下如何在 EDM 上寫進顧客的名字！

② 如何選擇合適的社群媒體讓顧客留意我的商店消息？

網路發展快速，社群媒體的數量如雨後春筍，要選擇適合的社群媒體來對既有顧客宣傳其實並不會太困難。由於你已經擁有這些顧客的年齡、性別及居住地區分布等資料，所以選擇社群行銷時也可以從這些資料中著手，以居住地區分布為例，若你的顧客以台灣人為主，則可將宣傳資訊集中於台灣人常用的 Facebook，同時你也可考慮聊天工具 LINE@ 來發布資訊；若你的顧客以香港人為主，則可將資訊放於 Facebook 及 Instagram；若你的顧客為國外地區，不妨考慮經營 Twitter 和 Snapchat 來為網路商店宣傳！

什麼時候才要給予會員折扣呢？

購物折扣是一個透過增加商店成本來吸引顧客的方法，因此建議要經過審慎思考後再使用。這邊有兩種折扣方案可以提供給第一次使用會員折扣的你參考：

- 為了增加客戶數量及他們的下單量，一些低額折扣是不可避免的，而方法就是當會員介紹新會員加入時可以享用一定折扣。

- 獎勵那些購物多次或是消費金額高的客人是鼓勵他們持續消費的好方法，大多數人會因為獎勵計畫而持續消費。當然，當中的成本效益亦要仔細衡量、評估。

最後，別忘了，你現在做這些小折扣、行銷活動都是為了要留住你的顧客，並讓他們能持續消費，甚至是提高客單價，因此你千萬不能讓顧客有被騷擾的感覺，例如前文提到的加入會員和濫用電子報行銷，若規劃得不好，反而會適得其反，需要慎重思考才能有效運用這些策略。

26 八大追售結構

結構一、增銷

什麼是增銷？舉例說明：本來客戶想購買 100 元的東西，但你告訴他，你還有另外一個產品比這個品質都好上一倍，而且價格只要 150 元。這時候可能有三成到七成的人會動心，轉而購買「更好的」。

本來他買一件，但你可以建議他買兩件，你需要努力說動他「為什麼在這個時候買？」這個非常關鍵！我知道客戶購買的整個過程是很漫長的，特別是他掏錢之前的「決策」，但是當他決定掏錢的時候，當他已經決定要購買的時候，你可以讓他的決定變得更有利於你自己，而且這時提出加購也容易許多。

為什麼呢？請試著想像一下，你去商店買一套義大利西服花了一萬元，你正打算付錢刷卡時，售貨員說：「我看你挺喜歡這款義大利的西服，剛好我這有一批義大利的領帶，是同一個設計師的作品，我還沒來得及上架，你要的話我給你打六折，因為你買了西服，所以我才給你這個優惠……」通常有三成到七成的消費者都會同意加購。這是為什麼呢？

因為消費者已經想像了「自己穿西服」的這種感覺，這種狀態……比如在晚會上，或者遇見他重要客戶的情景……他已經在想像這個領帶為他西服增值的可能性，所以他很容易就心動。所以你千萬不要放棄這種增銷的機會，當然你也是在給他提供價值。

客戶的第一個門檻是最難的，過去之後，接下來的門檻就很低，你先讓對方購買便宜的產品，你要讓他先喜歡，接受你的東西。如果對方已經決定要購買時，你再向他推薦貴的。

所以你需要知道對方的決策過程，對方決策的第一步是非常難的，他需要知道你是「可信的」，更重要的是他需要走過「掏錢」的這個門檻，一旦走過，他再做決定就變得容易。這就是「為什麼你要一定追售，要增銷」的原因。

當然並不是所有客戶都願意馬上接受你的「增銷」，因為有些人希望慢一點的節奏，這一點值得注意！如果對方說「不要」，你必須立即停止！你不能再「推」，再「推」他會連前一個產品也不要了。請記住你是從「為對方創造價值」的角度去思考的，你不是要強賣，你是很輕鬆的問他「要不要」，如果他不要，你就必須立即停止再追售。

理由很簡單，試想，一個人要付款買一件義大利西服，然後你向他推銷領帶，但他不要，如果你還繼續勸購，那這時候他很可能連西服也不買了。為什麼不要？不是那個西服對他沒價值，是因為你讓他煩了。而你也不用太心急，只要你留有客戶的聯絡資料，你就還有「追售」的機會。

結構二、減銷

本來你賣定價兩千元的東西很難成交，現在你可以降低一下門檻，把「成交」放在優先位置，「成交」比「成交金額」更重要，所以「減銷」是一個讓你爭取「成交」機會的策略。因為「成交」會讓客戶覺得，他所追求的夢想和你心目中的夢想是一致的，只是一開始他希望「步子」放慢一點。但是如果不成交，你就不知道他的夢想是真的還是假的，區別就在這裡。

結構三、再銷

有些產品是可以再次銷售，重複使用的。像化妝品、美容產品、嬰兒用品都是可以重複銷售給同一個人的。

結構四、跨銷

本來你賣的是培訓產品，現在你賣了一個電子器材，這就屬於跨銷，跨到另外一個產品類別，當然這裡的前提是，你的潛在客戶非常有可能購買另外的產品，因為它們是相關的，如果你是做英語培訓的，那你向客戶推薦數學或語文培訓，這是正常的，這叫「跨銷」。

結構五、搭銷

在此我們來講一下搭銷和「增銷」的區別，「增銷」是提高客戶購買的金額，「搭銷」是買完一個產品後，又買另外一個相關的產品，就像你買「義大利西服」後又買「領帶」的故事，這是「搭銷」。

結構六、綁銷

把兩個產品組合後，捆在一起賣，但也可以分開獨立賣，這樣你給客戶更多的選擇，你也有更多成交的機會。

結構七、贈銷

從字面上來看就是，只要你買了這個產品，我就送你另外一個贈品，很多人覺得這是「白贈」，其實不能這樣想，就是因為你贈，所以你產品的價值被塑造了，你的價格往往會更高一些，很多人想讓每一個產品都賺錢，但從行銷人的角度看，你只需要關注「在整個行銷過程中你是否賺到錢」，也許這個產品的成本沒得到回報，但是在另外一個產品上，你賺回了你的「成本」。

所以，你千萬不要一心只想「從零開始」，如果你有機會幫別人多增加價值，那你的效益會更好，也更容易。這個世界上有太多的發明家，發明了產品但不知道怎麼銷售，如果你能找到這些人，把你的「行銷功夫」嫁接到他的產品上，那你就更容易成功，為什麼？因為發明家賣不出他的產品，他已經沒有什麼「討價還價」

的餘地，沒有你的幫助，他可能浪費掉這些產品，現在因為你的「出現」，他可以實現自己的價值，所以你是在幫他創造價值。

當然你也不必花數年的「艱辛摸索」，你也沒有承擔前面發明的巨大風險，但是你得到的回報可能比他大……所以增加價值很重要，如果有一件事情，你做得非常成功，那你的下一步不是去開拓另外一個成功，你的下一步是思考「怎麼讓這個成功變得更大，更容易？」你要在成功的周圍去「放大」成功，不要到另外一個疆域去開闢新的成功。你要聚焦到你現有成功，想辦法去複製它，放大它，把它蔓延。你必須在「現有的成功」和「未來的成功」之間搭一座橋樑，這樣你的成就會更大，這是「槓桿借力」。

所以「贈銷」非常重要，從現在開始，你賣的每一個東西，你的每一個成交主張都必須有「贈品」，否則你就剝奪了自己賺更多錢的權利。

結構八、鎖銷

鎖定客戶，讓客戶先付錢，再發貨，如果你能先收錢後發貨，這種情況是最好的。因為你的收入已經得到了保障，你的風險已經沒有了，但貨物可以慢慢地發。所以「鎖銷」對你的利潤是一個非常重要的保證，也是你打造「賺錢機器」的必經步驟，比如你是做兒童用品的，這也是值得鎖銷的。比如，一下子鎖定客戶一年的需求量。你可以給客戶「折扣」，然後讓他先付款，只要到一定日期你就負責發貨，這樣客戶不用擔心一年沒有奶粉、尿布等。

27 為什麼要做轉介紹？

做業務或是需要增員的組織往往都是要不斷地拓展人脈，但是拓展人脈的過程中往往碰到一個問題，就是彼此的信任度不夠，很難在短時間內彼此合作，最怕沒有客戶可以拜訪。例如保險業的業務，根據統計一般新進的保險業務員通常第一年做得很好，幾乎都可以升上主任的聘階，但是往往第二年後大多數的人不是離開保險業，就是業績下滑成為業務，為什麼普遍會有這種現象呢？

大部分是因為人脈的關係，通常進保險業的第一年，自己以往的人脈都還沒有被用過，例如爸媽、兄弟姊妹、親戚、死黨、同學們等等的人脈，這些人脈是第一年可以拜訪並且好成交的優質客戶，但是隨著時間過去，該跟你買的好友也都已經買了，只好去開發拜訪那些陌生客戶，於是去街上發放問卷、去郵局前發 DM、去參加一些活動認識朋友，以上這些人脈都需要時間去培養信賴感，但是隨著每一個月的業績壓力根本來不及去成交新客戶，所以有些業務受不了這壓力就離職了，繼續撐下去的人也很辛苦，因為他要不斷地建立關係、培養關係、維持關係、跟進關係，所以也維持不久，以上這些都是不懂得使用轉介紹的方式去開發經營客戶，依然用著傳統的方式去經營客戶。

如今時代不一樣了，飛速發展的今日，不是聽話照做的年代，以前常常講「簡單的事情重複做」這句話已然不太適合用在現在的市場境況，應該是「有效的事情大量地做」，什麼是有效的事情呢？那就是轉介紹系統。

會使用轉介紹的業務不怕沒有客戶可以經營，因為全世界都是他的客戶，相信許多人都曾聽過，世界上的任何人與任何人之間，最多僅隔著六個人而已。這個現象通常被直譯為「六度分隔理論（Six Degrees of Separation）」，原理主要來自1960 年代哈佛大學的社會心理學家 Stanley Milgram 的一次實驗。

Stanley Milgram 那時對社會網絡理論深深著迷，他想要研究出：「在美國，人與人的實際間隔到底是多少個人？」他設計了一個在當時社會聽來十分有趣的實驗，設計一套實驗包裹，請求 160 位分住在威奇托市與奧馬哈市的居民，（因為威奇托市與奧馬哈市兩市距離夠遠，所以具有代表性）透過這實驗，來尋找他所設定的實驗目標：一名住在麻州波士頓市（哈佛大學所在地）的股票交易員，及住波士頓附近的雪倫市自己學生的配偶。

最後，有 42 個包裹成功抵達了實驗目標對象的手上，最短的路徑中間只經過了兩個人就找到了目標；Stanley Milgram 計算了這 42 個路徑後發現，這個神奇的中間人數字是 5.5 非常靠近數字 6，但終其一生，他都沒有發表類似「六度分隔」這樣的說法或研究結果。

「六度分隔」一詞是一直到 1991 年東尼獎得主 John Guare 寫了一個膾炙人口的同名百老匯劇本；並在 1993 年被拍成由威爾．史密斯主演的電影《六度分隔》，這個詞才逐漸被大眾所知。

「六度分隔」這個重要的發現引起了社會網絡學界的猜測，究竟是什麼樣的機制，會讓看似如此分離的世界間的任何人，距離卻比想像中更近。而最新的數據則是 Facebook 所公布的數字：3.57。Facebook 的團隊為了宣揚 Facebook 週年紀念的朋友日，研究了目前在其上註冊的 15.9 億人資料，發現每個人與其他人間隔為 3.57 人。

Facebook 也公布了其創辦人 Mark Zuckerberg 的數字是 3.17，營運長 Sheryl Sandberg 則是 2.92，大部分 Facebook 人口的神奇數字，平均介在 2.9 到 4.2 之間。

所以只要擁有轉介紹的能力，就不擔心沒有客戶可以經營！

人脈＝錢脈

「轉介紹」是頂尖的業務員最主要尋找客戶的方式，因為它經營客戶花費的時間最短、效果最好，只要學會轉介紹不怕沒有客戶。

對業務員而言人脈就是錢脈，人脈的經營尤為重要。之前我有一位朋友他打算離職另尋工作機會，她是在某公司裡擔任福委會的主委，一般來說公司福委會的主委都是很跩的，因為很多廠商都要福委會的主委牽線同意，才能在公司裡擺設攤位之類的，所以福委會主委有對廠商而言有生殺大權，但是我那朋友素來為人謙虛，從不會為難廠商，反而是多幫廠商聯絡介紹別家公司的主委，她做事的態度以及與人相處的方式，得到大家一致的肯定與欣賞，所以，很多的廠商知道她要離職，都紛紛介紹自己的公司的機會給她，或是幫她留意許多還沒有 PO 到人力銀行上的職缺，每個人都很熱心地推薦工作機會給她，也有人主動幫她修改中英文的履歷表，或是利用聚會時分享面談時要注意的事項，我開玩笑地跟她說：「你得到的東西可能別人花十年都不一定能獲得」，雖然是個玩笑話，卻也是實話。因為在這樣不景氣時代，有人履歷表投了上百封都不一定能得到一次面試機會，但是她可以得到的面試機會不只很多，而且藉由推薦的工作，不管內容與未來的發展性都非常棒。

為什麼她跟其他人在職場發展的差異性有這麼大呢？原因就在人脈經營，很多人都認為職場競爭主要是看能力，而忽略了對於自己人脈的經營，雖然能力非常重要，但是，如果沒有在自己的工作領域建立起廣泛的人脈，等到未來想要再向上一層發展，可能就會面臨到瓶頸與困境，尤其當年齡過了三十歲之後，很多的機會與成功，除了需具備很強的能力之外，自己累積的人脈會讓結果以平方來快速增加。

其實，人脈的經營一點都不難，但要有恆心與毅力，這也是在考驗一個人待人處事的態度，要知道人脈的建立不是只有「認識人」而已，而且要花時間讓別人了解自己的優點、長處，以及專長，更重要的是能夠在這過程中讓別人對自己印象深刻，因而來建立彼此深厚的交情，繼而成為事業上的朋友，所以，只要有任何的機會或需要時，別人腦海裡所顯現出來第一個最合適的人選就是你，而當你面臨需要協助或是資源時，對方也會非常樂意及時伸出援手協助。人脈經營好了，還怕沒有人會為你轉介紹客戶，介紹你賺錢的機會嗎？

根據 80/20 法則，80% 的客戶可能只使用你 20% 的服務，也就是說他們只體驗到你其中的一小部分的服務，所以你可以試著為他們增加額外的服務，給他們向別人介紹你的理由，你可以以你本業有的資源提供免費的服務。

例如我之前有一個朋友，他是賣車子的業務，他有個客戶車子壞了，對方只是詢問他該如何處理，他卻主動去幫忙，立馬去接他，讓他趕上重要的會議，並且幫他把車子開到維修廠去維修，等他客戶下班後一切的問題都被他解決了，客戶因為這意想不到的服務，開心地將這故事分享給身邊的親朋好友，以至於他朋友要買車都來找我朋友買，記住要在不影響你與客戶關係的基礎上，向客戶要求轉介紹。

你可以慢慢接近客戶，在他可以接受的範圍裡面要求轉介紹，但是記住千萬不能越界，例如你剛認識一名客戶才一兩天的時間，關係還沒有發展到可以要求轉介紹的地步，那麼就不要開口去問，而是有耐心地等候時機，一旦時機成熟後再要求轉介紹，這樣成功的機會才會大為增加。

我們要知道建立信賴感是很花時間和精力的一件事情，你也沒有辦法同一時間經營好幾位人脈，根據統計一個人一輩子會認識一千個人以上，交過五百個朋友以上，其中會有十個死黨在不同時期出現，我們每一個人的時間都有限，要怎麼花精力產生信賴感而建立的人脈呢？就是要透過轉介紹來認識他的朋友，所以我們是藉由介紹人的信賴感去與他的朋友認識，如此一來在信任的基礎上並不是從零開始建立，是在一定的程度開始，所以借對方的力你就可以省掉很多的時間和精力，相對來說，如果開發陌生客戶，你就必須從零開始建立、培養起，那是一件大工程啊！

做業務的都知道，想要讓自己業績有所提升，只有三個方式——

- 增加你的客戶群。
- 增加業務的平均產能。
- 增加轉介紹的數量。

這三個之中最重要的便是增加轉介紹的數量，因為在所有業務的活動中，最大的支出就是取得名單這個部分了，如果你能將取得名單的成本大幅度地加強，不僅可以替公司節省掉許多的開銷，甚至在尋找客戶的時間，也可以減少許多，多出來的時間你反而可以去服務更多的客戶，去開發更多的轉介紹。

如果你開發客戶的重心主要是在陌生開發，那麼你的業績肯定做得很辛苦，一定是事倍功半，轉介紹之所以重要，原因在於客戶取得名單快速、有效、品質高、成交率高等等的因素，而且你服務的是一群認識的人，所以你們會有相同的語言相同的磁場，在頻率來說你們會相處得很愉快，因為願意幫你做轉介紹的客戶至少是不討厭你的，大多是喜歡你的客戶才願意幫你做轉介紹。我們必須把準介紹當作一門學問來經營，要將它系統化經營，一旦將它系統化經營，你複製轉介紹的數量就會很可觀。

轉介紹如任我行的吸星大法

「吸星大法」是金庸小說《笑傲江湖》中的一個虛構神功，這套神功是將別人的內力吸收，將這些別人的內力化成自己體內的內力，簡單來說就是吸取別人的功力，例如吸取五個人每一個人擁有二十年的功力，不用自己花一百年去練功，使用吸星大法你馬上就有一百年的功力了。

轉介紹類似吸星大法，但是它不全然是如此，轉介紹只是要借用並非擁有，我們知道信賴感在銷售裡佔很大的比例，而信賴感的培養也不是一朝一夕就能養成的，是要透過時間、接觸、跟進等條件才能擁有彼此的信賴感，但是我們的時間有限，無法一一花時間去培養信賴感，所以必須透過轉介紹去借別人建立的信賴感來用用。

話說回來，別人為什麼要借你用呢？你必須先從這個點當作轉介紹的起點去思考，人的交往及相處都是利益交換來的，我之前有的朋友從事保險業，他就對我說：「不會啊，我媽媽幫我介紹他的朋友跟我買保險，就沒有利益的交換」，我跟我朋友說，利益並不一定是實質的東西，你媽媽願意幫你介紹他朋友跟你買保險是因為你是她兒子，本質上是用她對你的愛來交換，你女朋友也幫你介紹客戶，她則是用你是她男友的利益來交換的，所以要求轉介紹一定是有好處給介紹人的，只要你弄懂你有什麼好處可以和對方交換，基本上你就懂得如何要求轉介紹了。

一旦可以大量地請別人幫你轉介紹，基本上你就練成吸星大法，可以把別人經營數十年的關係拿來運用，當然透過這層關係成交就變得很簡單了。

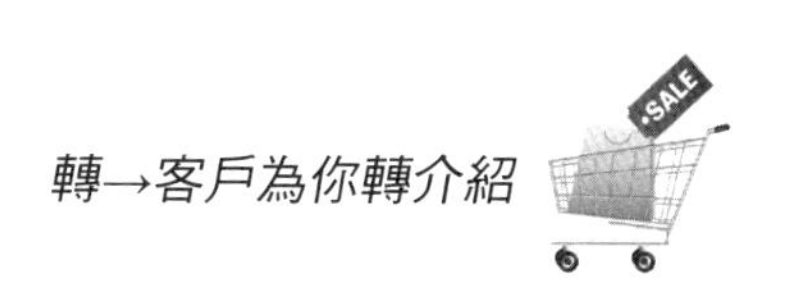

 再次獲得轉介紹的機會高

如果你獲取客戶的方式是透過陌生拜訪，那麼，你接下來的客戶大部分都是遵循這模式。如果你的客戶是透過轉介紹認識的，那麼，你下一個客戶大多是透過轉介紹認識，之所以轉介紹的客戶會再轉介紹給你他的朋友，是因為他也是透過轉介紹的方式認識你，所以客戶容易遵循他認識你的模式將你介紹出去。我們要知道一開始的客戶如果不是轉介紹認識的，就沒有所謂的見證，你一開始跟他說你的客戶通常都是透過轉介紹而來的，但是客戶心裡不會想：我就不是啊！

如果對方是過轉介紹認識的，那你跟他說：「我開發客戶的管道都是透過轉介紹。」這樣他就會相信，因為他也是透過轉介紹才認識你的，所以透過轉介紹認識的客戶，再次獲得轉介紹的機會是很高的，如此一直下去運作轉介紹，名單將源源不絕地來到你的身邊，所以堅持開發客戶只用轉介紹，初期或許不容易做，但是一旦形成一個系統後，轉介紹將為你帶來客觀的收益。

28 找出有轉介紹潛質的客戶

多年的業務經驗總結下來，我發現客戶其實有很多種類型，針對每一種類型你要有不同的方式去面對。希望大家明白一點：客戶要挑業務員，我們業務員也要挑客戶，不是所有的客戶都是可以要求轉介紹，針對有轉介紹潛質的客戶要求轉介紹，這樣花費的時間與精力才值得。

客戶類型百百種，如果每一種類型你都用同一種方式去交際應酬，不僅事倍功半，反而吃力不討好，對於不同屬性的客戶，要用不同的對應方式，所以，要請客戶轉介紹的首要工作，就是要將客戶分門別類地歸檔，針對不同屬性的客戶有不同的對應方式，以下我將客戶分成八種類型，請觀察一下你的客戶是屬於哪一類。

需要回報型

這類型的客戶很直接，他就是要有好處才會幫你轉介紹，面對這類型的客戶其實很好應對，就是以一個生意人的角度去與你的客戶交易談判。

這類型的客戶投資報酬率就是你投入多少報酬就有多少。

其對應方式為，因為回報型的客戶，你必須要不斷地與他溝通後再要求他才會幫你做轉介，之後你就必須有好處回報他，這樣你們的合作才會長久，所以這類型的客戶要針對他轉介紹的對象的品質，如果品質都一直不錯，你就可以持續與他聯絡並要求轉介紹。

這類型的客戶可以直接聯繫，例如直接約出來吃飯或是平常用電話溝通，總之不必擔心聯絡得太頻繁，因為你聯絡他，他就認為有好處上門了。

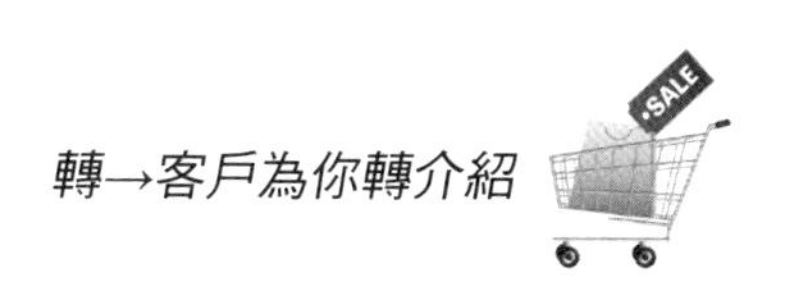

目的型

這個類型的人會比較婉轉地介紹客戶給你，他也有他的目的，只是比較不好意思說出來，他會表現出來有意幫你做轉介紹，但是每次當你提出要求的時候他反而變得不大積極，有時候還會推託，但是偶爾又會幫你轉介紹，而且介紹出來的客戶品質都還不錯，對此類客戶要保持長期聯繫，放長線釣大魚，他一定有他的目的只是他不會講出來，你不是要聽他說了什麼，而是要聽出他想要什麼卻沒有說。

這類型的客戶要放長線釣大魚，你不能寄望投資一分就有一分的投資報酬，這類型的客戶會將他的投資報酬在最後一次全部一起給你，也就是說你初期的投資可能會像石頭丟到水裡面一樣，只有聽到「咚」的一聲，但是記得要不斷地投資這類型的客戶，你一定會在最後收穫有很大的報酬。

其對應方式為，要求客戶轉介紹，但是不用太積極，只要跟他保持良好的關係，並且要詢問他的目的，不能太直接地詢問，要用間接的方式去套出來，或者是詢問他的夢想和他退休後想要做什麼，用這些資訊去拼湊出他到底要的是什麼，因為他不會跟你說真話，因為他覺得說出他想要的是在賄賂，所以他會不好意思說出他要的是什麼。

這類型客戶不用聯繫得太頻繁，但是你要去了解他要的是什麼，所以你要去找他的時候必須要有話題，最好是他有興趣的話題，從中去拼湊出他的目的是什麼。

愛出風頭型

這類型的客戶會表現出喜歡別人的讚美，及吹捧他會說他自己有多厲害，認識了多少人、介紹了多少客戶、幫助了多少業務賺到錢，與他聊天的過程中大部分都是他在講話，講他的豐功偉業、講他的打拼事業的歷史，他也會細數認識多少名人，這類型的特徵其實最好辨認，因為你會覺得這個人很浮誇，就把他歸類在這類型的人。

這類型的人投資報酬率是很不一定的，因為他講話虛虛實實的，要真要求證起來也要花許多的功夫，所以也沒有必要去求證，有時候他給你轉介紹的名單或許也只是他與對方有一面之緣，所以他給你的名單有時候並不能依照我們轉介紹的步驟流程去進行，因為我們轉介紹的流程與步驟是針對介紹人與轉介紹有一定的信賴感，但是此類型的客戶就是會介紹一些根本不熟的朋友，但是他自己卻認為跟對方很熟，所以我們得到名單之後一定要謹慎處理這些名單，而且還要去查證這些名單的人是否如同他所說的一切，最簡單的方式就是打電話給名單上的人，就算是不熟也是一個準客戶名單。

其對應方式為，採用的對應方式就是聆聽，把其中有可能的資訊記錄下來，並且請求對方能不能幫你轉介紹這類型的客戶，他會比較愛面子所以我們最好把姿態放低，運用請他幫忙的方式來請求轉介紹，甚至你可以加他臉書，在你的臉書上面讚美他或是在他的同事、秘書、助理前面你去稱讚他，利用第三人來告訴他你很崇拜他、你很感謝他，這樣他就會盡全力的幫你做轉介紹，只是轉介紹出來的品質不是很高就是很低，所以在他身上獲取的名單數量會很多，但是就要靠自己去篩選去評估，和此類客戶一起要多讚揚，給他們表現機會。

通常這類型的人喜歡面對面的聊天，所以有空的時候可以去找他，或許就能收穫有幾個很好的、高品質的轉介紹名單。

聽話型

這類型的客戶比較安靜，女生就像鄰家女孩類型，男生就像書生型，他們很用心在聽你說話，所以對你的要求他們會聽進去，只是他們不知道該怎麼介紹他的朋友給你認識，他表現得會很有禮貌，這種禮貌是無關年齡或是職位高低，這是他們的人格特質，他們會表現出彬彬有禮，這點在你與他們面談的時候就可以很明顯的感覺得出來。

這類型的客戶雖然聽話，但是他們也常常會困擾要怎麼幫助你，所以投資報酬率取決於你怎麼教導他幫你做轉介紹，在後文將會介紹如何教導客戶做轉介紹，如果說你的轉介紹教導的很成功的話，基本上他轉介紹出來的客戶都是透過認真思考而轉介出來的，他也會很認真地與對方溝通、介紹你這個人，所以介紹出來的品質

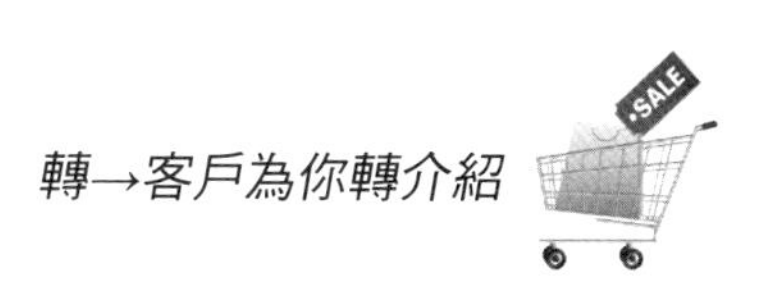

一定都是不錯的，此類型的客戶投資報酬率你要放在教育以及跟進這兩個部分。

其對應方式是：你要表現出來比較像老師的部分，首先他要對你的服務至少感覺到滿意，不會有抱怨，之後你要用說故事的方式，舉一些例子是別人怎麼幫助你，並且運用轉介紹的步驟教導他們，怎麼給出你的名片以及怎麼介紹你，和如何立即詢問對方能不能讓你去主動聯絡……你必須去教導他們這些方式，讓他們了解這一切的流程步驟，他們會很願意學習你所要教他的，但是這類型你必須去測試一下，他是不是真的是聽話類型，如果你請他幫忙的一些小事，他都有去做而且一小部分會造成他的困擾，因為他不知道怎麼做，他就會與你溝通該怎麼做才能做到比較好，你與他會因為問題而溝通頻繁，這種類型的人就比較偏向於聽話型，如果你拜託的事情他表面上都說好、好、好，但是都沒有任何的問題，也沒有任何的結果，那這類型的客戶其實就是假面型，分辨假面型和聽話型的最重要的就是要透過測試來做分類。

基本上他也會主動跟你聯繫，你們的聯繫可以透過 LINE 等通訊軟體，不用特別見面，你也可提供一些對他有幫助的資訊，他會很感謝你的。

豪邁死黨型

表現得出和你好像一見如故，像是多年沒有相見的朋友，急於表現出要幫助你，喜歡跟你聊天南地北的事情，跟愛出風頭型不一樣的是他比較不會吹捧他自己，而是會喜歡聊一些生活上的瑣事，以及跟你有相關聯的事情，會表現得很想跟你拉近關係，或者還想交你這個朋友。

投資報酬率還蠻平穩的，基本上是屬於 CP 值比較高，主要在於「你的要求」以及「你要的是什麼」要讓對方知道。

用朋友的方式去面對他，讓他知道你的夢想是什麼，你在業務上的困難是什麼，你需要幫忙的是什麼，他就會想辦法對幫助你，當然你得到幫助之後，你至少要在口頭上感謝他，這類型的朋友比較重感覺，所以只要感覺對了他會兩肋插刀地幫助你，這類型的客戶不用送太多的禮，只要好好維持你們之間朋友間的感覺。

你只需要偶爾打電話關心他的生活或是工作，基本上就是表現出一個朋友死黨的感覺，不用被太多的禮節束縛，他不開心的時候陪他喝個兩杯，他會認為你是他的死黨。

不知所措型

這類型的客戶會表現出，你跟他談什麼他都不知道該怎麼做，跟他講轉介紹他會覺得是天馬行空的事情，客戶不是應該由業務自己一步一腳印地去爭取來的嗎？怎麼會要我介紹這個客戶，他會有很多的問題與你溝通，常常牛頭不對馬嘴，這是因為他不知道重點在哪裡。

這一類的客戶投資報酬率比較低一點，而且常會氣死你自己。

其對應方式為，基本上你只要第一次提出你的需求和提出轉介紹的要求，對方如果覺得不妥，就不用持續追蹤或跟進，只要偶而提出轉介紹的要求即可。

你就把他當作一般的客戶經營就好，不用特別列為轉介紹對象。

吹牛型

吹牛類型跟愛出風頭型兩個有點類似但不一樣，是吹牛型的大部分說出來的話都是不真實的。而愛出風頭類型的人是希望你可以把他當做偶像，他說的那些事情大部分是真的，只是有添加一些虛構的情節，整體來說他形容的那件事情是確實有發生，只是過程被放大了。吹牛型的很多事情都是無中生有，你會感覺他很厲害但是每次要轉介紹的時候他都會很爽快地答應，而且吹捧他有多少轉介紹對象，但是自始至終你從他那裡得不到幾個名單，就算有，也是一些空名單，對你來講並沒有太大的幫助。

這類型的投資報酬率非常低，建議及早放棄吧！

其對應方式為：你可以只把它當成一般的客戶在經營，不用當作轉介紹的對

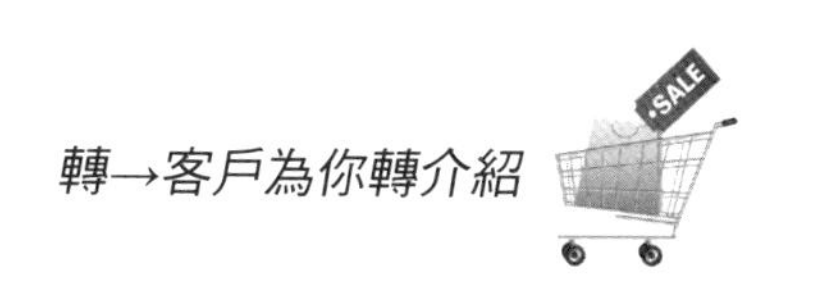

象，不然你會吐血而死。

維繫方式是，沒有事情就盡量不要聯繫，他會主動打給你通常是因為他想要自我吹捧一番。

單純型

這類型的客戶一般下不會進行轉介紹，但是一旦他要幫你轉介紹，那成功的機率就很高，因為他會認真考量你到底要的是什麼，不會隨隨便便答應你，你說的任何事情他都會很認真去思考、去實行，然後去檢討，這類型的客戶是優質客戶，要做好日常維護。

這類型的客戶是很好的轉介紹對象，投資報酬率還蠻高的，所以要認真經營。

通常這類型的客戶會想得比較多，所以你要解決他的疑慮，例如說保密的問題，或者是他根本不知道要怎麼幫你做介紹，你就得教導他怎麼做轉介紹。

以他的方式跟他做聯繫，比較熟的時候可以聯繫得比較頻繁。

假面型

此類型的客戶表現出來的跟吹牛型的客戶不大一樣，因為他給的資訊大部分都是不對的，表面說一套，暗地裡做的是另一套，這種類型其實不用見面幾次就可以分辨出來了。因為毫無投資報酬率可言，建議可以放棄這個客戶。就是表面維持良好的關係就好，不要讓他有機會說你的壞話。

沒事就不用特意聯絡。

29 轉介紹應有的心態

轉介紹是從事業務工作最佳尋找客戶的方法，想成為一位優秀的業務就請專注轉介紹的力量，這是對準客戶行銷時應有的心態。具備以下這十種態度，才有機會收穫高品質的轉介紹名單：

- 準客戶比較願意透過轉介紹而認識你，陌生拜訪或電話行銷往往會讓準客戶有被入侵的感覺。而透過朋友介紹一般比較不會排斥你的來電。

- 轉介紹的 CP 值高，想想陌生開發的成本有多高？舉辦活動認識陌生人的費用也不便宜，然而轉介紹而來的名單幾乎是不需要花上一分一毫，何樂而不為呢？

- 勿以產品價格來評斷客戶的價值，不管客戶購買的產品價格多少，都需要和客戶保持長久的聯繫，客戶對你的信賴感越高，你才有可能得到高品質的轉介紹名單。

- 與客戶建立彼此信賴的關係，良好的關係能夠成交一套產品，卻不足以得到轉介紹名單，客戶對你的信賴感不夠深，當然不想轉介紹朋友給你認識，會擔心他朋友對他有所埋怨。

- 真誠為客戶服務，盡可能提供客戶需要的各方面服務，即使跟你購買小金額的產品，也要確定每一次的聯絡都有帶給客戶好處，好處當然包括給他一個好心情。

- 不要小看客戶人脈的力量，和客戶建立朋友的感情，運用他們的人脈關係，轉介紹名單無可限量。

- 你先提供給客戶轉介紹名單，有捨才有得，期待別人給你轉介紹名單，不妨你先提供客戶所需要的名單。
- 當客戶表示對你的服務非常滿意時，記得一定提醒自己開口要求轉介紹。
- 得到轉介紹是理所當然的事，如果你自認為提供客戶最好的產品，服務又很周到，也建立了彼此的信賴感，那麼就應該大膽請客戶替你轉介紹，千萬別覺得不好意思。
- 要有所期待得到轉介紹名單，對於客戶的轉介紹，一定要抱著期待的心態，才會積極地爭取名單。

有要求就有機會，做到成為習慣

回想每次去拜訪客戶的時候，其實很多機會可以要求轉介紹，但是我們常常因為聊天聊得太愉快而忘記要求轉介紹或是怕要求轉介紹會破壞當下的氣氛，所以就不好意思開口，想說下次再要求客戶轉介紹，等到下次來拜訪的時候同樣的狀況又發生，周而復始地留待下一次再要求，惡性循環地不敢開口，最後索性就不要求了，但是某一天得知他介紹客戶給你的競爭對手時候，你心中是懊悔地想殺了自己，與其那時候再來後悔，不如有機會就要求，並且把轉介紹當成習慣。

一開始你一定會對要求轉介紹的這個動作忘東忘西，總是在離開客戶那邊後才發現自己忘記要求轉介紹。有一個有效的方法可以提醒自己，我之前也是老忘記要求轉介紹，於是我就去買大小跟一元硬幣大小差不多的螢光色標籤貼紙，並且花個五分鐘建立心錨，告訴自己每當看到這標籤貼紙就要想到要求轉介紹，於是你在手機背後、筆記本封面、公文夾等等會展示給客戶的文件上貼上標籤貼紙，你會發現你跟客戶的互動中，那些螢光色的貼紙會不斷地提醒你做要求轉介紹的動作，這樣訓練個幾次你也就養成習慣了，記住，要求轉介紹是業務員專業的表現，不是在乞討名單。

有付出才會有回報

如果你能養成真誠對待客戶的習慣，並且提供幫助，這些付出遲早有一天會回到你身上的，因為那些接受幫助的人，他們會覺得有必要回報你，回報你為他們做的服務，一樣的付出但是你得到的回報會變得更大些，這是不變的法則。

客戶在以下三種情況最有可能為你提供轉介紹：

- 當你告訴他們你需要他們的幫忙才能提升你的業績。
- 你提供很好的服務，並且告訴他們說，他們的朋友也可以獲得這樣優質的服務。
- 當你不求回報地服務客戶，並做出很多額外的服務的時候。

以上這三種都會讓客戶樂意幫你做轉介紹，但是第三種卻是客戶最願意提供轉介紹的，所做的服務付出會最有可能讓你獲得最大程度的回報，所以請記住，你所做的是要讓更多的人產生想要回報你的想法，最簡單的方式就是送貼心的禮物給對方，不過在使用這個方式時有以下三個建議——

1 你送的禮物必須是客戶喜歡的

之前有一個同事告訴我他幫客戶訂了一些財經類雜誌要送給客戶，可惜他並沒有去了解客戶的興趣，以至於那些雜誌都淪為被客戶拿來墊便當的廢紙，客戶所喜歡類型是運動類的雜誌，如果當初他送的禮物是運動類的雜誌，那效果就截然不同了。

2 禮物必須要客製化

每一個客戶的需求不同所以不宜將同樣的禮物送給不同的人，就算是同樣的禮物要送給不同的人也必須有不同的包裝，我們要知道每一個人都喜歡別人沒有的禮物，而且是自己喜歡的禮物，所以蒐集客戶的喜好與習慣是很重要的。

3 意料之外的禮物往往是最好的禮物

根據我的經驗意想不到的禮物會留下最深刻最好的印象，禮物不在於金額的多寡，有時候小禮物往往會帶來巨大的驚喜。但是要記住一點，送禮一定要真誠，沒有人想要自己是被收買的感覺，例如有一次我去拜訪一位客戶，那位客戶很喜歡泡茶，但是他泡茶的茶壺是傳統式的，使用起來不是那麼方便，於是我送他一個二合一的茶壺，價格也不過 99 元，但是這個小禮物他非常喜歡，因為我解決了他多年以來泡茶很麻煩的問題。

你為客戶付出了多少？你的禮物是否有價值？是不是符合他們的個人需求？是否令他們有意外驚喜？……請繼續努力，因為你的付出一定會有回報的那一天。

 認為轉介紹是理所當然認識新朋友的方式

這世界上唯有你認同的事情你才會去做，你認為賺錢很重要你才會想盡辦法賺錢，你認為健康很重要你才會想辦法讓自己變得更健康，你認為轉介紹是認識新朋友的主要方式，你就會理所當然的去要求朋友幫你做轉介紹，在要求的態度上也會變得理所當然，你朋友看你要求得理所當然，他也就會自然地認為應該為你介紹客戶，一切都在你理所當然的態度發生，但是這種理所當然的態度並不是絕對的，而是你用來建立自己要求轉介紹的一種心態，也是培養你開口要求轉介紹的勇氣來源，也是用理所當然的態度感染給你的朋友，但是理所當然的態度要很謹慎的使用，因為沒有任何人理所當然的必須要介紹朋友給你。

當你認為轉介紹是理所當然認識新朋友的方式時，你就要開始建立自己的系統幫助你尋找準客戶的一個模式，讓客戶樂於提供你轉介紹，那要如何建立這個系統呢？很多業務都知道轉介紹的重要性，轉介紹是理所當然認識新朋友的最佳方式，就要透過以下四個步驟來建立：

① 第 1 步驟：讓你的客戶了解你的期望

不管客戶還是你，都應該了解彼此的期望，首先你在服務方面，對客戶的關心程度以及專業的技巧方面，客戶可以期望你有哪些額外的附加價值，接著你就必須要把客戶的期望寫下來，例如：

✓ 我最希望客戶告訴我他最重視的是什麼？

✓ 客戶對我的服務最滿意的部分以及最不滿意的部分是什麼？

✓ 當客戶在發生一些重大變化的時候，能夠通知我嗎？

✓ 客戶每年可以給我一些讓我成長的建議嗎？

✓ 客戶能夠為我提供兩個可能需要我幫助或服務的朋友的名字？

你可以把這些期望整理成一份文件或是書面資料給客戶，因為這可以顯示你的專業，或者是在會談的時候跟客戶談這一部分，要做到這個步驟目的在於：

✓ 提前讓客戶知道你對他到底有什麼樣的期望，這樣客戶就會感覺到安心，也可以贏得他們的信任，建立你專業的形象。

✓ 你也可以藉此機會讓客戶知道你對他們有什麼樣的期望，在一開始你就可以與客戶達成一個共識。

✓ 你讓客戶知道你對他們的期望，他們以後有機會時就會為你提供轉介紹，這樣未來你提到轉介紹的時候，他們也就不會感覺到太過突兀。

✓ 了解彼此的期望其實對雙方都是非常好的一件事情，因為我們人與人之間的交往，除了感覺良好之外，最重要的就是他能不能幫我達成我所要的，當這樣的人出現時你會覺得他是你生命中一個重要的人。

② 第 2 步驟：讓客戶把轉介紹當成是一件很平常的事情

直接讓客戶幫你轉介紹這樣可能會讓客戶覺得太過唐突，你可以用漸進式的方法，讓客戶把提供轉介紹當作一件很平常的事情，因為當你認為轉介紹是認識朋友理所當然的一種方式，當你覺得自然的時候這種情緒自然會感染對方，客戶自然也會覺得幫你轉介紹是再自然不過的事情，要做到這一點，你可以經常用隨意的方式提醒客戶，你希望他們能幫你轉介紹，在客戶不知不覺當中接受你的「指令」。例如，你可以養成習慣在與客戶談話要結束的時候，總是這樣的說：「對了，還有一件事情要麻煩你，如果你有朋友需要這樣的服務，不要忘了把我介紹給他們，如果你有向朋友介紹了我，請麻煩告知我一聲，這樣我就可以提供一些重要的資訊給你

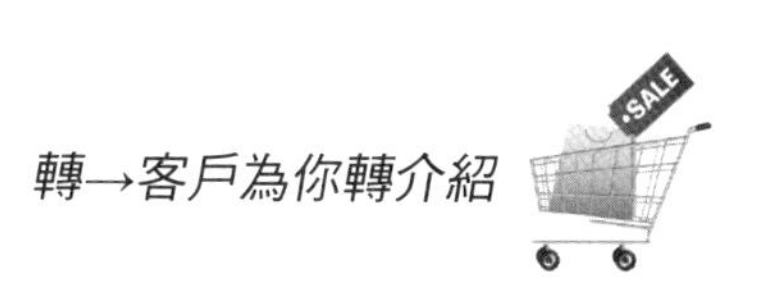

的好友。」

記住！因為你才開始建立轉介紹系統，所以不要太過於心急，想要期望立刻就可以獲得大量的轉介紹。任何的行銷活動要獲得成功，都需要不斷地重複、努力以及堅持。

③ 第 3 步驟：你要評估你自己當前的服務分數

你要知道你哪些方面做得比其他競爭對手好，你服務的分數是否是高標準，你要誠實的幫自己打分數，你要列出自己的優勢和強項。與你的客戶會談時要強調你的優勢，同時要記得你要寫下你要改進的事項，並把它作為你優先處理的事情，這樣就可以提高客戶滿意度，你還要有一個定期檢討的機制，慢慢地、一步一步改進你客戶服務的模式，千萬要記住你對自己的服務滿意，你就會越有信心發展轉介紹的業務，你越把重心放在轉介紹的業務上面，你就會提供客戶更高品質的服務，這是善的循環，另外，要讓客戶幫你大量的轉介紹一定要多多詢問客戶的意見，例如你可以這樣問客戶：

- 在哪方面你目前做得最好？
- 哪方面改進的話可以讓你更進步？
- 要怎麼做才能更容易的把你介紹給其他人呢？

④ 第 4 步驟：要有正確的培養轉介紹心態

要有一個正確的心態對自己說：「我提供的服務必須有熱忱」最重要的是，要讓客戶感覺到你的熱忱，千萬不要自我感覺良好，重點是客戶的感受不是你自己的感受。把客戶融入你的事業生活中，讓他們為你的成功感到開心，如果客戶對於你的事業私毫不在乎，基本上客戶是不會轉介紹客戶給你的，當客戶詢問你最近業務做得如何時，你要避免說一些沒有意義的客套話，你可以直接跟客戶說你做的很好，你可以很有自信地告訴他們，讓他們成為你業務的宣傳者為你帶來更多的轉介紹，不要猶豫錯失了業務發展的機會，只要你認為轉介紹是認識新朋友理所當然的一種方法，再按照以上的步驟開始發展你的轉介紹系統，讓客戶樂意幫助你，就形成了一個善的循環。

你提供客戶更好的服務，客戶會為你提供更多的轉介紹，你幫客戶達成他們的期望，客戶也會達成你對他們的期望，所以我們希望客戶怎麼對我們，你就必須先怎麼對待客戶。

我們是在要求不是乞求

轉介紹是業務員最重要的一門技術，少了轉介紹就像工廠少了一樣原物料，可能導致整個工廠生產停擺，但是這是否就意味著我們應該不惜一切地去要求轉介紹呢？

在要求轉介紹的時候，你的感覺是如何呢？會覺得不好意思嗎？會覺得被對方看不起嗎？還是根本你就覺得不應該去要求轉介紹？這些你心裡面的聲音，以至於當你的客戶對你說「不」的時候，你就不再開口問了，因為你覺得自己在勉強他人，而且你的客戶是非常不願意的，你又不想要破壞你與他的關係，因為你心裡認為他根本不會為你轉介紹，所以你沒有開口要求轉介紹，認為客戶應該要自己去尋找的，不應該讓客戶為你介紹，這些想法最後都會令你和你的客戶之間的關係變得非常緊張。

事實上，你的感覺取決於你要轉介紹的態度以及方式，那些對要求轉介紹感覺不好的業務們，其實他並不是在要求轉介紹，而是在乞求轉介紹；要求轉介紹你與客戶的地位是在一樣的水平，而乞求轉介紹你與客戶的地位是你在下客戶在上，所以你就會有被輕視的感覺，甚至有時候客戶態度會讓你覺得你被瞧不起，所以就不敢再去要求轉介紹，業績就這樣子一步一步往下滑。

「我需要您的介紹來擴展我的業務」這句話我們是不是很耳熟，但是這句話留給客戶的印象是什麼呢？客戶有可能認為你業績很好正在努力在衝業績，或是你的業績做得很差需要他幫你介紹，客戶的心裡難免會這樣想。所以如果你的業績差，客戶大概也不會想把他的朋友和家人介紹給你，因為人們不會把不好的事物介紹給其他人，即使勉強地介紹給你，他們可能也不是你理想客戶的類型，你也不會得到高品質的轉介紹客戶。

那麼，怎麼要求轉介紹才能獲得高品質的客戶呢？你應該審視自己的優勢，從自己的優勢著手要求轉介紹，而不是將自己定位在一個被需要、被幫助的可憐角色，換句話來說，你要將自己塑造成一名成功的人士，以及專業、有價值的人士，成功的人士和專業有價值的人士，都是對你的客戶有所幫助的。

同樣地，你對客戶的朋友們你也會有一定的幫助，當客戶介紹你給他朋友認識的時候，會感覺認識你是值得開心的一件事，這樣的轉介紹才會簡單容易，獲得的轉介紹的客戶才會屬於高品質的客戶，而不是去乞求轉介紹，最好的方式是客戶主動介紹客戶給你，而不是被你要求而不得已才介紹客戶給你，那要如何做才能讓客戶主動介紹優質的客戶給你呢？以下有三個步驟：

1 找出你的優勢

你不需要非常成功才可以做到這一點，在每個行業的業務都有他們的優勢，獻醜不如藏拙這一句話很重要，在還沒有找到你的優勢之前，你應該將你的缺點隱藏起來，利用時間與空間去將你的缺點修補起來，例如你不大會講話，那麼你就應該去上一些如何說話的課；你對產品不熟，你就應該利用下班時間好好研讀公司產品的資料；你不知道怎麼樣去做簡報，那就應該請教你的主管或是公司的 Top sales，總之在還沒彰顯你的優勢之前請先「藏拙」。

接下來你應該彰顯你的優勢，每一個人的優點不同，這個優勢不一定是專業的優勢，例如你做人很體貼，你懂得聆聽客戶的需求，你關心你所重視的所有事情，或是你樂於分享你聽到的所有開心的事。有時候專業以外的優勢更能替你獲取更多的轉介紹，所以當你與客戶會談時，請找出你與其他業務員不同的優勢，這個優勢是要對客戶有好處的優勢，如果你沒有一個非常明顯的優勢，請你利用你空閒的時間去學習，學習不一定要花錢，現在資訊爆炸，上 Google 可以學習到很多的知識，找出你喜歡、有興趣的事物，把它變成你獨特的賣點，當然專業的知識是必須要具備的，專業的知識搭配專業以外的優勢，你將與眾不同，記住一句話，「你與別人不同就沒辦法比較」，你就是第一、就是最好的、就是最棒的，客戶就非得找你。

② 將你的優勢讓你的客戶知道

這點很重要，因為客戶與你不熟，就算是你很熟的朋友也不一定知道你的優勢，所以你要先了解客戶比較需要哪方面的幫助，再去搜尋你本身的優勢，如果你的優勢可以幫助客戶所需要的，那麼就恭喜你，你獲得轉介紹的機會就非常的大而且品質會很高。我們並不是要在客戶面前表現得好像什麼都很厲害，這樣子反而會讓客戶感覺你很浮誇，你應該在你努力所選擇的範圍以內突顯自己，這樣客戶就很容易在從中認同你，所以當你選擇你的優勢的時候，你應該選擇哪些可以控制的範圍，而不是將所有的優勢全部組合在一起，那樣你將無法控制的。

③ 將你的優勢放入你的轉介紹流程中

在做轉介紹的時候你可以將你的優勢放入你的流程當中，這樣你的優勢反而是作為轉介紹裡面的亮點。例如，我懂裝潢這個優勢，我就會把裝潢放到轉介紹的流程中，我會問我的客戶：「你有哪些朋友目前正在裝潢或是想要了解這一塊的，可以介紹給我認識，因為你的關係我免費幫他們的忙……」之類的，如此一來客戶聽了幾乎沒有不開心的，因為他認為轉介紹是在給予不是要，所以他很樂意打電話給他朋友分享我，就算他朋友說不要他也不會有什麼損失。感覺就像我要給你一千元，你不要那是你的損失是一樣的。所以我的重點並不是在保險上，我的客戶也會樂於幫我轉介紹，因為他並沒有壓力，他認為介紹給我他的朋友認識，是在幫助他朋友。但是這些朋友轉介紹給我認識之後，我會不會把我的保險置入性行銷呢？那是肯定會的，一個人一旦認同你，你賣什麼東西都不重要了，所以裝潢是我一個敲門磚，重點是如何接觸到這些人。

克服恐懼

在要求轉介紹的時候你會恐懼嗎？我們先來談談恐懼感，我曾看過一段文字，其中對於恐懼感的定義，非常精簡也耐人尋味，這段文字是這麼寫的：「恐懼是一種企圖擺脫、逃避某種情景而又無能為力的情緒體驗。」這句話算是我看過對於恐懼這件事情最棒的一段定義了。

不要期待跟等待恐懼會自己消失，恐懼感它不會消失的，甚至減少的機會都沒有，你若是不面對面地與它對決的話，它只會日益壯大。我的經驗是，成功的人也會恐懼，不一樣的是他們會去練習面對恐懼，他們的心態是即使感覺恐懼仍要前進，去戰勝恐懼，並獲得一次成功的經驗。戰勝的關鍵就在於不斷地練習，練習多了就會習慣。

馬克・吐溫說過：「我一直以來有成千上萬的恐懼，但是絕大部分都沒有發生過」

一開始我們要求轉介紹的時候心裡面都會有許多個被拒絕畫面，但是我的經驗是，這些被拒絕的畫面是很少的，最多只是碰軟釘子，但是你不去要求轉介紹你永遠活在恐懼中，一旦你要求轉介紹成功一次之後，這種恐懼感會慢慢地縮小最後會不見，只要你願意試著開口，別人是很願意幫助你的。

有三個原因會造成我們對轉介紹產生恐懼，我們如果克服這三個會讓我們產生恐懼的原因，就不會那麼排斥轉介紹了。

首先，你要意識到你有這樣的恐懼心理，然後你必須承認你恐懼轉介紹是很正常的，接下來你要用積極思考的方式來面對它，然後去做一次轉介紹並獲得一次成功的轉介紹，這樣才能真正消除你的恐懼感。

① 害怕表現得太強勢

幾乎所有的業務員，都不希望自己要求轉介紹的時候表現得很急迫，因為他們害怕傷害了自己與客戶之間的良好關係，這點其實不難理解，如果恐懼是因為這一點的關係，那要克服這種恐懼也不難，你要做的就是，找到一個方法坦承地與客戶討論轉介紹，這樣就不會表現得過分急迫。

首先你不要設想客戶都願意談到轉介紹，如果你沒有經過客戶的允許，就直接開始討論轉介紹這個話題，這個話題是對彼此都沒有好處的談話，這時候你就是在強迫客戶，談到這個話題的時候要表現得非常委婉，你要先讓客戶同意你們之間可以討論轉介紹的話題，要注意的是不能把客戶逼到牆角之後，你才跟客戶提這個話題，因為他無從選擇，你要給客戶有兩種選擇，願意跟你談這個話題，以及不願意談這個話題，不能只有願意談這個話題這個單一選項，讓客戶有談話的自主權，這樣做的話客戶自然就不會覺得你在勉強他了。

② 怕被誤以為在乞求轉介紹

其實每一個業務員都有這樣的顧慮，即使是資深的業務員也會有，因為他們不想讓客戶認為，他們是不夠成功的所以需要客戶幫忙，或是有求於客戶要看客戶臉色。要解決這點其實也不難，你所要做的就是找到一個方法，在你和客戶談論轉介紹的時候，不要急著表現出你很需要幫忙，只要表現出你的自信心和你的價值，才可以讓客戶認為你並沒有在乞討。

首先不要說：「你透過轉介紹將獲得多少的佣金」，或者說：「我很需要你的介紹，拜託！拜託！」這兩種說法基本上都不妥，你轉介紹的話語，應該是從你可以為客戶帶來什麼樣的價值上，你可以直接問客戶說：「您覺得我的工作為您提供了什麼樣的價值。」在得到客戶肯定之後接著詢問「您覺得什麼樣的人會從我的工作和服務中受益呢？」只要你的出發點是表現出你的價值，自然你就不是在乞求了。

③ 害怕被拒絕

即使非常成功的超級業務員，當要求轉介紹的時候被客戶拒絕，他們也是會感到失落的，那你要如何克服這種害怕被拒絕的恐懼呢？

你必須知道，當你已經詢問客戶對你工作的看法的時候，當客戶認為你的工作是有價值的，在這個基礎上你再提出轉介紹的要求，如果客戶還是拒絕為你介紹生意，這就與你無關了。因為原因可能出在客戶本身，有可能客戶不喜歡做轉介紹，他們過去或許有不好的經驗，怕朋友會責怪他，這時候你能做的，就是幫他消除以往或是現在這些恐懼，當你付出行動積極地要求轉介紹，你想要的結果並不是一定會依你所願，所以結果不是你單方面能決定的，你要知道的是有時候是比例問題，十個人裡面或許只有一個人會給你轉介紹，重要的是只要你有開口問，總會有人給你轉介紹，總會有人過段時間才為你介紹朋友，也總會有人都不為你介紹，但是只要採用合適的方法，你就不會表現出強買強賣，你也不會顯得在搖尾乞憐。

30 要求轉介紹的 15 個步驟

轉介紹這件事，並不是記得的時候才開口要求就可以達成，是要有一定的步驟與的鋪陳，只要遵循以下的步驟與流程，你就可以持續不斷地獲得轉介紹，這樣就可以以轉介紹作為開發人脈為基礎的業務工作。

1 心態調整

你必須試著將轉介紹作為你開發客戶的主要管道，並且堅信轉介紹可以為你帶來龐大的業績，當然在要求初開始階段一定會有許多的拒絕，但隨著這些拒絕，你應該不斷地檢討，不斷地嘗試，不斷地去做，不斷地修正，終究你會找到屬於你轉介紹的模式，一旦找到你轉介紹的模式，你再被拒絕的機率就會大大降低，相對的成功率會大大的增加，到那個時候你就會有幾個轉介紹中心，所謂轉介紹中心就是非常願意幫你介紹客戶的介紹人，所以第一步驟請調整你的心態，請記住沒有人應該幫你做轉介紹，主動出擊、馬上行動是關鍵。

2 轉介紹前的準備

首先你應該向客戶說明，他幫你轉介紹的時候他本身可以獲得的好處，向他們說明你需要在短時間之內尋找精準的客戶，才有更多的時間投入到幫助他們實現目標，以及為他們提供一流的服務，人們往往只對自己有利益的事感興趣，鋪路的階段應該讓客戶了解對他們而言幫助你有什麼好處，他們才會與他們的朋友與同事分享你這個人，而不是你需要業績。講對他們的好處可以運用故事來呈現，因為人們都喜歡聽故事，用故事的方式來說明提供被轉介紹者的好處。

例如：「吳先生除了將你介紹給我之外，也將我介紹了給黃先生，你認識黃先生嗎？我和黃先生會面了，他真的很滿意我所提供的財務規劃」，記住介紹你自己的服務的時候，切忌用條列式的方式做介紹，要用故事性的方式，最好有比較性的服務來突顯你的服務比其他人好，更好的方式可以加上你的客戶見證，來證明你所說的是真實的，這樣會讓你的客戶對你的服務更加滿意，所以他會更樂於幫你做轉介紹。

③ 開始要求轉介紹

先簡單地向你的客戶說明你在尋找什麼類型的客戶，你理想的目標客戶是什麼方向的，然後詢問你的客戶是否有認識你正在找的人，他們是否可以為你引薦、讓你有認識他們的機會，並且說明被介紹人能從你的服務中獲得什麼好處，如果你的客戶沒有立即提供轉介紹，請給他們思考的空間，跟他們說你會再與他們見面或是打電話問他們，主動積極地要求轉介紹，會讓你的客戶覺得你很重視這件事情。

④ 再次要求轉介紹

如果第一次要求轉介紹沒有得到回應，千萬別放棄。你應該詢問客戶他的顧慮，針對他的顧慮提出解決方法，或者是等下次見面的時候再次詢問，如果客戶提供轉介紹的名字，你只要說：「太棒了！您還有想到誰嗎？」不要客戶給你一個轉介紹的名字，你就立刻要求客戶打電話幫你轉介紹，應該是停留在客戶幫你搜尋你想要的客戶類型，不然你貿然打斷他的思考，要再次請他幫你搜尋你理想的客戶，就會變得困難，因為對方如果能想到一個轉介紹的名字，通常也可以聯想到其他幾個類似背景的人，但必須給他們一點時間。

在過程中你也可以參與他的思考，例如你可以說：「您跟他是好朋友嗎？」「還有誰是你們常常在一起的？」「你們之前聚會還有誰參與？」「你們 LINE 群組還有誰呢？」等待客戶提供了幾個轉介紹的名字，你再從中去篩選一些不錯的客戶，進行下一步。記住客戶在認真思考搜尋他的資料庫的時候，我們不要打斷他，我們要做的只是等待、提醒、鼓勵、感恩，等待他思考的時間，提醒你要的客戶類型，鼓勵你的客戶持續地搜尋，感恩你的客戶花時間思考幫你做轉介紹。

⑤ 蒐集客戶提供的相關資訊

你對客戶的瞭解越深，他們真正變成你的死忠客戶的機會越高，一旦客戶提供的名單，你就可以詢問被介紹者的背景和相關聯絡資訊，這裡你問得越詳細越好，但是也有幾個具體的問題一定要詢問，例如轉介紹者的電話、公司、地址、職業、家庭狀況，你們是什麼樣的關係？怎麼樣認識的？為什麼會選擇介紹他？至少這幾個部分一定要去了解，之後接觸到轉介紹者的時候，就要想辦法去蒐集一些資料。

以下是我建立客戶會蒐集的四十種資料，蒐集好你可以用電腦歸檔，下次要搜尋相關資料就會很快找出相互的需求，掌握更多參考資料，並不是每一項都要蒐集，你可以自行篩選。

01、姓名 ______________ 暱稱（小名）______________

02、職稱 ______________________________

03、公司名稱地址 ______________________________

03、臉書、LINE 等相關資料 ______________________________

04、電話（公）______________ （宅）______________

05、出生年月日 ______________ 出生地 ______________

06、身高 ______________ 體重 ______________ 身體五官特徵 ______________ （如禿頭、關節炎、嚴重背部問題等）______________ 教育背景 ______________

07、高中名稱與就讀期間 ______________________________

08、大學時代得獎紀錄 ______________ 研究所 ______________

09、課外活動、社團 ______________________________

10、兵役軍種 ______________ 退役時軍階 ______________

11、婚姻狀況 ______________ 配偶姓名 ______________

12、配偶教育程度 ______________________________

13、配偶興趣／活動／社團 ______________________________

14、結婚紀念日 ______________________________

15、子女姓名、年齡 ______________ 是否有撫養權 ______________

16、子女教育 ______________________________

17、子女喜好 ______________________________

18、客戶的前一個工作 ______________ 公司名稱 ______________

19、參與的社團 ______________________________

20、是否受聘為顧問 ______________________________

21、客戶長期事業目標為何 ______________________________

22、短期事業目標為何 ______________________________

23、客戶目前最關切的是公司前途或個人前途 ______________

24、是否熱衷社區活動 ______________ 如何參與 ______________

25、宗教信仰 ______________ 是否熱衷 ______________

26、對此客戶特別機密且不宜談論之事件（如離婚等） ______________

27、目前健康狀況 ______________________________

28、飲酒習慣 ______________ 所嗜酒類與份量 ______________

如果不嗜酒，是否反對別人喝酒 ______________

29、是否吸菸 ______________ 若否，是否反對別人吸菸 ______________

30、最偏好的午餐地點 ______________ 晚餐地點 ______________

31、最偏好的菜式 ______________________________

32、是否不喜歡別人請客 ____________________

33、嗜好與娛樂 ____________ 喜歡閱讀什麼書 ____________

34、喜歡的度假方式 ____________________

35、喜歡觀賞的運動 ____________________

36、車子廠牌 ____________________

37、喜歡的話題 ____________________

38、喜歡被這些人如何重視 ____________________

39、客戶自認最得意的成就 ____________________

40、你認為客戶長期個人目標為何 ____________ 你認為客戶眼前個人目標為何 ____________

6 請客戶先聯絡被介紹者

拿到轉介紹名單之後，千萬不要自己先主動打電話的給被介紹者，這樣這個轉介紹的名單就讓你浪費掉了。第一步一定要先請客戶幫忙，由客戶先打電話給被介紹者，讓被介紹者了解到你近期會與他聯絡，很多人不喜歡私人的資料被其他人洩漏，所以讓你的客戶先幫你搭上線，也是對被介紹者的尊重，也提高了被介紹者答應與你見面的機會，畢竟我們是要運用客戶與被介紹者之間的信賴感，客戶開口幫你邀約成功的機會，會比你自己打電話去邀約來的高太多，既然都跟客戶要到轉介紹的名單，請珍惜這個名單，用最聰明的方式邀約才是轉介紹的精髓。

7 跟進客戶

如果客戶不確定他們提供的被介紹者是否合適你，或者他們當下無法馬上為你聯絡被介紹者的話，你應該告訴客戶你會與他們再聯絡，還有會等他們聯絡被介紹者之後，你才會再聯絡對方。有時候客戶在當下因為沒有習慣幫人家做轉介紹，他會有所遲疑，這時候你可以稍微給客戶壓力，但是如果客戶還是不願意當下幫你打這通電話，你就不應該再勉強他了，你應該做的是了解客戶心裡的顧慮，並且也給客戶時間了解他幫你做轉介紹後，可以得到的好處，以及你會為被介紹者帶來什麼樣的服務。因為人們都很愛惜自己的名聲，在客戶還沒有了解你這個人之前，大部分的客戶會有所顧慮，所以保持跟進是很重要的，根據我的經驗，第一次沒有給你轉介紹或是不幫你打電話的客戶，通常在跟進第三次之後，願意幫你轉介紹的比例會大大的提升，你只要讓客戶感受到你很重視轉介紹，以及你可以帶來的好處，這樣持續地跟進，你一定可以獲得轉介紹的名單。

⑧ 感謝介紹者的轉介

許多的業務員認為，客戶幫他們提供轉介紹，是用的客戶寶貴的人脈資源，但是有一點請你記住，客戶的轉介紹資源有可能是他的閒置資源，你的客戶也會從中獲益，因此，在獲得轉介紹之後你要提醒你的客戶，透過你的轉介紹服務，你可以更加專注於客戶的服務上，因為你已經省去許多時間去尋找準客戶上，剩下來的時間更能專心在服務客戶，達成他們的目標和期待。

此外，提醒他們，他們也能幫助好朋友找到一個值得信賴的朋友，協助他們解決部分的問題，轉介紹不是只為了讓業務員得到滿足，而是讓你的客戶可以受益，換句話來說，就是得到更好的服務，你要感謝你的客戶幫你做介紹，可以透過手寫的卡片給客戶，儘管透過 LINE、FB 比較快速方便，但遠遠不如手寫卡片更能表達你的誠意。試想若客戶在為你做轉介紹的隔天就收到你的感謝函，客戶會感覺到很窩心，並且會想再積極幫你做轉介紹，你也要讓客戶了解即時的訊息，讓他知道他轉介紹給你的人與你目前的現況是如何。

⑨ 打電話邀約被轉介紹者

開始打電話給被介紹者時（客戶介紹給你的人），你要使用客戶與轉介紹之間的關係，來拉近你與被介紹者之間的距離，你要告訴對方，為什麼他的朋友會介紹你讓他認識，你與其他同類型的業務有什麼不同，並告訴他從介紹人的那邊了解情況了，即使對方說他已經有固定配合的業務員了，你應該告訴他你了解這個情況，因為介紹人有事先說明這個情況，但仍然相信你可以為他提供不一樣的服務，一旦對方同意與你見面，你就要安排好會面的時間地點，然後告訴對方你會透過 LINE

或是簡訊，提醒他前來會面所需要準備的資料及文件，並且再次感謝他願意給你這一次的見面機會。

⑩ 提醒對方見面時間

記住，這個步驟你已經在電話裡跟他確認見面的時間，但是你要知道，這件事情對你來講是很重要的，所以你自然很重視這一次的見面，以時間上你會記得很清楚，但是對對方而言，這一次的見面是被動的，對方當然不會比你還在意，對此次約會的時間與地點，一定沒有像你來的那麼重視，因此你必須發送一封提醒的訊息給對方，這個訊息只是提醒，而不是要求對方遵守，不要讓對方感覺到好像非去不可的感覺，否則，你會給對方不見你的理由，畢竟你們都還是對彼此很陌生，一點點讓對方感覺不舒服，都會讓對方把它放大處理，所以訊息的內容除了要包括時間、地點之外，你也要列出客戶需要準備的文件及清單，如果對方沒有讀你的訊息，也不要馬上打電話去催促，因為對方可能正在忙，請耐著性子等待一會。

如果你不幸被對方放鴿子的話，也不要輕言放棄這個機會，對方跟你說他不能赴約時，你應該跟對方說，你為這一次的見面準備了許久，特意將其他的重要約會都排開了，而且你也已經到現場了，但是你理解對方也是沒辦法臨時有事才沒有辦法赴約，所以你可以諒解。當下你要做的是，再次與對方確認下次的時間，如果對方在忙，要盡快與對方敲定下次見面的時間，利用當下對方對你的愧疚感，是邀約下一次見面的一個很好的機會，這樣你的邀約才會比較容易得到「Yes」。

⑪ 告知介紹者你即將與他介紹的朋友見面

此時，你已經確認與被介紹者見面的時間和要討論的內容之後，你應該立即將這個資訊告訴介紹人，讓介紹人可以及時了解到，他介紹給你的朋友與你現在的互動，這樣可以讓介紹者很安心地將他的朋友交給你，你也要跟介紹者提到你與被介紹人之間談話的內容大綱，而介紹者報告你與轉介紹者之間的互動，是對介紹者的尊重，你可以透過 Email、打電話、LINE 等任何方式告知介紹者，就是不要等到介紹者主動開口問你，如果走到了這一步，介紹者以後為你轉介紹的機會就不大了。

切記，得到了轉介紹很開心，但是要維繫介紹者對你的信任更重要，畢竟留住老客戶的成本比開發新客戶的成本來的低，而且轉介紹的品質會隨著次數的增加而提高，因為一次次的轉介紹，會培養出你們之間的默契，介紹者也會因為幫你介紹客戶而很有成就感，一旦介紹者有成就感，幫你持續轉介的動作就會源源不絕，因為某一方面來說，幫你介紹客戶就變成他的責任，但是我們這邊心裡也要明白，客戶幫我們做轉介紹不是應該的，所以我們要時時刻刻感謝介紹者。

⑫ 再次了解介紹者與被介紹者的關係

在與被介紹者見面的前一天，你應該再次複習介紹者與被介紹者之間的關係，並且擬定出一套說法，要把你和介紹者與被介紹者之間的關係，利用一個故事或是一套說法串起來。把你們之間的關係用個故事連起來，這樣才可以藉由介紹者與被介紹者之間的信賴感，加諸在你身上，所以你必須了解被介紹人的資訊和介紹者的關係，因為第一次見面對你的印象是很重要的。

⑬ 見面後不斷提到介紹者

終於到了與被介紹者見面的那一天，見面的一開始，最好不要直接切入你的業務範圍，可以的話請先噓寒問暖，告訴被介紹者這裡是怎麼認識介紹人的，並且為什麼介紹人要把你介紹給他認識，在交談中你要不斷地提到介紹人的名字，這樣可以讓被介紹者感到安心，因為你的名字對他來講是陌生的，而介紹人的名字對他來講是熟悉的，雖然介紹人沒有一同前來，這樣不斷地提到介紹者的名字，安撫被介紹者不安的心。

之後，你可以開始介紹你自己，記得要用故事的方式來呈現你，這時候也要告訴被介紹者，你的客戶大部分都是透過轉介紹而來的，你經營客戶的模式也是透過轉介紹，這一點很重要，因為被介紹者很有機會會變成介紹者，這一切都是要讓對方知道介紹客戶給你是在正常不過的，之後你便可以慢慢切入正題。但是你也是要看狀況，有時候被介紹人比較忙希望你快點切入正題，過程就必須要加快，但是前面介紹人和被介紹人之間的關係也要稍微說明，最主要是你要有一套你的獨特賣點，與其他競爭對手不一樣的地方在哪兒？比他們好的地方有哪些？可以帶給客戶更多的好處有什麼？為什麼介紹人要把你介紹給業務員，業務員可以做哪些不一樣的服務，甚至可以做一些銷售前的免費服務。

⑭ 回報介紹者這次見面狀況並再次感謝

與被介紹人的會面結束後，應盡快找時間把此次會面的內容分享給介紹者，一開始只要說明大概即可，但是有一些屬於客戶機密的東西，即使介紹者與被介紹者之間的關係很緊密，但是被介紹者的一些個人資料也是需要保密的，有時候被介紹者會故意測試你，而你就要注意保密這部分，你可以跟介紹者提到此事的會面很愉快，你會幫被介紹者做的服務有哪些，以及你對他的印象，之後你只要再做一次感謝介紹者的介紹，這樣即可。有時候介紹者也會跟你說不需要跟他報告，所以每個人的屬性不同，對應的方式也要有所不同，不能一成不變地去面對每一個人，人情世故是基本做人的道理，懂得變通在人際間的交往上才不會顯得死板。不過唯一不變的是感恩的心，每一個人都喜歡懂得感恩的人，所以再一次感謝介紹者的介紹，不管你生意有沒有做成，都要感謝他。

⑮ 對被介紹者要求轉介紹

我們要知道任何時間、任何地點，都可以進行轉介紹，所以被介紹者也可以變成介紹者，再與被介紹者接觸交往變熟悉後，你也可以要求轉介者開始幫你轉介紹，就如同當初介紹者介紹給你們認識一樣，所以前期你必須讓被介紹者知道，你的客戶都是轉介紹而來的，基本上你不做陌生開發，所以之後當你開口要求轉介紹時，對方自然不會覺得奇怪，在過程中你也要提及被轉介紹的人有哪些好處，以及介紹者可以獲得到的好處。

至於什麼時候開口要求轉介紹呢？

這個沒有一定的，要靠經驗來判斷，有時候就算第一次見面的人，因為對方的個性的關係，也可以要求轉介紹，人是這世界上最複雜的東西，所以你必須不斷地培養轉介紹的經驗，才會在轉介紹上不斷地精進，不要怕失敗、不要怕拒絕、不要怕難看，因為這一切終究會為你帶來可觀的收益。

31 開口要求轉介紹的七大原則

不可否認的，轉介紹是讓很多的業務員業績增加的最佳方式，可是，很多的業務員卻沒有好好地掌握轉介紹的策略，白白錯失了轉介紹的良機。很多業務員都是這樣子說：

✓ 每次主動開口要求轉介紹的時候，我總是覺得很不自然。

✓ 客戶他明明就很認同我的產品，也很讚許我的服務，但是我心裡總是覺得他不會幫我做轉介紹。

✓ 客戶有提供轉介紹名單給我，但是客戶提供的轉介紹名單都不是我想要的客戶類型。

業務員之所以會碰到以上的問題，是因為沒有一個很好的轉介紹策略，以下將分享開口要求轉介紹的七大原則，首先要先避免一些無謂的問法——

✓ 如果請你推薦一個朋友給我認識，你會介紹誰呢？

✓ 既然你認同我的服務，我們就來談談你可以介紹誰從我的服務獲得益處。

✓ 如果你能把我介紹給你的朋友，我會非常感謝你，因為我的業績要長期發展就需要新的客戶，到目前為止我能找到的客戶實在是太少了，所以需要你的介紹。

以上的問法都犯了一個同樣的錯誤，就是這些問法都是從業務員的角度來問，而不是有客戶的角度來出發，正確的問法應該是以客戶的利益好處為優先，請參考以下開口要求轉介紹的七大原則：

① 你要主動承擔發展業務的責任

你要記得，客戶沒有責任和義務要主動地幫你做轉介紹，你不應該讓客戶有一種感覺，就是讓客戶感覺好像必須為你做轉介紹，更不應該以你的服務當作籌碼去威脅客戶轉介紹。

② 要融入客戶的工作中

如果你希望客戶為你做轉介紹，請記得，你必須要了解客戶的工作內容，以及他身邊的一些同事，如果可以的話，盡可能參加客戶的活動，讓客戶視你為朋友而不是生意上的業務，因為朋友幫朋友是天經地義的。

③ 與客戶展開真誠的對話

你可以透過一些關於客戶生活的話題，自然而然地引入轉介紹話題，例如你可以這樣問客戶：

● 你的工作有什麼新的變動嗎？

這客戶的工作若是有變動，意味著他的同事的工作也可能產生變動。

● 家裡面有什麼樣新的變動嗎？

這樣問是要展現出你對客戶他們的生活感到興趣，並且願意幫助他們的親朋好友，人們都喜歡對他生活感興趣的朋友，因為重心會在自己身上。

● 你放假有什麼樣的計畫？

這可以有機會讓你了解客戶的社交情況並表達你的關心。

④ 你的問題都要具體化

你的問題如果沒有具體的提問，有時候客戶會聽不懂，假如你是賣房子的房仲，你可以這樣子問：「你認識的人中，有誰……」

● 準備要結婚了，所以想要換房子。

● 家裡的成員變多，想要換大間一點的房子。

● 想要賣房子……

● 在找房子。

5 要求介紹而不是轉介紹

● 我希望可以與你弟弟認識一下並且聊聊，你可以介紹我們認識嗎？

● 我希望能認識在社團裡面和你一起出去玩的那位王先生，你能向他介紹我一下，然後我們三個人一起去用個餐，好嗎？

● 上一次打高爾夫球的時候，你有提起這個禮拜有約幾個高階主管的朋友一起打球，你認為他們對新車子的安全配備會有興趣嗎？下次能介紹我們認識一下嗎？我請你們一起共進下午茶。

● 上次你有提到你有個朋友剛生小孩，可能需要規劃他的醫療保險，你可以幫我介紹、引薦嗎？

6 試著嘗試委婉的要求方式

● 向客戶建議可以多提及你的名字以及服務

例如，我目前想要拓展我的業務，歡迎你多向別人提及我的名字以及我的服務內容。

● 發送感謝函

發感謝函並且順便提起轉介紹的要求，感謝客戶這陣子的照顧，客戶的轉介紹對我來說是最大的一個肯定，也期望你能繼續肯定我，我一定不會讓你失望的。

● 用詢問回饋的方式來要求你的轉介紹

先詢問客戶說：「你覺得這個產品如何呢？」然後接著說：「如果你有想到誰適合這個產品的話，請通知我一下好嗎？」。

● 給予讚美的方式

對特別喜歡的客戶這樣說：「我希望能有更多像你這樣優質的客戶，所以你介紹的客戶一定都是跟你一樣的優秀。」

⑦ 系統化地要求轉介紹

你必須將轉介紹系統化，何謂系統化呢？簡單來說就是要有策略性地要求轉介紹，要有步驟以及流程，根據客戶的反應一步一步地走下去，並且領導客戶做轉介紹，後文將會介紹如何系統化轉介紹，並請記住一個重點，轉介紹應該以客戶的利益為優先考量，這樣開口要求轉介紹將不再有困難。

以客戶為中心的轉介紹

即使是頂尖的業務員，有時候也會懊惱無法得到理想的轉介紹，而從事業務經驗不久的業務員，也會苦於無法取得足夠的轉介紹，究竟是什麼原因使得年輕的業務員和頂尖的業務員都覺得轉介紹很難呢？

在我開始分享轉介紹之前，讓我們自己先做個簡短的自我評量吧！

- 想到轉介紹的時候你有什麼感覺呢？
- 是不是想到要取得轉介紹名單時候，你就覺得不舒服呢？
- 你是不是你有為自己設定目標，每次會面你有設定想獲得多少個轉介紹名單呢？
- 如果你認為轉介紹只是讓你自己拓展業務有關的一件事情而已，你將不會得到很多轉介紹，更不用說有高品質的轉介紹。

以上這幾個心態要求的轉介紹都不太有效，也會導致於你不願意要求轉介紹，所以在你獲得轉介紹之前，你要擁有正確的心態，首重以客戶為中心，而獲得轉介紹並不只是你拓展人際關係的一種方式，而是將你的服務讓下一個人感受到的一種管道和方式，也就是說讓愛傳承下去，在你開始利用轉介紹建立你的業務體系的時候，你是否相信你所從事的這份工作呢？你知道透過你所做的服務，可以影響和幫助很多人嗎？

如果你沒有這種堅定的信念，你的轉介紹一定做得不好，如果你不能獲得轉介

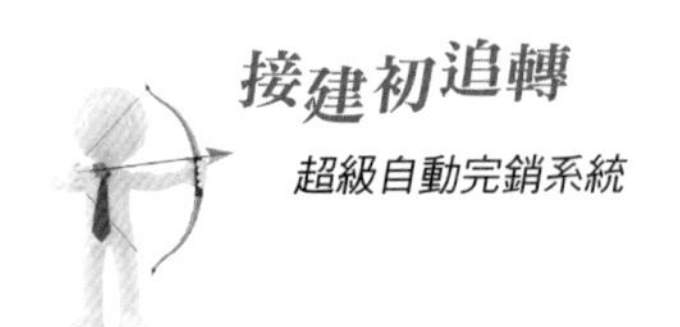

紹，請不要埋怨或忌妒他人，因為是你自己不想得到，不是別人不想給你的，請優先檢討自己，如果你服務能做到最好，讓你的客戶 100% 滿意，並且讓你的客戶知道轉介紹對你來講多麼的重要，客戶自然會主動幫你做轉介紹，你必須透過最好的服務讓客戶喜歡你，讓客戶沒辦法忘記你的服務，要盡力達到客戶的期待來爭取客戶的轉介紹，你必須問自己兩個問題，我可以做些什麼讓我的客戶更喜歡我呢？我是否付出得夠多，足以換取更多的轉介紹呢？

思考這兩個問題，你就會發現你的轉介紹的數量會大大的增加，記住如果你為客戶服務得夠好的話，客戶自然會想好東西要和好朋友分享，這是很有效的一個方法，也是很公平的方式，關係越好，建立的信任感越多，你獲得轉介紹的品質就會越高，這是不變的道理。

32 轉介紹的時機

我們要知道轉介紹的時機也是非常重要的，時機不對，要求轉介紹是無效的，所以能夠掌握轉介紹的最佳時機就已經是成功了一大半。

業務銷售，成交並不是終點，而是另一張訂單的開始，更是另一個轉介紹的起點，想要簽下更多訂單，你與客戶之間的關係，就是日後業績好壞的重要因素，也是轉介紹要求成功與否的重要關鍵，當你和現有客戶維持良好關係，客戶回來找你服務的機率就高，他也會因為你的服務好，願意幫你介紹新客戶。

但一個人的時間有限，客戶卻這麼多，又要如何有效率地經營客戶呢？

業務員最常犯的錯誤，是把火力集中在接觸「容易見面的客戶」、「願意約時間見面的客戶」、「短期內會做決定的客戶」，然而頂尖的業務員卻是以「應該見面的客戶」做為優先接觸的對象。

什麼是「應該見面的客戶」？首先，將你手上的客戶，依照與他們之間的關係分成 5 階段，如下表所示。

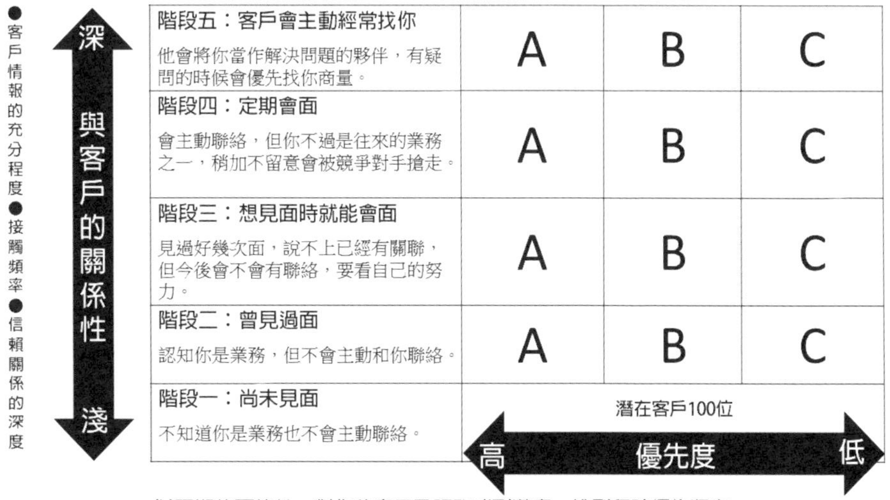

●客戶情報的充分程度●接觸頻率●信賴關係的深度

深　與客戶的關係性　淺

階段			
階段五：客戶會主動經常找你 他會將你當作解決問題的夥伴，有疑問的時候會優先找你商量。	A	B	C
階段四：定期會面 會主動聯絡，但你不過是往來的業務之一，稍加不留意會被競爭對手搶走。	A	B	C
階段三：想見面時就能會面 見過好幾次面，說不上已經有關聯，但今後會不會有聯絡，要看自己的努力。	A	B	C
階段二：曾見過面 認知你是業務，但不會主動和你聯絡。	A	B	C
階段一：尚未見面 不知道你是業務也不會主動聯絡。	潛在客戶100位 高　優先度　低		

以預期的可能性，對你的產品及服務感到滿意，排列拜訪優先順序。

● A 等級的客戶：是你最有可能獲益的對象，因此必須集中火力維繫好關係，大約每月一次定期拜訪。

● B 等級的客戶，每三個月拜訪一次。

● C 等級的客戶需要你的產品或服務的機會較少，能獲利的金額也不多，可減少拜訪頻率。

另一方面，有些客戶即使是當下無法成交，也不能就此斷了聯絡，絕大多數業務員根本不會拜訪無法投保的客戶，像是罹患癌症的病人。但是這樣的客戶才應該經營，因癌症無法投保的人，往往更想要了解保險相關的知識。因為他知道保險的重要就會強力幫你轉介紹他身邊的朋友，因為他本身吃過這方面的虧，加上他本身又已是癌症患者，由他出來說明保險的重要是再適合不過的。

而且當他們癌症痊癒後，他們要怎麼加保？是否有年齡限制或例外的規定？保費又要怎麼計算？……等問題，就是你發揮專業的時候了。

當你在他生病時先拜訪認識，對方會心想「明明我無法投保，這個人卻還願意為我費心」而感受到你的用心，即便現在無法與你做生意，他也可能因為你現在的關心而日後與你做生意，或轉介紹他的朋友給你認識。

多久詢問一次轉介紹

我們在對的時間，以正確的方式要求轉介紹，將會確保你獲得最佳的成效，那麼應該多久詢問一次轉介紹呢？

這個答案當然是因人而異，但是還是有一些規則可循。很多業務員都知道，詢問轉介紹要越早問越好，越常問越好，但是你仍然要觀察客戶的反應，對每一個特定的客戶，詢問轉介紹的時機和頻率都會有所不同，至少你不應該每次會面的時候都要求轉介紹。那麼，什麼時候你可以詢問轉介紹呢？什麼時候可以問第二次呢？什麼時候可以問第三次呢？甚至更多次，你要遵循以下三個評估方式：

① 評估客戶的個性

每個人的個性都不一樣，所以在考慮什麼時候該向客戶要求轉介紹的時候，以及多久詢問一次，評估客戶的個性是你主要考慮的因素，客戶是屬於個性比較開放，還是屬於比較謹慎類型呢？很明顯地，對於個性外放的人，你可以比較早要求轉介紹，也可以要求比較多次，但是你要記得，如果客戶對你的服務感到很滿意，而到第二次見面的時候你還沒有要求轉介紹，那你就失去了要求轉介紹的大好的時機。

② 觀察對方第一時間的反應

如果一開始要求轉介紹的反應不錯，那麼通常可以在一到兩個月後再次要求，儘管你不應該在每次會面的時候都要求轉介紹，但是對於個性隨和外放的人，有時候他們非常樂意為你轉介紹，他們主動轉介紹的頻率有時候還比你預期的還要高，如果客戶初期的反應不是很積極，你就要思考一下如何再次要求轉介紹。

➜ 如果客戶這樣說：「我可以給你介紹名單，但是現在不行，讓我再考慮一下。」在這種情況下，你就可以下一次碰面時再次詢問。

➜ 如果客戶這樣說：「我不想轉介紹，我不喜歡這種方式。」

那麼，這種客戶你就要等到半年甚至一年之後再詢問，總之時間要拖得比較長，在你們建立更好的信任感之後再去嘗試吧！

➜ 如果客戶這樣說：「永遠都不要叫我轉介紹客戶給你。」

那麼面對這樣的客戶你以後就不要再問了。

③ 回想以前談話的內容

無論你選擇多久再次要求轉介紹，關鍵在於你必須回想你之前和客戶的對話內容，每次要求轉介紹之後，你要將客戶的反應記錄下來，放在你的客戶管理檔案夾裡面，下次拜訪客戶之前，調出上一次的對話內容，並在見面時不經意地再聊到上次轉介紹的話題，有兩種狀況：

第一種、客戶為你提供了轉介紹。「黃先生，很開心你對我的服務感到很滿意，上一次我們會面的時候，你介紹你的妹妹和之前的同事給我認識，正如你所知的，你妹妹已經成為我的客戶，並和我保持良好的互動，我想要知道你是否願意想想，還有沒有合適的人可以透過我的服務從中受益的呢？」

第二種、客戶沒有給你轉介紹。「黃先生，我很開心你對我的服務感到滿意，但是我們會面的時候，我有詢問過你有沒有朋友可以在我的服務中受益，當時你還沒有準備好要介紹你的朋友給我認識，我想知道，現在我們已經合作半年了，你是否可以想想，有沒有一兩位朋友會需要我的服務？事實上，我知道有幾位你認識的朋友，我應該可以為他們提供一些有價值的服務，不知道你是否願意花幾分鐘與我討論這個話題呢？」

有時候那些曾經拒絕給你任何轉介紹的人，最後可能變成你最多轉介紹的來源，只要遵行上面的步驟來要求轉介紹，並且於恰當的時機提出，成功的機會就很高，所以請開始行動吧！

過程中如何避免忘記要求轉介紹

有時候我們常常會懊悔自己忘記在會談中要求轉介紹，尤其是和客戶相談甚歡的時候，若是在那時提出來客戶一定會幫忙，但你卻忘了問轉介紹這檔事，結束之後你非常懊惱，並告訴自己說我下一次一定要問，結果下一次又忘記了，這是對自己業務不負責任的態度，所以你要想方設法避免忘記要求轉介紹。如果你只是說，我忘記了，下次我會記得，或是我要提醒自己記得轉介紹，這些都是不負責任的行為，你必須建立一個提醒的方式，或是一個責任的制度，這樣才能確保養成轉介紹的習慣，以下幾個方式可以讓你記得要求轉介紹的方法：

1 找一個監督人

首先你可以找一個監督人，這個監督人可以是你的同事，你們可以互相監督，一起進步，他也可以是你的主管，你也可以是你的助理，總之別依賴自己一個人，公開宣布你的承諾，往往更容易實現目標，因為我們都不希望，在別人眼中是一個言而無信的人，不是嗎？

② 要有懲罰的機制

當你做不到承諾的事情的時候，你必須彌補或是懲罰自己。例如，這次客戶的會面忘記要求轉介紹，你就罰自己不吃下一餐，或者是你就不能喝你喜愛的飲料等等，總之要有一個懲罰的機制，來讓你知道下一次不可以再次的忘記。

③ 利用提醒來製造緊迫感

例如這個月要達成100個轉介紹，最好的方式，就是期限到達之前把它完成，不要等到月底了（30日）才剛剛好達到目標，可以的話在20日就達成目標，所以你需要給自己製造緊迫感，例如用表格來規劃每一天必須達到的基本轉介紹數量，或是用電子郵件每天寄信提醒自己，或是設鬧鐘行程表來提醒自己，現在科技發達，提醒的方式更是百百種。

④ 螢光的便利貼

這是我最常用的使用方式，你可以去書局買螢光色的便利貼，貼在筆記本上，或是手機的背後，或是你要給客戶的文件上，總之當你看到便利貼的時候就要想到要求轉介紹。

任何的習慣都可以被建立的，關鍵在於你是否有強烈的意願，如果你渴望能掌握轉介紹這門技術的話，你就會找到適合你的方法，不惜一切地達到目標，如果你沒有那麼想要達到目標，自然就不會做到。不要期待轉介紹會自己從天下掉下來，你得為你自己做出承諾，然後用一切盡可能的方法提醒自己去實踐轉介紹的承諾。

如何做可以自動帶來轉介紹？

首先，我們必須明白一個很簡單的原則，如果你站在客戶的立場上去想，為什麼你喜歡和某人合作更勝於其他人呢，因為人們願意跟他們喜歡和信任的人共事，所以你必須確保一開始你的客戶初次見面時，就能創造出一種令對方舒服的感覺。

有一些會扣分的事情是必須要避免去做的。例如，不要吹噓自己有多厲害，更不要開始做起身家調查式的問卷調查，這樣反而會引起對方的不適，甚至他會不喜歡再和你多說話。你可以提出以下五個問題，這些問題會讓你的客戶有備受重視與關心的感受：

- 你的工作是什麼呢？當初你是怎麼開始的？
- 你最喜歡你工作的哪一方面呢？
- 你的職業在過去的幾年內有什麼變化嗎？若有的話你是怎麼應對的？
- 你怎麼看待你所從事行業的未來發展？在接下來的幾年情況會變得如何？
- 是哪一點的優勢，讓你的公司有持續性的進步呢？

以上所有的問題，都是開放性的問題，目的是要讓客戶多開口，多談他自己的經歷，更重要的是你提供了一個舞台給對方，讓他可以站在聚光燈下，談他成功的經歷，這就是讓他記住你的最佳方法，他會記住那個在一次的會面中讓他感覺良好的人，這樣你就會從那些只顧自己侃侃而談，吹噓自己的銷售人員中，脫穎而出。

像我個人最愛問的問題就是：「王先生，我如何才能知道，我認識的人當中，哪一位才是你理想的準客戶？」千萬要記得，你的目標是在所取之前先給予對方，你就會在眾多的競爭對手中脫穎而出，讓你的客戶對你另眼相看，把你的盈利點往後拉，不要急於很快就有利益到手，往往背後的利益會大於表面上的利益。現在的社會應該很少人會主動問你需不需要幫忙，所以你主動詢問要不要幫忙，就算對方不需要你的幫忙，你在他們的心中也已留下深刻的好印象。

反過來說，他們也想要反過來幫助你，甚至他們會問：「你的情況又是怎樣？你的工作是如何？我可以如何幫你介紹客戶呢？」

但是切記此時先不要談自己，或者你也可以這樣說：「王先生，今天的場合不太適合談我的事情，不過我們可以另外找一天的時間好好談談，如果可以的話，我們可以交換一下聯絡方式，下星期我再與你聯絡好嗎？」

記住！要帶著讓客戶享受的會談為目的，能讓你們之間的交談自然而然地流暢，讓客戶覺得受重視，多讓他們開口談論自己的事情，享受著暢所欲言的會談時光，所以恰當及合宜的問題，是會給客戶留下與眾不同的好印象，這時候就是自動轉介紹的契機來臨。

錯誤的轉介紹雷區

如果你詢問轉介紹的方式是不恰當或是錯誤的，會讓你獲得轉介紹的機率大大降低，無法成功建立以轉介紹為基礎的業務模式。很多業務員在詢問轉介紹時無意中會犯下一些錯誤，導致他們無法獲得理想或是品質高的轉介紹名單。

例如，很多業務員將焦點放在「詢問轉介紹」而不是「開始轉介紹的對話」，或是把話題圍繞在「自己的議題上」而不是「客戶所面臨的問題」，以下列出幾個詢問轉介紹最常碰到的錯誤雷區，以及要如何避免這些錯誤：

誤區 1　認為滿意的客戶就會提供轉介紹

這個錯誤是一開始以轉介紹作為開發客戶為基礎的人最容易犯的錯。實際上，要讓你的客戶為你提供轉介紹，基本上你要滿足客戶的需求，並且還要讓他們投入其中，最重要的是要與你的客戶建立起良好的關係和信任，而不僅僅是在業務合作的關係中，唯有這樣，才會更加進一步地讓客戶替你設想，這樣客戶自然就會提供轉介紹。

誤區 2　主動與客戶的朋友聯繫

很多被介紹者都是來自客戶的朋友或是認識的人，主動向客戶要求介紹適合的業務，你不應該認為認識客戶的朋友，就可以主動聯繫客戶的朋友，這樣會讓客戶覺得不被尊重，也會讓客戶的朋友感到你很突兀，讓他們覺得不舒服。你應該要用一種專業的業務模式，並且要以低調的方式讓客戶先幫你引薦，或是讓客戶知道你將去找他的朋友。不然一旦客戶的朋友將你主動找他們的事情跟你客戶說，你與客戶的關係必定會有所影響。

誤區 3　你認為客戶會自己覺得有幫你轉介紹的義務

客戶會繼續跟你合作，最主要是因為你的服務或是產品還不錯，所以才會繼續跟你合作下去，這並不代表他要幫你完成你的業務工作，必須幫你介紹客人。客戶會提供轉介紹名單給你的原因，最主要是因為他想要幫助朋友，而不是要幫助業務員，朋友關係、業務關係要記得分清楚。你要努力將業務關係晉升為朋友關係，因為朋友會幫助朋友，因此你要盡量避免說：「我想請你幫這個忙、你一定要幫我、拜託你、求求你」之類的說法。

誤區 4　你覺得要求轉介紹會破壞你專業的形象

有時候我們想得太多，會認為要求轉介紹就會破壞我們在客戶心中的專業形象。事實是恰恰相反，因為要贏得轉介紹，你只會更加注重自己的專業表現。例如有一位業務員的業績總是在團隊保持領先，他的秘訣就在於定期會給客戶一份電子期刊，並且向客戶表達出自己對他的關心，也讓客戶非常樂意向朋友提醒他並且推薦他的產品，所以你要求轉介紹並不會破壞你專業形象。

誤區 5　你總是在最後一刻才提到轉介紹

在整個銷售過程中，你詢問轉介紹的時機需要恰當地穿插在整個會談過程中，其中一個最好的做法是，把詢問轉介紹加入到討論的議題中，比如你在安排會面的時候就可以這樣說：「我們週一的會面，除了討論你的問題該如何解決之外，我還希望能向你介紹一下我心中理想客戶的類型」。

誤區 6　我們要記住目標是獲得見面的機會而不是要求轉介紹

我們一開始就要求轉介紹而進行的會面，這樣會讓客戶覺得很不舒服，客戶會覺得你跟他見面完全不是因為你關心他，是因為你自己的業績需求，所以才會要求會面，你需要的是展現你耐心，並且聚焦在你為他提供的服務價值，而不是一開始就急忙地以轉介紹為議題的會面，例如：除了要求轉介紹的會面之外，你還可以定期給對方發送一些有價值的訊息，例如，月刊、文章、座談會的邀請函等等。

誤區 7 很制式地問客戶是否滿意

如果你只是很單純地問客戶對你的服務是否感到滿意，客戶基於禮貌或是基於不好意思，通常你得到的回覆都會是滿意，但是這個滿意卻不是真正內心的滿意。這個滿意有點像你到餐廳吃飯，服務員問你今天的菜色你滿意嗎？如果菜色不是太糟糕或是服務員的態度不是太差，你通常都會說滿意，其實這個滿意代表的是差強人意。

因此你應該用開放性的問題問客戶，例如：對於我的服務希望你可以給我一些你的意見，這些意見可以讓我成長。或是你可以詢問客戶說：「希望我可以得到你的回饋，如果讓你選擇 1 分到 10 分，你會給我打多少分？」如果客戶給你 8 分，你不要高興得太早，事實上沒有 9 分或是 10 分，基本上都是不及格的，所以你還有很大的改進空間，這時候接著要求轉介紹就是一個很好的時機。

33 教導客戶如何介紹你？

轉介紹不僅僅是為了你的業務發展，很少會有人純粹是為了你的利益而幫你轉介紹，大部分是自己也有部分的利益，所以轉介紹對你的客戶有什麼樣的好處，你要怎麼傳達你的轉介紹是對客戶有好處的，你必須明確告訴你的客戶——

- 如果你可以得到客戶提供的轉介紹的話，這對你對他都有好處，你的客戶清楚明白這一點嗎？
- 如果你沒有想辦法讓他們知道，為你做轉介紹可以得到哪些好處，以及他們為什麼要幫你做轉介紹呢？

有些客戶內心會這樣認為，如果我幫你介紹很多客戶，那你為我做的服務不是就減少了嗎？因為時間必須要分配出去。但是這樣的想法是錯誤的！你要如何主動向他們說明這一點，你可以這樣說：

你：「王先生，我想與您討論，因我打算拓展我的業務，以及這對您而言，可能產生什麼樣的影響。」

王先生：「好的！請說！」

你：「許多的業務員跟我現在一樣，在找尋新客戶及服務現有的客戶之間尋求平衡，但是坦白跟您說，我寧願花大部分的時間來為我現有的客戶提供最好的服務，而不是花很多的錢和精力打電話陌生開發，或是花費很多成本來發送傳單和簡訊等等，所以我已經決定將我的業務方向，完全建立在現有客戶的轉介紹基礎上，也唯有這樣，我才能將精力與時間集中在您和老客戶身上，這樣才能為您們提供最好的服務，我這樣的決定您覺得對嗎？」

王先生：「嗯，是有道理，其實之前我也打算介紹一些同事讓你認識，但是我擔心如果我介紹客戶給你，你就沒有足夠的時間來繼續為我提供那麼好的服務，會有這種情況發生嗎？」

你：「王先生，其實很多人都會這樣子認為，不過實際的狀況並不是您們想的這樣，當客戶介紹他的朋友給我認識時，其實對您和我都是有益處的，對於您的部分來說，因為您有機會幫助那些您所關心的朋友，您也不需要花費很多的時間精力，影響到生活以及工作。對我的部分來說，我可以因此獲得新客戶，對您的同事朋友都有益處，就不用多花許多的金錢和時間來開發陌生客戶。我反而會把多出來的時間以及金錢，用來提供最好的服務照顧您的朋友們，並且他們透過您的介紹跟我合作會感覺到比較親切，比較能信任，也不會有太多的陌生感，或是一些尷尬的局面出現，您說對嗎？」

在客戶為你提供轉介紹之前，你必須要先消除他心裡面的顧慮，更要讓他看到，你為他提供轉介紹對他的好處是什麼。當然，你也要持續維持你的服務水準，甚至提升你的服務水準，來驗證你所說的這一切。如果你只是口頭保證這些好處，一直都沒有實際的行動，那客戶和他的被介紹人不會因為這樣子的保證，來為你提供許多的轉介紹，你的業務工作將又會陷入到沒有客源的窘境。客戶是屬於被動的，但是客戶他會一起跟你連動，你開始有在做服務的提升以及你所說的保證，客戶也會看在眼裡，他為你做轉介紹的機會才會大大的提升。

總之，你要透過實際的行動來提升服務的水平，以及提供最好的服務，讓客戶清楚地知道轉介紹是三方受益的業務模式。

教導客戶如何介紹你、如何給出你的名片

你的身邊一定有一些善良的人想要幫助你，這些人可能是家人朋友同事甚至陌生人，他們會將你的資料告訴他人，甚至將你的名片轉發給其他人。他們都是希望你可以獲得更多的生意機會，這樣的本意是非常好的，但如果方法不對，所得到的效果反而就打折了。

那麼，要怎麼樣才能讓那些想要幫助你的人，在為你發送名片時，可以獲得最好的效果，畢竟每一次發送的機會，都是可以獲得一位準客戶的機會，所以把握每次轉發送名片的時機，是你一定要做的，有時候家人、朋友、客戶，會在我們向他要求幫忙轉介紹之後，往往會跟我們說，那你多給我一些你的名片，我可以發給其他人。記住，除非你的客戶是對方公司的高階主管，否則你這樣給出去的名片通常是石沉大海，往往很難有很好的結果，以下提供的做法，能發揮最好的效益和成果。

➔ 如何給出你的名片

當你給別人名片的時候，你可以這樣對他們說：「王先生，可以的話我希望您的手邊會有我的電話號碼和其他聯絡方式，如果對我的服務有任何的問題，您可以隨時聯絡我，此外，我還多準備了幾張名片，如果您遇到有人問起有關我為您提供服務的時候，您可以給他們一張我的名片，看看他們是否樂於聯絡我。」

如何避免客戶隨手亂放你的名片，你可以再給客戶的名片上刻意寫上一些特別的號碼。例如，你幫客戶處理的一些業務要用的特別編號，或是一些文件的代碼編號，或是你公司的服務網站以及帳號，或是你幫客戶介紹一家服務不錯的電腦維修店的電話，或是一家美食餐館的地址及電話，總之你把你的名片變成一個重要的文件，客戶就不會隨手扔掉或是隨意擺放以至於遺失。

➔ 客戶給出你的名片

如果客戶主動跟你要名片，或者接受你給多的名片。首先你要先找出原因並且問客戶說：「您有沒有想到某些人是您會向他們介紹我的服務呢？」，如果客戶有提到一些具體的人名，你可以詢問客戶為什麼這些人需要你的服務，進而就有理由請他提供轉介紹。

此外，你需要在業務中保持積極進取的態度，大多數客戶給我們名片的時候，可能什麼結果都不會發生，客戶的想法非常好可是沒有結果，久而久之客戶也會失去幫你發名片的動力，因為所有發出去的名片都石沉大海，他會認為這一點用處都沒有，所以就不會繼續幫你發名片下去。因此，你要讓客戶的努力是有結果的，就必須教導他們這樣說：

① 第一步驟

「王先生，特別感謝您願意將我介紹給其他人，這是對我的工作最大的肯定，我想與您分享的是以什麼方式可以帶來最好的效果，才不會浪費您的寶貴時間。」

② 第二步驟

「很多的時候，當您幫我給出名片時，請對方聯絡我的時候，對方不一定會這麼做，有時候因為他很忙，有時候會因為他忘記，甚至有時候會不小心弄丟了我的名片，在這種情況之下，最好的方式還是由我這邊主動聯絡他。」

③ 第三步驟

「當您給別人我的名片時，是否可以順便問一下對方，他們是否願意讓我主動聯絡他，並且告訴對方，我不會強迫他們做出什麼樣的選擇，您也可以和他們分享一下您和我合作的經驗，我只是希望他們了解到，我是否能夠為他們提供我為您提供的建議和服務。」

客戶其實要做的很簡單，除了給出名片，並再問一句：「可以讓他（業務員）打電話給你嗎？」這就大大解決了給出名片的這個問題。

④ 第四步驟

你一定要定期追蹤那些有多給名片的客戶，是否他們有將你的名片給其他的人，如果有的話他們手頭上應該會有一些名單，你應該主動積極地去追蹤每一位多拿你名片的客戶，因為他們即使把你的名片照你的方式給了其他人，也徵求到對方的同意，可以允許你打電話給他，但是畢竟這個工作不是你客戶應該要做的。所以你的客戶不會主動積極地在第一時間告訴你這個消息。而你要化被動為主動，每過一段時間就用問候或是感謝的方式，去詢問那些多拿過你的名片的客戶，他們會意識到你對這件事情很認真、很重視，而他們也會認真對待這件事情。

我們自己都會忘記在會面中忘記要求轉介紹，更別是客戶要幫你轉介紹，畢竟這是我們自己的事情。

只要按照以上四步驟去給出你的名片，指導客戶怎麼給出你的名片，並且你要主動積極地去追蹤，這樣這些幫你給名片的客戶，就是你的分身了。

保密的重要性

我們要知道許多的客戶對於提供轉介紹的顧慮，有很大部分也是顧慮到個人的隱私，也就是你會不會為他的朋友「保密」，保密分兩個部分：

第一個是客戶的本身。

第二個是介紹給你的朋友的部分。

如果客戶介紹他的同事以及朋友給你認識，你會不會向他的朋友及同事，提到客戶本身跟你在業務上的內容？例如你是保險業務員，你會不會提到客戶跟你買了哪些保障內容，以及客戶的存款保險有多少？把客戶的資料用來向他的朋友當做行銷工具的使用。因為我們都知道，人性裡面有一個很微妙的關係，就是你買了什麼東西我才會跟進。所以，客戶也會因為擔心這一點而不想幫你轉介紹，所以你要透過堅守保密的保證，才可以消除他們的顧慮，記住是一部分不是全部，你不妨參考以下有關保密的對話內容：

你：「王先生，有時候我的客戶會介紹他們的朋友給我認識，因為我的客戶認為我的服務也可以幫助到他的朋友，如果您也有類似這樣的想法，首先我想讓您了解幾件事。

我要跟您報告的是，我對於我的工作要求很高，所以對客戶的隱私以及私人的事務會完全保密，沒有人能從我這邊了解到您的任何狀況，除非是經過您的同意。

同樣的，我也不會將其他客戶的資料透露給您，以及您轉介的朋友任何資料我也會完全的保密。其次，我的業務範圍主要是像您這樣非常成功的人士，他們已經投資了很多年以及儲蓄了很多的資產，但是他們需要有人幫助他們處理所有的細節，來保持資產的平衡。

（這裡你可以舉例或是講一個故事，用來描述你的理想客戶的類型是什麼，這

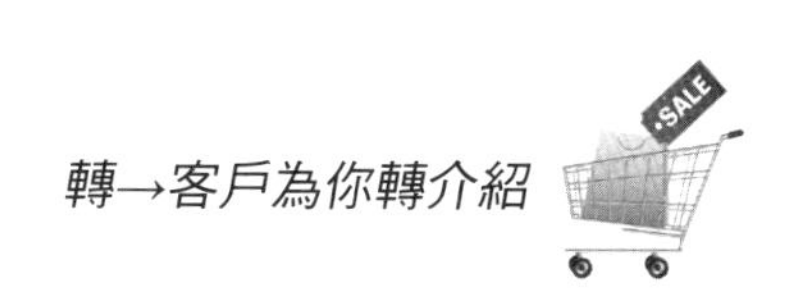

樣客戶才知道要介紹什麼類型的客戶給你）

最後，當我聯絡您介紹給我的朋友時，我不希望沒有經過他們的同意就打擾到他們，如果您這邊有想到可以轉介紹給我的朋友，我想先請您聯絡他們，並且可以取得他們的同意，我才會打電話給他們，這樣一方面是尊重您也是尊重您的朋友。我會一直與您保持聯絡，告訴您我和您的朋友之間的進展動態，並且我會非常重視他們，我也不會給他們壓力，因為這樣子會破壞您和他們之間的友誼，進而會影響到我和您之間的關係，您說對嗎？」

王先生：「沒錯！會有這樣的情況。」

你：「太棒了！請您記得，只要是您關心的人，我都有時間幫助他們的，所以，現在可以請您想想，您所關心的人有哪一些呢？」

保密對話的這個話題，你可以在各種不同的場合提起這個話題，對話只要自然就好，這種保密的對話有三個目的。

- 消除客戶對於轉介紹之後你可能會洩漏他們自己的隱私而感到擔憂。
- 同時你還可以提到，什麼樣的客戶才是你理想的客戶，讓客戶了解要介紹什麼樣類型的人讓你認識，若能合作對雙方都有好處。
- 消除客戶對於你服務他的朋友，會擔心你洩露他朋友的資料。

如果你有很好的客戶，都一直不願意為你提供轉介紹，保密性這個顧慮很有可能是他們的顧慮之一，直接與客戶進行面對面地討論，以誠懇的態度去消除他們所顧慮的。記得，你要主動地讓客戶了解，你對於客戶的隱私是會完全保密的，這樣客戶安心之後，提供轉介紹的意願也會提高許多。

 常見的轉介紹反對問題

因為每個行業都適合做轉介紹，這邊先以保險業為例，其他行業可以依樣畫葫蘆：

①「我一時想不出來誰對保險有興趣」

客戶之所以這樣說，可能代表他們一時之間沒有想到合適人選，並不是他們不願意幫你做轉介紹。那麼你必須想辦法指引客戶去回想，比如詢問客戶：「您最近有沒有跟誰一起用餐？您和社區裡的鄰居熟不熟？」當然，這也可能意味著客戶的一種委婉的拒絕方式。這時業務員就需要反省在與客戶接觸的過程中有哪些地方做得不好。

②「不用了吧，我的朋友都買保險了」

有些客戶的保險意識比較好，他身邊的朋友也可能與他相似都已經購買了保險。面對這些優質的客戶，你更要爭取認識的機會，人是很奇怪的，通常已經買的產品會一直再買，所以面對那一些已經購買過的客戶，其實才是最好的客戶。你可以這樣對客戶說：「我覺得更應該認識一下您這些購買過保險的朋友，當然並不是讓他們再買保險。我只是想跟他們交流一下保險方面的資訊，可以的話幫他們審視一下他們已經購買的保單，是不是有什麼部分可以稍做調整，例如有的客戶會買到相同性質重複的保單，同時順便看看他們是否還有其他保險需求。」

③「我還是先徵求朋友的意見後再說吧！」

這時你可以詢問客戶考慮的點是什麼呢？「是因為怕我會貿然去拜訪您的朋友嗎？還是會推銷產品給您的朋友？又或者是擔心我打擾到他們呢？」

這時候要儘量讓客戶放心，強調不會貿然拜訪，也不會強迫推銷東西，你需要給客戶承諾：「您絕對不必擔心我會去騷擾您的朋友。在拜訪您的朋友之前，我一定會先告知您。」

這時候甚至可以請客戶當場打電話給他朋友，當然我們在要求的時候態度要委婉，不能讓客戶覺得你在質疑他是在拒絕你，有的時候我們也要多給客戶一些時間，畢竟他們從來沒有幫業務轉介紹過。

④「我不想給朋友添麻煩」或「我不想洩露朋友的隱私」

有時，客戶認為朋友沒有購買保險的意願，怕徒增無謂的麻煩；或者儘管客戶相信保險產品，但擔心業務員會把朋友的資料用於其他方面。

這時你就需要提醒客戶：「之前我們也是經由您的朋友介紹而認識的，您覺得我給您添麻煩了沒有？有沒有洩露您的隱私？對您的朋友也一樣，我可以透過同樣的方式幫助他們。」

⑤「不希望被朋友認為我喜歡說長道短」

誰都不喜歡自己被別人在背後說長道短，有這樣的擔憂也是人之常情。首先你要讓客戶明白自己有能力也有意願服務好他的朋友。同時，也要告訴客戶：「在跟您的朋友見面前，我會先徵求您的同意。如果您不知道如何介紹我才能打消您朋友的疑慮，我可以為您提供幫助。」

⑥「我不想朋友礙於我的面子勉強投保」

為了糾正客戶的錯誤想法，你需要告知客戶：「您想想看，您買保險的目的是什麼呢？肯定不是為了別人吧？相信您的朋友也是抱持有相同的想法，他自己也會有這方面的需求。如果他不需要，我也不會以您的名義強迫他投保。」

⑦「如果你離職了，我朋友怎麼辦」

這時必須向客戶證明自己不會離職，最好把你的短中期的計畫跟你的客戶說，這樣可以讓他們至少安心在這方面你已經做了長期的規劃，可以的話給你的客戶看，你在這家公司未來的定位以及你長期的計畫，基本上不用給太仔細的規劃案，只要提及大致上的方向即可，最後跟客戶保證至少短期內沒有這方面的打算。

⑧「我給你做轉介紹只是在幫你賺錢，對我有什麼好處」

你要著重解釋保險的意義和價值：「雖然轉介紹對您沒有實質的好處，但是把我介紹給您親友的同時，也等於是您在做一件好事。請您想一想，如果您周圍的朋友發生不幸，您可以給予他多少經濟上的資助呢？就算您可以全額承擔這些費用，但萬一下次又發生了怎麼辦？既然您沒有辦法永遠資助他，何不把這個風險交給保險公司來承擔呢？所以您更應該把您重視的親友名單推薦給我，讓我來為他們服務。」

以上的回答都屬於官方說法，這樣的說法很好，但是顯然比較不會讓客戶主動積極地幫你做轉介紹，有另一個做法比較直接，如果碰到想賺錢的客戶可以這樣做——

你可以跟客戶說明，你會撥一部分的佣金當作轉介紹的答謝，或許有人不太認同這種做法，但是這種方法對某些人來講非常有效，金錢其實是最好的答謝工具，只是很多人礙於面子不好意思提出，有時候我們直接將問題的癥結提出來，對方反而覺得我們很上道，當然提出來的當下你可以用詼諧的方式提出，如果對方表現出很反感，你可以用「我跟你開玩笑的啦！」這句話帶過去。對方有沒有興趣可以從他的態度明顯判斷出來，例如，他會問他可以獲得多少佣金？

其實，你的態度要表現出來讓他覺得他獲得這筆獎金是他應得的，如果你表現出來的是不好意思的感覺，那他會覺得他做這件事情很不應該，某一方面他認為被你嘲笑，所以他就不會再幫你做轉介紹，所以當你提出可以分獎金給他的時候，只要對方不強烈拒絕，基本上他就是對你提的這個方案有興趣。

其實在轉介紹的過程中，我還蠻喜歡很直接的客戶，因為面對這樣的客戶是最好處理的，你也不需要花太多的時間經營這種類型的客戶，只需要定期的保持聯絡，提醒他要記得幫你轉介。所以下次客戶問你：「他可以獲得什麼樣好處時」不妨直接提出如果成交就給他獎金作為答謝這個好處。

當然你也要準備一套說詞，是針對那一種我不想拿錢當作好處的客戶，這類型的客戶有時候比較注重感覺或者是注重你對他的服務有所提升。總之，客戶如果主動提起他可以獲得什麼樣的好處，你就可以先詢問客戶他想要什麼樣的好處，如果他要你先提出可以獲得什麼樣的好處的話，你就用舉例的方式說明，比如說：「有的客戶是希望我的服務提升多一點、有的客戶是希望我幫他做轉介紹、有的客戶是希望獲得部分的獎金、有的客戶希望可以獲取一些贈品，不知道您比較想要哪方面的好處呢？」

讓客戶知道你對請他幫你轉介紹客戶可以得到什麼樣好處，當你列出可以有哪些好處的時候，他就比較會直接表示他想要的是哪種好處，因為他知道不是只有他會對我有這樣的要求，想必其他人也是這樣，他就會比較心安理得地講出來。

34 轉介紹系統的應用

所有的業務人員都希望能夠擁有源源不絕，而且保證成交的客戶，但是究竟該如何做，才能達到這個心願：讓已成交的客戶幫我們轉介紹成交率高的新客戶呢？（這邊以保險業務員來舉例）

首先，請先問自己一個問題——如果你是客戶，你希望把你和全家，或者身邊朋友的風險管理交到什麼樣的業務員手上呢？

請你誠實客觀地思考這個問題，當你心中有了答案，而且答案不會變動時，就是你最相信也最欣賞的業務員雛型了，現在你的心裡既然已有優秀且欣賞的業務員雛型，理所當然就是盡力提升自己成為心目中那個優秀的業務員，而且在每一個業務案件成交的同時，也要敢於向你的客戶要求轉介紹，請客戶轉介紹身邊的親朋好友成為你的下一個客戶，當然，這個要求轉介紹是需要技巧的。

定義：A 是你自己；B 是介紹者；C 是被介紹者

以下介紹快速精準的「轉介紹 ABC 法則」，希望能讓所有從事業務的朋友有所收穫！

「A」指的是 Adviser，顧問。就是給建議與規劃的人，就是業務員自己。

「B」指的是 Bridge，中間的橋樑。就是介紹者。

「C」指的是 Customer，就是被介紹者。

而 ABC 法則的成功關鍵在於 B，就是那位中間的介紹人，為什麼這麼說呢？

請各位想想，在你看了一部很棒的電影或是去一家好吃的餐廳，通常最想跟誰分享呢？答案多半都是身邊的親朋好友，而你的這些親朋好友也會因為你實際親身經驗過，大多也是深信不疑，也會想找時間去看、去吃吃看。既然如此，這位中間介紹人 B 的經驗分享所提到的訊息就是未來的準買方客戶對你的期望值的關鍵重點。所以，有關 B 角色的經驗分享，你應該要非常重視地去引導對方如何分享與介紹「你—Adviser」給他（也就是 B）身邊的這些親朋好友 C。

ABC 法則流程演練，以下先將流程簡單介紹：

當 A 成交一個業務案件並送達保單到客戶 B 手上時的時候

1、首先你（也就是 A）要誠心誠意地先感謝客戶 B 的信任把規劃案交付給你。（因為有他的認同與交付，促使這份保單的成交，所以感謝是有必要的。）

2、清楚明確且簡要地向客戶 B 再說明一次，他所購買的保險商品內容與注意事項，同時誠信地表達「在未來日子裡，有關保單服務的任何問題，他都可以交給你來解決。」

（以上 1、2 兩點主要在向客戶 B 保證你的專業服務及負責的態度。）

3、請問客戶 B 對你這次的服務與印象做個簡要的指教，這時 B 對你的印象與服務評價可能會有正面也有負面的，但是負面的評價應該不會太嚴重或佔太多，所以先處理負面評價的部分。除了傾聽 B 抱怨的微詞，並致上至誠的道歉之外，當然更需要向 B 澄清，下次你會注意也會積極修正的。正面評價的部分則進一步地整理出與專業服務有關的，且跟 B 複誦一次，同時感謝 B 的認同與交付。有關 B 角色的經驗分享，你應該要非常重視地去引導對方如何分享與介紹你給他身邊的這些親朋好友 C。

4、然後進一步地請問 B 近日最常聯絡哪些朋友？請 B 介紹你認識他的 2~3 位朋友，再將此次你與 B 從接觸到成交過程中，美好的事、有趣的事，簡單地重提一次，而重提美好經驗的動作主要是讓 B 再度記起那些美好的感覺，而且請 B 在向他的朋友 C 轉介紹你的同時，能夠先幫你簡介一下。例如：在什麼壽險公司任職幾年？目前是何職務？ B 與你是如何認識的，最重要的：請 B 分享為何會願意請你規劃保險，為何願意向你購買保險等。

（以上 3、4 點主要在加強 B 對你的好印象，並且真心而真實地向身邊的人轉介紹你。）

若能讓 B 願意做到如此，那麼 B 所轉介紹出來的準客戶，對於你的接受度絕對是很高的比例，當然，你的專業建議自然就能被接受，以上 4 點要彈性地運用在不同的人、時、地、事，而且絕對要是出自真心的回應。

希望擁有源源不斷的客戶並不難，難的是：你真的都能真心地為客戶解決問題，為客戶設身處地去想嗎？

如果答案是肯定的，請好好地練習 ABC 法則，必能在業務這領域做得順風順水。

以下我將轉介紹進行細部分解動作，讓讀者可以一步步照著做，**在此我將轉介紹切割為「前」、「中」、「後」三個部分來說明——**

轉介紹系統「前」的方法應用

① 售前服務：A 一定要有被 B 利用的價值，要有非 A 不可的服務。

→（需要評估 B 是否有投入的價值）

在一開始你（也就是 A）要讓 B 感覺到你的熱忱，並且對你的服務非常滿意，這時其實是 B 在評估你，反過來你也要評估 B，評估他能不能成為你的轉介紹中心，如果他不能成為你的轉介紹中心，在轉介紹上就不用花費太多的時間，怎麼評估他能不能成為你的轉介紹中心呢？

例如，他有沒有熱情、善不善良、有沒有同理心等等，這屬於內心的評估，因為願意幫你做轉介紹的角色，在實務經驗來講個性大致上都有以上的特質，以外在實體面來看，B 在社會上的地位，以及在公司的職位，介紹出來的轉介紹品質是否優良，絕大部分跟門當戶對也有相當的關係，所以評估 B 乃是轉介紹的第一個關卡。不過我建議大部分的評估以個性相處為主，如果對方是善良的、把心門打開的，這種人格特質的人通常我們要求轉介紹，他們都會樂於幫助，但是他們介紹出來的轉介紹對象，就要利用之前教導過的方式去做篩選。我們並不用全然接受，因為對方幫我們做轉介紹，並不會那麼精準地幫我們篩選過，我們所需要的客戶特質，第一階段很簡單，就是表現熱情，以及你在評估 B 是否值得投入經營轉介紹，也是 B 在評估是否願意幫你做轉介紹。

② 告訴 B 我的朋有都是經由轉介紹而來的。

→（預留伏筆、因為人都是願意幫助他人）

你一定要讓 B 感覺到幫你做轉介紹是很平常的事情，一旦對方認為這是很平常的事情，之後你要求轉介紹，對方也會欣然接受，不會覺得很唐突。因為人都是願意幫助他人的，如果他願意幫助你一次的話，就會有第二次、第三次，甚至於很多次，讓對方變成你的一份子，共享你的成長。所以在第一次要求轉介紹的部分尤其重要，必須要經過設計或是布局，不能貿然隨口就提轉介紹，越是平常輕鬆的事情越要細心去規劃。在這世界上越簡單的事情往往是越困難的，因為我們都忽略了很多的細節，人是情感的動物，今天跟明天的情緒不一定會一樣，所以很難用一定的標準去做一樣的事情，都是要透過經驗的判斷，所以你這邊必須要有一些小故事，比如你透過轉介紹認識誰，對方因為認識你得到哪些好處，被介紹者也因此獲得一些好處，把這些變成一個小故事時刻分享，因為人們都喜歡聽故事不會喜歡聽道理。

③ 告訴 B 因為我們這一行需要大量的朋友

→（可以跟 A 說你團隊的優勢）

你必須承認做業務這行工作必須要大量認識人脈，並且尋求客戶的幫忙，一般來說客戶並不是不幫你，而是不知道從何下手，所以你必須教客戶怎麼幫你做轉介紹，教客戶怎麼介紹你，這個部分在其他章節有說明，就不在此贅述。

④ 提起一個小故事讓 B 知道幫你轉介沒那麼難。

→（運用轉介紹手冊，拉近關係）

視覺比起聽覺更易吸引人的目光與注意，而「圖片」更勝於「文字」，因為人天生是「視覺」的動物！所以我們一定要有轉介紹手冊來作為輔助工具，當對方看到我們的轉介紹手冊裡面內容洋洋灑灑，他就會認真地對待這件事情，相對的他也會想要在你的轉介紹手冊裡面占有一席之地。

有一句話這樣說：「有證明就無須說明」，所以在後面的章節會教大家怎麼做轉介紹手冊，這一點很重要，大家一定要有自己的轉介紹手冊來當作轉介紹的行銷工具。

⑤ 給 B 看轉介紹手冊，並且開玩笑地說：「 這一頁就留給你 B 了。」

人們都有接受指令的習慣，這個指令不管是誰要求的，多多少少都會在對方的腦袋形成記憶。所以我們透過圖像的記憶，以及語言的輸入，對對方的腦袋進行一個指令，尤其又有轉介紹手冊的其中一面是專門留給他的，對方無形中便萌生一股責任感，當然在過程中我們不能以過於強求的方式去要求，盡量態度誠懇，如果你是女生，你就可以稍微撒嬌，但男生就不太合適，所以男生建議用專業以及誠懇的態度去要求。

轉介紹系統「中」的方法應用

① 直接向 B 要求轉介紹

→（不要問說能不能幫我轉介紹，而是直接要求）

要求轉介紹最忌諱一種態度，就是支支吾吾不敢要求的態度，這種態度會讓客戶搖擺著該不該幫你做轉介紹，似乎可以幫你轉介紹，但是好像又可以不用幫你做轉介紹，因為你的態度表現得不夠堅定，不夠對自己有信心，也不夠對客戶信任，所以客戶當然就可以不幫你做轉介紹。但如果你用誠懇的態度直接要求，不是詢問能不能幫你做轉介紹，而是直接要求幫你做轉介紹，這兩種態度是截然不同的，當他接受到要求的指令時，通常在腦中就會開始搜尋有什麼樣的朋友適合你的服務，但是你詢問能不能幫你做轉介紹，客戶的腦袋就會出現兩種聲音在思考，要幫你做轉介紹還是不要幫你做轉介紹。所以不要讓客戶有不要的選擇，只有幫你介紹兩個朋友或是三個朋友或是更多的朋友這種選項，直接的要求也可以讓轉介紹變得理所當然。客戶才會理所當然地介紹朋友給你認識。理所當然的態度就取決於你敢不敢直接要求客戶，前提是要有一定的信任感以及專業優質的服務，你才可以進行要求，不然你的要求也只是像一顆石頭丟到湖中「咚」一聲，就沒有後續了，還會令客戶反感。

② 開始要求 B 轉介時後一定要有明確的方向，不然 B 會不知道介紹誰

→（例如這幾天 B 都跟哪一位好友吃飯、B 最好的同事等等……）

要求明確這一點非常重要，有時候客戶願意幫你做轉介紹，只是要搜尋的名單太多，不知道該介紹什麼，一直停留在什麼樣的人、什麼樣的條件並沒有真正開始搜尋，所以你可以試著引導客戶去搜尋名單：

- 例如最近跟誰去看電影？
- 前幾天跟誰去喝咖啡？
- 前陣子跟誰去旅遊？
- 最近參加過誰的婚禮？
- 你最好的三個死黨是誰？
- 兄弟姊妹中誰跟你比較好？

類似像這樣縮小範圍的目標客戶，會讓客戶更容易搜尋，而不是讓客戶自己下搜尋條件，因為不是每一個人都是業務，不是每一個人對人際關係都瞭若指掌，但是你引導客戶去做掃描篩選的動作，客戶會根據你的引導快速找到相對應的人，藉這個機會你也可以想一想什麼樣類型的人合適，把它放到篩選條件當中，這樣在客戶篩選的過程中，你就可以順便找到你理想的準客戶。所以設定的條件是非常重要的，在平常你就必須先設定你要的客戶類型，不要別人詢問你的時候你才開始設定，這樣會讓人感覺你不專業，而且在當下的氣氛你有把握、有自信地說出，趁著對方願意的氣氛，說出你要的條件，這樣成功轉介紹的比例會大大提升。

③ 當場請 B 打電話給 C 說明 A 會與他聯絡

→（最好是 B 陪同前往 C）

如果 B 先打電話給 C，那麼 C 接受 A 的會面機會會大大的提升，因為被介紹者會因為介紹者之間的信賴感轉嫁在你身上，所以你與被介紹者的信任感就算是第一次見面，也會提升不少。

④ 這時候一定要請 B T-UP A。

→（A 可事先教 B 怎麼說，或可以利用工具本，要簡單簡短，告訴 C 只是認識多個朋友，請 C 不要拒絕 A）

T-UP 原本是用於高爾夫球的術語，意思是將高爾夫球的 T 釘子把球抬高，讓球可以打的更高、更遠。T-UP 如果用於轉介紹就是指，B 在 C 面前推崇、抬舉、凸顯 A。

這是為什麼呢？

- 如果怕 B 說不清楚，其實只要說出 A 的優點，例如為人很親切等等就可以讓 C 對 A 產生信賴感。
- 因為 B 對 A 已經有信賴關係了，所以由 B 來替 A 說好話，借力使力不費力，比較容易。
- A 在 C 心目中的地位，就可以藉由 B 的 T-UP，讓 C 對 A 產生尊崇、信任感，溝通效果強好幾倍。

轉介紹系統「後」的方法應用

① A 跟 C 見面時，談話聊天過程中要不斷提到 B

→（除非他們關係不好）

在於轉介紹第一次會面的時候，最好可以借介紹者 B 與被介紹者 C 之間的信賴感，那要怎麼借信賴感呢？就是在過程中不斷提到介紹者 B 的名字，讓被介紹者 C 聽到介紹人 B 的名字，這樣會讓被介紹者 C 感覺安心許多，比如你可以提到你與介紹者 B 黃小明是如何認識，而且 B 黃小明有提到 C 和黃小明之間的一些糗事，這一些小故事可以在第一次會面的時候拿出來分享，但是請注意如果他們關係不是那麼熟悉，就不用刻意提了。

② 記得與 C 見面後要請 C 幫你做轉介紹

→（就如同 B 介紹 A 給 C 認識一樣）

記得嗎？轉介紹不再是你銷售過程中的一個環節，而是圍繞整個銷售的過程，所以被介紹者 C 當然也可以變成介紹人的角色，可以再進行一次轉介紹的銷售循環，或許被介紹者 C 會變成一個很好的轉介紹中心。

③ 一定要使用工具

→（給 C 看之前 B 寫的片段還有與跟 B 合拍的照片）

俗話說的好：工欲善其事必先利其器。再轉介紹系統裡面其實也是一樣，我們要有一些補助的轉介紹工具，可以讓你在轉介紹的過程中讓客戶印象深刻，而不好意思拒絕你的轉介紹要求，因為他看到了許多人都幫你做轉介紹，是看到而不是聽到你說的，所以轉介紹工具會產生一個事實證明，證明你說的都是真的，如果只有口頭上說明的話不夠有力，所以之後的章節我會教你怎麼設計你的轉介紹手冊。

④ 不管結果如何一定要在與 C 訪談完後打給 B，跟他說明訪談狀況，並且一定要感謝 B

→（除非 B 說不用跟他說明你跟 C 的見面情形）

既然 B 願意把他朋友介紹給你認識，你就必須要把過程用大綱的方式，去跟介紹者 B 回報或者是分享，這樣可以讓 B 安心，讓他知道他介紹給你的朋友有被你保護著，如果你都沒有任何的消息，那介紹人會認為你沒有跟進，那他之後也不會再把朋友介紹給你。

還有一種情況，有可能他的朋友會回報給他說你不好的事情，如果這個時候你沒有跟介紹者保持聯絡的話，你被誤解了或者是彼此有些誤會就沒辦法解開了。相對而言介紹者幫你做轉介紹原本是番美意，若是你與被介紹者的發生誤會，就會影響到你與客戶之間的關係，在事情發生前做解釋叫做「副作用」，事情發生之後再解釋叫做「後遺症」。所以你不但要跟緊被介紹者，也要讓你與被介紹者之間的聯繫互動讓介紹人知道，當然被介紹者的一些私人資料，是不需要讓介紹者知道，你必須拿捏分寸，有些資料是不能讓其他人知道的，對保密慎重其事，是非常重要的。

35 如何擁有源源不絕的轉介紹？

開發客戶最好的管道之一就是轉介紹，但很多業務員還是情願花時間在開發陌生客戶，根本沒有花時間在學習轉介紹上。也許是以前不知道轉介紹的好處，現在知道了，就該把重心花在轉介紹身上，好好練習其中的技巧並且去執行它，將為你帶來不可思議的結果，練好以下六個轉介紹的策略，就可以讓你有源源不絕的客源！

① 多要求、敢要求

我們有時候往往礙於面子或是內心自己打擊自己，造成你不好意思要求轉介紹，是的！但是請你要判斷一下，如果你的人際關係不會太差，基本上獲得別人轉介紹的機會是很大的，在獲得轉介紹後如果按照我的步驟走下去再次要求轉介紹應該不是太難。多要求、敢要求之後卻沒有人願意幫你轉介紹，建議你先停下來，不要在繼續要求轉介紹，請往前先去閱讀「有信任，才有買賣」的篇章，因為你尚未與客戶建立信賴感，信賴感乃是貫穿轉介紹的核心之一，如果信賴感經營沒問題，就可以大膽去要求轉介紹。

② 認同轉介紹

你可以想想在你從事業務的這段期間，一些重要的生意或是客戶多少是透過轉介紹而來的呢？統計下來你會很驚訝，因為我調查過上百位以上的學員都超過六成以上，只是我們沒有系統化地去統計這些，如果你再將開發新客戶的費用和透過轉介紹取得的客戶相比，你會發現透過轉介紹取得的客戶相對起來真是太划算了。基於以上這兩點，如果你是一位生意人，你就會將轉介紹當作開發客戶的主要選項了，很多時候我們並沒有從做生意的角度來量化我們的成本，如果從現在開始把轉介紹當作你開發客戶的主要管道，你會看到事半功倍的效果。

③ 了解你的準客戶

今天我們正處在一個資訊爆炸及數字化無處不在的時代，客戶都期望能得到超越預期的服務。《孫子兵法》裡說：「知己知彼，百戰不殆」，因此建立一份客戶的資料庫可以讓你更瞭解你的客戶，也可以節省許多的資源，更重要的是可以互相交換資源。

例如，我統計所有現有的客戶發現，有些客戶喜歡吃花生糖，我剛好有一位住龍潭的客戶家中就是在賣花生糖的，既然我都要送禮給那幾位愛吃花生糖的客戶，不如就跟這位賣花生糖的客戶購買，這樣我兩邊都賺到人情。

所以如果你沒有做好客戶料庫，你腦袋將會淩亂而無從分配與整合資源。又有次我有一位客戶 A 開店要做招牌，我就從我的人脈系統中搜尋出有一位客戶 B 家中是開做招牌生意的，於是我介紹他們彼此認識，讓做招牌生意的客戶 B 賺了一筆生意，而要做招牌的客戶 A 也享有打折的好處，雙方加我，完美地三贏收場。

在交換資源的部分，之前有位客戶他想找一塊空地要放建築材料，但是怎麼找都找不到有人願意租借空地，剛好我的資料庫裡面有紀錄到一位客戶有塊地在賣，於是我居中牽線連絡了一下，雙方都同意資源交換，放建築材料的廠商幫地主搭簡易的鐵皮屋，撤建築材料時鐵皮屋不拆留給地主，地主補貼一些費用給建商，這樣資源交換就兩全其美，從中我還獲得做生意的機會。所以當你將一位準客戶視為一名客戶時，要用一種好奇的態度去瞭解你的客戶，以前有本書叫「跟你的客戶談戀愛」就是這個道理。

④ 跟進介紹人並保持良好關係

有時候介紹人幫我們轉介紹客戶後，我們跟轉介紹客戶聯繫後就把介紹人冷落在一旁，這樣是非常不恰當的行為做法，不論你跟轉介紹者如何都應該跟介紹人保持良好關係，並且時時讓介紹人知道你跟他介紹的轉介者互動與關係，除非介紹人有表達不必跟他說明你們之間的進度，不然建議都應該主動說明，讓他們知道他介紹給你的朋友得到了很好的照顧，請他們放心。

⑤ 互動的頻率

你和你的客戶多久聯絡一次呢？聯絡是否都是透過臉書或是 LINE 丟一些問安的圖片呢？客戶有時決定要購買時，通常會最後進行聯絡的人爭取到生意，所以你跟客戶聯絡的頻率取決於你在客戶心中的印象，但太頻繁地聯絡客戶也是不行的，要適當地接觸，接觸如果有一套系統是最好的，例如，LINE@、臉書等等可以定期發送資訊給客戶，這種提供資訊的方式並不是特定打電話給他，而是讓客戶不會受到你太多的主動聯絡而感到有壓力，或是轉發一些客戶有興趣的資訊也是很好的互動頻率。

⑥ 主動先做轉介紹示範

當你為你的客戶轉介紹時，你就是在做最好的示範，你想要有客戶主動幫你轉介紹，請你先幫客戶轉介紹，這世界是一個循環的世界，當你主動付出幫忙對方，你終究會得到相同的回報。同理，你老是要求客戶轉介紹，卻不幫你的客戶做轉介紹，你的客戶就不會幫你做轉介紹，因為第一他不知道如何做轉介紹；第二他為什麼要幫你轉介紹，所以要怎麼收穫前先怎麼栽，要先領錢的時候請先存錢進你的戶頭。

⑦ 轉介紹的有效管理

不同的公司會運用不同的方式，來尋找他要的準客戶，根據研究顯示最有效尋找的客戶就是轉介紹，所以你要了解，你如何提升自己獲取轉介紹的能力是非常重要的，你想要讓自己獲利倍增的答案是固定不變的，我們必須考慮的是：增加客戶群、增加平均業務的產能、增加轉介紹的數量，這三者當中最重要的就是轉介紹的數量。

以下有幾個分析可以讓你的轉介紹做有效的管理——

首先你要知道客戶為什麼要選擇跟你合作。你必須明白為什麼你是客戶最值得信任的業務員，這個是你成功的關鍵，更重要的是，你必須知道你擁有這些獨特的特質，是否對大部分的人有用，並且讓他們得到好處。

接著，你需要了解自己對你的客戶有什麼樣的期待，這點非常重要，而且你會根據它來將客戶分為 A、B、C、D 四個種類，許多的業務員甚至不敢設定對客戶的期望，因為他們覺得自己應該以服務客戶當作中心，但是事實上只有一般的推銷員才不會對客戶抱有任何的期待，例如，你對老婆和女朋友的期待是截然不同的。

如果你尋找的是長期合作的關係，你就應該去定義你對客戶的期待，把自己提升為一個生意人，並且你可以自由決定你想要跟誰合作，不想要跟誰合作，如果客戶根本不知道你對他們的期待是什麼，那麼客戶就不可能達到期待的目標。同樣地，如果你的客戶不知道你在期待什麼，那麼你設定任何的標準就沒有什麼意義了，例如，如果客戶以為你根本不需要轉介紹，那麼他們就不太可能為你轉介紹，所以你的期待要讓客戶知道，並且讓客戶感覺你很重視這個期待，這樣客戶自然會朝向你的期待慢慢靠近。

最後，問題的關鍵就是你的表達方式，如果我是你的話，我會設計 30 秒的轉介紹話術，在話術中我會清楚地向客戶解釋，如果他們不為我介紹朋友的話，我的業績會爛到什麼樣的地步，如果他們認為我的服務有價值，那麼他們的朋友就有機會從中得到好處。

除此之外，我還要明確地列出，他們將朋友介紹給我的好處，舉例，如果我能以讓他們驚喜的方式，使他們的朋友也感到驚喜，至少在他生日的時候，有一個朋友會送上生日蛋糕或是卡片，讓他們朋友感到驚喜，他們就會得到來自朋友的感謝。

綜合以上所述，在我們討論如何得到轉介紹的方法之前，最重要的是你對轉介紹的態度以及信念，你所得到轉介紹的數量，有很大的程度取決於你自身的意識有多麼的堅強，你是不是有下定決心要做好轉介紹，所以現在開始設定你對 A 類客戶的期待，並確保他們能滿足你對他們的期待。請寫下你對 A 類客戶的期待是什麼？

____

____

對介紹人表示感謝

對介紹人說謝謝，幫我們收到轉介紹名單之後，你會選擇在什麼時候感謝介紹人呢？你會以怎樣的方式感謝介紹人？你的感謝方式是否令介紹人看到你銘記在心的心意呢？

轉介紹從來都不是偶然獲得的，是有一套系統的行動，和計畫性的行為，跟成交是經過設計出來的觀念一樣，一旦客戶提供轉介紹之後，能否讓他們持續地轉介紹，就取決於你如何感謝他們，以及有沒有帶給他們實際的好處，在收到轉介紹的同時你就要馬上表達你的感謝之意，而不是在被介紹人成為你的客戶的時候才進行感謝，那要怎麼感謝介紹人呢？

根據研究顯示，送一份小禮物給客戶表示感謝，可以將獲得轉介紹的比率提升50%，這是值得投資的項目，因為感謝的小禮物成本並不高。所以當我收到我的客戶提供的轉介紹時，我立刻會送一份小禮物給他們，有時候你可以用餐券來代替，例如 7-11 的禮券、星巴克的禮券、85 度 C 的禮券，或是蛋糕、巧克力、茶葉、咖啡等等都可以，關鍵是你要知道介紹人喜歡什麼東西，送對禮物比送貴的禮物來得實際。有時候介紹人的人脈都是屬於高端的，介紹準客戶的潛力很大，你就應該送出一份更貼心的禮物，比如針對他的喜好的禮物或是特別挑選的禮物。

在這邊我並不推薦使用電子郵件來感謝你的介紹人，因為電子郵件感覺冷冰冰的，還不如你打一通電話親自感謝。另外透過被轉介紹對象來感謝介紹人，這個方法更是厲害而到位，因為可以讓被介紹人知道成為你的介紹人之後，是有許多的好處，之後要求轉介紹者幫忙再轉介紹的機會就更高。以下提供一些方法以供參考。

方法 1　用於轉達感謝

你：「林小姐，你什麼時候會再見到王先生？」

林小姐：「我可能下個禮拜才會看到他。」

你：「太好了，可以幫我謝謝他嗎？我想他會很樂意知道的，因為他介紹你給我認識，我覺得認識了一個很好的朋友。」

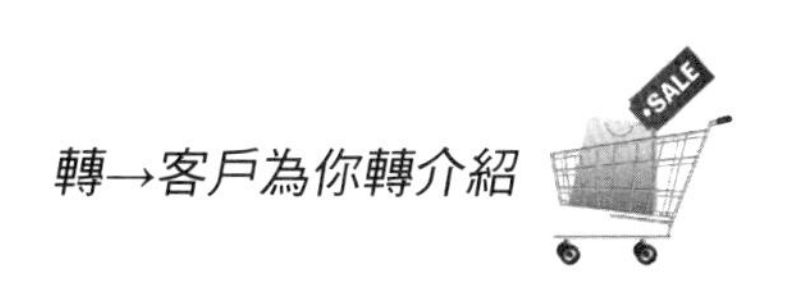

林小姐：「放心，我一定會告訴他。」

方法 2　傳達禮物

你：「林小姐，你有和王先生一起打高爾夫球，是嗎？」

林小姐：「是的！為什麼這樣子問呢？」

你：「因為我有一個球桿還不錯，想請你幫我送給王先生，作為他介紹我們認識的感謝禮物。」

方法 3　共同用餐

你：「林小姐，我想請王先生吃個晚餐，感謝他介紹你給我認識，不過，我有一個更好的主意，就是我們不如和他一起共進晚餐，由我來請客，可以表達我們雙方對他共同的謝意，我想他會很樂意一起用餐。」

林小姐：「謝謝你的晚餐！」

36 反省是進步的良藥

失敗絕對不是成功之母，檢討才是成功之母，每天回家後你是否有對今天的業務做檢討，尤其是轉介紹的部分——

今天有沒有收穫五個轉介紹？

今天有沒有開口要求轉介紹？

今天有沒有服務到客戶？

這些問題你應該每天問自己，提供轉介紹不是客戶應盡的義務，但是要求轉介紹是你的責任，光是要求還不行，你要思考要求的方式與方法，怎麼提高獲得轉介紹的機率，每天問自己四個問題：

- 客戶要如何才能記得我呢？進而將他的朋友轉介紹給我呢？
- 我的服務有超越客戶的期待的嗎？如果沒有我該如何改進？
- 我有教導我的客戶如何向他人介紹我嗎？
- 我與客戶的會面有難忘的經驗嗎？

我們應該反覆問自己這四個問題，會幫助並改進你和客戶之間的關係，讓客戶更加容易記得你並欣賞你，這樣他才會向他身邊的人介紹你，讓更多的人知道你，以及更多的轉介紹！

1 客戶要如何才能記得我呢？進而將他的朋友轉介紹給我

要讓客戶記得你的方法之一，就是讓你自己的名字變得好記，例如你的名字可以取諧音，或是很有趣的方式，你可以試著調侃自己一下。另外，你的興趣和喜好是什麼呢？你有沒有向你的客戶談起你的喜好，可以在一定的程度上把銷售流程，參與你的喜好變成私人化的客製，下次跟朋友聊天的時候就可能會說：「你知道嗎？我碰巧認識一個房仲業務，他也跟你一樣喜歡去爬山，他曾經去爬過玉山，對爬山有莫名的熱情，要不要約他出來，下次一起去爬山」找出自己最有特色，最容易讓別人記住的地方，去練習用特色來介紹自己吧！這樣會讓對方更加容易記住你。

② 我的服務有超越客戶的期待的嗎？如果沒有我該如何改進？

你的服務有沒有超越客戶的期待，你可以詢問你的客戶，通常客戶如果受到一般的服務的話，他們是不會像朋友提起你的服務，只有當你的服務超越他的期待，令他感到驚喜，他才會跟朋友們提起你的服務有多特別，所以你可以從下面兩個問題做起——

● 你可以想辦法為你的客戶去介紹客戶

當你為你的客戶提供他需要的轉介紹，你的客戶自然會回報給你相對應，甚至更多的轉介紹。

● 你能為你的客戶提供哪些意外的價值呢？

你為客戶解決實際生活上和工作上的問題，客戶就容易記得你，哪怕你跟他分享哪家的手機賣得最便宜或是，哪邊的美食最好吃或是那部電影很好看，只要是客戶實際的生活所需，又是你的能力所及，何樂而不為呢？

③ 我有教導我的客戶如何向他人介紹我嗎？

你有教過你的客戶應該如何介紹你嗎？如果沒有，那麼他要幫你做轉介紹也是有一定的難度。當然，寫好一篇稿子，然後一句一句地讓你的客戶背下來，這是不可能發生的事情，所以你需要用潛移默化技巧，在無形中影響你的客戶，讓他對你有印象，甚至慢慢的就能背誦出你的介紹詞，你的介紹詞大意應該是這樣，假設你是房仲業務員，「我的房仲經紀人王先生，專門幫忙賣不出去的房子，在他的銷售下，任何的房子都賣得出去，工作能力很不錯，值得你花時間認識他，我讓他打個電話給你吧！」你一定要擬定好簡單的介紹詞，並且在不經意的情況下教導你的客戶，這樣他才有機會在一般的生活中把你介紹給他朋友。

④ 我與客戶的會面有難忘的經驗嗎？

讓約會有難忘的畫面關鍵在於將談話內容私人化，例如，你為了見一位客戶，不惜冒著大雨前往，結果到達目的地的時候，你已經淋成落湯雞，你可以告訴客戶，你在途中的遭遇，例如騎車騎到一半突然下大雨，途中還被汽車濺起的水花噴得全身都是，將你的悲慘過程大方的告訴客戶，他們往往會感受到你的誠意，進而更加願意的與你合作。

如果能每天都在反省中進步，將缺點改進，然後付諸於行動讓自己變得更好，記住以上四點並且加以改進，你的轉介紹自然而然就會慢慢的增加了，成功就離你不遠了。

37 提升轉介紹客戶的品質

就算你獲得了轉介紹的資料，例如，名字和聯絡方法等，其實這些資訊都還不夠，那要怎麼樣才能確保轉介紹的客戶是你要的類型呢？還有什麼是需要去做的呢？

假設你已經克服所有的困難，按照步驟一步一步的去做，你也說服了你的客戶幫你轉介紹，客戶也願意打電話給這些人並提到你的名字。這時你會感覺到受寵若驚，因為對方願意打電話給他的朋友介紹給你，於是你再三的感謝，就開始進行轉介紹的邀約，一一打電話給他推薦的那些朋友，但是以上這些步驟卻缺少了一個部分，這個部分取決於被介紹人的品質是否是你需要的客戶類型，我們要知道客戶不會那麼精準地幫我們篩選出我們需要的客戶類型，所以你必須自己做一次的篩選，而不是全盤都接受，這就是以上描述的步驟所缺少的環節。

那麼，我們要怎麼確保這些被轉介紹的客戶是你要的類型呢？首先，不要滿足於你拿到的名字和聯絡方式。事實上，你聽到客戶願意幫你打電話邀約對方，你也別高興得太早，在現在這個社會也並不是朋友介紹的都會全然接受，對方看重的還是是否對他是有用的資訊，所以為了提升轉介紹的品質你必須去了解客戶提供給你的轉介紹名單，在客戶願意幫你打電話給對方之前，你要先跟介紹人確認以下五個重點：

① 他們之間如何認識的呢？

這一點也是你以後在接觸被轉介紹來的新客戶時，破冰的最好話題，一些小話題可以讓初次見面的你們不會感到那麼的陌生，因為你可以把這些小故事分享給被介紹人，讓他拉近與你之間的距離，因為你是藉客戶與被介紹人之間的信賴感來快速拉近距離，所以人與人之間的橋樑可以透過彼此互相過往的經歷，迅速拉近。

② 你必須問為你轉介紹的人以下的問題：

- 你為什麼會想把他介紹給我？
- 他有什麼是適合我的服務？

問這個問題可以讓你了解兩件事情：

第一，客戶是否知道你最想要的是哪一種類型的客戶？

第二，在聽完客戶的講解後，我是否願意接受這個被轉介紹的客戶，因為如果不適合的客戶不僅僅是浪費你的時間，更是浪費介紹者的時間與資源。最重要的是——不適合的客戶也會認為你的服務不好、不專業，畢竟他不是你可以服務的類型。例如你賣車子，他目前只對房地產有興趣而已，自然你們會聊不起來，他會把這些不舒服的過程告訴為你引薦的客戶，於是你的客戶會認為轉介紹朋友給你，都會被朋友打槍的不好影響。

所以你要謹慎地評估，客戶轉介紹的朋友類型，是否是你可以服務的對象，不然我們情願在第一時間就放棄，當你放棄客戶幫你轉介紹的客戶時，客戶其實會更加謹慎看待這件事情，有時候客戶也只是為了打發我們，而不得不幫我做轉介紹，如果我們一開始就篩選我們要的對象，客戶幫我們做轉介紹的時候也會變得比較謹慎。

③ 轉介紹客戶對自己被別人轉介紹會做出什麼樣的反應

在你還沒接觸到轉介紹之前你可以先了解對方的反應，可以多問問介紹人對方他會有什麼樣的反應，他是否有被轉介紹過的經驗，不論如何你問越多的問題，表示你越在乎這件事，也可以藉此機會做更充分的準備。

④ 你聯絡他們最好的管道是什麼？

現在連絡的管道方式非常多種，從電子郵件、LINE、WeChat、Facebook、電話以及各種通訊軟體都是聯絡的方式，每個人習慣用的聯絡方式不同，所以你可以事先請教介紹人，被介紹人最喜歡的聯絡方式是什麼。

5 你要做什麼事情來引起被介紹人的興趣

這樣子投其所好引起客戶的興趣，你就成功了一半，所有人都喜歡有趣的人，所以先了解對方的喜好，在話題上你也可以多加準備，甚至而後送禮的時候也會有參考的依據。

要提升轉介紹的品質，大部分是取決於從介紹人那裡獲得被介紹者的資訊，你必須確保你獲得的資訊可以讓你篩選出你想要的客戶類型，這一點非常的重要，不是所有的轉介紹我們都要接受，因為選不對的客戶，服務做不好，你的名聲就會因此被破壞了，反而得不償失。

適時培養介紹者提供介紹的習慣

相信大家都有這樣子的經驗，同樣都是一天只有 24 小時，然而，就算完全相同的兩個人，一開始 24 小時分配的方式或許只有些微的不同，但是經過幾年之後，結果的差異就會變得非常明顯，關鍵不在於兩個人的行為不同，而是在於反覆性的行為模式，它會讓原本的差異隨著時間放大，這就是有的人他的客戶幫他做的轉介紹就特別的多，我們可以利用一個公式來解釋：

習慣 × 時間＝差異

也就是說要你跑馬拉松你覺得不可能，但是你第一天跑三公里，你的腿會覺得痠痛，連續一週跑三公里，你會覺得很疲倦，連續讓你一個月跑三公里，你的精神就會變好了。所以，你覺得辛苦，那是因為你做的還不夠，別人的客戶幫他轉介紹的數量或是品質很好，那是因為他持續不斷地在要求客戶做轉介紹。

習慣可以讓人省去很多思考、判斷、抗拒、決策所需要的時間及精力。好習慣能讓做事自然不費力，不僅做事更有效率，那麼如何適時培養介紹者提供介紹的習慣呢？

首先你邀約客戶時，話題不單單只談公事，可以談一些個人的興趣，以及客戶下班之後的活動，盡量可以讓你參與他的朋友圈，比如他去哪邊玩你覺得很有趣，接著私底下會邀約你唱歌或是聚餐，把他的朋友介紹給你認識，甚至於他的婚喪喜慶也會發帖給你，這時候你就可以引導到轉介紹的部分，要培養客戶提供轉介紹的習慣，你可以採取以下的步驟：

- 想著轉介紹、說著轉介紹、力行轉介紹。所有的業務必須向客戶談論轉介紹，教導他們怎麼做轉介紹，因為客戶有時候也是會需要轉介紹的，他們會很期待你跟他們分享你怎麼做轉介紹，並且教他們做轉介紹，你要多多與他們分享，他們才懂得怎麼樣的幫助你。所以在拜訪客戶時，都要挪出五到十分鐘，來分享轉介紹，你可以分享最近轉介紹的一個小故事，也可以談為什麼你要做轉介紹等等，目的在於讓客戶對轉介紹不陌生。

- 告訴客戶你的業務發展都是經由轉介紹得來的，所以你重視他們的轉介紹，因為你可以把價值帶給其他人，你的客戶知道哪些人會因此認識你而獲得益處嗎？又或者，你的客戶以為你太忙已經很成功了根本不需要轉介紹，也沒有時間服務其他的客戶，所以也不需要幫你做轉介紹，你要讓你的客戶知道，你很重視轉介紹也很需要轉介紹，一直都需要轉介紹的客戶，因為你尋找客戶的唯一方式就是透過轉介紹。

- 你必須讓客戶知道，你十分重視客戶提供的轉介紹名單，並持續跟進，所以當客戶給你轉介紹名單的時候，你必須讓對方知道：你會盡快聯絡每一個被轉介紹的客戶，並持續跟進每一位被轉介紹的客戶。這樣客戶才會感覺到你對轉介紹的專業以及重視程度，他們才會放心地幫你做轉介紹。

- 複製你的轉介紹力量，你可能會有一兩位很願意幫你做轉介紹的客戶，他們能夠不斷地幫你提供轉介紹名單，假如你有一兩位這樣的客戶，為什麼不能是 10 位、20 位，甚至於 30 位呢？你必須如生意人般思考，把成功的方程式複製下去，培養自己建立系統的方式。所以你必須讓你的客戶知道以下三件事情，他才有可能願意幫你大量轉介紹客戶：

  - 你能夠把你的客戶照顧得很好，並且帶給他們很多額外的附加價值。

  - 什麼樣類型的人最適合的服務，所以你必須要提供一個理想客戶的類型資訊

讓介紹人比對。

- 最重要的是轉介紹可以得到什麼樣的好處。你必須讓介紹人很明白地知道並且感受到，這個好處不單單只是金錢上的利益，還要讓他看到你用心的程度，有時候一個小禮物或是一個小動作，是不需要花費太多的金錢，卻可以達到極大的效果，重點在於用心。

➡ 鎖定一個目標市場，你要提升個人在市場上面的聲望，最好的方式就是集中在一個市場上面經營。因為現在所有的經營不求廣但要求深，你可以告訴一兩個或是更多的有影響力的客戶，你打算發展像他們一樣的客戶族群，然後好好地服務他們，只服務這一兩類的客戶，於是你會變得更加的寶貴，因為市場上只有你服務這一兩類的客戶，所以你的差異化及獨特的賣點就會出來了，很快這類型的客戶就會自動被你吸引而來，當然前提是你的服務要做得很好，做得讓人忍不住想分享，最後你的轉介紹會自動如雪花般地飄來，變成你要去篩選你主要服務的客戶，要記注意一點，不是所有轉介紹的客戶都要接受，重點在於你有能力服務的客戶，以及你自己定位要服務類型的客戶，千萬不要因為一時缺業績，就隨便不挑選客戶經營，這樣會變成，「今日的業績，變成明日的業障」。

38 漏斗理論

漏斗所呈現的就是一種由上至下逐漸減少的趨勢，因為漏斗的特性就在於「漏」，另外一方面我們也可以把它當作是「篩選」，所以轉介紹漏斗流程我把它分成四個階段地逐步篩選。

① 第一階段　認知

在這個階段主要是你自己本身對於轉介紹的認知，你要認同轉介紹這套流程，所以你必須將你所認識的所有人脈都導入轉介紹漏斗流程裡面，這是第一步認知。因為當你不認同轉介紹，你一開始就會進行不正確的篩選，你心裡面會認為有些人根本不會給你轉介紹，你連問都沒有問就把他排除到轉介紹漏斗流程之外，這是不對的。當你認同轉介紹漏斗流程會幫你自動篩選不適當的人選，你所要做的不是主動去篩選，而是要將所有的人放入轉介紹漏斗流程裡面，你讓轉介紹漏斗流程去幫你篩選才對。

② 第二階段　意願或者是願意

對於所有的人開始進行轉介紹漏斗流程，開始去要求轉介紹，而將那些願意幫你轉介紹的人脈導入第二階段流程，此時這些人只是有意願而已還沒有開始進行轉介紹，他們只是口頭上答應或者是直接給你轉介紹名單。這些人脈都是第二階段我們要篩選出來的部分，願意幫你轉介紹不代表說他有能力幫你做轉介紹，或者是他轉介紹出來的客戶品質並沒有符合你所要的要求，在第二階段這些都不列入考量，第二階段所要考量的只有願意這兩個字。

③ 第三階段　轉介紹中心

此階段是真正有幫你轉介紹成功的人脈，不論是給你名字，或者是打電話幫你做介紹，總之你有和被介紹人連絡過或是見面的都可以算。

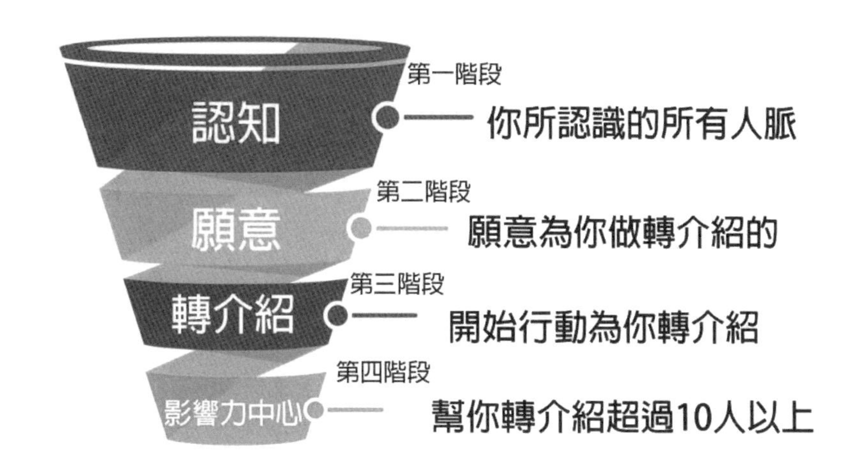

④ 第四階段　影響力中心

此階段可以說是轉介紹漏斗流程最後篩選的關口，就是要把眾多的人脈篩選出來影響力中心，這個影響力中心不單單是篩選而已，我們要知道從一開始的認知到影響力中心，中間要透過無數的詢問、要求、教導、演練才可以有機會成為你的影響力中心，所以過程不是簡單的篩選或是詢問，影響力中心有時候一開始也是不願意幫你做轉介紹的，所以轉介紹漏斗流程很重要的一個環節在於教育以及互動，教導以及互動可以把有一些有影響力中心潛力的客戶尋找或訓練出來。轉介紹漏斗流程在每個階段都會淘汰掉一些人，這一些人並不是就完全不與他們聯絡了，有時候這些人只是在這個階段不願意幫你做轉介紹，或許哪一天你變成一名優秀超級業務員，他們或許就會放下心裡面的疑慮幫你做轉介紹，所以淘汰的這些人，他們也是你的客戶群。或許在轉介紹方面他們不是很好的對象，但是在產品使用或是在客戶見證方面是很好的一個對象，所以每一個客戶都有他的定位，只要你把客戶的定位對了，沒有一個客戶不對你造成一部分的影響。

 銷售漏斗管理三大原則

① 控制過程比控制結果更重要

做轉介紹這套系統，特別是要從一般客戶變成影響力中心，我們永遠沒有辦法一步而完成，要像爬樓梯一樣，需要一層一層地進行，最後才能挑選、培養一個影

響力中心。轉介紹流程重在過程，控制了過程就等於控制了結果。結果只能由過程產生，什麼樣的過程產生什麼樣的結果。最基本的要求是「跟每一個接觸的客戶要求轉介紹」，並確實做到要求轉介紹的 15 個步驟：

心態調整→轉介紹前的準備→開始要求轉介紹→再次要求轉介紹→蒐集客戶提供的相關資訊→請客戶先聯絡被介紹者→跟進客戶→感謝介紹者的轉介→打電話給被介紹人→提醒對方見面時間→告知介紹者你即將與他介紹的朋友見面→讓介紹者了解狀況→見面後不斷提到介紹者→回報介紹者這次見面的情形並再次感謝→對被介紹者要求轉介紹。

② 該說的要說到，說到的要做到，做到的要見到

轉介紹的每一個階段都能達成是非常重要，每一個階段其實就是一個里程碑，只有許多個里程碑都能實現才能確保項目成功。「該說的要說到，說到的要做到，做到的要見到」，這是 ISO9000 質量保證體系的精髓，這三句話同樣可以有效用於轉介紹流程的管理，而且應該成為轉介紹管理的精髓，每一個階段流程如果都有做到才能確保下一個流程進行順利。想到哪就做到哪，是轉介紹系統管理之大忌，也是目前許多業務員普遍會犯的錯誤，我們應該依循轉介紹對步驟流程，每一步踏實謹慎地去執行，還有一點非常的重要就是必須要「記錄」，人是健忘的，不要太相信自己的記憶力，在轉介紹過程中我們一定要把客戶跟我們說的一切記錄下來，「沒有記錄就沒有發生」是轉介紹系統管理的一個重要理念，依據記錄可以建立轉介紹跟進的制度，當每件事都留下記錄時，就很容易對每一件事、每一個人進行跟進管理。

③ 轉介紹系統管理的最高境界是標準化

我們知道人都有心情好壞，有時候會依照個人的心情去辦事，轉介紹其實也是一樣，很多時候轉介紹會犯了許多的錯誤，這些錯誤往往是我不應該發生的，之所以會發生，大多數是因為沒有依循著步驟去執行，每一個人的轉介紹系統標準化不同，你應該建立自己的標準化，一旦建立轉介紹系統的標準流程，你就可以有系統地去管理轉介紹，最怕的是三天捕魚兩天曬網，請將屬於自己的流程步驟訂一個標準，然後利用漏斗來進行篩選，最終必有你的轉介紹標準化流程。

39 建立影響力中心（轉介紹中心）

你聽過影響力中心嗎？更重要的是你怎麼發掘、訓練、發展你的影響力中心呢？

我們一定都知道準客戶與客戶之間的差別，同樣地，你知道客戶和影響力中心之間的區別嗎？一名影響力中心通常也是一名好的客戶，和他們是真誠、真心也願意把你推薦給他的朋友和信任他的人，那麼，一個由客戶推薦的轉介紹，和一個來自於影響力中心推薦的轉介紹，到底本質上有什麼樣的區別呢？

一般客戶能夠轉介紹一些客戶給你認識，而影響力中心卻是很願意並全力以赴地幫你做轉介紹，請注意這兩個詞，「能夠」以及「願意」，影響力中心是一個會不遺餘力幫助你經營你事業的一個人，影響力中心不是一夕間就能得到的。事實上，大部分成為你影響力中心的人，一開始或許也是不願意、不情願為你提供轉介紹，這也就是為什麼影響力中心是需要被培養的原因，你應該試試這麼做，一旦被你發覺有可能願意幫助拓展你事業的人，你就應該多花點時間和他們進行角色扮演，演練如何向他們打算推薦給你的人提起你的服務：

- 第一步驟先向他們作出示範，並跟他們說你希望如何提起這些話題。
- 第二步驟跟他們說怎麼介紹你。
- 第三步驟最後提起他們在與你合作之後是如何從中獲益的

提起話題向朋友介紹你，然後他們如何從與你合作中獲益，之後讓他們試著跟你進行演練，在演練中適時地加入一些被拒絕的場景模擬，這可以讓影響力中心盡早認識到，被拒絕也是難以避免的，因為不是每個影響力中心都具備業務經驗，他們或許這一輩子都很順遂的，並沒有遇上太多的挫折與拒絕，所以在他們試圖幫

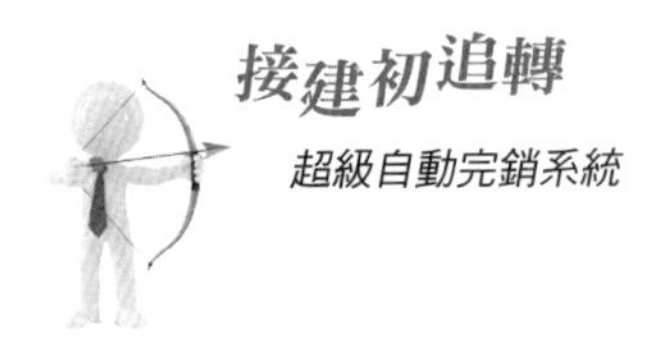

助你的時候，你要讓他們明白被拒絕是很稀鬆平常的事，讓影響力中心更能適應狀況，不會因被拒絕而感到沮喪。

這種角色扮演可以增加影響力中心的信心，這也有助於他們了解你的工作，更進一步增進與你合作的決心。要記住，對於影響力中心提供給你的轉介紹關係，不論成功與否，你都必須要跟進到底，這樣才可以讓影響力中心認為你把這件事情慎重對待，要讓他們深刻體會到你很重視這件事情，他們將感受到幫助你是值得的，期間你可以邀請他們一起共進晚餐或是午餐，一方面感謝他們的幫忙並且表達你的謝意，同時你也可以不時地進行你們的角色扮演，透過話術的演練，讓影響力中心可以很自然、習慣地向他人推薦、介紹你。

大家都知道轉介紹是獲得新業務的一個重要來源，儘管如此，會主動要求轉介紹的業務依然問得不夠多，而在客戶那邊獲得轉介紹的機會也少，大部分的業務人員都是從朋友及熟人開始獲得轉介紹，但是獲得轉介紹的數量非常有限，為什麼呢？那你要如何將你的轉介紹拓展到朋友以及收人之外的圈子呢？秘訣就在於建立核心影響力中心並培養長期合作關係，以下有四點觀念與你分享如何建立一個影響力中心的人脈網絡，能夠持續地為你提供新的轉介紹為你開拓新的業務：

- 你必須找出有能力去影響的人有誰，應該要與那些想要幫助你的人，我想要幫你擴展你的業務的朋友客戶有不斷地接觸，想像一下，如果你有一百個人願意介紹客戶給你，而這一百個人在自己的本業職場，每天與你潛在的客戶保持接觸，你要為自己經營這樣的一個人脈網絡。我自己一開始的業務也就是這樣子做，首先，我先確保自己有一群名單是願意幫助你拓展業務的一個名單，我要列出所有有可能為我提供大量轉介紹名單的客戶，一開始這個人脈網絡群，我是選擇房屋仲介業的市場，慢慢建立我的影響力中心，並且著手與他們培養關係，幾個月內穩定的轉介紹便開始慢慢的增加，並且穩定增加一些新的業務，而這些客戶都是有意向的買家，並不需要我花費太多的銷售技巧就可以成交。

- 你如果要有效應用這個方法，只是認識很多人是不足夠的，因為你必須要知道正確的人選，你應該這樣運作，你要先列出兩三種職業類別，以及列出你希望得到的客戶類型，例如，房仲業務、會計師、汽車銷售員、律師、醫師。

- 一旦做好準備你就必須開始專注，你每一週至少開始接觸 10 個人，你需要讓他們認可你的產品以及服務，更重要的是你所提供的價值，例如，你的專業知識或是你的人脈群可以幫助他的部分，讓他可以從中獲益，另外一個秘訣，你越了解他們本身的業務性質，以及他們想要的客戶類型，你就越有可能讓他們有興趣一起合作，你幫他們做轉介紹，成為他們的影響力中心，他們也會很願意成為你的影響力中心。

- 如果你沒有看到立即的成果也不要氣餒，應該將重點擺在建立以及培養關係上，最重要的是建立接觸，要成為他們值得信賴的資源，努力讓他們認識你這個人和你的所有一切，贏得他們的信任與你合作，你將有會意想不到的結果，經營一個影響力中心，就要培養與建立良好的關係，運用他們的人脈網絡，成為你轉介紹的一個生產系統。

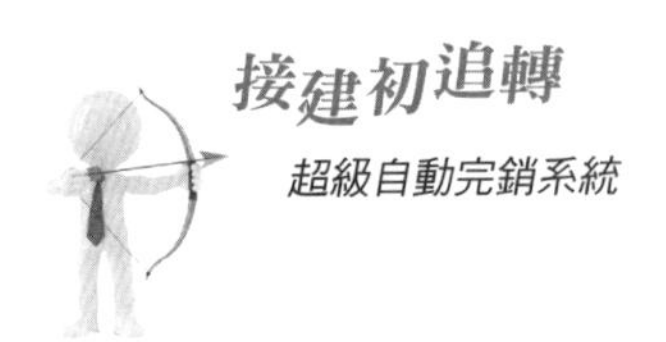

40 轉介紹的工具

轉介紹工具的應用其實是很重要的，它能吸引客戶的目光，而你也可以跟客戶介紹你的轉介紹手冊，客戶會覺得很新奇，因為轉介紹手冊在市場上是很少業務在使用的。在拜訪客戶的時候你可以將轉介紹手冊放在桌面的某一角落，因為轉介紹手冊的封面會貼滿關於你的圖片或是照片，客戶眼睛瞄到一定會產生好奇，大多數都會主動問你那是什麼本子，如果到最後客戶都沒有問你，你也可以主動問客戶，你知道這是一個神奇的本子嗎？打開話題後就可以跟客戶一一介紹你的轉介紹手冊。

轉介紹手冊

這是我的轉介紹手冊，封面上面貼滿一些對我有意義的照片，你也可以選擇你要貼的照片或是圖片，或是一句話、一首詩。這本手冊封面的最左上邊，是我團隊核心的成員，我們一起為事業而努力，為大陸市場而並肩奮鬥，這一張照片我會從我的夢想開始談起，為什麼我要組織團隊？為什麼要找這些人？這些人的組成來自於哪些行業別？我們在中間發生了一些什麼樣的摩擦？我們共同的理想是什麼？為什麼我們要一起組成團隊……這一些都是與客戶談你轉介紹手冊的話題，光是一張照片就可以講很久。

如果碰到喜歡寵物的客戶，可以跟他分享手冊封面右上方的照片，那是我養的一隻小鸚鵡，牠非常聰明、調皮，還沒有長毛的時候我就開始飼養牠，一直到現在已經十多歲了，牠的年紀如果換算人的年紀就是人的九十多歲。

中間那張照片是隻很酷的狗，是我養的狗，牠的品種是比特犬，看起來雖然很兇狠，但對人很和善，透過這張照片也可以提到關於與牠的一些趣事。

封面右邊的中間那是我媽媽，也是我努力奮鬥的源頭，我媽媽是很傳統的女性，從小到大印象中只打過一次我，我媽媽對我的教育是很開明的，她從來不強迫我做我不喜歡做的事。

再來封面左邊中間的照片是我的恩師王晴天董事長，那張照片是我與他在八大明師活動上合影留念的，我的人生也是從我開始認識我的師父王晴天博士開始改變，進而接下我師父的事業踏入培訓事業。

最下方那張照片，是我首次踏上世華八大明師的舞台擔任主持人的一張照片，我很珍惜那一次上台的經驗，因為一輩子就那麼一次第一次的經驗。

以上七張照片，就可以讓我與客戶侃侃而談，也可以針對客戶好奇、感興趣的部分，分享我的故事，更可以讓客戶更瞭解我，進而幫我做轉介紹。

從你的生活認識你這個人，從你的照片了解你的背景，這對客戶而言，是很新奇的一件事情，再加上有照片可以看圖說故事，更能說得生動真實。所以你必須先準備幾張你的照片，照片必須要有意義的，比如你最感恩的人、你最難忘的經驗、你最珍藏的照片、你最喜歡的一段話、你的理想抱負是什麼、你最想成為的人、你的偶像是誰？為什麼他是你的偶像？……你放上去的照片或圖片，必須要有意義，因為你會需要向客戶解釋為什麼這對你而言很重要，當然對客戶介紹的轉介紹手冊，不是每一張圖片都要詳盡一一說明，通常只要重點挑一兩張說明即可。

轉介紹手冊之所以要貼上你的照片，主要的目的是能吸引客戶的目光，因為當你與客戶會面的時候，習慣性地把轉介紹手冊放在一旁，一方面是提醒自己要記得要向客戶要求轉介紹，另一方面是要勾起客戶的好奇心，讓客戶主動問起那個本子是什麼，一旦客戶開口了，你就有話題可以繼續介紹下去。

你也可以將你的轉介紹手冊裝飾得很有質感，或是走可愛風、文青風……依自己的喜好設計。我記得我有個女性學員，將她的轉介紹手冊，全部貼上粉紅色的毛茸茸的貼皮，看起來就是女生用的筆記本，外面還用水晶貼貼上她的英文名字「Amanda」，所以她那本冊子一跟著產品資料一起放在桌上，就十分搶眼了，十個客戶裡面有九個會問她那是什麼本子，所以她能要到的轉介紹名單就不少。

而我則是建議轉介紹手冊，可以用活頁簿的方式來製作，因為活頁簿的內頁可以換來換去。

右圖這就是活頁本，大小你可以選擇 B5 的大小，因為我覺得 A4 大小有點過大，攜帶不方便，用活頁本有一個好處，當你的轉介紹名單很多的時候，你可以隨時補充空白的頁面，而且當資料很多時也方便做順序的調動。甚至你可以以你下一個要拜訪的客戶，去編排介紹人員的順序，例如找一些相同性質的介紹人資料放入轉介紹手冊。活頁本的價格並不貴，你要加工起來也不難，所以我還蠻推薦使用活頁本自己加工，成為你自己獨一無二的轉介紹手冊。

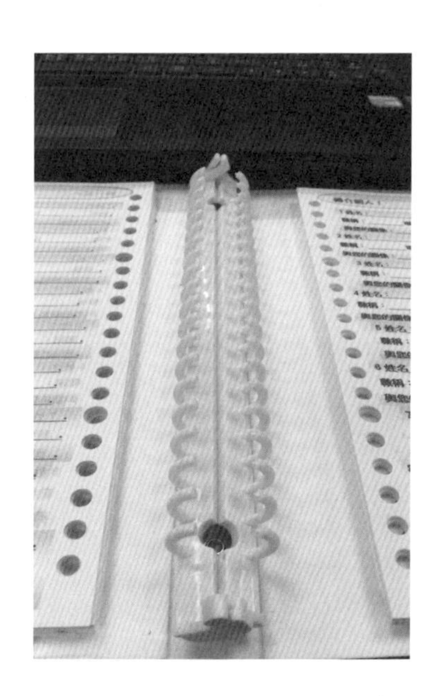

右圖是轉介紹手冊裡最重要的內文，最上方有個介紹人，那個欄位是讓客戶填入他的名字，等於說這一頁五個人就是屬於他要負責轉介紹給你，要填滿這一頁。旁邊還有一個日期也必須要填，你可以從日期去追蹤下一次要求轉介紹的時間，會不會太過於急迫。再來就接著填上被轉介紹者的相關資訊，一開始要請你的介紹人幫你轉介紹他的朋友時，你要介紹人提供的資料不宜太多，因為有時候我們必須要篩選，還有一開始你要的資料太多，會造成介紹人的困擾。

介紹人： 日期： / /

姓名：	公司：
職稱：	電話：
與您的關係：	
備註：	
姓名：	公司：
職稱：	電話：
與您的關係：	
備註：	
姓名：	公司：
職稱：	電話：
與您的關係：	
備註：	
姓名：	公司：
職稱：	電話：
與您的關係：	
備註：	
姓名：	公司：
職稱：	電話：
與您的關係：	
備註：	

因此，只要有以下六項資訊即可：

① 姓名

這一欄有一點要注意的是，如果是很中性的名字，你一定要再三和介紹人確認這個人是男士，還是女士，其實你可以使用一種方法，就是當介紹人寫下被轉介紹者的名字時，你可以複誦一次，然後在名字後面加先生或是小姐。例如，客戶寫「施彥靈」這個名字，你不確定是男生還是女生，你可以複誦一次說：「施彥靈先生」，如果對方不是男生，你的客戶會糾正你說這個人是小姐。

② 公司

你必須要知道他現在是在哪一家公司服務，就可以稍微篩選一下是不是你要的客戶，也可以藉此稍微了解一下被轉介紹者的背景。

③ 職稱

從職稱這一欄就可以判斷對方的口袋深淺，或是下次見面時要稱呼的職位。

④ 電話

因為現在電話比較少人使用，你也可以將電話這一欄變成 LINE、WeChat 等等，重要的是必須是對方習慣用的聯絡方式，有時候直接打電話過去會感覺壓迫感太重，因此有的人就喜歡用 LINE 的方式溝通。

⑤ 關係

這一欄其實可以詢問客戶多一點資訊，比如客戶寫同學，你就可以問是什麼時期的同學呢？是國小、還是國中、還是高中、還是大學、或研究所，你們之間你是怎麼熟識的，有沒有發生什麼好玩的事情，簡單詢問即可。

⑥ 備註

備註欄可以填寫你任何想要填寫的資訊，對方的忌諱禁忌是什麼，對方的喜好是什麼，對方喜歡吃什麼類型的點心、什麼樣的飲料等等，或者是對方最在乎的是什麼事情……這一欄通常會從客戶的口中脫口而出，有時並不是我們詢問出來的，而是在和客戶閒談時客戶隨口說出來的，要專心聽客戶的敘述，把有用的資料與訊息，記錄下來並且去活用它，當然你也可以自己修改欄位。

客戶見證

對轉介紹而言客戶的見證是很重要的，客戶見證也是最有效、最有說服力的銷售策略之一，不僅能讓客戶對你的服務以及產品充滿信心，也讓客戶們發現身為你客戶的好處。

不知道你有沒有發現過，市場上有些大人物會利用名人，或行業中一位很重要的人物來推薦、做見證，連國外申請大學就讀都要有推薦信函，不可否認這一點非常重要也很有效，如果你沒有在你的業務當中使用這一招的話，那就真的會錯失許多大好的良機及資源。

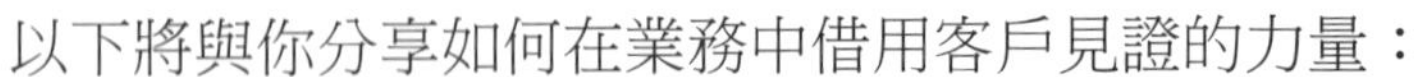
以下將與你分享如何在業務中借用客戶見證的力量：

1 讓客戶寫推薦信函幫你代言

無論你是多麼厲害的銷售人員，當你自己談論你對客戶做出多偉大的貢獻的時候，聽在聽者耳裡難免會覺得你在誇大，所以多數的客戶會對你所說的事情大打折扣，畢竟，他們憑什麼要信任一個自己從未見過的業務員呢？如果你有一封客戶推薦信，放在你文件夾中，那文件夾是用來放所有的客戶推薦信，就能為你的信譽加分不少，並立即在你的客戶與你之間建立起一份無形的信任，客戶推薦你的部分，從事實的角度以及心理的角度都擁有驚人的說服力，促使客戶對你產生認可，客戶推薦信會再度肯定你所宣稱的一切的可信度，這加深了客戶對你所傳遞的資訊的信任，也能夠大大降低你在成交業務時所面對的阻礙。

② 讓客戶寫見證頁為你佐證

客戶推薦信是屬於比較長篇的客戶見證，但是有的客戶並沒有時間或是有興趣看那麼長篇的文章，所以大約是一頁面的篇幅，再加上你與客戶一起拍的照片，那會讓你的準客戶對你產生信賴感。

開始製作你的客戶見證吧。你可以在轉介紹手冊裡面，準備幾個客戶見證，也必須要準備一兩張空白的客戶見證，方便你隨時可以讓客戶填寫他對你的服務感想，或是對你這個人的祝福。所以你在做完服務時，你可以跟客戶拍一張合照，然後將這張合照貼在朋友見證這頁上面，對方也會很樂意地在上面寫下一些見證，或是與你合作的感想或對你個人的感覺都可以。

如果客戶的文筆不好，甚至於不會寫，沒關係我們有準備見證詞彙可以讓他挑選，你可以讓他看一下「證據」，什麼證據呢？就是你服務水平的證據，或者是轉介紹的證據。朋友的見證內文寫得好不好在於其次，重點在於你有做這件事情，所以不一定要要求客戶寫的見證是很灑狗血的內容，平凡祝福的內容也可以，甚至有一些小小的抱怨也沒關係，這樣個更能顯示出見證的真實感。

有的客戶會覺得跟你拍張照片就好，見證文字叫你自己寫，這樣也沒有問題，只要不要違反客戶的意願就行了，因為這樣才真實。

我將空白的客戶見證頁分成男女生頁面，女生使用的頁面顏色是粉紅色，男生使用的頁面是藍色，要記住有機會就要請客戶幫你寫客戶見證，只要你的客戶見證蒐集得夠多，越能說服客戶幫你做轉介紹。有時候客戶想不出來要幫你轉介紹什麼朋友，這時候你可以先要求他先為你寫客戶見證，或者是先拍一張合照之後再請他寫見證，總之每一次的接觸都要有一小步的前進。

③ 現在開始收集你的客戶見證與推薦信函

你從業務工作到目前為止，一定有一些客戶或是朋友對你的服務非常滿意，請回去找他們，請他們為你寫客戶見證或是推薦信函，我建議推薦信函可以找三、四位比較重要的客戶幫你寫，客戶見證因為比較簡單，所以一般客戶也比較不會抗拒，因為對他們來說客戶見證會比較簡單不會那麼麻煩，以下是幾個值得注意的提示：

- 要開始想名單，看之前服務哪些客戶並對你的服務很滿意，收集越多越好。
- 在客戶見證或是推薦信旁邊寫下客戶的職業，如果為你推薦的客戶是高層主管或專業人士，例如公司的總裁、董事、律師、醫生、會計師等。這樣的推薦信會為你帶來意外驚喜，也會帶給準客戶更大的信心。
- 與你的客戶一起合影，你與微笑的客戶會自動留給準客戶一個高興滿意的客戶服務印象

④ 將要求客戶見證成為你銷售過程中的一個部分

就好像沒有要求轉介紹一樣就是一個不完整的銷售流程，銷售不應該在你要求客戶見證之前結束，你只需要問：「某某先生，你覺得到目前為止，我的服務如何呢？」然後允許他對你的銷售過程中大加的讚賞，然後接著問：「我可以將您剛才所說的這些話加入到我的客戶推薦信函或是見證中嗎？」大多數的客戶都不會介意，因為助人為樂是人基本的態度，你所需要做的就是「問」，你就能得到這些。

⑤ 使客戶見證與客戶推薦信變得很容易

讓客戶為你寫推薦信及見證變得很容易，我們最常見的一個評價是，「我真的不知道該怎麼寫，要寫些什麼。」你可以像他們展示一下你之前客戶所寫的推薦信，在見證工具裡面，我也會提供一些見證的詞語供客戶參考，以我的經驗，提供這些參考，客戶就能輕易寫出見證內容。

⑥ 明智地使用客戶見證

當你有了自己的客戶見證，下一步該做些什麼呢？你需要使用它來看到成果，例如，你可以利用客戶見證作為與準客戶見面的開場白。或是把它放到你的宣傳手冊、轉介紹手冊、網站、廣告單等，甚至可以把它加在逢年過節的祝賀卡片，或是加到 Email 裡面的附加檔，讓準客戶能夠讀到它們。

自我定位

在自我介紹欄位裡面，填入一千個字左右有關於你的故事，故事的內容就是要做自我定位，自我定位就是「我的故事」，藉由自我定位的確認，更清楚自己在事業上努力的動機；

「因為清楚所以不辛苦」，你將要求對方轉介紹，對方不了解你，則如何介紹你？如果沒有說明清楚，你為何而努力的動機，朋友會自動聯想到過去對業務的刻板印象，以為你是想利用他而產生誤會，當我們開始寫自我定位的時候，請務必寫下一千個字左右，按照以七個步驟寫下自我定位。書寫原則是：真實故事不欺騙、生活語言不做文章、適度包裝強化重點、不斷修正以求進步。

① 生活型態

可以描述一下一開始從事業務工作的時候，大部分都是從陌生開發開始從事業務工作，碰過哪些問題？怎麼去克服它？甚至於找過其他方法，卻不得其門而入，可以稍微描述一下其中的辛苦和挫折。

② 如何得知

這邊你可以描述如何得知轉介紹這門學問，也看到一些頂尖的業務員他們怎麼運用轉介紹來贏取客戶。

③ 當時想法

你可以提到一開始對轉介紹的一些想法，包含負面的想法也都可以。

4 評估重點

在你決定要用轉介紹來做為你開發業務的唯一管道的時候，你的心裡是怎麼想的，為什麼要改變你的業務開發模式，是哪些關鍵令你做出的改變，這一切你評估的重點是什麼呢？

5 生活轉變

在做轉介紹之後你生活上、業務上有什麼改變，例如多出了許多時間可以做客戶服務或者是陪陪家人，或是業績提升了，或是壓力沒有那麼大了，或是生活變得開心、朋友變多了……種種生活的改變都可以描述出來。

6 學習成長

在轉介紹這個部分你學習到的什麼，以前的你和現在的你有什麼樣的不同，未來更要學習精進的哪個部分。

7 未來期許

對於未來轉介紹的期許你有哪幾個部分，對客戶幫你做轉介紹的部分，你有什麼樣的期許，或是你的客戶對你有什麼樣的期許，你現在有達到客戶的期許嗎？

見證詞彙

見證詞彙適用於客戶要幫你寫客戶見證，卻詞窮的時候可以參考的一些內容。

你真是堅持到底的人
你真是個氣大心寬的人
他是個人見人愛的人
他真是個大方的人
他你真是個用心的人
跟你在一起真是快速
你真是個懂得賞識別人
你是個實行家
從你身上看到旁樣
那你真是個愛學習的人
從你身上看到什?是愛
他總是不要求別人給什麼.而是能為別人做什麼
你是個行善家
幫助別人.其實就是在幫助自己
你是個善解人意的人!
你是個行善家快樂老實人
你真能活出真善美
你真是個謙遜的人
他真是個溫柔、孝敬父母的人
看到他與家人的關係那麼好、真是幸福
他真是個成功人仕
他真是個了不起的人
他真是個有同理心的人
他真是個說到做到的人
他真是個很會反省己自的人
他給我一種安全感
他真是個有恆心、有毅力的人
他能證把握時機、創造因緣的人
他真是個專一專注的人
他是個甘願做、歡喜受的人
他是個不易生氣的人
真是個常懷感恩的人
他是個心胸廣大的人
他代表著愛與感恩
他是個常做好事、樂於助人

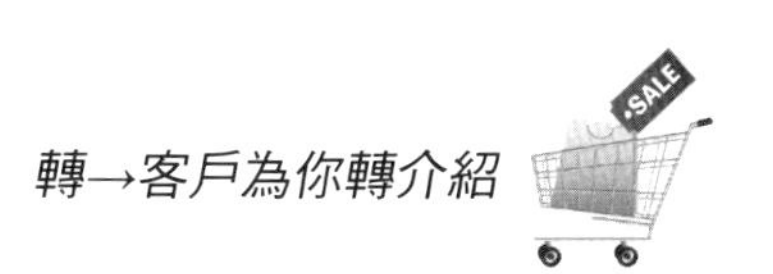

關係圖

這關係圖可以讓客戶知道他在轉介紹的地位上是很重要的，因為他的背後隱藏了很多人脈。客戶往往不知道他背後有許多的人脈是需要你的服務，或是可以幫助你的部分。反之，你背後的人脈也有可能幫助客戶，這張圖並不用每一個轉介紹中心都要畫出這張圖，你可以選一、兩位轉介紹中心做出這張關係圖，從這張關係圖可以說服客戶，讓他明白轉介紹是很重要的。

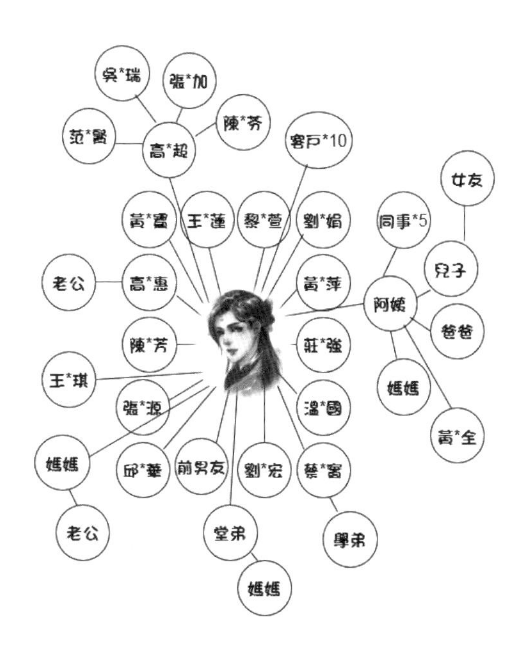

統計表

這張統計表其實有一些競爭的意味存在，之前我曾經利用這張統計表，讓一位轉介紹中心看我這張統計表，他原本幫我做轉介紹的人數總計為第三名，差第一名只有 10 位。所以他立馬拿出他的通訊錄幫我介紹 10 位以上的客戶，並立刻就把它更改成第一名，他還說之後若是有人轉介紹人數比他多，立即通知他，他會再介紹更多的客戶，這種莫名競爭有時候對某些人還真是蠻有用的，不過這張圖表最主要的用意，是可以讓你看出誰是你的重要轉介紹中心，排名越前面的轉介紹中心，你就應該更重視。

朋友	人數	成交	備註
王小明	25	5	
陳大頭	12	1	
林小妹	3	0	
吳大頭	2	2	
邱小姐	8	0	
范先生	1	0	
劉小姐	3	1	

照片

針對轉介紹手冊你要準備的照片，有對你有意義的照片，以及你最重視的人的照片，或者是你未來想要成為哪一種人的照片，照片不用多但都要有特殊用意，能說出點故事的。另外一種照片就是你與客戶的合照，這個其實有機會就可以要求，現在手機很方便，要求對方與你自拍其實是很容易的一件事情。

隨時可以書寫的筆

你要隨身攜帶兩支好寫的原子筆，一支紅色的原子筆和一支藍色的原子筆，因為有時候要請客戶寫見證，或是請客戶幫你轉介紹要寫名單時候，客戶未必身上會有準備筆和紙，所以你隨時準備兩隻筆放在身上立即就能派上用場。

小禮物

身上要隨時帶個小禮物，可以隨時發給幫我們轉介紹的客戶，因為如果我們禮物是下一次見面再拿給客戶，感覺就冷掉了，最好的方式是客戶給我們轉介紹之後，就可以將小禮物拿給客戶以表示感謝。當然這個小禮物可以是一張空白的感謝卡，方便你可以隨時寫上你對客戶的感覺，也可以是一個簡單的小禮品。

·贏在642！·

打造你的多元收入流！

MARKETING AND SALES

Business & You

Marketing and Sales

- 啟動你的成功事業
- **Step 1 夢想**：設定你的目標
- **Step 2 承諾**：立下一些誓言
- **Step 3 列名單**：寫下名冊
- **Step 4 邀約**：邀請你的朋友
- **Step 5 S.T.P**：舉辦成功的集會
- **Step 6 跟進**：徹底實踐
- **Step 7 檢查進度**：諮詢＆溝通
- **Step 8 複製**：教導成功模式
- 每日七件事

01 帕德嫩神廟理論

世界第一行銷大師傑·亞伯拉罕曾提到一個很棒的理論，在此分享給大家，就是——帕德嫩神廟的理論。

帕德嫩神廟興建於公元前5世紀的雅典衛城，是古希臘奉祀雅典娜女神的神廟。它是現存至今最重要的古典希臘時代建築物，我們知道古希臘的戰爭非常多，但是帕德嫩神廟如今仍屹立不搖（見右圖），主要是因為神廟的建築結構是由許多的支柱支撐著。我們人也一樣要有許多的支柱來支撐自己（例如：收入），人工作就是為了收入，為了能養活家人，一旦沒有工作，生活開銷便會陷入了危機，所以我們收入的支柱不能只有一種工作收入，我們應該要有投資的收入或是有其他的收入來作為我們的支柱。

以我而言我的收入支柱有很多種，如：當講師開課、企業內部培訓、投資收入、組織行銷的收入、還有資訊型產品的收入、股票收入、虛擬貨幣的投資收入等等。你要記得你的收入不能只有一種工作收入來源，要創造不同的收入支柱來支撐你的生活開銷。在工作閒暇之餘，最好可以有第二專長來賺取另外的收入，這樣不論景氣好壞，對你家庭的影響就不會那麼大。而直銷就是建立其他收入支柱不錯的選擇。

眾所周知，傳統創業有很多的風險，資金、人脈、產品、資源等，只要任何一個環節無法啟動和出錯，隨時都可能導致事業陷入危機。而做直銷相對比較自由，風險也小。它不僅僅是創業項目中一本萬利的生意，還是一個積極向上、充滿正能量的行業。尤其在網路發達的今時今日更是讓直銷創業如虎添翼。有了網路讓直銷的會議、培訓、產品推廣、人脈對接變得更為簡單，使得上下線之間、經銷商關係更加緊密。

所有看過《富爸爸．窮爸爸》的人都會明白僅僅依靠出賣體力或腦力的工資收入，絕大部分只能達到三餐溫飽，若是還要能買房，就真的很勉強，更別說什麼出國旅遊、生活品質、財富自由了。《富爸爸．窮爸爸》一書中提到，財務自由的關鍵在於創造被動收入，與工作收入相反，被動收入是不需要花太多時間管理就能產生的持續現金流。所以越來越多人開始希望經營自己的第二份收入，而最容易進入的事業就是直銷。

以下分享《窮爸爸．富爸爸》的作者羅伯特．清崎對傳直銷事業的看法：

- 如果一切都可以重來一遍，我肯定不會創建傳統的企業，我肯定會透過傳直銷事業來建立自己的收入系統。
- 我本人並沒有通過創辦直銷事業致富，為什麼還要鼓勵大家投身直銷業呢？其實，正是因為我沒有通過創辦直銷事業賺錢，所以我對於該行業才有一個相對客觀公正的認識。直銷事業的價值絕不只是能夠賺很多錢。
- 可以說，直到此時，我終於找到了一個充滿愛心、關懷大眾的新型企業模式。
- 傳銷是一種全新的、與過去許多模式截然不同的致富途徑。
- 世界上最富有的人總是不斷地建立網絡，而其他人則被教育成去找工作。
- 直銷向全世界數以億計的人們，提供了一個把握個人生活和財務未來的良機。
- 直銷系統，也就是我常常所說的「個人特許經營」或「看不見的大商業網絡」，它是一種非常民主的創造財富方式。只要有意願、決心和毅力，任何人都可以參與到這個系統中來。
- 很多直銷公司向數百萬人提供了富爸爸當年給予我的教育，讓人們有機會建立自己的收入系統，而不是為了某個收入系統終生辛勞。

- 無論全職還是業餘，直銷事業都是為那些想進入 B 象限的人士而準備的。
- 直銷事業是樂於助人者的絕佳選擇。
- 我之所以向大家鄭重推薦直銷事業，是因為它擁有改變人生的教育培訓體系。
- 直銷事業是那些渴望學習企業家的實際本領、而不是學習公司高薪中層經理技巧的人們所需要的商學院。
- 直銷事業本身建立在領導者與普通人共同走向富裕的基礎上，而傳統企業、政府企業的出發點則是讓一少部分人富裕起來，大量雇員則滿足於得到一筆穩定的薪水。
- 如果你樂意教育、引導別人在不必擊敗競爭對手的前提下尋找他們的致富之路，那麼，直銷事業對你來說也許就再合適不過了。
- 直銷事業可以為你提供一大群志趣相投、擁有 B 象限核心價值觀的朋友，幫助你更快轉型到 B 象限。
- 如果連一個已經達到財務自由的卓越企業家都如此看待直銷事業，那你又會如何看待傳直銷事業呢？

收入的多重來源

彼得．杜拉克曾在其《真實預言——不連續的時代》書中提到第二知識職業的重要性。其實他說的就是打造多重收入。財富是需要管理的，你的收入與現金流也是。

以收入的性質來說，收入可分為以下四種：

① 用時間與健康換錢（TIME WORKER）

簡單來說，只要你停止工作就沒有收入，無論你是 SOHO 族、上班族、老師、教授、律師、會計師、醫生……等，都屬於這類。

② 用錢與時間換錢（MONEY WORKER）

舉凡股市投資人、債券投資人、基金投資人、入股餐廳或公司的投資人、房地產投資人……等。只要是拿出你自己的錢，但實質上不是因為你其他的勞力付出所造成的收入，就屬於這種。

③ 用別人的資源換錢（RESOURCE WORKER）

簡單來說，合夥創業是其中一種。你用別人的時間、別人的錢，與別人合作、用別人的資源，然後換取自己的收入。

④ 建立一套系統賺錢（SYSTEM WORKER）

建立一個簡單、可被輕易複製的系統，讓大家加盟、讓大家都贏。麥當勞之父——雷．克羅克、星巴克之父——霍華．舒茲都是典型的案例！

上述四種並沒有說哪一種工作模式可以賺得比較多或比較久。如果你是一位剛從法學院畢業、考上執照的律師，你的收入不一定會比在路邊擺攤賣衣服的年輕女孩高。但如果你累積了一定的資歷、經驗，擁有高曝光率，那麼你的收入可能就比較高了。

你可以自由搭配你所想要的收入模式與投資報酬率。沒有對與錯、好與壞，這攸關你自己的喜好與選擇。但的確有些搭配組合，可以讓你比較輕鬆地賺到錢，並且也能夠持續地更長久。

每一種工作者，都有不一樣的工作型態。在《富爸爸．窮爸爸》系列叢書中，羅伯特．清崎的富爸爸提出「現金流象限」的概念：他將人的財務分為工薪族（員工）象限、自由工作者象限、生意擁有人（企業家）象限、投資者象限這四大類。所有人的財務狀況離不開這四個象限，你賺的每一分錢都是從這裡面來的。

- **Employee 員工：**無論你在哪裡上班，只要收入主要來源是靠別人給你工作任務才能過活的都屬於這一類，雇員的特點是為別人工作。

- **Self-employee 自由工作者：**主要指自由職業者和小企業主，自雇者的特點是為自己工作。

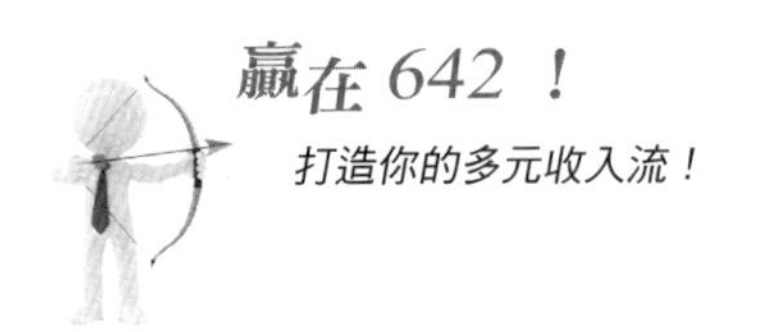

- **Business Owner 企業家、系統擁有者：**按照羅伯特．清崎的標準，當你擁有一個超過 500 人並且不需要你參與就可以自動運營的公司的企業家，企業家的特點是讓別人為自己工作。

- **Investor 投資家、金錢擁有者：**當你擁有很多錢，並且這些錢每年都可以產生可觀的收益你就可以被稱為投資家了，投資家的特點是讓錢為自己工作。

左邊兩個象限的 E 和 S 主要靠時間換取收入，投入時間就有收入，不投入時間就沒有收入；右邊兩個象限靠槓桿時間或金錢獲得收入，可以不投入時間就有收入，所以相對左邊兩個象限有更多的自由。

當有一天你病了、老了，無法再用時間與勞力換取金錢時，你的積蓄還可以支撐你多久呢？別忘了，停止收入不代表停止支出，薪水只有一筆，支出卻是無限，究竟要如何做才能擁有時間與財富上的自由？如何才能從 ES 象限，成功轉向 BI 象限，做錢的主人呢？

在每一種收入類型中，你所需要學習的技能都不相同。管理學之父——彼得．杜拉克曾在其著作中多次提到知識經濟的到來，也提醒世人知識工作者所帶來的轉變。事實上過去數十年來，經濟變化也正如其所言，正在產生質變與量變。

台灣的經濟型態，在短短數十年間，從傳統農業轉變為技術領導的工業，再到現今以各式知識掛帥的科技業，現在進入現今技術、知識與服務大融合、大數據、大平台的新時代。

根據彼得．杜拉克在其《不連續的時代》裡提到：「知識工作者不是勞工，也非無產階級，但仍然是受僱者。」其仰賴薪水、退休福利和健保，為自己創造穩定的生活。然而，彼得．杜拉克也直言，社會現實的觀點為「現今的知識工作者其實是昨日技術工作者擢升的後繼者」。因此，我們觀察現代大學畢業生期待的收入與

雇主之間產生極大的落差。

這些即將進入或已經進入社會的知識工作者們，受過高等教育，期待自己成為「專業人士」。但這些雇員們的心中所想，卻與真正的管理者的期待有極大的落差。甚至，許多我們眼中的「知識工作者」，已經淪於早期的技術人員，必須不斷地付出勞力、時間、健康、生命，以換取微薄的收入。

彼得．杜拉克很直接地指出：「大多數知識工作者並沒有領悟，他們是在有發展且待遇豐厚的工作，與耕作除草每天做十六小時、卻只能勉強度日的工作中選擇。」意思是，現今的知識工作者雖然為社會帶來極大的變革，但如果這些所謂的「知識工作者」不願意提升自己、持續學習，那世人眼中受過高等教育的知識工作者，其實與在農地、礦場裡辛苦工作並沒有什麼不同。

科學管理之父——佛德瑞克．泰勒先生曾提到：「知識份子認為工作是理所當然的事，想要更多產量，就必須延長工時、努力工作。但這樣的想法是不對的，要有更多產量的關鍵，應該是『聰明地』工作，有思想地有信仰地工作。」

你若要選擇成為一個 LIFE WORKER，在工作職場上獲得更多的收入，你就必須要比一般人投資更多在自己的思想判斷上，讓自己發揮最大的生產力。你可以開始思考：

- 你現在做的工作是不是不用大學畢業也能做？
- 你現在的工作是不是必須大量、重複且辛苦地做？
- 你現在的工作是不是幾乎用不到專業技能？
- 你現在的工作是不是隨時都可以被取代？
- 如果答案是肯定的，那你必須思考自己的工作與以往在農業社會與工業社會有什麼不同？

你或許期望透過累積年資獲得加薪，可現實中，是不是永遠都有新的一批大學新鮮人；永遠有人願意用比你要求更低的薪資來取代你；永遠有人比你願意犧牲家庭、健康、生命來換取工作？

但你不是不能獲得更高的報酬，而是要更聰明地工作！首先，要加強的就是專業技能，甚至擁有兩項以上的專業技能，這能幫助你在職場上有所突破。單一專業性人才已不足以讓資方願意付出高額的薪水，資方期待的，是一個能處理至少跨越兩種領域的複雜問題的人才。

因此，你如果想獲得高薪，你的專業知識就必須要有非常強的「獨特性」，而且是一般人無法取代的；「勉強應付」的工作不會讓你收入提高，積極主動的出擊才能使你擁有致勝機會。

此外，你是否曾經思考過，如果你持續現在的工作，二十年後，你會成為怎麼樣的人？你能輕易退休嗎？如果你的薪資不足以讓你退休，甚至連自己都看不見未來，那你為什麼還要持續現階段的狀況？

所以，為了避免知識份子與企業主和社會產生過大的落差，你應該盡早接受社會教育的洗禮，並且全方位的學習，持續精進專業技能外，還要學習把知識融入你的技能之中。

你必須學習站在「老闆」的角度去思考問題，換位思考，如果我是老闆，我喜歡怎麼樣的員工，我願意為什麼樣的員工加薪……如此一來，可以幫助你獲得加薪的機會。簡言之，你要學習成為這些企業家的「另一顆腦袋」，幫他們解決問題，這樣他們會愛死你。

如果你選擇成為一個 MONEY WORKER，你同樣必須累積自己在相關領域的專業知識。假設你投資股票，你就必須了解這家公司的運作、組織管理、財務報表……當你越熟悉一個公司的管理與業務，就越容易判斷其管理是否會對財務造成重大衝擊並影響股價。而識人的能力也極為重要，一間公司的管理階層如果不具備好的管理人才，再光明的產業前景與產品，也無法讓你的投資報酬率提升。又好比你投資的是房地產，那經驗、資金與談判功力就是你致富的關鍵。

且「投資」並不是一種自動能讓現金流進來的懶人致富術，相反地，你甚至需要比一般知識工作者花更多時間做全方位的研究。從總體經濟、國際情勢、趨勢判斷、政治角力、公司治理、產品規劃……等都要有所涉獵，才能在投資市場裡獲得穩定的報酬。

還有最重要的一點，你必須要有控制情緒的能力。華倫·巴菲特曾說：「別人恐懼的時候，我要貪婪，別人貪婪的時候，我要恐懼。」綜觀股市裡真正能賺大錢的常勝軍，往往都是有錢的企業家，而致勝的關鍵，是因為他們歷經企業草創的洗禮，見過大風大浪，比一般上班族、菜籃族還多更多；加上他們隨時掌握企業界最新的動態，自然能精準地判斷何時該進場、何時該收手。因此，如果你真的想在投資界裡賺進大筆財富，可以試著先經歷一段創業人生，或許更能幫助你精準判斷。

新加坡前總理建議：加入一家優質的直銷公司學習創業，才是完整且 CP 值高的創業訓練。

而 RESOURCE MAKER 和 SYSTEM WORKER 則是難度最高，但藏有最大財富的致富途徑，你可以用自身最少的資源，創造最大的績效。以管理學的角度來看，這樣的效能是極大的。

但一個真正成功的 RESOURCE MAKER 和 SYSTEM WORKER，通常需要經歷過無數次的成功與失敗的經驗，才會累積最大的能量，創造猛暴性的財富。

台灣 85 度 C 的吳政學、王品戴勝益、阿里巴巴馬雲都是，如果不是擁有二十年成功失敗經驗，也不會有後來成功上市的結果。

身為一個創業家，你必須具備良好的溝通力、判斷力、執行力、領導力與資源整合能力，才能順利度過一段驚濤駭浪的旅程。

但你也因此有比別人更多寶貴的經驗，這些經驗將會是你一輩子珍貴的資產，在往後的幾十年，幫助你創造驚人的財富；就像後來馬雲和蔡崇信的慧眼識英雄，這都是經驗的累積。

創業不會一開始就讓你賺到錢，可是你在過程中所學的事物，將是用錢也買不到的財寶。成功終將伴隨著不斷成長而來！

無論你的選擇是什麼，剛開始收入來源越多樣化越好。在大環境不景氣的前提下，我們無法準確地預知未來哪個行業會興起、哪個行業會沒落、哪個市場會崛起、哪個市場會衰退。日本經濟也曾傲視全球，許多日本企業家甚至能一擲千金地買下美國博物館內的珍貴館藏，但不知道從什麼時候開始，日本經濟已衰退了三十年，甚至不見好轉跡象，而南韓則蓄勢待發，可下一個時代又是誰勝出呢？

科技業在台灣也曾經風光一時，帶動台灣經濟成長，但曾幾何時，科技業變成保 5 保 6，毛 3 到 4，後來是觀光旅遊業，最熱門的行業又變成餐飲業？ 2018 又進入 AI、生技、健康基因、大數據與虛擬貨幣。

而發展多重現金流的原因只有一個：是為了確保你在任何環境、任何景氣、任何狀況下，都可以有穩定的收入。如此一來，你不必擔心景氣不好被裁員、不用怕一個人時間有限，無法多接工作。

另外，我們可以把投資報酬區分為兩種：

★ 一次性收入 LINEAR：花一次力氣，只能得到一次收入。

★ 多次性收入 RESIDUAL：花一次力氣，便能得到多次收入。

用勞力換取金錢，雖然是花一次力氣，可是依然有機會能獲得一次性的高收入。舉例來說，演藝圈的模特兒、明星，像林志玲、蔡依林、周杰倫、五月天……等人的代言收入，一次就能獲得數百萬。當然他們也是從一次才幾千元的通告費慢慢累積出來的。

但我們要談的觀念是，只要你肯思考如何「創造價值」，即便是一次，仍然可以獲得很高的收入。

而用勞力換取金錢，也可以只花一次力氣，就獲得多次收入。舉例來說，暢銷書作家就是很好的例子，《哈利波特》的作者——羅琳女士為我們帶來最好的示範。她原先是個失業媽媽，甚至不能算是個「在工作的人」，但她熱愛寫作，把寫作當成她的志業，最後《哈利波特》一炮而紅，羅琳也成為英國女首富、史上最富有的作家。

她僅花了一次力氣寫作，但後續的書本版權收入、電影版權收入、各式權利金授權物品，讓她不用再工作，都能擁有源源不絕的收入。（可是可能是有高取代風險）

如果是投資者，也可以分為一次收入與多次性收入。若你是專攻短期的投資者，專做股票差價或房地產買斷差價的投資者，你的收入來源就是標的物上的價差，這種就算是一次性收入。

但如果你是屬於長期的股票持有人，參與每年的配股與配息，或長期持有房地產，專門做租賃，就算是多次性收入。

一般來說，依照投資心理統計學，超過半數的大錢，其實都藏在長期投資裡。但長期投資的資金需求量大，你必須有更大、更多、更穩定的現金流，才能在投資領域賺到大錢。否則短期投資的風險與變數相當大，萬一碰到短期虧損，很可能讓你喪失精準的判斷力，讓你心情起伏不定、焦躁不安；這是你必須衡量與斟酌的。

如果你選擇的是創業，有些人專門成立公司然後賣掉，這種是一次性收入；如果你是想辦法經營企業，並且創造產品的持續購買力，那就是多次收入。

並沒有哪一種收入會絕對帶來比較高的收益，這一切都取決於你選擇後，是否有優良的經營策略與判斷力。

賺得多與賺得少最大差別，就在於你是否有足夠的經驗讓你成長，過去的經驗絕對能幫助你做好決策。但我也要提醒你，很多時候，每跨一個新領域，過去的經驗也可能不再適用，反而可能成為你的絆腳石。此時，你需要的是一個好的教練、好的引導，減少你完成目標的不當時間花費，走上致富的捷徑。

你渴望有錢又有閒的生活，獲得人生的終極自由——財務自由嗎？

642WWDB 系統將提供你成功的方法。「642 系統」彷彿是直銷的成功保證班，當今業界許多優秀的領導人，包括雙鶴集團的全球系統領導人古承浚、如新集團的高階領導人王寬明、何老師、馬老師、成資國際的 Aaron Huang……等，均出自這個系統，更有人以出身 642 為傲，因為它代表著接受過完整且嚴格的訓練，擁有一身組織行銷的好本領。

642 不只是一串數字更是一個系統，這個系統攸關你的創業、你的組織團隊運作、你的收入，可以更深入激發你創造由內到外的財富。

02 什麼是 642 ？

642 這個系統，在美國已經近六十年來的時間，所以它的運作非常地成熟。究竟什麼是「642」？為什麼它可以成為卓越系統的代名詞？「642」全名叫 World Wide Dream Builders，簡稱「642 WWDB」。642 系統的創始人為 Bill Britt，目前仍與 Amway 集團合作，進行 IBO 的教育訓練！

「642 WWDB」系統是創始於美國安麗公司的團隊，1970 年，Bill Britt 加入安麗公司，1972 年，Britt 成為安麗鑽石級直銷商，而在 Dexter Yager 的下線中，除了 Britt，另外還有兩位鑽石，加上他自己，總共是四位鑽石。

到了 1976 年，Britt 覺得這樁生意越來越難拓展，六年來，他的下線當中不但沒有新增加的鑽石，反而連自己鑽石的寶座都難以維持。

於是，他們開始思考問題所在：直銷事業是不是只有少數有特殊才能的人才有機會成功？因為，事實顯示：Britt 用了兩年時間成為鑽石，但那些幾乎與他同時期開始的許多下線夥伴們，經過五～六年都還不能成長、提升上來。1976 年，他終於找出突破瓶頸的關鍵——「倍增時間開分店」——複製系統（Duplication System）。

最古老最神秘的書籍非《聖經》莫屬，《聖經》上有關激勵與信心的章節超過 500 篇，談論有關財富的章節超過 2000 篇，是第一個教導複製十夫長、百夫長、仟夫長的系統書籍……。有一群牧師、傳道人就把《聖經》的智慧結合商場實戰經驗，「G12」細胞小組「複製系統」就變成了一個龐大卻神秘的組織—— Worldide Dream Builders（以下簡稱 642WWDB）。Bill Britt 就是那一群有智慧的基督徒之一，後來為了服務組織內部廣大會員，642WWDB 成立了自己的連鎖餐廳，讓廣大會員在餐廳內可以優惠用餐；因為賺很多錢，所以

642WWDB 成立了自己的銀行和保險公司；為了讓廣大會員開車可以到處加油，他們購買了自己的連鎖加油站，為了讓廣大會員可以環遊世界，642WWDB 擁有許多自己私人飛機、買下許多小島、為了讓大家住在一起，所以建造了鑽石村……。

這個組織最先是由教會的傳道開始，他們把教會聚會的系統，帶入直銷，週間由領導人聚會，週末有大的訓練，他們複製了教會細胞小組的系統，不斷地複製，因此組織擴大得很快，這個組織以教育訓練為基礎，捧紅了你耳熟能詳的世界級教育訓練講師，造就無數百萬富翁，會員超過 60 萬人，諸如《富爸爸．窮爸爸》作者——羅伯特．清崎，潛能激勵大師——安東尼．羅賓，《有錢人想的跟你不一樣》——哈福．艾克。他們也拿《聖經》的智慧建立一套系統，用來協助直銷公司組織倍增，後來這套系統就成為大家聽過的「美國 642」。同時這個組織也因為培訓很強，有的領袖帶著這套系統去別的直銷公司，而造就其他直銷公司的崛起。

642WWDB 的老師們說：「全世界最會做組織的，是耶穌基督。因為他收了 12 門徒，現在全世界有 1/3 的人成為基督徒。」

不過 642WWDB 真正的核心是「門徒培訓」，所以這套複製系統也適合用在建立有核心價值的傳統產業。」而我自己也是靠著這套複製系統，一年內在陌生的城市從一個人創造一萬人團隊，從谷底翻身退休，受惠於這套系統。

03 為什麼要叫做 642 ？

為什麼會稱為 642 系統？而不是其他數字？

這個數字在大約 1960 年，美國安麗直銷公司剛成立不久時，由某一位直銷商維克多，他所提出的「642 架構」，當時「642」這串數字才正式開始被關注。運作組織或者帶領團隊，最重要的就是組織的架構、組織的成熟度、組織的穩健發展，甚至是組織帶來的收入成果。維克多認為一名領導能力很強的人可以培養 6 個團隊，而後在複製過程中不太可能同質複製，多少會打些折扣，於是 6 個團隊領袖只能培養出 4 個團隊，再下一代只能培養出 2 個團隊，即使這樣 6→4→2 下來，依然可以獲得成功。這大概就是最早的模式化運作了，他把這種模式運作稱為 642，所以他建構了一套以他為開始，第一代推薦了 6 個人，第二代推薦 4 個人，第三代推薦了 2 個人，……用這樣的組織架構，短短不到一年的時間，就替維克多創建萬人團隊，成為當時直銷界的奇蹟。

維克多，他運用數學的公式，模擬了一個「最差」的情況，就是依照這樣的架構，最差到第 6 代都有 78 名夥伴，可是，通常我們希望的組織發展比較傾向：假如我推薦了 5 個朋友，我希望每個人也模仿我都推薦 5 個朋友，這樣組織就有 25 人……依此類推，到第 6 代就完成萬人團隊，這是一個趨近完美的金字塔結構，可是，其實我們忘記一項最重要的心理層面問題，就是「我可以做到，未必你可以達成！」因為實際上，每個人的經驗、背景、信心……等都不相同，所以複製的能力無法百分百，而且假如運用的方法又不一樣，產生的結果就會逐漸遞減；這就是「二八法則」，20％的人產生組織了，而 80％的人被自己淘汰了。

所以維克多的 642 系統架構，就是運用他解讀完人性的心理學，理解了在人性下，複製無法百分之一百，所以每一代的推薦人數，實際上都會遞減的合理推論下，讓跟隨他的夥伴，覺得 642 架構可以簡單複製，於是如法炮製，也讓維克多的組織，反而運作得火熱；尤其透過成功經驗的傳承，可以讓組織不斷往下深度的開發，深度開發就有機會尋找到「老鷹」，而這隻老鷹習慣學習完後，就會接力領導的工作，除了模仿，甚至精進，於是組織大開，「642 架構」就這樣產生爆炸性的成長。

04 642 系統的發展歷史

1960 年，美國安麗夥伴維克多提出的是「642 架構」，而「642 系統」一詞主要出現在華文地區，如果連同美國發源地的歷史，也就是維克多當時提出的 642 架構，至今已經將近 60 年的歷史；若以 642 系統的創始人比爾．貝瑞德（Bill Britt）在 1970 年成立的 Britt World Wide 第一間公司，642 系統一詞到現在也有將進 50 年的時間。

Bill Britt 所成立的 Britt World Wide（簡稱 BWW）主要在美東地區，而美西地區則指由波以爾夫婦（Ron and Georgia Lee Puryear）所帶領的組織 World Wide Dream Builder（簡稱 WWDB），當時這個組織本來是要辦理培訓與籌劃各項會議與大會的一個組織，但是因為組織的快速成長，所以只好細分，再新增許多獨立的單位，同時招募更多的員工，協助各經銷商的發展，就這樣變成一個獨立運作的集團。當時的而 BWW & WWDB 這個組織便是因為「共享」開始倍增。

美東地區組織的負責人比爾（Bill Britt），經由朋友的介紹下認識雅各（Dexter Yager），雅各當時已是美國安麗公司的鑽石，之後比爾也開始投入安麗事業，依循著他經營 BWW & WWDB 組織的倍增原理，在兩年之後便成為安麗的鑽石獎銜；不過當時比爾發現，在雅各的團隊裡，當時包含他自己，一共只有四個鑽石級直銷商，之後比爾再運作兩年，兩年之後依然還是只有他們四名鑽石；比爾心中很納悶「為什麼我能達成，但是我的夥伴不能呢？」比爾跟其他三位鑽石領導人坐下來談之後才知道，原來來自各領域的領導者，每個人說的、做的都各有自己獨特的一面，造成後來跟隨他們的人無所適從，不知道哪一套方法才是最正確的？於是夥伴往往得浪費更多的時間到處摸索，還可能做不出成績，最後只好選擇放棄安麗事業，受到這原因影響的人比比皆是。

直銷事業最根本的本質，就是銷售產品和建立組織。

銷售產品其實不難，有人靠口才，有人靠人脈，也有人用最不理想的方法——強迫推銷……等，以上這些方法都可以將產品賣出去；但要建立一個健全的組織，可就沒有那麼容易了，所以比爾發現，原來「複製」才是他與波克多夫婦共同經營的 BWW ＆ WWDB 組織，能夠倍增組織最重要的關鍵，因為要 100％傳承一套簡單又容易複製的方法，很容易因為個人的主觀因素而讓複製失敗。

複製為什麼很重要？

因為它不用浪費時間去摸索、去犯錯，而且如果可以運用別人已然成功的方法，比自己想新方法要簡單得多，而且穩定性更高；就像連鎖集團麥當勞、7-11 一樣，他們之所以可以一直開拓連鎖生意，並在世界各地都能發展，就是他們能提供經銷商一套完整「複製」店面的 know-how 系統而成功的。

之後，與比爾討論的這些領導者們，他們建立了共識，大家開始只用一套成功的模式來運作，每個人說的、做的都一樣，令人沒想到的是，這樣的模式運作了四年後，整個組織竟然就產生了 45 個新的鑽石級獎銜，可見這樣的複製方法，他的正確性及威力，於是比爾將這樣的系統化複製的模式，稱為「642WWDB」，也就是 642 系統。

其實，您應該看出來一個最重要的關鍵，642 不只是一串數字而已，它是一套系統！一套讓跟隨者，可以複製的完整系統，而且這一套系統是簡單的！

642 系統是在直銷界中，唯一被證實，透過 642 系統就是等於「成功」的運作模式，也是所有的直銷系統中，真正能做到 100％完整複製的團隊。目前這個系統佔了美國安麗公司 60% ～ 70% 的巨大營業額，可見這個團隊之龐大，而且每一年在 642 系統的運作下，成功舉辦一場最少都有萬人以上參加的大型會議，就有 48 場。

642 系統所創造的奇蹟，讓大家躍躍欲試，於是後來有一些美國 642 系統的領導者，他們把這樣的運作模式傳承到台灣來，也成功創造出多數優秀的領導者。

642 系統，是一套完整系統，可以讓你重新認識自己的獨一無二，讓你因為認識自己，重新定位正確的人生價值觀，重新確認你的最終夢想；教你設定夢想目標，教你如何在期限內完成夢想，最後教你如何不斷地複製下去；642 系統，可以讓你收穫從內到外的蛻變。

05 642 只是直銷嗎？

642 系統不單單只與直銷事業有關！只要有組織關係的，都可以運用 642 系統，建構團隊，例如一間較大型的公司企業，尤其是跨國企業，宗教組織或是保險公司。當然，若是直銷事業，更需要運用 642 系統，它可以讓公司的組織或團隊變得更堅固、更凝聚，乃至於公司的文化、每個人的理念、價值觀，與運作的方法，因為能夠輕易地被複製，所以領導人想要的成果就更容易達到，而業績相對提升了，組織也更容易倍增。

642 系統，對於公司的新進人員、團隊的新進夥伴是相當有幫助的，如果可以擁有一套完整可複製的 642 系統，可以讓那些預備與我們合作的員工、夥伴、新進人員，用最短的時間，與我們的目標對齊、努力的方向一致，產生更多可看又有效的成果。

至於「直銷」，一般人普遍都很排斥直銷，討厭直銷的人應該是不少，相信讀者一定也很常遇見討厭直銷的朋友，那你呢？你對直銷的看法又是如何？

令人困惑的是，在我開辦 642 系統相關課程的課堂上，我發現一個很奇特的現象；通常講師在台上講課分享之前，會習慣性地問學員們：「如果你很討厭直銷，請舉手讓我知道一下。」也許是東方人天生害羞、內向的緣故，現場舉手的人並不多，大概只有一、兩個。講師接著再問：「你清楚了解什麼是直銷，請舉手。」舉手的人就更少了，這時如果講師再問：「你覺得自己其實搞不太懂什麼是直銷的，請舉手。」這次幾乎一半以上的人都舉手了。

直銷，在台灣已經推行了好幾十年，但仍然有很多人不懂，那到底什麼是直銷？直銷真正的好在哪裡？但也說不清楚直銷有哪裡不好？所以，很多的時候，都只是因為我們的「聽說」，而討厭直銷。

例如：聽說某個朋友在做某直銷，時常打電話約人出來吃飯或聚餐，其實就是要對方加入他的直銷團隊；聽說有某個朋友在經營直銷，結果囤了好多貨品賣不出去；聽說某個人因為直銷花了很多錢，把他的積蓄都賠進去了；又或者聽說誰的親戚朋友被騙去某場直銷大會，被騙了很多錢……等，但聽聞的人卻都不曾經歷過，或看朋友實際操作，真的因為負面影響而厭惡的人實在很少，可見「聽說」的力量有多麼大。為了避免被誤導，你想確實了解某個行業，請記住以下兩個方法：你親自去嘗試或是去問這個行業成功的人士，別去問那些失敗和不相干的人，因為你們得到的回答都是不客觀的。所以，千萬不要沒有瞭解清楚，就一棒子打死，錯失大好機會。

有專家評論說：直銷是一種由點到面、由小到大、由個人經營逐步擴散到組織經營的過程。它的奧妙在於建立了多層次的網絡，對於公司，直銷是擴大銷售量的絕佳銷售模式；對於個人，則是創業或第二職業的最佳途徑。

關於直銷事業，聽過的人很多，但真正認真經營這項事業，並從中獲得益的人卻很少。阿里巴巴創辦人馬雲先生曾說：「同一個事物，在不同人的眼裡，看到的結果是不一樣的。正如直銷，在目光短淺的人眼裡，看到的是傳銷；而目光長遠者呢，看到的是一個大商機。思維方式不同，人生的軌跡也就不同了。」

直銷事業，沒有什麼好或不好，因為它其實只是一個產品「通路」改變的概念，直銷減少了流通的環節，大大節省了成本。它只是改變一間傳統公司，改變了製作產品，產品生產線、還有產品銷售的流程；傳統產業的流程是產品會從工廠生產，原料的取得可能是購買，少數會全部自己生產，然後又經過大盤商、中盤商、下游廠商的層層剝削，因為這些廠商的關係，導致產品的價格比成品高，而銷售產品的幾種方法，等等我們會討論。至於直銷事業，他們將產品生產的原料用最低的成本取得，甚至大多直銷公司產品是自己製成的，然後再將產品透過「人」、「口耳相傳」、「分享經驗」……等的方式銷售給客戶，減少大盤商、中盤商、下游廠商從中的抽成，所以產品的價錢相較來說較低。

你一定逛過 7-11 便利商店，也買過麥當勞的產品吧？ 7-11 跟麥當勞就是改變產品生產線的過程，且 7-11 更將公司變成一種通路的概念，例如 7-11 除了販售自己生產的商品，也接受其他廠商寄賣產品；麥當勞則是只談加盟合作，但加盟店賣的產品都必須是麥當勞自己的產品。這樣產品流程的改變、產品通路的改變，在當時都成為絕響，讓他們在便利商店界、速食店界成為龍頭！接下來，我們一起來研究，各種常見的產品銷售流程（通路），有什麼不同：

- **傳統的零售：**除了剛剛提過的大盤商、中盤商、小盤商、下游廠商，以及代理商、加盟商的概念，這些盤商有的會去替你鋪設通路，例如拿到百貨公司、超市、或你家巷口的 7-11 去寄賣；有的盤商則選擇拿到夜市或市場去賣，不同的賣場，盤商們可以取得不一樣的利潤。微商事業，現在非常流行，他們銷售產品的方式也是運用傳統的零售，再加上一些時下年輕人常用的網路銷售，而產生快速收入的方法。

- **打廣告：**商人們選擇在報紙上、電視上、網路上……等，大量展示自己產品的廣告，吸引消費者主動上門購買。

- **網路購物：**網路的興起，取代很多傳統的通路，例如：PChome、淘寶網、蝦皮拍賣、樂天網……等，現在還有很多是利用 FB 等社群建立購物社團。所以當我們需要銷售產品時，也可以運用網路，吸引瀏覽者購物，將你手上的產品交給消費者。

- **郵購：**這是很早期的通路，但依然有公司使用，只是他們因應時代的趨勢，結合了網路、電視的銷售，例如：東森購物網、MOMO 電視購物……等，郵寄產品 DM 到客戶家，有興趣的消費者就會主動打電話訂購。

- **直銷：**協助公司降低產品的定價，削減大量的廣告預算，公司轉型走直銷模式，不設店鋪，不投廣告，只運用「人」搭成銷售網路，去幫公司推廣產品，也就是剛剛說到的口耳相傳與分享。這種分享產品使用心得的銷售方法，是最省錢的方式，因為公司不只省了廣告費用，也同時降低人事成本，把這些支出、成本轉為豐厚的獎金，將利潤回饋給願意分享的人。分享只是人的天性，現在卻可以因為分享得到獎金的回饋，所以分享者除了有自己正職的薪水收入，又可以獲得經營直銷事業的利潤獎金，使得願意合作的人越來越多，因此

「直銷事業」公司與銷售者共贏的方式，一直被廣大採用，變成產品銷售的一個新通路。

所以，你還討厭直銷嗎？直銷，它其實只是一個改變產品銷售的流程，它只是一個「通路」而已。或許你真的曾經深受直銷所害，那我可以很大膽地說：「這是因為人的因素。」也許是分享直銷產品給你的人，過度膨脹產品的效能，讓你對直銷產品失望，抑或是與你分享直銷事業的人，要你投入大量資金，並鼓勵囤貨，讓你賠了很多錢。

「直銷」一開始產生的初衷，其實是自己用了產品，覺得效果好，再推薦分享給其它朋友使用，讓他人在體驗優質產品所帶來的好處時，還能擁有一份把家庭開支變成家收入的機會。直銷是經由分享優質可靠的產品，自己確實體驗到產品帶來的好處，再分享給朋友，在分享健康、好處的同時，也分享賺錢的機會，有錢大家賺，利人又利己。

直銷事業要想經營成功，跟帶領組織的領導人有相當重要的關聯，他能否真誠地運用正確的方法，帶領著組織前進？所以「真誠」，攸關直銷事業能否成功，以及成功了能否長久。

現在每個直銷系統都在談「複製」，但一般傳到第三代、第四代就走樣了。這其實是因為每個人都會在分享的過程中，不斷套入他們自己的想法、做法，也因此無法做到系統化，複製的核心是準確。只有正確的複製方式，才能保證業績穩定，誰能在最短、最快的時間內準確的複製，誰就可以建立一個龐大的生意團隊，所以這是無法靠口頭文化、靠個人的力量就建立好一個穩定的團隊。因此，642 不只是一串數字，更是一個系統，這個系統能幫助你發展你的事業、你的團隊，教你如何帶領一群向心力強、各有專才的人，集合眾人的智慧與資訊，爆發出驚人的力量。

642 系統是經過時間、實踐驗證的成功模式；指導團隊運作的原則和準則、策略和方法，帶領團隊成員開始重新認識自己，清楚知道自己的優勢在哪裡？巧妙的運用自身優勢，潛移默化地影響和改變成員們的思維方式，形成統一價值觀和共同的團隊願景，有效提高團隊的凝聚力。正確運用 642 系統能穩健倍增組織，即使不工作還能有收入，也就是人人嚮往的被動收入。

當我們理解 642 系統的運作方式，不論我們想換到哪一個平台，我們都可以創建自己的團隊。所以，642 系統不只是直銷事業可以運用的系統而已，只要是需要帶領組織、團隊的事業，都可以運用 642 系統，團隊能夠結合 642 系統，不只會帶來倍增的收入，倍增的組織，更能擁有一群情感堅定的好朋友，因為我們會擁有共同的目標，共同的夢想，並且擁有一同走過的過程。

06 獨一無二的你

我們每個人都獨一無二，有著屬於自己的獨一無二故事。

你有問過自己「我是怎樣的一個人嗎？」也許你從來沒有問過自己，現在我請花點時間思考一下這個問題——我是一個怎樣的人？

在認識自己、思考「自己是誰、想往何處去」時，請把以下這四大因素一起納入綜合考量：人格個性、專業能力、興趣、價格觀。

飯店教父嚴長壽謙稱自己「是個非常平凡的人，連大學都沒讀上，實在沒什麼了不起。」不過之所以能有今天的成就，嚴長壽說這是因為他在剛開始工作不久因一個機緣巧合認識自己的優點、了解自己的個性，找到了人生的方向，才有機會在工作上證明自己的能力，建立自己的信心。

你答得出：「我是個〇〇的人」嗎？找到獨特價值就能不一樣，「我有哪些長處？我的做事方式如何？我的價值是什麼？」回答這三項問題，循序漸近地找到你擅長的領域並發揮所長，就是你邁向有錢又有閒人生的努力方向。自己的價值，不僅在於展現自己的長處，更重要的是：了解、並且滿足別人的需要。學著先肯定自己，然後把自己的價值建立在別人的需要上，自己做自己的主人，也樂意供別人所用，這樣在自己和別人的互動中，價值就產生了。

成功的事業生涯不是「規畫」出來的，了解自己的長處、做事方式和價值，能為機會預做準備，這種人就能擁有成功的事業。只要知道自己適合做什麼，就算普通人，工作努力但能力平凡，也能有傑出的績效。

找到自己的第一名

有一個小故事：兩隻老虎，一隻在籠子裡，一隻在荒野中，兩隻老虎都認為自己所處的環境不好，互相羨慕著對方；有一天，牠們倆決定交換彼此的身分，交換後的一開始，牠們十分快樂，但過不久，兩隻老虎卻相繼死掉了！一隻是因為飢餓而死，一隻是因為憂鬱而死。

有時候，我們常對自己的獨特視若無睹，當別人稱讚我們的時候，還自以為謙虛地說「沒有啦！」不敢相信自己真的很棒；因為，我們總是把眼睛看向別人，羨慕著別人所擁有的，其實，你所擁有的，也許正是別人所羨慕的，你羨慕過別人第一名嗎？其實獨一無二比第一名還要強，因為第一名後面還有第二名、第三名……等緊緊追趕著，但獨一無二就只有一個而已，不會有人追趕；所以，獨特散發出來的光芒跟第一名是不一樣的，你現在知道自己有多麼獨一無二了嗎？

你是否曾問過自己：「我存在的意義是什麼？」更白話地說就是「我人生的目的是什麼？」

如果把人生比喻成一個調色盤，每個人在自己人生的調色盤裡，都會添加自己喜歡的顏色，各自擁有不同的顏色，換句話說，沒有兩個人的人生是一模一樣的，兩個人的調色盤裡，不會都是相同的顏色。如果你還是不知道自己存在的意義為何？請你想一想調色盤中，你會想添加什麼顏色？

如果我要送你一個「財富的人生」或「富足的人生」你會想要嗎？有些人賺錢是為了三餐溫飽，有些人賺錢是為了實現理想，有些人賺錢是為了造福社會；富足，是很多人會追求的目標，但富足不只是賺錢的數字增加而已，它其實還要有點精神層面的涵義，當你心靈能滿足、健全又豐富的時候，你才算真正的富足！

在你的心中種下一顆種子，讓你對生命有熱情、有動力，而不只是每天單純地起床、上班、吃飯、下班或加班、睡覺，日復一日。

要讓你的生命有目標、有信念、有靈魂、有熱情，讓你的人生變得更好玩、更酷、更精彩，更有實用價值，「你未來的事業」是什麼？這要你自己找出答案。

你希望過怎樣的人生呢？你想成為怎樣的人？賺多少錢，你才會快樂……請想一想為什麼你會寫出這樣的人生願景？

如果你不習慣問自己「為什麼」、「目的為何」，在你一開始這麼問自己時，你會很辛苦、挫折，甚至恐懼。人都需要朋友，但你在尋找真正的自我的道路上，只有你能前往，也只有你自己有答案。你的父母可能是最疼你的人，你的朋友可能是最挺你的人，但只有你自己能找到答案——只屬於你的答案。所以，真誠、誠實、勇敢面對你內心真實的感受吧。

面對自己要誠實，要不斷地問：

★ 為什麼？

★ 為什麼？

★ 為什麼？

在問「如何賺大錢」之前，你要想「為什麼要賺大錢」？

別忘了！做任何決策前，先想「目的」！

多問自己「為什麼」！你會找到自我！你還會節省很多時間！

找到你優勢利基

那麼，專屬於「我」的自我存在意義為何？大家可以在此做個簡單的練習：想想「我是誰？」，你可以在下一頁的空白處或找張白紙把它寫出來；答案沒有限定，你可以寫「女性」、「B 型」、「天蠍座」、「台北人」、「單親家庭」……等所謂的屬性答案；也可以寫「我慣用右手」、個性「內向」、「怕輸」、「感覺型」、「肢體靈活」……等屬於你的特性的答案，總之就是把能夠表達「自己」的字句寫出來就可以。

每個人的一生，其實都是透過一連串的選擇組合而成，不管你選擇添加到人生調色盤裡的是什麼，它都可以讓你享受到人生的過程。而接下來的問題，能更深入地帶領你了解「我是誰？」，清楚認識自己，將有助於你更明確未來努力的方向為何？更清楚你存在的意義為何？甚至你人生的目的為何？

Q 我知道我有人生的使命與任務，具體描述並寫下來。

Q 我的興趣是什麼？

Q 我常搜尋的資料是什麼？例如：美食餐廳、旅遊景點、講座資訊、投資新知……

Q 我覺得我的個性？請具體描述。

Q 工作上，同事、老闆給我的評價會是什麼？

Q 我的專長（做什麼事最擅長）？我可以與別人競爭的優勢是什麼？

Q 我最大的願望是什麼？

Q 我覺得最幸福的人生是怎樣的人生？

Q 我一定要賺大錢的目的是什麼？

衡量一個人是否有價值，你首先要考慮這個人是否有誠信（Integrity）？

杜拉克說：「儘管我們不能靠品格成就任何事，但沒有品格卻會誤事。」同樣的道理，你要成功之前，首先要有品格——誠信。其次，是看這個人對社會是否有貢獻？而他服務的人，是廣大群眾還是只有自己？「不務正業」想快速致富、自己享樂的人，這一類的人對社會當然不會有貢獻。第三，你要知道他的優勢領域在哪裡？也就是他的「強項」在哪裡？就像任何人都知道，醫生的專長是給人治病，如果你要打官司，你會請專業的律師來幫忙，而不是找醫生。

因此，你必須把自己放對位置，你才能發揮出效能，而適合你的位置，一定要符合你的天賦專長、符合你的興趣，你才會做得開心、如魚得水。

萬丈高樓平地起，任何事物都一樣，所以，要進入富人的快車道，一定要先有穩定的現金流；而要創造穩定的現金流，就要先做自己熱愛並且擅長的事。因為做自己擅長與有興趣的事，容易成功，繼而有價值感。

正如杜拉克常講：「年輕的知識工作者，應該早早問自己：是否被擺在對的位置上？」

Q 你覺得你的強項是什麼？

Q 回想一下，有什麼事情是你做起來得心應手的？

Q 你覺得你有什麼技能，是不用特別訓練，就可以做得比別人還好的？

Q 問問你的親朋好友，他們覺得你特別擅長做什麼事？

觀察你周遭朋友的工作和任務，有什麼事是他們感到很棘手，但你卻能輕鬆做好的？

你在甫踏入職場之時，或許根本不懂自己喜歡什麼、熱愛什麼，不了解自己擅長什麼、做什麼事最有效能，但隨著經驗的累積，你可以慢慢找到自己的天賦。

在我們還年輕對什麼都不懂的時候，應該多去嘗試，而且失敗的次數越多越好，因為失敗本身就是成功的一部分，沒有經歷過失敗的年輕歲月，是無法淬鍊出智慧的；若沒有這些風浪，你在往後人生的路上，有時候會比較辛苦。

要找到自己的優勢領域，有幾個步驟和方法。你可以從過去的經驗得到，整理成功經驗，進而發現自己比較擅長做哪些事，也可以透過一些步驟，更清楚地認識自己。

你或許覺得自己並不認識什麼大人物，更不覺得自己有什麼特別突出的表現，但請你相信一件事：你一定有你存在的獨特價值。

這就是杜拉克在《五維管理》中，首先提到的深奧觀念，要管理他人、建立事業，首重「自我管理」。你要先了解自己擅長什麼？應該專注什麼？做什麼事會比別人產生更大的效能？現在就讓我們把這些整理出來。

Q 請寫下你懂的知識有哪些？例如行銷、會計、法律、寫程式、英文、日文、醫藥……等，任何專業知識都可以。

____

Q 接著請寫下你會的技能，例如：寫作、烹飪、裝修電腦、蒐集資料、畫插畫、唱歌、化妝……等，任何你覺得自我表現還不錯的事。

____

Q 請寫下你擁有的東西。可分兩個部分來寫，一種是你自己本身的特質，也就是無形資產——例如姣好的身材、美麗的容貌、幽默感、親切感、善於聊天……等。另一種是外在的物質，也就是有形資產，如有房子、車子、電動車、筆電……等。

無形資產：______________________________

有形資產：______________________________

Q 請描述一下別人都是怎麼稱讚你的，例如：很會表達、善於溝通、談判高手、成交高手、做事很有效率、很貼心、減肥達人、超級感情顧問……等。

____

Q 請寫下你認識的人，並分成兩類。一種是你很希望能夠擁有的特質的人、成功的人、你欣賞的人……等。另一種是你認識的朋友、同伴、同事……等。

你希望成為的人：______________________________

你認識的人：______________________________

Q 你曾做過的工作，並描述一下你表現得如何：無論是短期、長期、兼職或工讀、全職、創業還是擺地攤……都可以。

Q 你喜歡的事物有哪些？平常的興趣是什麼？瀏覽網站，逛最多的是什麼？關注最多焦點的是什麼？例如：業務論壇、打籃球、看運動賽事、美食餐廳、旅遊、美妝分享文……等。

經過上述步驟，你會慢慢整理出一個輪廓，並且找到交集，而找出你的天賦強項後，再來的任務便是：強化它！你必須不斷強化你的強項，不斷地強化、不斷磨練、不斷累積經驗值，你才能成為頂尖人物。杜拉克認為，你若想要成功，你要做的事，就是不斷強化你的強項，而不是強化你的弱項，除非你的弱項真的嚴重到會妨礙你發揮所長。

就像老鷹擅長飛行，牠必須不斷地強化牠的飛行能力，假以時日，牠就能成為飛行領域中的頂尖高手。你看過哪隻老鷹在水裡學自由式？

如果你努力強化自己不擅長的領域——比如你文史比較強，卻一心想提升你不擅長的數理成績，結果肯定是事倍功半。你不但不會成為全才，反而樣樣都通、卻樣樣都鬆，正如杜拉克所言：「沒有所謂的『優秀全才』這種事，哪方面優秀，才是重點所在。」

你在哪個領域特別優秀，就必須強化你的那個領域。因為人的心力與時間有限，不可能在每個領域都成為頂尖，何況你還要生活，還有休閒娛樂。例如小明專精於國文一科，他也致力於在這方面下苦功，假以時日，他的文學造詣、文字功力，將替他創造最少一項現金流工具。

真的每個人都要去考多益、考托福嗎？你擅長學習英文嗎？英文不好，真的會妨礙你發揮所長嗎？紐約的乞丐英文也很好啊，不是嗎？

如果你想要成功的話，你必須常常思考這些事，因為我們每一個人的時間有限，你必須把時間花在你投資報酬率最高的領域上。

有臺灣「流通教父」之美名的徐重仁曾說：「比成功更重要的是，做你自己有興趣、有能力，也肯努力去做的事。」只要你找到自己的天賦專長，並致力強化、磨練、讓它發光發熱，你就更離成功更進一步。因為選擇，比努力更重要，千萬別在不對的地方找你要的東西。

不要選擇一條你不喜歡的路，也別選擇一件不是你天賦專長的事情來做，失敗最常見的原因之一，就是在不對的地方找想要的東西，朝不對的方向前行，南轅北轍。

07 啟動你的成功事業

642WWDB的核心價值不是賺錢，而是幫助人們實現夢想，教你如何開始你的成功事業。前文透過「我是誰？」的練習，可以找到你自己的優勢領域，並發展它，把這個專長做到精，這就是你的優勢利基。你的成功事業是你專屬、全世界唯一僅有、沒有人可以偷走或模仿的——只要你遵照642系統的方式去落實與實踐。首先，你的成功事業必須同時滿足三個條件，缺一不可：

- 強項：你時間投資報酬率最高的領域，而且極有機會成為領域中的典範。
- 熱情：你願意投注最多時間的領域。
- 經濟效益：讓你保有時間、錢，至少能活下去的領域。

事業成功的關鍵在：做自己擅長並熱愛，而且可以帶來經濟效益的事。就如同管理學大師吉姆·柯林斯（Jim Collins）所說的「刺蝟原則」，將自己的核心專長優質化、極大化，達到業界屬一屬二的地步，無人能出其右。這是你獨一無二、無可取代的優勢領域，你能樂在其中、很有實用價值的成功事業。642系統就是在協助你找到自己的優勢領域，在你心中種下有趣又很實用的種子，當你從事自己的事業，你會感到很開心、很有成就感，而且賺很多錢，這就是成功致富的關鍵。

「喜歡」是不夠的，「擅長」才是根本，只有做你最擅長的事才最容易成功。

成功的最直接、最實用的方法就是做自己最擅長的事。因為只有做自己喜歡的事，才更容易激發自己的想像力和創造力，才能更容易獲得成功。

 熱情是持之以恆的動力

如果「我對我的生活沒有感覺、沒有熱情」，那會是什麼樣的生活？！你是否曾經有過怎樣都提不起勁，對工作毫無動機，總是覺得很無聊，一切好像只是依循一種一成不變的過程，沒有什麼事情會讓你覺得想投入……

你身邊有熱愛工作的人嗎？他們談起工作來那閃閃發亮的眼神，是不是令你羨慕不已。只有真心熱愛工作的人，才能無時無刻不停傳遞著對工作正面積極的態度，「享受」工作的無窮樂趣。

你知道為什麼同一家公司有的員工卻只能領 22K 嗎？因為杜拉克說：「企業唯二有生產力的，只有行銷和創新，其他的都是成本。」如果你不會行銷、又不會創新，就代表你是公司的成本，所以換位思考，如果你是老闆，你會希望成本少一點還是多一點？

另外，你知道財富怎麼和你服務的人數成正比嗎？，如果你只是普通的上班族，要如何提高你的效能、去服務更多的人？你覺得老闆都很摳嗎？那是因為他不知道你對公司有什麼貢獻？而大多數的老闆，也不太清楚要怎麼樣才能找出你的貢獻，也不太清楚要把你放在什麼位置？因為他們怎麼會知道連你都不知道的自己呢？

如果你不想離職去創業，又想對公司，甚至對社會有貢獻，順便多賺個幾十萬、幾百萬，你只有兩條路——行銷和創新。這兩樣是杜拉克認為企業唯二有生產力的項目，是可以讓你成為一個在別人眼中有價值的人。

熱情來自於成功；熱情來自相信自己在某件事上特別擅長；熱情就是能發自內心地向他人臭美說：「是啊，我超厲害的。」熱情是將能力與有價值的事物結合。如果新的混合能力可以讓你有更好的成果，那它就能成為你熱衷的事物，如果你還沒找到自己熱衷的事物，不妨試著創造新的事物、引領新潮流，創造自己的「混合能力」，打造自己的價值。

你會行銷嗎？你知道全世界最強的行銷之神是「傑・亞伯拉罕」嗎？

你知道全世界所有的行銷、成功學大師，大部分都源自於傑．亞伯拉罕嗎？

你知道《心靈雞湯》作者——馬克．韓森、世界第一潛能激勵大師——安東尼．羅賓、《有錢人想的跟你不一樣》作者——哈福．艾克，全是傑．亞伯拉罕的弟子嗎？

你會創新嗎？你知道每個人都可以創造出屬於自己、獨一無二的創新產業嗎？

創新不是用教的，而是激發出來的——儘管創新可以被訓練，仍要積極去激發出只屬於你自己的創新能力，你必須回答接下來的問題。

Q 你覺得你衷心熱愛的領域是什麼？

____

Q 你的興趣是什麼？你平常的消遣是什麼？沒有工作時都在做什麼？

____

Q 什麼事是你不用他人鞭策，你就能自動自發去做的？

____

Q 什麼事是你一生中一定要做的？

____

以上的問題，是為了協助你找到你熱愛的領域。

美國知名電視脫口秀主持人歐普拉說：「熱情就是能量。專注於令你興奮的事情，你就能感受到那股力量。」你不熱愛的事情，你不會覺得好玩；你覺得不好玩的事情，你不會持之以恆；若是遇到困難，一次、兩次、三次，你就會放棄。你有可能在一個領域達到頂尖，但如果你不熱愛，就算你的實力再頂尖、賺的錢再多，你也會懶得做。

籃球大帝麥可．喬登曾說：「我成功，是因為我站起來的次數，比失敗多一

次。」

「在我職業籃球生涯中，有超過 9000 球沒投進；輸了近 300 場球賽；有 26 次，我被託付執行最後一擊的致勝球，而我卻失手了。我的生命中充滿了一次又一次的失敗，正因如此，我成功……。」

「我打籃球，是因為我愛……而打籃球順便能幫我賺錢。」

你必須鍾愛一件事物，你才會願意花心力去研究它，然後了解、熟悉它，最後成為該領域的頂尖人物。

人的一生還很長，「起跑點」的定義究竟是什麼？跌倒時候，究竟會選擇再站起來還是就此棄權呢？如果選擇了棄權，人生從此完蛋，選擇站起來就需要莫大的勇氣；而勇氣來自於相信自己，對夢想懷抱熱情，因為相信自己一定能做到，勇氣自然而然地就產生了。

因為清楚自己想要什麼，想要與渴望的熱情帶領我度過許多我跟自己的心理對話，帶我度過許多負面情緒，最後讓我成功達到目標。而且這個力量足以帶著我們前進，直到邁向成功的那刻為止。

電影巨星席維斯．史特龍十幾年前，非常地落魄，他身上只剩一百美金，連房子都租不起，只好睡在他的金龜車裡。當時，他立志當演員，並自信滿滿地到紐約一圓明星夢。他到電影公司應徵面試，卻都因為他外貌不突出，和口調咬字不清，而吃了很多閉門羹。

當紐約所有能去面試的電影公司都拒絕他之後，他仍然堅持「過去並不等於未來」的信念，從第一家電影公司開始，再一次前去應徵；再被拒絕了一千五百次之後，他寫了「洛基」的劇本，開始拿著劇本四處推薦，同樣的，他繼續被電影公司嘲笑奚落；終於，在他一共被拒絕了一千八百五十五次之後，遇到一個肯拍「洛基」劇本的電影公司老闆，但他又遭到電影公司老闆提出不准他在電影裡演出的要求。但因為他充滿著想當演員的熱情，始終堅信「過去並不等於未來」，所以堅持到底的席維斯，雖然屢遭拒絕，終成聞名國際的超級巨星。試問，如果是你，在面對一千八百五十五次的拒絕後，仍會不放棄嗎？仍會相信自己？仍然努力實現自己的承諾嗎？相信很少人能做到！

堅持理想，熱愛自己所做的事，讓席維斯能做到別人做不到的事，讓奇蹟發生，成為家喻戶曉的電影明星；所以，請相信「只要你想，你也一定能」。

從事你熱愛的工作，這樣你工作時就會是快樂的；找個你喜愛的伴侶，這樣你不工作時就會是快樂的，如果你兩個都有，那無論你工作或不工作，都會是快樂的。

如果麥可．喬登不熱愛籃球，是不會越挫越勇的；如果你不熱愛某件事，能驅動你的不是貪婪、就是恐懼；如果你不熱愛上班，卻每天硬要起床去上班，那驅動你的不是高額的薪資、就是害怕失去生活費的恐懼感；如果你不熱愛房地產，卻去研究房地產，那你只是想賺錢而已，你為自己而戰，而不是為貢獻而戰；如果背後驅動你的不是熱愛與興趣，那境外投資、股票、期貨、各種金融市場，就只會是貪婪或恐懼。

天生樂觀的人遠比那些悲觀的人還來得幸福，因為他們從來沒有懷疑過自己做不到！邁開大步吧！不用害怕跌倒，夢想與勇氣會帶著我們飛翔！

經濟效益，不只是有錢賺

大多數的人創業都只關注到有沒有賺頭、有沒有經濟效益，很少考慮到前面兩個要件：熱情和強項。在賺錢方面，又沒有考慮是否對社會有所貢獻？也沒考慮為什麼要賺大錢？甚至不知道有多少方法可以產生經濟效益？

「經濟效益」指的是可行性、實務面、現實考量。例如，許多藝術家熱愛畫畫，同時擅長畫畫，卻沒有任何經濟效益，收不到錢，那就要找到一個優秀並且與你互補，熱愛當經紀人的夥伴幫忙收錢，否則無法得到溫飽，那就沒有意義可言。

所以，在找出「熱情」和「強項」的同時，你還必須想出一套可行的獲利模式：

如何讓大家都贏？我們要協助你發揮創意，找出你獨一無二的成功事業：

Q 你熱愛的領域有經濟效益嗎？如果沒有，你要如何讓它產生經濟效益？

Q 你專精的領域有經濟效益嗎？如果沒有，你要如何讓它產生經濟效益？

Q 承上述兩題，為什麼你認為你的方式，會有經濟效益？

Q 請你發揮創意，去想一套大家都贏的遊戲、一個可行的獲利模式：

唯有不斷創新，習慣讓你的大腦思考，你才會得勝成功，而上述三個條件，便是激發你創新、開創新事業的基礎。

現在要請你畫出三個圈圈，上面一個，下面左右各一個，讓三個圈圈各自都有一部分和其他兩個圈圈重疊，最中間是三個圈圈同時交疊的部分。然後在第一個圈圈填上「熱情」；第二個圈圈填上「強項」；第三個圈圈填上「經濟效益」；而三個圈圈中間重疊的部分，就是你的成功事業——獨一無二的成功事業。

你也可以靠著三種領域的融合，發展出只屬於自己的優勢領域。

你對什麼事業充滿熱情？

你在哪個領域磨練一萬個小時，能達到該領域的世界頂尖水準？

你的經濟引擎靠什麼來驅動？

再舉個例子。有許多小女生年輕貌美，身材姣好，不知不覺就被媒體稱為「網紅」、「宅男女神」，並開始接一些模特兒、外拍或通告的 case。但「年輕貌美」

只是這些小女生的其中一項強項，且會隨時間漸漸消逝，她們若想讓事業長長久久，就必須盡快找到其他的強項，打造出獨一無二的優勢領域。她們可以學習舞蹈、唱歌、演戲或主持，成為某個領域的藝人，或者從寫作或繪畫等領域著手，成為美少女作家或美少女畫家，這便是她們的第二項強項。當她們擁有兩項強項時，再添增第三項強項上去，就能創造別人無法模仿的優勢領域。

接下來為幫助大家早日獲得成功，以下提供一套成功模式，這是一個已被證實有效的方程式，已在世界上幾十個國家被證明是行之有效的成功模式，很容易學習和教導。當你開始做的時候，只要確實一步步地跟著行動即可。

STEP 1 夢想：設定您的目標

STEP 2 承諾：立下一些誓言

STEP 3 列名單：寫下名冊

STEP 4 邀約：邀請你的朋友

STEP 5 S.T.P.：舉辦成功的集會

STEP 6 跟進：貫徹實踐

STEP 7 檢查進度：諮詢 & 溝通

STEP 8 複製：教導成功模式

在你開始學習「成功八步」之前，請牢記以下三點建議。

建議 1　成功的模式在於簡單，易學，易教，易複製：

你遵循成功的模式和複製正確的做法，而不是輕易創新，尤其是你還不了解這個生意的精髓時。

建議 2　成功八步是一個不間斷、周而復始的週期性行為：

當你做第一步時，就要準備第二步，讓上步自然帶動下一步，讓它像急速前進的車輪，飛快的轉起來，絕不讓它在中間任何一個環節停頓，這一點你要特別的重視。

建議3 **抱持積極的心態認真做：**

- **熱情洋溢：**你付出多少熱情與承諾，將決定有多少人會認同和參與到選擇的事業中來。

- **積極參與：**每天看令你積極的書，聽能令你幹勁十足的CD、DVD，積極參與各種培訓會議，力爭逢會必到，以保持你積極的心態，並且不斷地向上提升。

- **充滿快樂：**這是能帶給你美好人生的事業，每當想起它就會興奮不已，記住，沒有人希望做一個令人煩惱和痛苦的工作！

- **渴望成功：**你要經常思考，討論和隨時看到你成功後的樣子，你要與勝利者和成功者為伍，讓成功帶動成功。

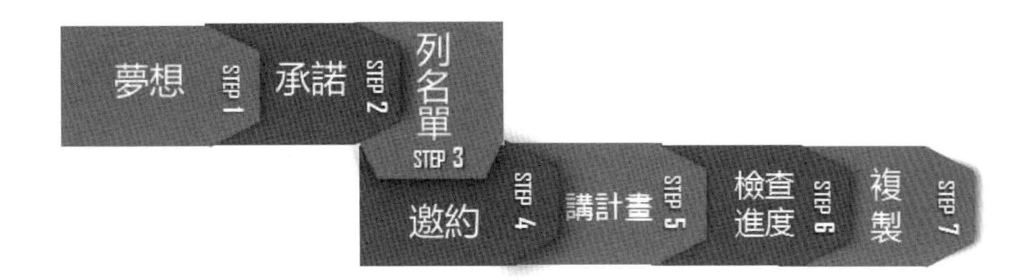

08 Step 1 夢想：設定你的目標

夢想是創業的動力，有大夢者方能創大業。香港首富李嘉誠說：「一個人想要成功，想要改變命運，擁有夢想是很重要的。」換句話說，我們應該先要有夢想，才會有成就；夢想，絕對是製造成就的第一步。

對很多人來說，買一間屬於自己的房子，或是小屋換大屋，送子女去外國讀書，想周遊世界，比別人早些退休等等，就已經是夢想了。

有些人的夢想並不大，但只要有，只要想去實現，只要走出第一步，就是成功的開始，且夢想可以在發展的過程中不斷變大；敢想是第一步，如連想都不敢想，什麼都沒有了。

如果你要想改變你的現狀首先就要從改變自己的夢想入手，如果你沒有夢想你需要首先建立夢想，有句話說：「生活在明天的夢想裡，也就是你會怎麼度過今天。」即便你現在身無分文，你也可以夢想自己成為一位富人，很多人之所以貧窮，是因為他們不敢夢想，或是放棄了夢想。

首先，請認真地想一想：你要什麼樣的人生？並具體勾勒出那個你想要的完整人生的樣貌，依據你想得到的人生去思考，若想要那樣的未來，我現在需要做些什麼才能達到？例如，需要什麼軟件還硬體？再依照這些所需，逐一去建構，完成你夢想中的人生。

說白一點這就是「以終為始」的概念。當我們準備旅行時，會先選擇要去哪一個地方？再根據目的地做一番規劃，例如：怎麼去？住哪裡？去多久？花費需要多少？那時候的天氣為何？……等，也因為這些關鍵的需要，所以我們可以得到規劃這趟旅行的小目標，例如：必須搭飛機、搭高鐵，要住飯店，還是住朋友家裡……

等，接著依照目的地，規劃旅遊的路線與附近想去的景點，思考怎麼去才最省錢、能花最短的時間，才不會多走許多冤枉路。

所以，「終」就是旅行的目的地，沒有想去的地方，就不會有接下來許多的設計與規劃。「以終為始」也可以被解釋為一種先構思後行動的概念，我們想發生的事物，先讓它在心中構思，然後再去規劃行動、實行它，一項新產品要上市前，通常也會先市場調查，才會進行產品的設計與研發；籌備一間新公司之前，也會先進行市場與人口密集度的調查，並確定開店要銷售的產品品項，再規劃開幕。

我們要經營人生，追求成功也是如此，必須要確定自己未來想成為什麼樣的人，而不是盲目的隨波逐流，老是在懊悔與抱怨：「假如有一天……」或是「如果那時候的我……我現在就……」人生一眨眼就過，你還有多少年可以虛度？

唯有先確認人生的終極目標，才能引領自己走向正確的方向。以終為始，「終」就是結果，就是最後想達成的終極目標，就是我們剛剛說的旅行的目的地，而「始」就是為了達成目標要開始做些什麼動作？設定什麼計畫？也就是在確定了想要的未來之後，要開始做什麼事情，讓我們可以到哪一個未來去？

很多成功的企業家可能一天睡沒幾個小時，可是很多人都很好奇，為什麼他們還是呈現神采奕奕的樣貌？

因為他有夢想，夢想讓他每天心中充滿了熱情，因為用熱情在做他想做的事情，所以，成功的人也一直熱愛著他的工作，他們很努力地完成一個個小計畫、小目標，從中得到他的成就感，然後越來越有夢想，讓他越來越成功；相反地，如果你根本沒有夢想，工作對你來說就是工作而已，平日的工作，你就像一個機器人，行屍走肉般地去做那些你覺得無趣的事，每天抱怨你的工作，這是因為你沒有藉由這份工作，找到你想要的夢想，工作沒有帶給你想要的價值，因此對這份工作沒有熱情。

「以終為始」的人生觀，就是用清楚又明確的結果為目標，來決定你現在的行動。時間花在哪裡？成就就在哪裡？想要運用時間，發揮自己人生最大的價值，首先必須要找出自己的夢想，這個夢想如果能夠確定，你就能帶領自己一步一步完成目標，道理我相信很多人都懂，但真正明確清楚自己夢想的又有多少人呢？

你試著去問問你身邊的人：「你的夢想是什麼？」大多數的人都是先愣了一下，才支支吾吾地說：我想我應該「想要有錢」、也許「我希望家庭幸福」、「我希望工作順利」……等，但這很明顯就是個臨時想出來的答案，若此時繼續追問：「那你想要在幾歲以前累積多少財富呢？」、「你心中的幸福家庭，長什麼模樣？可以描述一下嗎？」、「你想要在幾歲的時候，當到哪一個你希望的職位？」……等，這時候，能具體說出詳細時間與細節的人，能描述那個他所希望的將來的人，就更少了；所以，如果你已經會用「以終為始」的概念，思考你的未來，那我們就可以一起完成你的夢想樹囉！

如果有一天，你遇到阿拉丁神燈，你將得到一棵蘋果樹，生長出來的蘋果是金黃色的，阿拉丁說：「主人！上面有 10 顆蘋果，每一顆代表你可以召喚我，我將為你完成 10 個願望。」請問你會希望是什麼願望？

我們常說：前人種樹後人乘涼，如果我們都不是含著金湯匙出生，是不是更該努力去讓自己擁有一顆樹，將它灌溉茁壯，讓自己有個可以乘涼的地方，也能庇蔭後代的子孫；所以，長輩常說人生樹就像一棵蘋果樹，上面結了許多果實，這些果實就是我們想要追求的夢想，也許是家庭、財富、朋友、健康、事業、成就感……等。因此，你想要蘋果樹結出多少甜美的果實，就看你如何灌溉施肥，讓人生蘋果樹順利結出我們想要的果實。

接下來，請靜下心來想一想：你想要阿拉丁送你的 10 顆蘋果分別是什麼？（我的經驗是：你的夢想清單不能寫得太簡單，反而越仔細越具體越好，例如：財富，你可以改成「一年要收入多少？」；旅遊，你可以改成「一年多少次旅遊？國內的？還是國外的」……等，用這樣清楚的數據來思考你的夢想清單，達成率會越高）這份夢想清單不是要給別人看的，所以千萬不要被身分、地位、時間、金錢和別人的眼光所侷限，最重要的是「以終為始」的自由想像，尤其是那些與現實不符的夢想。

以終為始的概念，幫助我們訂出了一個終極目標，有了這個終極目標，就可以

往前推算出在完成終極目標前必須要完成的小目標；而阿拉丁給你的蘋果樹，則能讓你思考更多的願望，再透過這些目標，不斷地去調整和完善你最終極的使命。

願望想好了之後，你要再更進一步去想：透過什麼行業或行動，可以讓你完成這 10 個夢想？如果你是在職者，請填上你現在的工作，再思考「這 10 個夢想，透過你現在的工作，可以完成嗎？」或是填上你最初所設定的「終極使命」，思考這個使命，能否完成你的 10 個願望？

如果答案是否定的，這個職業肯定不是你的中心基礎，還記得我們前面所談到的「以終為始」的概念嗎？所以哪一個「終」是你現在在思考的行業呢？這時候，請你先不要想「我能做嗎一個行業？」、或是「要我現在換工作嗎？」……等這些問題，試著將它填入你蘋果樹的樹幹中，再去思考，新的職業是否能完成你的夢想呢？相信你已經規劃好你要種植的蘋果樹了！

接下來，再問自己一個問題，如果可以賺錢，你想要「賺得快，但它的時效短，能累積的財富相對少。」還是「賺得慢，但時效長，能賺到的錢相對多。」我想，很多人會選後者，因為可以賺得久和多；但大多數人在做的事情，卻是在追求如何讓自己「賺得快」的方法，認為利益要早早握在手中才安心！

一個人少了眼光和眼界，就永遠在重複地做著為了三餐溫飽的工作而努力，你什麼時候才可以有蘋果樹可以乘涼？什麼時候才可以吃到甜美的果實？重點是，蘋果樹必須要自己種植，才可以有甜美的蘋果吃，將蘋果樹從一棵小樹苗開始栽種，必須要經過好幾年，樹苗才會長大成為茁壯的蘋果樹，這艱辛的過程，你要能忍得住，因為不是馬上就可以看見對的結果。這時候，可能會有人耐不住，而選擇轉換跑道，改去種菜，因為種青菜很快就能收成，但別忘了，一棵蘋果樹雖然要種三到五年，可是卻能讓你享受三、五十年；只要開始，就有結果，開始種植蘋果樹後，你就一定有蘋果可以吃。此外，吃完蘋果，別忘記要重新鬆軟泥土，將蘋果的種子播種到泥土裡，這時，你會發現，因為有很多的種子，所以又有幾株新的蘋果樹苗長出來，再過幾年又有第二棵蘋果樹、第三棵蘋果樹……這樣就可以有源源不絕的蘋果吃。

只吃蘋果，不灑種子，是不會有第二棵蘋果樹生長的；從種植蘋果樹到鬆土再種蘋果裡的種子，就是 642 系統複製的概念，一棵蘋果樹是生活所需求溫飽，完成你個人的夢想；所以，642 系統，不是教你如何運用這套系統，而是讓你只有一棵蘋果樹，讓你因為複製和倍增的力量，擁有一座蘋果園，離自己的希望、夢想和未來更接近。

百萬富翁＝夢想＋主題＋團隊

你需要一個理由，你需要一個夢想，挖掘出你內心深處最深切的渴望。愛迪生因為夢想著在黑夜給人類帶來光明，在失敗了一萬多次後發明了電燈；萊特兄弟因為夢想著人可以像鳥兒一樣在天上飛，從而有了今天的飛機；阿姆斯壯因為夢想著踏上月球，成為第一個登上月球的人，從此名留史冊……諸如此類的例子，古往今來數不勝數，這些都源於一個夢想。

羅伯特．紀艾倫在《一分鐘百萬富翁》書中提到他多年對自己以及學生們的研究，建構了一整套創建財富的態度和信念，稱之為百萬富翁方程式：

一個夢想＋一個主題＋一個團隊＝百萬富翁收入來源

- **你的夢想：**要獲得財富，首先必須知道自己想要什麼（夢想）培養百萬富翁心態，也就是自信和強烈的渴望。

- **你的主題：**選擇一個達成夢想的方式或工具（主題），然後選擇並運用一種以上的基本致富之道，迅速賺錢。

- **夢想的團隊：**組織一個達成夢想的團隊，吸引導師和高明的夥伴，幫助你實現夢想。

馬克．韓森告訴我們：「強烈的渴望是成為百萬富翁唯一需要的資格，無畏無懼的行動是唯一必要的證書。」其他一切都可以借用或購買，可雇用擁有很多學位的人，也可以透過借力把擁有資金、技巧和經驗的人組成團隊。

渴望，就是光有「想要」還不夠，還要「一定要」；信念，你必須相信自己能

做到、接受自己。如果你已經做出了要成為百萬富翁的決定，那麼恭喜你，接下來你要做的工作是找到可以讓你成功的主題和團隊，如果你決定以直銷為載體，並已經加入了一個優秀的團隊，那麼再次恭喜你，因為你有可能透過這個生意成為名留史書的人物。現在你要小心呵護和滋養你的夢想，然後將它們一一實現！成功是一種使命，成功是一個習慣，成功是一種相信，成功是一個信念，成功是一個決定，只有你自己才能做出這個決定。

請再次想清楚以下非常重要的問題——

你的夢想是什麼？

你為何選擇組織銷這個行業做為達成夢想的途徑？

你為何學習 642 系統？

想成就事業，必須首先培養自己的自信心，相信自己的能力；相信別人能做到；相信自己能達成一切夢想；相信組織行銷這個行業是達成您一切夢想的最佳途徑；相信 642 強大的經營與訓練系統，是你的最佳選擇！！

許多人在開始組織行銷時，急於學會如何開發客戶，如何邀約，如何介紹自己的事業、公司及產品制度等資訊，希望自己在最短時間內，便開始尋找合作夥伴、發展組織。

任何人都希望跟隨一個清楚自己的目標與方向，知道如何才能到達目的地，擬訂出清楚的計畫，並願意付出努力去達成的人。你必須先讓自己成為這樣的人，當你成為這樣的人時，就自然而然會吸引到你想要的合作對象！

只有先將你自己的夢想點燃，你才會有激情去點燃別人的夢想。「如果你擁有了足夠多的金錢，你打算去哪裡？如果你做任何事都能成功，你喜歡做什麼？……」找出更多這樣的問題，寫下它們，回答它們。

寫夢想清單的時候，要寫上日期，並把這份清單放在身邊，它將蘊含你想像不到的力量，一旦夢想寫在紙上，它就變成你的決心，讓你朝向實現夢想行動。

- 總有一天想做的事
- 總有一天想做的自己
- 總有一天想實現的事
- 小小地目標（喜歡的人物、想讀的書、想欣賞的藝術品、想旅行的國家）
- 總有一天要住住看的地方
- 想要在 5 年後、10 年後、20 年後變成什麼模樣

一定要把你想要的東西寫下來。「播放」你的夢想。做一本私人的「夢想書」，把雜誌上美麗的圖片剪下來，如果它們能說明你為何建立事業的話。常常看它。目標要視覺化、數量化，加上最後實現的日期。

現在就把你的主要目標寫在夢想板上每天不停地看，且每天至少大聲念兩遍。

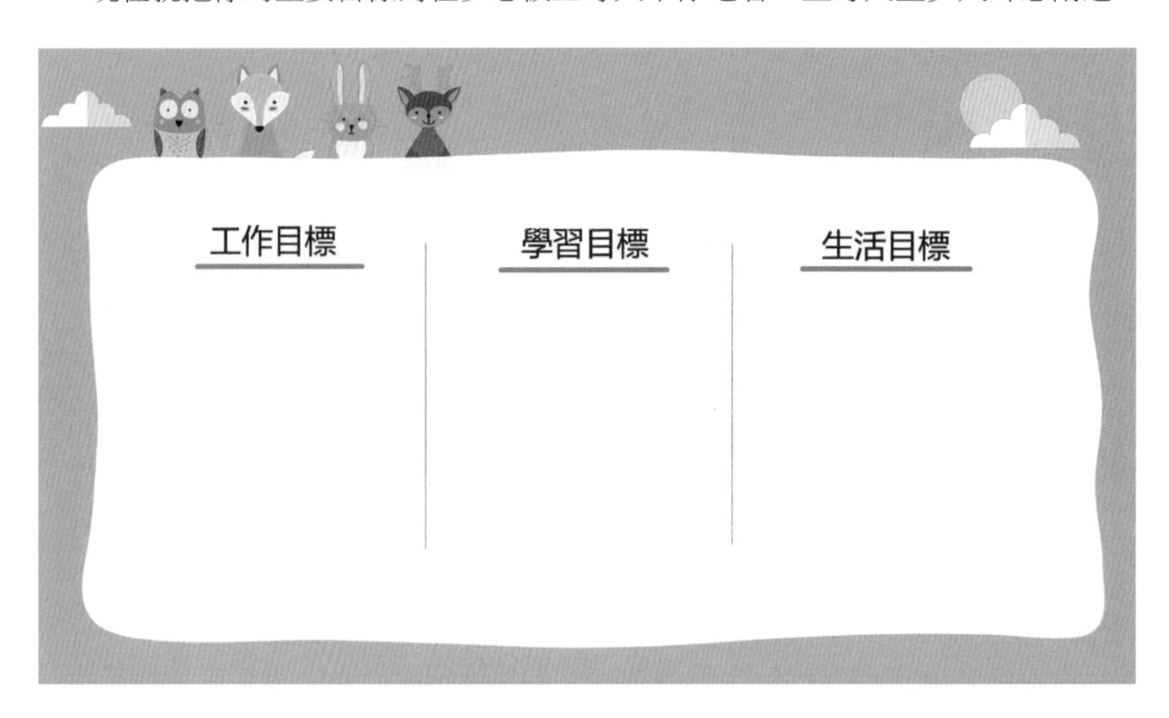

你的夢想九宮格

	主軸 1			主軸 2			主軸 3	
			主軸 1	主軸 2	主軸 3			
	主軸 4		主軸 4	夢想	主軸 5		主軸 5	
			主軸 6	主軸 7	主軸 8			
	主軸 6			主軸 7			主軸 8	

以人生規劃為例子：

★ Who →對自己目前而言，什麼是最重要的？

★ What →自己正在做什麼？想做什麼？該做什麼？必須做什麼？

★ Why →自己真正想做的是什麼？為什麼？結果會是什麼？

★ Where →哪裡可以協助我？什麼樣的環境是我想要的？

★ When →什麼時候要達成什麼樣的目標？

此外，還可以延伸很多的想法，如：「自己希望過什麼樣的生活？為何過這樣的生活，自己又做了什麼？」……等等。

現在，試著在最中間那格寫下一個主題，可以是你的目標、你的問題……列出你的行動計畫吧！

列出你的夢想清單！

09 Step 2 承諾：立下一些誓言

阿里巴巴創辦人馬雲說：「我看到很多年輕人是晚上想想千條路，早上起來走原路。」如果你不去採取行動，不給自己一個夢想的機會，你就永遠沒有機會。而夢想的實現，馬雲給的建議是：「有了一個理想後，最重要的就是要給自己一個承諾，承諾自己要把這件事情做出來，沒有條件就要創造條件，如果機會都成熟的話，一定輪不到你。」承諾是一份沉甸甸的責任，選擇了目標，就要去努力，靠一時的熱情是走不遠的。

承諾開始於一個要改變我們生活的決心。如果在前文，你已找出自己的「使命」，這時候請寫下「使命宣言」，使命宣言可以讓你許下承諾，產生莫大的能量。勇敢地為自己的夢想，做出承諾吧！因為，當你正在改變時，如果沒有做「承諾」這個動作，我們很容易產生：「沒關係啊！反正我現在沒做又不會怎樣」，或是「好累喔！偷懶一次應該沒關係吧」……等等之類得過且過的心態，如此一次兩次，你立下的目標、志向、夢想就會漸漸地無疾而終。

夢想決定方向，承諾決定力量。所以，一定要做出承諾，承諾可以讓改變的力量變大、變強，承諾可以帶領我們，有期限地完成夢想；特別是你產生一股莫大的能量，下定決心後親口說出來的承諾，這時你不成功都很難！

夢想無法實現，是因為缺乏行動的力量，而行動的力量來自勇氣，勇氣來自於承諾。也就是說，承諾是實現夢想最重要的一個環節，少了承諾，再多的夢想，都只是幻想跟空談而已。

你願意為你的夢想、終極目標付出行動的代價嗎？你願意為你的夢想去學習嗎？你願意為你的夢想，在別人休息的時候繼續努力工作嗎？想要就要付出代價，想擺脫命運的束縛，要活出不一樣的命運，就從具體的承諾開始。

一名在組織行銷取得優秀成績的人，絕不會讓自己變成一個讓人恥笑的空想家，只要認為這件事值得自己做，就立即行動，絕不會拖延，任何的猶豫、觀望、都會成為羈絆自己停滯不前的「枷鎖」。

在 642 系統中，承諾的意義是願意學習而後引用所需要的原則成功地和人相處。這樣你才會真正享受到你事業的成長，認真對自己當初決定經營這一項事業的承諾負責任，認真對待你的事業，客戶和朋友會因為你的認真感動的。

敢於承諾、敢於行動是一種境界更是一種力量，只有它才能加快我們成功的步伐。而承諾有三個等級：試試看、盡力而為、全力以赴；你是「全力以赴」還是「盡力而為」？

請先看以下的小故事。

一天，獵人帶著獵狗去打獵。獵人一槍擊中了一隻兔子的後腿，受傷的兔子開始拼命地奔跑。獵狗在獵人的指示下也是飛奔出去追趕兔子。可是追著追著，兔子跑不見了，獵狗悻悻地回到獵人身邊，獵人很不高興地狠狠罵了獵狗：「你真沒用，連一隻受傷的兔子都追不到。」

獵狗聽了很不服氣地回道：「可我已經盡力了。」

而帶著傷的兔子，忍著疼痛回到了洞裡，牠的兔朋友們都圍過來關心地問：「那隻獵狗很凶的吧？，你又中了槍，怎麼跑得過牠的？」

「牠是盡力而為，而我卻是全力以赴，牠沒追上我，最多挨一頓罵，但如果不拼盡全力的話，就小命不保。」兔子這麼說道。

所以你是盡力而為的獵狗？還是全力以赴的兔子？

當別人拜託我們什麼事情時，我們經常說：「我試試看吧，盡力而為。」最後往往是「試試看」的人什麼也沒做成。在現實中，盡力而為是遠遠不夠的，尤其是現在這個競爭激烈的年代，人明明有很多的潛能，卻總習慣對自己或對別人找藉口，例如：在面對一項有時間壓力的任務面前，我們是否會找一些堂而皇之的藉口

說自己已經盡力而為了，能不能達成，就看其他人了呢？或者，在面對一個新開發的市場時，我們是否僅抱著盡力而為，而不是全力以赴的態度去開拓呢？

「盡力而為」只是盡自己的最大力量，「全力以赴」則是用自己所有的力量，全部的力量！成功從來都是全力以赴的結果，並非是盡力而為就能達到的。當你只是盡自己最大力量而為，而沒有用自己所有的力量去解決問題時，盡力而為只是底線，全力以赴才是上限。

盡力而為和全力以赴比起來，在面對成功的時候往往只差一步，可就是這一步決定了一個人、一個專案、一個組織的興衰。

盡力而為只為今日的飯碗，全力以赴卻是為了美好的未來，請記住——

- **試試看：**根本不會成功。
- **盡力而為：**有可能成功，但成功的機率非常小。
- **全力以赴：**意味著不惜一切代價，才可以取得成功。

所以，為了達到你的終極夢想，你要承諾做到——**學習、改變**。

如果要改變命運，就必須先改變思想。那如何改變思想呢？就是學習！只要我們抱有一顆真誠學習的心，透過學習不斷地增強我們的能力，只要 100% 地按照指導老師的話去學、去做，就能把所學的知識，原原本本教給你的合作夥伴、你團隊成員。

面對學習，我們要抱持著歸零的心態就是心態歸零，即空杯心態。何謂空杯心態？指的是有兩個杯子，一個是空的，一個是半杯水。當分別向這兩個杯子裡倒水，是不是空的杯子能裝到更多水呢？這是顯而易見的；學習也是一樣，一定要把以前的經驗拋出來，只要這樣才會學得更多，收穫更多。把原來做其他行業慣有的思維暫時放一放，重新學習，相信系統和團隊，定期向老師諮詢並接受指導，向指導老師學習，向一切比我們優秀的人學習；只有把成功忘掉，在心態上隨時歸零，保持對事務高度的好奇、學習心，才能適應新環境，面對新的挑戰。

想要達到有效的學習，應在當下即知即行，始於學習、終於學習，此外還需要堅持，堅持用新學到的東西來指導我們的行動，並讓這新的行動成為我們的習慣！

為什麼要改變？改變的意義與價值就是我們改變的原因。一個人的現狀是由他的行為來決定的，而一個人的行為是由他的思想來支配的，他的思想又是由他的觀念來引導的；所以，要改變現狀，就得改變自己，要改變自己，就得改變自己的觀念。一切成就都是從觀念開始的！直銷新人如果下定決心要在這個行業裡取得成功，那他就必須下定決心從改變自己的觀念開始。

改變自己舊有的、失敗者的思考方式，只要你懂得複製成功者的觀念、態度和方法，即使環境再惡劣，你還是能邁向高峰。

改變要從自身開始，改變從小事開始，改變從現在開始，且不要試圖改變任何人，要改變就先改變自己；要讓事情變得更好，先讓自己變得更好。當你試圖改變自己的時候，你實際上已經在改變自己——使自己與成功更加靠近。如建立專業化的、成功的個人形象，現在就立即行動起來吧！

學習了之後就要複製，先當學生努力學習、不斷學習，後當老師熱情教人、再當老師的老師。我們的能力是有限的，但如果每一個人能教會了兩個加盟商或消費者，這就是一個無窮大的能量；團隊的精髓在於共同承諾，共同承諾又表現在共同的願景、共同的目標、共同的價值觀，若缺乏共同的願景，團隊就不可能有共同的潛在動力。

未來的你

過去的你　現在的你　承諾　未來的你

現在的你，是你過去承諾的結果。
未來的你，是你現在承諾的結果。

勇敢承諾、啟動夢想吧！

Q 我要月收入多少？＿＿＿＿＿＿＿＿＿＿＿＿＿＿＿＿

Q 我要花多久時間達到這個月收入？＿＿＿＿＿＿＿＿＿＿

Q 每年我要出國旅遊幾次？＿＿＿＿＿＿＿＿＿＿＿＿＿＿

Q 我想去哪些國家？＿＿＿＿＿＿＿＿＿＿＿＿＿＿＿＿＿

Q 我的旅遊基金要花多少費用？＿＿＿＿＿＿＿＿＿＿＿＿

＿＿＿＿＿＿＿＿＿＿＿＿＿＿＿＿＿＿＿＿＿＿＿＿＿＿

Q 我該怎麼做，才可以達成以上目標？（越具體，啟動夢想的動力越大）

例如：我要每天學習相關知識兩小時。

（生活目標、學習目標、改進延遲你成功的壞習慣目標……）

1. ＿＿＿＿＿＿＿＿＿＿＿＿＿＿＿＿＿＿＿＿＿＿＿＿

2. ＿＿＿＿＿＿＿＿＿＿＿＿＿＿＿＿＿＿＿＿＿＿＿＿

3. ____

4. ____

5. ____

＊我要在 ________ 天，見 ________ 位顧客。

＊我要在 ________ 天，達成 ________ 業積。

＊我要在 ________ 天，________。

我承諾！我 ________ ，我願意用一陣子的時間換取我一輩子的成功，我要全力以赴地完成我的目標，我要全心投入我所設計的目標，我誓死一定要達成我的夢想，如果我達不到，我就 ________________。

啟動成功事業的三個問題，你能不能

1. 承諾在第一個月內，建立 4 位領袖，成為會員

____

2. 承諾在第一個月內，學習兩個技能：商機說故事和邀約，每個月重複消費？

____

3. 承諾在前三個月內，學會網路陌生開發，複製你的團隊說故事和邀約？

____

如果你能承諾以上三件事，保證您 100% 成功！

系統的力量

如果想讓組織持續成長，又想讓自己享受直銷帶來的財富自由、時間自由，那「建立系統」就是最好的方法。

假設你不斷地賣產品，那你就只能一輩子做個銷售員，當然你也許能複製出一批銷售員，但你的組織會成長得很慢；唯有複製系統，你才能真正享受到「錢自動流進來」的生活。

什麼叫系統呢？簡單的來說，就是靠團隊的力量，透過某種平台（比如說網路）或方式把人凝聚在一群，互相合作。建立系統意味著在某一範圍內自己制定遊戲規則，自己當頭。從開發、跟進、成交，到輔導，讓複製可以系統化、流程化、自動化，組織成員只要跟著系統的腳步，百分之百的複製，一步一腳印，踏實地去做，組織就能迅速翻倍；唯有透過單一、強大、簡單的教育系統，才能發揮最大的力量！

642WWDB 是世上最頂尖的架構通路、建立系統的方法，642 的訓練每個直銷人都該經歷過一次，你才知道什麼叫做真正的團隊，什麼叫做激發潛能，你會在這裡脫胎換骨。這個系統最強大的不是教你銷售技巧，這個系統的關鍵，是讓你從心底知道自己為了什麼忙，逼著你不斷採取行動，並且打造一個扎實、向心力強的團隊，你不一定會在組織行銷賺大錢，但你可以因為這個訓練而有很大的啟發。

一個人的事業發展到一定的規模，就需要組建一個團隊來維護，直銷也是如此。直銷就是一個複製的概念，是一個比誰在同時間有最多人做同樣的事，當你的組織越多人在複製相同的事，你的組織就越穩固。組織行銷真正的重點，不是在你推薦了多少人，而是你複製了多少真正想經營的夥伴，團隊成員之間協同合作、並肩作戰發揮集聚效應，把健康的理念傳遞更多的人，這是組建團隊組織行銷的根本目的。因此，你完全不需要像業務一樣，為了業績去成交非常多人，你要專注的是輔導真正想經營的夥伴，讓夥伴也有能力複製夥伴。

經營組織行銷，最重要的不是賣產品，而是「傳播觀念」。傳播一種觀念、一種資訊，透過激發潛能與不斷充電，組織成員一起吸收專業知識，共同成長。其主要傳播的觀念，離不開以下三大方向：

① 分享好處

直銷一開始產生的初衷其實是自己用了產品，覺得效果好，確實體驗到產品帶來的好處，再推薦分享給其它的朋友用，經由分享優質可靠的產品，向客戶傳遞養生保健的健康生活理念；在分享健康、好處的同時，也分享賺錢的機會，利人又利己。若用一句話概括——直銷是對健康產品的分享、養生保健觀念的傳播、實現人生價值的事業。

② 不用工作也能有收入——被動收入

所謂被動收入，指工作行為停止時，你還是有收入進帳。主動收入就是需要你每天花時間去做有花時間才有收入，一般的上班族普遍都是這個類型。所以一旦遇到生病、意外事故、被裁員……等無法靠工作維持生活時，擁有一份被動收入可以降低意外的打擊，不用為家人的生計煩惱。

組織行銷提供的就是這種收入模式，因為大多數的直銷產品都不是一次性產品（如家具、家電等使用期很長的），通常是消耗品、短期內會有購買需求的產品，如清潔用品、健康食品、化妝品等……有一定的週期，加入成為會員的消費者都能獲得一定的折扣；當我們將產品努力地分享出去，透過貼心周到的服務讓消費者成為產品的忠實客戶，隨著每隔一段時間的重複回購，我們就能不定時享有這具有延續性的多次收入。此外，在經營組織行銷，建立團隊的同時，一旦將夥伴培養成為下線領導人，發展擴大，便能享受整個組織回饋的被動收入，而不會因為個人時間與體力，限制了可能創造的收入。

③ 不為五斗米折腰——財務自由

什麼是財務自由呢？網上查的官方的定義是「財務自由是指，一種讓你無需為生活開銷而努力為錢工作的狀態。」也就是你即使不工作，也能靠這些投資所獲得收益來支撐生活，讓你可以不必為生活開支而煩惱，只要控制好風險和開支，你就可以去做自己喜歡的事。而這又和你有多少錢並沒有多少關係，只要被動收入≥生活支出，就達到了財務自由。

什麼是現金？什麼是現金流？一個是靜態的現金交易，一個是動態的現金流交易。一個好的商業模式，就是把商品設計成為客戶可持續購買的行為，變成現金流收益，或開發出具有持續回購的其他衍生產品。把一次性的現金交易變成持續性的現金流交易。所以，經營一份可以被累積的事業是必要的，當你的努力累積到足以支撐生活開支時，相信你能擁有更多自由去享受屬於你的人生。

為什麼經營組織行銷最重要的不是賣產品，而是「傳播觀念」，因為與其去說服別人，不如理清他的觀念，這比什麼都來得有效。所以，任何事情都要從觀念去做切入，畢竟在教導別人當中去成交對方是最能達到事半功倍！

直銷是個「倍增」的事業，而倍增的關鍵在於「組織網」的建立，若能藉由分享及傳播以上這些比較偏重財商方面的觀念，來吸引和影響認同這些觀點的人加入你的組織，你更可以擔負起他們的財商教練，帶著他們學習、成長，心甘情願跟著你一同經營組織行銷。核心的價值觀才是建立組織的關鍵，而 642 系統的核心價值不是賺錢，是幫助人們實現夢想。

如果只是單純做銷售，沒有更進一步去發展你的團隊，網羅與你志同道合渴望財務自由的成員，沒有去增員，僅透過複製發展系統，以有限的人脈倍增無限的人脈，再透過無限的人脈創造無限的財富，是很難在組織行銷中賺大錢。直銷就是一個複製的概念，是一個比誰在同時間有最多人做同樣的事，若你的組織有越多人在複製相同的事，你的組織就越穩固。

《富爸爸．窮爸爸》系列書裡提到一個很重要的觀念，那就是富人們之所以有錢，關鍵在於建立「系統」，如果你希望、渴望得到真正的財富自由，那你就要問自己一個問題——當你建立起團隊後，你的團隊是否能夠「自動化運作」？因為一個能夠自動化運作的團隊，才能真正讓你有時間去享受生活、陪伴家人並且完成夢想，而倍增系統就提供你一個自動化運作的系統平台。

且團隊是你完成夢想的生活圈，也是一個幫助你完成夢想的環境。所以你希望你的團隊是什麼樣子的呢？團隊的核心理念、提供的資源、團隊文化……等，是你在組織團隊，增員時就要有明確的方向與藍圖，你才知道要找什麼樣的成員，哪一類型的成員才會和你有向心力，銷售是尋找，不是說服，因為如果找對人，根本不需要費力說服，有興趣、認同你的人就會主動說：「YES ！我要加入。」

在增員時，你要和潛在夥伴溝通的重點不再是「產品」，而是直銷這種「複製成功」與「倍增」模式，是商品所帶來的「商機」，是「賺錢機會」，是透過改變人生選擇所帶來的夢想和願景。

當新夥伴加入後，系統會自動提供公司、產品、制度、團隊、系統……等訓練資料，Step by Step 教授如何透過 642 系統，簡單、快速、自動化。新人一加入，我們便要將組織的成功模式導入，讓新人一開始就有個明確的方法和步驟，並且透過我們有效的陪同與協助，讓他們能快速進入狀況、步上正軌賺上錢，如此一來組織的倍增力量才有辦法有效發揮，不用再花太多寶貴時間去輔導、教育夥伴，因為大部分的訓練，系統都替我們解決了。

10 Step 3 列名單：寫下名冊

銷售就是做「人」的生意，我們的工作就是要接觸別人，讓別人跟我們合作、做生意，所以，組織、生意能否成功、能否做大，你的人脈都非常重要。俗話說人脈就是錢脈，而把人脈變成錢脈的首要動作便是——「列名單」。

好記憶不如爛筆頭，腦海裡能記得的，畢竟不夠全面，難免有所疏漏，最有效的方法就是「寫下來」，清清楚地把名單列出來。把你所有認識的人的名字都寫下來，你會發現有許多對象是可以透過產品傳遞健康給他們的，更有許多對象是可以一起合作、經營事業的夥伴，你列的「人脈名單」越多，可以分享的對象就越廣，能做的選擇也就越大。名單就是錢。珍惜和善於開發名單，就是保護和拓展自己最大的財富，沒有名單這個生意就無法開始。

也許你會說，列名單還不簡單，拿一張紙把認識的人，覺得適合的人都列出來不就得了。這樣的做法不妥的是，很容易遺漏某些對象，這些人很可能就是決定你事業是否能快速做起來的關鍵人物；而且這樣的做法，會讓你忽略這些人脈彼此的關連，很難將人脈串聯起來，發揮最大的作用。

列名單的關鍵在於，寫下自己認識的所有人，不管他的職位有多高，有沒有錢，是不是成功人士，有多廣的人脈關係，什麼都別想，只需要把他的名字寫在名單裡。從你認識的人開始「列名單」，從同學到同事，從親戚到朋友，那些許久沒聯絡的對象，也可以事先寫入名單裡，但請記得，對這群你許久沒有聯絡的朋友，你必須要花心思經營，拉近與他們的熟悉度，才能進行你接下來想進行的事情。

列名單就是把你想成交的任何可能對象全部列出，綜合分析後鎖定目標對象，擬定方法，再配合大量的行動，達成組織的快速成長與業績目標。

只要把名字寫進名單，奇蹟就會發生，因為列出名單後，就能產生一些效果，例如：啟動行動力，有確定的目標才能引發行動，有明確的目標對象，就能產生適合這些正確目標對象的行動；還有可以鎖定對象，再將這些鎖定對象與有經驗的領導人討論，先列出推薦對象的順序；最後提高成交率，成交率的提升會帶來信心與行動力。

事實證明，名單就是我們的財富，我們要在名單上多用點心，分析你列出來的名單，並隨時補充名單，往往你的名單還沒用完，你就已經享受到滿滿的豐收果實。

 列名單的兩大個原則

1 不論斷他人，但價值觀要相近

不要預設立場，在心裡判定誰會做、誰不會做，便將自己認為不適合的對象刪除。建議將認識的人先寫下來，當你剛剛開始這個業務時，你認為不會做的人，也許正是這個生意中你要找的和最該推薦的人。由於列名單的目的除了銷售產品，也是在選團隊成員、合作夥伴，所以我們要評估他的能力外，更要注重他的價值觀是否與我們同頻！價值觀上的相近，可以保證在面臨重大原則問題時，彼此是比較一致的，不至於出現難以調解的根本性衝突，也比較能相處融洽，也好溝通；一群擁有相同或相近的價值觀，有共同的認識和追求，才可能與組織共同成長。

名單中要包括對方的姓名、電話、住址、工作單位、職務、經濟狀況、家庭情況、個人愛好……等等，你的名單內容如果可以越詳細，你就越有可能從這些名單上獲得你想要的，因為你越了解對方，代表你越能找到對方的需求，給對方想要的東西，成交率才會更大。如果真的不清楚對方的資料，至少也要包括姓名，電話、工作／服務單位。

2 先求量再求質

名單越多越好，量大是致勝關鍵。當對象群越廣，列的名單越多，成功的機會就越大。在列名單的過程中，你必須先將所有認識的人都先列出來，也就是銷售

中所謂的「緣故法」，然後再考慮用「擴散法」或「陌生法」。你列出來的名單，至少要 100 人以上，如果可以 300 人以上最好，想一想，如果你能列到 500 人以上呢？！如果你能列到 500 人以上，只要你行動，你很快就會在組織行銷裡取得好成績，組織行銷可說是個機率的生意，有人認同自然也會有人反對，有人跟你合作，當然也有人不願意跟你合作。

建議不要死盯住一個人。每當你想到某個人，寫下一個姓名時，不只是考慮這個人，而是要由這個人發散出去，做垂直與橫向的多向發展，同時寫下與他相關的背後一整串的人，以便讓名單更齊全。如果你真的一時腦袋空空，趕快拿起電話簿、通訊錄或名片本等工具幫助你，仔細想想有哪些人可以列在名單上面？

如果你的名單不夠充分，你可以從以下幾個方向去思考：

✓ 哪些人擁有極佳的人脈網絡或自己的公司？

✓ 哪些人本身從事的就是業務方面或相關的工作？

✓ 哪些人有強烈成功的企圖心，且行動力超強？

✓ 哪些人有較大的經濟壓力或比較需要金錢？

✓ 哪些人非常喜歡與人接觸，且相當有人緣？

✓ 哪些人一向非常信任你，常接受你的建議？

✓ 哪些人曾經表達過想換工作的意願？

此外，這份名單要隨時補充和整理，名單不是一成不變的，它需要不斷更新，成功的人，每天都在做兩件事，補充知識跟增加人脈。我們每天都在活動，每天都有可能認識新的朋友，所以要不斷地、及時地把這些新朋友增加到我們的名單中。當然，我們把一些人寫進名單裡，也要把一些人從名單裡移走，列名單是一項持續不斷的過程，不是把它寫好以後就收起來了；名單是用來使用的，不是用來收藏的，因為名單的價值在於開發和使用，能為你帶來財富。

每當想起一個老朋友或結識一個新朋友，請盡快寫在清單上，並在四十八小時內通一次電話，且結識新人後，你要在二十四小時內記錄認識他的過程和你對這個人最深刻的印象。

最後要分析你的名單，目的是為了讓名單產生更高的效益，找出對方現在最想要的需求是什麼？然後想出我們的項目如何滿足對方的需求？如此一來生意就會成交了。

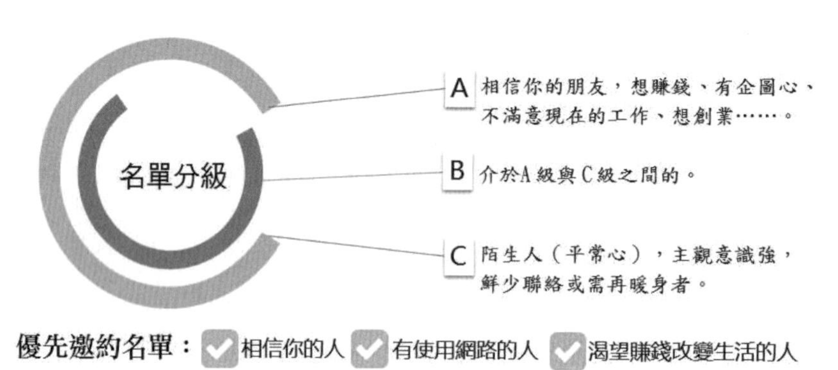

名單的分類

當完成名單的填寫後，我們就可以將這份名單上的人進行分類，他們是互相認識的一些人，例如好朋友、家庭成員和親屬或者同事，經由運動愛好、社交和社團活動所認識的朋友，或屬於同一個俱樂部的朋友們等。

分類這些名單的時候，我們需要做一件事：把某個類別中最具影響力的三名成員，先確定下來。例如在自己所在的公司裡，有哪三個人是最具影響力的？在好朋友當中，哪三個人是最具影響力的？在家庭成員當中，哪三個人是最具影響力的呢？有趣的是，當我們介紹一個人加入團隊的時候，會發現有許多人和他共同認識，比如我們介紹了小馬，會發現和小馬認識小李，然後又發現自己和小李之間，及小李和小馬之間，也有著一群互相認識的人，所以，團隊可以透過互相認識的人建立起來。

你可以用以下的分法來整理你的名單：

① 用分類法（適合用來整理五十人以內的名單）

✓ 親友（先親後疏）。

✓ 鄰居（先近後遠）。

✓ 校友（從大到小）。

✓ 同事或其他合作夥伴（從遠到近）。

✓ 朋友（千萬不要忘記過去老朋友）。

✓ 一面之緣的人和新認識的人。

② 用職業法（適合用來列百人以上的名單）

✓ 幼兒園同學：5 人

✓ 鄰居：30 人

✓ 小學同學：10 人

✓ 商店服務員：20 人

✓ 中學同學：20 人

✓ 成人教育同學：10 人

✓ 你的父母：2 人

✓ 當兵時的同袍（或社團的朋友）：20 人

✓ 你的近親兄弟姐妹：30 人

✓ 業務往來的朋友：20 人

✓ 你的親戚：20 人

✓ 歷來工作認識的同事：20 人

✓ 你國外的朋友：5 人

✓ 孩子的老師：10 人

✓ 球友、牌友：50 人

✓ 給你看病的醫生：10 人。

陌生開發：如何結識新朋友

我們每天都會遇見很多人。比如，在一家運動器材店裡，遇到一位陌生朋友，他滔滔不絕地和你聊起他在哪裡騎自行車，與你分享風景優美的單車景點，你可以適時地接過話題說，這個經歷很有趣呀，請問你有名片或 LINE 嗎？我們可多交流交流這方面的訊息。這時千萬不能和他聊你的產品或你的直銷事業，在那樣的一個時間和場合，最好先拿到對方的名片，以後再找機會邀他來聽計畫。

我們要不斷地擴展名單，讓自己有源源不斷的擴展對象。我們和人們交談的原因，並不是為了跟他們講你的組織行銷，賣你的產品，而是為了和他們交朋友，先和他做一個友善的溝通，不要一開口就談生意、談合作，要等你和他建立一定的關係，信任度增加了，再邀他去了解你的事業，這樣效果才會好。

建立人際關係的三個階段

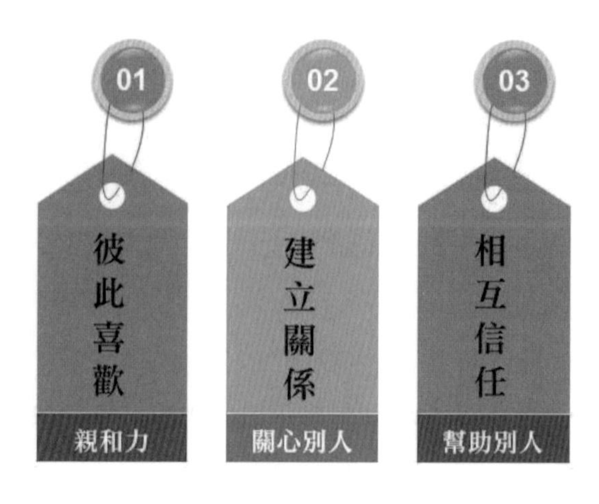

當然，如果朋友聽了你的計畫以後，不認為這是一個生意，或他最近很忙、不想做，或是他根本沒興趣，我們要尊重他們，也許時機不適合，這時可以推薦他使用你的產品，哪怕是一個也好，這樣他可能在用產品的時候，對這個生意產生新的認識。這時就先暫時把他們放進名單裡，在兩個月後或六個月後再聯繫他們，他們也許就會選擇加入。

要記住，時刻抱著正確的態度對待朋友們，要讓他們在離開的時候，對我們的感覺良好且愉快，這樣日後他們加入這個生意的可能性才會大大增加。因為人們是否對生意感興趣，很大程度上與時機有關，無論計畫多麼美妙，多麼無懈可擊，倘若他們覺得時機不對或不認同，他們就不會加入，但如果我們敞開大門，贏得他們的好感，他們就會記住我們，未來若有需要，他們就會主動打電話。

給自己訂個功課：每天至少要結交一個新朋友：讓它成為習慣。主動點頭、微笑、打招呼，主動聊天，建立聯繫，然後有目的性地創造重複見面的機會。不斷逛逛同一地方，光顧同一家餐廳或商店，與那裡的人建立起融洽的關係。

人際關係九宮格

網友	家人	同學
教友	自己	同事
朋友	知己	同好

11 Step4 邀約：邀請你的朋友

當我們列完名單要思考的下一個問題就是，我們要開始怎麼去跟進、開發與邀約。列名單不是目的，你的目的是要將一個新人介紹到這個事業中，如果只是列名單，而不把新人約出來展示這項事業，不是紙上談兵嗎？但很多人的問題是邀不出人來。

邀約，就是訂一個約會，約時間、地點和生意機會，邀約的目的是見面，而不是說明你的事業，所以用 LINE 或電話均可。電話邀約並不是簡單地把電話打出去就可以，我們的最終目的是為了成交，讓客戶與我們一起成長，正確的邀約動作，是成功的一半。那要如何正確邀約，才能收到實效呢？

邀約的目的就是要見面，沒有見面不算是成功，可以用 LINE 或電話邀約，一切要等見了面再說，因為人和人要見面才有信賴感，除非你們已經認識了，不然在網路上初次認識的陌生人，你要想叫他簽單，絕對沒有這麼簡單。所以，在電話裡面切記，一不談公司，二不談產品，三不談利潤。絕對不要開門見山地說要找他做直銷，電話交流也不要超過三分鐘，只要約好見面的時間、地點即可，因為過早談的太多，對方心門就會關閉，一旦你與對方在電話中約好了會面時間和地點，這時你要及早掛斷電話、結束談話。

沒有任何一個談生意的企業家，會在電話裡告訴他的客戶，自己的公司優勢所在，產品的競爭力為何，利潤空間多大，電話無法談清這些內容，這三點應該在見面的時候談。你要引起對方好奇心，最行之有效的辦法，就是邀約時少講為妙，要講，你也只能讓他感到你要給他提供一些信息或機會，介紹一些成功人士與他相識，或給他提供一個難得的學習環境即可。你可以試著用「我有朋友在做咖啡生意，有一些試用包送給你，幫我喝喝看，可以現在去找你嗎？」來邀約，以約在對

公司附近為主，咖啡廳次之，這樣對方比較不好拒絕。

在電話邀約的過程中，要保持熱情，即使對方看不到，臉上也要始終面帶微笑，因為透過聲波的傳導，他們能夠感知到你的形象。電話結束時一定要先等客戶掛電話，自己再輕輕放下電話。

邀約之所以會失敗，首先是客戶對你不了解，其次是沒有安排好時間，最後則是無法引起他們的興趣。所以在進行電話邀約前，首先要找到對你足夠瞭解的客戶，然後選合適的時間打電話邀約，最後鉤起他們對你的好奇心，答應赴約。即使客戶最近太忙，暫時無法赴約，也要和對方確定好時間；在邀約的過程中，如果對方回覆：「過幾天我忙完吧」時，一定要和客戶確定準確的時間，如若不然，過幾天可能是幾個月才忙完，甚至是永遠都忙不完。

邀約時請擺正你的心態，讓對方明顯地感受到，你要和他分享一個千載難逢的好機會。一定要注意自己的心態，不能過分的去求別人，因為只是給他們介紹一個機會，同時用真誠和熱情，感染並影響身邊的人，讓他們感到有希望。讓對方強烈地感覺到你確實是關心他、為他好，而不是你自己，提供他一個絕佳的創業良機與事業備胎，因為好東西要與好朋友分享，好事業當然希望好朋友一起來打拚。所以你沒有必要放低你的姿態，像是在求人，反而可以採高姿態。例如：在電話中避免使用：「不見不散，我會一直等你。」這種有求於人的語氣，應該說：「你一定要守時，我只能等你 10 分鐘，你不能來，一定要提前通知我，時間過了我就不能等你了，因為我也很忙。」讓對方明白你的時間也很寶貴，是用分鐘來計算的，且邀約時，以下 NG 心態也要避免——

- 不要強迫別人來。例如：「你必須來，不來不行」。
- 不乞求別人來。例如：「給我個面子，你一定要來」。
- 不要誤導別人來。例如：「我今天請你吃飯，你過來坐吧，我給你介紹個漂亮女朋友」。

所有關係的確定，都是從邀約開始，從成功見面開始，從說第一句話、見第一面開始，所以，開口邀約吧！

而確定邀約的對象後，我們就要開始蒐集對方的喜好，想一想，如果這個對象不喜歡咖啡的味道，你還要約他去咖啡廳見面嗎？若能夠知道他的興趣喜好，越能貼近對方的想法，所以，假如他不喜歡聞咖啡的味道，你卻約他去咖啡館見面，此刻，在跟你見面以前，你就已經被對方扣分了。

而成功邀約的大前提，其實在於「信任」，所以，用當「朋友」的出發點邀約，這樣就不會讓對方覺得很有壓力，偶爾還可以刻意營造一種氣氛，就是我只是「順便」約你出來而已。最常接受對方邀約的方法是：「要不要出來喝個東西？」或是：「你什麼時間有空見個面？」也就是說，我們可以先試探對方，對方如果有意願，我們再跟她確認時間與地點，這個邀約方式，被稱為「兩段式邀約」，反而容易讓對方對你卸下防備。

不同的邀約場景及方式

做好了邀約客戶的準備後，要對顧客進行分析，將客戶準確的分類，針對不同的場景，進行不同的邀約方式：

- **電話邀約：**一定要針對對方的興趣和愛好。
- **不期而遇的客戶：**無意中遇到客戶，碰面的時間都很短，不適合介紹你的產品或事業，要另約時間，但是一定要先引起他對你的好奇心與興趣。
- **登門拜訪：**要注意自己的儀表形象，用大多數的時間和對方話家常，如家庭、身體、工作、業餘愛好和消遣、收入以及夢想。而你始終要情緒飽滿和充滿熱情與自信，激起對方想過更好的生活的欲望和企圖心，然後告訴對方有一個好消息、好機會想要和他分享，引起對方的好奇和興趣後，再邀約對方參加。
- **邀約高層人士或長輩：**邀約這種客戶時，一定要保持謙卑心理，用向對方請教的語氣進行邀約。

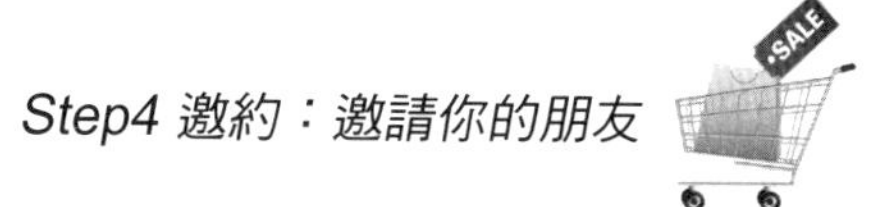

 邀約時的注意事項

細節就在魔鬼中，以下列出應留意的地方，供大家參考：

1. 邀約前先學習，認真參加會議、請教前輩，學習怎樣邀約，並模仿。
2. 電話邀約速戰速決，2 分鐘內邀約完畢。將邀約時間和地點確定清楚，哪一天？幾點？白天還是晚上？在什麼地方見面？
3. 用你的熱情感染他，興奮地告訴對方你已開始了自己的業務，且效果比你想像的好，還學到了很多知識。
4. 高姿態，不要求人！別忘了我們是「給人機會的天使」。
5. 邀約新人時，最好一次邀約一個人就好，如果兩個新人或多個新人一起來，若有人猶豫或意見相左，會影響其他人的判斷和決定。
6. 不要帶兒童參加，小孩子坐不住，情緒難以控制，使大人無法專心溝通。
7. 安排兩個不同的時間，讓對方二選一，確定其中一個預先邀約。
8. 如果邀約朋友見面或出席的活動中沒有安排食物，你要考慮安排什麼時間合適，最好讓朋友吃飽飯再來見面，因為餓著肚子無法使人專注傾聽。
9. 時間一定要充裕，新人才能在聽完講解後與你繼續溝通，使你進一步瞭解他的感受和想法。
10. 推崇系統和成功的案例、上線時，說詞要準確、到位、讓人躍躍欲試。
11. 如果打過五～六通電話後對方都拒絕你，這時不要再死纏爛打，應暫停電話邀約，向有經驗前輩或主管反映，以便得到指導。

不怕被拒絕

被拒絕是一件很丟臉的事情嗎？

其實，這是因為你還不認同自己的事業。如果我告訴你，知名的銷售大師、富爸爸集團首席顧問的布萊爾．辛格，他指導過摩根大通、IBM、新加坡航空及其他許多企業的大師，他突破了邀約的心法，嶄露頭角，你願意試一試嗎？布萊爾．辛格，他曾經歷連續兩週業績掛零的困境，當時，他的主管下了最後通牒，告訴他，在接下來的四十八小時，如果再沒有業績，他就可以馬上滾蛋。於是，心急如焚的辛格跑遍檀香山商業區，根本沒有心思再去想會不會被拒絕？只記得若再沒有業績，他就必須滾蛋了。

所以，他一天之內陌生拜訪了六十八家潛在客戶，可是結果一樣一無所獲；但他在這六十八次的閉門羹中，成功突破了「被拒絕」的恐懼，而且在每一次的拜訪後，他就可以修正自己要改進的地方；於是，隔一天，他僅拜訪十家潛在客戶，就拿到兩筆訂單，工作也順利保住了。

所以，我常告訴我的學員：會怕！就是因為還沒有跌到谷底，還有退路可以保護自己，因而有太多想法阻止我們發揮潛能。

還有一種常見的情況，就是夥伴不敢告訴朋友，約他出來做什麼事情？或是不敢跟朋友介紹你的領導人、不敢讓他們知道有領導人一起陪同約會的行程。像我就常聽見夥伴請我幫忙時說：我要跟我的朋友喝咖啡，你可不可以假裝那一天跟我巧遇，不然我擔心我朋友會嚇到⋯⋯。

也許，你對自己的事業很沒有信心，也許，你對自己的領導人也沒有信心，但是，你一定要對自己有信心，對你認識的朋友有信心，因為，如果是真心與你相待的好朋友，不會因為你做了什麼事業，就開始遠離你。除非，你邀約他時，對他有所欺騙；除非，你經營的事業，是犯法的，不然，我想他最差的回答應該是：「你說的事業真的很好，我祝福你成功！可是我對這個沒有興趣！」

電話邀約見面的是給對方一個合作的機會，假如他不願意接受這個機會，或者認為這個項目並不合適他的時候，可以透過他的身後搭起的通路，尋找其他的資源。將事情講得清楚明白是我們的責任，但是否參與便是他的決定；記住，人脈是錢脈，廣結善緣對未來一定有幫助。

12 Step 5 S.T.P：舉辦成功的集會

銷售實際上就是一個分享的生意，如果你不向新人講解商業計畫，他們又如何了解。講解商業計畫，在英文中稱作 S.T.P（Show The Plan），這一步是這個生意的真正開始，是促進團隊發展的最大動力，也是你推薦工作中要做的最重要和佔用最多時間的工作，所以我們要儘快會講，且越早開始越好。

講事業計畫的目的是為了：1. 推薦新人；2. 產生團隊動能；3. 複製你自己。

為了有效推薦新人，在講述事計畫時，不能廢話太多，要說對方想聽的，此外你要多看系統的書、多聽錄音帶，重複誦讀計畫，參加各種培訓，盡快融入系統，多觀察、多演練、多諮詢，迅速增加自己的功力。在這個業務中，要複製別人，先要複製自己。複製的第一步就是要背熟「事業說明計畫」，你越早背熟計畫，就能越早開始獨立工作，這個生意就開始得越早；而你講計畫的次數越多，你的影響力就越大。試想，如果每天有一萬人，在不同地區講解同一個計畫，業績的提升和團隊的動能是無法想像的。

你的事業計畫講得越多、越好，能推薦的人也就越多。事實上，組織行銷就是從數量中找到品質，如果你想找到真正的合作夥伴，就要不斷提高演講計畫的品質和增加演講計畫的次數。

講事業說明計畫第一印象尤為重要，銷售的失敗有八成是因為給顧客留下不好的第一印象。不知大家是否曾聽過「三三三法則」，這是指初見面的雙方，頭三秒主要會看你的外在形象、容貌、穿著，接下來三分鐘是觀察你的肢體語言和言談口調，再三十分鐘才是聽你的談話內容和注意你的個人魅力。所以，沒有「頭三秒」就沒有「接著的三分鐘」，沒有「這三分鐘」就沒有「之後的三十分鐘」，因此請先設計好你的開場白及打理好你的外表形象。

接下來，引導對方關注到你所要說的內容，首先你得先做好話題的鋪陳：首先前二十分鐘要採用「FORM」來主動聊天，以這 F（家庭）、O（職業）、R（愛好）、M（收入）四個基本話題為框架就錯不了。

「你住哪裡？」、「你是台北人嗎？」聊家庭相關的話題時，要注意對方的表情，不要涉及別人的隱私，可以適時加上一些認可、讚美，其防備心理也大幅降低。

「你做會計的呀，我做銷售，聽說做會計的女孩子都很細心。」、「當初為什麼會選擇這一行呀？」……聊聊與對方職業相關的事情，如果對方熱愛自己的工作，或是他擅長的專業，這一話題就能打開對方的話匣子。

「平常下班你都喜歡做些什麼呀？」、「電影？最近我忙得天昏地暗，倒是看得少，有什麼推薦的嗎？」興趣最容易激發話題，如果你是聊天新手就先從興趣開始，人總會有興趣，只是看她要不要與你分享而已，因此，不要去評判對方興趣的好與壞，你要做的就是認可與讚美，讓對方多說說為什麼他對這個有興趣。

第四個是 M（錢或收入），這可不是指我們能夠過問對方的薪水隱私，而是可以和他聊聊物價，石油最近又漲（跌）了、虛擬貨幣很火紅，或其他新的賺錢商機……透過隨意的聊天，依著吹牛→引起抱怨→引起好奇，讓他對你不設防。這時，你可以再順著以下七句話，去了解他的需求，伺機與他談你的計畫，但在問到任何環節時，若他表示沒興趣，你就要停止，立即再找下一個話題。

1. 你是做什麼的（或問你去哪裡）？

2. 做多久了（或問幹什麼去）？

3. 有沒有想過你所從事的行業五年後的發展前景？

4. 在你所從事的工作中還有什麼願望沒有實現？

5. 想不想找個新的發展機會？

6. 想不想瞭解新的行業？（或新的生意）

7. 想不想認識我是誰（迅速向他做自我介紹）。

S.T.P. 指的是展示計畫，展示事業機會分成三種方式：一對一；家庭聚會；O.P.P.（Opportunity Presentation）。

一對一方式

這是 642 最厲害的地方，其有一套標準和方式，在任何地方，甚至窮鄉僻壤之地，皆可與人分享，主要是他們談的方式與內容與一般人不太一樣，這也較能找到真正的領導者，而他們的上線帶線或 ABC 作業方式又很徹底，故可以「複製」的很完整。

很多人都做過一對一，一對一講計畫有利亦有弊。有利的是，可以與對方單獨溝通，講解更細緻、更清楚，方便建立更深一層的親密關係；壞處是很難發揮推薦的力量，沒有見證人，速度太慢。

而且，如果你做大量的一對一，那肯定會出問題。有位夥伴每月講 30 次計畫，平均每天一次，他很努力、很辛苦，但一個月下來，卻沒有任何一個人加入他的銷售團隊，也沒有幾個人成為顧客。究其原因，就是因為他每次講計畫都是一對一，無法帶動多大的熱情，讓人覺得沉悶，比較難帶動氣氛，感染對方加入。

家庭聚會方式

任何人的家中客廳或店面的一角，有時甚至是咖啡廳或餐廳等都可以舉辦，透過聚會，來試用產品和說明制度的活動，參加對象也以主辦人的親友、社區或興趣同好社團，人數也不拘。活動內容通常搭配聚餐、下午茶或慶生會等，以拉近與會人士距離，當然主要是產品體驗和事業內容說明，同時進行銷售和簽訂單的動作。家庭聚會能營造溫馨與自然氣氛，是最容易進行，也最容易複製的一種操作模式，同時也最能傳遞直銷產品與價值的分享交流。

OPP 集會

多半是公開的活動，需要大型或正式的會場，還要有燈光、麥克風音響和布置，以及投影設備來配合，但也因為成本較高，一般都由公司或是經銷商組織籌辦 OPP；且為達到效果和成本考量，要透過動員組織邀約，一般至少要四、五十人到上百人以上參加。

OPP 的活動內容通常由主持人開場，然後不同的講師輪流講解公司、產品、制度等方面，有時還會配合直銷商分享使用產品和事業心得，有時也會在現場提出促銷方案來激發買氣；有些 OPP 還會搭配摸彩品來吸引人參加，或其他表演節目以助興。而集會結束後，通常會在原地進行小組溝通，接著進行銷售、簽訂單等動作，也就是所謂的「會後會」。

網際網路發達，還可把創業說明會拍成影片播放，或直接在網站實況播出，讓直銷商及其邀請來的新人以網聚形式參與 OPP。

然而，OPP 的作用也是有限的，你很難針對某個人的特殊需求講計畫，你不可能知道每個人心中的夢想。

ABC 法則

在行銷、傳銷事業裡，ABC 法則的運用是成功的關鍵，善用 ABC 法則，無論你在傳統產業或是直銷業，都能協助你如魚得水，一般適用於一對一、家庭聚會（小型聚會）、公司聚會（OPP）、系統教育。

那什麼是 ABC 法則呢？

「A」就是 Adviser，類似顧問的角色，成功的上層領袖，或是在某方面很卓越的人，凡是所有能幫助您成功的人、事，都是你要借力的對象。所以也可以是一段有權威的影片、權威性的雜誌。如上線、夥伴、輔導人、領導人、公司、制度、產品、會議、訓練活動……等。

A 就是扮演一個權威性角色，有專業、有成功經驗，值得別人聽取他的意見，

就跟那些行銷做廣告一樣，通常會找在業界有指標性的雜誌、醫師、專業人士佐證，做代言或見證，A 就是一個活招牌。

「B」就是 Bridge，類似橋樑的角色，也就是你自己，扮演的工作是「介紹人」。需要把 A 介紹得很好，就像業務員一樣，我們會向我們的客戶表達商品能替客戶帶來哪些好處，如果 A 是一個人，那我們就會介紹 A 能給客戶什麼好處。

「C」就是 Customer：你的客戶、新朋友，就是你想邀約的朋友。雖然不會所有的 C 都是你要的客戶，可是每一個與你接觸的人，都有益於你累積經驗值，而要找 C，最好找擁有下述三種特質的人：有錢、有需求、能做決定。

基於上述定義，這樣說也許你會更容易理解，你邀請朋友參加 OPP 時，你正在做 ABC 法則；當你邀同事去看電影時，你也在做 ABC 法則，這時電影是 A、你是 B，同事是 C；當你邀朋友去逛街時，你也正在做 ABC 法則，不勝枚舉。所以只要有人，你就隨時隨地都在做 ABC 法則。

運用 ABC 法則，大致上可分為會前會、會中會、會後會三種，分述如下：

會前會

會前會就是「暖身」，是約人到公司聽 OPP 前的行銷工作，重點在推薦行銷「主講人」及「創業機會」，必須讓對方了解為什麼一定要去聽演講，訴求的重點在透過這位主講者現身說法，傳達這個「創業機會」的價值與難得之處。

會前會最主要的功能，就是取得邀約對象的友誼及好感，進入 OPP 會場前要帶你約來的朋友 C，去認識主講貴賓 A 及上線、夥伴，其目的為讓你的朋友有歸屬感，介紹 A 真實的績效，讓你的朋友知道，認識 A 有什麼好處。

介紹人的角色做得越好，也就越有機會成交，遇到認識的人要點頭微笑，讓你的朋友感受到你的好人緣及融洽的氣氛，以解除他的心防，還要隨時陪伴在他身側，讓他有安全感，對你產生信賴感。

實際作法與注意事項：

1. 邀 C 提前到會場（20 ～ 30 分鐘）

2. 盡可能全程陪著他，介紹朋友讓他認識。

3. 介紹場地，進教室（會議）前請先上洗手間。

4. 若 C 有帶小孩要安排妥當及照顧。

5. 與 C 聊天，進一步了解他的基本資料、家庭狀況、職業、喜好與休閒、理想與夢想、經濟。

6. 保持高度的熱情，感染你的朋友。

7. 要捧上線 A，介紹時就說是好朋友，人很好相處、觀念很新，對長輩很孝順，對家人很照顧。

8. 介紹夥伴及成功者和新朋友握手認識，令 C 擁有良好的第一次印象。

9. 大略告知教室內規則，提醒關手機或調到靜音，會場中儘量不交談。

會中會

所謂「會中會」就是指會議進行中你必須做那些事情，如何協助你的朋友 C 更快進入狀況，有助於接下來的成交。很多人以為把新朋友推進會場內就沒事了，自己就在會場外面無所事事，這是大錯特錯的事。大部分沒經驗的老朋友會認為，不進去聽的理由是已經聽過了，再聽還不是那一套。但其實老朋友雖然聽過了也要進去陪新朋友一起聽，這必須做的「工作」。台上有傑出的主講者幫你向新朋友講，台下的你也要負責帶動學習的氣氛，適當地點頭、微笑、鼓掌，敲邊鼓、與講師一問一答地做互動，讓你的朋友受到感染，融入這個團體。

實際作法與注意事項：

1. 坐在你朋友的旁邊讓他有安全感，以便專心聽課。

2. 積極配合 A 的現場互動，讓互動活潑起來，該笑的時候就要笑，該鼓掌就要用力鼓掌，該回答的時候就大聲的回答。

3. 拿出筆記用心聽，用心寫，最好一邊進行錄音，這些動作是要帶動新朋友也做筆記，避免相互交談的干擾。

4. 拿出筆和紙給你的朋友並說，待會講座開始，有什麼不了解的，把它寫下來，結束後我們再來討論。

5. 注意觀察新朋友聽課的反應，如果新朋友在睡覺，可以輕輕搖醒他。

6. 不可以提前離開會場。

會後會

會後會的重點，在於「成交」，而不是「強迫推銷」，所以，你在跟進時可以從講師講授的內容談起，並以剛剛所記的筆記內容，處理其發問的異議問題。

請記住：只有不斷與會，不斷修正，跟進與促成，才有成長與發展的可能。

實際作法與注意事項：

1. 引導對方再坐一下，一起討論 QA。

2. 切莫讓新朋友把問題帶回家。

3. C 離開前借 C 一些資料，作為下次邀約的理由。

4. 會後有意向的客戶要推薦上級指導老師加強溝通。

5. 會後隔天，帶著產品登門拜訪做締結工作。

6. 成交一週後，詢問客戶使用產品的感受，並引導進入系統學習。

7. 經常打電話告知新朋友的新資訊，並關心他的生活。

13 Step 6 跟進：徹底實踐

分享會（一對一；家庭聚會；OPP）後，如何跟進呢？是不是對方沒加入，你就心涼了，放棄呢？錯了！他其實已經有99%的心動了，就差你1%的跟進服務而已。對於剛剛參加完OPP、家庭聚會或走動互動的潛在新人要遵循24～48小時原則，也就是在兩天內及時地與對方聯絡。因為，過了48小時之後，人們就容易淡忘或改變對某一事物的看法，不再有當初剛接觸時的熱情和興趣。

名單有了之後，你開始邀約、講計畫，然後跟進，你將會碰到以下三種人——

放棄者

他不要這個機會，不認為這是一筆生意，或者他最近很忙，暫時不想做。對於這種人，你可以爭取使他成為純用戶，作為公司產品的忠誠消費者，並試著請他介紹需要這個機會（生意）的朋友。

讓他使用我們的產品，因為他很可能透過使用產品，而對這個生意產生新的認識或興趣。所以，請了解一點：並不是所有人都需要這個生意。你的目光要投向那些需要這個機會的朋友身上。

載體

為什麼叫「載體」？因為他可以為你介紹新朋友。他可能真的想做，但他暫時做不了，或是他還不會做，這種人你就要特別重視他；由於他對自己能力有所懷疑，所以你要鼓勵他，讓他先學習，讓他嘗試去做，在實際行動中不斷提升個人能力。對能力、人際、時間、體力欠佳的人，只要他真的有想要做這個生意，你讓他

先提供名單，幫助他做深度的工作。千萬不要忽視載體式的人物，今天他不啟動，並不意味著他永遠不啟動。

領導人

你要找到的就是這些人。他們是生意的建造者，只要他有夢想、願意改變、願意付出、願意配合，他就一定會建立起一個龐大的團隊，所以你要和他們建立起緊密的關係，因為他們就是你未來的核心領導人。

如果要發展一個堅實穩定的事業，你應建立 4 ～ 6 個團隊，兩年內每月推薦 1 人，橫向發展至少找到 3 ～ 4 個強有力的領導人，並繼續複製，每個部門中至少縱向找到 3 ～ 4 個領導人。

而有發展潛質的關鍵人物，一般具有以下特點：

1. 他們有夢想，且明確知道自己要做什麼。
2. 始終保持積極的心態，不言敗、不放棄。
3. 他們願意學習、改變，適應性強。
4. 這種人就是不斷給你打電話諮詢的人，他們是好的聆聽者。
5. 他們能承諾至少每天講 1 個計畫，是持續的行動者。
6. 他們能很好的融入團隊，永遠把幫助別人放在第一位。
7. 參加大會和各種培訓會議，逢會必到、逢到必記、逢記必會。
8. 懂得聽錄音帶、看書、向上級業務代表定期、定時諮詢。
9. 他們是產品的忠實愛用者，能夠發展和穩定固定客戶，使業績穩定增長。
10. 他們素質高、有迷人的個性：誠實、忠誠、負責任、絕對的正直。

11.他們遵從並且教別人做成功八步。

12.他們是很好的推崇者和宣導者，他們總是推崇上級和激勵下級業務，極力推崇公司和系統。

13.他們永遠不把負面影響帶給下級和其他部門。

14.他們注重承諾能指導團隊成員良好工作。

15.他們所做的一切都可以被複製。

請保常一顆平常心，你不能因為他不認同你介紹的生意，他就不是你的朋友。他依然是你的朋友，人各有志，有名式各樣的選擇，別因為他不選擇你所選擇的事業，就與對方切斷關係，而且他今天反對，不意味著以後還反對。

OPP 說明會後，你要注意觀察，哪個是有反應的，感覺很有興趣；哪個是可能不喜歡，又不好意思當面拒絕，只好遠遠地坐在角落裡。

對於有反應的，你可以直奔主題問他這個生意你最感興趣的地方是哪裡？這樣他只能回答你他最感興趣的地方，或是你可以這樣問，這個生意不錯吧？想不想做大？想不想加入我們？注意，說這些話的時候，要一邊點頭，一邊微笑，為什麼呢？因為伸手不打笑臉人，對方不太好直接板著臉拒絕。

如何掌握跟進的時機？

跟進的時機是非常重要的，首先，時機不對，不要跟進。什麼是時機不對呢？羅伯特．清崎就是一個典型的例子。他當時開了新的生意，別人拉他去聽了一次直銷 OPP，他毫無興趣，多年後，他卻認為直銷是最好的生意，如果可以從頭來過，他一定做直銷，而不做尼龍生意。有人問他為什麼當時對直銷不感興趣的時候，他的回答即是時機不對，如果兩年後有人在跟進他，他一定會做直銷。

有些你認為很好的人選，也許因為他的個人狀況，現在從事直銷的時機還沒有成熟，如果這時你還一廂情願地在他身上花時間和精力，到頭來還是竹籃打水一場

空。倒不如將他列進你遲緩跟進的名單裡，等時機成熟了，再推薦他加入。

一般對這種認為時機不合適的人，可以半年後再跟進一次，聯絡一下感情，告知你事業的進展情況等。為什麼要半年後呢？因為據統計，半年的時間足以讓人的事業和生活發生變化，可能之前聽不進去直銷的人，現在卻想聽一聽，瞭解一下，如此一來，你的及時跟進才會產生效果。

相信你曾碰到過這樣的人，第一天談或參加完 OPP 的時候表現得很激動，表示絕對會參加。但當你第二天跟進的時候，你發現他突然變卦，態度 180 度大轉變，避著不接你電話，讓你聯繫不到……這表明此人回去受到家人或朋友的影響而退縮了。面對這種人，你可以暫時放棄他，他會覺得松了一口氣，這樣一來，你們的關係也不會因此被破壞，以後你還是有機會跟進的。特別是當你很成功的時候，往往是這種人首先坐不住，他們會主動來找你，這時你再跟進效果最佳。

接下來，請想一想每天跟進同一個人，你覺得好嗎？

當然不好，我相信我們都曾被銷售過，也都有拒絕被別人成交的時候，請問如果銷售人員一天到晚跟你聯絡，你會舒服嗎？所以「己所不欲，勿施於人」，如果你都不喜歡這樣的方式，就不要如此對待你的新朋友。

那麼，多久之內跟進，才是合適的時間呢？一般來說，參加完某一個 OPP 說明會，或聽完你的產品解說後 48 小時內，我們一定要跟客戶取得聯繫，聽聽他的想法，看到他的需求，找出客戶問題背後的真正問題，並且在銷售的黃金 72 小時之內成交他，因為超過 72 小時，客戶就容易淡忘你所為他引導出的需求，沒有一開始那樣興奮和感興趣，也就是說他的衝動不見了。

跟進，不是黃金 72 小時都一直盯著他，也不是像馬拉松式的賽跑，無窮無盡的等著他；透過跟進是讓我們有足夠時間，去思考他拒絕的原因，再次找出他的需求，解決他的疑惑，用你的自信與熱情，去強化他對這個事業或產品的信心，透過夢想與激勵，引導他加入。

啟動新人

當新朋友在聽完事業說明會後，很感興趣地問：「我該怎麼做這個事業？」這時，你要很認真地問他以下四件事——

① 能逐漸換一個產品品牌使用嗎？

不是為了我，而是為了你自己。你要和這家公司合作，但你都不瞭解它的產品，這個生意怎麼做？如果你使用了產品不滿意，請你馬上通知我，我會告訴你一些正確的使用方法，很可能是因為你的使用不當而導致效果不好。如果我告訴你正確的使用方法，你使用後仍不滿意，這個生意你就不要做了，你可以向公司退貨；如果你使用了感到很滿意，你能不能向別人分享你使用產品後的感受？這樣，你就開始學會做這個生意了。

② 為了學會做這個事業，願意加強學習嗎？

你要做到逢會必到，勤做筆記。你至少每個月要參加兩次以上的培訓會議，且每個月至少要看一本書、兩卷錄影帶，這些書和錄影帶是我們教育系統推薦給你的。為了提升你的個人能力，你願意嗎？

③ 你能立即行動嗎？

我們需要有行動力的人，你能不能邊學、邊做、邊教別人，且爭取每個月至少影響一個人，你能做到嗎？

④ 是否能堅持？

你已經答應我上述三件事，那最重要的就是第四件事，以上三件事你能不能堅持做一年？要記住，最重要的便是你啟動的第一年，千萬不要停止去做前面所說的三件事。

這個事業實際上很簡單的，你只要能承諾，在一年中，肯定能做到上述四件事，我可以向你保證所有的人都可以在這個事業裡成功。我相信你能做得到，而且我可以向你做一個承諾：我願意和你在這個事業裡一起努力。

如果你問完這四件事，新朋友也做了肯定的回答，你就可以接著談辦理加入的手續事宜。你最好給他做幾個產品演示，然後讓他挑選一些產品作為試用體驗，如果他們購買了產品，你要在四十八小時到一週內跟進，詢問使用情況。

那在啟動新人的時候，要按以下步驟執行：

- **一對一溝通：**做一對一溝通，深度工作。原則是善於傾聽，絕不爭論，先認同，後解釋；情論重於理論，要心對心的溝通。
- **教授新人做八步：**帶他立即進入「行動圈」，特別是讓新人列名單，背計畫。
- **身教與跟隨：**言傳身教，一切做給新人看，有條件的，可讓在近距離新人適當跟隨。
- **熱線聯絡：**說給他聽、做給他看，再請他做給你看，並給予掌聲。
- **教他說話：**激勵和幫助新人建立信心。

在新朋友瞭解事業和產品以後，他們有時候跟你要一些相關的資料，以便自己在資料裡面找尋答案，但效果通常都不太好。你的資料都是花錢買來的，你一個一個的給材料，新朋友覺得沒有什麼，但對你來說就是一筆費用，如果沒有效果，那你就得不償失；而對新朋友而言，因為拿到的資料是免費的，也就不會太認真看，意願也會大打折扣，很可能你再約他，他會告訴你看了材料，但不感興趣，於是你連見他們的機會都沒有了。

對於還沒有經過一對一，二對一交談或參加過 OPP 的新人，你絕對不能給他們資料，他們絕對不會因為看資料便加入。你必須先找他們聊聊，再順勢將資料借給他們看，比如光碟、書籍等，但要記得是「借」而不是給。為什麼呢？這就是跟進技巧之一，為了有機會跟進和再見面。因為他們到時要再還這些東西給你，所以你們就一定有

機會再見面，而那些猶豫不決的人，在和你見面的時候，又被你說服的機會其實是很大的。

跟進的基本原則

- 首先要判斷所跟進的人是不是潛在人才或大客戶，這決定著他們值不值得你花時間或花多少時間來進行跟進工作。
- 運用 20/80 原則，花 80% 的時間跟進「大客戶」，花 20% 的時間跟進「小雞」或不活躍的經銷商及客戶，不然很容易事倍功半。
- 像追女朋友一樣，有點黏又不會太黏；跟緊客戶，但又不會讓他覺得煩，在 48 小時內多找出對方的需求，在 72 小時內，讓自己跟客戶保持熟悉度。
- 千萬不要覺得自己的記憶力很好，請一定要做客戶表格，記錄這次說明會他購買了什麼？你探查出對方的什麼需求？知道的越詳細，越能幫助你與客戶的熟悉，有助於你下一次的拜訪。
- 定時定點的拜訪。跟進顧客，定時定點的拜訪，每次的拜訪大概 30 分鐘至 1 小時即可，不用太長也不能太短，讓客戶對你的印象深刻，期待那個固定時間見到你。
- 永遠與客戶約好下一次的聯繫！
- 每次都要自我檢討，找出改進方法，對症下藥。知道每個人的需求是不同的，你要瞭解他們的需求，不是每個人都會成為經銷商，因為不是每個人都對賺錢感興趣，也許他們只是對產品感興趣，並非對這項事業有興趣，這時你就不能一直對他們談事業，應該側重於產品，倘若他們能成為你忠實的顧客，這也是個好結果。反之亦然。

所以，「跟進」在銷售的過程中，真的是一種藝術，銷售，都是需要透過「跟進」才能完成。而且跟進做得越好，客戶越喜歡你，通常穩定消費的客戶，都會變成你一輩子的好朋友。

14 Step 7 檢查進度：諮詢 & 溝通

檢查進度就是在這個生意中，定期或不定期地向上諮詢和向下溝通的過程，你要想建立龐大、穩定的個人事業，你就要持續向你的上級諮詢和你的下線溝通，而這諮詢過程，我們就稱為檢查進度。

你上面的推薦人組成了包含你在其中的諮詢團隊，他們的利益和你的利益緊密相關，你將從他們那裡得到力量、諮詢和發展策略。和他們保持密切的聯繫、相信他們、推崇他們，按照他們所教你的去行動與落實，並保持諮詢，透過諮詢我們能複製成功者的經驗，緊跟系統或團隊的腳步，得到最新的資訊，節省我們不少的人力、物力，提高工作效率；當我們有了下線，我們就是下線的諮詢對象，這時，我們必須擔負起檢查下線的職責，增強團隊的凝聚力和團隊動力。

如何向上諮詢

我們要做得更好、更強，就要懂得借力、使力、不費力，好好利用自己的諮詢管道，多向上級諮詢，讓自己成為上級眼中的「有心人」。

在向上級諮詢前，一定要準備好欲諮詢的內容以及我們自己的進度，因為他們不可能先為你做諮詢，再接著幫你做市場檢查，這樣效率不僅不高，還會消耗上線和團隊的金錢與時間。所以，一定要將諮詢和檢查的東西都準備好，最好是有個書面的東西可以看。以下是需要注意的事項：

1. 預先畫好你的組織結構圖，標出新加入的事業夥伴，寫上成員的業績。

2. 編寫一個當前生意進度表，總結生意指標情況。

3.準備好所有的問題與擔憂，並將近期的成績一同奉上。

4.主動向部門領導請教，例如：你認為我們有什麼地方需要改進。

5.真誠地將你內心真正的需求表達出來，然後與上線交流出最好方案。

6.必須謙虛，耐心聽取前輩的意見，做好筆記。

如何向下檢查

如果有了下線就有了向下檢查的必要，有了自己事業的小平臺，就要好好維護和發展，而向下檢查就是事業不斷放大的保障。從事業夥伴中找出得力幹將，就是在平時的檢查中要慧眼獨具，要時刻用心，不要放棄自己的每一個下線。

檢查的內容：

1.檢查部門的活動情況及目前重要生意的指標情況，回顧自上次檢查後的生意進展：重點要看活躍度高和「陣亡率」高的部門。活躍度高指的是發展情況很好，無論是新進事業夥伴數量、產品訂購量、工具流的購置方面都比較活躍，這樣的下級是「有決心」、「有能力」的，可以重點培養。

2.最重要的是要讚揚並鼓勵你的下線，我們都是朋友，要設身處地的為彼此設想，什麼才是他們最需要的？要讓他們感受到你的真心。

3.「陣亡率」高的團隊也要大力輔導，給大家講態度、觀念、夢想，解決他們需要諮詢的問題，同時指出錯誤，提出改正的方法，重點強調積極的心態。

4.幫下線夥伴制定出下一步的工作計畫，並分析可能存在的一些困難，提出適當的建議，並及時回報，保持上下一條心，資訊暢通。

5.檢查下線各項培訓工作的參與度和進行情況；系統或團隊的會議參加情況；家庭聚會的舉辦情況；諮詢會前會後的情況，獲取回饋意見。

6.詢問下線夥伴的購買和使用情況。

為什麼要檢查進度？為的就是確保夥伴們能堅持在觀念上，統一思維模式，在發展模式上做到百分百複製，在方法上可以輔導下線學習與仿效成功者的經驗，讓行動可以落實在點子上。其重要性統整如下——

① 目標導向，提高工作效率

- 上級會提醒和督促你完成你設定的目標
- 教授你如何調配時間與資源
- 教授你在達成目標過程中做哪些主要工作（如培訓、產品線）

② 複製系統成功模式

- 上級會指導你如何遵循成功模式、成功八步和系統的原則
- 上級會向你傳達有關系統的最新資訊
- 上級會與你分享他在成功過程中的經驗和教訓

③ 深化彼此關係，增加團隊的凝聚力

- 上級會告訴你所看到的你們的業績和團隊發展情況
- 上級會傾聽你所陳述的工作和生活現狀，以及你的困擾（包括家庭、子女教育、業務狀況，提出他的建議）
- 今後你們將怎樣配合工作，他能為你提供舒適的幫助

檢查進度的原則

① 定期定時諮詢

- 上下級之間每月至少要有四次諮詢，特別是月底最後一週，要檢查業績，讓上級知道你這個月的業績完成情況和下個月的業績目標。
- 大的目標實現，來自於小的目標完成，沒有小成績的累積，如何能做到鑽石階

級。收入來自於業績，若不落實具體的時間和收入，你很難真正獲得經濟獨立，財務自由。

- 相信諮詢線，並推崇你的上級，複製他們教你的成功模式，爭取獲得他們的合作和支持。

② 業務不干擾，盡量不越級和絕不向旁部門諮詢

- 保持諮詢線的完整性，一般情況下，最關心你的應是你的直系上級，因為你們的利益緊密相關。

- 不要越級和向下插手做諮詢。上級的上級一般不瞭解你的具體情況，不易管理，且不利於你和其他上級的感情，也不易複製（如果所有的下級都向同一個上級諮詢，這樣業務不僅做不大，也做不好）

- 旁部門之間要真誠相待、合作，但不與旁部門進行業務諮詢，更不允許業務干擾。

③ 承諾要兌現，承諾要相互

- 真誠和信守承諾是建立信任的基石。只有相互之間各自履行承諾、信任、互助，永續穩定的事業才得以真正建立起來

- 承諾是相互的，你不能只要求對方兌現承諾，自己卻言而無信，若做不到就不要承諾，說出口的承諾，就一定實現。

每週 6 分鐘診斷法

用 2 分鐘的時間問他——

Q 對新人問理由：為什麼參與這個計畫，理由是什麼？

→ 這樣你可以知道他在生意中的需求是什麼？

Q 對領導人問目標：問他本月和年度的業績指標是什麼？

待他回答目標之後，再問你真的要達成嗎？讓他做出承諾。

接下來用 4 分鐘的時間，檢查他在行動圈中的工作情況——

✓ 有沒有名單？

✓ 邀約成功率如何？

✓ 事業說明會的次數和效果如何？

✓ 跟進情況如何？

如果四方面都有問題，你就得對他進行全面性的指導，如果只有某項有問題，就為他做某項的指導即可。

每日工作檢查表

日期	成交	建立名單	邀約 講計畫	錄音 做筆記	讀書 學習	產品 影片	潛意識

15 Step 8 複製：教導成功模式

或許有人認為做組織行銷，如果配合的公司產品優良、制度慷慨，自己好好經營也會有不錯收入，就未必要招募夥伴。但如果你是想要有效率地擴大營業額與市場，那就要建立團隊，而建立團隊最好的方式就是複製，這也是 642 系統一直以來的核心要求，如果沒有一個簡單好複製的方法，組織就難以發展，也難以穩定。

為什麼要複製？在直銷中，強調最多的就是複製，直銷能夠強的原因，就是因為在同一個時間，有很多人在做同樣的事情，這個叫做「複製」。

「經驗」是最好的老師，不虛心學習前人的經驗，往往要付出慘痛的代價。

那些做不出好成績的人，是因為那些人不懂得好好利用諮詢線，不懂得推崇，只知道憑著一腔熱血，卻禁不起一兩次的挫折，很快就陣亡了。如果你能跟隨成功者的步伐前進，你的成功機會將大大增加，即使你在開始的時候不太明白每個細節，但只要你緊緊跟隨，成功系統仍然可以幫你奏效。

如果你僅憑個人能力、信心或財力，而獲得推薦上的成功，你將很難建立一個大生意，你所能創造的成長，將受限於你的個人影響力。但如果你的合作夥伴複製你的心態、工作態度、習慣和業績，你的成功就可以成倍增長。你複製的是前人經過驗證的原則與步驟，用行動去體會，用虛心去學習，就可以避開大量的試錯，不致於浪費太多時間。

只要你的工作系統有效，並且能被複製，那它就能為你帶來長遠的收穫，提供其他成員一個可傳授、可複製的管道，以利他們發展，順利將團隊擴展起來。所以，在自己的夢想成真前，你得要先幫助更多的人夢想成真才行。

我們常會在各種培訓會上聽到「保持簡單」這樣的詞，為什麼要保持簡單？

因為在這個事業裡許多人都有相同的經驗，幫助下級事業夥伴做 ABC 法則時，平均 OPP 示範到第三次時，下面的夥伴們心中大都會有這樣的一個疑問：「怎麼每次都一樣？」但在第四次時，新夥伴幾乎都已經能獨自做 OPP 了；而當新加入直銷夥伴能獨立運作時，代表我們已經成功一大半了，這就是為什麼要保持簡單的道理。

因為簡單，複製一定要簡單才會快。

直銷是「人」的事業，因此就會產生「人」的問題。一般系統或團隊包括企業中，人的品質比數量更為重要，我們要的是願意 100% 複製的人，這樣的人越多，系統或團隊的力量才會越大。因為步調統一、方向統一、目標統一、動作也統一，這些 100% 的複製者經過訓練後，每個直銷夥伴都一模一樣，此時若有新舊夥伴一起做團隊合作，那上級的支援就會非常容易。

強調做業績，做到高階並不難，也不是挑戰；真正的挑戰在於如何複製及維護整個系統團體，讓其在不走樣的情形下朝著更高的目標邁進。

如何複製

複製當然要從自己做起。

想要新人進行 100% 複製，最簡單的方式並不是要求新人複製，自己就是最好的示範，因為新人複製的物件恰恰是我們，你為你的小組立下了榜樣。作為一個領導人，你的行動比你的言語更能打動人們。所以我們自己就必須確實地複製我們上線的領導模式，熟練運用推崇技巧，從上級那裡複製行動圈的所有技巧，並演示給你的下線夥伴看，由於你自己就確實做到 100% 複製，在你的身教展示下，新夥伴自然也能複製到系統和團隊的正宗精髓，這就是所謂的「上行下效」。

- **首先是服裝儀容：**有句話說：「要做好帶頭的角色，連形象都無法改變的人，怎麼來做這個事業呢？」一般都會穿白襯衫、深色西裝（女性穿套裝），如果在一場事業說明會裡，大家都穿得隨心所欲，各領風騷的樣子，假如我是來考

察這個事業與商機的人，看到竟是一場隨意的聚會，便不會對這個事業有太大的信心或良好的印象。

- **複製產品知識：**在做產品講解或產品會議講解前，如果拿到系統或企業的產品手冊，那複製應該不難，但需要注意的是，在講解產品時不要刻意去詆毀別人的產品。要特別去瞭解同類產品的優劣，但不要一味誇大自家產品的優勢，可含蓄地指出任何產品都不是完美的，以較大的品牌產品的品質問題來做鋪墊，如此一來就能順勢帶出自家產品的好處來了。

- **OPP、NDO 的複製：**也就是整套工作流程，以及整個商業模式的解說能力。每個人一開始都需要一個熟練的過程，要有強烈的事業心，在自己已經能熟練講解 OPP、NDO 的前提下，讓自己的下線夥伴來學習→看演示→自己模仿演練→正式實戰的這個過程，如果這個環節成功複製了，我們才能再去開拓另外的市場。

- **對上級不要隱瞞自己的做法，若不聽就是不複製：**與上級討論自己的做法，其目的是請他們以他的經驗來幫我們把關，評估我們的做法是否適宜，讓自己能在不走岔路的前提下加快邁向成功的速度。隱瞞或是不聽從建議就是不複製，這樣會使團隊的執行無法達到應有的效果，從而降低工作效率。

- **與上級建立友誼：**與上級多聯繫，其實是保持諮詢線的暢通。在直銷事業中，上級最願意幫助有心的人，「有心人」就是已經非常清楚自己「定位」的人，而清楚自己「定位」的人，大多是自動自發且有獨立事業心的人，上級自然願意多協助。

直銷行業究其根本是運作團隊，團隊工作使你夢想成真，你和你的上級其實就是你團隊的開始。有一些人總認為上級花時間幫他帶有很強的目的性，而有「不能讓上級賺我的錢。」的念頭產生，理所當然地認為上級為他付出是應該的，不但不知感恩，還認為上級應該為我投資，主動與我聯繫……要知道，這個生意是複製的，你現在怎麼做，未來你的下級也會怎麼學你，上級之所以幫你是因為情份，不幫你是本份，他並不是只有你一個合作夥伴，會在你的身上花時間、花精力，甚至金錢，是因為直銷是助人助己的事業，而且他很明白這個生意是自己的，不是為別人做。

一位鑽石級直銷商曾經說過直銷這個生意做大的秘密就是「關心別人」。

你會說故事，會講你與上級的故事，你就越容易打動人心。你要學會激勵和造夢，進行心對心的溝通，分享自己的體驗，講故事，身教重於言教，手把手地教，立即行動，以助人的心態去幫助足夠多的人夢想成真，你才能夠夢想成真。直銷公司本身不會給你帶來成功，成功八步也不會百分百為你帶來成功，唯有不停地做才會成功。

倍增的力量

從前有一個國王，非常喜歡下棋，有一天，他下完棋後突發奇想，他想要獎勵「棋」的發明者。

他將發明棋的人請到皇宮中說：「你發明的棋讓我每天都過得很開心，我要好好獎勵你，你說吧！你想要什麼？」

當時因為正值天旱鬧災荒，老百姓民不聊生，於是，發明者說：「我什麼也不要，國王只要把我的棋盤上的第一個格裡面放 1 粒米，第二個格裡面放 2 粒米，第三個格裡面再放 4 粒米，每一格都是前一格的雙倍，以此類推，直到把這個棋盤放滿就行了，然後再將這些米賜給全國百姓。」

國王哈哈大笑說：「就依你說的算數。」當第一排的八個格子放滿時，只有 128 粒米，皇宮裡的人都大笑起來，但排到第二排時，笑聲漸漸消失，漸漸地被驚嘆聲所代替，擺放到最後，眾人大吃一驚！經計算，要把這 64 格棋盤都放滿，需要 1800 億萬粒米，相當於當時全世界米粒總數的 10 倍。棋的發明者用這些米糧救濟了天下的無數災民。

這就是被愛因斯坦稱之為「世界第八大奇蹟」的「倍增力量」！

所以在 642 系統中，當你開始定位並開始傳承下去時，組織便開始倍增成長了。

人的事業要 100% 複製是非常難的，但 7-11 與麥當勞之所以能夠成為龍頭，是因為 7-11 在台灣就 100%複製了近 3000 家的分店，而且每一家分店的商品擺設都一模一樣，麥當勞也是一樣。由此可見，想要在一個環境當中，快速的成功，最快的方法就是 100%複製成功的方法，所以 642 成為一個系統，就是一個讓團隊、讓組織可以倍增的系統，假如我們 100%完整複製，我們的團隊組織將可以遍地開花。

複製的重點

如何複製呢？當然從自己先做起，要學習將所有 642 系統的關鍵，依造步驟進行一次，並將成功的經驗記錄下來，用這個成功的經驗不斷傳承下去，就像一顆種子，如果你種的是蘋果，它絕對不會變成香蕉。

1. 不要浪費時間去犯錯。因為經驗是最好的老師，別人已經在同一個地方跌跤，還告訴你要小心哪一個地方，你就要避開；不要浪費試錯的時間，你還可以做更多對團隊有意義的事情。

2. 簡單複製。一名老闆如果今天說一個做法，明天又換成另一個做法，你會不會無所適從呢？透過 642 系統，其教導經營組織的做法都一模一樣，因為簡單，所以很好複製，成功率也比較高。

3. 穩定性要高。642 系統的複製，不在於人多就好，其更重品質，夥伴的素質穩定，向心力與凝聚力足夠，複製出來的系統才會穩定，不會隨意變換。

4. 團隊教育貴在神速，教每一位新人立即學習成功八步，不間斷地與上級重溫和檢查團隊八步工作的落實情況。

5. 把握每一個機會傳授成功八步。如：一對一、培訓會。

6. 確實掌握五項基本功：講計畫、產品示範、家庭聚會、一對一溝通、成功八步曲。務必做到：持續練習→熟練→落實→傳承。

7. 邊學、邊做、邊教別人：榜樣的力量是無窮的。人們不會聽你怎麼說，他們只看你怎麼做。

8. 複雜的生意簡單化，簡單的動作重複化，重複的動作頻繁化。你要相信只要不間斷地去做，就一定會有收穫。

9. 你首先必須學習，然後再去教導，而後去教導那些教導者如何教導別人。

10. 你立下的典範是教導他人最好的教材。

16 每日七件事

直銷是自由業，沒有人規定該做什麼事，完全是自動自發的，但人都有惰性，很容易產生怠惰，你的成就決定於你每天所做的事。所以，一個成功的事業家必須懂得自我激勵與自我學習。

642 系統要求的每日七件事情，目的在於透過做這些事讓你可以隨時保持動力，不致一時疏懶，促成你在事業成功的七大行動。642 系統的錄音帶非常完整，從經驗傳承，激勵、技巧、產品、體系、深度、系統運作 Know How、進階等都很有次序的分門別類，讓參與者能在很短的時間便進入情況，開始學習、成長與加強心態時，再配合系統實務的運作，講「複製」在不知不覺中開始了。

1. 看視頻、聽錄音

2. 閱讀學習

3. 參加上線的集會

4. 使用產品

5. 主動與上線保持聯繫

6. 零售產品

7. 自我反省、自我激勵

 一、看視頻、聽錄音

每天聽個二、三十分鐘，內容包含產品、制度、公司、傳銷、激勵影片和視

頻，光碟、DVD 等。利用早晨起床或開車的時間，聽聽錄音帶或 CD，學習新知或自我激勵都是很棒的！

通常一場演講聽完大約一天過後便會忘了個大半，兩天以後，大概就「還」給老師了，所以補救辦法就是要常聽錄音帶複習；只有多聽數遍，反覆聽，甚至做筆記整理重點，才能變成「自己」的東西。熟能生巧，多聽多讀，多背多講，自然流利，且在學這些知識的同時，也要具備良好的心態，才能吸收得更快，成長得越好。

聽成功人士分享的 CD 或語音，每天聽之，鬥志自然會再燃燒起來。持續不斷地聽成功人士的激勵影音，能讓我們隨時保持積極正面的態度；而運用語音學習正面思維，最簡單的方式就是「聽熟」每位成功人士積極正面的人生故事、智慧箴言，讓我們在適當的時候與夥伴、下線、客戶，分享某個成功人士的做法、說法。

二、閱讀學習

你是否覺得很奇怪，為什麼做組織行銷每個月還要看書？這就是 642 系統厲害的地方，它除了會帶線、帶深度以外，還教你如何認識陌生人。642 系統每個月提供夥伴一、二本好書，激勵書，因為做組織行銷，「先有友誼」就可推薦到好人，「友誼」如何來？自然就靠閱讀，因為物以類聚，人以群分，所以如果能讓對方覺得交到你這位朋友「感覺」很好，說話很有料，跟你在一起會得到「東西」，自然能吸引到他們，與他們成為朋友。只有把自己變好了，你才能吸引到「質」好的人來主動靠近你，即使主動靠近你，也不會排斥你的靠近和攀談。

現在是「知識領導」的時代，怎麼可以不看書呢？！閱讀，是為了提升自己的內涵，要想吸引他人的注意，讓人對你產生好奇，閱讀是最快速簡便的方法。你想吸引更優秀的人，就要讓自己先變成言之有物的人，說話有內涵，而不是開口閉口都只有賺錢而已。因此你要積極也學習這個事業相關的所有知識，自我充電。

三、參加上線或系統的聚會

系統聚會就是非常重要的複製成功模式與凝聚戰鬥力的方法，「每會必到」才能「每到必會」，參加系統聚會次數最多的一定是最後的贏家。

參加越大的集會，有助於你對這個事業投注更多的熱情。你來到會場，就感覺到你跟這個事業更融合在一起，你還會接觸到一些跟你一樣積極或比你更積極的人，受到他們感染與鼓舞。除此之外，你還可以聽到很多別人的經驗，獲得進步，更重要的是，你可以帶著你想推薦的朋友來參加集會，這種借力是最有效的。

參加自己領導人的集會是最優先的，642 系統出身的他們，會每月固定將集會的時間優先記錄在行事曆上，你可以事先安排行程，務必爭取「每會必到」，激勵人也被激勵。

參加系統的集會亦有多種作用，例加檢查自己組織人數狀況，或傳達運作的訊息；集會經常邀請一些專家進行激勵的演說、或是 NDO 組織內部訓練等，透過演說與內部訓練，檢視自己的方向與準則，是否會跟團隊偏差，然後再自我修正，才能達到 100%完整複製。

「每會必到」、「每到必會」、「每會必帶人」，用心以踏實、務實的做法去落實，將能吸引一些有特質的人進來。

四、使用產品

很多直銷人總說自己的產品有多好，但卻講得不夠明確，也沒用過，誇誇其談，這是錯誤的行為。銷售，最忌諱用虛構的經驗去推廣產品，要分享產品，當然要先使用產品，才能真正體會產品的特色與效用，當你實際使用過，你更能用真實的感覺，去推廣產品。

顧客知道你自己也是這個產品的愛用者，會使他對產品更具信心，自用產品，感受到產品作用，才能發自內心分享直銷事業給更多人，獲得健康、財富、快樂；同時也可學習到產品的展示方法及技巧，達到「不銷而銷」的至高行銷境界。

五、與上級常保聯絡

在遇到問題或挫折的時候，主動和你的直系上屬聯繫，溝通交流探討，尋得根本問題的解答方法。保持跟上級聯絡，可以讓你的上線更清楚瞭解你的需求，而你也能及時從他那裡獲得方法和指導，成功往往因為有一個好的教練讓你事半功倍。而上級領導的工作重點，就是盡力輔導常主動連絡的下線，好的資訊往下傳，問題與負面消息往上報。

主動聯繫的下線就是有心人，也就是上線的工作重點；所以 642 上下線的聯繫非常緊密，有時傳達一件事情，一下子全體系夥伴馬上全被告知了，動員的力量相當大，他們提到作為推薦人有四個責任——他必須是肯學習的；重視上線時間；好的資料往下傳；會尋找問題、解決問題。

六、零售產品

零售產品，是直銷的開始，向一位朋友推銷你這個公司的產品，學會介紹產品，並會做產品體驗，透過跟朋友推薦，學會簡單介紹產品，並分享事業機會，簡單講解 OPP，學會一對一或一對多的銷售方法，在這個過程當中，大量累積你的人脈。

盡可能地建立十五至三十個重複消費的零售客戶，踏實地做好服務及追蹤，隨著時間過去，也會累積不少會重複消費的好客戶，主要零售對象為——

- 不想做這個事業的人；
- 透過別人介紹需要產品的人；
- 不參加集會的人或年齡較長者。

如果沒有產值的行銷，就是在浪費自己時間跟客人時間，也代表自己沒有認真經營事業，所以維持基本的產值，累積一個月，月目標就可以達標。

七、自我反省、自我激勵

總結與檢討你這一天的行動，檢示自己是否犯了哪些錯誤，多反思自己哪裡做得不足，你的邀約為什麼沒有成功，有沒有需要改進與調整的地方？做得好的地方也要自我肯定，並精益求精，看哪裡可以再做得更好，並做出明日的計畫。每個人都避免不了犯錯誤，如果做不到反省，只會讓自己錯上加錯，所以透過學習，不斷地提升自己，相信你的夥伴，客戶會因你的改變受到感染，而更信賴你，願意與你合作。

沒有達不到的目標，只有想不到的方法。堅持做好每一件事，注意細節讓你快速進步，超速行動能讓你快速提升和達到自己所要的結果。

以上這七件事就是 642 系統每日的功課——聽了錄音帶以後，昨天遭受的挫折感馬上就消失了，有信心重新再出擊；透過閱讀，看了成功人士的奮鬥經歷，立刻又滿血復活；參加 642 的集會後信心再度燃燒，別人可以，我也一定可以，又能再接再厲；與上線聯繫，自然又充電了，又學到 Know How 了，上線是如此積極地指導……一個人漸漸習慣這七大動作的每日的作業，根本不需再花冤枉錢去參加外面的培訓。只要把這些功課用心落實了，變成習慣之後，你的事業也就做起來了。

每日七件事

每日行動查核表

日期	建立名單	邀約 講計畫	與上級 電話連絡	錄音 做筆記	閱讀 學習	看公司 產品影片	檢討 激勵

17 成為那個對的領導人

在組織行銷事業中，一代比一代強才能真正體現這個事業的魅力，因為其組織網路越擴展，其倍增效果只會越強大。因此，如何讓一代比一代強，關鍵就在領導力。組織行銷是一個人贏我贏的事業，若包容不了別人的成功，自己也很難成功，孔子主張的「己欲立而立人，己欲達而達人」的思想，便很適合直銷商作為信條。成功的直銷商都是最善於助人成功的人，都具有包容成功的特質。

所謂包容成功就是包容別人成功。很多人以為包容別人最難的是包容缺點與錯誤，其實包容別人的長處與成功才是最難的。

包容成功並不只是在別人成功之後，而是在別人成功的過程中，給予支持、鼓勵及空間。幫助自己的同時也幫助更多人，透過「互助與互利」的架構，在經營事業的同時，幫助更多人得到他們所要的東西，因此，只要我們能讓更多的人實現他們的夢想，就能促使自己美夢成真。鼓勵下級強過自己，支持下級超越自己，肯定下級優於自己；如果你的組織中有比你還成功的領袖，你就是一個真正的成功者。

助人成功並不以助人者自居，而是懂得如何將功勞歸於別人，懂得這個領導藝術的人才是真正的成功者；在他們領導的組織中，總是人才輩出，領袖「倍」出，成功者「倍」出。

教練的等級決定選手的表現，只有一個有正確價值觀並在直銷有成功經驗的領導人，才能引導你達到事業上的成功。

當我們專業度不足或溝通能力尚未健全之際，可以透過經驗豐富的領導人協助，透過借力來補足；其次是我們的集會，透過集會的運作，幫助我們進新人和帶部門，甚至同一時間可以同時談好幾組案子，透過集會這個槓桿可以幫助我們倍增時間再透過「分店再開分店」的概念，倍增我們的人脈和組織網，發揮直銷「以有限的人脈倍增無限的人脈，透過無限的人脈創造無限的財富」的優勢。

「領導力是與生俱來的能力，還是後天培養的實力？」是個老生常談的問題了。前者是我們想學也學不來的一種吸引大眾的超凡魅力，能吸引眾人自願跟隨他；有學者研究後指出，大部分的領導力是可以靠後天努力養成的。研究過程中發現，一名具有領導能力的人，「天資」只佔了三分之一，剩下的三分之二皆是透過學習培養而來，也就是說，經過訓練與學習，你也能成為優秀的領導人。

彼得・杜拉克曾說：「許多人都認為美國前總統雷根是憑藉他演員出身的魅力，而贏得人民的心，但其實他最大的強項是清楚知道自己能做什麼、不能做什麼。」因為正確的自我認識，可以加大發揮優點的力度，讓自己的魅力自然流露，對於自覺的缺點，則能透過不斷地學習、修正，讓缺點只是瑕不掩瑜，不致於造成太大的負面影響。

VISA 創辦人哈克說過：「領導人至少要用一半的時間領導自己。」如果能把自己領導得好，就能領導別人。一個人有沒有領導力，端看他能不能贏得他人的信任便知，做任何事多想想別人，懂得聆聽，換位思考，付出你對他的關心，容易贏得他人的信任。只要對人多一點關心和信任，就能發揮領導力。

你想要修練自己的領導力嗎？

領導力就是帶領一群人達成目標過程中展現的影響力。好的領導人，會不斷給那些優秀的夥伴或下線表現自我的機會，也懂得開發他們潛能，讓他們發現自己更多不同面向的能力，在工作上盡情發揮自己的專長。如此一來，不就等於替團隊創造更多資源，更有利於執行目標嗎？

當團隊夥伴遇上困難時，要及時從旁給予協助或給予指引；當團隊遇上問題時，要不吝提供自己過去的經驗給他參考，協助他自己去解決，下次遇上類似的問題，他就能自己處理，展現出自己豐富的經驗，讓夥伴更加信服。

從工作者到領導者，不論領導的是自己、團隊還是龐大的跨國組織，只要能夠訂定明確的目標，堅持地走下去，就是領導力；而這樣的能量可以促使我們相信未來、堅持信念，即便前方視線不清，仍能穿越迷霧，找到正確的路。

 學習成為領導人的五步驟

① 學會

自己必須先歸零學習，方法很多種，但別人成功的方法才最該學，而且 100%拷貝成功人士的方法，減少自己摸索時間，也減少跌倒機會。

② 學會做

學到、做到、得到，是有不同程度的，先歸零自己 100%學會，再聽話照做，不是聽話按照自己想法做，而是要按照教練教的方法做，才能跟成功人擁有一樣的成果。

③ 學會教

你會發現，有些人不會將自己成功的方法教給夥伴，或是他教的方式，夥伴完全聽不懂；所以，將成功的經驗往下教，是複製很重要的關鍵，在這過程中，必須施以非常大的耐心，才能繼續下去。

④ 教會學

自己做到改變很簡單，要讓夥伴放下自己也歸零學習，這必須靠著我們學會銷售成功人士才能做到，當我們成功將教練銷售給夥伴，這時候，夥伴才願意跟我們當初一樣「歸零學習」。

⑤ 教會做

教夥伴願意歸零 100%學習之後，還要讓他們願意去做，而且，您在教的過程中，會發現夥伴不見得可以聽話照做，這時候就必須一樣有耐心地引導對方，讓他知道聽話照做的成功機率有多高，讓他願意也如此做。

以下是優秀領導人的七大特質，提供給大家參考，做為自我提升的方向——

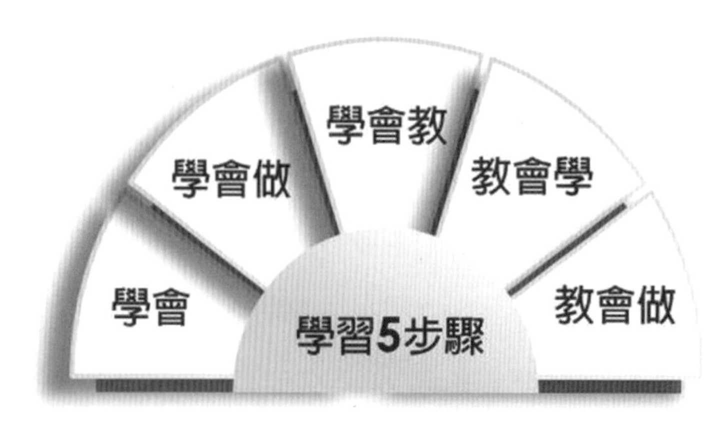

- **企圖心**：他們認為自己有能力成為最優秀的人。
- **有勇氣**：恐懼讓大多數人裹足不前，他們卻能勇於面對。
- **有信心**：他們相信自己、公司、產品、服務及客戶。
- **專業度**：他們視自己為顧問，而非業務人員。
- **準備周全**：開會前，他們會先審視每個細節。
- **不斷學習**：他們閱讀、聽廣播與參加各種訓練課程。
- **責任感**：他們如同老闆，把公司的事當作自己的事。

最後，想送大家一句話「我不需要很強才開始，但是因為我開始了，所以我變得很強！」每個領導人都是從自己開始創建一個團隊的，而且 642 系統不光只能用在直銷領域而已，但如果你是直銷領域，就一定要學會用 642 系統去複製與管理組織，你會發現在 642 系統下的組織，爆發的威力有多麼強大；你一定要成為像 642 系統一樣的領導人，成為一個聚光點，走到哪裡都能帶來正面影響，幫助人們實現夢想。

市場ing

本書採減碳印製流程並使用優質中性紙（Acid & Alkali Free）通過綠色印刷認證，最符環保要求。
碳足跡

作者／王晴天、吳宥忠
出版者／魔法講盟 B&U培訓體系委託創見文化出版發行
總顧問／王寶玲
總編輯／歐綾纖
主編／蔡靜怡
文字編輯／牛菁
美術設計／蔡瑪麗

郵撥帳號／50017206 采舍國際有限公司（郵撥購買，請另付一成郵資）
台灣出版中心／新北市中和區中山路2段366巷10號10樓
電話／（02）2248-7896
傳真／（02）2248-7758
ISBN／978-986-271-837-7
出版日期／2018年11月初版

全球華文市場總代理／采舍國際有限公司
地址／新北市中和區中山路2段366巷10號3樓
電話／（02）8245-8786
傳真／（02）8245-8718

全系列書系特約展示門市
新絲路網路書店
地址／新北市中和區中山路2段366巷10號10樓
電話／（02）8245-9896
網址／ www.silkbook.com

國家圖書館出版品預行編目資料

市場ing / 王晴天 著. -- 初版. -- 新北市 : 創見文化出版,
采舍國際有限公司發行, 2018.11 面 ; 公分--
ISBN 978-986-271-837-7（平裝）

1.行銷學 2.行銷策略

496.5 107014824